# 주기율표

| | |
|---|---|
| 기호(Symbol) | Co |
| 원자 번호(Atomic Number) | 27 |
| 영어명(English Name) | Cobalt |
| 한글명(Korean Name) | 코발트 |
| 녹는점(Melting Point, ℃) | 1495 |
| 원자량(Atomic Weight) | 58.9332 |
| 끓는점(Boiling Point, ℃) | 2927 |
| 산화수(Oxidation Number) | 3, 2, −1 |
| 25℃에서의 밀도(Density at 25℃, g/cm³) | 8.8 |
| 전자 배치(Electron Configuration) | $[Ar]4s^23d^7$ |
| 전기음성도(Electronegativity) | 1.9 |

$[He] = 1s^2$
$[Ne] = 1s^22s^22p^6$
$[Ar] = [Ne]3s^23p^6$
$[Kr] = [Ar]4s^23d^{10}4p^6$
$[Xe] = [Kr]5s^24d^{10}5p^6$
$[Rn] = [Xe]6s^24f^{14}5d^{10}6p^6$

족(Group)

전이 원소(Transition Elements)

| 주기(Period) | 1 (IA) | 2 (IIA) | 3 (IIIB) | 4 (IVB) | 5 (VB) | 6 (VIB) | 7 (VIIB) | 8 | 9 (VIIIB) |
|---|---|---|---|---|---|---|---|---|---|
| 1 | **H** 1<br>Hydrogen<br>수소 −259<br>1.0079 −253<br>1, −1 0.09<br>$1s^1$ 2.2 | | | | | | | | |
| 2 | **Li** 3<br>Lithium<br>리튬 180.5<br>6.941 1342<br>1 0.53<br>$[He]2s^1$ 1 0 | **Be** 4<br>Beryllium<br>베릴륨 1287<br>9.0122 2471<br>2 1.85<br>$[He]2s^2$ 1.6 | | | | | | | |
| 3 | **Na** 11<br>Sodium<br>소듐(나트륨) 98<br>22.9898 883<br>1 0.97<br>$[Ne]3s^1$ 0.9 | **Mg** 12<br>Magnesium<br>마그네슘 650<br>24.305 1090<br>2 1.74<br>$[Ne]3s^2$ 1.3 | | | | | | | |
| 4 | **K** 19<br>Potassium<br>포타슘(칼륨) 63<br>39.0983 759<br>1 0.86<br>$[Ar]4s^1$ 0.8 | **Ca** 20<br>Calcium<br>칼슘 842<br>40.078 1484<br>2 1.53<br>$[Ar]4s^2$ 1.0 | **Sc** 21<br>Scandium<br>스칸듐 1541<br>44.9559 2836<br>3 2.99<br>$[Ar]4s^23d^1$ 1.4 | **Ti** 22<br>Titanium<br>타이타늄 1668<br>47.867 3287<br>4, 3 4.55<br>$[Ar]4s^23d^2$ 1.5 | **V** 23<br>Vanadium<br>바나듐 1910<br>50.9415 3407<br>5, 4, 3, 2 6.11<br>$[Ar]4s^23d^3$ 1.6 | **Cr** 24<br>Chromium<br>크로뮴 1907<br>51.9961 2671<br>6, 3, 2 7.19<br>$[Ar]4s^13d^5$ 1.7 | **Mn** 25<br>Manganese<br>망가니즈 1246<br>54.938 2061<br>7, 6, 4, 3, 2 7.47<br>$[Ar]4s^23d^5$ 1.6 | **Fe** 26<br>Iron<br>철 1538<br>55.845 2861<br>6, 3, 2, −2 7.87<br>$[Ar]4s^23d^6$ 1.8 | **Co** 27<br>Cobalt<br>코발트 1495<br>58.9332 2927<br>3, 2, −1 8.8<br>$[Ar]4s^23d^7$ 1.9 |
| 5 | **Rb** 37<br>Rubidium<br>루비듐 39<br>85.4678 688<br>1 1.53<br>$[Kr]5s^1$ 0.8 | **Sr** 38<br>Strontium<br>스트론튬 777<br>87.62 1382<br>2 2.58<br>$[Kr]5s^2$ 1.0 | **Y** 39<br>Yttrium<br>이트륨 1522<br>88.9059 3345<br>3 4.48<br>$[Kr]5s^24d^1$ 1.2 | **Zr** 40<br>Zirconium<br>지르코늄 1855<br>91.224 4409<br>4 6.51<br>$[Kr]5s^24d^2$ 1.3 | **Nb** 41<br>Niobium<br>나이오븀 2477<br>92.9064 4744<br>5, 3 8.57<br>$[Kr]5s^14d^4$ 1.6 | **Mo** 42<br>Molybdenum<br>몰리브데넘 2623<br>95.94 4639<br>6, 5, 4, 3, 2 10.22<br>$[Kr]5s^14d^5$ 2.2 | **Tc** 43<br>Technetium<br>테크네튬 2157<br>98.9063 4265<br>7 11.5<br>$[Kr]5s^24d^5$ 1.9 | **Ru** 44<br>Ruthenium<br>루테늄 2334<br>101.07 4150<br>8, 6, 4, 3, 2 12.36<br>$[Kr]5s^14d^7$ 2.2 | **Rh** 45<br>Rhodium<br>로듐 1964<br>102.9055 3695<br>5, 4, 3, 2, 1 12.42<br>$[Kr]5s^14d^8$ 2.3 |
| 6 | **Cs** 55<br>Cesium<br>세슘 28.4<br>132.9055 671<br>1 1.87<br>$[Xe]6s^1$ 0.8 | **Ba** 56<br>Barium<br>바륨 727<br>137.327 1897<br>2 3.59<br>$[Xe]6s^2$ 0.9 | | **Hf** 72<br>Hafnium<br>하프늄 2233<br>178.49 4603<br>4 13.28<br>$[Xe]6s^24f^{14}5d^2$ 1.3 | **Ta** 73<br>Tantalum<br>탄탈럼 3017<br>180.9479 5458<br>5 16.67<br>$[Xe]6s^24f^{14}5d^3$ 1.5 | **W** 74<br>Tungsten<br>텅스텐 3422<br>183.84 5555<br>6, 5, 4, 3, 2 19.3<br>$[Xe]6s^24f^{14}5d^4$ 2.4 | **Re** 75<br>Rhenium<br>레늄 3186<br>186.207 5596<br>7, 6, 4, 2, −1 21.02<br>$[Xe]6s^24f^{14}5d^5$ 1.9 | **Os** 76<br>Osmium<br>오스뮴 3033<br>190.23 5012<br>8, 6, 4, 3, 2 22.58<br>$[Xe]6s^24f^{14}5d^6$ 2.2 | **Ir** 77<br>Iridium<br>이리듐 2446<br>192.217 4428<br>6, 4, 3, 2, 1 22.56<br>$[Xe]6s^24f^{14}5d^7$ 2.2 |
| 7 | **Fr** 87<br>Francium<br>프랑슘 27<br>223.0197 677<br>1 1<br>$[Rn]7s^1$ 0.7 | **Ra** 88<br>Radium<br>라듐 700<br>226.0254 1140<br>2 5<br>$[Rn]7s^2$ 0.9 | | **Rf** 104<br>Rutherfordium<br>러더포듐 2673<br>261.1088 6073<br>4<br>$[Rn]7s^25f^{14}6d^2$ | **Db** 105<br>Dubnium<br>더브늄<br>262.1142<br>5<br>$[Rn]7s^25f^{14}6d^3$ | **Sg** 106<br>Seaborgium<br>시보귬<br>266.1219<br>6<br>$[Rn]7s^25f^{14}6d^4$ | **Bh** 107<br>Bohrium<br>보륨<br>264.1247<br>7<br>$[Rn]7s^25f^{14}6d^5$ | **Hs** 108<br>Hassium<br>하슘<br>269.13<br>$[Rn]7s^25f^{14}6d^6$ | **Mt** 109<br>Meitnerium<br>마이트너륨<br>268.1388<br>$[Rn]7s^25f^{14}6d^7$ |

란타넘족(Lanthanides)

악티늄족(Actinides)

| | | | | | | |
|---|---|---|---|---|---|---|
| 6 | **La** 57<br>Lanthanum<br>란타넘 918<br>138.9055 3464<br>3 6.17<br>$[Xe]6s^25d^1$ 1.1 | **Ce** 58<br>Cerium<br>세륨 798<br>140.116 3424<br>4, 3 6.71<br>$[Xe]6s^24f^15d^1$ 1.1 | **Pr** 59<br>Praseodymium<br>프라세오디뮴 931<br>140.9077 3520<br>4, 3 6.78<br>$[Xe]6s^24f^3$ 1.1 | **Nd** 60<br>Neodymium<br>네오디뮴 1021<br>144.24 3074<br>3 7<br>$[Xe]6s^24f^4$ 1.1 | **Pm** 61<br>Promethium<br>프로메튬 1042<br>146.9151 3000<br>3 7.22<br>$[Xe]6s^24f^5$ 1.1 | **Sm** 62<br>Samarium<br>사마륨 1074<br>150.36 1794<br>3, 2 7.54<br>$[Xe]6s^24f^6$ 1.2 |
| 7 | **Ac** 89<br>Actinium<br>악티늄 1051<br>227.0278 3200<br>3 10.07<br>$[Rn]7s^26d^1$ 1.1 | **Th** 90<br>Thorium<br>토륨 1750<br>232.0381 4788<br>4 11.73<br>$[Rn]7s^26d^2$ 1.3 | **Pa** 91<br>Protactinium<br>프로트악티늄 1572<br>231.0359 4000<br>5, 4 15.37<br>$[Rn]7s^25f^26d^1$ 1.5 | **U** 92<br>Uranium<br>우라늄 1135<br>238.0289 4131<br>6, 5, 4, 3 18.95<br>$[Rn]7s^25f^36d^1$ 1.4 | **Np** 93<br>Neptunium<br>넵투늄 644<br>237.0482 3902<br>6, 5, 4, 3 20.45<br>$[Rn]7s^25f^46d^1$ 1.4 | **Pu** 94<br>Plutonium<br>플루토늄 640<br>244.0642 3228<br>6, 5, 4, 3 19.81<br>$[Rn]7s^25f^6$ 1.3 |

# Periodic Table of the Elements

| | |
|---|---|
| (white) | 금속 (Metal) |
| (white) | 준금속 (Semimetal) |
| (gray) | 비금속 (Nonmetal) |

| 10 | 11 (IB) | 12 (IIB) | 13 (IIIA) | 14 (IVA) | 15 (VA) | 16 (VIA) | 17 (VIIA) | 18 (VIIIA) |
|---|---|---|---|---|---|---|---|---|
| | | | | | | | | **He** 2<br>Helium<br>헬륨<br>4.0026<br>−272, −269, 0.18<br>$1s^2$ |
| | | | **B** 5<br>Boron<br>붕소<br>10.811<br>2075, 4000, 2.47<br>3<br>[He]$2s^22p^1$ 2.0 | **C** 6<br>Carbon<br>탄소<br>12.011<br>3825, 2.27<br>4, 2, −4<br>[He]$2s^22p^2$ 2.6 | **N** 7<br>Nitrogen<br>질소<br>14.0067<br>−210, −196, 1.25<br>5, 4, 3, 2, −3<br>[He]$2s^22p^3$ 3.0 | **O** 8<br>Oxygen<br>산소<br>15.9994<br>−218, −183, 1.43<br>−2, −1<br>[He]$2s^22p^4$ 3.4 | **F** 9<br>Fluorine<br>플루오린<br>18.9984<br>−220, −188, 1.7<br>−1<br>[He]$2s^22p^5$ 4.0 | **Ne** 10<br>Neon<br>네온<br>20.1797<br>−249, −246, 0.9<br>[He]$2s^22p^6$ |
| | | | **Al** 13<br>Aluminium<br>알루미늄<br>26.9815<br>660, 2519, 2.7<br>3<br>[Ne]$3s^23p^1$ 1.6 | **Si** 14<br>Silicon<br>규소<br>28.0855<br>1414, 3265, 2.33<br>4, −4<br>[Ne]$3s^23p^2$ 1.9 | **P** 15<br>Phosphorus<br>인<br>30.9738<br>44, 281, 1.82<br>5, 4, 3, −3<br>[Ne]$3s^23p^3$ 2.2 | **S** 16<br>Sulfur<br>황<br>32.0650<br>115, 445, 2.09<br>6, 4, 2, −2<br>[Ne]$3s^23p^4$ 2.6 | **Cl** 17<br>Chlorine<br>염소<br>35.4533<br>−101, −34, 3.21<br>7, 5, 3, 1, −1<br>[Ne]$3s^23p^5$ 3.2 | **Ar** 18<br>Argon<br>아르곤<br>39.948<br>−189, −186, 1.78<br>[Ne]$3s^23p^6$ |
| **Ni** 28<br>Nickel<br>니켈<br>58.6934<br>1455, 2913, 8.91<br>3, 2<br>[Ar]$4s^23d^8$ 1.9 | **Cu** 29<br>Copper<br>구리<br>63.546<br>1084, 2562, 8.93<br>2, 1<br>[Ar]$4s^13d^{10}$ 1.9 | **Zn** 30<br>Zinc<br>아연<br>65.409<br>420, 907, 7.14<br>2<br>[Ar]$4s^23d^{10}$ 1.7 | **Ga** 31<br>Gallium<br>갈륨<br>69.723<br>30, 2204, 5.91<br>3<br>[Ar]$4s^23d^{10}4p^1$ 1.8 | **Ge** 32<br>Germanium<br>저마늄<br>72.64<br>938, 2833, 5.32<br>4<br>[Ar]$4s^23d^{10}4p^2$ 2.0 | **As** 33<br>Arsenic<br>비소<br>74.9216<br>613, 5.78<br>5, 3, −3<br>[Ar]$4s^23d^{10}4p^3$ 2.2 | **Se** 34<br>Selenium<br>셀레늄<br>78.96<br>221, 685, 4.81<br>6, 4, −2<br>[Ar]$4s^23d^{10}4p^4$ 2.6 | **Br** 35<br>Bromine<br>브로민<br>79.904<br>−7, 59, 3.12<br>7, 5, 3, 1, −1<br>[Ar]$4s^23d^{10}4p^5$ 3.0 | **Kr** 36<br>Krypton<br>크립톤<br>83.798<br>−157, −153, 3.73<br>2<br>[Ar]$4s^23d^{10}4p^6$ |
| **Pd** 46<br>Palladium<br>팔라듐<br>106.42<br>1555, 2963, 12<br>4, 2<br>[Kr]$4d^{10}$ 2.2 | **Ag** 47<br>Silver<br>은<br>107.8682<br>962, 2162, 10.5<br>2, 1<br>[Kr]$5s^14d^{10}$ 1.9 | **Cd** 48<br>Cadmium<br>카드뮴<br>112.411<br>321, 767, 8.65<br>2<br>[Kr]$5s^24d^{10}$ 1.7 | **In** 49<br>Indium<br>인듐<br>114.818<br>157, 2072, 7.29<br>3<br>[Kr]$5s^24d^{10}5p^1$ 1.8 | **Sn** 50<br>Tin<br>주석<br>118.71<br>232, 2602, 729<br>4, 2<br>[Kr]$5s^24d^{10}5p^2$ 2.0 | **Sb** 51<br>Antimony<br>안티모니<br>121.76<br>631, 1587, 6.69<br>5, 3, −3<br>[Kr]$5s^24d^{10}5p^3$ 2.1 | **Te** 52<br>Tellurium<br>텔루륨<br>127.6<br>450, 988, 6.25<br>6, 4, −2<br>[Kr]$5s^24d^{10}5p^4$ 2.1 | **I** 53<br>Iodine<br>아이오딘<br>126.9045<br>114, 184, 4.95<br>7, 5, 1, −1<br>[Kr]$5s^24d^{10}5p^5$ 2.7 | **Xe** 54<br>Xenon<br>제논<br>131.293<br>−112, −108, 5.9<br>8, 6, 4, 2<br>[Kr]$5s^24d^{10}5p^6$ |
| **Pt** 78<br>Platinum<br>백금<br>195.078<br>1768, 3825, 21.45<br>4, 2<br>[Xe]$6s^14f^{14}5d^9$ 2.3 | **Au** 79<br>Gold<br>금<br>196.9666<br>1064, 2856, 19.28<br>3, 1<br>[Xe]$6s^14f^{14}5d^{10}$ 2.5 | **Hg** 80<br>Mercury<br>수은<br>200.59<br>−39, 357, 13.55<br>2, 1<br>[Xe]$6s^24f^{14}5d^{10}$ 2.0 | **Tl** 81<br>Thallium<br>탈륨<br>204.3833<br>304, 1473, 11.87<br>3, 1<br>[Xe]$6s^24f^{14}5d^{10}6p^1$ 2.0 | **Pb** 82<br>Lead<br>납<br>207.2<br>327.5, 1749, 11.34<br>4, 2<br>[Xe]$6s^24f^{14}5d^{10}6p^2$ 2.3 | **Bi** 83<br>Bismuth<br>비스무트<br>208.9804<br>271, 1564, 8.9<br>5, 3<br>[Xe]$6s^24f^{14}5d^{10}6p^3$ 2.0 | **Po** 84<br>Polonium<br>폴로늄<br>208.9824<br>254, 962, 9.4<br>6, 4, −2<br>[Xe]$6s^24f^{14}5d^{10}6p^4$ 2.0 | **At** 85<br>Astatine<br>아스타틴<br>209.9871<br>302, 337<br>7, 5, 3, 1, −1<br>[Xe]$6s^24f^{14}5d^{10}6p^5$ 2.2 | **Rn** 86<br>Radon<br>라돈<br>222.0176<br>−71, −62, 9.73<br>2<br>[Xe]$6s^24f^{14}5d^{10}6p^6$ |
| **Ds** 110<br>Darmstadtium<br>다름슈타튬<br>271.15<br>[Rn]$7s^25f^{14}6d^8$ | **Rg** 111<br>Roentgenium<br>뢴트게늄<br>272.1535<br>[Rn]$7s^25f^{14}6d^9$ | **Cn** 112<br>Copernicium<br>코페르니슘<br>(277)<br>[Rn]$7s^25f^{14}6d^{10}$ | **Uut** 113<br>Ununtrium<br>우눈트륨<br>(284) | **Uuq** 114<br>Ununquadium<br>우눈쿼듐<br>(289) | **Uup** 115<br>Ununpentium<br>우눈펜튬<br>(288) | **Uuh** 116<br>Ununhexium<br>우눈헥슘<br>(292) | **Uus** 117<br>Ununseptium<br>우눈셉튬 | **Uuo** 118<br>Ununoctium<br>우눈옥튬<br>(294) |

## 내부 전이 원소(Inner Transition Elements)

| | | | | | | | | |
|---|---|---|---|---|---|---|---|---|
| **Eu** 63<br>Europium<br>유로퓸<br>151.964<br>822, 1529, 5.25<br>3, 2<br>[Xe]$6s^24f^7$ 1.2 | **Gd** 64<br>Gadolinium<br>가돌리늄<br>157.25<br>1313, 3273, 7.87<br>3<br>[Xe]$6s^24f^75d^1$ 1.2 | **Tb** 65<br>Terbium<br>터븀<br>22.9898<br>1356, 3230, 8.27<br>4, 3<br>[Xe]$6s^24f^9$ 1.2 | **Dy** 66<br>Dysprosium<br>디스프로슘<br>162.5<br>1412, 2567, 8.53<br>3<br>[Xe]$6s^24f^{10}$ 1.2 | **Ho** 67<br>Holmium<br>홀뮴<br>164.93<br>1474, 2700, 8.8<br>3<br>[Xe]$6s^24f^{11}$ 1.2 | **Er** 68<br>Erbium<br>어븀<br>167.259<br>1529, 2868, 9.04<br>3<br>[Xe]$6s^24f^{12}$ 1.2 | **Tm** 69<br>Thulium<br>툴륨<br>168.9342<br>1545, 1950, 9.33<br>3, 2<br>[Xe]$6s^24f^{13}$ 1.3 | **Yb** 70<br>Ytterbium<br>이터븀<br>173.04<br>819, 1196, 6.97<br>3, 2<br>[Xe]$6s^24f^{14}$ 1.1 | **Lu** 71<br>Lutetium<br>루테튬<br>174.967<br>1663, 3402, 9.84<br>3<br>[Xe]$6s^24f^{14}5d^1$ 1.3 |
| **Am** 95<br>Americium<br>아메리슘<br>243.0614<br>1176, 2011, 13.67<br>6, 5, 4, 3<br>[Rn]$7s^25f^7$ 1.3 | **Cm** 96<br>Curium<br>퀴륨<br>247.0703<br>1345, 13.3<br>4, 3<br>[Rn]$7s^25f^76d^1$ 1.3 | **Bk** 97<br>Berkelium<br>버클륨<br>247.0703<br>1050, 14.79<br>4, 3<br>[Rn]$7s^25f^9$ 1.3 | **Cf** 98<br>Californium<br>캘리포늄<br>251.0796<br>900<br>4, 3<br>[Rn]$7s^25f^{10}$ 1.3 | **Es** 99<br>Einsteinium<br>아인슈타이늄<br>252.083<br>860<br>3<br>[Rn]$7s^25f^{11}$ 1.3 | **Fm** 100<br>Fermium<br>페르뮴<br>257.0951<br>1527<br>3<br>[Rn]$7s^25f^{12}$ 1.3 | **Md** 101<br>Mendelevium<br>멘델레븀<br>258.0984<br>827<br>3<br>[Rn]$7s^25f^{13}$ 1.3 | **No** 102<br>Nobelium<br>노벨륨<br>259.101<br>−259, −253, 0.09<br>3, 2<br>[Rn]$7s^25f^{14}$ 1.3 | **Lr** 103<br>Lawrencium<br>로렌슘<br>262.1097<br>3<br>[Rn]$7s^25f^{14}6d^1$ |

James E. Huheey
Ellen A. Keiter
Richard L. Keiter

제 4 판

# 무기화학

김 정 편역

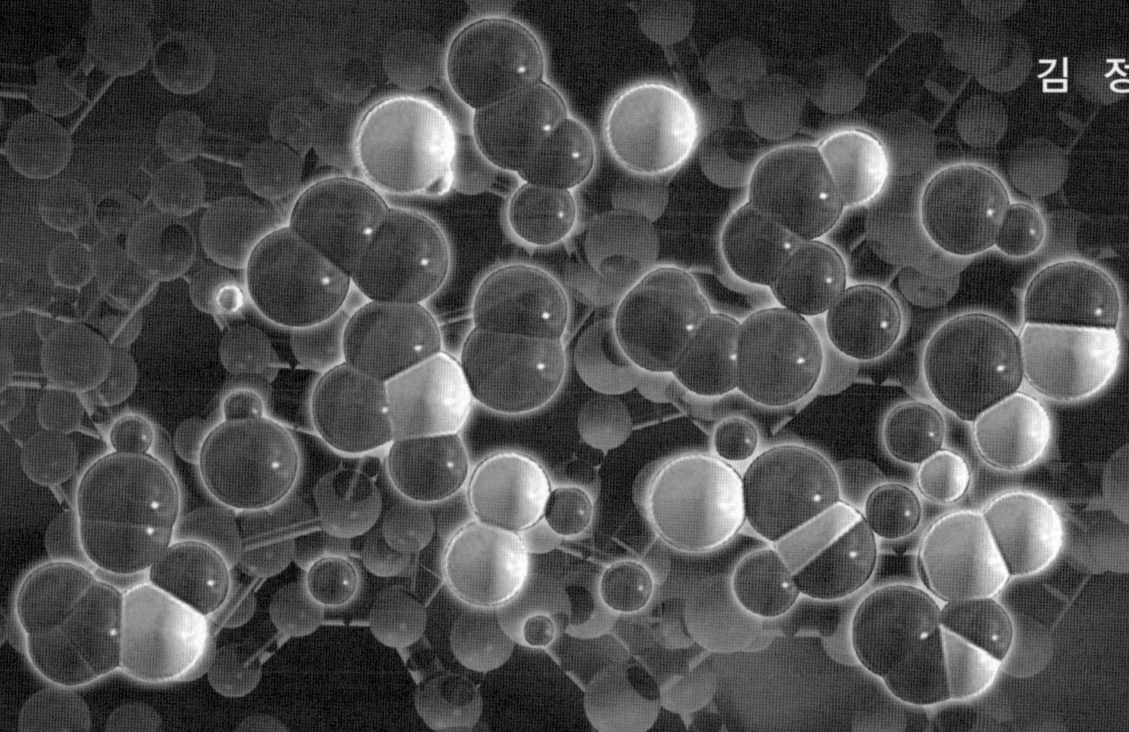

# Inorganic Chemistry

Fourth Edition

## Principles of Structure and Reactivity

PEARSON

자유아카데미

# 저자 서문

선임 저자(역자주: '무기화학'의 1판에서 3판까지의 저자인 James E. Huheey를 말함)와 Harper & Row 출판사가 '무기화학: 구조와 반응성의 원리'의 초판을 펴낸 후 20년의 세월이 흘렀다. 그동안 (a) 선임 저자는 나이를 스무살 더 먹게 되었고, (b) 두 명의 새로운 저자가 작업에 참여하게 되었으며, (c) Harper & Row 출판사는 Harper Collins 출판사가 되었다. 그리고 무엇보다도 중요하게도, (d) 20년 전에도 이미 활기 있었던 무기화학은 그 후로도 지속적으로 성장해 왔다. 한 명의 저자가 무기화학의 모든 분야에 관심을 가진다는 것도 점점 불가능하게 되었다. 새로 참여한 저자들은 몇 가지 주제에 대한 새로운 시각과 더불어, 배위화학, 유기금속화학 그리고 물리적인 방법들에 대한 그들의 관심을 이 책에 도입했다. 그럼에도 불구하고, 무기화학은 밀폐된 지식의 체계라기보다는 흥미진진한 연구분야라는 사실을 강조하면서, 독자들에게 쉽게 읽혀지는 형식으로 무기화학의 본질을 전달하는 것이라는 이 책의 철학은 변함이 없다.

우리 세 저자들은 서로 매우 다른 학부 경험을 가지고 무기화학을 가르쳤고, 이 판은 개정했다. 우리들 중의 한 명은 박사학위를 수여하는 대학에서, 다른 한 명은 박사과정이 없는 공립 교양학부에서, 그리고 나머지 한 명은 박사과정이 없는 사립 교양학부에서 각각 이 학사 학위를 받았다. 우리는 다양한 환경 속에서 학부와 대학원 과정의 무기화학을 강의해 왔다. 이 책의 개정에 대한 논의를 시작하면서, 우리는 다음과 같은 몇 가지 점들에 동의했다. (1) 이 책은 실질적으로 새롭게 되어야 한다. (2) 제시된 내용들에 대한 완전한 참고문헌은 앞으로도 계속 꼼꼼이 표시되어야 하며, 관련된 페이지에 나타나야 한다. 연관된 참고문헌이 단지 그것이 지난 판에 나왔었다는 이유만으로 생략되는 일은 없어야 한다. (3) 상당수가 원래의 문헌에서 인용된 새로운 그림들이 추가되어야 한다. (4) 더 많은 문제들을 제공해야 하며, 그들 중의 상당수는 새로운 것이어야 한다. 많은 문제들이 도서관의 도움을 필요로 할 것이며, 그 밖의 문제들은 개별 주제의 기본적인 측면들을 다룰 것이다. (5) 대칭에 대한 장이 추가되어야 한다. (6) 고체화학을 조금 더 강조해야 한다. (7) 반응속도론에 대한 장이 조금 더 충분히 전개되어야 한다. (8) 란타넘 계열과 악티늄 계열의 서술적 화학과 유기금속화학은 전이 금속을 다루는 관련된 장에 포함되어야 한다.

(저자에게 있어서나 독자들에게 있어서나) 세부적 사항에 대한 동의보다는 일반적인 합의가 쉽게 이루어지는 법이다. 대칭에 다루는 장에 대한 우리들의 논의는 좋은 보기가 될 것 같다. 우리는 모두, 대부분이 대학에서 대칭에 대한 강의가 무기화학자들의

몫이라는 점에 동의했다. 그러나 어느 정도의 양을 가르쳐야 할 것이며, 책의 나머지 부분이 어느 정도 그 장에 의존해야 할 것인가? 최소한 우리는 점군에 대한 충분한 소개가 필수적이라고 믿었다. 우리는 또한 지표표의 응용을 약간은 포함시키고 싶었지만, 이 책에서 가르치는 무기화학에 그것이 불가피할 정도로까지 되는 것은 원하지 않았다. 지표표의 응용은 이 책의 여기저기에 나올 것이지만 원한다면 무시해도 좋을 것이다. 그 자체로 완결된 형식인 그 장은, 분광학과 결정학을 포함해서, 무기화학자들이 사용하는 대칭의 응용에 학생들이 보다 친숙해지도록 하는 데 주안점을 두었을 뿐, 그 주제에 대한 엄밀한 설명이라고 주장하지는 않겠다.

우리는 화학 교과 과정에서 대칭론이 차지하는 위치와 분량에 대한 종국적인 합의를 기대할 수는 있지만, 현재로서는 이 주제에 대한 기초지식이 전혀 없음을 가정했다. 따라서, 우리는 배경 이론에 깊이 파고들지 않고, 대칭성의 광범위한 응용을 보여주려고 했다. 우리는 이 주제에 생소한 학생들이 무기화학 문제에 대칭성을 이용하는 방법에 대한 유용한 소개에 접하게 되길 바란다. 반면에, 이 주제에 대한 경험을 가진 학생들은 이 장을 간단한 복습으로 생각해도 좋을 것이다. 이처럼 상황이 유동적인 만큼, 전과 마찬가지로 원한다면 대칭성에 대한 최소한의 참조만으로도 오비탈 겹침이나 결정장 이론, 그리고 이와 관련된 내용과 같은 다양한 주제들을 공부할 수 있도록 했다.

이 책을 접하는 학생들은 무척이나 다양한 배경을 가졌을 것이다. 어떤 사람은 물리화학과 유기화학의 해박한 경험을 가졌을 수도 있고, 서술적인 무기화학 강조까지 이미 들었을 수도 있다. 그러나 많은 학생들에게 있어서 이 책은 무기화학과의 첫 만남이 될 것이며, 약간의 학생은 다른 과정에서 화학 결합 이론에 대한 제한된 경험만을 가졌을 것이다. 이러한 이유에서 초반의 장들은 무기화학자의 관점에서 원자 구조와 분자 구조의 기초를 제공한다. 준비가 잘 갖추어 독자는 이 장을, 기존 지식의 블록들 사이의 틈을 메우는 모르타르로뿐만 아니라 간단한 복습으로 사용해도 좋을 것이다. 이 책의 중간 부분의 장들은 단순한 염의 범주를 넘어서는 고체화학과, 다양한 용매와 기체 상태에서 산-염기화학, 그리고 결합, 스펙트럼, 자성, 구조, 반응의 측면에서 논의되는 배위화학 등 "무기화학의 진수"를 보여 준다.

주제에 대한 접근과 융통성 있는 강의 내용의 철학에 따라 마지막 장들은 서로 본질적으로 독립되어 있다. 그리고, 강의자의 취향과 시간을 고려하여 한두 개의 장은 생략할 수 있을 것이다.

전체적으로, 이 4판은 불행스럽게도 회귀한 존재인 두 학기 강좌에 적합하다. 그러나 그것은 이 책이 균형있게 편성되어 한 학기 강좌에도 마찬가지로 적합해야 한다는 것을 의미한다. −강의자는 신중히 골라 선택해야 한다. 우리는 "최소한의 핵심"을 강요하기보다는, 다룰 주제를 선택할 수 있는 많은 주제들을 제공하는 것이 보다 유용할 것이라고 확신한다. 우리는 이 책이 모든 강의자들이 필수적이라고 생각하는 주제들을 포함하기를 바라지만, 또한 그들의 좋아하는 주제도 포함하기를 바란다. 그것은 분명히 우리들의 경우에 있어서도 마찬가지이다. 각 장의 끝에 나오는 모든 문제들에 대한 해답을 포함한 해답집은 4판과 함께 나와 있다.

우리는 많은 면에서도 도움을 받았던 University of Maryland at College Park(UMCP)와 Eastern Illinois University(EU)의 친구들에게 감사하고 싶다. 3판에서 Huheey 교수를 도와 주었던 그의 친구들의 계속된 도움에 감사하게 생각한다. 또한, 우리는 이 판에 대한 Bryan Eichhorn(UMCP), William Harwood(UMCP), Mark McGuire(EIU), Robert Pilato(UM-CP), 그리고, Rinaldo Poli(UMCP)의 특별한 도움에도 감사하고 싶다. 우리는 또한 안식년을 맞아 찾았던 학과의 동료들에게도 감사하고 싶다: Fred Hawthorne, Herb Kaesz, Charles Strouse, Joan Selver-stone Valentine, Jeff Zink(이상 University of California at Los Angeles), Oren Anderson, Gary Maciel, Jack Norton, Tony Rappé, steve Stranus (이상 Colorado State University). 우리는 또한 이러한 자료를 이용할 수 있는 안식년 방문을 가능하게 해준 데 대해 우리 자신이 속한 학과와 UCLA와 CSU의 화학과, Southern Illinois University의 동물학과에 감사하고 싶다.

우리는 University of Cambridge의 Michael W. Anderson, E. I. de Pont de Nemours의 Anthony Arduen-go Pechiney Institute의 B. Dubost, University of Cambridge의 Jacek Klinowski, BIOSYM Technologies의 John Newsam, University of Chicago의 Joseph J. Pluth, University of Delaware의 Amold L. Rheingold, Pechiney Institute의 P. Sainfort, University of Illinois, Urbana-Champaing의 Charlotte L. Stern, The Royal Institution of Great Britain의 Sir John Meurig Thomas, 그리고, University of Illinois, Urbana-Champaign의 Scott Wilson의 그들의 저술에 실린 그림들을 제공해 준 특별한 도움에 대해 감사한다.

많은 비평가들의 조언은 이 책의 저술에 도움이 되었다. 이들 중에는 Ivan Bernal, Donald H. Berry, Patricia A. Bianconi, Andrew B. Bocarsly, P. Michael Boorman, Jeremy Burdett, Ben DeGraff, Russell S. Drago, Daniel C. Harris, Roald Hoffmann, Joel F. Liebman, John Milen, Terrance Murphy, Jack Pladziewicz, Philip Power, Arnold L. Rheingold, Richard Thompson, Glenn Vogel, Marc Walters, James H. Weber, 그리고, Jeff Zink가 있다.

우리는 지난 20년간 있었던 "변화"에 대해 언급하면서 이 서문을 시작했다. 우리는 위에서 새로운 저자와 새로운 무기화학에 대해 다루었다. New York의 Harper & Row 출판사와 London의 Conllins 출판사의 병합의 경우, 생성된 엔트로피는 전혀 예기치 못한 것이었다. 혼란이 가라앉은 후에, 두 사람의 놀라운 대가가 나타났다. 많은 면에서 우리를 도와주었던 화학 편집자인 Jane Piro와 기획 편집자인 Cate Rzasa. 우리는 그들에게 진 신세에 감사를 표할 수 있게 된 것을 기쁘게 생각한다.

마지막으로, 종종 '동료들'이나 '평론가들'이라는 간략한 인용에 익명으로 나타나지만, 초고와 이 책의 발전 과정에 있어 우리를 도와주었던 많은 교수들과 학생들이 있다. 그들은 그들이 누구인지 알고 있으며, 우리는 그들이, 그들의 도움에 대한 우리의 진실된 감사를 받아들이기를 바란다.

James E. Huheey
Ellen A. Keiter
Richard L. Keiter

# 편역자 서문

지난 십여 년간 무기화학은 눈부신 발전을 이룩하였고, 이제는 첨단 재료과학뿐만 아니라 유기화학과 생화학 분야에까지 그 영역을 확장하여 21세기 첨단과학의 중심 학문이 되었습니다. 그러다 보니 최근의 무기화학 교재는 너무나 광범위한 분야를 다루고 있고, 원리보다는 활용에 초점을 두고 저술된 경우가 많은 것 같습니다.

Huheey 교수가 저술한 이 책은 우리나라에서는 무기화학의 고전임을 모두가 인정할 것입니다. 저도 학부 과정에서 이 책으로 교수님들의 가르침을 받았고, 제가 강단에 섰을 때에도 이 책으로 제자들을 가르쳤습니다. 이 책의 부제 "Principles of Structure and Reactivity"를 통해서도 알 수 있는 것처럼, 무기 화합물의 구조와 반응성에 대한 원리를 다양한 예를 통해서 설명한 교재는 십여 년이 지난 요즈음에도 찾기가 힘듭니다.

이 교재에 대한 편역을 의뢰받고 많은 고민을 했습니다. 이 교재의 4판이 번역된 지 십여 년이 지났는데, 너무나도 빨리 발전한 무기화학의 조류를 제대로 반영할 수 있을지 걱정이 많았습니다. 그래서 우선 저자의 의도대로 원리를 중심으로 내용을 선택하기로 하였습니다. 그리고 최신 학문 분야가 된 유기금속화학, 무기재료화학, 생무기화학 부분은 대부분 별도 과목으로 강의가 이루어지고 있기 때문에 제외하였습니다. 또한 란타넘족과 악티늄족 원소들의 화학도 제외하였습니다. 그래서 조금 많기는 하지만, 그래도 두 학기 동안 이 교재를 배우면 학생들이 무기화학의 기본적인 원리를 대부분 이해할 수 있게 하였습니다.

편역을 하면서 이 책을 번역하신 분들에 대한 노고를 다시 한 번 깨닫게 되었습니다. 이 분들이야말로 우리나라 무기화학의 초석을 놓으신 분들이며, 그 당시로서는 스스로 공부를 해 가며 이 책을 번역하실 수밖에 없었을 것임을 이번 편역을 통해 느낄 수 있었습니다. 이 광 교수님, 김덕묵 교수님, 박면용 교수님, 신영국 교수님, 최칠남 교수님, 허 황 교수님. 이제는 대부분 교직에서 물러나 계시겠지만 후학들을 지켜보시면서 가지고 계실 90년대의 노고에 대한 보람과 자부심에 무한한 경의와 감사를 드립니다.

각주의 참고문헌들은 무기화학자로서는 역사적으로 소중한 가치와 의미를 지닌 것이 대부분이었기에 가능한 한 모두 소개하였습니다. 무기화학의 어떤 분야를 걷고 있든지 간에 이 교재에 소개된 참고문헌들은 연구하고자 하는 분야의 기본 원리를 이해하는 데 많은 도움을 줄 것입니다.

이 책은 기본 원리를 설명하고 입증하는 예가 지나칠 정도로 많이 소개되어 있습니다. 이 책을 가르치시고 공부하는 독자들께서는 이 점을 염두에 두시고, 먼저 이론이나 원리를 정리한 다음, 예들을 통해 이해를 하는 방법으로 이 교재를 활용하시면 훨씬 더 많은 도움이 될 것입니다.

편역에 필요한 여러 조언과 많은 도움을 주신 여러 교수님께도 감사의 말씀을 올립니다. 이 분들은 다음 장에 소개하여 감사의 마음을 대신합니다. 삭제되는 부분이 많아 다른 교재보다 더 많은 노고가 있었습니다. 자유아카데미 주정희 대표님과, 특히 편집에 너무나 고생을 많이 하신 편집부 직원 여러분께 감사드리며, 아무쪼록 이 교재가 후학들에게 좀 더 많은 도움이 되기를 바라는 마음으로 이 서문을 채웁니다.

2011년 2월
편역자

**편역에 조언과 도움을 주신 교수님들**

강신걸 교수님 (대구대 화학과)
곽지훈 교수님 (순천대 기초의·화학부)
구본권 교수님 (대구가톨릭대 화학과)
김 양 교수님 (고신대 화학신소재학과)
김재상 교수님 (경상대 화학과)
김진은 교수님 (경상대 화학과)
박영태 교수님 (계명대 화학과)
박형련 교수님 (전남대 화학과)
오영희 교수님 (동의대 화학과)
윤석진 교수님 (조선대 화학과)
이동헌 교수님 (전북대 화학과)
이종백 교수님 (전남대 화학교육과)
전경수 교수님 (경원대 화학과)
정구춘 교수님 (건국대 화학과)
정동운 교수님 (원광대 나노화학과)
조승구 교수님 (상지대 화학과)
최규성 교수님 (경남대 과학교육과)

(가나다순)

# 학생들에게

언젠가 학과 세미나가 끝난 후, 한 노교수가 화학과 대학원 신입생들이 알고 있는 새로운 이론들과 실험분광학 방법에 두려움을 느꼈다고 말한 적이 있다. 한 젊은 대학원생은 아연실색했다. 그녀는 학위를 받기 위해서 그 교수가 이미 알고 있는 화학을 충분히 배우는 데만도 틀림없이 수년이 걸릴 것이라고 생각하고 있었던 것이다. 그러는 사이에 두 명의 다른 교수들은 이론과 사실 중 어느 것이 상대적으로 더 중요한가에 대해 열띤 논쟁을 벌이고 있었다. 한 명은 "사실들은 변하지 않기 때문에!" 서술적인 화학이 가장 중요하다고 말했다.

"글세요, 어떤 '사실들'은 변하는 것처럼 보이죠—나는 어제 이리듐이 가장 밀도가 큰 원소라는 것을 알게 되었어요. 10년 전에 내가 학생이었을 때, 나는 오스뮴이 가장 밀도가 크다고 들었는데 말이죠."

"사실들은 이론들 만큼이나 빨리 변하지는 않아요. 이론이란 단지 나타났다가 사라지는 것들이죠. 게다가, 누군가가 실험을 반복해서 더 좋은 실험을 하게 되고, 좀더 정확한 값을 얻는 것이 어때서 그래요?"

"바로 그거예요. 새로운 실험 데이터를 설명하기 위해서는 새로운 이론이 필요한 거예요. 그리고 이론은 우리에게 검증할 대상과 우리가 상상력을 펼칠 테두리를 제공해 주기도 하죠."

"상상력이라구요! 우리에게는 '영감'보다는 더 많은 노력이 필요해요…."

그리고, 기타 등등… 이 화학자들과 이러한 언쟁들은 화학에서 끊임없이 이어지고 있는 논쟁의 한 축도와, 무기화학의 고급 교재를 쓰는 데 따르는 상당한 어려움의 본질을 보여 준다. 이 분야는 무척이나 넓다. 매주마다 많은 수의 무기화학 논문들이 발표된다. 새로운 합성 기술을 통해 매우 반응성이 높은 많은 수의 화합물들의 분리와 확인이 가능해진다. 이론적인 설명은 점점 복잡해져 왔고, 분광학적 방법 또한 마찬가지였다. 무기화학은 유기화학, 물리화학, 심지어 생화학과도 서로 영향을 미친다. 분자화학과 고체화학 사이의 경계선도 급속히 사라지고 있다. 나이든 화학자들은 많은 사실과 이론들을 알고 있을지 모르지만, 그것이 전체에 대한 작은 부분에 불과하다는 것을 깨닫게 된다. 몇 개의 분야에 대해 잘 개발된 기술을 가진 새로운 대학원생들 또한 부족하다는 느낌을 가진다. 아마도, 처음으로 고급무기화학 강의를 듣게 되는 학생들은 이것을 가장 심하게 느낄 것이다. 강좌를 위한 교재는 무기화학의 어떤 부분을 가르쳐야 하는지, 사실과 이론을 어떻게 배합해야 하는지, 그리고 전통적인 과학과 새로운 과학의 상대적 비중을 어느 정도로 할 것인지에 대한 강의자의 선택을 반영한다. 저자들은 또한 그들 자신의 선택을 하며, 이 선택들은 서점에서 구할 수 있는 다양한 교재들에 나타나 있다. 보통 두껍기 마련인, 어떤 책들은 사실과 이론을 배합하면서, 개발 주제를 몇 개의 문단으로 제한시켜 책의 부피를 최소화한다. 이것은 대부분의 주제를 포함하는 장점을 가지는 반면, 보다 충분한 전개를 위해서는 다른 책을 찾아보아야 한다는 단점을 가지고 있다. 물론 어떤 단행본이든 어느 정도 이러한 문제점을 가지고 있으므로, 많은 참고서적이 필요하다. 우리의 교재「무기화학 ; 구조와 반응성의 원리」4판 또한 사실과 이론의 혼합체이다. 하지만 우리는 이것이 넉넉한 식사에 충분할 만한 양이라고 생각한다. 109개의 원소의 화학을 다루는 책이 표준적인 유기화학 교과서보다 작기를 기대할 이유가 없지 않은가!

우리는 이 책을 즐겁게 썼다. 우리는 당신이 이 책을 즐겨 읽기를 바란다. 만일 그렇다면, 소식을 들을 수 있으면 좋겠다.

James E. Huheey
Ellen A. Keiter
Richard L. Keiter

# 차 례

## 제4장 무기화학에서의 결합 모형 : 2. 공유 결합



## 제5장 분자의 구조와 반응성



## 제6장 고체 상태



## 제7장 화학적 힘



## 제8장 산-염기 화학

## 제9장 수용액 및 비수 용매에서의 화학



## 제10장 배위화학 : 결합, 스펙트럼, 자기성



## 제11장 배위화학 : 구조

## 제12장 배위화학: 반응, 속도론 및 메커니즘



## 제13장 금속의 실용화학



## 제14장 할로젠 및 불활성 기체의 화학



## 제15장 주기성

**제 1 장**

# 원자의 구조

원자 구조는 무기화학에서 기본이 되는 개념으로, 다루어야 하는 원소가 다양하고 이들의 전자 배치도 광범위하기 때문에 유기화학에서보다 더 중요하다고 할 수 있다. 이 장에서는 독자들이 파동 방정식, 상자 속의 입자 및 원자 분광학과 같은 몇 가지 양자 역학적 개념을 이미 다른 강의를 통해 어느 정도 숙지하고 있다고 가정할 것이다.

## 수소 원자

수소 원자에 대한 Schrödinger 방정식을 풀면(삼차원 계에서 예상되는 것처럼) 세 가지 특성적인 양자수 $n$, $l$, $m_l$이 나타난다. 이들 양자수에 대해 허용된 값과 물리적 계에 대한 관계는 아래에서 설명하겠지만, 지금은 이 값들을 특정한 상황을 규정하는 **세 가지 정수**의 세트로 취할 것이다. 서로 다른 세트의 $n$, $l$, $m_l$에 대해 밝혀지는 각각의 해는 **고유함수(eigenfunction)** 라고 부르며, 수소 원자 내에 있는 오비탈을 나타낸다.

완전한 파동 함수를 도시하려면 일반적으로 사차원 그래프가 필요한데, 이 그래프는 각각의 세 가지 공간 차원($x$, $y$, $z$ 또는 $r$, $\theta$, $\phi$)과 네 번째 값, 파동 함수를 좌표로 가진다.

이와 같은 어려움을 피하고, 원자 내에서 전자의 실제 분포를 보다 알기 쉽도록 표현하려면, 파동 함수인 $\Psi$를 세 부분으로 나누어서 각 부분이 단일 변수만을 갖게 만든다. 극좌표를 사용하는 것이 가장 편리하며, 다음과 같은 관계를 얻게 된다.

$$\Psi(r, \theta, \phi) = R(r) \cdot \Theta(\theta) \cdot \Phi(\phi) \tag{1.1}$$

여기서 $R(r)$은 $\Psi$의 핵으로부터의 거리에 대한 의존성을 나타내고, $\Theta$와 $\Phi$는 각도 의존성을 나타낸다.

### 방사방향 파동 함수, $R$

수소 원자에 있는 처음 세 오비탈에 대한 방사방향 파동 함수[1]는 다음과 같다.

[1] 양자수 $n$과 $l$의 항으로 나타낸 완전한 파동 함수는 다음의 책들에 수록되어 있다. Pauling, L. *The Nature of the Chemical Bond*; Cornell University: Ithaca, NY, 1960 (n = 1–6). Porterfield, W. W. *Inorganic Chemistry: A Unified Approach*; Addison-Wesley: Reading, MA, 1984(n = 1–3).

$$n = 1, l = 0, m_l = 0 \qquad R = 2\left(\frac{Z}{a_0}\right)^{3/2} e^{-Zr/a_0} \qquad 1s \text{ 오비탈}$$

$$n = 2, l = 0, m_l = 0 \qquad R = \left(\frac{1}{2\sqrt{2}}\right)\left(\frac{Z}{a_0}\right)^{3/2}\left(2 - \frac{Zr}{a_0}\right)e^{-Zr/2a_0} \qquad 2s \text{ 오비탈}$$

$$n = 2, l = 1, m_l = 0 \qquad R = \left(\frac{1}{2\sqrt{6}}\right)\left(\frac{Z}{a_0}\right)^{3/2}\frac{Zr}{a_0}e^{-Zr/2a_0} \qquad 2p \text{ 오비탈}$$

여기서 $Z$는 핵전하, $e$는 자연대수의 밑수, $a_0$는 첫 번째 Bohr 궤도의 반지름이다. Bohr 이론에서 $a_0$는 값이 고정된 반지름이었지만, 양자 역학에서는 전자의 대부분이 존재하게 되는 반지름이다. 그 값, 52.9 pm은 $a_0 = h^2/4\pi^2me^2$에 의해 결정되는데, 여기서 $h$는 Planck 상수이고, $m$과 $e$는 각각 전자의 질량과 전하이다. 수소에서는 $Z = 1$이지만, $Z > 1$인 다른 원소들에 대해서는 유사한 오비탈이 구성된다. 다전자 원자에 대해서는 파동 방정식의 정확한 해는 얻을 수 없고, 이들 "수소꼴(hydrogen-like)" 오비탈은 첫 번째 근사로서 사용되기도 한다.[2)]

방사방향 파동 함수는 복잡해 보이지만, 상수들을 묶어보면 중요한 면들이 명백해진다. 주어진 원자에 대하여 $Z$는 일정할 것이고, 다른 상수들과 결합시키면 매우 간단해진다.

$$n = 1, l = 0, m_l = 0 \qquad R = K_{1s}e^{-Zr/a_0} \qquad 1s \text{ 오비탈}$$

$$n = 2, l = 0, m_l = 0 \qquad R = K_{2s}\left(2 - \frac{Zr}{a_0}\right)e^{-Zr/2a_0} \qquad 2s \text{ 오비탈}$$

$$n = 2, l = 1, m_l = 0 \qquad R = K_{2p}re^{-Zr/2a_0} \qquad 2p \text{ 오비탈}$$

방사방향 파동 함수의 가장 뚜렷한 특징은 이들이 모두 지수함수형 "감쇠(decay)"를 나타내며, $n = 2$일 경우의 감쇠는 $n = 1$일 경우보다 더 느리다는 것이다. 이와 같은 특징은 모든 방사방향 파동 함수에 대하여 일반화시킬 수 있다. 즉, 방사방향 파동 함수들은 $e^{-Zr/na_0}$로 감쇠한다. 이러한 이유 때문에 여러 오비탈들의 반지름(실제로는 대부분이 존재하게 되는 반지름) 은 $n$이 증가함에 따라 증가한다. 두 번째 특징은 $2s$ 방사방향 함수에는 마디가 존재한다는 것이다. $r = 2a_0/Z$에서 $R = 0$이고 방사방향 함수의 값은 양에서 음으로 변한다. 이 특징도 일반화시킬 수 있는데, $s$ 오비탈은 $n - 1$개의 마디를 가지며, $p$ 오비탈은 $n-2$개의 마디가 존재한다. 수소의 $1s$, $2s$, $2p$ 오비탈에 대한 방사방향 함수는 그림 1.1에 나타내었다.

우리가 실제로 관심을 갖는 것은 공간에 있는 여러 지점들에서 전자들을 발견할 확률이기 때문에, 방사방향 함수 그 자체보다는 방사방향 함수를 제곱한 것이 더 중요하다. 공간에 있는 어떤 지점에서의 전자 밀도나 전자를 발견할 확률을 알려주는 것은 파동 함수의 제곱이다. 파동 함수를 제곱하는 유용한 방법은 두 가지가 있다. 가장 간단한 방법은 그림 1.1에 도시된 함수들을 단순히 제곱하는 것이다. 그러면 세로좌표에 있는 숫자들을 제곱하게 되며, 이때 음의 값이 양의 값으로 변한 것을 제외하고는 같은 형태의 곡선을 도시하게 된다(그림 1.2). 이 방법은 매우 단순해 보이지만, 상대적인 전자 밀도를 반지름의 함수로써 알려준다. 분명히 기억해야 할 점은 $s$ **오비탈의 경우, 최대 전자 밀도**

2) 다전자 원자에 대하여 수소꼴 오비탈을 사용하는 것은 전자-전자 반발을 무시하는 것으로, 이것은 지나치게 단순화시킨 것이다(10~12쪽 참조).

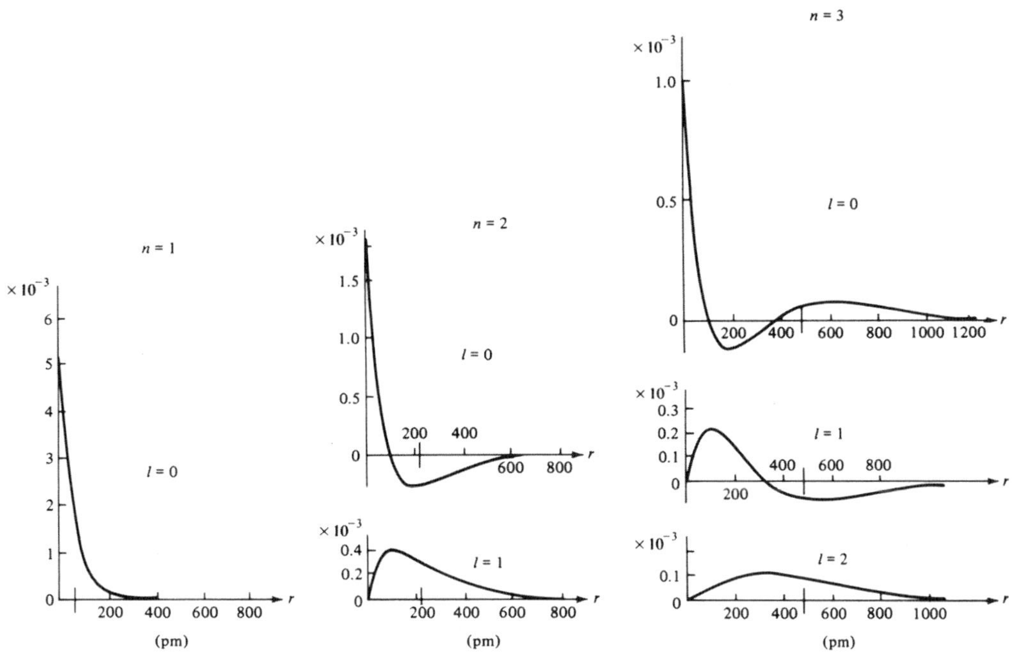


**그림 1.1** $n=1$, 2, 3에 대한 수소의 고유함수의 방사방향 영역. [Herzberg, G. *Atomic Spectra and Atomic Structure*; Dover: New York, 1944]

**가 핵에서 나타나지만, 다른 모든 오비탈의 경우에는 핵에서의 전자 밀도가 0이라는 사실이다.**

문제를 고찰하는 보다 보편적인 방법은 원자가 양파처럼 여러 "층(layer)"으로 이루어졌다고 간주하고, 그림 1.3에 나타낸 것처럼 $r$로부터 $r+dr$까지의 "층"에 있는 전자를 발견할 확률을 알아보는 것이다. 이 얇은 껍질의 부피는 $dV$로 간주할 수 있다. 그러면 구의 부피는 다음과 같다.

$$V = \frac{4\pi r^3}{3} \tag{1.2}$$

$$dV = 4\pi r^2\, dr \tag{1.3}$$

$$R^2\, dV = 4\pi r^2 R^2\, dr \tag{1.4}$$

그림 1.1에 도시된 1$s$ 오비탈에 대한 파동 함수의 방사방향 영역을 살펴보자. 이것을 제곱하고 $4\pi r^2$을 곱하면 그림 1.4에 나타낸 **확률 함수(probability function)**를 얻게 된다. 이 함수의 중요한 특징은 정성적으로는 다음과 같이 설명할 수 있다.

1. $r=0$에서 $4\pi^2R^2=0$이다. 그러므로 핵에서의 이 함수가 갖는 값은 0이어야 한다.[3]
2. $r$의 값이 커지면 $R$은 빠르게 0에 가까워지기 때문에 $4\pi r^2R^2$도 0에 가까워져야 한다.
3. 중간 영역에서는 $r$과 $R$이 한정된 값을 가지기 때문에 $r$의 함수로 나타낸 확률($4\pi r^2R^2$)을 도시하면 극대점이 존재한다. 이 극대점은 Bohr 반지름값인 $r=a_0$에서 나타난다.

2$s$, 2$p$, 3$s$, 3$p$, 3$d$ 오비탈에 대한 유사한 확률 함수들($4\pi r^2$ 인자를 포함하는)도 그림

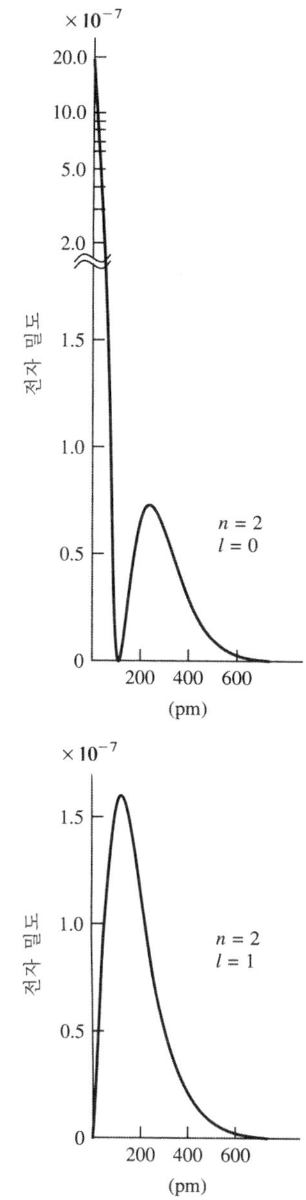


**그림 1.2** 수소 원자의 $n=2$에 대한 방사방향 밀도 함수. 이 함수들은 상대적인 전자 밀도(e $pm^{-3}$)를 핵으로부터의 거리의 함수로써 나타낸다. 이들은 그림 1.1에 주어진 파동 함수들을 제곱하여 얻은 것이다.

---

[3] $r=0$에서 증가분 껍질의 부피인 $dV$가 0이 되므로 수학적 함수도 0이 되어야 한다. 그러나 앞에서 알아본 것처럼, $s$ 오비탈의 경우 핵에는 전자 밀도가 존재한다.

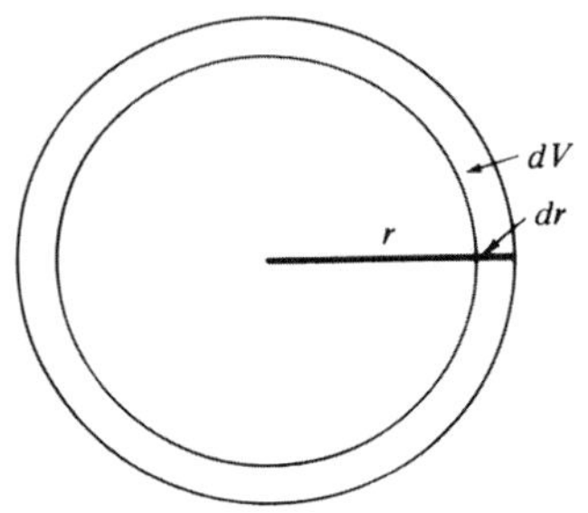


**그림 1.3** 두께가 $dr$인 껍질의 부피.

1.4에 나타내었다. 2*s* 오비탈에 대한 방사방향 함수는 양($r < 2a_0/Z$)이나 음($r > 2a_0/Z$)이지만 확률 함수는 제곱 조작으로 인해 모든 영역에서 양이 됨을 유의하라.

파동 함수에 마디가 존재한다는 것은 공간에서 전자를 발견할 확률이 0이 되는 지점이 존재함을 의미한다. 이것은 "마디에서 발견될 확률이 전혀 없이 전자가 어떻게 마디의 한쪽 편에서 다른 편으로 옮겨갈 수 있을까?"라는 흥미로운 의문이 생기게 된다. 이 질문은 전자가 입자라는 거시적인 편견 때문에 생기게 되는 것이므로 아무런 가치가 없다. 전자를 정류파로 간주하면 아무런 문제가 없는데, 정류파는 마디의 양쪽에 모두 동시에 존재하기 때문이다. 마디는 파동의 거동에서는 아주 보편적으로 존재하며, 개념상의 문제는 전자를 한정된 위치를 갖는 "단단한" 입자로 고려할 때에만 발생된다.

마디와 작은 "부마디 극대점(subnodal maxima)"의 존재는 다른 오비탈들에 있는 전자들의 **에너지**에 대해 큰 영향을 미친다. 이 부마디 극대점들을 갖는 어떤 오비탈(특히, *n*값이 큰 오비탈)에 존재하는 전자는 **침투되고** 있다고 부른다. 즉, 이들은 핵의 영역에서 상당한 전자 밀도를 가진다. 이 현상은 다전자 원자들에서 에너지 준위가 1*s*, 2*s*, 2*p*, 3*s*, 3*p* 등의 순서(8~9쪽 참조)를 갖게 되는 근본적인 이유이다.

## 각 파동 함수

파동 함수의 각(angular) 영역은 전자 구름의 모양을 결정하며, 포함된 오비탈의 형태(*s*, *p*, *d*, *f*)와 공간에서의 배향에 따라 달라진다. 그러나 *s* 또는 $p_z$처럼, 주어진 오비탈의 형태에 대해 각 파동 함수는 주양자수나 에너지 준위와는 무관하다. 몇 가지 대표적인 각 파동 함수는 다음과 같다.

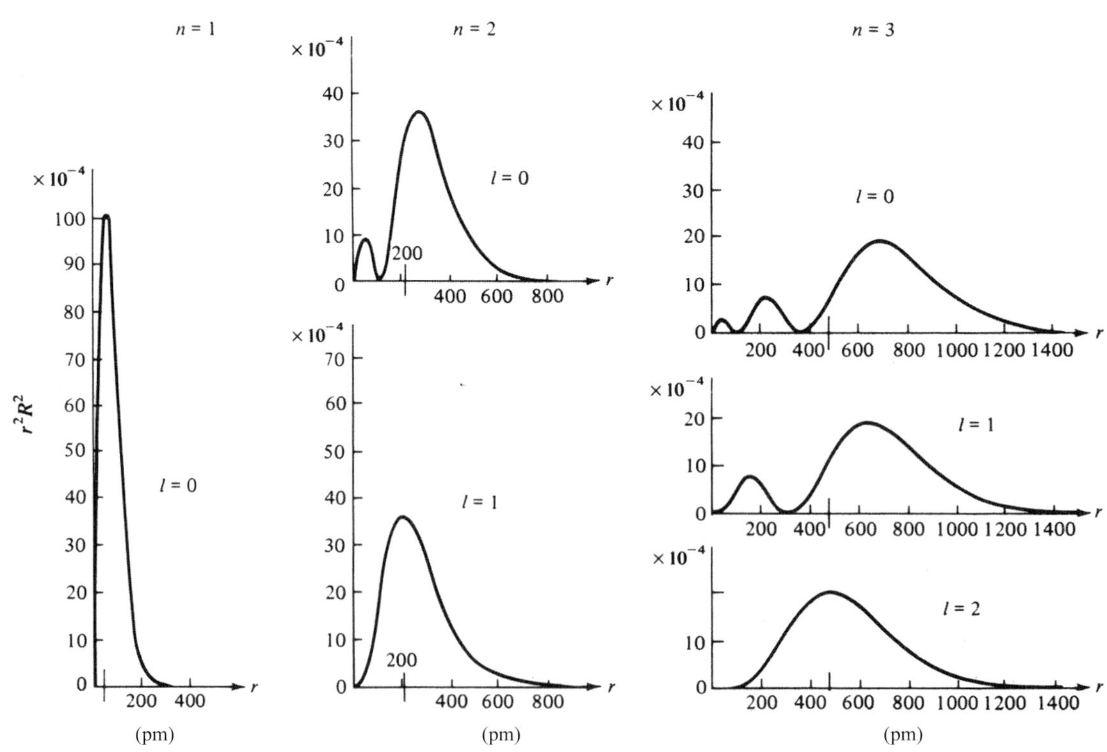


**그림 1.4** 수소 원자의 $n = 1, 2, 3$에 대한 방사방향 확률 함수. 이 함수는 핵으로부터의 거리가 $r$에서 두께가 $dr$인 구형 껍질에서 전자를 발견할 수 있는 확률을 나타낸다. [Herzberg, G. *Atomic Spectra and Atomic Structure*; Dover: New York, 1944]

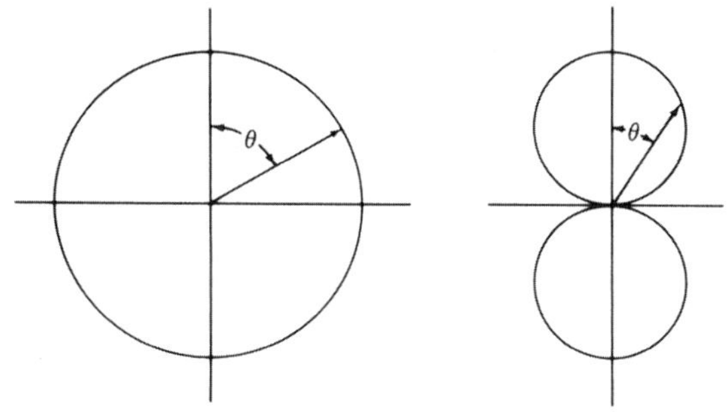


**그림 1.5** 수소꼴 $s$ 오비탈(왼쪽)과 $p$ 오비탈(오른쪽). 삼차원 함수 중에서 이차원만 나타내었다.

| | | |
|---|---|---|
| $l = 0, m_l = 0$ | $\Theta\Phi = [1/(4\pi)]^{1/2}$ | $s$ 오비탈 |
| $l = 1, m_l = 0$ | $\Theta\Phi = [3/(4\pi)]^{1/2} \cos\theta$ | $p_z$ 오비탈 |
| $l = 2, m_l = 0$ | $\Theta\Phi = [5/(16\pi)]^{1/2}(3\cos^2\theta - 1)$ | $d_{z^2}$ 오비탈 |

$s$와 $p_z$ 오비탈에 대한 각 함수는 그림 1.5에 나타내었다. $s$ 오비탈에 대하여, $\Theta\Phi$는 각도와 무관하므로 상수값을 가진다. 그러므로 $s$ 오비탈에 대한 그래프는 원형이거나, 더 적합하게 말하면 삼차원적으로 구형이다. $p_z$ 오비탈에 대해서는 두 개의 서로 접하는 구가 얻어진다. $p_x$와 $p_y$ 오비탈은 공간에서의 모양은 동일하지만 각각 $x$와 $y$축을 따라 배향된다. $d$ 오비탈과 $f$ 오비탈에 대한 상세한 설명은 배위 화합물에서의 결합 형성을 다룰 때까지 미루도록 하고, 여기서는 $d$ 오비탈에 대한 기본적인 각 함수는 네 개의 귓불을 갖는 모양이며, $f$ 오비탈은 여섯 개의 귓불을 갖는 모양이라는 정도만 지적하기로 한다 (그림 1.9 참조).

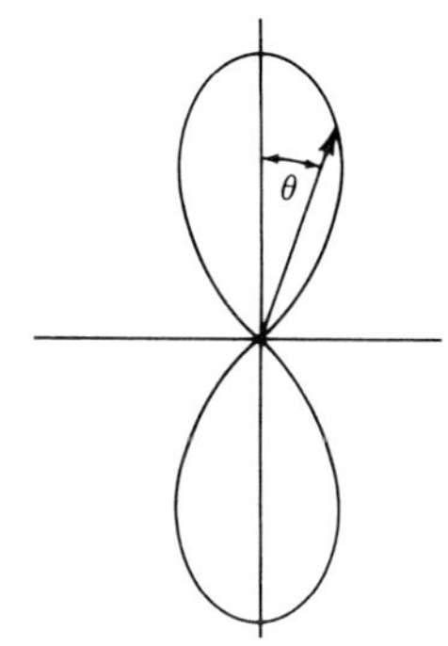


**그림 1.6** 수소꼴 $p$ 오비탈에 대한 각 확률 함수. 삼차원 함수 중에서 이차원만 나타내었다.

우리가 가장 관심을 갖는 것은 전자를 발견할 확률이기 때문에, $\Psi^2$의 각 부분에 해당하는 함수 $\Theta^2\Phi^2$에 대해 알아보아야 한다. 각 함수를 제곱하면 서로 다른 오비탈이 다른

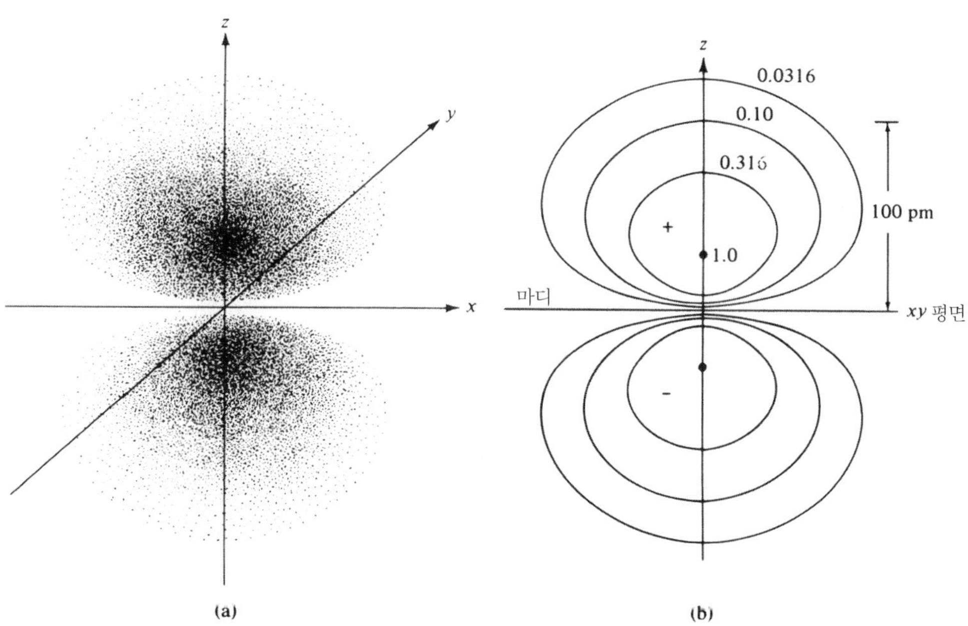


**그림 1.7** (a) 수소꼴 $2p$ 오비탈에서의 전자 밀도에 대한 도식적 표현. (b) 탄소의 수소꼴 $2p_z$ 오비탈의 전자에 대한 등밀도선. 등밀도값은 최대 전자 밀도에 대한 상대값이다. $xy$ 평면은 마디 평면이다. + 와 − 부호는 원래 파동 함수의 부호에 따른 것이다. [등전자 도표: Ogryzlo, E. A.; Porter, G. B. *J. Chem. Educ.* **1963**, *40*, 258.]

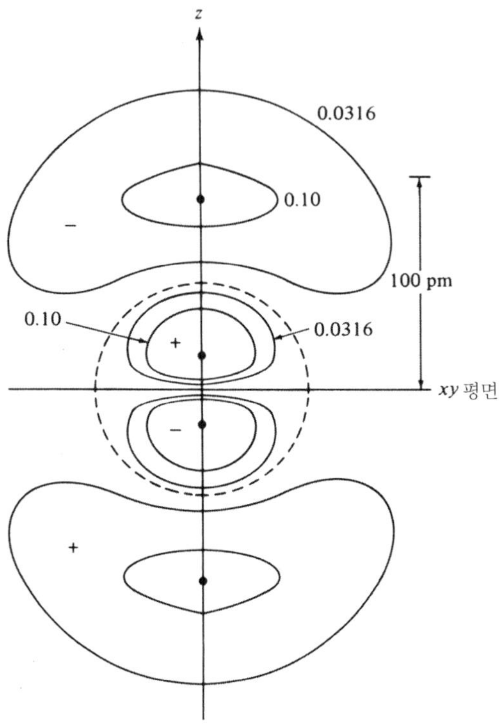


**그림 1.8** 탄소의 수소꼴 $3p_z$ 오비탈에 대한 전자 등밀도선. 등밀도값은 최대 전자 밀도에 대한 상대값이다. *xy* 평면과 반지름이 52 pm인 구(점선)는 마디 평면이다. + 와 − 부호는 원래 파동 함수의 부호에 따른 것이다. [등전자 도표: Ogryzlo, E. A.; Porter, G. B. *J. Chem. Educ.* **1963**, *40*, 256~261.]

방법으로 변한다. *s* 오비탈을 제곱하면 함수가 모든 곳에서 동일하기 때문에 모양에는 아무런 변화가 일어나지 않으며, 따라서 또 다른 구가 얻어진다. 그러나 *p*와 *d* 오비탈의 경우, 더욱 길게 늘어난 모양이 된다(그림 1.6 참조).

그림 1.5나 그림 1.6처럼 분명하지 않은 도시를 "오비탈"로 표시하는 경우가 있는데, 이는 잘못된 것이다. 오비탈은 $\Psi$, $\Psi^2$, $R$, $R^2$, $\Theta\Phi$, $\Theta^2\Phi^2$에 해당하는 것들 중에서 어느 것 하나로 정의할 수 있지만, 그림 1.2, 1.4, 1.5, 1.6은 수학적 함수들이며, 이들을 도시한 것일 뿐이지 원자를 나타내는 것이 아님을 알아야 한다. 화학자들은 전자 구름을 통하여 고려하는 경향이 있기 때문에, 가장 직관적으로 오비탈을 나타내는 "사진"을 제공하는 것은 $\Psi^2$이 될 것이다. 방사방향과 각 확률을 모두 포함하여 전자를 발견할 전체 확률을 보여 주는 방법은 그림 1.7과 1.8에 나타내었다. 전자 밀도는 명암(그림 1.7) 이나 동일한 전자 밀도에 대한 등밀도선(그림 1.8) 로 나타낼 수가 있는데, 후자의 방법이 정량적으로 정확하다.

## 오비탈의 대칭성

그림 1.9는 *s*, *p*, *d*, *f* 오비탈에 대한 파동 함수들의 각 영역을 그려 놓은 것이다. 귓불의 부호는 이들 방향에서 파동 함수의 부호를 나타낸다. 예를 들면, $p_z$ 오비탈에서 $\theta = 90°$이면 $\cos\ \theta = 0$이고, $90° < \theta < 270°$이면 $\cos\ \theta$는 음이 된다. 파동 함수의 부호는 두 결합 오비탈의 겹침을 고려할 때 매우 중요하다. 오비탈의 대칭성은 대개 **점대칭 (gerade)** 과 **비점대칭 (ungerade)** 으로 나타낸다. 그림에서 나타낸 중심의 반전 조작에 대한 동등과 비동등을 의미하는 독일어이다. 어떤 점 A에서 중심의 반대쪽에 있는 상응점 B로 이동하였을 때 파동 함수의 부호가 변하지 않으면 **점대칭**이라고 부른다. *s* 오비탈은 각 파동 함수의 부호가 모든 곳에서 동일한 경우이다. *d* 오비탈(여기서는 두 가지만

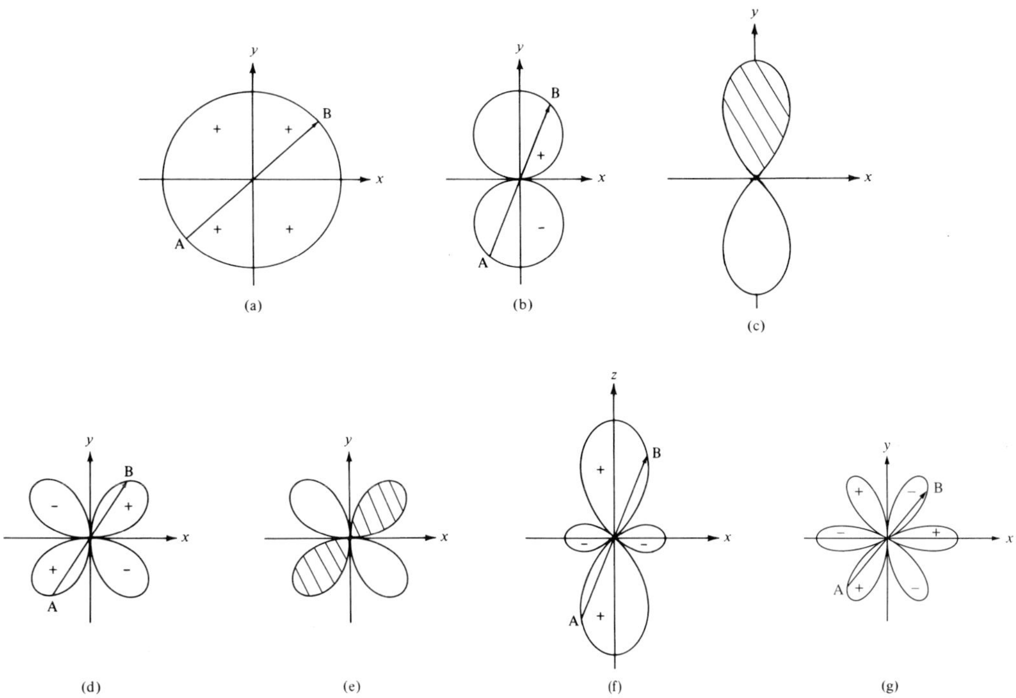


**그림 1.9** 점대칭과 비점대칭을 나타내는 $s$, $p$, $d$, $f$ 오비탈들의 각 파동 함수. (a) $s$ 오비탈, 점대칭; (b) $p$ 오비탈, 비점대칭; (c) $p$ 오비탈의 대칭성에 대한 그림; (d) $d_{xy}$ 오비탈, 점대칭; (e) $d$ 오비탈의 대칭성에 대한 그림; (f) $d_{z^2}$ 오비탈, 점대칭; (f) $f_{z^3}$ 오비탈, 비점대칭.

나타내었다) 도 **점대칭**이다. 그러나 $p$ 오비탈은 반전에 대해 비대칭이고, A에서 B로 이동하면 부호가 변하기 때문에 **비점대칭**이다. 마찬가지로 $f$ 오비탈도 **비점대칭**이다. 이들 오비탈의 대칭 성질을 다르게 표현하면, $s$와 $d$ 오비탈들은 대칭 중심을 갖지만, $p$와 $f$ 오비탈들은 그렇지 않다고 하는 것이다. 오비탈은 중심에 대한 반전을 갖는 대칭성뿐만 아니라 다른 대칭 조작에 대해서도 또 다른 대칭 성질을 가진다. 여기에 대해서는 2장에서 알아볼 것이다.

이 책을 포함한 대부분의 교재에서는 오비탈의 대칭성을 그림 1.9a~g에서 사용한 것처럼 도시된 파동 함수와 표기된 부호로 나타낸다. 그러나 어떤 무기화학이나 유기화학 교재에서는 파동 함수의 부호를 음영으로 나타내기도 한다. 이 방법을 사용한 예가 그림 1.9c와 1.9e이며, 각각 $p$ 오비탈과 $d$ 오비탈을 나타낸 것이다.

화학자들이 흔히 사용하고 있지만 혼동을 줄 수 있는 것이 있다. 그림 1.7과 1.8에는 작은 + 와 − 부호가 표기되어 있다. 숫자는 전자를 발견할 확률을 나타내는 것이기 때문에 모든 곳에서 양이어야 하며, 따라서 + 와 − 부호는 공간의 이들 영역에서 원래 파동 함수, $\mathbf{\Psi}$의 부호를 나타내는 것이다. 예를 들면, 그림 1.8에서는 $p$ 오비탈의 비점대칭에 따른 반전 중심뿐만 아니라 방사방향 파동 함수에 따른 $6\,a_0/Z$에서의 두 번째 마디 (실제로는 구형) 도 존재한다. 이러한 표기는 혼란을 일으킬 수도 있지만 유용성이 있기 때문에 사용되고 있다. $\mathbf{\Psi}^2$ 도시는 원자의 물리적 "사진"을 가시화시키는 데 유용하며, $\mathbf{\Psi}$의 부호는 결합에 대해 중요하다.[4)]

---

4) 이 점에 대해서는 Orchin, M.; Jaffé, H. H.; *The Importance of Antibonding Orbitals*; Houghton Mifflin: Boston, 1967; pp 5~9에 잘 설명되어 있다.

## 오비탈의 에너지

수소 원자의 에너지 준위는 오로지 주양자수에 의해서만 결정된다는 사실이 밝혀졌으며, 이들의 관계는 Bohr 원자에 대해 알려진 것과 같다.

$$E_n = -\frac{2\pi^2 me^4}{n^2h^2} \tag{1.5}$$

여기서 $m$은 전자의 질량이고, $e$는 전하, $n$은 주양자수, $h$는 Planck 상수이다. 에너지와 각운동량의 양자화는 Bohr에 의해 가정으로써 도입되었지만, 전자를 파동으로 취급할 때에도 자연스럽게 적용된다. 주양자수 $n$은 1에서부터 무한대까지의 양의 정수값이다.

$$n = 1, 2, 3, 4, \ldots, \infty$$

가장 낮은(가장 음의 값인) 에너지는 $n$의 최소값($n = 1$)에 해당하고, 에너지는 $n$이 증가하여 무한대에 도달될 때($n = \infty$)까지 증가한다(더 작은 음의 값이 된다). $n$이 무한대일 때에는 전자가 더 이상 원자에 붙들려 있지 않아서 양자화되지는 않지만, 어느 정도의 운동 에너지는 가질 수 있다.

$l$에 대하여 허용되는 값은 0에서 $n-1$까지이다.

$$l = 0, 1, 2, 3, \ldots, n-1$$

양자수 $l$은 전자의 오비탈 각운동량을 측정한 것이며, 오비탈의 "모양"을 결정한다. 오비탈의 형태는 $l = 0, 1, 2, 3, 4, \ldots$의 값에 해당하는 $s, p, d, f, g, \ldots$ 등의 문자로 표시된다. **처음의 네 가지 문자는 분광학적 표기(15쪽 참조)에서 유래된 것이고, 나머지는 알파벳 순서에 따른 것이다.** 앞의 절에서 우리는 여러 가지 각 파동 함수와 이들에 따른 전자의 분포에 대해 알아보았다. 각 파동 함수의 성질은 양자수 $l$ 값에 따라 결정된다.

공간에서 오비탈이 배향될 수 있는 동등한 방법의 수는 $2l+1$이다. 전기장이나 자기장이 없을 경우, 이들 배향은 **축퇴(degenerate)** 된다. 즉, 이들은 에너지가 동일하다. 예를 들어, $p$ 오비탈을 살펴보자. 최대 전자 밀도가 $z$축을 따라 놓이고 $xy$ 평면을 마디로 갖는 어떤 $p$ 오비탈이 가능하다. 동등한 배향은 $x$축이나 $y$축을 따라 최대 전자 밀도를 가진다. 자기장을 걸어주면 세 개의 퇴화된 $p$ 오비탈 세트는 갈라진다. **자기 양자수(magentic quantum number)** $m_l$은 선택된 축, 예를 들면 $z$축을 따르는 각운동량 성분과 관계가 있으며 공간에서 오비탈의 배향을 결정한다. $m_l$은 $-l$에서 $+l$까지의 값을 가진다.

$$m_l = -l, -l+1, \ldots, -1, 0, +1, +2, \ldots, +l$$

그러므로 $l = 1$의 경우에 $m_l = -1, 0, +1$이며, 세 개의 가능한 $p$ 오비탈, $p_x$, $p_y$, $p_z$가 존재한다. 마찬가지로 $l = 2$ ($d$ 오비탈)의 경우에는 $m_l = -2, -1, 0, +1, +2$이고, $l = 3$ ($f$ 오비탈)의 경우에는 $m_l = -3, -2, -1, 0, +1, +2, +3$이다.[5)]

단일 $s$ 오비탈이 구형 대칭인 것처럼, 세 개의 $p$ 오비탈, 다섯 개의 $d$ 오비탈, 일곱 개

---

5) $p_z$와 $d_{z^2}$ 오비탈은 $m = 0$에 해당되지만, 다른 오비탈들과 다른 $m$값에 대해서는 유사한 1:1 대응 관계가 존재하지 않는다. $m_l$이 ±1, 2인 경우에는 함수가 복소 함수이고, $p$와 $d$ 오비탈의 실수 함수에 대해서는 새로운 선형 조합이 될 수 있어야 한다. Moore, W. J. *Physical Chemistry*; Prentice-Hall: Englewood Cliffs, NJ, 1972; p640; Atkins, P. W. *Physical Chemistry*, 4th ed.; Freeman: San Francisco, 1990; p362; Figgis, B. N. *Introduction to Ligand Fields*; Wiley: New York, 1966; pp 9~15 참조.

의 $f$ 오비탈 세트의 합도 구형임은 재미있는 사실이다(Unsöld 정리). 그러므로 채워진 $s$와 $p$ 오비탈의 세트를 갖는 네온과 같은 원자가 "울퉁불퉁한" 전자 구름을 갖는 것처럼 보일지라도, 전체 확률 분포는 완전히 구형이다.

위의 규칙에 따라서 우리는 허용된 $n$, $l$, $m_l$ 값들을 얻게 된다. 앞에서 이들 세 가지 양자수에 대한 특정한 값들의 세트가 수소 원자에 대한 고유함수 또는 오비탈을 결정함을 알았다. 그러므로 가능한 오비탈들은 다음과 같다.

| | | | |
|---|---|---|---|
| $n = 1$ | $l = 0$ | $m_l = 0$ | $1s$ 오비탈 |
| $n = 2$ | $l = 0$ | $m_l = 0$ | $2s$ 오비탈 |
| $n = 2$ | $l = 1$ | $m_l = -1, 0, +1$ | $2p_{(x,y,z)}$ 오비탈 |
| $n = 3$ | $l = 0$ | $m_l = 0$ | $3s$ 오비탈 |
| $n = 3$ | $l = 1$ | $m_l = -1, 0, +1$ | $3p_{(x,y,z)}$ 오비탈 |
| $n = 3$ | $l = 2$ | $m_l = -2, -1, 0, +1, +2$ | $3d_{(z^2, x^2-y^2, xy, xz, yz)}$ 오비탈[6] |
| $n = 4$ | $l = 0$ | $m_l = 0$ | $4s$ 오비탈 |

양자수 $n$, $l$, $m_l$과 오비탈에서의 전자 분포의 물리적 특징 간의 관계는 몇 가지 간단한 규칙으로 요약할 수 있다.

1. 수소 원자 내에서는 $n$값이 낮을수록 오비탈은 더 안정해진다. 수소 원자의 경우, 에너지는 $n$에만 의존한다. 한 개 이상의 전자를 갖는 원자들의 경우에는 양자수 $l$도 중요해진다.
2. 오비탈의 형태는 양자수 $l$에 의해 결정된다.

   $l = 0$, $s$ 오비탈
   $l = 1$, $p$ 오비탈
   $l = 2$, $d$ 오비탈
   $l = 3$, $f$ 오비탈
   $l = 4$, $g$ 오비탈 등

3. 오비탈의 각 형태에는 $2l + 1$개의 오비탈이 존재한다. 즉, 오비탈의 각 세트에는 한 개의 $s$, 세 개의 $p$, 다섯 개의 $d$, 일곱 개의 $f$ 오비탈이 존재한다. 이것은 주어진 $l$ 값에 대해 가정할 수 있는 $m_l$ 값의 수와 동일한데, $m_l$은 오비탈의 배향을 결정하며, 오비탈의 수는 이들이 배향될 수 있는 방법의 수와 같아야 하기 때문이다.
4. $n$번째 에너지 준위에는 $n$가지의 오비탈들의 형태가 존재한다. 예를 들면, 세 번째 에너지 준위는 $s$, $p$, $d$ 오비탈을 가진다.
5. 모든 오비탈의 방사방향 분포 함수에는 $n-l-1$개의 마디가 존재한다. 예를 들면, $3s$ 오비탈은 두 개의 마디를 갖고, $4d$ 오비탈들은 각각 한 개의 마디를 가진다.
6. 모든 오비탈의 각 분포 함수에는 $l$ 개의 마디 표면이 존재한다. 예를 들면, $s$ 오비탈은 마디 표면이 없고, $d$ 오비탈은 두 개의 마디 표면을 가진다.

[6] 이 오비탈들에 대해서는 10장에서 더 자세히 설명하기로 한다.

## 다전자 원자

Unsöld 정리를 제외하면, **지금까지는 Schrödinger 방정식으로 정확하게 풀 수 있는 유일한 원자인 중성 수소 원자만을 대상으로 모든 것을 설명하였다.** 이러한 취급법은 적절한 핵전하값, $Z$를 사용하면 수소와 등전자적인 $He^+$, $Li^{2+}$, $Be^{3+}$처럼 한 개의 전자를 갖는 이온들에까지 쉽게 확장시킬 수 있다. 그 다음으로 가장 단순한 원자인 헬륨은 한 개의 핵과 두 개의 전자로 구성된다. 그러므로 세 가지의 상호작용이 존재한다. 즉, 핵에 대한 전자 1의 인력, 핵에 대한 전자 2의 인력, 그리고 전자 1과 전자 2 사이의 반발력이다. 이것은 물리학에서의 고전적인 삼체 문제의 한 예이며, 정확하게 풀 수 없다. 그러나 일련의 근사법을 사용하면 해를 고도의 정확도를 가진 상태로 근사할 수 있다. 헬륨처럼 단순한 원자들의 경우에는 이 과정이 그다지 어렵지 않지만, 무거운 원자들의 경우에는 고려해야 할 상호작용의 수가 급격히 증가하여 계산은 매우 어려워진다. 여러 가지 근사법이 사용되었지만, 여기서는 비교적 정확한 방법 중의 한 가지에 대하여 개념적으로만 설명하기로 한다. 이 방법은 제안자의 이름을 따서 Hartree-Fock 방법으로 부르거나, **자체일관성 장(self-consistent field)** 방법이라고 부른다. 이 방법에서는 먼저 (1) 원자에 있는 한 전자를 제외하고 각 전자들에 대해 합리적인 파동 함수를 가정하고, (2) 선택한 전자에 대해 핵과 나머지 전자의 장이 미치는 효과를 계산한다. (3) 다른 전자들의 장의 효과를 포함하여 마지막 전자에 대한 파동 함수를 계산한다. 그런 다음 다른 전자를 선택하고, 다른 전자들로부터 얻은 장(먼저 선택된 전자의 개선된 파동 함수로부터 얻어진 기여를 포함한다)을 사용하여 두 번째 전자에 대한 개선된 파동 함수를 계산한다. 이 과정을 모든 전자들에 대한 파동 함수가 개선될 때까지 계속한다. 이러한 순환적 계산은 개선된 파동 함수들에서 무시할 수 있는 변화만 일어날 때까지 수없이 반복된다. 이러한 계산이 끝나는 시점에서 파동 함수는 자체일관적이라고 부르며, 원자를 비교적 정확하게 나타내는 것이다.

이러한 계산은, 수소 이외의 원자에 있는 오비탈도 앞에서 설명한 수소 오비탈을 다룬 기본적인 방법과 다르지 않다는 점을 의미한다. 주요 차이는 증가된 핵전하 때문에 생기는데, 핵전하는 모든 오비탈이 다소 수축되게 만든다. 적절한 핵전하로 수정된 이와 같은 오비탈을 **수소꼴 오비탈(hydrogen-like orbital)** 이라고 부른다. 주어진 주요 에너지 준위 내에서 이들 오비탈의 에너지는 $s < p < d < f$의 순으로 증가한다. 더 높은 에너지 준위들의 경우에는 오비탈의 엇갈림 때문에 $6s < 5d \simeq 4f < 6p$ 등과 같은 에너지 차이 순서도 잘 알려져 있다. 주어진 오비탈의 에너지는 핵전하(원자 번호)에 의존하며, 오비탈의 다른 형태가 서로 다른 정도로 영향을 미친다. 그러므로 모든 원소에 대해 보편적으로 정확하게 되는 오비탈의 단일 에너지 순서는 존재하지 않는다.[7] 그렇지만 $1s < 2s < 2p < 3s < 3p < 4s < 3d < 4p < 5s < 4d < 5p < 6s < 5d \simeq 4f < 6p < 7s < 6d < 5f$의 순서는 매우 유용한 것으로 밝혀졌다. 이 순서에 부합되는 단일 원소는 하나도 없지만, **최외각 전자 또는 원자가전자의 치환**에 대해서는 모든 원소에 대해 놀랄 정도로 정확하다. 예를 들면, 포타슘에 있는 원자가전자는 $3d$와 $4s$ 오비탈 중에 있어야 하는데, 위의 계열에서 예측한 대로 $4s$ 오비탈에서 발견된다. 위의 순서는 **에너지 준위들을 채울 때에도 개략적인 지침으로만**

7) Pialr, F. L. *J. Chem. Educ.* **1978**, 55, 2~6. Scerri, E. R. *Ibid.* **1989**, 66, 481~483. Vanquickenborne, L. G.; Pierloot, K.; Devoghel, D. *Inorg. Chem.* **1989**, 28, 1805~1813.

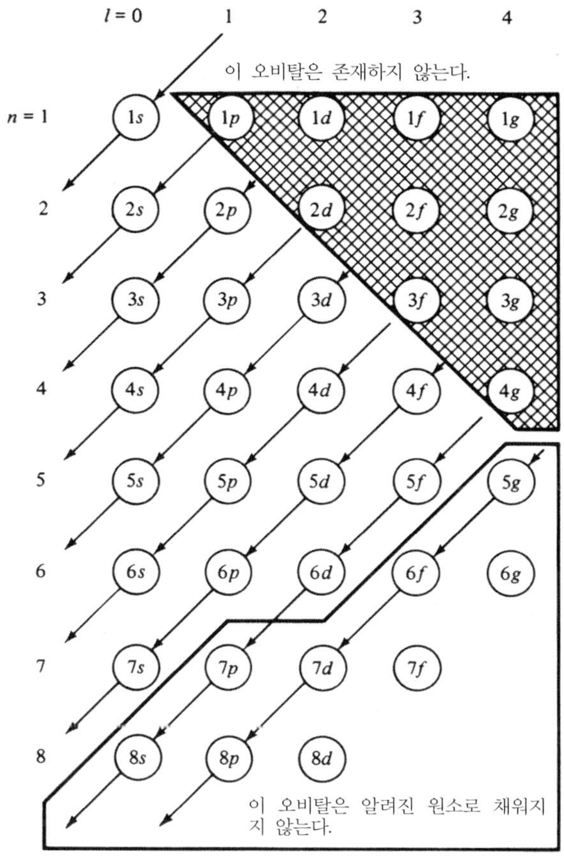


**그림 1.10** 오비탈을 채우는 순서를 결정하는 기억법(근사법) [Moeller, T. *Inorganic Chemistry*; Wiley: New York, 1952.].

**고려**하여야 한다(12쪽의 "aufbau 원리" 참조). **오비탈은 많은 경우에 에너지가 매우 비슷하며, 원자 구조의 작은 변화에도 두 에너지 준위가 역전될 수 있고, 채워지는 순서가 변한다.** 그럼에도 불구하고 예외가 있을 수 있다는 점을 주의하기만 한다면 위의 순서는 전자 구조를 완성하는 데 유용한 지침이 된다. Moeller는 암기에 도움이 되는 도표를 제안하였다(그림 1.10).[8] 전자를 채우는 순서를 기억하려면, 화살표를 따라 한 오비탈에서 다음 오비탈로 전자를 채워나가기만 하면 된다.

## 전자 스핀과 Pauli 원리

상자 속 입자를 다룰 때 예상할 수 있었던 것처럼, 원자들에 있는 전자들의 공간적 분포를 나타내려면 세 가지 양자수가 필요하다. 원자에 있는 한 전자를 완전하게 나타내려면, 스핀 양자수라고 부르는 네 번째 양자수($m_s$)가 규정되어야 한다. 모든 전자는 자기 모멘트와 관련이 있는데, 자기 모멘트는 두 가지의 가능한 배향, 즉 외부 자기장과 같은 방향이거나 반대 방향으로 양자화되기 때문이다. 자기 모멘트의 크기는 다음과 같다.

$$\mu = 2.00\sqrt{s(s+1)} \tag{1.6}$$

여기서 자기 모멘트($\mu$)는 Bohr 마그네톤[$(eh)/(4\pi m)$][9]이며, $s = |m_s|$이다. 스핀 양자수의 허용된 값은 $\pm\frac{1}{2}$이다. 두 개의 전자를 갖는 원자의 경우, 스핀은 서로 같은 방향($S$

---

[8] Moeller, T. *Inorganic Chemistry*; Wiley: New York, 1952; p97.
[9] SI에서 Bohr 마그네톤값은 $9.27 \times 10^{-24}$이고, 단위는 A m$^2$ 또는 J T$^{-1}$이다.

= 1) 이거나 반대 방향이므로 상쇄 ($S = 0$) 된다. 후자의 상황에서 전자들은 **짝진다 (paired)** 라고 부른다. 짝진 전자들만 갖는 원자 ($S = 0$) 들을 자기장 속에 놓으면 자기장을 약간 밀어내기 때문에 **반자기성 (diamagnetic)** 이라고 부른다. 한 개 이상의 홀전자를 갖는 원자 ($S \neq 0$) 들은 자기장에 강하게 끌리며, **상자기성 (paramagnetic)** 이라고 부른다.

같은 스핀을 갖는 전자들은 서로 강하게 반발하고 공간에서 다른 영역을 점유하려는 경향을 가진다. 이것은 **Pauli 배타 원리 (Pauli exclusion principle)** 로 알려진 자연의 근본 법칙 때문에 나타난다. 이 원리는 전체 파동 함수(스핀을 포함하여)들은 계에서 전자들의 어떤 쌍이 교환될 때 부호가 변하여야 함을 설명한다. 즉, 두 전자들이 같은 스핀을 가지면, 이들은 서로 다른 공간 파동 함수들을 가져야 하고(즉, 다른 오비탈들), 이들이 같은 오비탈을 채울 때에는 반드시 짝진 스핀을 가져야 함을 의미한다. 화학에서 Pauli 원리와 Pauli 반발력[10]은 큰 영향력을 가진다. 지금은 이 원리를 다음과 같이 설명한다. **주어진 원자에서 네 가지 양자수를 모두 동일하게 갖는 두 개의 전자는 존재할 수 없다.** 이것은 $n$, $l$, $m_l$로 규정된 주어진 오비탈에는 최대로 두 개의 전자만 존재할 수 있음을 의미한다 ($m_s = +\frac{1}{2}$과 $m_s = -\frac{1}{2}$).

그러면 9쪽의 규칙에 다음의 일곱 번째 규칙을 추가할 수 있다.

7. 각 오비탈은 두 개의 전자를 포함할 수 있으며, 허용되는 두 가지 값은 $m_s = \pm\frac{1}{2}$ 이다.

## Aufbau 원리

**전자 배치 (electron configuration)** 또는 오비탈에서의 전자 분포는 Pauli의 원리와 앞에서 제시된 에너지 준위의 순서를 적용하면 결정될 수 있다. 가장 낮은 에너지를 갖는 **(바닥 상태)** 적절한 전자 배치를 결정하기 위해서 **aufbau 원리 (aufbau principle)** 또는 한 번에 한 단계씩 원자를 "축조"하는 방법을 사용한다. 양성자는 핵에 첨가되고 전자는 오비탈에 첨가되어 원하는 원자가 구성된다. 이 방법은 원하는 전자 배치에 이르기까지의 형식적인 수단에 불과하지만 매우 유용하다.

양자수 $n$, $l$, $m_l$을 다양하게 조합하면 원자의 가능한 오비탈들을 나타낼 수 있다. 이들 오비탈은 에너지에 따라서 배열될 수 있다. 수소 원자에 대한 바닥 상태는 가장 낮은 오비탈, 1$s$에 한 개의 전자를 갖는 상태가 될 것이다. 이 전자의 스핀은 무질서하게 배향되어 있을 것이다. 다량의 수소 원자들을 자기장 속에 넣어 주면 절반은 어떤 한 방향으로, 나머지 절반은 반대 방향으로 배향될 것이다. 그러므로 수소 원자에 대한 네 가지 양자수 ($n$, $l$, $m_l$, $m_s$) 는 (1, 0, 0, $\pm\frac{1}{2}$) 이 된다. 헬륨 원자의 경우, 수소 원자에서 핵에 한 개의 양성자를 추가하고 두 번째 전자를 더한다. 이 두 번째 전자에 대한 처음의 세 가지 양자수는 수소 원자의 것과 동일할 것이지만(즉, 전자는 가능한 가장 낮은 에너지를 갖는 1$s$ 오비탈을 취할 것이다), 스핀은 첫 번째 전자와는 반대가 되어야 한다. 그러므로 헬륨 원자에 있는 두 전자에 대한 양자수들은 각각 (1, 0, 0, $+\frac{1}{2}$) 과 (1, 0, 0, $-\frac{1}{2}$) 이다. 그래서 1$s$ 오비탈이 채워졌고, 리튬 원자를 형성하기 위한 세 번째 전자를 추가하려면 그 다

---

10) Pauli "힘"은 고전적인 상호작용은 아니고 양자 역학의 성질 때문에 생기는 것이다. 화학에서는 Pauli 원리로부터 나오는 "반발"과 "안정화 에너지"가 일상적으로 사용되지만, 이들은 스핀-스핀 상호작용으로부터 직접 생기는 것이 아니라 Pauli 배타 원리에서 요구되는 공간적 분포로 인한 정전기적 에너지로부터 생기는 것이다. Kauzman, W. J. *Quantum Chemistry*; Academic: New York, 1957; pp 319~320; Masten, F. A. *J. Am. Chem. Soc.* **1970**, 92, 3525~3538.

**표 1.1**
원소들의 전자 배치[a].

| $Z$ | 원소 | 전자 배치 | $Z$ | 원소 | 전자 배치 |
|---|---|---|---|---|---|
| 1 | H | $1s^1$ | 31 | Ga | $[Ar]3d^{10}4s^24p^1$ |
| 2 | He | $1s^2$ | 32 | Ge | $[Ar]3d^{10}4s^24p^2$ |
| 3 | Li | $[He]2s^1$ | 33 | As | $[Ar]3d^{10}4s^24p^3$ |
| 4 | Be | $[He]2s^2$ | 34 | Se | $[Ar]3d^{10}4s^24p^4$ |
| 5 | B | $[He]2s^22p^1$ | 35 | Br | $[Ar]3d^{10}4s^24p^5$ |
| 6 | C | $[He]2s^22p^2$ | 36 | Kr | $[Ar]3d^{10}4s^24p^6$ |
| 7 | N | $[He]2s^22p^3$ | 37 | Rb | $[Kr]5s^1$ |
| 8 | O | $[He]2s^22p^4$ | 38 | Sr | $[Kr]5s^2$ |
| 9 | F | $[He]2s^22p^5$ | 39 | Y | $[Kr]4d^15s^2$ |
| 10 | Ne | $[He]2s^22p^6$ | 40 | Zr | $[Kr]4d^25s^2$ |
| 11 | Na | $[Ne]3s^1$ | 41 | Nb | $[Kr]4d^45s^1$ |
| 12 | Mg | $[Ne]3s^2$ | 42 | Mo | $[Kr]4d^55s^1$ |
| 13 | Al | $[Ne]3s^23p^1$ | 43 | Tc | $[Kr]4d^55s^2$ |
| 14 | Si | $[Ne]3s^23p^2$ | 44 | Ru | $[Kr]4d^75s^1$ |
| 15 | P | $[Ne]3s^23p^3$ | 45 | Rh | $[Kr]4d^85s^1$ |
| 16 | S | $[Ne]3s^23p^4$ | 46 | Pd | $[Kr]4d^{10}$ |
| 17 | Cl | $[Ne]3s^23p^5$ | 47 | Ag | $[Kr]4d^{10}5s^1$ |
| 18 | Ar | $[Ne]3s^23p^6$ | 48 | Cd | $[Kr]4d^{10}5s^2$ |
| 19 | K | $[Ar]4s^1$ | 49 | In | $[Kr]4d^{10}5s^25p^1$ |
| 20 | Ca | $[Ar]4s^2$ | 50 | Sn | $[Kr]4d^{10}5s^25p^2$ |
| 21 | Sc | $[Ar]3d^14s^2$ | 51 | Sb | $[Kr]4d^{10}5s^25p^3$ |
| 22 | Ti | $[Ar]3d^24s^2$ | 52 | Te | $[Kr]4d^{10}5s^25p^4$ |
| 23 | V | $[Ar]3d^34s^2$ | 53 | I | $[Kr]4d^{10}5s^25p^5$ |
| 24 | Cr | $[Ar]3d^54s^1$ | 54 | Xe | $[Kr]4d^{10}5s^25p^6$ |
| 25 | Mn | $[Ar]3d^54s^2$ | 55 | Cs | $[Xe]6s^1$ |
| 26 | Fe | $[Ar]3d^64s^2$ | 56 | Ba | $[Xe]6s^2$ |
| 27 | Co | $[Ar]3d^74s^2$ | 57 | La | $[Xe]5d^16s^2$ |
| 28 | Ni | $[Ar]3d^84s^2$ | 58 | Ce | $[Xe]4f^26s^2$ |
| 29 | Cu | $[Ar]3d^{10}4s^1$ | 59 | Pr | $[Xe]4f^36s^2$ |
| 30 | Zn | $[Ar]3d^{10}4s^2$ | 60 | Nd | $[Xe]4f^46s^2$ |

음으로 에너지가 낮은 상태인 $2s$ 오비탈을 사용하여야 한다. 처음의 다섯 원소에 대한 전자 배치와 이들의 마지막 전자에 대한 양자수들은 다음과 같다.[11)]

$$
\begin{array}{ll}
{}_1\mathrm{H} = 1s^1 & 1, 0, 0, \pm\frac{1}{2} \\
{}_2\mathrm{He} = 1s^2 & 1, 0, 0, \pm\frac{1}{2} \\
{}_3\mathrm{Li} = 1s^22s^1 & 2, 0, 0, \pm\frac{1}{2} \\
{}_4\mathrm{Be} = 1s^22s^2 & 2, 0, 0, \pm\frac{1}{2} \\
{}_5\mathrm{B} = 1s^22s^22p^1 & 2, 1, 1, \pm\frac{1}{2}
\end{array}
$$

이 과정은 전체 원소에 대한 목록이 완성될 때까지 한 번에 한 개씩의 전자를 더하여 반

11) H, Li, B에 있는 홀전자에 대한 $m_s$값은 당연히 명확하지 않으며, $+\frac{1}{2}$ 또는 $-\frac{1}{2}$이다. He와 Be의 $s$ 오비탈에 들어가는 두 번째 전자에 대한 값은 첫 번째 전자와는 반대가 된다. 마찬가지로, 붕소의 마지막 전자는 $p_x$, $p_y$, $p_z$에 들어갈 수 있는데, 이들은 모두 에너지가 동일하기 때문에 위에서 $m_l$값은 임의로 주어진 것이다.

**표 1.1 (계속)**
원소들의 전자 배치[a]

| Z | 원소 | 전자 배치 | Z | 원소 | 전자 배치 |
|---|---|---|---|---|---|
| 61 | Pm | $[Xe]4f^{5}6s^{2}$ | 83 | Bi | $[Xe]4f^{14}5d^{10}6s^{2}6p^{3}$ |
| 62 | Sm | $[Xe]4f^{6}6s^{2}$ | 84 | Po | $[Xe]4f^{14}5d^{10}6s^{2}6p^{4}$ |
| 63 | Eu | $[Xe]4f^{7}6s^{2}$ | 85 | At | $[Xe]4f^{14}5d^{10}6s^{2}6p^{5}$ |
| 64 | Gd | $[Xe]4f^{7}5d^{1}6s^{2}$ | 86 | Rn | $[Xe]4f^{14}5d^{10}6s^{2}6p^{6}$ |
| 65 | Tb | $[Xe]4f^{9}6s^{2}$ | 87 | Fr | $[Rn]7s^{1}$ |
| 66 | Dy | $[Xe]4f^{10}6s^{2}$ | 88 | Ra | $[Rn]7s^{2}$ |
| 67 | Ho | $[Xe]4f^{11}6s^{2}$ | 89 | Ac | $[Rn]6d^{1}7s^{2}$ |
| 68 | Er | $[Xe]4f^{12}6s^{2}$ | 90 | Th | $[Rn]6d^{2}7s^{2}$ |
| 69 | Tm | $[Xe]4f^{13}6s^{2}$ | 91 | Pa | $[Rn]5f^{2}6d^{1}7s^{2}$ |
| 70 | Yb | $[Xe]4f^{14}6s^{2}$ | 92 | U | $[Rn]5f^{3}6d^{1}7s^{2}$ |
| 71 | Lu | $[Xe]4f^{14}5d^{1}6s^{2}$ | 93 | Np | $[Rn]5f^{4}6d^{1}7s^{2}$ |
| 72 | Hf | $[Xe]4f^{14}5d^{2}6s^{2}$ | 94 | Pu | $[Rn]5f^{6}7s^{2}$ |
| 73 | Ta | $[Xe]4f^{14}5d^{3}6s^{2}$ | 95 | Am | $[Rn]5f^{7}7s^{2}$ |
| 74 | W | $[Xe]4f^{14}5d^{4}6s^{2}$ | 96 | Cm | $[Rn]5f^{7}6d^{1}6s^{2}$ |
| 75 | Re | $[Xe]4f^{14}5d^{5}6s^{2}$ | 97 | Bk | $[Rn]5f^{9}7s^{2}$ |
| 76 | Os | $[Xe]4f^{14}5d^{6}6s^{2}$ | 98 | Cf | $[Rn]5f^{10}7s^{2}$ |
| 77 | Ir | $[Xe]4f^{14}5d^{7}6s^{2}$ | 99 | Es | $[Rn]5f^{11}7s^{2}$ |
| 78 | Pt | $[Xe]4f^{14}5d^{9}6s^{1}$ | 100 | Fm | $[Rn]5f^{12}7s^{2}$ |
| 79 | Au | $[Xe]4f^{14}5d^{10}6s^{1}$ | 101 | Md[b] | $[Rn]5f^{13}7s^{2}$ |
| 80 | Hg | $[Xe]4f^{14}5d^{10}6s^{2}$ | 102 | No[b] | $[Rn]5f^{14}7s^{2}$ |
| 81 | Tl | $[Xe]4f^{14}5d^{10}6s^{2}6p^{1}$ | 103 | Lr[b] | $[Rn]5f^{14}6d^{1}7s^{2}$ |
| 82 | Pb | $[Xe]4f^{14}5d^{10}6s^{2}6p^{2}$ | 104 | Rf[b] | $[Rn]5f^{14}6d^{2}7s^{2}$ |

[a] Moore, C.E. *Ionization Potentials and Ionization Limits Derived from the Analyses of Optical Spectra*, NSRDS-NBS 34; National Bureau of Standards: Washington, DC, 1970, except for the data on the actinides, which are from *The Chemistry of the Actinide Elements;* Katz, J.J.; Seaborg, G. T.; Morss, L. R., Eds.; Chapman and Hall; New York, 1986; Vol. 2.
[b] 예측되는 배치

복될 수 있다. 원소들의 전자 배치에 대한 완성 목록은 표 1.1에 나타내었다. 실험적으로 얻은 전자 배치들과 aufbau 원리에 기초하여 구성된 전자 배치들 간에는 몇 가지 차이만이 존재한다. 예외가 발생하는 모든 경우에서, 포함된 에너지 준위들은 매우 가까운 상태이기 때문에 위의 설명만으로는 해명할 수 없는 요인들에 의해 에너지 준위들이 역전된다. 예를 들면, $(n-1)d$와 $ns$ 준위들이 채워질 때에는 후자가 약간 더 낮은 에너지 상태를 가지면서 아주 가깝게 놓인다. 부껍질이 완전히 채워지거나 절반이 채워질 때처럼 특별한 안정성이 발생되면(16쪽과 10장 참조), 가장 안정한 배열은 $(n-1)d^{x}ns^{2}$가 아닐 수도 있다. Cr과 Cu 원자에서는 절반과 완전히 채워진 부껍질들과 관련된 여분의 안정성으로 인해 단리된 원자들의 바닥 상태 전자 배치는 각각 $3d^{4}4s^{2}$와 $3d^{9}4s^{2}$ 대신 $3d^{5}4s^{1}$과 $3d^{10}4s^{1}$가 된다. 그러나 이러한 형태의 벗어남을 너무 중요하게 생각할 필요는 없다. 이 두 원소가 화학에 미치는 효과는 미미하다. 구리는 +1의 산화 상태($3d^{10}4s^{0}$)도 비교적 안정하지만, 대부분의 화학적 환경에서는 +2인 상태가 훨씬 더 안정하다. 크로뮴의 경우, 수용액에서 가장 안정한 이온은 $Cr^{3+}$이며, $Cr^{2+}$ 이온과 Cr(VI) 산화 상태($CrO_4^{2-}$)도 비교적 안정하지만, Cr(I) 산화 상태는 실제로 알려진 것이 없다. $Cu^{2+}$와 $Cr^{3+}$(많은 다른 전이 금속 이온도 마찬가지이다)의 경우에 안정한 산화 상태들을 결정할 때, 이들의 전자 배치보다는 착물에서의 리간드장 효과가 훨씬 더 중요하다.

란타넘족 원소(58~71번 원소들)와 바로 뒤의 원소에서 $5d$와 $4f$ 준위들은 매우 가깝다. 란타넘 원자에서 57번째 전자는 $4f$가 아니라 $5d$ 준위에 들어간다. 그런 다음 $4f$ 준위가 채워지기 시작하며, 몇몇 란타넘족 원소는 $5d$ 전자들을 갖지 않는다. $5d^{n+1}4f^{m}$ 배치와 $5d^{n}4f^{m+1}$ 배치 사이의 에너지 차이는 매우 작다. 모든 란타넘족 원소들은 $6s^25d^14f^n$ 전자 배치를 갖는 것으로 기억하는 것이 편리하며, 따라서 가장 안정한 산화 상태는 항상 세 개의 전자($6s$와 $5d$)를 잃은 것에 해당한다.

Aufbau 원리와 앞에서 주어진 오비탈의 순서는 전자 배치를 결정할 때 사용될 수 있지만, 형식적인 수단에 불과하기 때문에 지나치게 확장시켜 사용하면 심각한 오류가 생길 수 있음을 다시 강조한다. 그림 1.10에 나타낸 순서는 원자의 원자가껍질에 해당하는 오비탈을 다룰 때에는 상당히 정확하다. 예를 들면, 포타슘과 이트륨 원소에 대해서는 에너지가 각각 $3d > 4s$와 $5p > 4d$이다. 그러나 다른 원소들에 대해서는 이 순서가 달라진다.

## 원자 상태, 항기호 및 Hund 규칙

원자의 에너지, 각운동량 및 스핀 다중도를 기호로 지정할 수 있게 되면 편리하다. 예를 들면, 수소 원자의 경우 우리는 한 개의 전자가 $s$, $p$, $d$, $f$ 오비탈 중에서 어떤 오비탈을 점유하느냐에 따라 $S$, $P$, $D$, $F$ 상태를 규정하게 될 것이다. 수소의 바닥 상태인 $1s^1$은 $S$ 상태이고, $2p^1$ 배치로 들뜬 수소 원자는 $P$ 상태에 있다. 다전자 원자들의 경우 $P$ 상태에 있는 원자는 $P$ 상태에 있는 수소 원자와 동일한 전체 각운동량(모든 전자에 대한) 을 가진다. $S$, $P$, $D$, $F$, . . . 상태에 해당하는 양자수는 $L = 0$, 1, 2, 3, 4, . . .이며, $s$, $p$, $d$, $f$, . . . 오비탈에 대한 $l$ 값과 같은 방식이다.[12] 모든 전자 스핀의 합을 나타내는 양자수 $S$ (바로 앞의 $S$ 상태와 혼동하면 안 된다) 도 존재한다. 완전히 채워진 껍질이나 부껍질의 경우, 모든 전자는 짝짓고 있으므로 $S = 0$이 됨은 분명하다. 이보다는 좀 덜 명확하지만 이러한 조건에서는 모든 오비탈 모멘트도 상쇄되기 때문에 $L = 0$이다. 이 상태는 상태들과 항기호들을 사용하는 작업을 크게 단순화시킨다.

화학자들은 **다중도(multiplicity)** 라는 개념을 자주 사용하는데, 이 개념은 원래 스펙트럼에서 나타나는 선의 수로부터 나온 것이다. 다중도는 홀전자의 수와 관련이 있으며, 일반적으로 $2S + 1$로 나타낸다. 그러므로 $S = 0$이면 다중도는 1이고 이 상태를 단일항(singlet) 이라고 부른다. $S = \frac{1}{2}$이면 다중도는 2가 되고, 이 상태는 이중항(doublet) 이다. $S = 1$이면 삼중항(triplet) 이다. Hund의 **최대 다중도 규칙(rule of maximum multiplicity)** 은 원자의 바닥 상태는 가장 큰 다중도(즉, 가장 큰 $S$ 값)를 갖는 상태가 되어야 함을 주장한다. 탄소 원자($= 1s^22s^22p^2$)를 살펴보자. 완전히 채워진 $1s^2$와 $2s^2$ 오비탈은 무시한다. 두 개의 $2p$ 전자는 짝짓고 있거나($S = 0$), 다른 오비탈에서 평행한 스핀($S = 1$) 을 갖고 있을 것이다. Hund 규칙은 후자인 삼중항 상태가 바닥 상태가 될 것임을 예측하게 해 준다. 이 상태에서는 $L = 1$이 되기 때문에, 탄소의 바닥 상태는 $^3P$(삼중항-$P$) 라고 말한다. "$^3P$"는 **항기호(term symbol)** 라고 부른다.

---

12) 이 설명은 역사적 과정과는 반대이다. $S$, $P$, $D$, $F$ 상태는 분광학적으로 관찰되었는데, 스펙트럼의 특성인 *sharp*, *principal*, *diffuse*, *fundamental* 특성에 따라 명명되었다. 그 후에 기호 $s$, $p$, $d$, $f$는 오비탈에 적용되었다. 가능한 여러 가지 $L$ 값과 항 기호를 확인하는 방법은 오비탈 각 운동량과 전자의 각운동량 간의 짝지음에 관한 일반적인 주제와 함께 부록 C에 수록하였다.

여러 목적을 위하여 전자 배치를 "상자 도표"로 그리는 것이 편리한데, 상자들은 각각의 오비탈들을 나타내고, 전자와 전자의 스핀은 화살표로 표시한다.

| $1s^2$ | $2s^2$ | $2p^2$ | | |
|---|---|---|---|---|
| ↑↓ | ↑↓ | ↑ | ↑ | |

이러한 방법은 전자를 분류하여 각각의 상자에 넣을 수 있기 때문에 매우 유용해진다. 그러나 부적절하게 사용되면 오류를 범하게 될 수도 있는데, 특히 항기호의 경우 오류를 범하게 될 수도 있으므로 주의해야 한다.

Hund 규칙은 고스핀 상태에 있는 전자들 간에는 반발력이 줄어든다고 가정하여 그 상태가 안정화됨을 설명해왔다. 그러나 지금까지 우리는 동일한 스핀을 갖는 전자들은 밀접하게 관련되고, 반대 스핀을 갖는 전자들보다 실제로 더 강하게 반발한다고 알고 있다(12쪽). 그러나 평행한 스핀의 전자들은 서로 회피하기 때문에, 이들은 핵으로부터 서로를 덜 가리고, 전자-핵 인력이 더 커져서 우세하게 된다. 따라서 전체 에너지는 낮아진다.[13)]

평행한 스핀의 배치가 가진 여분의 안정도는 **교환 에너지(exchange energy)**로 주어진다.

$$E_{\text{교환}} = \sum \frac{N(N-1)}{2} K \qquad \textbf{(1.7)}$$

여기서 $N$은 평행한 스핀을 갖는 전자들의 수이다. 교환 에너지는 $N$의 이차 함수이므로, 평행한 스핀의 수가 증가함에 따라 $0\frac{K}{2}(N=1)$, $2\frac{K}{2}(N=2)$, $6\frac{K}{2}(N=3)$으로 급격하게 증가한다. 평행한 스핀의 수는 완전히 채워지거나 절반이 채워진 부껍질에서 최대가 되기 때문에, 교환 에너지는 이러한 배치들에서의 "특별한 안정도"에 대해 기여하게 된다.[14)]

## 원소의 주기성

여러 가지 원소들을 다루는 화학자들에게는 주기율표가 너무나 중요하다. 주기율표는 수많은 화학자들의 힘든 노력을 통해 만들어졌다. 그리고 이 표에는 원소들의 주기성에 대한 양자 역학적 기초가 존재하는데, 간단하게 살펴볼 것이다. 그러나 Mendeleev와 같은 과학자들의 영감에 의한 발상과 19세기 화학자들의 노력은 화학자들에게 전자의 존재가 입증된 것보다 반 세기 정도나 앞서 주기율표를 이미 사용하게 만들었다. Mendeleev가 자신의 주기율표에 대해 가졌던 확신과 예측은 전자의 존재에 기초한 것이었다.[15)]

통상적인 장주기형 주기율표(그림 1.11)는 앞에서 주어진 원자 구조의 규칙들을 도식적으로 나타낸 것으로 생각할 수 있다. 원자들의 배열은 자연스럽게 aufbau 원리를 따른다. 장주기형 주기율표의 여러 족은 다음과 같이 분류될 수 있다.

---

13) Boyd, R. J. *Nature*. **1984**, *310*, 480~481.

14) Blake, A. B. *J. Chem. Educ.* **1981**, *58*, 393~398.

15) Weeks, M. E.; Leicester, H. M. *Discovery of the Elements*, 7th ed.; Chemical Education Publishing: Easton, PA, 1968 참조.

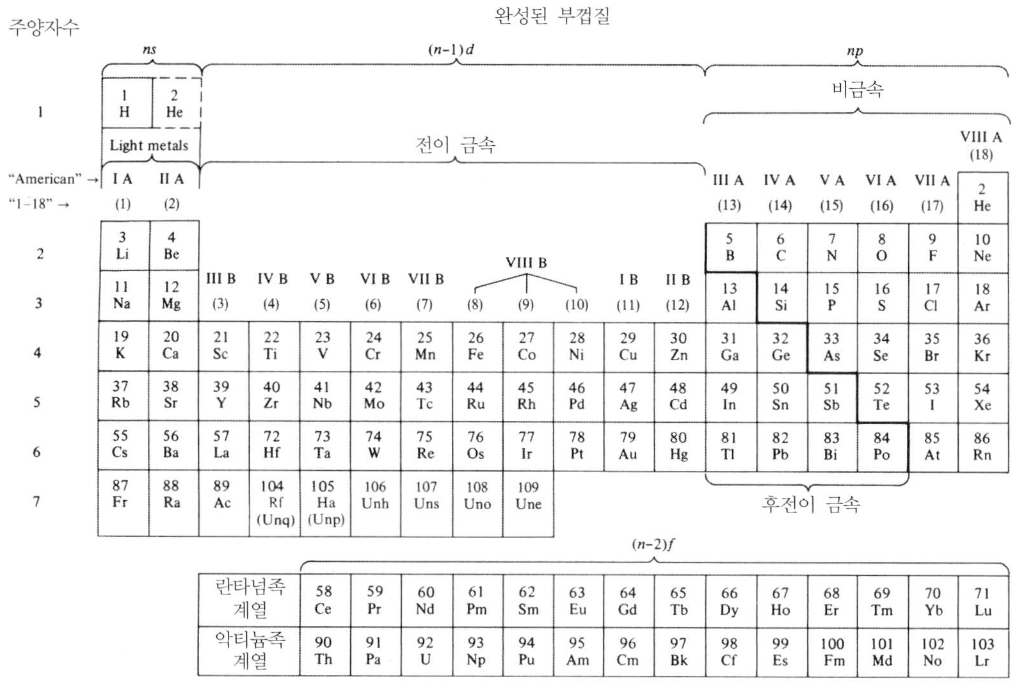


**그림 1.11** 원소의 주기율표.

1. "*s*" **구역 원소: IA족과 IIA족(첫째와 둘째 열), 알칼리 및 알칼리 토금속.** 이 원소들을 "가벼운 원소"라고 부르기도 한다. 이들은 불활성 기체 배치를 갖는 원자의 핵심부 바깥에 $ns^1$ 또는 $ns^2$의 전자 배치를 가진다.
2. "*d*" **구역 원소: "B" 족(3~12열), 전이 금속.** 바닥 상태에 있는 이 원소들의 원자들은 채워지고 있는 *d* 오비탈이 존재하는 전자 배치를 갖는 특성이 있다.[16] 예를 들면, 첫째 계열은 Sc ($4s^2 3d^1$) 에서 시작하여 Zn ($4s^2 3d^{10}$) 까지 이어진다. 이들 열 개의 원소는 같은 족의 맨 위에 자리하며, 그 족을 대표한다(예: 크로뮴족, VIB, 6).
3. "*f*" **구역 원소: 란타넘족과 악티늄족 원소들.** 이 두 계열은 IIIB(3)족에 * 또는 † 부호로 나타내기도 하지만, 이 원소들은 IIIB족에 속하지 않는다(전이 금속들도 IIA족에 속하지 않음을 유의하라). 란타넘족 원소들과 일부 악티늄족 원소들의 가장 흔한 산화수는 +3인데, 이는 IIIB(3) 위치에서 가장 흔하게 나타나는 산화수이다. 대표적인 전자적 및 화학적 성질 때문에 란타넘족과 악티늄족 원소들은 IIIB족과는 분리하여 구분하고 있지만, 대부분의 주기율표에서는 이 원소들에 대하여 특별한 숫자적 이름은 붙이지 않는다.
4. "*p*" **구역 원소: 비금속과 후전이 금속, IIIA족~VIIIA족(13~18열).** 이 구역의 원소들은 *p* 오비탈의 세트에 여섯 개의 전자들이 최대로 채워지는 것에 상응하는 여섯 가지의 족을 포함한다. 금속과 비금속 긴의 구별은 다소 임의적이기 때문에 금속과 비금속 간의 분류는 불명확하다. 그러나 대개 붕소에서 아스타틴에 이르기까지의 계단형 선을 따라 금속과 비금속이 나누어진다. 이들 모든 원소(He 제외)는 *p* 오비탈이 채워지는 공통적인 특성을 가지며, 불활성 기체들(VIIIA와 18)은 완전히

16) "전이 금속"이라는 단순한 정의에는 문제가 있을 수 있다. "의미론"의 관점에서 한 설명을 참조하라.

채워진 $p$ 오비탈의 세트를 가진다.

Aufbau 원리를 알아보려면 주기율표를 따라가기만 하면 된다. Cs ($Z = 55$) 부터 Rn ($Z = 86$) 까지의 원소들을 살펴보자. Cs와 Ba 원소에서는 전자들이 $6s$ 준위에 들어간다(채워진다). 그 다음의 전자는 $5d$ 준위에 들어가기 때문에 La ($Z = 57$) 은 전이 원소로 간주된다. Ce에서 Lu까지의 원소에서는 전자들이 $4f$ 준위에 첨가되며, 이 원소들은 **란타넘족 (lanthanide)** 또는 **내부 전이 원소 (inner transition element)** 이다. Lu에서 $4f$ 준위가 채워지고 나면 그 다음의 전자들은 계속해서 $5d$ 오비탈들을 채우며 (전이 원소 Hf ~ Hg), 마지막으로 Tl에서 Rn까지의 원소들에서는 표 1.1에 나타낸 것과 동일하게끔 $6p$ 준위가 채워진다. 위에서 주어진 규칙들을 사용하기만 하면 주기율표를 이용하여 전자 배치를 쉽게 유도할 수 있다. 주기율표는 전자 배치와 다른 원자적 성질들을 서로 관련시키고 나타내는 데 매우 유용하다.

## 가려막기

원자에 있는 전자의 에너지는 $Z^2/n^2$의 함수이다. 핵전하 ( = 원자 번호) 는 주양자수보다 더 빠르게 증가하기 때문에 원자로부터 전자를 제거하기 위해 필요한 에너지도 원자 번호가 증가함에 따라 계속해서 증가할 것으로 예상하게 만들 수도 있다. 그러나 수소 ($Z = 1$) 와 리튬 ($Z = 3$) 을 비교해 보면 이러한 예상이 잘못됐다는 것을 알 수 있다. 이온화 에너지는 수소가 1312 kJ $mol^{-1}$이고, 리튬이 520 kJ $mol^{-1}$이다. 리튬의 이온화 에너지는 다음의 두 가지 이유 때문에 더 낮다. (1) $2s$ 전자의 평균 반지름은 $1s$ 전자보다 더 크다 (그림 1.4 참조). (2) 리튬에 있는 $2s^1$ 전자는 내부 핵심부에 있는 $1s^2$ 전자들과 반발하므로, 핵심부가 존재하지 않는 경우보다 더 쉽게 제거된다. 이와 같은 내부 핵심부와의 반발을 다루는 다른 방법은 내부 전자가 핵을 "가려막기 (shielding)" 또는 "가리움 (screening)"을 한다고 보는 것이다. 그래서 원자가전자는 실질적으로 전체 전하의 일부분만을 "느낀다." 따라서 리튬에 대한 이온화 에너지는 1과 2 사이의 **유효 핵전하 (effective nuclear charge)** 에 상응하게 된다. 수소꼴 오비탈에 대한 방사방향 확률 함수는 이미 설명하였다 (그림 1.4). $1s$ 오비탈이 갖는 전자 밀도의 대부분은 핵과 $2s$ 전자의 밀도가 대부분 존재하는 곳 사이에 놓여 있다. 정전기학의 법칙은, 시험 전하가 $1s$ 전자들에 의해 묘사되는 것과 같은 전하의 "바구니 (cage)"의 외부에 존재할 때, 퍼텐셜은 후자가 중심 (핵) 에 위치할 때와 정확하게 같아진다고 주장한다. 이 경우에 $2s$ 오비탈에 있는 원자가전자는 알짜 핵전하가 1에 해당하는 퍼텐셜 ($Z^* = 1$) 을 느끼게 될 것이다. 바구니에 침투하는 전하는 가려막히지 않으므로, 완전한 핵전하 ($Z^* = 3$) 에 해당하는 퍼텐셜을 느끼게 될 것이다. 이것은 $2s$ 전자의 에너지가 $1s$ 오비탈을 침투하는 것처럼 변한다는 것을 의미하는 것이 아니라, 에너지가 실제 핵전하인 $Z$보다 약간 더 작은 유효 핵전하인 $Z^*$에 의해 결정된다는 것을 의미한다.

$$Z^* = Z - S \tag{1.8}$$

여기서 $S$는 가려막기 상수 또는 가리움 상수이다.

핵 가까이에는 한 개 이상의 극대가 존재하므로 $s$ 오비탈은 매우 잘 침투하며, 보다 큰 $l$값을 갖는 오비탈보다는 내부 껍질 전자들에 의해 다소 덜 가려진다. 반대로 $s$ 오비탈은 다른 오비탈보다 좀 더 효과적으로 가려막기를 한다. $d$나 $f$ 오비탈처럼 큰 $l$값을 갖는 오비탈은 침투가 훨씬 더 약하고 가려막기를 하는 정도도 낮다.

마찬가지 방법으로 $3s$, $3p$, $3d$ 오비탈들의 방사방향 분포도 비교할 수 있다(그림 1.4). 최대 확률 반지름은 $3s > 3p > 3d$ 순서로 감소하기 때문에 $d$ 오비탈들은 "작다"고 할 수도 있지만, $3p$ 오비탈에는 한 개의 마디와 마디내 극대가 존재하고, $3s$ 오비탈에는 두 개의 마디와 두 개의 마디내 극대가 존재하기 때문에 핵에 의해 더 많은 영향을 받는다. 그러므로 앞에서 여러 에너지 준위들을 채울 때 알아본 것처럼 이들 오비탈의 에너지는 $3d > 3p > 3s$가 된다.

가려막기의 정도를 추측하기 위하여, Slater[17)]는 일련의 실험을 통해 얻은 규칙을 제안하였다. 이 규칙들은 여러 전자들의 평균적인 행동을 기초로 하여 간단하게 일반화시킨 것임을 염두에 두어야 한다. Slater 규칙을 사용하면, 아주 정확한 것은 아니지만 전자 에너지를 추정할 수 있고, 원자 크기와 전기음성도 등의 관련된 주제를 이해하는 데에도 유용하다.

$np$ 또는 $ns$ 오비탈에 있는 한 전자에 대한 가려막기 상수를 계산하는 방법은 다음과 같다.

1. 원소의 전자 배치를 다음의 순서와 그룹으로 적는다: $(1s)$ $(2s, 2p)$ $(3s, 3p)$ $(3d)$ $(4s, 4p)$ $(4d)$ $(4f)$ $(5s, 5p)$
2. $(ns, np)$ 그룹의 오른쪽에 있는 그룹의 전자는 가려막기 상수에 아무런 기여도 하지 않는다.
3. $(ns, np)$ 그룹에 있는 다른 모든 전자들은 각각이 0.35씩 원자가전자를 가려 막는다.[18)]
4. $n-1$ 껍질에 있는 모든 전자는 0.85씩 가려 막는다.
5. $n-2$ 또는 이보다 더 낮은 껍질에 있는 모든 전자는 완전히 가려 막는다. 즉, 이들은 각각 1.00씩 기여한다.

가리워지는 전자가 $nd$ 또는 $nf$ 그룹에 있을 경우, 규칙 2와 3은 같지만, 규칙 4와 5는 다음과 같이 변한다.

6. $nd$ 또는 $nf$ 그룹의 왼쪽에 놓여 있는 그룹의 모든 전자들은 1.00씩 기여한다.

### 보기

1. 원자 $_7N = 1s^2 2s^2 2p^3$에 있는 원자가전자를 고려해 보자. 오비탈을 그룹화하면 $(1s)^2(2s, 2p)^5$가 된다. $S = (2 \times 0.85) + (4 \times 0.35) = 3.10$이고, $Z^* = Z - S = 7.0 - 3.1 = 3.9$가 된다.
2. 원자 $_{30}Zn$의 $(4s)$ 원자가전자를 고려해 보자. 그룹화시킨 오비탈은 $(1s)^2(2s, 2p)^8(3s, 3p)^8(3d)^{10}(4s)^2$이다. $S = (10 \times 1.00) + (18 \times 0.85) + (1 \times 0.35) = 25.65$이고, $Z^* = 4.35$가 된다.
3. Zn의 $3d$ 전자를 고려해 보자. 그룹화시킨 전자 배치는 보기 2와 같지만 가려막기는

17) Slater, J. C. *Phys. Rev.* **1930**, *36*, 57.

18) $1s$ 오비탈의 경우에만 예외이고, 이 경우에는 0.30의 값을 적용한다.

**표 1.2**
원소 1~36까지에 대한 유효 핵전하.

| 원소 | 1s | 2s | 2*p* | 3s | 3*p* | 4s | 3d | 4*p* |
|---|---|---|---|---|---|---|---|---|
| H | 1.000 | | | | | | | |
| He | 1.688 | | | | | | | |
| Li | 2.691 | 1.279 | | | | | | |
| Be | 3.685 | 1.912 | | | | | | |
| B | 4.680 | 2.576 | 2.421 | | | | | |
| C | 5.673 | 3.217 | 3.136 | | | | | |
| N | 6.665 | 3.847 | 3.834 | | | | | |
| O | 7.658 | 4.492 | 4.453 | | | | | |
| F | 8.650 | 5.128 | 5.100 | | | | | |
| Ne | 9.642 | 5.758 | 5.758 | | | | | |
| Na | 10.626 | 6.571 | 6.802 | 2.507 | | | | |
| Mg | 11.619 | 7.392 | 7.826 | 3.308 | | | | |
| Al | 12.591 | 8.214 | 8.963 | 4.117 | 4.066 | | | |
| Si | 13.575 | 9.020 | 9.945 | 4.903 | 4.285 | | | |
| P | 14.558 | 9.825 | 10.961 | 5.642 | 4.886 | | | |
| S | 15.541 | 10.629 | 11.977 | 6.367 | 5.482 | | | |
| Cl | 16.524 | 11.430 | 12.993 | 7.068 | 6.116 | | | |
| Ar | 17.508 | 12.230 | 14.008 | 7.757 | 6.764 | | | |
| K | 18.490 | 13.006 | 15.027 | 8.680 | 7.726 | 3.495 | | |
| Ca | 19.473 | 13.776 | 16.041 | 9.602 | 8.658 | 4.398 | | |
| Sc | 20.457 | 14.574 | 17.055 | 10.340 | 9.406 | 4.632 | 7.120 | |
| Ti | 21.441 | 15.377 | 18.065 | 11.033 | 10.104 | 4.817 | 8.141 | |
| V | 22.426 | 16.181 | 19.073 | 11.709 | 10.785 | 4.981 | 8.983 | |
| Cr | 23.414 | 16.984 | 20.075 | 12.368 | 11.466 | 5.133 | 9.757 | |
| Mn | 24.396 | 17.794 | 21.084 | 13.018 | 12.109 | 5.283 | 10.528 | |
| Fe | 25.381 | 18.599 | 22.089 | 13.676 | 12.778 | 5.434 | 11.180 | |
| Co | 26.367 | 19.405 | 23.092 | 14.322 | 13.435 | 5.576 | 11.855 | |
| Ni | 27.353 | 20.213 | 24.095 | 14.961 | 14.085 | 5.711 | 12.530 | |
| Cu | 28.339 | 21.020 | 25.097 | 15.594 | 14.731 | 5.858 | 13.201 | |
| Zn | 29.325 | 21.828 | 26.098 | 16.219 | 15.369 | 5.965 | 13.878 | |
| Ga | 30.309 | 22.599 | 27.091 | 16.996 | 16.204 | 7.067 | 15.093 | 6.222 |
| Ge | 31.294 | 23.365 | 28.082 | 17.760 | 17.014 | 8.044 | 16.251 | 6.780 |
| As | 32.278 | 24.127 | 29.074 | 18.596 | 17.850 | 8.944 | 17.378 | 7.449 |
| Se | 33.262 | 24.888 | 30.065 | 19.403 | 18.705 | 9.758 | 18.477 | 8.287 |
| Br | 34.247 | 25.643 | 31.056 | 20.218 | 19.571 | 10.553 | 19.559 | 9.028 |
| Kr | 35.232 | 26.398 | 32.047 | 21.033 | 20.434 | 11.316 | 20.626 | 9.767 |

$S = (18 \times 1.00) + (9 \times 0.35) = 21.15$이고, $Z^* = 8.85$가 된다.

이 규칙은 앞에서 설명한 방사방향 분포의 관점을 일반화하고 정량화시키려는 시도로 볼 수 있다. 예를 들면, 바로 아래 놓여 있는 전자들에 의해서는 *d* 전자와 *f* 전자 (S = 1.00) 가 *s* 전자와 *p* 전자 (S = 0.85) 보다 더 효과적으로 가려진다.

Slater 규칙을 사용하여 얻는 것보다 더 정확한 값이 필요할 경우에는 SFC 파동 함수로부터 얻은 유효 핵전하를 직접 적용하는 것이 더 간단할 뿐만 아니라 더 정확하다. 이 값들은 표 1.2에 나타내었다. 하지만 Slater 규칙을 통해서는 가려막기 현상을 더 쉽게 잘 이해할 수 있다.

## 원자의 크기

당구공은 분명한 경계면이 있지만 원자는 경계면이 없기 때문에, 원자 크기는 모호한 양이다. "원자는 얼마나 클까?"라는 질문에 대답하려면, "원자를 어떻게 측정하려 하는가?"와 "원자를 얼마나 강하게 누를 것인가?"라는 질문을 먼저 생각해야 한다. 제논 원자의 크기를 비교적 느슨한 상황에 놓여 있는 고체 제논에서 측정한다면, 격렬하게 충돌시키는 상태에서 측정한 값과는 차이가 나는 값을 얻게 될 것으로 예상할 수 있다. 소듐 이온은 낮은 극성을 갖는 분자들에 의해 느슨하게 용매화되어 있을 때보다 결정 격자(예: NaF)에서 단단하게 결합되어 있을 때 더 많이 압축되어야 한다. 잘 익은 포도를 캘리퍼스로 측정할 때처럼, 원자를 얼마나 강하게 누르는지에 따라 측정값이 달라질 수 있다. 이러한 이유 때문에 모든 조건에서 적용할 수 있는 "원자 반지름"이란 값들의 단일 세트를 구성하는 것은 불가능하다. 원자 반지름을 나타낼 때에는 원자(또는 이온)가 존재하는 조건과 측정 방법을 함께 표기하여야 한다. 이들에 관해서는 7장에서 설명할 것이므로, 여기에서는 실제 크기는 고려하지 않고, 다만 원자 크기의 **경향**에 대해서만 설명하기로 한다.

방사방향 분포 함수로부터 알아본 것처럼, 최대 확률 반지름은 $n$이 증가함에 따라 증가한다. 이 경향에 반대되는 것은 오비탈을 수축시키는 유효 핵전하가 증가되는 효과이다. 이들 반대되는 힘으로부터 우리는 다음과 같은 결과들을 얻게 된다.

1. 주어진 족에 있는 원자들은 한 주기(주기율표의 수평방향 열)에서 다음 주기로 넘어갈 때 크기가 증가한다. 가려막기 때문에 한 주기로부터 다음 주기로 넘어갈 때 아주 완만하게 증가한다. 예를 들면, Slater 규칙을 사용하면 다음과 같은 $Z^*$를 얻게 된다.

   H = 1.0　　Li = 1.3　　Na = 2.2　　K = 2.2　　Rb = 2.2　　Cs = 2.2

   $n$과 $Z^*$의 반대되는 경향성의 결과로 인해 IA(1)족의 아래로 내려감에 따라 원자 크기는 증가한다. 이 현상은 주기율표의 일반적인 성질이지만, 몇 가지 예외가 있으며, 이 예외들은 나중에 설명할 것이다.

2. 주어진 열 내에서는 주양자수가 변하지 않는다. [$ns$, $(n-1)d$, $np$ 순으로 전자가 채워지는 장주기에서도 최외각 전자들은 항상 $n$번째 준위에 존재한다.] 그러나 원자가 껍질에 채워지는 전자들은 아주 비효율적으로 서로를 가려막기 때문에 유효 핵전하는 꾸준하게 증가한다. 두 번째 열의 유효 핵전하는 다음과 같다.

   Li = 1.3　　Be = 1.95　　B = 2.60　　C = 3.25
   N = 3.90　　O = 4.55　　F = 5.20　　Ne = 5.85

   그래서 왼쪽에서 오른쪽으로 갈수록 꾸준하게 수축이 일어난다. 위에서 아래로, 그리고 왼쪽에서 오른쪽으로의 경향성이 갖는 알짜 효과는 원자 크기의 변화가 불연속적이라는 것이다. 주양자수가 증가하기 전까지는 원자 번호가 증가함에 따라 계속해서 수축된다. 그러나 주양자수가 증가하면 원자 크기는 갑자기 증가하고 이어서 수축이 다시 계속된다.

## 이온화 에너지

기체상에 있는 단리된 원자로부터 한 개의 전자를 제거하는 데 필요한 에너지가 그 원자에 대한 **이온화 에너지(ionization energy)** 이다(이온화 퍼텐셜이라고 부르기도 한다). 이온화 에너지는 최고 점유 에너지 준위와 $n = \infty$에 해당하는 에너지 준위, 즉 전자가 완전히 제거된 상태의 에너지 준위 간의 에너지 차이이다. 한 개 이상의 전자를 제거할 수 있으며, 이어지는 이온화 에너지는 두 번째, 세 번째, 네 번째 이온화 에너지이다. 이온화 에너지는 항상 흡열이기 때문에 통상적인 열역학적 규약과 일치하게끔 항상 양의 값으로 나타낸다(표 1.3 참조). 원자에 대한 다양한 이온화 에너지들은 다항식에 의해 서로 연관시킬 수 있는데, 여기에 대해서는 이 장에서 나중에 설명할 것이다.

비전이 원소(알칼리 및 알칼리 토금속과 비금속) 들의 경우, 이온화 에너지와 주기율표의 위치 간에는 아주 단순한 경향이 존재한다. 주어진 족 내에서는, 크기와 가로막기 효과가 함께 작용하기 때문에 $n$이 증가하면 이온화 에너지는 감소한다. 전이 및 후전이 원소들은 이러한 경향에서 좀 벗어나는 현상을 나타내는데, 여기에 대해서는 13장에서 설명할 것이다. 주어진 열 내에서는, 이온화 에너지가 원자 번호의 증가에 따라 증가하는 것이 일반적인 경향성이다. 이것은 주기율표에서 왼쪽에서 오른쪽으로 감에 따라 $Z^*$가 증가하기 때문에 나타나는 경향이다. 이 경향성을 단순하지 않게 만드는 요인은 두 가지가 있다. 첫째는 IIA (2)족($s$ 오비탈) 에서 IIIA (3)족($p$ 오비탈) 으로 감에 따라 발생하는 오비탈의 형태 변화이다. 둘째는 같은 스핀을 갖는 전자들 간의 교환 에너지이다. 이것은 평행한 전자 스핀을 갖는 계를 안정화시키는데, Pauli 배타 원리의 결과로써 전자들이 동일한 스핀을 갖는 것을 피하려는 경향을 갖기 때문이다. 그러므로 전자들 간의 정전기적 반발력이 감소된다. 앞에서 우리는 이 경향성 때문에 홀전자수가 최대로 되려는 경향(Hund의 최대 다중도 규칙) 을 갖고, Cu와 Cr의 "비정상적" 성질도 설명할 수 있음을 알아보았다. 이러한 안정화로 인해 질소의 이온화 에너지도 산소보다 더 커진다(그림 1.12 참조).

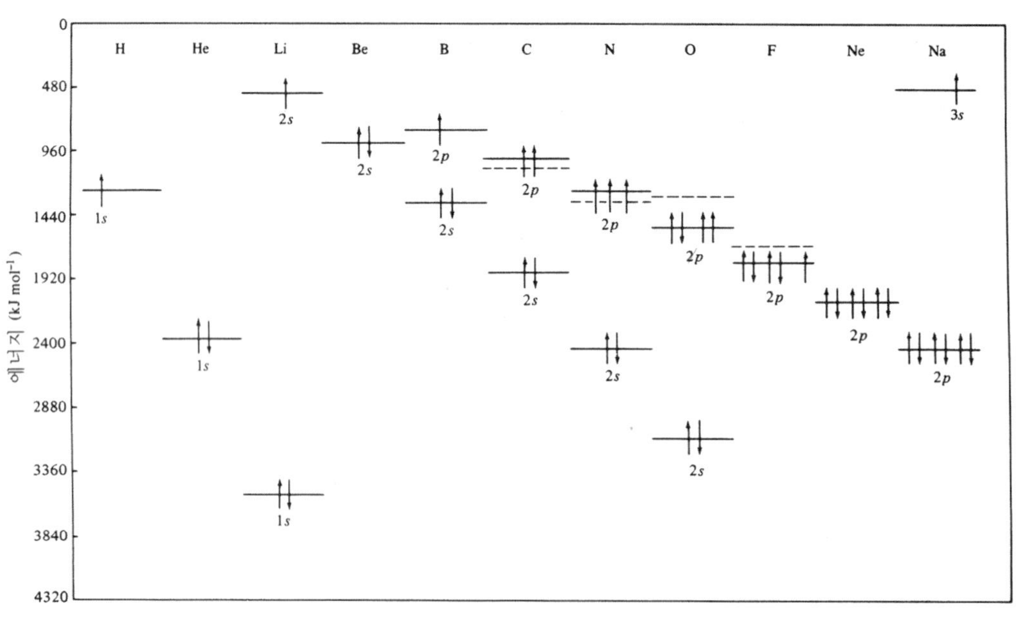


**그림 1.12** 수소에서 소듐까지의 원소들의 상대적인 오비탈 에너지. 실선은 일전자 오비탈 에너지를 나타낸다. 점선은 이온화 에너지의 실험값인데, 전자-전자 상호작용 때문에 차이가 난다.

**표 1.3**
이온화 에너지(MJ mol$^{-1}$)[a].

| Z | 원소 | I | II | III | IV | V | VI | VII | VIII | IX | X |
|---|---|---|---|---|---|---|---|---|---|---|---|
| 1 | H | 1.3120 | | | | | | | | | |
| 2 | He | 2.3723 | 5.2504 | | | | | | | | |
| 3 | Li | 0.5203 | 7.2981 | 11.8149 | | | | | | | |
| 4 | Be | 0.8995 | 1.7571 | 14.8487 | 21.0065 | | | | | | |
| 5 | B | 0.8006 | 2.4270 | 3.6598 | 25.0257 | 32.8266 | | | | | |
| 6 | C | 1.0864 | 2.3526 | 4.6205 | 6.2226 | 37.8304 | 47.2769 | | | | |
| 7 | N | 1.4023 | 2.8561 | 4.5781 | 7.4751 | 9.4449 | 53.2664 | 64.3598 | | | |
| 8 | O | 1.3140 | 3.3882 | 5.3004 | 7.4693 | 10.9895 | 13.3264 | 71.3345 | 84.0777 | | |
| 9 | F | 1.6810 | 3.3742 | 6.0504 | 8.4077 | 11.0227 | 15.1640 | 17.8677 | 92.0378 | 106.4340 | |
| 10 | Ne | 2.0807 | 3.9523 | 6.122 | 9.370 | 12.178 | 15.238 | 19.999 | 23.069 | 115.3791 | 131.4314 |
| 11 | Na | 0.4958 | 4.5624 | 6.912 | 9.544 | 13.353 | 16.610 | 20.115 | 25.490 | 28.934 | 141.3626 |
| 12 | Mg | 0.7377 | 1.4507 | 7.7328 | 10.540 | 13.628 | 17.995 | 21.704 | 25.656 | 31.643 | 35.462 |
| 13 | Al | 0.5776 | 1.8167 | 2.7448 | 11.578 | 14.831 | 18.378 | 23.295 | 27.459 | 31.861 | 38.457 |
| 14 | Si | 0.7865 | 1.5771 | 3.2316 | 4.3555 | 16.091 | 19.785 | 23.786 | 29.252 | 33.877 | 38.733 |
| 15 | P | 1.0118 | 1.9032 | 2.912 | 4.957 | 6.2739 | 21.269 | 25.397 | 29.854 | 35.867 | 40.959 |
| 16 | S | 0.9996 | 2.251 | 3.361 | 4.564 | 7.013 | 8.4956 | 27.106 | 31.670 | 36.578 | 43.138 |
| 17 | Cl | 1.2511 | 2.297 | 3.822 | 5.158 | 6.54 | 9.362 | 11.0182 | 33.605 | 38.598 | 43.962 |
| 18 | Ar | 1.5205 | 2.6658 | 3.931 | 5.771 | 7.238 | 8.7810 | 11.9952 | 13.8417 | 40.760 | 46.187 |
| 19 | K | 0.4189 | 3.0514 | 4.411 | 5.877 | 7.976 | 9.649 | 11.343 | 14.942 | 16.964 | 48.576 |
| 20 | Ca | 0.5898 | 1.1454 | 4.9120 | 6.474 | 8.144 | 10.496 | 12.32 | 14.207 | 18.192 | 20.3849 |
| 21 | Sc | 0.631 | 1.235 | 2.389 | 7.089 | 8.844 | 10.72 | 13.32 | 15.31 | 17.370 | 21.741 |
| 22 | Ti | 0.658 | 1.310 | 2.6525 | 4.1746 | 9.573 | 11.517 | 13.59 | 16.26 | 18.64 | 20.833 |
| 23 | V | 0.650 | 1.414 | 2.8280 | 4.5066 | 6.299 | 12.362 | 14.489 | 16.760 | 19.86 | 22.24 |
| 24 | Cr | 0.6528 | 1.496 | 2.987 | 4.74 | 6.69 | 8.738 | 15.54 | 17.82 | 20.19 | 23.58 |
| 25 | Mn | 0.7174 | 1.5091 | 3.2484 | 4.94 | 6.99 | 9.2 | 11.508 | 18.956 | 21.40 | 23.96 |
| 26 | Fe | 0.7594 | 1.561 | 2.9574 | 5.29 | 7.24 | 9.6 | 12.1 | 14.575 | 22.678 | 25.29 |
| 27 | Co | 0.758 | 1.646 | 3.232 | 4.95 | 7.67 | 9.84 | 12.4 | 15.1 | 17.959 | 26.6 |
| 28 | Ni | 0.7367 | 1.7530 | 3.393 | 5.30 | 7.28 | 10.4 | 12.8 | 15.6 | 18.6 | 21.66 |
| 29 | Cu | 0.7455 | 1.9579 | 3.554 | 5.33 | 7.71 | 9.94 | 13.4 | 16.0 | 19.2 | 22.4 |
| 30 | Zn | 0.9064 | 1.7333 | 3.8327 | 5.73 | 7.97 | 10.4 | 12.9 | 16.8 | 19.6 | 23.0 |
| 31 | Ga | 0.5788 | 1.979 | 2.963 | 6.2 | | | | | | |
| 32 | Ge | 0.7622 | 1.5372 | 3.302 | 4.410 | 9.02 | | | | | |
| 33 | As | 0.944 | 1.7978 | 2.7355 | 4.837 | 6.043 | 12.31 | | | | |
| 34 | Se | 0.9409 | 2.045 | 2.9737 | 4.1435 | 6.59 | 7.883 | 14.99 | | | |
| 35 | Br | 1.1399 | 2.10 | 3.5 | 4.56 | 5.76 | 8.55 | 9.938 | 18.60 | | |
| 36 | Kr | 1.3507 | 2.3503 | 3.565 | 5.07 | 6.24 | 7.57 | 10.71 | 12.2 | 22.28 | |
| 37 | Rb | 0.4030 | 2.633 | 3.9 | 5.08 | 6.85 | 8.14 | 9.57 | 13.1 | 14.5 | 26.74 |
| 38 | Sr | 0.5495 | 1.0643 | 4.21 | 5.5 | 6.91 | 8.76 | 10.2 | 11.80 | 15.6 | 17.1 |
| 39 | Y | 0.616 | 1.181 | 1.980 | 5.96 | 7.43 | 8.97 | 11.2 | 12.4 | 14.11 | 18.4 |
| 40 | Zr | 0.660 | 1.267 | 2.218 | 3.313 | 7.86 | | | | | |
| 41 | Nb | 0.664 | 1.382 | 2.416 | 3.69 | 4.877 | 9.900 | 12.1 | | | |
| 42 | Mo | 0.6850 | 1.558 | 2.621 | 4.477 | 5.91 | 6.6 | 12.23 | 14.8 | | |
| 43 | Tc | 0.702 | 1.472 | 2.850 | | | | | | | |
| 44 | Ru | 0.711 | 1.617 | 2.747 | | | | | | | |
| 45 | Rh | 0.720 | 1.744 | 2.997 | | | | | | | |
| 46 | Pd | 0.805 | 1.875 | 3.177 | | | | | | | |
| 47 | Ag | 0.7310 | 2.074 | 3.361 | | | | | | | |
| 48 | Cd | 0.8677 | 1.6314 | 3.616 | | | | | | | |
| 49 | In | 0.5583 | 1.8206 | 2.705 | 5.2 | | | | | | |
| 50 | Sn | 0.7086 | 1.4118 | 2.9431 | 3.9303 | 6.974 | | | | | |
| 51 | Sb | 0.8316 | 1.595 | 2.44 | 4.26 | 5.4 | 10.4 | | | | |
| 52 | Te | 0.8693 | 1.79 | 2.698 | 3.610 | 5.669 | 6.82 | 13.2 | | | |
| 53 | I | 1.0084 | 1.8459 | 3.2 | | | | | | | |

전자볼트의 값으로 환산하려면 10.364로 곱하라.

**표 1.3 (계속)**
이온화 에너지(MJ $mol^{-1}$)[a].

| Z | 원소 | I | II | III | IV | V | VI | VII | VIII | IX | X |
|---|---|---|---|---|---|---|---|---|---|---|---|
| 54 | Xe | 1.1704 | 2.046 | 3.10 | | | | | | | |
| 55 | Cs | 0.3757 | 2.23 | | | | | | | | |
| 56 | Ba | 0.5029 | 0.96526 | | | | | | | | |
| 57 | La | 0.5381 | 1.067 | 1.8503 | 4.820 | | | | | | |
| 58 | Ce | 0.528 | 1.047 | 1.949 | 3.543 | | | | | | |
| 59 | Pr | 0.523 | 1.018 | 2.086 | 3.761 | 5.552 | | | | | |
| 60 | Nd | 0.530 | 1.034 | 2.13 | 3.900 | 5.790 | | | | | |
| 61 | Pm | 0.536 | 1.052 | 2.15 | 3.97 | 5.953 | | | | | |
| 62 | Sm | 0.543 | 1.068 | 2.26 | 4.00 | 6.046 | | | | | |
| 63 | Eu | 0.547 | 1.085 | 2.40 | 4.11 | 6.101 | | | | | |
| 64 | Gd | 0.592 | 1.17 | 1.99 | 4.24 | 6.249 | | | | | |
| 65 | Tb | 0.564 | 1.112 | 2.11 | 3.84 | 6.413 | | | | | |
| 66 | Dy | 0.572 | 1.126 | 2.20 | 4.00 | 5.990 | | | | | |
| 67 | Ho | 0.581 | 1.139 | 2.20 | 4.10 | 6.169 | | | | | |
| 68 | Er | 0.589 | 1.151 | 2.19 | 4.11 | 6.282 | | | | | |
| 69 | Tm | 0.5967 | 1.163 | 2.284 | 4.12 | 6.313 | | | | | |
| 70 | Yb | 0.6034 | 1.175 | 2.415 | 4.22 | 6.328 | | | | | |
| 71 | Lu | 0.5235 | 1.34 | 2.022 | 4.36 | 6.445 | | | | | |
| 72 | Hf | 0.654 | 1.44 | 2.25 | 3.21 | 6.596 | | | | | |
| 73 | Ta | 0.761 | | | | | | | | | |
| 74 | W | 0.770 | | | | | | | | | |
| 75 | Re | 0.760 | | | | | | | | | |
| 76 | Os | 0.84 | | | | | | | | | |
| 77 | Ir | 0.88 | | | | | | | | | |
| 78 | Pt | 0.87 | 1.7911 | | | | | | | | |
| 79 | Au | 0.8901 | 1.98 | | | | | | | | |
| 80 | Hg | 1.0070 | 1.8097 | 3.30 | | | | | | | |
| 81 | Tl | 0.5893 | 1.9710 | 2.878 | | | | | | | |
| 82 | Pb | 0.7155 | 1.4504 | 3.0815 | 4.083 | 6.64 | | | | | |
| 83 | Bi | 0.7033 | 1.610 | 2.466 | 4.37 | 5.40 | 8.62 | | | | |
| 84 | Po | 0.812 | | | | | | | | | |
| 85 | At | | | | | | | | | | |
| 86 | Rn | 1.0370 | | | | | | | | | |
| 87 | Fr | | | | | | | | | | |
| 88 | Ra | 0.5094 | 0.97906 | | | | | | | | |
| 89 | Ac | 0.49 | 1.17 | | | | | | | | |
| 90 | Th | 0.59 | 1.11 | 1.93 | 2.78 | | | | | | |
| 91 | Pa | 0.57 | | | | | | | | | |
| 92 | U | 0.59 | | | | | | | | | |
| 93 | Np | 0.60 | | | | | | | | | |
| 94 | Pu | 0.585 | | | | | | | | | |
| 95 | Am | 0.578 | | | | | | | | | |
| 96 | Cm | 0.581 | | | | | | | | | |
| 97 | Bk | 0.601 | | | | | | | | | |
| 98 | Cf | 0.608 | | | | | | | | | |
| 99 | Es | 0.619 | | | | | | | | | |
| 100 | Fm | 0.627 | | | | | | | | | |
| 101 | Md | 0.635 | | | | | | | | | |
| 102 | No | 0.642 | | | | | | | | | |

[a] Moore, C. E. *Ionization Potentials and Ionization Limits Derived from the Analyses of Optical Spectra,* NSRDS-NBS 34; National Bureau of Standards: Washington, DC; 1970과 사신. 란타넘족과 악티늄족의 데이터는 Martin, W. C.; Hagan, L.; Reader, J.; Sugar, J. *J. Phys. Chem. Ref. Data* **1974**, *3*, 771 and Sugar J. *J. Opt. Soc. Am.* **1975**, *65*, 1366.

**표 1.4**
이온화 에너지[a].

| 분자 | (MJ $mol^{-1}$) | (eV) | 분자 | (MJ $mol^{-1}$) | (eV) |
|---|---|---|---|---|---|
| $CH_3$ | 0.949 | 9.84 | $NH_2$ | 1.075 | 11.14 |
| $C_2J_5$ | 0.784 | 8.13 | NO | 0.893 | 9.26 |
| $CH_3O$ | 0.729 | 7.56 | $NO_2$ | 0.941 | 9.75 |
| CN | 1.360 | 14.09 | $O_2$ | 1.165 | 12.07 |
| CO | 1.353 | 14.01 | OH | 1.254 | 13.00 |
| $CF_3$ | ≤0.86 | ≤8.9 | $F_2$ | 1.5146 | 15.697 |
| $N_2$ | 1.503 | 15.58 | | | |

[a] Lias, S. G.; Bartmess, J. E.; Liebman, J. F.; Holmes, J. L.; Levin, R. D.; Mallard, W. G.; *J. Phys. Chem. Ref. Data* **1988**, *17*, Supplement 1, 1~861.

몇 가지 작용기에 대한 이온화 에너지도 알려졌다(표 1.4). 이 값들은 일반적으로 사용되는 원자에 대한 값은 아니지만 $NO^+$와 $O_2^+$와 같은 다원자 양이온을 포함하는 Born-Haber 계산에서 사용될 수 있다. 이 값들을 사용하면 작용기의 전자 주기 또는 전자 끌기 경향도 대략적으로 추정할 수 있다.

## 이온화

이온화 과정에서 떨어져 나오는 전자들은 가장 높은 에너지 상태에 있는 전자들이기 때문에 제거하는 데에는 최소의 에너지가 필요하다. 그러므로 이온화 과정에서 떨어져 나오는 전자들의 순서는 오비탈들이 채워지는 순서와는 반대가 될 것으로 예상할 수도 있다(aufbau 원리 참조). 이러한 경향성은 대체로 맞아 들어가지만 몇 가지 매우 중요한 예외가 있고, 특히 전이 원소들에서는 이 예외 때문에 특성적인 화학적 성질이 나타나게 된다. 일반적으로, 전이 원소들은 다음과 같이 반응한다.

$$\underset{\text{원자}}{1s^2 2s^2 2p^6 3s^2 3p^6 3d^n 4s^2} \longrightarrow \underset{\text{2가 양이온}}{1s^2 2s^2 2p^6 3s^2 3p^6 3d^n}$$

이와 같은 반응은 첫째 전이 계열뿐만 아니라 중금속에 대해서도 일어난다. 즉, $ns^2$ 전자들은 $(n-1)d$ 또는 $(n-2)f$ 전자들보다 먼저 제거된다. 이로 인해 전이 금속들은 더 높거나 낮은 산화 상태에서도 더 안정해질 수 있음에도 불구하고, +2의 산화 상태를 가장 많이 갖게 된다.

$4s$ 준위가 $3d$보다 에너지가 더 낮아서 전자가 먼저 채워진다면 이온화도 더 나중에 되어야 하지 않을까? 또 전이 계열 내에서는 에너지 준위들의 반전이 일어날 수도 있지 않을까? 실제로 $3d$와 $4s$ 준위들의 상대적인 에너지를 조사해 보면, 이들은 아주 비슷하고 $3d$ 준위는 원자 번호가 증가함에 따라 감소함을 알 수 있다. 이 현상은 Cu의 전자 배치를 설명하는 데 이용되기도 한다. 원자 번호 29에서 $3d$ 준위가 $4s$ 준위 아래로 떨어진다면, 바닥 상태는 $3d^{10}4s^1$이 되어야 한다. 그렇지만 이것은 우리가 조사하고 있는 현상에는 아무런 영향을 줄 수 없다. 우리가 필요로 하는 것은 중성 원자와 같은 원소의 이온 상태에 대한 바닥 상태 간의 차이이다. 첫째 계열에 있는 모든 전이 금속(Cr과 Cu를 제외하고) 들은 중성 원자에 대한 바닥 상태가 $3d^n4s^2$이고, 2가 이온에 대한 바닥 상태는 $3d^n4s^0$이다. 따라서 우리는 문제의 근원을 계열을 따라 나타나는 경향성에서가 아니라 원자와 이온 간의 차이에서 찾아야 한다.

원자의 바닥 상태와 이온의 바닥 상태에 의해 제기되는 외형적인 모순은 원자(이온)의 전체 에너지가 중요하지, 4*s* 준위에 들어가는 전자의 에너지가 아니라는 사실 때문에 나타나는 것이다. 전자들은 그들의 공간적 분포에 따라 다른 방법으로 서로 상호작용한다는 것을 다시 한 번 상기하자. 모든 전자-전자 반발을 포함하는 모든 에너지를 합하면, $[Ar]3d^n4s^1$ 배치가 $[Ar]3d^{n-1}4s^2$ 배치보다 에너지가 더 낮으며, 통상적인 +2가 이온에 대해서는 $[Ar]3d^n4s^0 < [Ar]3d^{n-2}4s^2$임을 알게 된다.

채워지는 오비탈이 4*s* 또는 3*d* 오비탈이 점유됨에 따라 나타나는 안정도의 뚜렷한 변화를 설명하려면 Ti와 $Ti^{2+}$, 또는 더 일반적인 M과 $M^{2+}$가 포함된 두 계를 비교하여야 한다. 원자 번호가 증가하여 Z*가 증가함에 따라 에너지 준위들은 수소 원자에서의 에너지 준위와 더 비슷해진다. 즉, 같은 양자수를 갖는 모든 준위는 퇴화되고, 그 다음의 양자수보다 아래에 놓인다. 그래서 알짜 이온 전하와 감소된 가려막기 때문에 이온의 유효 핵전하는 현저하게 증가한다. 그러면 3*d* 준위는 4*s* 준위보다 상당히 아래로 내려가서 반발 에너지가 극복되고, 4*s*가 아니라 3*d* 준위가 점유되더라도 반발 에너지가 극복되고 전체 에너지는 최소화된다고 가정할 수 있다. 유효 핵전하가 증가하면 수소꼴 오비탈과 비슷해진다. 예를 들면, 핵심부 전자들은 오비탈의 형태에 따라 에너지적으로 달라지는 것이 거의 없고 수소의 퇴화 방식과 아주 비슷해진다.[19]

## 전자 친화도

전자 친화도는 대개 원자의 원자가껍질에 한 개의 전자가 첨가될 때 **방출**되는 에너지로 정의된다. 불행스럽게도 이 정의는 발열 반응의 엔탈피를 **음**의 부호로 표기해야 하는 보편적인 열역학적 규약과는 모순되는 것이다. 이제 와서 혼란없이 전자 친화도 규약을 뒤엎는 것은 불가능하기 때문에, 혼란을 최소화하기 위하여 두 가지 관점 중에서 한 가지를 채택할 수 있다. 그 한 가지는 열역학적 계산에서 엔탈피는 **음**의 값이더라도 가장 활성인 비금속의 전자 친화도를 **양**의 값으로 놓는 것이다.

$$F + e^- \rightarrow F^- \qquad EA = +328 \text{ kJ mol}^{-1} \qquad \Delta H = -328 \text{ kJ mol}^{-1}$$

약간 다른 접근법은 원자들의 전자 친화도를 음이온의 이온화 에너지와 같다고 생각하는 것이다.

$$F^- \rightarrow F + e^- \qquad IE = +328 \text{ kJ mol}^{-1} \qquad \Delta H = -328 \text{ kJ mol}^{-1}$$

이 두 번째 접근법은 전자 친화도와 이온화 퍼텐셜 간의 아주 긴밀한 관계에 대한 주의를 환기시키는 이점도 가진다. 실제로, 원자들의 이온화 에너지와 전자 친화도를 도시하면 완만한 곡선이 얻어지는데, 그 함수는 이차식으로 비교적 정확하게 나타낼 수 있다.[20]

---

19) 상대적인 에너지와 그 이유에 대한 상세한 설명은 다음을 참조할 것. Keller, R. N. J. *Chem. Educ.* **1962**, *39*, 289; Hochstrasser, R. M. *Ibid.* **1965**, *42*, 154; and Karplus, M.; Porter, R. N. *Atoms and Molecules*; Benjamin: New York, 1970; pp 269~271.

20) 실제로, 더 정확한 표현은 다항식 형태의 $E = \alpha q + \beta q^2 + \gamma q^3 + \delta q^4$이다. 그러나 상수 $\gamma$와 $\delta$는 작은 값이기 때문에 식 1.17은 좋은 근사이다. Iczkowski, R. P.; Margrave, J. L. *J. Am. Chem. Soc.* **1961**, *83*, 3547 참조.

$$E = \alpha q + \beta q^2 \tag{1.9}$$

여기서 $E$는 이온의 전체 에너지($\Sigma_{IE}$ 또는 $\Sigma_{EA}$)이고, $q$는 이온의 전하이다. 그림 1.13을 참조하라.

비활성 금속이 전자를 받아들일 때 처음에는 발열이지만, 원자들은 상당히 빠르게 "포화"되고, 에너지는 최소에 도달되며, 전자를 더 첨가하는 것은 발열 과정이 됨을 쉽게 알 수 있다. 실제로 $O^{2-}$와 $S^{2-}$ 등의 2가 음이온의 경우 전체 전자 친화도는 음의 값이다. 즉, 이들의 생성 엔탈피는 양의 값이다. 이러한 이온들은 결정 격자 내에 존재하거나, 용액에서 용매화되는 등의 안정화 환경 없이는 존재할 수 없다.

가정할 수 있는 것처럼, 주기율표에서 전자 친화도의 경향은 이온화 에너지의 경향과 같다(표 1.5). 이온화 에너지가 큰 원소들은 전자 친화도도 크다. 그러나 몇 가지 주목할 만한 예외도 있다. 플루오린은 염소보다 더 낮은 전자 친화도를 갖는데, 이와 같은 예외는 N/P와 O/S에 대해서도 알려져 있다. 이것은 첫째 열 원소들의 크기가 작기 때문에 이들 사이에는 더 큰 전자-전자 반발력이 존재하기 때문에 나타나는 것이다. 이들은 전자를 받아들이려는 경향이 처음에는 더 크지만(그림 1.13에서 원점 또는 중성 원자를 통과할 때 선의 기울기를 주목하라), 전자-전자 반발이 빠르게 증가함에 따라 원자들은 곧바로 "포화"된다(곡선 바탁 영역의 편평한 부분).[21] 중성 분자에 대한 몇 가지 자료들도 이용할 수 있다(표 1.6). CN, $NO_2$, $NO_3$, $SF_5$ 등의 전기음성인 원자들로 이루어진 자유 라디칼들은 높은 전자 친화도를 가질 것으로 예상되며, 이들은 가장 전기음성인 작용기 중의 하나임을 알게 될 것이다. 금속의 헥사플루오린화물은 가장 높은 전자 친화도를 갖는데, $PtF_6$는 모든 단일 원자의 전자 친화도에 비해 거의 두 배인 전자 친화도를 가진다(문제 1.20 참조).

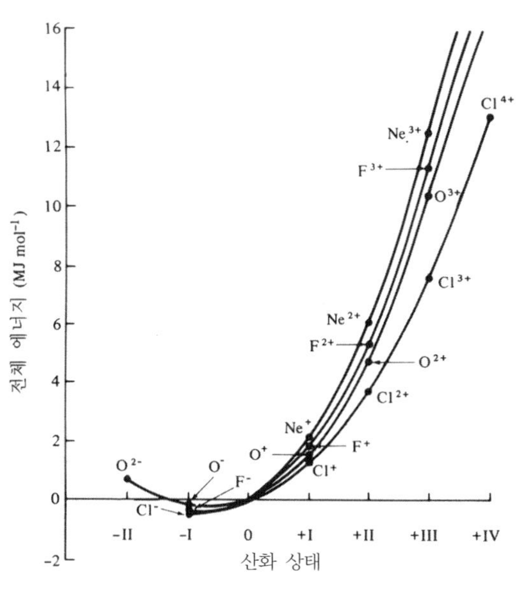


**그림 1.13** 산소, 플루오린, 네온, 염소에 대한 이온화 에너지와 전자 친화도의 곡선.

21) 전자 친화도에 대한 더 상세한 설명과 표, 그래프는 다음을 참조하라. Chen, E. C. M.; Wentworth, E. E. *J. Chem. Educ.* **1975**, *52*, 486.

**표 1.5**

원소의 전자 친화도(kJ $mol^{-1}$)[a].

| Z | 원소 | 값 | Z | 원소 | 값 |
|---|---|---|---|---|---|
| 1 | H | 72.775 | 34 | $Se \rightarrow Se^{1-}$ | 194.980 |
| 2 | He | 0 | | $Se^{1-} \rightarrow Se^{2-}$ | −410[b] |
| 3 | Li | 59.63 | 35 | Br | 324.6 |
| 4 | Be | 0 | 36 | Kr | 0 |
| 5 | B | 26.7 | 37 | Rb | 46.887 |
| 6 | C | 153.89 | 38 | Sr | 0 |
| 7 | $N \rightarrow N^{1-}$ | 7 | 39 | Y | 29.6 |
| | $N^{1-} \rightarrow N^{2-}$ | −673[b] | 40 | Zr | 41.1 |
| | $N^{2-} \rightarrow N^{3-}$ | −1070[b] | 41 | Nb | 86.1 |
| 8 | $O \rightarrow O^{1-}$ | 140.986 | 42 | Mo | 71.9 |
| | $O^{1-} \rightarrow O^{2-}$ | −744[b] | 43 | Tc | 53 |
| 9 | F | 328.0 | 44 | Ru | 101.3 |
| 10 | Ne | 0 | 45 | Rh | 109.7 |
| 11 | Na | 52.871 | 46 | Pd | 53.7 |
| 12 | Mg | 0 | 47 | Ag | 125.6 |
| 13 | Al | 42.5 | 48 | Cd | 0 |
| 14 | Si | 133.6 | 49 | In | 28.9 |
| 15 | $P \rightarrow P^{1-}$ | 72.02 | 50 | Sn | 107.3[c] |
| | $P^{1-} \rightarrow P^{2-}$ | −468[b] | 51 | Sb | 103.2 |
| | $P^{2-} \rightarrow P^{3-}$ | −886[b] | 52 | Te | 190.16 |
| 16 | $S \rightarrow S^{1-}$ | 200.42 | 53 | I | 295.18 |
| | $S^{1-} \rightarrow S^{2-}$ | −456[b] | 54 | Xe | 0 |
| 17 | Cl | 349.0 | 55 | Cs | 45.509 |
| 18 | Ar | 0 | 56 | Ba | 0 |
| 19 | K | 48.387 | 57 | La | 48 |
| 20 | Ca | 0 | 58~71 | Ln | 50 |
| 21 | Sc | 18.1 | 72 | Hf | 0 |
| 22 | Ti | 7.62 | 73 | Ta | 31.06 |
| 23 | V | 50.6 | 74 | W | 78.63 |
| 24 | Cr | 64.26 | 75 | Re | 14.47 |
| 25 | Mn | 0 | 76 | Os | 106.1 |
| 26 | Fe | 15.7 | 77 | Ir | 151.0 |
| 27 | Co | 63.7 | 78 | Pt | 205.3 |
| 28 | Ni | 111.5 | 79 | Au | 222.76 |
| 29 | Cu | 118.4 | 80 | Hg | 0 |
| 30 | Zn | 0 | 81 | Tl | 19.2 |
| 31 | Ga | 28.9 | 82 | Pb | 35.1 |
| 32 | Ge | 119.0[c] | 83 | Bi | 91.2 |
| 33 | $As \rightarrow As^{1-}$ | 78 | 84 | Po | 183.3 |
| | $As^{1-} \rightarrow As^{2-}$ | −435[b] | 85 | At | 270.1 |
| | $As^{2-} \rightarrow As^{3-}$ | −802[b] | 86 | Rn | 0 |

[a] 특별히 언급하지 않는 한, 모든 값은 다음 문헌에서 발췌하였다. Hotop, H.; Lineberger, W. C. *J. Phys. Chem. Ref. Data* **1985**, *14*, 731

[b] Pearson, R. G. *Inorg. Chem.* **1991**. 30. 2856~2858.

[c] Miller, T. M.; Miller, A. E. S.; Lineberger, W. *C. Phys. Rev. A* **1986**. *33*, 3558~3559.

**표 1.6**
분자의 전자 친화도[a].

| 분자 | 실험적 (kJ $mol^{-1}$)[b] | 분자 | 실험값 (kJ $mol^{-1}$)[b] |
|---|---|---|---|
| $CH_3$ | 752 | OCN | 340 |
| $C \equiv CH$ | 285 | $SiH_3$ | 140 |
| $C_5H_5$ | 165 | $PH_2$ | 150 |
| $C_6H_5$ | 100 | $PtF_5$ | 630 |
| $C_6H_5CH_2$ | 85 | $PtF_6$ | 770 |
| CN | 365 | SH | 223 |
| $N_3$ | 266 | $SO_2$ | 107 |
| $NH_2$ | 74 | $SO_3$ | 160 |
| NO | 232 | SCN | 205 |
| $NO_2$ | 220 | $SF_5$ | 290 |
| $NO_3$ | 375 | $SF_6$ | 101 |
| $O_2$ | 42 | $Cl_2$ | 230 |
| $O_3$ | 203 | $Br_2$ | 240 |
| OH | 176 | $TeF_5$ | 430 |
| $OCH_3$ | 155 | $TeF_6$ | 320 |
| O-*t*-$C_4H_9$ | 184 | $I_2$ | 240 |
| O-*neo*-$C_5H_{11}$ | 183 | $WF_6$ | 330 |
| $OC_6H_5$ | 220 | $UF_2O_2$ | 325 |
| $O_2H$ | 104 | $UF_6$ | 540 |

[a] Lias, S. G.; Bartmess, J. E.; Liebman, J. F.; Holmes, J. L.; Levin, R. D.; Mallard, W. G.; *J. Phys. Chem. Ref. Data* **1988**. *17*, Supplement 1, 1~86.
[b] 세자리 유효 숫자로 주어진 수를 제외하고서, 불확실성은 약 ±20이다.

## 연습문제

**1.1** 수소 원자의 2*s* 오비탈에서 방사방향 마디가 나타나는 *r*값을 pm 단위로 계산하라.

**1.2** 오비탈의 모양, 에너지, 배향, 크기에 관한 정보를 주는 양자수에는 어떤 것들이 있는가?

**1.3** $n = 4$인 껍질에는 몇 개의 오비탈들이 존재하는가?

**1.4** 3*s*, 4*p*, 3*d*, 5*f* 오비탈에는 몇 개의 방사방향 마디가 존재하는가? 각(angular) 마디는 몇 개가 존재하는가?

**1.5** 완전히 채워진 $n = 5$인 껍질에 존재할 수 있는 전자의 최대수는 얼마인가? 수소 원자의 5*f* 전자에 대해 가능한 네 가지 양자수를 적어라.

**1.6** 2*p* 오비탈들은 다음과 같은 모양으로 그려진다. 이 그림이 나타내는 것은 무엇인가? 이것은 전자가 핵에서 발견될 수 있는 유한한 확률을 가진다는 것을 제시하고 있는가? 우리는 핵에서 2*p* 전자를 발견할 확률은 0임을 알고 있다. 이것은 모순인가? 여기에 대하여 설명하라.

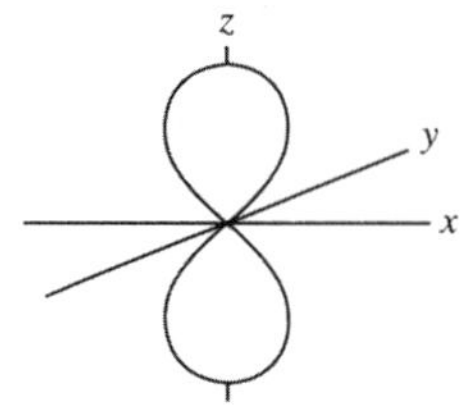


1.7 다음의 $p^3$ 배치에 대해 가능한 전자의 배열을 살펴보자.

바닥 상태를 나타내는 것은 어느 것인가? 들뜬 상태는 어느 것인가? 불가능한 상태는 어느 것인가? 어떤 배치에서 교환 에너지가 최대로 되는가? 어떤 배치에서 쿨롱 반발력이 최대가 되는가?

1.8 절반이 채워진 껍질의 안정성은 $p$ 오비탈보다 $d$ 오비탈에 대해 더 잘 알려졌다. 그 이유를 설명하라.

1.9 전자가 채워지지 않아도 오비탈은 존재하는지 여부를 설명하라.

1.10 질소 원자의 상태들에 대한 항기호를 결정할 때 어떤 $m_l$과 $m_s$의 조합은 Pauli의 배타 원리에 따라 금지된다. 전자 배치가 $1s^2 2s^2 2p^2 3p^1$인 들뜬 상태의 질소 원자를 살펴보자. 가능한 상태는 무엇인가?

1.11 다음 원소들의 자유 원자들에 대한 전자 배치를 적어라. 바닥 상태에서 홀전자의 수를 결정하라.

B　　N　　Mg　　V　　As　　Lu

1.12 다음 자유 원소들에 대한 모든 항기호를 결정하라. 각 경우에서 바닥 상태의 항을 선택하라.

B　　N　　Mg　　V　　As　　Lu

1.13 다음 이온들에 대한 전자 배치를 적어라. 바닥 상태에서 홀전자의 수를 결정하라.

$Ti^{3+}$　　$Mn^{2+}$　　$Cu^{2+}$　　$Pd^{2+}$　　$Gd^{3+}$

1.14 문제 1.13의 각 이온들에 대한 바닥 상태 항기호를 결정하라.

1.15 Slater 규칙을 사용하여 다음 전자들에 대한 $Z^*$를 계산하라.

a. P의 $3p$ 전자
b. Co의 $4s$ 전자
c. Mn의 $3d$ 전자
d. Mg의 원자가전자

얻어진 $Z^*$를 Clementi와 Raimond의 값과 비교하라.

1.16 첫 번째 이온화 에너지가 더 높은 것은 어느 것인가?

Li 또는 Cs　　F 또는 Br　　Se 또는 Cu　　Cu 또는 Pt

1.17 a. 리튬의 세 번째 이온화 에너지를 계산하라. [힌트: 아무런 가정을 할 필요가 없다.]

b. Slater 규칙을 사용하여 리튬의 첫 번째와 두 번째 이온화 에너지를 계산하라.

1.18 크기가 더 큰 것은 어느 것인가?

$K^+$ 또는 $Cs^+$   $La^{3+}$ 또는 $Lu^{3+}$   Cl 또는 Br   $Ca^{2+}$ 또는 $Zn^{2+}$   Cs 또는 Fr

1.19 더 높은 전자 친화도를 갖는 것은 어느 것인가?

Li 또는 Cs   Li 또는 F   Cs 또는 F   F 또는 Cl   Cl 또는 Br
O 또는 S   S 또는 Se

1.20 표 1.6은 $PtF_6$ (772 kJ $mol^{-1}$) 처럼 플루오린(328.0 kJ $mol^{-1}$) 또는 염소(349.0 kJ $mol^{-1}$) 보다 훨씬 더 높은 전자 친화도를 갖는 여러 분자들에 대한 목록이다. 한 개의 금속(그다지 전기 양성이지 않아야 한다) 과 여섯 개의 플루오린으로 구성된 분자가 플루오린 원자보다 전자에 대한 친화도가 더 높아질 수 있는 이유는 무엇인가?

1.21 양이온, $X^+$를 생성할 것으로 예상되는 할로젠 분자, $X_2$는 무엇인가? 화학적 화합물에서 $X^+$ 이온의 존재는 알려진 적이 없지만 $X_2^+$, $X_3^+$, $X_5^+$는 알려져 있다. $X^+$ 보다 후자가 더 안정해야 하는 이유는 무엇인가?

제 2 장

# 대칭과 군론

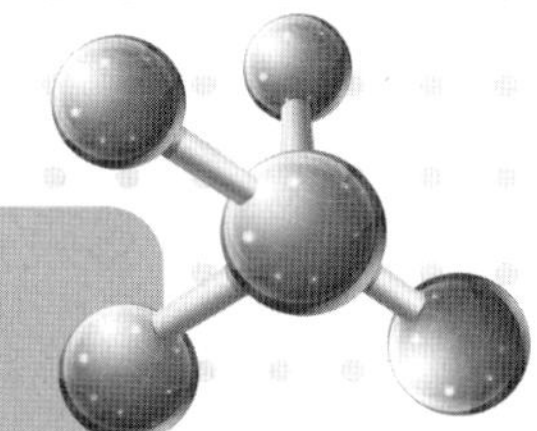

대칭은 우리 주변의 세계에서 흔히 볼 수 있는 현상이다. 자연은 비어 있는 것은 싫어할 수도 있지만 대칭을 좋아하는 것은 틀림없어 보인다! 화학에서뿐만 아니라 과학의 여러 가지 측면에서 대칭은 매우 중요하다. Occam의 "면도날"로 알려진 원칙은 관찰에 대한 가장 간단한 설명이 과학적으로 가장 바람직하다고 제안하고 있는데, 이 원칙은 다른 것들에 대해서도 적용된다. 그래서 가장 대칭적인 분자 구조가 가장 "선호되는" 구조인 경우를 흔히 볼 수 있다. 더 중요한 것은, 대칭을 분석하는 방법을 통해 분자 구조와 관련된 복잡한 문제를 간단하게 다룰 수 있게 해 준다는 점이다.

## 대칭 요소와 대칭 조작

수학적인 대칭은 일상적으로 사용되는 단어보다 좀 더 제한적인 의미를 가진다. 예를 들어 누군가는 형태와 비율의 조화와 매력 때문에 꽃, 다이아몬드, 나비, 달팽이 껍질, 페이즐리 타이(그림 2.1)가 매우 대칭적이라고 말할 수도 있다. 그러나 페이즐리 타이의 무늬는 "균형"이 맞지 않다. 즉, 수학적 용어로는 대칭 요소가 없다. 꽃, 결정, 분자가 공간적으로 구별이 불가능한 두 가지 이상의 배향을 가질 경우, 대칭성을 가진다 라고 말하며, 대칭성 판단에 대한 기준은 **대칭 요소(symmetry element)** 와 **대칭 조작(symmetry operation)**[1] 에 바탕을 두고 있다.

대칭 조작은 축, 점, 평면(대칭 요소)에 대해 원래의 위치와 구별이 불가능한 위치로 분자를 옮겨 놓는다. 모든 대칭 조작에 대해 공간에서 변하지 않고 남아 있는 점이 있으면 점대칭(point symmetry)이라고 부른다.[2] 분자는 대칭축, 대칭 중심, 거울면을 대칭 요소로 가질 수 있다. 거울면은 분자가 광학 활성인지 여부를 결정하는 데[3] 도움을 주기

---

1) 다음의 세 가지 문헌의 개괄적인 설명을 참조하라. Orchin, M.; Jaffé, H. H. *J. Chem. Educ.* **1970**, *47*, 246, 372, 510. 가장 좋은 교재는 다음의 것을 추천한다. Cotton, F. A. *Chemical Application of Group Theory*, 3rd. ed.; Wiley: New York, 1990. Douglas, B. E.; Hollingsworth, C. A. *Symmetry in Bonding and Spectra: An Introduction*; Academic: Orlando, 1985. Hargittai, I.; Hargittai, M. *Symmetry through the Eyes of a Chemist*; VCH: New York, 1987. Harris, D. C.; Bertolucci, M. D. *Symmetry and Spectroscopy: An Introduction to Vibrational and Electronic Spectroscopy*; Dover: New York, 1989. Orchin, M.; Jaffé, H. H. *Symmetry, Orbitals, and Spectra*; Wiley: New York, 1971. Wells, A. F. *Structural Inorganic Chemistry*, 5th ed.; Clarendon: Oxford, 1984; Chapter 2.

2) 개별 분자의 점대칭은 이 장의 뒷부분에서 다루게 될 결정의 **병진**(translational) 대칭과 대조적이다.

3) 카이랄성에 대한 정의 중의 하나는, 분자가 그 자신의 거울상과 겹쳐질 수 없다는 것이다. 동등한 기준은 분자에 회전반사축이 없다는 것이다(39쪽). 분자는 거울면은 갖지 않으면서도 회전반사축을 가질 수 있기 때문에, 거울면이 없다는 것만으로는 광학 활성을 확신할 수 없다. 그러나 거울면을 갖는 분자는 광학 활성이 없다는 점은 분명하다.

**그림 2.1** 몇 가지 자연 또는 인공적인 디자인의 모양과 무늬. (a) 노랑 데이지 꽃, *Rudbeckia hirta*; (b) 노랑 데이지 꽃, 줄기, 잎; (c) 빨강 도롱뇽, *Notophthalmus viridescens*; (d) 세공한 다이아몬드; (e) 페이즐리 타이; (f) 달팽이 껍질, *Cepea nemoralis*; (g) 왕나비, *Danaus plexippus*; (h) 현수교. 어느 것이 진정한 대칭인가?

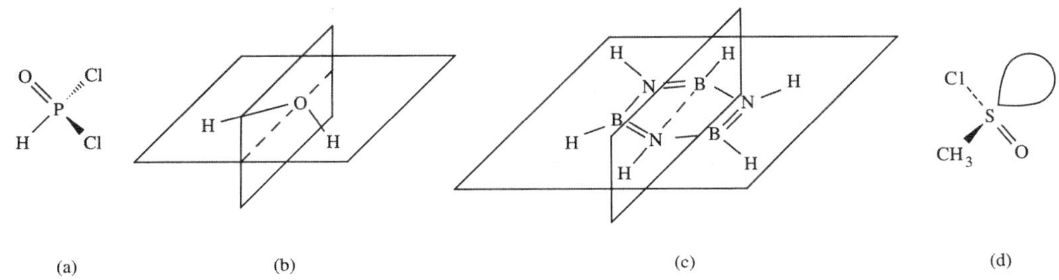


**그림 2.2** 거울면을 갖는 분자와 갖지 않는 분자. (a) dichlorophophine는 두 염소 원자를 서로 반사하는 한 개의 거울면(종이면) 을 가진다; (b) 물은 두 개의 거울면을 갖는데, 하나는 H—O—H 각을 이등분하는 것이고, 다른 하나는 H—O—H 결합각에 의해서 정해지는 평면이다; (c) borazine은 네 개의 거울면을 가진다. 이 중에서 세 개는 그림에서 나타낸 수직 형태이고, 나머지 하나는 고리 전체를 포함하는 면이다; (d) methylsulfinyl chloride은 대칭면을 갖지 않는다. 고립쌍은 실험적으로는 관찰되지 않지만 분자 구조를 설명하기 위하여 표기하였다.

때문에 이미 친숙한 대칭 요소이다.

## 거울면, $\sigma$

대부분의 꽃, 세공한 보석, 장갑과 신발의 짝, 간단한 분자들은 대칭면을 가진다. 한쪽 손, 수정 결정, 광학 활성을 가진 분자는 대칭면을 갖지 않는다.[4] 대칭 요소는 거울면이며, 대칭 조작은 거울면에 대한 분자의 반사이다. 거울면을 가진 분자와 그렇지 못한 분자를 그림 2.2에 나타내었다.

## 대칭 중심, $i$

분자 내의 모든 원자를, 한 점을 통과하는 직선을 따라 중심에 대하여 반대쪽으로 같은 거리에 있는 동일한 원자로 옮길 수 있을 때, 그 분자는 대칭 중심을 가진다(그림 2.3). 대칭 중심은 반전 중심이라고도 부른다. 앞 장에서는 원자 오비탈의 중심에 대한 반전인 **점대칭(gerade)** 과 **비점대칭(ungerade)** 을 설명하였다. 분자가 대칭 중심을 가질 경우, 기약 표현을 갖는 대칭 화학종(43쪽 참조) 도 $g$나 $u$가 될 수 있다. 무기화학에서 자주 접하게 되는 세 가지의 가장 흔한 기하 구조들 중에서(그림 2.4), 하나는 대칭 중심을 가지며, 나머지 둘은 대칭 중심을 갖지 않는다.

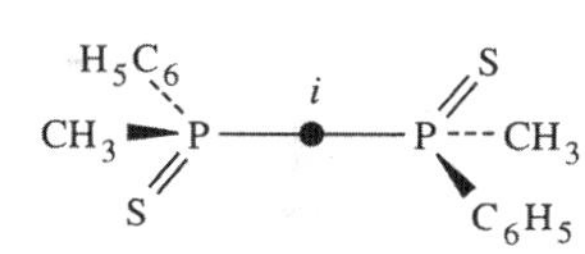

**그림 2.3** 1,2-dimethyl-1,2-diphenyldiphosphine disulfide의 대칭 중심.

## 회전축, $C_n$

분자를 360°/$n$만큼 회전시켰을 때, 원자 배열이 회전시키기 전과 구별이 불가능할 경우, 그

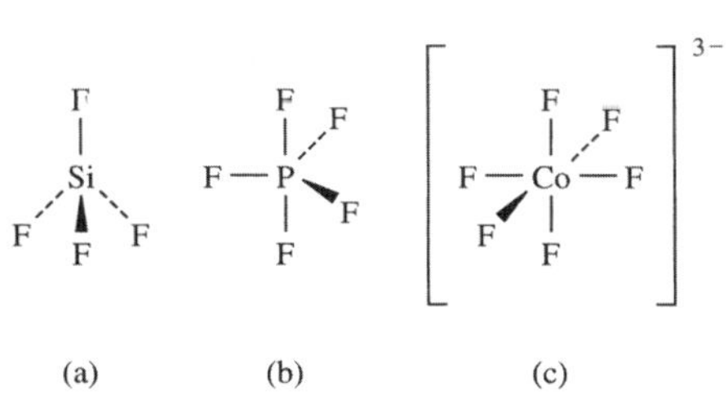


**그림 2.4** (a) 사면체, (b) 삼각 쌍뿔, (c) 팔면체 기하 구조. (c)만 대칭 중심을 가진다.

[4] Huheey, J. E. *J. Chem. Educ.* **1986**, *63*, 598~600.

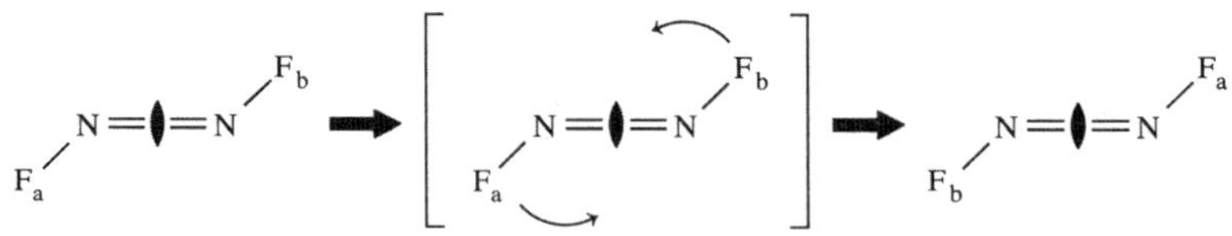

**그림 2.5** *trans*-dinitrogen difluoride의 2겹 회전축. 이 2겹축은 종이면에 수직이며, 기호 ⬮ 로 나타낸다.

분자는 $n$겹 회전축을 가진다고 말할 수 있다. *trans*-dinitrogen difluoride를 살펴보자(그림 2.5). 종이 평면에 대하여 수직이면서 두 질소 원자의 중심을 통과하는 축 주위로 분자를 180° 회전시키면, 동일한 배열을 얻을 수 있다. 따라서 180° 회전은 대칭 조작이다.

그 주위로 회전이 일어나는 축은 대칭 요소이다. 이 경우, *trans*-dinitrogen difluoride는 **2겹 회전축(two-fold rotational axis)** 을 가졌다고 말한다. 조작을 두 번 실행하면 모든 원자가 최초의 위치로 돌아온다는 점을 유의하라.[5)]

이제 *cis*-dinitrogen difluoride를 살펴보자(그림 2.6). 이 분자는 분자면에 수직이면서 대칭 요소로 분류될 수 있는 회전축을 갖지 않는다(일상적인 360° 회전축은 제외한다). 그러나 분자 평면 내에는 회전축을 그릴 수 있는데, 이 축은 두 질소 원자와 두 플루오린 원자를 같은 거리에 두고 있다. 이 축도 역시 2겹축이다.

회전축은 $C_n$이라는 기호로 나타내는데, $n$겹축임을 의미한다. 그러므로 *cis*-dinitrogen difluoride와 *trans*-dinitrogen difluoride는 각각 $C_2$축을 가진다.

$SiF_4$(그림 2.4a)는 3겹축을 가진다. 실제로 $SiF_4$는 각각의 Si—F 결합을 따라 놓인 네 개의 $C_3$축을 가진다. 암모니아에 있는 한 개의 3겹축은 다소 불명확할 수도 있다(그림 2.7a). 이 축은 고립쌍의 중심을 통과하면서 세 개의 수소 원자로부터 같은 거리에 있는 가상의 직선상에 놓인다. 만일 모든 결합각이 $NH_3$의 107°에서 $NF_3$의 102°처럼 변한다면 대칭은 달라질까?[6)] 펜타카보닐철(그림 2.7b)도 $C_3$축을 가진다. (그림 2.2 ~ 그림 2.7에서 $C_3$축을 갖는 다른 분자가 있는가?)[7)] 이 분자는 $C_3$축에 수직인 삼각 평면에서 각각

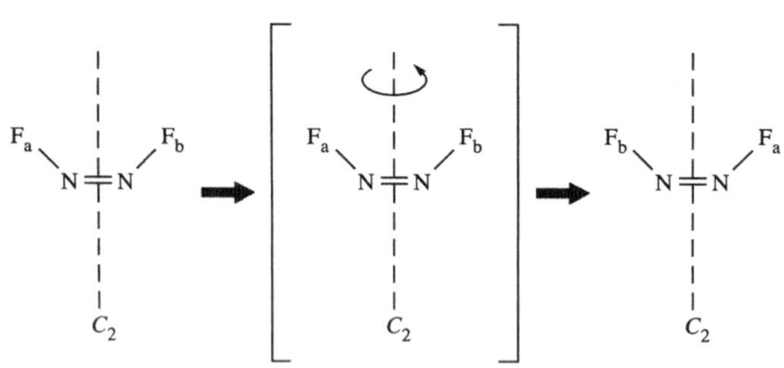

**그림 2.6** *cis*-dinitrogen difluoride의 2겹 회전축.

---

5) 여기에서 약간의 혼란이 생길 수도 있다. 원자들을 서로 구별할 수 없을 때에만 대칭 조작을 행할 수 있다. 그러나 원자들이 최초의 위치로 돌아왔다는 것을 알려면 각각의 원자들에 보이지 않는 표지를 해야 한다.

6) 해답: 아니다. $NH_3$와 $NF_3$는 둘 다 같은 대칭 요소들을 가진다. 다음 질문: 결합각이 120°가 되면 어떻게 되는가?
해답: $BF_3$에서처럼 결합각이 120°가 되면 평면 분자는 수평 대칭면과 이 면에 놓이는 세 개의 새로운 $C_2$축을 가진다.

7) 해답: $SiF_4$, $PF_5$, $[CoF_6]^{3-}$, $NH_3$, $B_3N_3H_6$, $Fe(CO)_5$, $W(CO)_6$는 모두 하나 이상의 $C_3$축을 가진다.

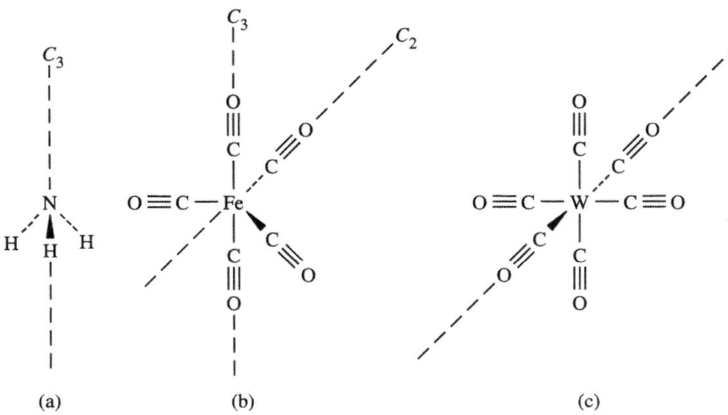


**그림 2.7** $n$겹 회전축을 갖는 다른 분자들: (a) 암모니아, (b) 펜타카보닐철, (c) 헥사카보닐텅스텐.

의 카보닐기를 통과하는 세 개의 $C_2$축도 가진다.

이와는 대조적으로 헥사카보닐텅스텐(그림 2.7c)은 4겹축을 가진다. 실제로 이 분자에는 세 개의 $C_4$축이 존재한다. (1) 꼭대기에서 바닥으로 관통하는 축, (2) 왼쪽에서 오른쪽으로 관통하는 축, (3) 앞쪽에서 뒤쪽으로 관통하는 축이다. (이 외에도 다른 회전축들이 있다. 찾을 수 있겠는가?)[8]

분자는 더 고차의 회전축을 가질 수도 있다. 철 원자를 통과하면서 사이클로펜타다이에닐 고리에 수직인 $C_5$축을 갖는 페로센의 가려진 형태(eclipsed form)를 살펴보자(그림 2.8a). 그리고 페로센의 엇갈린 형태(staggered form)를 살펴보자(그림 2.8b). 이것들은 5겹 회전축을 갖는가?[9] 다음으로 보라진을 살펴보자(그림 2.2c). $C_6$축을 갖는가?[10]

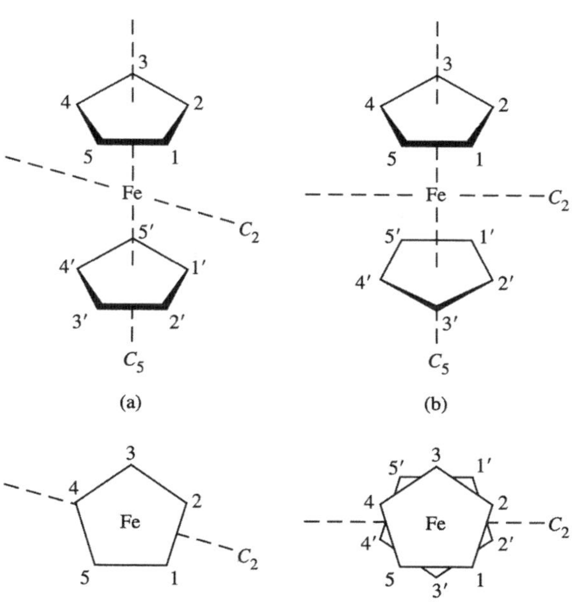


**그림 2.8** 5겹 회전축을 갖는 분자들: (a) 옆과 위에서 본 가려진 페로센; (b) 옆과 위에서 본 엇갈린 페로센. 각 분자는 다섯 개의 $C_2$축을 갖는데, 그 중에서 한 개만 나타내었다. $C_2$축 주위로 회전시키면 원자들은 1 → 1' 등으로 상호교환된다.

8) **해답** : $W(CO)_6$는 세 개의 $C_4$축, (팔면체를 통과하는) 네 개의 $C_3$축, (팔면체의 모서리를 통과하는) 여섯 개의 $C_2$축을 가진다.

9) **해답** : 엇갈린 형태의 페로센은 위쪽 고리와 아래쪽 고리는 서로 엇갈려 있지만, 72° 회전시키면 두 고리는 회전 이전의 위치와 일치하기 때문에 5겹 회전축을 가진다. 그러나 가려진 형태의 페로센은 이 $C_5$축에 수직인 거울면도 갖는데, 엇갈린 형태의 페로센에는 이 거울면이 없다.

10) **해답** : 없다. 60° 회전만으로는 붕소를 질소가 있던 자리로 옮겨놓을 뿐이다. 그 반대의 경우도 마찬가지이다. 보라진은 $C_3$축을 갖는 반면, 벤젠은 $C_6$축을 가진다.

많은 분자들은 하나 이상의 $C_n$축을 가진다. 예를 들면, 엇갈린 형태의 페로센에는 다섯 개의 $C_2$축이 있는데, 그 중의 하나는 종이 평면 위에 놓여 있다. 엇갈린 형태의 이형태체와는 다르지만, 가려진 형태의 페로센에도 다섯 개의 $C_2$축이 있다 (그림 2.8). 하나 이상의 회전축이 있는 경우, 차수가 가장 높은 축을 주축 (principal axis) 이라고 부르는데, 대개 이 축을 $z$축으로 정한다. 주축을 포함하는 평면을 수직면, $\boldsymbol{\sigma}_v$라고 부르며, 주축에 수직인 거울면은 수평면, $\boldsymbol{\sigma}_h$라고 부른다. 예를 들면, 보라진 (그림 2.2c) 은 세 개의 수직면 (그 중의 하나만 나타내었다) 과 하나의 수평면 (분자 평면) 을 가진다.

## 동등, $E$

$C_1$ 조작 (360° 회전) 을 하면, 조작 전과 같은 분자로 되는 것을 앞에서 알아보았다. 그러므로 이것을 동등 조작이라고 부른다. 동등 조작은 $E$로 표시한다. 이런 조작은 아무런 성과도 얻지 못하기 때문에 중요하지 않은 것처럼 보일 수도 있다. 그렇지만 이 조작은 수학적 완결성을 위해 포함되어야 하며, 이를 통해 몇 가지 유용한 관계를 만들 수 있다. 예를 들면, 같은 축을 중심으로 한 2회의 연속적 $C_2$ 조작을 하면 동등이 되는 것을 알고 있다. 따라서 $C_2 \times C_2 = E$로 쓸 수 있으며, 마찬가지로 $C_3 \times C_3 \times C_3 = E$이다. 이들은 또한 $C_2^2 = E$와 $C_3^3 = E$로 표현할 수도 있다.

## 회전 반사, $S_n$

$C_n$ 축은 "단순" 회전축, 그리고 이 축을 중심으로 한 회전은 "단순" 회전으로 부르기도 한다. 회전 반사는 360°/$n$ 회전과 그 뒤를 이어서 회전축에 수직인 평면에 대한 반사의 두 단계에 걸쳐 일어나는 것으로 생각할 수 있다. 회전축이나 거울면 중 어느 것도 그 자체가 실제 대칭 요소일 필요는 없다. 예를 들면, $SiF_4$는 $C_3$축을 갖지만 $C_4$축은 갖지 않는다는 것을 알았다. 그렇지만 $SiF_4$는 아래에 나타낸 것처럼 정육면체에서 마주보는 면의 쌍들을 통과하는 세 개의 $S_4$축을 가진다.

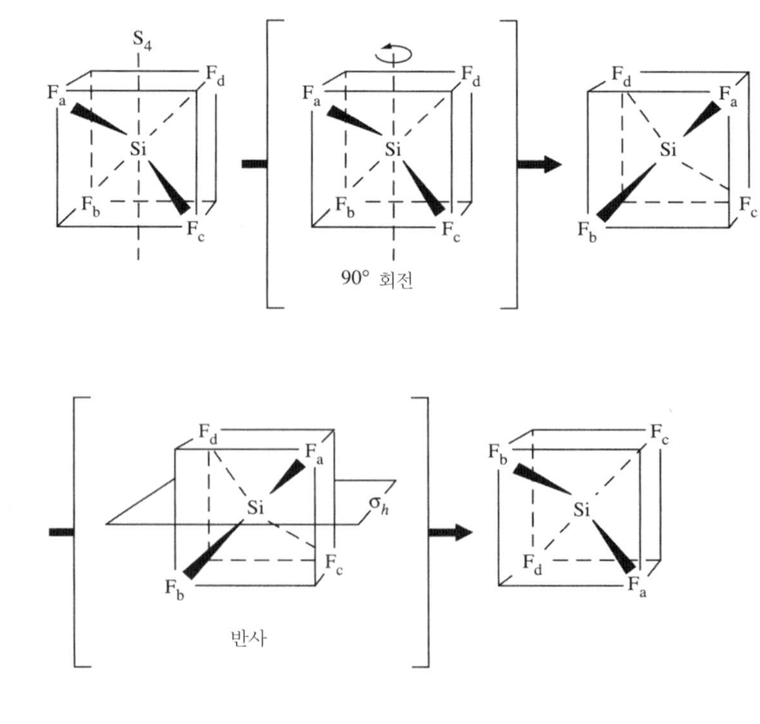

테트라플루오린화 이질소, $N_2F_4$의 *trans* 배열을 살펴보자. $C_2$ 조작에 이어서 $\sigma_h$ 조작을 실행하면 성공적인 $S_2$ 조작을 얻을 수 있다. 반전 조작을 통해서도 같은 결과를 얻을 수 있다.

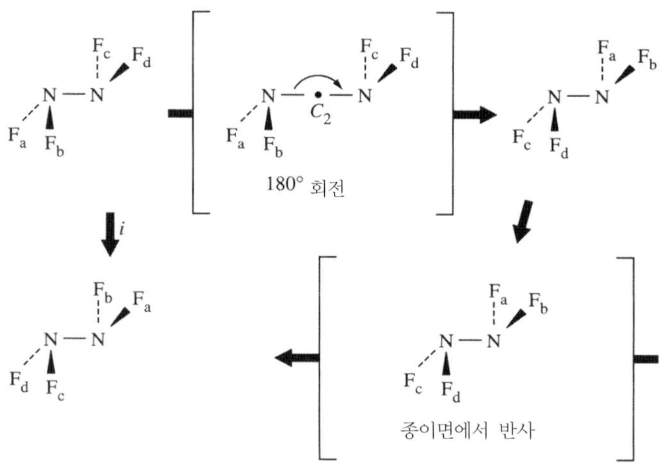


따라서 $S_2$는 $i$와 같다. 대칭 중심을 포함하고 있기 때문에 2겹 회전반사축을 갖게 되는 *trans*-$N_2F_4$를 통하여 이 사실을 충분히 확인해 보라. 실제로 $SiF_4$ 분자는 $C_2$축은 가지고 있지만, 대칭 중심이 없기 때문에 $S_2$축은 가질 수 없다. 또한 $S_1$은 $C_1 = E$이고, 두 번째 단계인 반사는 $\sigma$이기 때문에, $\sigma$와 같다.[11)]

## 점군과 분자 대칭

물과 같은 분자(그림 2.9)의 대칭 요소를 분석해 보면, 한 개의 $C_2$축, 두 개의 $\sigma_v$ 평면이 있으며, 당연히 $E$도 포함되어야 한다. 이들 대칭 요소에 의해서 네 개의 대칭 조작으로 구성되는 세트가 생성되는데, 이 세트를 **대칭군(symmetry group)** 또는 **점군(point group)** 이라고 부른다. 물 분자의 경우, 이 네 개의 대칭 요소로 구성된 세트는 점군 $C_{2v}$

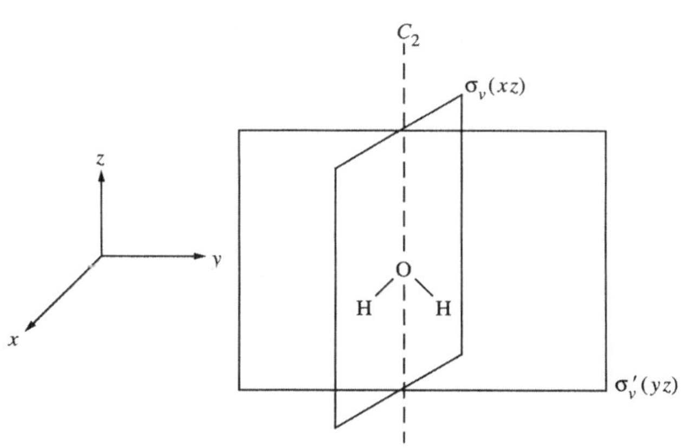


**그림 2.9** 물 분자의 좌표계와 대칭 요소.

11) 이러한 관계를 지적하는 주된 이유는 체계화를 위해서이다. 모든 대칭 조작은 $C_n$과 $S_n$에 포함시킬 수 있다.

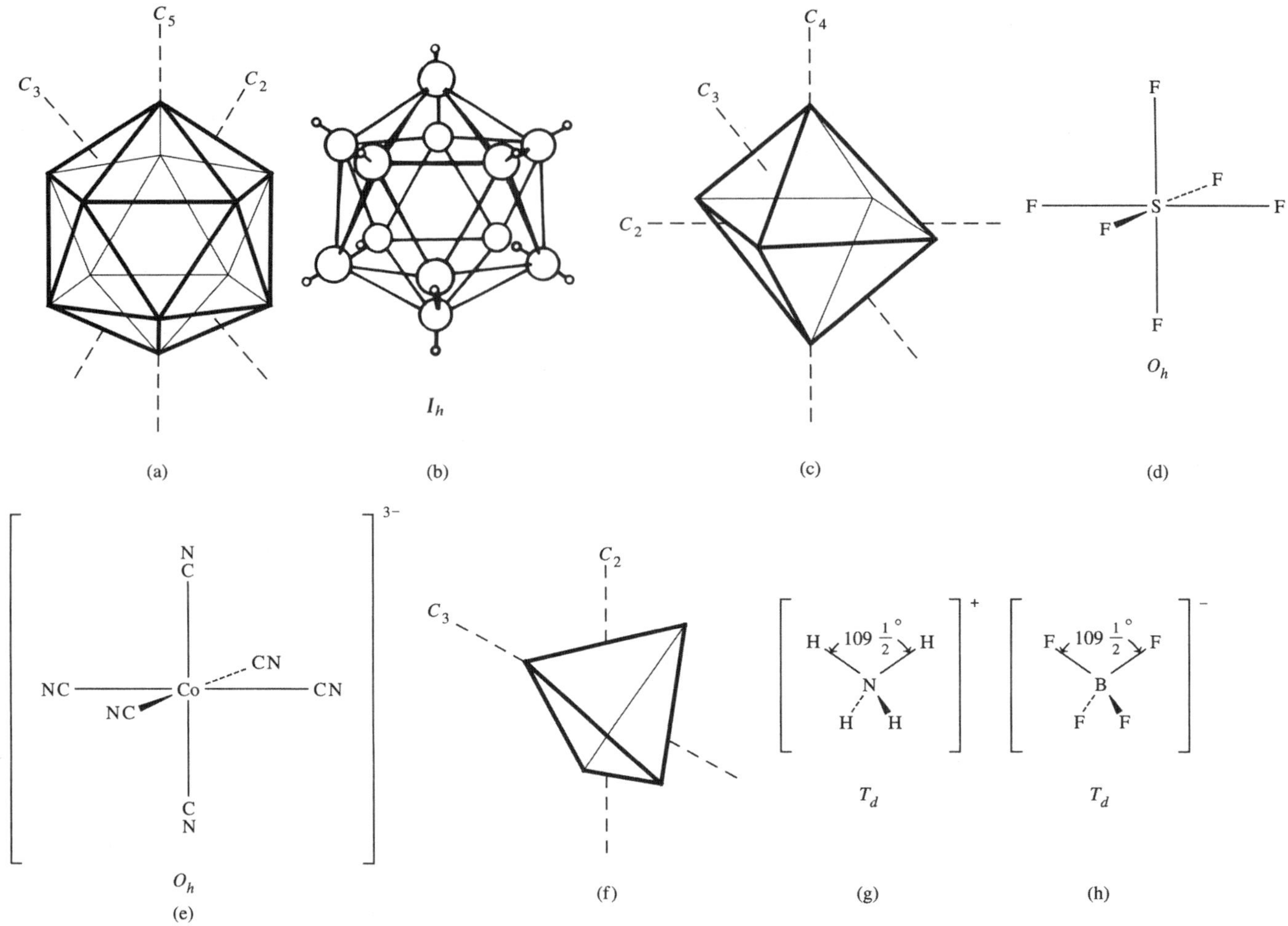


**그림 2.10** 대칭성이 높은 점군과 분자들: (a) 이십면체, (b) $B_{12}H_{12}^{2-}$ 이온, (c) 팔면체, (d) sulfur hexafluoride, (e) hexacyanocobaltate(III) 음이온, (f) 사면체, (g) 암모늄 양이온, (h) tetrafluoroborate 음이온.

의 특성을 나타낸다. 분자에 대한 점군을 지정하는 일은 속기법처럼[12] 분자를 표지하는 매우 간단한 방법이고, 분자의 성질을 조사하는 데 유용한 보조수단이 된다.

분자를 적절한 점군으로 지정하는 것은 순전히 형식적이고 수학적인 바탕을 두고 이루어진다. 그러나 대부분의 화학자들은 직관적으로 분자들을 흔히 접하게 되는 점군으로 분류하는 법을 쉽게 깨우친다. 다음의 접근법은 이 두 가지를 조합한 것이다.

1. **대칭성이 매우 높은 군.** 이들 점군은 많은 수의 특성적인 대칭 요소에 의해 정의되지만, 이들이 높은 대칭성을 갖는 정다면체라는 것을 쉽게 알아차릴 수 있다.
   a. **정이십면체**, $I_h$. — $B_{12}H_{12}^{2-}$ 이온(그림 2.10b) 으로 예를 든 정이십면체(그림 2.10a)는 여섯 개의 $C_5$축, 열 개의 $C_3$축, 열다섯 개의 $C_2$축, 열다섯 개의 거울면, 한 개의 대칭 중심, $C_5$축 및 $C_3$축과 동일 직선상에 있는 여섯 개의 $S_{10}$축과 열 개의 $S_6$축을

12) 예를 들면, 화학자들은 **사면체** $[FeCl_4]^-$ 이온, **사각 평면** $[PtCl_4]^{2-}$ 이온, 또는 "나비" 분자라고 부르기도 하는 $TeCl_4$ 분자의 구조 등을 표현하는 다른 방법으로 $T_d$ 대칭의 $[FeCl_4]^-$ 이온, $D_{4h}$ 대칭의 $[PtCl_4]^{2-}$ 이온, $C_{2v}$ 대칭의 $TeCl_4$ 분자라고 부르기도 한다.

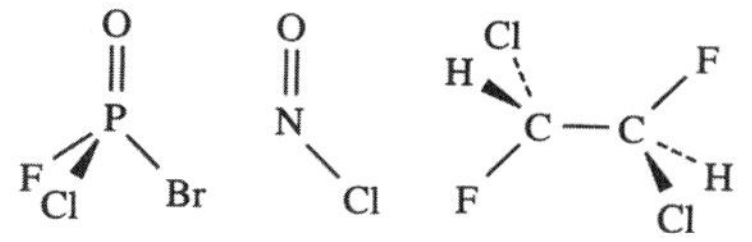

$C_1$ $C_s$ $C_i$

(a) (b) (c)

**그림 2.11** 대칭성이 낮은 분자들: (a) phosphoryl bromide chloride fluoride, $C_1$; (b) nitrosyl chloride, $C_s$; (c) *R*,S-1,2-dichloro-1,2-difluoroethane의 안티 형태체, $C_i$.

가진다.

b. **정팔면체,** $O_h$. — 정팔면체(그림 2.10c)는 배위 화합물과 원자가가 큰 비금속 화합물(그림 2.10d, e)에서 흔히 볼 수 있다. 정팔면체는 네 개의 $C_3$축, 세 개의 $C_4$축, 여섯 개의 $C_2$축, 네 개의 $S_6$축, 세 개의 $\sigma_h$ 평면, 여섯 개의 $\sigma_d$ 평면, 그리고 한 개의 대칭 중심을 가진다. 또한 $C_4$축과 겹쳐지는 세 개의 $C_2$축과 세 개의 $S_4$축이 있다.

c. **정사면체,** $T_d$. — 정사면체인 탄소는 유기화학의 기본을 이루는 원소이고, 간단한 무기 화합물과 이온도 정사면체 대칭을 갖는 경우가 많다(그림 2.l0g, h). 정사면체(그림 2.10f)는 네 개의 $C_3$축, 세 개의 $C_2$축, 여섯 개의 거울면, 세 개의 $S_4$ 회전반사축이 있다.

**2. 대칭성이 낮은 군.** 한 개나 두 개 정도의 대칭 요소만을 갖는 낮은 대칭성을 갖는 군은 세 가지가 있다.

a. $C_1$. — 이 대칭성을 갖는 분자는 1겹 회전축과 동등한 대칭요소인 *E*만을 가진다. 비대칭 중심을 갖는 일상적이고 간단한 카이랄 분자들은 이 대칭만을 가진다(그림 2.1la).

b. $C_s$. — 이 분자들은 모든 분자들이 갖고 있는 대칭 요소 *E* 외에 대칭면을 더 가진다. 그래서 매우 낮은 대칭성을 가짐에도 불구하고 카이랄이 아니다(그림 2.1lb).

c. $C_i$. — 이 분자들은 동등 요소와 반전 중심만을 가진다. *R*,*S*-1,2-dichloro-1,2-difluoro-ethane의 안티 형태(그림 2.1lc)와 *R*,*S*-1,2-dimethyl-l,2-diphenyldiphosphine disulfide(그림 2.3)은 $C_i$ 대칭을 가진다.

**3. *n*겹 회전축을 갖는 군, $C_n$.** 직관적으로 아주 높거나 낮은 대칭을 갖는 것을 분명히 알 수 있는 군들을 제외시켜 버린 후 남는 점군들은 *n*겹 회전축 $C_n$과 같은 특징적인 대칭 요소를 찾아내어서 지정해야 한다. 고우시 형태의 $H_2O_2$(그림 2.12a), tris(2-aminoethoxo) cobalt(III) (그림 2.12b), 또는 가장 안정한 형태의 triphenylphosphine

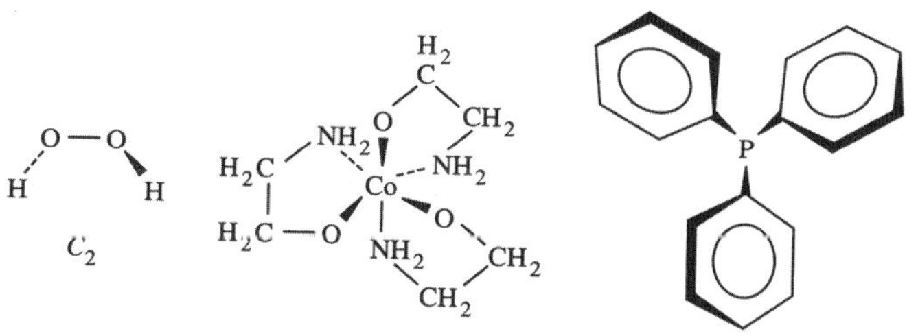

$C_2$ $C_3$ $C_3$

(a) (b) (c)

**그림 2.12** $C_n$ 대칭성을 갖는 분자들: (a) *gauche*-$H_2O_2$, (b) tris(2-aminoethoxo)cobalt(III), (c) triphenylphosphine. (a)의 $C_2$축은 종이면에 놓여 있고, (b)와 (C)의 $C_3$축은 종이면에 수직이다.

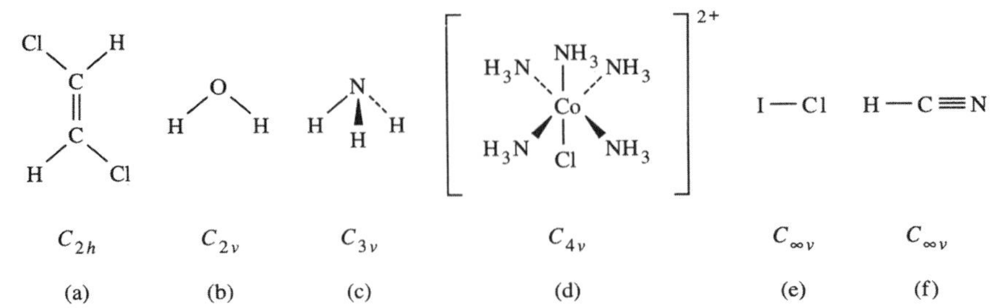

**그림 2.13** $C_{nh}$, $C_{nv}$, $C_{\infty v}$ 대칭성을 갖는 분자들: (a) *trans*-1,2-dichloroethene; (b) 물; (c) 암모니아; (d) pentaamminechlorocobalt(III) 양이온; (e) iodine monochloride; (f) hydrogen cyanide.

(그림 2.12c) 과 같이 단 한 개의 $n$겹 회전축만을 갖는 분자들은 $C_n$ 대칭을 가진다.

$C_n$축뿐만 아니라, 이 $C_n$축에 수직인 수평면이 있을 경우, 그 분자는 $C_{nh}$ 대칭을 가진다고 말할 수 있다. 이 군은 별로 중요하지는 않다. 이 군을 갖는 예로는 *trans*-dichlorethane (그림 2.13a) 이 있다. 회전축 $C_n$을 포함하는 $n$개의 거울면이 있을 경우, 이 면들을 **수직면 (vertical plane)** 이라고 부르며, 그 분자는 $C_{nv}$ 대칭을 가진다. $H_2O$ (그림 2.13b), $NH_3$ (그림 2.13c), pentaamminechlorocobalt(III) 양이온 (그림 2.13d)[13] 등과 같은 많은 간단한 무기화합물이 $C_{nv}$ 대칭을 가진다.

질문 : triphenylphosphine (그림 2.12c) 의 페닐 고리의 면이 3겹축에 평행하다면 (즉, 평면들의 가로지름이 3겹축과 일치한다면), triphenylphosphine의 점군은 무엇이 될까?[14]

$C_{\infty v}$ 점군은 ICl과 HCN (그림 2.13e, f) 과 같은 선형 분자들에서 나타나는 특별한 경우인데, 이 점군은 주축을 중심으로 분자를 원하는 어떤 각도로든지 회전시킬 수 있고, 수직면도 무한히 그릴 수 있기 때문이다.

4. **이면군.** 주축 ($C_n$) 에 수직인 $n$개의 $C_2$축을 가지는 분자는 이면군에 속한다. tri (ethylenediamine) cobalt(III) 양이온 (그림 2.14a) 의 경우처럼 거울면이 없는 분자는 $D_n$ 군에 속한다. 주축에 수직인 거울면이 있으면 $D_{nh}$군이 된다. phosphorus pentafluoride (그림 2.14b), tetrachloroplatinate(II)음이온 (그림 2.14c), *trans*-tetraamminedichlorocobalt(II)

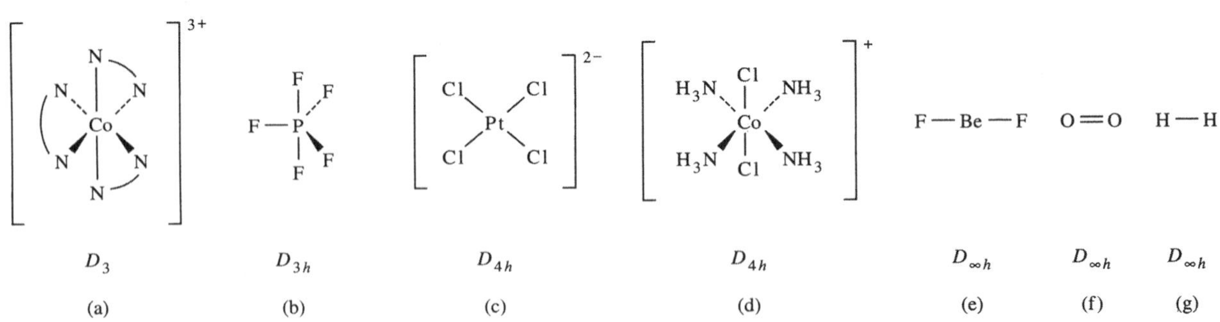

**그림 2.14** $D_n$, $D_{nh}$, $D_{\infty h}$ 대칭성을 갖는 분자들: (a) tris(ethylenediamin)cobalt(III) 양이온, (b) phosphorus pentafluoride, (c) tetrachloroplatinate(II) 음이온, (d) trans-tetraamminedichlorocobalt(III) 양이온, (e) beryllium difluoride, (f) dioxygen, (g) dihydrogen.

13) pentaamminechlorocobalt(III) 양이온은 "이상화된" $C_{4v}$ 대칭성을 가진다. 즉, 암모니아 분자의 자유 회전에 따른 수소 원자의 무질서한 배향은 단순화를 위해 무시되기도 한다.

14) $C_{3v}$.

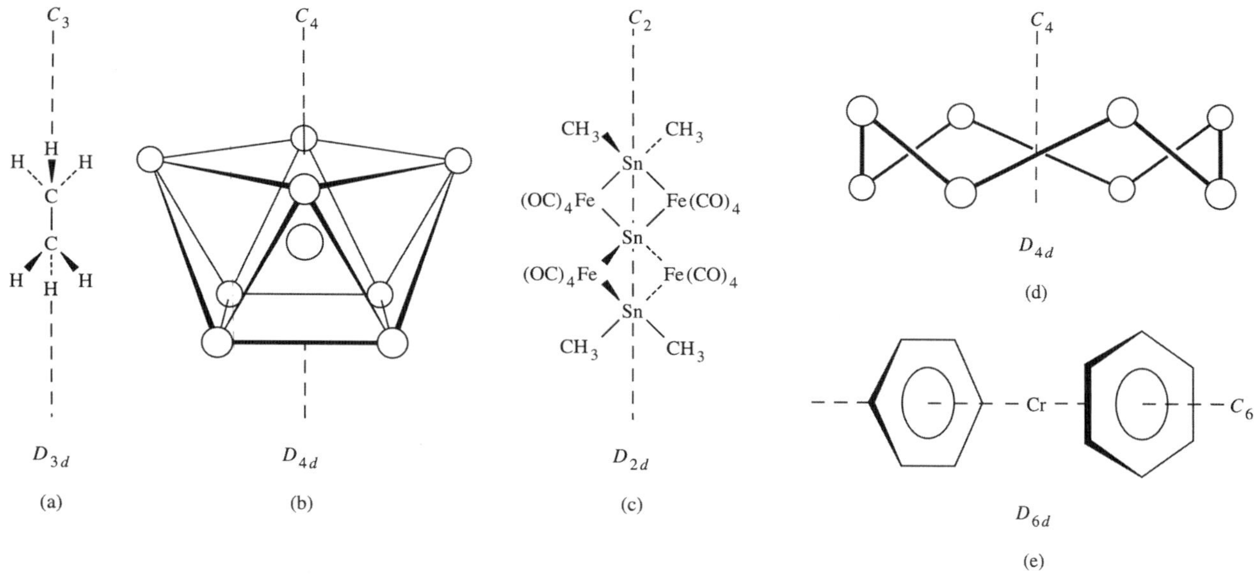


**그림 2.15** $D_{nd}$ 대칭성을 갖는 분자들: (a) 엇갈린 형태의 에테인, (b) octafluorozirconate(IV) 음이온, (C) bis[dimethyltinbis (μ-tetracarbonyliron)]tin, (d) octasulfur, (e) dibenzenechromium.

양이온(그림 2.14d), 그리고 가리움 형태의 페로센(그림 2.8a) 등이 이 점군에 속한다.

$BeF_2$와 모든 $X_2$ 분자들(그림 2.14e~g) 처럼 대칭 중심을 가지는 선형 분자들은 수평 거울면뿐만 아니라 주축에 수직인 무한히 많은 수의 $C_2$축이 있으므로 $D_{\infty h}$ 대칭을 가진다.

거울면이 주축인 $C_n$축을 포함하고, 인접한 두 $C_2$축 사이의 각을 이등분할 경우, 이 면을 **이면각 이등분면(dihedral plane)** 이라고 부른다. 엇갈린 형태의 페로센(그림 2.8b), 엇갈린 형태의 에테인(그림 2.15a), 뒤틀린 사각기둥의 octafluorozirconate(IV) 음이온(그림 2.15b), bis[dimethyltinbis (μ-tetracarbonyliron]tin (그림 2.15c), octasulfur (그림 2.15d), 엇갈린 형태의 dibenzenechromium (그림 2.15e) 처럼 이런 이면각 이등분면을 포함하는 분자들은 $D_{nd}$군에 속한다.

질문: 만일 triphenylphosphine 분자가 평면이라면 이것의 점군은 무엇이 될까?[15)]

**5. 점대칭을 결정하는 계통도.** 대칭 요소들과, 분자의 대칭성을 결정하는 과정에서 이 대칭 요소들을 이용하는 규칙과 과정은 그림 2.16에 나타낸 것과 같은 순서도를 통하여 계통도로 형식화시킬 수 있다. 이 순서도에는 흔히 볼 수 없는 몇 개의 다른 점군과 앞에서 설명한 모든 점군들(직사각형 상자로 둘러싸인) 이 포함되어 있다. 그 외에도 앞에서처럼 "직관"을 통해서 지정한 대칭성들도 이 도표를 이용하면 보다 체계적으로 유도할 수 있다.

## 기약 표현과 지표표

특정한 점군에 속하는 대칭 조작들은 수학적인 군을 이룬다. 이 말은 집합체로서의 이들 대칭 조작이 일련의 형식적 기준에 부합하는 어떤 상관관계를 보인다는 것을 의미한다. 이들 수학

15) $D_{3h}$.

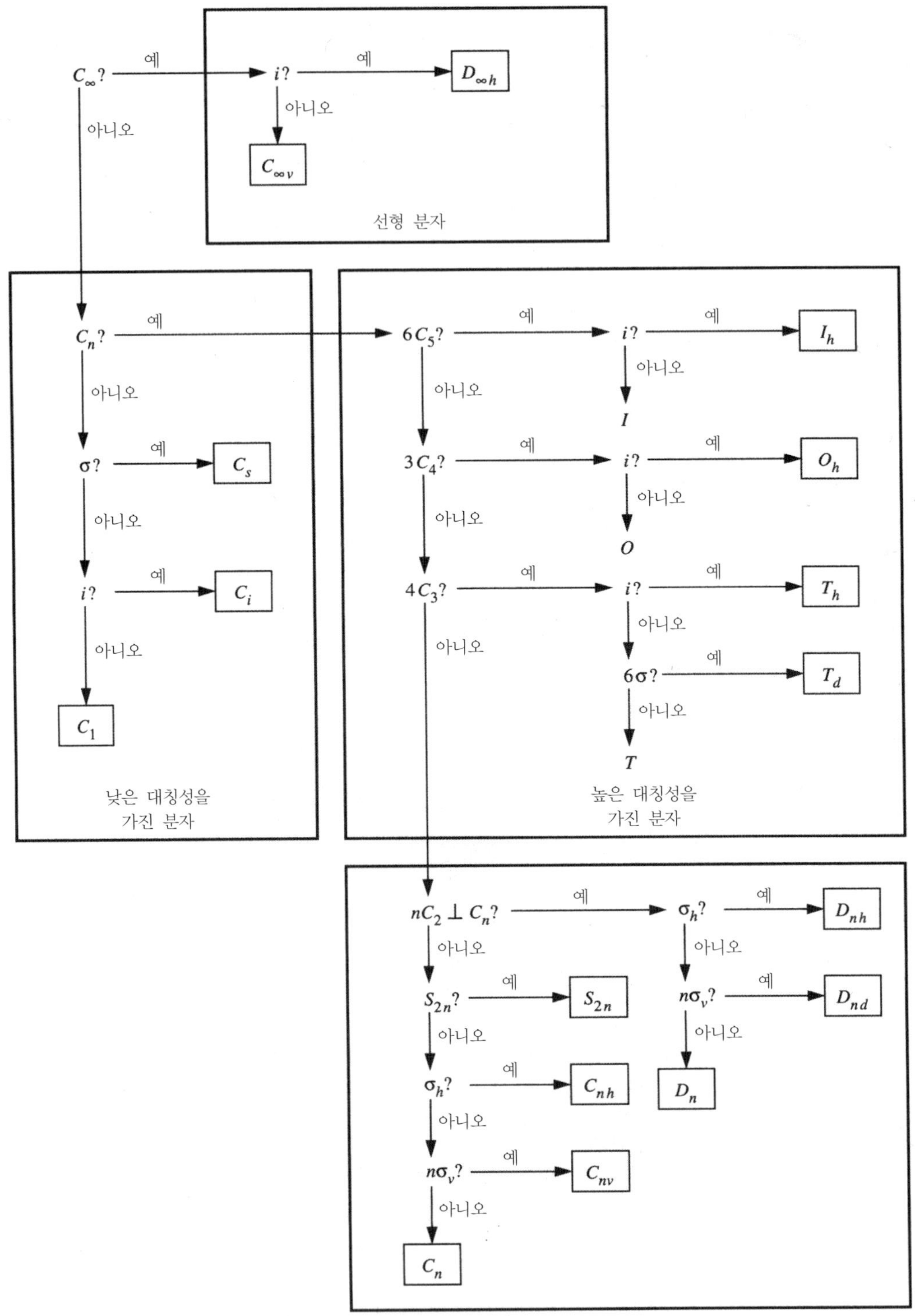


**그림 2.16** 분자의 점군을 결정하는 순서도.

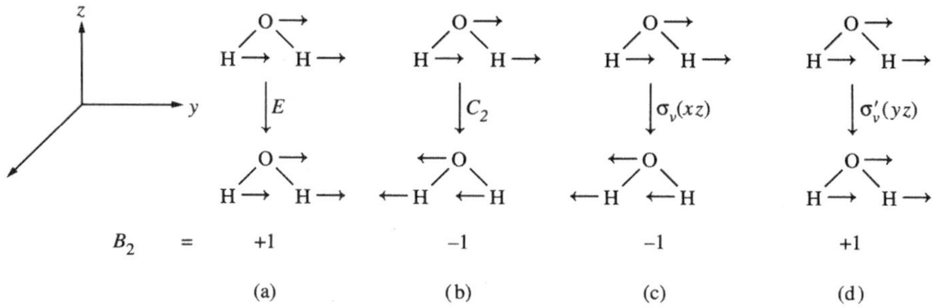


**그림 2.17** $C_{2v}$ 대칭에서 대칭 조작의 결과 ; $y$축을 따라 일어나는 병진 운동 : (a) 동등, $E$ ; (b) $C_2$ 축 주위의 회전 ; (c, d) $\sigma_v$ 평면에 대한 반사.

적 관계의 중요한 결과로, 개별적인 점군은 **기약 표현(irreducible representation)**으로 알려진 대칭 형태로 분해할 수 있는데, 이것은 분자의 성질과 전자적 성질 중에서 많은 것들을 분석하는 데 도움이 된다. 정성적 전개를 통해 이들 대칭 형태의 기원과 중요성을 알 수 있다.[16)]

지금까지는 분자 내부에 점들로 자리잡은 원자들에게 영향을 미칠 때에만 대칭 조작을 적용하였다. 그러나 다른 기준을 이용할 수도 있다. 예를 들면, 어떤 축을 따라 움직이는 분자의 병진 운동처럼, 분자의 동적 성질이 그 분자가 속하는 점군의 대칭 조작에 의해 어떻게 변환되는지 살펴볼 수도 있다. 앞에서 살펴본 $C_{2v}$ 점군에 속하는 물 분자의 대칭 요소들과 좌표계를 떠올려 보자(그림 2.9). 겹수가 가장 큰 회전축(이 경우 $C_2$)이 $z$축과 나란하고, $x$축은 분자 평면에 수직이라는 관례에 따라 좌표를 지정한다. 그리고 분자의 $+y$ 방향에서의 병진 운동을 원자들 위에 단위 벡터로 표기하고, 이들이 $C_{2v}$ 대칭 조작을 통해 어떻게 변할 것인지를 상상해 보자(그림 2.17). 각각의 대칭 조작이 끝나면, 벡터들은 $+y$ 방향이나 $-y$ 방향을 가리킬 것이다. 즉, 이들은 이 조작에 대해 대칭적이거나 반대칭적인 행동 중의 하나를 나타낼 것이다. 대칭적인 행동을 (+1)로, 반대칭적인 행동을 (−1)로 표시한다면, 각각의 조작은 이 표시들 중의 하나로 나타낼 수 있다. 동등 조작 ($E$)은 화살표의 위치를 바꾸지 않는다(+1). $C_2$축에 대한 회전을 통해 $+y$ 벡터는 $-y$ 벡터로 변한다(−1). $\sigma_v(xz)$ 평면에 대한 반사는 $+y$를 $-y$로 바꾸지만(−1), 분자 평면 $\sigma_v(yz)$에 대한 반사는 벡터에 변화를 주지 않는다(+1). 이 간단한 분석을 통하여 생성된 네 개 표지의 집합 (+1, −1, −1, +1)은 $C_{2v}$ 점군 내에서 한 가지의 기약 표현을 구성한다. 기약이란 표현은 더 간단하거나 기본적인 형태로 분해할 수 없다는 의미이다. 그리고 이 표현은 $y$ 방향의 병진 운동에 대해서 뿐만 아니라 $p_y$ 오비탈과 같은 다른 "$y$ 벡터 함수"에 대한 $C_{2v}$ 조작의 영향도 표현한다. 따라서 $y$는 $C_{2v}$ 점군 내에서 이 기약 표현에 대한 **기저 함수(basis function)**로서의 역할을 한다고 말한다.

물 분자에서 $x$축과 $z$축을 따라 이루어지는 병진 운동(그리고 $p$ 오비탈들)은 $y$축에 대한 전개와는 다른 대칭 양상을 따른다. $+x$ 방향을 가리키는 단위 벡터에 대해 $E$, $C_2$, $\sigma_v(xz)$, $\sigma_v(yz)$ 조작을 순서대로 적용하면, +1, −1, +1, −1의 표지가 생성된다. $+z$ 방향을 가리키는 벡터는 이 대칭 조작들 중의 어느 것에 의해서도 변하지 않으며, 따라서 +1, +1, +1, +1의 집합으로 표현될 것이다.

군론의 원칙에 따르면, 한 점군에 속하는 기약 표현의 전체 개수는 그 군의 특징적인 대칭 조작 유형의 수, 또는 **급(class)**의 개수와 같다. 따라서 $C_{2v}$ 점군의 경우, 네 개의

16) 군론에 관한 보다 완전하고 수학적인 전개에 관해서는 각주 1에 열거한 책들을 참조.

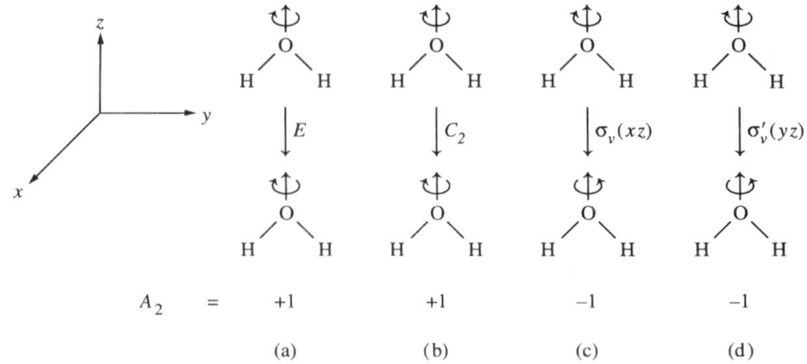


**그림 2.18** $C_{2v}$ 대칭에서 대칭 조작의 결과 ; $z$축 주위로의 회전 : (a) 동등, $E$ ; (b) $C_2$ 축 주위로의 회전; (c,d) $\sigma_v$ 평면에 대한 반사.

기약 표현이 있을 것으로 예상할 수 있다. 네 번째 기약 표현은 $z$축에 대한 물 분자의 회전을 조사하면 만들 수 있다. 이것을 알아보기 위해서, $z$축 주위를 시계 방향으로 둘러싸고 있는 굽은 화살표를 상상해 보자(이 축을 내려다 보았을 경우 : 그림 2.18을 참조). 선형의 병진 운동과 마찬가지로, 이 운동은 방향에 변화를 주지 않는 조작에 대해서는 대칭적이며, 방향을 반대로 돌려놓는 조작에 대해서는 반대칭적이다. $E$ 조작과 $C_2$ 조작을 통해서는 방향이 바뀌지 않는다(+ 1). 그러나 두 가지의 거울면에 대한 반사는 모두 방향을 반대로 돌려놓는다(− 1). 그래서 $C_{2v}$군에 대한 네 번째 대칭 양상은 + 1, + 1, − 1, − 1이 된다.

한 점군의 특징적인 조작과 기약 표현을 포함한 많은 대칭의 특성들은 **지표표 (character table)** 라고 알려진 배열로 편리하게 나타낼 수 있다. $C_{2v}$의 지표표는 다음과 같다.[17)]

| $C_{2v}$ | $E$ | $C_2$ | $\sigma_v(xz)$ | $\sigma_v'(yz)$ | | |
|---|---|---|---|---|---|---|
| $A_1$ | 1 | 1 | 1 | 1 | $z$ | $x^2, y^2, z^2$ |
| $A_2$ | 1 | 1 | −1 | −1 | $R_z$ | $xy$ |
| $B_1$ | 1 | −1 | 1 | −1 | $x, R_y$ | $xz$ |
| $B_2$ | 1 | −1 | −1 | 1 | $y, R_x$ | $yz$ |

각 열의 맨 위에 나타낸 것은 이 군에 대한 대칭 조작의 급이며, 각 행은 한 가지의 기약 표현을 나타낸다. 앞에서 알아본 것처럼, 대칭과 반대칭의 행동에 해당하는 (+ 1) 과 (− 1) 의 숫자들은 **지표 (character)** 라고 부른다.

오른쪽의 열에는 주어진 기약 표현의 대칭성을 가진 기저 함수의 일부가 나타나 있다. $R_x$, $R_y$, $R_z$는 규정된 축 주위로의 회전을 나타낸다. 예를 들면, 가장 오른쪽에 나타낸 이항곱은 이 군의 대칭 조작에서 $d$ 원자 오비탈이 어떻게 행동(변환) 할 것인지를 나타낸다.

지표표의 가장 왼쪽 열에 나타낸 기호(Mulliken label) 는 대칭성을 나타내는 용어에 대한 부분이다. 속기의 형태로 표기한 개개의 기호는 해당하는 기약 표현의 몇 가지 특징들을 나타낸다. 이러한 특징 중의 하나는, 지표의 수학적 기원과 관련이 있는 **차원 (dimension)** 이다. 엄밀히 말하자면, 개개의 지표는 대칭 조작을 나타내는 행렬로부터 유

17) 다른 점군에 대한 지표표는 부록 D를 참조할 수 있다.

도된 것으로서, 실제로는 그 행렬의 대각 원소들을 합한 것과 같다. $C_{2v}$군의 경우, 이들 행렬은 모두 가능한 것들 중에서 가장 간단한 형태이다. 이들은 단일 원소(지표) 로만 구성되어, 따라서 1차원이다. 그러나 3차 이상의 회전축을 갖는 군의 경우, 2차원 혹은 3차원의 행렬이 나타나기 때문에, 지표가 각각 2나 3의 높은 값을 가진다(이 사실은 $D_{4h}$ 점군을 다룰 때 간략하게 설명할 것이다). $C_{2v}$ 점군에서와 같이, 1차원의 표현은 가장 차수가 높은 회전축에 대해서 대칭적일 때 $A$로 표시하며, 반대칭적인 경우에는 $B$로 나타낸다. 한 가지 군에서 두 가지 이상의 표현이 $A$나 $B$로 분류될 경우, 두 번째 대칭 요소에 대한 대칭을 의미하는 (1) 이나 반대칭을 의미하는 (2) 를 아래첨자로 표기한다. 이 두 번째 대칭 요소는 주축에 수직인 $C_2$축이거나, 그러한 축이 없을 경우 수직 거울면이 된다. 2차원에 대한 표현은 $E$로 나타내며 (동등 조작 $E$와 혼동하지 말 것), 3차원의 경우는 $T$로 나타낸다. 앞에서 알아본 것처럼, 반전 중심이 있을 경우에는 $g$나 $u$를 표기한다. 위첨자 ′와 ″는 각각 수평면에 대한 대칭과 반대칭 행동을 나타내기 위해 사용된다.

Tetrachloroplatinate(II) 음이온, $PtCl_4^{2-}$는 앞에서 $D_{4h}$ 점군에 속하는 분자의 예로 다루었다(그림 2.14c). 이 군에 대한 지표표는 다음과 같다.

| $D_{4h}$ | $E$ | $2C_4$ | $C_2$ | $2C_2'$ | $2C_2''$ | $i$ | $2S_4$ | $\sigma_h$ | $2\sigma_v$ | $2\sigma_d$ | | |
|---|---|---|---|---|---|---|---|---|---|---|---|---|
| $A_{1g}$ | 1 | 1 | 1 | 1 | 1 | 1 | 1 | 1 | 1 | 1 | | $x^2+y^2, z^2$ |
| $A_{2g}$ | 1 | 1 | 1 | −1 | −1 | 1 | 1 | 1 | −1 | −1 | $R_z$ | |
| $B_{1g}$ | 1 | −1 | 1 | 1 | −1 | 1 | −1 | 1 | 1 | −1 | | $x^2-y^2$ |
| $B_{2g}$ | 1 | −1 | 1 | −1 | 1 | 1 | −1 | 1 | −1 | 1 | | $xy$ |
| $E_g$ | 2 | 0 | −2 | 0 | 0 | 2 | 0 | −2 | 0 | 0 | $(R_x, R_y)$ | $(xz, yz)$ |
| $A_{1u}$ | 1 | 1 | 1 | 1 | 1 | −1 | −1 | −1 | −1 | −1 | | |
| $A_{2u}$ | 1 | 1 | 1 | −1 | −1 | −1 | −1 | −1 | 1 | 1 | $z$ | |
| $B_{1u}$ | 1 | −1 | 1 | 1 | −1 | −1 | 1 | −1 | −1 | 1 | | |
| $B_{2u}$ | 1 | −1 | 1 | −1 | 1 | −1 | 1 | −1 | 1 | −1 | | |
| $E_u$ | 2 | 0 | −2 | 0 | 0 | −2 | 0 | 2 | 0 | 0 | $(x, y)$ | |

이 군의 기약 표현들 가운데 두 가지는 $E_g$와 $E_u$로 표현된 2차원임을 주목하라. 이들 개별 기약 표현에는 각각 한 **쌍**의 기저 함수를 가진다. $x$ 방향과 $y$ 방향의 병진 운동이 어떻게 $E_u$ 표현의 기저가 되는지를 알아보려면, 일반적인 관례에 따라 설정한 좌표계에 의해 표시된 $PtCl_4^{2-}$ 이온을 나타낸 그림 2.19를 참조하라. $z$축은 $C_4$ 회전축과 겹치며, $x$축과 $y$축은 나타낸 것처럼 Pt—Cl 결합을 따라 배열되어 있다. $C_2'$축과 $C_2''$축은 $C_4$에 수직인 두 번째 축들이다. $C_2'$축은 가능한 한 많은 원자를 포함하도록 선택했기 때문에 $x$와 $y$ 좌표를 따라 놓여 있다. $C_2''$축은 $x$와 $y$축 사이에 놓여 있다. $\sigma_v$와 $\sigma_d$ 평면은 각각 $C_2'$축과 $C_2''$축을

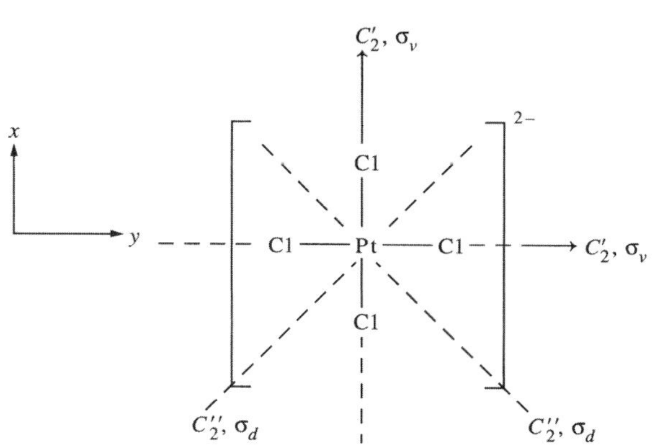


**그림 2.19** $PtCl_4^{2-}$ 이온($D_{4h}$)과 $x$, $y$ 병진 벡터.

포함한다.

$PtCl_4^{2-}$ 이온의 $x$와 $y$ 방향으로의 병진 운동은 백금 원자 위에 나타낸 두 개의 벡터로 표현할 수 있다(그림 2.19). 지금까지 고려해 왔던 모든 경우와는 달리, $D_{4h}$군의 조작은 원래의 위치에 대해서 단순하게 +1이나 −1의 관계를 갖지 않는 새로운 방향으로 두 벡터를 이동시킨다. 예를 들면, 시계 방향 $C_4$ 조작의 경우, $x$ 벡터는 회전하여 $+y$ 방향으로 바뀌고, $y$ 벡터는 회전하여 $-x$ 위치로 간다. 이 조작에 대한 지표는 0이다. (이 결과는 이 조작에 상응하는 행렬의 대각 원소가 모두 0이기 때문에 일어난다. 이 행렬의 다른 원소는 0이 아니지만 지표에는 아무런 영향을 미치지 않는다.) $S_4$ 조작과 $\boldsymbol{\sigma}_d$ 조작에서도 $x$와 $y$ 함수가 혼합되는 비슷한 결과를 얻게 되고, 지표도 0이 된다. 이 혼합 때문에, $D_{4h}$ 대칭군에서 $x$와 $y$ 함수는 불가분의 관계를 가지며, **이중으로 축퇴**(doubly degenerate) 된, 또는 2차원 표현으로 변환된다고 말한다.

$x$와 $y$ 벡터에 대한 각각의 조작 효과를 결합하면 $E_u$ 표현에 대한 나머지 지표들을 얻을 수 있다. 동등 조작을 실행할 경우, 두 벡터는 모두 아무런 변화가 없다. 따라서 이 조작의 지표는 두 배의 +1 또는 +2이다. 이와 마찬가지로, $\boldsymbol{\sigma}_h$ 조작(분자의 평면에 대한 반사)을 통해서도 벡터는 변하지 않으므로 지표는 +2가 된다. $C_2$ 조작($z$축 주위)을 통해 $x$ 벡터는 $-x$ 위치로, $y$ 벡터는 $-y$ 위치로 옮겨지므로, 지표는 2(−1) = −2가 된다. 대칭 중심에 대한 반전도 같은 결과를 낳는다. $y$축 주위로의 $C_2'$ 조작을 한 경우, 벡터는 변화가 없는(+1) 반면에, $x$ 벡터는 회전하여 반대 방향으로 가기 때문에(−1), 전체 지표는 0이 된다. $y$축을 포함하는 거울면에 대한 반사($\boldsymbol{\sigma}_v$ 조작)도 같은 결과를 가져온다.

## 가약 표현

분자 구조나 분자 역학에 관련된 문제에 군론의 방법을 적용할 때에는, 분자 진동과 같은 관심이 있는 현상의 **가약 표현(reducible representation)** 을 유도한 후, 이것을 기약 성분으로 분해하는 과정을 거친다(가약 표현은 항상 기약 표현의 합이다). 때로는 직관적으로 분해할 수도 있지만, 대체로 다음과 같은 환산식을 사용할 수 있다.

$$N = \frac{1}{h}\sum_{x} \chi_r^x \cdot \chi_i^x \cdot n^x \qquad \textbf{(2.1)}$$

이 표현에서, $N$은 환산되는 표현에서 특정한 기약 표현이 나타나는 횟수이며, $h$는 그 군에 속하는 조작의 총수이고, $\chi_r^x$은 가약 표현에서 특정한 조작의 급, $x$에 대한 지표, $\chi_i^x$는 기약 표현에서 $x$의 지표, $n^x$는 그 급에 속하는 조작의 수이고, 전체 합은 모든 급에 대해 취하게 된다. 가약 표현을 유도하는 과정은 다음 절에서 설명할 것이다. 여기서는 물 분자에서 운동의 자유도(병진, 회전, 진동)에 대한 다음의 가약 표현에 환산식을 적용하는 방법을 알아보도록 하자.

| | $E$ | $C_2$ | $\sigma_v(xz)$ | $\sigma_v(yz)$ |
|---|---|---|---|---|
| $\Gamma_r$: | 9 | −1 | 1 | 3 |

이 표현을 분해하기 위해서는 $C_{2v}$ 점군에서 네 개의 기약 표현 각각에 대해 식 2.1을 적용해야 한다.

$$A_1: \quad N = (\tfrac{1}{4})[(9)(1)(1) + (-1)(1)(1) + (1)(1)(1) + (3)(1)(1)] = 3$$

$$A_2: \quad N = (\tfrac{1}{4})[(9)(1)(1) + (-1)(1)(1) + (1)(-1)(1) + (3)(-1)(1)] = 1$$

$$B_1: \quad N = (\tfrac{1}{4})[(9)(1)(1) + (-1)(-1)(1) + (1)(1)(1) + (3)(-1)(1)] = 2$$

$$B_2: \quad N = (\tfrac{1}{4})[(9)(1)(1) + (-1)(-1)(1) + (1)(-1)(1) + (3)(1)(1)] = 3$$

따라서 가약 표현은 세 개의 $A_1$, 한 개의 $A_2$, 두 개의 $B_1$, 세 개의 $B_2$로 분해된다. 이들 조합의 합에 대한 지표가 $\Gamma_r$의 지표로 되는 것은 쉽게 입증할 수 있다.

## 점군 대칭의 이용

### 광학 활성

유기화학에서는 비대칭 탄소 원자에 근거한 카이랄성을 광범위하게 접할 수 있다. 유기화학 교재에서는 대개 겹쳐질 수 없는 거울상[18]을 기준으로 카이랄성을 정의하기 때문에, 헬리센(helicene)과 스파이로(spiro) 화합물과 같은 화학종은 카이랄성을 갖게 된다. 그러나 비대칭 탄소 원자에 바탕을 둔 것 이외의 카이랄성을 다룬 유기화학 개설서는 거의 없다.[19] 무기 화합물은 비대칭 질소, 인, 황 원자에 의해 광학 활성을 띨 수도 있지만,[20] 훨씬 더 많은 수의 카이랄 무기 화합물은 비대칭 원자를 전혀 갖지 않음에도 불구하고, 전체적인 분자의 대칭성, 특히 회전반사축이 없기 때문에 카이랄이 된다. 이들 가운데 대부분은 $D_3$나 이와 관련된 대칭성을 갖는 6배위 착물들이다. 이들 화합물은 11장에서 보다 자세히 설명할 것이다. 카이랄 분자에도 어느 정도의 대칭 요소가 있는 경우가 가끔 있기 때문에(예를 들면, $D_3$ 점군에는 $C_2$와 $C_3$가 모두 있다), 이들을 비대칭(asymmetric, 대칭성이 없음)이라고 부르는 것은 적절하지 않다. 이들 분자는 불완전 비대칭(dissymmetric)으로 알려지게 되었으며, 이 용어는 실제로 요즈음 모든 카이랄 분자에 대해 사용하고 있다. 회전반사축이 없는 분자를 불완전 비대칭 분자로 정의한다(각주 3을 참조). 표 2.1에서는 일반적인 점군을 카이랄과 비카이랄로 분류해 놓았다.

### 쌍극자 모멘트

개별 결합 모멘트 벡터의 전체 합이 0이 아니면, 그 분자는 쌍극자 모멘트를 가진다. 대칭 중심 $i$가 있을 경우, 분자의 한쪽에 있는 전하가 다른 쪽에 있는 동등한 전하에 의해 상쇄되어 버리기 때문에 쌍극자 모멘트는 0이다. 그러므로 $[CoF_6]^{3-}$(그림 2.4c), *trans*-$N_2F_2$(그림 2.5), 그리고 페로센의 엇갈린 형태(그림 2.8b)는 쌍극자 모멘트를 갖지 않는다. 쌍극자 벡터는 하나 이상의 축을 따라 동시에 놓여질 수 없기 때문에, 둘 이

---

18) 앞에서 나왔던 것처럼, 광학 활성의 공식적인 정의는 회전반사축이 없다는 사실에 근거를 둔다. 두 정의는 서로 같은 뜻이다.

19) 비대칭 탄소 원자가 없는 카이랄 유기 분자에 대해서는 다음을 참조하라. Wade, L. C., Jr. *Organic Chemistry*; Prentice-Hall; Englewood Cliffs, NJ, 1987; pp 354~356. Schlögl, K. *Topics Curr. Chem.* **1984**, *125*, 27. Laarhoven, W. H.; Prinsen, W. J. C. *Ibid.* **1984**, *125*, 63. Meurer, K. P.; Vögtle, F. *Ibid.* **1985**, *127*, 1.

20) 이들은 5장에서 설명한다.

표 2.1
카이랄 분자와 비카이랄 분자의 점군.

| 카이랄 | 비카이랄(대칭요소를 확인) |
|---|---|
| $C_1$ (비대칭) | $C_s$ (대칭면) |
| $C_n$ (불완전 비대칭) | $C_i$ (대칭 중심) |
| $D_n$ (불완전 비대칭) | $D_{nh}$ (대칭면) |
| | $D_{nd}$ (대칭면) |
| | $S_n$ (회전반사축) |
| | $T_d$ (대칭면) |
| | $O_h$ (대칭 중심과 대칭면) |
| | $I_h$ (대칭 중심과 대칭면) |
| | $C_{nv}$ (대칭면) |

상의 $C_n$축이 있을 경우 ($n > 1$), 쌍극자는 존재할 수 없다. 따라서 $SiF_4$ (그림 2.4a), $PF_5$ (그림 2.4b), 가려진 형태의 페로센 (그림 2.8a), 그리고 모든 $D_n$ 분자들 (그림 2.14 참조) 은 쌍극자 모멘트를 갖지 않는다. 수평 거울면이 있을 경우, 쌍극자 모멘트는 존재할 수 없지만, 하나 이상의 수직 거울면이 있을 경우는 그렇지 않다. 쌍극자 모멘트 벡터는 분명히 그 수직 거울면에 놓여 있어야 하며, 쌍극자가 놓여진 평면에 $C_n$축이 있을 수도 있다. 이런 분자의 예로는 *cis*-$N_2F_2$ (그림 2.6) 와 O ═ N — Cl (그림 2.11b) 이 있다. 표 2.2 에서는 쌍극자 모멘트가 존재하는지의 여부에 따라 일반적인 점군을 "대칭 허용"이나 "대칭 금지"로 나타내었다. 그 외에도 어떤 이종핵 간 결합 모멘트가 0이 되거나, 두 개의 서로 다른 결합이 서로 상쇄할 수 있는 같은 크기의 모멘트를 가질 수도 있다. 실제로, 어떤 분자들은 매우 작지만 제한된 쌍극자 모멘트를 가진다. S ═ C ═ Te ($0.57 \times 10^{-30}$ C m, 0.17 D), *cis*-FN═NF ($0.53 \times 10^{-30}$ C m, 0.16 D), NO ($0.50 \times 10^{-30}$ C m, 0.15 D), $SbH_3$ ($0.40 \times 10^{-30}$ C m, 0.12 D), CO ($0.37 \times 10^{-30}$ C m, 0.11 D), $FClO_3$ ($0.077 \times 10^{-30}$ C m, 0.023 D).

## 적외선 및 Raman 분광학

**적외선 분광학 (infrared spectroscopy)** 에서는 어떤 분자 진동의 들뜸 에너지에 해당하는 에너지를 가진 광자가 분자에 흡수되고, 그 진동수에서는 적외선의 투과도가 감소한다 (그림 2.20). Raman 분광학의 경우 분자의 들뜸으로 인해 산란된 빛의 진동수가 변한다. 즉, 어떤 파장이든 (일반적으로 가시광선 영역) 입사된 빛은 산란된다. 산란된 빛의 대부분은 분자에 부딪힌 빛과 같은 진동수를 가지지만, 일부분의 진동수는 분자의 진동 상태

표 2.2
쌍극자 모멘트가 대칭 허용되거나 대칭 금지되는 점군.

| 대칭 허용 | 쌍극자를 허용하지 않는 대칭 요소 |
|---|---|
| $C_1$ | $C_i$ (대칭 중심) |
| $C_s$ | $S_n$ (회전반사축) |
| $C_n$ | $D_n$ ($C_n + nC_2$) |
| $C_{nv}$ | $D_{nh}$ ($C_n + nC_2$, $\sigma_h$) |
| | $D_{nd}$ ($C_n + nC_2$) |
| | $T_d$ ($4C_3 + 3C_2$) |
| | $O_h$ ($i$, $C_n + nC_2$, $\sigma_h$) |
| | $I_h$ ($i$, $C_n + nC_2$, $\sigma_h$) |

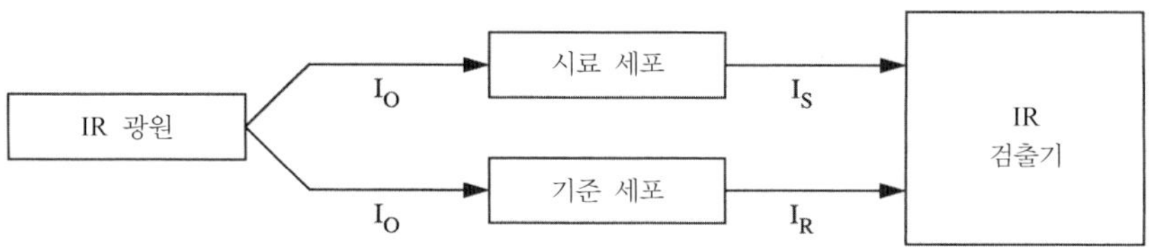


적외선 실험

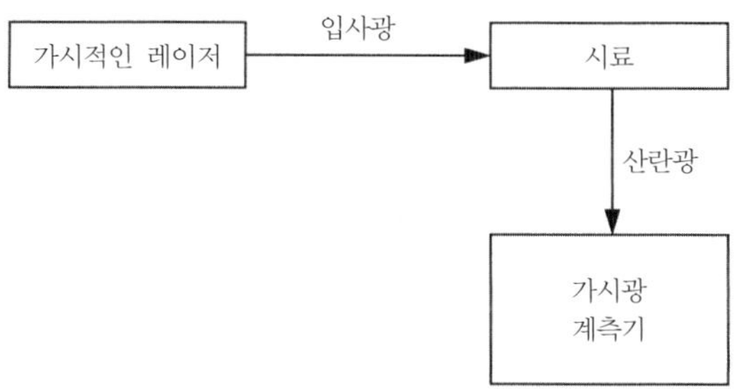


Raman 실험

**그림 2.20** 적외선 실험과 Raman 실험의 구성도. 적외선 스펙트럼에서는 특성적인 진동수에서의 흡수로 들뜸이 감지된다. Raman 분광학의 경우 산란된 빛의 진동수에서의 특성적인 이동으로 들뜸을 감지한다. [Harris, D. C. : Bertolucci, M. D. *Symmetry and Spectroscopy*; Dover : New York, 1989.]

가 갖는 에너지 간의 차이에 해당하는 값만큼 이동한다(그림 2.20).

*N*개의 원자로 이루어진 분자의 진동 방식의 수는 $3N - 6$ (선형인 경우는 $3N - 5$) 이다.[21] 몇 가지의 간단한 대칭성에 대한 논의에 적용해 보면 이들 중 어느 방식이 적외선 활성이고, 어느 방식이 Raman 활성인지를 가려낼 수 있다. 먼저, 적외선 에너지는 분자의 진동 에너지 준위에서 발생되는 차이만큼 흡수된다. 어떤 진동이 적외선 활성이 되기 위해서는, 진동과 관련된 **쌍극자 모멘트 (dipole moment)** 벡터가 변해야 한다. 가장 간단한 분자를 살펴보자. $X_2$ 분자의 경우 신축진동은 한 가지만 존재하므로, 쌍극자 모멘트의 변화는 없다(두 개의 X 원자가 동일한 이상, 진동 전이나 진동 과정 중에는 쌍극자 모멘트가 존재하지 않는다). 따라서 진동은 적외선 활성이 아니다. $H_2$, $F_2$, $Cl_2$와 $N_2$ 분자는 적외선 흡수가 나타나지 않는다. 그렇지만 $N_2$와 전자의 수가 같은 CO는 작은 쌍극자 모멘트를 가지며, 결합 길이가 변함에 따라 쌍극자 모멘트도 변하기 때문에, 분자 진동은 적외선 활성이다. 흡수 진동수는 2143 $cm^{-1}$이며, 이 값은 배위화학에 있어 중요한 수치이다.[22] 중요한 사실은 전자기 적외선 파동이 전기적 쌍극자 모멘트와 상호작용을 할 수 있다는 점이다. 본질적으로, 적외선의 전기장은 진동하는 쌍극자 모멘트를 "잡을" 수 있기 때문에, 같은 주파수에서 진폭이 커진 분자 진동이 생긴다.

다음으로 물 분자를 살펴보자. 앞에서 알아본 것처럼, 물 분자는 쌍극자 모멘트를 가지고 있고, 따라서 적어도 하나의 적외선 활성 방식을 기대할 수 있다. 또한 물 분자는 $C_{2v}$ 대칭이라는 것을 알고 있으며, 이 사실을 이용하면 진동 형태를 분류하는 데 도움을 얻을 수 있다. **진동의 개별 기준 방식은 그 분자가 속하는 점군의 기약 표현의 근본**

---

21) 분자는 모두 3*N* 개의 자유도를 갖는데, 이 중 셋은 병진 운동과 관련되어 있고, 나머지(선형인 경우 둘)은 회전 운동과 관련되어 있다.

22) 10장 참조.

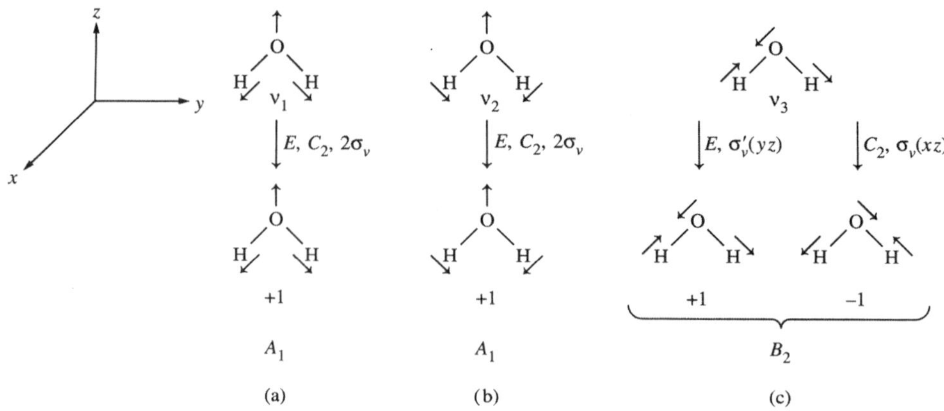


**그림 2.21** 물 분자의 기준 진동 방식 : (a) 대칭 신축 방식, $A_1$ ; (b) 굽힘 방식, $A_2$ ; (c) 반대칭 신축 방식, $B_2$와 $C_{2v}$ 대칭 조작에 따른 이들의 변환.

이 된다.[23] **진동은 그 진동의 기준 방식이 *x*, *y*, *z* 벡터에 해당하는 기약 표현 가운데 하나에 속할 경우 적외선 활성이 된다.** $C_{2v}$ 지표표에는 $A_1$, $A_2$, $B_1$, $B_2$의 네 가지 기약 표현이 나타나 있다. $H_2O$의 세 개의 기준 진동 방식을 조사해 보면, 대칭 신축 방식과 굽힘 방식 모두 $C_2$축에 대해서 뿐만 아니라 거울면에 대해서도 대칭적이라는 것을 알 수 있다(그림 2.21). 따라서 이들은 $A_1$ 대칭이며, $z$가 $A_1$으로 변환되므로 적외선 활성이다. 세 번째 방식은 $C_2$축과 $\sigma_v(xz)$ 평면 모두에 대해 대칭이 아니므로 $B_2$ 대칭이다. $y$가 $B_2$로 변환되므로 이 방식 역시 적외선 활성이다. 세 개의 진동은 각각 3652 $cm^{-1}$, 1545 $cm^{-1}$, 3756 $cm^{-1}$에서 적외선을 흡수한다.

진동이 Raman 활성이 되기 위해서는 **편극도 텐서(polarizability tensor)**가 변해야 한다. 여기에 대해서는 상세하게 다루지 않는다.[24] 단지 편극도 텐서의 성분들이 $x$, $y$, $z$의 이차 함수로 변환된다는 것에 유의하기만 하면 된다. 따라서, 지표표에서는 $x^2$, $y^2$, $z^2$, $xy$, $xz$, $yz$ 또는 이의 조합인 $x^2-y^2$ 등에 대해 알아본다. $x$에 대한 기약 표현은 $A_1$이고, $yz$ 대한 기약 표현은 $B_2$이므로 물 분자의 세 가지 진동도 모두 Raman 활성이다.

물 분자에 대한 분석을 계속하려면 첫 번째 단계로 물 분자의 기본적인 진동 운동을 묘사할 수 있어야 한다. $AB_2$ 분자의 경우 이것은 비교적 쉬운 작업이지만, 복잡한 구조의 경우에는 만만찮은 문제가 된다. 진동의 형태에 관한 지식이 필요 없는 다른 과정을 이용할 수도 있다. 먼저 분자가 갖는 $3N$ 개의 자유도 모두에 대한 가약 표현을 유도한다. 분자에서 가장 겹 수가 큰 회전축에 평행하도록 $z$ 벡터를 선택하고, 각 원자에 대한 자유도의 정도를 나타내면 이 과정을 수행할 수 있다(그림 2.22). 그런 다음, 원자 벡터에 대

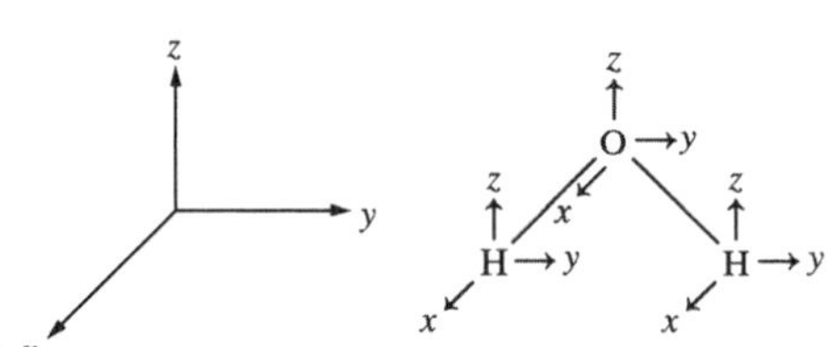


**그림 2.22** 물 분자에 대한 직교 좌표 변위 벡터.

---

23) 군론과 진동 분광학에 대한 상세한 설명은 다음을 참조하라. Harris, D. C. : Bertolucci, M. D. Symmetry and Spectroscopy; Dover: New York, 1989.

24) Ebsworth, E. A. V.; Rankin D. W. H.; Cradock, S. *Structural Methods in Inorganic Chemistry*, 2nd ed.; CRC: Boca Raton, FL, 1991; Chapter 5; Drago, R. S. *Physical Methods for Chemists*, 2nd ed.; Saunders: Fort Worth, 1992; Chapter 6.

**표 2.3**
물 분자에서 자유도에 대한 가약 표현의 유도.

| | $E$ | $C_2$ | $\sigma_v(xz)$ | $\sigma_v(yz)$ |
|---|---|---|---|---|
| 이동하지 않는 원자 | 3 | 1 | 1 | 3 |
| 원자당 기여 | 3 | −1 | 1 | 1 |
| $\Gamma_{tot}$ | 9 | −1 | 1 | 3 |

한 개별 대칭 조작의 효과들을 종합하여 살펴보면 가약 표현의 지표들을 결정할 수 있다. 조작에 의해 위치가 변하지 않는 원자들만이 그 조작의 지표에 영향을 미칠 수 있기 때문에 이 과정은 간단해질 수 있다. 물의 경우, $E$ 조작과 $\boldsymbol{\sigma}_v(yz)$ 조작에는 세 개의 원자가 모두 관여하지만, 다른 두 조작의 경우에는 산소만 관여한다(표 2.3). 위치가 변하지 않는 개별 원자가 전체 지표에 미치는 영향은, 그 원자의 변위 벡터에 대한 각 조작의 효과의 합이 될 것이다. $C_{2v}$ 조작의 경우, 벡터는 변화가 없거나(+1) 또는 음의 방향으로 위치를 바꾼다(−1). 따라서, 동등 조작의 경우 세 개의 벡터 모두가 영향을 받지 않기 때문에 +3의 값을 얻는다. $C_2$의 경우, 산소 원자의 $x$ 벡터와 $y$ 벡터는 각각 $-x$와 $-y$로 옮겨지는 반면, $z$ 벡터는 변화가 없기 때문에 전체적인 값은 −1이 된다. 이러한 기여도들은 분자 대칭과는 관계가 없기 때문에, 일반적인 조작에 대한 표로 편리하게 나타낼 수 있다(표 2.4). 위치가 변하지 않는 원자의 수와 개별 조작의 기여를 곱하기만 하면 표 2.3에 나타난 것과 같은 물 분자에 대한 가약 표현($\Gamma_{tot}$)을 얻게 된다.

앞에서(49쪽) 이 표현의 기약 성분이 세 개의 $A_1$, 한 개의 $A_2$, 두 개의 $B_1$, 세 개의 $B_2$임을 결정했었다. 이 전체 세트에서 진동에 대한 표현만을 얻으려면, 다른 두 가지 형태의 운동, 즉 회전과 병진에 대한 표현을 제외시켜야 한다. $C_{2v}$ 지표표를 이용하면, 이것들이 무엇인지 알아낼 수 있다. 세 개의 병진 방식은 $x$, $y$, $z$ 기저 함수와 같은 표현에 속할 것이며, 회전 방식은 $R_x$, $R_y$, $R_z$로 변환될 것이다. 뺄셈을 하면 다음의 결과를 얻는다.

$$\begin{array}{rl} \Gamma_{tot} = & 3A_1 + A_2 + 2B_1 + 3B_2 \\ -[\Gamma_{trans} = & A_1 \qquad\quad + B_1 + B_2] \\ -[\Gamma_{rot} = & \qquad\quad A_2 + B_1 + B_2] \\ \hline \Gamma_{vib} = & 2A_1 + B_2 \end{array}$$

물론, 이것은 앞에서 알아본 진동 방식의 대칭성을 분석해 얻은 것과 같은 결과이다.

IR 스펙트럼과 Raman 스펙트럼을 분석하는데 지표표를 이용하는 또 다른 예로서, $D_{3h}$ 대칭을 갖는 $BCl_3$를 살펴보자. $BCl_3$는 네 개의 원자로 이루어져 있기 때문에, 세 개의 신축 방식(세 개의 결합이 있기 때문에)과 세 개의 굽힘 방식으로 이루어진 여섯 개의 진동 방식을 기대할 수 있다. 표 2.5는 $BCl_3$ 분자의 열두 개의 자유도에 대해 유도한 $\Gamma_{tot}$를 나타낸 것이다. 환원식을 적용하고, 병진과 회전에 해당하는 표현을 빼면 다음의 식을 얻는다.

$$\begin{array}{rl} \Gamma_{tot} = & A_1' + A_2' + 3E' + 2A_2'' + E'' \\ -[\Gamma_{trans} = & \qquad\qquad E' + A_2'' \qquad ] \\ -[\Gamma_{rot} = & \qquad A_2' + \qquad\qquad + E''] \\ \hline \Gamma_{vib} = & A_1' + 2E' + A_2'' \end{array}$$

$BCl_3$의 여섯 개의 기본 진동은 $A_1'$, $A_2''$, 두 개의 $E'$로 변환되는 것을 알 수 있다. 각각의

**표 2.4**
$3N$ 자유도를 갖는 분자의 가약 표현에 대한 대칭 조작에 의한 원자의 기여.

| 조작 | 원자당 기여[a] |
|---|---|
| $E$ | 3 |
| $C_2$ | −1 |
| $C_3$ | 0 |
| $C_4$ | 1 |
| $C_6$ | 2 |
| $\sigma$ | 1 |
| $i$ | −3 |
| $S_3$ | −2 |
| $S_4$ | −1 |
| $S_6$ | 0 |

[a] $C_n = 1 + 2\cos\frac{360}{n}$

$S_n = -1 + 2\cos\frac{360}{n}$

**표 2.5**
$BCl_3$에서 $\Gamma_{tot}$의 유도.

| | $E$ | $2C_3$ | $3C_2$ | $\sigma_h$ | $2S_3$ | $3\sigma_h$ |
|---|---|---|---|---|---|---|
| 이동하지 않는 원자 | 4 | 1 | 2 | 4 | 1 | 2 |
| 원자당 기여 | 3 | 0 | −1 | 1 | −2 | 1 |
| $\Gamma_{tot}$ | 12 | 0 | −2 | 4 | −2 | 2 |

$E'$ 표현은 같은 에너지를 가진 두 개의 진동 방식을 나타낸다. 따라서 $2E'$ 표기는 한 쌍씩의 서로 다른 에너지를 가진 네 개의 다른 진동들을 나타낸다. $A_1'$ 방식은 Raman 활성이고, $A_2''$는 IR 활성이며, $E'$ 방식은 Raman 활성인 동시에 IR 활성이다.

이들 방식과 관련된 실제 진동을 생각해 볼 때, $A_1'$ 방식은 모든 대칭 조작에서 변화가 없기 때문에 대칭 신축일 것으로 예상할 수 있다(그림 2.23a). 또 다른 운동은 붕소 원자가 한 방향으로 움직이면서 나머지 세 염소 원자는 동시에 반대 방향으로 움직이는, 평면을 벗어난 대칭적인 굽힘 변형이다(그림 2.23b). 나머지 네 개의 진동(둘은 신축이며, 둘은 굽힘인) 은 $E'$에 속하는 두 개의 이중 축퇴 방식에 퍼져 있기 때문에 앞의 경우처럼 쉽게 분류할 수는 없다. 그림 2.23c와 2.23d는 이들 방식 각각에 대한 한 개씩의 성분을 보여 준다. 각각의 경우, 두 개의 성분이 같은 진동수를 가진다. c와 d는 모두 $xy$ 평면에 한정되어 있어서 $x$와 $y$ 성분만을 갖기 때문에 두 방식 모두 이중으로만 축퇴되어 있다. 이들 둘은 모두 수평 거울면에 대해 대칭이기 때문에 $E''$이 아니라 $E'$로 변환된다.

스펙트럼을 해석하는 데 유용한 또 하나의 "비결"은 어떤 진동 방식의 특성적인 진동수는 그 진동 방식에서 움직이는 원자들의 질량에 의해 결정된다는 사실이다. 따라서 동위원소 치환을 통해 일부 진동수에 해당하는 진동 방식을 결정할 수 있다.[25] 완전히 대칭적인 신축의 경우, 붕소 원자는 전혀 움직이지 않는다는 사실에 유의하자. 따라서 자연계에 더 많이 존재하는 $^{11}B$ 대신에 $^{10}B$을 치환하더라도 471 $cm^{-1}$에서의 흡수는 변하지 않을 것이다(그림 2.23a를 참조). 이와는 대조적으로, b와 c의 경우 붕소 원자는 상당히 많이 움직이며, 보다 가벼운 $^{10}B$로 치환할 경우 이들에 의한 흡수는 높은 진동수 쪽으로 옮겨간다. 진동 d는 흥미롭다—일차적인 근사로는, 붕소 원자가 거의 움직이지 않는 것처럼 보인다. 그러나 확실하다고 말할 수는 없지만 한 쌍의 염소 원자의 반대편에 위치한

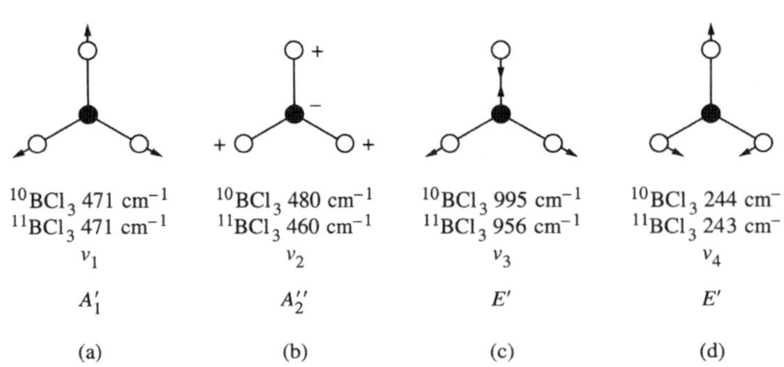


**그림 2.23** $BCl_3$ 분자의 기준 진동 방식: (a) 대칭 신축 방식, $A_1'$; (b) 평면 외 굽힘 방식, $A_2''$; (c) 비대칭 신축 방식, $E'$; (d) 평면 내 굽힘 방식, $E'$. [Harris, D. C.: Bertolucci, M. D. *Symmetry and Spectroscopy*; Dover: New York, 1989.]

[25] 물론 다른 단서를 이용할 수도 있다. 예를 들어 예외는 있지만, 비대칭 신축은 대개 대칭 신축에 비해 높은 진동수에서 일어나는 것으로 알려져 있다.

**그림 2.24** $XeF_4$ 분자의 기준 진동 방식. 두 $E_u$, 방식 모두 이중으로 축퇴되었다는 점에 유의하라. [Harris, D. C. : Bertolucci, M. D. *Symmetry and Spectroscopy*; Dover: New York, 1989.]

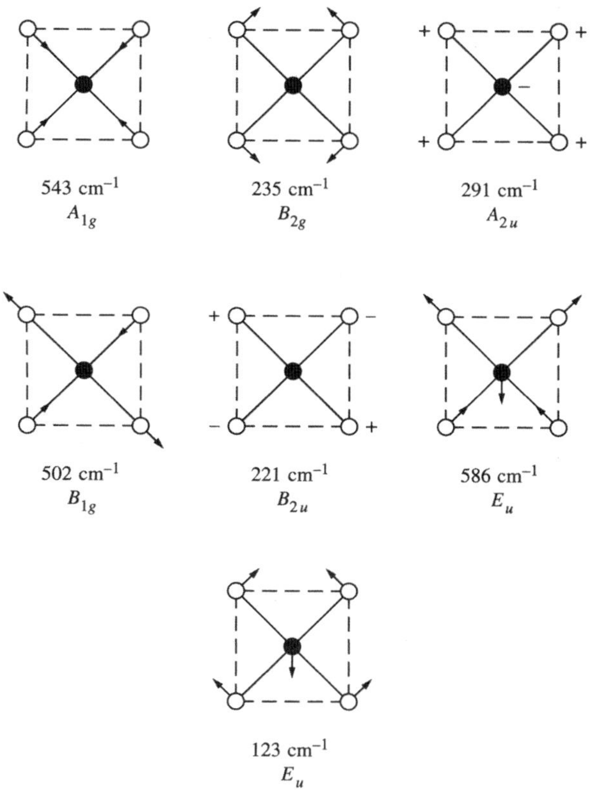


단일 염소 원자를 따라 가려는 경향이 있다. 동위원소로 치환하더라도 흡수 진동수는 거의 변하지 않는다 (243 $cm^{-1}$에서 244 $cm^{-1}$).

모든 분자는 물처럼 진동 형태가 모두 IR 활성인 동시에 Raman 활성인 것은 아니다. 실제로, 대칭 중심 $i$가 있는 분자의 경우 매우 유용한 배제 규칙 (exclusion rule) 이 있다. **분자가 대칭 중심을 가질 경우, IR 활성인 진동 방식과 Raman 활성인 진동 방식은 서로 배제적이다. 즉, 어떤 진동이 IR 활성이면 그 진동은 Raman 활성일 수 없고, 그 반대의 경우도 마찬가지이다.**[26]

이 규칙이 적용되는 예로 $XeF_4$가 있다. 실제로 $XeF_4$는 구조를 결정할 때 IR 분광학과 Raman 분광학이 유용함을 잘 보여 준다. $XeF_4$의 경우, 아홉 개의 진동 방식을 기대할 수 있는데, 이들 중에서 네 개는 신축 방식이고, 다섯 개는 굽힘 방식이다. 이것은 그림 2.24에 나타나 있다. $BCl_3$와 마찬가지로 $XeF_4$도 이중 축퇴된 ($E_u$) 두 개의 방식을 가졌음을 주목하라. $XeF_4$의 진동 스펙트럼의 중요성은, 불활성 기체의 화합물이 처음으로 합성되었을 때, 그 구조가 상당히 불확실했었다는 데서 유래한다. 이론적 성향의 일부 화학자들은 $XeF_4$에 대해서 사면체 구조를 선호한 반면, 대부분의 무기 화학자들은 사각 평면 구조일 것이라고 예상함으로써 발생되는 문제에 관심을 두었다. 이 문제는 Claassen, Chemick, Malm에 의해 해결되었는데, 그들의 논문 제목은 "테트라플루오린화 제논의 진동 스펙트럼과 구조"[27]이고, 논문 초록의 첫 문장은 다음과 같다.

"$XeF_4$ 증기의 적외선 스펙트럼은 123 $cm^{-1}$, 291 $cm^{-1}$, 586 $cm^{-1}$에서 강한 띠를 나타낸

---

26) 대칭중심이 있는 분자가 IR 활성이면서 동시에 Raman 활성인 진동을 갖는 것은 불가능하지만, IR 활성도 Raman 활성도 아닌 진동을 갖는 것은 가능하다. Keiter, R. L. *J. Chem. Educ.* **1983**, *60*, 625.

27) Claassen, H. H.; Chernick, C. L. : Malm, J. G. *J. Amer. Chem. Soc.* **1963**, *85*, 1927~1928.

다. 고체의 Raman 스펙트럼은 502 $cm^{-1}$와 543 $cm^{-1}$에서 매우 강한 봉우리를 가지며, 235 $cm^{-1}$와 442 $cm^{-1}$에서 그보다 약한 봉우리를 가진다. 이러한 결과는 분자가 평면이며, $D_{4h}$ 대칭이라는 것을 입증한다."

Claassen과 공동 연구자들은 그림 2.24에 나타난 것과 같은 지정을 했다. 그림 2.24에 나타나 있지 않은, 442 $cm^{-1}$에서의 약한 흡수는 기본 진동에서 제외되었으며, $B_{2u}$의 배진동으로 지정되었다. $D_{4h}$ (사각 평면인 $XeF_4$에 해당하는) 에 대한 지표표를 대충 살펴보면 $B_{2u}$는 IR 활성과 Raman 활성 어느 것도 아니라는 것을 알 수 있다. $B_{2u}$의 진동수는 Raman 활성인 배진동(442 $cm^{-1}$) 에서 얻어졌다.[28] 유의해야 할 점은, $XeF_4$가 사각 평면일 경우, 대칭 중심 $i$가 있을 것이고, IR 띠와 Raman 띠의 어느 것도 서로 일치할 수 없다. $XeF_4$가 사면체라면, 같은 진동수의 IR 띠와 Raman 띠가 있어야 한다. 세 개는 적외선 스펙트럼에 있고, 세 개는 Raman 스펙트럼에 있으며, 어느 것도 서로 일치하지 않는 여섯 개의 기본 띠가 존재한다는 것은 $XeF_4$가 사각 평면 구조라는 매우 강력한 증거이다.

## 결합

공유 결합은 다양한 모형으로 설명할 수 있지만, 사실상 그 모형들 모두는 대칭성을 고려하고 있다. 결합 이론에서 대칭의 역할을 보여 주고, 앞으로 나올 논의들에 대한 약간의 기초를 마련하는 의미에서, 이 절은 혼성 오비탈을 만드는 데 대칭 이론을 이용하는 과정을 보여줄 것이다. 지금까지 혼성화를 접해 왔지만, 대칭의 관점에서는 접하지 못했기 때문에 이 절에서는 대칭의 응용을 간단히 간단히 소개하고자 한다. 여기에서 간략하게 설명하는 기본 과정(새로운 오비탈을 만들기 위해 적당한 원자 오비탈을 결합하는 것) 은 분자 오비탈과 리간드 군 오비탈을 유도하는 데도 이용할 수 있으며, 이 두 경우는 해당하는 장에서 만나게 될 것이다.

주어진 분자나 이온에서, 혼성 오비탈로 조합하기에 적당한 원자 오비탈들은 어떤 대칭성의 기준에 부합되는 것들이다. 오비탈들의 관련된 대칭 성질은 지표표를 이용하면 간단하게 얻을 수 있다. 특정한 점군에서 $p_x$ 오비탈은 $x$ 벡터와 같은 방식으로 변환된다는 것을 이미 알아보았다(45쪽). 즉, $p_x$ 오비탈은 지표표에 나타난 기저 함수 중에서 "$x$"가 있는 어떤 기약 표현에 대해서도 기저 함수가 될 수 있다. 마찬가지로, $p_y$ 오비탈과 $p_z$ 오비탈은 $y$ 벡터와 $z$ 벡터로 변환된다. $d$ 오비탈($d_{xy}$, $d_{xz}$, $d_{yz}$, $d_{x^2-y^2}$, $d_{z^2}$) 는 각각 이항곱인 $xy$, $xz$, $yz$, $x^2-y^2$, $z^2$로 변환된다. 벡터, 오비탈 등의 축퇴군들은 지표표에서 괄호로 묶어 나타낸다는 사실을 상기하라.

$s$ 오비탈은 구형이기 때문에 점군의 모든 조작에 대해서 언제나 대칭일 것이다(즉, 변하지 않을 것이다). 따라서 $s$ 오비탈은 모든 지표가 1인 표현("완전히 대칭인" 표현) 에 속할 것이다. 어떤 점군에서 완전히 대칭인 표현은 언제나 지표표의 맨 위쪽에 나타나며 $A$로 표시된다($A_1$, $A_g$, $A_{1g}$ 등). 이들 기호나 다른 Mulliken 기호가 오비탈이나 다른 1전자 함수를 표시하는 데 사용될 때는 $a_1$, $a_g$ 등과 같은 소문자를 쓰는 것이 관례이다.

중심 원자의 $s$, $p$, $d$ 원자 오비탈이 그들이 속한 분자의 대칭성에 의해 어떻게 영향을

---

28) 배진동에 대한 표현은 $B_{2u}$에 해당하는 기약 표현을 제곱하면 얻을 수 있다($B_{2u} \times B_{2u} = A_{1g}$). 그 결과로 얻어진 $A_{1g}$는 이항곱으로 변환되며, 따라서 Raman 활성이다. 배진동에 이용되는 기약 표현의 직접 곱(direct product) 에 관한 설명은 각주 24를 참조하라.

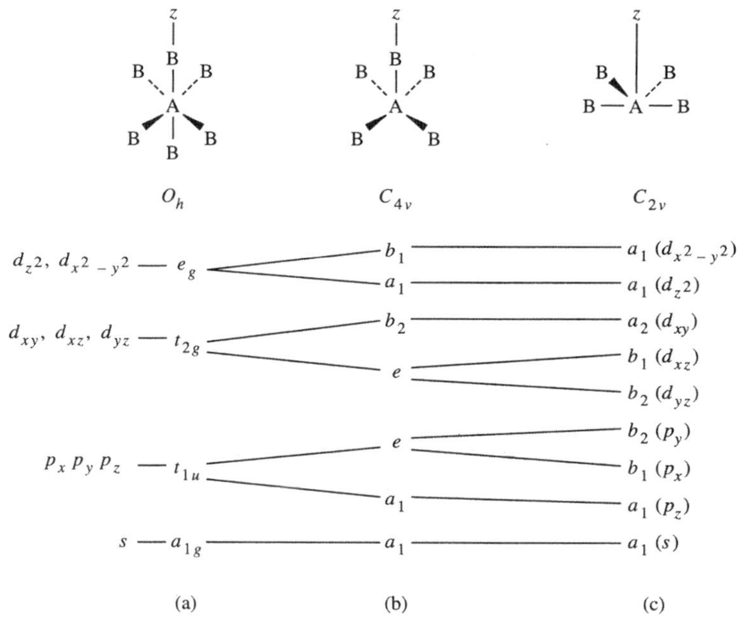


**그림 2.25** $O_h$ $AB_6$, $C_{4v}$ $AB_5$, $C_{2v}$ $AB_4$ 화학종에 대한 중심 원자 오비탈의 대칭성과 축퇴도.

받는지 알아보기 위하여, 그림 2.25에 나타낸 팔면체($O_h$), 사각뿔($C_{4v}$), 시소($C_{2v}$) 화학종을 살펴보자. $AB_6$의 경우, $O_h$ 점군에 대한 지표표(부록 D)로부터 $p_x$, $p_y$, $p_z$ 오비탈이 $t_{1u}$ 표현에 속한다는 것을 알 수 있다. 이들은 함께 변환되기 때문에, 3중으로 축퇴된 집합으로 나타난다. 반면에 다섯 개의 $d$ 오비탈들은 두 개의 축퇴된 오비탈들의 집합을 이룬다. $d_{x^2-y^2}$과 $d_{z^2}$ 오비탈은 이중 축퇴된 $e_g$ 표현에 속하고, $d_{xy}$, $d_{xz}$, $d_{yz}$ 오비탈은 삼중 축퇴된 $t_{2g}$ 집합으로 함께 변환된다. 언제나 그렇듯이, $s$ 오비탈은 완전히 대칭인 표현 $a_{1g}$에 속한다.

$AB_6$로부터 B 원자들 가운데 하나를 제거한다고 가정하면, 사각뿔 $AB_5$가 남는다(그림 2.25). $C_{4v}$ 점군에 대한 지표표를 참조하면, $p_z$ 오비탈은 이제 $a_1$ 표현에 속하고, $p_x$ 오비탈과 $p_y$ 오비탈은 $e$ 표현에 속한다는 것을 알 수 있다. 이와 같이 $O_h$에서 $C_{4v}$로 대칭성이 변하는 동안, 삼중 축퇴된 $p$ 오비탈은 두 개의 집합, 축퇴되지 않은 것과 이중으로 축퇴된 것으로 나누어진다. 마찬가지로, $d$ 오비탈은 팔면체 분자의 경우에서보다 더 많은 수의 집합들에 걸쳐 분산된다. $e_g$ 준위는 $b_1\,(d_{x^2-y^2})$과 $a_1\,(d_{z^2})$의 둘로 나누어지고, 삼중 축퇴된 $t_{2g}$ 집합은 $e\,(d_{xy}, d_{yz})$와 $b\,(d_{xy})$로 바뀐다. 이러한 오비탈 축퇴도의 감소는 분자의 대칭성이 감소하는 데 따른 특성적인 결과이다.

B 원자를 하나 더 제거하여 $C_{2v}$ 구조의 시소 $AB_4$로 만들면(그림 2.25c), 대칭성은 더욱 더 낮아진다.[29] 그 결과 오비탈의 축퇴는 완전히 상실된다. 지표표에는 다음과 같은 지정이 나타나 있다. $a_1(p_z)$, $b_1(p_x)$, $b_2(p_y)$, $a_1(d_{z^2})$, $a_2(d_{xy})$, $b_1(d_{xz})$, $b_2(d_{yz})$. $x^2$과 $y^2$이 같은 대칭성을 가질 경우, 이 둘의 선형 결합 또한 같은 대칭성을 갖기 때문에 $x^2-y^2$ 함수는 $C_{2v}$ 지표표에 명확히 나타나 있지 않다. 이 점군에서 $d_{z^2}$ 오비탈과 $d_{x^2-y^2}$ 오비탈이 모두 $a_1$으로 변환된다고 하더라도, 함께 변환되지는 않기 때문에 축퇴된 것은 아니라는 점에

[29] 그림 2.25에서, $AB_5$로부터 $AB_4$로 변하는 동안 분자는 하나의 B 원자를 잃었을 뿐만 아니라 축에 대한 방향이 바뀌었다는 점도 유의하라. 이것은 주축을 $z$로 정하는 관례를 따르기 위해서이다.

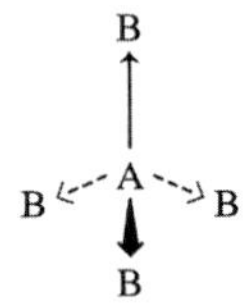


**그림 2.26** 사면체 $AB_4$ 화학종과, 중심 원자의 혼성 오비탈을 나타내는 벡터.

유의하자. $s$, $p$, $d$ 오비탈이 $C_{2v}$ 분자에 대해 나타낸 것과 동일한 대칭성을 실제로 가지고 있는지를 확인해 보도록 하자. 이때 오비탈 귓불의 부호가 중요하다는 점을 유념하라.

원자가 결합을 형성할 때와 그 자신의 바깥 껍질 비결합 전자를 수용할 때 이용되는 혼성 오비탈은 분자의 기하 구조에 대해 적당한 공간적 방향성을 가질 것이다. 따라서 $CH_4$, $MnO_4^-$, $CrO_4^{2-}$와 같은 사면체 분자나 이온은 중심 원자에 사면체의 꼭짓점을 향한 네 개의 혼성 오비탈이 있어야 한다. 이들 혼성 오비탈을 만들 때 조합되는 원자 오비탈들을 결정하는 일반적인 과정은, 혼성 오비탈이 그 분자의 점군에 속하는 표현에 대한 기저 함수의 집합을 이룬다는 사실을 인식하는 것으로부터 출발한다. 가약인 이 표현은 혼성 오비탈에 대한 그 점군의 개별 대칭 조작의 효과를 살펴보면 알 수 있다. 가약 표현을 얻기만 하면, 이 표현은 기약 성분으로 나눌 수 있다(48쪽). 이들 기약 성분으로 변환되는 원자 오비탈은 혼성 오비탈로 결합하기에 적합한 것들이기 때문에, 이를 이용하면 그 분자의 지표표로부터 원하는 정보를 얻을 수 있다.

사면체 화학종에 대한 이 과정을 실행할 때에는, 중심 원자의 네 벡터가 만들고자 하는 혼성 오비탈을 나타내도록 하는 것이 편리하다(그림 2.26). 이들 벡터에 대한 가약 표현을 유도하는 과정에서는, $T_d$ 점군에 있는 각 급의 대칭 조작을 하나씩 차례로 실행한다. 앞에서 알아본 진동 방식의 분석에서와 마찬가지로 움직이지 않는 벡터만이 표현에 영향을 미친다. 따라서 움직이지 않은 상태로 남아 있는 벡터의 수를 계산하기만 하면 실행하는 개별 대칭 조작에 대한 지표를 결정할 수 있다. $AB_4$에 대한 결과는 가약 표현, $\Gamma_r$이다.

| | $E$ | $8C_3$ | $3C_2$ | $6S_4$ | $6\sigma_d$ |
|---|---|---|---|---|---|
| $\Gamma_r$: | 4 | 1 | 0 | 0 | 2 |

환원식(식 2.1)을 적용하면 기약 성분으로 $a_1$과 $t_2$를 얻는다. $T_d$ 지표표를 참조하면, 완전히 대칭인 $a_1$ 표현에 대해서는 아무런 오비탈도 나와 있지 않다는 것을 알 수 있다. 그러나 $s$ 오비탈은 항상 여기에 속함을 유념하여야 한다. $t_2$의 경우, $p_x$, $p_y$, $p_z$와 $d_{xy}$, $d_{xz}$, $d_{yz}$의 두 가지 종류의 축퇴 오비탈이 가능하다. 따라서 우리가 관심을 가진 네 개의 혼성 오비탈은 하나의 $s$ 오비탈과 세 개의 $p$ 오비탈로 만들어진 낯익은 $sp^3$ 오비탈이 될 수도 있고, 하나의 $s$ 오비탈과 세 개의 $d$ 오비탈로 이루어진 $sd^3$ 혼성 오비탈일 수도 있다. 대칭성으로만 따진다면 두 가지 혼성이 일어날 수 있는 정도는 동일하다. 주어진 분자나 이온에서 어떤 형태의 혼성화가 가장 적당할 것인지 결정하려면 오비탈 에너지를 고려해야 한다. 메테인과 탄소를 포함하는 다른 분자들의 경우, $d$ 오비탈은 $2s$ 오비탈에 비해 에너지가 너무 높기 때문에 이 두 오비탈이 혼성화를 이루기는 어렵다. 그러나 $MnO_4^-$나 $CrO_4^{2-}$처럼 전이 금속을 포함하는 사면체 화학종의 경우, $d$와 $s$ 오비탈의 에너지는 충분히 비슷하기 때문에 결합에 관여하는 혼성 오비탈은 $sp^3$와 $sd^3$의 혼합체가 될 수 있다. 지표표는 단지 어떤 오비탈이 상호작용하기에 알맞은 대칭성을 갖는지를 알려줄 뿐이라는 사실을 이해하는 것이 중요하다. 실제로 이들이 결합에 참여하는지를 알아내기 위해서는 에너지를 고려해야 한다.

앞에서 혼성 오비탈을 유도할 때, 오비탈이 중심 원자로부터 그 원자가 결합한 원자들을 향해 뻗어 있으며, 혼성 오비탈은 주변 원자들의 적당한 오비탈과 결합축을 따라 겹친다고 가정했다. 즉, 이들 혼성 오비탈은 시그마 결합에 포함되게 된다. $\pi$ 결합에 이용되는 원자 오비탈을 선택할 경우에도, 중심 원자를 포함하는 $\sigma$ 결합에 대한 혼성 오비탈을 만들 때 적용한 것과 동일한 기본적인 접근법을 이용할 수 있다. 한 가지 예로서 사각 평면 이온 $PtCl_4^{2-}$를 살펴보자. 여기서는 백금 원자와 각 염소 원자 사이에 두 가지 형태의 $\pi$ 결합이 가능하다. 즉, 이온들로 이루어진 평면의 아래와 위로 두 영역의 겹침이 있는 "평면 외 (out-of-plane)" $\pi$ 결합과, 두 겹침이 모두 분자 평면 내에서 이루어지는 "평면 내 (in-plane)" $\pi$ 결합이다. 평면 외 $\pi$ 결합에 관여할 수 있는 백금의 원자 오비탈은 이온 평면에 수직일 것이며, 그림 2.27에서 볼 수 있는 벡터들로 나타낼 수 있다. 앞에서와 마찬가지로 적당한 점군 ($D_{4h}$) 에 속하는 조작들을 실행하고, 개별 조작에 대해 움직이지 않은 상태로 남아 있는 벡터의 수를 기록하면 가약 표현을 얻을 수 있다.

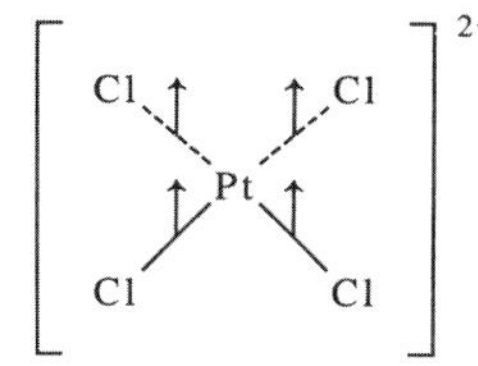


**그림 2.27** $PtCl_4^{2-}$ 이온과 평면 외 $\pi$ 결합에 적합한 백금의 오비탈을 나타내는 벡터.

| | $E$ | $2C_4$ | $C_2$ | $2C_2'$ | $2C_2''$ | $i$ | $2S_4$ | $\sigma_h$ | $2\sigma_v$ | $3\sigma_d$ |
|---|---|---|---|---|---|---|---|---|---|---|
| $\Gamma_r$: | 4 | 0 | 0 | −2 | 0 | 0 | 0 | −4 | 2 | 0 |

$\Gamma_r$을 환원하면 (식 2.1), $\Gamma_r$이 $e_g$, $a_{2u}$, $b_{2u}$로 이루어졌다는 것을 알 수 있다. $D_{4h}$ 지표표를 보면 $b_{2u}$로 변환되는 오비탈은 없지만, $p_z$는 $a_{2u}$에 속하고, $d_{xz}$와 $d_{yz}$는 $e_g$에 속한다는 것이 나타나 있다. 이 오비탈들은 모두 이온 평면 ($xy$ 평면) 에 수직 방향이기 때문에, 대칭성에 따르면, 백금의 이들 세 오비탈은 평면 외 $\pi$ 결합에 관여할 수 있다고 보는 것이 타당하다. 평면 내 $\pi$ 결합에 적당한 백금의 오비탈들을 선택하는 것은 연습으로 남겨 둔다. (힌트 : 적당한 원자 오비탈을 나타내는 벡터를 선택할 때, 평면 내 $\pi$ 결합과 평면 외 $\pi$ 결합은 서로 수직이며, 평면 내 $\pi$ 결합의 경우 겹침 영역은 결합축의 양쪽에 있을 것이라는 점을 기억하자. 따라서 평면 내의 벡터는 결합축에 대해 수직으로 위치해야 한다.)[30]

## 결정학 (Crystallography)[31]

결정의 대칭은 결정을 구성하는 분자의 개별적인 점군대칭 뿐만 아니라 결정에서 이들 분자의 **병진 대칭 (translational symmetry)** 도 포함한다. 병진 대칭의 예로는 말뚝 울타리나 사격연습장의 일렬로 늘어선 오리 표적을 들 수 있다. 기계장치로 오리 표적을 이동시키게 한 다음 우리 눈을 이동속도와 동일하게 깜박인다면, 오리들은 우리가 눈을 감고 있는 동안만 움직이기 때문에 실제로는 움직이지 않는 것처럼 느껴진다. 즉 모든 오리는 동등하다. 이러한 조건에서는 한쪽 방향으로의 움직임에 대해 변화 전과 후의 상황이 동등하게 나타나게 되므로 오리들이 움직였다거나 움직이지 않았다고 말할 수 없게 된다. 오리들을 격자점으로 간주한다면 오리들의 줄은 1차원 결정이 된다. 단위 세포가 포개진 배열인 3차원 결정에서 계의 반복 단위는 오리들의 줄과 같으며 병진 대칭을 나타낸다

X-선 회절을 이용하여 화합물의 결정 구조를 결정하는 일은 무기화학에서 매우 중요하며 오늘날에는 많은 논문을 통해 화합물의 결정 구조가 발표되고 있다. 어떤 화합

---

30) 해답 : $a_{2g}$: 없음; $b_{2g}$; $d_{xy}$; $e_u$: ($p_x$, $p_y$)

31) Ladd, M. F. C. *Symmetry in Molecules and Crystals* : Wiley : New York, 1989. Hyde, B. G. : Andersson, S. *Inorganic Crystal Structures* : Wiley : New York, 1989.

**표 2.6**
7결정계[a]

| 계 | 단위 세포의 모서리와 각 사이의 관계 | 규정되는 길이와 각 | 특성적 대칭성 |
|---|---|---|---|
| 삼사 (결)정계 | $a \neq b \neq c$<br>$\alpha \neq \beta \neq \gamma \neq 90°$ | $a$, $b$, $c$<br>$\alpha$, $\beta$, $\gamma$ | 1겹(동등 또는 반전) 대칭만 포함 |
| 단사 (결)정계 | $a \neq b \neq c$<br>$\alpha = \gamma = 90° \neq \beta$ | $a$, $b$, $c$<br>$\beta$ | 한쪽 방향($y$축)만의 2겹축(2 또는 $\bar{2}$)을 포함 |
| 사방 (결)정계 | $a \neq b \neq c$<br>$\alpha = \beta = \gamma = 90°$ | $a$, $b$, $c$ | 서로 수직인 세 방향의 2겹축을 포함 |
| 정방 (결)정계[b] | $a = b \neq c$<br>$\alpha = \beta = \gamma = 90°$ | $a$, $c$ | $z$축을 따라서만 4겹축이 존재 |
| 삼방 결정계[b] (마름모 결정계) 육방 결정계 | $a = b \neq c$<br>$\alpha = \beta = 90°$<br>$\gamma = 120°$ | $a$, $c$ | $z$축을 따라서만 3겹축 또는 6겹축이 존재 |
| 입방 결정계 | $a = b = c$<br>$\alpha = \beta = \gamma = 90°$ | $a$ | 세포축(즉 단위 세포의 체대각선에 평행한)에 54°44′ 기울어진 네 개의 3겹축이 존재 |

[a] Wells, A. F. *Structural Inorganic Chemistry*, 5th, ed., Oxford University : Oxford, 1984. 허가를 얻어 사용
[b] 마름모 축에 의해 지정되는 삼방 결정도 존재한다. 이 경우 단위 세포는 세포 모서리 $a$와 축 사이의 각 $a \neq 90°$)에 의하여 정의되는 마름모이다.

물의 고체 상태 구조가 단사 $P2_1/c$라는 사실은 무엇을 의미하는 것일까? 우리는 몇 가지 기본적인 사실로부터 출발하여 이 질문에 대한 답을 얻을 수 있다.

회절 패턴은 격자점[32])이라 부르는 삼차원 배열로 설명할 수 있다. 결정으로부터 만들어질 수 있는 가장 간단한 점들의 배열을 단위 세포(unit cell)라고 부른다. 단위 세포의 이차원 배열은 마루바닥의 타일과 비슷하다. 모든 단위 세포는 일곱 가지의 기본 형태(7결정계) 중의 어느 한 가지에 해당하는 구조를 가지게 될 것인데, 이들 모두는 서로 마주보는 여섯 개의 면을 갖는 평행 육면체로부터 만들어진 것이다. 이들은 결정의 대칭에 따라 정의되는데, 결정의 대칭은 각각의 계에 대한 단위 세포의 모서리와 각 사이의 관계에 따라 정해진다.(표 2.6) 어떤 특정한 결정계는 세포 크기들 간의 관계에 의해 정해지지만, 결정학자들이 구조를 결정할 때 어떤 결정을 7결정계 중의 어느 하나로 지정하기 위한 기준으로 세포 크기들 간의 관계를 사용하는 것은 아니다. 결정학자들은 결정의 대칭적인 특징에 근거하여 결정계를 지정한다. 예를 들면, 어떤 결정이 실험 오차 범위 내에서 모든 단위 세포의 모서리($a$, $b$, $c$) 길이가 서로 다르고 모든 각($\alpha$, $\beta$, $\gamma$)은 90°로 동일하다면 사방 결정계에 속하게 된다. 그러나 이 결정이 단일 2겹축만을 포함한다면 단사 결정계로 분류해야 한다.

7결정계에 대해서는 Bravais 격자라고 부르는 14가지의 공간 격자만이 가능하다.(그림 2.28) 이들 공간 격자는 $P$(원시, primitive), $I$(체심, body-centered), $F$(면심, Face-centered), $C$(부분면심, face-centered in one set of faces), 그리고 $R$(마름모,

32) Brock, P. C. ; Lingafelter, C. E. J. Chem. Educ. 1980, 53, 552~554.

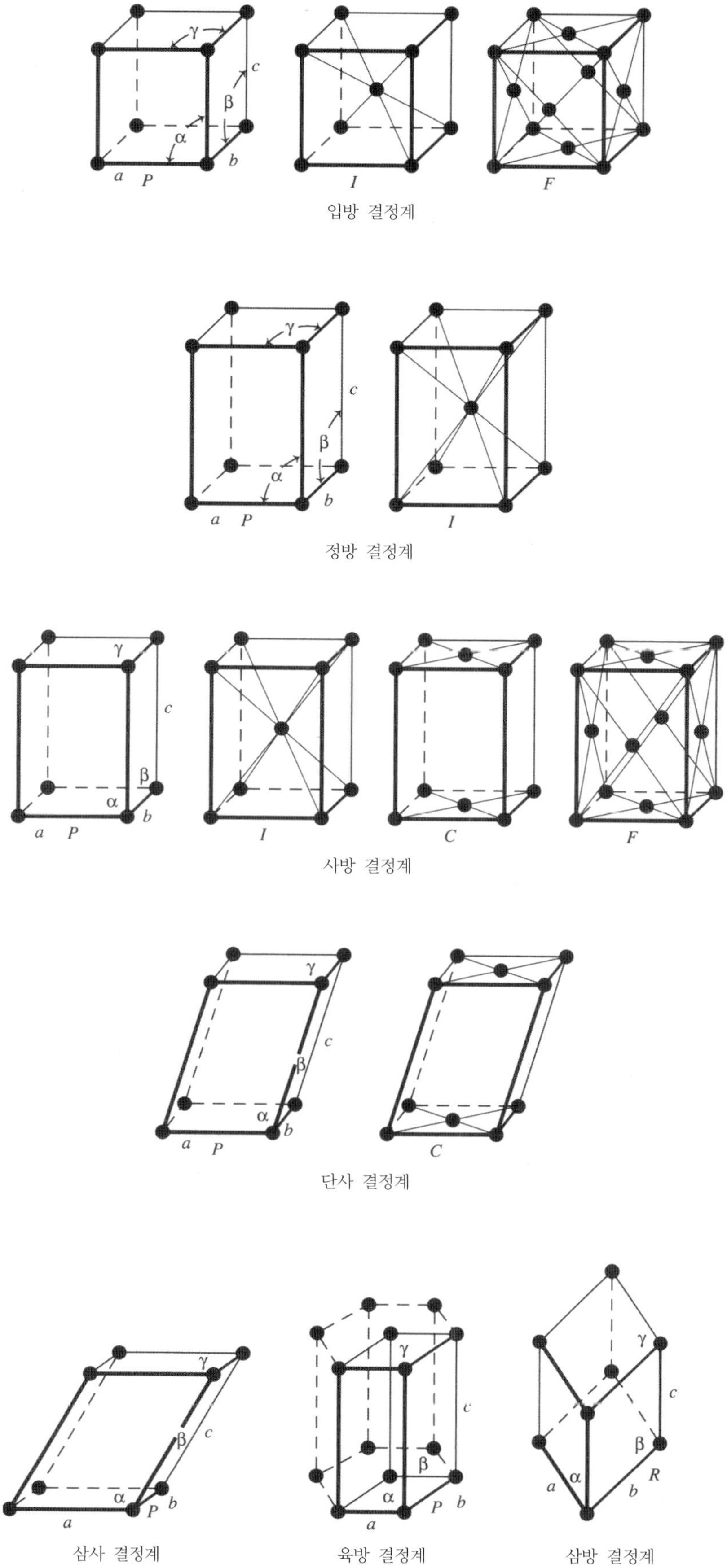


**그림 2.28** 7결정계에 따라 분류한 14개의 Bravais 격자.

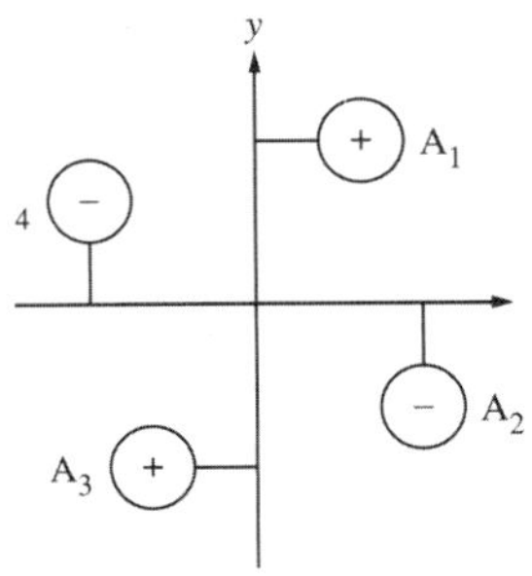


**그림 2.29** 4겹 회전반사 축($\bar{4}$) 조작. $\bar{4}$축은 종이면에 수직이고, $A_1$과 $A_3$ (+)는 이 면의 위쪽에 있으며, $A_2$와 $A_4$ (−)는 이 면의 아래쪽에 있다. 점 $A_1$ ($x$, $y$, $z$ 좌표: $+a$, $+b$, $+c$)을 시계방향으로 90° 회전시킨 후 반전시키면, 점 $A_4$ ($-b$, $+a$, $-c$)가 된다. 같은 방식으로, $A_2$는 $A_1$이, $A_3$는 $A_2$가, 그리고 $A_4$는 $A_3$이 된다.

rhombohedral) 로 표기한다.

격자점은 단일 원자 대신 원자단이나 분자가 차지하고 있을 수도 있기 때문에 단위 세포의 내부 분자 구조는 복잡해질 수도 있다. 이러한 경우까지를 고려하면 전체적인 대칭성은 32가지의 결정 점군으로 이루어지게 된다. 지금까지는 Schoenflies 계(Schoenflies system)로 대칭성과 점군을 설명하였는데, 분리된 분자의 대칭성에 대한 초창기 연구에 관여했던 분광학자들과 구조 화학자들이 주로 사용했었기 때문이다. 결정학자들은 거의 모두 동등하지만 다른 계인 국제계(International system)를 사용하는데, 이 계는 Hermann-Mauguin 계(Hermann-Mauguin system)라고 부른다. 삼차원 격자를 나타낼 수 있는 몇 가지 대칭 요소는 분자 점군과 동일하다. 즉 대칭 중심(반전 중심), 거울면($m$으로 표기한다), 그리고 단순 $n$-겹 회전축($n$ 값은 $n = 1$, 2, 3, 4 및 6으로 나타낸다)[33]이다.

Schoenflies 계에서 회전반사 축은 회전과 반사가 일어나는 축이다(38쪽 참조). 국제계에서 회전 반전축(axis of rotatory inversion, $\bar{n}$)은 반전이 뒤따르는 $n$-겹 회전 중의 하나이다(그림 2.29).

미끄럼면(glide plane)은 병진운동에 이어서 병진운동 축에 평행인 면에 대한 반사가 일어나는 면이다. 가장 간단한 경우의 예로써 $x$축을 따라 길이가 $a$인 단위 세포를 갖는 격자를 살펴보자(그림 2.30). $x$축을 따라 $a/2$만큼 이동한 다음 반사가 일어나게끔 대칭 조작을 한다. 미끄럼면은 병진운동이 일어나는 축에 따라 $a$, $b$ 또는 $c$로 표기된다. 또한 미끄럼 조작은 면의 대각선을 따라 일어나거나($n$ 미끄럼) 입체의 대각선을 따라 일어날 수도 있다($d$ 미끄럼). 미끄럼면이 주축이나 나선축에 대해 수직인 경우에는 각각 $n/c$, $n/a$ 또는 $n_1/c$, $n_1/b$ 등으로 표기한다. 반사 조작을 시키면 카이랄 분자는 반대의 카이랄성을 갖는 거울상 이성질체가 됨을 유념하자. 카이랄 화합물의 결정에는 미끄럼면이 존재하기 때문에 결정에는 두 가지 거울상 이성질체가 모두 존재해야 한다. 즉, 카이랄 화합물은 라세미 혼합물이어야 한다.

결정에 존재할 수 있는 또다른 대칭 요소는 나선축($n_1$으로 규정된다)인데, 이 축은 병진운동이 일어나는 축에 회전 대칭을 결합시킨 것이다. 그림 2.31은 간단한 이겹($2_1$) 나선축을 나타낸 것이다. 미끄럼면과는 대조적으로, 이 조작에는 병진운동과 회전만이

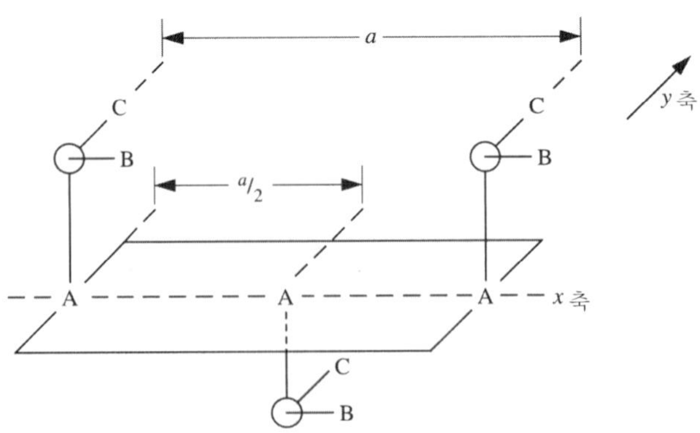


**그림 2.30** 미끄럼면 조작. 분자는 $x$축을 따라 $a/2$의 거리만큼 움직인 후, $xy$ 평면에 반사된다. 분자의 카이랄성은 변하지 않는다는 점에 유의하라.

33) 공간에서 반복되는 단일 단위 세포의 실제적인 주기적 결정에서 5-겹 축은 나타날 수 없음이 수학적으로 입증된다. 그러나 최근 비정상적인 대칭 성질을 갖는 '유사 결정'이 발견되어 흥미를 끌고 있다.

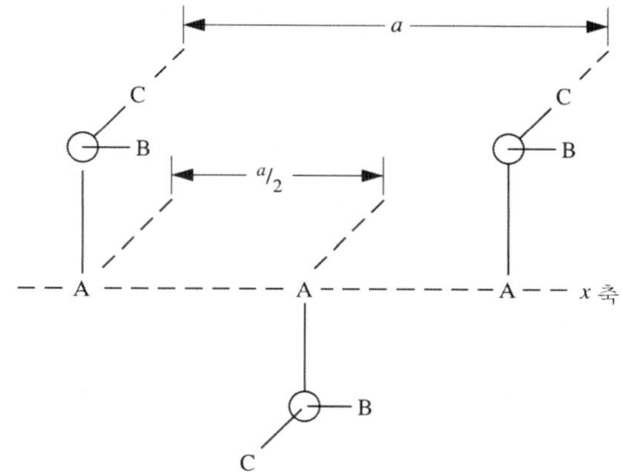


**그림 2.31** 나사축($2_1$) 조작. 분자는 $C_2$ 회전이 일어나는 동안 $x$축을 따라 $a/2$의 거리만큼 움직인다. 분자의 카이랄성은 변하지 않는다는 점에 유의하라.

포함되기 때문에 카이랄 분자는 특정한 좌우상을 유지한다.

표 2.7은 두 가지 계에서 32가지 결정학적 점군에 대한 등가표를 나타낸 것이다.[34) ]한 결정에 대한 대칭 조작의 완전한 세트는 공간군(space group)이라고 부른다. 삼차원 결정에 대해서는 230가지의 공간군이 가능하다. 점군의 수는 무한하게 존재할 수 있지만, 병진 대칭이 추가되었음에도 불구하고 가능한 공간군의 수는 230가지로 엄격하게 제한됨을 주목하자. 결정학자가 연구하는 각각의 구조는 이들 가능한 공간군 중의 어느 한 가지로 지정되어야 한다. 다행스럽게도 이 과업은 병진 대칭의 요소들이 남기게 되는 명백한 증거를 활용하면 더 쉬워진다. 결정 중심화를 포함하는 병진 대칭의 모든 형태는 회절 양상에서 "체계적" 결여라고 부르는 빈 공간을 생성한다.

이제 우리는 질문에 대한 답을 완성할 수 있다. "어떤 물질의 고체 상태 구조가 단

**표 2.7**
32결정 점군에 대한 Schoenflies 표기와 국제계 표기의 비교[a]

| | Hermann-Mauguin | Schoenflies | | Hermann-Mauguin | Schoenflies |
|---|---|---|---|---|---|
| 삼사 결정계 | 1 | $C_1$ | 삼방 결정계 | 3 | $C_3$ |
| | $\bar{1}$ | $C_i$ | | $\bar{3}$ | $C_{3i}$ |
| 단사 결정계 | 2 | $C_2$ | | 32 | $D_3$ |
| | $m$ | $C_s$ | | $3m$ | $C_{3v}$ |
| | $2/m$ | $C_{2h}$ | | $\bar{3}m$ | $C_{3d}$ |
| 사방 결정계 | 222 | $D_2$ | 마름모 결정계 | 6 | $C_6$ |
| | $mm2$ | $C_{2v}$ | | $\bar{6}$ | $C_{3h}$ |
| | $mmm$ | $D_{2h}$ | | $6/m$ | $C_{6h}$ |
| 정방 결정계 | 4 | $C_4$ | | 622 | $D_6$ |
| | $\bar{4}$ | $S_4$ | | $6mm$ | $C_{6v}$ |
| | $4/m$ | $C_{4h}$ | | $\bar{6}m2$ | $D_{3h}$ |
| | 422 | $D_4$ | | $6/mmm$ | $D_{6h}$ |
| | $4mm$ | $C_{4v}$ | 입방 결정계 | 23 | $T$ |
| | $\bar{4}2m$ | $D_{2d}$ | | $m3$ | $T_h$ |
| | $4/mmm$ | $D_{4h}$ | | 432 | $O$ |
| | | | | $\bar{4}3m$ | $T_d$ |
| | | | | $m3m$ | $O_h$ |

[a] Wells, A. F. *Structural Inorganic Chemistry*, 5th ed.; Oxford University: Oxford, 1984; p 48, 허가를 얻어 사용.

34) Schoenflies계에 대한 그림 2.16과 유사한 순서도인 국제계에서의 32가지 결정학적 점군에 대한 순서도는 다음을 참조하여라. Breneman, G. L. *J. Chem. Educ.* **1987**, *64*, 216.

**표 2.8**
그림 2.32에 설명한 $Os_3(CO)_9(\mu_3\text{-}CC_6F_5)$의 단위 세포에서 나타나는 4분자간의 대칭관계

| | 1 | 2 | 3 | 4 |
|---|---|---|---|---|
| **1** | 동등 | 반전 | $2_1$ 나사 | $c$ 미끄럼 |
| **2** | 반전 | 동등 | $c$ 미끄럼 | $2_1$ 나사 |
| **3** | $2_1$ 나사 | $c$ 미끄럼 | 동등 | 반전 |
| **4** | $c$ 미끄럼 | $2_1$ 나사 | 반전 | 동등 |

사 $P2_1/c$라는 사실은 무엇을 의미하는 것일까?" 이 구조는 단사 결정계에 속하며 원시 Bravais 격자를 갖는다. 또한 이겹 나선축과 이 축에 수직인 미끄럼면도 갖는다. 대칭에 이들 두 가지 요소가 존재하려면 반전 중심도 존재해야 한다. 반전 중심은 여분의 것이기 때문에 공간군 표기에는 특성적으로 포함되지 않는다.

그림 2.32는 단사 공간군 $P2_1/c$로 결정화되는 화합물인 $Os_3(CO)_9(\mu_3\text{-}CC_6F_5)$의 단위 세포를 나타낸 것이다. 동등 요소 외에 두 개의 이겹 나선축과 두 개의 $c$ 미끄럼면, 그리고 반전 중심을 볼 수 있다. 이들 요소를 확인하기 위하여 단위 세포에 있는 네 개의 분자들에 대해 번호를 매기고 표 2.8에 나타낸 것과 같은 대칭성을 연관시킨

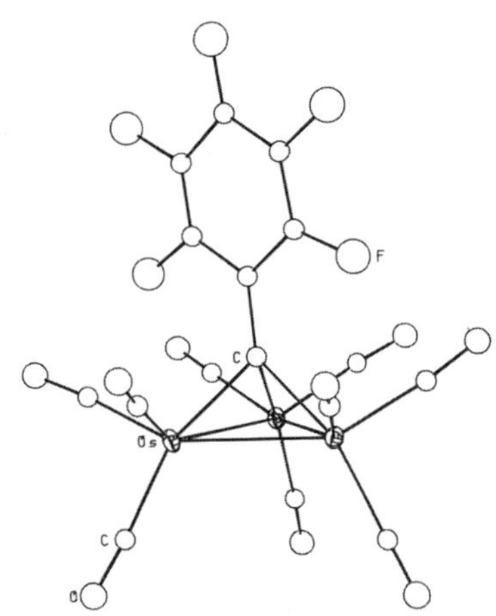


(a)

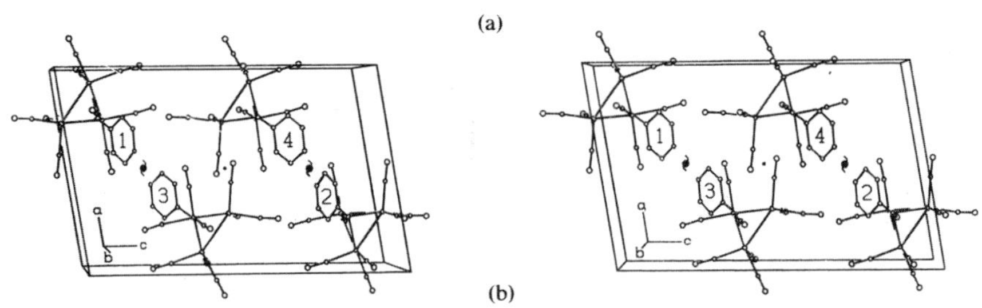


(b)

**그림 2.32** (a) 오스뮴 원자로 구성된 삼각형 위에 $CC_6F_5$기가 꼭짓점으로 붙어 만들어진 삼각뿔로 이루어진 $Os(CO)_9(\mu_3\text{-}CC_6F_5)$의 분자 구조. (b) $Os(CO)_9(\mu_3\text{-}CC_6F_5)$ 단위 세포의 입체도. 화합물은 세포 파라미터 $a = 1212.7(10)$ pm, $b = 938.6(5)$ pm, $c = 1829.8(15)$ pm, $\beta = 98.92(6)$인 단사 공간군 $P2_1/c$로 결정을 이룬다. 반전 중심은 단위 세포 중심의 점으로 나타내며, 2겹 나사축은 종이면에 수직이고 ❛ 기호로 표시한다. (종이면에 평행한) $xy$ 평면에 놓인 나사축에 수직인 두 개의 미끄럼면은 표시하지 않았지만, 단위 세포 깊이의 1/4 위치와 3/4 위치에 존재한다. 단사 구조의 세 각 중의 하나는 90°가 아니기 때문에, $a$, $b$, $c$가 정확하게 $x$, $y$, $z$에 대응하는 것은 아니라는 점에 유의하자. 이해를 돕기 위해 플루오린 원자는 생략했다. [Hadj-Bagheri, N.; Strickland, D. S.; Wilson, S. R.; Shapley, J. R. *J. Organomet. Chem.* **1991**, *410*, 231~239에서 수정; S. R. Wilson과 C. L. Stern의 호의로 제공]

다. 물론 동등 조작은 분자들의 위치를 변화시키지 않고 그대로 남겨 둔다. 단위 세포의 중심에 있는 반전 중심은 **1**과 **2**, **3**과 **4**를 서로 바꾸어 놓는다. 그림에서 두 개의 나선 축은 *xz*면에 수직이다. 이 두 축은 단위 세포의 중심을 통과하지 않으며 각각 *x* 거리의 절반인 지점과 *z* 거리의 1/4인 지점, *x* 거리의 절반인 지점과 *z* 거리의 3/4인 지점에 있다는 점을 주목하라. 첫 번째 나선축은 **1**을 **3**으로 변환시킴과 동시에 **2**와 **4**를 인접한 단위 세포로 옮겨 놓는다. 두 번째 나선축은 먼저 반전 중심과 연관되는데(첫 번째 나선축과는 반대 방향으로 회전된 결과를 낸다), **2**를 **4**로 변환시키고 **1**과 **3**을 이웃한 세포로 옮겨 놓는다. 미끄럼면은 *xy* 면이고 *y* 거리의 1/4인 지점과 3/4인 지점에 존재한다. 첫 번째 면은 **2**를 **3**으로 변환시키고(**1**과 **4**는 이웃한 단위 세포로 반사된다), 두 번째 면은 **1**을 **4**로 변환시킨다. (**2**와 **3**은 이웃한 단위 세포로 반사된다.)

$P2_1/c$는 가장 간단한 공간군 중의 한 가지이지만 복잡한 분자들은 낮은 대칭을 갖는 양상으로 결정화되려고 하기 때문에 가장 흔한 공간군이기도 하다. 위의 예는 점군과 공간군의 주된 차이를 설명하고 있다. 전자는 대칭 조작을 하는 동안에 점의 일부는 움직이지 않고 남아 있어야 하는 조건을 필요로 하지만, 후자는 이러한 제한을 갖지 않는다.

## 연습문제

**2.1** 그림 2.2, 2.4, 2.7의 분자들을 적당한 점군에 배정하라.

**2.2** 그림 2.5, 2.6, 2.8의 분자들을 적당한 점군에 배정하라.

**2.3** 다음 분자들을 적당한 점군에 배정하라.

a. **cyclopropane** b. $\mathbf{SO_2}$ c. $\mathbf{CO_2}$
d. $\mathbf{B_2H_6}$ e. $\mathbf{P_4}$ f. $\mathbf{Cl_2C{=}C{=}CCl_2}$
g. $\mathbf{BF_3}$ h. $\mathbf{PH_3}$ i. $O_2SCl_2$
j. $\mathbf{OSCl_2}$ k. 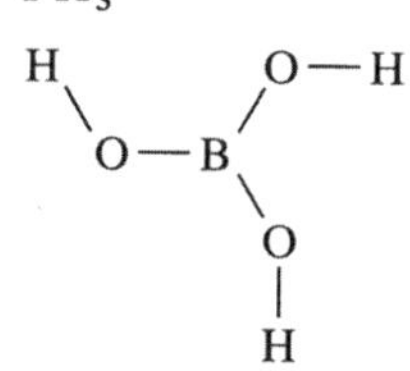 l. 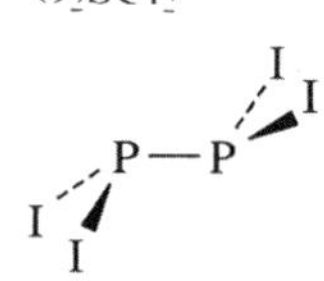

**2.4** 다음을 적당한 점군에 배정하라.

a. tris(oxalato)chromium(Ⅲ) b. tris(carbonato)cobalt(III)
c. tris(glycinato)cobalt(Ⅲ)

**2.5** 교재에서는 직관에 따라 $I_h$, $O_h$, $T_d$, $C_1$, $C_s$, $C_i$ 대칭성을 갖는 군을 지정하였다. 이들 대칭성을 갖는 예로 주어진 분자들(그림 2.10과 2.11)을 순서도(그림 2.16)에 따라 적당한 점군으로 지정하라.

**2.6** $I_h$, $O_h$, $T_d$, $C_1$, $C_s$, $C_i$ 점군에 속하는 분자들은 대부분 직관에 따라 지정할 수 있지만, 몇 가지는 비정상적일 때도 있다. 입방 대칭인 cubane, $C_8H_8$을 살펴보자. 이들은 어느 점군에 속하는가? 오각 십이면체를 생각해 보자. 이것은 어느 점군에 속하는가?

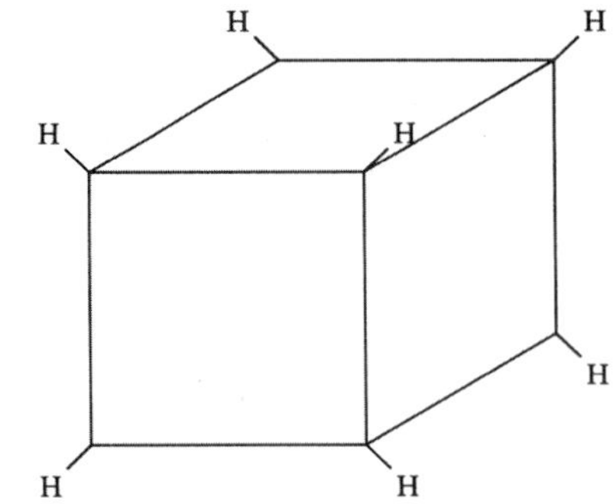


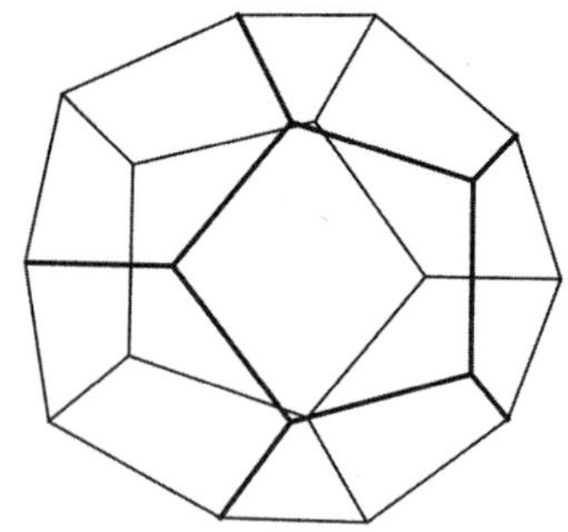

2.7 그림 2.1에 나타낸 물체들의 대칭 요소를 찾아보라.

2.9 $SF_4$가 $C_{4v}$가 아니라 $C_{2v}$ 대칭성을 갖는 이유는 무엇인가? (그림 5.4 참조)

2.10 팔면체의 대칭 요소들을 모두 찾아라.

2.11 tris(2-aminoethoxo)cobalt(II) (그림 2.12b) 는 $C_3$ 대칭으로 지정되었지만, 리간드의 methylene기는 명확하게 그려져 있지 않다. 이 기를 고려하면 대칭성이 변하는지를 설명하라.

2.12 고우시-$H_2O_2$는 $C_2$ 대칭성을 가진다. 가려진(시스) 형태와 안티(트랜스) 형태의 대칭은 무엇인가?

2.13 50쪽에서, 대칭 중심 *i*를 갖는 분자는 쌍극자 모멘트를 가질 수 없다고 하였다. 대칭 중심을 갖는 분자와 이 분자의 각 결합에 대한 모멘트를 합하여 이 규칙을 입증하라.

2.14 *R*,S-1,2-dichloro-1,2-difluoroethane과 같은 메소 분자는 (완벽하게 겹쳐진 이형태체의 경우 종종 생략되는 조건인) 거울면을 갖기 때문에 보통 비카이랄의 예로 인용된다. 이 이형태체의 대칭은 무엇인가? 다른 형태에 대한 대칭은 무엇인가? 메소 분자가 광학 활성을 보이지 않는 이유는 무엇인가?

2.15 다음 분자들 중에서 쌍극자 모멘트를 갖는 것은 어느 것인가?

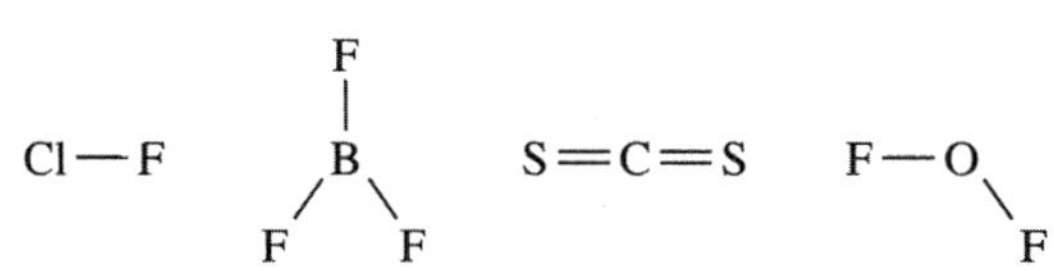


2.16 다음 분자들의 기준 진동 방식의 대칭은 무엇인가?

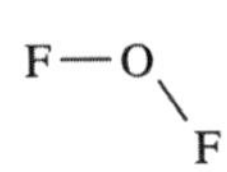


2.17 물 분자와 달리 이산화 탄소는 쌍극자 모멘트가 없다. 이 분자의 진동 방식 중의 어느 것이 적외선 활성이 될 수 있는 이유는 무엇인가?

2.18 $CO_2$의 기준 진동 방식을 그리고, 어느 것이 적외선 활성, 또는 Raman 활성인지, 두 가지 모두일지를 예측하라.

2.19 수소 결합은 매우 음성인 두 비금속 원자들 사이에 있는 양성의 수소로 이루어진다. 알려진 것들 중에서 가장 강한 수소 결합 가운데 하나인 $HF_2^-$ 이온은 7

장에서 다룰 것이다. $[FHF]^-$ 이온에서 가능한 원자 배열은 a) 선형, 또는 b) 굽은형이며, 결합 길이는 i) 같거나; $[F\cdots H\cdots F]^-$, ii) 다를; $[F—H\cdots F]^-$ 수 있다. 다이플루오린화 수소 음이온과, 수소를 중수소로 치환시킨 음이온의 기본 진동 흡수 진동수($cm^{-1}$ 단위로) 는 다음과 같다.[35)]

| $HF_2^-$ | $DF_2^-$ | 활성 |
|---|---|---|
| 1550 $cm^{-1}$ | 1140 $cm^{-1}$ | IR |
| 1200 $cm^{-1}$ | 860 $cm^{-1}$ | IR |
| 675 $cm^{-1}$ | 675 $cm^{-1}$ | Raman |

다이플루오린화 수소 이온의 구조를 제안하고, 그 이유를 설명하라.

**2.20** 이 장에서 설명한 $BCl_3$에 대한 분석과 유사한 방법으로 $XeF_4$(그림 2.24) 의 기준 진동에 대한 기약 표현을 유도하고, 어느 것이 IR 활성인지, Raman 활성인지, 아니면 둘 다 아닌지를 결정하라.

**2.21** $XeF_4$가 사면체 구조일 때 예상할 수 있는 기본 진동의 수를 결정하라. 이들 중에서 적외선이나 Raman 활성인 것은 몇 개인가? 문제 2.20에서 얻어진 결과와 이 결과를 55쪽에 나타나 있는 실험 결과와 비교하고, 사면체 구조를 제외할 수 있는 근거를 가능한 한 많이 제시하라.

**2.22** (사각 평면 구조인) *trans*-$[PtCl_2Br_2]^{2-}$의 기본 진동 각각에 대한 기약 표현을 결정하라. 어느 것이 IR 활성인가?

**2.23** 문제 2.22에 대한 답과 각주 28을 이용하여, *trans*-$[PtCl_2Br_2]^{2-}$의 기본 진동 가운데 첫 번째 배진동이 IR 활성인 것이 있는지를 결정하라.

**2.24** T-모양의 $ClF_3$ 분자의 적외선 스펙트럼에서 몇 개의 흡수가 나타날 것을 기대할 수 있는가?

**2.25** 펜타플루오린화 브로민 질산 리튬과 반응하여 $BrONO_2$를 만든다.

$$3LiNO_3 + BrF_5 \longrightarrow 3LiF + BrONO_2 + 2FNO_2 + O_2 \quad \textbf{(2.2)}$$

평면인 $BrONO_2$ 분자의 구조를 그리고, 진동 방식에 대한 기약 표현을 결정하라. 어느 방식이 IR 활성이고, 어느 방식이 Raman 활성인가? (Wilson, W. W.; Christe, K. O. *Inorg. Chem.* **1987**, *26*, 1573.)

**2.26** 그림 2.25에 의하면, 팔면체 $AB_6$에서 B를 떼어내면 사각뿔 $AB_5$가 되고, 또 하나의 B를 더 떼어내면 시소 $AB_4$가 얻어진다. 이 기하 구조 대신에, $AB_5$가 재배열하여 삼각 쌍뿔이 되고, $AB_4$는 사각 평면 구조를 가진다고 가정하자. 이들 두 경우에 대해 얻어지는 오비탈 대칭성과 축퇴도는 무엇인가?

**2.27** 다음의 $AB_n$ 분자에 대해, 각각의 경우에 있어서 A의 *s*, *p*, *d* 오비탈의 대칭성과 축퇴도를 결정하라.

a. $AB_8$ (입방체) b. $AB_4$ (사각 평면)
c. $AB_3$ (삼각뿔) d. $AB_3$ (삼각 평면)
e. $AB_3$ (T 모양) f. $AB_4$ (직사각 평면)

[35)] Harris, D. C.: Bertolucci, M. D. *Symmetry and Spectroscopy*; Dover: New York, 1989; p 160.

**2.28** 다음 각 분자에 대해서, 대칭성을 고려할 때 중심 원자의 원자 오비탈들 중에서 어느 것이 시그마 혼성 오비탈을 만드는 데 이용될 수 있는지를 결정하라.

a. $NH_3$ (삼각뿔) b. $BF_3$ (삼각 평면)

c. $SF_6$ (팔면체) d. $PF_5$ (삼각 쌍뿔)

**2.29** 어떤 화학자가 $AB_6$의 화학식을 갖는, 지금까지 알려지지 않은 전이 금속 착물을 분리하였다. $O_h$, $D_{3h}$, $D_{6h}$, $D_{2h}$, $D_{3d}$ 점군에 속하는 다섯 가지의 가능성 있는 구조를 생각할 수 있었다. 분광학적 연구 결과 착물에서 A의 $p$ 오비탈은 전혀 축퇴되지 않았다는 결론을 얻을 수 있었다. 주어진 다섯 가지의 점군 각각에 부합되는 구조식을 그리고, 실험 결과를 놓고 볼 때 어느 구조를 제외시킬 수 있는지 결정하라.

**2.30** 평면 $CO_3^{2-}$ 음이온에서 평면 내 $\pi$ 결합과 평면 외 $\pi$ 결합을 만드는 데 (대칭성을 기준으로 볼 때) 이용될 수 있는 탄소의 원자 오비탈은 어떤 것인가? 먼저, 이온의 기하 구조에 적합한 오비탈의 방향에 대해 생각해 보고 답하라. 그리고 가약 표현과 적당한 지표표를 이용하여 이 문제에 답하라.

**2.31** 결정학에서 병진대칭을 움직이는 오리와 깜빡이는 눈과의 관계를 통해 설명하였다. 이 설명을 확장하여 초당 $t$번 터지는 섬광과 다음 조건과의 관계를 설명하라.

a. 어떤 선 속도로 움직이는 오리들

b. 어떤 각 속도로 회전하는 바퀴살

**2.32** 열세 가지의 단사 공간군 중에 $P2_1$, $P2_1/m$ 및 $P2_1/c$가 있다. 각각에 대한 대칭 요소를 열거하여 이들 공간군을 비교하여라.

**2.33** 그림 2.33은 단사 공간군 $P2_1/c$로 결정화되는 $Fe(CO)_4(\eta^1\text{-}PPh_2CH_2CH_2PPh_2)$의 단위 세포에 대한 입체도이다. 이 단위 세포의 대칭 요소들을 찾아라. [힌트: $Fe(CO)_4(\eta^1\text{-}PPh_2CH_2CH_2PPh_2)$ 분자에서 쉽게 알아볼 수 있는 세 개의 원자를 찾고 단위 세포에 있는 네 개의 분자에서 해당하는 원자들을 선으로 연결하여라. 이들 연결선의 교차점과 대칭 요소간의 관계를 살펴보아라.]

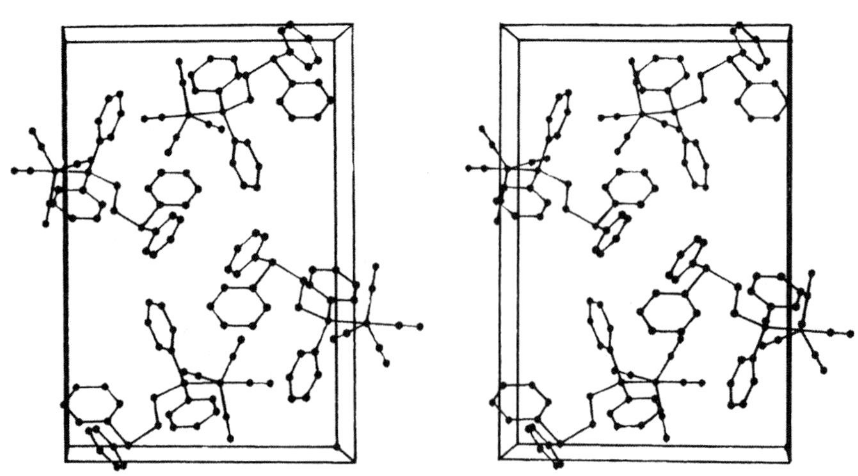

**그림 2.33** $Fe(CO)_4(\eta^1\text{-}Ph_2PCH_2CH_2PPh_2)$ 단위 세포의 입체도 [Keiter, R. L.; Rheingold, A. L.; Hamerski, J. J.; Castle, C. K. *Organometallics* **1983**. 2, 1635~1639. 허가를 얻어 전재]

제 3 장

# 무기화학에서의 결합 모형: 1. 이온 결합 화합물

구조와 결합은 현대 무기화학의 중심에 자리한다. 제2차 세계대전 이후에 구조를 결정하는 무수한 분광학적 방법의 발전과 더불어 무기화학의 르네상스가 찾아왔다. 그리고 곧 이어서 구조를 설명하고 예측하는 방법이 등장하였다. 이 장과 다음 장에서는 다양한 화합물의 결합을 설명하고 예측하는 방법을 만나게 될 것이다.

## 이온 결합

이온 결합과 공유 결합 사이에 확실한 경계는 없지만, 분자와 격자를 논의하기 전에 이 두 결합을 별개의 것으로 간주하는 것이 편리하다. 순수한 이온 결합은 단순한 정전기 모형으로 설명할 수 있기 때문에, 이온 결합을 먼저 다루는 것이 더 이롭다. 정전기 모형은 단순하기 때문에, 화학자들은 많은 고체가 이온으로 구성되어 있다고 간주한다. 이러한 사고는 다소 수정할 필요가 있음을 곧 알게 될 것이다. 다이아몬드로부터 금속에 이르기까지, 별도의 결합 이론을 필요로 하는 고체들도 많이 존재한다.

### 이온 결합 물질들의 성질

이온 결합 화합물과 공유 결합 화합물을 구별할 수 있게 만드는 성질은 여러 가지가 있다. 이것들은 이온 결합 화합물의 결정 구조와만 관계가 있다. 즉, 격자는, 반대 전하를 갖는 이온들 간의 인력은 최대가 되고 반발력은 최소가 되게끔 배열된, 양이온과 음이온으로 구성된다. 몇 가지 가능한 기하 구조를 설명하기 전에 이온 결합 화합물의 몇 가지 간단한 성질을 살펴보자.[1]

1. 이온 결합 화합물은 고체일 때에는 매우 낮은 전기 전도도를 갖지만, 융해되면 전기를 매우 잘 전도한다. 이 전도도는 양이나 음으로 하전된 이온들이 존재하기 때문에 나타나는데, 이온은 전기장의 영향하에서는 움직임이 자유롭다. 고체에서 이온들은 격자 내에 단단히 붙들려 있어서 이동이 자유롭지 못하기 때문에 전류를 운반하지 못한다. 예를 들면, 고체 염화 소듐에는 이온들이 존재한다는 절대적인 증거가 없다. 그러나 이러한 상황은 정전기적 인력으로 해석하면 쉽기 때문에

[1] 몇 가지 아주 흥미로운 이온 결합 화합물은 이 규칙에서 벗어남이 입증되었다. 이 화합물들은 6장에서 설명할 것이다.

대개 고체에는 이온이 존재한다고 가정한다.

2. 이온 결합 화합물은 높은 녹는점을 가진다. 이온 결합은 대개 매우 강하고 **전방향성(omnidirectional)** 이다. 전방향성은 매우 중요한데, 이 성질을 무시하면 이온 결합이 공유 결합보다 훨씬 더 강하다는 잘못된 결론에 이르게 될 수도 있다. 다이아몬드와 같은 강하고 다방향성인 공유 결합을 포함하는 물질들도 매우 높은 녹는점을 가진다. 예를 들면, 염화 소듐은 높은 녹는점을 갖는데, 이는 소듐 양이온과 염화 음이온 간의 강한 정전기적 인력과, 각 소듐 이온이 여섯 개의 염화 이온을 끌어당기고, 또 각 염화 이온은 여섯 개의 소듐 이온을 끌어당기는 격자 구조 때문에 나타나는 것이다. 물질의 물리적 성질과 결합 구조 간의 관계는 5장에서 더 상세히 설명할 것이다.
3. 이온 결합 화합물들은 매우 단단하지만 부서지기 쉬운 물질이다. 이온 결합 물질이 단단한 이유는 앞에서 설명한 이유에 따른 것이지만, 열에너지 때문에 분리되는 것이 아니라 **역학적인** 이유 때문에 분리된 이온들 간의 다가 인력이 관련된 경우는 예외이다. 이온 결합 물질들이 잘 부서지는 이유는 이온 결합의 성질 때문이다. 이온들이 약간 떨어져 있게끔(즉, NaCl 단위 세포의 절반 길이) 충분한 힘을 가하면, 음이온-음이온과 양이온-양이온 접촉이 일어남에 따라 원래 존재하던 인력은 반발력으로 변하기 때문에 결정은 부서지게 된다. 이것은 많은 광물들에 대해 잘 알려진 쪼개짐 성질을 설명하는 것이다.
4. 이온 결합 화합물들은 높은 유전율(유전 상수)을 갖는 극성 용매에 잘 녹는다. 두 하전된 입자에 대한 에너지의 상호작용은 다음과 같다.

$$E = \frac{q^+ q^-}{4\pi r \varepsilon} \qquad \textbf{(3.1)}$$

여기에서 $q^+$와 $q^-$는 전하이고, $r$은 분리된 거리, $\varepsilon$는 매질의 유전율이다. 진공에 대한 유전율, $\varepsilon_0$는 $8.85 \times 10^{-12}\ C^2\ m^{-1}\ J^{-1}$이다. 그러나 보통의 극성 용매의 경우, 유전율 값은 상당히 크다. 예를 들면, 물의 유전율은 $7.25 \times 10^{-10}\ C^2\ m^{-1}\ J^{-1}$이고, 아세토나이트릴은 $2.9 \times 10^{-10}\ C^2\ m^{-1}\ J^{-1}$, 암모니아는 $2.2 \times 10^{-10}\ C^2\ m^{-1}\ J^{-1}$이다. 그러므로 상대적인 유전율은 82 $\varepsilon_0(H_2O)$, 33 $\varepsilon_0(CH_3CN)$, 25 $\varepsilon_0(NH_3)$가 된다. 암모니아의 유전율은 진공보다 25배이므로 암모니아에 용해된 이온들 간의 인력은 용매가 없을 때의 4%에 불과하다. 높은 유전율을 갖는 용매들에 대한 효과는 더 잘 알려져 있다.

이 현상을 조사하는 다른 방법은 극성 용매의 쌍극자 모멘트와 이온들 간의 상호작용을 살펴보는 것이다. 이러한 용매화는 결정 격자를 부숴 버리는 다른 불리한 에너지 과정을 상쇄시킬 수 있는 에너지를 제공한다(7장 참조).

## 이온 결합의 생성

간단한 이온 결합 화합물은 매우 활성인 금속 원소와 매우 활성인 비금속 간에만 생성된다.[2] 필수적으로 필요한 두 가지는 양이온을 생성하기 위한 이온화 에너지와 음이온

---

2) $[NH_4]^+[B(C_6H_5)_4]^-$와 같은 이온 결합 화합물에는 활성인 금속이나 비금속이 존재하지 않음이 알려졌다. 그럼에도 불구하고 위의 설명은 실질적인 모든 목적에 대해 올바른 것이고, 테트라페닐붕소산 암모늄과 같은 화합물들은 질소와 붕소의 특정한 공유 결합 성질 때문에 생기는 것으로 간주할 수 있다.

을 생성하기 위한 전자 친화도인데, 이것들이 에너지적으로 유리해야 한다. 이것은 두 반응이 발열이어야 함을 의미하는 것이 아니라(불가능하다—문제 3.12 참조), 너무 많은 에너지를 소비하지 않아야 함을 의미한다. 그러므로 이온 결합에 대해 필요한 것은 (1) 한 원소의 원자들은 에너지를 가하지 않아도 한두 개(때로는 세 개)의 전자를 잃을 수 있어야 하고, (2) 다른 원소의 원자들은 에너지를 가하지 않아도 한두 개(세 개인 경우는 거의 없다)의 전자를 받아들일 수 있어야 한다. 그래서 이온 결합 생성은 IA(1)족과 IIA(2)족, 일부 IIIA(3)족, 낮은 산화 상태의 전이 금속들(양이온 형성)과 같은 가장 활성인 금속들, VIIA(17)와 VIA(16)족[3], 질소(음이온 형성)와 같은 가장 활성인 비금속들 간의 화합물에만 국한된다.[4] 모든 이온화 에너지는 흡열이지만 앞에서 거론된 금속들의 경우는 그다지 큰 값이 아니다. 할로젠에 대한 전자 친화도는 발열이지만, 칼로젠과 질소의 경우 그다지 흡열이지 않다.

## 결정 격자의 구조

격자 형성에 대한 에너지를 설명하기 전에 결정에서 이온들의 가장 흔한 배열 몇 가지를 알아보면 도움이 될 것이다. 가능한 배열이 많이 있지만 격자 형성이 가능한 몇 가지만 설명하기로 한다. 몇 가지 기본 원리를 알아본 다음 구조에 대해 알아보도록 하자.

다음에 기술하는 네 가지 구조는 같은 수의 양이온들과 음이온들을 포함하는 1 : 1 또는 2 : 2 염들이다. 이 계통을 갖는 간단한 이온 결합 화합물들은 이 네 가지 구조들 중의 한 가지로 결정화된다. 이들은 대개 배위수가 다르다. 즉, 주어진 이온 주위에 있는 상대 이온의 수가 4, 6, 8 등으로 다르다.

**염화 소듐 구조.** 염화 소듐(sodium chloride)은 면심 입방 구조(그림 3.1a)로 결정화된다. 면심 배열을 가시화시키려면 소듐 이온들이나 염화 이온들만 살펴보면 된다(이 과정은 격자를 확장해서 그릴 필요가 있다). 여덟 개의 소듐 이온은 입방체의 모서리에, 여섯 개는 입방체 면의 중심에 자리한다. 염화 이온들도 마찬가지로 배열되기 때문에 염화 소듐 격자는 서로 침투하는 두 개의 면심 입방 격자로 구성된다. 염화 소듐 격자에서 두 이온들의 배위수(CN)은 6이다. 즉, 각 소듐 이온 주위에는 여섯 개의 염화 이온들이 존재하고, 각 염화 이온 주위에는 여섯 개의 소듐 이온들이 존재한다.

염화 소듐은 입방체 공간군 $Fm3m$으로 결정화된다(표 2.7 참조). 즉, 이것은 면심이고, 삼중축을 가지며, 종류가 다른 두 개의 거울면을 가진다. 그러나 한 개의 $C_3$축이 존재하면, 다른 축이 세 개 더 존재해야 하고, 두 개의 서로 다른 거울면이 존재하면, 일곱 개의 거울면이 더 존재해야 한다. 실제로 이 간결한 대칭 표기만으로도 팔면체 내에 존재하는 모든 대칭 요소들을 알아낼 수 있다. 그러므로 $Fm3m$과 동등한 Schoenflies 기호는 $O_h$이다.

알칼리 금속의 할로젠 화합물들은 대부분 염화 소듐 구조를 채택한다. 리튬, 소

---

3) 1장의 설명을 기억하자. 로마 숫자는 "미국 시스템"을 따른 것이고, 아라비아 숫자는 주기율표의 표기를 따른 것이다.

4) 이온 결합과 공유 결합 사이의 전환은 명확하지 않기 때문에, 어떤 조건에서 일어날지를 정밀하게 규정하는 것은 불가능하다. 그러나 일반론이 도움이 되고, $Cs^+Au^-$처럼 두 금속들 간의 비정상적인 이온 결합 형성에 대한 가능성을 배제하는 것은 아니다.

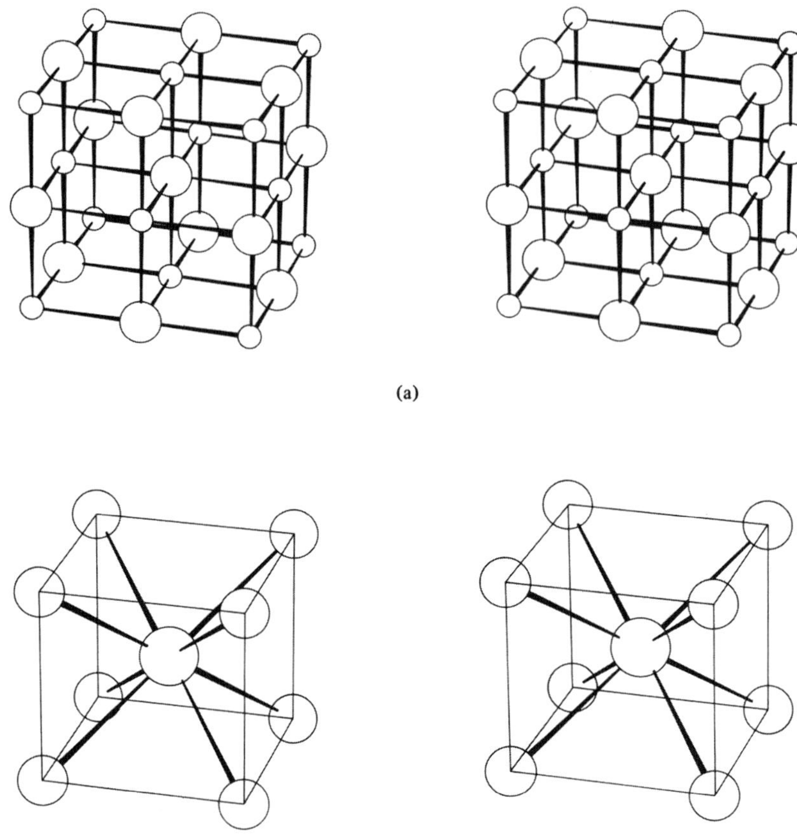

(a)

(b)

**그림 3.1** 두 가지 1 : 1 이온 결합 화합물들의 결정 구조. (a) 염화 소듐 단위 세포, 입방, 공간군 *Fm*3*m* ; (b) 염화 세슘 단위 세포, 입방, 공간군 *pm*3*m*. [Ladd, M. F. C. *Structure and Bonding in Solid State Chemistry* ; Wiley : New York, 1979.]

듐, 포타슘, 루비듐의 모든 할로젠 화합물들과 플루오린화 세슘은 염화 소듐 구조이다. 마그네슘, 칼슘, 스트론튬, 바륨, 카드뮴의 산화물도 이 구조를 가진다.

**염화 세슘 구조.** 염화 세슘(cesium chloride)은 그림 3.1b에 나타낸 입방 배열로 결정화된다. 세슘 이온들이나 염화 이온들은 입방체의 여덟 개 모서리를 점유하고, 상대 이온은 입방체의 중심을 점유한다.[5] 이 경우에도 우리는 격자를 세슘 이온들이나 염화 이온들로 구성된 것으로 고려해야 하며, 이들은 모두 단순한 입방 대칭을 가진다. 염화 세슘 구조에서 두 이온들의 배위수는 8이다. 즉, 각 양이온 주위에는 여덟 개의 음이온이 있으며, 각 음이온 주위에는 여덟 개의 양이온이 존재한다. 공간군은 *Pm*3*m*이다. 이 격자는 원시 격자이지만 대칭 요소들은 NaCl 구조와 같다.

일상적인 압력하의 할로젠화 알칼리들 중에서 염화 세슘 구조는 CsCl, CsBr, CsI에서만 발견되지만, 고압에서는 리튬의 염들을 제외한 모든 할로젠화 알칼리는 CsCl 구조를 가질 수 있다. 할로젠화 암모늄($NH_4F$ 제외), TlCl, TlBr, TlCn, CsCN, CsSH, CsSeH 및 $CsNH_2$도 CsCl 구조를 취한다.

---

5) CsCl 구조를 "체심 입방"이라고 부르는 것을 잘못된 것이다. 진정한 체심 입방 격자는 알칼리 금속들처럼 단위 세포의 모서리와 중심에 같은 화학종을 가진다.

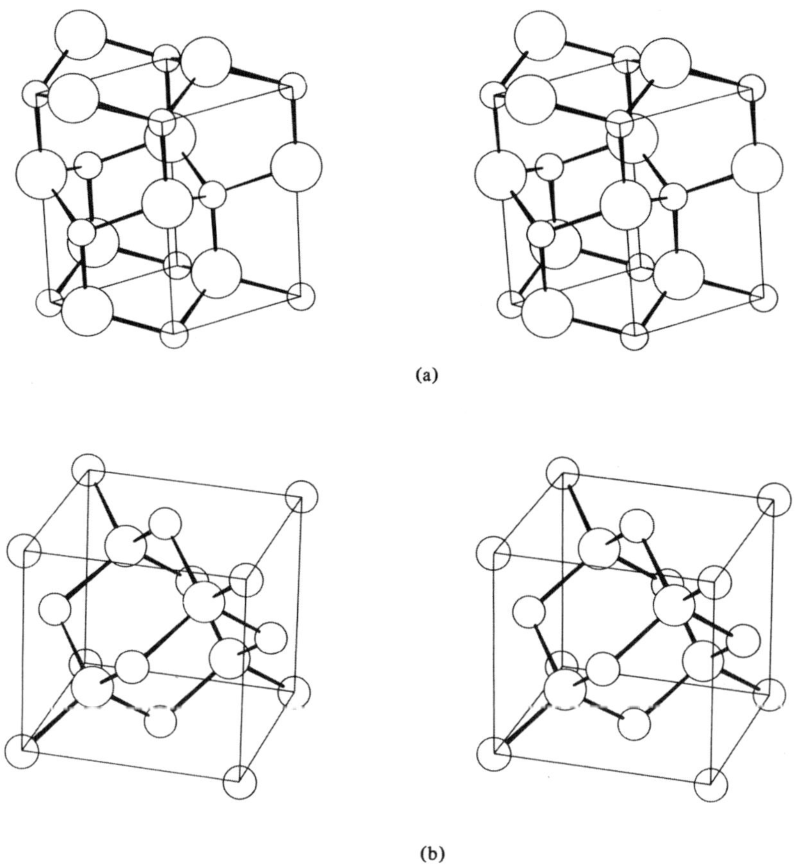

**그림 3.2** (2 : 2) 구조를 갖는 황화 아연의 두 가지 단위 세포. 큰 원은 S이고, 작은 원은 Zn이다 : (a) 섬유아연석, 육방, 공간군 $P6_3mc$ ; (b) 섬아연광, 입방, 공간군 $F\bar{4}3m$. [Ladd, M. F. C. *Structure and Bonding in Solid State Chemistry* ; Wiley : New York, 1979.]

**섬아연광 및 섬유아연석 구조.** 황화 아연은 두 가지의 상이한 구조, 육방형의 섬유아연석 (wurtzite, 그림 3.2a) 과 입방형의 섬아연광 (zinc blende, 그림 3.2b) 으로 결정화된다. 여기서는 이들의 구조를 상세히 설명하지 않는다 (94쪽 참조). 그러나 양이온들과 음이온들에 대한 배위수는 4이다. 공간군은 $P6_3mc$와 $F\bar{4}3m$이다. 각 공간군이 어느 격자의 것이라고 말할 수 있는가?

BeO, ZnO, BeS, MnS, ZnS, CdS, HgS 등의 많은 2가 금속 산화물들과 황화물들은 섬아연광 또는 섬유아연석 구조를 취하는데, 양쪽 구조를 모두 취하는 것도 가끔 존재한다. AgI, $NH_4F$, SiC도 이 구조들을 취한다.

다음의 구조들은 모두 양이온보다 음이온이 두 배이다 (1 : 2 구조). 그러므로 양이온의 배위수는 8 : 4, 6 : 3, 4 : 2 등으로 음이온의 두 배가 되어야 한다. 양이온이 음이온보다 두 배가 더 많은 역구조도 알려져 있다.

**형석 구조.** 플루오린화 칼슘은 형석 (fluorite) 구조, 입방, $Fm3m$으로 결정화된다 (그림 3.3). 양이온에 대한 배위수는 8이고 (각 칼슘 이온 주위에 여덟 개의 플루오린화 이온이 입방형을 형성한다), 음이온에 대한 배위수는 4이다 (각 $F^-$ 이온 주위에 네 개의 $Ca^{2+}$ 이온이 사면체형으로 배열된다).

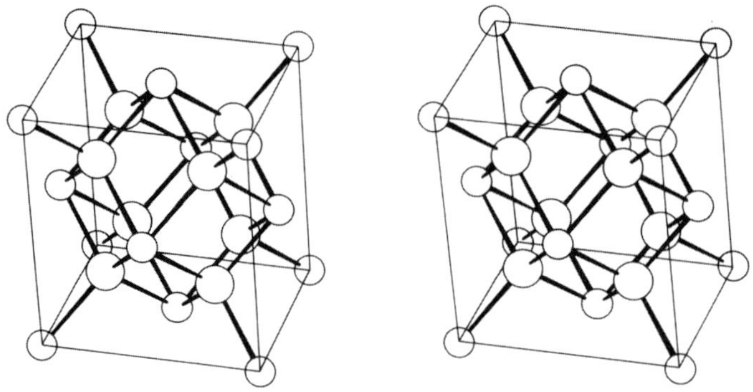

**그림 3.3** 형석 구조의 단위 세포. 더 작은 원이 Ca이다(실제 크기 비로 그린 것은 아니다) : 입방, 공간군 *Fm*3*m*. [Ladd, M. F. C. *Structure and Bonding in Solid State Chemistry*; Wiley : New York, 1979.]

많은 다이플루오린화합물과 이산화물은 형석 구조를 가진다. Ca, Sr, Ba, Cd, Hg와 Pb의 플루오린 화합물, 그리고 Zr, Hf와 일부 란타넘족 및 악티늄족의 이산화물들이 형석 구조를 갖는 경우의 예이다. 양이온과 음이온의 수와 위치가 역전되면 **반형석(antifluorite)** 구조가 되는데, Li, Na, K와 Rb의 황화물들이 이 구조를 취한다.

**금홍석 구조** 대기압하에서 이산화 타이타늄은 세 가지 결정 형태인 아나타제, 브루카이트, 금홍석(rutile, 그림 3.4a)으로 결정화된다. 여기서는 금홍석(정방, $P4_2/mnm$)만 살펴보기로 한다. 양이온에 대한 배위수는 6이고(타이타늄 이온 주위에는 여섯 개의 산화 이온이 육면체에 가까운 형태로 배열된다), 음이온에 대한 배위수는 3이다(산

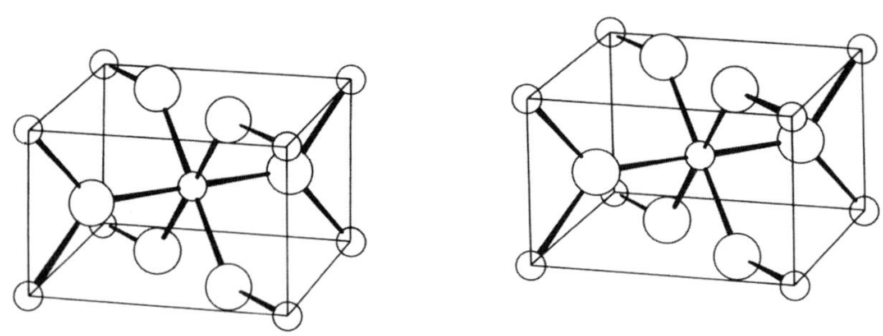

(a)

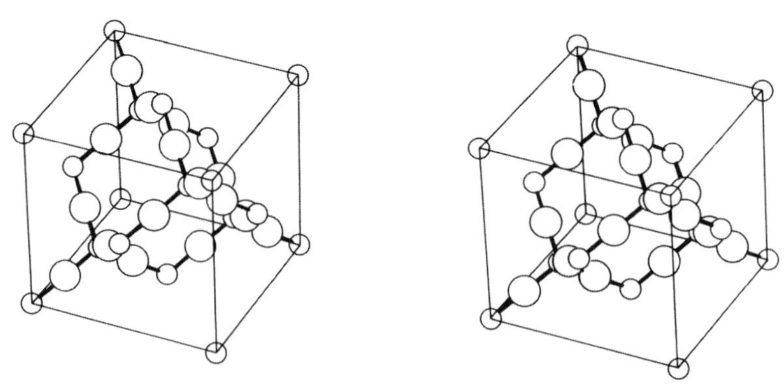

(b)

**그림 3.4** 두 가지 1 : 2 화합물들의 결정 구조. 두 가지 구조 모두에서 산소는 더 큰 원이다. (a) 금홍석, $TiO_2$의 단위 세포, 정방, 공간군 $P4_2/mnm$; (b) $\beta$-크리스토발라이트, $SiO_2$의 단위 세포. [Ladd, M. F. C. *Structure and Bonding in Solid State Chemistry*; Wiley : New York, 1979.]

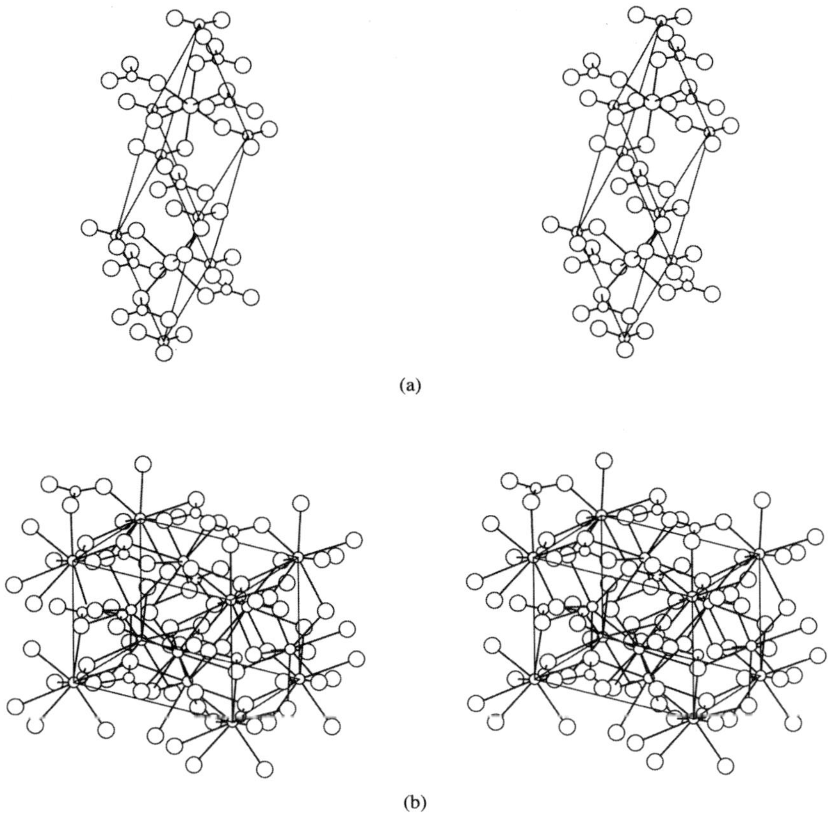


**그림 3.5** 탄산 칼슘의 두 가지 형태에 대한 결정 구조. (a) 방해석의 단위 세포, 사방육면체, 공간군 $R\bar{3}c$; (b) 아라고나이트의 단위 세포, 사방정계, 공간군 *Pcmn*. 산소, 칼슘, 탄소 순으로 원의 크기가 작아진다. [Ladd, M. F. C. *Structure and Bonding in Solid State Chemistry*; Wiley : New York, 1979.]

화 이온 주위에는 세 개의 타이타늄 이온들이 삼각 평면 형태로 배열된다). 금홍석 구조는 Cr, Mn, Ge, Ru, Rh, Sn, Os, Ir, Pt, Pb의 이산화물에서도 발견된다.

$\beta$-**크리스토발라이트 구조.** 이산화 규소는 여러 가지 형태로 결정화 된다(몇 가지는 산소나 규소 이외의 다른 원자들에 의해 안정화된다). 그 중에서 한 가지가 $\beta$-크리스토발라이트(그림 3.4b) 인데, 섬아연광(그림 3.2b) 과 비슷하며, 섬아연광의 모든 아연 원자와 황 원자 자리에는 규소 원자가 존재하고, 산소 원자들 사이에 규소 원자가 존재한다.[6] $\beta$-크리스토발라이트 구조를 취하는 다른 화합물들로는 $BeF_2$, $ZnCl_2$, $SiS_2$ 등이 있고, 고압에서는 $Be(OH)_2$와 $Zn(OH)_2$가 있는데, 이것들은 수소 결합 때문에 뒤틀린다. $SiO_2$의 다른 형태인 트라이다이마이트는 $\beta$-크리스토발라이트와 섬아연광 간의 관계와 같은 방식으로 섬유아연석과 관련된다. 규소에 대한 $\beta$-크리스토발라이트와 트라이다이마이트의 배위수는 4이고 산소에 대해서는 2이다.

**방해석과 아라고나이트 구조.** 이 장에서 설명한 거의 모든 화합물은 간단한 양이온들과 음이온들을 포함하고 있다. 그럼에도 불구하고, 여기에서 진개시키는 대부분의 원리들은 다원자 양이온들이나 음이온들을 포함하는 결정들에 적용할 수 있는 것들이고, 더 복잡한 상황도 존재한다. 탄산 이온($CO_3^{2-}$)을 포함하는 두 가지 구조

6) 과거 60년 동안 $\beta$-크리스토발라이트의 구조는 여러 차례 결정되었지만, 결정의 불규칙성 때문에 공간군 지정이 불확실하였다. (Hyde, B. G.; Andersson, S. *Inorganic Crystal Structure*; Wiley : New York, 1989; pp 393~395.)

의 예는 방해석(calcite, 그림 3.5a)과 아라고나이트(aragonite, 그림 3.5b)이다. 두 가지는 모두 탄산 칼슘이다. $MgCO_3$, $FeCO_3$, $LiNO_3$, $NaNO_3$와 $YBO_3$도 방해석 구조를 가진다(사방육면체 $R\bar{3}c$). 금속 이온의 배위수는 6이다. 더 큰 금속 이온은 금속 이온 주위에 아홉 개의 산소 원자들을 갖는 아라고나이트 구조를 취한다(사방정계 *Pcmn*). 탄산 칼슘 외에 $SrCO_3$, $KNO_3$, $LaBO_3$가 이 구조를 취한다.

## 격자 에너지

이온 결합 화합물의 결정이 갖는 격자 에너지는 무한한 거리로 떨어져 있던 이온들이 서로 가깝게 접근하여 결정을 형성할 때 방출되는 에너지이다.

$$\mathbf{M^{+}_{(g)} + X^{-}_{(g)} \longrightarrow MX_{(s)}} \qquad \textbf{(3.2)}$$

이 과정은 간단한 정전기적 모형을 사용하면 적절하게 다룰 수 있다. 닫힌 껍질들 간의 반발과 같은 비정전기적 에너지와, 분산력과 영점 에너지 같은 더 복잡한 취급이 필요한 요인들을 포함시켜야 하겠지만, 간단한 정전기학만으로도 결합 에너지의 90% 정도를 설명할 수 있다. Born과 Landé는 처음으로 이온의 격자 에너지 이론적으로 다루었으며, 자신들의 이름을 따서 격자 에너지를 예측할 수 있는 간단한 식을 제안하였다. 그 유도 과정은 다음과 같다.

거리가 $r$만큼 떨어져 있는 어떤 이온쌍 $M^+$, $X^-$의 에너지를 살펴보자. 인력에 대한 정전기적 에너지는 Coulomb의 법칙에 따라 얻어진다.[7]

$$E_C = \frac{Z^+Z^-}{4\pi\varepsilon_0 r} \qquad \textbf{(3.3)}$$

전하 중의 한 가지가 음이므로, 에너지는 음의 값이고(무한하게 떨어져 있을 때를 기준으로 하였을 때와 비교하여), 이온 간의 거리가 감소함에 따라 점점 더 음의 값이 된다. 그림 3.6은 한 이온쌍의 쿨롱 에너지(점선)를 나타낸 것이다. 대개 $Z^+$와 $Z^-$를

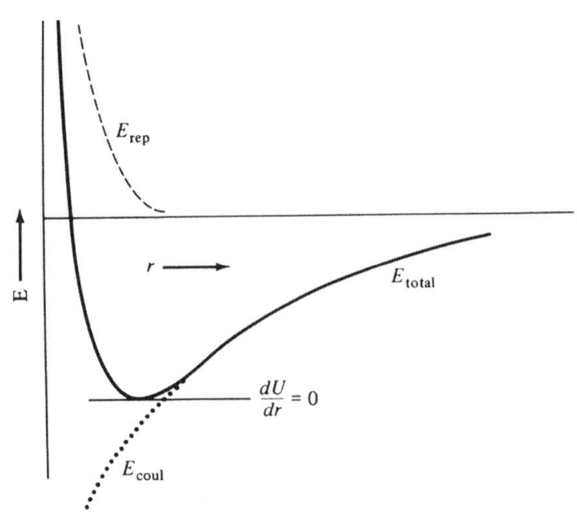


**그림 3.6** 이온쌍에 대한 에너지 곡선.

7) 여기서 $Z$는 앞에서 사용한 핵전하가 아니라 이온의 전하임을 주의하라.

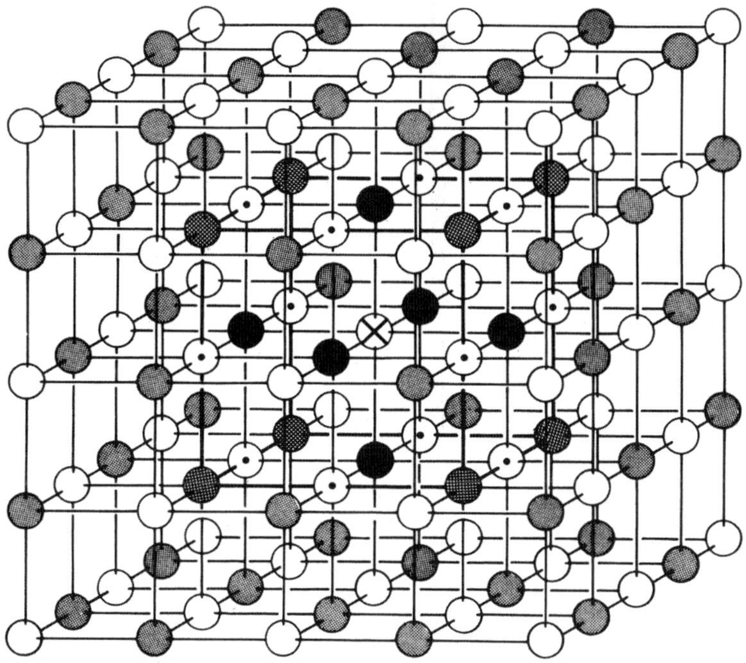

**그림 3.7** 염화 소듐의 확장된 격자. ⊗로 표기된 소듐 이온으로부터 시작하면, 여섯 개의 가장 가까운 이웃(●) 들과 12개의 그 다음으로 가까운 이웃(⊙), 그 다음으로 가까운 것은 여덟 개 등, 이러한 방식으로 이온들이 존재한다.

전자의 전하, $e = 1.6 \times 10^{-19}$ C의 배수로 사용하고 있기 때문에 여기서도 같은 방법을 사용한다.

$$E_C = \frac{Z^+ Z^- e^2}{4\pi\varepsilon_0 r} \tag{3.4}$$

이제 결정 격자에는 한 이온쌍에서의 간단한 경우보다 더 많은 상호작용들이 존재할 것이다. 예를 들면, 염화 소듐 격자에는 반대 전하를 갖는 여섯 개의 가장 가까운 이온들에는 인력이 작용하고 그 다음으로 가까운 같은 전하를 갖는 12개의 이온들에는 반발력이 작용한다. 이러한 모든 상호작용들의 합을 **Madelung 상수 (Madelung constant)**, A라고 한다. 그러면 결정에서 한 쌍의 이온들이 갖는 에너지는 다음과 같다.

$$E_C = \frac{A Z^+ Z^- e^2}{4\pi\varepsilon_0 r} \tag{3.5}$$

특정한 격자에 대한 Madelung 상수는 간단하게 구할 수 있다. 그림 3.7에서 입방체의 중심에 있는 소듐 이온(⊗)을 살펴보자. 가장 가깝게 존재하는 이온들은 여섯 개의 면심 염화 이온(●) 들이며, 포함된 이온들의 크기에 따라 각각의 특성적인 거리가 결정된다. 그 다음으로 가깝게 존재하는 이온들은 단위 세포의 모서리 중심에 자리하는 12개의 소듐 이온(⊙) 들이다(그림 3.1a과 비교하면 거꾸로 되었다). 서로 반발하는 이 이온들의 거리는 이어지는 껍질에 있는 여덟 개의 염화 이온들(입방체의 모퉁이에 자리한다) 의 거리처럼 우선 단순한 기하 구조에 따른 거리와 연관시킬 수 있다. 이 과정을 결정에 포함된 모든 이온에 대해 적용하면, 모든 상호작용의 합으로부터

**표 3.1**
몇 가지 결정 격자들에 대한 Madelung 상수.

| 구조 | 배위수 | 기하 구조 인자, A | 관례적 인자, A[a] |
|---|---|---|---|
| 염화 소듐 | 6 : 6 | 1.74756 | 1.74756 |
| 염화 세슘 | 8 : 8 | 1.76267 | 1.76267 |
| 섬아연광 | 4 : 4 | 1.63806 | 1.63806 |
| 섬유아연석 | 4 : 4 | 1.64132 | 1.64132 |
| 형석 | 8 : 4 | 2.51939 | 5.03878 |
| 금홍석 | 6 : 3 | 2.408[b] | 4.816[b] |
| $\beta$-크리스토발라이트 | 4 : 2 | 2.298 | 4.597 |
| 강옥 | 6 : 4 | 4.1719[b] | 25.0312[b] |

[a] $Z_{\pm}$=최대 공약수를 사용. [b] 정확한 값은 구조상의 약간의 차이에 의하여 다르다.

Madelung 상수, $A$가 얻어질 것이다. 앞에서 설명한 상호작용들에 대한 처음 세 가지 항은 다음과 같다.

$$A = 6 - \frac{12}{\sqrt{2}} + \frac{8}{\sqrt{3}} \cdots \tag{3.6}$$

다행스럽게도 Madelung 상수는 수렴 급수로부터 수학적으로 얻어질 수 있을 것이며, 빠른 계산을 위한 컴퓨터 프로그램도 있다. 그러나 이 과정에 너무 집착할 필요는 없고, 이러한 과정을 통해 얻어진 값들만 이용하면 된다(표 3.1). Madelung 상수값은 격자의 기하 구조에 의해서만 결정되며, 이온 반지름이나 전하와는 상관이 없다.

식 3.5로 다시 살펴보면, 인력인 쿨롱 에너지와 균형을 이루는 반발 에너지가 존재하지 않는다면 격자는 결코 안정해질 수 없음을 알게 된다. 인력 에너지는 거리가 무한소로 가까워지면 무한대로 된다. 물론 이온들은 점전하가 아니고 아주 가까운 거리에서는 서로 밀어내는 전자 구름으로 구성된다. 이 반발력은 그림 3.6에서 점선으로 나타내었다. 반발력은 거리가 멀 때에는 무시할 수 있지만 이온들이 서로 가깝게 접근하면 아주 빠르게 증가한다.

Born은 이 반발 에너지를 다음과 같이 나타낼 수 있다고 제안하였다.

$$E_R = \frac{B}{r^n} \tag{3.7}$$

여기서 $B$는 상수이다. Born 지수인 $n$은 압축률 자료로부터 실험적으로 구할 수 있는데, 압축률은 이온들을 아주 가깝게 접근시켰을 때 나타나는 저항을 측정하는 것이기 때문이다. Avogadro 수, $N$을 포함하는 1 mol의 결정 격자에 대한 전체 에너지는 다음과 같다.

$$U = E_C + E_R = \frac{ANZ^+Z^-e^2}{4\pi\varepsilon_0 r} + \frac{NB}{r^n} \tag{3.8}$$

그림 3.6에서 전체 격자 에너지는 실선으로 표시하였다. 곡선에서 최소점은 평형 상황에 해당되는데, 다음과 같이 쉽게 알 수 있다.

$$\frac{dU}{dr} = 0 = -\frac{ANZ^+Z^-e^2}{4\pi\varepsilon_0 r^2} - \frac{nNB}{r^{n+1}} \tag{3.9}$$

물리적으로 이것은 정전기적 인력의 **힘**이 이온들 간의 반발력과 같아지는 것에 해당한다. 이제 상수 $B$를 계산하여 식 3.8로부터 제거할 수 있다. 최소점에서는 에너지를 고정시킬 수 있기 때문에, 이 에너지와 평형 거리를 나타내려면 $U_0$와 $r_0$를 사용하여야 한다. 식 3.9로부터

$$B = \frac{-AZ^+Z^-e^2r^{n-1}}{4\pi\varepsilon_0 n} \tag{3.10}$$

$$U_0 = \frac{AZ^+Z^-Ne^2}{4\pi\varepsilon_0 r_0} - \frac{ANZ^+Z^-e^2}{4\pi\varepsilon_0 r_0 n} \tag{3.11}$$

$$U_0 = \frac{ANZ^+Z^-e^2}{4\pi\varepsilon_0 r_0}\left(1 - \frac{1}{n}\right) \tag{3.12}$$

이것은 이온 결합 화합물의 격자 에너지에 대한 Born–Landé 식이다. 곧 알게 되겠지만, 이 식을 사용하면 대체로 정확한 값을 예측할 수 있다. 그러나 이 식에는 아래에서 논의할 몇 가지 에너지 요인들이 생략되었다. 이 식은 결정 구조(정확한 $A$값을 선택하기 위하여)와 이온간 거리 $r_0$만 알면 사용할 수 있는데, 이 두 가지는 모두 X선 회절 연구로부터 쉽게 구할 수 있다.

Born 지수는 포함된 이온의 형태에 따라 결정되는데, 더 큰 이온일수록 상대적으로 더 높은 전자 밀도를 갖기 때문에 $n$값은 더 커진다. 대부분의 계산에서, Pauling이 제안한 일반화된 값(표 3.2 참조)은 전자 배치가 표기된 이온에 대해 사용하면 충분한 정확도를 얻을 수 있다.

표 3.2
Born 지수값, $n$

| 이온의 전자 배치 | $n$ |
|---|---|
| He | 5 |
| Ne | 7 |
| Ar, $Cu^+$ | 9 |
| Kr, $Ag^+$ | 10 |
| Xe, $Au^+$ | 12 |

이온 결합 화합물의 격자 에너지를 예측하기 위하여 식 3.12을 사용하는 과정은 다음에 설명하였다. 염화 소듐에 대한 여러 인자들은 다음과 같다.

A = 1.74756 (표 3.1)
$N = 6.022 \times 10^{23}$ 이온쌍 $mol^{-1}$, Avogadro 수
$Z^+ = +1$, $Na^+$ 이온의 전하
$Z^- = -1$, $Cl^-$ 이온의 전하
$e = 1.60210 \times 10^{-19}$ C, 전자의 전하(부록 B)
$\pi = 3.14159$
$\varepsilon_0 = 8.854185 \times 10^{-12}\ C^2\ J^{-1}\ m^{-1}$(부록 B)
$r_0 = 2.814 \times 10^{-10}$ m, 실험값. 이 값을 얻을 수 없는 경우에는 $Na^+$와 $Cl^-$의 반지름의 합인 $2.83 \times 10^{-10}$ m로 추정한다(표 3.4).
$n = 8$, $Na^+$와 $Cl^-$에 대한 평균값 (표 3.2)

계산해 보면, $U_0 = -755$ kJ $mol^{-1}$을 얻는데, 이 값은 실험값(표 3.3)인 $-770$ kJ $mol^{-1}$과 크게 차이가 나지 않는다. 그러므로 실험값이 없을 경우에는 Born–Landé 식으로 예측한 값을 사용할 수 있음을 확인할 수 있다.

Born–Landé 식(3.12)의 요인들을 잘 이해하면 계산을 단순화시킬 수 있다. 즉,

Born–Landé 식의 변수들은 이온의 전하, 핵간 거리, Madelung 상수, $n$값뿐이다. 그러므로 이 상수들을 함께 묶으면 정확도의 손실없이 다음과 같은 단순화된 식을 얻게 된다.

$$U_0 = 1.39 \times 10^5 \text{ kJ mol}^{-1} \text{ pm}\left(\frac{Z^+Z^-A}{r_0}\right)\left(1 - \frac{1}{n}\right) \tag{3.13}$$

핵간 거리는 표 3.4에 주어진 것처럼 피코미터 단위를 가져야 함을 유의하자. 옹스트롬 단위와 kcal mol$^{-1}$ 단위를 갖게 하려면, 식 3.13의 상수값은 332 kcal mol$^{-1}$ Å을 사용한다.

## Born–Haber 순환

Hess의 법칙은 반응이 한 단계나 여러 단계에 걸쳐 일어나더라도 반응의 엔탈피는 같음을 설명하고 있다. 이것은 에너지 보존에 관여하는 열역학 제1법칙에 따른 것이다. 이 법칙이 틀린 것이라 하더라도 적절한 순환 과정을 사용하면 에너지를 만들어 낼 수 있다. Born과 Haber[8]는 이온성 고체의 생성 엔탈피에 Hess의 법칙을 적용하였다. Born–Haber 순환을 사용하면 원소로부터 이온성 결정이 생성되는 과정을 다음과 같이 간단하게 표현할 수 있다.

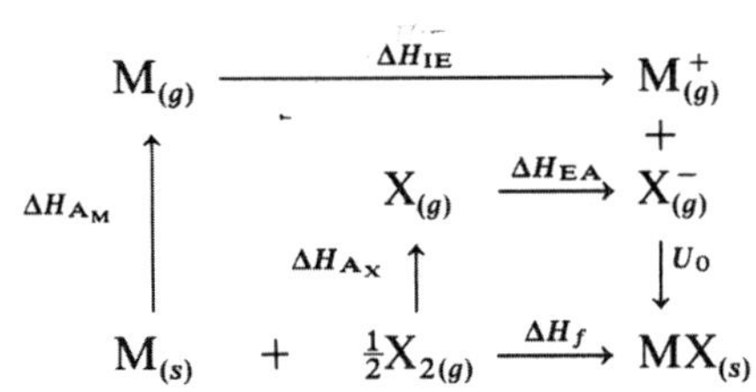

그러면 다음의 관계가 성립한다.

$$\Delta H_f = \Delta H_{A_M} + \Delta H_{A_X} + \Delta H_{IE} + \Delta H_{EA} + U_0 \tag{3.14}$$

$\Delta H_{A_M}$과 $\Delta H_{A_X}$ 항은 각각 금속과 비금속의 원자화 엔탈피이다. 기체 이원자 비금속들의 경우, $\Delta H_A$는 이원자 분자의 해리 엔탈피 (결합 에너지 + $RT$) 이다. 증발되어 단원자 기체를 생성하는 금속의 경우, $\Delta H_A$는 승화 엔탈피와 동일하다. 승화되어 이원자 분자, $M_2$가 생성되는 경우에는 해리 엔탈피도 포함되어야 한다.

$$M_2 \longrightarrow 2M \tag{3.15}$$

이온화 에너지 (IE) 와 전자 친화도 (EA) 에 대한 값들은 표 1.3과 1.5로부터 얻을 수 있다. 많은 분자들에 대한 결합 해리 에너지들은 부록 E에 주어졌다. 무기화학자에게 필요한 많은 자료는 Ball과 Norbury[9]가 쓴 책에 나와 있다.

---

8) Born, M.; *Verhandl. Deut. Physik. Ges.* **1919**, *21*, 13; Haber, F.; *Ibid.* **1919**, *21*, 750.

9) Ball, M. C.; Norbury, A. H. *Physical Data for Inorganic Chemists*; Longman : London, 1974.

## Born–Haber형 계산의 활용

이온 결합 화합물의 생성 엔탈피는 Born–Landé 식과 Born–Haber 순환을 사용하면 비교적 정확하게 계산할 수 있다. 예를 들어 NaCl을 살펴보자. 핵간 거리의 예측값 283 pm (실험값은 281.4 pm), Madelung 상수 1.748, Born 지수 $n$과 여러 상수들을 사용하면, 격자 에너지를 $-755\ \text{kJ mol}^{-1}$로 계산할 수 있음을 이미 알아보았다. 열용량 보정값 $2.1\ \text{kJ mol}^{-1}$을 적용하면 $U_0^{298} = -757\ \text{kJ mol}^{-1}$이 된다. 그러면 Born–Haber 합은 다음과 같다.

$$\begin{aligned}
U_0^{298} &= -757\ \text{kJ mol}^{-1}\\
\Delta H_{\text{IE}} &= +496\ \text{kJ mol}^{-1}\\
\Delta H_{\text{EA}} &= -349\ \text{kJ mol}^{-1}\\
\Delta H_{\text{A}_{\text{Cl}}} &= +121\ \text{kJ mol}^{-1}\\
\Delta H_{\text{A}_{\text{Na}}} &= +108\ \text{kJ mol}^{-1}\\
\hline
\sum &= -381\ \text{kJ mol}^{-1}
\end{aligned}$$

이 값은 생성 엔탈피의 실험값 $\Delta H_f^{298} = -411\ \text{kJ mol}^{-1}$와 비슷한 값이다.

Born–Haber 순환에서 에너지항들을 분리해 보면 화학 결합에서 이들의 상대적인 중요성을 알아볼 수 있다. 예를 들면, $\Delta H_\text{A}$항들은 항상 양의 값이지만, 다른 항들에 비하면 항상 상대적으로 작은 값이고, 화합물에 따라 크게 변하지 않는다.[10] 이온화 에너지는 항상 큰 흡열값이다. 할로젠에 대한 전자 친화도는 발열이지만, 칼코젠의 경우에는 음으로 하전된 $X^-$ 이온에 두 번째 전자를 첨가시켜야 하기 때문에 흡열이다. 어느 경우라도 이온화 에너지와 전자 친화도의 합은 **항상** 흡열이며, 이온 결합 화합물들이 원소들로 해리되지 않고 안정하게 만드는 것은 서로에 대한 이온들의 인력이 압도적으로 발열적이기 때문이다. 실온에서 이 에너지는 격자 에너지로 나타난다. 그러나 화합물의 끓는점 이상의 온도(예를 들면, NaCl의 경우 1413 °C)에서는 활성 금속과 비금속 간에 아무런 반응도 일어나지 않을 것으로 생각해서는 안 된다. 기체상에서도 이온쌍, $M^+X^-$의 생성을 통해 이온들의 정전기적 안정화가 존재할 것이다. 후자는 Born–Haber 순환에 추가되어야 하며, 에너지 관계들의 성질을 명확하게 하려면 그림 3.8처럼 더 명확한 형태로 그리는 것이 가장 좋다. 개별적인 엔탈피들은 이러한 도표에 그려 넣을 수 있고, 이들은 출발 물질들의 원래 엔탈피와 연관된다.[11]

이 순환에서 단계들과 관련된 대부분의 엔탈피들은 다소 차이가 있겠지만 실험적인 방법에 의해 추정할 수 있다. 그러나 격자 에너지는 거의 항상 실험적인 측정보다는 이론적으로 얻어진다. "격자의 해리 엔탈피"는 금속과 비금속의 원자화 엔탈피와 같은 방법으로 측정될 수 있다고 가정된다. 즉, 결정을 가열하여 이온들로 해리시키는 데 필요한 에너지를 결정한다. 불행스럽게도 이 과정은 실험적으로 매우 어렵다. 결정을 승화시키면($\Delta H$), 그 결과는 단리된 기체 이온들이 아니라 이온쌍과 다른 이온 뭉치들이다. 그래서 식 3.12를 사용하거나, 이 식보다 더 정확한 식을 사용할 필요가 생긴다. Born–Haber 순환의 모든 다른 단계에 대한 정확한 자료를 얻을 수 있다면 우리는 이

---

10) 이 설명은 할로젠에 대해서만 옳은 것이다. $O_2$와 $N_2$의 해리 에너지는 상당히 더 크다.

11) 이 점뿐만 아니라 Born–Haber 순환에 관한 다른 여러 사항에 대해서는 다음을 참조하라. Haight, G. P., Jr. *J. Chem. Educ.* **1968**, *45*, 420.

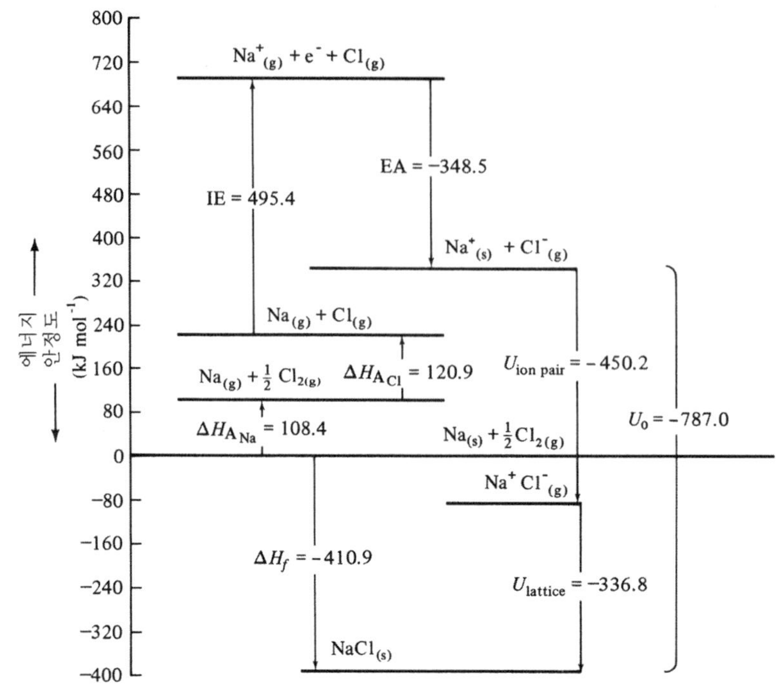


**그림 3.8** 염화 소듐에 대한 여러 항들의 상대적인 크기를 보여 주는 Born–Haber 도표. [Haight, G. P., Jr. *J. Chem. Educ.* **1968**, *45*, 420~422.]

순환을 사용하여 예측한 값의 정확도를 확인할 수 있게 된다. 표 3.3은 Born–Haber 순환을 통해 얻은 값과 식 3.12 및 관련 식을 사용하여 얻은 값을 비교하여 나타낸 것이다.

$U_o$는 이론값을 사용하여도 되기 때문에, 순환에서 실험적으로 측정하기 어려운 단계에 대한 정보를 얻기 위하여 격자 에너지를 사용할 수 있다. 전자 친화도는 실험을 통해 직접 구하기가 어려웠기 때문에 오랫동안 이 방법을 통해 구하였다.

마지막으로, 이전에 알려진 바가 없는 화합물의 생성열도 예측할 수 있다. 지금은 대부분의 원소들에 대한 원자화 엔탈피, 이온화 에너지 및 전자 친화도 자료가 알려져 있다. 그래서 핵간 거리와 기하 구조를 포함하는 가장 유력한 격자 구조를 잘 예측하여야 한다. 핵간 거리는 이온 반지름 표를 사용하면 추정할 수 있다. 이온 반지름을 알면(정확한 Madelung 상수를 알기 위하여) 기하 구조를 예측할 수도 있다(다음 절 참조). 이러한 경우에는 격자 에너지와 생성 엔탈피를 예측할 수 있다(생성 엔탈피는 그 화합물이 실제로 존재할 때의 측정값과 거의 같은 정확도로 얻어진다). 가상적인 화합물들에 대한 계산의 예는 다음과 같다.

Born–Haber 순환의 항들을 살펴보면 존재하는 화합물과 존재하지 않는 화합물을 파악할 수 있다. 예를 들어 가상적인 이염화 소듐, $Na^{2+}$, $2Cl^-$를 살펴보자. 소듐 이온의 전하가 +2이기 때문에 격자 에너지는 NaCl보다 상당히 더 크고, 따라서 화합물도 안정할 것으로 예상할 수 있다. 그러나 모든 항들이 증가되면 소듐을 $Na^{2+}$로 이온화 시키는 데 필요한 증가된 에너지는 증가된 격자 에너지에 의해 회수되는 에너지보다 더 큼을 알 수 있다. $NaCl_2$의 핵간 거리가 NaCl과 같고, Madelung 상수 $A = 2.52$인 형석 구조로 결정화될 것으로 가정하면 대략적인 계산을 할 수 있다. 그러면 격자 에너지

**표 3.3**
할로젠화 알칼리의 격자 에너지 ($-U_o$) 에 대한 실험값과 계산값 (kJ $mol^{-1}$).

| 염 | 실험값(Borm–Haber 순환 과정) | 단순 모형 (식 3.12) | "최선의 값"[a] |
|---|---|---|---|
| LiF | 1034 | 1008 | 1033 |
| LiCl | 840.1 | 811.3 | 845.2 |
| LiBr | 781.2 | 766.1 | 797.9 |
| LiI | 718.4 | 708.4 | 739.7 |
| NaF | 914.2 | 902.0 | 915.0 |
| NaCl | 770.3 | 755.2 | 777.8 |
| NaBr | 728.4 | 718.8 | 739.3 |
| NaI | 680.7 | 663.2 | 692.0 |
| KF | 812.1 | 797.5 | 813.4 |
| KCl | 701.2 | 676.5 | 708.8 |
| KBr | 671.1 | 659.8 | 679.8 |
| KI | 632.2 | 623.0 | 640.2 |
| RbF | 780.3 | 761.1 | 777.8 |
| RbCl | 682.4 | 661.5 | 686.2 |
| RbBr | 654.0 | 636.5 | 659.0 |
| RbI | 616.7 | 602.5 | 622.2 |
| CsF | 743.9 | 723.0 | 747.7 |
| CsCl | 629.7 | 622.6 | 652.3 |
| CsBr | 612.5 | 599.6 | 632.2 |
| CsI | 584.5 | 568.2 | 601.2 |

[a] 편극 효과, 반발(가장 가까운 이온과 다음으로 가장 가까운 이온 사이의), 영점 에너지 등을 보정을 행한 수정 Born식을 사용하여 계산하였음. (Cubicciotti, *D. J. Chem. Phys*, **1959**, *31*, 1646~1651; *ibid.* **1961**, *34*, 2189.)

$U_o = -2180$ kJ $mol^{-1}$이 된다. Born–Haber항들의 합은 다음과 같다.

$$
\begin{aligned}
U_0 &= -2180 \\
\Delta H_{A_{Na}} &= +108 \\
\Delta H_{IE_1} &= +496 \\
\Delta H_{IE_2} &= +4562 \\
2\Delta H_{EA} &= -698 \\
\Delta H_{A_{Cl}} &= +242 \\
\hline
\Delta H_f &= +2530 \text{ kJ mol}^{-1}
\end{aligned}
$$

대략적인 계산이기 때문에 10~20%의 오차가 날 수 있지만, 오차가 100%, 또는 2500 kJ $mol^{-1}$이 될 수는 없다. 그러므로 우리는 $NaCl_2$가 존재하지 않는 이유를 알 수 있다. 즉, **격자가 갖는 여분의 안정화는 매우 큰 두 번째 이온화 에너지를 보상하기에는 부족하다.**

더 낮은 산화 상태를 갖는 금속들을 살펴보면 약간 다른 문제가 발생한다. $CaF_2$는 안정하다. 그런데 왜 CaF는 안정하지 않을까? CaF가 KF와 같은 기하 구조로 결정화되고, 핵간 거리도 거의 같을 것이라고 가정하면, CaF에 대한 격자 에너지, $U_o = -795$ kJ $mol^{-1}$임을 계산할 수 있다. Born–Haber항들의 합은 다음과 같다.

$$
\begin{aligned}
U_0 &= -795\\
\Delta H_{\mathrm{ACa}} &= +178\\
\Delta H_{\mathrm{IE}} &= +590\\
\Delta H_{\mathrm{EA}} &= -328\\
\Delta H_{\mathrm{AF}} &= +79\\
\hline
\Delta H_f &= -276\ \mathrm{kJ\ mol^{-1}}
\end{aligned}
$$

생성 엔탈피는 $-276\ \mathrm{kJ\ mol^{-1}}$로써 그다지 크지 않지만 LiI와 거의 같기 때문에 합리적인 것으로 여겨진다. 그런데 왜 CaF는 존재하지 않을까? CaF를 만들 수 있다 하더라도, 생성과 동시에 발열 과정을 통해 $CaF_2$와 Ca로 자발적인 불균등화 반응을 일으키기 때문이다.[12)]

$$
\begin{array}{llll}
2\mathrm{CaF} \longrightarrow & \mathrm{CaF_2} \quad + & \mathrm{Ca} & \\
2\Delta H_f = -550 & \Delta H_f = -1220 & \Delta H_f = 0 & \Delta H_r = -670\ \mathrm{kJ\ mol^{-1}}
\end{array}
\tag{3.16}
$$

주족 원소들의 이온 결합 화합물을 살펴보면, 화합물의 모든 이온들은 불활성 기체와 등전자적인 전자 배치를 갖기 때문에 "불활성 기체 배치의 안정성"을 가정할 수 있다. 그러면 안정도는 어떤 형태일까? 할로젠은 295~350 $\mathrm{kJ\ mol^{-1}}$로써 자유 원자일 때보다 할로젠화 이온일 때 에너지가 더 낮다. 그러나 $O^{2-}$, $S^{2-}$, $N^{3-}$, $Li^+$, $Na^+$, $Mg^{2+}$, $Ca^{2+}$ 이온의 생성은 250~2200 $\mathrm{kJ\ mol^{-1}}$정도로 **흡열 과정**이다. 그래서 이들 이온은 불활성 기체 배치를 갖더라도 자유 원자일 때보다 **더 높은** 에너지 상태를 나타낸다. 불활성 기체 배치의 "안정성"은 이온성 격자의 안정화를 고려하지 않으면 아무 의미가 없다. 주족 원소들의 경우, 불활성 기체 배치는 가장 낮은 비용(이온화 퍼텐셜-전자 친화 에너지 항)으로 높은 전하(그리고 격자 에너지)를 얻는 것이다.

전이 금속들의 경우, 이온화 과정에서 잃는 전자는 모두 *ns* 또는 $(n-1)d$ 전자들인데, 이들은 에너지가 매우 비슷하다. 그러므로 이온화 에너지의 갑작스런 증가는 나타나지 않고, 전자를 잃고 더 높은 $Z^{n+}$가 생성됨에 따라 점진적인 변화가 축적된다. 그리고 이처럼 완만한 증가는 더 높은 격자 에너지에 의해 보상된다. 예를 들어 CuCl과 $CuCl_2$를 살펴보자. 이들의 생성 엔탈피($\mathrm{kJ\ mol^{-1}}$)는 다음과 같이 계산된다(문제 3.25와 비교).

| 항 | *CuCl* | *$CuCl_2$* |
|---|---|---|
| $\Delta H_{\mathrm{ACu}}$ | +338 | +338 |
| $\Delta H_{\mathrm{IE_1}}$ | +746 | +746 |
| $\Delta H_{\mathrm{IE_2}}$ | | +1958 |
| $\Delta H_{\mathrm{ACl_2}}$ | +121 | +242 |
| $\Delta H_{\mathrm{EA}}$ | −349 | −698 |
| $U_0$ | −973 | −2772 |
| $\Delta H_f$ | −117 | −186 |

두 화합물에서 구리의 원자화 엔탈피는 달라지지 않으며 염소의 원자화도 원자가 2몰임을 감안하면 차이가 아주 작다. $CuCl_2$에 대해 소요되는 주요 에너지는 구리의 두 번

12) 화학 반응의 방향은 엔탈피, $\Delta H$가 아니라 자유 에너지, $\Delta G$에 의해 결정될 것이다. 그러나 이 반응에서 엔트로피 항, $\Delta S$는 상당히 작고, $\Delta G = \Delta H - T\Delta S$이기 때문에 자유 에너지는 상온에서 엔탈피에 의해 지배될 것이다.

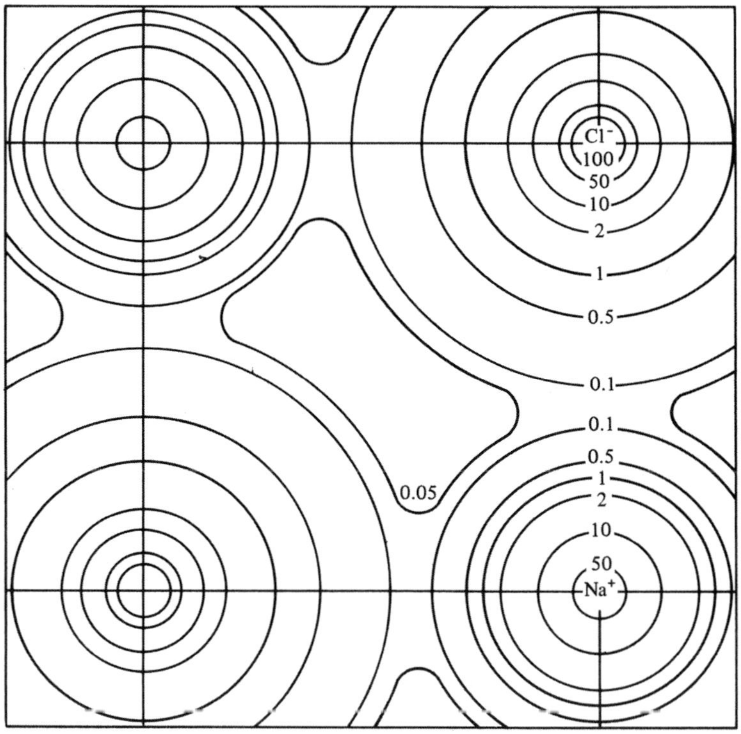


**그림 3.9** 염화 소듐에서의 등전자 밀도선. 숫자들은 각각의 등고선에 대한 전자 밀도(전자의 수 $Å^{-3} = 10^{-6}$ 전자 $pm^3$)를 나타낸다. 각 이온의 "경계"는 이온들 간의 전자 밀도의 최소점으로 정의된다. 핵간 거리는 281 pm(=2.81 Å)이다. [Schoknecht, G. Z. *Naturforsch*, **1957**, *12A*, 983을 수정한 것임.]

째 이온화 에너지인데, 이것은 두 번째 염화 이온의 생성에 대한 전자 친화도에 의해서도 상쇄되지만, 주로 격자 에너지에 의해 상쇄된다. $Cu^{2+}$를 생성하기 위하여 이온화되는 전자는 *d* 전자이고, 불활성 기체 구조는 망가지지 않기 때문에 $IE_2$는 그다지 큰 값이 아니다. 그래서 CuCl과 $CuCl_2$는 모두 안정한 화합물이다.

## 크기 효과

### 이온 반지름

이온들의 크기를 결정하는 것은 오랫동안 무기화학에서의 근본적인 문제가 되어 왔다. 두 이온들 간의 핵간 거리를 양이온과 음이온의 반지름으로 할당하는 간접적인 방법들이 많이 제안되었는데, 이 방법들이 비교적 쉽기 때문이다. 이 방법들은 독창적이고 원자 성질에 대한 여러 사항을 제공하지만 지금은 쓸모가 없게 되었다.

X선 결정학자가 NaCl과 같은 화합물의 구조(그림 3.9)를 결정할 때에는 대개 이온들의 간격만 결정되는데, 축음기 음반의 홈 때문에 가시광선을 회절시키는 것처럼, 반복되는 원자의 간격들 때문에 X선이 회절되기 때문이다. 그러나 아주 정교한 측정이 이루어진다면, 결국에는 각 개별 원자들의 전자들이 X선을 산란시키는 것이기 때문에,

전자 밀도에 대한 정확한 지도를 구성할 수 있다. 그 결과를 그림 3.9에 나타내었다. 그리고 전자 밀도의 최소점을 "한 이온이 끝나고 다른 이온이 시작되는 점"으로 조작적으로 정의하면, NaCl의 원자 간 거리 281 pm을 할당할 수 있다.

간단한 이온 결합 화합물에 대하여 이온 반지름에 대한 자료를 제공할 수 있을 정도로 만족스런 정확도를 갖춘 연구는 그다지 많지 않다. 그러나 이온 반지름의 완전한 세트에 대한 기초를 제공할 수 있는 연구는 충분히 이루어졌다. 이러한 세트는 Shannon과 Prewitt[13]의 결정 반지름으로 제공되어 왔다. 이들 반지름은 표 3.4에 나타내었다.

## 이온 반지름에 영향을 주는 인자들

표 3.4에 주어진 값들을 비교해 보면 이온의 크기에 영향을 주는 여러 가지 요인에 대한 결론을 내릴 수 있다. 주기율표에서 주기를 따라 오른쪽으로 가면 크기는 감소해야 함을 알고 있다. +3가의 란타넘족 양이온에서처럼 이온의 전하가 일정하게 유지된다면, 이 감소의 정도는 완만하고 느리다. 그러나 주족 금속을 가로질러 갈 때에는 이온의 전하도 증가하게 되므로 양이온의 반지름은 $Na^{+}$(116 pm), $Mg^{2+}$(86 pm), $Al^{3+}$(67.5 pm)으로 급격히 감소하게 된다. 마찬가지로, 주어진 금속에 대하여 산화 상태가 증가하면 전자 밀도가 감소함에 따라 이온이 더 작아질 뿐만 아니라 양이온의 증가된 전하가 음이온을 더 가깝게 끌어당기기 때문에 크기가 줄어든다. 이 변화는 착음이온 $FeCl_4^{2-}$와 $FeCl_4^{-}$의 결합 길이를 비교해 보면 설명할 수 있다. Fe(III)－Cl 결합 길이는 Fe(II)－Cl 결합 길이보다 11 pm가 더 짧다.[14]

전이 금속의 경우, 스핀 상태의 다중도 때문에 음이온들이 양이온에 접근할 수 있는 방법에 영향을 미치기 때문에 유효 반지름을 변화시킨다. 이것은 양이온의 반지름을 결정하는 데 중요한 요인이지만, 이 장에서는 다루지 않고 10장에서 상세하게 설명하기로 한다.

양이온과 음이온 모두에 대하여, **결정 반지름은 배위수가 증가함에 따라 증가한다.** 배위수가 증가하면 배위되는 상대 이온들 간의 반발은 더 커지기 때문에 상대 이온들은 어느 정도 더 떨어져서 자리하게 된다. 반대로, 배위수가 더 **낮아지면** 상대 이온들은 중심 이온 쪽으로 수축되기 때문에 결정 반지름은 감소한다.

## 다원자 이온들의 반지름

$(NH_4)_2SO_4$와 같은 이온 결합 화합물들의 성질을 이해하려면 $NH_4^{+}$와 $SO_4^{2-}$와 같은 다원자 이온의 크기에 관심을 가져야 하지만, 간단한 이온들과는 달리 실험적으로 결정하기가 어렵다. 또한 간단한 이온들에서도 화합물에 따라 이온의 크기가 달라지지만 다원자 이온의 경우에는 훨씬 더 심하다.

Yatsimirskii[15]는 다원자 이온들의 반지름을 추정할 수 있는 독창적인 방법을 제안하

---

13) Shannon, R.; Prewitt, C. T.; *Acta Crystallogr.* **1969**, *B25*, 925; Shannon, R. D. *ibid*, **1976**, *A32*, 751.

14) Lauher, J. W.; Ibers, J. A. *Inorg. Chem.* **1975**, *14*, 348.

15) Yatsimirskii, K. B. *Izv. Akad. Nauk SSSR, Otdel, Khim. Nauk* **1947**, 453; **1948**, 398. 다음 논문에서는 이온의 크기뿐만 아니라 이온의 형태까지 고려하였다. Mingos, D. M. P.; Rolf, A. L. *Inorg. Chem.* **1991**, 30, 3769~3771.

**표 3.4**
원소의 유효 이온 반지름[a].

| 이온 | 배위수[b] | pm | 이온 | 배위수[b] | pm | 이온 | 배위수[b] | pm |
|---|---|---|---|---|---|---|---|---|
| $Ac^{3+}$ | 6 | 126 | $Bk^{4+}$ | 6 | 97 | $Co^{4+}$ | 4 | 54 |
| $Ag^{1+}$ | 2 | 81 | | 8 | 107 | | 6 HS | 67 |
| | 4 | 114 | $Br^{1-}$ | 6 | 182 | $Cr^{2+}$ | 6 LS | 87 |
| | 4 SQ | 116 | $Br^{3+}$ | 4 SQ | 73 | | HS | 94 |
| | 5 | 123 | $Br^{5+}$ | 3 PY | 45 | $Cr^{3+}$ | 6 | 75.5 |
| | 6 | 129 | $Br^{7+}$ | 4 | 39 | $Cr^{4+}$ | 4 | 55 |
| | 7 | 136 | | 6 | 53 | | 6 | 69 |
| | 8 | 142 | $C^{4+}$ | 3 | 6 | $Cr^{5+}$ | 4 | 48.5 |
| $Ag^{2+}$ | 4 SQ | 93 | | 4 | 29 | | 6 | 63 |
| | 6 | 108 | | 6 | 30 | | 8 | 71 |
| $Ag^{3+}$ | 4 SQ | 81 | $Ca^{2+}$ | 6 | 114 | $Cr^{6+}$ | 4 | 40 |
| | 6 | 89 | | 7 | 120 | | 6 | 58 |
| $Al^{3+}$ | 4 | 53 | | 8 | 126 | $Cs^{1+}$ | 6 | 181 |
| | 5 | 62 | | 9 | 132 | | 8 | 188 |
| | 6 | 67.5 | | 10 | 137 | | 9 | 192 |
| $Am^{2+}$ | 7 | 135 | | 12 | 148 | | 10 | 195 |
| | 8 | 140 | $Cd^{2+}$ | 4 | 92 | | 11 | 199 |
| | 9 | 145 | | 5 | 101 | | 12 | 202 |
| $Am^{3+}$ | 6 | 111.5 | | 6 | 109 | $Cs^{1-}$ | 10 | 348[c] |
| | 8 | 123 | | 7 | 117 | $Cu^{1+}$ | 2 | 60 |
| $Am^{4+}$ | 6 | 99 | | 8 | 124 | | 4 | 74 |
| | 8 | 109 | | 12 | 145 | | 6 | 91 |
| $As^{3-}$ | 6 | 210[d] | $Ce^{3+}$ | 6 | 115 | $Cu^{2+}$ | 4 | 71 |
| $As^{3+}$ | 6 | 72 | | 7 | 121 | | 4 SQ | 71 |
| $As^{5+}$ | 4 | 47.5 | | 8 | 128.3 | | 5 | 79 |
| | 6 | 60 | | 9 | 133.6 | | 6 | 87 |
| $At^{7+}$ | 6 | 76 | | 10 | 139 | $Cu^{3+}$ | 6 LS | 68 |
| $Au^{1+}$ | 6 | 151 | | 12 | 148 | $Dy^{1+}$ | 2 | 4 |
| $Au^{3+}$ | 4 SQ | 82 | $Ce^{4+}$ | 6 | 101 | $Dy^{2+}$ | 6 | 121 |
| | 6 | 99 | | 8 | 111 | | 7 | 127 |
| $Au^{5+}$ | 6 | 71 | | 10 | 121 | | 8 | 133 |
| $B^{3+}$ | 3 | 15 | | 12 | 128 | $Dy^{3+}$ | 6 | 105.2 |
| | 4 | 25 | $Cl^{3+}$ | 6 | 109 | | 7 | 111 |
| | 6 | 41 | $Cf^{4+}$ | 6 | 96.1 | | 8 | 116.7 |
| $Ba^{2+}$ | 6 | 149 | | 8 | 106 | | 9 | 122.3 |
| | 7 | 152 | $Cl^{1-}$ | 6 | 167 | $Er^{3+}$ | 6 | 103 |
| | 8 | 156 | $Cl^{5+}$ | 3 PY | 26 | | 7 | 108.5 |
| | 9 | 161 | $Cl^{7+}$ | 4 | 22 | | 8 | 114.4 |
| | 10 | 166 | | 6 | 41 | | 9 | 120.2 |
| | 11 | 171 | $Cm^{3+}$ | 6 | 111 | $Eu^{2+}$ | 6 | 131 |
| | 12 | 175 | $Cm^{4+}$ | 6 | 99 | | 7 | 134 |
| $Be^{2+}$ | 3 | 30 | | 8 | 109 | | 8 | 139 |
| | 4 | 41 | $Co^{2+}$ | 4 HS[b] | 72 | | 9 | 144 |
| | 6 | 59 | | 5 | 81 | | 10 | 149 |
| $Bi^{3+}$ | 5 | 110 | | 6 LS[c] | 79 | $Eu^{3+}$ | 6 | 108.7 |
| | 6 | 117 | | HS | 88.5 | | 7 | 115 |
| | 8 | 131 | | 8 | 104 | | 8 | 120.6 |
| $Bi^{5+}$ | 6 | 90 | $Co^{3+}$ | 6 LS | 68.5 | | 9 | 126 |
| $Bk^{3+}$ | 6 | 110 | | HS | 75 | $F^{1-}$ | 2 | 114.5 |

**표 3.4(계속)**
원소의 유효 이온 반지름[a].

| 이온 | 배위수[b] | pm | 이온 | 배위수[b] | pm | 이온 | 배위수[b] | pm |
|---|---|---|---|---|---|---|---|---|
| | 3 | 116 | | 6 | 94 | | 5 | 64 |
| | 4 | 117 | | 8 | 106 | | 6 | 73 |
| | 6 | 119 | $Ir^{3+}$ | 6 | 82 | | 7 | 87 |
| $F^{7+}$ | 6 | 22 | $Ir^{4+}$ | 6 | 76.5 | $N^{3-}$ | 4 | 132 |
| $Fe^{2+}$ | 4 HS | 77 | $Ir^{5+}$ | 6 | 71 | $N^{3+}$ | 6 | 30 |
| | 4 SQ HS | 78 | $K^{1-}$ | – | 313[c] | $N^{5+}$ | 3 | 4.4 |
| | 6 LS | 75 | $K^{1+}$ | 4 | 151 | | 6 | 27 |
| | HS | 92 | | 6 | 152 | $Na^{1-}$ | – | 276[c] |
| | 8 HS | 106 | | 7 | 160 | $Na^{1+}$ | 4 | 113 |
| $Fe^{3+}$ | 4 HS | 63 | | 8 | 165 | | 5 | 114 |
| | 5 | 72 | | 9 | 169 | | 6 | 116 |
| | 6 LS | 69 | | 10 | 173 | | 7 | 126 |
| | HS | 78.5 | | 12 | 178 | | 8 | 132 |
| | 8 HS | 92 | $La^{3+}$ | 6 | 117.2 | | 9 | 138 |
| $Fe^{4+}$ | 6 | 72.5 | | 7 | 124 | | 12 | 153 |
| $Fe^{6+}$ | 4 | 39 | | 8 | 130 | $Nb^{3+}$ | 6 | 86 |
| $Fr^{1+}$ | 6 | 194 | | 9 | 135.6 | $Nb^{4+}$ | 6 | 82 |
| $Ga^{3+}$ | 4 | 61 | | 10 | 141 | | 8 | 93 |
| | 5 | 69 | | 12 | 150 | $Nb^{5+}$ | 4 | 62 |
| | 6 | 76 | $Li^{1+}$ | 4 | 73 | | 6 | 78 |
| $Gd^{3+}$ | 6 | 107.8 | | 6 | 90 | | 7 | 83 |
| | 7 | 114 | | 8 | 106 | | 8 | 88 |
| | 8 | 119.3 | $Lu^{3+}$ | 6 | 100.1 | $Nd^{2+}$ | 8 | 143 |
| | 9 | 124.7 | | 8 | 111.7 | | 9 | 149 |
| $Ge^{2+}$ | 6 | 87 | | 9 | 117.2 | $Nd^{3+}$ | 6 | 112.3 |
| $Ge^{4+}$ | 4 | 53 | $Mg^{2+}$ | 4 | 71 | | 8 | 124.9 |
| | 6 | 67 | | 5 | 80 | | 9 | 130.3 |
| $H^{1+}$ | 1 | −24 | | 6 | 86 | | 12 | 141 |
| | 2 | −4 | | 8 | 103 | $Ni^{2+}$ | 4 | 69 |
| $Hf^{4+}$ | 4 | 72 | $Mn^{2+}$ | 4 HS | 80 | | 4 SQ | 63 |
| | 6 | 85 | | 5 HS | 89 | | 5 | 77 |
| | 7 | 90 | | 6 LS | 81 | | 6 | 83 |
| | 8 | 97 | | HS | 97 | $Ni^{3+}$ | 6 LS | 70 |
| $Hg^{1+}$ | 3 | 111 | | 7 HS | 104 | | HS | 74 |
| | 6 | 133 | | 8 | 110 | $Ni^{4+}$ | 6 LS | 62 |
| $Hg^{2+}$ | 2 | 83 | $Mn^{3+}$ | 5 | 72 | $No^{2+}$ | 6 | 124 |
| | 4 | 110 | | 6 LS | 72 | $Np^{2+}$ | 6 | 124 |
| | 6 | 116 | | HS | 78.5 | $Np^{3+}$ | 6 | 115 |
| | 8 | 128 | $Mn^{4+}$ | 4 | 53 | $Np^{4+}$ | 6 | 101 |
| $Ho^{3+}$ | 6 | 104.1 | | 6 | 67 | | 8 | 112 |
| | 8 | 115.5 | $Mn^{5+}$ | 4 | 47 | $Np^{5+}$ | 6 | 89 |
| | 9 | 121.2 | $Mn^{6+}$ | 4 | 39.5 | $Np^{6+}$ | 6 | 86 |
| | 10 | 126 | $Mn^{7+}$ | 4 | 39 | $Np^{7+}$ | 6 | 85 |
| $I^{1-}$ | 6 | 206 | | 6 | 60 | $O^{2-}$ | 2 | 121 |
| $I^{5+}$ | 3 PY | 58 | $Mo^{3+}$ | 6 | 83 | | 3 | 122 |
| | 6 | 109 | $Mo^{4+}$ | 6 | 79 | | 4 | 124 |
| $I^{7+}$ | 4 | 56 | $Mo^{5+}$ | 4 | 60 | | 6 | 126 |
| | 6 | 67 | | 6 | 75 | | 8 | 128 |
| $In^{3+}$ | 4 | 76 | $Mo^{6+}$ | 4 | 55 | $OH^{1-}$ | 2 | 118 |

**표 3.4(계속)**
원소의 유효 이온 반지름[a].

| 이온 | 배위수[b] | pm | 이온 | 배위수[b] | pm | 이온 | 배위수[b] | pm |
|---|---|---|---|---|---|---|---|---|
| | 3 | 120 | | 6 | 94 | | 8 | 141 |
| | 4 | 121 | $Pt^{4+}$ | 6 | 76.5 | | 9 | 146 |
| | 6 | 123 | $Pt^{5+}$ | 6 | 71 | $Sm^{3+}$ | 6 | 109.8 |
| $Os^{4+}$ | 6 | 77 | $Pu^{3+}$ | 6 | 114 | | 7 | 116 |
| $Os^{5+}$ | 6 | 71.5 | $Pu^{4+}$ | 6 | 100 | | 8 | 121.9 |
| $Os^{6+}$ | 5 | 63 | | 8 | 110 | | 9 | 127.2 |
| | 6 | 68.5 | $Pu^{5+}$ | 6 | 88 | | 12 | 138 |
| $Os^{7+}$ | 6 | 66.5 | $Pu^{6+}$ | 6 | 85 | $Sn^{4+}$ | 4 | 69 |
| $Os^{8+}$ | 4 | 53 | $Ra^{2+}$ | 8 | 162 | | 5 | 76 |
| $P^{3-}$ | 6 | 200[d] | | 12 | 184 | | 6 | 83 |
| $P^{3+}$ | 6 | 58 | $Rb^{1-}$ | – | 317[c] | | 7 | 89 |
| $P^{5+}$ | 4 | 31 | $Rb^{1+}$ | 6 | 166 | | 8 | 95 |
| | 5 | 43 | | 7 | 170 | $Sr^{2+}$ | 6 | 132 |
| | 6 | 52 | | 8 | 175 | | 7 | 135 |
| $Pa^{3+}$ | 6 | 118 | | 9 | 177 | | 8 | 140 |
| $Pa^{4+}$ | 6 | 104 | | 10 | 180 | | 9 | 145 |
| | 8 | 115 | | 11 | 183 | | 10 | 150 |
| $Pa^{5+}$ | 6 | 92 | | 12 | 186 | | 12 | 158 |
| | 8 | 105 | | 14 | 197 | $Ta^{3+}$ | 6 | 86 |
| | 9 | 109 | $Re^{4+}$ | 6 | 77 | $Ta^{4+}$ | 6 | 82 |
| $Pb^{2+}$ | 4 PY | 112 | $Re^{5+}$ | 6 | 72 | $Ta^{5+}$ | 6 | 78 |
| | 6 | 133 | $Re^{6+}$ | 6 | 69 | | 7 | 83 |
| | 7 | 137 | $Re^{7+}$ | 4 | 52 | | 8 | 88 |
| | 8 | 143 | | 6 | 67 | $Tb^{3+}$ | 6 | 106.3 |
| | 9 | 149 | $Rh^{3+}$ | 6 | 80.5 | | 7 | 112 |
| | 10 | 154 | $Rh^{4+}$ | 6 | 74 | | 8 | 118 |
| | 11 | 159 | $Rh^{5+}$ | 6 | 69 | | 9 | 123.5 |
| | 12 | 163 | $Ru^{3+}$ | 6 | 82 | $Tb^{4+}$ | 6 | 90 |
| $Pb^{4+}$ | 4 | 79 | $Ru^{4+}$ | 6 | 76 | | 8 | 102 |
| | 5 | 87 | $Ru^{5+}$ | 6 | 70.5 | $Tc^{4+}$ | 6 | 78.5 |
| | 6 | 91.5 | $Ru^{7+}$ | 4 | 52 | $Tc^{5+}$ | 6 | 74 |
| | 8 | 108 | $Ru^{8+}$ | 4 | 50 | $Tc^{7+}$ | 4 | 51 |
| $Pd^{1+}$ | 2 | 73 | $S^{2-}$ | 6 | 170 | | 6 | 70 |
| $Pd^{2+}$ | 4 SQ | 78 | $S^{4+}$ | 6 | 51 | $Te^{2-}$ | 6 | 207 |
| | 6 | 100 | $S^{6+}$ | 4 | 26 | $Te^{4+}$ | 3 | 66 |
| $Pd^{3+}$ | 6 | 90 | | 6 | 43 | | 4 | 80 |
| $Pd^{4+}$ | 6 | 75.5 | $Sb^{3+}$ | 4 PY | 90 | | 6 | 111 |
| $Pm^{3+}$ | 6 | 111 | | 5 | 94 | $Te^{6+}$ | 4 | 57 |
| | 8 | 123.3 | | 6 | 90 | | 6 | 70 |
| | 9 | 128.4 | $Sb^{5+}$ | 6 | 74 | $Th^{4+}$ | 6 | 108 |
| $Po^{4+}$ | 6 | 108 | $Sc^{3+}$ | 6 | 88.5 | | 8 | 119 |
| | 8 | 122 | | 8 | 101 | | 9 | 123 |
| $Po^{6+}$ | 6 | 81 | $Se^{2-}$ | 6 | 184 | | 10 | 127 |
| $Pr^{3+}$ | 6 | 113 | $Se^{4+}$ | 6 | 64 | | 11 | 132 |
| | 8 | 126.6 | $Se^{6+}$ | 4 | 42 | | 12 | 135 |
| | 9 | 131.9 | | 6 | 56 | $Ti^{2+}$ | 6 | 100 |
| $Pt^{4+}$ | 6 | 99 | $Si^{4+}$ | 4 | 40 | $Ti^{3+}$ | 6 | 81 |
| | 8 | 110 | | 6 | 54 | $Ti^{4+}$ | 4 | 56 |
| $Pt^{2+}$ | 4 SQ | 74 | $Sm^{2+}$ | 7 | 136 | | 5 | 65 |

**표 3.4(계속)**
원소의 유효 이온 반지름[a].

| 이온 | 배위수[b] | pm | 이온 | 배위수[b] | pm | 이온 | 배위수[b] | pm |
|---|---|---|---|---|---|---|---|---|
| | 6 | 74.5 | $U^{6+}$ | 2 | 59 | | 7 | 110 |
| | 8 | 88 | | 4 | 66 | | 8 | 115.9 |
| $Tl^{1+}$ | 6 | 164 | | 6 | 87 | | 9 | 121.5 |
| | 8 | 173 | | 7 | 95 | $Yb^{2+}$ | 6 | 116 |
| | 12 | 184 | | 8 | 100 | | 7 | 122 |
| $Tl^{3+}$ | 4 | 89 | $V^{2+}$ | 6 | 93 | | 8 | 128 |
| | 6 | 102.5 | $V^{3+}$ | 6 | 78 | $Yb^{2+}$ | 6 | 100.8 |
| | 8 | 112 | $V^{4+}$ | 5 | 67 | | 7 | 106.5 |
| $Tm^{2+}$ | 6 | 117 | | 6 | 72 | | 8 | 112.5 |
| | 7 | 123 | | 8 | 86 | | 9 | 118.2 |
| $Tm^{3+}$ | 6 | 102 | $V^{5+}$ | 4 | 49.5 | $Zn^{2+}$ | 4 | 74 |
| | 8 | 113.4 | | 5 | 60 | | 5 | 82 |
| | 9 | 119.2 | | 6 | 68 | | 6 | 88 |
| $U^{3+}$ | 6 | 116.5 | $W^{4+}$ | 6 | 80 | | 8 | 104 |
| $U^{4+}$ | 6 | 103 | $W^{5+}$ | 6 | 76 | $Zr^{4+}$ | 4 | 73 |
| | 7 | 109 | $W^{6+}$ | 4 | 56 | | 5 | 80 |
| | 8 | 114 | | 5 | 65 | | 6 | 86 |
| | 9 | 119 | | 6 | 74 | | 7 | 92 |
| | 12 | 131 | $Xe^{8+}$ | 4 | 54 | | 8 | 98 |
| $U^{5+}$ | 6 | 90 | | 6 | 62 | | 9 | 103 |
| | 7 | 98 | $Y^{3+}$ | 6 | 104 | | | |

[a] 결정 반지름의 값은 Shannon, R. D. *Acta Crystallogr*. **1976**, *A32*, 751-767.에서 얻었음.
[b] SQ = 사각 평면, PY = 삼각뿔, HS = 고스핀, LS = 저스핀.
[c] Huang, R. H. Ward, D. L., Dye, J. L. *J. Am. Chem. Sos*. **1989**, *111*, 5707~5708.
[d] Pauling, L. *Nature of the Chemical Bond*, 3rd ed.l Comell University: Ithaca, NY, 1960. 수정하였음. 이 값들은 단지 근사값이다.

였다. 생성 엔탈피와 관련된 자료를 활용하는 Born–Haber 계산을 통하여 격자 에너지를 추정할 수 있다. 그러면 구하고자 하는 이온의 반지름값을 이 격자 에너지와 일치하게끔 알아낼 수 있다. 그러므로 이 값들을 **열화학적 반지름(thermochemical radii)** 이라고 부른다. 가장 최근에 얻어진 값들을 표 3.5에 나타내었다. 이온들이 구형이 아닌 경우가 많기 때문에($CO_3^{2-}$, $CNS^-$, $CH_3COO^-$ 처럼), 이들 반지름을 사용하는 데 제한이 있다. 그러나 이 값들을 열화학적 계산에 다시 입력하여 새로운(가상적일 수도 있다) 화합물의 예상되는 격자 에너지를 알아낼 수 있다. 사면체, 특히 팔면체 이온들의 경우에는 대칭이 충분히 높아서 이온들이 거의 구형이라고 간주할 수 있기 때문에 이온 반지름이라고 간주해도 물리적으로 아무런 문제가 없는 값을 얻을 수 있다.

## 쌓임 효율과 결정 격자

원자와 이온을 단단한 구로 간주하면, 이들을 다른 것보다 더 효율적으로 쌓을 때 특정한 기하학적 배열이 존재하게 된다. 이차원에서는 한 웅큼의 동전으로 이 배열을 쉽게 확인할 수 있다. 예를 들면, 같은 크기를 갖는 동전(10센트 주화)을 배열해 보면(중심 동전과 서로 간의 접촉이 유지되는 상태), 한 동전 주위에는 여섯 개의 동전이 배열되기 때문에 배위수는 6이 됨을 알 수 있다. 그러나 10센트 동전 주위에 다른 동전을 배열해 보면, 25센트 주화는 다섯 개, 1달러 은화는 네 개 밖에 배열되지 않는다. 그래서 적당한 배위수를 결정하는 데는 크기가 중요함을 알 수 있다. 전하의 효과도

**표 3.5**
다원자 이온의 열화학적 반지름[a].

| 이온 | pm | 이온 | pm | 이온 | pm | 이온 | pm |
|---|---|---|---|---|---|---|---|
| 양이온 | | 음이온 | | 음이온 | | 양이온 | |
| $NH_4^+$ | 151 | $CoF_6^{2-}$ | 230 | $MnCl_6^{2-}$ | 308 | $PtF_6^{2-}$ | 282 |
| $Me_4N^+$ | 215 | $CrF_6^{2-}$ | 238 | $MnF_6^{2-}$ | 242 | $PtI_6^{2-}$ | 328 |
| $PH_4^+$ | 171 | $CrO_4^{2-}$ | 242 | $MnO_4^-$ | 215 | $SbCl_6^-$ | 337 |
| 음이온 | | $CuCl_4^{2-}$ | 307 | $N_3^-$ | 181 | $SeO_3^{2-}$ | 225 |
| $AlCl_4^-$ | 281 | $FeCl_4^-$ | 344 | $NCO^-$ | 189 | $SeO_4^{2-}$ | 235 |
| $BCl_4^-$ | 296 | $GaCl_4^-$ | 275 | $NH_2CH_2CO_2^-$ | 176 | $SiF_6^{2-}$ | 245 |
| $BF_4^-$ | 218 | $GeCl_6^{2-}$ | 314 | $NO_2^-$ | 178 | $SnBr_6^{2-}$ | 349 |
| $BH_4^-$ | 179 | $GeFl_6^{2-}$ | 252 | $NO_3^-$ | 165 | $SnCl_6^{2-}$ | 335 |
| $BrO_3^-$ | 140 | $HCl_2^-$ | 187 | $O_2^-$ | 144 | $SnI_6^{2-}$ | 382 |
| $CH_3COO^-$ | 148 | $HCO_2^-$ | 155 | $O_2^{2-}$ | 159 | $SO_4^{2-}$ | 244 |
| $ClO_3^-$ | 157 | $HCO_3^-$ | 142 | $OH^-$ | 119 | $TiBr_6^{2-}$ | 338 |
| $ClO_4^-$ | 226 | $HF_2^-$ | 158 | $PbCl_6^{2-}$ | 334 | $TiCl_6^{2-}$ | 317 |
| $CN^-$ | 177 | $HS^-$ | 193 | $PdCl_6^{2-}$ | 305 | $TiF_6^{2-}$ | 275 |
| $CNS^-$ | 199 | $HSe^-$ | 191 | $PtBrl_6^{2-}$ | 328 | $VO_3^-$ | 168 |
| $CO_3^{2-}$ | 164 | $IO_3^-$ | 108 | $PtCl_4^{2-}$ | 279 | $VO_4^{3-}$ | 246 |
| $CoCl_4^{2-}$ | 305 | $IO_2F_2^-$ | 163 | $PtCl_6^{2-}$ | 299 | $ZnBr_4^{2-}$ | 285 |
| | | $IrCl_6^{2-}$ | 221 | | | $ZnCl_4^{2-}$ | 272 |
| | | | | | | $ZnI_4^{2-}$ | 309 |

[a] Jenkins, H. D. B.; Thakur, K. P. *J. Chem. Educ.* **1979**, *56*, 576-577에서 발췌한 데이터를 Shannon-Prewitt 결정 반지름과 모순하지 않도록 조정하였다.

설명될 수 있다. 원자들이 모두 같다면 가장 효율적인 격자는 최조밀 쌓임, 6-배위 배열이다. 이들의 크기는 같지만 전하가 반대라면 같은 전하를 갖는 이온들 간의 반발이 너무 강하기 때문에 6-배위 구조는 안정하지 않다. 이 현상도 동전으로 쉽게 나타낼 수 있는데(동전의 앞면과 뒷면으로 전하를 구분한다), 가장 안정한 배열은 전하가 교대로 반복되는 사각형 격자임을 알 수 있다(그림 3.10c).

같은 원리들이 삼차원 격자들에 대해서 적용된다. 먼저 금속이나 불활성 기체 원자들의 결정에서처럼 전하를 띠지 않는 원자들로만 구성된 격자를 살펴보자. 첫 번째 층은 이차원의 최조밀 쌓임층으로 구성될 것이다(그림 3.10a). 두 번째 층도 같은 형태이겠지만, 첫 번째 층의 세 원자가 서로 접촉함으로써 생성된 "오목한 곳"에 들어맞게끔 쌓인다(그림 3.11a).[16] $n$개의 원자를 포함하는 층에는 원자를 받아들일 수 있는 이

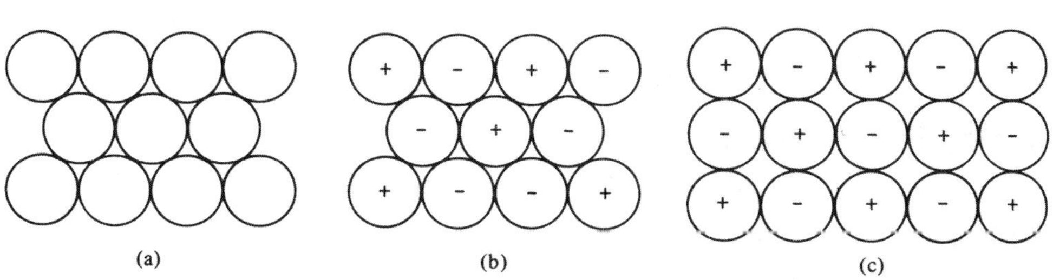


**그림 3.10** 이차원 격자들: (a) 전하를 갖지 않는 원자들의 안정한 6-배위, 최조밀 쌓임 격자; (b) 전하를 띤 이온들의 불안정한 6-배위 격자; (c) 전하를 띤 이온들의 안정한 4-배위 격자.

[16] 스티로폼 구를 사용하여 이 구조를 만들고 다음의 구조 화학에 관한 책도 참조할 것을 강력하게 권한다. Wells, A. F. Structural Inroganic Chemistry, 5th ed.; 1984; The third Dimension in Chemistry; Clarendon : Oxford, 1956. 여기서는 이 주제의 아주 두드러진 특징만을 설명하고 있다.

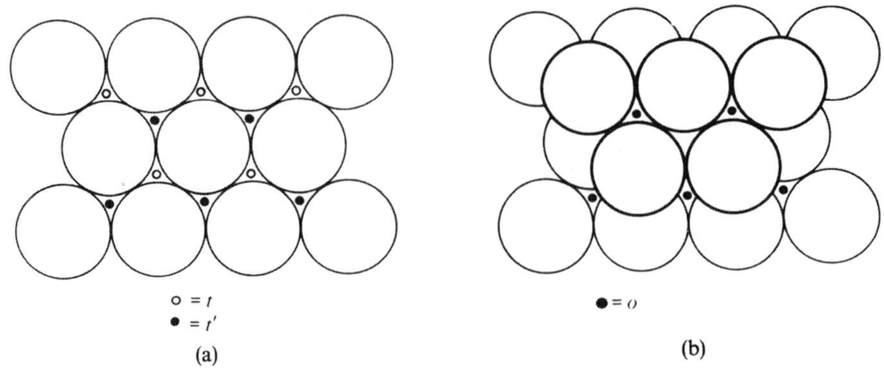


**그림 3.11** (a) 층 1에 의해 생성된 자리, 층 2의 원자들을 받아들일 수 있다. (b) 두 번째 층의 원자들에 의해 모든 *t* 자리가 채워지면 *t′* 자리(*o*로 표시)들은 조밀 쌓임 원자들로는 채워질 수 없게 된다.

런 자리가 2*n*개가 존재할 것이다(*t*와 *t′*로 표기). 그러나 한 원자가 이 두 동등한 자리(*t*와 *t′*) 중의 하나를 차지하고 나면 그 층의 나머지 원자들도 같은 형태의 자리를 차지하여야 하고(그림 3.11b), 남은 *n*개의 자리(*o*로 표기)는 쌓임 원자들에게는 아무 소용이 없게 된다.

세 번째 층에서도 가능한 2*n*개의 자리(*t*와 *t′* 형태) 중에서 *n*개의 자리가 선택된다. 그 중의 한 가지는 세 번째 층의 원자들이 첫 번째 층의 원자들 위에 자리하는 것이고, 다른 것은 세 번째 층의 원자들이 첫 번째 층의 *o*자리 위에 자리하는 것이다. 첫 번째 형태에서 층들은 ABABAB가 반복되는데, 이러한 격자는 육방 최조밀 쌓임(*hcp*) 계라고 부른다. 입방 최조밀 쌓임(*ccp*) 계는 세 가지 다른 층, ABCABC를 가진다. 두 격자들은 모두 배위수가 12이고 원자들이 쌓여서 부피를 형성하는 효율은 같다.

**육방 최조밀 쌓임(hexagonal closest packed)**의 단위 세포와 용어의 기원을 알아보는 것은 쉽다. 그림 3.12a에서 층 A에 있는 여섯 개의 외각 원자들의 핵을 통과하는 육각형과, 위에 있는 그 다음의 층 A에서 이 육각형에 평행한 육각형을 그린 다음, 이 육각형들의 꼭짓점을 수직으로 연결하여 육각 프리즘으로 만들면 *hcp*의 단위 세포가 된다(그림 3.12a).

비슷한 방법을 사용해서 육각형이 두 층(B, C) 사이에 "필터" 형태로 "끼어 들어

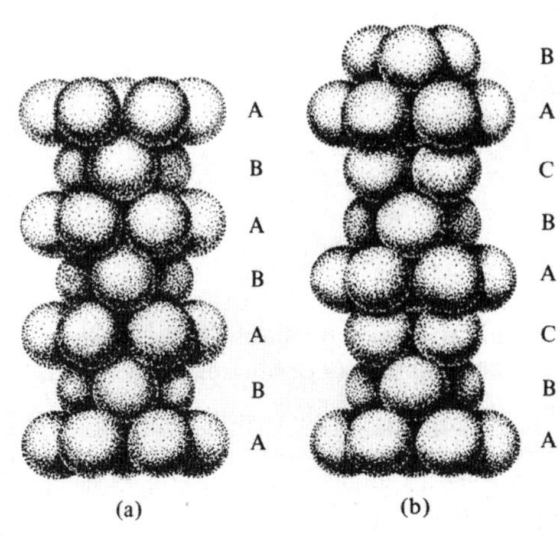


**그림 3.12** (a) 육방 최조밀 쌓임에서 층들의 배열. (b) 입방 최조밀 쌓임 구조. 그림 3.11이 위에서 본 그림이라면 이들은 옆에서 본 그림이다.

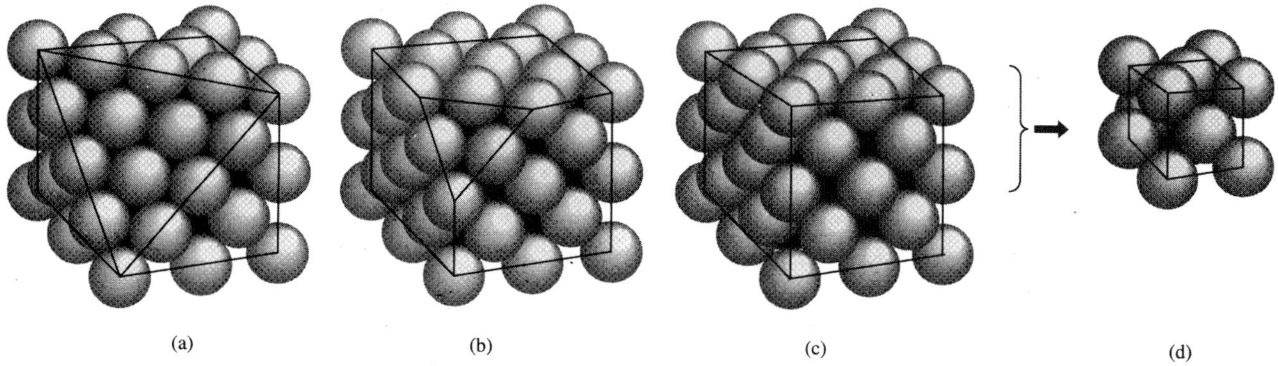

그림 3.13 입방 최조밀 쌓임계의 단위 세포들. (a) 원자들의 면심 배열. 드러난 층은 15개 원자들의 최조밀 쌓임 배열임을 유의하라. 이것을 "A층"으로 간주한다. (b) (a) 위에 놓여진 여섯 개 원자들의 최조밀 쌓임층. 이것을 "B층"으로 간주한다. (c) "C층"을 구성하는 마지막 원자를 추가하면 입방체가 완성된다. *fcc* 단위 세포를 (d)에 다시 그렸다. "C층"을 구성하는 단일 원자는 "A층"에 있는 어떤 원자 바로 위에도 놓이지 않음을 유의하라(*hcp*라면 A층 원자의 바로 위에 놓인다).

간" 형태를 구성할 수 있는데, 대칭성이 더 높은 입방 세포가 된다. 그러므로 이 두 번째 계를 **입방 최소밀 쌓임(cubic closest packed)**이라고 부른다. 입방 단위 세포(면심 입방 세포와 동일하다)의 관계는 이 계에 익숙하지 않으면 가시화시키기가 쉽지 않다. 가장 쉬운 방법은 면심 입방 배열을 취하고(그림 3.13c), 원자 하나를 제거한 다음(그림 3.13b), 몇 개를 더 제거하여(그림 3.13a), 그림 3.12b의 A, B, C에 상응하는 최조밀 쌓임층이 드러나게 만드는 것이다.

중성 원자들에 대해 기대할 수 있는 것처럼, 불활성 기체들과 대부분의 금속들은 *hcp*나 *ccp* 구조로 결정화된다. 알칼리 금속들, 바륨, 그리고 몇 가지 전이 금속들은 **체심 입방(body-centered cubic)** 계로 결정화되는데, 그 이유는 알려지지 않았다.

채워지는 원자들이 모두 중성이 아니라면(즉, 절반은 양이온이고 절반은 음이온), 앞에서 알아 본 유사한 이차원의 경우처럼 최조밀 쌓임 구조는 더 이상 가장 안정한 구조가 아니다. 그러나 이들 구조는 어떤 이온성 결정들에 대한 한계 상황의 경우로 고려한다면 여전히 유용할 수 있다. 아이오딘화 리튬을 살펴보자. 아이오딘화 음이온은 리튬 양이온보다 훨씬 더 크기 때문에, 음이온들은 서로 접촉하고 있거나 거의 접촉하고 있다고 가정할 수 있다. 이 음이온들은 결정의 골격을 제공한다고 간주될 수 있다. 그래서 훨씬 더 작은 리튬 이온들은 음이온들 사이의 작은 틈새로 끼어 들어갈 수 있다. 이 양이온들이 격자를 약간 확장시켜서 음이온−음이온 접촉을 제거하게 되면, 음이온 반발이 감소될 것이고 결정은 안정하게 되지만, 음이온들의 최조밀 쌓임 계에 기초한 간단한 모형은 여전히 한계 상황으로써 취해질 수 있고, 유용한 가정이 될 수 있다.

리튬 이온들이 가장 알맞게 들어가는 장소는 이들의 아이오딘화 이온들에 대한 상대적인 크기에 따라 결정될 것이다. 앞에서의 최조밀 쌓임 구조에는 두 가지 형태의 틈새가 존재함을 유의하라. 작은 이온은 틈새에 자리할 때 사면체나 팔면체 형태로 배위되기 때문에, 이 틈새는 사면체($t$)와 팔면체($o$) 구멍으로 존재한다(그림 3.11 참조). 팔면체 구멍은 사면체 구멍보다 상당히 크기 때문에 구조의 심각한 비틀림 없이도 더

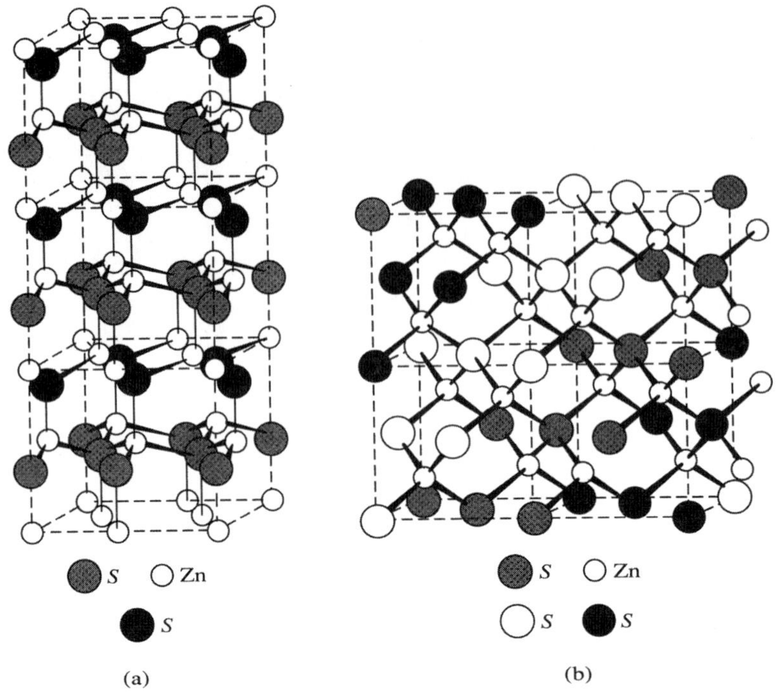


**그림 3.14** (a) 섬유아연석의 구조. 황화 이온들은 A(회색) 와 B(검정색) 이 반복되는 층을 갖는 *hcp* 배열을 형성한다(그림 3.12a와 비교). (b) 섬아연광 구조. 황화 이온들은 A층(흰색), B층(검정색) 및 C층(회색) 을 갖는 *ccp* 배열을 형성한다(그림 3.12b와 3.14와 비교). 두 구조 모두에서 아연 원자(흰색의 작은 원) 들은 사면체 구멍을 차지한다.

큰 양이온을 받아들일 수 있다. 아이오딘화 리튬에서 리튬 이온들은 아이오딘화 이온들의 입방 최조밀 쌓임 격자의 팔면체 구멍에 꼭 맞게 들어간다. 그 결과로 구조는 염화 소듐에서 나타나는 것과 동일하고 면심이다(면심 입방과 입방 최조밀 쌓임은 동일한 격자를 나타내는 것임을 유의하라).

황화 이온들의 최조밀 쌓임을 살펴보자. 아연 이온(74 pm) 은 더 큰 황화 이온(170 pm) 에 비해 아주 작기 때문에 이 골격에서는 사면체 구멍을 차지하려고 한다. 황화 이온들이 *ccp* 배열을 형성한다면 섬아연광 구조가 되고, *hcp* 배열에서는 섬유아연석 구조가 된다. 그림 3.15를 참조하라.

지금의 설명에서, 크기는 팔면체 자리와 사면체 자리의 선택을 결정하는 데 고려되는 파라미터에 불과하지만, 공유 결합($d^2sp^3$ 대 $sp^3$ 혼성화, 4장 참조) 이나 리간드장 안정화(10장 참조) 의 존재는 특정한 자리에 있는 이온들의 안정화에 영향을 미칠 수 있다. 알칼리나 알칼리 토이온들처럼 이들 부가적인 요인들이 조금 중요할 경우 크기는 대개 결정 요인이 될 것이다. 규산염과 아이소- 및 헤테로폴리음이온들처럼 극성 공유 거대분자들을 고려할 때에는 음이온들의 최조밀 쌓임의 개념도 매우 유용하다.[17)]

양이온과 음이온의 크기가 거의 같을 경우, 더 큰 이온에 의해 골격의 한계 상황이 결정되는 것은 적절하지 않으며, 우리는 같은 크기를 갖는 반대로 하전된 이온들에 대

17) Wells, A. F. *Structural Inorganic Chemistry*, 5th ed.; Clarendon : Oxford, 1984. 구조를 분류할 때 최조밀 쌓임 구조를 사용하여 구조를 분류하는 방법을 광범위하고 상세하게 설명한 문헌은 다음과 같다. McDaniel, D. H.; Alexander, J. J. *Concepts and Models of Inorganic Chemistry*, 2nd ed.; Wiley : New York, 1983; pp 198~208.

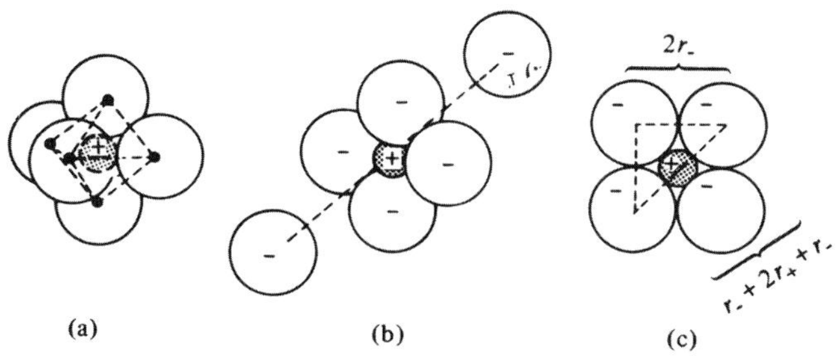


**그림 3.15** (a) 여섯 개의 음이온들에 의해 생성된 팔면체 구멍(점선)에 들어 있는 작은 양이온. (b) (c)에 나타낸 기하 구조 관계를 설명하기 위하여 팔면체를 해체한 그림.

해 가장 효율적인 격자를 간단하게 결정한다. CsCl 격자를 예로 들 수 있는데, 이 격자는 양이온−음이온 상호작용이 최대이고(C.N. = 8), 양이온과 음이온의 크기가 거의 같을 때 가장 안정한 구조이다.

## 반지름비

최조밀 쌓임 음이온들의 격자에서 팔면체 구멍의 크기를 계산하는 것은 어려운 일이 아니다. 그림 3.15는 서로 접촉하고 있는 여섯 개의 음이온과 팔면체 구멍에 양이온이 있을 때 나타나는 기하 구조 배열을 설명한 것이다. 간단한 기하 구조는 대각선이 $2r_- + 2r_+$의 제곱이 된다. 모서리에서 이 대각선에 의해 생기는 각도는 45°가 되어야 하므로 다음과 같이 된다.

$$\frac{2r_-}{2r_- + 2r_+} = \cos 45° = 0.707 \tag{3.17}$$

$$r_- = 0.707r_- + 0.707r_+ \tag{3.18}$$

$$0.293r_- = 0.707r_+ \tag{3.19}$$

$$\frac{r_+}{r_-} = \frac{0.293}{0.707} = 0.414 \tag{3.20}$$

최소한 음이온들이 서로 접촉하고 있을 수 정도로 충분히 큰 경우, 즉, $r_+/r_- > 0.414$일 때에만 양이온이 팔면체 구멍에서 안정해질 수 있기 때문에 이 값은 한계비가 될 것이다. 더 작은 양이온들은 격자에서 사면체 구멍에 더 알맞다. 유사한 계산을 통해, 사면체 배위에 대한 더 낮은 한계를 결정할 수 있으며, 그 값은 $r_+/r_- = 0.225$이다. 반지름비가 0.225 ~ 0.414인 영역에서는 사면체 자리가 선호될 것이다. 0.414 이상에서는 팔면체 배위가 선호된다. 어떤 양이온이 여덟 개의 음이온(0.732)이나 12개의 음이온(1.000)에 의해 형성된 자리에 배위될 때의 반지름비도 계산할 수 있다. 한계 반지름비 값의 몇 가지 목록을 표 3.6에 나타내었다.

구조들을 연관시키고 배위수를 예측하기 위하여 반지름비를 사용하는 과정은 다음과 같이 설명할 수 있다.[18] $r_{Be^{2+}}/r_{S^{2-}}$ = 59 pm/170 pm = 0.35인 황화 베릴륨을 살펴보자. $Be^{2+}$ 이온은 최조밀 쌓임 격자의 사면체 구멍에 가장 잘 맞고, 이것이 실험적으로 입증되었기 때문에 배위수는 4로 예측하여야 한다. 따라서 BeS는 섬유아연석 구조가 된다.

---

18) 결정 반지름은 배위수에 따라 약간 변하기 때문에, 표 3.4의 값은 "평균"값으로써의 C.N. = 6에 대한 값을 취한 것이다.

**표 3.6**
반지름비와 배위수.

| 배위수 | 기하 구조 | 극한 반지름비[a] | 가능한 격자 구조 |
|---|---|---|---|
| 4 | 4면체 | 0.414; 2.42 | Wurtzite, zinc blende |
| 6 | 8면체 | 0.732; 1.37 | NaCl, rutile |
| 8 | 입방체 | 1.000 | CsCl, fluorite[c] |
| 12 | 12면체[b] | | |

[a] 두 번째 비는 첫 번째 비의 역수이다. 두 값을 알고 있으면 편리하다.
[b] 그림 3.12b의 윗부분의 세 층에 있는 원자들은 12면체를 이룬다.
[c] 배위수 12는 간단한 이온 결정에서 발견되지 않는다. 복잡한 금속 산화물이나 원자의 최조밀 쌓임 격자에서 생긴다.

같은 방법으로 우리는 소듐 이온이 염화 이온들의 최조밀 쌓임 격자에서 팔면체 구멍을 더 선호할 것으로 예측할 수 있고($r_{Na^+}/r_{Cl^-}$ = 116 pm/167 pm = 0.69), 배위수가 6인 잘 알려진 염화 소듐 격자를 형성됨을 알 수 있다(그림 3.1a).

세슘처럼 더 큰 양이온의 경우, 반지름비($r_{Cs^+}/r_{Cl^-}$ = 181 pm/167 pm = 1.08)는 배위수가 6일 때 허용될 수 있는 한계치보다 더 증가하게 되기 때문에, 양이온(그리고 음이온)의 배위수는 8로 증가하고 염화 세슘 격자가 생성된다(그림 3.1b). 이미 알아본 것처럼, 이 구조는 크기가 비슷한 양이온과 음이온으로 이루어졌을 때의 효과적인 구조이지만, 음이온들의 최조밀 쌓임 구조와는 직접적으로 관련시킬 수는 없다.

표 3.6은 반지름비가 1.00일 때에는 배위수가 12인 것도 가능하여야 함을 나타내고 있다. 기하 구조적으로는 중심 원자 주위에 12개의 원자들이 들어오는 것이 가능하지만(91쪽의 금속에서의 최조밀 쌓임 설명을 참조하라), 기하학적 한계로 인해 양이온과 음이온이 서로에 대해 12-배위가 되는 것은 불가능하다. 12-배위는 혼합 금속 산화물의 착물 결정 구조에서 나타나는데, 이 경우 한 금속은 최조밀 쌓임 원자들 중의 한 가지로 작용하고 다른 것들은 팔면체 구멍에 들어간다.

이온 반지름의 비가 변함에 따라 나타나게 되는 배위수의 변화는 그림 3.16에 나타내었다. 일반적으로, 양이온의 크기가 감소함에 따라 음이온−음이온 접촉이 생겨날 때까지는 격자가 안정된다(격자 에너지는 더 음의 값으로 된다). 이 다음부터는 배위수가 감소되지 않고서는 격자가 더 수축될 수 없다. 그래서 황화 아연은 섬유아연석 구조나 섬아연광 구조를 취하여 더 높은 배위수를 갖는 구조에서나 가능한 에너지를 능가하는 여분의 에너지를 얻게 된다. 배위수가 4인 구조와 6인 구조 사이에는 상당한 에너지 차이가 존재하고, 배위수가 6인 구조와 8인 구조 사이에는 에너지 차이가 거의 없음(그림 3.16의 왼쪽에서 두 곡선은 거의 겹친다)을 유의하라. 6-배위와 8-배위 구조 간의 에너지 차이는 1% 이하에 불과하며 정전기 때문에 나타나게 된다.

1:1 또는 2:2 염에서, 적절한 반지름비는 더 큰 이온에 대한 더 작은 이온(대개 양이온)의 비이며, 더 작은 이온 주위에 더 큰 이온이 얼마나 많이 자리할 수 있는지를 결정한다. 서로 다른 숫자의 양이온과 음이온을 포함하는 화합물(예: $SrF_2$, $TiO_2$, $Li_2O$, $Rb_2S$)을 살펴보면, 이 비를 어떻게 적용할지가 당장은 명확해지지 않는다. 이와 같은 경우에는 두 가지 계산을 하는 것이 가장 좋은 방법이다. 예를 들어 $SrF_2$를 살펴보자.

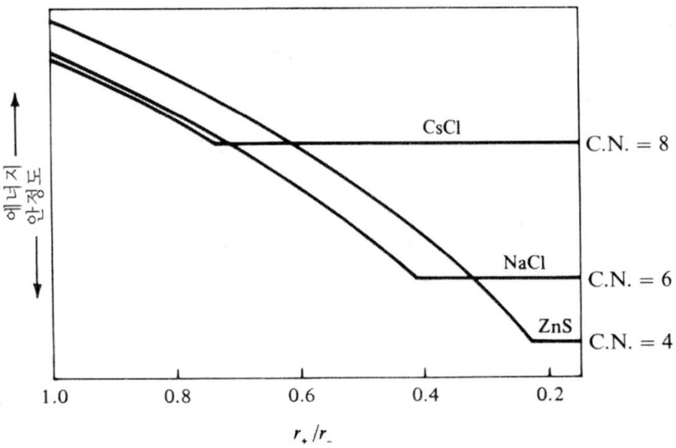


**그림 3.16** 단단한 음이온과 양이온으로 이루어진 입방 격자의 전체 에너지를 서로 다른 배위 형식에 대해 고정된 $r_-$에 대한 $r_+$의 함수로써 나타내었다. $r_+$가 감소하여 음이온들이 서로 접촉하게 되면 이들의 반발력이 격자 상수를 결정하며, 응집 에너지를 $r_-$의 항으로 나타내면 일정해지게 된다. 그러므로 음이온–음이온 접촉이 일어나는 $r_+/r_-$ 값 부근에서는, 반지름비 모형을 사용하면 더 낮은 배위수로 연속해서 구조의 상전이가 일어남을 예측할 수 있다. 표 3.6에 열거한 값들에서는 곡선의 "꺾이는 점"이 나타남을 유의하라. [*Treatise on Solid State Chemistry*; Hannay, N. B., Ed.; Plenum : New York, 1973.]

$$\frac{r_{Sr^{2+}}}{r_{F^-}} = \frac{132}{119} = 1.11 \quad Sr^{2+}\text{의 최대 배위수} = 8$$

$$\frac{r_{F^-}}{r_{Sr^{2+}}} = \frac{119}{132} = 0.90 \quad F^-\text{의 최대 배위수} = 8$$

스트론튬 이온보다 플루오린화 이온이 두 배 더 많아야 하기 때문에, 스트론튬 이온의 배위수는 플루오린화 이온에 비해 두 배 더 커야 한다. 배위수가 $8(Sr^{2+})$과 $4(F^-)$이면 최대로 허용되는 배위수와 결정의 조성비에도 일치하는 것이다. 플루오린화 스트론튬은 형석(flourite) 격자(그림 3.3)로 결정화된다.

두 번째 예는 $SnO_2$이다.

$$\frac{r_{Sn^{4+}}}{r_{O^{2-}}} = \frac{83}{126} = 0.66 \quad Sn^{4+}\text{의 최대 배위수} = 6$$

$$\frac{r_{O^{2-}}}{r_{Sn^{4+}}} = \frac{126}{83} = 1.52 \quad O^{2-}\text{의 최대 배위수} = 6$$

염의 조성비를 고려하면, 가능한 배열은 $C.N._{O^{2-}} = 3$, $C.N._{Sn^{4+}} = 6$일 경우뿐이다. 그러므로 이산화 주석은 그림 3.4의 $TiO_2$ 또는 금홍석(rutile) 구조를 취한다. 반지름비에 따르면 산화 이온의 배위권에서는 주석(IV) 이온이 세 개 더 많아져야 하지만 조성비를 벗어나는 것이다.

마지막 예는 $K_2O$이다.

$$\frac{r_{K^+}}{r_{O^{2-}}} = \frac{152}{126} = 1.21 \quad K^+\text{의 최대 배위수} = 8$$

$$\frac{r_{O^{2-}}}{r_{K^+}} = \frac{126}{152} = 0.83 \quad O^{2-} \text{의 최대 배위수} = 8$$

염의 조성비를 고려하면, 구조는 $C.N._{O^{2-}}=8$, $C.N._{K^+}=4$인 반형석(antifluorite) 구조(그림 3.3에서 양이온과 음이온이 역전된 형태)가 되어야 한다.

반지름비는 대개 결정 격자에 있는 이온들의 정확한 배위수를 예측하는 데 사용된다. 그러나 공유 결합이 중요한 경우에는 주의하여 사용하여야 한다. 독자들은 배위수가 4인 경우에 대하여 반지름비 규칙을 설명하는데 있어, 앞에서 섬유아연석과 섬아연광처럼 4-배위 구조를 설명하는 데 사용했던 황화 아연을 반복해서 사용하지 않고 황화 베릴륨을 사용한 이유에 대하여 혼란스러울 수도 있을 것이다. 이유는 간단하다. ZnS를 사용하면 반지름비 규칙에서 벗어나기 때문에 더 혼란스러울 수 있기 때문이다. 위의 과정을 반복해보면, $r_+/r_- = 88\ \text{pm}/170\ \text{pm} = 0.52$이고, 이 값은 배위수 6을 의미한다. 그러나 ZnS의 두 구조, 섬유아연석과 섬아연광은 양이온과 음이온 모두에 대하여 C.N.이 4이다. 반지름비 0.52가 0.41과 크게 다르지 않다고 주장한다면, 이 점은 문제가 되지 않을 수도 있다. 그러나 더 복잡해진다. 황화 수은(II), HgS에 대한 반지름비는 0.68이지만, 이것은 섬아연광 구조로 결정화된다. 이들 예 모두에서 $sp^3$ 혼성화된 **공유** 결합이 우세하게 작용한다. ZnS와 특히 HgS는 모두 이온 결합 격자로보다는 무한 공유 격자로 더 많이 간주된다(6장 참조).

반지름비 규칙은 크기가 알려진 단단한 구들이 쌓일 경우에만 적용할 수 있음을 항상 유념해야 한다. 이온이 단단한 구로 간주되는 경우는 드문 데도 불구하고, 반지름비 규칙이 그런대로 잘 들어맞는다는 점은 놀랍기만 하다. 음이온은 당구공처럼 “단단”하지 않고, 양이온의 영향을 받아 편극된다. 이러한 편극이나 공유성이 나타나는 정도에 따라 반지름비 규칙의 적용에 대한 오차가 발생한다. 정전기적 인력과는 달리 공유 결합은 공간에서 방향성을 갖기 때문에 어떤 배향을 더 선호하게 된다.

방향성 공유 결합 외에도 반지름비 규칙에서 벗어나게 만드는 요인이 있다. 리튬의 무거운 할로젠 화합물은 반지름비 규칙을 적용할 수 있는 한계선이 되며, LiI에 대해서는 C.N. = 4를 적용할 수 있다(그림 3.17). 그러나 배위수가 6일지 8일지를 예측하는 것은 훨씬 더 어려워진다. 8-배위 구조는 상대적으로 알려진 것이 별로 없으며, CsCl, CsBr, CsI 정도가 알칼리 금속의 예로써 알려져 있지만 설명하기가 어렵다. 반지름 비 규칙을 통해 CsCl 구조를 가질 것으로 예측될 수 있을 정도로 충분한 크기를 갖는 $Sr^{2+}$, $Ba^{2+}$, $Pb^{2+}$처럼 더 큰 이가 금속 이온들 조차도 8-배위 산화물은 존재하지 않는다. 이러한 사실들에 대해서는 간단한 설명도 없다. 우리는 C.N. = 8에 대한 Madelung 상수가 C.N. = 6에 대한 값보다 조금 더 크다는 사실을 알아보았다. 그러므로 다른 원천에서 오는 작은 에너지가 이 균형이 기울어지게 만들 수 있다.

불완전하지만 반지름비는 이온 결합 화합물들의 성질을 예측하고 이해하는 데 유용한 도구이다.[19] 이론적인 관점에서 이 규칙은 여러 가지 이온 결합이나 부분적인 이온 결합 화합물들에 대한 격자 선택을 설명한다. 이 규칙이 적용되지 않는 경우에는 고체에 당구공 같은 이온에 작용하는 순수한 정전기적 힘 외에 다른 힘이 작용하고 있음을

---

19) 227개의 화합물들을 분석한 결과 약 2/3는 반지름비 규칙을 따르고 있었다. 이 규칙에서 벗어나는 화합물들은 HgS처럼 1B(11) 족과 IIB(12) 족의 칼코젠 화합물들이었다. Nathan, L. C. *J Chem. Educ*. **1985**, *62*, 215~218.

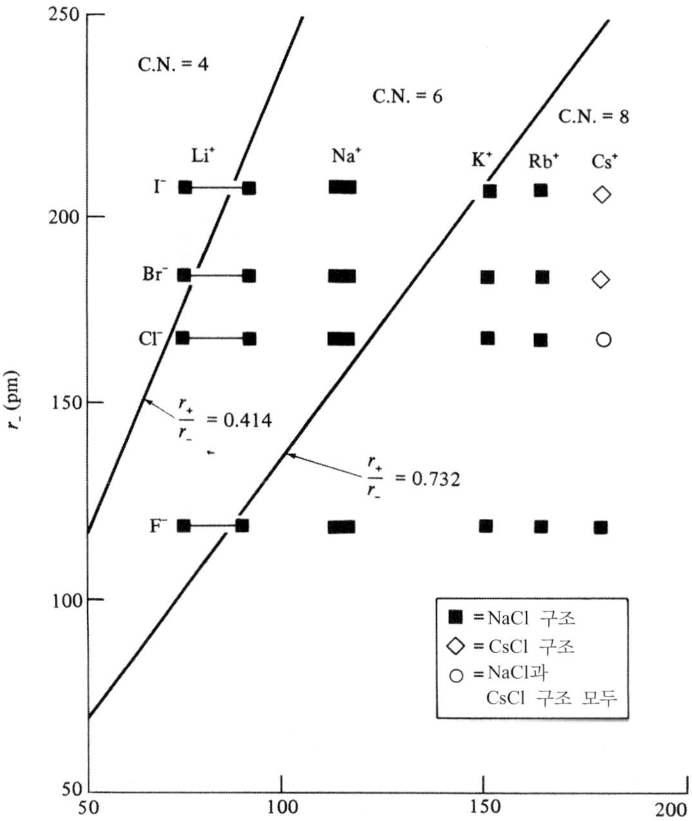


**그림** 3.17 반지름비 규칙의 예측과 대비된 알칼리 할로젠 화합물(기호로 나타낸 것)의 실제 구조. 이 그림은 배위수 4(섬유아연석 또는 섬아연광, 왼쪽 위), 배위수 6(암염, NaCl, 중간), 배위수 8(CsCl, 오른쪽 아래)를 예측하는 선($r_+/r_-=0.414$와 $r_+/r_-=0.732$)에 의해 세 영역으로 분할되어 있다. 리튬의 결정 반지름과 그 정도가 덜하기는 하지만 소듐의 결정 반지름은 배위수에 따라 변하기 때문에, 이 둘은 C.N. =4(왼쪽)와 C.N. =6(오른쪽)에 대한 반지름을 모두 도시하였다.

고려해야 한다. 이러한 모형에 대한 수정과 개선은 6장에서 알아보기로 한다.

## 이온 결합 중의 공유 결합 성질

화학자가 다루어야 하는 모든 이종핵 결합은 공유 결합과 이온 결합 성질이 섞여 있다. 공유 결합 화합물이나 이온 결합 화합물이라고 부르는 것은 그 화합물 중에 더 우세한 결합의 성질을 말하는 것이다. 그러나 많은 경우, 이 양극단의 중간적인 상황에 대하여 설명할 수 있는 것이 더 편리하다. 일반적으로 이온성 공유 결합을 다루는 두 가지 방법이 있다. 가장 좋은 방법으로 입증된 것은, 결합을 공유 결합으로 간주한 다음 한 원자로부터 다른 원자로 전하의 이동이 증가하는 효과를 살펴보는 것이다. 이 방법은 다음 장에서 설명할 것이다. 다른 방법은 결합을 이온 결합으로 간주한 다음 어느 정도의 공유 결합성이 나타날 수 있다고 생각하는 것이다. 이 두 번째 방법은 Kasimir Fajans[20]가 quanticule theory에서 사용하였다. Quanticule theory는 다른 이론

[20] Fajans, K. *Naturwissenschaften* **1923**, *11*, 165. 동일한 주제에 대한 보다 최근의 설명은 다음을 참조하

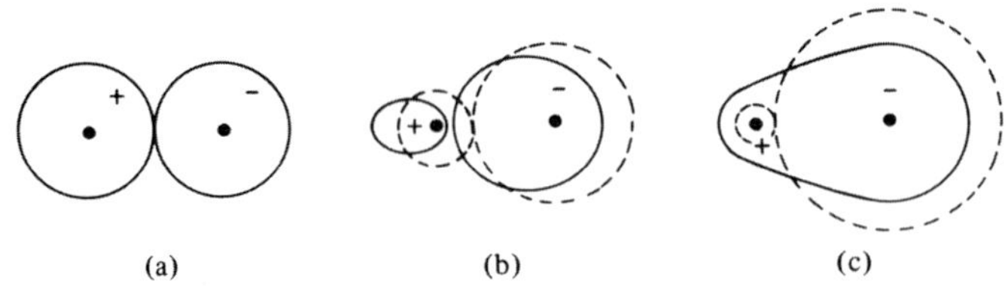

**그림 3.18** 편극 효과. (a) 편극이 없는 이상적인 이온쌍, (b) 서로 편극된 이온쌍, (c) 공유 결합을 생성시키기에 충분한 편극. 점선은 편극되지 않은 가상적인 이온을 나타낸다.

을 사용하여 얻는 정량적인 계산값과는 차이가 나는 것으로 밝혀졌기 때문에 이론 화학자들이 더 이상 사용하지 않는 방법이다. 그럼에도 불구하고 "Fajans 규칙"에 포함된 정성적인 개념은 이온 결합 화합물들에서의 부분적인 공유 결합 성질에 관한 문제를 단순하고 개략적으로 다룰 수 있게 해 준다.

Fajans는 작고, 높게 하전된 양이온이 음이온에 미치는 효과를 조사하였다. 음이온이 크고 충분히 "무르면", 양이온은 이 음이온을 편극시킬 수 있어야 하고, 이러한 상황의 극단적인 경우는 양이온이 음이온의 전자 구름에 실질적으로 침투하여 공유(전자를 공유) 결합을 이루는 것이 될 것이다(그림 3.18). Fajans는 양이온이 음이온을 편극시켜 공유 결합 성질을 유발하는 정도를 추측할 수 있는 다음과 같은 규칙들을 제안하였다. 편극은 다음과 같은 경우에 증가한다.

1. **높은 전하와 작은 크기를 갖는 양이온.** 작고, 높게 하전된 양이온은 크거나(크고) 일가로 하전된 양이온보다 음이온을 편극시키는 효과가 더 클 것이다. 이것은 양이온의 **이온 퍼텐셜(ionic potential)**,[21] $ø = Z^+/r$로 표현되기도 한다. 몇 가지 간단한 이온들에 대한 이온 퍼텐셜은 다음과 같다($r$은 nm 단위).

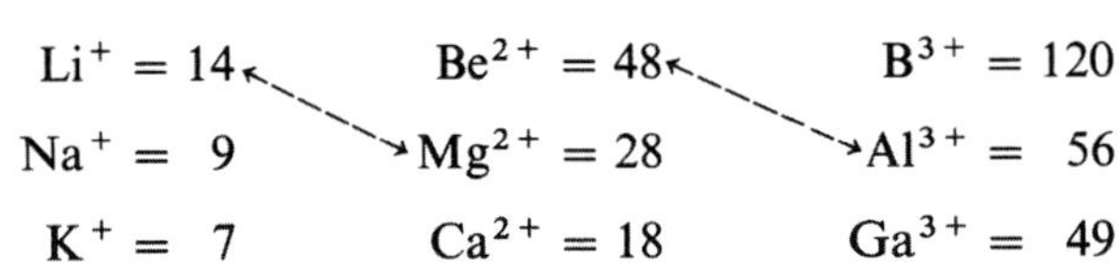

$Z/r^2$이나 제시될 수 있는 다른 여러 함수들 대신 $Z/r$을 선택한 것에 대한 뚜렷한 이유는 없고, 위의 값들은 단지 크기를 암시하는 것에 불과하다. 그럼에도 불구하고 편극은 전하 대 크기 관계를 따르고, 큰 이온 퍼텐셜을 갖는 양이온은 편극될 수 있는 음이온과 결합하여 부분적인 공유 결합 화합물을 생성하려고 한다. 위에 나열된 이온 퍼텐셜값들은 흥미로운 경험적 관찰을 관련시키기도 하는데, 이 관계는 점선 화살표로 나타내었다. 주기율표에서 주어진 어떤 족에 있는 첫 번째 원소는 이보다 오른쪽에 있는 족의 두 번째 원소와 비슷하다. 그러므로 리튬과 마그네슘은 공통점이 많고(가장 잘 알려진 예는 이들 원소의 유기금속 화합물들이다), 베릴륨과 알루미늄은 선호하는 산화 상태가 다름에도 불구하고 놀라울 정도로 비슷하다.[22] 이 관계는 주기율표를 따라서 확장되는데, 예를 들어 인과 탄

---

라. Fajans, K. *Struct. Bonding Berlin* **1967**, *3*, 88~105. Fajans와 그의 이론에 대해 요약하여 설명한 문헌은 다음을 참조하라. Hurwic, J. *J. Chem. Educ.* **1987**, *64*, 122.

21) Cartledge, G. H. *J. Am. Chem. Soc.* **1928**, *50*, 2855, 2863; *ibid.* **1930**, *52*, 3076.

22) $Li^+$의 이온 퍼텐셜은 $Mg^{2+}$보다 $Ca^{2+}$에 더 가깝기 때문에 $Li^+$는 $Mg^{2+}$보다는 $Ca^{2+}$와 더 유사하다는 이견

소는 전기음성도가 서로 비슷하다(15장 참조).

2. **높은 전하와 큰 크기를 갖는 음이온.** 음이온의 편극성은 "무르기", 즉 전자 구름이 변형되기 쉬운 정도와 관련된다. 전하가 크기가 모두 증가하면 이 전자 구름은 음이온의 핵전하에 의한 영향을 덜 받게 되고 양이온의 전하에 의해 더 쉽게 영향을 받게 될 것이다. 그러므로 $I^-$, $Se^{2-}$, $Te^{2-}$처럼 큰 음이온과 $As^{3-}$와 $P^{3-}$처럼 높게 하전된 음이온은 편극되기 쉽고 공유 결합 성질을 갖게 된다.
3. **양이온의 전자 배치.** 이온 퍼텐셜의 간단한 형태는 크기에 대한 그 이온의 알짜 이온 전하만을 고려한다. 음이온이나 편극되는 분자는 전체 양의 전하에서 전자들이 제공하는 가리움(shielding)을 뺀 퍼텐셜만을 느낄 것이다. 이온 전하를 사용하려면 남은 전자는 효율이 100%인 완전한 가리움을 한다고 가정해야 한다. 이러한 가정에 대한 가장 심각한 문제들은 전이 금속 이온들에서 나타나는데, 이들은 핵을 잘 가리지 못하는 *d* 전자를 한 개 이상 갖기 때문이다. 그러므로 동일한 크기와 전하를 갖는 두 이온에 대하여, $(n-1)d^xns^0$ 전자 배치를 갖는(전형적인 전이 원소) 이온은 불활성 기체 전자 배치, $(n-1)s^2(n-1)p^6ns^0$를 갖는 양이온(예를 들면, 알칼리 및 알칼리 토금속)보다 더 잘 편극될 것이다. 예를 들면, $Hg^{2+}$(C.N. = 6)는 이온 반지름이 116 pm이지만, 거의 같은 크기(114 pm)와 전하를 갖는 $Ca^{2+}$보다 더 많이 편극되고 화합물들은 더 많은 공유 결합 성질을 가진다.

## 편극의 결과

편극의 결과로 나타나는 공유 결합 성질의 가장 일반적인 예들 중의 한 가지는 여러 금속들의 화합물이 나타내는 녹는점과 끓는점이다.[23] 같은 음이온을 갖지만, 양이온이 다른 화합물들의 녹는점을 비교해 보자. 크기가 다른 경우는 $BeCl_2$ = 405 °C, $CaCl_2$ = 782 °C이다. 전하가 다른 경우는 NaBr = 747 °C, $MgBr_2$ = 700 °C, $AlBr_3$ = 97.5 °C이다. 양이온이 같고, 음이온의 크기가 다른 경우는 LiF = 845 °C, LiCl = 605 °C, LiBr = 550 °C, LiI = 449 °C이다. 같은 크기와 전하를 갖는 이온들에 대한 전자 배치의 효과는 $CaCl_2$ = 782 °C와 $HgCl_2$ = 276 °C에서 비교해 볼 수 있다. 녹는점이나 끓는점을 공유 결합의 정도를 나타내는 것으로 지나치게 간주해서는 안 된다. 공유 결합의 성질에는 많은 요인들이 작용하며, 여기에 대해서는 7장에서 자세히 알아볼 것이다.

편극 효과를 보여주는 두 번째 영역은 물과 같은 극성 용매에서 나타나는 염의 용해도이다. 예를 들어 편극시키는 양이온과 편극되는 음이온을 갖는 은의 할로젠 화합물들을 살펴보자. 이온 결합 성질이 상당히 큰 플루오린화 은은 물에 녹지만, 이온 결합 성질이 덜한 염화 은은 암모니아를 가하여 착물을 생성시켜야만 녹는다. 브로민화 은은 아주 약간만 녹고 아이오딘화 은은 암모니아를 가해주어도 녹지 않는다. 플루오린 화합물로부터 아이오딘 화합물로 갈수록 공유 결합 성질은 증가할 것이므로 물에서의 용해도는 감소하게 된다. 녹는점처럼 용해도도 복잡한 과정이며, 공유 결합 성질에

---

이 제기되고 있다. [Hanusa, T. P. J. Chem. Educ. 1987, 64, 686.] Fajans 접근법과 관련된 대각선 유사성의 효력은 정성적으로만 유효하다. 대각선 규칙과 이온 퍼텐셜은 각각의 개별적인 상황에 대한 치밀한 조사를 대치하기보다는 길잡이 정도로만 사용해야 한다.

23) 일반화학 과정에서 이온 결합 화합물은 높은 녹는점을 갖고, 공유 결합 화합물은 낮은 녹는점을 가진다고 배운다. 이와 같이 지나치게 단순화시키면 잘못될 수도 있지만 현재의 설명에는 그냥 적용하기로 한다. 녹는점과 끓는점에 포함된 더 세밀한 요인들은 7장에서 알아볼 것이다.

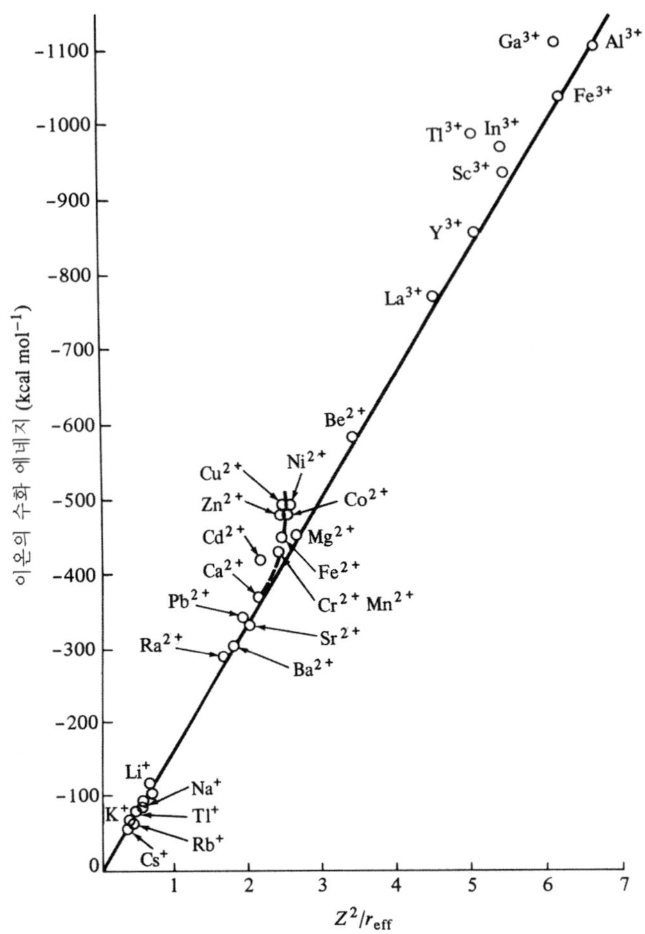


**그림 3.19** 양이온의 크기와 전하의 함수로 나타낸 수화 에너지. [Philips, C. S. G.; Williams, R. J. P. *Inorganic Chemistry*; Clarendon : Oxford, 1965.]

| 할로젠화 은 | $K_{sp}$ |
|---|---|
| 플루오린화 은 | 용해성 |
| 염화 은 | $2 \times 10^{-10}$ |
| 브로민화 은 | $5 \times 10^{-13}$ |
| 아이오딘화 은 | $8 \times 10^{-17}$ |

영향을 주는 많은 요인이 존재한다.

용해도와 밀접하게 관련된 것은 이온의 수화 엔탈피이다. 양이온의 수화 엔탈피는 다음 식에 의해 “유효 이온 반지름”과 관련지을 수 있음이 알려졌다(그림 3.19).[24]

$$\Delta H = -69{,}500(Z^2/r_{eff})\ \text{kJ mol}^{-1} \quad (r_{eff}\text{의 단위는 pm}) \tag{3.21}$$

이 경우에는 서로 관련되는 이유가 아주 명확하다. 파라미터 $r_{eff}$는 이온 반지름에다 물에서의 산소 원자의 반지름인 85 pm를 더한 값과 같다. 그러므로 $r_{eff}$는 수화물에서 원자 간 거리이고, Born–Landé 식(식 3.12) 에 적용할 수 있다.

세 번째는 가장 근본적인 것일 수 있는데, 은의 할로젠 화합물들의 결합 길이에서 편극의 효과를 볼 수 있다. 표 3.4의 이온 반지름을 사용하여 결합 거리를 예측해 보

24) Latimer, W. M.; Pitzer, K. S.; Slansky, C. M. *J. Chem. Phys.* **1939**, *7*, 108~111.

면, AgF > AgCl > AgBr > AgI의 순으로 정확도가 크게 감소한다.

| 화합물 | $r^+ + r^-$ | $r_{exp}$ | Δ |
|---|---|---|---|
| AgF | 248 | 246 | −2 |
| AgCl | 296 | 277 | −19 |
| AgBr | 311 | 289 | −22 |
| AgI | 320 | 281 | −39 |

Shannon–Prewitt 이온 반지름 ($r^+ + r^-$) 은 대부분의 이온 결합 화합물들에 근거한 것인데, 금속 양이온의 반지름은 플루오린 화합물과 산화물, 나머지 할로젠 음이온의 반지름은 알칼리 금속의 할로젠 화합물로부터 구한 것이다. 은의 할로젠 화합물의 결합 길이가 짧아진 것은 편극과 공유 결합 성질 때문이다.

크기, 전하, 화학적 성질들 간의 다른 관련성에 대한 기초는 명확하지 않다. 화학 반응도 특정한 양이온의 편극능으로 관련지을 수 있다. 알칼리 토금속의 탄산염에서 분해되어 이산화 탄소를 내는 경향을 예로 들 수 있다.

$$\mathbf{MCO_3 \longrightarrow MO + CO_2} \tag{3.22}$$

이 반응이 쉽게 일어나는 정도 (이 반응이 일어나는 데 필요한 온도) 는 양이온의 크기가 증가함에 따라 감소한다. 즉, $BeCO_3$는 불안정하고, $MgCO_3$는 350 °C, $CaCO_3$는 900 °C, $SrCO_3$는 1290 °C, $BaCO_3$는 1360 °C이다. $d$ 전자들의 효과도 명확하다. $CdCO_3$와 $PbCO_3$는 모두 양이온의 크기가 $Ca^{2+}$와 거의 같지만, 약 350 °C에서 분해된다. 이들 탄산염의 분해는 양이온이 탄산 이온을 편극시켜 $O^{2-}$와 $CO_2$로 갈라 놓음에 따라 일어난다.

Stern[25)]은 탄산염, 황산염, 질산염, 인산염의 분해 엔탈피가 전하/크기 함수, 이 경우에는 $r^{1/2}/Z^*$와 직선 관계가 있음을 증명함으로써 분해에 관한 정성적 설명을 확장하였다 (그림 3.20 참조). 이 관련성에 대한 정확한 이론적 기초는 분명하지 않지만, 크기와 전하가 이온의 편극력을 지배하는 중요한 인자이며, 결과적으로 이들의 화학적 성질을 지배하는 중요한 인자라는 일반적인 원리에 대한 흥미로운 예를 제공한다.

앞에서 설명한 바에 따르면, 이온 결합 성질이 우세한 화합물들에서의 공유 결합 성질은 항상 그 화합물을 불안정하게 만든다고 가정할 수 있다. 그러나 사실은 그렇지 않다. 음이온이 편극되어 나타나는 불안정성은 기체상의 산성 무수물을 방출하면서 그 음이온을 더 안정한 화합물 (위의 경우에서는 산화물) 로 갈라 놓는다. 매우 안정하고 매우 단단한 많은 광물들이 공유 결합–이온 결합을 가진다.

## 결론

반대 전하를 갖는 단단한 구형 이온들로 이루어진 격자의 정전기적 모형을 사용하여 이온성 결정들을 아주 단순하게 살펴보았다. 개념적으로는 간단하지만, 이 모형은 완전히 옳은 것은 아니기 때문에 수정되어야 한다. 첫째, 결합은 화합물에 따라서 완전히

25) Stern, K. H. *J. Chem. Educ.* 1969, 46, 645.

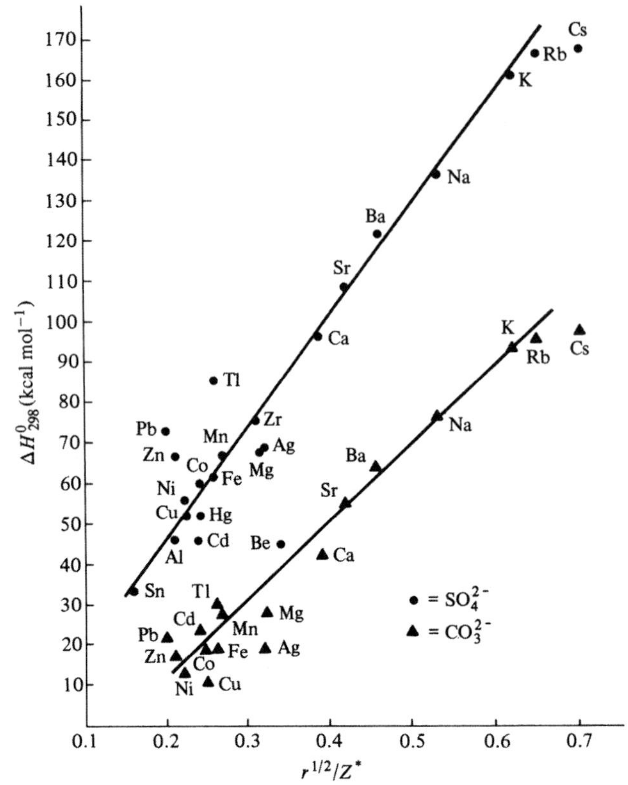


**그림 3.20** 금속 이온의 크기와 전하의 함수로 도시한 황산염과 탄산염의 분해 엔탈피. [Stern, K. H. *J. Chem. Educ*. **1969**, *46*, 645-649.]

이온성이 아니다. 완전히 이온성이라는 가정이 잘 들어맞는 알칼리 금속의 할로겐 화합물로부터 이온이 존재한다는 가정이 틀리게 되는 화합물들까지 화합물들에는 이온 결합 성질의 범위가 존재한다. 둘째, 결함이 전혀 없는 완전하고, 무한한 수학적 격자에 대한 가정은 지나치게 단순화시킨 것이다. 모든 모형들과 마찬가지로, 이온 결합 모형을 사용할 때에도 "사실"을 의미할 필요는 없고, 편리하고 유용하다는 사실만을 유념하면서 적당히 주의하고 수정을 해가면 신뢰할 수 있는 접근이 될 수 있다.

## 연습문제

**3.1** CsCl과 $CaF_2$는 모두 양이온에 대한 배위수가 8이다. 이들 두 격자의 구조에는 어떤 관계가 있는가?

**3.2** 화합물의 단위 세포가 화학식 단위의 정수배인 성분이 존재해야 하는 이유는 무엇일까? 단위 세포의 경계는 원자들을 조각으로 "자른다". 면에 놓인 원자는 두 단위 세포 사이에서 절반으로 쪼개어질 것이고, 모서리에 놓인 원자는 네 단위 세포에 네 조각으로 쪼개어진다. 그림 3.1a에 나타낸 염화 소듐 단위 세포에 존재하는 $Na^+$와 $Cl^-$ 이온의 수를 확인하고, 단위 세포가 포함하고 있는 NaCl 화학식 단위의 숫자를 설명하라. 그래서 NaCl 단위 세포를 완전히 분석하라.

**3.3** 염화 소듐의 밀도는 2.167 g $cm^{-3}$인 것으로 측정되었다. 문제 3.2의 답과 밀도, 부피, Avogadro 수, 화학식량에 관한 지식을 활용하여 단위 세포의 부피를 계산한 다음, 이 세포의 모서리 길이를 계산하라. 길이 $r_+ + r_-$를 계산하라. 표 3.4에 주어진 값을 이용하여 계산한 값을 확인하라.

**3.4** 그림 3.1~3.4까지를 잘 살펴보고, 모든 입방 구조와 육방 구조의 구조적 연관성을 확인하라.

**3.5** 공유 결합 결정인 다이아몬드의 구조는 그림 6.1에 나타내었다. 다이아몬드의 구조는 이 장에서 설명한 이온 결합 화합물의 구조와 어떤 연관이 있는가?

**3.6** 실험식, 단위 세포에 있는 양이온과 음이온의 수, 금속의 이성분 할로젠 화합물, $M_aX_b$에 있는 양이온과 음이온의 배위수 간에 존재하는 간단한 수학적 관계는 무엇인가?

**3.7** 전이 금속에 관한 기술화학에서 일반화된 것 중의 한 가지는 무거운 동족 원소(예: Mo, W)는 가장 가벼운 동족 원소(예: Cr)에 비해 가장 높은 산화수를 더 쉽게 가진다는 것이다. 이 현상을 이온화 에너지로 설명하라.

**3.8** 염화 소듐에 대해 교재에서 사용한 방법과 유사한 방법을 사용하여 플루오린화 포타슘에 대한 생성열을 계산하여 Born–Haber 순환을 잘 이해하고 있음을 증명하라.

**3.9** 적당한 교재로부터 필요한 자료를 찾고, Born–Harber 순환을 사용하여 KCl의 생성 엔탈피를 예측하라. 격자 에너지를 확인하여 표 3.3과 비교하라.

**3.10** 적당한 교재로부터 필요한 자료를 찾고, Born–Haber 순환을 사용하여 CaS의 생성 엔탈피를 예측하라.

**3.11** 유리된 $F^-Be^{2+}F^-$ 조각이 순수한 이온 결합 화학종이라고 간주하고 이에 대한 $A$ 값을 계산하여 Madelung 상수를 잘 이해하고 있음을 증명하라.

**3.12** 이온 결합은 "금속은 전자를 잃으려고 하고, 비금속은 전자를 받아들이려고 하기 때문에 이 둘이 서로 반응한다."고 설명되기도 한다. 적당한 열역학적인 양을 사용하여 이 설명을 정량적으로 평가하라.

**3.13** 다음 테르밋 반응이 매우 발열적인 이유는 무엇인가?

$$2Al + M_2O_3 = 2M + Al_2O_3 \quad (M = Fe, Cr, etc.) \tag{3.23}$$

**3.14** 1장에서, 헥사플루오린화 백금은 플루오린보다 두 배나 큰 전자 친화도를 가짐을 알아보았다. 그러나 리튬 금속이 헥사플루오린화 백금과 반응할 때에 생성되는 결정은 $Li^+PtF_6^-$가 아니라 $Li^+F^-$이다. 이를 설명하라.

**3.15** Mg를 이온화시켜 $Mg^{2+}$로 만들려면 $Mg^+$가 생성되는 에너지보다 두 배나 더 많은 에너지가 필요하다. $O^-$의 생성은 발열이지만 $O^{2-}$의 생성은 흡열이다. 그럼에도 불구하고 산화 마그네슘은 항상 $Mg^+O^-$가 아니라 $Mg^{2+}O^{2-}$로 생성된다.

a. $Mg^{2+}O^{2-}$의 생성에 대해 주어질 수 있는 이론적인 이유는 무엇인가?

b. 산화 마그네슘이 $Mg^{+}O^{-}$가 아니라는 사실을 증명하기 위해 수행될 수 있는 간단한 실험은 무엇인가?

**3.16** 몇 가지 Born 지수의 실험값은 다음과 같다. LiF, 5.9 ; LiCl, 8.0 ; LiBr, 8.7 ; NaCl, 9.1 ; NaBr, 9.5. 격자 에너지를 계산할 때, $n$의 실험값 대신에 Pauling의 일반값 (He = 5, Ne = 7 등) 을 사용하면 어느 정도의 백분율 오차가 생기는가?

**3.17** 그림 3.16을 사용하여 NaCl의 Madelung 상수에 대한 처음의 다섯 가지 항을 유도하라. 이 다섯 가지 항을 합한 것은 표 3.1에 주어진 한계값에 얼마나 가까운가?

**3.18** 플루오린화 소듐의 생성 엔탈피는 $-571\ \mathrm{kJ\ mol^{-1}}$이다. 플루오린의 전자 친화도를 추측하라. 이 값과 표 1.5에 주어진 값을 비교하라.

**3.19** 할로젠화 이온의 양성자 친화도를 계산하라. 엔탈피는 다음 형태이다.

$$X^{-} + H^{+} \longrightarrow HX$$

계산한 값을 표 8.5에 수록된 값과 비교하라.

**3.20** 반지름비를 계산하여 어떤 할로젠화 알칼리가 반지름비 규칙에 위배하는지를 입증하라.

**3.21** 반지름비 규칙에 예외가 있고, 정확한 데이터를 얻기는 어렵지만, 반지름비 규칙은 여전히 가치가 있는 원리이다. 이온 반지름의 차이로부터 구조적 차이를 나타내는 독립적인 화합물의 쌍 세 가지를 제시하라.

**3.22** 지금은 버클륨을 마이크로그램 단위로 구입할 수 있다. 이 정도의 양은 구조적인 파라미터를 결정하기에는 충분한 양이지만 열화학적 측정에는 충분하지 않다.

a. 표에 있는 이온 반지름과 반지름비 규칙을 사용하여 $BkO_2$의 격자 에너지를 추정하라.

b. 이 화합물은 반지름비 규칙에 위배된다고 가정하자(실제로 그렇다!). 그 차이는 얼마인가?

**3.23** 알려진 모든 할로젠화 구리(I) 는 섬아연광 구조로 결정화된다. 플루오린화 구리(II) 는 일그러진 금홍석 구조로 결정화된다(여기서는 일그러짐이 없다고 가정하자). CuF와 $CuF_2$의 생성 엔탈피를 계산하고 설명하라(필요한 모든 자료는 이 교재나 인용된 문헌을 이용하라. 그러나 알려진 자료가 없을 경우에는 가능한 범위까지만 설명하라).

**3.24** 표 3.4를 이용하여 란타넘족(III) ($La^{3+}$) 이온의 반지름을 원자 번호에 대하여 도시하고 설명하라.

**3.25** 모든 알칼리 토금속의 산화물 MO는 한 가지만 제외하고는 모두 NaCl형 구조로 결정화된다. 한 가지 예외는 어느 것이며, 이것의 구조는 어떤 구조와 유사한가? (Wells, A. F. *Structural Inorganic Chemistry*, 5th ed.; Oxford University : Oxford, 1984.)

**3.26** 반응 $CuI_{2(s)} \rightarrow CuI_{(s)} + \frac{1}{2} I_{2(s)}$ 에 대한 엔탈피를 계산하라. 계산 과정에서 주의해야 할 가정들을 제시하라.

**3.27** 다음 중에서 극성이 더 큰 것은 어느 것인가?

a. $K^+$와 $Ag^+$ b. $K^+$와 $Li^+$ c. $Li^+$와 $Be^{2+}$
d. $Cu^{2+}$와 $Ca^{2+}$ e. $Ti^{2+}$와 $Ti^{4+}$

**3.28** 전이 원소 계열을 따라 왼쪽에서 오른쪽으로 가면(예 : 스칸듐에서 아연까지) $M^{2+}$ 이온의 편극력은 확실하게 증가한다. 이와는 대조적으로, 란타넘족에서 $M^{3+}$의 편극력 변화는 훨씬 더 느리게 나타난다. 이러한 차이에 대해 두 가지 이유를 제시하여라.

**3.29** 플루오린에 전자를 한 개 첨가하면($F + e^- \rightarrow F^-$) 크기가 훨씬 더 커진다. 전자를 두 개 첨가시켜 형성된 산화 이온($r_- = 126$ pm) 이 플루오린화 이온($r_- = 119$ pm) 보다 크기가 훨씬 더 크지 않은 이유를 설명하라.

**3.30** X선 구조 결정에 사용되는 염화 소듐 단결정은 한 모서리의 길이가 0.3 mm인 입방체이다.

a. 표 3.4의 자료를 사용하여 이 결정 속에 포함되는 단위 세포의 수를 계산하라.

b. NaCl의 밀도를 계산하고, 핸드북의 자료값과 비교하라.

제 4 장

# 무기화학에서의 결합 모형: 2. 공유 결합

이 장과 다음 장에서는 공유 결합을 개략적으로 알아보기로 한다. 여기에서 설명되는 대부분의 개념들은 다른 여러 분야에서 상세하게 설명되고 있으며, 우리가 이미 배운 것들도 많이 있다. 그러나 이 개념들은 이어지는 여러 장에서 기본이 되는 것들이기 때문에 이 장에서 차례대로 간략하게 설명할 것이다. 공유 결합은 5장과 10장에서도 다룬다.

## Lewis 구조

결합에 대한 이 견해는 고등학교에서 배우며, 대학원이나 그 이전의 과정에서는 자주 잊어버리곤 하지만 분자를 살펴보는 데 있어서 가장 유용한 첫 단계이다. 양자 역학의 개념을 알아보기 전에, 또는 분자 오비탈 이론이나 원자가결합 이론 중에서 어느 것이 더 도움이 될지를 결정하려면 먼저 Lewis 구조를 그려야 한다. Lewis 구조에 대한 규칙을 간단하게 살펴보면 다음과 같다.

1. **대개 두 전자가 쌍을 이루어 각 결합을 형성한다.** 이것은 Pauli 배타 원리의 결과이다. 즉, 두 전자가 두 핵 사이의 동일한 공간을 점유하여 양쪽의 핵을 끌어당기기 때문에 두 전자는 짝진 스핀을 가져야 한다. 그러나 결합을 공유된 전자쌍으로 정의하는 것은 너무 한정된 것이며, 결합을 형성할 때 전자가 쌍을 이루는 것을 강조하는 것은 불필요한 것이고 때로는 오해를 초래하기도 한다.
2. **대부분의 원자들은 원자가껍질에 최대로 여덟 개의 전자가 존재할 수 있다**(=Lewis **의 팔전자계 구조).** 원소 리튬에서 플루오린까지의 원자들은 원자가껍질에 네 개의 오비탈(한 개의 $s$ 오비탈과 세 개의 $p$ 오비탈)만 갖기 때문에 이 규칙은 완전하게 적용된다. $s$와 $p$ 오비탈만 활용하는 다른 원소의 원자에 대해서도 이 규칙은 대체로 잘 적용된다. 이러한 조건에서 공유쌍(결합)과 비공유쌍(고립쌍)의 합은 오비탈의 수, 즉 4가 되어야 한다. 이 값은 최대값이고 원자가전자수가 4보다 더 적은 원소의 경우 대체로 팔전자계는 채워지지 않는다. 다음 화합물들은 이러한 가능성을 보여주고 있다.

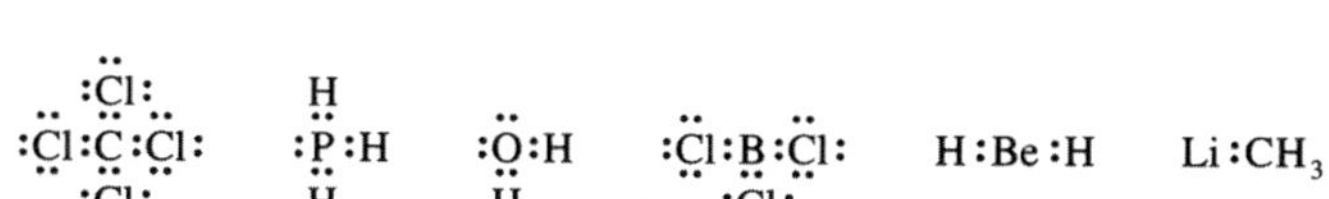

3. **$d$ 오비탈을 사용할 수 있는 원소의 경우, 원자가껍질은 팔전자계 이상으로 확장될 수 있다.** $d$ 오비탈은 세 번째 에너지 준위에서 처음으로 나타나기 때문에, 3주기 아래에 있는 원소에서 $d$ 오비탈은 결합에 사용될 수 있을 정도로 충분히 낮은 에너지 상태에 있다. 이러한 원소는 보다 높은 원자가화합물에서는 비금속이고, 착물에서는 전이 금속이다. 비금속의 경우, 대개 원자가전자의 수가 한계 요인이 되는데, VA (15), VIA (16), VIIA (17), VIIIA (18)족에서 최대 공유 원자가는 각각 5, 6, 7, 8이 된다. 공유 원자가(원자에 결합된 공유 결합의 수)와 배위수(다른 원자에 결합된 원자의 수)는 항상 같지 않음을 유념하라. 착물에서 공유 원자가와 배위수를 결정하는 요인은 여러 종류가 있는데, 이것에 대한 설명은 나중에 하기로 한다. 중심 원자의 원자가껍질에 여덟 개 이상의 전자를 갖는 분자와 이온에 대한 예들은 다음과 같다.

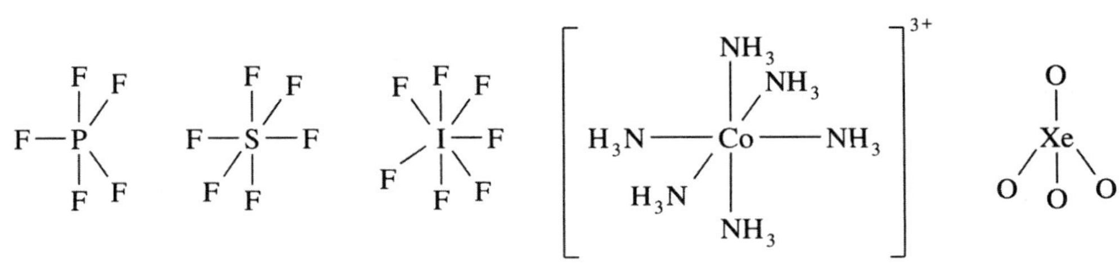

4. **이러한 모든 규칙에서 분자는 총 에너지가 가장 낮은 상태에 있으려고 한다는 것을 가정하고 있다.** 즉, 일반적으로 최대로 많은 결합이 형성될 것이고, 가능하면 가장 강한 결합이 형성될 것이며, 분자에서 원자들의 배열은 반발 에너지가 최소가 되게끔 일어날 것이다.

### 결합 이론

현 시대에서 결합 이론의 '왕좌를 차지하려는 경쟁자'는 **원자가결합 이론(valence bond theory, VBT)**과 **분자 오비탈 이론(molecular orbital theory, MOT)**이다. 이 두 이론은 오랜 기간 동안 자신이 최선의 이론이라고 주장해 왔기 때문이다. 어떤 사람은 한 가지 이론에 너무 몰입되어 다른 이론이 "틀렸다"고 우겨대는 인상을 주기도 하였다. 어떠한 이론이라도 현명하지 못하게 사용될 수는 있지만, 다른 이론을 **배제**할 수 있을 만큼 진실만을 담고 있는 이론은 있을 수 없다. 어떤 특정한 문제에 대해서는 한 이론이 내용을 살펴보기가 더 유리하고, 계산이 간단하며, 얻어진 결과가 간단 명료한 것이 될 수 있지만, 이와는 반대로 다른 문제를 다룰 때에는 다른 이론이 더 편리할 수도 있다. 무기화학자들 가운데에서 두 이론 모두에 익숙해지려고 하지 않은 사람들은 이미 망치를 가지고 있기 때문에 톱은 지니고 다니려하지 않는 목수와 같다. 도구가 무엇인지에 따라 발휘할 수 있는 기술도 달라진다.

## 원자가결합 이론

원자가결합(VB) 이론은 Lewis를 비롯한 여러 사람들이 제안한 전자쌍에 대한 개념으로부터 직접 성장하였다. 1927년 W. Heitler와 F. London은 수소 분자를 양자 역학적으로 다루는 방법을 제안하였다. 이들의 방법은 원자가결합법으로 알려지게 되었는데, Linus Pauling과 J. C. Slater 등에 의해 광범위하게 발전되었다. 다음의 설명은 Pauling과 Coulson의 논문에서 인용한 것이다.[1)]

두 개의 수소 원자가 서로 분리되어 있다고 가정하자. 그러면 이들을 파동 함수 $\psi_A$와 $\psi_B$로 나타낼 수가 있는데, 이 파동 함수는 각각 1장에서 설명한 1*s* 오비탈의 형태이다. 원자들이 서로 충분히 분리되어 있어서 아무런 상호작용을 하지 않는다면, 두 원자로 이루어진 계에 대한 파동 함수는 다음과 같다.

$$\psi = \psi_{A(1)}\psi_{B(2)} \quad \textbf{(4.1)}$$

여기에서 A와 B는 원자들을 나타내며, 1과 2의 숫자는 각각 전자 1과 전자 2를 나타낸다. 두 원자가 서로 접근하여 분자를 형성할 때에는 서로 간에 영향을 미치기 때문에, 개별적인 파동 함수 $\psi_A$와 $\psi_B$는 변하게 될 것이지만, 우리는 식 4.1이 수소 분자에 대한 시도 함수로서 좋은 출발점이라고 가정하여, 이 시도 함수를 개량하는 일을 할 것이다. 에너지를 거리의 함수로 풀면 식 4.1에 대한 에너지 곡선은 약 90 pm의 거리에서 약 −24 kJ mol$^{-1}$의 최소값(그림 4.1, 곡선 a)을 갖게 됨을 알 수 있다. 실제로 측정된 결합 길이는 74 pm으로서 우리의 첫 번째 근사값과는 그다지 큰 차이가 없지만, $H_2$의 결합 에너지는 −458 kJ mol$^{-1}$로서 첫 번째 근사값보다 20배 이상이나 더 크다.

식 4.1을 살펴보면, 이 식을 사용하여 수소 분자를 표현하는 데 지나치게 제한적이다. 첫째, 모든 전자는 서로 구별할 수 없기 때문에 전자를 표지하는 것은 옳지 않다. 설령 표지할 수 있다 하더라도 전자 1은 항상 A에 있어야 하고, 전자 2는 항상 B에 있어야 한다고 가정해서는 안 된다. 그래서 이와 같은 인위적인 제한을 제거하는 방향으로 식 4.1을 변형시켜야 한다. 이를 위해서는 전자의 위치가 변한 두 번째 항을 더해주면 된다.

$$\psi = \psi_{A(1)}\psi_{B(2)} + \psi_{A(2)}\psi_{B(1)} \quad \textbf{(4.2)}$$

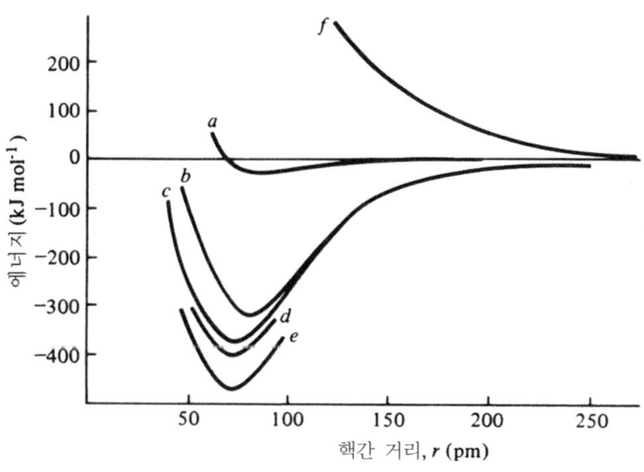


**그림 4.1** 수소 분자, $H_2$에 대한 실험값 곡선(*e*)과 이론적 에너지 곡선(*a~d, f*)의 비교. 곡선 *a~d*는 교재에서 설명한 파동 함수에서의 일련의 가정을 보여 준다. 곡선 *f*는 같은 스핀을 갖는 두 전자의 반발 상호작용을 보여 주는 것이다.

---

1) Pauling, L. *The Nature of the Chemical Bond,* 3rd ed; Cornell University: Ithaca, NY, 1960. Coulson, C. A. *Valence*, 2nd ed; Oxford University: London, 1961. McWeeny, R. *Coulson's Valence*; Oxford University: London, 1979.

이러한 개량 방법은 Heitler와 London에 의해 제안되었다. 식 4.2를 사용하여 관련된 에너지를 풀면 그림 4.1의 곡선 *b*를 얻는다. 에너지는 크게 개량되었고($-303$ kJ mol$^{-1}$), 거리도 약간 개량되었다. 이와 같은 개량은 전자의 자리 바꿈을 "허용"하여 얻는 것이기 때문에, 이와 같은 결합 에너지의 증가를 **교환 에너지(exchange energy)** 라고 부르기도 한다. 그러나 이와 같은 결합 에너지의 큰 영역을 "교환"에 의한 것으로 돌리는 것은 너무 지나친 것이다. 왜냐하면, 식 4.1에 교환을 포함시키지 않은 것은 분자에 대한 정확한 파동 함수를 가정할 때의 오류로 인한 것이기 때문이다. 교환 에너지에 대한 물리적인 특징을 설명하고자 한다면, 전자가 움직일 수 있는 공간이 더 넓어져서 분자의 에너지를 더 낮춘다는 것으로 설명하는 것이 가장 좋은 방법일 것이다. 상자 속 입자의 에너지는 상자의 크기에 반비례함을 기억하자. 즉, 상자의 크기가 증가하면, 입자의 에너지는 낮아진다. 두 핵이 서로 어떤 짧은 거리에 존재하게 만들면 전자를 가두어놓을 수 있는 "넓어진 공간"을 만들게 되는 것이다.

전자들이 서로 가려막고(1장), 유효 원자 번호 $Z^*$가 $Z$보다 약간 더 작다는 사실을 상기하면 더 개량할 수 있다. 두 번째 전자로부터의 가려막기를 고려하여 파동 함수 $\psi_A$와 $\psi_B$를 수정하면 더 개량된 에너지 곡선 *c*를 얻게 된다.

마지막으로, 분자의 파동 함수에 포함된 지나친 제한을 다시 수정하여야 한다. 식 4.2에서 전자들의 교환을 허용하였지만 이 교환은 동시에 일어나야 한다. 즉, 어떤 주어진 시간에서 한 전자는 반드시 오직 한 핵과 관련될 수 있다. 이것은 지나친 제한임이 분명하다. 상호 반발 때문에 전자는 서로 피하려고 하기 때문에 각 원자에는 한 개의 전자가 머무르는 경향이 있다고 가정하더라도, 전자는 어떤 한 전자 배치로 **항상 존재**한다고 말할 수 없다. 식 4.2에 따라 주어진 배치는 일반적으로 "공유 결합 구조"라고 부르며, 전체 파동 함수에 대해서는 대개 "이온 결합 구조"의 영향을 고려하게 된다.

$$\underset{\text{공유 결합성}}{\mathrm{H{-}H}} \longleftrightarrow \underbrace{\mathrm{H^+H^-} \longleftrightarrow \mathrm{H^-H^+}}_{\text{이온 결합성}}$$

그러면 다음과 같이 나타낼 수 있다.

$$\psi = \psi_{A(1)}\psi_{B(2)} + \psi_{A(2)}\psi_{B(1)} + \lambda\psi_{A(1)}\psi_{A(2)} + \lambda\psi_{B(1)}\psi_{B(2)} \qquad (4.3)$$

여기서 처음의 두 항은 공유 결합 구조를 나타내고, 두 번째의 두 항은 두 전자 모두가 원자 A 또는 B에 존재하는 이온 결합 구조를 나타낸다. 전자들은 서로 간에 다소 반발하는 경향이 있기 때문에, 두 전자가 모두 같은 원자에 있을 경우가 다른 원자에 있는 경우보다는 확률이 더 낮다. 그러므로 두 번째의 두 항은 덜 중요하게 여겨진다($\lambda < 1$). 식 4.3은 다음과 같이 더 간단하게 나타낼 수 있다.

$$\psi = \psi_{\text{공유 결합}} + \lambda\psi_{H^+H^-} + \lambda\psi_{H^-H^+} \qquad (4.4)$$

식 4.3의 파동 함수에 대한 에너지를 조사하면 에너지와 거리가 더욱 개량되었음을 알 수 있다(그림 4.1의 곡선 *d*).

이것은 **공명(resonance)** 에 대한 첫 번째 예인데, 여기에 대해서는 다음 절에서 좀 더 설명할 것이다. 지금 여기서는 수소 분자가 **한 가지**의 파동 함수 $\psi$로 나타내어지는 한 가지 구조를 가짐을 지적해두고자 한다. 그러나 우리가 사용하고자 하는 근사법 때문에

**표 4.1**
VB 파동 함수에 대한 에너지와 평형 거리[a].

| 함수의 형태 | 에너지(kJ $mol^{-1}$) | 거리(pm) |
|---|---|---|
| 보정되지 않은, $\psi = \psi_A\psi_B$ | 24 | 90 |
| Heitler-London | 303 | 86.9 |
| 가려막기의 추가 | 365 | 74.3 |
| 이온성 기여의 추가 | 388 | 74.9 |
| 측정값 | 458.0 | 74.1 |

[a] McWeeny, R. *Coulson's Valance*; Oxford University: London, 1979; p.120.

$\psi$를 두 개 이상의 파동 함수의 조합으로 나타낼 필요가 있는데, 각 파동 함수는 수소 분자를 부분적으로만 나타내게 된다. 표 4.1은 우리가 가정한 여러 상황에 대한 에너지와 평형 거리에 대한 값을 실험값과 함께 나타낸 것이다.

추가적으로 더 보정을 하여 수소 분자를 실제 상황에 더 가깝게 나타낼 수도 있다. 그러나 여기에서 제시한 단순한 취급만으로도 결합에 대한 세 가지 중요한 기여, 즉 전자가 두 개 이상의 핵에 걸쳐서 비편재화하고 있는 것, 상호 가려막기, 그리고 부분적인 이온 결합 성질은 이미 고려하고 있다.

앞에서 설명한 모든 경우에는 암시적인 가정이 포함되어 있다. 즉, **두 개의 결합 전자들은 반대 스핀**이라는 것이다. 만약 두 전자가 같은 스핀이라면, 결합은 일어나지 않고 서로 반발한다(그림 4.1의 곡선 *f*). 이것은 Pauli 배타 원리의 결과이다. 생성된 각 결합에는 짝지음이 필요하기 때문에 원자가결합 이론은 전자쌍 이론으로 부르기도 하며, Lewis의 전자쌍 생성 이론을 논리적인 방법을 사용하여 양자 역학적으로 확장한 것이다.

## 공명

원자가결합 이론을 사용할 때, 어떤 한 분자에 대하여 한 가지 이상의 구조를 그릴 수 있는 경우, 더 정확하게는 한 가지 이상의 파동 함수로 나타낼 수 있는 경우가 생기기도 한다. 수소 분자에 대해서는 H—H 또는 $H^+H^-$로 나타낼 수 있음을 이미 알아보았다. 두 구조는 모두 허용될 수 있지만 두 번째의 이온 결합 형태는 "공유 결합" 구조보다는 상당히 더 높은 에너지 상태로 존재할 것이다(수소의 높은 이온화 에너지와 낮은 전자 친화도 때문에). 그러나 우리는 수소 분자에 대한 파동 함수를 이온 결합과 공유 결합 함수의 선형 조합으로 표기할 것이다.

$$\psi = (1 - \lambda)\psi_{\text{공유 결합}} + \lambda\psi_{\text{이온 결합}} \quad \textbf{(4.5)}$$

여기에서 λ는 두 파동 함수의 기여하는 정도를 결정한다. 이렇게 하면 새로운 파동 함수는 **기여하는 두 구조** 중의 어느 것보다도 더 **낮은** 에너지로 존재하게 된다. 이것은 공유 결합-이온 결합 공명의 한 가지 예인데, **전기음성도**를 설명할 때 더 상세히 알아볼 것이다.

공명의 다른 형태는 탄산 이온에서 볼 수 있다. 이 이온에 대해 간단한 Lewis 구조를 그리면 세 개의 $\sigma$ 결합과 한 개의 $\pi$ 결합을 가져야 한다. 그러나 $\pi$ 결합을 어디에 배치할 것인지를 결정하고자 할 때 이 $\pi$ 결합을 그리기 위한 유일한 방법은 없다. 한 산소 원자가 다른 두 산소 원자보다 $\pi$ 결합을 더 우선적으로 선호하게 되는 아무런 이유도 존재하지 않는다. 실험적으로도 한 산소 원자를 다른 두 산소 원자와 구별짓기가 불가능하다.

탄산 이온의 경우 세 가지의 동등한 기여 구조를 그릴 수 있다.

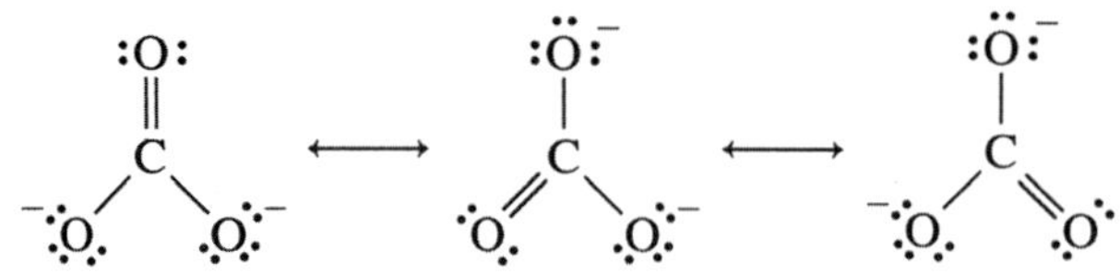

I II III

이들 구조 각각은 파동 함수 $\psi_I$, $\psi_{II}$, $\psi_{III}$로 나타낼 것이다. 탄산 이온의 실제 구조는 이들 중 어느 것도 아니고, 세 가지 **정준 구조(canonical structure)** 의 선형 조합에 의해 생성되는 **공명 혼성체(resonance hybrid)** 이다.

$$\psi = a\psi_I + b\psi_{II} + c\psi_{III} \tag{4.6}$$

이 공명 혼성체를 나타내기 위하여 그릴 수 있는 간단한 Lewis 구조는 없지만 올바른 구조를 정성적인 개념으로 그릴 수 있는 방법은 다음과 같다.

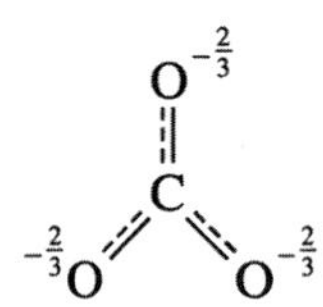

IV

IV의 에너지는 I, II, III보다 더 낮은 것으로 밝혀졌다. I과 IV 사이의 에너지 차이를 탄산 이온의 **공명 에너지(resonance energy)** 라고 부른다. 그러나 공명 에너지는 오로지 파동 함수 $\psi_I$, $\psi_{II}$, $\psi_{III}$가 이 이온의 실제 구조를 올바르게 표현하지 못했기 때문에 생기는 것임을 알고 있어야 한다. 그러면 공명 에너지는 단순하게 모르고 넘긴 실제 파동 함수를 측정한 것이 된다. 더 정확하게는, 공명 에너지와 모든 공명 현상은 결합을 두 핵 사이에 **편재된 전자쌍**으로 간주하는 원자가결합 이론에 국한시켜 접근한 결과일 뿐이다. 한 개 이상의 전자쌍이 **비편재화되**어 있는 분자나 이온을 다룰 때에는 공명을 도입하여 상황을 수정하여야 한다. 그렇다고 원자가결합 이론이 잘못된 것이라고 결론지어서는 안되며, 다만 비편재된 전자를 고려해야 할 때가 많이 있고, 이 때에는 성가시게 될 뿐이다. 그러나 전자가 편재화되어 있는 분자의 경우, 원자가결합 이론은 매우 유용함이 입증되었다.

실제로 관찰되는 유일한 구조는 공명 혼성체이고, 정준 형태는 실험적으로 관찰되는 분자를 정확하게 설명하기 위하여 사용하는 가정에 불과함을 분명하게 강조해 둔다.

## 형식 전하

앞에서 형식 전하는, 원자들의 전기음성도가 모두 같다고 가정하였을 때 한 분자에서 어떤 원자가 갖게 되는 전하라고 간주하였다. 그러면 포스포늄 이온($PH_4^+$) 에서처럼 실제 이온 전하와 비슷할 수도 있다. 인과 수소는 거의 같은 전기음성도를 가진다. 각 수소 원자에 대한 형식 전하는 0이고, 인 원자는 이온 전하에 해당하는 +1의 형식 전하를 갖게 된다. 그러나 $N_2O$와 같은 분자의 경우, 중성 분자와는 다른 형식 전하를 나타낸다.

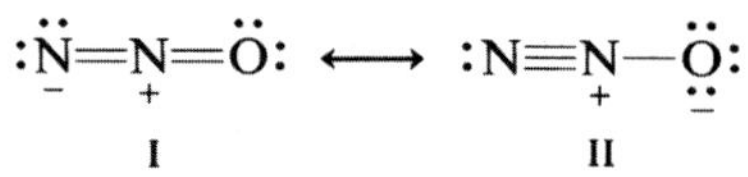

$N_2O$의 경우, 질소와 산소의 전기음성도는 서로 다르다. 계산된 형식 전하는 두 가지 구조 모두에서 정확하게 +1 또는 −1은 아니지만, 조사하고자 하는 원자에 전기 전하가 실제로 존재함을 나타낸다. 더 확실하게 말하자면, 두 질소 원자의 전하 밀도는 동일하지 않다.

원자에 대한 형식 전하를 구하려면, 모든 전자는 동등하게 공유되어 각 원자는 이웃한 원자들과 공유한 전자의 절반만 갖게 된다고 가정한다. 그러면 형식 전하, $Q_F$는 다음과 같게 된다.

$$Q_F = N_A - N_M = N_A - N_{LP} - \tfrac{1}{2}N_{BP} \qquad (4.7)$$

여기서 $N_A$는 자유 원자의 원자가껍질에 있는 전자의 수이고 $N_M$은 '분자에서 원자에 속한' 전자의 수이다. $N_{LP}$와 $N_{BP}$는 각각 비공유쌍과 결합쌍에 있는 전자의 수이다.

**포스포늄 이온**의 Lewis 구조에 적용하면,

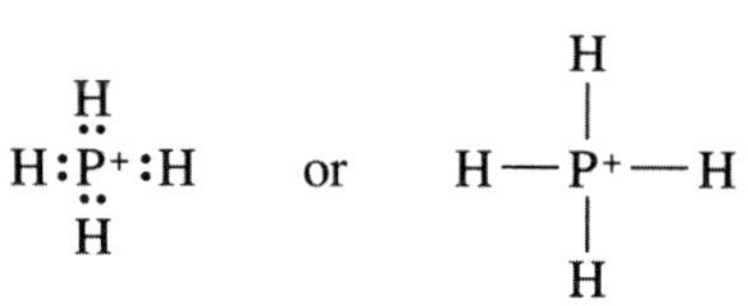

다음과 같은 형식 전하를 얻는다.

$$Q_P = 5 - 4 = 5 - 0 - \tfrac{1}{2}(8) = +1 \qquad (4.8)$$

$$Q_H = 1 - 1 = 1 - 0 - \tfrac{1}{2}(2) = 0 \qquad (4.9)$$

이 결과는 포스파인 분자와는 다른데,

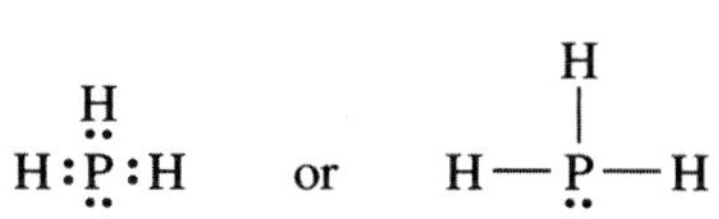

이 분자의 형식 전하는 다음과 같다.

$$Q_P = 5 - 5 = 5 - 2 - \tfrac{1}{2}(6) = 0 \qquad (4.10)$$

$$Q_H = 1 - 1 = 1 - 0 - \tfrac{1}{2}(2) = 0 \qquad (4.11)$$

이제 $N_2O$에 대해 살펴보자. 구조 I의 Lewis 구조는 다음과 같다.

$$:\ddot{N}_t::N_c::\ddot{O}: \quad \text{or} \quad N_t = N_c = O$$

여기서 $t$ = 말단(또는 왼쪽)이고 $c$ = 중심을 뜻하는 표기이다. 그러므로,

$$Q_{N_t} = 5 - 6 = 5 - 4 - \tfrac{1}{2}(4) = -1 \qquad (4.12)$$

$$Q_{N_c} = 5 - 4 = 5 - 0 - \tfrac{1}{2}(8) = +1 \qquad (4.13)$$

$$Q_O = 6 - 6 = 6 - 4 - \tfrac{1}{2}(4) = 0 \qquad (4.14)$$

마찬가지로, 구조 II의 경우 $N_c$의 형식 전하는 +1이고, 산소의 형식 전하는 −1이다.

형식 전하가 이온의 전하를 실제로 나타내는 것은 아니지만, 양과 음의 전하를 구성하는 어떤 경향성을 나타낸다. 예를 들어, 일산화 탄소를 살펴보자. 최대로 많이 결합하는 유일하게 타당한 Lewis 구조는 삼중 결합을 갖는 일상적인 구조이다.

$$:\overset{-}{C}:::\overset{+}{O}:$$

그러나 이 구조에서 산소에는 양의 형식 전하가 놓여 있고, 탄소에는 음의 형식 전하가 놓여 있음을 주목하라. 탄소와 산소의 전기음성도가 동일하다면 일산화 탄소는 다음과 같은 방향으로 상당히 큰 쌍극자 모멘트를 가져야 한다.

$$:\underset{\longleftarrow\!\!\!+}{C:::O}:$$

그러나 전기음성도가 다르기 때문에 전자 밀도는 반대 방향인 탄소 원자에서 산소 원자 쪽으로 끌리기 때문에 쌍극자 모멘트가 상쇄되고, 일산화 탄소는 매우 낮은 쌍극자 모멘트, $0.4 \times 10^{-30}$ C m (0.12 D) 를 가진다.

## 혼성화

원자가결합 이론에서 오비탈들의 혼성은 결합 형성의 중요한 부분이다. 분자 오비탈 이론에서는 이 개념을 고려할 필요가 없는 것이 분명하지만, 결합 형성 과정을 가시화시키려면 혼성화 개념을 사용해야 한다.

메테인 분자($CH_4$) 를 살펴보자. 탄소 원자의 바닥 상태는 $^3P$이고, 전자 배치는 $1s^22s^22p_x^12p_y^1$이다. 이 상태에서 탄소는 결합에 사용할 수 있는 전자가 $p_x$와 $p_y$ 오비탈에 있는 두 개의 홀전자뿐이기 때문에 2가 상태일 것이다. 유기화학에서 2가 탄소는 메틸렌과 카벤 중간체에서 잘 알려져 있기는 하지만, 안정한 탄소 화합물들은 4가이다. 네 개의 결합이 생기려면, 탄소 원자는 이 **원자가상태**로 들떠야 한다. 그래서 2*s* 오비탈에 있는 전자 중의 하나가 비어있는 2*p* 오비탈로 **올라가게** 된다. 이와 같은 들뜬 상태는 $^5S$ 상태이고 전자 배치는 $1s^22s^12p_x^12p_y^12p_z^1$이다. 이렇게 들뜨려면 406 kJ $mol^{-1}$의 에너지가 필요하다. 이 원자가상태, $V_4$는 분자에서 한 원자의 상태로서 정의되기 때문에 결합된 원자들을 나타내지 않았지만, $^5S$ 상태의 스핀들을 무작위화시키려면, 평행한 스핀을 가지려고 하는 일반적인 성향을 극복할 수 있을 정도로 충분한 에너지를 추가로 더 공급하여야 한다.[2] 이 원자가상태에 도달하려면 에너지가 더 많이 필요하지만, 두 개의 추가적인 결합 생성은 $CH_4$를 $CH_2$ + 2H보다 895 kJ $mol^{-1}$만큼 더 안정하게 만든다.

혼성화는 "순수한" 원자 오비탈들이 혼합이나 선형 조합을 통하여 새로운 혼성 오비탈들을 형성하는 것으로 이루어져 있다. 그러므로 우리는 탄소가 갖는 한 개의 2*s* 오비탈과 세 개의 2*p* 오비탈이 합해져서, 공간적으로나 에너지적으로 동등한 네 개의 $sp^3$ 오비탈로 이루어진 하나의 세트를 형성한다고 말한다. 그림 4.2는 더 간단한 예인 한 개의 *s* 오비

---

2) 반대 과정을 살펴보면 이와 같은 원자가상태 들뜸 에너지가 존재함은 분명해질 것이다. 메테인에서 탄소의 상태는 전혀 변하지 않게 하면서 네 개의 수소 원자를 제거한다고 가정하면 스핀들은 완전하게 무작위화될 것이다. 그러면 스핀들이 평행한 상태로 유지시키키 위한 에너지가 더 필요할 것이다. McWeeny, R. *Coulson's Valence*; Oxford University: London, 1979; pp 150, 201~203, 208~209. $^3P$, $^1S$ 등과는 달리, $V_4$는 관찰할 수 있는 분광학적 상태가 아니며 전자 스핀들과 관련된 들뜸 에너지를 첨가하여 계산되는 것임을 유념하여야 한다.

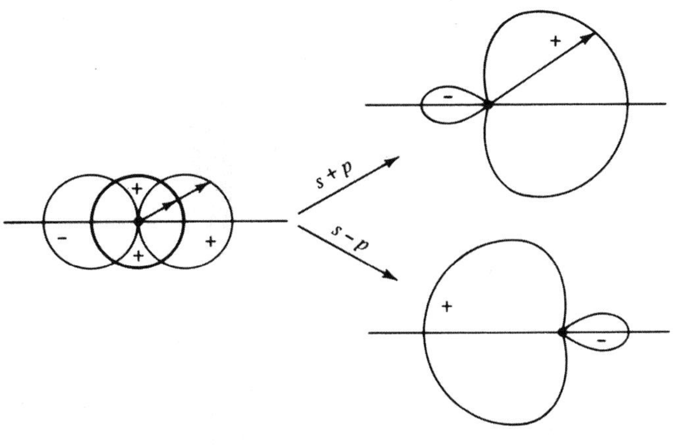


**그림 4.2** 각 파동 함수의 합과 차에 의한 *sp* 혼성 오비탈들의 생성.

탈과 한 개의 *p* 오비탈로부터 *sp* 혼성 오비탈이 생성되는 경우를 개념적으로 나타낸 것이다. *s* 오비탈과 *p* 오비탈을 조합하면 파동 함수의 부호가 같은 영역에서는 강화가 일어나고 부호가 반대인 영역에서는 상쇄가 일어난다.

*s*와 *p* 오비탈의 파동 함수를 $\psi_s$와 $\psi_p$로 표기하고, 이 두 함수를 조합하면 다음과 같은 두 개의 동등한 오비탈을 얻게 된다.

$$\psi_{di_1} = \sqrt{\tfrac{1}{2}}(\psi_s + \psi_p) \tag{4.15}$$

$$\psi_{di_2} = \sqrt{\tfrac{1}{2}}(\psi_s - \psi_p) \tag{4.16}$$

여기서 $\sqrt{\frac{1}{2}}$은 정상화 계수이고, $\psi_{di_1}$과 $\psi_{di_2}$는 새로운 **선형(diagonal, *di*)** 혼성 또는 ***sp* 오비탈**이다.

메테인에 대한 $sp^3$ 또는 사면체 오비탈의 생성은 수학적으로는 더 복잡하지만 기본이 달라지는 것은 아니다. 결과는 네 개의 동등한 혼성 오비탈이고, 사면체의 모서리를 향하여 배향된 각 파동 함수에는 *s*와 *p*가 각각 1과 3의 비율로 포함되어 있다. *sp* 혼성의 경우에서처럼, *s*와 *p*의 혼성화가 일어나면 혼성 오비탈의 두 귓불 중에서 하나가 다른 하나보다 훨씬 더 크게 된다(그림 4.3 참조). 혼성 오비탈은 여러 가지 방법으로 나타낼 수 있다. 몇 가지의 등전자 밀도면을 그리는 방법(그림 4.3)이나, 바깥쪽에 있는 한 가지의

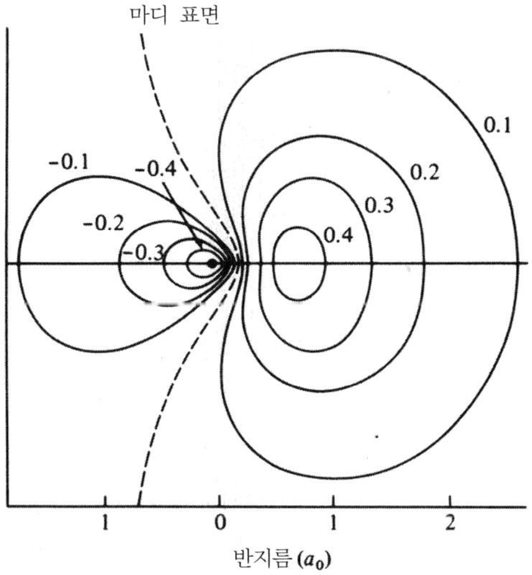


**그림 4.3** $sp^3$ 혼성 오비탈의 등전자 밀도선. 마디 표면이 핵을 통과하지 않음을 유의하라.

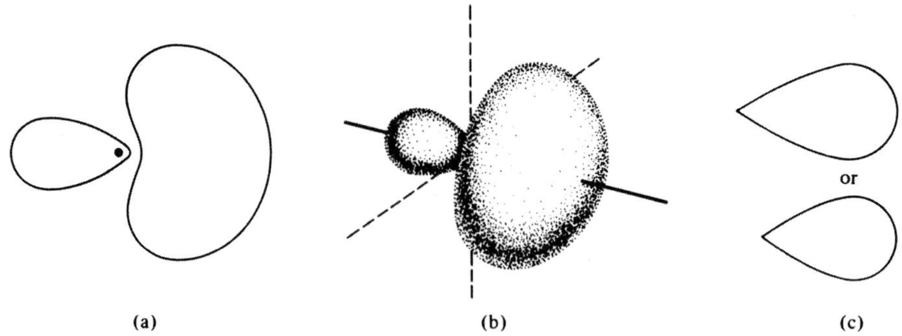


**그림 4.4** 혼성 오비탈을 표현하는 몇 가지 다른 방법. (a) 단일 등밀도선을 사용한 오비탈 모양, (b) 전자 구름으로 나타내는 방법, (c) 단순화시킨 표현. 후방의 작은 귓불은 생략하였고 여러 혼성 오비탈을 포함하는 분자를 쉽게 그리기 위하여 유선형으로 나타내었다.

등밀도면을 사용하는 방법 (그림 4.4a), 또는 전자 구름 (그림 4.4b) 이나 간단하게 오비탈의 작은 귓불은 무시하고 큰 귓불만 그리는 방법 (그림 4.4c) 을 예로 들 수 있다. 마지막 방법은 보기에는 심하게 일그러져 있지만 여러 혼성 오비탈을 포함하는 분자를 그릴 때 가장 많이 사용하는 방법이다.

생성될 수 있는 *s-p* 혼성의 세 번째 형태는 *s*와 *p* 오비탈을 각각 1과 2의 비율로 포함하는 것이다. 이것은 $sp^2$ 또는 **삼각형 (trigonal, *tr*) 혼성**이라고 부른다. 이 혼성은 세 개의 동등한 오비탈들로 구성되며, 각 오비탈의 형태는 그림 4.3과 크게 다르지 않고, 정삼각형의 꼭짓점을 향하고 있다. 그러므로 삼각형 혼성에서 오비탈들의 축 사이의 각은 모두 120°이다.

탄소와 수소로부터 메테인이 생성될 때 들뜸과 혼성화는 서로 관련이 있지만 이들을 구별하기 위해 각별한 주의가 필요하다. 들뜸은 두 개의 결합을 추가로 생성시키기 위하여 전자 하나를 더 높은 에너지 준위로 올려놓는 데 필요한 여분의 에너지를 포함한다. 들뜸 과정이 끝나면 탄소는 세 개의 *p* 오비탈로 세 개의 결합을 생성할 수 있게 되었고 네 번째 결합은 *s* 오비탈을 사용하여 생성하게 된다고 생각할 수도 있다. 그러나 탄소가 이런 방식이 아니라 사면체 결합을 생성하게 되는 것은 필요한 들뜸의 결과가 아니라 사면체 결합을 생성하는 것이 훨씬 더 안정하기 때문이다. 그러므로 들뜸과 혼성화는 대개 같이 일어나지만, 둘 다 따로 일어날 수도 있다.

혼성화를 다룰 때 고려해야 할 두 번째 사항은 추진력의 근원이다. 이 효과에 대해서는 대개 "탄소는 $sp^3$로 혼성화되기 때문에 메테인은 사면체이다."라고 설명하고 있다. 이것은 너무 애매하고 사리에 맞지 않은 표현이다. 메테인 분자가 사면체인 까닭은 이 배열에서 분자의 에너지가 가장 낮을 뿐만 아니라 결합 에너지가 증가되고 반발 에너지는 감소되기 때문이다. 이 분자가 사면체이기 때문에, VB 이론을 적용하면 $sp^3$ 혼성화가 일어나야 한다. 그러므로 분자의 모양이 혼성화에 기여한다는 것은 옳지 않다. 혼성화에 따라 어떤 배열은 금지되고 다른 구조는 허용이 되기도 하지만 이것이 어느 한 구조를 선호함을 의미하는 것은 아니다. 예를 들어, 메테인 분자에 대한 다음과 같은 가능성을 살펴보자.

**표 4.2**
혼성 오비탈의 결합각.

| 혼성화 | 기하 구조 | 결합각(s) |
|---|---|---|
| *sp* (*di*) | 선형(대각선) | 180° |
| $sp^2$ (*tr*) | 삼각형 | 120° |
| $sp^3$ (*te*) | 사면체 | $109\frac{1}{2}$° |
| $dsp^3$ | 삼각 쌍뿔 | 90°, 120° |
| | 사각뿔 | > 90°, < 90° |
| $d^2sp^3$ | 팔면체 | 90° |

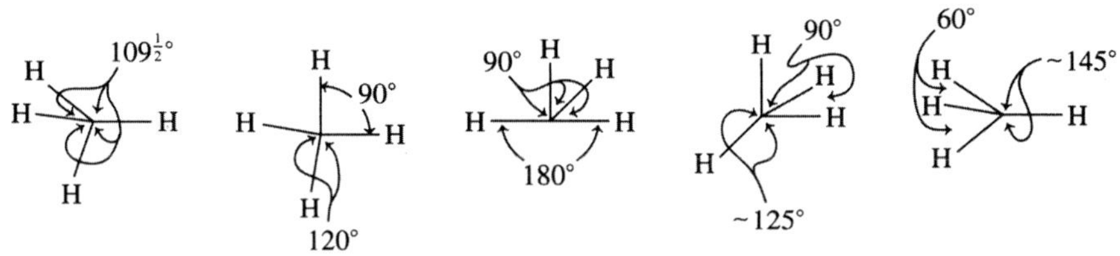


I $sp^3$ II $sp^2 + p$ III $sp + p^2$ IV $s + p^3$ V

처음의 세 가지 기하 구조는 앞에서 설명한 사면체, 삼각형, 선형 구조를 포함하고 있고, 네 번째 구조는 116쪽에서 설명한 순수한 *s*와 *p* 오비탈을 사용하는 구조이다. 마지막의 다섯 번째 구조는 상호 각도가 60°인 세 개의 동등한 결합과 나머지 결합들에 대해 약 145°의 각도를 갖는 네 번째 결합을 포함한다. 90° 이하의 각도로 *s-p* 혼성 오비탈을 구성하는 것은 불가능하므로 구조 V는 배제된다. 그래서 혼성화는 구조 V를 "허용"하지 않는다라고 말할 수는 있겠지만, 혼성화가 나머지 것들 중의 어느 한 가지를 "선택"한다라고는 말할 수 없다. 많은 화합물에서 탄소는 *sp*, $sp^2$, $sp^3$로 혼성화되며, 메테인에서 $sp^3$를 선택한 것은 사면체 구조가 가장 안정하기 때문이다.

혼성화를 *s* 오비탈과 *p* 오비탈에만 제한할 필요는 없다. 혼성화의 기준은 혼성화되는 오비탈의 파동 함수가 적절한 대칭성을 가져야 하고(2장) 에너지가 비슷해야 한다는 것이다. 오비탈의 에너지가 서로 비슷하지 않으면 전자 밀도가 너무 엷게 퍼져 있게 되므로 혼성의 파동 함수는 결합을 형성하기에 적합하지 않게 될 것이다. 실제로 혼성화는 주로 같은 주에너지 준위에 있거나 가끔은 인접한 에너지 준위들에 있는 오비탈 간에 생성된다.

*s*, *p*, *d* 오비탈을 포함하는 혼성 오비탈을 표 4.2에 나타내었다. 여러 혼성 오비탈의 구조는 5장에서 설명할 것인데, 표 4.2에는 주어진 혼성화에 대한 오비탈 간의 결합각을 참고 자료로 나타내었다.

대부분의 혼성 오비탈 세트는 동등하고 대칭적이다. 즉, 네 개의 $sp^3$ 오비탈은 정사면체의 모서리를 향하여 배향되고, 여섯 개의 $d^2sp^3$ 오비탈은 팔면체의 모서리를 향해 배향된다. $sp^3d$ 혼성의 경우, 오비탈은 동등하지 않다. 삼각 쌍뿔 배열에서, 세 개의 오비탈은 삼각형으로 배향되어 동등한 오비탈의 한 세트를 형성하고(이들은 $sp^2$ 혼성으로 간주된다) 선형으로 배향된(처음의 세 오비탈로 이루어진 평면에 직각이다) 두 개의 오비탈은 또 다른 세트를 형성한다(이들은 *dp* 혼성으로 간주된다). 앞의 세트는 **적도방향(equatorial, 수평방향)** 오비탈이라 부르고, 나중의 것은 **축방향(axial, 수직방향)** 오비탈이라 부른다. 서로 다른 오비탈의 성질이 포함되어 있기 때문에, 두 개의 오비탈로부터 생성된 결합은 근본적으로 다르고, 동일한 원자들에 결합될 때에도 다른 성질을 갖게 될

**표 4.3**
겹침과 결합 성질에 미치는 혼성화 효과[a].

| 분자 | 혼성화 | C−H 결합 에너지 ($kJ\ mol^{-1}$) | C−H 결합 길이 (pm) |
|---|---|---|---|
| $H-C\equiv C-H$ | $sp$ | 500 | 106.1 |
| $H_2C=CH_2$ | $sp^2$ | 400 | 108.6 |
| $CH_4$ | $sp^3$ | 410 | 109.3 |
| CH 라디칼 | ~$p$ | 335 | 112.0 |

[a] McWeeny, R. *Coulson's Valance*; Oxford University: London, 1979; p.204.

것이다. 예를 들면, $PF_5$ 분자에서 축방향과 적도방향 결합에 대한 결합 길이는 서로 다르다 (5장 참조).

*s-p* 오비탈의 경우에도 모든 오비탈이 동등할 필요는 없다. H—O—H 결합각이 104.5°인 물 분자를 살펴보자. 이 결합각은 위에서 설명한 혼성 중에서 어떠한 것에도 해당하지 않지만, $sp^3$의 109.5°와 순수한 *p* 오비탈의 90° 사이의 값이다. 그래서 물의 두 결합 오비탈은 거의 사면체 오비탈이지만 약간의 *p* 성질을 포함하고 있어서 결합각을 순수한 *p* 오비탈의 결합각인 90° 쪽으로 감소시켰다고 추측할 수 있다. 이와 같은 현상이 일어나게 만드는 추진력은 5장에서 설명할 것이다.

*s*나 *p* 성질과 결합각 사이의 관계도 5장에서 설명할 것이다. 여기서는 $sp$, $sp^2$, $sp^3$ 외에 *s-p* 혼성화의 확률을 알아보기만 하면 된다. 이들 혼성화에서 전체 오비탈에 기여하는 *s*의 비율은 각각 50%, 33%, 25%이다. 순수한 *s* 오비탈은 100%의 *s* 성질을 가질 것이고, 순수한 *p* 오비탈은 0%의 *s* 성질을 가질 것이다. 혼성 오비탈은 *s*와 *p* 오비탈의 파동함수들의 선형 조합으로 이루어지기 때문에,

$$\phi = a\psi_s + b\psi_p \qquad (4.17)$$

*a*와 *b*값을 *s* 성질이 정확하게 25%, 33%, 50%가 되게끔 하는 값을 갖게 만들 필요는 없다. 예를 들면, 물의 경우 *s* 성질값은 실제로 20%이다. 혼성화가 위와 같이 정의된다면 % *p* 성질은 항상 % *s* 성질의 여수(complement)가 되며, 물의 경우에 % *p* 성질은 80%이다.

## 혼성화와 겹침

어떤 결합의 세기는 원자 오비탈의 겹침 정도에 대략적으로 비례한다고 일반화시킬 수도 있을 것이다. 순수한 *s* 오비탈과 순수한 *p* 오비탈은 두 가지가 모두 혼성 오비탈에 비해 겹침이 상대적으로 효과적일 수가 없다. 혼성 오비탈의 상대적인 겹침은 $sp > sp^2 > sp^3 >> p$의 순서로 감소한다. 겹침에 미치는 혼성화 효과 때문에 나타나는 결합의 차이는 표 4.3에 나타내었다. 아세틸렌의 C—H 결합은 결합 오비탈의 *s* 성질이 더 약한 탄화수소의 결합보다 **더 짧고 더 강하다**. 표 4.3에 나타낸 탄화수소의 혼성화는 화학양론과 입체화학에 따라 결정된다. 여러 가지의 혼성화가 가능한 분자들은 여러 가능한 혼성화, 겹침, 결합 세기를 가질 수 있다. 다른 것이 모두 같다면, 분자들은 적당한 혼성화를 사용함으로써 결합 에너지를 최대가 되게 만든다고 예상할 수 있다.

## 분자 오비탈 이론

분자의 결합에 대한 두 번째 접근 방식은 분자 오비탈(molecular orbital, MO) 이론으로 알려져 있다. 이 이론의 가정은, 두 핵이 평형을 이루는 거리에 위치하고 전자가 첨가된다면, 이 전자는 분자 오비탈로 들어가게 되는데, 이 분자 오비탈은 여러 가지 면에서 1장에서 설명한 원자 오비탈과 비슷하다는 것이다. 원자에는 여러 가지 양자수의 세트에 따라 정해지는 *s*, *p*, *d*, *f*, . . . 오비탈이 존재하는데, 분자에는 양자수에 의해 결정되는 $\boldsymbol{\sigma}$, $\boldsymbol{\pi}$, $\boldsymbol{\delta}$, . . . 오비탈이 존재한다. 원자 오비탈처럼 분자 오비탈에서도 Pauli 배타 원리와 Hund의 최대 다중도 규칙이 적용될 수 있을 것으로 기대하여야 한다.

여러 가지 분자 오비탈을 얻기 위하여 Schrödinger 방정식을 풀고자 하면, 이전에 수소보다 더 무거운 원자에 대해 알아보았던 것과 동일한 문제에 직면하게 된다. 즉, Schrödinger 방정식을 정확하게 풀 수 없기 때문에 분자 오비탈에 대한 파동 함수의 형태와 연관되는 몇 가지 가정을 만들어야 한다.

정확한 분자 오비탈을 가정하는 여러 방법들 중에서 한 가지, 즉 원자 오비탈의 선형 조합(linear combination of atomic orbitals, LCAO) 방법만 설명하고자 한다. 이 방법에서는 분자를 형성하는 원자들의 원자 오비탈을 조합하면 정확한 분자 오비탈을 얻을 수 있다고 가정한다. 여기에 대한 이론적 설명은 다음과 같다. 즉, 대부분의 시간 동안 전자들은 두 핵 중에서 어느 한 핵에 더 가깝게 있게 될 것이므로 그 핵에 의해 "조절"될 것이다. 그래서 분자 오비탈은 그 원자에 대한 원자 오비탈과 거의 같을 정도로 유사해야 한다. 기본적인 과정은 혼성 원자 오비탈을 구성할 때 적용한 방법과 동일하지만, 여기서는 전체 분자와 관련이 있는 새로운 오비탈을 생성시키기 위하여 **서로 다른 원자**에 있는 오비탈을 조합하고 있다는 점이 다르다. 그러므로 원자 A와 원자 B에 있는 원자 오비탈 $\psi_A$와 $\psi_B$를 조합하면 두 개의 분자 오비탈을 얻게 된다.[3)]

$$\psi_b = \psi_A + \psi_B \tag{4.18}$$

$$\psi_a = \psi_A - \psi_B \tag{4.19}$$

그러므로 생성되는 단일 전자 분자 오비탈들은 한 개의 **결합성** 분자 오비탈($\psi_b$)과 한 개의 **반결합성** 분자 오비탈($\psi_a$)로 구성된다. 한 개의 전자가 결합성 분자 오비탈을 채운다면(예를 들어 $H_2^+$처럼), 이 분자에 대하여 가정한 파동 함수는 다음과 같다.

$$\psi = \psi_{b(1)} = \psi_{A(1)} + \psi_{B(1)} \tag{4.20}$$

$H_2$와 같은 2-전자계의 경우, 전체 파동 함수는 각 전자에 대한 파동 함수의 곱이다.

$$\psi = \psi_{b(1)}\psi_{b(2)} = [\psi_{A(1)} + \psi_{B(1)}][\psi_{A(2)} + \psi_{B(2)}] \tag{4.21}$$

$$\psi = \psi_{A(1)}\psi_{A(2)} + \psi_{B(1)}\psi_{B(2)} + \psi_{A(1)}\psi_{B(2)} + \psi_{A(2)}\psi_{B(1)} \tag{4.22}$$

MO 이론으로 처리한 결과는 VB 이론으로 얻은 것과 비슷하다. 식 4.22는 이온항들($\psi_{A(1)}\psi_{A(2)}$와 $\psi_{B(1)}\psi_{B(2)}$)이 공유항들($\psi_{A(1)}\psi_{B(2)}$와 $\psi_{A(2)}\psi_{B(1)}$) 만큼 중요해진 것을 제외하면 식 4.3과 같다(재배열했을 때). 이와 같은 결과는 놀라운 것이 아닌데, 식 4.21을 얻

3) $\psi_B - \psi_A$는 세 번째 MO를 나타내는 것이 아니라 $\psi_a$의 다른 형태를 나타내는 것이다.

**표 4.4**
$H_2$에서 MO 파동 함수에 대한 에너지와 평형 거리.

| 함수의 형태 | 에너지 (kJ $mol^{-1}$) | 거리 (pm) |
|---|---|---|
| 보정되지 않은, $\psi = \psi_A + \psi_B$ | 260 | 85 |
| 가려막기의 추가 | 337 | 73 |
| MO, SCF 한계 | 349 | 74 |
| 측정값 | 458.0 | 74.1 |

[a] McWeeny, R. *Coulson's Valance*; Oxford University: London, 1979; p.120.

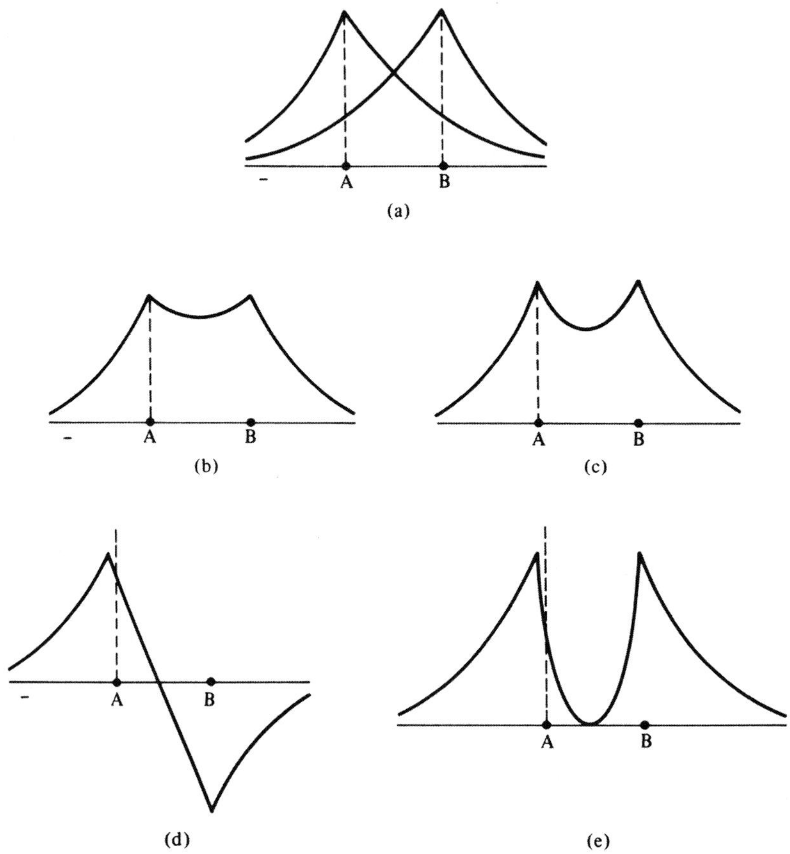


**그림 4.5** (a) 개별 수소 원자들에 대한 $\psi_A$와 $\psi_B$(그림 1.1과 비교). (b) $\psi_b = \psi_A + \psi_B$. (c) 결합성 오비탈에 대한 확률 함수, $\psi_b^2$. (d) $\psi_a = \psi_A - \psi_B$. (e) 반결합성 오비탈에 대한 확률 함수, $\psi_a^2$. 결합성 오비탈은 핵 사이에서 전자 밀도가 증가하지만, 반결합성 오비탈은 핵 사이에서 전자 밀도가 감소함을 주목하라 (e).

을 때 전자들의 반발을 고려하지 않았기 때문이다. 이것은 일반적인 결과이다. 이와 같은 방법을 사용하여 원자 오비탈의 선형 조합(LCAO-MO 이론) 을 통해 얻은 간단한 분자 오비탈은 분자의 이온성이 다소 과장되어 있기 때문에, 이처럼 간단한 방법으로 얻은 결과를 더 현실적으로 조정하고자 할 때 만나게 되는 주된 문제는 **전자의 연관성**을 설명하는 것이다. VB 이론처럼, 수정항을 첨가하면 파동 함수를 최적화시킬 수 있다. 수소 분자에 대한 전형적인 결과를 표 4.4에 나타내었다.

두 오비탈 $\psi_b$와 $\psi_a$는 다음과 같은 면에서 서로 다르다. 결합성 분자 오비탈에서 성분 원자들에 대한 파동 함수들은 핵 사이의 영역에서는 서로 보강된다(그림 4.5a, b). 그러

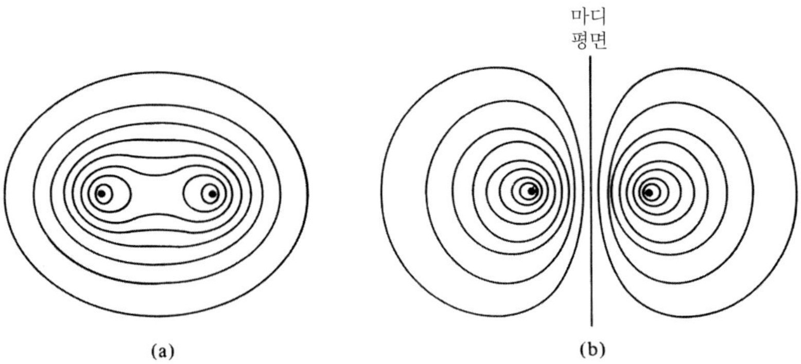


**그림 4.6** $H_2^+$ 이온에 대한 등전자 밀도선. (a) 결합성 오비탈. (b) 반결합성 오비탈.

나 반결합성 분자 오비탈에서 이들은 서로 상쇄되고 핵 사이의 마디를 생성시킨다(그림 4.5d). 수소 분자에서 **전자 분포**를 알아보는 대신 파동 함수의 제곱을 살펴보고자 한다.

$$\psi_b^2 = \psi_A^2 + 2\psi_A\psi_B + \psi_B^2 \quad (4.23)$$

$$\psi_a^2 = \psi_A^2 - 2\psi_A\psi_B + \psi_B^2 \quad (4.24)$$

두 확률 함수 간의 자이는 교자항 $2\psi_A\psi_B$에서 나타난다. 적분 $\int\psi_A\psi_B d\tau$는 **겹침 적분(overlap integral)**, S로 알려져 있는데, 결합 이론에서 매우 중요하다. 결합성 오비탈에서 이 겹침은 양의 값이며, 핵 사이에서 전자 밀도는 **증가**된다. 그러나 반결합성 오비탈에서 핵 사이의 전자 밀도는 **감소**된다(그림 4.5c, e 참조). 전자의 경우에 핵은 서로 가려막기 되고 전자에 대한 양쪽 핵의 인력은 증강된다. 그 결과 분자의 에너지가 낮아져서 **결합성** 상황에 놓이게 된다. 두 번째 경우 핵은 일부가 서로에게 드러나게 되고 전자는 양쪽 핵에 의한 상호 인력이 확연하게 감소된 공간 영역에 놓이게 된다. 이것이 반발 또는 **반결합성** 상황이다. 수소 분자 이온($H_2^+$)에 대한 전자 밀도 지도를 그림 4.6에 나타내었는데, 이 그림은 결합성과 반결합성 조건에서의 전자 밀도 차이를 잘 보여 주고 있다.[4]

대부분의 단순한 계산의 경우, 겹침 적분(S)는 상당히 작은 값이기 때문에 그다지 큰 오차를 초래하지 않고 무시될 수도 있다. 이렇게 하면 계산이 매우 간단해지면서도 대부분의 목적에 부합하기에는 충분할 정도로 정확하다. 겹침을 완전히 무시하면 분자의 파동 함수는 다음과 같게 된다.

$$\psi_b = \sqrt{\tfrac{1}{2}}(\psi_A + \psi_B) \quad (4.25)$$

$$\psi_a = \sqrt{\tfrac{1}{2}}(\psi_A - \psi_B) \quad (4.26)$$

"겹침을 완전히 무시한다."라는 개념은 정규화 계산에서 겹침 적분의 수학적인 값을 생략하는 것 뿐이다. 그러나 공유 결합 에너지($\Delta E_c$)가 원자 오비탈의 겹침 정도에 비례하기 때문에 정성적인 의미에서 "좋은 겹침"은 좋은 결합을 위해 필요하다. 계산에서 겹침을 무시하더라도 결합성과 반결합성 오비탈의 안정화와 탈안정화는 동일하다(그림 4.7).

---

[4] $H_2^+$에 대한 전자 밀도 지도는 전자의 상호작용을 수정할 필요가 없기 때문에 $H_2$에 대한 것보다 더 구하기 쉽다. 이 차이는 크지 않다.

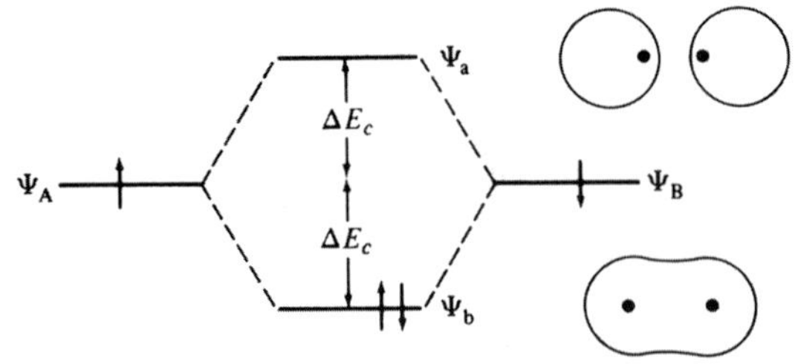


**그림 4.7** 겹침을 무시하였을 경우의 $H_2$ 분자에 대한 에너지 준위. $\Delta E_c$의 크기는 분리된 원자들과 결합성 분자 오비탈 간의 에너지 차이를 나타낸다. 이 값은 458 kJ $mol^{-1}$이다.

## 대칭과 겹침[5)]

식 4.23과 4.24에서 알아본 것처럼, 결합성과 반결합성 오비탈과 원자 오비탈에서 나타나는 전자 분포의 유일한 차이는 $\psi_A$와 $\psi_B$가 적당한 값들을 가져서 그 곱($S = \int\psi_A\psi_B d\tau$)이 0이 아닌 상당한 정도의 값을 갖는 공간 영역이 존재한다는 것이다. 그리고 결합성의 경우 $S > 0$이고, 반결합성은 $S < 0$이다. $S = 0$인 조건은 **비결합 (nonbonding)** 이라 부르는데, 오비탈 간의 상호작용이 없는 경우에 해당한다. $S$가 결합, 반결합 및 비결합 조건에 대한 기준으로 작용한다는 것은, 앞에서 알아본 것처럼 결합 세기가 원자 오비탈의 겹침 정도에 따라 결정된다는 주장과 일치한다. 일반적으로 결합은 겹침이 최대가 되는 방식으로 형성될 것으로 예상하여야 한다.

$s$ 오비탈에서 파동 함수의 부호는 어디에서나 같기 때문에($n > 1$인 경우의 작은 마디 간 영역을 제외하고), 양의 겹침을 이루기 위해 파동 함수의 부호가 일치해야 하는 문제는 존재하지 않는다. 그러나 $p$와 $d$ 오비탈의 경우, 오비탈의 배열은 여러 방식이 가능하기 때문에 어떤 경우에는 양의 겹침이 되고, 어떤 경우에는 음의 겹침이 되며, 때로는 겹침이 정확하게 0이 되기도 한다(그림 4.8). 결합은 이 겹침이 양이 되는 경우에만 일어날 수 있다.

겹침이 양이 되는 방식으로 오비탈을 가져다 놓는 것이 항상 가능하다고 생각할 수도 있을 것이다. 예를 들면, 그림 4.8g, h에서 음의 겹침이 얻어졌다면, 원자들 중의 하나를 뒤집어놓기만 하면 양의 겹침을 얻게 된다. 이것은 이원자 분자나 선형 다원자 분자에 대해서는 올바른 설명이다. 그러나 고리 화합물의 경우에는 적당한 겹침을 얻기 위해 원자들을 임의로 뒤집어 놓을 수가 없다. 이를 설명하려면 한 가지 예로도 충분할 것이다.

포스파젠 고리계를 포함하는 화합물들의 거대한 부류는 화학식이 $(PNX_2)_n$ (X = F, Cl, Br)이다. 그림 4.9는 삼합체인 $P_3N_3X_6$를 나타낸 것이다. 단일 결합과 이중 결합이 반복되는 점이 벤젠 고리와 비슷하다. 벤젠처럼 포스파젠 고리도 방향성이어서, $\pi$ 전자들은 콘쥬게이션계 전체에 걸쳐 비편재화되어 공명 안정화를 이룬다. 포스파젠 고리에서 $\pi$ 결합들을 나타내려면, 질소 원자에는 $p$ 오비탈이 관여하고 있으며 인 원자에는 $d$ 오비탈이 관여하고 있기 때문에 고려해야 할 사항이 많다. 한 가지 관점을 그림 4.10에 나타내었는데, 분명하게 나타내기 위하여 포스파젠 고리를 열어서 펼쳐 놓은 선형으로 표시

---

5) 이 절과 다음 절에서는 최소한의 대칭성만 거론될 것이기 때문에 결합을 대칭으로 이해하기 위해 2장을 먼저 읽어야 될 필요가 없다. 결합에 대한 대칭과 군 이론의 용도는 이 장과 다음 장에서 더 상세히 알아볼 것이다.

**그림 4.8** 양의 겹침(a~f), 음의 겹침(g~l), 겹침이 0이 되는 원자 오비탈의 배열.

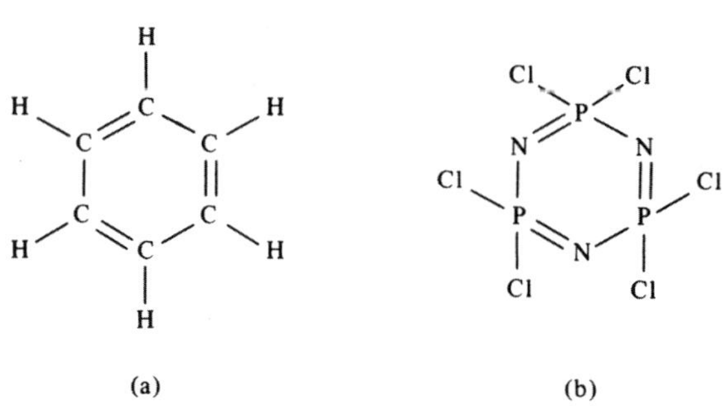


**그림 4.9** 고리계의 비교. (a) 벤젠 (b) 헥사클로로트라이포스파젠.

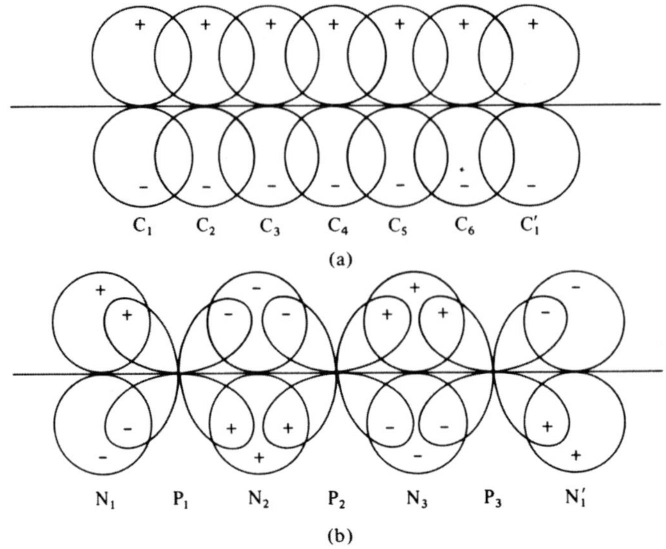


**그림 4.10** 오비탈의 겹침. (a) 벤젠의 *p-p* $\pi$계. (b) 포스파젠 고리의 *p-d* $\pi$계.

하였다. 번호가 1인 질소 원자($N_1$)에서 시작하고 *p* 오비탈의 귓불은 임의로 양과 음으로 지정한다. 인 원자는 *d* 오비탈을 통하여 $\pi$ 결합을 하기 때문에 $P_1$ 원자에 대해서는 $N_1$과 $P_1$ 간의 겹침이 0보다 더 크게 겹치는 적절한 대칭을 갖게끔 *d* 오비탈을 그린다. 이와 같은 방식으로 $N_2$, $P_2$, $N_3$, $P_3$에 대해서도 매번 오비탈의 대칭이 양의 겹침이 되게끔 만들 수 있다. 그러나 $P_3$와 $N_1$ 간의 겹침에 이르면(고리를 닫기 위해), $N_1$ 오비탈이 오른쪽에 나타낸 것처럼 되어야 하는데, 이미 왼쪽에 표기한 대로 지정되었음을 깨닫게 된다. 이 계에서 짝을 잘못 짓거나 마디가 생기지 않게끔 여섯 개의 오비탈을 그리는 것은 불가능하다.

## 분자 오비탈의 대칭성

몇 가지의 원자 오비탈의 가능한 조합을 그림 4.11에 나타내었다. 핵간 축 주위에 원통형 모양으로 대칭을 이루는 오비탈은 $\sigma$ 오비탈이라 부르는데, 가장 높은 대칭성을 갖는 원자 오비탈인 *s* 오비탈과 비슷하다. 핵간 축이 마디면에 놓이면 $\pi$ 결합이 된다. $\delta$ 결합에서 핵간 축은 서로 수직인 두 마디면에 놓인다. 모든 반결합성 오비탈(*로 표기된)들은 핵간 축에 수직이며, 핵 사이에 놓이는 추가적인 마디면을 가진다. 그리고 분자 오비탈은 대칭 중심을 가질 수도 있고 갖지 않을 수도 있다. 이 점이 특별하게 중요한 경우는 비점대칭인 $\pi_{p-p}$ 오비탈과 점대칭인 $\pi^*_{p-p}$ 오비탈이다.

## 동핵 이원자 분자의 분자 오비탈

설명하기에 가장 간단한 분자는 동일한 원소의 두 원자를 포함하는 분자이다. 수소 분자(그림 4.7)와 *s*와 *p* 오비탈(그림 4.8)에 대한 결과는 이미 알아보았다. 여기서는 1*s*, 2*s*, 2*p*, 3*s* 등의 원자 오비탈을 갖는 두 원자로부터 생성된 분자 오비탈에 대한 일반적인 경우를 알아볼 것이다.

결합성 분자 오비탈, 즉 결합에 참여하는 원자 오비탈보다 더 안정한 오비탈이 형성되려면 두 가지 기준이 충족되어야 한다. 한 가지는 원자 오비탈 간의 겹침은 양이 되어야 한다는 것이다. 또한 서로 다른 원자의 오비탈이 효과적으로 겹치려면 두 원자 오비탈의

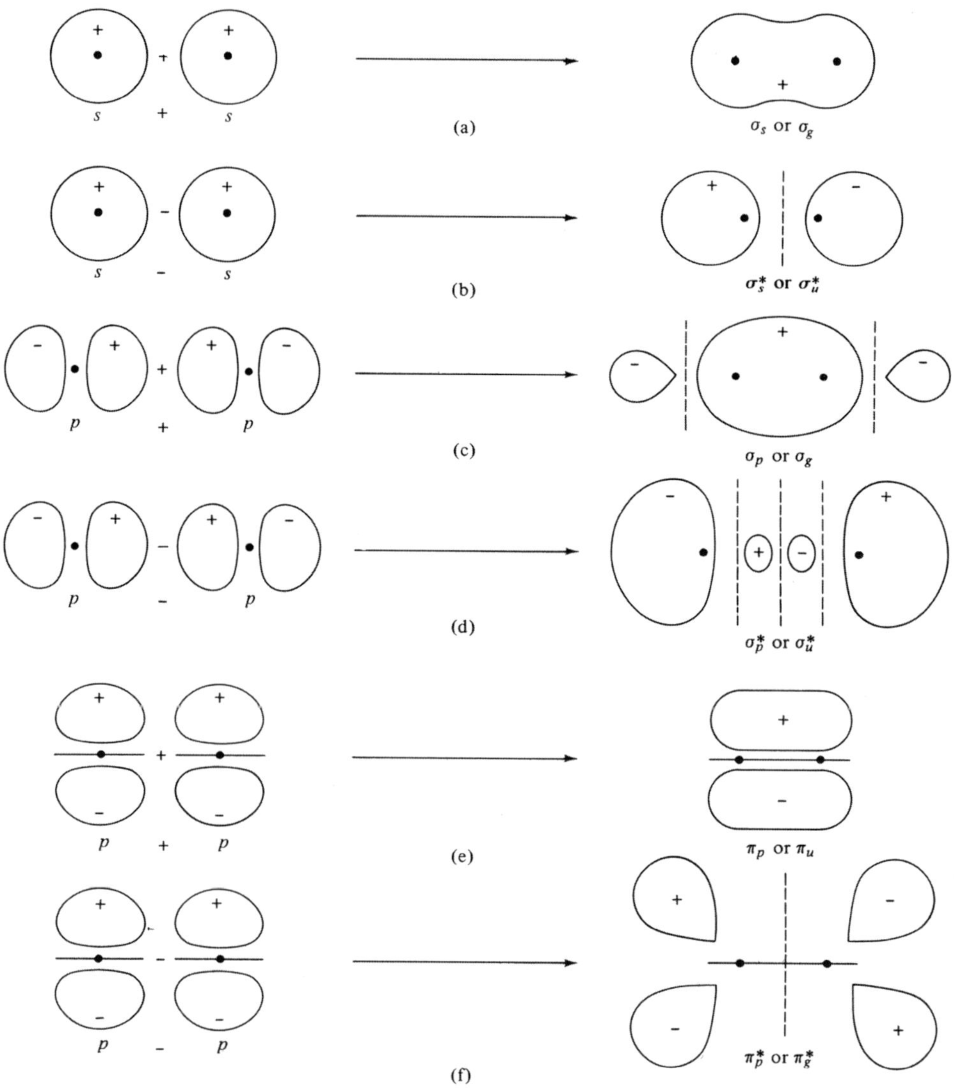


**그림 4.11** 원자 오비탈로부터 생성된 분자 오비탈의 대칭성. **$\sigma$** 오비탈(a~d)과 **$\pi$** 오비탈(e, f), 결합성 오비탈(a, c, e)과 반결합성 오비탈(b, d, f)을 보여 준다. 이 오비탈은 전자 밀도로 나타낸 것이고, 겹쳐진 **$\psi$**의 부호도 함께 표기하였다.

에너지는 거의 같아야 한다. 여기서는 분자 오비탈은 두 원자의 참여하는 오비탈(즉, $1s+1s$, $2s+2s$ 등)로부터 생성된다고 가정한다. 그러나 어떤 상황에서 이 가정은 수정되어야 함을 곧 알게 될 것이다. 원자 오비탈을 이러한 방법으로 조합하면 그림 4.12에 나타낸 에너지 준위들을 얻게 된다. 적절한 조합은 다음과 같다.[6)]

---

6) 기호 A와 B는 원자를 나타낸다. $x$, $y$, $z$는 $p$ 오비탈의 배향을 나타낸다. 원자 오비탈 표기(예: $1s$)는 같은 형태의 두 오비탈을 혼합할 때 구성되는 분자 오비탈들에만 적용할 수 있음을 주의하라. 이것은 너무 단순화시킨 것임을 나중에 알게 될 것이다(131쪽).

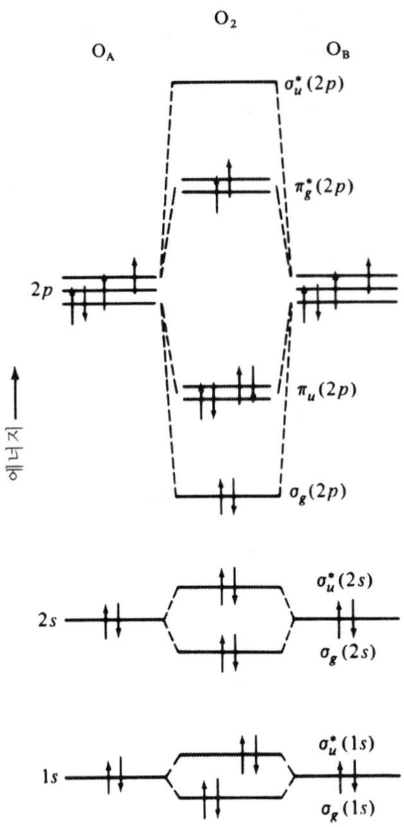


**그림 4.12** 두 번째 주기에 있는 원소의 이원자 분자에 대한 단순화시킨 분자 오비탈 에너지 준위. *s*와 *p* 오비탈은 혼합되지 않는다고 가정하였다. 세 개의 2*p* 오비탈은 축퇴되어 있기 때문에 동일한 에너지를 가지며 — — —로 나타내었다. 여기에 나타낸 것은 산소 분자이다.

$$\sigma_{1s} = 1s_A + 1s_B \qquad \pi_{2p_y} = 2p_{yA} + 2p_{yB}$$
$$\sigma^*_{1s} = 1s_A - 1s_B \qquad \pi_{2p_x} = 2p_{xA} + 2p_{xB}$$
$$\sigma_{2s} = 2s_A + 2s_B \qquad \pi^*_{2p_y} = 2p_{yA} - 2p_{yB}$$
$$\sigma^*_{2s} = 2s_A - 2s_B \qquad \pi^*_{2p_x} = 2p_{xA} - 2p_{xB}$$
$$\sigma_{2p} = 2p_{zA} + 2p_{zB}$$
$$\sigma^*_{2p} = 2p_{zA} - 2p_{zB}$$

$\sigma_{1s}$와 $\sigma^*_{1s}$ 오비탈은 수소 분자에 대해 앞에서 알아본 분자 오비탈과 동일하다. 2*s* 원자 오비탈도 $\sigma$와 $\sigma^*$ 오비탈과 유사한 세트를 형성한다. *p* 오비탈은 $p_z$ 오비탈의 직접적인 겹침(머리 대 머리)을 통해 한 개의 $\sigma$ 결합을 형성할 수 있고, $p_y$와 $p_x$ 오비탈의 평행한 겹침을 통해 두 개의 $\pi$ 결합을 형성할 수 있다. 겹침은 전자의 경우가 더 크기 때문에 공유 결합 에너지도 더 클 것으로 예상되며, 따라서 $\sigma$ 결합은 일반적으로 $\pi$ 결합보다 더 강하다(120쪽). 그러므로 $\sigma_{2p}$ 오비탈은 $\pi_{2p}$ 오비탈보다 더 안정화되고(더 낮은 에너지 상태에 있고), 이에 따라 $\sigma^*_{2p}$ 오비탈은 $\pi^*_{2p}$ 오비탈보다 더 높은 에너지 상태에 놓이게 된다. 분자의 전자 배치는 원자의 전자 배치와 유사한 방법으로 적을 수 있다. $H_2$의 경우는 다음과 같이 적는다.

$$H_2 = \sigma^2_{1s}$$

그림 4.12를 사용하면, 원자의 축조에 사용했던 aufbau 원리와 아주 비슷한 방법으로 여러 이원자 분자들에 대한 축조를 진행시킬 수 있다.

1. **한 개에서 네 개의 전자를 갖는 분자.** $\sigma_{1s}$ 오비탈에 두 개의 전자를 갖는 $H_2$ 분자는 이미 알아보았다. 두 개의 결합 전자는 화학 결합을 구성한다. 분자 오비탈 이론은 결합 전자가 짝수여야 한다는 제한을 두지 않기 때문에 결합 차수는 결합 전자의 수와 반결합 전자의 수의 차이에 대한 절반이 된다.

$$\text{결합 차수} = \tfrac{1}{2}(N_b - N_a) \tag{4.27}$$

$He_2$ 분자는 반결합 전자의 수(2)가 결합 전자의 수(2)와 같아서 알짜 결합 차수가 0이 되기 때문에 알려지지 않았다. 엔트로피의 의해 분산되려는 경향을 이겨내기 위한 결합 에너지[7]가 없기 때문에 어떤 "분자"에서 두 헬륨 원자는 서로 붙들지 못하고 떨어져 분산된다. 헬륨 분자가 존재한다면 전자 배치는 다음과 같게 될 것이다.

$$\mathbf{He_2} = \sigma_{1s}^2\sigma_{1s}^{*2}$$

헬륨이 이온화되면 이원자 헬륨 분자 이온($He_2^+$) 의 생성이 가능해진다. 이 분자는 세 개의 전자를 포함할 것이며, 두 개는 결합성 오비탈에, 한 개는 반결합성 오비탈을 점유할 것이므로 알짜 결합 차수는 $\frac{1}{2}$이 될 것이다. 이와 같은 화학종들은 수소 분자의 절반 정도의 결합 에너지만 갖지만, 존재하기는 할 것으로 예상된다. 실제로 이 화학종은 존재하며, 헬륨을 이온화시키기에 충분할 정도의 높은 에너지 조건에서 분광학적으로 관찰되었다. 이 화학종이 $He_2^+X^-$처럼 화학적으로 친숙한 염의 형태로 존재하지 않는 이유는 He—He 결합이 비정상적으로 약하기 때문이 아니라, 어떤 물질과 접촉하면 부족한 나머지 한 개의 전자가 그 즉시 공급되어 헬륨 원자로 변해버리기 때문이다.

2. **리튬과 베릴륨.** 두 리튬 원자는 여섯 개의 전자를 가진다. 그 중에서 네 개는 $\sigma_{1s}$와 $\sigma_{1s}^*$를 채울 것이므로 아무런 결합도 생기지 않는다. 나머지 두 개의 전자는 $\sigma_{2s}$ 오비탈에 들어가게 될 것이므로 $Li_2$ 분자에서의 알짜 결합 차수는 1이 된다. 전자 배치는 다음과 같을 것이다.

$$\mathbf{Li_2} = \mathbf{KK}\sigma_{2s}^2$$

여기서 K는 K (1*s*) 껍질[8]을 나타낸다.

두 베릴륨 원자가 갖는 여덟 개의 전자는 네 개의 가장 낮은 에너지 준위 $\sigma_{1s}$, $\sigma_{1s}^*$, $\sigma_{2s}$, $\sigma_{2s}^*$를 채우기 때문에 $He_2$에서처럼 알짜 결합 차수는 0이 되며 전자 배치는 다음과 같다.

$$\mathbf{Be_2} = \mathbf{KK}\sigma_{2s}^2\,\sigma_{2s}^{*2}$$

---

7) 주의 깊게 계산을 하면 $He_2$의 실제 결합 에너지는 양의 값이 된다. 계산에서 겹침을 무시하지 않으면 반결합성 오비탈은 결합성 오비탈이 안정화되는 것보다 더 불안정화되기 때문에 $He_2$는 서로 떨어져 있게 만드는 반발력을 가진다. 이것은 같은 스핀을 갖는 두 전자는 공간에서 동일한 영역을 점유할 수 없다는 Pauli 원리의 또다른 측면이다.

8) 핵심부 전자가 들어 있는 내부 껍질은 알짜 결합이 생기지 않으므로 대개 약자로 표현된다. 사용되는 기호, K, L, M 등은 주에너지 준위를 나타내는 데 사용하였던 옛날 체계에 따른 것인데, $n=1$ (K), $n=2$ (L) 등이다. 그러므로 $Na_2 = KK\,LL\,\sigma_{3s}^2$ 이다.

헬륨 분자처럼 $Be_2$도 존재하지 않을 것으로 예상된다. 실험적인 사실도 기체상에서 리튬은 이원자성이지만 베릴륨은 단원자성이다.

3. **산소, 플루오린, 네온.** 이들 세 분자는 2주기 원소들의 다른 이원자 분자에 대해 사용하였던 것과 동일한 에너지 도표를 사용하여 설명할 수 있다. 곧 알게 되겠지만, 이 분자들과 베릴륨 사이에 있는 분자들, $B_2$, $C_2$, $N_2$는 추가로 고려해야 할 요인이 있어서 분자 오비탈의 상대적인 에너지가 달라지게 된다.

산소 분자는 원자가결합 이론보다 분자 오비탈 이론으로 더 잘 설명됨이 입증된 최초의 예들 중의 하나이다. 이 분자는 16개의 전자를 갖고 있다. 이 중에서 네 개는 $\sigma_{1s}$와 $\sigma^*_{1s}$에 들어가서 서로 상쇄되므로 무시할 수 있다. 그 다음 네 개의 전자는 $\sigma_{2s}$와 $\sigma^*_{2s}$를 점유하며 알짜 결합에는 아무런 역할도 하지 못한다. 나머지 여덟 개의 전자는 $\sigma_{2p}$, $\pi_{2p}$, $\pi^*_{2p}$ 준위를 채우므로 전자 배치는 다음과 같게 된다.

$$O_2 = KK\sigma_{2s}^2\sigma_{2s}^{*2}\sigma_{2p}^2\pi_{2p}^4\pi_{2p}^{*2}$$

그러나 그림 4.12의 에너지 준위 도표를 보면 $\pi^*_{2p}$ 준위는 두 개의 동등한 $\pi$ 오비탈, $\pi^*_{2p_y}$와 $\pi^*_{2p_x}$로 축퇴되어 있다. Hund의 최대 다중도 규칙에 따라, $\pi^*$ 오비탈에 들어가는 두 개의 전자는 두 개의 다른 오비탈을 점유하게 될 것이므로 전자 배치는 다음과 같이 더 상세하게 쓸 수 있다.

$$O_2 = KK\sigma_{2s}^2\sigma_{2s}^{*2}\sigma_{2p}^2\pi_{2p}^4\pi_{2p_x}^{*1}\pi_{2p_y}^{*1}$$

전자 배치를 이와 같이 적어도 결합 차수에는 아무런 영향을 주지 않으며 원자가결합 이론으로 예측한 것처럼 여전히 $2[\frac{1}{2}(6-2)]$이다. 차이는 두 개의 홀전자 때문에 산소 분자가 **상자기성(paramagnetism)** 이라는 사실이다. (이러한 관점에서 $O_2$는 탄소 원자와 비슷한데, 탄소 원자는 마지막 두 전자가 축퇴되어 있는 오비탈에 들어가게 되면서 짝을 짓지 않은 채 남아있게 된다.) 단순한 원자가결합 이론에 따르면 산소에 있는 전자 모두는 짝을 짓게 될 것이므로 전자들이 짝을 지을 수 있는 최대 수인 두 개의 결합이 생성되어야 한다. 원자가결합 이론은 **짝진 결합 전자(paired bonding electron)** 를 지나치게 강조하고 있는데, 이 경우가 흔히 접하게 되는 예이다. 분자 오비탈 이론은 결합 전자와 반결합 전자의 수만 따지기 때문에 이러한 짝지음은 요구하지 않는다. 실험적으로 측정된 $O_2$의 상자기성은 MO 설명의 정확성을 입증하고 있다.

플루오린 분자의 경우 18개의 전자가 다음과 같이 분포되어 있을 것이다.

$$F_2 = KK\sigma_{2s}^2\sigma_{2s}^{*2}\sigma_{2p}^2\pi_{2p}^4\pi_{2p}^{*4}$$

알짜 결합 차수는 1이 되는데, 이것은 $\sigma$ 결합에 상응하는 것이며 원자가결합 이론의 설명과 일치하는 것이다.

$Ne_2$ 분자를 형성하려면 두 개의 전자가 더 존재해야 하는데, 이 전자는 나머지 반결합성 오비탈, $\sigma^*_{2p}$를 채우게 될 것이다. 그래서 결합 차수는 0이 되고 $He_2$처럼 $Ne_2$도 존재하지 않을 것이다.

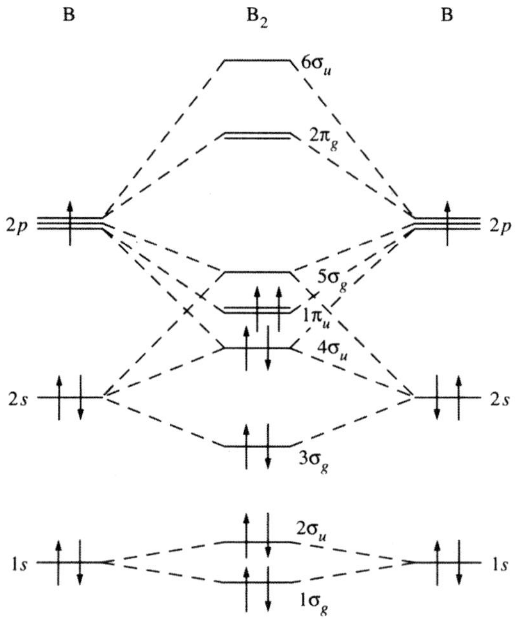


**그림 4.13** 2주기의 앞쪽 원소들에 대한 올바른 분자 오비탈 에너지 준위. 2*s* 오비탈과 2*p* 오비탈 사이에는 약간의 혼합(혼성화)이 일어난다. 그림 4.12와 비교하면, 이 그림이 결합 차수를 결정하기가 좀더 어렵다는 사실을 주의하여라. 즉, $3\sigma_g$와 $1\pi_u$는 명백한 결합성 오비탈이고(이들은 분자 오비탈에 참여하고 있는 원자 오비탈보다 더 아래에 놓인다), $4\sigma_u$와 $5\sigma_g$는 참여하고 있는 원자 오비탈 사이에 놓이고 "무게 중심"에 대해 공간적으로 대칭이 되기 때문에 비결합성 오비탈이어야 한다. 그러므로 최대 알짜 결합 차수는 한 개의 $\sigma$ 결합과 두 개의 $\pi$ 결합이다. 나타낸 전자 배치는 $B_2$ 분자에 대한 것이다. $\pi$ 홀전자를 주목하라.

4. **붕소, 탄소, 질소** 그림 4.12에 따르면, $B_2$ 분자는 한 개의 $\sigma$ 결합을 가지며 반자기성일 것으로 예상된다. 실험에 의하면 $B_2$ 분자는 두 개의 홀전자를 갖는 것으로 밝혀졌다. $C_2$ 분자는 전자 배치가 $\mathbf{KK}\sigma_{2s}^2\sigma_{2s}^{*2}\sigma_{2p}^2\pi_{2p}^1\pi_{2p}^1$이고 상자기성일 것으로 예상된다. 실험적 증거는 $C_2$의 바닥 상태가 반자기성임을 나타내고 있다.

여기에서 드러나는 문제점은 그림 4.12를 만드는 과정에서 동일한 에너지 상태에 있는 원자 A와 원자 B에 있는 오비탈끼리만 혼합이 허용되었다는 것이다. 실제로는 적절한 대칭을 갖는 모든 오비탈 간에 혼합이 일어날 수 있으며, 오비탈 간의 에너지 차이가 크면 혼합은 감소하게 된다. 그러므로 1*s*와 2*s* 오비탈 간의 혼합을 제외시키는 것은 타당하다. 2*s*와 2*p* 오비탈 간의 에너지 차이는 그다지 크지 않으며 유효 핵전하에 따라 변한다. 플루오린에서처럼 $Z^*$가 크면 에너지 차이는 커지고 혼합은 다시 무시할 수 있다. 2*s*와 2*p* 준위 사이의 에너지 차이는 리튬 원자에서는 200 kJ $mol^{-1}$이지만, 플루오린에서는 2500 kJ $mol^{-1}$로 급격하게 증가한다. 이 주기의 왼쪽에 있는 원소의 경우, 유효 핵전하가 낮기 때문에 2*s* 오비탈과 2*p* 오비탈은 혼합이 일어날 수 있을 정도로 충분히 가깝다. 이 현상은 원자가결합 이론에서의 혼성화와 동등한 것이다.

이 현상을 알아보는 다른 방법은 처음에는 *s-p* 혼합을 무시하고 분자 오비탈을 구성한 다음, 동일한 대칭성을 갖는 분자 오비탈은 에너지가 충분히 가까우면 혼합될 것이라고 인정하는 것이다. 따라서 $B_2$와 같은 분자에서처럼 $\sigma_g(2s)$와 $\sigma_g(2p)$ 분자 오비탈은 상호작용을 하게 될 것이다. 그리하여 더 낮은 에너지의 오비탈[$\sigma_g(2s)$]는 더 안정화될 것이고, 더 높은 에너지의 오비탈 [$\sigma_g(2p)$]는 덜 안정하게 될 것이다. 이 때문에 $\pi_u(2p)$와 $\sigma_g(2p)$ 분자 오비탈의 에너지 순서는, 본질적으로 아무런 혼합이 일어나지 않는 $F_2$와 같은 분자들에 대한 경우와 비교해 보았을 때 역전이 일어나게 된다(그림 4.13). $\sigma^*_u(2s)$ 오비탈과 $\sigma^*_u(2p)$ 오비탈 사이에도 약간의 상호작용이 존재하기 때문에 낮은 에너지의 오비탈은 안정화되고, 높은 에너지의 오비탈은 불안정해진다. 그러나 이 오비탈들은 에너지가 서로 가깝게 접근하지 않기 때문에 상호작용은 무시할 수 있다. 그림 4.13에서 분자 오비탈의 근원을 나타내기 위해 사용한 $2s$와 $2p$ 등의 표기는 더 이상 적절한 것이 아니기 때문에 대칭성에 따라 표기하고 가장 안정한 것에서 가장 덜 안정한 것까지 숫자로 순서를 매겨놓았음을 주목하라. 그러므로 $\sigma_g(2s)$는 $3\sigma_g$, $\sigma_g(2p)$는 $5\sigma_g$가 된다.

$B_2$와 $C_2$의 자기성은 이들의 전자 배치가 그림 4.12가 아니라 그림 4.13에 바탕을 두고 있다는 강력한 증거가 된다. $N_2$ (14개의 전자) 의 경우, 두 그림 모두에서 삼중 결합(한 개의 $\sigma$와 두 개의 $\pi$ 결합) 과 반자기성일 것으로 예상되는데, 물리적 측정 결과도 이와 일치한다.

1주기와 2주기 원소들의 이원자 분자들에 대한 몇 가지 분자 오비탈 결과와 여기에 관련된 실험 자료들을 표 4.5에 나타내었다.

## 결합 길이와 이온화 에너지

앞절에서 제시된 MO 설명을 지지하는 증거들 외에도 어떤 분자와 이온의 결합 길이를 알아보면 MO 이론에 대한 증거를 찾을 수 있다. 예를 들어, 산소 분자를 살펴보자. 앞에서 알아본 것처럼, 산소에는 두 개의 $\sigma$ 결합성 전자와 네 개의 $\pi$ 결합성 전자, 두 개의 $\pi$ 반결합성 전자가 있기 때문에 이중 결합을 갖게 된다. 결합 길이는 121 pm이다. 산소 분자에 전자를 두 개 첨가하면 잘 알려져 있는 과산화 이온($O_2^{2-}$) 이 된다.

$$O_2 + 2e^- \longrightarrow O_2^{2-} \tag{4.28}$$

그림 4.12에 따르면, 이 두 전자는 $\pi^*$ 오비탈에 들어갈 것이므로 결합 차수는 1로 감소한다. 압축력(결합 에너지) 은 감소하고 반발력(비결합 전자 반발) 은 변하지 않았기 때문에 결합 길이는 149 pm으로 증가한다. 한 개의 전자만이 산소에 첨가되면 초과산화 이온($O_2^-$) 이 된다. $O_2^{2-}$보다 반결합성 전자가 한 개 더 적기 때문에 결합 차수는 $1\frac{1}{2}$이고 결합 길이는 126 pm이다.

$O_2$를 양이온으로 이온화시키면

**표 4.5**
몇 가지 이원자 분자에 대한 분자 오비탈 결과.

| 분자 오비탈 예측 | | | | 실험 데이터 | | |
|---|---|---|---|---|---|---|
| 분자 | 전자 | 알짜 결합 | 홀전자 | 결합 에너지 (kJ mol$^{-1}$)[a] | 반자기성 또는 상자기성 | 결합 길이 (pm) |
| $H_2$ | 2 | 1 | 0 | 432.00 | D | 74.2 |
| $He_2$ | 4 | 0 | 0 | — | — | — |
| $Li_2$ | 6 | 1 | 0 | 105 | D | 267.2 |
| $Be_2$ | 8 | 0 | 0 | — | — | — |
| $B_2$ | 10 | 1 | 2 | 293 | P | 158.9 |
| $C_2$ | 12 | 2 | 0 | 602 | D | 134 |
| $N_2$ | 14 | 3 | 0 | 941.69 | D | 109.8 |
| $O_2$ | 16 | 2 | 2 | 493.59 | P | 120.7 |
| $F_2$ | 18 | 1 | 0 | 155 | D | 141.8 |
| $Ne_2$ | 20 | 0 | 0 | — | — | — |

[a] 부록 E의 결합 에너지 참조

$$O_2 \longrightarrow O_2^+ + e^- \qquad (4.29)$$

결합 길이는 112 pm으로 감소한다. 이온화된 전자는 $\pi^*$ 반결합성 전자이므로 $O_2^+$의 결합 차수는 $2\frac{1}{2}$이다.

산화 질소 분자(NO)는 결합 길이가 115 pm이고, 결합 차수는 $2\frac{1}{2}$이다. 나이트로실 이온($NO^+$)으로 이온화시키면 반결합성 $\pi^*$ 전자가 제거되기 때문에 결합 차수는 3이 되고($N_2$와 등전자성), 결합 길이는 106 pm으로 짧아진다. 반대로 한 개의 전자를 첨가하면 ($\pi^*$ 오비탈에) 결합 차수는 감소하고 결합 길이는 증가하게 된다.

나이트로실 이온이 생성되려면 반결합성 전자를 제거되어야 한다는 사실 때문에 다음 반응의 이온화 에너지(IE)는 성분 원자의 이온화 에너지보다 더 낮아지게 된다.

$$NO \longrightarrow NO^+ + e^- \qquad IE = 894\ kJ\ mol^{-1} \qquad (4.30)$$

질소 원자의 IE = 1402 kJ $mol^{-1}$이고, 산소 원자는 IE = 1314 kJ $mol^{-1}$이다. 그러므로 나이트로실 이온은 안정화되고 $NO^+HSO_4^-$와 $NO^+BF_4^-$와 같은 여러 화합물에 존재한다.

산소 분자와 질소 분자의 이온화 에너지를 비교해 보면 같은 사실을 설명하고 있다. 질소 분자의 이온화 에너지는 1503 kJ $mol^{-1}$로서 질소 원자보다 더 크다. 이는 결합성(더 안정한) 전자가 제거되는 그림 4.13과 일치한다. 그러나 산소 분자의 이온화 에너시는 1164 kJ $mol^{-1}$로서 산소 원자보다 더 낮다. 이 경우 이온화되는 전자는 반결합성 오비탈로부터 제거되기 때문에 에너지가 덜 필요하게 된다.

## $Li_2$에서 $F_2$까지의 전자 밀도

분자 오비탈의 대략적인 모양은 앞에서 알아보았다(그림 4.11). 이 그림을 통하여 이원자 분자에서의 개략적인 전자 분포를 알 수 있다. Wahl[9]은 $H_2$에서 $Ne_2$까지의 이원자 분자의 분자 오비탈에 대한 등전자 밀도선을 계산하였다. 몇 가지 예는 그림 4.14와 4.15에 나타내었다. 특별히 주목해야 할 점은 다음과 같다. (1) 결합성 오비탈은 핵 사이의 전자 밀도를 증가시킨다. (2) 반결합성 오비탈은 마디를 가지며 핵 사이의 전자 밀도를 감소시킨다. (3) 내부 껍질(예를 들면 Li의 1*s*)들은 높은 유효 핵전하 때문에 강하게 수축되므로 구형에 가깝고 거의 겹치지 않는다. 그러므로 전체 결합에는 별로 기여하지 못한다. 따라서 분자의 전자 배치를 결정할 때 이 핵심부 전자들을 무시하는 것은 정당하다 (129쪽).

## 이핵 이원자 분자의 분자 오비탈

이핵 이원자 분자에 대한 분자 오비탈을 설명하려면 다른 형태의 원자들은 전자를 끌어당길 수 있는 정도가 다르다는 사실을 고려해야 한다. 플루오린의 이온화 퍼텐셜은 리튬보다 상당히 더 크다. 또한 플루오린의 전자 친화도는 강한 발열이지만 리튬은 훨씬 더 작고, 어떤 금속들은 흡열인 전자 친화도를 갖기도 한다. 리튬과 플루오린 사이의 결합은 이온 결합성이 우세한데, 리튬 원자로부터 플루오린 원자로 전자 한 개가 이동하는 것으로 이루어진다(첫 번째 가정에 따라). 수소는 리튬과 플루오린의 중간적인 성질을 가진

9) Wahl, A. C. *Science* **1966**, *151*, 961.

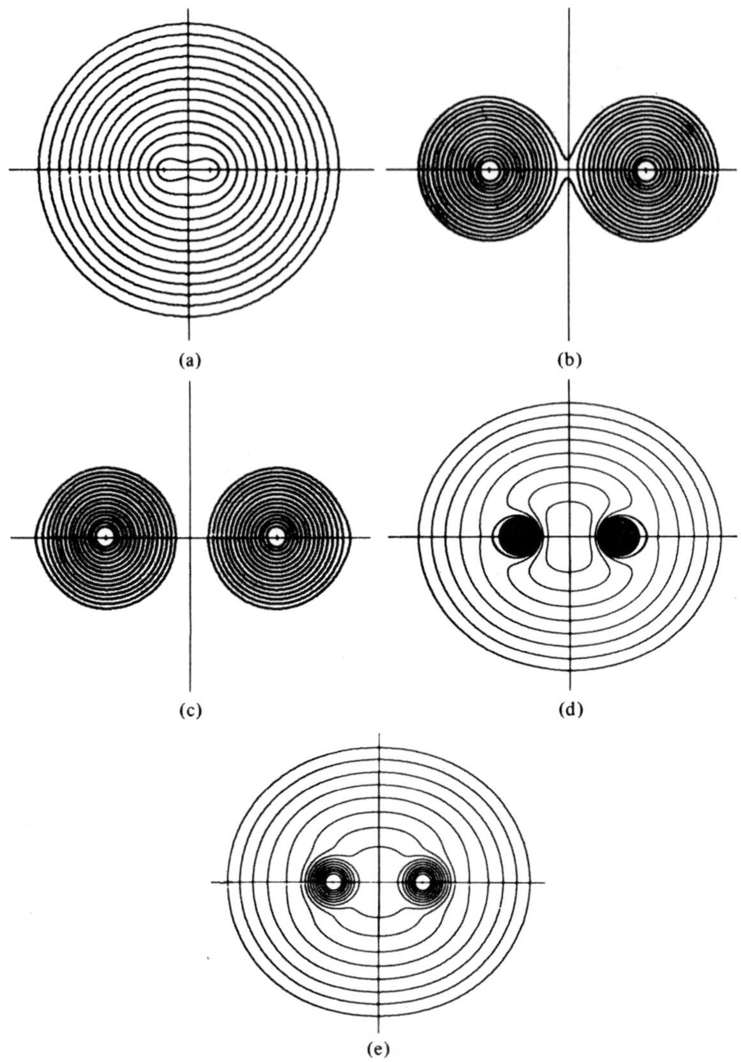

그림 4.14 등전자 밀도선. (a) $H_2$; (b) $Li_2$ $\sigma_{1s}$ 핵심부; (c) $Li_2$ $\sigma^*_{1s}$ 핵심부; (d) $Li_2$ $\sigma_{2s}$; (e) $Li_2$, 전체 전자 밀도. [Wahl, A. C. *Science* **1966**, *151*, 961.]

다. 수소 원자는 리튬과 결합할 때에는 전자 밀도를 얻지만 플루오린과 결합할 때에는 전자 밀도를 잃는다. 앞에서 설명한 결합들과는 대조적으로, LiH, HF, LiF 결합은 모두 극성이 더하거나 덜하다(133쪽). 이들 분자의 전하 밀도 분포는 그림 4.16에 나타내었는데, 그림 4.14와 4.15의 비극성 동핵 이원자 분자와 비교해 볼 수 있다. 그림 4.17은 몇 가지 동핵 및 이핵 분자들의 단면도를 나타낸 것이다. LiF는 이온쌍으로 존재하는 외형을 나타낸다. HF에서 수소 원자는 Fajans 규칙(3장) 에 따라 예측할 수 있는 것처럼 전자 구름에 깊숙이 파묻혀 있다.

이핵 결합을 설명하려면 전기음성도 개념을 사용해야 한다. 이 개념은 화학에서 가장 중요한 개념들 중의 하나이며 동시에 가장 어려운 문제들 중의 하나이다. 앞에서 분자 오비탈을 설명할 때에는 결합하는 원자의 원자 오비탈은 동일한 에너지 상태에 있다고 가정하였다. 이 가정은 동핵 결합에 대해서만 적용될 수 있다. 이핵 결합은 서로 다른 에너지 상태에 있는 오비탈을 갖는 원자들 사이에 형성될 것이다. 이핵 사이의 결합이 형성될

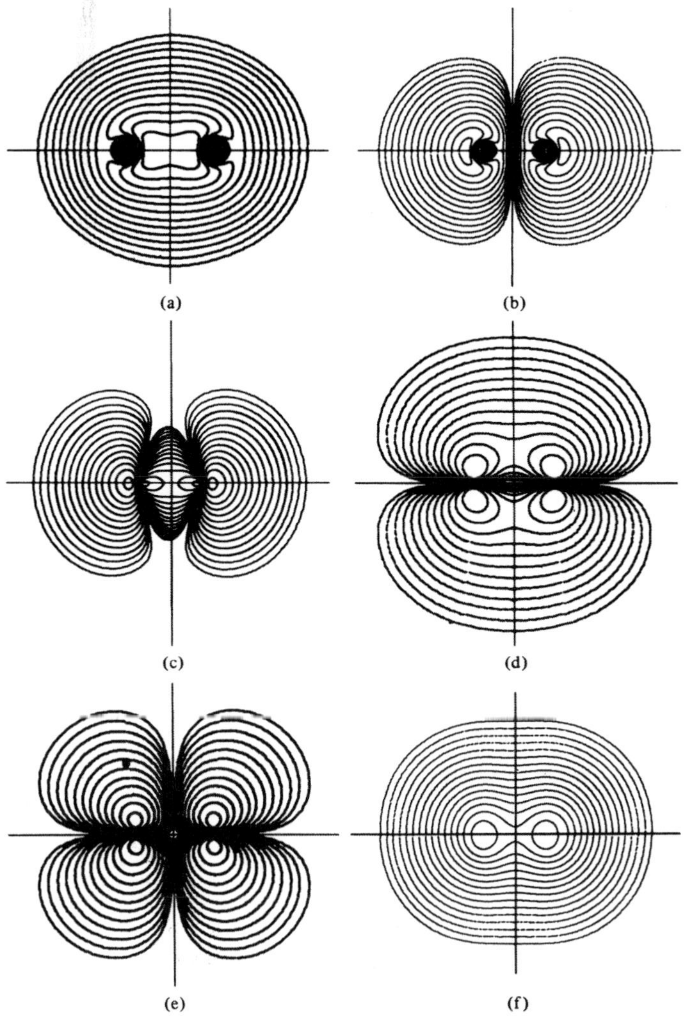


**그림 4.15** $O_2$ 분자에 있는 여러 오비탈에 대한 등전자 밀도선. (a) $\sigma_{2s}$; (b) $\sigma^*_{2s}$; (c) $\sigma_{2p}$; (d) $\pi_{2p}$; (e) $\pi^*_{2p}$; (f) 전체 전자 밀도. [Wahl, A. C. *Science* **1966**, *151*, 961.]

때에는 결합성 전자는 전자를 강하게 잡아 당기는(전기음성도가 큰) 원자, 즉 보다 낮은 에너지 준위를 갖는 원자핵이 존재하면 더 안정해질 것이다. 그래서 결합 전자들은 에너지가 낮은 핵 주위에서 더 많은 시간을 보낼 것이다. 전자 구름은 이러한 핵 방향으로 일그러질 것이고(그림 4.16 참조), 결합성 MO는 덜 전기음성인 원자의 AO보다는 더 전기음성인 AO와 비슷해질 것이다.

$N_2$ 분자와 등전자인 일산화 탄소 분자(CO)를 살펴보자. 산소는 탄소보다 더 전기음성이기 때문에, 결합성 전자는 산소핵 영역에서 더 많은 시간을 보낼 때 더 안정해질 수 있다. 산소 원자의 전자 밀도는 탄소 원자 보다 더 크며, $N_2$ 분자에서의 대칭적인 분포(그림 4.18 참조)와는 대조적이다. 동핵 이원자 분자들의 경우 분자 오비탈은 다음과 같았다.

$$\psi_b = \psi_A + \psi_B \tag{4.31}$$

$$\psi_a = \psi_A - \psi_B \tag{4.32}$$

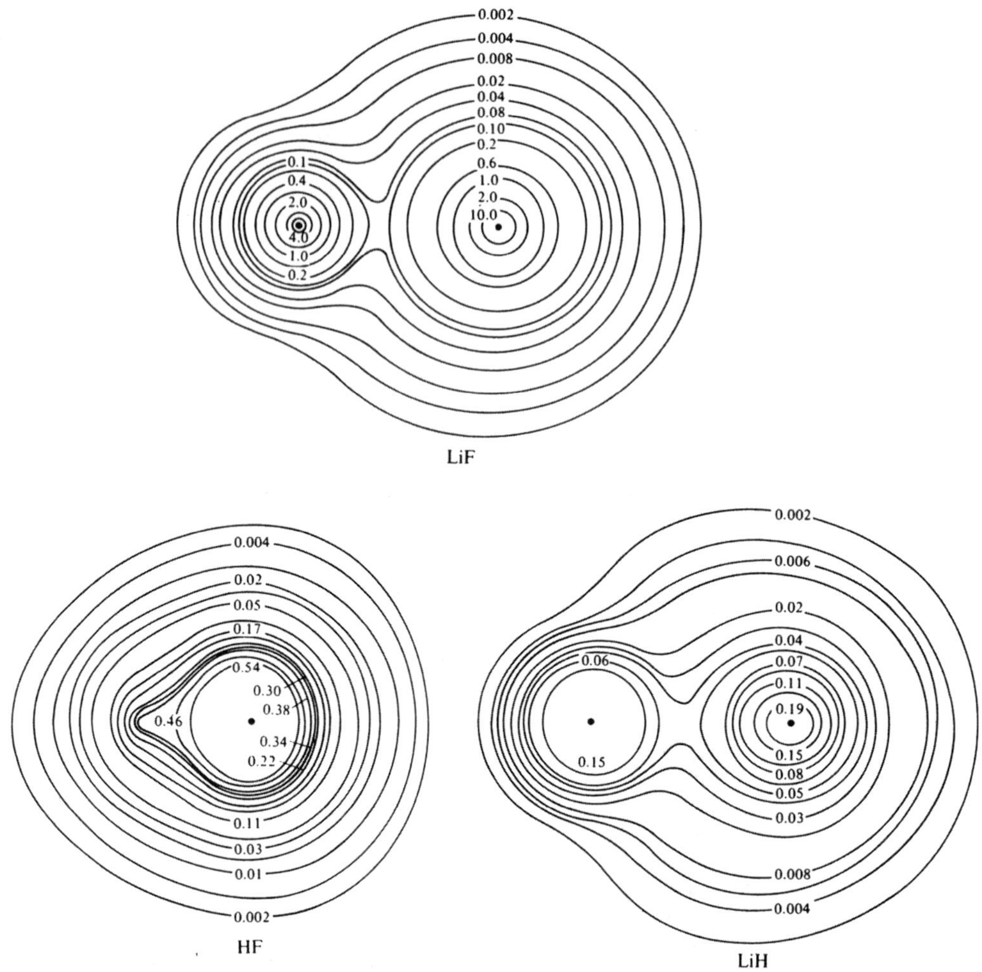


**그림 4.16** LiF, HF, LiH 분자에 대한 등전자 밀도선. 모든 분자는 같은 척도로 그렸다. HF에서 F와 LiH에서 Li의 내부 밀도선은 명확하게 그리기 위해 생략하였다. [Bader, R. F. W; Keaveny, I.; Cade, P. E. *J. Chem. Phys*. **1967**, *47*, 3381~3402; Bader, R. F. W.; Bandrauk, A. D. *J. Chem. Phys*. **1968**, *49*, 1653~1655.]

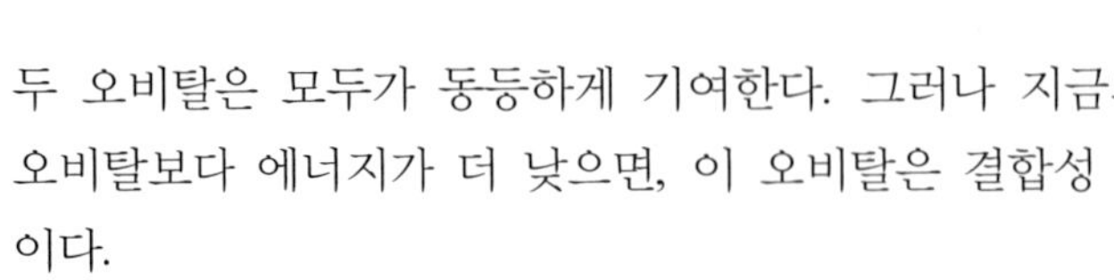


**그림 4.17** 간단한 분자들의 핵간 축을 따른 전체 전자 밀도 그림. [Ransil, B. J.; Sinai, J. J. *J. Chem. Phys*. **1967**, *46*, 4050.]

두 오비탈은 모두가 동등하게 기여한다. 그러나 지금의 경우에 한 원자 오비탈이 다른 오비탈보다 에너지가 더 낮으면, 이 오비탈은 결합성 오비탈에 더 많이 기여하게 될 것이다.

$$\psi_b = a\psi_A + b\psi_B \quad (4.33)$$

원자 B가 원자 A보다 더 전기음성이면 $b > a$이다. 반대로 더 안정한 오비탈은 반결합성

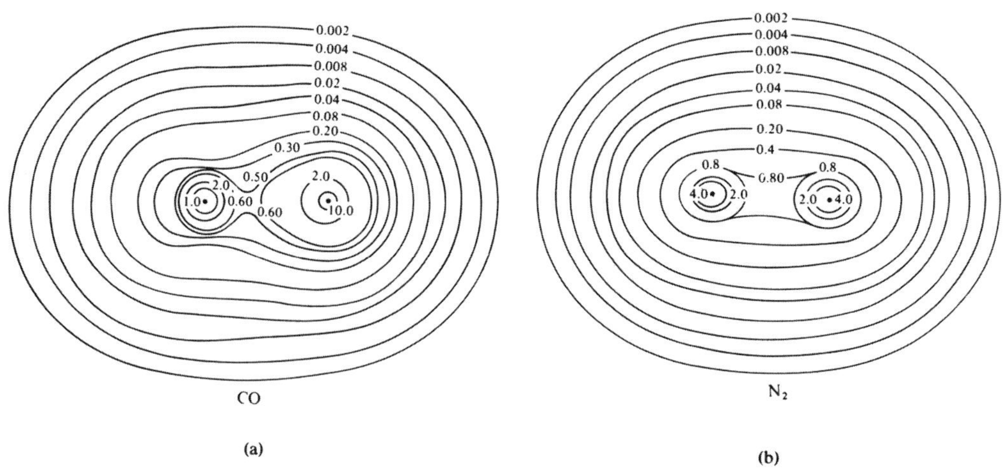


**그림 4.18** 일산화 탄소 분자의 전체 등전자 밀도선. 탄소 원자는 왼쪽에 있다. (b) 질소 분자의 전체 등전자 밀도선. [Bader, R. F. W.; Bandrauk, A. D. *J. Chem. Phys.* **1968**, *49*, 1653.]

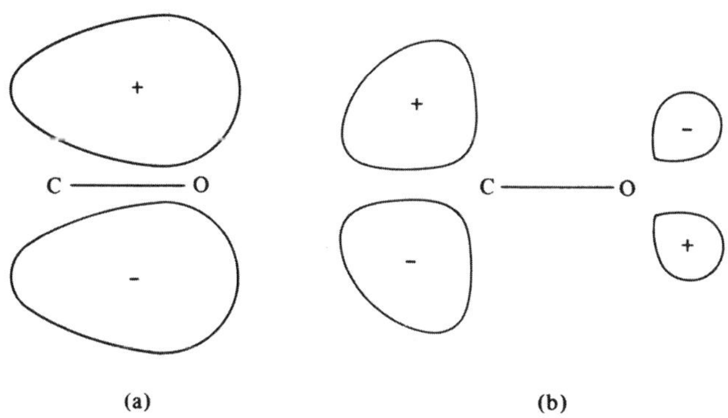


**그림 4.19** 일산화 탄소의 분자 오비탈에 대한 개략적인 그림. (a) 한 개의 $\pi$ 결합성 오비탈, (b) 한 개의 $\pi$ 반결합성 오비탈.

오비탈에는 덜 기여한다.

$$\psi_a = b\psi_A - a\psi_B \tag{4.34}$$

일산화 탄소의 결합성 분자 오비탈은 탄소보다는 산소의 원자 오비탈과 더 비슷하게 될 것이다. 반결합성 오비탈은 전기음성이 최소인 원소, 이 경우에는 탄소의 원자 오비탈과 비슷하게 될 것이다(그림 4.19 참조). 이와 같은 결과를 오비탈의 보존이라고 부른다. 얻어지는 오비탈의 수는 결합되는 원자 오비탈의 수와 같고, 각 오비탈은 반드시 동일한 정도로 사용되어야 한다. 그러므로 탄소의 원자 오비탈이 **결합성** 분자 오비탈에 **덜** 사용되었다면 **반결합성** 오비탈에는 **더** 사용되어야 한다. CO에 대한 에너지 준위 도표는 그림 4.20에 나타내었다.

앞에서 이핵 이원자 분자 오비탈들의 두 번째 특징은 서로 다른 에너지를 갖는 원자 오비탈들로부터 생성된 공유 결합 에너지가 감소하는 것이라고 언급하였다. 이것은 그림 4.21과 4.22를 비교하면 정성적으로 알아볼 수 있다. 그림 4.23에서는 더 쉽게 알 수 있다. 그림 4.23을 보면 원자 A와 원자 B 사이의 전기음성도 차이가 너무 커서 공유 결합은 형성되지 않는다. 이 경우에 결합성 MO는 B의 원자 오비탈과는 그다지 달라지지 않

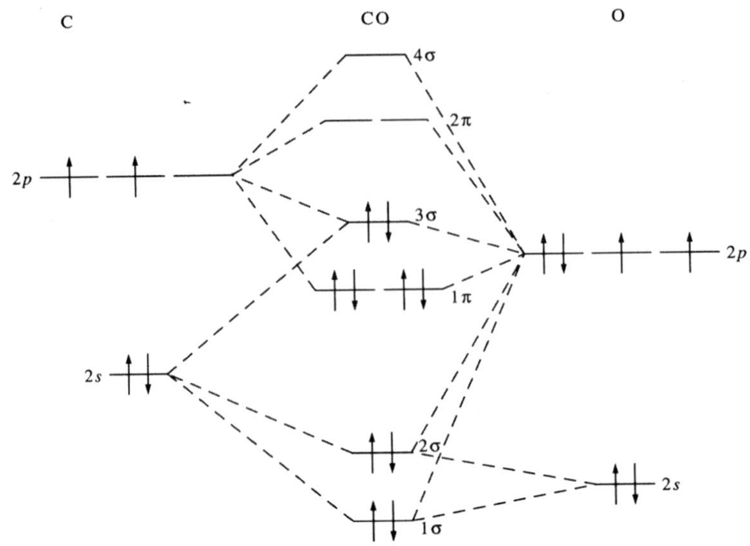


**그림 4.20** 일산화 탄소의 분자 오비탈에 대한 에너지 준위 도표. 결합이 형성되면 전자들은 탄소꼴보다 산소꼴 오비탈을 점유함을 주목하라. 결합 차수는 1$\boldsymbol{\sigma}$와 3$\boldsymbol{\sigma}$ MO들이 비결합성이 되어야 하기 때문에 $N_2$ 분자와 마찬가지로 3이 됨도 주목하라.

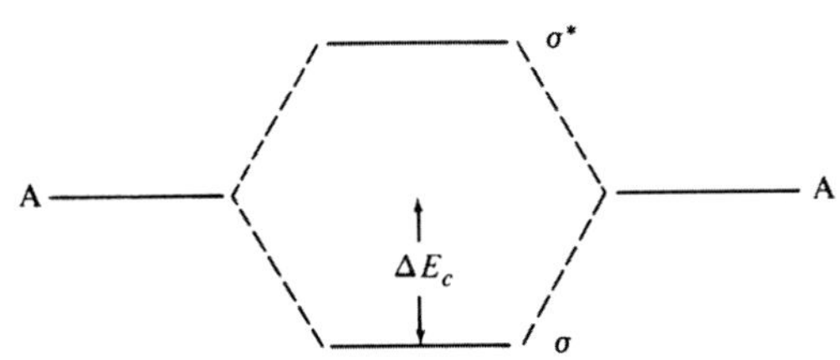


**그림 4.21** 동핵 이원자 분자 $A_2$. 공유 결합 에너지는 최대가 된다.

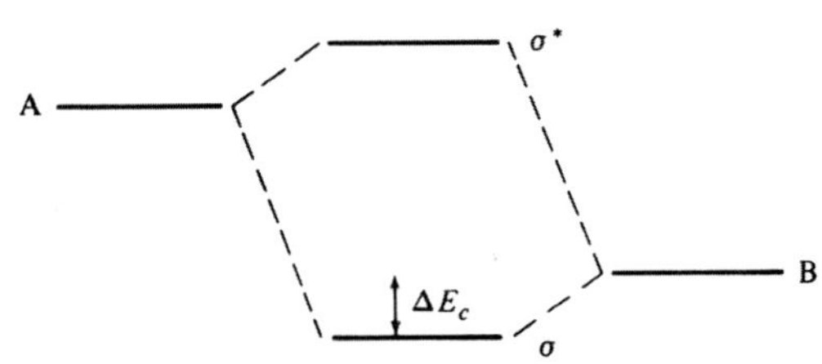


**그림 4.22** A와 B 사이의 전기음성도 차이가 작은 이핵 분자, $A^{\delta+}B^{\delta-}$. 공유 결합성은 $A_2$에 비해 감소되지만(그림 4.21), 여전히 공유 결합성의 기여가 이온 결합성의 기여보다 더 중요하다.

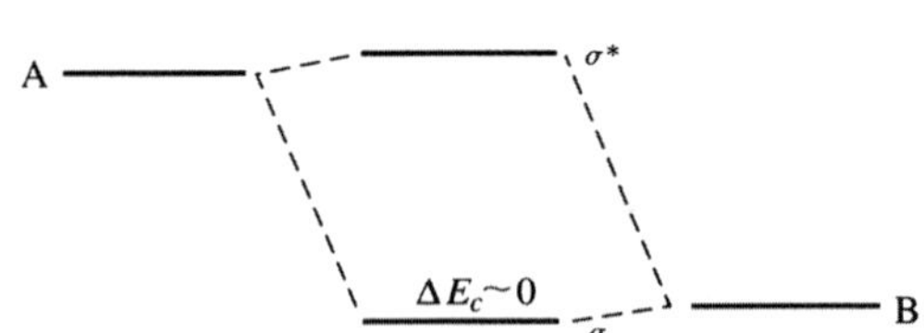


**그림 4.23** 전기음성도 차이가 큰 이핵 분자 $A^+B^-$. 공유 결합성은 중요하지 않게 되고 결합은 이온 결합성이 된다.

기 때문에, 두 개의 결합 전자를 결합성 MO로 옮기는 것은, A에 있는 전자를 B로 완전히 옮기는 간단한 이온 결합의 특징과 구별할 수 없다.

B의 에너지 준위가 A보다 훨씬 더 낮아져서 A가 결합에 참여할 수 없게 되는 극단적인 상황은 다음과 같이 설명할 수 있다. 원자 오비탈 B의 에너지가 A보다 훨씬 더 낮으면, 전자는 항상 핵 B 근처에서 머물고 있어야 한다. 이 상황이 매우 안정하기는 하지만

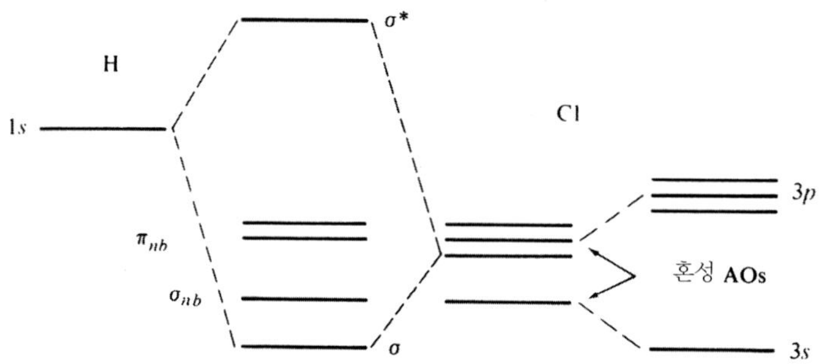


**그림 4.24** 염화 수소 분자, HCl에 대한 에너지 준위 도표. *s*와 *p* 오비탈의 혼합이 강조되었다.

**공유 결합**이나 전자들을 공유하는 상황이라고 말할 수는 없다. 이 경우에 전자들의 공유는 현저하게 감소되었고, 공유 결합 에너지는 무시될 수 있다. 모든 화학 결합은 그림 4.21~4.23에 의해 정의되는 스펙트럼의 영역 어딘가에 속하게 된다.

그림 4.22와 4.23에 나타낸 것과 같은 상황에서 결합의 세기를 다루는 문헌에서는 약간의 혼란이 있을 수 있다. 큰 $\Delta E_c$와 좋은 공유 결합을 위해서는 에너지가 서로 비슷해야 하기 때문에, 어떤 연구자는 그림 4.22와 4.23을 결합이 더 약해지는 쪽으로 결론 내린다. 그러나 이것은 잘못된 것이다. 공유 결합성의 상실은 이온 결합의 증가로 보상되며,[10] 앞에서 알아본 것처럼 꽤 강할 수 있다. 실제로 그림 4.22에 나타낸 중간적인 상황에서 이온 결합과 공유 결합의 합은 매우 강한 결합을 만들 수 있다(이 그림에서 결합에 대한 이온 결합성 기여는 나타내지 않았음을 유념하라). 극성 결합의 세기는 상응하는 순수한 공유 결합보다 더 중요한 현상이다.

이핵 이원자 분자의 두 번째 예는 염화 수소이다. 이 분자에서 전자에 대한 염소 핵의 인력은 수소 핵의 인력보다 더 크다. 수소보다 훨씬 더 큰 염소의 핵전하에 대한 가리움이 불완전하기 때문에 염소 원자의 3*s* 및 3*p* 오비탈의 에너지는 수소 원자의 1*s* 오비탈보다 더 낮다. 염화 수소 분자에 대한 분자 오비탈은 그림 4.24에 나타내었다. 원자들을 서로 붙들고 있는 것은 한 개의 $\sigma$ 결합이다. 염소에 있는 나머지 여섯 개의 전자는 **비결합성** 오비탈을 점유하는데, 이 비결합성 오비탈은 염소의 원자 오비탈과 다를 것이 별로 없다. 이들 비결합성 오비탈은 원자가결합 이론에서의 고립 전자쌍에 해당한다. 이들은 염소 원자에서 결합축에 수직으로 놓여 있는 두 개의 *p* 오비탈을 나타낸다. 그러므로 이들은 수소의 1*s* 오비탈에 수직이고(그림 4.8), 1*s* 오비탈과의 알짜 겹침은 0이 된다. 그러므로 이들은 결합성 및 비결합성 오비탈을 생성하기 위하여 수소의 오비탈과 혼합될 수 없다. 세 번째 비결합성 MO는 어떤 *s-p* 혼합에 의해 생기는 혼성화된 원자 오비탈 중의 두 번째 오비탈이다. 혼합이 완전하다면(50%의 *s* 성질, 이것은 HCl에서의 경우와는 전혀 **다르다**), 이것은 결합과는 **반대 방향**으로 향하고 있는 두 번째의 *di* 오비탈이 될 것이다. 염소의 *s* 오비탈은 결합성 MO에 조금밖에 혼합되지 않기 때문에 세 번째 고립 쌍은 주로 *s* 오비탈이고, 전자 밀도는 주된 영역이 염소 원자에 놓이는 뒤틀린 구형이다.

그림 4.24에서 *s*와 *p* 오비탈의 혼합은 분자 오비탈들의 생성이 진행되는 과정 중의 분리된 단계로 표현되고 있지만 전체 과정은 단일 단계로 통합될 수 있다. 예를 들면, 염화 수소의 결합성 분자 오비탈은 다음과 같이 생성되는 것으로 고려될 수 있다.

---

[10] Ferreira, R. *Chem. Phys. Lett.* **1968**, *2*, 233.

$$\psi_b = a\psi_{3s} + b\psi_{3p} + c\psi_{1s} \tag{4.35}$$

여기서 $\psi_{3s}$, $\psi_{3p}$, $\psi_{1s}$는 염소(3*s*와 3*p*) 와 수소(1*s*) 에 있는 원자 오비탈이다. 분자 오비탈에 포함된 *p* 성질의 양에 따라 *a*와 *b*는 변할 수 있다. 예를 들면, $a = 0$이면 염소 원자는 순수한 *p* 오비탈을 사용하지만 $a^2 = \frac{1}{3}b^2$이면 *p* 성질은 75%가 될 것이다(VB 용어로는 "$sp^3$ 혼성"이다).[11] 물론 *c*에 대한 *a*와 *b*의 상대적인 값은 결합성 분자 오비탈에 대한 염소 대 수소의 파동 함수가 기여하는 상대적인 정도를 의미하는 것이다.

## 삼원자 분자와 이온의 분자 오비탈

삼원자 화학종의 첫 번째 예로 선형 분자인 $BeH_2$를 들 수 있다. 이 분자에 대한 분자 오비탈은 수소 원자들(H와 H'로 표시된) 에 있는 1*s* 오비탈과 베릴륨에 있는 2*s*와 2*p* 오비탈들 중의 하나(H—Be—H 결합축을 따라 배향된) 로부터 생성된다. 남아 있는 베릴륨의 두 2*p* 오비탈은 분자축에 수직이기 때문에 결합에 참여할 수 없고, 따라서 수소 오비탈들과의 **알짜** 겹침은 0이다.

네 개의 원자 오비탈이 결합에 참여하기 때문에 네 개의 분자 오비탈이 생성되어야 한다. 항상 그렇듯이, 결합성 분자 오비탈은 원자 오비탈의 선형 조합에 의해 겹침이 최대가 되도록 생성된다. 분자 오비탈을 생성하기에 앞서, 분자의 선형 기하 구조와 베릴륨의 원자 오비탈의 대칭성과 일치하는 **군 오비탈(group orbital)** 로 두 수소 원자의 오비탈을 조합할 수 있다. 군 오비탈은 H와 H'에 있는 1*s* 오비탈의 선형 조합을 취하기만 하면 생성된다. 두 가지 가능성이 존재하기 때문에 군 오비탈은 $\psi_H + \psi_{H'}$와 $\psi_H - \psi_{H'}$에 해당한다. 첫 번째 조합은 모든 영역에서 양이기 때문에 베릴륨의 2*s* 오비탈과 겹치기에 적합하다. 두 번째 조합은 한쪽은 양이고, 다른 한쪽은 음인 귓불을 갖기 때문에 베릴륨의 2*p* 오비탈과 겹쳐져서 결합성 MO를 생성하게 될 것이다. 반결합성 오비탈은 반대인 조합에 의해 생성될 것인데, 결합된 원자들 사이에 마디를 생성한다. 분자 오비탈은 다음과 같이 나타낼 수 있다.

$$\psi_g = a\psi_{2s} + b(\psi_H + \psi_{H'}) = \sigma_g = 2\sigma_g \tag{4.36}$$

$$\psi_u = c\psi_{2p} + d(\psi_H - \psi_{H'}) = \sigma_u = 1\sigma_u \tag{4.37}$$

$$\psi_g^* = b\psi_{2s} - a(\psi_H + \psi_{H'}) = \sigma_g^* = 3\sigma_g \tag{4.38}$$

$$\psi_u^* = d\psi_{2p} - c(\psi_H - \psi_{H'}) = \sigma_u^* = 2\sigma_u \tag{4.39}$$

파라미터 *a*, *b*, *c*, *d*는 가중 계수인데 B와 H 사이의 전기음성도 차이 때문에 필요하다.

$BeH_2$ 분자 오비탈의 에너지는 그림 4.25에 나타내었고 이들의 전자 밀도 경계면은 그림 4.26에 그려져 있다. 두 결합성 오비탈은 세 원자 모두에 걸쳐 비편재화되어 있다. 이것은 다원자 분자를 MO로 설명할 때의 일반적인 결과이다. 가장 낮은 에너지를 갖는 오비탈, $1\sigma_g$는 그림 4.25나 4.26 모두에 나타내지 않았음을 유의하라. 이 오비탈은 베릴륨

---

11) *s*와 *p* 성질의 퍼센트는 계수의 제곱에 비례한다. 염소의 경우에서, 3*s*와 3*p* 오비탈 사이의 에너지 차이가 크기 때문에 *s*와 *p* 성질의 혼합은 거의 일어나지 않겠지만, 에너지 준위들이 더 접근하면 할수록 혼합은 더 잘 일어나게 된다.

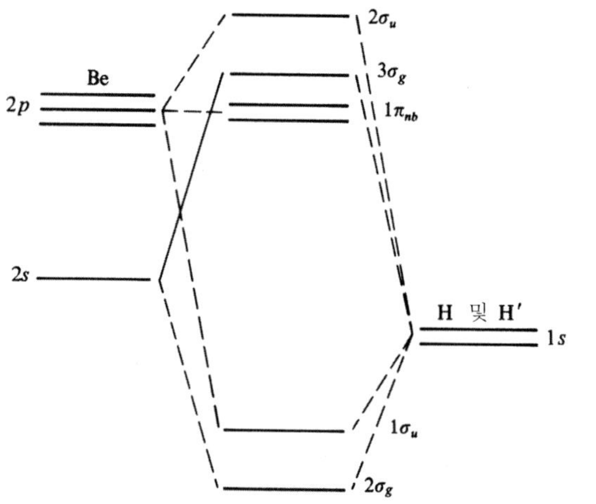


**그림 4.25** $BeH_2$ 분자의 분자 오비탈 에너지 준위.

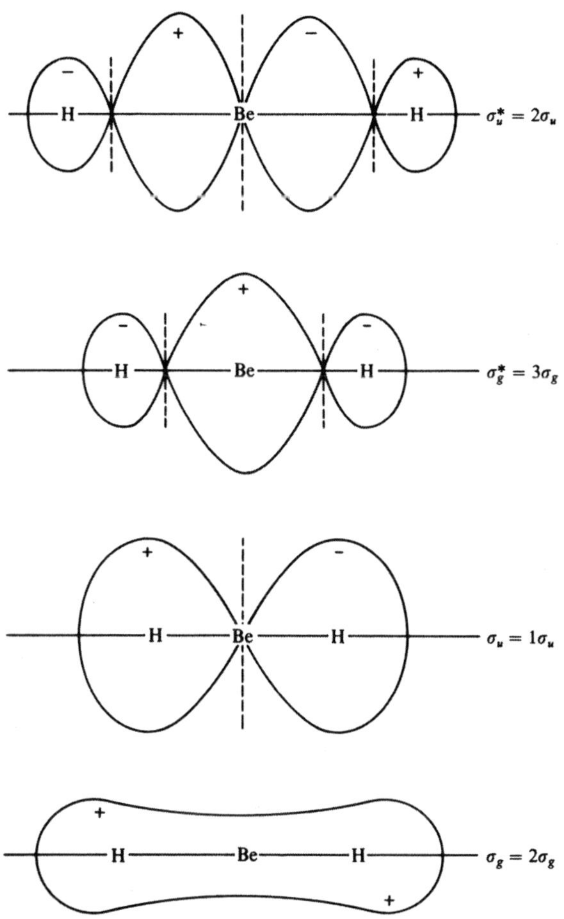


**그림 4.26** $BeH_2$ 분자의 반결합성(위) 및 결합성(아래) 분자 오비탈.

의 1*s* 오비탈로부터 생성되는데, 수소의 오비탈과는 에너지 차이가 너무 커서 상호작용이 거의 없다. 그러므로 이 분자 오비탈은 비결합성이고, 베릴륨의 1*s* 원자 오비탈과 거의 구별할 수 없다.

아질산 이온($NO_2^-$)는 $\sigma$ 결합뿐만 아니라 $\pi$ 결합을 갖는 비선형 삼원자 분자의 예이다. 이 이온에 대한 원자가결합 설명에서는 세 원자 모두에 걸친 $\pi$ 전자의 분포를 나타내기 위해 공명 구조를 사용하였다. 분자 오비탈 방법을 적용할 때에는 전자들이 자동적으로 비

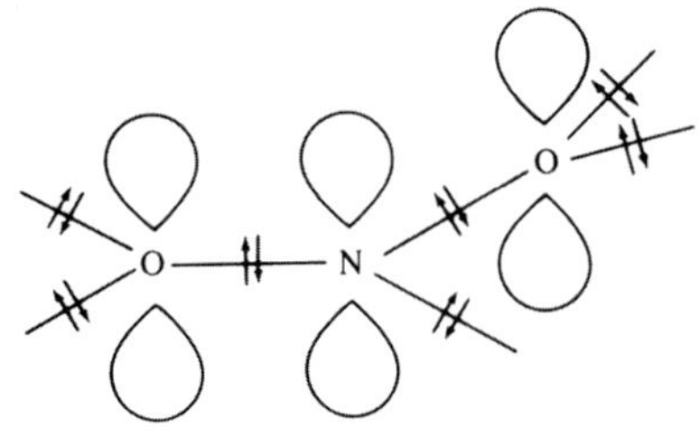


**그림 4.27** 아질산 이온($NO_2^-$)에 있는 시그마 결합과 고립 전자쌍.

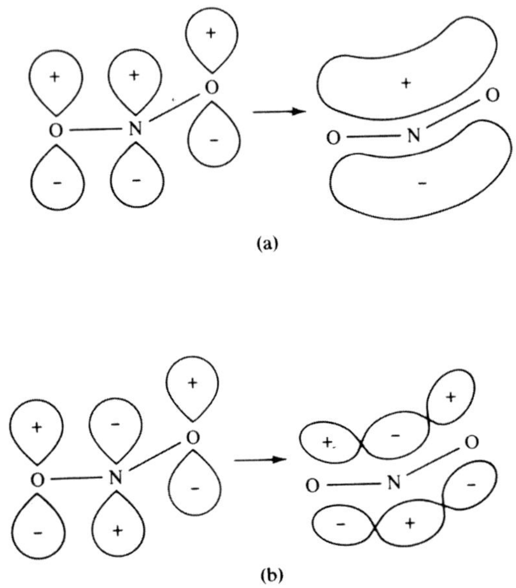


**그림 4.28** 아질산 이온에 있는 원자 오비탈과 이들로부터 생성되는 분자 오비탈. (a) 결합성 오비탈, (b) 반결합성 오비탈.

편재화되기 때문에 분자 오비탈 방법은 공명 구조가 필요 없는 다른 접근법을 제시한다.

$NO_2^-$에서 $\boldsymbol{\sigma}$ 계는 질소와 산소에 $sp^2$ 혼성 오비탈의 겹침에 의해 생성된 두 개의 N—O 단일 결합으로 이루어져 있다고 생각할 수 있다.[12] $\boldsymbol{\sigma}$ 계는 부분적으로는 산소의 $sp^2$ 혼성 오비탈에 있어야 하는 비결합 오비탈에 있는 네 쌍의 전자일 수도 있을 것이다(원자가 결합 이론에서 이들은 산소의 고립쌍들이다). 질소와 산소 원자에 있는 나머지 전자들은 평행한 $p$ 오비탈에 존재한다(그림 4.27). 이들 오비탈은 서로 상호작용을 하여 결합성과 반결합성 조합을 만든다.

$$\psi_b = p_{O_1} + p_{O_2} + p_N \quad (\pi) \tag{4.40}$$

$$\psi_a = p_{O_1} + p_{O_2} - p_N \quad (\pi^*) \tag{4.41}$$

앞에서 알아본 것처럼, 결합성 오비탈에서는 원자들 사이에 전자 밀도가 집중되고, 반결합성 오비탈에서는 원자들 사이에 마디를 가진다(그림 4.28). 세 번째 조합도 가능하다.

$$\psi_n = p_{O_1} - p_{O_2} \pm p_N \tag{4.42}$$

---

12) 물론 분자 오비탈 이론을 사용할 때에는 혼성화가 전혀 필요하지 않지만, 여기서는 우선 $\boldsymbol{\pi}$ 계를 살펴보아야 하기 때문에 편의상 혼성화 개념을 사용한다. VB와 MO에서 $\boldsymbol{\sigma}$ 계를 다루는 것은 결과에서 크게 차이가 나지 않는다.

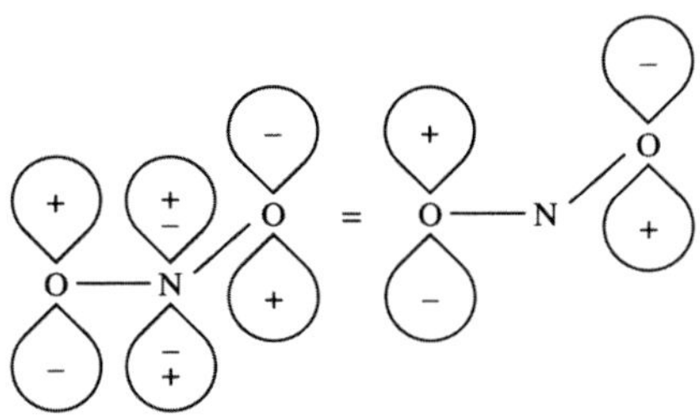

**그림 4.29** 아질산 이온에 있는 비결합성 오비탈.

이 경우에는, 질소 오비탈에 주어진 부호와 상관없이 짝이 맞지 않게 된다. 즉, 한 개의 $p_O$ 오비탈과는 어느 정도 양의 겹침이 존재하지만 다른 오비탈과는 음의 겹침이 존재하게 되므로 비결합성 상황이 생기게 된다(그림 4.29).

$NO_2^-$에 대한 분자 오비탈의 결과는 공명으로 설명하는 원자가결합의 결과와 비슷하다. 질소 원자와 두 개의 산소 원자에 걸쳐 퍼져 있는 $\pi$ 전자들의 결합 전자쌍이 존재한다. MO로 설명할 경우, $\pi$ 전자들의 두 번째 쌍은 비결합성이고, 두 개의 산소 원자에 효과적으로 편재되어 있다(마디는 질소 원자를 통과한다). VB로 설명할 경우에도 분리된 원자 오비탈을 차지하는 것이라기보다는 두 개의 산소 원자에 걸쳐 퍼져 있다.

위에서 제시한 아질산 이온의 분자 오비탈은 대칭성에 대한 고려를 배제한 채 단지 출발점으로서만 설명하였고, $\sigma$ 결합은 질소와 산소 원자에 있는 $sp^2$ 혼성 오비탈로부터 생성된다고 가정하였다. 지금부터는 혼성화 개념을 사용하지 않고 공식적인 대칭성을 활용하는 방법을 사용하여 앞의 결과와 유사한 결과를 얻는 방법을 알아보도록 하자(결합에서의 대칭성은 2장을 참조하라).

이 장에서 결합이 생성되는 과정을 그림을 통해 알아본 것처럼, 겹쳐지는 오비탈은 결합의 형태($\sigma$, $\pi$ 등)와 결합되는 원자들의 공간적인 위치에 따라 결정되는 대칭의 조건을 만족시켜야 한다. 이것은 $NO_2^-$에 대한 분자 오비탈과 이들을 구성하는 원자 오비탈은 이 이온의 $C_{2v}$ 대칭과 일치되어야 한다는 것을 의미한다. $C_{2v}$ 점군에 대한 표현의 기초가 되는 첫 번째 시그마 MO들을 살펴보자. 이 표현과 이 표현의 기약 성분을 결정하면 질소와 산소에 대해 기여하는 원자 오비탈이 만족시켜야 하는 대칭 기준을 확립할 수 있을 것이고, 그 다음에는 이들 오비탈을 규정할 수 있게 된다. 시그마 MO들은 N—O 결합축을 따른 벡터로 나타낼 수 있다.

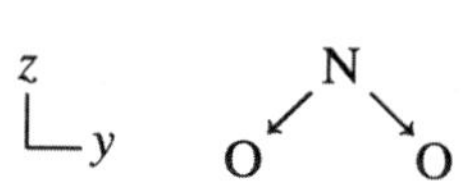

이들 두 벡터에 $C_{2v}$ 대칭 조작을 해 주고, 각각의 조작에 대해 변화가 없는 수를 기록하면 가약 표현, $\Gamma_r$이 된다.

| | $E$ | $C_2$ | $\sigma_{xz}$ | $\sigma_{yz}$ |
|---|---|---|---|---|
| $\Gamma_r$ = | 2 | 0 | 0 | 2 |

$\Gamma_r$을 약분하면 기약 성분으로 $a_1$과 $b_2$를 생성한다. 질소와 산소에 있는 원자 오비탈을 시그마 MO로의 선형 조합에 적합하도록 만들려면 원자 오비탈은 이들 표현 중의 한 가지에 속해야 한다. 그러면 다음 과제는 이들 오비탈을 선택하는 것이다.

질소에서 결합에 기여하는 원자 오비탈은 바깥 껍질의 $2s$와 $2p$ 오비탈일 것이다. $C_{2v}$ 지표표를 다시 살펴보면 $s$와 $p_z$ 오비탈은 $a_1$ 표현에 속하고, $p_x$와 $p_y$는 각각 $b_1$과 $b_2$에 속함을 알 수 있다. 그러므로 시그마 MO에 참여하기에 적합한 질소의 오비탈은 $p_y$, $s$, $p_z$이다. 이 오비탈들은 $sp^2$ 혼성 오비탈을 구성하기 위해 선택했던 세 개의 오비탈이기도 함을 주목하라.

비슷한 분석을 통해 $\pi$ 결합에 참여할 수 있는 질소의 오비탈을 규정할 수 있다.

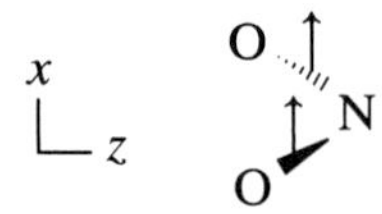

$$\begin{array}{lcccc} & E & C_2 & \sigma_{xz} & \sigma_{yz} \\ \Gamma_r = & 2 & 0 & 0 & -2 = a_2 + b_1 \end{array}$$

$C_{2v}$ 지표표를 보면 질소의 원자가오비탈 중에서 $a_2$로 변환되는 것은 아무 것도 없다. 그러나 $p_x$는 $b_1$으로 변환되고, 따라서 $\pi$ 결합에 참여할 수 있다.

$\sigma$와 $\pi$ MO에 참여할 수 있는 질소의 오비탈을 결정했기 때문에, 이제 이들과 조합될 수 있는 산소의 오비탈을 확인해야 한다. 보다 정확하게는 MO를 생성하기 위한 대칭성의 기준을 만족시키는 산소의 오비탈이나 산소의 군 오비탈의 조합을 유도해야 한다.[13) ] $BeH_2$를 다룰 때 알아본 것처럼(140쪽), 군 오비탈은 원자 오비탈의 선형 조합(더하거나 빼기) 을 취하면 얻을 수 있다. 여기서 관심이 있는 오비탈은 산소의 바깥 껍질 오비탈(2$s$와 2$p$) 이다. 두 원자에 있는 2$s$ 오비탈을 더하거나($s + s$) 빼면($s - s$), 두 개의 오비탈이 된다(그림 4.30). 이 군 오비탈에 $C_{2v}$ 대칭 조작을 하면 ($s + s$) 조합은 모든 조작에 대해 대칭이므로 $a_1$에 속하고, 반면에 ($s - s$) 조합은 $b_2$에 속함을 알 수 있다. $p$ 오비탈에 대해서도 비슷한 과정을 계속하면 ($p_z + p_z$) 조합은 $a_1$으로 변환되고, 이에 대응되는 뺄셈 조합($p_z - p_z$) 는 $b_2$에 속함을 알 수 있다. ($p_y + p_y$)와 ($p_y - p_y$) 의 경우 각각 $b_2$와 $a_1$을 얻는다. 마지막으로 ($p_x + p_x$) 는 $b_1$으로 ($p_x - p_x$) 는 $a_2$로 변환된다.

이제 아질산 이온에 대한 분자 오비탈 도표를 구성하는 데 필요한 모든 대칭성 정보를 갖게 되었다. 물론 대칭성 분석은 관련된 오비탈의 상대적인 에너지에 대해서는 아무런 정보를 제공하지 못한다. 이러한 정보를 얻으려면 세밀한 계산과 실험이 필요하다.[14) ] 그러나 정성적인 도표를 그리기 위해서는 몇 가지 합리적인 가정을 만들 수도 있다. 질소보다 산소가 더 전기음성이기 때문에, 산소에 있는 2$s$와 2$p$ 오비탈은 질소에 있는 동일한 오비탈보다 에너지가 더 낮을 것이다. 이러한 기초를 사용하여 그림 4.31의 왼쪽과 오른쪽에 원자 및 군 오비탈을 배열하였다. 시그마 MO을 생성하기 위해 결합될 수 있는 질소와 산소의 오비탈은 모두 $a_1$과 $b_2$ 대칭을 갖는 것들이다. 먼저 $a_1$에 속하는 것들을 살펴보면, 다섯 개의 분자 오비탈을 만들어내는 총 다섯 개의 오비탈(질소의 군 오비탈로부터 두 개, 산소의 군 오비탈로부터 세 개) 을 알아낼 수 있다. 이 분자 오비탈의 상대적인 에너지를 추측하려면, 두 개의 상호작용하는 오비탈로부터 생성되는 결합성 분자 오비탈의 안정화를 촉진시키는 두 가지 요인, 즉 유리한 겹침과 에너지의 유사성을 살펴보아야 한다. 이들 두 요인의 존재 유무 정도에 따라 분자 오비탈이 결합성(반결합성) 이 될지 또는 비결합성이 될지가 결정된다. 그러므로 산소의 ($s + s$) 군 오비탈과 질소의 $a_1$ 오비탈은

---

13) 산소의 군 오비탈과 이들의 대칭성을 결정하기 위해 사용된 도식적 방법은 $NO_2^-$에 대해서는 적합하지만 더 복잡한 분자들과 이온들(특히 축퇴를 포함하는 경우)은 더 복잡한 방법이 필요하다. 이들 방법에 대해 관심이 있는 독자는 2장의 각주 1에 주어진 군론에 관한 책자를 참고하기 바란다.

14) Harris, L. E. *J. Chem. Phys.* **1973**, *58*, 5615~5626.

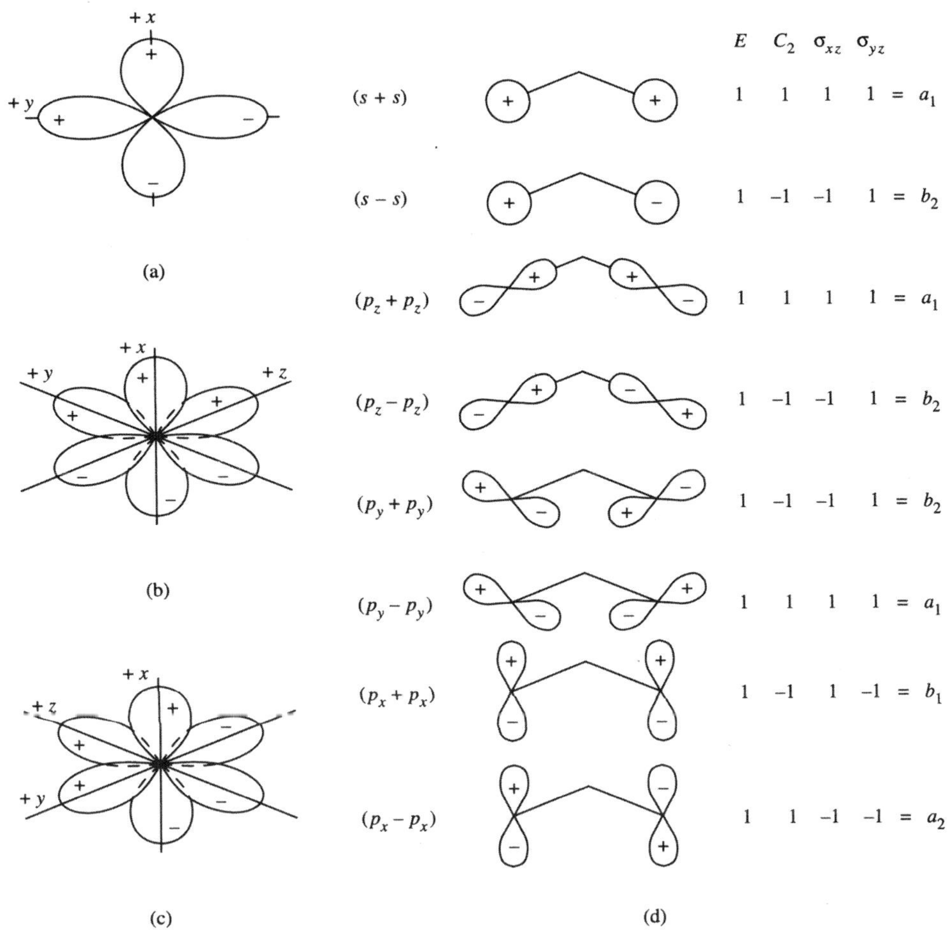


**그림 4.30** $z$축을 따라 본 아질산 이온의 원자 오비탈. 이 $z$축은 음이온의 주된 이겹축이다. (a) 질소 원자에 있는 $p_z$ 오비탈과 $p_y$ 오비탈: 음이온의 면은 $yz$면이고, $x$축은 이 면에 수직이다. (b) 왼쪽에 있는 산소 원자의 $p$ 원자 오비탈. $z$축은 O—N 결합축을 따라 다시 정의되었음을 주목하라. $x$축은 여전히 분자면에 수직이고, $y$축은 $x$와 $z$축에 대해 수직이어야 한다. (c) 오른쪽에 있는 산소 원자의 $p$ 원자 오비탈. $z$축은 다시 한 번 N—O 결합축을 따라 정의되었고, $x$축과 $y$축은 서로 수직이다. (d) $NO_2^-$에서 산소 원자들에 대한 군 오비탈은 $2s$와 $2p$ 원자 오비탈로부터 유도되었다. 배향은 (b)와 (c)에서 나타낸 것과 같다.

에너지 차이가 크기 때문에 약간의 결합성만을 갖는 $a_1$ 분자 오비탈이 될 것임을 예측할 수 있다. 겹침과 에너지의 일치는 $(p_z + p_z)$ 군 오비탈과 질소의 $a_1$ 오비탈의 경우에 더 중요하게 작용하는데, 따라서 이들이 조합되어 강한 결합성 및 반결합성 MO 쌍을 생성하는 것으로 예측할 수 있다. $(p_y - p_y)$ 군 오비탈과 질소의 $a_1$ 오비탈 간에는 겹침이 빈약하기 때문에 이 군 오비탈은 비결합성 $a_1$ MO로 지정되어야 한다.

비슷한 이유를 $b_2$ 오비탈(모두 네 개)에 적용하면, 이 대칭을 갖는 질소의 오비탈은 $(s - s)$ 군 오비탈과 약간의 결합성 MO가 생성되게끔 겹치고, $(p_z - p_z)$ 군 오비탈과는 명백하게 결합성 MO가 되게끔 겹치는 것으로 결론을 내릴 수 있다. $(p_y + p_y)$ 군 오비탈은 비결합성이 되어야 하며 한 개의 반결합성 MO도 존재하게 된다. 마지막으로, 질소의 $b_1$ 오비탈은 $(p_x + p_x)$ 군 오비탈과 조합하여 결합성 및 반결합성 $\pi$ MO를 생성하게 된다.

만들어진 12개의 분자 오비탈 중에서, 에너지가 낮은 아홉 개에는 $NO_2^-$에 있는 원자가

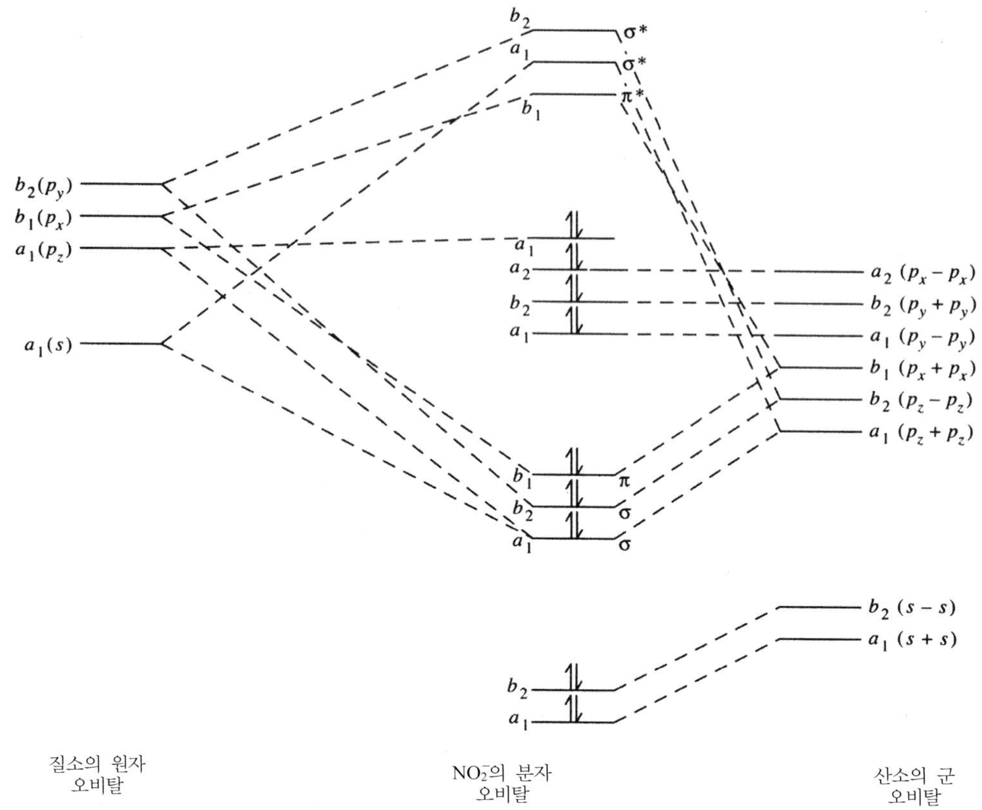


**그림 4.31** 아질산 이온에 대한 분자 오비탈 도표.

전자들이 점유하게 된다. 가장 낮은 준위 $a_1$과 $b_2$ 오비탈에 있는 전자들은 약간만 결합성이기 때문에 산소 원자들에 있는 고립쌍으로 간주될 수 있다. $NO_2^-$에 대한 Lewis 구조는 두 개의 산소 원자에 추가로 세 쌍의 고립쌍을 포함한다. MO 도표에서 이 고립쌍들은, 이미 비결합성이 되어야 한다고 규정된 $a_1\ (p_y - p_y)$ 과 $b_2\ (p_y + p_y)$ 오비탈, 그리고 $a_2$ 오비탈에 있는 전자들인데, $a_2$ 오비탈은 질소에 대칭성을 만족시키는 $a_2$ 군 오비탈이 없기 때문에 비결합성이 되어야 한다. Lewis 구조에서 질소에 있는 것으로 나타내었던 비결합성 전자쌍은 MO 도표에서는 최고 점유 분자 오비탈(HOMO) 의 전자쌍에 해당한다. 그래서 분자 오비탈의 최종적인 결과는 두 개의 **σ** 결합과 한 개의 **π** 결합, 그리고 여섯 쌍의 비결합 전자쌍이다. 그림 4.31의 도표는 오비탈 사이의 주요 상호작용만을 나타내었기 때문에 지나치게 단순화되었음을 강조해둔다. 실제로는 같은 대칭성을 갖는 모든 오비탈 사이에는 약간의 상호작용이 존재한다. 즉, 도표에서는 실제보다 전자가 더 편재되는 것으로 나타낸 것이다. 그림 4.28과 4.29에 나타낸 오비탈은 MO 도표에서 $b_1$ **π** 분자 오비탈(결합성 및 반결합성) 과 $a_2$ 비결합성 오비탈에 해당한다.

## 전기음성도

Linus Pauling은 전기음성도를 처음으로 정의하고, 전기음성도를 추측하는 방법을 제안하였다. **어떤 분자에 있는 한 원자가전자들을 자신 쪽으로 끌어당기는 능력**이라는

Pauling의 전기음성도 정의[15]는 오늘날까지도 더 이상 개선되지 않고 있다. 이 정의에 따르면, 전기음성도는 고립된 원자의 성질이 아니라(고립된 원자의 성질과 관련이 있을 수도 있지만), 오히려 어떤 분자 내에서 환경과 주위 다른 원자들의 영향을 받는 어떤 원자의 성질임이 분명하다. "끌어당기는 능력"은 단지 원자가 전기음성이 더 큰 원소쪽으로 전자들을 "놓아주기 싫어함"을 다르게 표현한 것임도 유념하도록 하자.

Pauling은 열역학적 데이터를 근거로 해서 척도를 만들었다. 그의 방법은 간략하게 알아보겠지만, Pauling 척도는 수소가 약 2의 값을 갖게끔 하고, 가장 전기음성이 큰 원소인 플루오린이 4 정도의 값을 갖게끔 한 임의적이라는 사실을 유념해야 한다.

**H = 2.2**

**Li = 1.0　Be = 1.6　B = 2.0　C = 2.5　N = 3.0　O = 3.4　F = 4.0**

**Na = 0.9　Mg = 1.3　Al = 1.6　Si = 1.9　P = 2.2　S = 2.6　Cl = 3.2**

오늘날 다음과 같이 표현되는 염화 수소 분자를 다루는 Pauling의 접근법을 살펴보자.

$$\mathbf{H^{\delta+}Cl^{\delta-}}$$

극성 분자에서 부분 전하를 표현하기 위하여 **δ±**를 사용하기 시작한 것은 비교적 최근의 일이다. Pauling은 이 분자를 다음과 같이 나타내었다.

$$\underset{\text{I}}{\mathbf{H{-}Cl}} \longleftrightarrow \underset{\text{II}}{\mathbf{H^{+}Cl^{-}}} \longleftrightarrow \underset{\text{III}}{\mathbf{H^{-}Cl^{+}}} \tag{4.43}$$

이 경우 공명 혼성체의 파동 함수는 다음과 같이 될 것이다.

$$\psi = x\psi_{\text{cov}} + y\psi_{+-} + z\psi_{-+} \tag{4.44}$$

여기서 $x$, $y$, $z$는 가중계수이고, cov, $+-$, $-+$는 정준 형태에 기여하는 구조 I, II, III에 대한 표시이다. 염소가 수소보다 더 전기음성이라면, 구조 I (HCl은 공유 결합이 지배적이다) 뿐 아니라 구조 II도 중요하다. 그러나 염소 원자에 양전하가 있는 구조 III의 기여는 무시할 수 있게 된다. Pauling은 공명이 HCl 분자를 안정화시키며, II의 기여가 클수록 분자의 극성도 커지고 안정도도 증가할 것이라고 가정하였다. Pauling이 전기음성도에 관한 첫 번째 논문을 발표한 직후, Mulliken[16]은 구조 I, II, III 각각이 혼성에 얼마나 기여하는지를 추정하는 방법을 제안하였으며, 이를 이용해서 그의 이름이 들어있는 전기음성도 척도를 만들었다.

## Mulliken–Jaffé 전기음성도

Mulliken-Jaffé 체계는 전기음성도를 다루는 방법 중에서 가장 확실한 이론적 근거를 갖는 것이다. 에너지가 낮고 안정한 정준 형태는 공명 혼성체에 가장 많이 기여하고, 높은 에너지를 갖는 구조는 거의 기여를 하지 않는다는 점을 기억하자. Mulliken은 원자의 전기음성도값을 측정하려면 그 원자와 관련된 두 가지 에너지를 반영해야 한다고 제안하였다. 즉, (1) 양성 화학종을 만들기 위해 전자(혹은 더 일반적으로 전자 밀도)를 제거하기가 얼마나 어려운지를 측정하는 **이온화 에너지**와 (2) 원자가 음성 화학종을 생성하려는

---

[15] Pauling, L. *The Nature of the Chemical Bond*, 3rd ed.; Cornell University: Ithaca, NY, 1960; p 88.
[16] Mulliken, R. S. *J. Chem. Phys.* **1934**, *2*, 782~793; **1935**, *3*, 573~585.

경향을 측정하는 전자 친화도가 전기음성도에 반영되어야 한다고 제안하였다. 염소가 높은 전자 친화도를 갖고, 수소는 비금속일 경우 비교적 낮은 이온화 에너지를 갖기 때문에 구조 II는 안정하다. 염소가 높은 이온화 에너지를 갖고, 수소는 낮은 전자 친화도를 갖기 때문에 구조 III은 불안정하다. 전기음성도에 관한 Mulliken의 정의는 다음과 같이 간단하게 주어진다.

$$\chi = \frac{IE_v + EA_v}{2} \tag{4.45}$$

또는, 에너지가 (과거에 사용되었던 가장 흔한 단위인) 전자 볼트 단위일 경우, Pauling 척도로 값을 나타내면,

$$\chi_M = 0.336\left[\frac{IE_v + EA_v}{2} - 0.615\right] \tag{4.46}$$

또는, 에너지가 MJ $mol^{-1}$일 경우에는 다음과 같다.[17)]

$$\chi_M = 3.48\left[\frac{IE_v + EA_v}{2} - 0.0602\right] \tag{4.47}$$

첫 번째 이온화 에너지와 전자 친화도는 다항식 (1장 참조) 에 잘 들어맞는 다중 이온화 퍼텐셜-전자 친화도 에너지들 중에서 두 가지에 불과하다는 점을 상기하여야 한다. 그리고 이 다항식은 고차항의 계수가 작기 때문에 거의 이차식에 가깝다. Jaffé와 공동연구자들은[18)] 에너지 곡선 (그림 4.32 참조) 을 이 형태에 이용할 경우, **전기음성도에 대한**

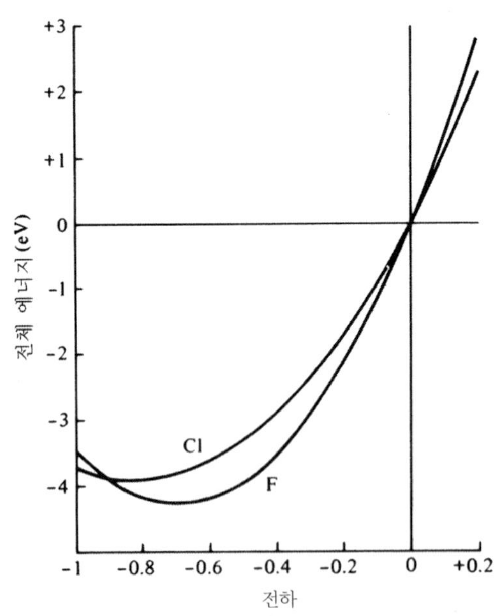


**그림 4.32** 플루오린과 염소에 대한 이온화 에너지-전자 친화도 곡선. 전기음성도는 이들 곡선의 기울기에 의해 주어진다. 이 그림은 그림 1.13을 확대한 것이다.

---

17) 이 단순한 선형 관계는 가장 자주 사용된다. 그러나 Bratsch (각주 18과 표 4.6 참조) 는 다소 더 잘 들어맞는 이차 관계식에 대한 증거를 제시하였다.

18) Hinze, J.; Jaffé, H. H. *J. Am. Chem. Soc.* **1962**, *84*, 540~546; *J. Phys. Chem.* **1963**, *67*, 1501~1506; Hinze, J.; Whitehead, M. A.; Jaffé, H. H. *J. Am. Chem. Soc.* **1963**, *85*, 148~154. Bratsch, S. G. *J. Chem. Educ.* **1988**, *65*, 34~41, 223~227도 참조.

Mulliken의 **정의는 곡선이 원점을 지날 때의 곡선의 기울기와 같다**는 점을 지적하였다.

$$E = \alpha q + \beta q^2 \tag{4.48}$$

$$\chi = dE/dq = \alpha + 2\beta q \tag{4.49}$$

이 식은 직관적인 상관관계를 명확하게 보여 준다. 이 식에 의하면, 원자가전자 밀도를 얻을 때(에너지 곡선이 가파르기 때문에) **많은 에너지를 방출하면, 그 원자는 상당히 전기음성이다. 이 원자와 결합하고 있는 다른 원자는 곡선이 덜 가파르기 때문에, 덜 전기음성이 될 것이고, 더 전기음성인 원자와 결합할 때에는, 원자 자체의 에너지 곡선을 올라갈 때 필요한 에너지보다 더 작은 에너지를 소비한다.** ClF 분자는 $Cl^{\delta+}F^{\delta-}$로 존재하게 될 것이며, 가상적인 무극성 ClF 분자보다 더 안정할 것이다.

Mulliken의 정의와 Jaffé의 정의 사이의 관계는 매우 간단하게 나타낼 수 있다. 식 4.48에 $q = +1$을 대입하면, 계의 에너지 $E$는 +1가 양이온의 에너지, 또는 첫 번째 이온화 에너지라는 것을 알 수 있다. 마찬가지로 $q = -1$을 대입하면, 에너지는 전자 친화도의 음수값이 되며,[19] 그 결과는 다음과 같다.

$$IE_v = E_{+1} = \alpha(+1) + \beta(+1)^2 \tag{4.50}$$

그리고

$$-EA_v = E_{-1} = \alpha(-1) + \beta(-1)^2 \tag{4.51}$$

식 4.51에서 식 4.50을 빼면 다음과 같은 결과를 얻는다.

$$IE_v + EA_v = 2\alpha \tag{4.52}$$

여기서 얻은 $\alpha$는 식 4.45에서 주어진 Mulliken의 전기음성도와 같다.

위의 식에서 아래 첨자 v에 관한 언급이 필요하다. 이 아래 첨자는 **원자가상태(valence state)**를 의미한다. 전기음성도에 관한 Pauling의 정의가 어떤 분자에 속한 한 원자에 대한 정의인 것과 마찬가지로, 다양한 혼성화에 대한 Mulliken-Jaffé의 전기음성도 정의는, 바닥 상태로부터의 들뜸 에너지를 조정함으로써, 원자가상태 이온화 에너지와 원자가상태 전자 친화도를 계산하는 과정을 포함한다. 원자가상태 이온화 에너지 및 전자 친화도는 실험적으로 관찰된 값이 아니라, 원자가 어떤 분자 내에 존재할 때 원자가상태의 원자에 대해 계산된 값이다. 이들 값의 성질은 다음의 두 가지 예를 통해 분명하게 이해할 수 있을 것이다.

2가의 베릴륨은 두 개의 동등한 $sp$, 또는 **선형(digonal)** 혼성을 통해 결합한다. 따라서 적합한 이온화 에너지는 바닥 상태인 베릴륨, $1s^22s^2$의 이온화 에너지가 아니라, 들뜬 원자가 상태에서 전자들을 제거하기 위해 필요한 에너지의 평균값이다.

$$1s^22s^12p^1 \longrightarrow 1s^22s^12p^0\ (IE_p) \quad \text{and} \quad 1s^22s^12p^1 \longrightarrow 1s^22s^02p^1\ (IE_s) \tag{4.53}$$

따라서 $sp$ 혼성 오비탈에서 전자를 제거하기 위해 필요한 가상적인 에너지를 계산할 수 있다. 이 VSIE(그리고 이것에 상응하는 원자가상태 전자 친화도)는 $sp(di)$ 오비탈의 전

---

19) 전자 친화도의 정의는 양의 전자 친화도는 발열이라는 일반적인 열역학적 관례를 따르지 않는다.

기음성도를 계산하는 데 사용될 수 있다.

염소 원자는 혼성화를 고려하지 않은 순수한 $p$ 오비탈만 사용하는 것으로 가정할 수도 있지만, 원자가상태 이온화 에너지는 실험적으로 측정된 값에 상응하지 않고 있다. 이온화 에너지와 전자 친화도를 사용하는 것은 앞에서 식 4.43에 나타낸 것과 같은 공유성-이온성 공명이 나타나기 때문이라고 생각할 수 있다. 공명이 일어나기 위한 필수 조건 중의 하나는 기여하는 형태 모두는 같은 수의 홀전자를 가져야 한다는 것이므로, $Cl^+$로부터 생성된 모든 기여 형태들에 대한 파동 함수와 에너지의 스핀은 모두 0이 되어야 한다(염소를 포함하는 간단한 분자들은 모두 반자기성이다). 바닥 상태 이온화 에너지는 $Cl(^2P) \rightarrow Cl^+(^3P)$ 의 과정에 해당하지만, VSIE는 $Cl^+$에 대한 단일항 상태(singlet state) 로의 이온화에 대한 값이며, $^1S$와 $^1D$의 적당한 가중 평균이다. 그러나 바닥 상태 이온화 에너지와 전자 친화도만으로는 정확한 전기음성도를 계산할 수 없다는 것을 반드시 기억해야 한다.

Mulliken-Jaffé 접근법의 장점 중의 하나는 부분적으로 하전된 원자들의 전기음성도를 다룰 수 있다는 것이다. 전자 밀도를 잃은 원자의 전기음성도가 전자 밀도를 잃지 않은 유사한 원자와 동일할 것으로 기대해서는 안 된다. 전자 밀도를 잃은 원자는 남은 전자 밀도를 더욱 단단하게 잡고 있을 것으로 기대해야 한다. 반대로 원자가 부분적인 음전하를 얻을 경우, 증가된 전자 밀도에 대한 원자의 인력은 감소할 것이다. 식 4.49를 고쳐 쓰면 이것을 쉽게 나타낼 수 있다.

$$\chi = dE/d\delta = a + b\delta \tag{4.54}$$

여기서 이온 전하 $q$를 부분 전하 $\boldsymbol{\delta}$로 대치하였고, 편의상 상수를 바꾸었다($a = \alpha$; $b = \boldsymbol{\beta}$).

이 식의 중요성은 전하가 원자의 전기음성도에 큰 영향을 미칠 수 있음을 보여 주는 데 있다. 직관적으로, 양의 전하를 갖는 원자가 음의 전하를 갖는 같은 원자보다 더 전기음성일 것으로 기대할 수 있다. 식 4.54를 사용하면 이 효과를 정량화할 수 있다. 즉, +0.4 정도의 부분 전하를 갖는 아이오딘 원자의 전기음성도는 중성인 플루오린 원자와 거의 비슷하다. 파라미터 $a$와 $b$의 중요성은 명백하다. **고유(inherent) 전기음성도** 또는 **중성 원자의 전기음성도**는 $a$로 주어진다. Mulliken 방법을 사용하여 추측한 것처럼 이것은 특정한 원자가상태에 있는의 원자의 전기음성도이며, Pauling ($\chi_P$), Allred와 Rochow ($\chi_{AR}$), 그리고 이 외의 방법으로 추측한 전기음성도와 비슷하다(표 4.6 참조). 예를 들면, $\chi_{MJ} = a$만 사용될 수도 있는데, LiH에서 수소 원자($a = 2.25$) 는 리튬($a = 0.97$) 보다 훨씬 더 전기음성이기 때문에, $Li^{\delta+}H^{\delta-}$ 또는 심지어 $Li^+H^-$로 표기되어야 한다.

파라미터 $b$는 **전하 계수(charge coefficient)** 이다. 이것은 전하에 따른 전기음성도의 변화 속도를 측정한다. 수학적으로 $b$는 전하에 대한 에너지의 이차 미분 계수(전기음성도의 일차 미분 계수) 이다.

$$b = d^2E/d\delta^2 = d\chi/d\delta = \mathrm{IE_v} - \mathrm{EA_v} \tag{4.55}$$

따라서 이것은 에너지-전하 포물선의 곡률을 정의한다. 화학적으로 이 값은 **전하 용량(charge capacity, $\kappa$)** 또는 편극도의 역수이다.[20]

[20] Politzer, P. J. *Chem. Phys.* **1987**, *86*, 1072~1073.

**표 4.6**
원소의 전기음성도.

| 원소 | Pauling $x_p$[b] | Sanderson $x_s$[c] | Allred-Rochow $x_{AR}$[d] | Allen $x_{spec}$[e] | 오비탈 또는 혼성 | Mulliken-Jaffé, $x_{MU}$[a] | | |
|---|---|---|---|---|---|---|---|---|
| | | | | | | *a* | | *b* |
| | | | | | | Pauling 척도[f] | 볼트 | 볼트/전자 |
| 1. H | 2.20 | 2.59 | 2.20 | 2.30 | *s* | 2.25 | 7.17 | 12.84 |
| 2. He | | | 5.50[g] | | *s* | 3.49[a] | 12.98[a] | 23.22 |
| | | | | | | 4.86[g] | 15.08[g] | |
| 3. Li | 0.98 | 0.89 | 0.97 | 0.91 | *s* | 0.97 | 3.00 | 4.77 |
| 4. Be | 1.57 | 1.81 | 1.47 | 1.58 | *sp* | 1.54 | 4.65 | 6.58 |
| 5. B | 2.04 | 2.28 | 2.01 | 2.05 | $sp^2$ | 2.04 | 6.37 | 8.74 |
| | | | | | $sp^3$ | 1.90 | 5.86 | 8.64 |
| 6. C | 2.55 | 2.75 | 2.50 | 2.54 | *sp* | 2.99 | 10.42 | 11.70 |
| | | | | | $sp^2$ | 2.66 | 8.91 | 11.50 |
| | | | | | $sp^3$ | 2.48 | 8.15 | 11.39 |
| 7. N | 3.04 | 3.19 | 3.07 | 3.07 | *sp* | 3.68 | 14.00 | 13.32 |
| | | | | | $sp^2$ | 3.26 | 11.78 | 13.22 |
| | | | | | $sp^3$ | 3.04 | 10.66 | 13.16 |
| | | | | | 20%*s* | 2.90 | 10.00 | 13.13 |
| | | | | | *p* | 2.28 | 7.32 | 13.00 |
| 8. O | 3.44 | 3.65 | 3.50 | 3.61 | $sp^2$ | 3.94 | 15.48 | 15.62 |
| | | | | | $sp^3$ | 3.68 | 14.02 | 15.55 |
| | | | | | 17%*s* | 3.41 | 12.55 | 15.47 |
| | | | | | *p* | 2.82 | 9.63 | 15.33 |
| 9. F | 3.98 | 4.00 | 4.10 | 4.19 | $sp^3$ | 4.30 | 17.63 | 17.99 |
| | | | | | 14%*s* | 3.91 | 15.30 | 17.81 |
| | | | | | *p* | 3.35 | 12.20 | 17.57 |
| 10. Ne | | 4.50[g] | 4.84[g] | 4.79 | $sp^3$ | 4.49 | 18.86 | 18.92 |
| | | | | | 12%*s* | 3.98 | 15.71 | 18.50 |
| | | | | | *p* | 3.41[a] | 12.56[a] | 18.08 |
| | | | | | | 4.26[g] | 13.29[g] | — |
| 11. Na | 0.93 | 0.56[h] | 1.01 | 0.87 | *s* | 0.91 | 2.84 | 4.59 |
| 12. Mg | 1.31 | 1.32 | 1.23 | 1.29 | *sp* | 1.37 | 4.11 | 5.27 |
| 13. Al(I) | | 0.84 | | | *p* | 0.91 | 2.86 | 6.23 |
| Al(III) | 1.61 | 1.71 | 1.47 | 1.61 | $sp^2$ | 1.83 | 5.61 | 6.12 |
| | | | | | $sp^3$ | 1.71 | 5.21 | 5.92 |
| 14. Si | 1.90 | 2.14[h] | 1.74 | 1.92 | $sp^3$ | 2.28 | 7.30 | 7.13 |
| 15. P | 2.19 | 2.52 | 2.06 | 2.25 | $sp^3$ | 2.41 | 7.84 | 9.53 |
| | | | | | 20%*s* | 2.30 | 7.41 | 9.39 |
| | | | | | *p* | 1.84 | 5.67 | 8.83 |
| 16. S | 2.58 | 2.96 | 2.44 | 2.59 | $sp^3$ | 2.86 | 9.84 | 10.36 |
| | | | | | 17%*s* | 2.69 | 9.04 | 10.20 |
| | | | | | *p* | 2.31 | 7.44 | 10.12 |
| 17. Cl | 3.16 | 3.48 | 2.83 | 2.87 | 14%*s* | 3.10 | 12.15 | 11.55 |
| | | | | | *p* | 2.76 | 10.95 | 11.40 |
| 18. Ar | | 3.31[h] | 3.20[g] | 3.24 | $sp^3$ | 3.49 | 12.98 | 12.38 |
| | | | | | 12%*s* | 3.19 | 11.41 | 12.18 |
| | | | | | *p* | 2.86[a] | 9.83[a] | 11.98 |
| | | | | | | 3.11[g] | 9.87[g] | — |
| 19. K | 0.82 | 0.45 | 0.91 | 0.73 | *s* | 0.73 | 2.42 | 3.84 |
| 20. Ca | 1.00 | 0.95 | 1.04 | 1.03 | *sp* | 1.08 | 3.29 | 1.08 |

**표 4.6 (계속)**
원소의 전기음성도.

| 원소 | Pauling $x_P$[b] | Sanderson $x_S$[c] | Allred-Rochow $x_{AR}$[d] | Allen $x_{spec}$[e] | Mulliken-Jaffé, $x_{MU}$[a] 오비탈 또는 혼성 | a: Pauling 척도[f] | a: 볼트 | b: 볼트/전자 |
|---|---|---|---|---|---|---|---|---|
| 21. Sc(III) | 1.36 | 1.02 | 1.20 | | | | | |
| 22. Ti(II) | 1.54 | 0.73 | | | | | | |
| Ti(III) | | 1.09 | | | | | | |
| Ti(IV) | | 1.50 | 1.32 | | | | | |
| 23. V(II) | 1.63 | 0.69 | | | | | | |
| V(III) | | 1.39 | 1.45 | | | | | |
| V(V) | | 2.51 | | | | | | |
| 24. Cr(II) | 1.66 | | | | | | | |
| Cr(III) | | 1.66 | 1.56 | | | | | |
| Cr(VI) | | 3.37 | | | | | | |
| 25. Mn(II) | 1.55 | 1.66 | 1.60 | | | | | |
| Mn(III) | | 2.20 | | | | | | |
| Mn(IV) | | 2.74 | | | | | | |
| Mn(V) | | 3.28 | | | | | | |
| Mn(VI) | | 3.82 | | | | | | |
| Mn(VII) | | 4.36? | | | | | | |
| 26. Fe(II) | 1.83 } | 1.64 | 1.64 | | | | | |
| Fe(III) | 1.96 } | 2.20 | | | | | | |
| 27. Co(II) | 1.88 | 1.96 | 1.7 | | | | | |
| Co(III) | | 2.56 | | | | | | |
| 28. Ni(II) | 1.91 | 1.94 | 1.75 | | | | | |
| 29. Cu(I) | 1.90 | 2.03 | 1.75 | | *s* | 1.49 | 4.48 | 6.50 |
| Cu(II) | 2.00 | 1.98 | | | | | | |
| 30. Zn | 1.65 | 2.23 | 1.66 | | *sp* | 1.65 | 4.99 | 5.91 |
| 31. Ga(I) | | 0.86 | | | *p* | 0.87 | 2.75 | 6.36 |
| Ga(III) | 1.81 | 2.42 | 1.82 | 1.76 | $sp^2$ | 2.01 | 6.28 | 6.22 |
| 32. Ge(II) | | 0.56 | | | *p* | 1.30 | 3.92 | 7.63 |
| Ge(IV) | 2.01 | 2.62 | 2.02 | 1.99 | $sp^3$ | 2.33 | 7.53 | 7.62 |
| 33. As(III) | 2.18 | 2.82 | 2.20 | 2.21 | $sp^3$ | 2.38 | 7.70 | 8.98 |
| | | | | | 20%*s* | 2.26 | 7.25 | 8.85 |
| | | | | | *p* | 1.68 | 5.45 | 8.34 |
| 34. Se | 2.55 | 3.01 | 2.48 | 2.42 | $sp^3$ | 2.79 | 9.48 | 9.70 |
| | | | | | 17%*s* | 2.60 | 8.65 | 9.59 |
| | | | | | *p* | 2.20 | 6.99 | 9.39 |
| 35. Br | 2.96 | 3.22 | 2.74 | 2.68 | 14%*s* | 2.95 | 10.25 | 10.41 |
| | | | | | *p* | 2.60 | 8.63 | 10.22 |
| 36. Kr | 3.00[g] | 2.91[h] | 2.94[g] | 2.97 | $sp^3$ | 3.31 | 12.03 | 11.02 |
| | | | | | 12%*s* | 3.00 | 10.48 | 10.80 |
| | | | | | *p* | 2.66[a] | 8.93[a] | 10.58 |
| | | | | | | 2.77[g] | 8.86[g] | — |
| 37. Rb | 0.82 | 0.31 | 0.89 | 0.71 | *s* | 0.82 | 2.33 | 3.69 |
| 38. Sr | 0.95 | 0.72 | 0.97 | 0.96 | *sp* | 1.00 | 3.07 | 4.17 |
| 39. Y(III) | 1.22 | 0.65 | 1.11 | | | | | |
| 40. Zr(II) | 1.33 | 0.52 | | | | | | |
| Zr(IV) | | 0.90 | *1.22* | | | | | |
| 41. Nb(II) | | 0.77 | | | | | | |
| Nb(V) | 1.6 | 1.42 | *1.23* | | | | | |

**표 4.6 (계속)**
원소들의 전기음성도.

| 원소 | Pauling $x_p^b$ | Sanderson $x_s^c$ | Allred-Rochow $x_{AR}^d$ | Allen $x_{spec}^e$ | 오비탈 또는 혼성 | Mulliken-Jaffé, $x_{MU}^a$ *a* Pauling 척도[f] | *a* 볼트 | *b* 볼트/전자 |
|---|---|---|---|---|---|---|---|---|
| 42. Mo(II) | 2.16 | 0.90 | | | | | | |
| Mo(III) | 2.19 | 1.15 | | | | | | |
| Mo(IV) | 2.24 | 1.40 | *1.30* | | | | | |
| Mo(V) | 2.27 | 1.73 | | | | | | |
| Mo(VI) | 2.35 | 2.20 | | | | | | |
| 43. Tc | 1.9 | | *1.36* | | | | | |
| 44. Ru | 2.2 | | *1.42* | | | | | |
| 45. Rh | 2.28 | | *1.45* | | | | | |
| 46. Pd | 2.20 | | *1.35* | | | | | |
| 47. Ag(I) | 1.93 | 1.83 | 1.42 | | *s* | 1.47 | 4.44 | 6.27 |
| | | | | | *sp* | | | |
| 48. Cd(II) | 1.69 | 1.98 | 1.46 | | *sp* | 1.53 | 4.62 | 5.91 |
| 49. In(I) | | | | | *p* | 1.12 | 3.40 | 6.11 |
| In(III) | 1.78 | 2.14 | 1.49 | 1.66 | $sp^2$ | 1.76 | 5.39 | 6.63 |
| 50. Sn(II) | 1.80 | 1.49 | | | 30%*s* | 1.85 | 6.09 | 6.97 |
| Sn(IV) | 1.96 | | 1.72 | 1.82 | $sp^3$ | 2.21 | 7.05 | 5.04 |
| 51. Sb | 2.05 | *2.46*[h] | 1.82 | 1.98 | $sp^3$ | 2.22 | 7.09 | 8.16 |
| | | | | | 20%*s* | 2.12 | 6.68 | 8.02 |
| | | | | | *p* | 1.67 | 5.08 | 7.45 |
| 52. Te | 2.1 | 2.62 | 2.01 | 2.16 | $sp^3$ | 2.57 | 8.52 | 8.74 |
| | | | | | 17%*s* | 2.41 | 7.83 | 8.64 |
| | | | | | *p* | 2.06 | 6.46 | 8.44 |
| 53. I | 2.66 | 2.78 | 2.21 | 2.36 | $sp^3$ | 2.92 | 10.26 | 9.38 |
| | | | | | 14%*s* | 2.74 | 9.29 | 9.33 |
| | | | | | *p* | 2.45 | 8.00 | 9.25 |
| 54. Xe | 2.60[g] | 2.34[h] | 2.40[g] | 2.58 | $sp^3$ | 3.01 | 10.52 | 9.52 |
| | | | | | 12%*s* | 2.73 | 9.24 | 9.36 |
| | | | | | *p* | 2.44[a] | 7.96[a] | 9.21 |
| | | | | | | 2.40[g] | 7.76[g] | — |
| 55. Cs | 0.79 | 0.22 | 0.86 | | *s* | 0.62 | 2.18 | 3.42 |
| 56. Ba | 0.89 | 0.68 | 0.97 | | *sp* | 0.88 | 2.79 | 3.93 |
| 57. La | 1.10 | | 1.08 | | | | | |
| 58. Ce | 1.12 | | *1.08* | | | | | |
| 59. Pr | 1.13 | | *1.07* | | | | | |
| 60. Nd | 1.14 | | *1.07* | | | | | |
| 61. Pm | | | *1.07* | | | | | |
| 62. Sm | 1.17 | | *1.07* | | | | | |
| 63. Eu | | | *1.01* | | | | | |
| 64. Gd | 1.20 | | *1.11* | | | | | |
| 65. Tb | | | *1.10* | | | | | |
| 66. Dy | 1.22 | | *1.10* | | | | | |
| 67. Ho | 1.23 | | *1.10* | | | | | |
| 68. Er | 1.24 | | *1.11* | | | | | |
| 69. Tm | 1.25 | | *1.11* | | | | | |
| 70. Yb | | | *1.06* | | | | | |
| 71. Lu | 1.27 | | *1.14* | | | | | |
| 72. Hf | 1.3 | | *1.23* | | | | | |

**표 4.6 (계속)**
원소의 전기음성도.

| 원소 | Pauling $x_p^b$ | Sanderson $x_s^c$ | Allred-Rochow $x_{AR}^d$ | Allen $x_{spec}^e$ | Mulliken-Jaffé, $x_{MU}^a$ 오비탈 또는 혼성 | $a$ Pauling 척도[f] | $a$ 볼트 | $b$ 볼트/전자 |
|---|---|---|---|---|---|---|---|---|
| 73. Ta | 1.5 | | *1.33* | | | | | |
| 74. W(II) | 2.36 | 0.73 | | | | | | |
| W(III) | | 0.98 | *1.40* | | | | | |
| W(VI) | | 1.67 | | | | | | |
| 75. Re | 1.9 | | *1.46* | | | | | |
| 76. Os | 2.2 | | *1.52* | | | | | |
| 77. Ir | 2.20 | | *1.55* | | | | | |
| 78. Pt | 2.28 | | *1.44* | | | | | |
| 79. Au | 2.54 | | *1.41* | | $s$ | 1.87 | 5.77 | 6.92 |
| 80. Hg | 2.00 | 2.20 | *1.44* | | $sp$ | 1.81 | 5.55 | 5.81 |
| 81. Tl(I) | 1.62 | 0.99 | | | $p$ | 0.76 | 2.50 | 5.92 |
| Tl(III) | 2.04 | 2.25 | *1.44* | | $sp^2$ | 1.96 | 6.08 | 6.40 |
| 82. Pb(II) | 1.87 | 1.92 | *1.5* | | $p$ | 1.16 | 3.52 | 7.47 |
| Pb(IV) | 2.33 | *2.29*[h] | | | $sp^3$ | 2.41 | 7.82 | 5.32 |
| 83. Bi | 2.02 | 2.34 | *1.67* | | 20%$s$ | 2.15 | 6.81 | 8.09 |
| 84. Po | 2.0 | | *1.76* | | 17%$s$ | 2.48 | 8.14 | 8.81 |
| 85. At | 2.2 | | *1.90* | | 14%$s$ | 2.85 | 9.76 | 10.03 |
| | | | | | $p$ | 2.55 | | |
| 86. Rn | | | *2.06*[g] | | $p$ | 2.12[g] | 6.92[g] | – |
| 87. Fr | 0.7 | | 0.86 | | $s$ | 0.68 | 2.30 | 3.40 |
| 88. Ra | 0.9 | | *0.97* | | $sp$ | 0.92 | 2.88 | 3.69 |
| 89. Ac | 1.1 | | *1.00* | | | | | |
| 90. Th | 1.3 | | *1.11* | | | | | |
| 91. Pa | 1.5 | | *1.14* | | | | | |
| 92. U | 1.38 | | *1.22* | | | | | |
| 93. Np | 1.36 | | *1.22* | | | | | |
| 94. Pu | 1.28 | | *1.22* | | | | | |
| 95. Am | 1.3 | | *(1.2)* | | | | | |
| 96. Cm | 1.3 | | *(1.2)* | | | | | |
| 97. Bk | 1.3 | | *(1.2)* | | | | | |
| 98. Cf | 1.3 | | *(1.2)* | | | | | |
| 99. Es | 1.3 | | *(1.2)* | | | | | |
| 100. Fm | 1.3 | | *(1.2)* | | | | | |
| 101. Md | 1.3 | | *(1.2)* | | | | | |
| 102. No | 1.3 | | *(1.2)* | | | | | |

[a] Bratsch, S. G. J. *Chem, Educ.* **1988**, *65*, 34~41. $a$와 $b$의 정의는 본문 참조.
[b] 다른 언급이 없는 한, 소수점 이하 두 자리의 값은 Allred, A. L. *J. Inorg. Nucl. Chem.* **1961**. *17*, 215, 에 의한 것이다. 소수점 이하 한 자리의 값은 Pauling, L. *The Nature of the Chemical Bond*, 3rd ed.; Cornell University: Ithaca, NY, 1960; p 93에서 발췌한 것이다.
[c] 다른 언급이 없는 한, Sanderson, R. T. *Simple Inorganic Substances*; Krieger: Malabar, FL, 1989; p 23에 의한 것이다.
[d] Allred, A. L; Rochow, E. G. *J. Inorg. Nucl. Chem.* **1958**, 5, 264, 이탤릭체로 표기한 값 이외에는 Little, E. J., Jr.; Jones, M. M. J. *Chem. Educ.* **1960**, *37*, 231에서 얻었다. 괄호 안의 값은 추정값이다.
[e] Allen, L. C. *J. Am. Chem. Soc.* **1989**, *111*, 9003-9014.
[f] $Xp = 1.35(X_{MJ})^{1/2} - 1.37$(문헌 $a$로부터).
[g] Allen, L. C.; Huheey, J. E. *J. Inorg. Nucl. Chem*, **1980**, *42*, 1523-1524.
[h] Sanderson, R. T. *Polar Covalence*; Academic: New York, 1983; p 41.

$$b = 1/\kappa \quad (4.56)$$

크고 무르며, 편극이 잘 되는 쉬운 원자는 낮은 $b$값을 가지며, 작고 단단하며, 편극이 잘 되지 않는 원자는 더 높은 $b$값을 갖게 된다. 큰 전하 계수를 갖는 원자는 더 낮은 $b$ 값을 갖는 원자에 비해 전기음성도가 훨씬 더 빠르게 변할 것이다. 따라서 작은 원자(낮은 $\kappa$, 큰 $b$)는 전자의 이동이 더 일어나기에는 전기음성도가 그 전에 너무 많이 변하기 때문에, 전자 밀도를 주거나 받아들일 수 있는 능력이 제한된다. 가장 중요한 보기들 중의 하나는 매우 전기음성이지만 크기가 아주 작은 플루오린 원자이다. 중성일 경우 초기에는 매우 전기음성이지만 (그림 4.32의 원점에서의 가파른 기울기를 주목하라), 전자 밀도를 받아들임에 따라 플루오린은 빠르게 "포화되며" ($-0.4$와 $-0.6$ 사이에서 기울기가 얼마나 빠르게 감소하는지 주목하라), ~0.7 이상에서는 플루오린 원자에 전자 밀도를 더해주려면 "밀어넣는 것"이 필요하다. 이것은 플루오린의 상당히 낮은 전자 친화도와 밀접한 관련이 있다(1장).

전하 용량 효과는 잘 알려져 있는 알킬기의 유발 효과를 일으킨다(160쪽 참조). 이것은 또한 굳은 산-염기, 무른 산-염기 이론(hard and soft acid-base theory, 7장 참조)에도 중요하며, 예상하지 못한 몇 가지 다른 효과를 일으키기도 한다. 기본적으로 이것은 편극하 효과로서, 이를 통해 큰 원자나 원자단은 선호되지 않는 에너지의 변화가 없어도 많은 양의 전자 밀도를 얻거나 줄 수 있다.[21]

## 전기음성도의 변화

전기음성도는 원자의 변하지 않는 성질처럼 취급되기도 하지만, 전기음성도는 두 가지 성질, 즉 원자가상태(혼성화)와 원자의 전하에 따라 변한다는 사실을 이미 알고 있다. $s$ 오비탈은 에너지가 낮아서 전자를 끌어당기는 힘이 더 세기 때문에 혼성화는 전기음성도에 영향을 미친다. 원자의 전기음성도는 혼성화에 따라 조금씩 변하는데, 더 큰 $s$ 성질을 갖는 오비탈이 더 전기음성이 되는 것으로 예상할 수 있다. Bent[22]는 전기음성도의 변화에 관한 몇 가지 결과를 제시하였다. 수소의 산도에 영향을 미치는 한 가지 요인은 수소 원자와 이에 결합된 원자 간의 전기음성도 차이이다.[23] $sp^3$ 혼성이며 25% $s$ 성질을 갖는 메테인 $CH_4$는 비반응성이다. 사면체 탄소의 전기음성도는 수소의 전기음성도와 거의 같다. 에틸렌에서 탄소 원자는 거의 $sp^2$로 혼성화되어 있으며, 수소 원자는 약간 더 반응성이 있는데, 이는 33%의 $s$ 성질을 갖는 탄소의 증가된 전기음성도가 반영된 것이다. 마지막으로 에세틸렌은 명백하게 산성인 수소 원자를 가지며, $Ca^{2+}C{\equiv}C^{2-}$와 같은 염을 쉽게 형성한다. 이 경우에 선형으로 혼성화된 탄소 원자(50% $s$ 성질)는 염소 원자와 거의 같은 전기음성도를 가진다.

아민류의 염기도는 질소 원자의 혼성화에 따라 변한다.[24] 질소 원자가 더 전기음성일수록, 질소의 고립쌍 전자들을 공유하는 것과 염기로서의 작용이 더 어려워진다. 질소 염

---

21) Huheey, J. E. *J. Org. Chem.* **1971**, *36*, 204~205. Politzer, P.; Murray, J. S.; Grices, J. E. *In Chemical Hardness*, Sen K. D., Ed.; Springer-Verlag: Berlin, in press.

22) Bent, H. A. *Chem. Rev.* **1961**, *61*, 275~311.

23) 산도, 염기도 및 다른 화학적 성질은 전기음성도뿐만 아니라 다른 요인에도 의존한다. 그렇지만 전기음성도의 변화가 이들 성질을 결정하는 데 중요한 역할을 한다.

24) 각주 23 참조.

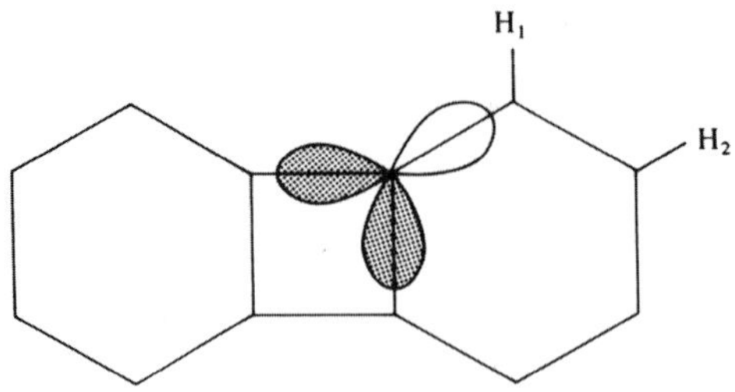


**그림 4.33** 바이페닐렌. 어둡게 표시한 오비탈은 *p* 성질이 증가한다. 그러므로 어둡게 표시되지 않은 오비탈은 s 성질이 증가하고, 전기음성도도 증가한다. [Streitwieser, A., Jr.; Ziegler, G. R.; Mowry, P. C.; Lewis, A.; Lawler, R. G. *J. Am. Chem. Soc.* **1968**, *90*, 1357-1359.]

기의 계열인 지방족 아민, 피리딘, 나이트릴류는 이런 성질을 나타낸다.

$$\sim 25\%\ s \qquad Me_3N\!: + H_2O \rightleftharpoons Me_3NH^+ + OH^- \qquad pK_b = 4.2 \tag{4.57}$$

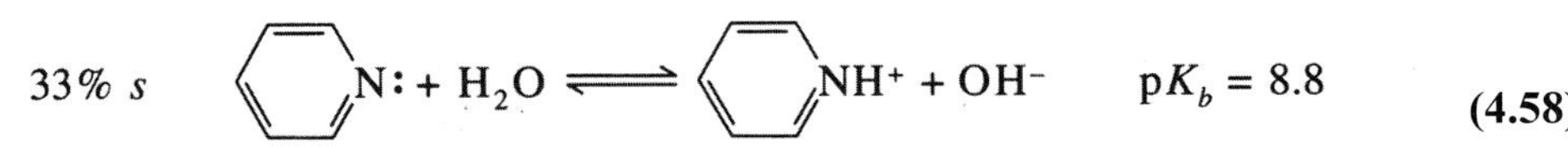

$$50\%\ s \qquad MeC{\equiv}N\!: + H_2O \rightleftharpoons \text{No reaction} \tag{4.59}$$

질소 원자의 전기음성도는 혼성화의 s 성질이 증가함에 따라 증가하고, 따라서 염기도는 감소한다.

Streitwieser와 그의 공동연구자[25)]들은 다른 흥미있는 예를 제시하였다. 그림 4.33에 나타낸 형태의 스트레인이 있는 고리계(strained ring system)는, 양성의 수소가 떨어져 나가는 반응에서 위치 1에서의 반응이 위치 2에서보다 훨씬 더 잘 일어난다는 것이 밝혀졌다. 사원자 고리에서의 스트레인 때문에 $C_{10}$ 원자는 결합에 *p* 성질을 더 많이 사용하게 된다(그림 4.33에서 어둡게 표시한 오비탈). 따라서 $C_1$과의 결합에는 *s* 성질이 증가하고, 이것이 전기음성도를 크게 만들며, 수소 원자에는 양의 전하를 유발시켜서 수소 원자의 산도를 크게 만든다. 이것과 관련한 피리딘 유도체($C_1$에 질소 원자가 치환된)에서는 같은 현상의 결과로, 질소 원자에서의 전자 밀도는 감소하고, 염기도는 스트레인이 없는 유사 화합물에 비하면 감소한다.[26)]

원자의 전기음성도는 치환 원자나 치환기에 의해 유발되는 부분 전하 때문에 변할 수 있다. 예를 들면, 아이오딘화 메틸은 할로젠화 알킬에 대해 예상할 수 있는 것처럼 가수분해하지만, 아이오딘화 트라이플루오로메틸은 가수분해하여 특이한 생성물을 만든다.

$$CH_3I + OH^- \longrightarrow CH_3OH + I^- \tag{4.57}$$

$$CF_3I + OH^- \longrightarrow CF_3H + IO^- \tag{4.58}$$

이들 두 반응에서 생성물은 상당히 다르지만, 메커니즘은 크게 다르지 않다. 음성의 수산화 이온은 유기 아이오딘화물에서 가장 양성인 원자를 공격한다. 아이오딘화 메틸에서는 탄소 원자가 가장 양성이기 때문에($\chi_I > \chi_C$), 아이오딘화 이온이 치환된다. 아이오딘화 트라이플루오로메틸의 경우에는 플루오린 원자가 탄소 원자에 양전하를 유발시켜서 탄소의

25) Streitwieser, A., Jr.; Ziegler, G. R.; Mowery, P. C.; Lewis, A.; Lawler, R. G. J. *Am. Chem. Soc.* **1968**, *90*, 1357~1358.

26) Markgraf, J. H.; Katt, R. J. *J Org. Chem.* **1972**, *37*, 717~718.

전기음성도가 증가하게 되는데, 이 현상은 탄소의 전기음성도가 아이오딘보다 더 커질 때까지 계속되기 때문에, 아이오딘에는 양전하가 유발된다. 그러므로 아이오딘은 수산화 이온의 공격을 받아서 하이포아아이오딘산이 된다. 이 산은 알칼리 매질에 있으므로 $H^+$를 잃고 $IO^-$가 된다.

탄소가 자신이 갖고 있던 것보다 더 큰 양의 전하를 아이오딘 원자에 유발할 수 있다는 것은 모순된다고 생각될지도 모르지만, 전기음성도의 균등화에 바탕을 둔 간단한 계산에 의하면, 전하는 $\boldsymbol{\delta}_I = +0.21$, $\boldsymbol{\delta}_C = +0.15$, $\boldsymbol{\delta}_F = -0.12$가 된다. 실제 전하는 이 값과는 크게 다르겠지만, **정성적으로** 이 값들은 정확하다. 이것은 원자가 전하를 주거나 받는 능력이 얼마나 중요한 것인가를 나타내는 한 예이다. 이 분자에서는 아이오딘이 가장 편극되기 쉬운 원자이다. 아이오딘 원자는 크고 무르고 편극되기 쉬운 성질이 있기 때문에 탄소보다 큰 전하를 받을 수 있다.

전기음성도의 변화는 무기화학에서 훨씬 더 중요함에도 불구하고, 전기음성도의 변화에 관한 예는 대부분 유기화학의 경우를 드는 것은 흥미있는 역설이다. 예를 들면, $[Cr(NH_3)_6]^{3+}$의 $d^2sp^3$ Cr (III) 와 $CrO_4^{2-}$의 $sp^3$ Cr (VI) 는 전기음성도 차이가 커야 한다. 그러나 이러한 사실이 아직 잘 인용되지 않고 있다는 것은 전이 금속의 전기음성도는 다루기가 어려움을 의미한다. 몇 가지 예로는 $NH_3$와 $NF_3$ 사이의 염기도 차이, 산소산의 산화 상태, 금속이 가수분해하는 경향, 고리 스트레인이 염기도에 미치는 영향 등을 거론할 수 있을 것이다 (8장).

## Pauling의 전기음성도

Pauling은 서로 다른 원자 간의 결합이 각 원소가 동핵 (비극성) 결합을 할 때 결합의 세기에서 예상되는 것보다 거의 항상 더 강함을 관찰하였다. 예를 들면, 모노플루오린화 염소 (ClF) 의 결합 에너지는 약 255 kJ $mol^{-1}$로서, $Cl_2$ (242 kJ $mol^{-1}$) 나 $F_2$ (158 kJ $mol^{-1}$)의 결합 에너지보다 더 크다. Pauling은 서로 다른 전기음성도를 갖는 원자들로부터 생성된 분자는 다음과 같은 공명의 성질에서 발생하는 **이온 결합성 공명 에너지 (ionic resonance energy)** 에 의하여 안정화될 것임을 제안하였다.

$$\psi_{AB} = a\psi_{A-B} + b\psi_{A^+B^-} + c\psi_{A^-B^+} \qquad \textbf{(4.59)}$$

원자 A와 원자 B가 동일한 분자에서는 $b = c << a$이고 ($H_2$ 분자에 대한 112쪽 참조), 이온 결합성 구조의 기여는 작다. B가 A보다 더 전기음성이면, 기여하는 구조 $A^+B^-$의 에너지는 순수한 공유 결합 구조 A—B의 에너지에 더 가깝게 되고, 공명이 증가한다. 한편, $B^+A^-$의 에너지는 너무나 커기 때문에 이 구조는 고려 대상에서 제외된다. 공유 결합이 우세하지만 극성인 결합에서는 $a > b >> c$이다. 이온 결합성 구조의 기여가 클수록 (즉, 공유 결합 구조의 에너지와 동등할 정도로 에너지가 비슷해질수록) 기여하는 구조 간의 공명은 더 증가하고 안정화시키는 공명 에너지도 더 증가하게 된다. Pauling은 전기음성도는 이러한 이온 결합성 공명 에너지를 포함하는 계산으로부터 추측할 수 있음을 제안하였다. Pauling이 사용했던 상세한 방법에 대하여 흥미있는 독자는 Pauling의 저서[27]를 참조하도록 하고, 여기서는 개요만 설명하도록 하겠다.

---

27) Pauling, L. *The Nature of the Chemical Bond*, 3rd ed.; Cornell University: Ithaca, NY, 1960; Chapter 3.

Pauling은 만약 ClF 결합이 완전한 공유 결합이라면, 결합 에너지는 단지 $Cl_2$와 $F_2$ 결합 에너지의 평균이 된다고 가정하였다.

$$\frac{242 + 158}{2} = 200 \text{ kJ mol}^{-1} \tag{4.60}$$

이온 결합성 공명 에너지는 ClF 결합 에너지의 실험값 255 kJ $mol^{-1}$과 위의 계산값 200 kJ $mol^{-1}$의 차이, 즉, 55 kJ $mol^{-1}$이다. Pauling은 염소와 플루오린 사이의 전기음성도 차를 이온 결합성 공명 에너지의 제곱근으로 정의하였다.[28)]

$$\sqrt{\frac{55}{96.5}} = 0.76 \tag{4.61}$$

표에서 주어진 자료는 식 4.61처럼 단 한 번의 계산으로 얻은 것이 아니라 많은 실험을 통해 얻은 값인데, 이 값들을 사용하여 플루오린과 염소의 전기음성도의 차이를 구하면, 3.98 − 3.16 = 0.82로서, 위에서 얻은 값과 비슷하다. 전기음성도를 구하기 위한 Pauling의 방법은 주로 역사적인 면에서만 관심을 끌고 있기 때문에 상세한 계산 과정은 특별하게 중요하지는 않다. 그러나 공유 결합성-이온 결합성 공명의 개념은 아직도 매우 유용하다. 불행스럽게도, 전기음성도를 다루는 다른 방법이 발전함에 따라, 부분적인 이온 결합성을 갖는 결합이 순수한 공유 결합이나 순수한 이온 결합보다 더 강할 수 있다는 사실이 간과되고 있다. 전기음성도 차이와 연관된 에너지는 분자의 전체 결합 에너지를 설명하는 데 유용할 수 있다.

## 전기음성도를 추정하는 다른 방법들

원소들의 전기음성도값을 결정하기 위해 다른 방법들도 많이 제안되었다. 여기서는 일반적인 방법 하나만 설명하겠다. 이 방법은 전기음성도를 크기와 전하의 함수로 살펴보는 것이다. 이들 방법 사이에는 함수(에너지, 힘 등)의 선택과 유효 핵전하를 추정하는 방법에만 차이가 있다. Allred와 Rochow[29)]는 전기음성도를 원자가전자에 미치는 핵의 정전기적 **힘**이라고 정의하였다. 이들은 Slater 규칙[30)]에 의해 얻어진 유효 핵전하를 이용하여 다음과 같은 식을 얻었다.

$$\chi_{AR} = (3590\, Z^*/r^2) + 0.744 \tag{4.62}$$

여기에서 $r$은 공유 반지름(pm) 이다. Allred-Rochow 척도는 전기음성도를 결정하는 데 Pauling의 열역학적 방법을 대신하는 방법으로 널리 인정되고 있다. Allred-Rochow값은 표 4.6에 주어졌다.

크기와 전하에 바탕을 두고 있지만 특이한 방법은 Sanderson[31)]의 정의인데, 이 정의는 상대적 전자 밀도를 기초로 하고 있다. 이 방법은 그다지 널리 인정받지는 못하였지만, Sanderson은 이 방법을 다양한 문제에 성공적으로 적용하였고,[32)] Sanderson의 값들은 후

---

28) Pauling은 전자 볼트 단위를 사용하여 값을 결정하였기 때문에, 환산계수 96.5 kJ $mol^{-1}$ $eV^{-1}$이 포함된다.

29) Allred, A. L.; Rochow, E. G. *J. Inorg. Nucl. Chem.* **1958**, *5*, 264~268.

30) Allred와 Rochow는 어떤 특정한 원자에 있는 모든 전자를 다른 원자로부터 가리움을 받는 전자로 계산하였기 때문에 이들의 $Z^*$ 값은 Slater 규칙을 적용하여 얻은 값보다 0.35가 더 높다. 이러한 차이는 일관되게 유지되기 때문에 별 문제가 없으며, 식 4.62의 적당한 파라미터에 의해 흡수될 것이다.

31) Sanderson, R. T. *J. Chem. Educ.* **1952**, *29*, 539~544; **1954**, *31*, 2~7.

32) Sanderson, R. T. *Polar Covalence*; Academic: New York, 1983; *Simple Inorganic Substances*; Krieger:

전이 원소들의 흥미로운 전기음성도 성질을 드러내는 최초의 결과였다(14장 참조).

## 전기음성도 체계의 선택

여기에서 설명한 각각의 전기음성도 체계에서의 값들은 표 4.6에 나타내었다. 한 가지 이상의 타당한 체계를 이용할 수 있을 경우, "가장 좋은" 체계를 선택하는 일은 항상 쉽지만은 않다. 우리는 임의적으로 다양한 방법을 두 그룹으로 나눌 수 있다. 하나는 오비탈 에너지에 의존하는 방법들로서, Mulliken-Jaffé 이론, 밀도 함수 이론, 분광학 이론이 있다. 이들은 고립된 원자의 기본적인 오비탈 에너지에만 근거하기 때문에 "이론적" 또는 "절대적" 척도라고 부를 수 있다. 다른 척도들은 생성 엔탈피, 공유 반지름 등과 같이 실험적으로 얻은 데이터를 이용하기 때문에 "실험적"이고 "상대적"이라고 할 수 있다. 체계에 대한 두 그룹은 모두 장점을 가진다. 일반적으로 에너지 척도들이 더 근본적이고 기초적이기 때문에 더 만족스럽다. 실험적인 방법도 그 방법을 파생시킨 과정으로부터 나타나는 결과 때문에 장점을 가진다. 즉, 혼성화 등과 같은 변수들은 살펴보고 있는 원자가 상당히 전형적인 환경에 있는 한 "자동적으로 구성"된다. 실험적 방법 각각은 장점과 단점을 가지며, 지지하는 사람이 있는가 하면 비평하는 사람도 있지만, 그들 사이에는 실제로 큰 차이가 없다. 상황이 충분히 명확하지 않아서 실험적 체계를 이용해야 할 필요가 있는 경우, 어느 것을 선택하든 큰 차이는 없을 것이다. 그렇지만 일관성이 있어야 하며, 한 원소에 대한 값은 Pauling 체계에서, 다른 원소에 대한 값은 Allen 체계에서, 또 다른 원소에 대한 값은 Allred-Rochow 체계에서 고르는 일은 피해야 한다. 이와 같이 교묘하게 체계를 섞어서 이용한다면, 어떤 것이라도 "증명"할 수 있을 것이다!

## 비금속들에 대한 혼성의 선택

Mulliken-Jaffé 전기음성도와 함께 사용하기 위하여 적당한 혼성화를 선택할 때에는 가끔 문제가 생긴다. 주기율표에서 왼쪽에 있는 원소들에 대해서만큼은, 구조를 통해 혼성화를 명확하게 결정할 수 있다. 따라서 붕소의 3가 공유 화합물에서 붕소의 혼성화를 $sp^2$로 가정하는 것에 대해 이의를 제기하는 사람은 거의 없을 것이며, 유기화학은 탄소에 대한 선형($sp$), 삼각형($sp^2$), 사면체($sp^3$) 혼성이 성공적인 가정이었음에 기초를 두고 있다. 그렇지만, 질소, 산소, 인, 황의 혼성화는 이와 같은 간단한 도식에는 들어맞지 않는다. 이것은 혼성화가 가끔은 $s$ 성질과 $p$ 성질의 비정수 혼합이기도 하기 때문이다. 결합각으로부터 혼성화를 결정하는 방법들이 제안되었지만, 이들은 기껏해야 근사에 불과하다(5장 참조). 최근에 Bratsch[33]는 각 주기의 앞에 있는 규칙을 잘 따르는 원소들의 혼성화 성질을 확장하여, 이를 근거로 순전히 수치적인 법칙을 제안했다. 족 번호, N = 1 (IA, 1), 2 (IIA, 2), 3 (IIIA, 13), 4 (IVA, 14) 인 원소들은 $sp^{N-1}$ 형태의 혼성체를 만든다. 주기율표의 오른쪽에 있는 비금속에 대해서 Bratsch는 다음과 같이 제안하였다. VA (15) 족의 질소의 혼성화 = $sp^4$ = 20% $s$ 성실; VIA (16) 족의 산소의 혼성화 = $sp^5$ = 17% $s$ 성실. 등 이들 값은 결합각으로부터 추정한 값들과 무리 없이 일치하며, 이렇게 해서 얻어진 전기음성도값들은 다른 방법으로 얻은 전기음성도와도 일치한다. 이 값들은 다른 혼성화와 함께

Malabar, FL, 1989.

33) Bratsch, S. G. *J. Chem. Educ.* **1988**, *65*, 34~41.

표 4.6에서 나타내었다. 암모니아에 있는 질소에 대해서는 $s$ 성질이 20%여야 가장 좋지만, 암모늄 이온에서는 질소 원자가 메테인의 탄소와 등전자이므로 혼성화는 $sp^3$가 되어야 한다.

## 원자단의 전기음성도

치환기의 유발 능력을 추정할 수 있으면 편리할 경우가 있다. 앞에서 알아본 것처럼, $CH_3$와 $CF_3$에서 탄소의 전기음성도를 나타내려면 한 가지의 값(약 2.5) 만으로는 불가능하다. 이들 두 원자단의 전기음성도는 **세 개의 수소 원자, 또는 세 개의 플로오린 원자의 존재를 고려하여 보정된 탄소의 전기음성도**가 될 것이다. 원자단의 전기음성도는 다양한 접근법을 통해 추정되었다. 유기화학자들은 반응속도론적 데이터[34]를 사용하여 치환 상수들의 세트를 만들어 내었는데, 이들은 어떤 무기화학 체계에서도 유용한 것으로 밝혀졌다. 다른 값들은 전자 효과를 물리적으로 측정하거나, 원자의 전기음성도로부터 직접 계산하여 얻게 되었다.[35] 몇 가지 비교할 만한 값들은 표 4.7에 나타내었다. 원자단의 전기음성도를 구하는 다양한 방법들을 세부적으로 알아볼 필요는 없지만, 원자단의 전기음성도에 대해서는 다음과 같은 두 가지 규칙이 보편적으로 인정을 받고 있다. (1) 고유한 원자단의 전기음성도, $a_G$는 고유 원자의 전기음성도를 단순하게 평균한 값이라고 가정한다. (2) 전하 계수, $b_G$도 평균값이지만, **원자단 내의 원자의 수에 반비례**한다. 따라서 원자단의 전기음성도는 다음과 같이 주어진다.

$$\chi_G = a_G + b_G\delta_G \approx \frac{\sum_{i=1}^{n} a_i}{n} + \frac{\sum_{i=1}^{n} b_i}{n^2}\delta_G \tag{4.63}$$

이들 값은 $i$번째, ... $n$번째 원자들에 대한 $n$개의 값에 대한 평균이 되어야 한다. 마찬가지로, 전하 계수는 전하가 퍼져 있는 원자의 수 $n$에 **반비례(즉, 전하 용량은 정비례) 해야 한다. 이것은 원자단 전기음성도의 가장 중요한 성질이다. 즉, 원자단은 많은 양의 양전하나 음전하를 받아들일 수 있는 "수퍼 원자"이다.** 이것은 원자단의 고유의 전기음성도($a$값) 자체가 의미하는 것보다 전하를 더 잘 주거나 받아들일 수 있다는 것을 의미한다. 예를 들면, 메틸기는 수소보다 약간 더 전기음성이다. 그런데도 일반적으로 메틸기가 수소보다 전자를 더 잘 준다고 간주된다. 메틸기가 크기가 더 작은 수소 원자보다 더 많은 전자 밀도를 줄 수 있게 되어 전하를 분산시킬 수 있게 만드는 것은 전하 용량이 더 크기 때문이다.

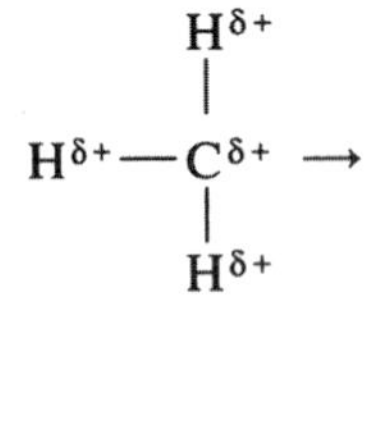

[34] 치환 상수의 다양한 세트는 다음을 참조하라. Lowry, T. H.; Richardson, K. S. *Mechanism and Theory in Organic Chemistry*, 3rd ed.; Harper & Row: New York, 1987; pp 152~158.

[35] 구성 원자들의 Mulliken-Jaffé 전기음성도값을 사용하여 원자단의 전기음성도를 계산하는 방법은 다음을 참조하라. Bratsch, S. G. *J. Chem. Educ.* **1985**, *62*, 101~103.

**표 4.7**
몇 가지 일반적인 원자단에 대한 전기음성도의 추정값.

| | 실험값[a] | | | 실험값[b] |
|---|---|---|---|---|
| 원자단 | $x_G$ Pauling 척도 | $a_G$ (eV) | $b_G$ (eV) | $x_G$ Pauling 척도 |
| $CH_3$ | 2.31 | 7.44 | 3.11 | 2.34 |
| | *2.30* | *7.45* | *4.64* | |
| $CH_2CH_3$ | 2.32 | 7.48 | 1.77 | — |
| | *2.32* | *7.52* | *3.58* | |
| $CF_3$ | 3.47 | 12.85 | 3.90 | 3.35 |
| | *3.32* | *10.50* | *5.32* | |
| $CCl_3$ | 2.95 | 10.24 | 2.88 | 3.03 |
| | *3.19* | *10.12* | *4.33* | |
| COOH | 3.04 | 10.68 | 3.41 | 2.8~3.5 |
| | *3.36* | *10.62* | *5.43* | |
| CN | 3.32 | 12.09 | 6.23 | 3.3 |
| | *3.76* | *11.83* | *6.47* | |
| $NH_2$ | 2.47 | 8.10 | 4.31 | 1.7~3.4[c] |
| | *2.78* | *8.92* | *5.92* | |
| $NF_2$ | 3.53 | 13.16 | 5.31 | — |
| | *3.78* | *11.89* | *6.77* | |
| OH | 2.82 | 9.61 | 7.02 | 2.3~3.9[c] |
| | *3.42* | *10.80* | *8.86* | |
| $OCH_3$ | 2.52 | 8.30 | 2.59 | — |
| | *3.12* | 9.90 | *5.74* | |

[a] 전기음성도 균등화의 방법에 의하여 계산되었다. 두 값은 변화를 표시하는 것으로 보인다. 로만 글씨체의 값은 Bratsch, S. G. *J. Chem. Educ.* **1988**. *65*, 223~227.에서 얻었다. 이탤릭 글씨체의 값은 Watt. J. C. Ph.D. Dissertation, University of Maryland, College Park, 1971에서 얻었다. 또한 각주 b도 참조.

[b] 다양한 실험법, 주로 적외선 분광법. 상세한 것에 대해서는 Huheey, J. E. *J. Phys. Chem.* **1965**. *69*, 3284~3291을 참조하라.

[c] 값의 넓은 범위는 π 전자의 고립쌍과 분자의 나머지 부분의 콘쥬게이션의 가능성에서 온다.

## 연습문제

**4.1** $CS_2$, PFS, $SnH_4$, $HONH_2$의 Lewis 구조를 그려라.

**4.2** $H_2CO_3$, $HNO_3$, NO, $Be(CH_3)_2$의 Lewis 구조를 그려라.

**4.3** $BF_3$, $SF_6$, $XeF_2$, $PF_5$, $IF_7$의 Lewis 구조를 그려라.

**4.4** $(PNCl_2)_3$와는 대조적으로 $(PNCl_2)_4$의 $\pi$계에는 파동 함수의 부호가 어긋남이 없음을 밝혀라.

**4.5** $NO^-$ 이온에 대한 MO 전자 배치를 적어라.

a. 결합 차수는 얼마인가?

b. NO보다 결합 길이는 짧아지는가 아니면 길어지는가?

c. 홀전자는 몇 개가 존재하는가?

d. 홀전자는 N이나 O 중에서 어느 쪽에 더 편재될 것인지를 설명하라.

**4.6** 3장에서 설명하였던 가상적인 dioxygen superoxide, $O^{2+}O^{2-}$를 생각해 보자. 이 화합물이 실제로 존재한다면, 이온들의 전자 구조는 각각 무엇인가? 결합 차수, 결합 길이, 홀전자에 대해 설명하라.

**4.7** $BF_3$의 공명 (114쪽) 은 아직까지도 논쟁거리가 존재한다. 그 이유는 어떤 화학자는 구조 II의 이중 결합이 옳다고 지적하지만 또 어떤 다른 화학자는 $F^+$가 옳지 않다고 지적하기 때문이다. 전하로 인해 공명을 완전히 무시할 수 있는 분자 하나를 제시하라.

**4.8** $O_3$, $SO_3$, $NO_2$에 대하여 형식 전하를 포함한 공명 구조들을 적어라.

**4.9** $CH_2 = CH_2$의 탄소-탄소 $\sigma$ 결합은 $CH_3CH_3$에 있는 것과 같다고 가정되지만, 실제로는 $CH_2 = CH_2$가 좀 더 강할 수도 있음을 설명하라.

**4.10** 이성질체인 NON 분자를 살펴보자. 이 분자는 NNO보다 더 안정할 것인가, 아니면 덜 안정할 것인가? 그 이유를 설명하라. $CO_2$는 COO가 아니라 OCO 배열을 갖는 이유를 설명하라.

**4.11** 사이안산 이온, $OCN^-$는 일련의 안정한 염들을 만들지만, 많은 풀민산염 ($CNO^-$의 염) 들은 폭발성인 이유를 설명하라[풀민산염의 영어 이름 fulminate는 라틴어 *fulmino* (섬광을 의미한다) 에서 유래한 것이다]. [실마리를 찾으려면 114쪽을 참조하라. Pauling, L. *J. Chem. Educ.* **1975**, *52*, 577에서는 약간 다른 설명을 하고 있다.]

**4.12** 이온화 퍼텐셜과 전자 친화도를 사용하여 수소의 전기음성도를 계산하라.

**4.13** 다음에 이어지는 장들에서는 이온 결합성 공명 에너지를 통해 공유 결합이 안정화되는 예를 보게 될 것이다. 현재로서는, $NX_3$ (X: 수소나 할로젠) 분자가 안정한지, 즉, 다음 반응이 발열인지를 예측해서 이 공명 에너지의 중요성을 입증하라.

$$N_2 + 3X_2 \longrightarrow 2NX_3$$

암모니아나 할로젠화 질소 가운데 어느 것도 지금까지 합성된 적이 없다고 가정하자. 따라서 N≡N, N—N, X—X의 결합 에너지는 찾아볼 수 있지만 (부록 E), N—X의 결합 에너지는 예측하여야 한다.

**4.14** 다음 중 어느 것이 더 산성일지를 설명하라 (Cook, A. G.; Mason, G. W. *J. Org. Chem.* **1972**, *137*, 3342~3345를 참조하라).

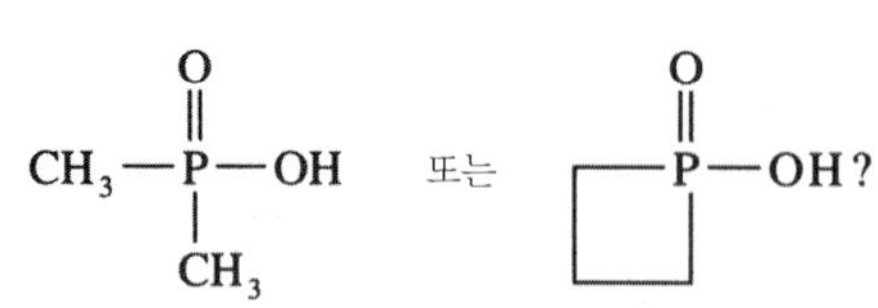


**4.15** 표 4.6에서 불활성 기체의 전기음성도는 한 집단으로서 알려진 것들 중에 가장 높으며, 할로젠의 전기음성도보다도 높다. 그러나 불활성 기체는 전기음성도가 낮은 원소로부터 전자를 받지 않는다고 알고 있다.

$$\text{Na} + \text{A} \longrightarrow \text{Na}^+\text{A}^-$$

불활성 기체의 전기음성도의 의미에 대하여 설명하라.

**4.16** 이온 결합성 공명은, AB ↔ $A^+B^-$에 대하여 설명할 때,

$$\psi = a\psi_{cov} + b\psi_{ionic}$$

$\chi_A = \chi_B$일 경우, Pauling은 $\psi_{ionic}$의 기여는 무시할 수 있다고 가정했다. $Cl_2$의 결합 에너지는 240 kJ $mol^{-1}$이고, 결합 길이는 199 pm이다. $Cl_2$ 분자에서 $\chi_A \equiv \chi_B$이다. Born-Haber 형의 계산을 사용하여 정준 구조, $Cl^-Cl^+$가 분자의 안정도에 그다지 크게 기여할 수 없음을 입증하라. (Pauling, L. *The Nature of the Chemical Bond*, 3rd ed.; Cornell University: Ithaca, NY, 1960; 73.에서 답을 확인할 수 있다.)

**4.17** 결합을 끊는 데 필요한 에너지가 분자마다 항상 일정한 것은 아니다. 예를 들면,

$$NCl_3 \longrightarrow NCl_2 + Cl \qquad \Delta H = \sim 375 \text{ kJ mol}^{-1}$$

$$ONCl \longrightarrow NO + Cl \qquad \Delta H = 158 \text{ kJ mol}^{-1}$$

이 두 엔탈피 사이에 ~200 kJ $mol^{-1}$ 정도 차이가 나는 이유를 제시하라.

**4.18** 이온화 에너지, 전자 친화도, 전기음성도 사이의 관계에 대한 지식을 사용하여, 혼성에 약간의 *d* 성질을 더할 경우 전기음성도가 증가할지 아니면 감소할지를 예측하여라. 예를 들어, 황이 $sp^3$나 $sp^3d^2$로 혼성화할 때 어느 쪽이 더 전기음성이 될까?

**4.19** H—C ≡ C—Cl의 쌍극자 모멘트는 [↔] 방향이다. 이를 자세하게 설명하라.

**4.20** 그림 4.20의 설명에서는 "1$\sigma$ MO와 3$\sigma$ MO는 본질적으로 비결합성이다"라고 되어 있다. VB 용어를 사용하여 이들 비결합성 오비탈을 더 분명하게 설명하라.

**4.21** 그림 4.14와 4.15를 자세히 살펴보고 다음을 확인하라.

a. MO의 대칭성(즉, 시그마, 파이 등)을 결정하는 마디 평면

b. 결합성과 반결합성인 경우의 전자 밀도 변화

**4.22** 산소는 탄소보다 더 전기음성이며, 그림 4.18a에는 일산화 탄소에서 탄소보다 산소 쪽에 전자 밀도가 더 높은 것으로 나타나 있다. 그렇지만 CO의 쌍극자 모멘트는 상당히 작으며 ($0.373 \times 10^{-30}$ C m; 0.112 D) 산소 원자는 **쌍극자의 양성인 쪽의 말단에 있다**고 알려져 있다. 이것을 설명하라. **힌트**: 등전자인 이질소 분자(그림 4.18b)와 비교해 보라.

**4.23** $BeH_2$에 대한 MO 설명(140쪽)을 출발점으로 사용하여, $CO_2$의 분자 오비탈들에 대한 선형 조합을 적어라.

**4.24** 적절한 지표표를 사용하여 가약 표현을 유도하고, 물에 대한 분자 오비탈 도표를 만들어라. 물의 Lewis 구조에 의하면, 두 개의 동등한 비결합 전자쌍과 두 개의 동등한 결합 전자쌍이 있지만, 분자 오비탈 도표에는 네 개의 동등하지 않은 분자 오비탈이 나타나야 한다. 이 차이점은 어떻게 합리적으로 설명할 수 있는가? 어떤 분자 오비탈이 두 개의 비결합쌍과 두 개의 결합쌍을 가장 잘 나타낸다고 생각하는가? 결과를 Shustorovich, E; Dobosh, P. A. *J. Am. Chem. Soc.* **1979**, *101*, 4090에 나타난 것과 비교해 보라.

**4.25** $NO_2^-$의 HOMO($a_1$)는 어느 정도 반결합성이다. 이것을 근거로, $NO_2^+$, $NO_2$, $NO_2^-$에서 N—O의 결합 길이에 대해 어떤 예측을 할 수 있는가? 이들 세 화학종 각각에는 몇 개의 홀전자가 있는가? 질소의 비결합 전자쌍과 산소의 비결합 전자쌍 가운데 어느 것이 더 반응성이 클 것으로 기대할 수 있는지를 설명하라.

**4.26** $ClO_2$에 대한 정성적인 분자 오비탈 도표를 그리고, 이것을 그림 4.31에 나타낸 $NO_2^-$에 대한 분자 오비탈 도표와 비교하라.

**4.27** 문제 1.20을 원자단의 전기음성도를 사용하여 답하라.

**4.28** 일반적으로 메틸기는 수소에 전자를 주는 것으로 간주되지만, 전기음성도는 수소보다 낮은 것이 아니라 오히려 약간 더 높다. 이를 설명하라. (**힌트**: 특히 메틸기가 우수한 주개인 상황을 생각해 보라.)

**4.29** 유기화학에서는 R—C(O)OH 산의 산도는 $\chi_R$에 의해 결정된다고 배웠을 것이다. R = H, $CH_3$, $CCl_3$인 경우에 대해 설명하라.

**4.30** $F_5SeO$는 매우 전기음성이다. 메틸 화합물 $CH_3X$의 $^1H$ NMR 화학적 이동(그림 4.34)을 근거로 Lentz와 Seppelt는 이 원자단이 플루오린보다도 더 전기음성이라고 제안하였다. 이를 설명하라.

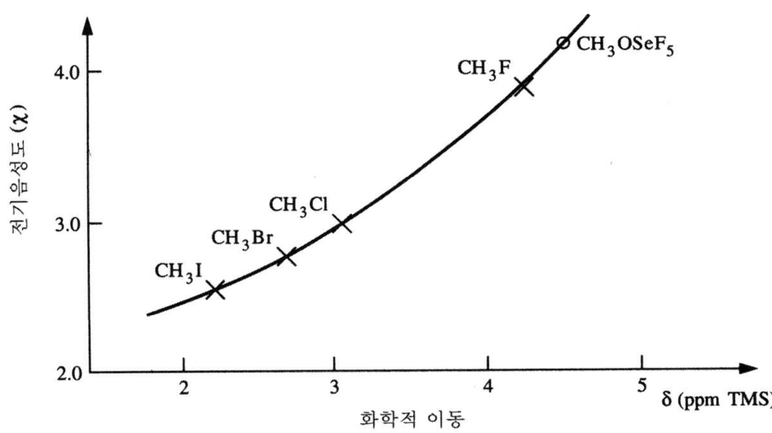


**그림 4.34** 메틸 화합물 $CH_3X$의 $^1H$ 화학적 이동과 전기음성도(Allred-Rochow)의 상관관계. $OSeF_5$ 기에 대하여 외삽하면 플루오린의 전기음성도보다 약간 더 크다. [Huppmann, P.; Lentz, D.; Seppelt, K. Z. *Anorg. All. Chem.* **1981**, *472*, 26~32.]

● 제 5 장 ●

# 분자의 구조와 반응성

## 분자의 구조

이 장에서는 분자 구조들을 예측하기 위한 몇 가지 간단한 규칙들을 알아보겠다. 먼저 **원자가껍질 전자쌍 반발 (VSEPR)** 모형을 알아보고, 이어서 순수한 분자 오비탈로 다루는 방법을 알아보겠다.

### 원자가껍질 전자쌍 반발 이론[1]

중심 원자에 있는 전자들이 모두 결합에 참여하는 가장 간단한 분자부터 살펴보자. 각 분자는 여러 가지 에너지 인자의 상호작용 때문에 독특한 구조를 이루고 있으며, 아래의 규칙들은 다양한 힘들을 평균화시키기 위한 시도에 불과하다.

1. 먼저, 원소들의 전자 배치를 사용하여 합리적인 Lewis 구조를 결정한다. 예를 들면, 이산화 탄소 분자에는 세 원자에 걸쳐 분포하는 원자가전자가 16개 존재할 것이다.

   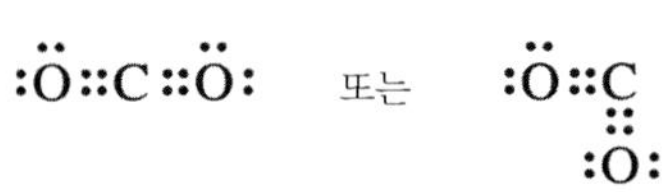

   (a) (b)

   (a) 와 (b) 는 타당한 Lewis 구조에 대한 기준을 모두 만족시키지만, Lewis 구조는 분자 내의 결합각에 대해서는 아무 정보도 제공하지 못한다.
2. 중심 원자의 원자가껍질 속에 있는 모든 전자쌍이 가능하면 서로 멀리 떨어져 있게 되는 구조를 고려하여야 한다. 보통의 **$\sigma$-$\pi$**를 다룰 경우, **$\pi$** 결합은 **$\sigma$** 결합이 형성된 다음에 생성되므로, 이것은 **$\pi$** 결합들을 잠깐 동안 무시하는 것을 의미한다. 이산화 탄소의 탄소 원자에는 두 개의 **$\sigma$** 결합이 있고, 탄소 원자에는 비결합성 전자가 없다. 그러므로 이 **$\sigma$** 결합은 탄소 원자의 양쪽 방향을 향하게 된다. 이렇게 되려면 탄소의 $2s$ 오비탈과 $2p_z$ 오비탈은 각각 180°의 선형 혼성을 이루어야 한다.
3. **$\sigma$** 결합을 형성한 분자의 구조가 결정되면, 필요한 만큼의 **$\pi$** 결합을 가하여 분자를

---

1) Gillespie, R. J. *Chem. Soc. Rev.* **1992**, *21*, 59~69. Gillespie, R. J.; Hargittai, I. *The VSEPR Model of Molecular Geometry*; Allyn and Bacon: Boston, 1991.

완성한다. 이산화 탄소에서 탄소의 $p_x$ 오비탈과 $p_y$ 오비탈은 $\sigma$ 결합에는 사용되지 않고 $\pi$ 결합의 형성에 이용된다. 그러므로 이산화 탄소의 완전한 구조는 그림 5.1a에 나타낸 것과 같다.

이 단순화시킨 VSEPR 규칙들은, 수소화 베릴륨 분자와 아질산 이온(4장) 또는 $BH_2$ 분자(문제 5.24) 에 사용되었던 대칭성과 분자 오비탈과는 전혀 다른 것처럼 보인다. 분자 오비탈 접근법으로도 이 구조들을 합리적으로 설명할 수 있지만, 어떤 새로운 구조를 얻으려면 VSEPR 규칙들을 직접 사용하는 것이 훨씬 더 쉬운 방법이다.

**트라이메틸보레인 (trimethylborane, $D_{3h}$).**[2] 메틸기들은 유기 화합물들에서 발견되는 정상적인 배열을 한다고 가정한다. $(CH_3)_3B$의 Lewis 구조에서는 붕소 원자의 원자가 껍질에 여섯 개의 전자가 놓이게 될 것이며, 이 전자쌍들이 가능하면 멀리 떨어져 있으려면 메틸기가 정삼각형의 꼭짓점에 위치하여야 한다. 그 결과 붕소는 $sp^2$ 또는 삼각형 (*tr*) 으로 혼성화된다 (그림 5.1b).

**포스젠 (Phosgene, $C_{2v}$).** $OCCl_2$에 대한 Lewis 구조는 탄소 주위에 여덟 개의 전자

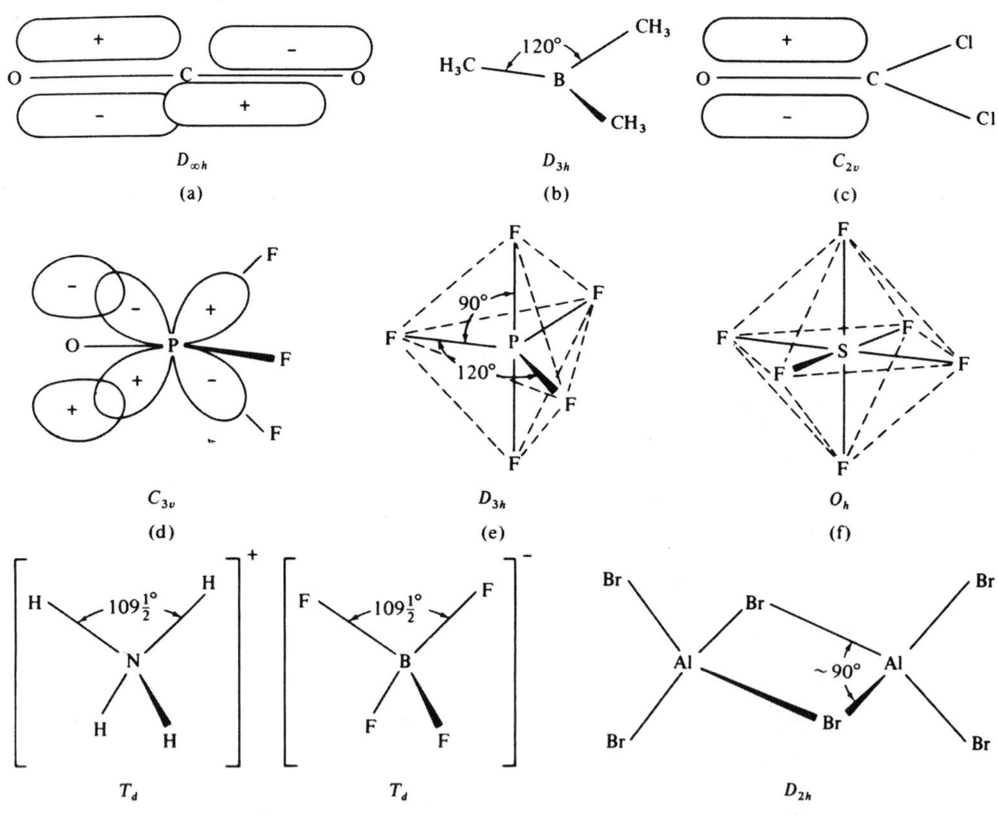


**그림 5.1** 중심 원자에 있는 전자들이 모두 결합쌍을 형성하는 몇 가지 간단한 분자 구조. (a) 두 개의 $sp$ $\sigma$ 결합(실선)과 두 개의 $\pi$ 결합을 갖는 이산화 탄소; (b) 세 개의 $sp^2$ $\sigma$ 결합을 갖는 트라이메틸보레인; (c) 세 개의 $sp^2$ $\sigma$ 결합과 한 개의 C—O $\pi$ 결합을 갖는 염화 카보닐 (포스젠); (d) 네 개의 $sp^3$에 가까운 $\sigma$ 결합과 한 개의 $p$-$d$ $\pi$ 결합을 갖는 옥시플루오린화 인; (e) 다섯 개의 $sp^3d$ $\sigma$ 결합을 갖는 펜타플루오린화 인; (f) 여섯 개의 $sp^3d^2$ $\sigma$ 결합을 갖는 헥사플루오린화 황; (g) 각각의 이온이 네 개의 $sp^3$ $\sigma$ 결합을 갖는 테트라플루오로붕산 암모늄; (h) 브로민화 알루미늄 이합체.

---

[2] 각 분자에 대한 점군 대칭은 괄호 안에 나타내었다. 2장을 참조하라.

를 갖는데, 그 중에서 한 쌍은 이중 결합의 **$\pi$** 결합을 형성한다. 그러므로 포스겐도 $sp^2$, 즉 삼각형 혼성이 가장 안정할 것이다(그림 5.1c).

**옥시플루오린화 인(phosphrous oxyfluoride, $C_{3v}$).** $OPF_3$ 분자에 대해서는 두 가지의 Lewis 구조를 그릴 수 있다.

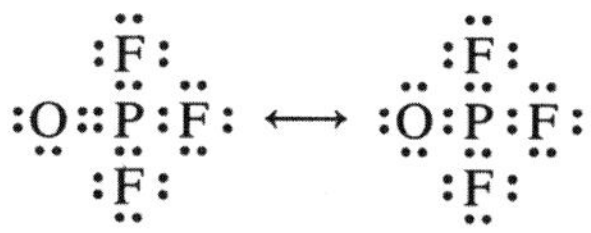

(a) (b)

첫 번째 가정에 따라, 세 개의 플루오린 원자와 한 개의 산소 원자는 인의 $sp^3$ 사면체 오비탈을 사용하여 **$\sigma$** 결합을 형성할 것이다. 인 원자에 있는 다섯 개의 $d$ 오비탈 중에서 한 개는 산소 원자의 $2p$ 오비탈과 겹칠 수 있고(그림 5.1d), 다섯 번째 결합 $d_\pi$-$p_\pi$를 형성하여 분자를 더 안정화시킨다.

**펜타플루오린화 인(phosphorous pentafluorine, $D_{3h}$).** $PF_5$ 분자에 대한 Lewis 구조는 인 원자의 원자가껍질에 열 개의 전자가 있어야 하고, $3s$, $3p$, $3d$ 오비탈을 사용해야 하고, 다섯 개의 **$\sigma$** 결합이 생성되어야 한다. 다섯 개의 결합이 서로 등거리에 있도록 삼차원적으로 형성되는 것은 불가능하지만, 삼각 쌍뿔(그림 5.1e)이나 사각뿔 배열은 반발을 최소화시킨다. 상세하게 연구된 거의 모든 5배위 분자(배위 화합물은 제외하고)는 삼각 쌍뿔 구조인 것으로 밝혀졌다. $PF_5$ 분자의 구조는 그림 5.1e ($sp^3d$ 혼성)에 나타내었다. 결합은 두 가지 형태가 있는데, 축방향(axial)으로 나열된 직선형 F—P—F 체계와 적도방향(equitorial), 즉 삼각형의 면을 이루는 세 개의 P—F 결합이다.

**헥사플루오린화 황(sulfur hexafluoride, $O_h$).** 여섯 개의 황-플루오린 **$\sigma$** 결합은 원자가 껍질에 12개의 전자를 필요로 한다. 여섯 개의 결합이 동등하려면 팔면체여야 하므로, 황은 그림 5.1f에 나타낸 것처럼 $sp^3d^2$로 혼성화될 것이다.

**테트라플루오로붕산 암모늄(ammonium tetrafluoroborate, $T_d$).** 암모늄 이온($NH_4$)과 테트라플루오로붕산 이온($BF_4^-$)은 모두 메테인 분자와 등전자이므로, 메테인과 비슷한 구조라고 생각할 수 있다. 실제로 네 개의 결합은 모두 동등하며, 전자들은 가능하면 서로 멀리 있으려고 하므로, 가장 안정한 배열은 사면체이다(그림 5.1g).

**브로민화 알루미늄(aluminium bromide, $D_{2h}$).** 트라이메틸보레인과 구조가 비슷한 $AlBr_3$ 분자의 경우, 결합각은 120°일 것으로 예상된다. 그러나 실험을 통해 브로민화 알루미늄은 이합체, $Al_2Br_6$인 것으로 밝혀졌다. 이것은 생성된 결합의 수를 최대로 하려는 경향 때문인 것으로 쉽게 설명할 수 있는데, $Al_2Br_6$는 각 알루미늄 원자당 네 개의 결합을 포함한다. 알루미늄 원자는 사용되지 않은 $p$ 오비탈에 추가로 전자쌍을 받아들일 수 있어서(Lewis 산, 8장 참조), $sp^2$로부터 $sp^3$로 재혼성될 수 있기 때문에 네 개의 결합을 생성할 수 있다. Al—Br—Al—Br의 사원자 고리에는 스트레인이 생기겠지만, 이것 외의 알루미늄 주위의 결합각은 거의 사면체일 것으로 예상하여야 한다. 고리 내에서의 평균 결합각은 90°여야 하므로, 알루미늄과 브로민 원자 모두는 고리의 스트레인을 줄여주기 위하여 순수한 $p$ 성질의 오비탈을 사용해야 하는 것으로 예상할 수 있다. $Al_2Br_6$ 분자의 구조는 그림 5.1h에 나타내었다.

앞의 설명에서 분자들은 원자가결합의 용어(Lewis 구조, 혼성화 등)를 사용하여 설명하였지만, 분자의 구조에 대한 기준(위에서의 규칙 2)은 중심 원자의 **σ** 결합은 가능하면 서로 멀리 떨어져 있으려 한다는 것이었다. 그래서 결합이 두 개일 때는 180°, 세 개일 때는 120°, 네 개일 때는 109.5°로 되어야 한다. 이것이 분자 구조를 예측하기 위한 VSEPR 방법의 핵심이고 VB 교재에서 가장 쉽게 적용되고 있지만, 실제로는 원자가결합의 혼성 방식과는 상관이 없는 것이다.

결합각을 극대화하려는 반발의 원인은 완전하게 규명되지 않았다. $CO_2$, $B(CH_3)_3$, $O=PF_3$와 같은 분자들의 경우에는 van der Waals 반발(이온 결정 중에서의 Born 반발과 유사한, 3장 참조)을 생각해볼 수 있다. 예를 들면, 이 van der Waals 반발이 세 개의 메틸기 사이에 작용하면, 결합각을 가능한 최대값인 120°까지 벌어지게 할 수 있을 것으로 생각된다. 다음 절에서는 비결합 전자쌍("고립 전자쌍")의 반발은 결합성 전자쌍(또는 결합한 원자단)의 반발과 거의 비슷한 효과를 나타내기 때문에 전자쌍 자체가 중요함을 알게 될 것이다. 많은 이론이 전개되었지만, VSEPR의 배후에 있는 물리적 힘은 Pauli 힘이라는 것이 일치된 견해인 것 같다. 즉, **같은 스핀을 갖는 두 전자는 같은 공간을 차지할 수 없다.** 그러나 이것도 들어맞지 않는 경우가 있다. 그렇지만 VSEPR 모형은 분자 구조를 예측하는 데 매우 효용이 있는 모형이다.

## 고립 전자쌍을 포함하는 분자의 구조

고립(비공유) 전자쌍을 갖는 분자들을 조사하려면, 결합성 전자들과 비결합성 전자들 간의 차이를 설명하여야 한다. 혼성화와 결합의 규칙들에 함축되어 있는 에너지(4장)를 고려하기 전에, 먼저 가장 간단한 견해를 살펴보자. 산소 원자의 바닥 상태에서의 전자 배치가 $1s^2 2s^2 2p_z^2 2p_x^1 2p_y^1$인 물 분자를 생각해 보자. $p_x$ 오비탈과 $p_y$ 오비탈에 있는 홀전자는 두 수소 원자에 있는 전자와 짝지어 $H_2O$가 될 것이다. $p_x$ 오비탈과 $p_y$ 오비탈은 서로 직각으로 놓여 있으므로, H—O—H의 결합 각도가 90°일 때 최대 겹침을 얻게 된다. 그러나 실험을 통해 관찰된 결합각은 약 104.5°로써 사면체의 각도에 훨씬 더 가깝다. 인접한 수소 원자의 양전하(이것은 산소가 수소와 전자를 평등하게 공유하지 않기 때문에 생긴다) 사이의 반발을 포함시키더라도 결합각이 약간 증가하는 것까지는 설명할 수 있지만 90°에서 크게 벗어나는 것은 설명할 수 없다. H—H 반발뿐만 아니라 분자에 있는 다른 에너지적 상호작용을 모두 포함시켜 살펴보아야 한다. 즉, 모든 반발이나 결합 에너지의 모든 변화를 각도 및 혼성의 함수로 고려해야 한다. 관여되는 여러 에너지의 크기를 모르기 때문에 이 문제를 상세하게 다루는 것은 불가능하다. 그러나 경험 규칙이 만들어진 것도 있다.[1]

먼저, 앞의 예를 통하여 알아본 것처럼 분자의 결합각은 치환기를 중심 원자에 결합시키고 있는 전자 사이의 반발 때문에 가능한 한 크게 되려는 경향이 있다. 중심 원자에 있는 비공유 전자쌍과 다른 비공유 전자쌍이나 결합성 전자 사이의 반발은 분자의 구조에 영향을 미칠 것이다. 실제로 고립 전자쌍 간의 반발은 결합 전자쌍 간의 반발보다 더 큰 것으로 밝혀졌다. 반발 에너지의 순서는 고립쌍-고립쌍 > 고립쌍-결합쌍 > 결합쌍-결합쌍이다.[3] 이것은 고립쌍의 말단에 전자 구름을 두 핵 사이에 편재시킬 수 있는 두 번째

3) 전자쌍 반발 서열은 기하 구조를 설명하는 데 널리 사용되어 왔지만, 어떤 이론적 연구에서는 전자쌍을 서로 떼어놓는 데에는 결합쌍-결합쌍 반발이 중요하다고 주장한다. 결합각의 감소를 설명하기 위하여 고

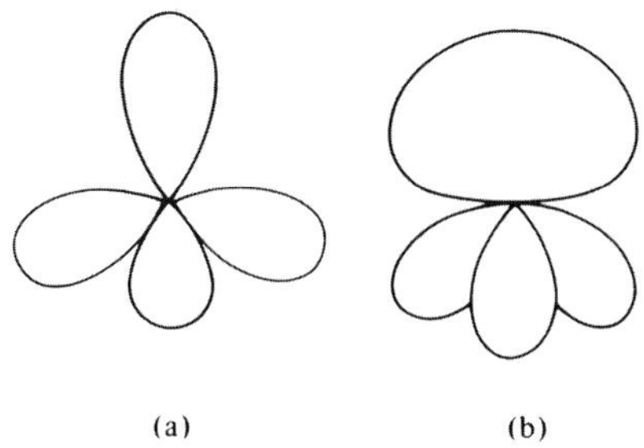


**그림 5.2** (a) 네 개의 동등한 결합 전자쌍. (b) 한 개의 비결합쌍과 반발하는 세 개의 결합 전자쌍.

핵이 없기 때문에 생기는 결과이다. 고립쌍은 이 두 번째 핵이 없기 때문에 자신의 핵에 의해서만 끌어당겨지고, 더 큰 **각(angular)** 부피를 차지하게 된다(그림 5.2).

고립쌍과 결합쌍이 공간에서 필요로 하는 것들의 차이는 다음의 예로부터 분명하게 알게 될 것이다. 불활성 기체 배치를 갖는 원자 또는 이온 $C^{4-}$, $N^{3-}$, $O^{2-}$, $F^{-}$, Ne ($1s^22s^22p^6$)를 살펴보자. 바깥 껍질에 있는 여덟 개 전자는 네 개의 동등한 사면체 오비탈을 차지한다고 가정한다. 이제 한 개의 양성자를 한 쌍의 전자와 상호작용시켜 X—H 결합($HC^{3-}$, $NH^{2-}$, $OH^{-}$, HF, $NeH^{+}$)을 생성시켜 보자. 이 양성자는 전자쌍을 편극시키게 될 것인데, 이것은 양성자나 양전하를 가진 작은 이온이 음이온을 편극시키는 것과 같은 현상이다(Fajan의 규칙, 3장 참조). 전자 밀도는 첫 번째 원자의 핵 주위로부터 수소 핵 쪽으로 끌리게 될 것이다. 그러므로 나머지 비결합 전자쌍은 결합쌍이 수축됨에 따라서 확장될 것이다. 두 번째 양성자를 첨가하면 두 개의 편극된 결합쌍과 두 개의 확장된 고립쌍이 생성된다($H_2C^{2-}$, $H_2N^{-}$, $H_2O$, $H_2F^{+}$). 세 번째 양성자를 첨가하면, 네 쌍의 전자들이 모두 수소 핵 쪽으로 편극되어 있는 $CH_4$나 $NH_4^+$가 생성되는데, 이들은 다시 동등한 상태로 되어 사면체각의 방향을 향하게 된다.

이러한 관점에서 보면, 물 분자는 첫 번째 가정에 따라 사면체로 혼성화된다고 간주할 수 있다. 두 개의 고립쌍은 두 개의 결합쌍보다 더 큰 각 부피를 차지할 것이므로, 두 개의 결합쌍 사이의 각도는 약간 감소되고(109.5°로부터 104.5°로), 따라서 고립쌍 사이의 각도는 약간 더 커진다. 등전자 계열인 메테인($CH_4$, 고립쌍은 없고, 결합각 = 109.5°), 암모니아($NH_3$, 고립쌍 한 개, 결합각 = 107°), 물($H_2O$, 고립쌍 두 개, 결합각 = 104.5°)은 비결합 전자쌍이 증가할수록 결합각은 감소함을 보여 주고 있다(그림 5.3).

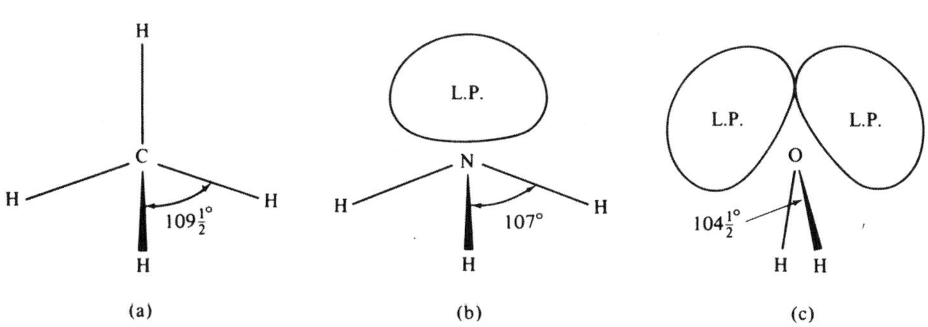


**그림 5.3** (a) 메테인의 분자 구조. (b) 결합각이 감소됨을 보여 주는 암모니아의 분자 구조. (c) 두 개의 고립쌍 때문에 결합각이 더 감소됨을 보여 주는 물의 분자 구조.

---

립쌍-고립쌍 반발보다는 비결합쌍에 대해서 *s* 성질을 가정하는 경향(185쪽 참조)을 이용할 수도 있다. Hall, M. B. *J. Am. Chem. Soc.* **1978**, *100*, 6333~6338; *Inorg. Chem.* **1978**, *17*, 2261~2269; Shustorovich, E; Dobosh, P. A. *J. Am. Chem. Soc.* ***1979***, *101*, 4090~4095.

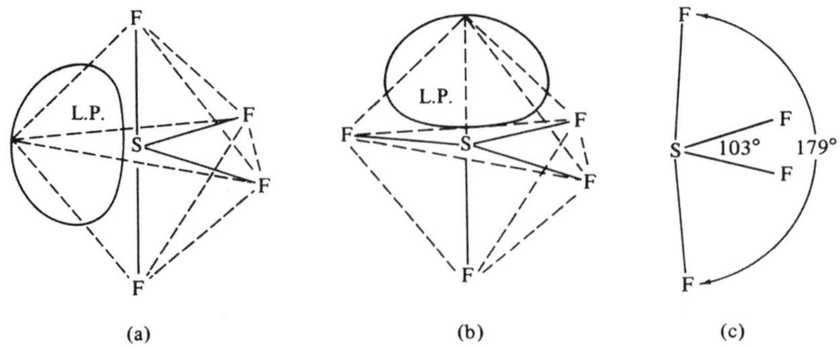


**그림 5.4** 테트라플루오린화 황. (a) 적도방향 고립쌍을 갖는 삼각 쌍뿔 구조. (b) 축방향 고립쌍을 갖는 삼각 쌍뿔 구조. (c) 실험을 통해 결정된 테트라플루오린화 황의 구조.

일반적인 규칙으로 따지자면, 고립쌍은 항상 결합성 전자들보다 더 큰 각 부피를 차지할 것이라고 말할 수 있다. 더구나 주어진 환경에서 고립쌍은 가장 쉽게 확장될 수 있는 위치로 가려고 하는 경향이 있다. 예를 들어, 아래의 분자들을 살펴보자. 각각의 분자에 있는 결합 전자만 고려할 경우에는 분자의 기하 구조에 관한 예측은 틀리게 된다. 예를 들어 $BrF_3$는 삼각형, $ICl_4^-$는 사면체, $IF_5$는 삼각 쌍뿔, $SF_4$는 사면체일 것으로 예측하게 된다. 그러나 실제로는 어느 분자도 이러한 구조를 취하지 않는다. 그러나 고립쌍을 포함시켜 살펴보면, 대략적인 분자의 형태뿐만 아니라 일그러짐이 어떻게 일어날 것인지도 예측할 수 있다.

**테트라플루오린화 황 (sulfur tetrafluoride, $C_{2v}$).** $:SF_4$ 분자는 황의 원자가껍질에 열 개의 전자를 갖는데, 결합쌍 네 개와 비결합쌍 한 개가 존재한다. 각 전자쌍이 가능한 한 넓은 공간을 갖게 만들려면, 대략적인 기하 구조는 $PF_5$처럼 삼각 쌍뿔이 될 것이다. 그러나 고립쌍은 적도방향 (그림 5.4a) 과 축방향 (그림 5.4b) 의 두 가지 가능한 방법 중에서 한 가지로 배열될 수 있다. 실험적으로 얻어낸 구조를 그림 5.4c에 나타내었다. 고립쌍은 적도방향 위치에 놓이며, 결합쌍과는 반발하는 경향이 있으므로 결합을 정상적인 삼각 쌍뿔의 위치에서 뒤쪽으로 굽어지게 만든다. 고립쌍이 적도방향 위치를 차지하게 되는 이유는 다음과 같이 설명할 수 있다. 즉, 고립쌍이 90° 각도로 접하게 되는 상호작용은 적도방향 위치에서는 두 쌍 (축방향 결합쌍) 이지만 축방향 위치에서는 세 쌍 (적도방향 결합쌍) 이다. 120° 상호작용은 충분히 벌어져 있기 때문에 가장 안정한 배열을 결정하는 데 아무런 역할을 하지 못할 것이다. 이러한 가정은 반발력이 **매우 짧은 거리**에서만 중요하다는 사실과도 일치한다. 어느 경우든지 고립쌍은 항상 90°의 상호작용이 최소가 되는 위치를 채택한다.

**트라이플루오린화 브로민 (bromine trifluoride, $C_{2v}$).** $:\ddot{B}rF_3$ 의 분자도 중심 원자의 원자가껍질에 열 개의 전자를 갖는데, 이 경우에는 결합쌍 세 개와 비결합쌍 두 개가 존재한다. 대략적인 구조는 역시 삼각 쌍뿔이고, 고립쌍은 적도방향 위치를 차지한다. 고립쌍의 반발에 의한 변형 때문에 축방향의 플루오린 원자는 직선 배열에서 굽어지게 되므로, 분자는 약간 "굽어진 T" 모양이고 결합각은 86.5°이다 (그림 5.5a).

**다이클로로아이오딘 (I)산 음이온 (dichloroiodate (I) anion, $D_{\infty h}$).** $:\ddot{\underset{..}{I}}Cl_2^-$ 음이온은 단순하게 생각할 수 있는 것처럼 선형 구조를 가진다. 세 개의 고립쌍은 여전히 입체화학적으로는 활성이지만, 세 개의 적도방향 위치를 차지하므로 구조에 일그러짐이

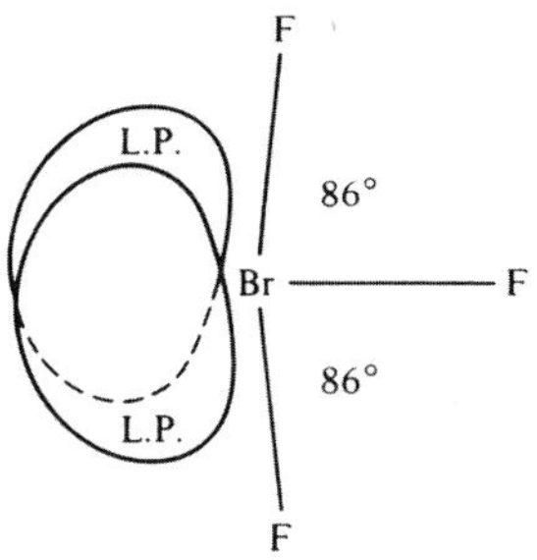


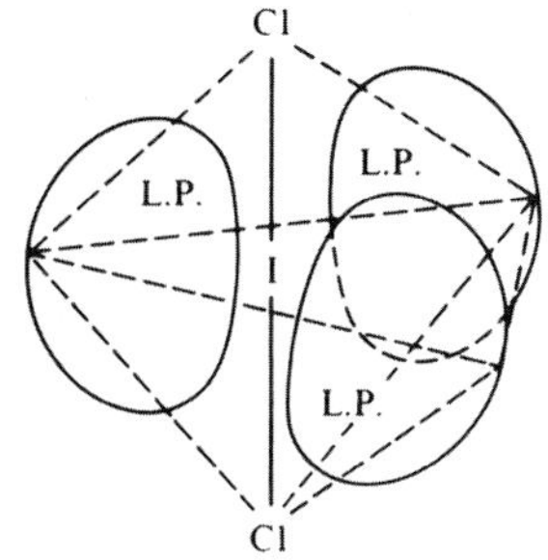


**그림 5.5** (a) 트라이플루오린화 브로민의 분자 구조. (b) 다이클로로아이오딘(I)산 음이온의 구조.

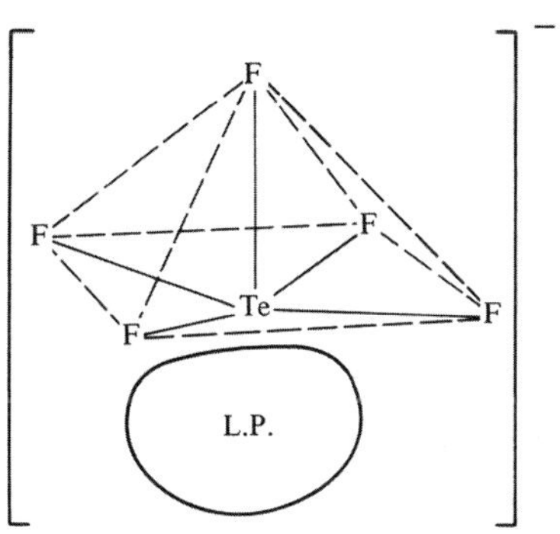


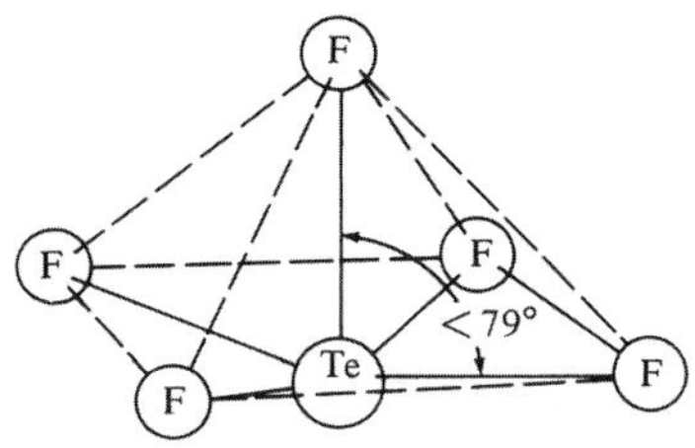


**그림 5.6** (a) 펜타플루오로텔루륨(IV)산 음이온. 결합성 전자들과 비결합성 전자들은 거의 팔면체로 배열된다. (b) 실험을 통해 결정된 구조. 텔루륨 원자는 플루오린 원자가 이루는 평면보다 약간 더 아래에 있다. [Mastin, S. H.; Ryan, R. R.; Asprey, L. B. *Inorg. Chem.* **1970**, *9*, 2100–2103.]

생기지 않는다(그림 5.5b). [이온의 전자 계산: 일곱 개의 전자(I) + 두 개의 전자(2Cl) + 한 개의 전자(이온의 전하) = 10 = 5쌍]

**펜타플루오로텔루륨**(IV)**산 음이온 (pentafluorotellurate (IV) anion,** $C_{4v}$**).** $:TeF_5^-$ 이온에서 텔루륨 원자는 원자가껍질에 12개의 전자를 갖는데, 이 경우에는 결합쌍 다섯 개와 비결합쌍 한 개가 존재한다. 6쌍의 전자에 대한 가장 안정한 배열은 첫 번째 가정에 따라 팔면체가 될 것으로 예상하여야 한다. 한 개의 고립쌍으로 인한 반발 때문에 인접한 플루오린 원자는 약간 위쪽으로 움직이게 된다(그림 5.6a). 이러한 결과로서 생기는 구조는 사각뿔이고, 텔루륨 원자는 네 개의 플루오린 원자로 구성되는 평면보다 40 pm 더 **아래**에 있다(그림 5.6b).

**테트라클로로아이오딘**(III)**산 음이온 (tetrachloroiodate (III) anion,** $D_{4h}$**).** $:\ddot{I}Cl_4^-$ 음이온은 중심 원자에 대해서 살펴보면 $[TeF_5]^-$ 이온과 등전자이다. 그러나 이 경우에는 네 개의 결합쌍과 두 개의 고립쌍이 존재한다. 일그러지지 않은 팔면체에서는 여섯 모서리가 모두 동등하기 때문에, 고립쌍은 서로 인접한, 즉 시스 위치로 존재하거나(그림 5.7a), 서로 반대쪽에 존재하는 트랜스 위치를 차지할 수 있다(그림 5.7b). 시스 배열에서는 고립쌍이 공간을 확장하기 위하여 서로 경쟁할 것이고, 트랜스 배열에서는 고립쌍이 결합쌍 쪽으로 확장될 수 있기 때문에, 고립쌍은 시스 위치보다는 트랜스 위치를 차지하는 것이 더 바람직하다. 고립쌍은 일반적인 구조를 결정할 때에는 나타나지 않기 때문에 결과적으로 보여지는 원자의 배열은 사각 평면이다(그

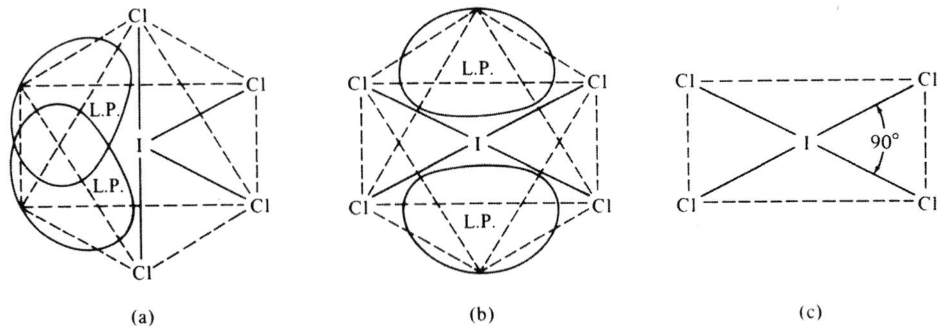


**그림 5.7** 테트라클로로아이오딘(III)산 이온. (a) 고립쌍이 시스 위치에 있는 결합성 및 비결합성 전자들의 팔면체 배열. (b) 고립쌍이 트랜스 위치에 있는 결합성 및 비결합성 전자들의 팔면체 배열. (c) 실험을 통해 결정된 구조.

림 5.7c).

**이산화 질소**(nitrogen dioxide, $C_{2v}$), **아질산 이온**(nitrite ion, $C_{2v}$), **나이트릴 이온**(nitryl ion, $D_{\infty h}$). 세 가지 화학종, $NO_2$, $NO_2^-$, $NO_2^+$는 결합성과 비결합성 전자들의 입체적 반발의 효과를 보여 준다. Lewis 구조는 다음과 같다.

$$[:\ddot{O}::N::\ddot{O}:]^+ \qquad :\ddot{O}::\dot{N}:\ddot{O}: \qquad [:\ddot{O}::\ddot{N}:\ddot{O}:]^-$$

나이트릴 이온 $NO_2^+$는 이산화 탄소와 등전자이며, 이산화 탄소처럼 두 개의 $\pi$ 결합을 갖는 선형 구조이다(그림 5.8a). 아질산 이온 $NO_2^-$는 한 개의 $\pi$ 결합(입체적으로 비활성), 두 개의 $\sigma$ 결합, 한 개의 고립쌍을 가질 것이다. 그러므로 결과적인 구조는 첫 번째 가정에 따라 120° $sp^2$ 결합을 갖는 삼각형일 것으로 예상된다. 그러나 고립쌍은 결합쌍 쪽으로 확장될 것으로 예상하여야 하고, 측정된 결합각은 115°인 것으로 밝혀졌다(그림 5.8b).

이산화 질소 분자는 자유 라디칼, 즉 홀전자를 가지고 있다. 이산화 질소는 아질산 이온에서 전기음성이 가장 덜한 원자인 질소로부터 한 개의 전자가 제거된 것으로 생각될 수 있다. 질소 원자에 고립쌍이 있는 대신에, 거의 삼각형인 오비탈 중의 한 오비탈에 한 개의 전자를 가진다. 한 개의 전자는 두 개의 전자보다 반발이 더 작을 것으로 예상되므로, 결합성 전자들은 결합각이 더 벌어지게끔 움직여서, 결합쌍 사이의 반발을 더 감소시킬 수 있다(그림 5.8c).

**트라이할로젠화 인(phosphorous trihalides, $C_{3v}$). 중심 원자의 핵 근처에서 전자간 반발**의 중요성은 트라이할로젠화 인 분자의 결합각을 통해 분명하게 알 수 있는데,

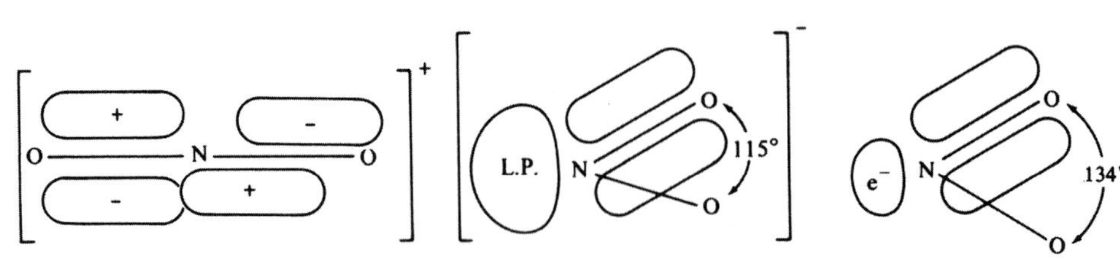


**그림 5.8** (a) 선형 나이트릴 이온, $NO_2^+$. (b) 아질산 이온, $NO_2^-$에 있는 고립쌍 효과. 설명을 단순화시키기 위하여 공명은 나타내지 않았다. (c) 이산화 질소에 있는 고립쌍의 절반인 홀전자 효과.

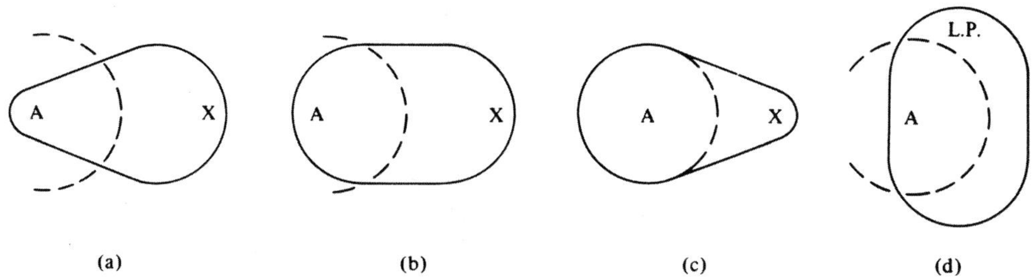


**그림 5.9** X의 전기음성도 감소가 결합 전자쌍의 크기에 미치는 영향: (a) 전기음성도 X > A, (b) 전기음성도 X = A, (c) 전기음성도 X < A, (d) X = 고립쌍, X의 유효 전기음성도는 0이다. [Gillespie, R. J. *J. Chem. Educ.* **1970**, *47*, 18.]

$PF_3$ = 97.8°, $PCl_3$ = 100.3°, $PBr_3$ = 101.0°, $PI_3$ = 102°이다. 결합각이 증가하는 것은 할로젠 간의 van der Waals 반발 때문이라고 성급하게 단정해서는 안 된다. van der Waals 반지름은 F < Cl < Br < I의 순서로 증가하는데, **공유** 반지름도 같은 순서로 증가하고 따라서 P—X 결합 길이도 같은 순서로 증가한다. 이 두 가지의 효과는 서로 상쇄된다(문제 5.15 참조). 중요한 인자는 바로 P—X 결합의 이온성이다. 더 전기음성인 플루오린 원자는 인의 핵으로부터 결합쌍을 끌어당기기 때문에 고립쌍은 F—P—F 각이 감소하게끔 확장되게 만든다. 비금속의 플루오린화물에서는 대개 줄어든 결합각이 관찰된다. 질소나 산소처럼 작은 원자의 경우에는 VSEPR 상호작용이 특별히 중요한 것처럼 보이는데, **플루오린화물의 결합각은 수소화물의 결합각보다 더 작다** ($NF_3$ = 102.3°, $NH_3$ = 107.2°, $OF_2$ = 103.1°, $OH_2$ = 104.5°). Gillespie[1]는 치환기의 전기음성도를 설명하였다. 그는 결합쌍에 대비한 고립쌍의 확장을, 고립쌍에 "치환기"가 결합되어 있지 않아서 고립쌍이 전기음성도를 전혀 갖지 못하는 경우의 극단적인 예로써 단순하게 간주할 수 있다고 지적하였다(그림 5.9 참조).

**플루오린화 카보닐 (Carbonyl fluoride, $C_{2v}$).** 플루오린 원자와 산소 원자는 크기가 거의 같고 전기음성도도 비슷하므로, $OCF_2$는 대칭적인 구조를 가질 것으로 예상할 수 있다. 탄소 원자에는 고립쌍이 없기 때문에, 첫 번째 가정에 따라 이 분자는 대략 120°의 결합각을 갖는 평면형의 분자일 것으로 예측할 수 있다(그림 5.10a). 이 분자의 실제 구조는 평면형이기는 하지만, 대칭적인 삼각 배열로부터는 크게 일그러져 있다(그림 5.10b). 산소 원자가 플루오린 원자보다 훨씬 더 큰 공간을 필요로 한다는 것은 다음과 같은 두 가지 입체적인 이유로 인해 분명해진다. 첫째, 산소 원자는 탄소와 이중 결합을 하고 있으며, C = O 결합 길이(120 pm) 는 C—F 결합 길이(135 pm)

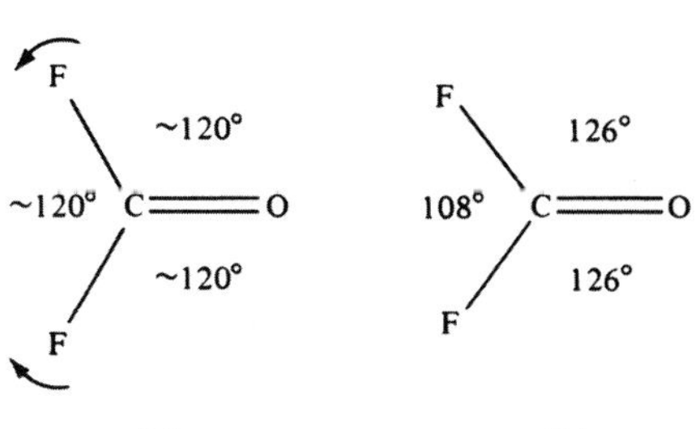


**그림 5.10** (a) $OCF_2$의 가능한 구조. 화살표는 전기음성도와 크기 효과로 인해 생기는 작은 일그러짐을 나타낸다. (b) $OCF_2$의 실제 구조. FCF 결합각이 더 작음을 주목하라.

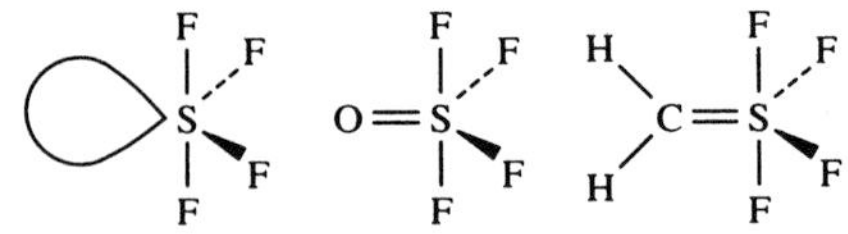

| | (a) | (b) | (c) |
|---|---|---|---|
| 축방향 FSF각 (이론값=180°) | 179° | 178.5° | 170° |
| 적도방향 FSF각 (이론값=120°) | 103° | 110° | 97° |

**그림 5.11** 분자들의 구조. (a) 테트라플루오린화 황; (b0 테트라플루오린화 싸이오닐; (c) 테트라플루오린화 황 메틸렌; 수소 원자들은 축방향 플루오린 원자들과 수직인 면에 존재한다.

보다 조금 더 짧기 때문에 산소 원자의 van der Waals 반발이 더 클 것이다. 더 중요한 것은 이중 결합이 두 쌍의 전자를 가지고 있으며, 이 두 쌍의 전자를 $\sigma$-$\pi$ 쌍이나 두 개의 굽은 결합으로 간주하더라도, 이 두 쌍이 한 쌍의 결합쌍보다는 더 많은 공간을 필요로 한다고 가정하는 것은 합리적이다.

이 가정은 이중 결합을 갖는 다른 화합물들을 살펴보면 더 확실해진다. $OSF_4$ 분자에서 이중 결합을 하고 있는 산소 원자는 더 넓은 적도방향 위치를 차지하며, 플루오린 원자는 적도방향의 남은 두 위치와 두 축방향 위치로부터 다소 굽혀진다(그림 5.11b). 다른 예들은 표 5.1에 나타내었다. 이중 결합 산소 원자의 성질은 여러 가지 면에서 고립쌍의 성질과 비슷하다는 것을 주목하라. 이중 결합과 고립쌍은 모두 단일 결합의 쌍보다 더 많은 공간을 필요로 하며, 적도방향 위치를 더 선호하고, 인접한 결합들을 밀어낸다. 그래서 구조가 일그러지게 만든다. 예를 들면, $OSF_4$ 구조(그림 5.11b)를 $SF_4$ 구조(그림 5.11a)와 비교해 보자. Christe와 Oberhammer[4]는 한 가지 중요한 차이점을 지적하였다. 즉, $SF_4$의 고립쌍은 실린더 모양의 대칭인데, $O=SF_4$의 $\pi$ 결합은 이 결합을 포함하는 평면 내에서의 전자 밀도가 다른 평면보다 더 클 것이다. 그러나 $\pi$ 결합의 평면은 결합각을 통해서만 해석할 수 있기 때문에 원형이 가능하다고 추측할 수 있다. $CH_2=SF_4$ 분자(그림 5.11c)는 더 단순하다. 수소는 $CSF_2$에서 수소 원자들은 축방향 평면에 있기 때문에, 탄소 원자의 $p$ 오비탈을 포함하는 $\pi$ 결합은 분자의 적도방향 평면에 놓여야 한다. 그리고 $\pi$ 전자들과 적도방향 플루오린 원자와 결합한 전자쌍 사이에서 일어나는 반발의 결과는 매우 놀랍고, $F_{적도방향}$-$F_{적도방향}$ 각은 97°로 감소된다.[5]

**표 5.1**
이중 결합 산소와 고립 전자쌍을 포함하는 분자들의 결합각.

| 분자 | X−Y−X[a] | 분자 | X−Y−X[a] |
|---|---|---|---|
| $O=CF_2$ | 108° | $:GeF_2$ | 94° ± 4° |
| $O_2SF_2$ | 96° | $:SF_2$ | 98° |
| $O=PCl_3$ | 103.3° | $:PCl_3$ | 100.3° |
| $O=SF_4$ | 110, 178.5° | $:SF_4$ | 103, 179° |
| $O=IF_5$ | 82.89° | $:IF_5$ | 82° |

[a] Y=중심 원자, C, S, P, I, Ge; X=할로겐 원자, Cl, F

4) Christe, K. O.; Oberhammer, H. *Inorg. Chem.* **1981**, *20*, 206. Christe와 Oberhammer가 받아들인 결합각은 여기에서 주어진 결합각과는 조금 차이가 있고, 이들의 설명에 좀 더 알맞은 것이었다.

5) Huhee, J. E. *Inorg. Chem.* **1981**, *20*, 4033.

남은 문제를 간단하게나마 설명하지 않고서는 분자 구조에 대한 VSEPR 모형을 완성할 수가 없다. 흥미로운 문제 중의 하나는 $XeF_6$의 분자 구조이다. 이 분자를 가장 단순한 MO로 다루게 되면 이 분자는 완전한 팔면체일 것으로 예상된다.[6] 그러나 VSEPR 모형에서는 원자가껍질에 전자가 7쌍 (결합쌍 여섯 개와 고립쌍 한 개)이 있다는 사실을 고려하여, 7배위에 근거한 구조를 예측한다.[7] 불행스럽게도 올바른 배열을 선택하는 지침은 없다. Gillespie는 $XeF_6$에 대하여 세 가지 가능성을 제시하였는데, 일그러진 오각 쌍뿔, 일그러진 팔면체, 일그러진 삼각 프리즘이다. 고립쌍은 일정한 기하학적 위치를 차지하여야 하고, 결합쌍보다는 가능한 한 더 큰 부피를 차지하지 않으면 안 된다. 일곱 개의 결합쌍을 갖는 중성 플루오린 화합물 분자는 $IF_7$, $ReF_7$, $OsF_7$, 세 가지 밖에 알려진 것이 없다. 이들의 구조는 정확성에서는 다소 차이가 있지만, 세 가지의 구조 모두 거의 $D_{5h}$ 대칭, 일그러진 오각 쌍뿔인 것으로 밝혀졌다(그림 5.12).[8] 그러나 $MF_7$의 구조를 안다할지라도 $XeF_6$의 연구에는 아무런 도움을 주지 못하는데, 오각 쌍뿔 구조는 가능한 구조 중에서 실험을 통해 첫 번째로 제외되었기 때문이다. 배위수 7인 다른 플루오로 착물은 제법 많이 알려져 있는데, $[ZrF_7]^{3-}$ 음이온은 오각 쌍뿔형과 고깔 삼각프리즘형(capped trigonal prosmatic form)으로 알려져 있고, $[NbF_7]^{3-}$ 음이온은 고깔 팔면체(capped octahedron)이다.[9]

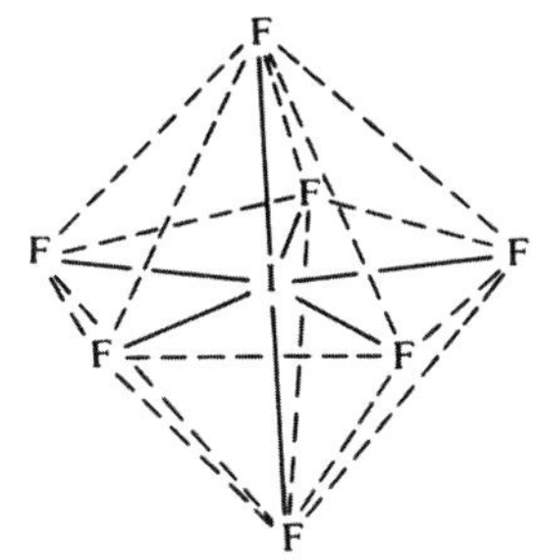


그림 5.12 헵타플루오린화 아이오딘의 분자 구조.

기체 $XeF_6$ 분자의 정확한 구조를 결정하는 것이 예상 밖으로 어렵다는 것을 알게 되었다. 이것은 약간 일그러진 팔면체로 알려져 있다. 그러나 앞에서 설명했던 분자와는 달리, **고립쌍이 결합쌍보다 공간을 덜 차지하는 것으로 나타났다.** 이 분자에 대한 최상의 모형은(그림 5.13) 고립쌍이 면($C_{3v}$ 대칭)이나 모서리($C_{2v}$ 대칭)를 통해 확장하는 일그러진 팔면체인 것으로 나타났다.[10],[11]

가장 낮은 에너지를 갖는 형태는 $C_{3v}$ 대칭을 갖는 형태인 것으로 나타났다. 실험적으로 어려운 부분은 이 분자가 매우 동적이고, 몇 가지 형태를 통하여 변한다는 사실이다. 그

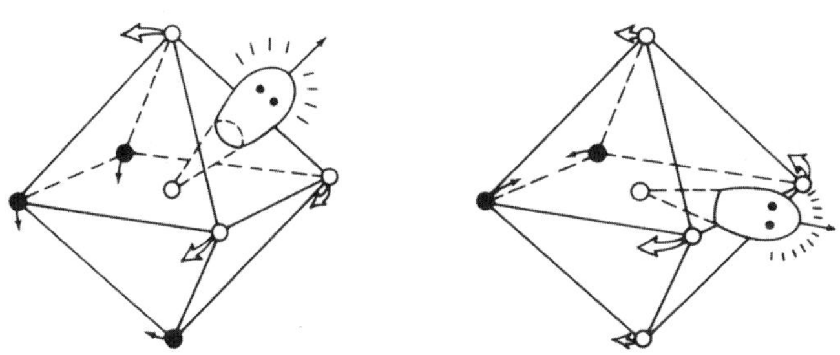


그림 5.13 헥사플루오린화 제논의 가능한 분자 구조. (a) 고립쌍이 팔면체의 면에서 튀어 나온 $C_{3v}$ 대칭; (b) 고립쌍이 팔면체의 모서리에서 튀어나온 $C_{2v}$ 대칭. [Calvin, R. M., Jr.; Bartell, L. S. *J. Chem. Phys*. **1968**, *48*, 2466.]

---

6) 불활성 기체 화합물에 적용되는 분자 오비탈 이론에 대한 설명은 14장에 있다.

7) Gillespie, R. J. In *Noble Gas Compounds*; Hyman, H. H., Ed.; University of Chicago: Chicago, 1963; p. 333.

8) Drew, M. G. Progr. *Inorg. Chem.* **1977**, *23*, 67.

9) 착물에서 *d* 전자의 수는 착물의 안정도와 기하 구조에 영향을 미치는 것을 알게 될 것이다(10장과 11장). 여기서의 예는 $d^0$ 배치가 선택되었다.

10) Gavin, R. M. , Jr.; Bartell, L. S. *J. Chem. Phys.* **1968**, *48*, 2466.

11) Seppelt, K.; Lentz, D. *Progr. Inorg. Chem.* **1982**, *29*, 172~180.

림 5.13에 나타낸 두 가지 모형의 어느 것이나 고립쌍 가까이에 있는 Xe—F 결합은 얼마간 길어지고, 고립쌍으로부터 다소 멀어져나가면서 일그러지는 것으로 나타났다. 그러나 **이 일그러짐은 VSEPR 모형으로 예상한 것보다는 더 작을 것으로 예상되었다.** 다른 이론으로는 순수한 팔면체 구조를 예상하였을 때 ($SF_6$나 $UF_6$와 같은 다른 헥사플루오린 화합물은 모두 완벽한 팔면체이다), VSEPR 모형은 일그러짐을 정확하게 예측하였다는 것은 대단한 성공이다.

X선 회절의 강력한 기법도 이 문제의 해결에 활용될 수 없는데, 고체 $XeF_6$는 완전히 다른 구조로 중합되기 때문이다 (아래를 참조하라). 등전자 화합물 $Xe(OTeF_5)_6$은 간단한 분자성 고체로 결정화되기 때문에, X선 회절로 연구할 수 있을 것이다. 각 분자는 입체화학적으로 활성인 고립쌍 (그림 5.13a) 을 나타내고, $XeF_6$와 동일한 구조를 제시하는 $C_{3v}$ 대칭 (제논 주위의 산소 배위 껍질에 대해서) 을 가진다.[11]

훨씬 더 혼란스러운 것은 $XeF_6$와 등전자인 음이온의 구조들이다. Raman 분광법에 의하면, $IF_6^-$ 음이온은 $XeF_6$처럼 팔면체보다 더 낮은 대칭성을 갖지만, $BrF_6^-$는 분광학적 시간 척도로 따지면 팔면체이다.[12] 두 음이온은 모두 NMR 시간 척도로 따지면 유동적이다.[13] $SbX_6^{3-}$, $TeX_6^{2-}$($X = Cl$, Br, I), $BrF_6^-$와 같은 음이온들은 X선 결정학을 통해 팔면체 구조로 완전히 지정되었다.[14] 고립쌍이 입체화학적으로 비활성인 이들 구조의 경우, 고립쌍은 *s* 오비탈에 있는 것으로 생각된다. 이것은 리간드의 입체적 혼잡이나 더 낮은 에너지를 갖는 *s* 오비탈의 안정성, 또는 이 두 가지 모두 때문에 나타날 수 있다. Raman 및 적외선 분광법에 의하면 이들 이온은 비팔면체이거나 혹은 매우 변형되기 쉬운 것일 수도 있다.[15]

비소 (III), 안티모니 (III), [전자 배치 $= (n-1)d^{10}ns^2$], 납 (II), 비스무트 (III) [전자 배치 $= (n-2)f^{14}(n-1)d^{10}ns^2$]와 6배위 자리를 차지하는 여러 자리 리간드 간의 착물들은 입체화학적으로 활성인 고립쌍을 갖는 것으로 밝혀졌다. 그러나 $Bi^{3+}$의 결정화학에서는 고립쌍을 갖는 무거운 원소는 양면적인 성질 (dichotomy) 을 나타내는 것이 보인다. 고립쌍이 대칭성이 높은 자리에 들어가면 $Bi^{3+}$ 이온은 구형이라고 가정할 수 있지만, 대칭성이 더 낮은 결정에서는 고립쌍은 입체화학적으로 활성이 나타나게끔 드러난다.[16]

14개의 원자가전자를 갖는 화학종의 입체화학을 단순하게 해석할 수 있는 "최선"의 방법은 없다. 상당한 안정도를 갖는 여러 가지 구조가 존재하지만, 약한 힘만 가해져도 한 구조에서 다른 구조로 변할 수도 있다는 점을 주의하여야 한다. 이들 힘의 균형에 대한 예는 테트라클로로비스 (테트라메틸싸이오유레아) 텔루륨 (IV) 의 트랜스 이성질체인데, 재미있는 이야깃거리를 제공한다. 이 화합물은 합성되었고, 사방 결정 (orthorhombic crystal) 으로서 분리되었는데, 이 사방 결정은 각 텔루륨 원자 주위에 네 개의 염소 원자와 두 개의 황 원자가 배열된 근사적 팔면체로 구성된 중심 대칭 분자를 포함하고 있다. 그러나 몇 년 후에 이들 결정을 조사하였을 때, 대부분이 단사형 (monoclinic form) 으로

---

12) Christe, K. O.; Wilson, W. W. *Inorg. Chem.* **1989**, *28*, 3276~3277.
13) 분광학적 방법 및 다른 방법의 시간 척도는 표 5.5에서 설명되고 있다.
14) Lawton, S. L.; Jacobson, R. A. *Inorg. Chem.* **1966**, *5*, 743. Mahjoub, A. R.; Hoser, A; Fuchs, J.; Seppelt, K. *Angew. Chem. Int. Ed. Engl.* **1989**, *28*, 1526~1527.
15) Adams, C. J.; Downs, A. *J. Chem. Commun.* **1970**, 1699.
16) Shannon, R. D. *Acta Crystallogr.* **1976**, *A32*, 751. Kepert, D. L. *Progr. Inorg. Chem.* **1977**, *23*, 1. Abriel, W. *Acta Crystallogr., Sect B* **1986**, *B42*, 449.

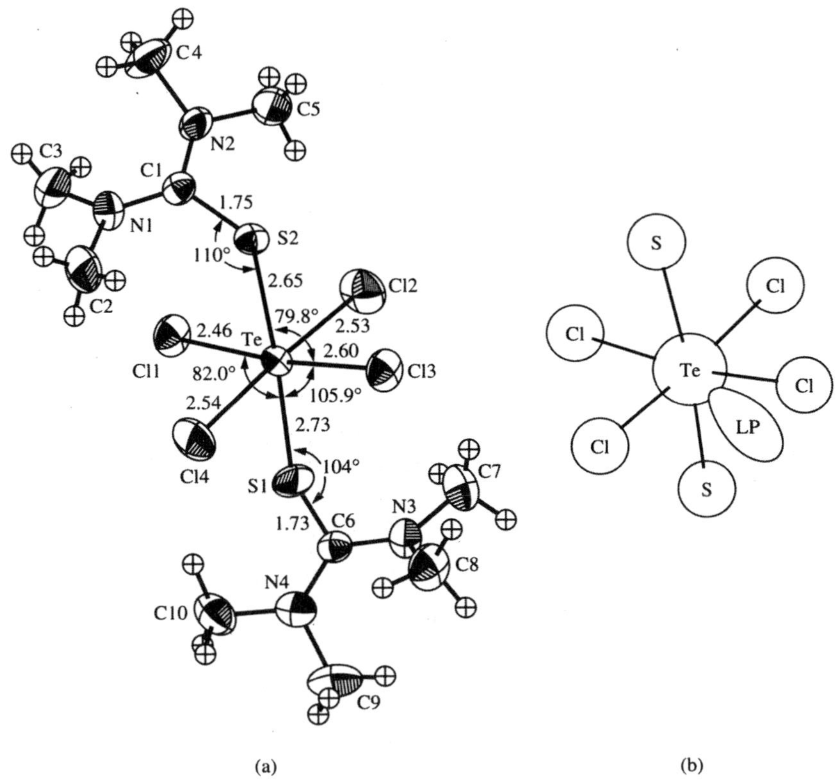


**그림 5.14** (a) 트랜스-테트라클로로비스(테트라메틸싸이오유레아)텔루륨(IV), 단사형의 분자 구조. 만약 고립쌍이 S(I)와 Cl(3) 사이에 위치한다면, Cl(4)—Te—Cl(2) 선은 오각 쌍뿔에서 축에 가깝다는 것을 주목하라. (b) [Esperas, S.; George, J. W.; Husebye, S.; Mikalsen, ø, *Acta. Chem. Scand.* **1975**, *29A*, 141~148.]

변한 것으로 밝혀졌다. X선 구조가 결정되었을 때, 단사 결정은 대부분의 각이 약 80°로 감소된 매우 일그러진 분자를 포함하고 있었지만(그림 5.14a), 한 가지 각도는 106° (사방형에서 거의 90°인 것과 비교하면) 로 증가하였다.[17] 사방형은 고립쌍이 입체화학적으로 비활성인 *s* 오비탈에 들어간 ($TeX_6^{2-}$ 에서처럼) 분자들을 포함하는 것이 분명하지만, 단사형은 106°의 결합각 이내에서 튀어나와 있는(그림 5.14b) 입체화학적으로 활성인 고립쌍을 가진다. 이 해석과 일치하는 것은 고립쌍에 인접한 Te—S 결합과 Te—Cl 결합이 길어지는 것이다. 이러한 길어짐은 흔히 관찰되고, LP-BP 반발이 증가하기 때문인 것으로 해석될 수 있다. 결정 대칭성은 사방형에서는 고립쌍이 입체화학적으로 비활성이 되게 만들고, 고립쌍이 튀어나오게 되면 결정 대칭성을 변하게 만든다고 제안할 수도 있을 것 같다. 그러나 이것은 결정 채우기 힘과 전자 효과가 섬세한 균형을 이루어야 하는 것을 지나치게 단순화시키는 경향이 있다.

마지막으로 $XeF_6$ 분자는 플루오린화 이온을 제공하여 $XeF_5^+$ 양이온을 생성하는 일정한 경향을 나타냄을 주목하여야 하는데, 이 $XeF_5^+$ 양이온은 VSEPR 모형으로 예상되는 것처럼 $IF_5$와 등전자이며 등구조이다. 고체 $XeF_6$는 단위 세포 당 144 분자의 $XeF_6$를 갖지만 개별 $XeF_6$ 분자는 존재하지 않는 복잡한 구조이다.[18] 이 고체를 살펴보는 가장 간단한 방법은 "자유" 플루오린화 이온에 의해 사각뿔 형태의 $XeF_5^+$ 양이온이 넓은 범위에 걸쳐

---

17) Esperås, S.; George, J. W.; Husebye, S.; Mikalsen, ø. *Acta. Chem. Scand., Sect. A* **1975**, *29*, 141~148.
18) 고체 헥사플루오린화 제논, $XeF_6$에는 네 가지 상(phase)이 알려져 있다.

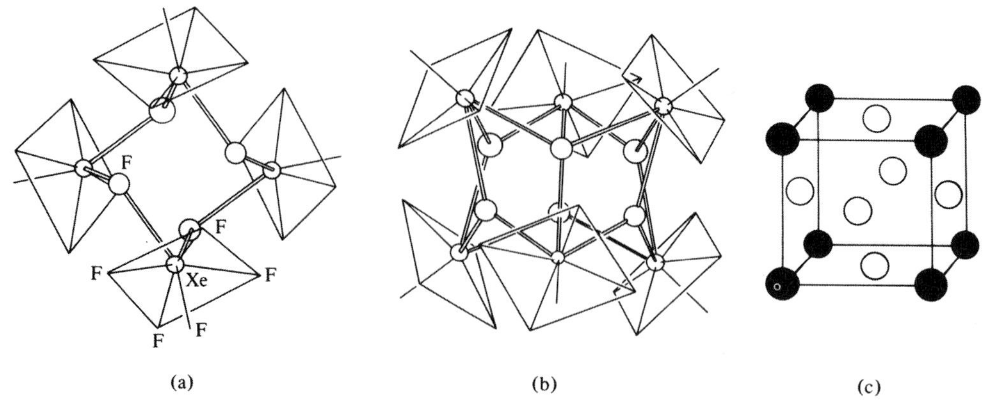


**그림 5.15** 고체 $XeF_6$의 구조. 각 Xe 원자는 다섯 개의 플루오린 원자가 사각뿔을 이루는 바닥에 자리잡고 있다. 다리놓는 플루오린 원자는 더 큰 원으로 나타내었다. (a) 제논 원자가 사면체를 형성하는 4합체 단위, (b) 제논 원자가 팔면체를 형성하는 6합체 단위, (c) $Cu_3Au$ 구조: 검은 원은 팔면체 클러스터이고, 흰 원은 사면체 클러스터이다. [Burbank, R. D.; Jones, G. R. *J. Am. Chem. Soc.* **1974**, *96*, 43~48.]

다리 결합을 하고 있다고 보는 것이다. 이들 다리 결합은 어느 정도의 공유 결합 성질을 분명히 포함하고 있으며, 제논을 포함하는 토막들이 뭉쳐져서 사면체나 팔면체 단위가 되게 만든다(그림 5.15a,b). 단위 세포당 24개의 사면체와 여덟 개의 팔면체가 있고, 이들이 매우 효과적으로 쌓여 유사 구형인 $Cu_3Au$형 구조(그림 5.15c)를 이룬다.[11),19)] 그래서 이 구조는 분자성 $XeF_6$에 대하여 아무런 정보를 제공하지 못하지만, VSEPR 모형이 옳고, 사각뿔 구조 $:XeF_5^+$는 구조적으로 안정하다는 생각을 갖게 만든다.

다른 문제는 할로젠화 알칼리 분자 $MX_2$에서 일어난다. 이들 분자는 기체상에서만 존재한다. — 고체들은 이온 결합성 격자이다($CaF_2$와 비교, 그림 3.3 참조). 대부분의 $MX_2$ 분자는 선형이지만, 몇 가지는 $SrF_2$와 $BaF_2$처럼 굽은 형태이다.[20)] 만약 이들 분자에 있는 결합이 주로 이온 결합성이므로 VSEPR 모형의 대상이 되지 않는다고 주장한다면, 문제가 남게 된다. 음이온의 정전기적 반발은 결합각이 180°가 되게 만들어야 한다. 현재로서는 이와 같이 곤란한 문제를 간단하게 설명할 수는 없지만, 이 현상은 Walsh 도표로 설명하고 있다(179쪽 참조).

## VSEPR 규칙의 요약

지금까지 알아본 것은 다음과 같은 몇 가지 규칙으로 요약될 수 있다.

1. 전자쌍은 반발을 최소화하려고 한다. 이상적인 기하 구조는 다음과 같다.
   a. 전자쌍이 두 개이면 선형이다.
   b. 전자쌍이 세 개이면 삼각형이다.
   c. 전자쌍이 네 개이면 사면체이다.
   d. 전자상이 다섯 개이면 삼각 쌍뿔이다.
   e. 전자쌍이 여섯 개이면 팔면체이다.

---

19) Burbank, R. D.; Jones, G. R. *J. Am. Chem. Soc.* **1974**, *96*, 43~48.

20) Büchler, A.; Stauffer, J. L.; Klemperer, W. J. *Am. Chem. Soc.* **1964**, *86*, 4544~4550. Calder, V; Mann, D. E.; Seshadri, K. S.; Allavena, M.; White, D. *J. Chem. Phys.* **1969**, *51*, 2093~2099.

2. 반발은 LP-LP > LP-BP > BP-BP의 순이다.
   a. 고립쌍이 존재하면, 결합각은 규칙 1로 예상한 것보다 더 작아진다.
   b. 고립쌍은 삼각 쌍뿔에서의 적도방향 위치처럼 가장 큰 자리를 선택한다.
   c. 모든 자리가 동등하다면, 고립쌍은 서로 트랜스인 위치를 차지한다.
3. 이중 결합은 단일 결합보다 더 많은 공간을 차지한다.
4. 전기음성인 치환기에 있는 결합쌍은 더 전기양성인 치환기에 있는 결합쌍보다 공간을 덜 차지한다.

위의 규칙에 대해서 Drago[21]는 아래의 실험에 따른 규칙을 제안하였는데, 이 규칙은 포스파인, 아르신, 황화 수소 등의 매우 작은 결합각(~90°)을 설명하고 있으며, 혼성화의 에너지론과도 모순되지 않는다.

5. 중심 원자가 주기율표의 셋째 주기 또는 그보다 더 밑에 있으면, 고립쌍은 입체화학적으로 비활성인 $s$ 오비탈을 차지한다. 치환기의 전기음성도가 ≤ ~2.5이면, 결합은 $p$ 오비탈을 통하여 일어나며, 결합각은 거의 90°로 된다.

## 분자 오비탈과 분자 구조

VB 방법은 쉽게 가시화시킬 수 있고 편재화된 오비탈을 취급하기 때문에, 입체화학을 설명할 때에는(VSEPR 모형같은) VB의 용어를 주로 사용하고 있다. 여러 연구자들은[22] 간단한 LCAO-MO법을 수정하여 입체 구조에 대한 예측력을 개선하려고 시도하고 있다. 이들 방법의 근거는 **Walsh 도표(Walsh diagram)**[23]로 구성되어 있는데, 이 Walsh 도표는 대칭성이 높은 기준 기하 구조와 대칭성이 낮은 변형된 구조 사이에서 분자 오비탈의 에너지적 변화를 연관시킨다. 앞에서 설명한 $BeH_2$ 분자를 살펴보자. 앞의 설명에서는 다른 형태의 오비탈도 언급되었지만, 채워진 결합성 오비탈만 강조되었다. 그림 5.16은 분자가 굽어짐에 따라 $BeH_2$의 모든 오비탈 — 결합성, 비결합성, 반결합성 — 의 에너지에는 어떤 일이 일어나는지를 설명하고 있다. 먼저 $2\sigma_g$ 오비탈을 살펴보자. 이것은 어디에서나 양의 값을 갖는 원자 파동 함수로 구성되어 있다. 그러므로 굽혀지면 두 수소의 파동 함수는 약간 더 많이 겹쳐지기 때문에 겹침이 증가한다(그림상으로는 유한한 원으로 나타내었지만, 원자의 파동 함수는 절대로 영이 되지 않음을 기억하라). $2\sigma_g$ 오비탈의 에너지($2a_1$으로 다시 표기)는 다소간 낮아진다. 그러나 $1\sigma_u$ 오비탈의 에너지는 분자가 굽어지면 증가한다. 이것은 파동 함수의 부호(어둡게 표시)가 변하고 말단 수소의 파동 함수의 겹침이 음으로 될 것이기 때문이다. 또한 선형 $p$ 오비탈을 갖는 수소 원자들의 겹침은 굽은 분자에서는 더 작아져야 하기 때문에 $1\sigma_u$ 오비탈($1b_2$로 다시 표기)는 $2a_1$이 감소하는 것보다 더 빠르게 증가한다. $BeH_2$의 분자 오비탈 전자 배치는 $2\sigma_g^2 1\sigma_u^2$ 또는 $2a_1^2 1b_2^2$이고, $1b_2$는 $2a_1$이 에너지를 얻는 것보다 더 많은 에너지를 잃기 때문에 $BeH_2$는 굽은형이 아니라 선형이다.

유사한 논의가 비결합성 및 반결합성 오비탈에도 적용될 수 있다(그림 5.16; 문제 5.7

---

21) Drago, R. S. *J. Chem. Educ.* **1973**, *50*, 244~245.
22) Gimarc, B. M. *Acc. Chem. Res.* **1974**, *7*, 384~392; *Molecular Structure and Bonding*; Academic: New York, 1980. 각주 23.
23) Walsh, A. D. *J. Chem. Soc.* **1953**, 2260~2331.

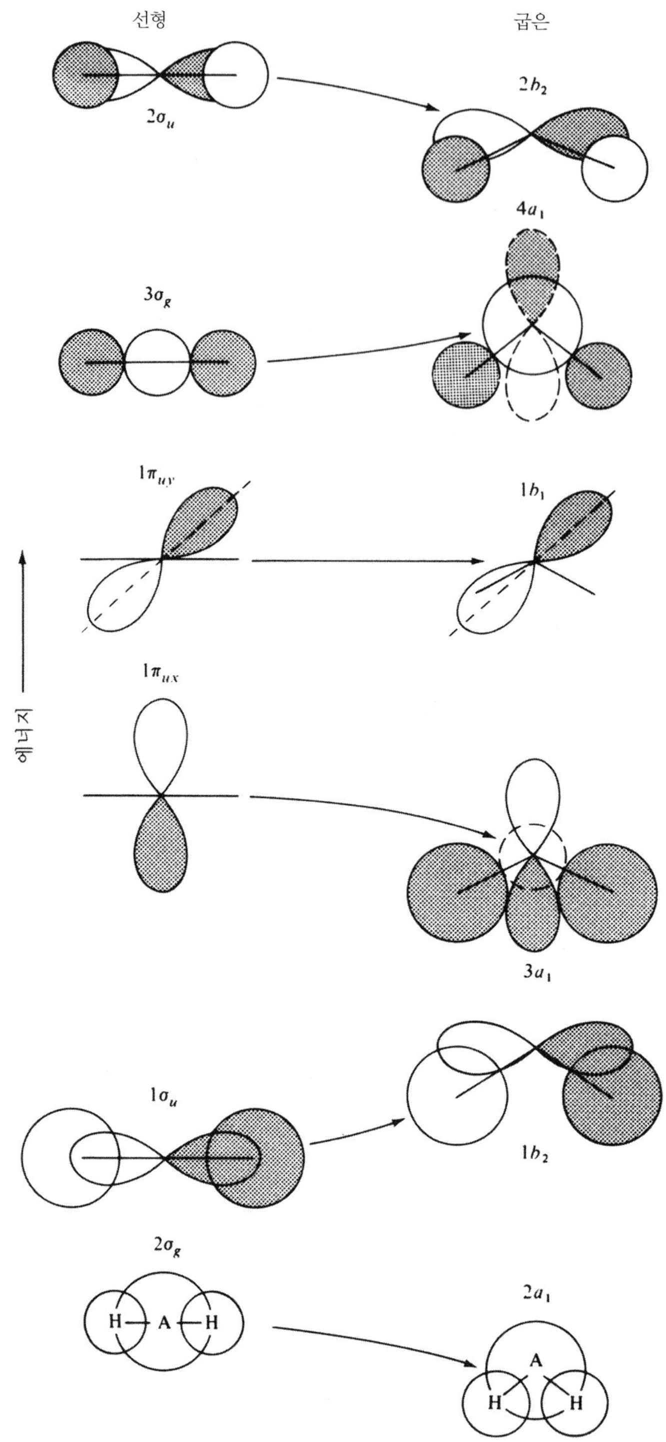


**그림 5.16** 선형 및 굽은형 분자에 대한 분자 오비탈 그림과 정성적인 에너지. 밝게 표시한 부분과 어둡게 표시한 부분은 파동 함수의 부호가 다른 것(+ 또는 −)을 나타낸다. 같은 부호를 갖는 부분의 겹침이 증가하게끔 모양이 변하면 분자 오비탈의 에너지는 더 낮아진다. [Gimarc, B. M. *J. Am. Chem. Soc.* **1971**, *93*, 593.]

참조). 여덟 개의 원자가전자를 가진 물 분자($H_2O$)에서 MO 배열은 $2\sigma_g^2\,1\sigma_u^2\,1\pi_{ux}^2\,1\pi_{uy}^2$ (또는 $2a_1^2 1b_2^2 3a_1^2 1b_1^2$)이 될 것이다. 굽힘에 대해서는 비결합 $1\pi_{ux}$ 오비탈이 먼저 크게 안정화되므로($3a_1$), 물 분자는 선형이 아니라 굽어져 있다.

그림 5.16에 나타낸 Walsh 도표는 중심 원자의 *ns*와 *np*의 에너지 준위 사이에 큰 분리가 있는 분자에서만 정확하다. 만약 *ns-np* 분리가 작다면($SrF_2$나 $BaF_2$에서처럼), $1b_2$ 준위(그림 5.16에서는)는 $2a_1$이 감소하는 것만큼 빠르게 증가하지 않으며, 분자는 굽어

지면서 안정화될 것이다.[24] 이런 형태의 $MF_2$ 분자에서는 $3a_1$ 준위와 $1b_1$ 준위는 채워지지 않는다.

이와 같은 짧은 설명만으로 입체화학에 대한 MO 접근법을 평가할 수는 없지만, 이 방법에서는 전자-전자 반발(단순한 가정에서는 대개 제외된다)의 중요성은 감소되고 겹침의 중요성이 더 증가됨을 보여 준다. 입체화학에 대해서 VSEPR 방법과 LCAO-MO 방법은 표면적으로 매우 다르게 보이지만, 결합에 관한 모든 이론은 궁극적으로 다음의 두 가지 점에서 일치한다. 즉, 가장 안정한 분자는 (1) 전자-핵의 인력은 최대이고, (2) 전자-전자의 반발은 최소이다.

## 구조와 혼성화

4장에서 알아본 것처럼, 겹침과 에너지와 같은 요인이 혼성과 관련이 있다 하더라도, 특정한 혼성에 의해 특정한 구조가 생긴다고 말하는 것은 옳지 않다. 또한 VSEPR 이론을 사용하면 구조를 예측할 수 있음도 알게 되었다. 이 장의 뒤에서는 또 다른 요인도 접하게 될 것이다. 그럼에도 불구하고 여기서는 어떤 구조와 혼성이 서로 연관됨을 알아차릴 수 있으면 편리하다. 가장 일반적인 입체 구조와 그것에 대응하는 혼성화를 그림 5.17에 나타내었다. 또한 더 큰 배위수에 대해 가능한 혼성은 많이 있지만, 이들은 흔히 접하지 않아도 되기 때문에 나중에 필요할 때 소개하도록 하겠다.

가능한 구조들은 중심 원자의 배위수와 생성되는 분자의 대칭성에 따라 분류할 수 있다(그림 5.17). 중심 원자의 주위에 두 개의 원자단이 있으면, 굽은 구조($p^2$ 오비탈, $C_{2v}$ 대칭) 또는 선형($sp$ 혼성, $D_{\infty h}$) 분자를 형성할 것이다. 원자단이 세 개 있으면, 삼각뿔($p^3$, $C_{3v}$) 또는 삼각 평면($sp^2$, $D_{3h}$) 분자를 형성할 것이다. 네 개의 원자단이 있으면 대개는 사면체($sp^3$, $T_d$) 분자가 형성되거나 사각 평면($dsp^2$, $D_{4h}$) 분자가 형성된다. 원자단이 다섯 개 있으면 대개 삼각 쌍뿔($D_{3h}$) 분자로 되지만 사각뿔($C_{4v}$) 분자로 되는 경우도 간혹 있다(두 구조는 모두 $dsp^3$ 혼성이지만 다른 오비탈을 사용한다. 표 5.2 참조). 원자단이 여섯 개 있으면, 일반적으로 팔면체 분자($d^2sp^3$, $O_h$)가 생성된다.

결합쌍 이외에 입체화학적으로 활성인 고립쌍이 존재하면, 대칭성은 낮아질 것이다($BF_3$는 $D_{3h}$이고, $NF_3$는 $C_{3v}$이다). 또한 고립쌍의 혼성화는 결합쌍의 혼성화와는 다르다(다음을 참조하라).

대부분의 혼성은 동등한 혼성 오비탈을 만든다. 즉, 모든 혼성 오비탈은 조성이 동일하며(% *s* 성질과 % *p* 성질), 서로에 대한 공간적 배향도 같다. 이들은 매우 높은 대칭성을 가지기 때문에, 사면체 대칭이나 팔면체 대칭이 되기도 한다. $dsp^3$ 혼성 오비탈의 경우에는 생성되는 오비탈이 동등하지 않다. 삼각 쌍뿔 혼성은 세 개의 강한 적도방향 결합($sp^2$ 삼각형 오비탈)과 두 개의 약한 축방향 결합(*dp* 선형 오비탈)을 만든다. 사각뿔 혼성은 사각 평면 $dsp^2$ 세트와 $p_z$ 오비탈을 더한 것으로 볼 수 있다. 삼각 쌍뿔 혼성의 경우처럼 결합의 길이와 세기는 다르다.

*s-p* 혼성인 경우 혼성과 결합각 사이의 관계는 간단하다. 두 개 이상의 동등한 오비탈

[24] Burdent, J. K. *Molecular Shapes*; Wiley: New York, 1980; Chapter 4; Albright, T. A.; Burdett, J. K.; Whangbo, M. H. *Orbital Interactions in Chemistry*; Wiley: New York, 1985; Chapter 7.

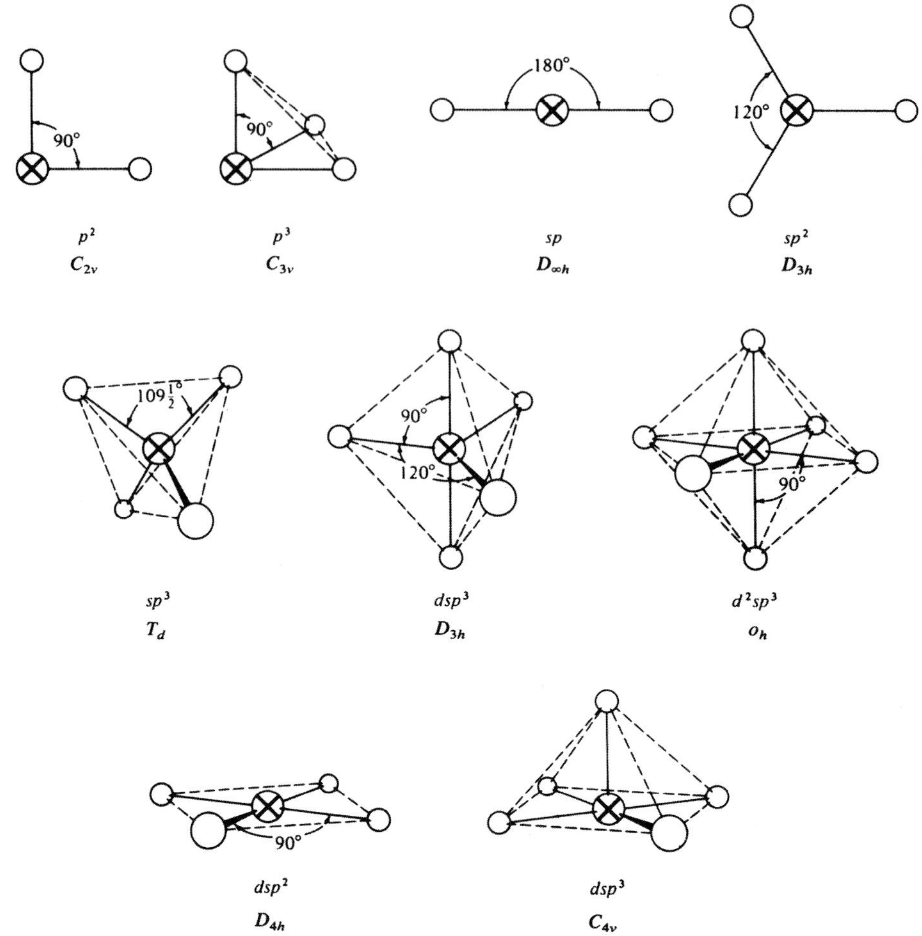


**그림 5.17** 몇 가지 일반적인 혼성의 기하 구조와 비혼성 결합의 배열. 실선은 중심 원자(⊗) 의 오비탈로부터 생성되는 결합을 나타낸다. 점선은 투시할 경우 나타나는 기하 구조의 대한 선이다.

의 경우, 퍼센트 $s$ 성질($S$) 또는 퍼센트 $p$ 성질($P$) 은 다음의 관계식으로 주어진다.[25]

**표 5.2**
혼성 오비탈 형성에 관여하는 성분 원자 오비탈.

| 혼성화 | 원자 오비탈 |
|---|---|
| $sp$, $sp^2$, $sp^3$ | $s$ + 임의의 $p^n$ |
| $dsp^2$ | $d_{x^2-y^2} + s + p_x + p_y$ |
| $dsp^3$(TBP) | $d_{z^2} + s + p_x + p_y + p_z$ |
| $dsp^3$(SP) | $d_{x^2-y^2} + s + p_x + p_y + p_z$ |
| $d^2sp^3$ | $d_{x^2-y^2} + d_{z^2} + p_x + p_y + p_z$ |

25) 식 5.1은 두 개의 동등한 오비탈 사이(예를 들면, 수소 원자들과 결합하고 있는 두 오비탈) 의 각도가 알려져 있는 물과 같은 분자에만 적용된다. 동등과 비동등 혼성에 대해서는 187쪽에서 더 상세하게 설명할 것이다. Bingel, W. A.; Luttke, W. *Angew. Chem.* **1981**, *20*, 899~911; Boisen M. B., Jr.; Gibbs, G. V. *Phys. Chem. Minerals* **1987**, *14*, 373~376; Grim, S. O.; Plastas, H. J.; Huheey, C. L.; Huheey, J. F. *Phosphorous* **1971**, *1*, 61~66 참조. McWeeny, R. *Coulson's Valence*; Oxford University: Oxford, 1979; pp 195~198 참조. 이 방법의 타당성이 문제가 되었다; Magnusson, E. J. Am. Chem. Soc. **1984**, *106*, 1177~1185, 1185~1191. 혼성 오비탈의 직교성에 대해서 의견의 일치가 없다.

$$\cos\theta = \frac{S}{S-1} = \frac{P-1}{P} \tag{5.1}$$

여기에서 $\theta$는 동등한 오비탈 사이의 각도이고, $s$ 성질과 $p$ 성질은 분율로 표시된다. 예를 들면, 메테인은 다음과 같다.

$$\cos\theta = \frac{0.25}{-0.75} = -0.333; \qquad \theta = 109.5° \tag{5.2}$$

$sp^3d$ 처럼 동등하지 않은 혼성 오비탈을 포함하는 혼성화에서는, 대개 혼성 오비탈의 세트를 $sp^2$와 $dp$ 처럼 동등한 오비탈만을 포함하는 몇 개의 부세트로 나눌 수 있다. 동등하지 않은 혼성은 부분적인 $s$ 성질 및 $p$ 성질의 부분을 포함할 수 있다는 것을 알았다(4장). 예를 들면, 물 분자는 순수한 $p$ 오비탈과 $sp^3$ 혼성 사이의 중간적인 성질을 갖는 결합성 오비탈을 사용한다. 이와 같은 분자들은, 네 개의 오비탈을 결합성 부세트(결합각은 104.5°) 와 비결합성 부세트(각도는 알려져 있지 않다) 로 나눌 수 있다. 그러면 식 5.1을 각각의 동등한 오비탈 부세트에 적용할 수 있다. 예를 들면, 물에서의 결합각은 104.5°이므로,

$$\cos\theta = -0.250 = \frac{P-1}{P} \tag{5.3}$$

$$P = 0.80 = 80\%\ p \text{ 성질과 } 20\%\ s \text{ 성질} \tag{5.4}$$

산소에 있는 네 개의 오비탈 모두의 $p$ 성질을 합친 전체 $p$ 성질은 물론 3.00 ($= p_x + p_y + p_z$) 이어야 하고, 전체 $s$ 성질은 1.00이어야 한다. 결합성 오비탈이 $p$ 성질을 더 많이 포함하면, 비결합성 오비탈(두 개의 **고립쌍**) 은 그만큼 $p$ 성질이 줄어들어야 한다. 즉, 후자의 $p$ 성질은 70%이다[0.80 + 0.80 + 0.70 + 0.70 = 3.00(p); 0.20 + 0.20 + 0.30 + 0.30 = 1.00(s)]. 명목상으로 "사면체" 분자들에서 어떤 결합각이 열리고 다른 결합각은 좁혀지는 것은 흔히 일어나는 현상이다. 일그러짐은 대개 몇 도에 불과하지만, "삼각형", "사면체" 등의 용어는 대개 근사적이라는 것을 유념해야 한다. **정확하게** 삼각형이고 사면체인 혼성화는 $BCl_3$와 $CH_4$처럼 중심 원자에 있는 치환기가 모두 동일한 분자에 한정된다. 이러한 일그러짐은 $AL_5$형의 분자에서 잘 알아볼 수 있다. 배위수 2, 3, 4,[26] 6과는 달리, 5배위에 대해 구성될 수 있는 독특하고 대칭성이 높은 동등한 오비탈의 세트는 존재하지 않는다. 그림 5.17에 나타낸 두 가지 혼성화 중에서, 대부분의 비금속 화합물은 삼각 쌍뿔(TBP) 구조를 가진다.[27] 그러나 많은 배위 화합물은 사각뿔(SP) 구조를 갖는 것으로 알려졌다(11장 참조). 그러나 현재의 설명에서 더 중요한 것은, TBP 구조나 SP 구조로 쉽게 분류할 수 없는 화합물이 많이 있다는 사실이다. Muetterties와 Guggenberger[28]는 TBP에서 SP에 이르기까지 연속적인 계열의 화합물들이 있음을 입증하였다.

---

26) 배위수 4의 경우, $T_d$와 $D_{4h}$ 대칭을 갖는 두 가지 안정한 구조의 분명한 예외는 잘못 이해될 수도 있다. 사각 평면 구조는, 이것을 특별히 안정화시키는 전이 금속 화합물의 $d$ 배치의 결과로 생기는 에너지가 있을 때에만 알려져 있다.

27) 세 가지 예외는 펜타페닐안티모니, 펜타사이클로프로필안티모니, 두고리 포스포레인이다(문제 5.16 참조). Howard, J. A.; Russel, D. R.; Trippeett, S. *Chem. Commun.* **1973**, 856~857과 이 문헌의 참고문헌.

28) Muetterties, E. L.; Guggenberger, L. J. *J. Am. Chem. Soc.* **1974**, *96*, 1748~1756.

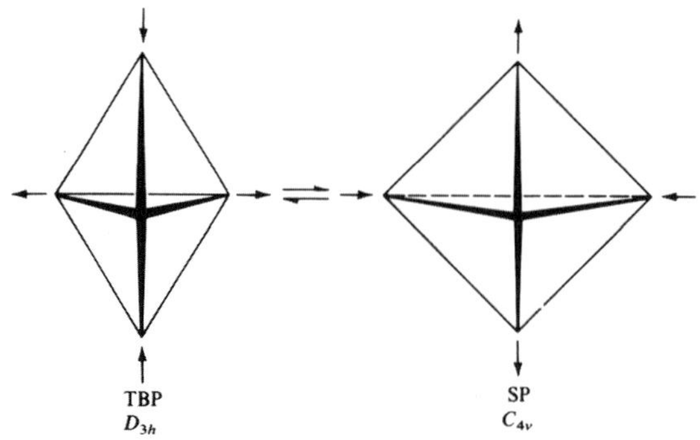


(5.5)

삼각 쌍뿔 구조에서 사각뿔 구조까지로의 점진적인 변화를 보여 주는 화합물들의 목록을 표 5.3에 나타내었다(그림 5.18 참조). 점진적인 변화는 다면체의 두 면이 만드는 이면각으로 정량화시킬 수 있다. 예를 들면, 위에 나타낸 변환에서, TBP → SP로 될 경우, 관찰자로부터 가장 먼 모서리의 이면각은 점차로 열려서 180°로 된다. 즉, 사각뿔의 뒷면은 평면으로 된다. 모서리의 각도(표 5.3의 옆에 나타낸 그림에서 $e_1$과 $e_2$라고 표기한 두

**표 5.3**
$ML_5$ 착물의 이상적 각도와 측정된 각도[a].

| 화합물 | 이면각 ($e_1$ 및 $e_2$) | 이면각 ($e_3$) |
|---|---|---|
| 이상적 삼각 쌍뿔 | 53.1, 53.1 | 53.1→ |
| $CdCl_5^{3-}$ | 53.8, 53.8 | 53.8 |
| $Ni[P(OC_2H_5)_3]_5^{2+}$ | 54.2, 57.3 | 50.8 |
| $(C_6H_5)_5P$ | 51.8, 52.3 | 45.7 |
| $Co(C_6H_7NO)_5^{2+}$ | 54.5, 58.5 | 37.8 |
| $Ni(CN)_5^{3-}$ | 62.7, 68.6 | 32.2[b] |
| $Nb(NC_5H_{10})_5$(Nb2) | 65.4, 67.0 | 23.2 |
| $Nb(NC_5H_{10})_5$(Nb1) | 68.6, 70.6 | 15.8 |
| $Nb(NMe_2)_5$ | 70.2, 70.2 | 15.6 |
| $(C_6H_5)_5Sb$ | 68.6, 69.2 | 14.4 |
| $Ni(CN)_5^{3-}$ | 75.0, 79.4 | 0.3[b] |
| 이상적 사각뿔 | 75.7, 75.7 | 0.0→ |

[a] Muetterties, E. L.; Guggenberger, L. J. *J. Am. Chem. Soc.* **1974**. *96*, 1748~1756.
[b] 이들 두 구조는 $Cr(en)_3^{3+}$ 염의 단위 세포에서 생긴다.

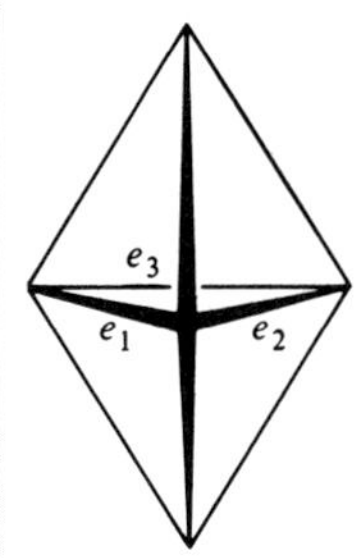


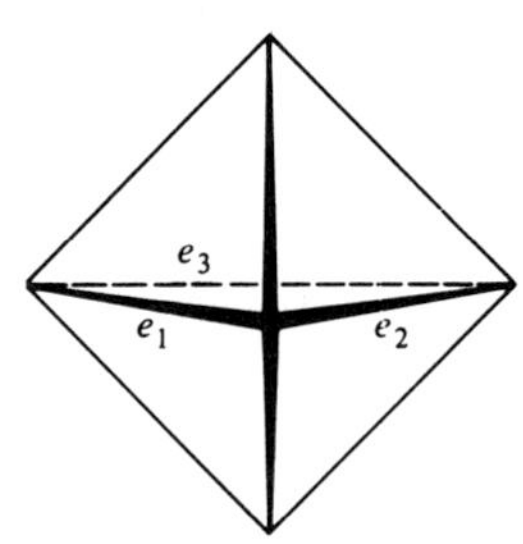


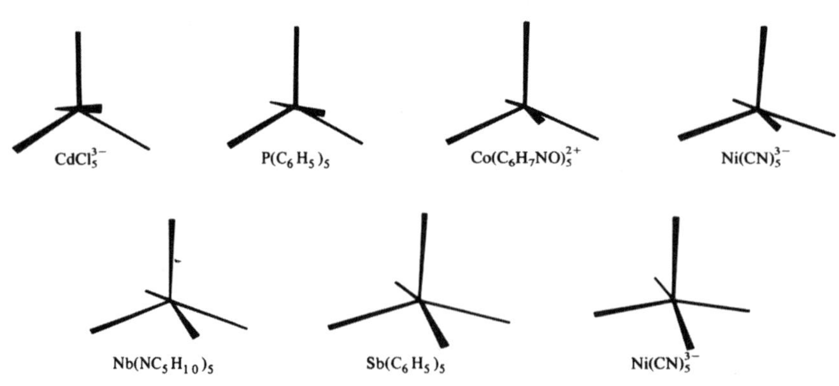


**그림 5.18** 왼쪽 위의 TBP($D_{3h}$)와 오른쪽 아래의 SP($C_{4v}$) 사이의 중간체 구조로 존재하는 실제 5배위 분자 구조. 두 가지 서로 다른 $Ni(CN)_5^{3-}$ 다면체는 $Cr(en)_3^{3+}$ 염의 단위 세포에 존재한다. [Muetterties, E. L.; Guggenberger, L. J. J. Am. Chem. Soc. 1974, 96, 1748.]

모서리)는 직각이 될 때까지 증가하게 되는데, 사각뿔에서는 76°로 된다. 역방향의 변화, SP → TBP가 일어나면 모서리 $e_3$가 "실제"의 모서리로서 다시 나타나게 되고, $e_1$, $e_2$, $e_3$는 모두 이상적인 삼각 쌍뿔에서 규정된 값이 될 때까지 감소한다. 표 5.3에 수록된 화합물을 순차적으로 따라가면 이면각이 이와 같이 점차적으로 변화하는 것은, 알려진 두 극한 구조 사이에는 어떠한 중간체도 가능할 수 있음을 나타낸다. 치환기가 다를 경우(그리고 드물기는 하지만 치환기가 다르지 않을 경우 - 11장 참조), 이들 중간체 구조의 존재는 예외가 아니라 정상적인 것이다. 따라서 하나의 구조를 너무 일반화시켜, 선입관에 따라 억지로 어떤 분류에 맞추어 넣지 않도록 주의해야 한다. Muetterties와 Guggenberger가 주장한 것처럼, 분자를 "일그러진 삼각 쌍뿔"로서 설명하더라도, 일그러짐의 정도와 분자의 형태에 대해서는 아무런 정보를 제공하지 못한다. 어떤 화합물이 TBP → SP의 중간 구조 계열에서 어디에 해당하는 위치를 가질 것인지를 계산하는 방법은 표 5.3에 나타낸 이면각을 사용하는데, 두 이상적 구조로부터 다른 구조로 일그러지는 정도를 정량적으로 나타낼 수 있다. 아연의 특별한 5배위 착물에서 이면각을 이용하면, 중간체 구조는 60% TBP와 40% SP로 설명할 수 있다.[29]

## Bent 규칙과 혼성화의 에너지론

원자 오비탈의 선형 조합에 의하여 한 세트의 혼성 오비탈이 구성될 때, 생성되는 혼성의 에너지는 관여하고 있는 원자 오비탈의 에너지의 가중 평균이다. 예를 들면, 탄소가 네 개의 공유 결합을 이룰 때, $1s^2 2s^2 2p^2 \rightarrow 1s^2 2s^1 2p^3$로의 들뜸 에너지가 존재하지만, 이것은 원자가상태에 대한 혼성화와는 무관하다.[30]

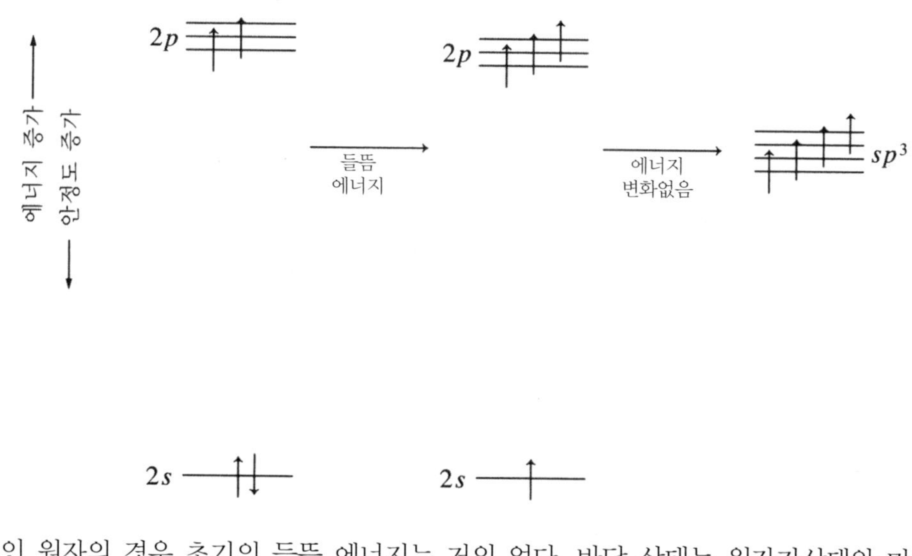


(5.6)

인 원자의 경우 초기의 들뜸 에너지는 거의 없다. 바닥 상태는 원자가상태와 마찬가지로 3가이다. **채위진** $3s$ 오비탈은 에너지가 증가하고, **절반이 채워진** $3p$ 오비탈은 에너지가 감소하기 때문에 어느 혼성화도 에너지를 소비하지 않는 점을 유념하라.

---

29) Sheldrick, W. S.; Schomburg, D.; Schmidpeter, A. *Acta Crystallogr. Sect B* **1980**, *36*, 2316~2323.

30) 나타낸 준위는 단일 전자에 대한 준위이고 상관관계 효과를 보여 주지 않는다. 4장의 원자가상태의 에너지론에 대한 설명을 참조하라.

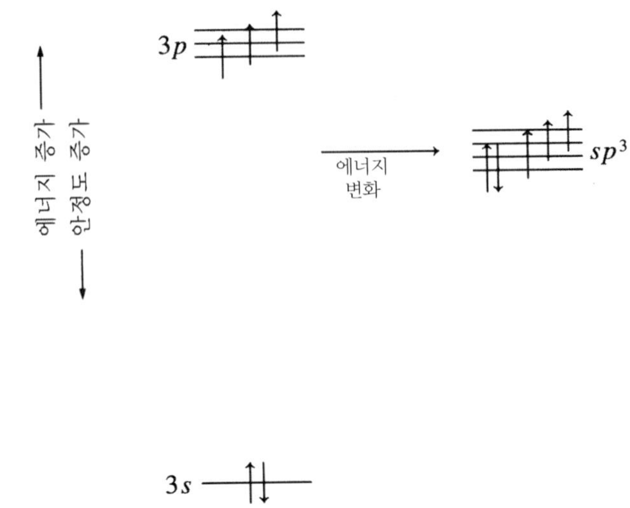


(5.7)

혼성화 에너지는 결합 에너지 크기와 같은 순서이기 때문에 분자의 구조를 결정하는데 중요하다. 어떤 고립쌍은 입체화학적으로 활성인 혼성 오비탈보다는 오히려 구형이고, 비입체화학적으로 활성인 *s* 오비탈을 차지하려는 경향이 있는데(176쪽 참조), 여기에 혼성화 에너지가 중요한 역할을 한다. 예를 들면, VA (15) 족과 VIA (16) 족 원소의 수소화물의 결합각은, 각 족의 첫 번째 원소로부터 아래로 내려감에 따라서 현저히 감소한다(표 5.4 참조). 이들 화합물에서 결합각이 감소되게끔 작용하는 에너지 요인은 앞에서 설명한 혼성화이다. 중심의 인 원자를 혼성시키려면 약 600 kJ $mol^{-1}$이 필요하다. 이 에너지 인자만 고려한다면, 가장 안정한 배치는 결합에 순수한 *p* 오비탈을 이용하고, 고립쌍은 순수한 *s* 오비탈에 "놓아두어야" 할 것이다. 이러한 경향성에 반대되는 것은 결합성 전자와 비결합성 전자의 반발(VSEPR)이다. 그래서 사면체에 가까운 배열을 가지려고 한다. 원소 N과 O의 경우, 이들 원소는 원자의 크기가 작기 때문에, 입체 효과가 가장 분명하게 나타난다. P, As, Sb, Se, Te처럼 보다 큰 원자에서 이 효과는 다소 불분명해지고, 결합성 오비탈에는 더 많은 *p* 성질을 갖는 감소된 혼성화 에너지가 역할을 하게 된다.

분자 내에서 원자의 가장 안정한 배열에 영향을 주는 다른 인자는 혼성화에 따른 결합 에너지의 변화이다. 방향성이 있는 *s-p* 혼성 오비탈의 귓불은, 방향성이 없는 *s* 오비탈, 두 개의 귓불을 갖는 *p* 오비탈, 퍼져 있는 *d* 오비탈보다 더 효과적으로 겹친다. 겹침이 증가하면 더 강한 결합이 된다(4장). 그러므로 분자는 더 높은 들뜸 에너지와 *s* 성질이 풍부한[31] 혼성에 대한 더 효과적인 겹침 간이나 더 낮은 들뜸 에너지와 *s* 성질이 빈약한 혼성에 대한 비효율적인 겹침 간을 선택[32]하여야 한다.

**표 5.4**
VA(15)족과 VIA(16)족 수소화물의 결합각[a].

| | | | |
|---|---|---|---|
| $NH_3 = 107.2°$ | $PH_3 = 93.8°$ | $AsH_3 = 91.8°$ | $SbH_3 = 913°$ |
| $OH_2 = 104.5°$ | $SH_2 = 92°$ | $SeH_2 = 91°$ | $TeH_2 = 89.5°$ |

[a] Wells, A. F. *Structual Inorganic Chemistry*, 5th ed.; Oxford University; Oxford, 1984.에서 발췌.

31) 대부분의 오비탈은 0%에서 50%까지의 s 성질을 갖기 때문에, *s* 성질이 풍부한 오비탈은 25% 이상의 *s* 성질을 갖는 것이고, *s* 성질이 부족한 오비탈은 25% 이하의 *s* 성질을 갖는 것이다.

32) 물론 분자가 "선택"하는 것은 아니지만, 분자의 성질을 이해하려면 화학자가 상대적 중요성을 선택하여야 한다.

혼성 결합 세기의 차이에 따른 효과를 보여 주는 좋은 예는 적도방향과 축방향 치환기 모두를 갖고 있는 $XM_n$ 분자들의 결합 길이이다.[33]

| | $r_{eq}$ (pm) | $r_{ax}$ (pm) |
|---|---|---|
| $PF_5$ | 153.4 | 157.7 |
| $PCl_5$ | 202 | 214 |
| $SbCl_5$ | 231 | 243 |
| $SF_4$ | 154 | 164 |
| $ClF_3$ | 159.8 | 169.8 |
| $BrF_3$ | 172.1 | 181.0 |

$sp^3d$ 혼성은 $p_zd_{z^2}$ 혼성과 $sp_xp_y$ 혼성의 조합으로 생각할 수 있다. 전자는 축방향으로 결합을 하고 있는 두 개의 혼성 오비탈을 만들고, 후자는 삼각형의 적도방향의 결합을 만든다. 이 $sp^2$ 혼성 오비탈은 더 강한 결합을 형성할 수 있으며, 더 약한 축방향 결합보다 결합 길이가 더 짧다. $PCl_xF_{5-x}$나 알킬인(alkylphosphrous)의 플루오린화물, $R_xPF_{5-x}$ 처럼, 인 원자에 결합된 치환기의 전기음성도가 다를 경우, 더 전기음성인 치환기는 축방향 위치를 차지하고, 덜 전기음성인 치환기는 적도방향으로 위치함이 실험을 통해 관찰되었다. 이것은 Bent **규칙**[34]의 한 가지 예인데, 이 규칙은 다음과 같다. 더 **전기음성인 치환기는 *s* 성질이 덜한 오비탈을 "선호하고", 덜 전기음성인 치환기는 *s* 성질을 더 많이 갖는 오비탈을 "선호한다."** 이 규칙은 경험을 바탕으로 제안되었지만, 인의 클로로플루오린화물에 대해서는 분자 오비탈의 계산에 의해 입증되었다.

Bent 규칙의 두 번째 예는 플루오로메테인이다. $CH_2F_2$에서 F—C—F 결합각은 109.5°보다 작으며, 이것은 *s* 성질이 25% 이하인 것을 나타낸다. 그러나 H—C—H 결합각은 더 크고, C—H 결합은 더 많은 *s* 성질을 가진다. 다른 플루오로메테인의 결합각도 비슷한 결과를 나타낸다(문제 5.6).

TBP 구조에서 더 전기음성인 치환기가 덜 전기음성인 $p_zd_{z^2}$ 꼭짓점 오비탈을 차지하려는 경향성을 "꼭짓점 친화성"이라고 부르기도 한다. 이것은 Martin과 공동 연구자가 합성한 다음과 같은 형태의 옥시술퍼레인 계열에서 잘 나타나고 있다.[35]

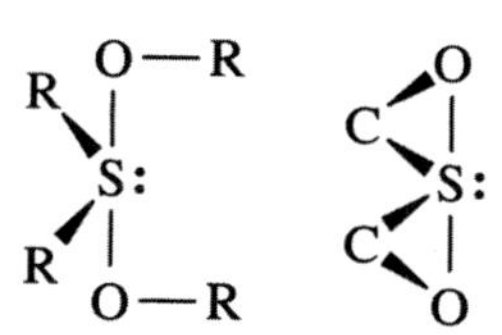

관련된 포스포레인 화합물들과 마찬가지로 이들 화합물을 통해 분자성 재배열에 대한 재미있는 관찰을 할 수 있다.

Bent 규칙은 Gillespie의 VSEPR 모형과도 일치하며, 이 모형에 대한 다른 설명을 제공한다. 즉, Bent 규칙에서 전기음성도가 큰 치환기는 *p* 성질을 "잡아당겨" 결합각을 감소시킨다고 예측하는 것은 전기음성인 치환기가 결합쌍을 단단하게 붙들고 있어서 각 부피가 감소한다는 설명과 일치한다. 강하고 *s* 성질이 풍부한 공유 결합은 결합을 형성하는데 더 큰 부피를 필요로 한다. 그러므로 산소는 전기음성도가 높지만, 이중 결합을 하고

---

33) Wells, A. F. *Structural Inorganic Chemistry*, 5th ed.; Oxford University: Oxford, 1984.
34) Bent H. A. J. *Chem. Educ.* **1960**, *37*, 616~624; *Chem. Rev.* **1961**, *61*, 275~311.
35) Martin, J. C. *Science* **1983**, *221*, 509~514.

있는 산소는 결합이 짧기 때문에, 그리고 이중 결합이 더 많이 겹치게 만들기 위해서 *s* 성질이 풍부한 오비탈을 찾게 된다. 순수한 *s* 성질만을 사용하든(Bent 규칙), 이중 결합에 대한 더 큰 각 부피를 사용하든(VSEPR), 어느 설명으로도 올바른 구조를 예측할 수 있다.

Bent 규칙의 예외를 조사하면 이 규칙이 어떻게 적용되는지를 알아볼 수 있다.[36] 왜냐하면 이러한 예외를 통해 이 규칙의 바탕에 깔려 있는 메커니즘을 알아볼 수 있기 때문이다. 고리형 브로모인산 에스터를 살펴보자.

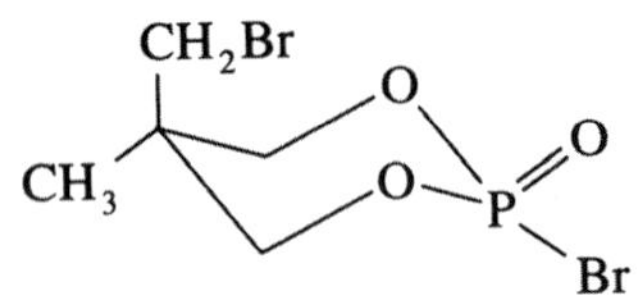

이 인 원자는 $sp^3$ 에 가까운 성질을 갖는 네 개의 **σ** 결합을 사용하는 거의 사면체인 환경에 놓여 있다. 더 전기음성인 산소 원자는 인에 있는 *s* 성질이 낮은 오비탈과 결합하고 있으며, 고리 내에 있는 두 산소 원자는 약 20% *s* 혼성화와 결합할 것으로 예측하여야 한다.[37] 인 원자에 결합되어 있는 치환기 중에서 가장 전기양성인 치환기는 브로민 원자이고, Bent 규칙에 따르면 이 원자는 *s* 성질이 풍부한 오비탈과 결합을 형성할 것으로 예상할 수 있지만, 20%보다 다소 낮은 *s* 성질을 갖는 다른 오비탈과 결합한다. 인 원자에서 유일하게 *s* 성질이 풍부한 오비탈은 고리 밖에 있는 산소와의 **σ** 결합에 사용되고 있다. 이 오비탈은 거의 40% *s* 성질을 갖고 있다! 이 산소의 전기음성도는 다른 두 산소의 전기음성도와 거의 같은 데도 불구하고 이러한 차이가 나타나는 이유는 무엇일까? 그 대답은 아마도 겹침일 것이다. (1) 큰 브로민 원자는 확산된 오비탈을 갖고 있기 때문에 상대적으로 작은 인 원자와 잘 겹쳐질 수 없다. 그래서 전기음성도는 브로민이 산소보다 낮지만, 브로민은 그다지 강한 공유 결합을 형성하지 않는다. (2) **π** 결합은 고리 밖의 이중 결합을 짧아지게 만들고, **σ** 오비탈의 겹침을 증가시킨다. 만약 분자가 재혼성화를 통하여 겹침을 증가시키려 한다면, *s* 성질이 이처럼 증가하는 것도 합리적이 된다. 이러한 관점으로 보면 Bent 규칙은 다음과 같이 다르게 표현할 수 있다. ***p* 성질은 약한 공유 결합성 (전기음성도나 겹침을 고려하였을 때) 을 갖는 오비탈에 집중되려 하고, *s* 성질은 강한 공유 결합성 (전기음성도와 좋은 겹침이 함께 존재) 을 갖는 오비탈에 집중되려 한다.**

위의 정성적인 설명에 대해서는 인, 브로민, 산소의 결합 에너지의 평균값을 통해 정량적으로 뒷받침할 수 있다(부록 E).

| | |
|---|---|
| **P—Br** | **264 kJ mol$^{-1}$** |
| **P—O** | **335 kJ mol$^{-1}$** |
| **P═O** | **544 kJ mol$^{-1}$** |

Bent 규칙은 무기화학과 유기화학에 유용한 도구이다. 예를 들면, 이 규칙은 다양한 비금속 플루오린화물의 구조에 관한 VSEPR 해석을 보충하는 데 사용되었으며,[38] 분자 구조에 대한 광범위한 문제에 적용될 수 있다.

---

36) 여기에서 설명한 예 외에 문제 5.12를 참조하라.
37) Grim, S. O.; Plastas, H. J.; Huheey, C. L.; Huheey, J. E., *Phosphorous* **1971**, *1*, 61~66.
38) Huheey, J. E. *Inorg. Chem.* **1981**, *20*, 4033~4035.

## 비결합성 반발과 구조

Bartell은 비결합성 반발의 중요성과 비결합성 반발이 중요해질 것으로 예상되는 상황에 대하여 주의를 환기시켰다.[39] 일반적으로 후자는 작은 중심 원자가 큰 치환기로 둘러 싸인 분자에서 잘 드러난다. 예를 들어, 결합각이 104.5°인 물 분자를 살펴보자. Bent 규칙이나 VSEPR-전기음성도 모형(규칙 4, 179쪽)에 따르자면, 수소 원자를 더 전기음성인 할로젠 원자로 치환하면 결합각은 감소해야 한다. 실제로 $OF_2$의 결합각은 약간 감소한 103.2°이다. $Cl_2O$의 결합각은 사면체보다 더 큰 110.8°이다. 마찬가지로 할로폼 $HCX_3$과 할로젠화 메틸렌 $H_2CX_2$에서 플루오린 치환기는 결합각이 감소되게 만들지만(108.6°, 108.3°), 상응하는 염소 화합물들은 더 큰 결합각을 나타낸다(111.3°, 111.8°).

이 효과에 대한 한 가지 재미있는 예는 아이소뷰틸렌, $CH_2=C(CH_3)_2$이다. 에틸렌의 치환기들은 120° 의 각도로 결합하고 있다고 가정해 보자. VSEPR에 의하면 이중 결합 때문에 $CH_3—C—CH_3$의 각도는 감소할 것으로 예상됨을 알고 있다. 그러나 얼마나 감소할 것인가? Bartell은 다음의 사실을 지적하였다. 만약 두 메틸기와 메틸렌기를 탄소 + 수소의 van der Waals 반지름을 갖는 구형으로 그릴 수 있다고 가정하면, 짧은 C = C 이중 결합은 당연히 120°에서 반발을 일으키는데, 이 반발은 $CH_3—C—CH_3$의 각도가 감소하면 완화될 수 있다. 그리고 이 각도는 모든 반발이 같게 되도록 작아질 것이다. 그래서 세 개의 치환 탄소 원자는 정삼각형의 꼭짓점에 놓이게 될 것이며, 실제 구조도 그렇다(그림 5.19).

## 굽은 결합

원자 오비탈이 "정면"으로 결합하면, 즉 핵 사이의 전자 밀도가 최대로 되게끔 결합하면 두 원자 오비탈의 겹침이 최대가 된다. 그러나 작은 고리는 겹침이 작아지는 형태인 "고리 스트레인"을 나타낸다. 고리의 크기가 감소함에 따라 재혼성화가 일어나는데, 이 재혼성화는 고리 내에서는 더 많은 *p* 성질을 갖게 하고 고리 밖에서는 더 많은 *s* 성질을 갖게 만들어서, *s*와 *p* 오비탈만을 가질 때 가능한 최소 오비탈 간 각도는 90°이다(순수한 p). 삼원자 고리에서 오비탈은 핵간 축 위에 놓일 수 없다. 그래서 소위 **σ** 결합은 이

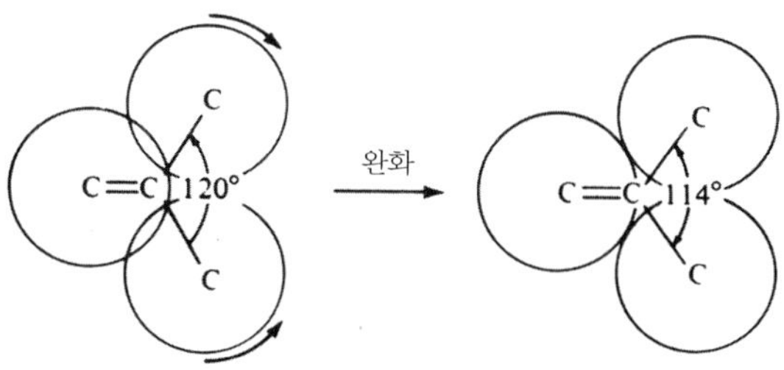


**그림 5.19** 완전한 삼각형인 아이소뷰틸렌 분자 내의 비결합성 반발이 완화하여 관측된 결합각 114°로 되는 모습. [Bartell, L. S. *J. Chem. Educ.* **1968**, *45*, 754.]

[39] Bartell, L. S. *J. Chem. Educ.* **1968**, *45*, 754~767. 이것은, 겹침을 포함되면 반결합성 오비탈은 결합성 오비탈이 안정화되는 것보다 더 불안정해진다는 원리의 또다른 예이다. 비결합성 반발은 두 오비탈이 겹쳐지게 만드는 것을 표현하는 또다른 이름에 불과한데, 이 두 오비탈은 이미 전자가 채워진 오비탈과, 결합성 오비탈의 에너지가 낮아지는 것보다 반결합성 오비탈의 에너지가 더 빨리 상승함에 따라 일어나는 불안정한 오비탈을 말한다.

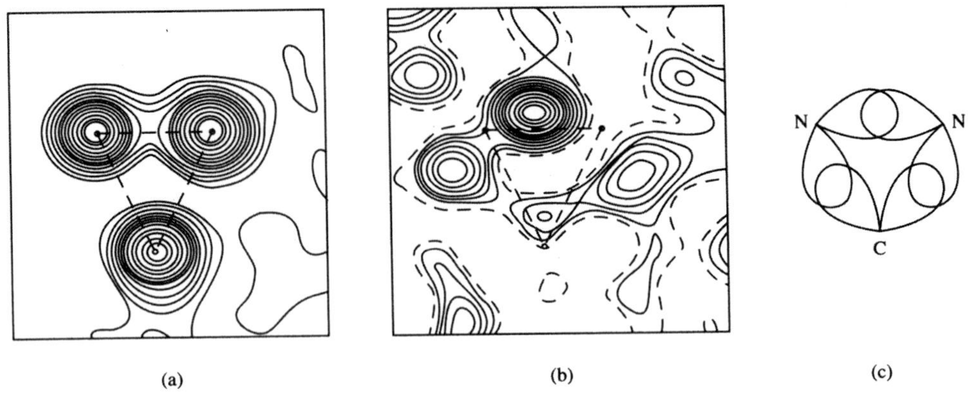


**그림 5.20** 다이아지린 분자의 C—N—N 삼원자 고리. (a) 다이아지린 고리의 평면을 통한 전자 밀도. 등밀도선은 $5 \times 10^{-7}$ e pm$^{-3}$이다. (b) 다이아지린 고리의 평면을 통한 시차 전자 밀도 그림은 결합 형성에 따른 전자 밀도의 증가(실선)와 감소(점선)를 나타낸다. 등밀도선은 $4 \times 10^{-8}$ e pm$^{-3}$이다. 전자 밀도의 대부분은 삼각형 고리 밖에 있음을 주목하라. (a) 부분 위에 (b)의 슬라이드(예를 들면 OHP용으로 만들어진)를 겹치면 이 효과를 가장 잘 볼 수 있다. (c) 혼성 오비탈을 사용한 (a)와 (b)의 해석. [Cameron, T. S.; Bakshi, P. K.; Borecka, B.; Liu, M. T. H. *J. Am. Chem. Soc.* **1992**, *114*, 1889~1890.]

축에 대하여 대칭이 아니고 분명히 굽어져 있다. 이러한 굽은 결합은 실험을 통해 고리 밖의 전자 밀도를 구성하고 있는 것으로 실제 관찰될 수 있다(그림 5.20). 예를 들면, 3-[*p*-나이트로페녹시)메틸]-3-클로로다이아지린에서 고리 결합(C—N—N 삼각형의 바깥쪽) 에서나 N ═ N 이중 결합에서 모두 전자 밀도의 증가를 분명히 볼 수 있다.[40)]

## 결합 길이

결합 길이와 다중 결합은 4장에서 설명하였고, 원자 반지름의 다양한 형태를 비교하는 것은 7장에서 설명할 것이다. 그러나 여기서는 앞에서 설명한 입체적 요인을 보완하기 위하여 두 결합된 원자들 간의 거리에 영향을 주는 요인들에 대하여 간단하게 알아보겠다.

### 결합 다중도

두 원자 간의 거리에 영향을 주는 가장 분명한 인자 중의 하나는 결합의 다중도이다. 단일 결합은 이중 결합보다 더 길고, 이중 결합은 삼중 결합보다 더 길다. C—C = 154 pm, C ═ C = 134 pm, C ≡ C = 120 pm; N—N = 145 pm, N ═ N = 125 pm, N ≡ N = 110 pm; O — O = 148 pm, O ═ O = 121 pm. 탄소의 경우, Pauling[41)]은 결합 길이 (D, pm 단위) 와 결합 차수(*n*) 사이에 다음과 같은 경험적 관계를 유도하였다.

$$D_n = D_1 - 71 \log n \tag{5.8}$$

40) Coppens, P. *Angew. Chem. Int. Ed. Engl*, **1977**, *16*, 32~40. Cameron, T. S.; Bakshi, P. K.; Borecka, B.; Liu, M. T. H. *J. Am. Chem. Soc.* **1992**, *114*, 1889~1890.

41) Pauling, L. *The Nature of the Chemical Bond*, 3rd ed.; Cornell University: Ithaca, NY, 1960; p239.

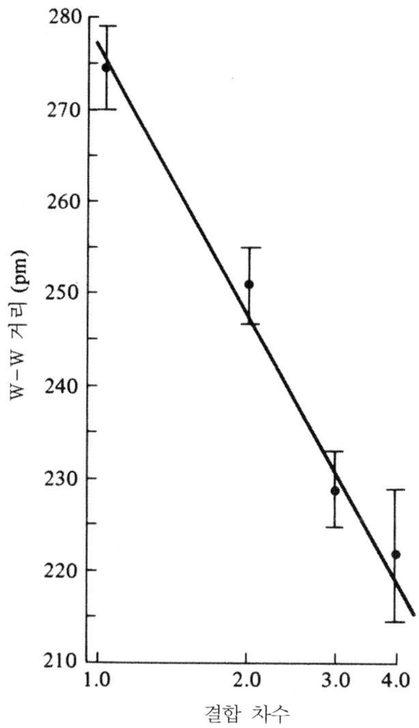


**그림 5.21** 텅스텐-텅스텐의 결합 길이와 결합 차수. 각각의 점은 평균과 여러 값의 범위를 나타낸다. 결합 차수는 식 5.8에 따라 지수 척도로 도시되었다.

이 관계식은 정수의 결합 차수뿐만 아니라 분수의 결합 차수(공명이 있는 분자들)에서도 유지된다. 그러므로 결합 길이에 따라 변화하는 결합 차수를 할당할 수 있다. 아래에서 설명할 것이지만, 결합 길이에 영향을 주는 인자가 많기 때문에, 결합 차수와 결합 길이의 관계를 정확하게 정량화하려는 시도는 현명하지 않은 것처럼 보인다. 그럼에도 불구하고 탄소 이외의 원소들에 의해 형성된 결합도 비슷한 경향을 나타내며(그림 5.21), 이 일반적 개념도 확실히 가치가 있는 것이다.

결합의 세기는 그 결합을 이루는 원자의 혼성화에 어느 정도 의존한다는 것을 4장에서 알아보았다. 그러므로 결합 길이는 혼성화에 따라 변할 것으로 예상해야 한다. Bent는 이러한 변화가 매우 규칙적임을 입증하였다. 즉, C—C 결합 길이는 $p$ 성질에 비례하는데

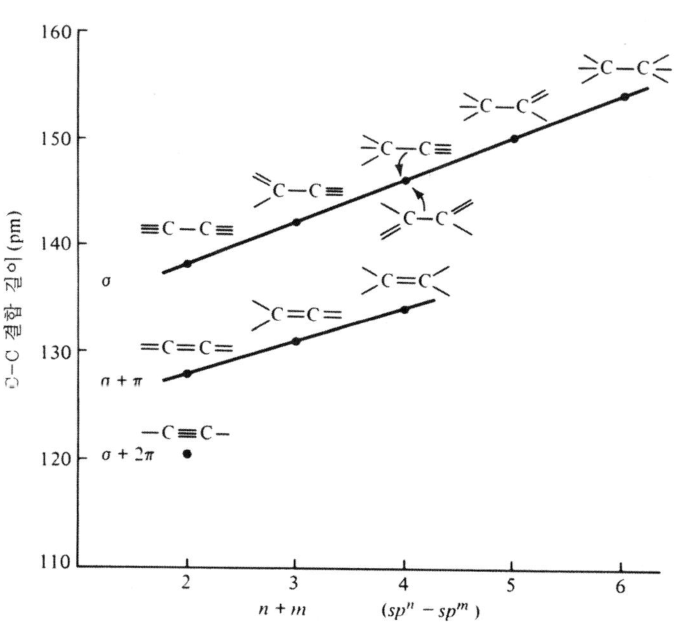


**그림 5.22** 결합 원자들의 혼성화 함수로 나타낸 탄소-탄소 결합 길이. [Bent H. A. *Chem. Rev.* **1961**, *61*, 275~311.]

(그림 5.22), 다르게 표현하면 *s* 성질이 증가하면 겹침과 결합 세기가 증가하므로 결합은 짧아진다는 것이다.

결합 길이에 영향을 주는 다른 인자는 전기음성도이다. 결합 길이는 비극성 결합으로 예상하였을 때의 값과 비교하면, 성분 원자의 전기음성도의 차에 비례하여 짧아지는 경향이 있다. 그러므로 HF의 실험적 결합 길이는 91.8 pm이지만, 예상값은 108 pm이다. 탄소 이외의 원소들에서 전기음성도의 차이와 다중 결합 때문에 결합들이 짧아지는 현상에 대한 정량적 설명은 7장에서 하도록 하겠다.

## 분자 구조를 결정하는 실험적 방법

분자 구조를 결정하는 여러 가지 방법들의 이론과 실제를 완전하게 설명하는 것은 불가능하다. 여기서는 이러한 방법들을 깊게 다루지는 않고, 서로 다른 방법들의 요점과 이들의 장점 및 단점에 대해 일반적인 것들만 소개하도록 한다. 이들 주제에 대한 상세한 사항은 무기화학에 대한 물리적 방법을 응용하는 교재를 참조하기 바란다.[42]

### X선 회절

X선 회절(2장)은 무기화학자들에게 다른 어떤 방법보다도 구조에 관한 정보를 더 많이 제공한다. 이 방법을 사용하면 결합각과 결합 길이를 정밀하게 측정할 수 있다. 과거에는 이 방법을 사용하려면 시간이 걸리고 어려운 과정을 거쳐야 했기 때문에, 이러한 노력을 하더라도 구조를 규명할 가치가 있는 분자 구조들에 대해서만 이 방법을 사용하였다. 그러나 지금은 데이터의 수집이나 계산 과정이 훨씬 수월하게끔 개선되었기 때문에 대부분의 구조를 쉽게 결정할 수 있게 되었다.

X선 회절을 사용하여 구조를 결정하려면 일반적으로 단결정이 필요하다. 분말법에 의한 데이터에서도 "지문" 정보를 제공할 수 있고, 간단한 경우에는 상당히 많은 데이터가 얻어지기도 하지만, 보다 넓은 범위로 해석을 하려면 결정을 키울 수 있어야 한다. X선은 전자에 의해 회절되기 때문에, 측정되는 위치는 전자 구름의 중심, 즉 주로 핵심부 전자이다. 그래서 다음의 두 가지 중요한 결과를 낳게 된다. 첫째, 분자 내에서 무거운 원자와 가벼운 원자 사이에 원자 번호의 차이가 크게 벌어지면, 가벼운 원자(특히 수소 원자)의 위치를 결정할 수 없게 되거나, 무거운 원자만큼은 정확하게 위치를 결정할 수 없게 된다. 둘째, 수소 원자에 대해서는 항상 10~20 pm 정도, 결합된 원자 쪽으로 이동하여 나타나는 작지만 체계적인 경향이 존재한다.[40] 이것은 핵(찾고자 하는 것은 핵의 위치이다)에 핵심부 중심을 갖지 않는 수소 원자의 특이성과 결합 전자들이 결합 원자 쪽으로 집중되기 때문에 나타나는 현상이다.

X선법으로 얻어지는 분자 내의 원자의 위치는 구조 결정의 실험을 행하고 있는 동안에 원자가 차지하고 있는 모든 위치의 평균이므로, 결과적으로 얻게 되는 구조는 **열 타원제(thermal ellipsoid)** 라는 용어로 표시하기도 한다. 이것은 원자들이 존재하는 위치에

[42] Drago, R. S. *Physical Methods for Chemists*, 2nd ed.; Sounders: Philadelphia, 1992. Ebsworth, E. A. V.; Rankin, D. W. H.; Cradock, S. *Structural Methods in Inorganic Chemistry*, 2nd ed.; Blackwell: Oxford, 1991.

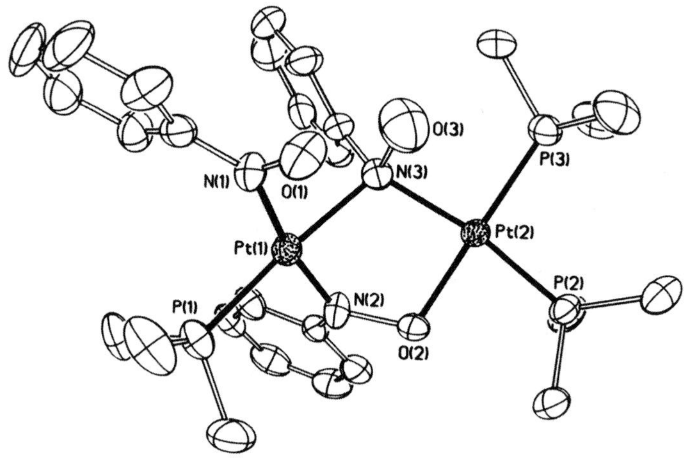


**그림 5.23** 트라이메틸포스핀과 나이트로벤젠 리간드를 포함하는 착물의 ORTEP 도표. C. N, Pt에 대한 열 타원체의 크기가 다른 것에 주의하라. 이 착물에서 결합의 형태에 대한 설명은 11장을 참조하라. [Packett, D. L.; Trogler, W. C.; Rheingold, A. L. *Inorg. Chem.* **1987**, *26*, 4309.]

대한 확률을 나타내는 지표이다(그림 5.23 참조). 타원체의 크기와 배향으로부터 분자 내의 결합에 대한 정보를 얻게 된다. 타원체가 퍼진 원형(계란형, 럭비공 모양)이면, 원자는 대개 **결합 축을 따라** 앞뒤로 운동하며, 편평한 원형(컬링돌 모양)이면, 원자는 대부분이 **결합 축 주위에서** 요동치는 운동을 한다. 분자 내에서 원자가 적게 움직일수록, 열 타원체도 더 작아진다. 그림 5.23에 나타낸 분자에서 트라이메틸포스핀에 있는 탄소 원자와 페닐 고리에 있는 탄소 원자는 많이 "흔들린다." 그리고 중앙의 오원자 고리에 "갇혀 있는" 원자들은 비교적 적게 움직인다. 이 현상은 특히 백금 원자의 경우에서 잘 드러난다. 백금 원자는 무겁기 때문에 열 운동도 적다. "공-막대" 모형을 사용할 때, ORTEP 도표[43]를 처음으로 접하는 경우 이 점이 가장 혼동스러울 수 있다. 우리는 모형의 크기로 주어진 원자의 크기에 익숙해져 있지만 ORTEP 도표에서는 크기가 반대로 나타나는 경우도 자주 발생한다.

중성자 회절은 원리적으로는 X선 회절과 매우 비슷하다. 그러나 두 가지의 중요한 특성이 다르다. (1) 중성자는 (전자보다는) 핵에 의해 회절되기 때문에, 핵의 위치를 직접 조사할 수 있다. (2) 또한 수소의 핵은 효과적인 산란체이기 때문에 수소 원자의 위치를 쉽고 정확하게 찾을 수 있다. 중성자 회절의 주요 결점은 중성자 발생원이 있어야 하기 때문에, 이 방법은 비용이 많이 들고 쉽게 이용할 수 없다는 것이다. X선 회절과 중성자 회절을 상호 보완적으로 사용하면 매우 유용한 결과를 얻을 수 있다.

## 분자의 대칭성에 근거한 방법

점군 $D_{nh}$($n$ 짝수), $C_{nh}$($n$ 짝수), $D_{nd}$($n$ 홀수), $O_h$, $I_h$에 속하는 분자처럼 대칭 중심을 갖는 분자에는, 각 결합이 극성이더라도 상관없이 쌍극자 모멘트를 가질 수 없기 때문에(2장), 쌍극자 모멘트는 두 구조 사이를 구별하는 데 유용할 수 있음이 입증되었다. $MA_2B_2$ 형

---

43) ORTEP는 몇 단어의 머릿글자를 모아서 만든 말이다. "Oak Ridge Thermal Ellipsoid Program"이라는 단어의 머릿글자를 모아서 만든 말이며, 요컨대 구조 해석에 빈번히 사용되는 컴퓨터 프로그램이다. 머릿글자를 모아서 만든 말(acronym)은 그림을 가리키는 짧은 표지로서 자주 사용된다. 그 그림에서 타원체는 원자의 열 운동의 정도를 표시한다.

태의 사각 평면 배위 화합물에 관한 많은 고전적 화학은 시스 이성질체는 쌍극자 모멘트를 가지며, 트랜스 이성질체는 쌍극자 모멘트를 가지지 않는다는 사실을 근거로 설명을 하고 있다(11장 참조).[44]

적외선(IR) 분광법과 Raman 분광법은 모두 분자의 대칭에 근거한 선택 규칙을 가진다. 쌍극자 모멘트의 변화를 일으키는 분자 진동은 모두 적외선 활성이다. 진동이 Raman 활성이 되려면, 전이가 일어날 때 분자의 편극률이 변해야 한다. 그래서 어느 진동 방식이 IR 활성인지, Raman 활성인지, IR이나 Raman 모두 활성인지, 모두 비활성인지는 분자의 대칭성을 사용하여 결정할 수 있다(2장 참조). 일반적으로 이 두 가지 방식의 분광법은 상호보완적이며, 특히 분자가 대칭 중심을 가질 경우, IR 비활성 진동은 Raman 활성이기도 하다.

원자의 전자적 환경에 따라 분광학적 이동(화학적 이동이라고 부르기도 한다)을 일으키는 방법은 많다. 분광학적 결과를 해석할 때 이들 중의 많은 방법에서 화학적으로 동등한 원자(대칭성 동등) 들을 결정하기 위하여 대칭성을 조사하여야 한다. 최소한 한 가지의 대칭 조작으로 두 원자를 교환할 수 있다면, 두 원자는 대칭 동등일 것이다. 예를 들면, $PtCl_4^{2-}$($D_{4h}$) 의 클로로기는 모두 동등한데, 그 이유는 네 개의 클로로기는 어느 것이라도 $C_4$ 회전이나 반사($\boldsymbol{\sigma}_{xz}$ 또는 $\boldsymbol{\sigma}_{yz}$) 에 의해 다른 클로로기가 차지했던 위치로 이동할 수 있기 때문이다. $Al_2Br_6$($D_{2h}$, 그림 5.1h) 에서 다리놓는 브로모기는 말단 브로모기와 동등하지 않은데, 그 이유는 $D_{2h}$에 있는 어떤 대칭 조작을 하더라도 두 위치에 있는 브로모기들의 위치를 교환할 수 없기 때문이다. 그러나 다리놓는 두 브로모기를 서로 교환시킬 수 있는 조작은 존재하기 때문에 이들은 서로 동등하다. 마찬가지로 네 개의 말단 브로모기는 대칭 조작에 의하여 교환될 수 있으므로 이들도 동등하다.

$D_{3h}$ 대칭인 $PF_5$(그림 5.1e) 분자는 더 난해하다. 세 개의 적도방향 플루오린 원자들은 반사나 $C_3$ 회전에 의해 교환될 수 있다. 두 개의 축방향 원자들도 서로 반사되거나 회전될 수 있다. 그러나 축방향 플루오린 원자와 적도방향 플루오린 원자의 교환을 허용하는 조작은 존재하지 않는다. 그래서 대칭적으로(화학적으로) 동등한 플루오린 원자는 두 세트가 존재한다. 따라서 $P—F_{ax}$의 결합 길이는 $P—F_{eq}$의 결합 길이와 같을 것으로 예상해서도 안 되고, 다섯 개의 플루오린 원자들이 분광학적으로 동등할 것으로 예상해서도 안 된다. 그러나 $PF_5$의 $^{19}$F-NMR 스펙트럼에서는 한 개의 이중항만 나타난다. 이것이 의미하는 점은 다음과 같다. (1) 모든 P—F 결합은 동등하거나 (2) 플루오린 원자는 NMR 기술이 측정할 수 있는 것보다 더 빠르게 위치를 교환하고 있다. 앞에서 알아본 것처럼, 공간에서 다섯 개의 점을 동등하게 삼차원적으로 배열하는 것은 불가능하다. 따라서 두 번째 의미를 수용하여야 한다. 상호변환의 이 과정에 대해서는 이 장에서 나중에 설명하겠다.

다른 분광학적 방법들도 분자 구조를 해석하는 데 이용될 수 있다. Mössbauer 분광법으로 $I_2Cl_4Br_2$의 구조를 해석하는 일반적인 방법을 알아보자. $I_2Cl_6$(그림 5.24a) 를 기준으로 생각하면, 염소나 브로민이 다리 결합을 하고 있을 것으로(그림 5.24b~d) 예상할 수 있다. 실험 결과[45]에 의하면, 두 개의 아이오딘 원자는 서로 다른 환경(그림 5.25) 에 있으므로 그림 5.24 (b), (c)에 나타낸 대칭적 구조는 제외되고, 올바른 구조는 그림 5.24

---

44) 구조 해석에 있어서 쌍극자 모멘트를 사용한 그 이상의 예들에 대해서는 다음을 참조하라. Moody, G. J.; Thomas, J. D. R. *Dipole Moments in Inorganic Chemistry*; Edward Amold: London, 1971.

45) Pasternak, M; Sonnino, T, *J. Chem. Phys*. **1968**, *48*, 1997~2003.

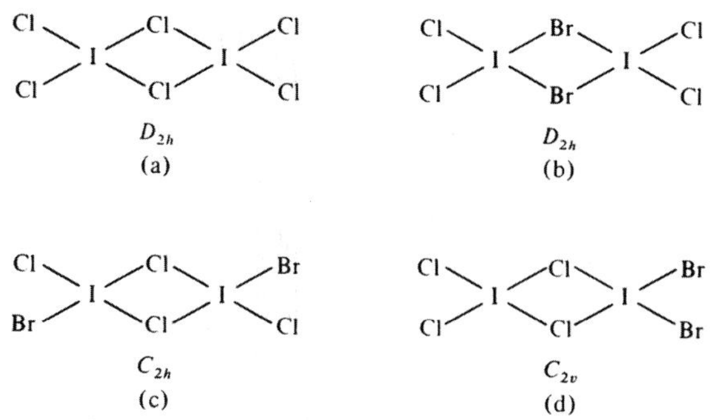


**그림 5.24** 트라이할로젠화 아이오딘의 몇 가지 가능한 구조. (d)에서 각 아이오딘 원자에 대한 환경이 다름을 주목하라.

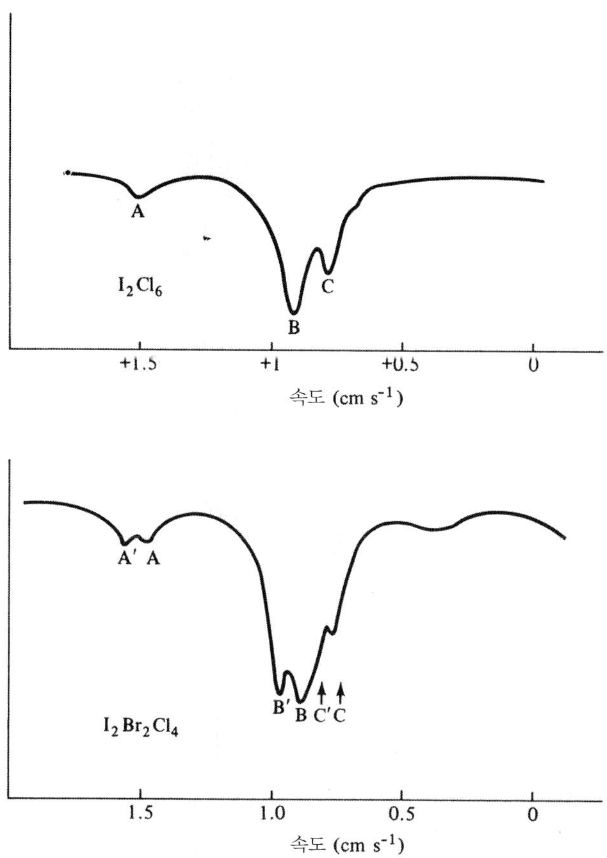


**그림 5.25** $I_2Cl_6$(위)와 $I_2Br_2Cl_4$(아래)의 $^{129}$I Mössbauer 스펙트럼의 일부. $I_2Cl_6$의 봉우리 A와 B는 $I_2Br_2Cl_4$에서는 각각 A, A'와 B, B'로 갈라짐을 주목하라. C'은 B의 어깨(shoulder)에 가려져 있을 것이다. [Pasternak, M; Sonnino, T, *J. Chem. Phys*. **1968**, *48*, 1997.]

(d)임을 강력하게 제시하고 있다.

## 구조 결정 방법의 요약

구조를 결정할 때 무기화학자가 사용할 수 있는 몇 가지 방법을 간단하게 요약하고자 한다. 실제 예는 이 책에서 나중에 접하게 될 것이다. Beattie[46]는 구조를 결정하는 몇 가지 방법들을 요약하여 중요한 특징과 활용 방법을 제공하고 있다(표 5.5).

[46] Beattie, I. R > *Chem. Soc. Rev*. **1975**, *4*, 107~153. 각주 42)

**표 5.5**
구조 연구를 위한 몇 가지 물리적 방법의 비교[a].

| 방법 | 효과의 성질 | 얻어지는 정보 | 상호작용 시간 | 감도 | 주석 |
|---|---|---|---|---|---|
| X선 회절 | 주로 전자에 의한 산란과 이어지는 간섭 ($\lambda$=0.01~1 nm) | 결정내의 전자 밀도 그림 | $10^{-18}$초 그러나 진동 운동의 범위에 걸쳐 평균된다. | 결정 ~ $10^{-3}$ cm$^3$ | 무거운 원자가 있으면, 가벼운 원자의 위치 결정 혹은 같은 정도의 산란 인자를 갖는 원자의 구별이 곤란하다. |
| 중성자선 회절 | 주로 핵에 의한 산란과 이어지는 간섭 ($\lambda$=0.1 nm) | 핵간 거리 벡터 | $10^{-18}$초 그러나 진동 운동의 범위에 걸쳐 평균된다. | 결정 ~ 1 cm$^3$ | 수소 원자의 위치 결정에 널리 이용된다. 중성자에 스핀 $\frac{1}{2}$이 있기 때문에 자기적 산란이 있기 때문에 자기적 산란이 일어나므로 이것에 의하여 다른 정보를 얻을 수 있다. |
| 전자선 회절 | 주로 핵에 의한 회절(원자 또는 분자), 전자에 의한 회절도 생긴다 ($\lambda$=0.01~0.1 nm) | 배향이 무질서하므로, 스칼라 거리 | $10^{-18}$초 그러나 진동 운동의 범위에 걸쳐 평균된다. | 100 Pa (1 torr) | 열운동 때문에 거리가 불분명해진다. 한 종류의(작은) 화합물만이 존재하면 좋다. 무거운 원자는 검출하기 쉽다. |
| 마이크로파 | 회전에 수반하는 쌍극자의 변화에 근거한 복사 흡수 ($\lambda$=0.1~30 cm; 진동수 300~1 GHz) | $r^{-2}$항의 평균값; 퍼텐셜 함수 | $10^{-10}$초 | $10^{-2}$ Pa ($10^{-4}$ torr) | 조화 운동에서도 $r_e$에서 $r^{-2}$의 평균값은 발견되지 않는다. 쌍극자 모멘트가 있을 필요가 있다. 1성분만이 검출될 수 있다. 대칭성이 낮고 큰 분자는 해석이 곤란하다. |
| 적외선(진동) | 진동에 수반하여 쌍극자의 변화에 근거한 복사선의 흡수 ($\lambda$=$10^{-1}$~$10^{-4}$cm) | 큰 분자에 대해서는 정성적 | $10^{-13}$초 | 100 Pa (1 torr) | 특성을 조사하는 데 유용. 흡수띠의 수, 위치, 또한 경우에 따라서는 동위원소 효과로부터 구조에 대한 정보를 얻는다. 모든 상태의 물질에 이용이 가능. |

| | | | | | |
|---|---|---|---|---|---|
| Raman(진동) | 진동에 수반되는 편극율의 변화에 근거한, 진동수가 변화한 복사선의 산란 (λ=보통 가시 영역) | 큰 분자에 대해서는 정성적 | $10^{-14}$초 | $10^4$ Pa (100 torr) ($v^4$에 의존) | 특성을 조사하는 데 유용. 흡수띠의 수, 위치, 편광 해소비, 또한 경우에 따라서는 동위원소 효과로부터 구조에 대한 정보를 얻는다. 모든 상태의 물질에 이용이 가능. |
| 전자 스펙트럼 | 전자 전이에 수반되는 쌍극자의 변화에 근거한 복사선의 흡수 (λ=10~$10^2$ nm) | 큰 분자에 대해서는 정성적 | $10^{-15}$초 | 1 Pa ($10^{-2}$ torr) | 특성을 조사하는 데 유용. 흡수띠의 수, 위치로부터 구조에 대한 정보를 얻는다. 모든 상태의 물질에 이용이 가능. |
| 핵자기 공명 | 자장내에서 복사선과 핵의 전이의 상호작용 (λ=$10^2$ ~ $10^7$ cm ; 3 kHz에서 300 MHz) | 각 환경에서 자기적으로 동등한 핵의 수 | $10^{-18}$ ~ $10^{-9}$ 초 | $10^3$ Pa (10 torr) ($^1$H) | 특성을 조사하는 데 유용. 수자와 여러 신호로부터 구조에 대한 정보를 얻는다. |
| 질량 분석법 | 토막 이온을 질량/전하에 의하여 검출한다. | 질량수와 토막 이온의 패턴 | — | $10^{-9}$ Pa ($10^{-11}$ torr) | 기체 상태의 화합물을 조사하는 데 유용. 분광기 내에서의 반응 때문에 복잡하다. 이성질체를 직접 구별할 수 없다. 분자 내에서 수소의 검출에 중용하다. |
| X선 흡수 광역 미세 구조 (EXAFS) | 리간드로부터 나온 광전자의 역 산란 | 결합된 원자의 방사방향 거리, 수 및 형태 | $10^{-18}$초 그러나 진동 운동의 범위에 걸쳐 평균된다. | 어떤 상태도 가능 | 금속 생화학 분자와 불균일하게 지지된 촉매에 대하여 특히 유용하다. |

[a] 자료: 일부분은 Beattie, I. R. *Chem. Soc. Rev*, **1975**, *4*, 107.

# 공유 결합 분자의 몇 가지 간단한 반응

유기화학과 무기화학 사이의 주된 차이 중의 하나는 구조와 반응성 중에서 어느 것을 상대적으로 더 많이 강조하느냐 하는 것이다. 구조 유기화학은 선형, 삼각형 또는 사면체 탄소에 기초를 두고 있기 때문에 비교적 단순하다. 그러므로 유기화학은 반응의 다양한 메커니즘을 보다 흥미로운 주제로 삼게 되었다. 그러나 무기화학은 고려해야 할 구조적 형태가 상당히 다양하고, 한 가지 주어진 원소에 대해서 조차도 고려해야 할 요인이 많다. 무기화학에서는 반응물이나 생성물에 대해 상호변환보다는 이들의 "정적인" 구조를 더 많이 다루어 왔으며 이러한 경향은 현재까지도 유지되고 있다. 이와 같은 경향은 주로 반응 메커니즘에 대한 확실한 자료가 부족했기 때문에 생긴 결과이다. 그러나 이 상황은 변하고 있다. 무기 분자가 변화와 반응에 초점을 둔 연구가 증가하고 있다. 이러한 연구의 대부분은 배위화학 분야에서 이루어졌는데, 자세한 내용은 12장에서 다루겠지만, 여기서는 공유 결합 분자의 몇 가지 간단한 반응을 설명하기로 한다.

## 원자 반전

암모니아와 같은 분자에서 일어날 수 있는 가장 간단한 반응은 강한 바람에 우산이 뒤집히는 것과 비슷한 형태로 질소 원자 주위에 있는 수소 원자가 뒤집히는 것이다.

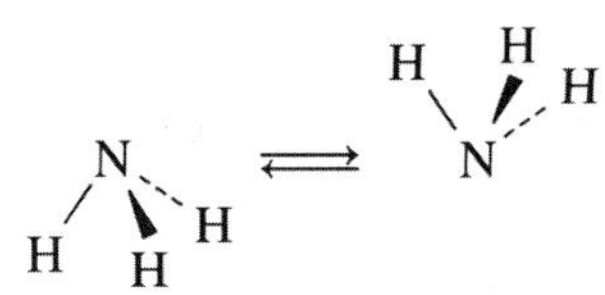


**(5.9)**

식 5.9에서 "생성물"은 "반응물"과 동등하고 이 과정에서 결합이 끊어지거나 생성되는 것이 아니기 때문에 반응을 나타내는 것이 아니라고 주장할 수도 있다.[47] 의미는 별개로 하고, 식 5.9에 나타낸 과정은 화학적으로 흥미로운 것이고 연구할 가치가 있는 것이다. 예를 들어 그림 5.26에 나타낸 세 가지의 치환기를 갖는 아민과 포스핀을 살펴보자. 이들 분자는 거울상과 서로 겹칠 수 없기 때문에(즉 카이랄성이기 때문에) 이들은 광학적 활성일 가능성이 있고, 이론적으로는 거울상 이성질체의 분리가 가능하다. 광학 활성인 물질의 라세미화 반응은 식 5.9에 나타낸 메커니즘을 통해 일어날 수 있다. 반

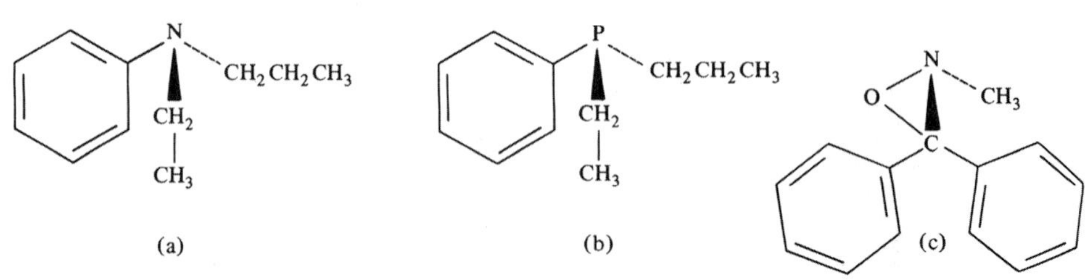


**그림 5.26** 카이랄 아민과 카이랄 포스핀

---

[47] 질소 원자로부터 수소 원자를 해리시키고 반대 배열이 되도록 재결합시켜도 같은 결과를 얻을 수 있음은 분명하다. 식 5.9를 연구할 때 이들을 얻기 위한 장벽 에너지와 방법뿐만 아니라 경쟁하는 다양한 메커니즘에 관한 논의도 필요하다. 다음을 참조하여라. Lambert, J. B. *Topics Stereochem.* **1971**, *6*, 19~105.

전에 대한 에너지 장벽은 중심 원자와 치환체의 성질에 따라 크게 달라진다는 점은 흥미롭다. 예를 들면 에틸프로필포스파인(그림 5.26b)의 반전에 대한 장벽은 약 120 $kJmol^{-1}$이다. 이 정도의 값은 광학 이성질체를 분리하기에 충분하며, 고전적인 기법으로 이들의 라세미화 반응이 이어지게 만들 수 있다. 그러나 대부분의 아민류의 반전에 대한 장벽은 낮다(메틸프로필아민 : ~ 40 $kJmol^{-1}$; 암모니아 : 약 25 $kJmol^{-1}$). 반전에 대한 장벽이 이처럼 낮으면 분리가 미칠 수 있는 효과보다 라세미화가 더 빨리 일어나기 때문에 광학 이성질체를 분리할 수 없게 된다. 전통적인 화학적 분리 방법은 라세미 혼합물의 분리에는 효과적일 수 없기 때문에 화학자는 거울상 이성질체의 상호변환 속도를 연구하기 위해 분광학적 방법을 사용할 수 밖에 없다. 여기서는 반전 장벽이 20~100 $kJmol^{-1}$인 경우에는 NMR이 가장 적당한 방법임을 유의할 필요가 있다.

식 5.9의 원자 반전 과정에서 전이 상태는 평면 $sp^2$ 혼성 중심 원자를 포함하기 때문에, 반전에 대한 장벽은 분자가 삼각뿔 바닥 상태로부터 얼마나 쉽게 변환될 수 있는지와 관계가 있다. 그러므로 그림 5.26c에 나타낸 것처럼, 스트레인이 높은 고리는 반전이 일어나기 어려울 것으로 예상할 수 있고, 145 kJ $mol^{-1}$임이 밝혀졌다. 또한 앞에서 언급한 아민과 포스핀의 결합각에 영향을 미치는 모든 효과는 반전 현상에서도 마찬가지로 존재해야 한다. 예를 들면 포스핀에서의 결합각은 더 작기 때문에 평면 전이 상태로 벌어지려면 상응하는 아민보다 더 많은 에너지가 필요하다. 그러므로 대부분의 아민이 광학적으로 불안정한 것과는 달리 포스핀은 광학적으로 안정하다. 또한 전자를 잡아당기는 치환체가 있으면 장벽의 높이를 증가시키는 경향이 있지만 전자를 주는 기는 장벽을 더 낮출 수 있다. 삼각뿔형 분자의 입체화학의 경우와 마찬가지로, 이 결과도 다양한 해석을 통해 합리적으로 수용될 수 있다.

## Berry 유사회전

앞에서 $PF_5$의 플루오린 원자들은 $^{19}F$ NMR로는 구별할 수 없음을 알아 보았다(196쪽). 이것은 5개의 플루오린 원자들이 NMR 기기가 이들을 구별할 수 있는 것보다 더 빠른 속도로 서로 교환되고 있다는 것을 의미한다. 이 교환에 대한 메커니즘은 아민과 포스핀에 대해 알아보았던 반전 반응과 밀접한 관련이 있다. 이 교환은 바닥 상태의 삼각쌍뿔(TBP)에서 사각뿔(SP) 전이 상태로 되었다가 다시 새로운 TBP 구조를 취하는 과정으로 일어난다고 여겨지고 있다(그림 5.27). 이 과정으로 인해 펜타플루오린화인에서 적도방향과 축방향에 놓인 플루오린 원자는 완전히 뒤섞이게 되고, NMR 실험의 시간 척도보다 더 빨리 일어나게 되면(실제로 더 빨리 일어난다), 모든 플루오린 원자는 동등하게 된다. 이 과정은 Berry[48]가 처음으로 제안하였고, $PF_5$에서처럼 모든 치환체가 동일하다면, 두 가지 TBP 배열(그림 5.27)은 단순 회전에 의해 서로 연관되게 된다. 이 전체 과정을 Berry 유사회전(Berry pseudorotation)이라고 부른다. TBP와 SP 구조 간에는 에너지가 비슷하기 때문에 이 과정은 아주 쉽게 일어날 수 있음을 주목하여라(184쪽). 실제로 Muetterties와 Guggenberger이 수집한 5-배위 구조 계열은

[48] Berry, R. S. *J. Chem. Phys.* **1960**, *32*, 933~938. 인 화합물에 대한 리뷰는 다음 문헌을 참조하라. Corbridge, D. E. *Phosphorous: An Outline of Its Chemistry, Biochemistry and Technology*, 4th ed.; Elsevier; Amsterdam, 1990; pp994~1003; Cavell, R. G. *In Phosphorous-31 NMR Spectroscopy in Stereochemical Analysis*; Verkade, J. G.; Quin, L. D., Eds; VCH: Deerfield Beach, FL, 1987; Chapter 7.

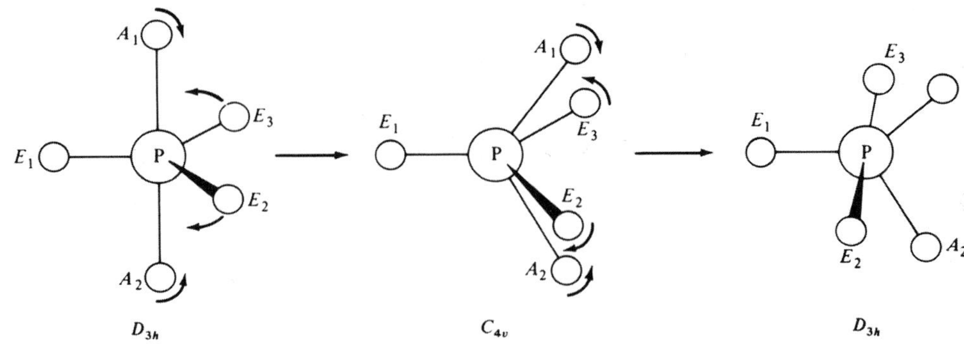


**그림 5.27** 5가 인(phosphorus) 화합물의 Berry 유사회전

TBP와 SP 기하구조의 중간체이고(표 5.3), Berry 유사회전에서 양 극단의 구조 사이의 반응 좌표를 효과적으로 제공한다.

$PF_5$에서 플루오린 원자의 교환은 너무 빠르기 때문에 NMR 분광학으로는 측정할 수 없다. 몇 가지 다른 분자에 있는 원자들은 좀 더 느리게 교환이 일어나는데, 특히 낮은 온도에서 느린 교환이 관찰된다. 예를 들면 $PCl_2F_3$는 꼭짓점 친화성인 플루오린 원자가 축방향에 놓이고, 두 개의 염소 원자와 나머지 플루오린 원자가 적도방향에 놓인 삼각쌍뿔 구조를 가질 것으로 예상된다. −22 °C 이상에서 플루오린의 공명은 한 개의 이중선으로 관찰된다(그림 5.28a). 그러나 온도를 −143 °C까지 낮춰주면 두 개의 축방향 플루오린 원자는 한 개의 적도방향 플루오린 원자와 구별할 수 있게 된다(그림 5.28d).

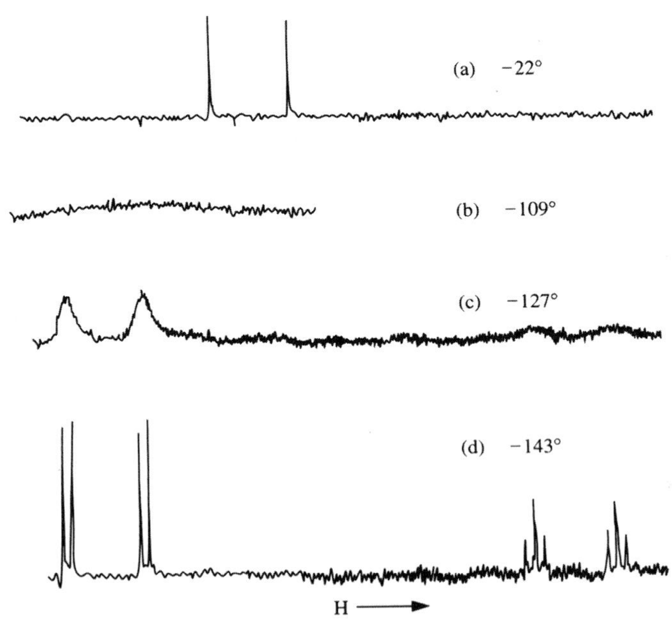


**그림 5.28** 아이소펜테인에 녹인 $PCl_2F_3$의 용액을 여러 온도에서 측정한 $^{19}F$ NMR 스펙트럼. 모든 플루오린 공명은 $^{31}P$–$^{19}F$ 짝지음에 의한 이중선이다. (a) −22 °C에서는 한 개의 이중선만 관찰되는데, 이는 모든 플루오린 원자가 동등함을 의미한다. (b) −109 °C에서 공명이 사라진다. (c) −127 °C에서 두 개의 새로운 흡수가 나타난다. (d) −143 °C에서는 두 가지 형태의 플루오린 원자를 볼 수 있다. 낮은 장에서는 이중선이 다시 이중선으로 갈라지고(두 개의 축방향 플루오린 원자), 높은 장에서는 이중선이 각각 삼중선으로 갈라진다(한 개의 축방향 플루오린 원자). [Holmes, R. R.; Carter, R. P., Jr.; Peterson. G. E. *Inorg. Chem.* **1964**. *3*, 1748~1754. 허가를 얻어 전재]

세 개의 $^{19}F$ 핵 $(I = \frac{1}{2})$ 모두는 $^{31}P$ 핵 $(I = \frac{1}{2})$ 에 의해 갈라지며, 짝지움 상수는 $J_{P-F}$ = 1048 Hz이다. 그래서 축방향 원자는 낮은 장 이중선($\delta$ −67.4) 으로 나타나고, 적도방향 플루오린 원자는 높은 장 이중선($\delta$ 41.5) 으로 나타난다. 한 개의 적도방향 플루오린 원자는 두 개의 축방향 이중선 성분 각각을 또다시 이중선으로 갈라지게 만들며 ($2nI + 1$; $n = 1$), 이때 $J_{F-F}$ = 124 Hz이다. 마찬가지로 한 개의 적도방향 원자의 이중선은 두 개의 축방향 플루오린 원자에 의해 각각 삼중선으로 갈라진다($2nI + 1$; $n = 2$). 축방향 플루오린 공명의 전체 세기는 한 개의 적도방향 플루오린 공명의 두 배이다. 또한 −143 °C에서 화학적 이동의 가중 평균 [2 × (−67.4 ppm) + 1 × (+41.5 ppm)]은 −22 °C의 값 [3 × (−31.1 ppm)] 과 같은데, 이는 온도가 증가해서 플루오린의 교환이 빨라져도 구조는 변하지 않음을 의미한다. 온도가 증가해도 인-플루오린 짝지움이 유지된다는 사실은 분자간 교환이 없음을 의미하지만, 더 높은 온도에서 스펙트럼이 합쳐지는 것은 분자내 재배열 때문에 나타나는 것이다.

인 원자에 알킬기를 치환시키면 몇 가지 흥미로운 효과가 나타난다. 플루오린 원자 한 개가 메틸기로 치환되면 메틸기는 예상되는 것처럼 적도방향 위치의 한 자리를 차지하고, $PF_5$에서처럼 두 개의 축방향 플루오린 원자와 두 개의 적도방향 플루오린 원자는 빠른 교환이 관찰된다. 두 개의 메틸기가 치환되어 $(CH_3)_2PF_3$가 되면 분자는 경직되고 남아 있는 세 개의 플루오린 원자 사이에는 아무런 교환이 일어날 수 없게 된다. 이와 같은 거동에 대한 극적인 변화는 그림 5.27에 나타낸 중간체의 생성에 기여하게 된다. $CH_3PF_4$의 유사회전에서 메틸기는 $E_1$ 위치에 머무를 수 있기 때문에 유사회전 전과 후에 적도방향 자리에 남아 있게 된다. 그러나 $(CH_3)_2PF_3$에서 메틸기 중의 하나는 $E_2$나 $E_3$에 놓이기 때문에 한 번의 유사회전을 시키면 이 한 개의 메틸기는(낮은 전기음성도를 갖는 치환체에 대해) 에너지적으로 선호되지 않는 축방향 자리에 억지로 놓이게 된다. 메틸기의 적도방향 치환과 축방향 치환간에는 에너지 차이가 크기 때문에 유사회전을 불가능하게 만들기에 충분하다.

이러한 에너지 차이는 설퍼레인(sulfurane) 에서 극적으로 나타날 수 있다. 이 분자는 거의 TBP 전자 구조를 가지며 카이랄성이다. 그러나 일련의 유사회전을 거치면 라세미화될 수도 있다.[49] 유사회전을 통한 라세미화는 쉽게 일어날 수 없다. 따라서 광학활성인 설퍼레인이 최초로 분리할 수 있었던 원인은 라세미화의 경로가 꼭짓점에 고립쌍이 있는 TBP를 통해 진행되어야 한다는 사실 때문이었다.[50] 앞 장에서 설명한 것처럼 고립쌍은 적도방향 자리를 차지하려는 경향이 매우 강하다. 고립쌍은 꼭짓점 자리를 차지하는 것을 기피하기 때문에 충분한 장벽이 제공되어서 거울상 이성질체의 분리

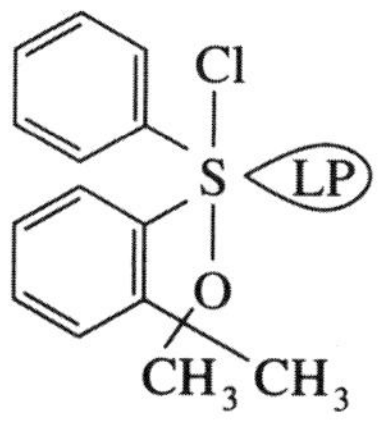


[49] 물론 라세미화에 대한 다른 잠재적인 메커니즘도 존재한다. 아주 미량의 $Cl^-$ 이온이 있다면 $S_N2$ 치환이 일어날 수 있고, Cl 원자의 단순한 $S_N1$ 해리와 라세미화도 가능하다. 그러나 이들 반응은 어느 것도 일어나지 않는다.

[50] Martin, J. C.; Balthazor, T. M. *J. Am. Chem. Soc.* **1977**, *99*, 152~162.

가 가능하게 된다.

배위수가 3과 5가 아닌 분자에서도 결합의 파괴없이 분자의 배치가 변하는 것에 대한 비슷한 메커니즘이 있다. 트리스(에틸렌다이아민) 코발트(III) 이온으로 대표되는 6-배위 킬레이트 화합물들은 무기 화합물들 중에서 가장 중요한 계열 중의 한 가지이다. 이 이온은 세 개의 킬레이트 고리가 존재하기 때문에 카이랄성이고 원자 반전이나 Berry 유사회전과 밀접하게 관련된 메커니즘에 의해 라세미화가 일어날 수 있다. (6-배위에 대한 메커니즘은 "Bailar 꼬임"이라고 부른다.; 12장 참조)

## 친핵성 치환

메커니즘적 유기 입체화학의 핵심은 Walden 반전일 것이다. 이 반전은 할로젠화 알킬에 대한 수산화 이온의 공격과 같은 친핵성 공격에 의한 4-배위 탄소 원자 주위의 입체화학의 반전을 다룬다. 무기 분자의 반응도 같은 메커니즘으로 진행되는 것이 많이 있다. 그러나 삼차 할로젠화물이 삼차 카르보양이온 중간체를 형성하는 해리 메커니즘은 규소, 저마늄, 인 등의 비금속 원소에 대해서는 전혀 밝혀지지 않았다. 이는 배위수가 4보다 낮은 화학종은 일반적으로 안정도가 더 낮고 5-배위 중간체의 안정도가 더 증가하기 때문이다. 무거운 원소에는 $d$ 오비탈이 존재하기 때문에 이러한 차이가 나타난다(15장 참조).

친핵성 치환에 대한 가장 간단한 반응 경로는 산화 클로로다이알킬포스파인(chlorodialkylphosphine oxide)의 가용매분해를 예로 들어 설명할 수 있다.

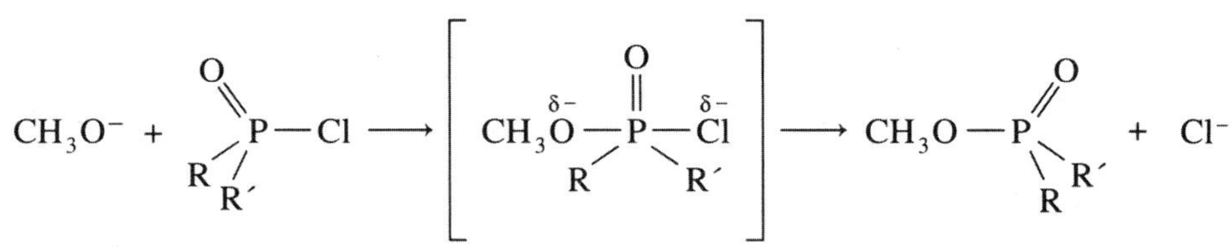
**(5.10)**

이 반응은 인 원자의 배치가 반전되면서 진행할 것으로 예상할 수 있다. 이 현상은 일반적으로 나타나는 것이며, 특히 진입기와 이탈기의 전기음성도가 높아서 축방향 위치가 더 우세하게 드러날 때와 이탈기가 쉽게 치환되는 것일 때 관찰된다. 그러나 이탈기의 치환이 어려운 경우에는 배치를 유지하려고 하기 때문에 앞쪽으로의 공격이 일어나는 것처럼 보이게 된다.[51] 반전이 일어나든 배치가 유지되든, 두 경우 모두 카르보양이온 메커니즘과 관련된 입체화학의 상실과는 대조적인 것이다.

5-배위 중간체의 안정도는 염기가 촉매량 정도만 존재하여도 광학 활성인 실레인류를 쉽게 라세미화할 수 있게 만든다. 염기는 5-배위 중간체를 쉽게 생성시키기 위해 첨가된다. Berry 유사회전이 일어나면 치환기들은 완전히 뒤섞이게 되고 이어서 염기가 빠져나가면서 실레인의 라세미화가 일어난다.

## 자유 라디칼 메커니즘

실험실에서 무기화학자가 접하게 되는 대부분의 반응에는 바로 전에 설명한 반응의 반

51) 여러 가지 가능성에 대한 설명은 다음을 참조하라. Tobe, M. L. *Inroganic Reaction Mechanisms*; Thomas Nelson: London, 1972; pp 25~37; Katakis, D.; Gordon, G. *Mechanisms of Inorganic Reactions*; Wiley: New York, 1987; pp 190~191.

응물이나 생성물과 같은 이온성 화학종, 또는 배위 화합물의 이온성 화학종을 포함하게 된다(12장 참조). 그리고 대기권에서는 햇빛에 의해 개시되는 자유 라디칼(free radical) 반응도 많이 존재한다. 현재 대기권에서 일어나는 반응에서 가장 중요하고 논쟁거리인 반응 종류 중의 한 가지는 성층권의 오존에 관한 것이다. 오존의 중요성과 생활에 미치는 자외선(UV) 복사 효과는 잘 알려져 있다. 여기서는 태양 스펙트럼의 일부만이 지구 표면에 도달하고 이 중에 포함된 UV 영역은 대부분이 차단됨에도 불구하고 생활계에 여러 가지 나쁜 효과를 일으킬 수 있다는 점만 지적한다.

지구는 대기 중의 산소에 의해 원자외선(극도로 높은 에너지)으로부터 보호된다. 이 UV 복사선은 산소 분자를 쪼개어 두 가지 자유 라디칼(산소 원자)을 생성한다.

$$\mathbf{O_2 + h\nu\,(242\ nm\ \text{이하}) \longrightarrow O^{\cdot\cdot} + O^{\cdot\cdot}} \qquad \mathbf{(5.11)}$$

그런 다음 이 산소 원자는 산소 분자를 공격하여 오존을 생성할 수 있다.

$$\mathbf{O^{\cdot\cdot} + O_2 + M \longrightarrow O_3 + M} \qquad \mathbf{(5.12)}$$

중성체 M은 산소 원자의 운동 에너지 중의 일부를 운반한다. 그래서 계의 에너지가 감소되고 오존을 생성시키는 결합이 이루어질 수 있게 된다. 그러므로 알짜 반응은 다음과 같다.

$$\mathbf{3O_2 + h\nu \longrightarrow 2O_3} \qquad \mathbf{(5.13)}$$

이 과정은 에너지가 매우 높고 파장이 짧은 UV 복사선으로부터 지구를 보호함과 동시에 오존을 생성시키는데, 오존은 비스산 과정에 의해 비교적 높은 에너지를 가지면서 약간 더 긴 파장을 갖는 복사선을 흡수한다.

$$\mathbf{O_3 + h\nu\,(220 - 320\ nm) \longrightarrow O_2 + O^{\cdot\cdot}} \qquad \mathbf{(5.14)}$$

이 반응의 생성물은 반응식 (5.12) 처럼 재결합시킬 수 있는데, 이 경우에는 오존이 다시 생성되고 UV 복사선의 에너지는 열 에너지로 변하게 된다. 한편 반응식 (5.11) 의 역반응에 의해 산소 원자가 재결합하여 산소 분자를 생성하여 오존의 농도가 감소될 수도 있다. 반응식 (5.13) 을 통한 오존의 생성과 파괴간에는 평형이 유지되기 때문에 정상적인 조건에서 오존의 농도는 일정하게 유지된다.

산소와 질소를 포함하는 공기가 고온의 제트 엔진을 통과할 때에는 항상 산화 질소류가 생성된다는 사실 때문에 Concorde 형태의 초음속 운송수단(SST) 에 대한 논쟁이 일어나게 되었다. 이들 생성물 중의 한 가지인 산화 질소는 오존과 직접 반응하기 때문에 성층권에서 오존의 농도를 감소시킨다.

$$\mathbf{NO + O_3 \longrightarrow NO_2 + O_2} \qquad \mathbf{(5.15)}$$

또한 반응식 (5.15) 에서 생성되기도 하고 제드 엔진의 연소 과정에서 직접 생성되기도 하는 이산화 질소는 산소 자유 라디칼이 제거되는 반응을 일으킬 수 있고 따라서 오존을 다시 생성시키는 산소 분자와의 재결합을 방해할 수 있다.

$$\mathbf{NO_2 + O^{\cdot\cdot} \longrightarrow NO + O_2} \qquad \mathbf{(5.16)}$$

이 반응들을(반응식 5.15와 5.16) 조합하면 오존이 산소로 변하는 알짜 반응이 된다.

$$O^{\cdot\cdot} + O_3 \longrightarrow 2O_2 \quad (5.17)$$

그리고 NO 또는 $NO_2$와 같은 산화 질소류는 계속 재순환되어 오존의 분해에 대한 촉매 역할을 하게 된다.

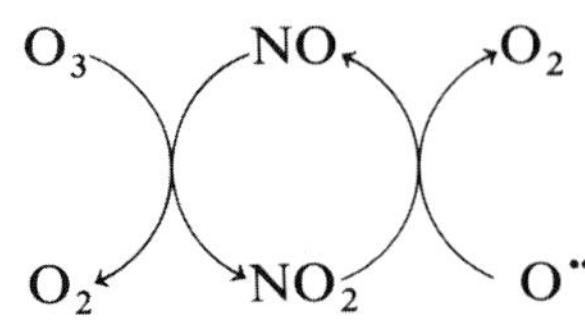


(5.18)

현재 논쟁 거리는 SST에 의해 생성될 수 있는 산화 질소류, $NO_x$의 양과 오존 농도에 미치는 영향에 관한 것이다.[52)]

오존의 파괴와 관련된 다른 화학물질들도 존재하기 때문에 오존에 관한 문제는 복잡하다. 클로로플루오로탄소류는 오래 전부터 스프레이 통의 분무제로 널리 사용되고 있었고 냉각제로도 사용되고 있다.[53)] 이들은 극도로 안정하고 환경 속에서 오래 보전된다. 그러나 대기권 상층부에서 광분해를 일으킬 수 있다.

$$F_3CCl + h\nu\ (190\text{–}220\ nm) \longrightarrow F_3C^{\cdot} + Cl^{\cdot} \quad (5.19)$$

그러면 염소 자유 라디칼은 $NO_x$에서와 비슷한 방법으로 오존과 반응을 일으킬 수 있게 된다. 중위도 지방에서는 다음과 같은 반응이 일어나고 있다.

$$Cl^{\cdot} + O_3 \longrightarrow ClO^{\cdot} + O_2 \quad (5.20)$$

$$ClO^{\cdot} + O^{\cdot\cdot} \longrightarrow Cl^{\cdot} + O_2 \quad (5.21)$$

알짜 반응은 다음과 같으며, 단원자 염소가 다시 생성된다.

$$O^{\cdot\cdot} + O_3 \longrightarrow 2O_2 \quad (5.22)$$

그러므로 이 염소는 촉매로 작용하고 있다. 오존의 파괴에 대해 $ClO_x$ 순환은 $NO_x$ 순환보다 세 배나 더 효율적이라는 증거가 제기되고 있다.[54)]

남극 상공에 '오존 구멍'이 생성된 원인도 비슷할 것이라고 생각되지만 얼음 입자 표면에서 일어나기 때문에 불균일한 반응일 것이라고 여겨진다.[55)]

$$2[Cl^{\cdot} + O_3 \longrightarrow ClO^{\cdot} + O_2] \quad (5.23)$$

$$ClO^{\cdot} + ClO^{\cdot} + M \longrightarrow (ClO)_2 + M \quad (5.24)$$

$$(ClO)_2 + h\nu \longrightarrow Cl^{\cdot} + ClOO^{\cdot} \quad (5.25)$$

$$ClOO^{\cdot} + M \longrightarrow Cl^{\cdot} + O_2 + M \quad (5.26)$$

$$\text{알짜 반응:} \quad 2O_3 \longrightarrow 3O_2 \quad (5.27)$$

---

52) Johnstone, H. S.; Kinnison, D. E.; Wuebbles, D. J. *J. Geophys. Res.* **1989**, *94*, 16351~16363. Manahan, S. E. *Environmental Chemistry*, 5th ed.; Lewis: Chelsea, MI, 1991.

53) 미국은 오존을 감소시키는 클로로플루오로탄소류의 생산을 1995년 말에 중지하기로 하였다. *Chem. Eng. News* **1992**, *70* (6), 7~13.

54) 최근 $NO_2$는 파괴력이 훨씬 큰 ClO를 다음 반응에 의해 제거함으로써 오존을 실질적으로 보호한다는 보고가 있었다.
ClO: $NO_2 + ClO \longrightarrow ClONO_2$. *Chem. Eng. News* **1992**, *70* (2), 4~5.

55) Zurer, P. S. *Chem. Eng. News* **1990**, *68* (1), 15~16.

## 연습문제

5.1 다음 분자들의 Lewis 구조를 그리고 기하 구조를 예측하라.

a. $BCl_3$ b. $BeH_2$
c. $SnBr_4$ d. $TeF_6$
e. $AsF_5$ f. $XeO_4$

5.2 다음 분자들의 Lewis 구조를 그리고, 예상되는 일그러짐을 포함하는 기하 구조를 예측하라.

a. $TeCl_4$ b. $ICl_2^+$
c. $ClF_3$ d. $SO_2$
e. $XeF_2$ f. $XeF_4$
g. $XeO_3$ h. $ClO_2F_3$

5.3 분자 구조가 구성 원자들의 비결합 전자들 사이의 van der Waals 반발보다 BP-BP/BP-LP/LP-LP 반발에 의해 결정되는 경우가 더 많다는 사실을 믿을만한 가장 간단한 이유는 무엇인가?

5.4 식 5.1을 사용하여 $sp$, $sp^2$, $sp^3$ 혼성 오비탈의 결합각을 유도하라.

5.5 오비탈이 핵간축을 따라 놓여 있다고(즉, 결합이 굽지 않았다고) 가정하고, 식 5.1을 사용하여 $NH_3$에서 결합의 $p$ 성질을 계산하라. $NH_3$에서 결합각은 107.5°이다. 고립쌍의 $p$ 성질은 얼마인가?

5.6 플루오로메테인의 결합각은 다음과 같다.

| 분자 | H—C—H | F—C—F |
|---|---|---|
| $CH_3F$ | 110 ~ 112° | — |
| $CH_2F_2$ | 111.9 ± 0.4° | 108.3 ± 0.1° |
| $CHF_3$ | — | 108.8 ± 0.75° |

a. 수소 원자와 플루오린 원자를 향하는 오비탈에서 탄소 원자가 사용하는 $s$ 성질을 계산하라.
b. 이 결과를 Bent의 규칙을 사용하여 설명하라.

5.7 그림 5.16에서 $AH_2$의 에너지 준위는 분자의 굽힘에 따라 증가하거나 감소한다. 그 이유를 정성적으로 설명하라. 큰 변화와 작은 변화가 나타나는 이유를 설명하라.

5.8 자유 라디칼 $CH_3$와 $CF_3$를 살펴보자. 하나는 평면형이고 다른 하나는 삼각뿔 형태이다. 각각의 구조를 밝히고 그 이유를 설명하라.

5.9 VIA (16) 족의 테트라플루오린화물은 Lewis 산으로 작용하며 음이온을 생성한다.[56)]

$$\mathbf{Cs^+F^- + SF_4 \longrightarrow Cs^+[SF_5]^-} \quad \mathbf{(5.28)}$$

$$\mathbf{Cs^+F^- + SeF_4 \longrightarrow Cs^+[SeF_5]^-} \quad \mathbf{(5.29)}$$

$$\mathbf{Cs^+F^- + TeF_4 \longrightarrow Cs^+[TeF_5]^-} \quad \mathbf{(5.30)}$$

56) Christe, K. O.; Curtis, E. C.; Schack, C. J.; Pilipovich, D. *Inorg. Chem.* **1972**, *11*, 1679~1682.

이들 음이온의 구조를 예측하라.

**5.10** a. 벤젠에서 탄소-탄소 결합 길이를 예측하라.

b. 벅민스터풀러렌에서 탄소-탄소 결합 길이를 예측하라.

**5.11** $CH_3C \equiv CH$ 분자를 살펴보자. 고전적인 형태의 Bent의 법칙을 적용하여 H—C—H 결합각이 109.5°보다 큰지 작은지를 예측하라. 188쪽의 겹침에 관한 설명을 고려하여 다시 예측해 보라. (실험 결과는 Costain, C. C. *J. Chem. Phys*. **1958**, *29*, 864에 주어져 있다.)

**5.12** (중심 원자가 염소인) $ClF_3O_2$ 분자를 살펴보자. 몇 개의 이성질체가 가능한가? 어느 것이 가장 안정한가? 각각의 이성질체에 대한 점군 대칭을 결정하라.

**5.13** $Al_2Br_6$의 구조(그림 5.1h)는 기체 상태의 $Al_2Br_6$와 $Al_2Br_6$로부터 추정된 것이다. 그러나 고체 상태에서는 알루미늄 원자(또는 이온)가 사면체 구멍이나 팔면체 구멍에 있고 할로젠 원자(또는 이온)가 최조밀 쌓임 배열을 하는 구조로 가장 잘 설명할 수 있다. 고체 브로민화 알루미늄에서 알루미늄 원자는 인접한 사면체 구멍에서 쌍으로 발견된다. 고체 염화 알루미늄에서 알루미늄 원자는 전체 팔면체 구멍의 $\frac{1}{3}$을 채우는 것으로 알려져 있다.

a. 고체에 대한 이온 결합 모형을 사용하여 이들 두 구조를 설명하라. 이 해석에 유리한 요소와 불리한 요소는 무엇인가?

b. 고체에 대한 공유 결합 모형을 사용하여 이들 두 구조를 설명하라. 이 해석에 유리한 요소와 불리한 요소는 무엇인가?

**5.14** 표 7.1을 사용하여 인과 할로젠의 공유 반지름과 van der Waals 반지름을 구하라.

a. 트라이할로젠화 인에서 결합각이 109.5°가 되려면, 할로젠 원자들 사이에는 van der Waals 접촉이 있어야 함을 증명하라.

b. 공유 반지름과 van der Waals 반지름이 함께 증가하기 때문에, $PF_3$에서 $PI_3$로 가더라도 할로젠 사이의 반발이 더 심해지지는 않는다는 사실을 증명하라.

**5.15** 그림 5.29는 사각뿔 구조를 나타내는 휘귀한 인 화합물 중의 하나의 구조를 나타낸 것이다. 사원자 고리와 오원자 고리가 있기 때문에 TBP보다 SP가 더 우세한 기하 구조임을 설명하라(Holmes, R. R. *J. Am. Chem. Soc.* **1975**, *97*, 5379).

**5.16** 고리 화합물 I과 II를 살펴보자. I에서는 $(CH_3)_2PF_3$에서처럼 플루오린 원자의 빠른 상호교환이 일어날 수 없다. 그렇지만 II에서는 상호교환이 매우 빠르다. 그 이유를 설명하라.

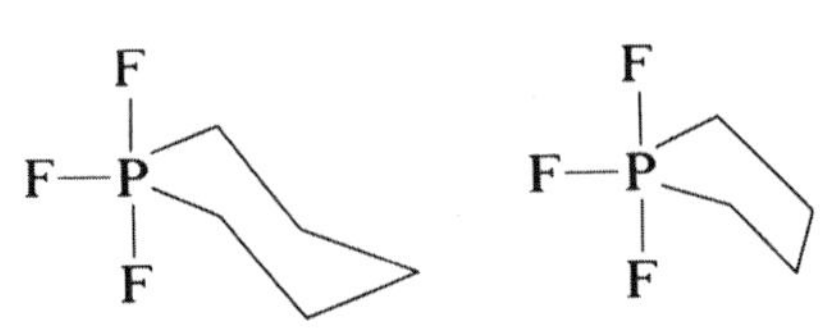


I II

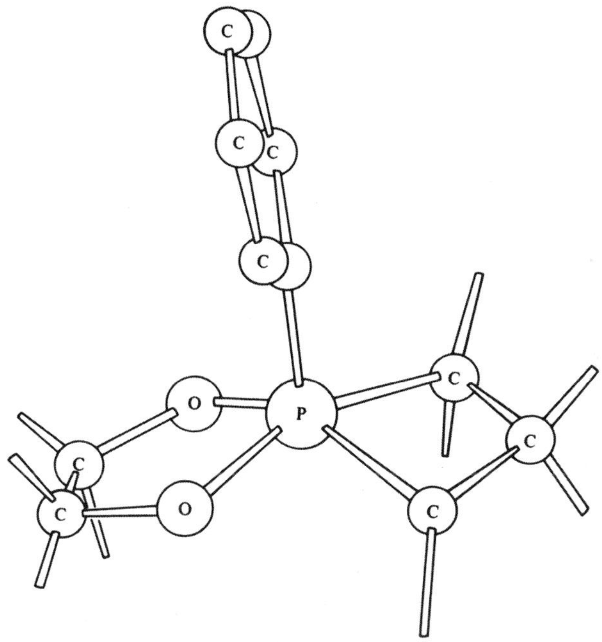


**그림 5.29** 사원자 고리와 오원자 고리를 갖는 사각뿔 다이옥소-λ[5]-포스페인. [Howard, J. A.; Trippet, S. *Chem. Commun.* **1973**, 856~857.]

**5.17** TBP 분자의 $sp^3d$ 혼성화된 인 원자에서 원자가 적도방향 오비탈과 축방향 오비탈을 통해 결합할 경우 중에서, 어느 쪽이 전기음성이 더 클 것인지를 설명하라.

**5.18** VSEPR 이론(174쪽)에서 고립쌍의 반발 효과와 이중 결합된 산소 원자의 반발 효과는 매우 유사하다고 설명하였다. 이 설명에서 알 수 있어야 하는 정성적 차이와 정량적 차이를 설명하라. [Christe, K. O.; Oberhammer, H. *Inorg. Chem.* **1981**, *20*, 296 참조]

**5.19** 고체 InCl의 가능한 구조에 대하여 최대한 자세히 예측하고 설명하라. 주의해야 할 점은 이 문제가 3장이 아니라 이 장에서 주어진 이유를 생각해 보라.

**5.20** 그림 5.30은 사이안화 소듐 결정의 등전자 밀도선을 나타낸 것이다. 고체 사이안화 소듐의 구조에 대해 알고 있는 모든 지식을 이용하여 이 그림을 해석하라.

**5.21** 아래에 열거한 그림에서 나타낸 분자와 이온들의 대칭 요소와 대칭 조작을 확인하여라. 각 분자와 이온에 대하여 알맞은 점군을 결정하라.

a. 5.4 b. 5.5 c. 5.6

d. 5.7 e. 5.8 f. 5.10

g. 5.11 h. 5.18

**5.22** 일산화 탄소의 분자 오비탈 도표(그림 4.20)와 혼성화와 에너지에 관한 설명(185~187쪽)을 고려하여 일산화 탄소의 어느 쪽 끝이 더 염기성일지(즉, 전자를 보다 쉽게 주어서 더 강하고 직접적인 공유 결합을 만드는지)를 예측하라.

**5.23** 그림 5.16의 분자 오비탈 도표를 참고하여 $BH_2$가 선형일지 굽은형일 것인지를 예측하라. 들뜬 상태 배치 $2a_1^2 1b_2^2 1b_1^1$에 대해서는 어떻게 예측하겠는가?

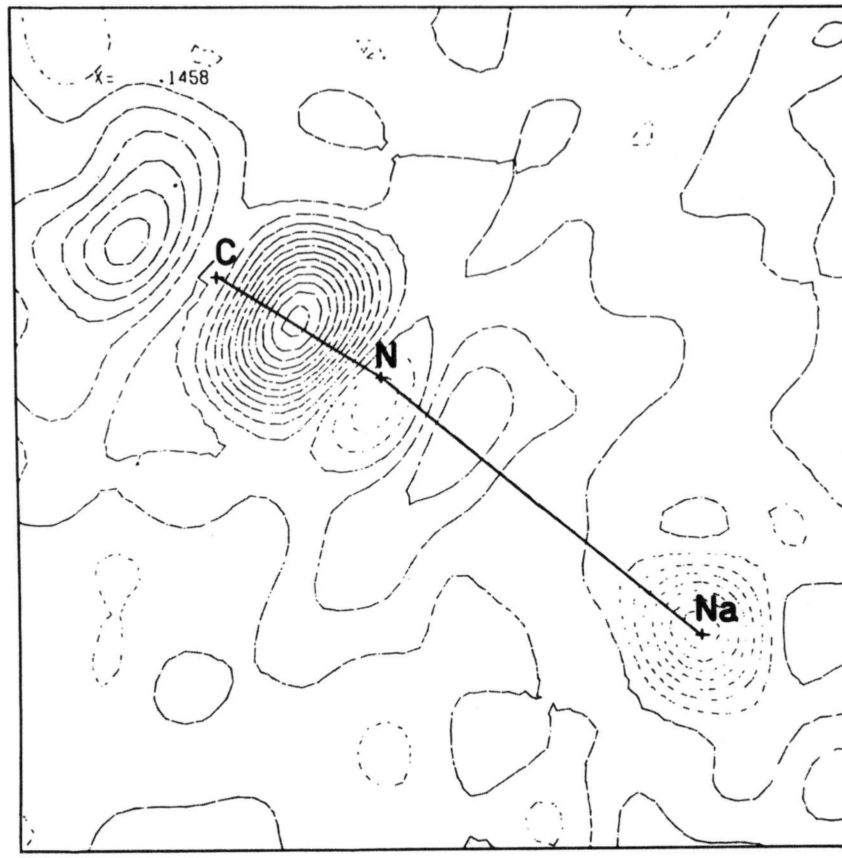


**그림 5.30** 사이안화 소듐, NaCN 결정의 시차 전자 밀도 그림. 실선으로 표기한 등밀도선은 원자에서부터 화합물이 생성됨에 따른 증가된 전자 밀도를 나타내고, 점선은 감소된 전자 밀도를 나타낸다. [Coppens, P. *Angew. Chem. Int. Ed. Eng.* **1977**, *16*, 32.]

**5.24** 그림 4.31의 $NO_2^-$에 대한 분자 오비탈 도표를 참조하라. 그림 5.16에 나타낸 것과 유사한 Walsh 도표에 의하면 O—N—O 결합각이 감소할수록 HOMO($a_1$) 는 더 안정화될 것임을 예측할 수 있다. $NO_2^+$, $NO_2$, $NO_2^-$의 결합각은 각각 108°, 134°, 115°이다. 이 경향성을 설명하라.

**5.25** 다음 분자들 중에서 대칭이 동등한 원자들의 세트는 어떤 것들인가?

a. $ClF_3$ b. $SF_4$ c. $Fe(CO)_5(D_{3h})$
d. $MnO_4^-$ e. $B_2H_6$ f. 나프탈렌, $C_{10}H_{10}$
g. $CO_3^{2-}$ h. $AB_6(D_{3h})$

**5.26** 그림 5.4b와 5.7a는 $SF_4$와 $ICl_4^-$에 대한 관찰된 적은 없지만 가능한 구조를 나타낸 것이다. 이들 가상적인 구조의 점군 대칭을 결정하라. 대칭성의 차이가 분광학적 성질에 미치는 영향을 설명하라.

**5.27** 194쪽에서 다리놓는 브로민 원자단의 동등함을 보여 주는 다른 대칭 조작이 있다고 설명하였다. 보기를 하나 제시하라.

• 제 6 장 •

# 고체 상태

앞 장에서는 간단한 결합 모형들(이온 결합 화합물에 관한 정전기 모형, 공유 결합에 관한 여러 가지 이론, 부분적 이온 결합성 및 공유 결합성 등) 이 무기화학자들이 관심을 갖는 화합물의 화학적 및 물리적 성질에 어떻게 응용되는지를 알아보았다. 물론 이들 성질에 영향을 주는 쌍극자 모멘트와 van der Waals 힘과 같은 다른 중요한 인자들도 존재하는데, 이들에 관해서는 나중에 알아보기로 한다. 이 장에서는 이온 결합이나 공유 결합, 또는 두 가지가 혼합된 결합에 의해 붙들려 있는 고체들을 예로 들어 알아보고자 한다. 주로 이온 결합의 힘으로 결합된 결정(예를 들면 그림 3.1의 NaCl형 구조를 갖는 산화 마그네슘) 과 순수한 공유 결합의 힘으로 결합된 결정(예를 들면 그림 6.1의 다이아몬드) 의 물리적 성질은 매우 유사하다. 두 형태의 결정은 모두 기계적으로 강하고 단단하고 절연체이며, 아주 높은 녹는점을 가지고 있다(예: MgO = 2852 °C, 다이아몬드 = 3550 °C). 어느 형태도 대부분의 용매에 잘 녹지 않는다. 두 가지 형태의 결정 사이에 뚜렷한 차이는 이온 결합 화합물의 경우, 유전율이 큰 몇 가지 용매는 이온 결합 화합물을 녹일 수 있다는 것이다(물이 가장 주목할 만한 용매이지만, 9장을 참조). 두 번째의 차이는 이러한 용액들은 용융된 이온 결합 화합물처럼 전기를 전도하지만 고체 그 자체는 전기를 전도하지 못한다는 것이다.

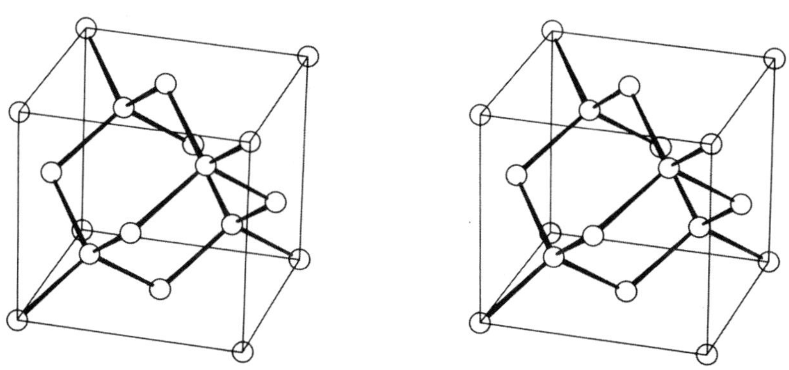

**그림 6.1** 다이아몬드(탄소) 구조의 단위 세포. 각 원자 주위의 사면체($sp^3$) 배열에 유의하라. 그림 4.2b와 비교하라. [Ladd, M. F. C. *Structure and Bonding Inorganic Chemistry*; Ellis Horwood: Chicester, **1979**.]

## 복잡한 고체의 구조

3장에서는 NaCl, CsCl, $CaF_2$ 등과 같은 간단한 이온 결합 화합물에 관한 주제뿐만 아니라, 최조밀 쌓임 격자에서의 사면체 구멍과 팔면체 구멍의 개념, 쌓임의 효율에 관한 개념, 반지름비 규칙에 대해서 알아보았다. 4장과 5장에서는 공유 결합과 분자의 구조에 관하여 설명하였다. 그림 6.2는 이러한 개념들을 요약하여 설명한 것이다(그림과 설명에 있는 부분과 방법을 서로 잘 연관시켜라). 또한 이 그림에서 사용한 표기 방법은 원자나 이온을 그리기 위하여 화학자들이 사용했던 것과는 다른 방법을 보여줌으로써 다양한 구조를 그리는 데 도움이 된다.

반지름비 규칙에서 알게 된 어려움과 예외들 때문에, 착물 구조를 연구하는 무기화학자들은 구조를 예측하기 위해 반지름비 규칙을 활용할 수 없을 것이라고 실망할 수도 있다. 만약 간단한 $M^+X^-$ 화합물에서 반지름비 규칙을 벗어나는 현상이 자주 나타난다면(그림 3.17 참조), 지구화학자가 감람석(olivine, $Mg_2SiO_4$), 스피넬(spinel, $MgAl_2O_4$), 다양한 금속 이온을 포함하는 다른 규산염과 알루미노규산염(aluminosilicate)과 같은 광물의 구조를 어떻게 합리적인 방법으로 다룰 수 있겠는가? 이들 광물들은 지각의 대부분과 맨틀을 형성한다. 이들은 중요한 광물일 뿐만 아니라, 이들 화합물 중의 몇 가지는 실험실에서도 중요하다. 스피넬(spinels) 류 라고 부르는 화합물들은 일찍이 결정장 이론의 발전에 중요한 역할을 하였다(10장 참조). 최근에는 고온 초전도체에 대한 관심이 매우 높은데, 이들은 페로브스카이트(pervoskite) 광물과 유사한 구조의 혼합 금속 산화물이다(230쪽 참조).

이러한 부류의 구조를 갖는 고체를 조사하기 위한 방법은 여러 가지가 있다. 그 중 한 가지는 이들을 고립된 사면체 또는 연결된 고리, 사슬, 판상(sheet) 등이 있는 규산염 음이온으로 표현하는 것이다. 다른 방법으로는, 감람석의 경우, $Si^{4+}$ 이온은 산화 이온의 육방 최조밀 쌓임 배열 속에 있는 사면체 구멍을 채우고, $Mg^{2+}$이온(혹은 동형 치환에 의한 $Fe^{2+}$ 이온)은 팔면체 구멍을 채운 것으로 간주한다(그림 6.3). 반지름비 방법으로도 비교적 정확한 예측을 할 수 있다. 반지름비 방법에서의 주된 어려움은 그것이 화학적 고려에 근거한 것이 아니고, 순수하게 기하학적 고려에 근거한 것이기 때문에 발생한다. 그래서 부분적 공유 결합성과 같은 화학적 인자를 포함시키면, 반지름비 규칙에 의한 예측력은 상당히 높아지게 된다. 문제에 접근하는 방법은 여러 가지가 있지만 여기서는 두 가지 방법만 설명하기로 한다. 가장 간단한 방법은 순전히 실험, 관찰에 의한 방법으로, 무기화학에서의 많은 방법들처럼 실험적인 토대를 갖추는 장점이 있다. 알려지지 않은 가능한 오차와 숨겨진 인자들이 생겨나 존재하게 된다. 먼저 $A_2BO_4$(A는 금속이고 B는 보다 높은 원자가를 갖는 금속이나 비금속)라는 일반식을 가진 구조가 알려진 화합물들을 나열한다. 두 좌표축을 따라 A와 B의 반지름을 각각에 대해 도시한다. 이것은 반지름비 계산을 그림으로 나타낸 것과 같다. 이와 같은 방법을 통해 얻은 구조장 지도(structure field map, 그림 6.4)에서는, 비슷한 구조는 무리를 이루고 있음을 볼 수 있다. 감람석의 경우 A ($r_{Mg^{2+}} = 86$ pm, $r_{Fe^{2+}} = 92$ pm)에 대해서는 90 pm, B ($r_{Si^{4+}} = 40$ pm)에 대해서는 40 pm 부근에 무리를 이루고 있다. 반면 스피넬은 $r_A \approx r_B$ 60 ~ 90 pm ($r_{Al^{3+}} = 68$ pm) 부근에서 무리를 이룬다.

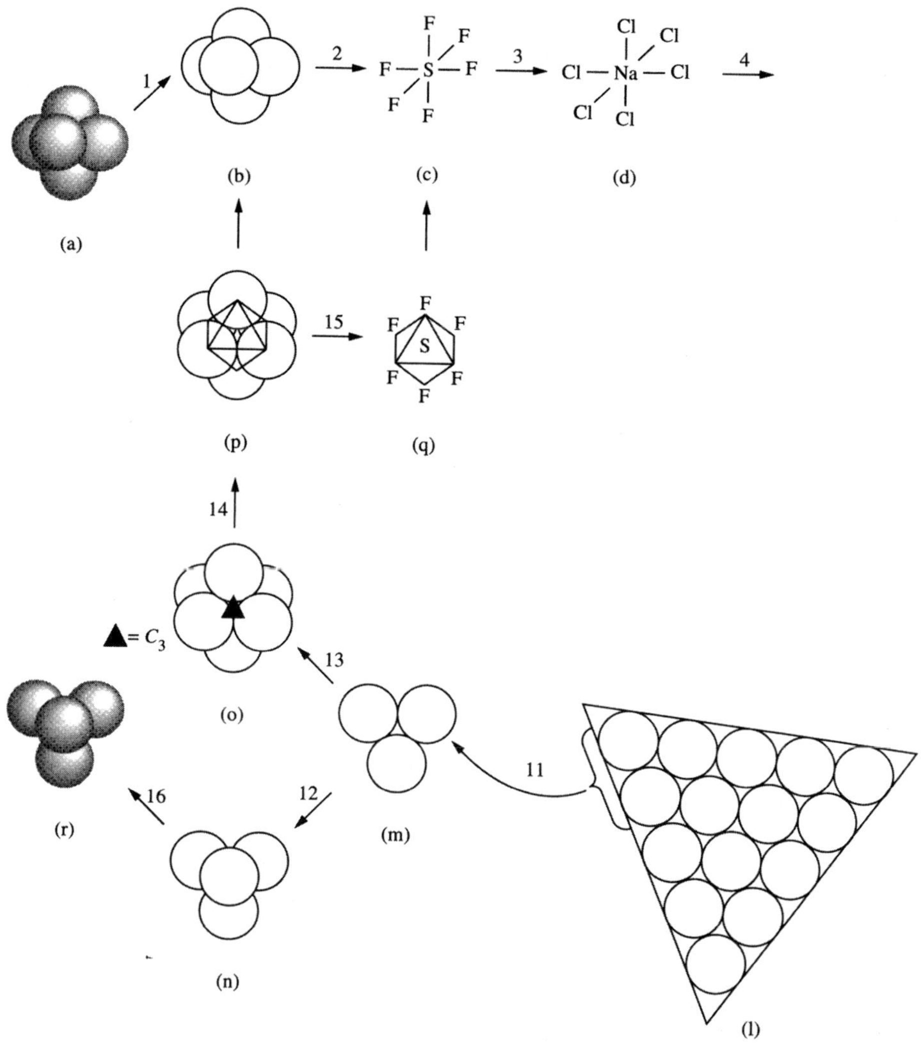


**그림 6.2** 여러 가지 분자들과 격자들(a~r) 사이에서 기하학적 관계와 상호변환(1~16): "실제" 헥사플루오린화 황 분자(a)는 공간 채우기 모형(b)으로 변환되고(1), 이어서 $SF_6$의 "막대-공" 모형(c)으로 변환된다(2). $SF_6$ 분자는 가상적인 $[NaCl_6]^{5-}$ 이온(d)과 대칭적으로 동등하고(3), NaCl 격자(e)의 한 부분인데(4), "투시" 격자(f)로서 나타내는 NaCl의 단위 세포에 의해서 그려지거나(5), 공간 채우기 모형(g)으로서 묘사될 수 있다(6). 단위 세포(f, g)는 단위 세포(h)당 실제 원자수를 보여 주기 위하여 쪼개진 원자를 포함하는 형태로 그릴 수도 있다(6'). 단위 세포는 확장된 격자(i)의 일부분이다(7). 관찰자에 가장 가까이 있는 염화 이온을 제거하면(8), 여섯 개 염화 이온으로 이루어진 삼각형 세트의 위에 세 개의 소듐 이온으로 이루어진 삼각형 세트가 깔려있었음이 드러난다(g).

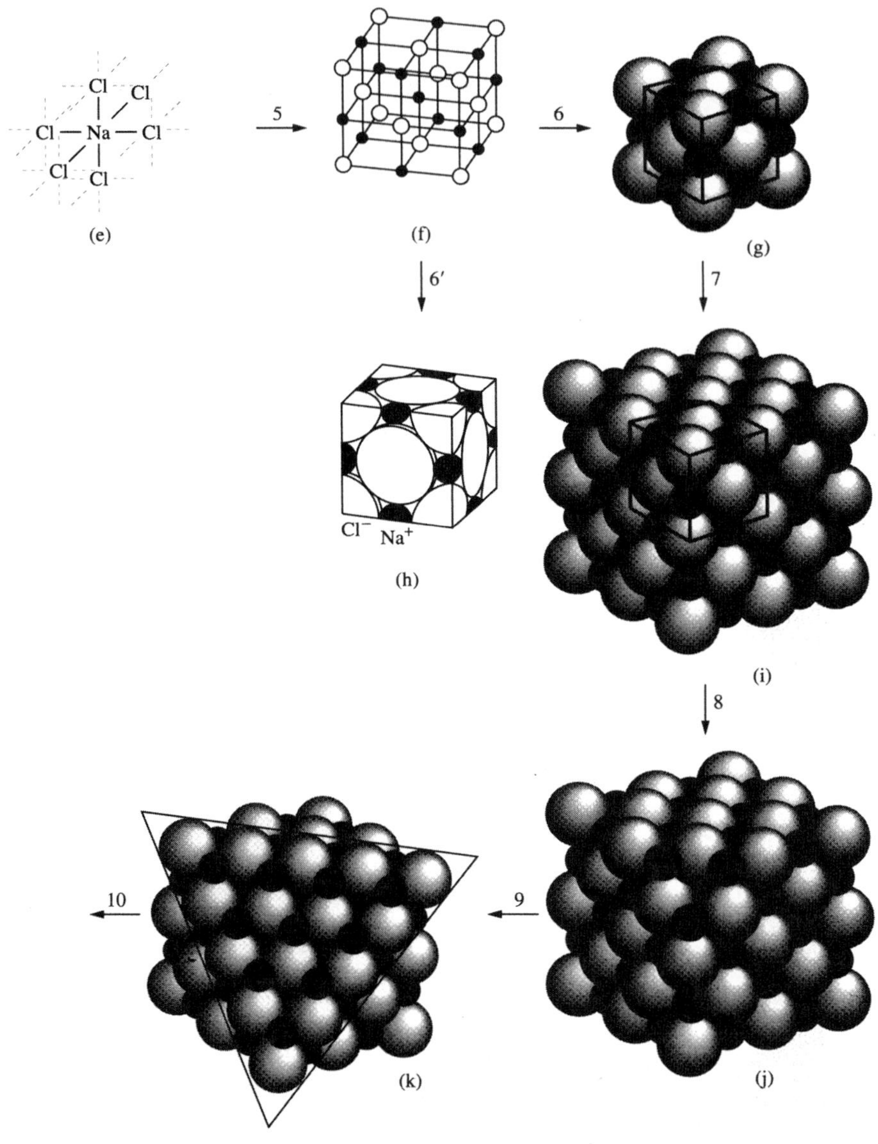


**그림 6.2** (계속)
이들 세 개 소듐 이온과 여섯 개 염화 이온을 제거하면(9), 15개의 염화 이온으로 이루어진 삼각형의 위에 열 개의 소듐 이온으로 이루어진 삼각형이 나타난다(k). 15개 염화 이온은 이온들의 최조밀 쌓임 배열(l)을 형성한다(10). 그림 4.12 및 4.14와 비교하라(l). 이 배열의 한 부분(m)을 취하면(11), 그 위를 덮는 원자에 따라 사면체 구멍(n)과 팔면체 구멍(o)이 생긴다(12). 세 이온으로 이루어진 두 번째 최조밀 쌓임층을 더하면 팔면체 구멍을 형성한다(13). 종이의 면에 수직한 $C_3$ 축이 있다(▲ 표시). 기하학적 선을 첨가하면(14) 팔면체 대칭(p)가 되며, 이 구조는 앞에서 알아본 막대-공 팔면체 모형(c)과 동등한 $SF_6$에서처럼, 구조는 팔면체(q)로 전환된다(15). 마찬가지로 한 개의 원자를 상층부에 놓고 공간 채우기 모형(n)으로 나타내면 사면체 구멍의 생성을 볼 수 있으며(12), 이어서 전자 구름을 갖는 "실제" 분자(r)로 변환된다(16).

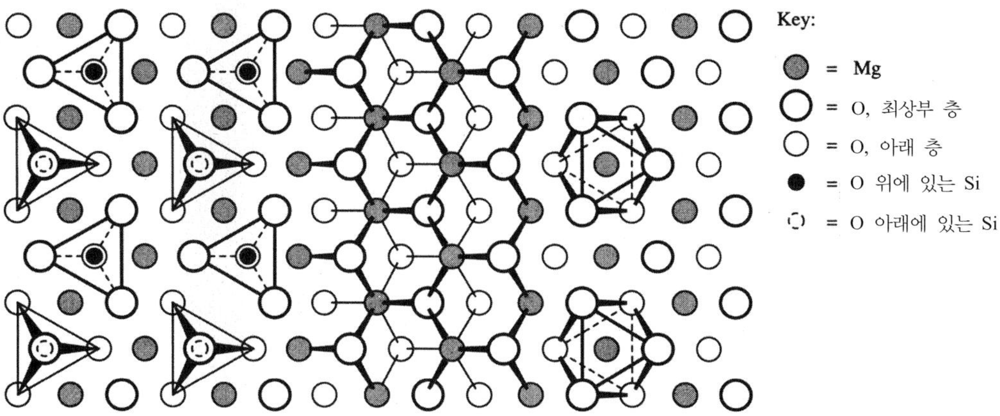


**그림 6.3** 세 가지 방법으로 나타낸 감람석, $Mg_2SiO_4$의 구조. 왼쪽: 분리해 나타낸 $SiO_4^{2+}$ 이온. 가운데: 확장된 구조를 나타내는 Mg—O 그물 조직. Si 원자는 간단하게 나타내기 위하여 생략하였다. 오른쪽: 산화 이온의 *hcp* 배열 속에 있는 $Mg^{2+}$ 이온. Si 원자는 생략하였다. 이들이 점유하고 있는 사면체 구멍을 찾을 수 있겠는가? [Wells, A. F. *Structural Inorganic Chemistry* 5th ed.; Clarendon, Oxford, 1984에서 수정.]

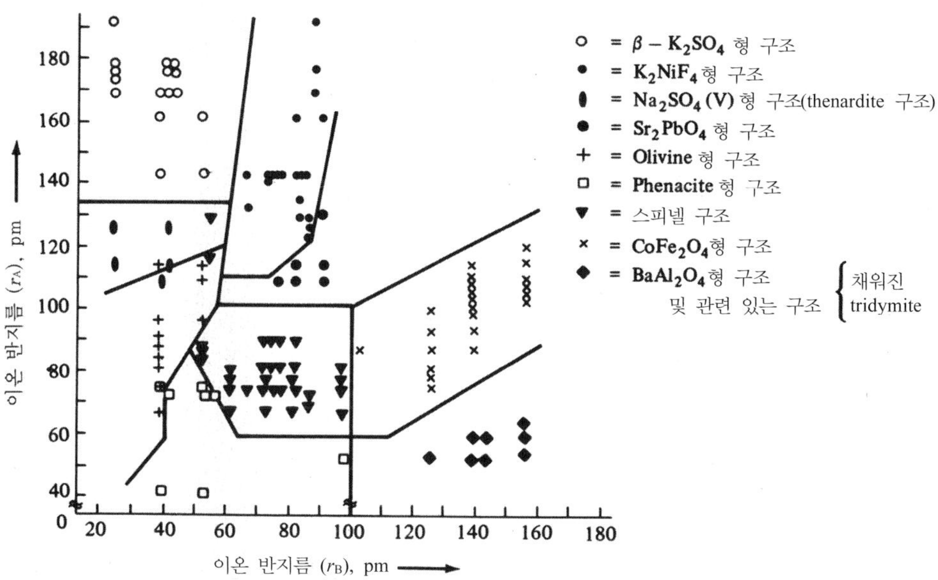


**그림 6.4** 양이온 크기 함수로 도시한 $A_2BO_4$ 화합물에 대한 구조장 지도. 일반적인 구조만 도시하였음을 유의하라. 이 그림에 있는 각 점은 표시한 구조와 크기의 양이온 $A(r_A)$와 $B(r_B)$를 갖는 한 가지 이상의 화합물을 나타낸다. [Muller, O.; Roy, R. *The Major Ternary Structural Families*; Springer-Verlag: New York, 1974.]

구조장 지도는 상당히 정확하다. 그러나 장의 경계선 부근에서는 예외가 발생하기도 한다. 심각한 오차는 잘 생기지 않지만, 세 가지 스피넬—몰리브덴산 소듐, 텅스텐산 소듐, 몰리브덴산 은—은 그들 장의 바깥에 위치하고 있다.[1)]

1) Muller, O.; Roy, R. *The Major Ternary Structural Families*; Springer-Verlag: New York, 1974; pp76~78.

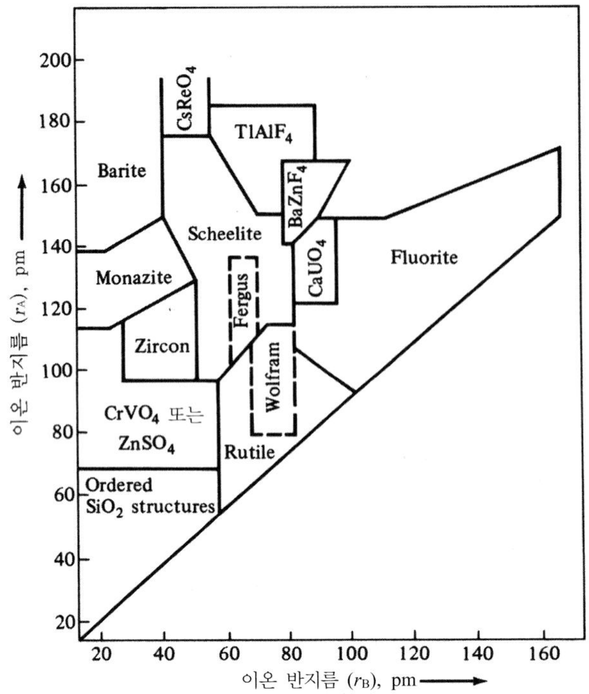


**그림 6.5** $ABX_4$ 구조에 대한 조성 구조장 지도, X = O 또는 F. [Muller, O.; Roy, R. *The Major Ternary Structural Families*; Springer-Verlag: New York, 1974.]

두 번째 구조장 지도를 그림 6.5에 나타내었다. 이것은 훨씬 더 일반화를 시도한 것인데, A의 산화 상태는 +1에서 +4의 범위에, B의 산화 상태는 +2에서 +6의 범위에 걸쳐 있고, X = O 또는 F이다. 많은 수의 화합물을 다소 지나치게 단순화시켜서 도표를 얻었기 때문에 정확도와 예측력은 다소 떨어지겠지만, 여러 가지의 다양한 화합물의 세트를 상대적 크기라는 단순한 파라미터를 사용하여 이해할 수 있게 된다.

결정 구조에 관한 연구에서는 주로 음이온의 최조밀 쌓임 구조 속에 양이온을 질서있게 배열하는 것으로 수행되고 있지만, 이것이 유일한 견해는 아님을 유의해야 한다. 무기화학에서 가끔 볼 수 있는 것처럼, 모형을 180° 정도로 회전시키는 것도 가능하고, 이렇게 하는 것이 유일할 때도 있다. 그러므로, 양이온의 배열을 강조하는 다른 방법을 살펴보면 흥미로운 사실을 알게 될 것이다.[2)]

## 이온 결합성 고체에서 공유 결합성 고체로의 변환에 대한 두 번째 고찰

3장에서 알아본 것처럼, Fajans 규칙을 일반적으로 설명할 때에는, 녹는점과 용해도 등의 물리적 성질을 강조한다. 구조와 관련된 공유 결합 성질의 가능한 영향들도 HgS에서의 $sp^3$ 결합이 사면체 황화 아연 구조(3장)를 뒷받침할 수 있다는 사실로 언급하였다. 그러므로 실험적 구조장 지도로부터 반실험적 모형(또는 관점에 따라서는 반이론적 모형)으로 관심을 옮겨보면, 설명을 해야 할 다른 요인을 찾게 된다. 예를 들면, 앞에서 공유 결합 성질은 배위수 6으로부터 배위수 4로의 전환을 일으킬 수 있음을 이미 알아보았다. 그러므로 순수한 역학적 방법 또는 반지름비 방법을 공유 결합과 관련지어 개선하여야 한다. 공유 결합성을 증가시키는 요인은 두 가지가 있다. (1) 전기음성도의 차이가 작을

2) O'Keeffe, M.; Hyde, B. G. *In Structure and Bonding in Crystals*, O'Keeffe, M.; Navrotsky, A., Eds.; Academic, New York, 1981, Vol. I, pp 227~254. *Struct. Bonding* (*Berlin*), **1985**, *61*, 77.

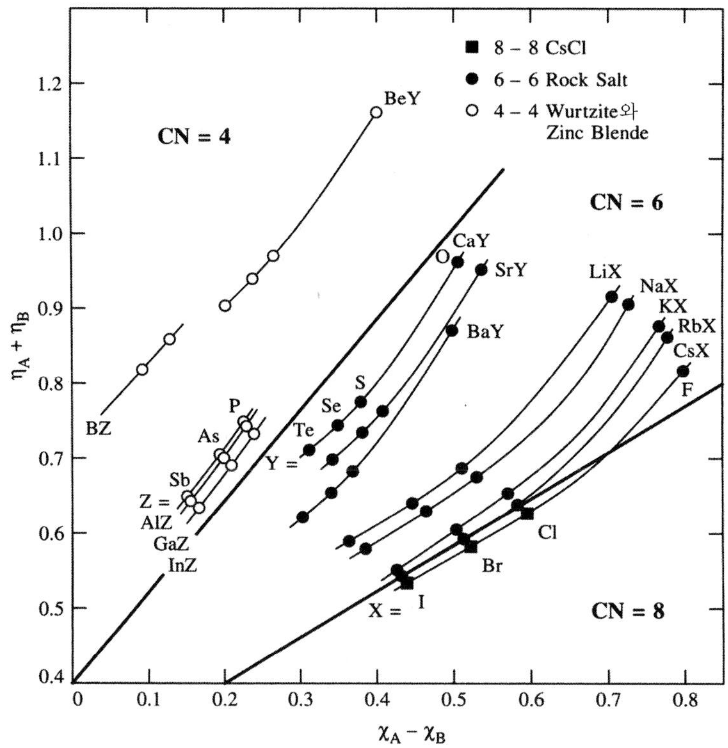


**그림 6.6** IA-VIIA(1~17), IIA-VIA(2~16) 및 IIIA-VA(3~15) 화합물들에 대한 원자 전하(선의 기울기)와 관련된 결정 구조. 가로축은 전기음성도 차이, $\Delta x\ (a_A - a_B)$이고 세로축은 전하 계수들의 합($\eta = \frac{1}{2}b$)이다. 전하, $\boldsymbol{\delta} \approx (a_A - a_B)/(b_A - b_B)$는 여기에서 도시된 것처럼 기울기의 역수보다 대략 두 배가 된다. [Shankar, S.; Parr, R. G. *Proc. Natl. Acad. Aci. U. S. A.* **1985**, *82*, 264~266를 수정하여 도시하였다.]

수록 공유 결합 성질은 증가한다. (2) 다른 요인이 같다면, 작은 원자가 큰 원자보다 더 강한 공유 결합을 형성한다(8장 참조). 이들 두 변수를 포함시켜서, Pearson[3]은 주양자수, $n$(크기의 대략적인 지표이다) 대 전기음성도 차이의 함수($\Delta x$) 및 반지름비, $r^+/r^-$를 도시하였고, 배위수 4인 화합물이 배위수 6인 화합물로부터 잘 분리되는 것을 입증하였다.

더 최근에는 Shankar와 Parr[4]가 화합물들을 전기음성도와 굳기도(hardness)에 따라 도시한 구조 안정도 도표를 만들었다(그림 6.6).[5] 이 방법으로 데이터를 나타내면, 화합물들은 구조와 배위수에 의해 매우 잘 분리된다. 원점을 지나는 선의 기울기는 다음과 같다.

$$m = \frac{a_B - a_A}{b_A + b_B} \tag{6.1}$$

이것은 전기음성도 균등화를 갖는 Mulliken-Jaffé 체계 내의 전하(이온성)에 대한 가장 간단한 표현법이다. 그림 6.6의 경계선들은 식 6.1에서 구한 기울기 $m$을 가지면서 원점으로부터 멀고 가깝게 퍼져 있다. 그러므로 각각의 경계선은 한 구조 형태로부터

---

3) Pearson, W. B. *J. Phys. Chem. Solids*, **1962**, *23*, 103.

4) Shankar, S.; Parr, R. G. *Proc. Natl. Acad. Aci. U.S.A.* **1985**, *82*, 264~266.

5) 굳기도는 원자나 이온의 특성인데, 대략 편극률에 반비례한다. 이것은 산-염기를 설명할 때 유용하다. 8장을 참조하라.

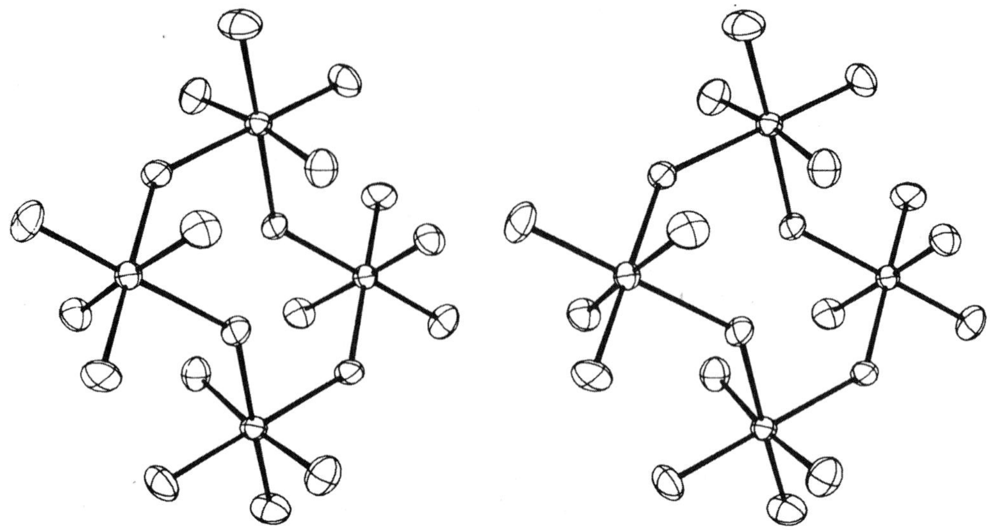

**그림 6.7** $Rh_4F_{20}$ 4합체 단위의 입체 구조. 로듐 원자는 플루오린 원자의 팔면체의 중심에 있다. 다리 플루오린 원자를 주목하라. [Morell, B. K.; Zalkin, A.; Tressaud, A.; Bartlett, N. *Inorg. Chem.* **1973**, *12*, 2640~2644.]

다른 구조 형태로 변환을 일으키는 일정한 이온성에 대한 선을 나타낸다고 해석할 수 있다.

배위 화합물은 대개 일차적으로는 공유 결합을 하고 있다고 간주되기 때문에(10장 참조), 고체 중에 퍼져 있는 복잡한 구조들을 서로 쉽게 관련지을 수 있다. 예를 들어, 펜타플루오린화 로듐을 살펴보자. 분명이 이 화합물의 이온성 구조는 분명히 $Rh^{5+}5F^-$일 것으로 생각할 수 있고, 실제로 결정 구조[6]의 일부분에서는 플루오린 이온들이 *hcp* 배열을 하고 있고, 팔면체 구멍에 로듐이 들어 있는 구조로 이루어져 있다. 그러나 이 구조를 더 자세히 살펴보면, 서로 다른 4합체 단위의 $Rh_4F_{20}$으로 구성되어 있음을 알 수 있다(그림 6.7). 각 로듐 원자 주위의 환경, 여섯 개의 플루오린 원자로 이루어진 팔면체는 $[RhF_6]^-$와 같은 착물이 될 것으로 예상하여야 한다. 다리 할로젠화 이온은 배위 화합물에서 잘 알려져 있다. 또한 Fajans 규칙에 따르자면 +5의 전하를 띤 양이온을 포함하는 이온성 구조는 의심을 하여야 한다.

Sanderson[7]은 할로젠화 알칼리와 같은 결정조차도 각각의 양이온은 여섯 개의 할로젠 원자의 팔면체 배위권에 의해 둘러싸이고, 각 할로젠 원자는 다시 다른 다섯 개의 알칼리 금속에 다리 결합을 하고 있는 무한 배위 중합체로 생각하여야 한다고 주장하였다. 이 견해는 전이 금속 화합물을 설명할 때에는 상당히 유용하지만, 대부분의 화학자들은 모든 이온 격자까지 확장하려들지는 않는다.

## Madelung 상수의 또다른 고찰

어떤 구조에 대한 Madelung 상수는 다양한 방법으로 표현될 수 있음을 3장에서 알아보았다. Born-Landé 식을 사용하여 개념적으로 가장 간단하게 나타내는 방법은 단순한 기

[6] Morell, B. K.; Zalkin, A.; Tressaud, A.; Bartlett, N. *Inorg. Chem.* **1973**, *12*, 2640~2644.

[7] Sanderson, R. T. *J. Chem. Educ.* **1967**, *44*, 516; *Polar Covalence*; Academic: New York, 1983; pp 165~173.

표 6.1
Madelung 상수의 비교.

| 화합물, $M_mX_x$ | 기하 구조 인자, A | 관례적 인자, A | 환산된 인자, A′[a] |
|---|---|---|---|
| $Al_2O_3$ | 4.172[b] | 25.031[b] | 1.68 |
| $CaF_2$ | 2.519 | 5.039 | 1.68 |
| $CdCl_2$ | 2.244 | 4.489 | 1.50 |
| $CdI_2$ | 2.192 | 4.383 | 1.46 |
| CsCl | 1.763 | 1.763 | 1.76 |
| NaCl | 1.748 | 1.748 | 1.75 |
| $SiO_2$[c] | 2.298 | 4.597 | 1.47 |
| $TiO_2$[d] | 2.408[b] | 4.816[b] | 1.60 |
| ZnS[e] | 1.641 | 1.641 | 1.64 |
| ZnS[f] | 1.638 | 1.638 | 1.64 |

[a] Johnson, Q. C.; Templeton, D. H. *J. Chem. Phys*. **1961**, *34*, 2004.
[b] 정확한 값은 상세한 구조에 따라 결정된다.
[c] Cristobalite.
[d] Rutile.
[e] Wurtzite.
[f] Zine Blende.

하학적 인자, A인데, 실제 이온 전하 $Z^+$, $Z^-$와 결합할 때, 정확한 정전기 에너지가 명확하게 되는 것이다. 어떤 연구자들은 가장 흔한 인자인 $Z^+$, $Z^-$, $Z^\pm$와 조합된 다른 상수, A를 사용하는 것을 더 선호했음도 유의하라.

**환산 Madelung 상수(reduced Madelung constant)**, A'를 조사하면 이온 결합성이 우세한 화합물의 안정성을 더 살펴볼 수 있다.[8] 환산 Madelung 상수는 Kapustinskii 식의 유도와 밀접한 관계가 있다. Templeton[9]은 화합물 $M_mX_x$의 격자 에너지를 다음과 같이 표현하면

$$U_0 = \frac{1.389 \times 10^5\ \text{kJ mol}^{-1}\ \text{pm}^2\ Z^+Z^-\ A'(m + x)}{2r_0} \tag{6.2}$$

모든 Madelung 상수는 약 1.7의 값으로 환산됨을 입증하였다(표 6.1). 이 견해의 유용성은 이온의 크기, 화합물의 화학식 및 구조의 다양성에도 불구하고, 기하학적 제약에 의해서 기본적으로 격자 에너지의 상한값이 있다는 것을 알려준다는 것이다. 비효율적인 구조는 이 상한값보다 약간 아래의 값을 가질 것이다(한계값 근처에는 항상 대체 구조가 존재할 것이다). 그리고 효율적인 구조라도 한계값보다 더 큰 값을 가질 수는 없다.

## 결정의 불완전성

지금까지의 결정에 관한 설명은 결정이 완전하다는 것을 가정한 것이었다. 완전한 결정

[8] 부호 *A*, A, *A′* 대신에 어떤 교재(Jolly, W. L. *Modern Inorganic Chemistry*; Mcgraw-Hill: New York, 1984, 그리고 Porterfield, W. M. *Inorganic Chemistry: A Unified Approach*; Addison-Wesley: Reading, MA, 1984)에서는 기하 구조 인자에 대해서 *M*, "관례적 인자"에 대해서 M, 환산 인자에 대해서 *M′*를 사용한다. 개념을 도입했던 Templeton에 의해서 사용된 부호(각주 10을 참조)는 *α*였다.

[9] Templeton, D. H. *J. Chem. Phys*. 1955, 23, 1826~1829.

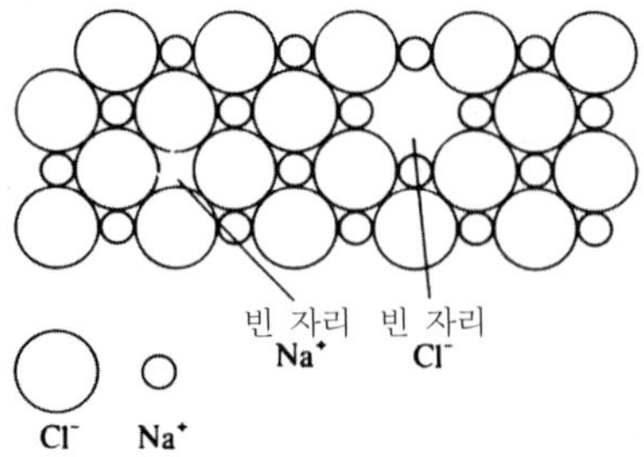


**그림 6.8** 알짜 전하가 생기지 않게 균형을 이루는 두 개의 Schottky 결함.

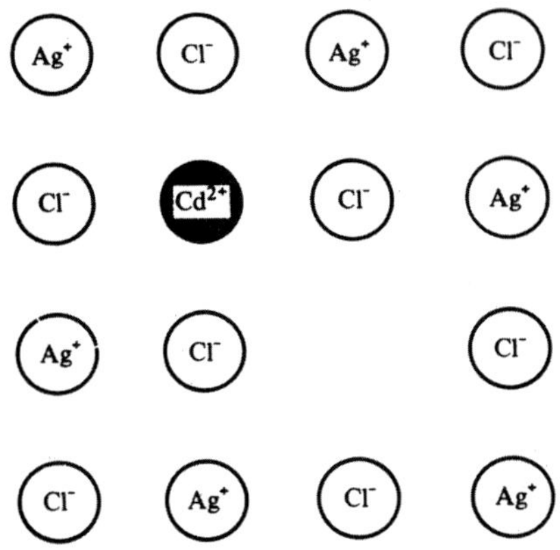


**그림 6.9** 보다 높은 원자가의 양이온이 존재하기 때문에 생성된 Schottky 결함(양이온 빈자리). 전하는 이 높은 전하 이온의 존재에 의해 균형되어 알짜 전하는 없다. [Hannay, N. B. *Solid State Chemistry*; Prentice-Hall: Englewood Cliffs, NJ, 1967.]

은 양이온-음이온의 상호작용은 최대이고, 양이온-양이온이나 음이온-음이온의 반발은 최소임이 분명하다. 그리고 예를 들면, 이것이 염화 소듐을 기체상에서 고체상으로 응축시키는 매우 강한 추진력의 근원이다. 그러나 이러한 응축이 일어나는 동안 무질서한 기체로부터 고도로 질서있는 고체가 되면서 엔트로피의 감소가 일어난다. 이러한 엔탈피-엔트로피의 대립은 엄청난 결정 에너지가 포함되기 때문에 엔탈피 요인을 더 선호한다고 주로 설명되지만, 엔트로피 인자는 절대 영도 이상의 모든 온도에서 항상 평형 결함이 존재하게 만들 것이다.

가장 간단한 형태의 결함을 Schottky 또는 Schottky-Wagner 결함이라고 부른다. 이것은 격자 자리로부터 어떤 원자나 이온이 빠져나간 것이다. 이온성 결정이 전기적으로 중성을 유지하려면 잃은 전하를 어떤 방법으로든지 균형을 이루어야 한다. 예를 들면, 균형을 이루는 가장 간단한 방법은 양이온이 없어지면 어디에선가는 음이온을 하나 잃어서 다른 Schottky 결함 하나를 만들어 균형을 유지하는 것이다(그림 6.8).

다른 방법으로는 더 높은 전하를 띤 불순물 이온이 존재하면 잃은 이온의 전하가 균형을 이룰 수 있다. 예를 들면, 염화 은의 결정에 소량의 염화 카드뮴을 "혼입(doping)"하면 $Cd^{2+}$ 이온은 염화 은의 격자에 쉽게 들어간다(표 3.4의 이온 반지름 참조). 2가의 양전하가 전하의 변화에 대한 균형을 이루려면 빈자리가 있어야 한다(그림 6.9). 이것과 관련된 것으로 "조절 원자가(controlled valency)"의 개념인데, 전이 금속의 화합물에 다른 전하를 띤 안정한 양이온을 도입하는 것이다. 전이 금속 이온의 산화 상태는 변할 수 있으므로, 이 이온이 전자를 얻거나 잃어서 균형을 이룬다. 예를 들어, 그림 6.10을 살펴보자. 화학량적 산화 니켈(II) 은 $Ni^{2+}$ 이온을 함유하는 수용액처럼 담청색이다. 여기에 소량의 $Li_2O$를 혼입하면 양이온 자리의 일부는 +2 니켈 대신에 +1 리튬에 의하여 채워지게 된다. 그러면 $Ni^{2+}$ 이온의 일부가 전자를 잃고 $Ni^{3+}$ 이온이 되므로, 결정의 전기 중성

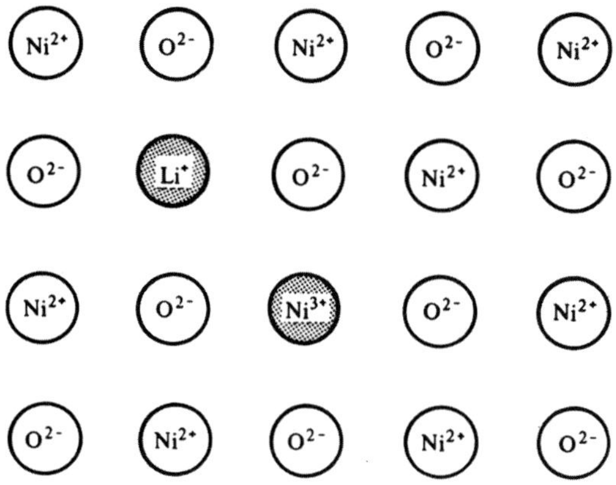


그림 6.10 NiO에 $Li^+$ 이온을 혼입하여 조절된 원자가($Ni^{2+} \rightarrow Ni^{3+}$). [Hannay, N. B. *Solid State Chemistry*; Prentice-Hall: Englewood Cliffs, NJ, 1967.]

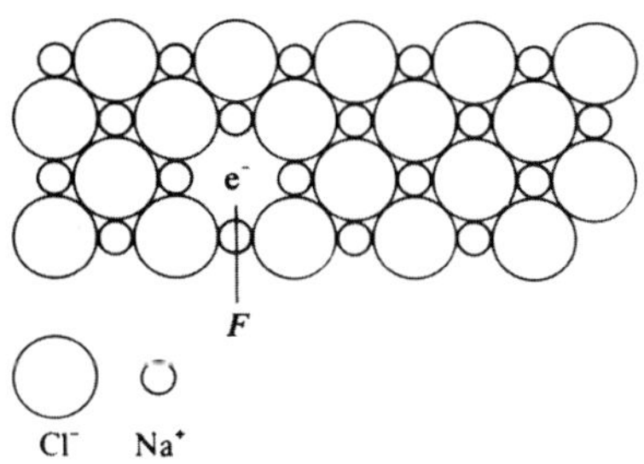


그림 6.11 *F* 중심: 한 개의 전자가 한 개의 음이온 자리를 차지하고 있다.

이 보존된다. NiO의 성질은 엄청나게 변한다. 색은 흑회색으로 변하고, 절연체(이온성 결정에서 예측되는 바와 같이, 3장 참소) 에서 반도체가 된다.[10)]

이와 유사한 효과는 비화학량적 화합물의 생성과 함께 일어날 수 있다. 예를 들면, 황화 구리(I) 는 화학식 $Cu_2S$에서 예상할 수 있는 것과는 달리 정확하게 2 : 1 비가 아닐 수도 있다. 만약 $Cu_2S$에서 $Cu^+$ 이온의 일부가 사라지면 여기에 상응하는 수의 $Cu^{2+}$ 이온이 보충된다. $Cu^+$와 $Cu^{2+}$는 모두 안정하므로 이상적인 조성비에서부터 $Cu_{1.77}$까지의 범위에 걸친 조성비가 얻어진다. 만약 "빈자리"가 진짜 비어 있지 않고, 그 자리에 전자가 채워져 있으면 이 결함을 F 중심이라 부른다. 예를 들면, 소량의 소듐 금속이 염화 소듐 결정에 혼입되어 있으면, 결정 에너지 때문에 소듐은 $Na^+ + e^-$로 이온화하고, 이 전자는 염화 이온이 있어야 할 자리에 들어간다(그림 6.11). 포착된 전자는 가시선 영역의 빛을 흡수하므로 화합물은 색을 띤다(F = 독일어의 Farbe로서 색을 뜻한다). 이 물질은 비화학양론적 화합물 $Na_{1+\delta}Cl$[11)] 또는 "전자화 소듐(sodium electride)"의 묽은 용액[12)]이라고 생각할 수 있다.

만약 없어지는 이온이 Schottky 결함에서처럼 완전히 제거되지 않고, 근처의 틈새 자리로 이동하게 되면, Frenkel 결함(그림 6.12) 이 생기게 된다. 빈자리와 상응하는 틈새 이온은 양이온이나 음이온에 의해 생길 수 있지만, 일반적으로 양이온이 음이온보다 더 작기 때문에 양이온이 틈새 구멍에 들어가기가 더 쉽다. 같은 이유로, 이론적으로는 틈새 양이온과 틈새 음이온을 동시에 가질 수도 있지만, 크기 때문에 적어도 한 이온은 에너지

10) 반도체는 이 장의 227~229쪽에 설명되어 있다.
11) $\delta$는 1에 비하여 작다.
12) 액체 암모니아 중의 전자화 소듐 용액에 대해서는 9장을 참조하라.

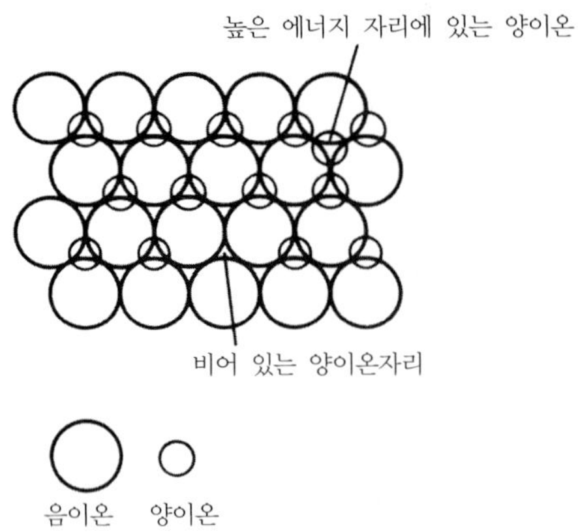


**그림 6.12** Frenkel 결함: 양이온이 정상적인 자리로부터 다른 자리로 옮겨져 있다.

적으로 불리한 경우가 대부분이다.[13)]

## 이온성 고체의 전도도

### 이온 이동에 의한 전도도[14)]

정상적인 이온성 고체는 전도도가 매우 낮다. 염화 소듐과 같은 보통의 결정은 **이온 전도 (ion conduction)** 에 의해 전도를 하여야 하는데, 이러한 결정에는 **전자 전도 (electronic conduction)** 를 위해 존재해야 하는 부분적으로 채워진 띠 (금속) 나 접근하기 쉬운 띠 (반도체) 가 없기 때문이다. 얻어지는 이온성 고체의 전도도는 대개 앞 절에서 설명한 결함과 관계가 있다. 이온의 이동은 다음과 같은 세 가지 형태로 분류할 수 있다.

1. **빈자리 메커니즘 (vacancy mechanism)**. 결정에 빈자리가 존재하면 없어진 이온과 같은 형태의 이웃에 있는 이온 (정상적으로는 양이온) 이 이곳으로 이동할 수 있다. 이동을 어렵게 만드는 것은 이동하는 이온의 크기와 그 이온을 둘러싸고 있으면서 이동을 방해하고 있는 이온들과 관계가 있다.
2. **틈새 메커니즘 (interstitial mechanism)**. Frenkel 결함을 공부할 때 알게 된 것처럼, 이온이 충분히 작다면 (대개 양이온), 이 이온은 팔면체 격자에 있는 사면체 구멍과 같은 틈새 자리를 차지할 수 있다. 그런 다음 다른 틈새 자리로 이동할 수도 있다.
3. **틈새-빈자리 메커니즘 (interstitialcy mechanism)**. 이 메커니즘은 위의 두 가지가 합쳐진 것이다. 이것은 협동 메커니즘인데, 한 이온이 틈새 자리로 이동하면, 이때 생성되는 빈자리에 다른 이온이 들어간다. 이러한 세 가지 메커니즘은 그림 6.13에 나타내었다.

순수한 이온 결합 화합물 중에서 이들의 메커니즘을 통해 생기는 전도도는 본질적이며 엔트로피에 의한 Boltamann 분포와만 연관된다. 그러므로 전도도는 온도가 증가하면 증가

13) Fine, M. E. *In Treatise on Solid-State Chemistry, Vol. I: The Chemical Structure of Solids*; Hannay, N. B., Ed., Plenum: New York, 1973; pp 287~290.

14) Farrington, G. C.; Briant, J. L. *Science* **1979**, *204*, 1371. West, A. R. *Basic Solid State Chemistry*; Wiley: New York, 1988, pp 300~330.

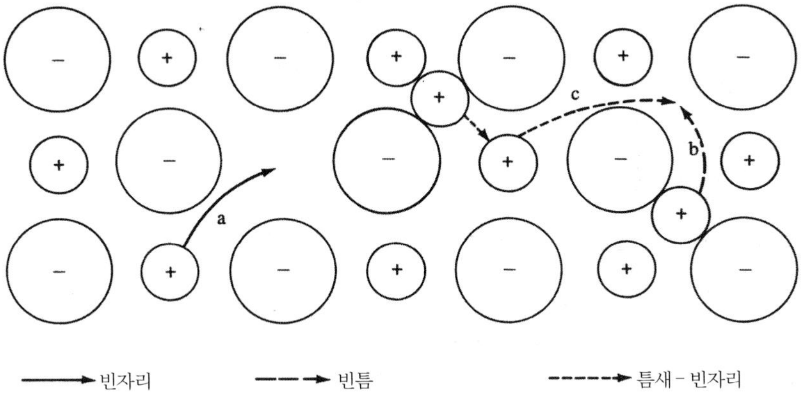


**그림 6.13** 결함 구조를 갖는 결정 내에서 이온 전도의 메커니즘: (a) 빈자리(Schottky 결함) 메커니즘, (b) 틈새(Frenkel 결함) 메커니즘, (c) 틈새-빈자리(Schottky-Frenkel 협동) 메커니즘.

하게 될 것이다. 결함의 수는 매우 제한적이기 때문에 전도도는 매우 낮으며, $10^{-6}\ \Omega^{-1}\text{cm}^{-1}$ 정도이다. 비본질적인 빈자리는 다른 전하를 갖는 이온에 의하여 유발될 것이다(218쪽 참조). 그러나 고체로서 몇 자릿수 더 큰 전도도를 갖는 이온 결합 화합물이 몇 가지 있다. 첫 번째로 연구되었으며, 실온에서 가장 높은 전도도($0.27\ \Omega^{-1}\text{cm}^{-1}$)를 갖는 화합물은 아이오딘화 루비듐($RbAg_4I_5$)이다.[15)]

이 화합물의 전도도는 35% 황산 수용액의 전도도($0.8\ \Omega^{-1}\text{cm}^{-1}$)와 비교될 수 있을 정도이다. 구조는, 아이오딘화 이온이 팔면체 구멍에 있는 $Rb^+$ 이온과 사면체 구멍에 있는 $Ag^+$ 이온을 갖는 복잡한(단순 최조밀 쌓임이 아님) 배열로 구성된다. $Ag^+$ 이온으로 채워질 수 있는 56개의 사면체 자리 중에서 $Ag^+$ 이온은 16 자리만을 점유하고 있고, 나머지는 빈자리로 남아 있다. 은 이온(114 pm)은 루비듐 이온(166 pm)과 아이오딘화 이온(206 pm)에 비하여 상대적으로 작기 때문에, 후자의 이온들로 이루어진 비교적 단단한 격자 내에서 더 잘 움직일 수 있다. 또한 빈자리는 통로 형태로 배열되어 $Ag^+$ 이온이 쉽게 움직일 수 있게 된다(그림 6.14).

실질적으로 이용할 수 있는 중요한 또 다른 고체 전해질은 소듐 베타 알루미나이다. 이 화합물의 구조는 스피넬과 밀접한 관련이 있는데, 단위 세포에 있는 58 원자 중의 50 원자가 스피넬 구조와 같은 위치에 정확하게 배열하고 있다.[16)] 즉, 소듐 베타 알루미나는 소듐 이온으로 채워진 스피넬 구조를 가진 얇은 층으로 이루어진 무한 샌드위치 모양이라고 생각할 수 있다. 소듐 베타 알루미나의 높은 전도도는 스피넬과 유사한 층 사이에 소듐이 존재하기 때문에 생긴다. 층 사이의 Al—O—Al 결합은 입체 주차장에 있는 기둥 같은 구실을 하고(그림 6.15), 소듐 이온이 쉽게 이동할 수 있을 정도로 층을 벌려 놓아서 전도도가 $0.030\ \Omega^{-1}\text{cm}^{-1}$ 정도가 되게 만든다. 이것과 관련된 구조로서 소듐 $\boldsymbol{\beta}''$ 알루미나가 있는데, 이 화합물은 층 사이가 더 벌어져 있고 전도도는 더 높아서 $0.18\ \Omega^{-1}\text{cm}^{-1}$이다.

고체 전해질은 여러 가지로 중요한 용도가 있지만 가장 매력적인 것은 전지로 사용할 수 있다는 것이다. 전지는 매우 반응성이 큰 두 가지 물질로 구성되며(반응성이 더 클수록 더 좋다), 한쪽은 환원제이고, 다른 한쪽은 산화제이다(무기전지화학에 관한 설명은 9

15) Geller, S. *Acc. Chem. Res.* **1978**, *11*, 87. 각주 15도 참조하라.
16) Wells, A. F. *Structural Inorganic Chemistry, 5th ed.*; Clarendon: Oxford, 1984; pp 598~599.

**그림 6.14** $RbAg_4I_5$ 결정의 구조. 아이오딘화 이온은 큰 구형으로, 루비듐 이온은 작은 백색 구형으로 나타내었다. 은 이온에 알맞은 사면체 자리는 수평 막대 위에 짧은 슬리브로 나타내었다. (전면 왼쪽에 있는 아이오딘화 이온이 뒤의 오른쪽에 있는 네 번째 아이오딘화 이온과 더불어 삼각형을 형성한 것이 가장 잘 보일 것이다.) 전도도는 $Ag^+$ 이온이 한 사면체 구멍에서 다른 사면체 구멍으로 결정 내의 통로를 통해 이동하면서 나타난다. 중앙의 위쪽에서 아래로 향해 굽어지면서 내려오는 통로가 하나 보인다. [Giller, S. *Science* **1967**, *157*, 310.]

장을 참조). 이들이 직접 반응하지 않게 하려면, 두 물질에 대하여 반응하지 않는 **전해질 전도체(electrolytic conductor)** 이지만 **전자 절연체(electronic insulator)** 인 물질을 이용하여, 산화제와 환원제를 분리해야 한다. 일반적으로(납축전지, 건전지, 니켈 알칼리 전지처럼), 전해질의 수용액이 이 목적에 이용된다. 그러나 대부분의 보통 전지는 이렇게 하면 반응 물질이 소비되어 전지의 중량 효율이 낮아진다. 고체 전해질의 매력은 보다 효율적인 전지를 만들 수 있다는 것이다.

그림 6.16에 나타낸 전지를 살펴보자. 산화전극에서 생성되는 소듐 이온은 소듐 베타 알루미나를 통하여 황이 들어 있는 칸막이까지 흘러가서 황의 환원 생성물과 반응하여 황에서 삼황화 소듐 용액을 형성한다. 삼황화 소듐은 300 °C에서 용융 상태를 유지시킨다. 소듐 베타 알루미나는 전자 절연체로서 작용하고, 회로가 단락되는 것을 막으며, 소듐에 대해서도 황에 대해서도 비활성이다. 이 반응은 가역적이다. 현재의 발전 단계에서 납축전지와 비교하면, 이러한 종류의 전지는 부피당 두 배의 전력을, 무게당 네 배의 전력을 낼 수 있다.

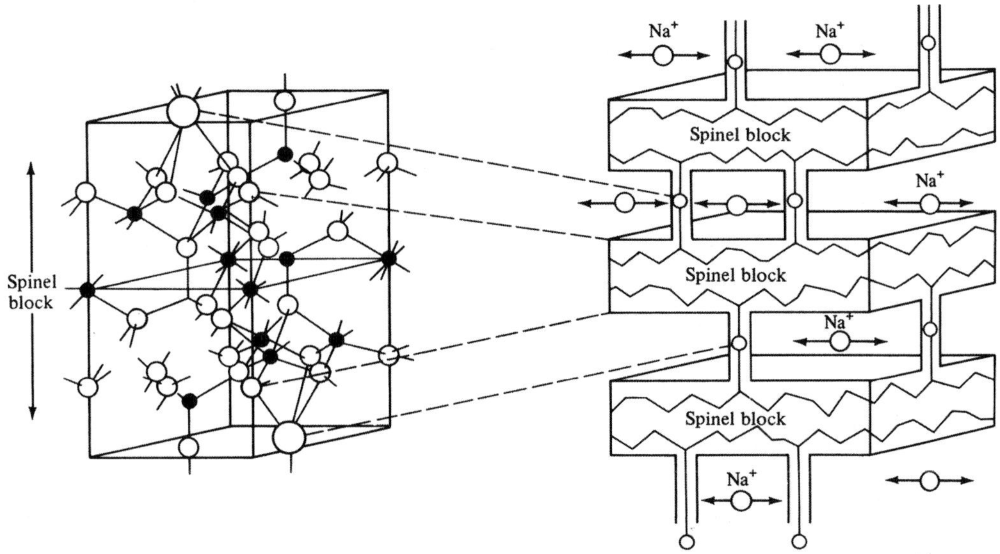


**그림 6.15** 소듐 베타 알루미나(오른쪽) 구조와 스피넬(왼쪽) 구조의 관계. "입체 주차장" 구조의 Al—O—Al 기둥으로 받쳐진 스피넬 구조 덩어리 사이를 소듐 이온이 자유롭게 움직일 수 있다. [Wells, A. F. *Structural Inorganic Chemistry*, 5th ed.; Clarendon: Oxford, 1984.]

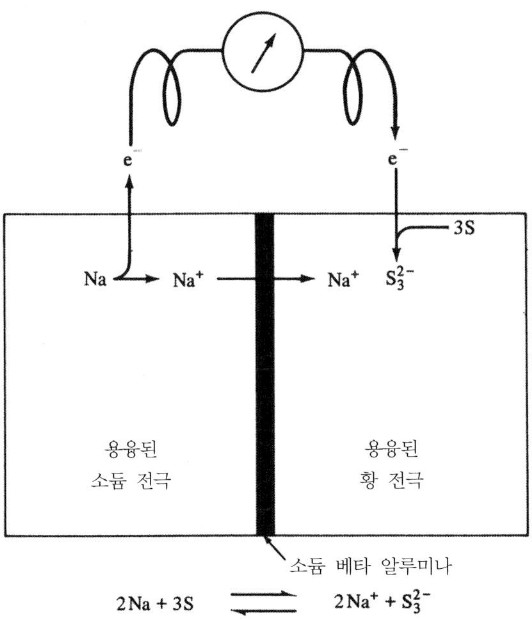


**그림 6.16** 소듐 베타 알루미나 고체 전해질을 포함하는 소듐/황 전지.

## 공유 결합으로 유지되는 고체

이 장은 원칙적으로 이온 결합 화합물을 다루고 있지만 이온 결합을 포함하지 않는 고체의 몇 가지 성질도 이온성 고체의 성질과 비교하면 편리하므로, 여기에서 공유 결합 고체를 다루기로 한다.

## 고체의 형태

전기 전도도에 바탕을 두면 고체는 대략 세 가지 형태로 구분할 수 있다. 금속은 전기를 매우 잘 전도하지만 절연체는 전기를 전도하지 않는다. 절연체는 트라이아이오딘화 인처럼 별개로 떨어져 있는 작은 분자로 구성되어 있으며, 한 분자로부터 전자를 이온화하여 다른 분자로 이동하는 데 필요한 에너지는 너무 커서 보통의 전압하에서는 일어날 수 없다.[17] 대부분의 이온성 고체는 비전도체라고 알려져 있다. 마지막으로 다이아몬드나 석영처럼 무한 공유 결합을 포함하는 고체는 대개 좋은 절연체이다(문제 6.5 참조).

고체의 세 번째 형태는 반도체로 알려진 그룹이다. 이들은 규소와 저마늄처럼 금속과 비금속 간의 경계에 있는 원소들, 비소화 갈륨처럼 경계에 있는 원소들의 화합물, 비화학량적 또는 결함 구조를 갖는 물질 등이다. 전기적 성질은 도체와 비전도체(절연체)의 중간이다.

## 띠 이론

결정 내에서 금속 원소에 대한 원자들의 무한 배열의 결합과 성질을 이해하려면, 먼저 소수의 금속 원자들이 상호작용을 하면 어떤 현상이 일어나는지를 살펴보아야 한다. 우선 리튬 원자를 살펴볼 것인데, 리튬은 한 개의 원자가전자 $2s^1$을 갖지만, 그 원리는 전이 금속과 후전이 금속까지 확장할 수 있기 때문이다. 두 파동 함수가 상호작용하면 그 두 파동 함수 중의 하나는 높은 에너지로, 그리고 나머지 하나는 보다 낮은 에너지 상태로 된다. 이것은 4장에서 수소 분자에 대하여 설명하였다. 마찬가지로 두 리튬 원자의 2*s* 오비탈 간의 상호작용은 그림 6.17처럼 결합성 $\sigma$ 에너지 준위와 반결합성 $\sigma^*$ 에너지 준위를 만든다. *n*개의 리튬 원자가 상호작용하면 *n*개의 에너지 준위가 생성되는데, 일부는 결합성이고 일부는 반결합성이다(그림 6.18). 금속 리튬 1몰은 Avogadro 수(*N*)에 상응하는 만큼의 조밀한 간격을 갖는 에너지 준위(이 집단을 띠라고 부른다)를 만들며, 더 안정한

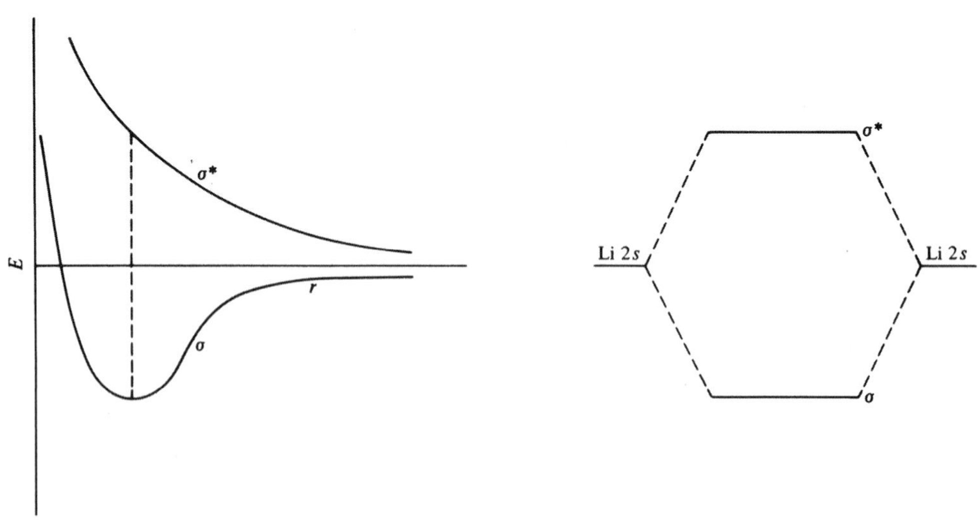


**그림 6.17** $\sigma$와 $\sigma^*$ 분자 오비탈을 생성하는 두 리튬 원자의 2*s* 오비탈들의 상호작용. 그림 4.1, 5.7과 비교해 보라.

[17] 물론 충분한 에너지를 가해주면 어떤 절연체라도 전기를 전도하게 만들 수 있다.

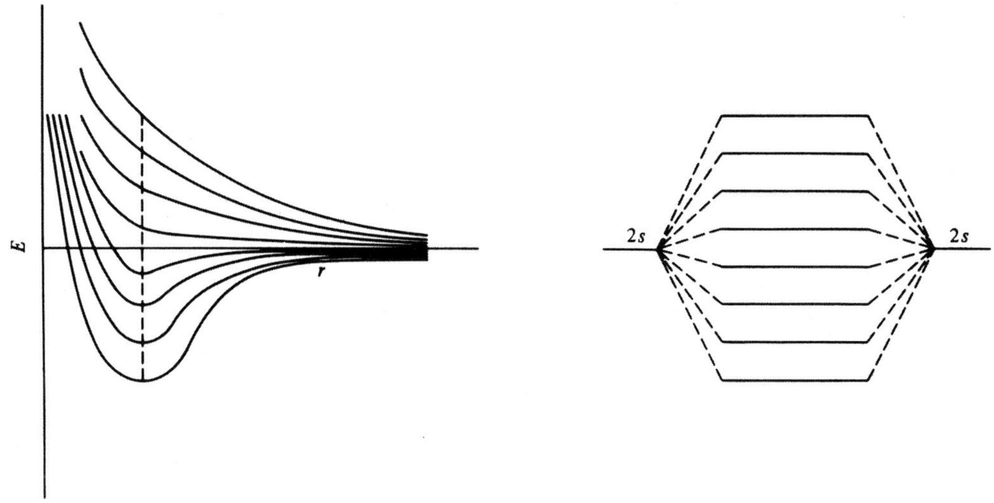


그림 6.18 여덟 개 리튬 원자의 여덟 개 2*s* 오비탈들의 상호작용. 에너지 준위의 간격은 여덟 개 원자의 기하 구조에 따라 변한다.

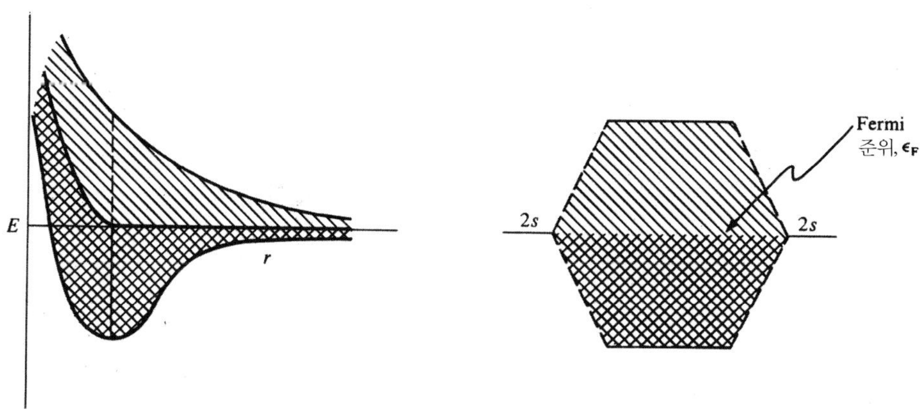


그림 6.19 1몰의 리튬 원자의 2*s* 오비탈이 절반이 채워진 띠를 형성하면서 결합하는 모양. 진하게 그늘진 곳의 띠는 전자가 채워진 부분이고, 채워진 띠의 최상부를 Fermi 준위($\varepsilon_F$)라고 부른다. 2*p* 오비탈도 상호작용할 수 있기 때문에 실제 상황은 이보다 더 복잡하다.

띠는 결합성이고 불안정한 것은 반결합성이다.[18] 각 리튬 원자는 한 개의 전자를 가지며 에너지 준위의 수는 리튬 원자의 수와 같으므로, 에너지 준위의 절반은 원자가 두 개이든, 12개이든, 또는 $N$ 개이든지 상관없이 전자가 채워질 것이다. 그리하여 금속에서 띠는 절반만이 전자로 채워져서, 에너지 준위의 안정한 절반에는 전자가 두 개씩 들어가고, 불안정한 "위쪽" 절반은 비어 있다(그림 6.19). 앞의 설명은 절대 영도에서만 옳은 것이다. 모든 실제의 온도에서, 띠에는 에너지 준위가 밀집해 있고, 또한 Boltzmann 분포에 의해서 절반만 채워진 준위의 수가 많다.[19] 그래서 그림 6.19에 나타낸 예리한 절단면도 실제로는 다소 불분명해야 한다. 재워진 에너지 준위들의 최상부를 Fermi 준위($\varepsilon_F$) 라고 부른다.

각 에너지 상태는 왼쪽 또는 오른쪽의 어느 한쪽 방향의 파동 운동량과 관련이 있다.

---

18) 띠의 중심 가까이에 있는 준위는 원칙적으로 비결합성이다.

19) 보다 높은 에너지 상태의 분포를 설명하는 Boltzmann 분포는 $e^{-E/kT}$의 값과 관계가 있으며, 여기에서 $e$는 자연대수의 밑수, $E$는 높은 상태의 에너지, $k$는 Boltzmann 상수, $T$는 절대온도이다.

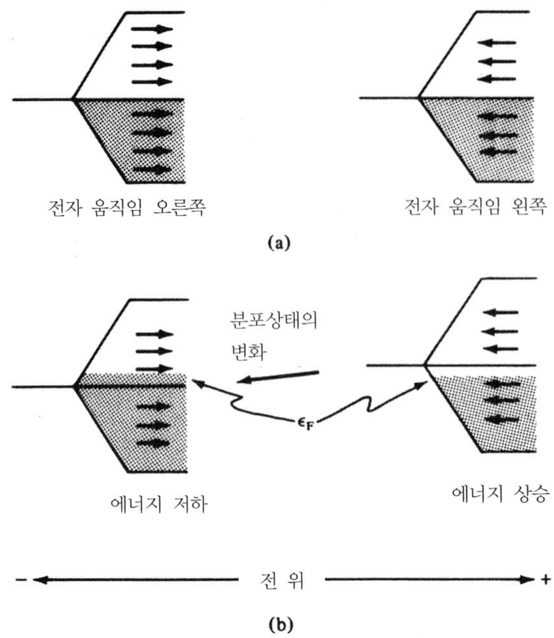


**그림 6.20** 금속 내의 에너지 준위에 대한 전기장의 영향. (a) 전기장이 없고, 전자의 알짜 흐름이 없다. (b) 전기장이 걸리고, 오른쪽으로 전자의 알짜 흐름이 있다.

만약 계에 퍼텐셜이 없으면, 전자가 왼쪽으로 움직이는 상태의 수는 전자가 오른쪽으로 움직이는 상태의 수와 정확하게 일치한다. 그러므로 알짜 전류의 흐름은 없다(그림 6.20a). 그러나 만약 정전기 퍼텐셜을 금속에 걸어주면, 양전하 쪽으로 움직이는 전자를 갖는 상태의 퍼텐셜 에너지는 음전하 쪽으로 움직이는 전자를 갖는 상태의 퍼텐셜 에너지보다 더 낮다. 그리하여 이 두 상태를 점유하고 있는 비율은 50:50이 되지 않는다(그림 6.20b). 상태의 점유는 왼쪽과 오른쪽의 가장 높은 상태의 에너지가 같게 될 때까지 변할 것이다. 그러므로 양전하 쪽으로 움직이는 상태로 전자의 알짜 전하 이동이 존재하며, 금속은 전기를 전도한다. 띠가 완전히 채워져 있으면(그림 6.21) 전자가 이동할 가능성은 없으며, 퍼텐셜이 존재하더라도 어느 쪽으로나 같은 수의 전자가 흐른다. 그러므로 알짜 전류는 영이 되고 이 물질은 절연체이다.

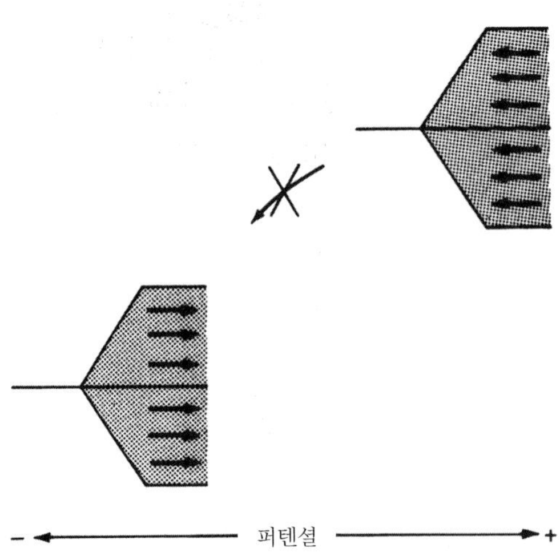


**그림 6.21** 절연체에 대한 전기장의 영향. 전위를 걸어 주어도 양쪽의 흐름은 동등하다.

## 고유 반도체 및 광들뜸 반도체

모든 절연체는 채워진 원자가띠와 보다 높은 에너지를 갖는 완전히 빈 띠를 갖는데, 후자는 높은 에너지를 갖는 원자 오비탈들로부터 생성된 것이다. 예를 들면, 규소 원자의 핵심부 전자는 $1s^2$, $2s^2$, $2p^6$에 들어가야 하고, 원자가띠는 $3s$ 및 $3p$ 오비탈로 구성된다. 그래서 $3d$, $4s$, $4p$ 및 보다 높은 원자 오비탈의 결합에 의해서 빈 오비탈이 생기게 된다. 온도가 충분히 높으면 약간의 전자가 원자가띠로부터 전도띠라고 부르는 에너지가 가장 낮은 빈 띠로 열적으로 들뜨게 된다(그림 6.22). 들뜬 전자의 수는 온도와 띠 간격, $\Delta E$의 함수로서 Boltzmann 분포에 의하여 결정될 것이다. 에너지 간격의 크기를 설명하기 전에 절연체(다이아몬드, 탄소), 반도체(Si, Ge) 및 "거의 금속인" 회색 주석에 대한 전형적인 띠 간격과 전도도값을 살펴보자.[20]

| | C | Si | Ge | Sn (회색) |
|---|---|---|---|---|
| 띠 간격, kJ $mol^{-1}$ | 580 | 105 | 69 | 7 |
| 전도도, $\Omega^{-1}cm^{-1}$ | $< 10^{-18}$ | $5 \times 10^{-6}$ | 0.02 | $10^4$ |

전자가 반결합성 전도 띠로 들뜰 때 마다, 원자가띠에는 구멍, 또는 빈자리가 남게 된다. 원자가띠 속에 있는 전자와 전도띠 속에 있는 전자는 모두 그림 6.20b에 나타낸 과정을 통해 전위 하에서 자유롭게 움직인다. 그러나 전자의 수(전도띠)와 구멍의 수(원자가띠)는 제한되어 있으므로, 왼쪽으로 이동하는 상태의 전자수와 오른쪽으로 이동하는 상태의 전자수의 차이가 있을 때에만 이동이 일어날 수 있으며, 전도도는 금속의 전도도만큼 높지 않다. **고유 반전도**라고 알려진 이 현상은 **더미스터**(감온성 저항기)의 기초가 된다.

고유 반도체 내에 있는 전자들이나 구멍들의 전도도에 대한 다른 관점은 전도띠에서 전자는 예상할 수 있는 것처럼 양전위 쪽으로 이동하고, 구멍은 별개의 양전하로서 전자와는 반대 방향으로 이동한다고 간주하는 것이다. 두 경우 모두에서 전도는 전자에 의해 일어나지만, 구멍 형식론을 사용하면 물리적인 특성을 편리하게 나타낼 수 있다.

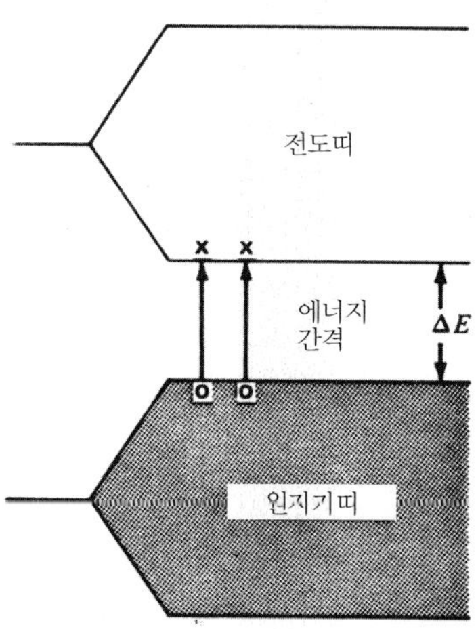


**그림 6.22** 고유 반도체 내에 있는 전자들의 열 들뜸. × 표시는 전자, ○ 표시는 구멍을 나타낸다.

20) Van Vlack, L. H. *Elements of Material Science and Engineering*, 5th ed.; Addison-Wesley: Reading, MA. 1985; p 303. 회색 주석은 다이아몬드와 같은 구조를 갖고 있다. 흰색 주석이라 불리는 금속 주석은 각 주석 원자 주위에서 뒤틀린 팔면체 구조를 가진다. 이것은 다른 금속들처럼 전기를 전도한다.

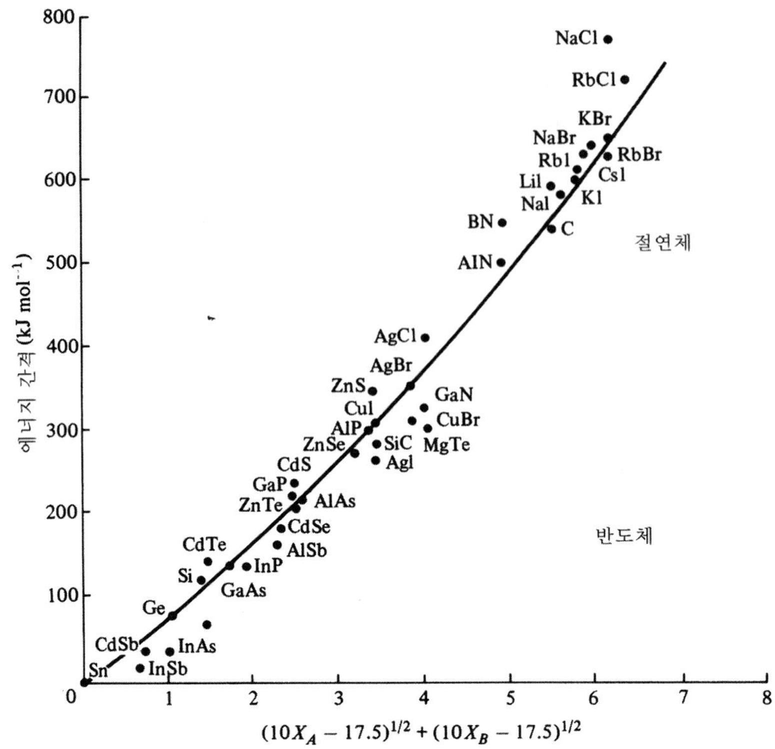


**그림 6.23** 에너지 간격과 원소들의 전기음성도 간의 실험적 관계. 상당히 전기음성이고 단일 원자(C, 다이아몬드) 또는 전기음성이 낮은 금속과 전기음성이 높은 비금속으로 이루어진 물질(NaCl)은 좋은 절연체이다. 전기음성도가 1.75에 접근할수록 전기음성도 함수는 빠르게 0에 가까워진다. [Hannay, N. B. *Solid-State Chemistry*; Prentice-Hall: Englewood Cliffs, NJ. 1967.]

열 들뜸 대신에 빛의 광자가 전자를 원자가띠에서 전도띠로 들뜨게 하면, 앞에서 알아본 것과 동일하게 전도를 일으키는 전자와 구멍 운반체가 구멍이 생성되고, 광전도도 현상을 관찰할 수 있게 되는데, 광전도도는 광전지를 비롯한 유사한 장치에 활용된다.

네 개의 원자가전자를 갖는 규소나 저마늄(띠를 형성할 때 4 + 4 = 8 전자로 채워진 띠가 된다) 대신에, 갈륨(원자가전자 세 개) 과 비소(원자가전자 다섯 개) 로 비소화 갈륨을 만들 수 있는데, 이 화합물의 원자가띠는 채워지게 된다. 그러나 일반적으로 띠간격, $\Delta E$는 원소 반도체와는 다를 것이다. 전자가 원자에 편재하는 경향이 더 클수록 띠간격은 증가한다. 그러므로 띠간격은 구성 성분의 전기음성도의 함수이다(그림 6.23). 전도도는 금속 도체(Sn) 로부터 원소 반도체(Ge, Si), 화합물 반도체(GaAs, CdS) 를 거쳐 원소 절연체(다이아몬드, C) 와 화합물 절연체(NaCl) 에 이르기까지 연속적으로 변하는 성질임을 기억하라.

## 불순물 및 결함 반도체

순수한 저마늄 결정은 규소처럼 낮은 온도에서는 낮은 고유 전도도를 가진다. 띠를 채우려면 네 개의 전자가 필요하지만 각 갈륨 원자는 세 개의 전자만 기여하므로, 갈륨을 이 결정에 혼입하면 구멍이 생성된다. 이들 구멍은 앞에서 설명했던 과정에 의하여 전기를 전도할 수 있다. 갈륨 불순물의 양을 조절하면 전기의 운반체인 이 구멍의 수를 조절할 수 있다.

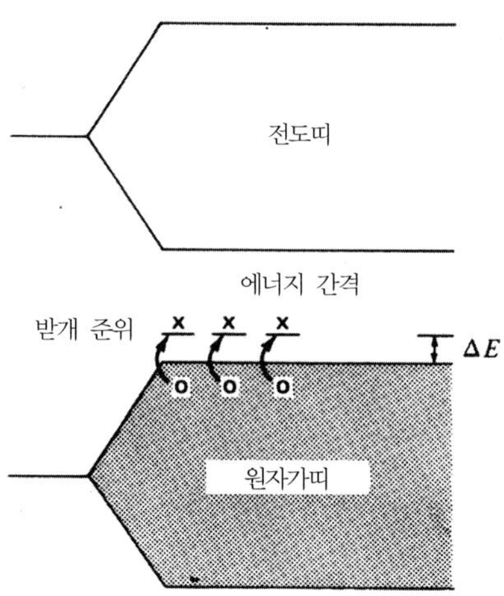


**그림 6.24** 받개 반도체 또는 $p$형 반도체에 있는 구멍들에 의한 전도.

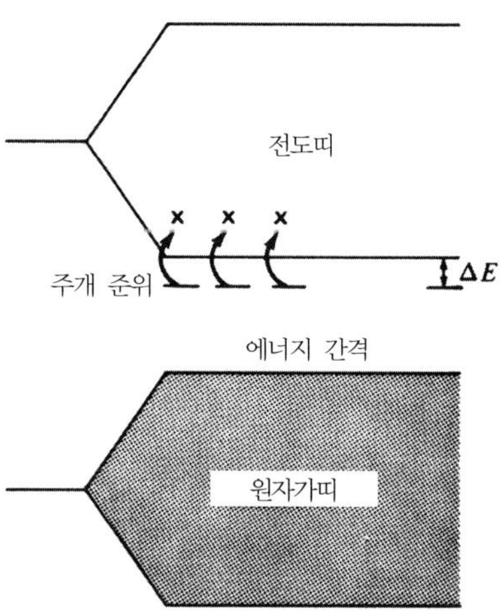


**그림 6.25** 주개 반도체 또는 $n$형 반도체에 있는 전자들에 의한 전도.

완전히 자유롭게 움직이는 전자 또는 구멍에 관해서만 생각하면 갈륨을 혼입한 저마늄 반도체에는 에너지 간격이 없다고 생각할 수도 있다. 그러나 갈륨은 주기율표에서 저마늄의 왼쪽에 있으며 더 전기양성이기 때문에 양전하 구멍이 되려고 한다(저마늄 쪽이 전기음성이므로, 전자는 갈륨 원자에 있는 양전하 구멍으로 흘러들어가기보다 오히려 저마늄 원자에 머무르려는 경향이 있다). 이러한 전기음성도 효과는 그림 6.24에 나타낸 에너지 간격을 생성시킨다. 갈륨의 전자 에너지 준위는 상응하는 저마늄의 전자 에너지 준위보다 위에 놓여 있으며[21] 따라서 저마늄 원자가띠보다 위에 놓여 있다. 작은 에너지 $\Delta E$를 주면 양전하 구멍이 생겨 반도체가 된다. 이러한 계를 **받개(acceptor)** 반도체(갈륨이 전자를 받아들일 수 있기 때문에), 또는 $p$형($p$ = positive hole) 반도체라고 부른다.

양상은 반대이지만 정확하게 같은 방법도 있는데, 저마늄에 비소(다섯 개의 원자가전자)를 혼입하면 전자 과잉이 되어 **주개(donor)** 반도체(비소가 다섯 번째 전자 한 개를 제공하므로), 또는 $n$형(negative electron) 반도체가 된다. 전기 전도는 에너지 도표(그림 6.25)를 통해 볼 수 있는데, 이 도표를 보면 전자들은 불순물로 들어 있는 비소 원자로부터 제거되어 반도체의 전도띠로 이동될 수 있다.

---

21) 에너지 준위와 전기음성도 사이의 관계는 4장에서 설명하였다.

## 고온 초전도체[22)]

초전도도는 1911년 수은 금속에서 발견되었다. 4.2 K 이하에서 수은의 저항은 0으로까지 떨어진다. 최근에는 $YBa_2Cu_3O_{7-\delta}$와 같은 고온 초전도체에 관심이 집중되고 있다. 이 경우, "고온"이라고 하는 것은 약 100 ± 20 K인데, 질소의 끓는점(77 K) 보다는 높지만, 지구의 통상적인 기온보다는 훨씬 더 낮다. 초기의 초전도체들은 매우 비싸고 다루기 힘든 액체 헬륨(bp = 4.3 K) 으로 냉각시켜야만 했다. 초전도 현상을 상징하는 초전도체 위에 떠 있는 자석 사진은 이제 인기있는 신문이나 잡지를 통해 많이 친숙해졌는데, 이 현상은 **Meissner 효과**로 설명된다.[23)]

최초의 획기적인 초전도체의 화학식은 $La_{2-x}Ba_xCuO_{4-\delta}$($x < 0.2$, **$\delta$**는 지정되지는 않았지만 작은 값이다) 이고, 정방형의 층을 이룬 $K_2NiF_4$ 페로브스카이트 구조를 가진다. 이들 초전도체는 약 35.4 K의 임계 온도를 가졌다.[24)]

압력을 가하면 임계 온도가 증가하는 현상이 관찰됨으로써 임계 온도는 격자 거리에 의존함을 알게 되었다. 그러므로 바륨($r_+$ = 149 pm) 을 스트론튬($r_+$ = 132 pm) 으로 치환하였을 때에는 $T_c$가 조금 증가하였지만, La($r_+$ = 117 pm) 을 Y로 치환하였을 때에는 엄청나게 개선되었고, 새로운 형태의 화합물 $YBa_2Cu_3O_{7-\delta}$가 생성되었다.[25)] 이것이 소위 1-2-3 초전도체(Y-Ba-Cu의 비로부터) 이며, 가장 많이 연구되었다. 이러한 초전도체들은 다양한 방법으로 만들어질 수 있지만, 탄산염의 pH 조절 침전법과 고온 분해법이 대표적인 제조 방법이다.

$$2Y^{3+} + 3HCO_3^- \xrightarrow{-H^+} Y_2(CO_3)_3\downarrow \tag{6.3}$$

$$Ba^{2+} + HCO_3^- \xrightarrow{-H^+} BaCO_3\downarrow \tag{6.4}$$

$$Cu^{2+} + HCO_3^- \xrightarrow{-H^+} CuCO_3\downarrow \tag{6.5}$$

$$Y_2(CO_3)_3 + 4BaCO_3 + 6CuCO_3 \xrightarrow{\sim 950\ ^\circ C} 2YBa_2Cu_3O_{7-\delta} + 13CO_2\uparrow \tag{6.6}$$

다른 방법은 산화물 또는 산화물의 혼합물과 탄산염으로 시작한다. 냉각의 속도와 조건도 중요하다.[26)]

---

22) Whangbo, M-H; Torardi, C. C. *Acc Chem. Res*. **1991**, *24*, 127~133. Williams, J. M.; Beno, M. A.; Carlson, K. D.; Geiser, U.; Kao, H. C. I.; Kini, A. M.; Porter, L. C.; Schultz, A. J.; Thorn, R. J.; Wang, H. H.; Whangbo, M-H; Evain, M. *Acc. Chem. Res*. **1988**, *21*, 1~7. Holland, G. F.; Stacy, A. M. Ibid. 1988, 21, 8~15. Ellis, A. B. J. *Chem. Educ*. **1987**, *64*, 836~841.

23) Jacob, A. T.; Pechmann, C. I.; Ellis, A. B. *J. Chem. Educ*. **1988**, *65*, 1094~1095; Gunn, M.; Porter, J. *New Scient*. **1988**, *118* (1618), 58~63.

24) Bednorz, J. G.; Müller, K. A. *Z. Phys. B.: Condens Matter* **1986**, *64*, 189. 오늘날의 값은 이전의 값(니오븀 함금에 대해 23 K) 보다 크게 증가하지 않았지만, 그 당시 상대적으로 컸고, 초전도의 연구를 위해 전혀 새로운 종류의 재료를 열었다. Bednorz와 Müller는 1987년 노벨 물리학상을 받았다. 그들의 호평받는 강의는 Bednorz, J. B.; Müller, K. A. *Rev. Mod. Phys*. **1988**, *60*, 585~599이다.

25) Wu, M. K.; Ashburn, J. R.; Torng, C. J.; Hor, P. H.; Meng, R. L.; Gao, L.; Huang, Z. J.; Wang, Y. Q.; Chu, C. W. *Phys. Rev. Lett*. **1987**, *58*, 908~910. 이온 반지름은 표 4.4로부터 얻었고 C.N. = 6에 대한 것이다. 페로브스카이트 구조에서는 y에 대한 C.N. = 8이고 Ba에 eogoyj는 C.N. = 10이다. 그러므로 이온들은 약 10% 정도 더 클 것으로 예상할 수 있다.

26) 초전도체의 제조에는 연마, 가열, 열풀림 서냉 등과 같은 기법들이 여전히 필요하다. 그리고 각 실험실에서는 자신들만의 방법을 가지고 있다. 혼합물들은 다른 상의 존재와 더불어 생성되기도 한다. 제조 방법은 각주 23, 24와 다음 문헌에 기술되어 있다. Porter, L. C.; Thorn, R. J.; Geiser, U.; Umezawa, A.; Wang, H. H.; Kwok, W. K.; Kao, H-C. I.; Monaghan, M. R.; Crabtree, G. W.; Carlson, K. D.;

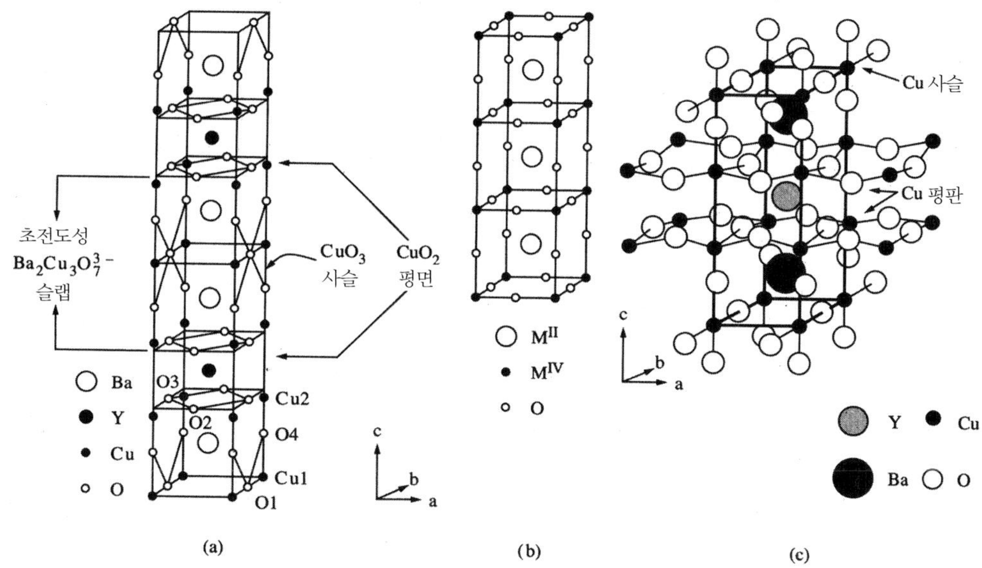


**그림 6.26** (a) 1-2-3 초전도체의 단위 세포. 사방정계, 공간군 *Pmmm*. 일차원 $CuO_3$ 사슬은 *b*축을 따라 있고, 이차원 $CuO_2$ 층은 *ab* 평면에 있다. (b) 페로브스카이트 $SrTiO_3$의 입방 구조. 세 개의 단위 세포가 수직으로 쌓여 있는 것이 보인다. (c) 주위의 결정과 연관지어 그린 1-2-3 초전도체의 단위 세포. 구리 원자는 사각뿔에 있는 다섯 개 산소 원자로 둘러싸여 있거나 사각 평면에 있는 네 개의 산소 원자로 둘러싸여 있다. [Holland, C. F.; Stacy, A. M. *Acc. Chem. Res*. **1988**, *21*, 8~15.]

1-2-3 초전도체는 페로크스카이트꼴 구조이다(그림 6.26a, c). 간단한 페로브스카이트 단위 세포의 쌓임(그림 6.26b)과 비교하면 단위 세포 안에는 규칙적인 산소 원자의 빈자리들이 존재한다. 이들은 *c*축을 따라 존재하는 사슬에 있는 인접한 구리 원자 사이에 생긴다. 빈자리들은 이트륨 원자 평면 내에 존재한다. 그리고 바륨 원자들의 평면 사이에 놓여 있는 구리-산소 평면에 있는 *a*축을 따라 존재하는 구리 원자 사이에도 빈자리들이 존재한다. 초전도의 원인이라고 생각되는 구조 단위는 $Ba_2Cu_3O_7^{3-}$ 평판이다. 정수로 떨어지지 않는 화학량론, $YBa_2Cu_3O_{7-\delta}$은 01 및 02 위치에서의 추가적인 산소 빈자리(결함 구조) 때문에 생기는 것이며, $0.0 < \delta < 0.4$에서 대개 $\delta \approx 0.19$이다.

최근에는 탈륨, 비스무트, 납 등과 같은 다른 금속도 초전도체의 화학식에 포함되고 있다. 흥미로운 한 가지 계열에서는, $TlBa_2Ca_{n-1}Cu_nO_{2n+2}$ 형의 초전도체에서 임계 온도는 *n*이 증가함에 따라 증가하여 $n = 4$에서 122 K의 초고온에 이르는 것이 발견되었다(그림 6.27).[27] 현재의 최대 임계 온도는 이 계열과 밀접한 관련이 있는 $Tl_2Ba_2Cu_3O_{10}$에서 발견된 125 K이다.

현재까지 조사된 모든 고온 초전도체에 대하여 다음과 같은 일반론을 만들 수 있다. (1) 암염층과 페로브스카이트꼴 층의 양과 순서를 달리하여 쌓음으로써 구조를 유도할

---

Williams, J. M. *Inorg. Chem*. **1987**, *26*, 1645~1646; Engler, E. M.; Lee, V. Y.; Nazzal, A. I.; Beyers, R. B.; Lim, G.; Grant, P. M.; Parkin, S. S. P.; Ramirez, M. L.; Vazquez, J. E.; Savoy, R. J. *J. Am. Chem. Soc*. **1987**, *109*, 2848~2849; Garbauskas, M. F.; Green, R. W.; Arendt, R. H.; Kasper, J. S. *Inorg. Chem*. **1988**, *27*, 871~873.

27) Haldar, P.; Chen, K.; Maheswaran, B.; Roig-Janicki, A.; Jaggi, N. K.; Markiewicz, R. S.; Geissen, B. C. *Science* **1988**, *241*, 1198~1200. 다양한 초전도체 구조에 대한 많은 그림에 대한 설명은 다음을 참조하라. Müller-Buschbaum, H. *Angew. Chem. Int. Engl. Ed*. **1989**, *28*, 1472~1493.

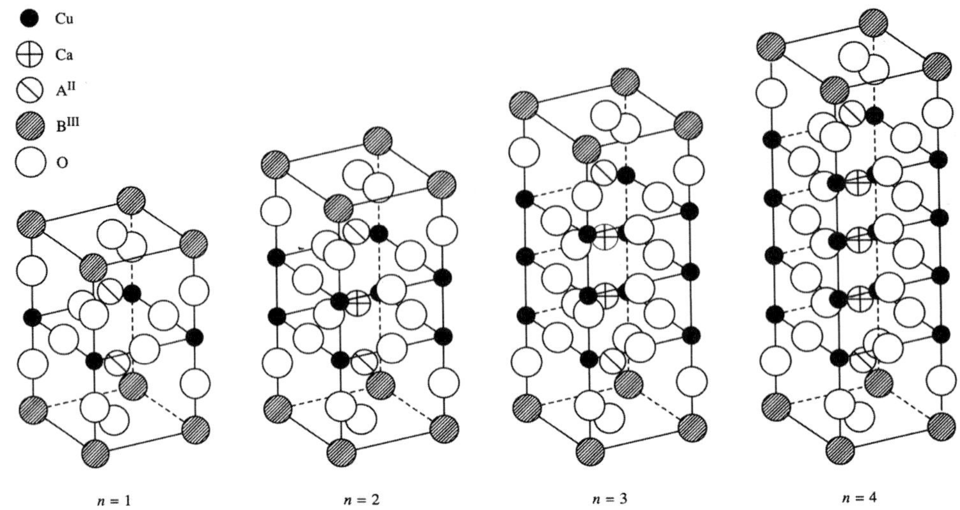


**그림 6.27** 동족 계열 $TlBa_2Ca_{n-1}Cu_nO_{2n+2}$의 단위 세포($n = 1$–4). [Haldar, P.; Chen, K.; Maheswaran, B.; Roig-Janicki, A.; Jaggi, N. K.; Markiewicz, R. S.; Geissen, B. C. *Science* **1988**, *241*, 1198–1200.]

수 있다. (2) 초전도도는 $CuO_2$ 층에서 일어난다. (3) 구리의 3*d* 준위와 산소의 2*p* 준위의 에너지가 비슷하기 때문에 Fermi 준위에서 전자 띠 내에 있는 이들 준위가 광범위하게 혼합될 수 있다. (4) $CuO_2$가 아닌 층들(1-2-3 화합물들에서 $CuO_3$ 고리의 부분, 다른 화합물에서 Tl-O 층과 Bi-O 층)은 $CuO_2$ 층들의 전자 상태를 조정하는 전자 밀도를 제공한다.[28]

## 연습문제

**6.1** 그림 6.4의 구조장 지도에 예외인 스피넬을 찾아보라.

**6.2** 다음 구조를 예측하라. (즉, 이들은 어떤 광물의 종류에 속하는가?)

a. $MgCr_2O_4$  b. $K_2MgF_4$

**6.3** 그림 6.5의 구조장 지도에서 아플루오린산 장은 위쪽에 있고, 루틸 장은 오른쪽에 있는데, 이들의 구조에 대하여 아는 지식을 사용하여 이 사실을 합리적으로 설명하여라. 이러한 고찰로부터 이산화 규소의 구조를 예측하라.

**6.4** 다음 각각에 대하여, 경험적으로 유도된 Shannon-Prewitt 반지름처럼 정확한 반지름을 사용할 때와 이론적으로는 합당하지만 다소 오차가 있는 전통적인 반지름을 사용할 때에는 어떤 차이가 생기는가?

a. MX의 새로운 화합물에 대한 이온간 거리의 예측

b. $M_2X$의 반지름비 계산

c. 가상적인 화합물 $MX_2$의 생성 엔탈피 계산

---

28) Cava, R. J. *Science* **1990**, *247*, 656~662.

d. 그림 6.4와 6.5에 나타낸 구조장 지도의 구성

6.5 흑연은 좋은 도체이지만 다이아몬드는 그렇지 못한 이유는 무엇인가? (두 가지 모두 공유 결합 탄소 원자의 무한 배열을 가진다.)

6.6 갈륨의 에너지 준위는 저마늄의 에너지 준위보다 위에 있고, 비소의 에너지 준위는 저마늄의 에너지 준위보다 아래에 있다고 설명하였다(229쪽). 이것을 실증하는 설명과 자료 등에는 어떤 것들이 있는가?

6.7 황화 카드뮴은 사진기의 광도계로 이용되기도 한다. 적외선 사진술에 흥미가 있다고 가정하자. 그림 6.23을 이용하여 적외선 광전지에 적당한 몇 가지 화합물을 제시하라.

6.8 그림 6.23을 이용하여 CdS 광도계의 광전도가 시작되는 빛의 파장을 계산하라. 이 파장이 흑백사진을 촬영하는데 특별히 적절한 이유를 설명하라.

6.9 사진의 반응에서 매우 중요한 것은 브로민화 은의 광분해 반응이다. 이것은 대략 다음과 같은 식으로 나타낼 수 있다.

$$\mathbf{AgBr(s) \xrightarrow{h\nu} Ag(s) + \tfrac{1}{2}Br_2(l)} \qquad \mathbf{(6.7)}$$

식에 나타낸 반응의 엔탈피는 광자의 에너지와 같다고 가정하고, Born-Haber 형 순환 과정을 사용하여, 브로민화 은의 분해를 일으킬 수 있는 에너지를 갖는 빛의 파장을 계산하라. 오차가 생기게 만드는 원인은 무엇이라고 추측하는가?

6.10 1-2-3 초전도체 평판에 결함 빈자리가 없다면 실험식이 $Ba_2Cu_3O_7^{3-}$일 것이라고 확신할 수 있는데, 그 이유를 설명하라.

6.11 1-2-3 초전도체의 실제 실험식이 $YBa_2Cu_3O_{7-\delta}(0.0 < \boldsymbol{\delta} < 0.4)$ 라고 확신한다면, 관여하는 구리 원자들이 의미하는 것은 무엇인가?

6.12 문제 6.11를 따라 구리의 3*d* 오비탈에서 발생하는 띠구조는 다음과 같이 계산되었다.

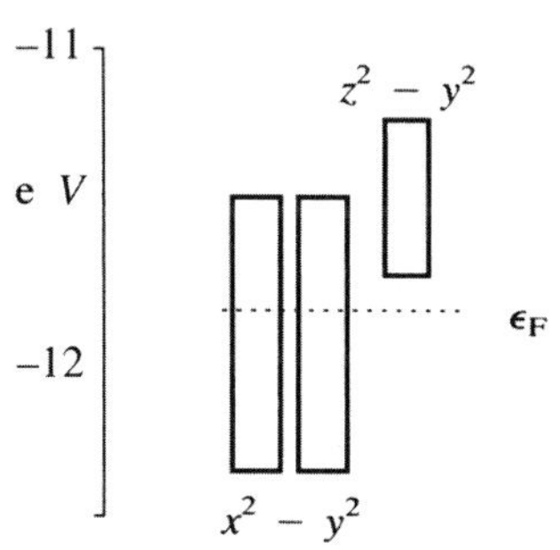


$x^2$—$y^2$ 띠는 $CuO_2$ 층에 놓이고(Ba 원자와 Y 원자 사이의 *ab*면), 그리고 $z^2$—$y^2$ 띠는 $CuO_3[CuO_3$—$CuO_3$—] 사슬(인접한 Ba 원자들 사이의 *b*축) 을 따라 놓인다. 서로 다른 구리 원자들의 전자 밀도에 대하여 말할 수 있는 것은 무엇인가?

• 제7장 •

# 화학적 힘

앞 장에서는 화학적 성질을 결정하는 원자와 이온 간의 힘에 대한 중요성을 알아보았다. 이 장에서는 이들 힘을 더 상세하게 살펴보고 비교할 것이다. 각 형태의 힘에 관한 중요한 점은 힘의 상대적 세기, 거리가 증가하면 얼마나 빨리 힘이 감소하는지, 그리고 힘의 방향성 여부 등이다. 방향성은 분자 구조나 결정 구조를 결정하는 힘의 효과를 고려할 때 매우 중요하다. 거리는 모든 상호작용 에너지에서 중요한 인자이므로, 에너지나 힘에 대하여 설명하기에 앞서 원자 간 거리에 관해서 간단히 설명하기로 한다.

## 핵간 거리와 원자 반지름

분자 내와 분자 간 원자들의 핵간 거리를 예측할 수 있으면 편리하기 때문에 핵간 거리를 재현할 수 있는 두 원자 반지름의 합을 이용하여 "원자 반지름"에 관한 표가 많이 만들어졌다. 그러나 불행스럽게도 이들 표는 혼란스러운 용어인 원자 반지름뿐만 아니라, 결합 반지름, 비결합 반지름, 이온 반지름, 공유 반지름, 금속 결합 반지름, van der Waals 반지름 등 수많은 용어를 탄생시켰다. 반지름에 관한 용어가 너무 많기 때문에 원자 반지름을 이용하여 무엇이 측정되었는지를 명시할 필요성이 생기게 되었다. 그럼에도 불구하고 원자 반지름은 불명확한 오차 없이 간단하게 취급할 수 있다.

### van der Waals 반지름

운동 에너지가 두 개의 불활성 기체 원자를 떨어뜨려놓지 않는다면, 이들은 서로 붙어 있게 될 것이다. 이들을 함께 붙어 있게 만드는 힘은 뒤의 절 (243~244쪽 참조) 에서 설명하는 약한 London 분산력이다. 핵간 거리는 이 약한 인력이 닫힌 껍질의 Pauli 반발력과 정확하게 평형을 이루고 있는 거리이다. 두 불활성 기체가 동일하면, 핵간 거리의 1/2을 각 원자에 대한 비결합 반지름, 또는 van der Waals 반지름으로 지정할 수 있다. 예를 들면, 고체 아르곤 (그림 7.1) 은 서로 380 pm 떨어져 있는 아르곤 원자로 구성되어 있는데, 따라서 이 경우 아르곤에 대한 van der Waals 반지름은 190 pm이 된다.

원자의 van der Waals 반지름은 간단하고 변하지 않는 값처럼 보이지만, 사실은 그렇지 않다. 원자의 크기는 외부의 힘에 의해서 압축되는 정도나 치환기의 영향을 받아서 변한다. 예를 들면, $XeF_4$에서 제논의 van der Waals 반지름은 고체 제논에서 구한 220 pm

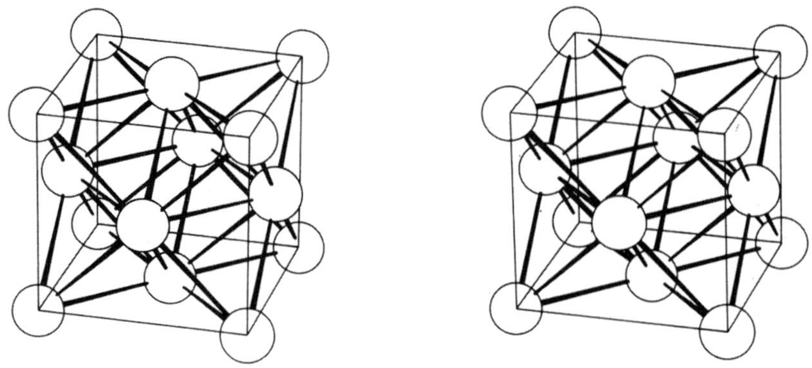

**그림 7.1** 아르곤의 단위 세포. 연결선은 입체 구조의 투시를 위해 나타낸 것이지 결합을 나타내지 않는다. [Ladd, M. F. C. *Structure and Bonding in Solid State Chemistry*; Ellis Horwood, Chichester, 1979.]

보다는 170 pm에 더 가까운 것으로 나타났다. 여기에 대한 원인으로는 제논의 전자 밀도가 전기음성인 플루오린 원자 쪽으로 이동하기 때문에, 제논의 크기가 작아진다는 것이다. 또한 유발 부분 전하 ($Xe^{\delta+}$, $F^{\delta-}$) 도 제논과 플루오린 원자를 서로 잡아당겨 더 가깝게 접근시킬 수 있다.[1)]

van der Waals 반지름은 원자의 환경에 따라 약간 변하기는 하지만 비결합 거리를 추측할 때 합리적으로 이용할 수 있다. 표 7.1에 몇 가지 원자에 대한 van der Waals 반지름을 나타내었다.

## 이온 반지름

이온 반지름은 3장과 6장에서 상세하게 설명하였다. 이 절에서는 이온 반지름과 van der Waals 반지름 간의 주요한 차이는 **인력** 때문에 나타나는 것이지 **반발력**의 차이 때문이 아님을 지적할 필요가 있다. 예를 들면, $Li^+F^-$의 이온 간 거리는 He 핵심 ($Li^+$) 와 Ne 핵심부 ($F^-$) 의 반발이 강한 정전기적 힘, 또는 Madelung 힘과 서로 균형을 이루는 거리이다. $Li^+F^-$에 대한 인력 에너지는 500 kJ $mol^{-1}$ 이상으로서 상당히 크며, He-Ne의 London 에너지는 4 kJ $mol^{-1}$ 정도이다. 그러므로 LiF 결정 내의 힘은 상당히 크며, 이온 간 거리 (201 pm) 는 He와 Ne의 van der Waals 반지름을 합하여 구한 거리 (340 pm) 보다 작다.

## 공유 반지름

플루오린 분자의 핵간 거리는 142 pm인데, 이것은 두 원자의 van der Waals 반지름의 합보다 더 짧다. 이러한 차이는, F—F 결합이 형성될 때 플루오린 원자의 전자 구름은 광범위하게 겹치지만, van der Waals 반지름은 거리가 감소함에 따라 반발 에너지가 빠르게 증가하여 분자들이 거의 겹치지 않기 때문에 생긴다. $F_2$ 분자 내의 평형 거리는 결

---

1) Hamilton, W. C.; Ibers, J. A. *In Noble Gas Compounds*; Hyman, H. H. Ed.; University of Chicago: Chicago, 1963; pp 195~202. Templeton, D. H.; Zalkin, A.; Forrester, J. D.; Williamson, S. M. *Ibid.*, pp 203~210. Burns, J. H.; Agron, P. A.; Levy, H. *Ibid.*, pp 211~220. $XeF_4$에서 제논 원자는 서로 접촉하지 않는다. van der Waals 반지름은 가장 짧은 비결합 (예: 분자 간의) 제논-플루오린 거리 (320~330 pm) 에서 플루오린의 van der Waals 반지름을 뺀 것으로 추정한다.

**표 7.1**
원자 반지름과 다중 결합 파라미터(pm).

| 원소 | $r_{VDW}$[a] | $r_{ion}$[b] | $r_{cov}$[c] | $C$ | 원소 | $r_{VDW}$[a] | $r_{ion}$[b] | $r_{cov}$[c] | $C$ |
|---|---|---|---|---|---|---|---|---|---|
| 1. H | 120[a]-145[e] | | 37 | | 39. Y | | 104(+3) | | |
| 2. He | 180[e] | | (32) | | 40. Zr | | | | |
| 3. Li | 180 | 90(+1) | 134 | | 41. Nb | | | | |
| 4. Be | | 59(+2) | 125 | | 42. Mo | | | | |
| 5. B | | 41(+3) | 90 | | 43. Tc | | | | |
| 6. C | 165[b]-170[a] | | 77 | 35 | 44. Ru | | | | |
| 7. N | 155 | | 75 | 38 | 45. Rh | | | | |
| 8. O | 150 | 126(−1) | 73 | 45 | 46. Pd | 160 | | | |
| 9. F | 150-160 | 119(−1) | 71 | 43 | 47. Ag | 170 | 108(+1) | | |
| 10. Ne | 160[e] | | (69) | | 48. Cd | 160 | 109(+2) | | |
| 11. Na | 230 | 116(+1) | 154 | | 49. In | 190 | 94(+3) | | |
| 12. Mg | 170 | 86(+2) | 145 | | 50. Sn | 220 | | 140 | 20 |
| 13. Al | | 68(+3) | 130 | | 51. Sb | | | 143 | 31 |
| 14. Si | 210 | | 118 | 31 | 52. Te | 210 | 207(−2) | 135 | 27 |
| 15. P | 185 | | 110 | 32 | 53. I | 195-212 | 206(−1) | 133 | 26 |
| 16. S | 180 | 170(−2) | 102 | 29 | 54. Xe | 220[e] | | 130 | |
| 17. Cl | 170-190 | 167(−1) | 99 | 28 | 55. Cs | | 181(+1) | | |
| 18. Ar | 190[e] | | (97) | | 56. Ba | | 149(+2) | | |
| 19. K | 280 | 152(+1) | 196 | | 57. La | | 117(+3) | | |
| 20. Ca | | 114(+2) | | | 71. Lu | | 100(+3) | | |
| 21. Sc | | 88(+3) | | | 72. Hf | | | | |
| 22. Ti | | 74(+4) | | | 73. Ta | | | | |
| 23. V | | | | | 74. W | | | | 45 |
| 24. Cr | | | | | 75. Re | | | | 45 |
| 25. Mn | | | 139[f] | | 76. Os | | | | |
| 26. Fe | | | 125[g] | | 77. Ir | | | | |
| 27. Co | | | 126[g] | | 78. Pt | 170-180 | | | |
| 28. Ni | 160 | | 121(Td)[h] | | 79. Au | 170 | 151(+1) | | |
| | | | 116(Sq)[h] | | 80. Hg | 150 | 116(+2) | | |
| 29. Cu | 140 | 91(+1) | | | 81. Tl | 200 | 102(+3) | | |
| 30. Zn | 140 | 88(+2) | 120 | | 82. Pb | 200 | | | |
| 31. Ga | 190 | 76(+3) | 120 | | 83. Bi | | | | |
| 32. Ge | | | 122 | 22 | 84. Po | | | | |
| 33. As | | | 122 | 35 | 85. At | | | | |
| 34. Se | 190 | 184(−2) | 117 | 28 | 86. Rn | | | (145) | |
| 35. Br | 180-200 | 182(−1) | 114 | 27 | 92. U | 190 | | | |
| 36. Kr | 200[e] | | 110 | | 유기 족 | | | | |
| 37. Rb | | 166(+1) | | | $CH_3$ | 200[i] | | | |
| 38. Sr | | 132(+2) | | | $C_6H_5$ | 170[i, j] | | | |

[a] 별도로 지적하지 않는 한 Bondi, A. J. *Phys. Chem.* **1964**, *68*, 441로부터 얻은 van der Waals 반지름값.
[b] 이온 반지름(C.N.=6)은 표 3.4로부터 구하였으며 비교 목적으로만 수록하였다. 이 이외의 값은 표 3.4를 참조하라.
[c] 공유 반지름은 동종핵간 결합이 있으면 그 거리에서 추정하고, 그것이 없을 때는 이종핵간 결합의 거리에서 구하였다. 결합 길이는 별도로 표기한 것을 제외하고 Sutton, L. Ed., "*Table of Interatomic Distances and Configuration in Molecules and Ions*," Spec. Publ. No. 11 and 18. The Chemical Society, London, 1958. 1965로부터 수록하였다. 괄호 안의 값은 화합물을 형성하는 것으로 알려져 있지 않은 불활성 기체에 대한 것이며 이웃 비금속의 값으로부터 외삽하여 얻은 값이다. Allen, L. C.; Huheey, J. E. *J. Inorg. Nucl. Chem.* **1980**, *42*, 1523.
[d] N. L. Allinger, Hirsch, J. A.l Miller, M. A.; Tyminski, I. J.; Van-Catledge, F. A. *J. Am. Chem. Soc.* **1968**, *90*, 1199.
[e] Cook. G. A. *Argon, Helium and the Rare Gases*; Wiley (Interscience): New York, 1961; Vol. I, p 13.
[f] Cotton, F. A.; Richardson, D. C. *Inorg. Chem.* **1966**, *5*, 1851.
[g] Dahl, L. E.; Rodulfo de Gil, E.; Feltham, R. D. J. *Am. Chem. Soc.* **1969**, *91*, 1655.
[h] Kilbourn, B. T.; Powell, H. M. *J. Chem. Soc., A*, **1970**, 1688.
[i] Pauling, L. *The Nature of the Chemical Bond*, 3rd ed; Comell University: Ithaca. NY, 1960.
[j] 고리에 수직되는 방향으로.

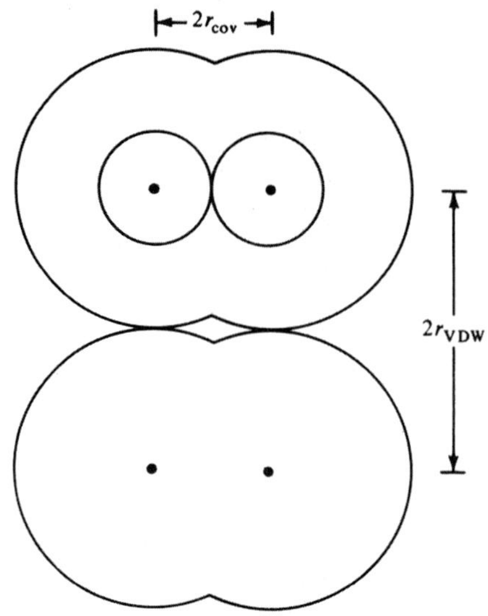


**그림 7.2** $F_2$ 분자의 van der Waals 반지름과 공유 반지름의 차이.

합 오비탈이 최대로 겹칠 때라고 가정할 수 있다. 그러나 이것이 유일한 기준이라면 $F_2$ 분자는 두 핵이 겹쳐져서 "붕괴" 하게 될 것이다. 이렇게 되면 오비탈의 파동 함수는 동일한 공간 분포와 최대의 가능한 겹침을 갖게 된다. 이러한 일은 두 양성핵 간의 반발과 내부의 핵심부 전자와 다른 원자의 전자들 간의 반발 때문에 결코 일어나지 않는다. 등전자인 $F^{7+}$ 이온에 대한 Pauling 계산법을 사용하면 He 핵심부 (Z = 9) 의 반지름은 7 pm 일 것으로 예측할 수 있다.[2] 이 값에 두 번째 F 원자로부터 겹쳐지는 오비탈의 반지름을 더한다. 두 번째 F 원자에 대해서는 플루오린의 van der Waals 반지름 (VDW) (150 pm, 그림 7.2, 확실히 너무 큰 값이다) 이나 플루오린 화합물의 이온 반지름 (119 pm, 그림 7.3a, 너무 작은 것 같다) 을 이용할 수 있다. 그러므로 $F^+$[He]—$F^-$(또는 [He] · · · $F_{VDW}$) 거리는 약 130 (160) pm이 된다. $F_2$의 실험값은 142 pm이며, 이 값은 대략적으로 계산한 두 값의 중간값에 해당한다. 다른 할로젠에 대한 값들은 Cl은 190 (210) : 199 pm, Br은 220 (230) : 228 pm, I에 대해서는 250 (260) : 267 pm이다. 이러한 사실은 $F_2$의 공유 결합

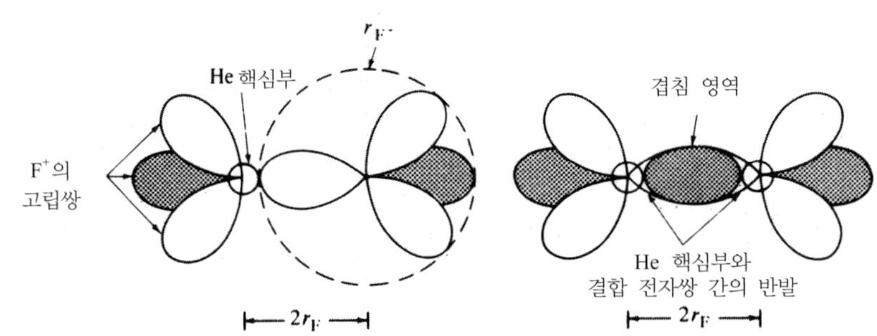


**그림 7.3** (a) 헬륨의 내부 핵심부와 $F^-$ 이온의 고립쌍 간의 반발을 보여 주는 가상적인 $F^+F^-$ 이온쌍 분자. (b) 내부 핵심부와 원자가껍질 전자 간의 반발에 대한 보다 사실적인 표현. (He 핵심부의 크기는 두 그림 모두에서 임의로 그렸다.)

2) Pauling, L. *The Nature of the Chemical Bond*, 3rd ed.; Cornell University: Ithaca, NY, 1960; p 514. 이것은 He 핵심부의 크기가 2*s* 및 2*p* 전자의 침투로 영향을 받지 않을 것이라고 가정한 것인데, 전혀 옳지 않다.

| 분자 | 결합 | $r_A + r_B$ | $r_{exp}$ |
|---|---|---|---|
| HF | HF | 108 | 92 |
| HCl | HCl | 136 | 128 |
| HBr | HBr | 151 | 142 |
| HI | HI | 170 | 161 |
| ClF | ClF | 170 | 163 |
| BrF | BrF | 185 | 176 |
| BrCl | BrCl | 213 | 214 |
| ICl | ICl | 232 | 232 |
| $CH_4$ | CH | 114 | 109 |
| $CF_4$ | CF | 148 | 136 |
| $CCl_4$ | CCl | 176 | 176 |
| $CBr_4$ | CBr | 191 | 194 |
| $CI_4$ | CI | 210 | 215 |

**표 7.2**
가감성에 의한 결합 길이와 실험 결합 길이(pm)의 비교.

이 이온성인 $F^+F^-$이거나 van der Waals 형인 [He]···F임을 의미하지 않는다. 여기서의 요점은 실험적으로 쉽게 구할 수 있는 값을 대략적으로 예측하는 것이 아니라, 할로젠의 공유 반지름이 각각 71, 99, 114, 133 pm인 이유를 설명하는 **물리적 모형**이다. 원자의 경우 공유 반지름을 결정하는 중요한 요인은 원자가껍질 속에 있는 핵심부 전자 구름의 크기이다. 이 크기를 "핵심의 van der Waals 반지름"이라고 대충 정의할 수 있다.

동종핵간 결합 길이를 2로 나누어 구한 공유 반지름을 표 7.1에 수록하였다. 많은 경우에 동종핵간 단일 결합은 측정하지 않고, 이종핵간 AB에서 원소 B의 공유 반지름을 빼고 원자 A의 반지름을 간접적으로 구하여 공유 반지름으로 지정한다.

표 7.1의 값은 상당히 가감성이다. 즉, $AB_n$ 분자의 공유 결합 길이는 $r_A + r_B$로부터 상당히 잘 추정할 수 있다. 몇 가지 대표적인 값을 표 7.2에 나타내었는데, 서로 잘 일치하고 있다. $CBr_4$와 $CCl_4$처럼 작은 중심 원자 주위에 몇 개의 큰 치환기 원자를 갖는 분자의 경우에는, 복잡성 때문에 결합 길이가 약간 늘어난다. 반지름의 가감성이 잘 맞지 않는 경우도 있다. 예를 들면, H—H와 F—F의 결합 길이는 각각 72와 142로 공유 반지름이 37과 71 pm이다. 그러나 HF 분자의 결합 길이는 108 pm이 아니라 92 pm이다. 플루오린의 원자 크기가 일정하다고 가정하면, HF에서 수소 반지름은 21 pm이다. 반대로 HF 분자 내에서 플루오린 원자의 크기는 $F_2$ 분자 내에서의 크기보다 조금 더 작다고 가정할 수는 있지만 실제로는 일어날 수 없는 일이다. 더 현실적으로는 수소 원자가 특이함을 인정할 수 있는데, 수소 원자에는 내부 전자가 없으므로 공유 반지름을 정할 수 없지만, 결합할 때 양성자는 상대 원자의 전자 구름에 부분적으로 침투하고, 결합 길이는 전자-핵 인력과 핵-핵 반발 간의 섬세한 평형에 의해 결정된다. 그러나 이것은 실제로 문제를 해결하지 못한다. 왜냐하면 가감성으로부터 오는 광범위한 오차는 결합 원자 간의 전기음성도의 차이에 의한 효과로 인해 생기기 때문이다. 전기양성인 원자와 전기음성인 원자 간의 결합 길이는 주어진 공유 반지름을 사용하여 예측한 값보다 일반적으로 약간 더 짧게 관찰된다. 50여 년 전에 Schomaker와 Stevenson[3)]은 다음과 같은 관계식을 제시하였다.

[3)] Schomaker, V.; Stevenson, D. P. *J. Am. Chem. Soc.* **1941**, *63*, 37~40.

$$r_{AB} = r_A + r_B - 9\Delta\chi \tag{7.1}$$

여기서 $r$은 pm이며, $\Delta x$는 원자 A와 B의 Pauling 전기음성도의 차이이다. 정확성을 개선하기 위해 여러 학자들이 개선 방안을 제시하였지만, 여기서는 한 가지만 언급한다. Porterfield는 식 7.2가 좀 더 정확할 뿐만 아니라 이론적인 정당성이 있음을 발견하였다.[4)]

$$r_{AB} = r_A + r_B - 7(\Delta\chi)^2 \tag{7.2}$$

극성이 큰 분자에서 결합 길이가 짧아지는 이유는 분명하다. 이핵 극성 결합은 상응하는 동종핵 결합에 바탕을 두고 예측한 결합보다 항상 더 강하다(4장의 이온성 공명 에너지를 참조). 그러므로 AB 분자에서 원자들은 AA 분자나 BB 분자에 비해 약간 더 강하게 결합하고, 더 압축된다. 이와 같은 안정화의 원인을 "이온성 공명 에너지"라고 단순하게 간주하는 것보다는 자세하게 분석하는 것이 도움이 된다. 일차 근사에 의하면 이러한 안정화는 원자의 부분 전하로 인해 생기는 여분의 결합 에너지에 의한 것이다.

$$H^{\delta+}—F^{\delta-} \qquad E = \frac{\delta^+\delta^-}{4\pi\epsilon_0 r} \tag{7.3}$$

플루오린과 수소 간의 전기음성도 차이는 Pauling의 단위로 1.8이다. 따라서 식 7.1에 의해 약 16 pm이 짧아질 것이라고 예측할 수 있다. 이 값은 실험 데이터(108 − 92 = 16 pm)와 정확하게 일치하는데, 이는 우연의 일치이고(식 7.2에 의하면 $\Delta r$ = 23 pm), 위 식들은 이핵 극성 결합에서 길이가 감소하고 결합 세기가 강해지는 것을 예측할 수 있게 해 주기 때문에 중요하다. 이것은 공유 결합의 중요한 양상이다.

다원자가원자에서는 전기음성도가 큰 치환체가 첨가될 때마다 부분 전하가 증가한다. 즉, $CF_4$에서 탄소 원자의 부분 전하는 $CH_3F$ 분자에서의 탄소 원자의 부분 전하보다 상당히 더 크다. 그러므로 마지막 플루오린에 대한 효과가 첫 번째 플루오린에 의한 효과만큼 크지는 않지만, **모든** C—F 결합은 짧아진다.

| | C−F (pm) |
|---|---|
| $CH_3F$ | 139.1 |
| $CH_2F_2$ | 135.8 |
| $CHF_3$ | 133.2 |
| $CF_4$ | 132.3 |

## 화학적 힘의 형태

### 공유 결합

이 주제는 4장과 5장에서 광범위하게 설명하였으므로, 여기에서는 다른 힘과 비교하기 위해 필요한 관점만 살펴보기로 한다. 일반적으로 결합 세기가 최대가 되려면 겹침이 일어나야 하므로, 공유 결합은 방향성이 매우 크다. 이러한 의미가 분자 구조의 결정에 내

4) Porterfield, W. W. *Inorganic Chemistry*; Addison-Wesley: Reading, PA, 1984; p 167.

포되어 있음을 앞에서 설명하였다. 또한 공유 결합은 매우 강하다. 순수한 공유 결합[5]의 몇 가지 예를 살펴보면, P—P, 200 kJ mol$^{-1}$; C—C, 346 kJ mol$^{-1}$; H—H, 432 kJ mol$^{-1}$이다. 작은 원자는 효과적으로 더 잘 겹치고 따라서 결합은 더 강해진다. 결합 극성은 결합 세기를 증가시킨다(Pauling의 전기음성도 계산과 비교하라. 4장). 따라서 Si—F와 같은 매우 강한 결합($\pi$ 결합도 포함되어 있을 것이다)(565 kJ mol$^{-1}$) 도 가능하다. 반발 고립 전자쌍을 가지고 있는 작은 원자 간의 동종핵 결합은 평균보다 다소 약하다. 예를 들어 N—N, 167 kJ mol$^{-1}$이고, F—F, 155 kJ mol$^{-1}$이다. 그럼에도 불구하고 전형적인 공유 결합은 약 250~400 kJ mol$^{-1}$의 세기를 가지고 있다. 이와 같은 결합 세기는 이온 결합을 제외한 어떤 화학적 상호작용보다 더 큰 것이다.

공유 결합을 결정하는 힘은 복잡하기 때문에 이온-이온이나 쌍극자-쌍극자 같은 정전기적 힘에 대한 간단한 퍼텐셜 에너지 함수를 도출할 수는 없다. 그러나 공유 결합 에너지는 먼거리 힘이라고 정성적으로 정의할 수는 있다(원자들이 멀어지면 겹침은 감소한다).

## 이온 결합

두 이온 간의 순수한 이온 결합의 세기는 Born-Landé 식(3장)에 의하여 정확하게 나타낼 수 있다.[6] 반발력 및 van der Waals 힘과 그 외에 기여하는 정도가 작은 힘을 무시하면, 한 이온쌍의 에너지는 다음과 같이 간단하게 추정할 수 있다.

$$E = \frac{Z^+ Z^- e^2}{4\pi r \epsilon_0} \tag{7.4}$$

$Li^+$나 $F^-$ 처럼 매우 작은 이온의 경우, 결합 에너지는 약 665 kJ mol$^{-1}$이다. 원자로 해리될 때 실험값은 573 kJ mol$^{-1}$이고(부록 E), 이온으로 해리되는 경우 [$573 + \Delta H_{IE}(Li) = \Delta H_{EA}(F)$] 에는 765 kJ mol$^{-1}$이다. $Cs^+$나 $I^-$ 처럼 이온이 클 경우, 에너지는 당연히 작아져서 거의 절반 정도 밖에 되지 않는다. 이온 결합의 세기는 크기가 공유 결합의 세기와 같은 차수인 것은 분명하다. 그러나 이온 결합이 공유 결합보다 상당히 더 강하다고 생각하는 경우가 많은데, 그 이유는 나중에 설명할 녹는점과 끓는점에 대한 잘못된 해석 때문이다.

이온 결합은 순수한 정전기적 결합이기 때문에 비방향성이다. 한 이온의 다른 이온에 대한 인력은 방향과는 전혀 무관하지만, 이온의 크기나 결정 구조를 결정하는 이온의 종류와는 관계가 있다. 결합에 관계하는 다른 힘들에 비하면 이온 결합은 상대적으로 거리에는 민감하지 않다. 이온 간의 힘은 이온 간의 거리의 제곱에 반비례하므로 거리가 증가하면 상당히 빠르게 감소하지만, 대부분의 다른 화학적 힘에 비하면 감소하는 정도가 훨씬 더 작다.

---

5) 결합 에너지 표는 부록 E를 참조하라.

6) "결합 세기"는 이온쌍이 분리된 이온으로 해리되는 과정, $M^+X^- \rightarrow M^+ + X^-$를 통해 측정된 것을 말한다. 이온쌍은 전하를 띠지 않은 원자로 해리되는 것($M^+X^- \rightarrow M + X$) 이 더 용이한데, 왜냐하면 금속의 이온화 에너지는 비금속의 전자 친화도보다 더 크기 때문이다.

## 이온–쌍극자 힘

극성 분자에서 쌍극자 모멘트의 크기에 영향을 주는 여러 가지 요인은 앞 장에서 설명하였다. 이 절에서는 크기는 동일하지만 전하($q^{\pm}$)가 다르고, 거리가 $r'$만큼 떨어져 있는 분자에 대한 쌍극자를 설명하고자 한다. 쌍극자 모멘트, $\mu$는 다음과 같다.

$$\mu = qr' \tag{7.5}$$

쌍극자가 전기장 내에 있으면, 쌍극자는 전기장과 같은 방향으로 배열되려고 할 것이다. 이 전기장이 이온으로부터 생긴 것이라면, 쌍극자에서 인력을 띠는 말단(이온의 전하와는 반대인 전하를 갖는 말단)은 이온 쪽을 향하고, 반발력을 띠는 말단은 이온과는 반대쪽을 향하도록 배열될 것이다. 이러한 의미에서 이온-쌍극자 힘은 방향성이며, 정전적 힘은 비방향성이더라도 이온-쌍극자 힘은 분자가 방향성을 가지고 배열되게 만든다.

이온-쌍극자 상호작용의 퍼텐셜 에너지는 다음과 같다.

$$E = \frac{|Z^{\pm}|\mu e}{4\pi r^2 \epsilon_0} \tag{7.6}$$

여기서 $Z^{\pm}$는 이온의 전하이고, $r$은 분자 쌍극자와 이온 간의 거리이다.

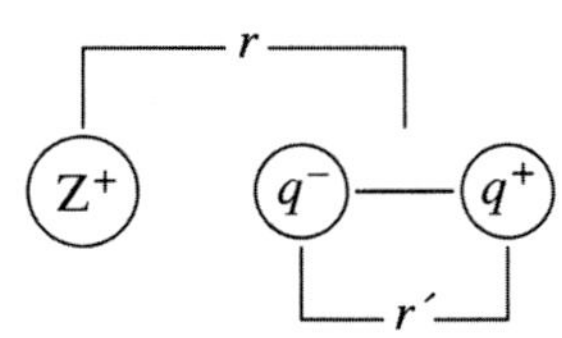


이온-쌍극자 상호작용은 이온-이온 상호작용에 비해 거리에 더 민감하고($1/r$ 대신에 $1/r^2$), 쌍극자의 전하($q^+$, $q^-$)는 대개 전자 하나의 전하보다는 상당히 작기 때문에 세기가 다소 약하다는 점을 제외하고는 이온-이온 상호작용과 비슷하다.

이온-쌍극자 힘은 $Na(OH_2)_x^+$나 $F(H_2O)_y^-$와 같은 용매화된 화학종이 존재하는 극성 용매($H_2O$에 NaF를 녹인 용액) 처럼 이온성 화합물의 용액에서 매우 중요하다. 몇 가지 금속 이온의 경우, 이러한 용매화된 화학종은 매우 안정하여, $[Co(NH_3)_6]^{3+}$처럼 화학종으로 간주할 수도 있다. $[Co(NH_3)_6]^{3+}$와 같은 착이온은 정전기적 이온-쌍극자 상호작용의 결과로 간주할 수도 있지만, 지나치게 단순화(결정장 이론: 10장) 시킨 것이기 때문에 다른 견해들에 비해 정확성은 떨어진다.

## 쌍극자–쌍극자 상호작용

두 쌍극자의 상호작용 에너지[7]는 다음과 같다.

$$E = \frac{-2\mu_1\mu_2}{4\pi r^3 \epsilon_0} \tag{7.7}$$

이 에너지는 그림 7.4a에 나타낸 것처럼 "머리-꼬리" 배열에 해당한다. 다른 배열은 그림 7.4b에 나타낸 반평행 배열이다. 분자가 너무 "두꺼워"지지만 않는다면 두 번째 배열이

[7] 식 7.5, 7.7, 7.9, 7.10에 Avogadro 수를 곱하면 1몰의 화학종에 대한 에너지가 된다. 식 7.8은 화학종 두 분자에 대한 식이므로, N을 곱하면 쌍극자 1몰의 에너지가 된다.

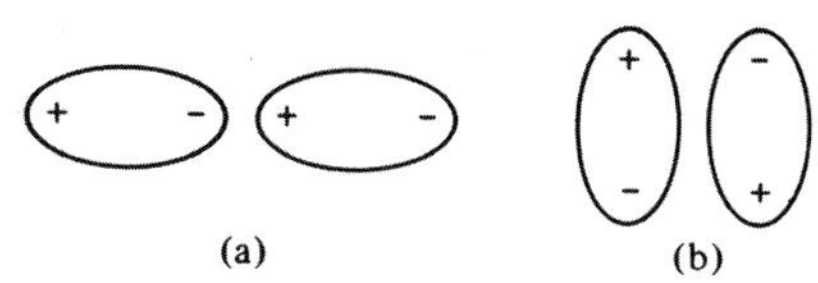

**그림 7.4** (a) 쌍극자의 "머리-꼬리" 배열, (b) 쌍극자의 반평행 배열.

좀 더 안정할 것이다. 긴 축이 짧은 축보다 1.12배 더 길게 되면 두 배열의 에너지는 같아진다. 두 배열은 모두 인력 에너지가 열 에너지 (실온에서 $RT = 2.5$ kJ mol$^{-1}$) 보다 더 큰 상황에서만 존재할 수 있다. 관심의 대상이 고체나 액체일 경우, 이러한 사실은 대개 옳은 말이다. 그러나 고온이나 기체상에서는 열 운동 때문에 쌍극자들의 배열은 무질서해지고 상호작용 에너지는 상당히 감소한다.

쌍극자 - 쌍극자 상호작용은 이온 - 쌍극자 상호작용보다 상당히 더 약하고 거리에 따라 급격히 감소한다 ($1/r^3$). 이온 - 쌍극자처럼, 쌍극자 - 쌍극자 힘은 특정 배열을 더 선호하기 때문에 방향성이고, 극성 액체의 회합이나 구조를 갖게 되는 원인이 된다.

## 유발 쌍극자 상호작용

이온과 같이 전하를 띤 입자가 전하를 띠고 있지 않은 비극성 분자 (예: 제논과 같은 불활성 기체의 원자) 의 이웃에 놓이게 되면, 전하를 띤 양이온이 크고 무른 음이온 (Fajans 규칙, 3장) 의 전자 구름을 일그러뜨리는 것과 동일한 방식으로 원자나 분자의 전자 구름을 일그러뜨린다. 중성 화학종의 편극화는 고유의 편극성 ("무르기"), $\alpha$와 전하를 띤 이온 ($Z^{\pm}$) 에 의하여 형성된 편극장에 따라 달라진다. 이와 같은 상호작용에 대한 에너지는 다음과 같다.

$$E = -\frac{1}{2}\frac{Z^2\alpha e^2}{r^4} \tag{7.8}$$

비슷한 방식으로, 쌍극자는 전하를 띠고 있지 않은 비극성 화학종에 다른 쌍극자를 유발한다. 이러한 상호작용에 대한 에너지는 다음과 같다.

$$E = \frac{-\mu^2\alpha}{r^6} \tag{7.9}$$

여기서 $\mu$는 유발되는 쌍극자 모멘트이다.

대부분의 화학종은 편극성이 크지 않기 때문에, 이와 같은 상호작용은 매우 약하다. 이때의 에너지는 $r$의 높은 차수의 제곱에 반비례하므로, 매우 짧은 거리에서만 효과적이다. 화학에서 이러한 에너지의 중요성은 비극성 용매에 이온성 화합물이나 극성 화합물이 녹아있는 용액과 같은 경우에만 한정된다.

## 순간 쌍극자 - 유발 쌍극자 상호작용[8)]

영구 쌍극자가 없는 분자에 있는 원자들에서도 전자 분포의 순간적인 불균형 때문에 순

8) London 분산력 또는 van der Waals 힘이라고도 부른다. 이 책에서처럼 London 분산력이란 이름이 널리 사용되지만, 그 힘이 분자를 분산시키는 경향이 있는 것은 아니며, 이 힘은 항상 인력으로 작용한다. "van der Waals" 힘이란 용어를 사용하는 경우도 여러 가지 의미가 있다. 어떤 경우에는 London 힘과 같은 의미로 사용하고, 어떤 경우에는 이상 기체와 실제 기체의 차이가 생기는 모든 힘을 의미하는 데 사용된다. 후자의 경우에는 London 힘뿐만 아니라 쌍극자 상호작용도 포함된다.

간 쌍극자가 생길 수 있을 것이다. 예를 들어, 헬륨 원자를 살펴보자. 헬륨의 1*s* 오비탈에 있는 두 전자가 항상 핵의 반대편에 있을 가능성은 극히 작다. 따라서 인접한 원자나 분자에 쌍극자를 유발시킬 가능성이 있는, 순간 쌍극자가 존재하게 될 것이다. 이 현상을 보는 다른 관점은, 두 개 이상의 "비극성" 분자에 있는 전자들을 최소한 부분적이라도 그들의 운동 주기에 맞추어 전자-전자 반발을 최소화하고, 핵-전자 간의 인력을 극대화하는 것이라고 간주하는 것이다. 이러한 인력은 극단적인 단거리 힘이고 쌍극자-유발 쌍극자 힘처럼 약하다. 이러한 상호작용에 대한 에너지는 다음과 같다.

$$E = \frac{-2\bar{\mu}\alpha}{r^6} \tag{7.10}$$

여기서 $\mu$는 평균 순간 쌍극자인데, 더 간단하게 다음과 같이 나타내기도 한다.

$$E = \frac{-3I\alpha^2}{4r^6} \tag{7.11}$$

여기서 $\alpha$는 편극성이고 $I$는 이온화 에너지이다.

London 힘은 매우 짧은 거리에서만 효과적으로 작용하며 ($1/r^6$에 의존), 화학자가 관심을 갖는 모든 인력 중에서 가장 약하다. $\alpha^2$ 항이 있기 때문에 London 힘은 분자량이 증가하면 빠르게 증가한다. 더 적절하게 표현하면 **분자 부피 (molecular volume)** 와 편극될 수 있는 전자의 수가 증가하면 증가폭이 더 커진다.

다음의 끓는점에 대한 경향을 보면, 분자량 자체는 London 힘의 크기를 결정하는 데 중요하지 않음을 쉽게 알 수 있다. $H_2$, MW = 2, bp = 20 K; $D_2$, MW = 4, bp = 23 K; $T_2$, MW = 6, bp = 25 K. 수소의 동위원소를 포함하는 탄화 수소와 같은 유사한 화합물도 마찬가지이다. 플루오로 탄소는 대개 매우 낮은 끓는점을 갖는데, 왜냐하면 플루오린 원자가 전자를 단단하게 붙잡고 있어서 편극성이 작기 때문이다.

## 반발력

지금까지 설명한 모든 상호작용은 본질적으로 인력에 관한 것이고, $r = 0$일 때 무한대가 된다. 이들 인력에 반대되는 짝은 핵-핵 반발 ($H_2$ 분자에서는 중요한 역할을 한다) 때문에 생기는 반발력이며, 더 중요한 것은 내부 껍질 전자 (또는 핵심부 전자) 의 반발 때문에 생기는 반발력이다. 원자 간 거리가 매우 짧을 경우, 상호작용하는 원자에 있는 내부 껍질의 전자 구름은 겹치기 시작하고, Pauli 반발이 매우 커진다. 반발 에너지는 다음과 같다.

$$E = \frac{+k}{r^n} \tag{7.12}$$

여기서 $k$는 상수이고 $n$은 다양한 값을 가지며 비교적 큰 값이다. 이온 화합물의 $n$값은 5에서 12까지의 범위이며 (3장), 가끔 분자의 성질을 나타낼 때 이용하는 Lennard-Jones 함수는 6~12 함수라고 부르기도 하는데, 인력 에너지에 대해서는 $r^6$을 (식 7.12와 비교), 반발에 대해서는 $r^{12}$를 적용하기 때문이다. 어느 경우에서든 반발 에너지는 매우 짧은 거리에서만 역할을 하게 된다.

**표 7.3**
화학적 힘과 상호작용의 요약.

| 상호작용의 형태 | 세 기 | 에너지-거리의 관계 |
|---|---|---|
| 공유 결합 | 매우 세다 | 복잡하다. 그러나 비교적 먼 거리에 미친다 |
| 이온 결합 | 매우 세다 | $1/r$, 비교적 먼 거리에 미친다 |
| 이온-쌍극자 | 세다 | $1/r^2$, 짧은 거리 |
| 쌍극자-쌍극자 | 적당히 세다 | $1/r^3$, 짧은 거리 |
| 이온-유발 쌍극자 | 약하다 | $1/r^4$, 매우 짧은 거리 |
| 쌍극자-유발 쌍극자 | 매우 약하다 | $1/r^6$, 극도로 짧은 거리 |
| Londn 분산 에너지 | 매우 약하다[a] | $1/r^6$, 극도로 짧은 거리 |

[a] London 힘은 크기가 증가할수록 증가하며, 분자의 크기에는 제한이 없으므로, 이 힘은 훨씬 커질 수 있다. 그러나 일반적으로 매우 약하다.

### 요약

화학종에 작용하는 여러 가지 힘은 표 7.3에 요약하였다. 이 힘들은 이온 결합이나 공유 결합으로부터 매우 약한 London 힘에 이르기까지 세기의 순서대로 나열되어 있다. 이들 힘에 관한 지식을 화학 현상의 설명에 적용하려면, 어느 정도의 연습과 화학적인 지식이 필요하다. 일반적으로 화학적 및 물리적 성질에 영향을 미치는 특수한 힘의 중요성은 표 7.3에서 차지하는 그 힘의 위치와 관련이 있다. 예를 들면, 불활성 기체의 끓는점은 다른 힘이 작용하지 않기 때문에 London 힘으로만 정해진다. 그러나 이온 화합물의 결정에서는 London 힘도 작용하지만 매우 센 이온 상호작용에 비하면 아주 작고, 일차 근사(3장)로서 무시할 수 있다.

## 수소 결합

수소 결합은 쌍극자-쌍극자 상호작용의 극단적인 한 가지 예에 불과하다고 주장하는 사람도 있지만, 간단하게나마 별도로 설명할 가치가 있을 정도로 많이 다르다. 더욱이 수소 결합에 대해 힘의 본질에 대해 가장 잘 설명하고 있다고 인정받는 이론도 없다.

수소 결합에 대한 실질적인 정의는 다음과 같다. **수소 결합은 수소 원자가 둘 이상의 다른 원자와 결합할 때 존재한다.**[9] 이 정의가 의미하는 것은, 수소 원자는 공유 결합에서 충분히 낮은 에너지 상태에는 한 개의 오비탈(1*s*)만을 갖고 있기 때문에, 수소 결합은 통상적인 공유 결합이 될 수 없음을 의미한다.

거시적으로 수소 결합의 영향은 $NH_3$나 $H_2O$, HF 같은 화학종의 녹는점과 끓는점이 매우 증가된다는 사실을 통해 간접적으로 알 수 있다. 이 현상은 기초를 다루는 교재들에서 상세하게 설명하고 있기 때문에 여기서는 더 이상 설명할 필요가 없다. 분자 수준으로 보

[9] Hamilton, W. C.; Ibers, J. A. *Hydrogen Bonding in Solids*; W. A. Benjamin: New York, 1968; p 13. 유사한 정의는 다음을 참조하라. Pimentel, G. C.; McClellan, A. L. *The Hydrogen Bond*; Freeman: San Francisco, 1960; Joesten, M. D.; Schaad, L. *J. Hydrogen Bonding*; Marcel Dekker: New York, 1974; *The Hydrogen Bond*; Schuster, P.; Zundel, G.; Sandorfy, C.; Eds.; North-Holland: Amsterdam, 1976; Vols. I-III; Jeffrey, G. A.; Saenger, W. *Hydrogen Bonding in Biological Structures*; Springer-Verlag: New York, 1991. Allen, L. C. *J. Am. Chem. Soc.* **1975**, *97*, 6921~6940; Emsley, *J. Chem. Soc. Rev.* **1980**, *57*, 91~124.; Legon, A. C.; Millen, D. *J. Chem. Rev.* **1986**, *86*, 635~657; Joesten, M. D. *Chem. Educ.* **1982**, *50*, 362.

**표 7.4**
몇 가지 일반적인 수소 결합에 대한 van der Waals 거리와 측정된 거리(pm)[a].

| 결합 상태 | A···B[b] (계산값) | A···B (관찰값) | H···B (계산값) | H···B (관찰값) |
|---|---|---|---|---|
| F—H—F | 270 | 240 | 260 | 120 |
| O—H···O | 280 | 270 | 260 | 170 |
| O—H···F | 280 | 270 | 260 | 170 |
| O—H···N | 290 | 280 | 270 | 190 |
| O—H···Cl | 320 | 310 | 300 | 220 |
| H—N···O | 290 | 290 | 260 | 200 |
| N—H···F | 290 | 280 | 260 | 190 |
| N—H···Cl | 330 | 330 | 300 | 240 |
| N—H···N | 300 | 310 | 270 | 220 |
| N—H···S | 340 | 340 | 310 | 240 |
| C—H···O | 300 | 320 | 260 | 230 |

[a] Hamilton W. C.: Ibers, J. A. *Hydrogen Bonding in Solids*; W. A. Benjamin: New York, 1968; p 16.
[b] 두 번째 열의 값은 표 7.1을 이용해서 구한 것이 아니다. 왜냐하면 Hamilton과 Ibers는 Pauling방법으로 van der Waals반지름을 구하였기 때문이다.

면, 수소 결합이 존재하면 원자 간의 거리가 크게 감소되어 있음을 관찰할 수 있으며, 이 원자 간 거리는 van der Waals 반지름으로 추정할 수 있는 거리보다 훨씬 짧다. 이것은 실제 결합 상황과 수소 원자가 두 원자에 가깝게 접근해 있지만, 단지 한 원자와 결합하고 있는 상황을 구분하는 실질적인 방법이다. 표 7.4는 수소 결합을 하고 있는 A—H···B 계와 여기에 관련된 화학종의 van der Waals 반지름의 합을 비교한 거리를 나타낸 것이다. 많은 수소 결합에서 원자 A와 B는 van der Waals 반지름의 합보다 더 가깝게 접근해 있다. 더 두드러진 특성은 van der Waals 반지름의 합으로 추정한 거리보다 수소 원자는 원자 B에 상당히 더 접근해 있는데, 이는 원자 B의 전자 구름에 수소 원자가 침투되어 있음을 의미한다.

전형적인 수소 결합 상황에서 수소 원자는 전기음성이 아주 큰 두 원자와 결합하고 있다. 이 계는 대개 거의 선형이며, 수소 원자는 두 개의 핵 중에서 하나의 핵에 더 가깝게 존재한다. 그러므로 표 7.4에 나타낸 대부분의 계에서, 수소 원자는 짧고 정상적인 공유 결합을 통해 원자 A와 결합하고 있고, 원자 B와는 약 50 kJ $mol^{-1}$ 이하의 길고 약한 수소 결합에 의하여 결합하고 있다. 이와 같은 상황은 물에서의 산소 원자들 간의 수소 결합에서처럼 A와 B 원자가 동일한 원자일 경우에도 이루어질 수 있다. 그러나 중요한 예외도 있다. 이 예외에는 $A^-$가 플루오린화 이온(때로는 다른 할로젠화 이온) 이나 아세트산, 벤조산 같은 일양성자 유기산의 음이온인 $M^+HA_2^-$ 형의 염이 있다. 다른 예로는 말레산이나 프탈산 같은 HAAH 형의 이양성자성 산일 수도 있다.

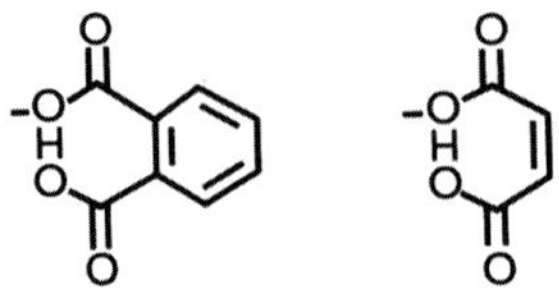

이러한 형태의 수소 결합은 흔한 **비대칭(unsymmetric)** 형과 구별하여 **대칭(symmetric)** 형이라고 부른다. 대칭형 수소 결합은 가장 강하게 결합한 계에서만 생긴다. $FHF^-$나 앞에서 언급한 카복실산염 이온 같은 음이온성도 흔하다. 강하고 대칭인 수소 결합을 이룬

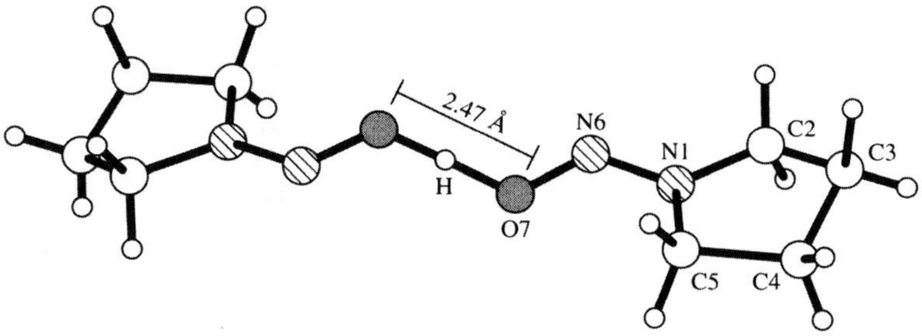


**그림 7.5** 단사 결정 공간군 $P2_1/c$로 결정화된 bis(*N*-nitrosopyrrolidine)-hydrogen hexafluorophosphate 양이온의 짧고 대칭인 수소 결합. 수소 결합한 양성자는 대칭의 중심에 있다. 산소의 van der Waals 반지름의 두 배는 300 pm(표 7.1)인데 O—O 거리는 247 pm이다. [Keefer, L. K.; Hrabie, J. A.; Ohannesian, L.; Flippen-Anderson, J. L.; George, C. *J. Am. Chem. Soc.*, **1988**, *110*, 3701~3702.]

양이온의 예로는 bis (*N*-nitrosopyrrolidine) hydrogen을 들 수 있다 (그림 7.5).[10)]

대칭, 비대칭 수소 결합의 문제는 상당한 관심을 끌어 왔지만, 아직도 여기에 관련된 요인은 명확하게 밝혀진 것이 없다. 다만, 길고 약한 수소 결합에 대해 수소 원자가 한 원자와는 공유 결합을 하고 있고, 다른 한 원자에 의해서는 끌어 당겨지고 있다고 생각할 수는 있다. 공유 결합을 하고 있는 원자는 쌍극자로 끌어당기고 있는 원자보다는 더 가깝게 존재하는 것은 분명하다. 언제, 또는 왜 수소 결합이 대칭이 될 것인지를 아는 것은 쉽지 않다. 그러나 공명이나 비편재화된 분자 오비탈 모형을 사용하면 벤젠에서 탄소-탄소 결합 길이가 동일한 사실을 설명하는 것과 비슷한 방법으로 수소 결합이 대칭이 되는 것을 설명할 수 있다. 이러한 상황은 몇 가지 결정에서 발견된 비대칭 $FHF^-$ 이온[11)]에 대한 설명보다 더 복잡하다. 결정에서는 대칭인 말레산 수소와 프탈산 수소 음이온은 질서가 덜한 수용액에서는 비대칭이 된다.[12)] 대칭 수소 결합이 대칭 환경에 의하여 강요되는지 또는 비대칭 결합이 결정과 낮은 대칭성의 용액에 의하여 유도되는지의 여부는 아직도 분명하게 밝혀지지 않았다.

수소 결합은 대개 수소 원자가 전기음성이 큰 원자와 결합하였을 때 생기므로,[13)] 수소 결합의 본질에 대하여 가장 먼저 제안된 것은 수소 결합이 $A^{\delta-}—H^{\delta+} \cdots B^-$나 $A^{\delta-}—H^{\delta+} \cdots B^{\delta-}—R^{\delta+}$처럼 쌍극자-이온, 쌍극자-쌍극자 상호작용으로 이루어진다는 것이다. 여기서 R은 전기음성인 B 원자를 포함하고 있는 분자의 나머지 부분이다. 이러한 관점을 확실하게 해 주는 것은 가장 강한 수소 결합은 수소가 가장 전기음성이 큰 원소와 결합한 계에서 형성된다는 사실이다.

---

10) Keefer, L. K.; Hrabie, J. A.; Ohannesian, L.; Flippen-Anderson, J. L.; George, C. *J. Am. Chem. Soc.*, **1988**, *110*, 3701~3702.

11) Williams, J. M.; Schneemeyer, L. F. *J. Am. Chem. Soc.* **1973**, *95*, 5780.

12) Perrin, C. L.; Thoburn, J. D. *J. Am. Chem. Soc.* **1989**, *111*, 8010~8012.

13) 탄소처럼 전기양성이 더 큰 원소도 수소 원자에 달라붙어 수소 결합을 형성할 수 있다. 예를 들면, HCN에서 탄소의 유효 전기음성도는 상당히 높고, 수소 원자도 양성이다. 그리고 수소 결합은 인접한 분자에 있는 음성의 질소 원자와 형성될 것으로 예상된다. HCN은 끓는점이 26°C인데 비해, HF의 끓는점은 20°C이고 $H_2O$는 100°C이다. $CH_3CN$의 메틸기에서도 수소 결합이 부분적으로 일어날 수 있음이 분명한데, 왜냐하면 아세토나이트릴의 끓는점이 분자량(London 힘)만을 기초로 하여 예상한 것보다 더 높기 (82°C) 때문이다. *n*-프로페인의 끓는점은 −42°C이다. 그리고 아세토나이트릴은 물과 완전히 섞인다. 다음을 참조하라. Green, R. D. *Hydrogen Bonding by C—H Groups*; Wiley: New York, 1974; Mueller-Westerhoff, U. T.; Nazzal, A.; Prossdorf, W. *J. Am. Chem. Soc.* **1981**, *103*, 7678~7682; Desiraju, G. R. *Acc. Chem. Res.* **1991**, *24*, 290~296.

$$F^- + HF \longrightarrow FHF^- \qquad \Delta H = -161 \pm 8\ kJ\ mol^{-1} \quad (7.13)^{14)}$$

$$(CH_3)_2CO + HF \longrightarrow (CH_3)_2CO \cdots HF \qquad \Delta H = -46\ kJ\ mol^{-1} \quad (7.14)$$

$$H_2O + HOH \longrightarrow H_2O \cdots HOH\,(\text{얼음}) \qquad \Delta H = -25\ kJ\ mol^{-1} \quad (7.15)$$

$$HCN + HCN \longrightarrow HCN \cdots HCN \qquad \Delta H = -12\ kJ\ mol^{-1} \quad (7.16)$$

간단한 정전기적 모형을 사용하면, 상대적인 결합 에너지와 기하 구조(선형 결합은 인력을 최대로 하고 반발은 최소화한다)에 대하여 정성적인 설명을 할 수 있다. 그럼에도 불구하고 지나치게 단순화시킨 쌍극자-쌍극자나 이온-쌍극자 상호작용 외에 다른 요인이 더 포함되어 있다고 믿을만한 이유가 있다. 첫째로 수소 결합이 짧은 것은 van der Waals 반지름이 상당히 겹친 것을 의미하고, 이러한 겹침은 다른 요인에 의해 보상되지 않는다면 반발력이 더 커지게 만든다. 둘째로 수소 원자가 하나의 플루오린 원자와는 공유 결합을 하고 있으며, 다른 하나의 플루오린 원자와는 이온-쌍극자 힘에 의하여 약하게 접근하고 있으면 F—H—F 형태의 대칭 수소 결합은 일어날 수 없다. 물론 이러한 상황에서 관찰된 성질을 설명하기 위하여 공명을 도입할 수 있다.

$$F{-}H \cdots F^- \longleftrightarrow F^- \cdots H{-}F$$

위의 공명 구조는 수소 원자의 양쪽에서 공유 결합이 비편재화되어 있음을 의미한다. 이러한 비편재화는 간단한 분자 오비탈로 취급할 수 있다. 여기서는 이 메커니즘을 설명하지는 않겠지만(3중-4전자 결합, 14장 참조), 그 결과를 살펴보면 공유 결합은 세 원자 모두에 걸쳐서 이루어져 있다. 대칭 수소 결합에서는 공유 결합이 양편에서 균형을 이루고 있지만, 비대칭 수소 결합에서는 짧은 결합 쪽에 전자 밀도가 더 집중되어 있다. 여러 학자들이 수소 결합 에너지를 계산하여 그 값을 분석하였다.[15] 해석은 동일하지 않지만 정전기적 상호작용(이온-쌍극자, 쌍극자-쌍극자)과 공유 상호작용(비편재화, 공명)이 둘 다 기여하고 있다는 점은 모두 인정하였다.

수소 결합에 대한 결정학적 데이터를 체계적으로 분석하여 기하 구조의 범위가 밝혀졌고, 수소 결합을 설명하거나 수소 결합의 형태를 예측하기 위한 규칙이 제안되었다.[16] 에너지의 측면에서 A—H···B 배열이 선형을 선호하는지, 비선형을 선호하는지는 적어도 결정 상태에서는 실험 데이터로 확인할 수 있게 되었다. 수소 결합의 입체화학적 필요성 때문에 얼음의 구조가 결정되었고, 이에 따라 고체 상태의 물이 어는점에 있는 물보다 밀도가 낮다는 사실이 설명되었다. 얼음의 구조는 수소 결합이 광범위한 망을 이루고 있기 때문에 더 많이 열려 있는 구조이다(그림 7.6). 수소 결합의 에너지학과 입체화학은 촉매, 분자 인식 및 신소재의 설계 분야에 폭넓게 걸쳐 있다.

마지막으로 W—H—W와 B—H—B 같은 다른 계가 존재하는데, 앞에서 설명한 수소 결합의 실질적인 정의에 형식적으로는 일치한다. 그러나 이러한 수소 결합은 **전기양성**인

---

14) Lias, S. G.; Bartmess, J. E.; Liebman, J. F.; Holmes, J. L.; Levin, R. D.; Mallard, W. G. *J. Phys. Chem. Ref. Data* **1988**, *17*, Suppl. 1.

15) Basch, H.; Stevens, W. J. *J. Am. Chem. Soc.* **1991**, *113*, 95~101; Dykstra, C. E. *Acc. Chem. Res.* **1988**, *21*, 355~361; Legon, A. C. *Chem. Soc. Rev.* **1990**, *19*, 197~237; Curtiss, L. A.; Blander, M. *Chem. Rev.* **1988**, *88*, 827~841.

16) Taylor, R.; Kennsrd, O. *Acc. Chem. Res.* **1984**, *17*, 320~326; Etter, M. C. *Acc. Chem. Res.* **1990**, *23*, 120~126; Görbitz, C. H.; Etter, M. C. *J. Am. Chem. Soc.* **1992**, *114*, 627~631.

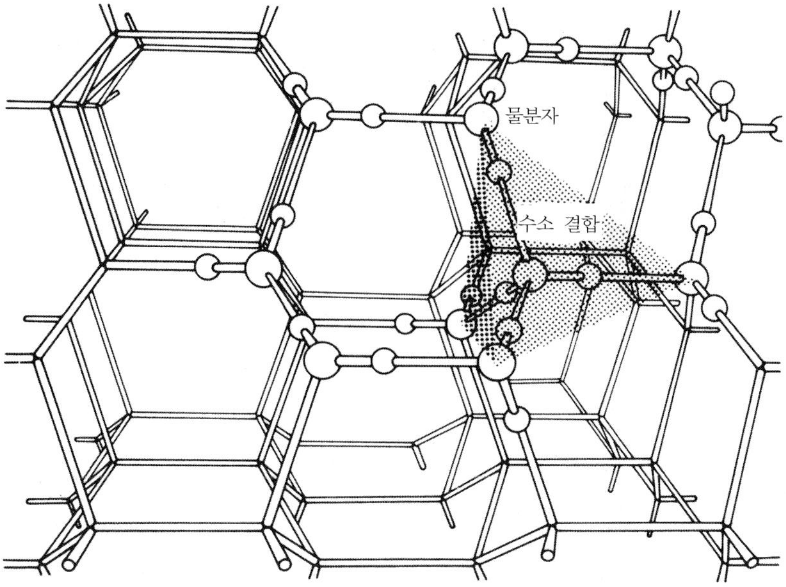


**그림 7.6** 수소 결합의 방향성이 반영된 정상적인 얼음의 열린 구조. [Dickerson, R. E.; Geis, I. *Chemistry*, *Matter*, *and the Universe*; W. A. Benjamin: Menlo Park, 1976.]

원자가 수소 원자에 결합되어 있다는 점이 다르다. 전기음성인 원자의 수소 결합계와 구별하기 위하여 **수소 다리놓인 계 (hydrogen bridged system)** 라고 부르기도 한다.

# 화학적 힘의 효과

## 녹는점과 끓는점

녹음이나 증발은 결정을 유지하고 있는 퍼텐셜 에너지를 능가할만큼 충분한 열에너지를 결정에 공급하면 일어난다. 대부분의 경우, 결정의 녹음과 증발로 인해 **원자화 (atomization)** 가 일어나지는 않는다. 즉, **모든** 화학적 힘이 완전히 깨어지지는 않는다. 화학적 힘과 녹는점이나 끓는점 같은 물리적 성질 간의 관계를 이해하려면 증기 상태에 있는 화학종의 결합 에너지와 결정 상태에 있는 화학종의 에너지를 비교할 필요가 있다. 고체를 증발시키려면 이러한 두 가지 에너지 간의 **차이**가 공급되어야 한다. 아래의 설명에서는 녹는점과 끓는점에서 변화에 대한 에너지 차이가 강조되겠지만, 엔트로피 효과도 매우 중요함을 알고 있어야 한다.

London 분산력에 의해서만 이루어진 결정은 비교적 낮은 온도에서 녹으며, 이렇게 생긴 액체도 쉽게 증발한다. 이러한 형태의 예는 −269 °C (He) 에서 −62 °C (Rn) 까지의 끓는점 범위를 갖는 불활성 기체이다. $CH_4$ (bp = −162 °C), $BF_3$ (bp = −101 °C) 와 $SF_6$ (−64 °C에서 승화) 처럼 쌍극자 모멘트가 0인 유기 분자나 무기 분자도 이 범주에 속한다. London 힘은 편극성과 함께 크게 증가하기 때문에, 많은 큰 분자는 분자 간에 London 힘 형태의 인력만이 있음에도 불구하고, 실온에서 액체나 심지어는 고체도 생성한다. 예를 들면, $Ni(CO)_4$ (bp = 43 °C), $CCl_4$ (bp = −77 °C), 보라진, $B_3N_3H_6$ (bp = 53 °C) 와 삼합체 포스파젠, $P_3N_3Cl_6$ (mp = 114 °C) 가 있다.

이러한 화합물은 첫 번째 문단에서 설명한 원리에 대한 평범한 예이다. 모든 분자는 매우 강한 **공유 결합**을 포함하고 있으며, 녹거나 증발하면서 결합이 깨어지는 것은 없다. 따라서 결합은 녹는점이나 끓는점을 결정하는 어떤 역할도 하지 않는다.

화합물의 녹는점은 대칭성이 중요한 기여를 하는 또 하나의 성질이다. 대칭 분자는 대칭성이 낮은 이성질체보다 높은 녹는점을 나타낸다. 예를 들면, 네오 펜테인의 녹는점은 −17 °C이고, *n*-펜테인의 녹는점은 −130 °C이다. 분자의 대칭성이 높으면 녹는점은 물질이 녹는 온도가 아니라 승화되는 온도까지 올라갈 수도 있다. 앞에서 설명한 $SF_6$ 외에 승화되는 몇 가지 물질을 생각해 보면, 대칭성이 높은 것을 알 게 될 것이다. 일반적인 예로는 $I_2$, $CO_2$와 캄포 (camphor) 를 들 수 있다. 극단적인 예로는 도데카헤드레인 ($C_{20}H_{20}$) 이 있다.

이 물질은 430±10 °C에서 녹고, 승화되기 때문에 얻기가 어렵다. 이 값은 분자량이 비슷한 *n*-아이코세인 (*n*-eicosane)(bp = 343 °C) 같은 곧은 사슬 탄화수소의 bp보다 100 °C 정도 더 높고, mp (37 °C) 보다는 거의 400 °C나 더 높다. 이러한 차이는 $C_{20}H_{20}$의 높은 대칭성 ($I_h$) 때문에 나타난다. 온도가 상승하면, 이 분자는 격자가 깨어져서 녹는 현상이 일어나는 것이 아니라 회전과 확산 (병진) 의 형태로 에너지를 흡수한다.

물, 액체 암모니아, 황산, 클로로폼 등의 극성 액체인 분자는 쌍극자-쌍극자 수소 결합 상호작용에 의해 결합되어 있다. 크기가 비슷한 분자들의 경우, 이러한 상호작용은 London 힘보다 더 크므로, 비금속의 수소 화합물이 나타내는 끓는점의 경향을 나타낸다. $H_2S$, $H_2Se$, $PH_3$, HI 등의 더 무거운 분자의 경우, 쌍극자 효과는 특별히 중요하지 않다 (비금속의 전기음성도는 수소의 전기음성도와 비슷하다). 그래서 끓는점은 낮고, 분자량이 증가할수록 끓는점이 높아진다. 각 계열의 첫 번째 주기 화합물 ($H_2O$, $NH_3$, HF) 은 액체 상태에서 센 수소 결합을 하고 있기 때문에 더 높은 끓는점을 가진다.

이온 결합 화합물은 이온들을 서로 붙들려 있게 만드는 매우 강한 정전기적 힘을 포함하고 있다. 증발이 일어나면 기체상에는 이온쌍들과 작은 클러스터들이 생성된다. 이러한 화학종들을 안정화시키는 에너지는 크지만, 격자의 안정화 에너지보다는 작을 것으로 간주된다. 일차 근사처럼 단단한 구형 모형을 가정하면, 기체상의 이온쌍과 고체 격자의 정전기적 에너지의 차이는 이들의 Madelung 상수에 반영될 것이다. NaF의 경우, 이온쌍일 때 A = 1.00이고 격자일 때 A = 1.75이다. 플루오린화 소듐 결정이 증발하여 이온쌍을 이루면, 결합 에너지는 격자 에너지의 절반보다 약간 더 높게 될 것이다 (1.00/1.75 = 0.57). 기체상에서 이온쌍을 안정화시키는 데 도움을 주는 여러 가지 요인이 존재하고, 이 요인들은 이온쌍 형성을 다소 용이하게 만든다. 편극화는 격자에서보다 단일 이온쌍에서 훨씬 더 쉽게 일어날 수 있다. 그래서 기체상에서 공유 결합 기여가 다소 더 많아지고 결합은 짧아진다. 두 번째로, 이온쌍 이외에 여러 가지 종류의 상호작용과 더 큰 인력 에너지를 갖는 이온들의 작은 클러스터가 존재한다. 그러므로 증발에는 격자 에너지의 1/2정도가 아니라 1/4 정도만이 필요하다는 것을 알 수 있다 (표 7.5). 그럼에도 불구하고

**표 7.5**
기체와 고체상에 대한 할로젠화 알칼리의 해리 에너지 (kJ mol$^{-1}$)$^{a}$.

| 화합물 | $MX(g) \rightarrow M^+(g)+X^-(g)$ | $MX(s) \rightarrow M^+(s)+X^-(g)$ | $E_{subl}$ | 비 |
|---|---|---|---|---|
| LiF | 766 | 1033 | 268 | 0.26 |
| LiCl | 636 | 845 | 209 | 0.25 |
| LiBr | 615 | 799 | 184 | 0.23 |
| LiI | 573 | 741 | 167 | 0.23 |
| NaF | 644 | 916 | 272 | 0.30 |
| NaCl | 556 | 778 | 222 | 0.28 |
| NaBr | 536 | 741 | 205 | 0.28 |
| NaI | 506 | 690 | 184 | 0.27 |
| KF | 582 | 812 | 230 | 0.29 |
| KCl | 494 | 707 | 213 | 0.30 |
| KBr | 477 | 678 | 201 | 0.30 |
| KI | 448 | 640 | 192 | 0.30 |
| RbF | 565 | 778 | 213 | 0.27 |
| RbCl | 498 | 686 | 188 | 0.27 |
| RbBr | 464 | 661 | 197 | 0.30 |
| RbI | 439 | 623 | 184 | 0.30 |
| CsF | 548 | 749 | 201 | 0.27 |
| CsCl | 464 | 653 | 197 | 0.29 |
| CsBr | 448 | 632 | 184 | 0.29 |
| CsI | 414 | 602 | 188 | 0.31 |

[a] 기체상의 자료는 부록 E의 결합 에너지에 이온화 에너지와 전자 친화도를 가하여 이온의 경우에 적합하게 보정한 것이다. 격자 에너지는 표 3.3에 있는 가장 좋은 값으로부터 구한 것이다. 승화 에너지(이온쌍을 가정하여)는 격자 에너지와 이온쌍 에너지간의 차이다. 그 비는 $E_{subl}/U$이고 승화할 때 "잃는"에너지의 분율이다.

격자 에너지는 크기 때문에 이온 화합물을 증발시키는 데 필요한 에너지는 크고, 따라서 녹는점은 높다.

이온 전하가 증가하면 결정의 격자 에너지는 확실히게 증가할 것이다. 이온 결합성이 더 우세한 화합물에서, 이온 전하가 증가하면 녹는점과 끓는점이 높아질 것이다. 예를 들어 NaF, mp = 997 °C이고, MgO, mp = 2800 °C이다.

플루오린화 소듐과 산화 마그네슘을 비교할 때처럼 항상 상황이 그렇게 단순한 것은 아니다. Fajans 규칙에 의하면, 전하가 증가하면 공유 결합성이 증가하게 되는데, 특히 작은 양이온과 큰 음이온의 경우에 더 많이 증가한다. 공유 결합성 그 자체는 높거나 낮은 녹는점과 끓는점 중의 어떤 것을 선호할 필요가 없다. 그러나 고체상에서는 센 공유 결합을 하고 있지만, 기체상이 되면 고체상에서보다 결합이 약해지거나 공유 결합의 수가 작아지는 화학종의 경우에는 녹는점이나 끓는점이 매우 높을 수 있다. 예를 들면, 다이아몬드형과 흑연형의 탄소(승화 온도 약 3700 °C) 및 이산화 규소(녹는점 1710 °C, 끓는점 2200 °C 이상) 가 있다. 이산화 규소에서의 전이는, 고체 중합체에서는 네 개의 강한 사면체 $\sigma$ 결합이 유리된 기체 분자에서는 두 개의 $\sigma$ 결합과 두 개의 약한 $\pi$ 결합으로 변하는 것이다.

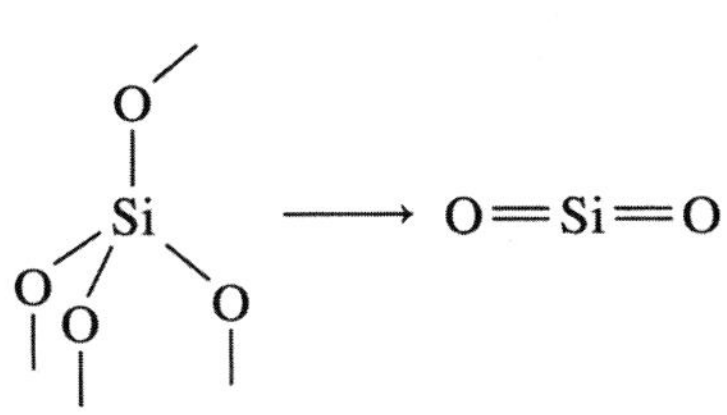

**(7.17)**

**표 7.6**
포타슘과 은의 할로젠 화합물에 대한 녹는점.

| | | |
|---|---|---|
| KF = 858°C | AgF = 435°C | NaF = 993°C |
| KCl = 770°C | AgCl = 455°C | NaCl = 801°C |
| kBr = 734°C | AgBr = 432°C | NaBr = 747°C |

한편, 공유 결합이 기체 분자에서나 고체에서나 모두 안정하고 수가 동일하면, 증발은 용이하게 일어난다. 예를 들면, 수백도에서 일어나는 역중합 반응이 있는데, 적린은 승화하여 백린으로 재응축된다.[17)]

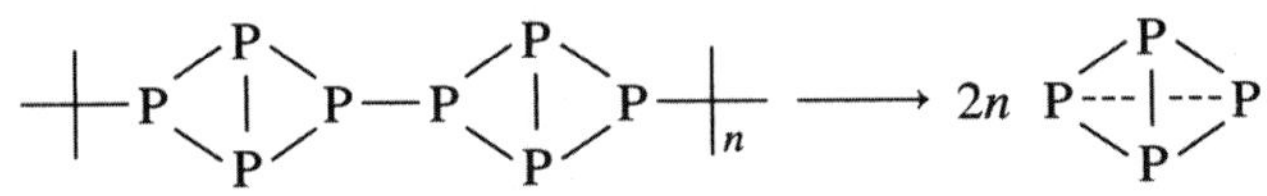

**(7.18)**

즉, Fajans형의 현상으로 인하여 공유 결합성이 증가하면 전이 온도가 내려갈 수 있다. 예를 들면, 할로젠화 알칼리(CsCl, CsBr, CsI는 제외)와 할로젠화 은(AgI는 예외)은 NaCl 구조로 결정화된다. 양이온들의 크기는 $Na^+$ = 116 pm, $Ag^+$ = 129 pm, K+ = 152 pm인데 비하여, 이 할로젠화물들의 녹는점은 아주 다르다(표 7.6). 할로젠화 알칼리보다 할로젠화 은의 공유 결합성($d^{10}$ 전자 배치로 인한 것임)이 더 크다는 사실은, 액체 상태에서 AgX 분자가 불연속적이어서 은 화합물의 녹는점이 포타슘 화합물의 녹는점보다 더 낮게 만듦을 의미하고 있다. 이온 결합성이 우세한 화학종인 CsF 및 $BaF_2$와 좀 더 공유 결합성인 KBr 및 $CaBr_2$ 사이도 유사하게 비교할 수 있다(표 7.7). 이온 결합성이 높은 플루오린화물의 조성이 1 : 1에서 1 : 2로 변하면 격자 에너지가 증가할 것이고 따라서 전이 온도도 증가한다. 그러나 공유 결합성이 큰 브로민화물에서는 분자성 화학종인 $CaBr_2$ (기체상과 액체상에서 어느 정도의 범위까지는 가능함)는 공유 결합성 때문에 충분한 안정성을 가지며, 녹는점은 KBr과 거의 같지만 끓는점은 더 **낮다**.

$BeI_2$와 전이 금속의 브로민화물과 아이오딘화물처럼 Fajans 효과가 매우 강하게 작용하는 경우에는 공유 결합성이 아주 커지게 되기 때문에 안정해진다. 그러나 결정 격자의 일그러짐이 일어나기 때문에 이온 결합성 할로젠화물과 직접 비교하기는 어렵다. 금속 할로젠화물의 경우, 예상할 수 있는 것처럼 끓는점은 비교적 낮다. $BeI_2$ =590 °C, $ZnI_2$ = 624 °C, $FeCl_3$ = 315 °C. 이와 같은 극단적인 경향성 때문에 공유 결합력은 고체에서조차 분자가 불연속적이 되게 만들 정도로 강해진다(예: $Al_2Br_6$, mp = 97 °C, bp = 263 °C).

## 용해도

용해도와 용질의 행동은 복잡한 주제이기 때문에,[18)] 여기서는 개요만을 간단하게 설명하

**표 7.7**
알칼리와 알칼리 토금속의 할로젠 화합물에 대한 녹는점과 끓는점.

| 녹는점(°C) | | 끓는점(°C) | |
|---|---|---|---|
| KBr = 734 | $CsBr_2$ = 730 | KBr = 1435 | $CaBr_2$ = 812 |
| CsF = 682 | $BaF_2$ = 1355 | CsF = 1251 | $BaF_2$ = 2137 |

17) 적린의 정확한 구조는 밝혀지지 않았지만 백린의 구조는 알려져 있다. 여기서의 설명은 정확한 구조에 대한 지식이 문제되는 것은 아니다.

18) 용질의 행동에 대한 보다 상세한 설명은 다음을 참조하라. Hilderbrand, J. H.; Scott, R. L. *The Solubility of Non-electrolytes*; Van Nostrand-Reinhold: New York, 1950; Robinson, R. A.; Stokes, R. H. *Electrolyte Solutions,* 2nd ed.; Butterworths: London, 1959.

기로 한다. 용액에 대한 더 상세한 설명은 9장에서 하게 될 것이다.

비극성 용매에 비극성 용질이 녹아 있는 용액이 가장 간단한 형태이다. 용매-용질과 용매-용매 상호작용에 관련된 힘은 모두 London 분산력이고, 이 힘은 상대적으로 약하다. 응축상을 이루는 이들 힘이 존재한다는 것만이 이상 기체를 혼합할 때와 다른 점이다. 이상 기체를 혼합할 때의 추진력은 혼합 엔트로피(무질서도) 뿐이다. 일정한 온도의 이상 용액에서, 자유 에너지($\Delta H_{혼합} = 0$) 변화는 엔트로피항으로만 구성될 것이다.

$$\Delta G = \Delta H - T\Delta S \tag{7.19}$$

$$\Delta G = -T\Delta S \quad (\Delta H = 0\text{일 때}) \tag{7.20}$$

이러한 형태의 용액이 형성될 때의 엔트로피 변화는 다음과 같다.[19]

$$\Delta S = -R(n_A \ln x_A + n_B \ln x_B) \tag{7.21}$$

여기서 $x_A$와 $x_B$는 용질과 용매의 몰 분율이다. "용질"과 "용매"를 같은 몰수로 혼합할 때, 실온에서 용액의 자유 에너지 변화는 1.7 kJ mol$^{-1}$ 정도에 불과하다.

비극성 물질의 이상 용액과 극한적으로 대비되는 현상은 이온 결합성 화합물이 물과 같이 극성이 매우 큰 용매에 녹아 있는 용액이다. 이러한 경우 엔트로피 변화는 앞에서 설명한 이상적인 용매-용질 상호작용과는 달리 음의 값이거나 양의 값이 될 수 있다. 이온이 고체에서 용액으로 될 때에는 무질서도가 증가할 것으로 예상되지만, 이온이 용매화되기 때문에 용매 분자가 규칙적인 배열을 이루어 무질서도가 감소할 수도 있다. 낮은 전하를 갖는 큰 이온의 경우에는 엔트로피 증가가 우세하겠지만, 물과 강하게 작용하는 이온들(크기가 작고 전하가 높은) 의 경우에는 엔트로피 감소가 더 중요해진다. 많은 염의 경우, 용해에 따른 자유 에너지 변화에 대한 엔트로피 기여는 그 크기가 엔탈피 변화와 비교될 수 있을 정도이므로 두 가지 항을 모두 고려해야 한다.[20]

이온 결합성 화합물이 녹으려면, 격자 내에 있는 이온들 간의 Madelung 에너지나 정전기적 인력이 극복되어야 한다. 유전 상수가 큰 용매($\varepsilon_{H_2O} = 81.7\varepsilon_0$) 분자에 의하여 이온이 분리되어 있는 용액에서, 인력은 상당히 작을 것이다. 물에서 이온 결합성 화합물이 용액으로 되는 과정은 Born-Haber형의 순환 과정으로 살펴볼 수 있다. 이 과정의 총 엔탈피는 두 가지 항, 격자로부터 이온이 해리되는 엔탈피(격자 에너지) 와 해리된 이온이 용매화될 때의 엔탈피(용매화 에너지) 의 합이다.

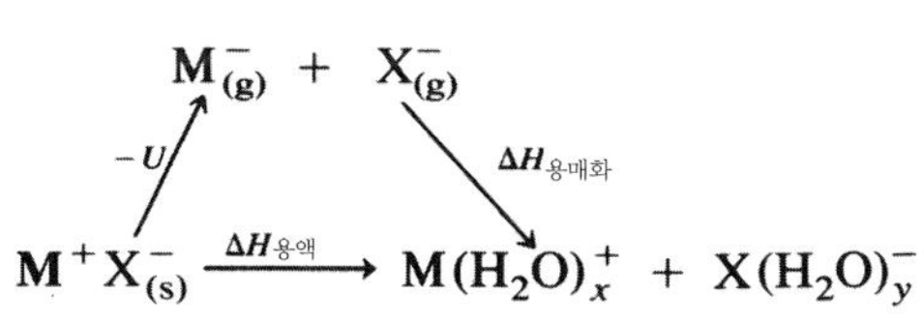


(7.22)

용매화 엔탈피의 크기에는 두 가지 요인이 기여할 수 있을 것이다. 첫 번째 요인은 이온에 강하게 배위되는 용매의 고유한 능력이다. 극성 용매는 용매 쌍극자가 용질 이온에 대해 갖는 인력을 통하여 배위될 수 있다. 두 번째 요인은 이온의 형태, 특히 크기이다. 용매 분자와 이온 간의 상호작용의 세기와 수는 이온이 얼마나 큰지에 따라 달라진다. 용질

---

19) 이러한 표현에 대한 유래와 용액 형성에 관한 열역학에 대한 설명은 다음을 참조하라. Barrow, G. *Physical Chemistry*, 4th ed.; Magraw-Hill: New York, 1979.

20) Cox, B. G.; Paker, A. J. *J. Chem. Soc.* **1973**, *95*, 6879~6884.

의 격자 에너지도 이온의 크기에 따라 달라진다. 격자에서의 힘(이온-이온)은 용매 분자가 이온을 붙들고 있는 힘(이온-쌍극자)보다 본질적으로 더 강하다. 그러나 각 이온에 대한 이온-쌍극자 상호작용은 여러 가지가 있다. 그래서 용매화 엔탈피는 격자 엔탈피와 거의 같은 차원의 크기이며, 따라서 용액의 총 엔탈피는 화합물에 따라 0보다 클 수도 있고 작을 수도 있다. 용액의 엔탈피값이 음이고 엔트로피값이 양이면, 용액의 자유 에너지는 용액의 엔탈피와 엔트로피가 서로 보강작용을 하기 때문에 용액의 자유 에너지는 유리한 조건에 놓이게 된다.

많은 경우, 물에서 이온 결합성 화합물의 수용액에 대한 엔탈피는 양이다. 이 경우, 용질이 녹을 때 용액은 냉각됨을 관찰하게 된다. 엔트로피는 혼합되려는 경향이 있기 때문에 용액에서 이온이 서로 떨어져 있게 만들고, 단열 과정에서는 이러한 일이 내부 에너지를 소비하면서 일어나기 때문에 용액은 냉각된다. 용액의 엔탈피의 값이 큰 양의 값이면, 엔트로피는 이 값을 극복하지 못하고 따라서 화합물은 녹지 않는다.

염의 용해도가 용해 엔탈피에 크게 의존한다는 사실은 이 값의 크기와 관련된 흥미로운 문제를 불러 일으킨다. 용매화 엔탈피가 크면, 용액의 엔탈피에 유리하게 작용하는 것은 분명하다. 그러나 용매화 엔탈피만으로는 유용한 예측을 할 수 없다. 물에 녹는 염은 수화 에너지가 큰 것($CaI_2$, $-2180$ kJ $mol^{-1}$)과 작은 것(KI, $-611$ kJ $mol^{-1}$)이 모두 알려져 있다. 물에 녹지 않는 불용성 염도 수화 에너지가 큰 것($CaF_2$, $-6782$ kJ $mol^{-1}$)이나 작은 것(LiF, $-1004$ kJ $mol^{-1}$)이 알려져 있다. 수화 에너지만으로는 수화 에너지를 결정할 수 없음은 분명하다. 이러한 경우 수화 에너지에 반대되는 것은 격자 에너지이다. 격자 에너지와 수화 에너지(그림 3.19)는 모두 전하($Z$)가 크고, 크기($r$)가 작을수록 커진다. 차이가 있다면 거리에 대한 의존성이다. 격자 에너지(식 3.12)에 대한 Born-Landé 식을 거리의 함수로 나타내면 다음과 같다.

$$U = f_1\left(\frac{1}{r_+ + r_-}\right) \tag{7.23}$$

양이온과 음이온의 수화 엔탈피에 대한 가장 간단한 식(식 3.21)은 다음과 같이 쓸 수 있다.

$$\Delta H_{\text{수화}} = f_2\left(\frac{1}{r_+}\right) + f_3\left(\frac{1}{r_-}\right) \tag{7.24}$$

**격자 에너지는 반지름의 합에 반비례하지만, 수화 엔탈피는 각 이온의 반지름**에 반비례하는 **두 값의 합**이다. 두 함수는 $r_+$와 $r_-$의 변화에 대하여 분명히 서로 다르게 작용할 것이다. 상세하게 계산하지 않더라도 $r_+ = r_-$이면 식 7.23이 식 7.24에 비하여 유리하고, $r_- \ll r_+$이거나 $r_- \gg r_+$이면 그 반대이다. 물리적인 방식으로 표현하면, 격자 에너지는 이온의 크기가 서로 비슷할 때 커지며, 양이온이나 음이온 중에서 하나가 상대 이온에 비해 훨씬 더 크면 격자 에너지는 효과적으로 감소한다. 이와는 반대로 수화 엔탈피는 각 이온의 엔탈피의 합이다. 한 이온의 엔탈피가 매우 크면(단일 전하, 작은 이온), 상대 이온의 크기가 커서 수화 엔탈피가 작더라도 전체 값은 어느 정도 큰 값을 유지할 것이다. 이 원리의 효과는 수용액에 대한 할로젠화 알칼리의 용해도에서 볼 수 있다. 플루오린화 리튬은 가장 적게 녹는 리튬의 할로젠화물이며, 동시에 가장 적게 녹는 알칼리 금속의 플

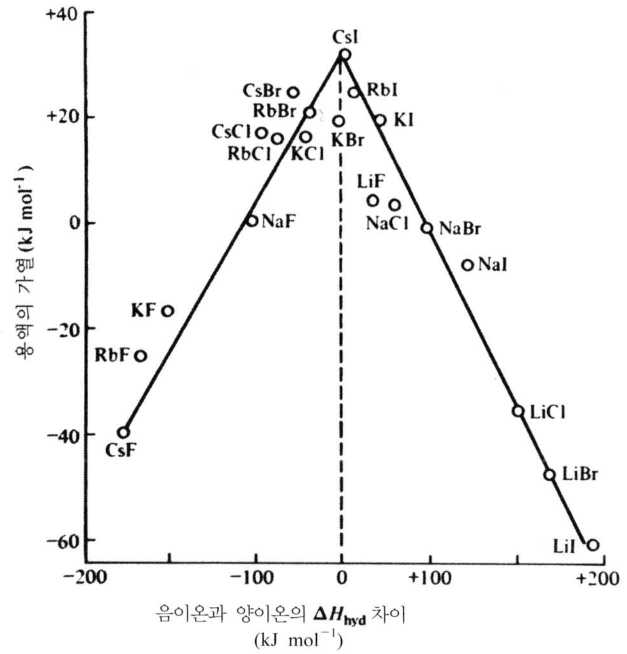


**그림 7.7** 염의 용해열과 염의 성분 이온의 개별적인 수하 열 사이의 관계. [Morris, D. F. C. *Struct. Bonding* (*Berlin*) **1969**, *6*, 157.]

루오린 화합물이다. 아이오딘화 세슘은 가장 적게 녹는 세슘의 할로젠화물이며, 가장 적게 녹는 알칼리 금속의 아이오딘 화합물이다. 이 계열에서 가장 잘 녹는 염은 크기가 완전히 다른 플루오린화 세슘과 아이오딘화 리튬이다.[21]

용액의 엔탈피는 Morris에 의해 좀 더 정량적으로 설명되었다.[22] 그는 용액의 엔탈피와 양이온의 수화 엔탈피, 음이온의 수화 엔탈피의 차이에 관한 관계를 규명하였다. 이 차이는 양이온과 음이온의 크기의 차이가 가장 많을 때 가장 클 것이다(그림 7.7). 이러한 경우에 용해 엔탈피는 커지고, 음의 값이며, 용액이 되기 쉽다. 수화 엔탈피(와 크기)가 거의 같으면, 결정이 되기 쉽다. 엔트로피 효과까지 고려하면, 용해도와 용액의 자유 에너지와 관련된 멋있는 관계를 알 수 있다(그림 7.8).

용해도와 크기의 관계에 대한 매우 실질적인 결과가 있다. 금속과 여러 리간드로부터 용액에서 안정하지만 분해시키지 않으면 분리하기가 어려운 큰 착이온을 만들 수는 있다. 이렇게 큰 착이온은 거의 같은 크기의 상대 이온을 이용하면 염으로 침전시켜서 쉽게 분리할 수 있다. 이렇게 하면 용액보다는 결정 상태의 안정성이 증가하며, 원하는 착물의 결정을 쉽게 얻을 수 있다. 예를 들면, $[Ni(CN)_5]^{3-}$ 이온은 용액에서는 존재하는 것으로 알려져 있지만, 용액을 증발시키면 KCN으로 포화되어 있더라도 $K_2Ni(CN)_4 \cdot H_2O$만이 분리될 수 있다. 그러나 헥사암민크로뮴(III), $[Cr(NH_3)_6]^{3+}$와 트리스(에틸렌다이아민) 크로뮴(III), $[Cr(NH_2CH_2CH_2NH_2)_3]^{3+}$와 같은 큰 착이온을 가하면 $[Cr(NH_3)_6][Ni(CN)_5] \cdot 2H_2O$와 $[Cr(NH_2CH_2CH_2NH_2)_3][Ni(CN)_5] \cdot 1.5H_2O$처럼 실온에서 안정한 염을 분리할 수

[21] 이온 결합 화합물의 엔탈피, 엔트로피, 용해도에 대한 보다 상세하고 전반적인 설명은 다음 교재를 참조하라. Johnson, D. A. *Some Thermodynamic Aspects of Inorganic Chemistry*; Cambridge University: London, 1968, chapter 5.

[22] Morris, D. F. C. *Struct. Bonding* (*Berlin*) **1968**, *4*, 63; **1969**, *6*, 157.

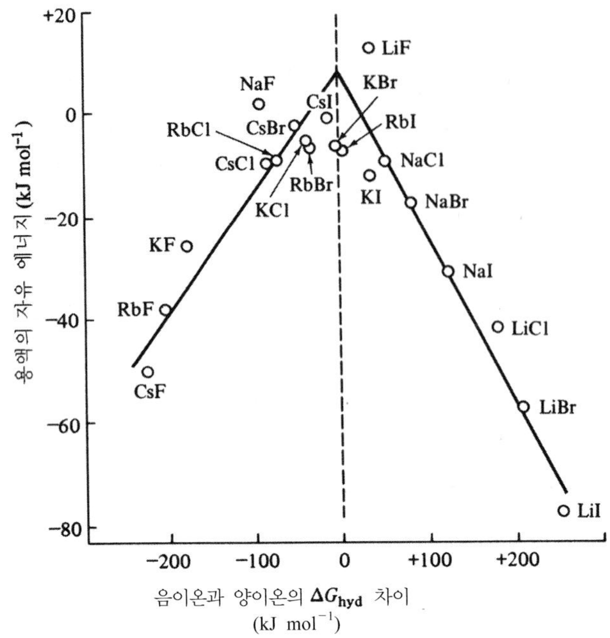


**그림 7.8** 염 용액의 자유 에너지와 염의 성분 이온의 개별적인 수화 자유 에너지 사이의 관계. [Morris, D. F. C. *Struct. Bonding* (*Berlin*) **1969**, *6*, 157.]

있다.[23)]

이온 결합 화합물이 비극성 용매에서 녹지 않는 것도 비슷한 현상이다. 용매화 에너지는 이온-유발 쌍극자 힘 때문에 생기는데, 이 힘은 이온-쌍극자 힘보다 상당히 작고, 격자의 아주 강한 이온-이온 힘을 극복하기에 충분하지 못하다.

물과 같은 극성 용매에 비극성 용질이 녹지 않는 이유는 그다지 확실하지 않다. 용질 분자를 서로 붙들고 있는 힘(즉, 용해되지 않고 결정을 유지하려는 힘)은 매우 약한 London 힘이다. 물과 용질 간의 상호작용(쌍극자-유발 쌍극자)도 약하지만 London 힘보다는 다소 강할 것으로 예상할 수 있다. 이처럼 작은 용매화 에너지에 혼합 엔트로피가 합해지면 비극성 용질을 충분히 녹일 수 있을 것이라고 생각할 수 있다. 그러나 실제로는 그렇게 되지 않는다. 왜냐하면 용매인 물의 수소 결합 구조가 무질서해져서 생기는 엔트로피는 수소 결합이 파괴되어 생기는 에너지 손실에 의하여 상쇄되기 때문이다. 즉, 용질은 녹고 싶어 하지만 물은 스스로 회합하려고 한다.

용액의 에너지론은 다음과 같이 정리할 수 있다. 용액이 생성될 때에는 대개 엔트로피가 추진력이다. 그러므로 엔탈피가 음, 0, 또는 작은 양의 값이면 용액이 될 수 있다. 용액이 생성될 때 수반되는 엔탈피 변화가 큰 양의 값이면 용액은 생성되지 않는다. 엔탈피 효과를 정성적으로 추정하려면, 용질-용질, 용매-용매, 용질-용매 상호작용을 고려하여야 한다.

$$\Delta H_{\text{용액}} = \Delta H_{\text{용질-용매}} - \Delta H_{\text{용질-용질}} - \Delta H_{\text{용매-용매}} \tag{7.25}$$

여기서 여러 에너지들은 이온-이온, 이온-쌍극자, 이온-유발 쌍극자, 쌍극자-쌍극자, London 힘으로부터 생긴다.

---

23) Basolo, F. *Coord. Chem. Rev.* **1963**, *3*, 213; Mingos, D. M. P.; Rolf, A. L. *Inorg. Chem.* **1991**, *30*, 3769~3771.

## 연습문제

7.1 그림 7.1을 이용하여 고체 아르곤의 결정 구조를 설명하라.

7.2 그림 7.1과 단위 세포에서 각 변의 길이가 535 pm이라는 사실을 이용하여 237쪽의 아르곤의 van der Waals 반지름이 190 pm이라는 사실을 확인하라.

7.3 van der Waals 반지름, 이온 반지름, 공유 반지름, 원자 반지름을 이용하여 다음과 같은 분자나 격자의 핵간 거리를 예측하라. 두 세트 이상의 값을 이용하는 경우에는, 그 가운데 어느 것이 실험값에 가장 가까운 값을 갖는지 조사하라.

| 시스템 | 거 리 | $r$ (pm) |
|---|---|---|
| LiF 분자 | Li—F | 155 |
| LiF 결정 | Li—F | 201 |
| CsI 분자 | Cs—I | 332 |
| CsI 결정 | Cs—I | 395 |
| LiI 분자 | Li—I | 239 |
| LiI 결정 | Li—I | 302 |
| $XeF_4$ 분자 | Xe—F | 194 |
| $XeF_4$ 결정 | F—F (다른 분자) | 313 |
| $H_2O$ 분자 | H—O | 96 |
| $SnCl_4$ 분자 | Sn—Cl | 233 |

7.4 한때는 세 번째 주기 원소의 플루오린화물의 녹는점은 이온 결합 ($AlF_3$) 과 공유 결합 ($SiF_4$) 간의 불연속성을 나타내는 예로 사용되었다. 결합의 극성이 NaF로부터 $SF_6$까지 균일하게 감소한다고 가정하고 관찰된 경향을 설명하라.

NaF = 993°C　$AlF_3$ = 1291°C　$PF_5$ = −83°C

$MgF_2$ = 1261°C　$SiF_4$ = −90°C　$SF_6$ = −51°C

7.5 다음 물질의 결합 길이를 예측하라. $H_2O$, HCl, $NF_3$, $CF_4$, $H_2S$, $SF_2$

7.6 Schomaker-Stevenson 관계는 이핵 극성 결합이 동일한 원자로 구성된 가상적이고 순수한 공유 결합보다 항상 더 강하고 짧다고 설명하고 있다. 이온 결합성 결정에 공유 결합성이 다소 존재한다면 결합은 짧아지겠는가? 아니면 길어지겠는가? 그 이유를 설명하라. [Shannon, R. D.; Vincent, H. *Struct. Bonding* (*Berlin*), **1974**, *19*, 1.]

7.7 다음의 원소나 화합물에 대한 녹는점과 끓는점을 알아보라. 각 계열의 데이터를 표로 만들고, 관찰되는 경향을 관련된 힘과 관련지어 설명하라.

a. He, Ne, Ar, Kr, Xe

b. $H_2O$, $H_2S$, $H_2Se$, $H_2Te$

c. $CH_4$, $CH_3Cl$, $CH_2Cl$, $CHCl_3$, $CCl_4$

d. 탄소, 질소, 산소, 플루오린, 네온

7.8 등전자 화학종 $N^{3-}$, $O^{2-}$, $F^-$, Ne의 크기를 고려하여 작용하는 여러 가지 힘을 설명하라. 설명에 이용하는 값은 주의하여 선택하라.

7.9 불활성 기체 전자 배치의 안정성은 3장에서 설명하였는데, 불활성 기체 배치를 갖

더라도 안정하지 않은 이온이 많이 있는데, 이 이온들은 각각의 이온에 상응하는 원자들에 비하여 더 흡열성이지만, 이온 격자에 의해 안정화 됨을 지적하였다. 그러나 어떤 학자들은 이들 이온이 안정한 이유는 격자에서도 용액에서처럼 존재하기 때문이라고 주장한다. 이 문제를 설명하라.

**7.10** $[PH_3B—C = N—BPh_3]^-$와 $[Ph_3P = N = PPh_3]^+$ 이온에 대하여 다음을 고려하라.

a. 형식 전하를 지정하고 이들 이온에 대한 상세한 전자 구조를 설명하라.

b. 기하 구조와 다른 유사성과 차이점을 비교하라.

c. 이들 이온이 무기 합성에 유용함을 입증하라.

**7.11** 물은 열용량이 비정상적으로 크다고 알려져 있다. $XeF_6$도 아르곤이나 사염화 탄소, 이산화 황과 같은 평범한 액체에 비해 열용량이 크다. 이 물질들에 대한 고체나 기체 분자의 구조로부터 $XeF_6$의 열용량이 비정상적으로 큰 이유를 설명하라.

**7.12** 물에 대한 할로젠화 알칼리의 용해도를 알아보라. 각 포화 용액의 몰 농도나 몰랄 농도를 계산하고, 세로에는 F, Cl, Br, I의 순서, 가로에는 Li, Na, K, Rb, Cs의 순서로 행렬식 형태로 이들을 나타내어 경향성을 설명하라.

**7.13** 다음 결합의 상호작용 중에서 어느 것이 더 강할 것인지를 예측하라.

a. O = O 또는 O—O

b. C—C 또는 Si—Si

c. Ne—Ne 또는 Xe—Xe

d. $Li^+F^-$ 또는 $Mg^{2+}O^{2-}$ (이온쌍)

e. $Li^+F^-$ 또는 $Ba^{2+}Te^{2-}$ (이온쌍)

f. $Li^+F^-$ 또는 C—C (다이아몬드)

**7.14** 다음 결합 길이를 예측하라.

C—O (케톤)

C—O (일산화 탄소)

C—N (사이안화물)

P—O[$(HO)_3P = O$에 있는 단일 대 이중 결합]

N—O (산화 질소)

N—O (이산화 질소)

이 문제에 대한 답을 표 E.1과 부록 E의 값과 비교하라.

**7.15** $FHF^-$와 $ClHF^-$에 대한 IR과 Raman 스펙트럼의 차이는 무엇인가?

**7.16** $FHF^-$ 음이온은 대개 대칭이지만, 고체에서는 비대칭인 경우가 발견되기도 한다. 고체에서 $FHF^-$ 이온이 비대칭임을 검출하려면 어떤 물리적 방법을 사용해야 하는가?

**7.17** 짧은 수소 결합을 갖는 bis (N-nitrosopyrrolidine) hydrogen 양이온을 만들 때(그림 7.5), 착물은 N-nitrosopyrrolidine과 헥사플루오린화 인산 용액을 증발시켜 결정을 만든다. 플루오린산을 쓰지 않고 헥사플루오린화 인산을 사용하는 이유는 무엇인가?

**7.18** 암모늄 이온($r_+ = 151$ pm)은 포타슘 이온($r_+ = 152$ pm)과 크기가 비슷하다. 이 점은 두 이온의 성질이 비슷함을 기억하기에 알맞은 자료이다. 예를 들면, 암모늄 염의 용해도는 포타슘 염의 용해도와 비슷하다. 이온 반지름과 용해도의 관계를 설명하라. 포타슘의 모든 할로젠화물은 NaCl 구조(CN = 6)로 결정화되지만 암모늄 염의 배위수는 4이거나 8이다. 그 이유를 설명하라.

제 8 장

# 산-염기 화학

산과 염기는 무기화학에서 기본이 되는 개념이다. 산화-환원이나 배위화학과 밀접한 관계가 있는 주제와 더불어, 산과 염기는 서술적 무기화학의 기초를 이룬다. 이들 개념은 아주 기본이 되는 것이기 때문에, 이 주제를 다루는 "최선"의 방법을 발견하기 위해 많은 연구(때로는 많은 논쟁)가 이루어졌다.

## 산-염기 개념

산과 염기와 관련하여 먼저 지적하여야 할 것은 산이나 염기가 무엇인지를 실질적으로 정의하는 "산-염기 이론"이다. 여기서 이론이라 함은 원자가결합 이론이나 분자 오비탈 이론과 같은 의미의 이론을 의미하는 것은 아니다. 아주 실질적인 의미로 따져 보면, 우리가 원하기만 하면 무엇이든지 산으로 만들 수 있다. 즉, 여러 가지 산-염기 개념들 간의 차이는 "옳은" 것이 무엇인지에 관심이 있는 것이 아니라, **특정한 상황에 적용하기에 어느 것이 가장 편리한 것**인지에 관심을 둔다. 산-염기 행동에 대해 현재 사용되고 있는 모든 정의는 서로 경쟁적이다. 즉, 다음의 많은 정의들은 그들의 기본적인 대응 관계를 강조하기 위해 소개하는 것이다. 그래서 학생들에게는 산-염기에 관한 폭넓은 시야를 갖게 만들고자 한다. 그래서 이온의 수용액, 유기 반응, 물 아닌 용액의 적정을 비롯한 여러 가지 화학적 상황을 다룰 때 도움을 주고자 한다.

### Brønsted-Lowry 정의

1923년에 J. N. Brønsted와 T. M. Lowry[1]는 각기 독립적으로 **산은 양성자 주개이고, 염기는 양성자 받개라고 정의하였다.** 수용액의 경우, Brønsted-Lowry의 정의는 수소 이온(산)과 수산화 이온(염기)에 대한 Arrhenius 정의와 그다지 다를 바가 없다.

$$\underset{\text{순수한 용매}}{2H_2O} \rightleftharpoons \underset{\text{산}}{H_3O^+} + \underset{\text{염기}}{OH^-} \tag{8.1}$$

Brønsted-Lowry 정의는 액체 암모니아나 황산과 같은 양성자성 용매를 다루는 데 편리하다.

---

[1] Brønsted, J. N. *Recl. Trav. Chim. Pays-Bas* **1923**, *42*, 718~728; Lowry, T. M. *Chem. Ind.* (*London*) **1923**, *42*, 43.

$$\underset{\text{산}}{NH_4^+} + \underset{\text{염기}}{NH_2^-} \longrightarrow \underset{\text{중화 생성물}}{2NH_3} \quad (8.2)$$

$$\underset{\text{산}}{H_3SO_4^+} + \underset{\text{염기}}{HSO_4^-} \longrightarrow \underset{\text{중화 생성물}}{2H_2SO_4} \quad (8.3)$$

또한 중화 반응이라고 부르지는 않지만 산-염기 성격을 띤 다른 양성자 이동 반응도 쉽게 다룰 수 있다.

$$\underset{\text{산}}{NH_4^+} + \underset{\text{염기}}{S^{2-}} \longrightarrow \underset{\text{염기}}{NH_3} + \underset{\text{산}}{HS^-} \quad (8.4)$$

이동되는 양성자가 있는 것과 없는 것만 다른 화학종을 **짝(conjugate)**(반응식 8.4에서 선으로 연결한 것)이라고 부른다. 앞의 반응은 더 약한 화학종이 생성되는 방향으로 진행된다. 각 짝쌍의 더 강한 산과 더 강한 염기는 보다 약한 산과 보다 약한 염기가 생성되도록 반응한다. Brønsted-Lowry의 정의는 양성자와의 반응에 대한 경쟁을 강조하는데, 이것은 이 정의를 사용하는 데 어느 정도 도움이 되기도 하지만, 산-염기에 대한 개념으로서의 유연성을 제한하기도 한다. 그러나 양성자성 용매계를 다룰 때, Brønsted-Lowry의 정의는 다른 어떤 개념보다도 더 유용하다. 다음에서 설명하는 산-염기의 정의는 양성자를 포함하지 않는 계에 대해서도 산-염기의 개념을 확장하기 위해 만들어졌다.

## Lux-Flood 정의

산-염기 반응에서 주된 화학종으로서 양성자를 강조하는 Brønsted-Lowry의 이론에 비하여, Lux에 의하여 제안되었고 Flood[2)]에 의하여 확장된 이 정의는 산-염기 행동을 산화 이온을 통해 설명한다. 이 산-염기의 개념은 Brønsted-Lowry의 정의로 다룰 수 없는 비양성자성 계를 다루기 위해 개선시켰다. 예를 들면, 고온에서 무기 화합물이 녹을 때 다음과 같은 반응이 일어난다.

$$\underset{\text{염기}}{CaO} + \underset{\text{산}}{SiO_2} \longrightarrow CaSiO_3 \quad (8.5)$$

염기(CaO)는 **산화 이온 주개**이고, 산($SiO_2$)은 **산화 이온 받개**이다. Lux-Flood의 정의는 대개 용융 산화물을 포함하는 계에만 사용된다.

이 방법은 산과 염기의 무수물에 대한 산-염기 화학을 강조하고 있으며, 드러나지 않을 때도 많지만 유용한 것만은 확실하다. Lux-Flood 염기는 염기 무수물이다.

$$Ca^{2+} + O^{2-} + H_2O \longrightarrow Ca^{2+} + 2OH^- \quad (8.6)$$

그리고 Lux-Flood 산은 산 무수물이다.

$$SiO_2 + H_2O \longrightarrow H_2SiO_3 \quad (8.7)$$

(이 후자의 반응은 정반응이 매우 느리고, 역반응인 탈수 반응이 더 중요하다.)

---

2) Lux, H. Z. *Electrochem.* **1939**, *45*, 303. Flood, H.; Förland, T. *Acta, Chem. Scand.* **1947**, *1*, 592~604, 781. Flood, H.; Roald, B. *Ibid.* **1947**, *1*, 790~798.

**표 8.1**
산성, 염기성 및 양쪽성 산화물에서 얻어진 산도 파라미터[a].

| 산화물 | $a$ | 산화물 | $a$ |
|---|---|---|---|
| $H_2O$ | 0.0 | $FeO$ | −3.4 |
| $Li_2O$ | −9.2 | $Fe_2O_3$ | −1.7 |
| $Na_2O$ | −12.5 | $CoO$ | −3.8 |
| $K_2O$ | −14.6 | $NiO$ | −2.4 |
| $Rb_2O$ | −15.0 | $Cu_2O$ | −1.0 |
| $Cs_2O$ | −15.2 | $CuO$ | −2.5 |
| $BeO$ | −2.2 | $Ag_2O$ | −5.0 |
| $MgO$ | −4.5 | $ZnO$ | −3.2 |
| $CaO$ | −7.5 | $CdO$ | −4.4 |
| $SrO$ | −9.4 | $HgO$ | −3.5 |
| $BaO$ | −10.8 | $B_2O_3$ | 1.5 |
| $RaO$ | −11.5 | $Al_2O_3$ | −2.0 |
| $Y_2O_3$ | −6.5 | $CO_2$ | 5.5 |
| $La_2O_3$ | −6.1 | $SiO_2$ | 0.9 |
| $Lu_2O_3$ | −3.3 | $N_2O_3$ | 6.6 |
| $TiO_2$ | 0.7 | $N_2O_5$ | 9.3 |
| $ZrO_2$ | 0.1 | $P_4O_{10}$ | 7.5 |
| $ThO_2$ | −3.8 | $As_2O_5$ | 5.4 |
| $V_2O_5$ | 3.0 | $SO_2$ | 7.1 |
| $CrO_3$ | 6.6 | $SO_3$ | 10.5 |
| $MoO_3$ | 5.2 | $SeO_2$ | 5.2 |
| $WO_3$ | 4.7 | $SeO_3$ | 9.8 |
| $MnO$ | −4.8 | $Cl_2O_7$ | 11.5 |
| $Mn_2O_7$ | 9.6 | $I_2O_5$ | 7.1 |
| $Tc_2O_7$ | 9.6 | | |
| $Re_2O_7$ | 9.0 | | |

[a] Values from Smith, D. W. *J. Chem. Educ.* **1987**, 64, 480

금속 산화물과 비금속 산화물의 산도 파라미터의 차이, $(a_B - a_A)$ 는 산–염기 반응에 대한 엔탈피의 제곱근이며, 이것이 산도 척도로 제안되었다.[3] 그러므로 반응 8.5에 대한 반응 엔탈피는 $-86$ kJ mol$^{-1}$이고, 따라서 CaO와 $SiO_2$의 $a$값은 약 9단위 정도 차이가 난다. 표 8.1은 몇 가지 값을 선택하여 나타낸 것이다. Lux-Flood의 개념을 기초로 했지만, 이 값들은 더 일반화되어 있다. 예상한 것처럼 가장 좋은 염기성 산화물은 세슘 산화물이고, 양쪽성 산화물들은 거의 0인 값(물은 척도를 보정하기 위하여 값이 0.0으로 지정된다)을 가진다. 그리고 가장 좋은 산성 산화물은 과염소산의 무수물인 $Cl_2O_7$이다.

앞에서(3장) 설명한 탄산염과 황산염의 분해는 금속 양이온들이 산화 이온 받개(Lux-Flood 산)처럼 행동하려는 경향을 갖는 것으로 볼 수 있는데, 그림 3.20에 나타낸 순서는 이들 금속들(표 8.3과 비교하라)의 산 염기 행동을 측정한 것과 관련지을 수 있다. 예를 들면, 그림 3.20에서 탄산 철(III)가 존재하지 않는 것은 $Fe^{3+}$ 이온이 너무 강한 산이어서 탄산 이온과 공존할 수 없음을 나타낸다. 앞에서의 $a$ 파라미터로 따져보면, 탄산 철(III)이 생성되는 반응의 엔탈피는 약 $-(-1.7 - 5.5)^2$, 즉 약 $-52$ kJ mol$^{-1}$일

3) Smith, D. W. *J. Chem. Educ.* **1987**, *64*, 480~481.

**표 8.2**
몇 가지 용매에 대한 이온곱, pH 범위 및 중화점[a].

| 용매 | 이온적 | pH 범위 | 중화점 |
|---|---|---|---|
| $H_2S$ | $10^{-4}$ | 0~4 | 2 |
| $CH_3COOH$ | $10^{-13}$ | 0~13 | 6.5 |
| $H_2O$ | $10^{-14}$ | 0~14 | 7 |
| $C_2H_5OH$ | $10^{-20}$ | 0~20 | 10 |
| $NH_3$ | $10^{-29}$ | 0~29 | 14.5 |

[a] Data form Jander, J.; Lafrenze, C. *Ionizing Solvents*, Verlag Chemie Gmbh: Weinheim, 1970

것으로 예상되는데, 이 정도의 값은 자유 에너지 변화에서 주로 이산화 탄소의 발생 때문에 생기는 $T\Delta S$ 항을 극복하기에 충분하지 않다.

$$Fe_2O_3(s) + 3CO_2(g) \longrightarrow Fe_2(CO_3)_3(s) \quad (8.8)$$

## 용매 계 정의

많은 용매들은 물처럼 양이온과 음이온을 형성하는 자동 이온화 반응을 일으킨다.

$$2H_2O \rightleftharpoons H_3O^+ + OH^- \quad (8.9)$$

$$2NH_3 \rightleftharpoons NH_4^+ + NH_2^- \quad (8.10)$$

$$2H_2SO_4 \rightleftharpoons H_3SO_4^+ + HSO_4^- \quad (8.11)$$

$$2OPCl_3 \rightleftharpoons OPCl_2^+ + OPCl_4^- \quad (8.12)$$

산-염기 반응, 특히 중화 반응을 다룰 때 다음과 같이 정의하면 편리하다. 즉, 산은 **용매의 특성 양이온의 농도를 증가시키는 화학종이고, 염기는 특성 음이온의 농도를 증가시키는 화학종**이다. 이러한 방법을 사용하면 편리한 점이 많다. 그 중의 한 가지는 물 아닌 용매를 물처럼 다룰 수 있다. 예를 들면,

$$K_w = [H_3O^+][OH^-] = 10^{-14} \quad (8.13)$$

$$K_{AB} = [A^+][B^-] \quad (8.14)$$

여기서 $[A^+]$와 $[B^-]$는 특정 용매의 특성 양이온 및 음이온 화학종의 농도이다. 물의 pH 척도와 같은 방법을 사용하면, 물 아닌 용매의 중화점도 $-\frac{1}{2}\log K_{AB}$로 할 수 있지만, 실제로는 거의 사용되지 않는다. 물 아닌 용매에 대한 이러한 형태의 몇 가지 데이터를 표 8.2에 나타내었다. "평준화" 효과는 이러한 관점과 아주 자연스럽게 일치한다. 용매의 특성 양이온 및 음이온보다 **더 강한** 모든 산과 염기는 이들 특성 이온들을 평준화시킬 것이다. 용매 계의 산이나 염기보다 **더 약한** 산이나 염기들은 특성 이온들과 평형을 유지하게 될 것이다. 예를 들면,

$$H_2O + HClO_4 \longrightarrow H_3O^+ + ClO_4^- \quad (8.15)$$

그러나

$$H_2O + CH_3C(OH){=}O \rightleftharpoons H_3O^+ + CH_3C(O^-){=}O \quad (8.16)$$

이와 마찬가지로

$$NH_3 + HClO_4 \longrightarrow NH_4^+ + ClO_4^- \quad (8.17)$$

및

$$NH_3 + HC_2H_3O_2 \longrightarrow NH_4^+ + C_2H_3O_2^- \quad (8.18)$$

그러나

$$NH_3 + NH_2CONH_2 \rightleftharpoons NH_4^+ + NH_2CONH^- \quad (8.19)$$

용매계의 개념은 가용매분해 반응을 분류하는 방법으로 널리 사용되어 왔다. 예를 들면, 비금속 할로젠화물의 가수분해를 물 아닌 용매에 의한 가용매분해와 비교할 수 있다.

$$3H_2O + OPCl_3 \longrightarrow OP(OH)_3 + 3HCl\uparrow \quad (8.20)$$

$$3ROH + OPCl_3 \longrightarrow OP(OR)_3 + 3HCl\uparrow \quad (8.21)$$

$$6NH_3 + OPCl_3 \longrightarrow OP(NH_2)_3 + 3NH_4Cl \quad (8.22)$$[4]

이들과 비슷한 경우에 사용된 예는 아주 많은데, 특히 질소 화합물과 액체 암모니아를 용매로 사용한 경우를 예로 들 수 있다.

용매계 개념을 사용하고자 할 때 한 가지 어려운 점은 데이터가 별로 없어서 합리적인 설명보다 더 과장된다는 것이다. 예를 들면, 액체 이산화 황 중에서 할로젠화 싸이오닐과 아황산염의 반응은 자동 이온화가 일어난다고 가정하면 다음과 같이 진행된다.

$$2SO_2 \rightleftharpoons SO^{2+} + SO_3^{2-} \quad (8.23)$$

따라서, 아황산염은 아황산 이온의 농도를 증가시키므로 염기라고 생각할 수 있다. 그리고 할로젠화 싸이오닐은 해리하여 싸이오닐과 할로젠화 이온을 생성하므로 산처럼 행동한다고 생각할 수 있다.

$$SOCl_2 \rightleftharpoons SO^{2+} + 2Cl^- \quad (8.24)$$

아황산 세슘과 염화 싸이오닐 간의 반응은 중화 반응으로 간주될 수도 있는데, 이 중화 반응에서 싸이오닐 이온과 염화 이온은 결합하여 용매 분자를 생성한다.

$$SO^{2+} + SO_3^{2-} \longrightarrow 2SO_2 \quad (8.25)$$

실제로 액체 이산화 황에서 아황산 세슘과 염화 싸이오닐 용액은 예측한 것과 같은 생성물을 생성한다.

---

[4] 이 반응은 다른 반응과 화학량론 및 생성물이 다른 것처럼 보이지만, 그 차이는 해리 반응, $BH^+ + Cl^- \rightarrow B + HCl\uparrow$에서 $H_2O$, ROH, $NH_3$ 등의 상대적 염기도와 짝산의 안정도가 다를 뿐이다.

$$Cs_2SO_3 + SOCl_2 \longrightarrow 2CsCl + 2SO_2 \quad (8.26)$$

더욱이 양쪽성인 알루미늄 이온의 행동은 물에서와 마찬가지로 이산화 황에서도 나타난다. $Al(OH)_3$가 물에는 녹지 않지만, 강산이나 강염기 용액에는 잘 녹는 것처럼, $Al_2(SO_3)_3$는 액체 이산화 황에는 녹지 않는다. 여기에 염기 ($SO_3^{2-}$) 나 산 ($SO^{2+}$) 을 가하면 아황산 알루미늄은 녹게 되며, 용액을 중화시키면 아황산 알루미늄이 다시 침전된다.

용액 중에서 생성되는 이온 화학종이 알려져 있으면, 용매계 접근 방법을 사용할 수 있다. 용매 중에서 이온 생성이 어려운 경우나 생성되는 이온의 성질이나 이온의 존재조차 잘 모르는 경우에는 주의하여야 한다. 높은 유전율을 갖는 수용액 ($\varepsilon_{H_2O} = 81.7\varepsilon_0$) 에서의 이온 반응은 너무나 잘 알려져 있기 때문에 다른 용매 중에서도 그럴 것이라는 편견을 가질 수도 있는데, 그래서 용매계의 개념을 무리하게 확장시켜 적용하려고 한다.

## Lewis 정의

1923년에 G. N. Lewis는 산-염기를 전자쌍 받개와 주개로 정의할 것을 제안하였다. Lewis의 정의는 간단하고 적용 범위가 넓기 때문에 유기화학 반응을 다룰 때 가장 널리 사용되고 있다. Lewis는 염기를 **전자쌍 주개**로, 그리고 산을 **전자쌍 받개**라고 정의하였다. 앞에서 다룬 모든 반응은 물론이고, 그 이외에도 이온이 생성되지 않는 반응과 수소 이온이나 다른 이온의 이동이 없는 반응들도 Lewis의 정의에는 포함된다.[5)]

$$R_3N + BF_3 \longrightarrow R_3NBF_3 \quad (8.27)$$

$$4CO + Ni \longrightarrow Ni(CO)_4 \quad (8.28)$$

$$2L + SnCl_4 \longrightarrow SnCl_4L_2 \quad (8.29)$$

$$2NH_3 + Ag^+ \longrightarrow Ag(NH_3)_2^+ \quad (8.30)$$

그러므로 Lewis의 정의는 수소 이온, 산화 이온 또는 용매와의 상호작용을 수반하는 반응뿐만 아니라 $R_3NBF_3$나 배위 화합물 같은 산-염기 첨가 생성물이 생성되는 반응을 모두 포함한다. Lewis 개념은 무기화학과 유기화학에서 관례상 널리 사용되고 있기 때문에 여기서는 더 이상 예를 들지 않겠다. 그러나 이 교재의 나머지 부분에서 자주 접하게 될 것이다.[6)]

## Usanovich의 정의

산과 염기에 관한 Usanovich의 정의[7)]는 Lewis의 산-염기 반응을 모두 포함할 뿐만 아니라, 공유 전자쌍만 주고 받을 수 있다는 제한을 제거함으로써 Lewis 산-염기 개념을 확장시켰다. 완전한 정의는 다음과 같다. **산은 염기와 반응하거나, 양이온을 주거나 음이온 또는 전자를 받아들이는 화학종이다.** 반대로 **염기는 산과 반응하거나, 음이온 또는 전자를 주거나, 양이온과 결합하는 화학종이다.** 이 정의는 필요 이상으로 복잡하지만, 모든

---

5) L = 아세톤, 아민, 할로겐화 이온 등의 전자쌍 주개 리간드.

6) 다음은 많은 산-염기 화학을 Lewis 정의로 설명하고 있는 교재이다. Jensen, W. B. *The Lewis Acid-Base Concepts: An Overview*; Wiley: New York, 1980.

7) Usanovich, M. *Zhur, Obschei Khim.* **1939**, *9*, 182. Finston, H. L.; Rychtman, A. C. *A New View of Current Acid-Base Theories*; Willey: New York, 1982.

Lewis 산-염기 반응과 산화-환원 반응까지도 포함하는데, 산화-환원 반응에서는 한 개 이상의 전자가 완전히 이동한다. Usanovich는 산-염기 반응에 포함된 불포화도 강조하였다.

$$OH^- + O{=}C{=}O \longrightarrow HOCO_2^- \qquad \mathbf{(8.31)}$$

Usanovich 정의는 산화-환원 반응까지 포함하므로 그 적용 범위가 너무 넓은 것에 대한 비판은 특히 심하였다. 전자쌍의 주고 받음(Lewis 정의)과 산화-환원(Usanovich의 정의) 사이의 구분은 다음 예에서 볼 수 있는 것처럼 명확하지 않다. 산화 피리딘, $C_5H_5NO$는 피리딘의 산화에 의하여 생성될 수 있다. 오늘날이라면 이 화합물은 피리딘과 산소 원자의 Lewis 첨가 생성물이라고 간주될 것이다.

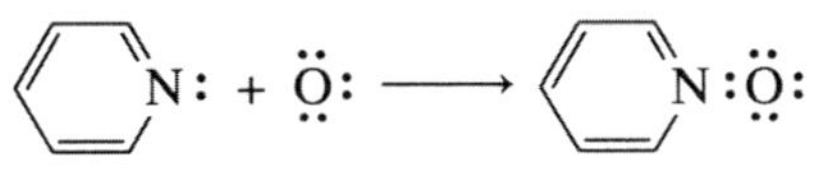

**(8.32)**

비록 이온 화학종 사이에 전자 이동은 일어나지 않지만, 이 반응이 산화-환원 반응임을 아무도 부정하지 않을 것이다.

이처럼 많은 정의 중에서 어느 것이 "가장 좋은 것"일까? 각각의 개념은 아무리 적절하게 사용하더라도 장점과 단점을 가진다. 산-염기 개념에 대한 가장 최선의 설명 중의 한 가지를 인용하는 것이 가장 좋은 방법이라고 생각한다. "실제로 각 개념은 사용되고 있는 한 올바른 것이며, 모든 정의들의 근본 개념을 알아야 한다."

## 일반화된 산-염기 개념

오늘날에는 거의 사용되지 않는 것까지도 포함한 많은 산-염기의 정의를 다룬 이유는, 이들 정의가 근본적으로 서로 유사하다는 것을 설명하기 위해서다.[8] 모든 정의는 **산**을 **양성 화학종**(수소 이온 또는 용매 양이온) **을 주는 것**, 또는 **음성 화학종**(산화 이온 또는 전자쌍 등) **을 받는 것**이라고 정의한다. 그리고 **염기**는 **음성 화학종**(전자쌍, 산화 이온, 용매 음이온) **을 주는 것**, 또는 **양성 화학종**(수소 이온) **을 받는 것**이라고 정의한다. **산도는 염기와의 반응에 의해 감소되는 화학종의 양성인 성질이고, 염기도는 산과의 반응에 의해 감소되는 화학종의 음성인 성질**로 정의하여 일반화시킬 수 있다. 이러한 일반화의 이점은 두 가지가 있다. (1) 다른 여러 가지 산-염기 정의에 포함된 내용에 대한 정보를 통합할 수 있다. (2) 산-염기의 세기를 전자 밀도나 분자 구조와 관련시킬 때 유용한 기준을 제공한다. 이 방법을 설명하려면 예를 드는 것이 좋을 것이다. 산-염기 개념은 관찰된 성질을 설명하는 것이 아니라는 것을 유념하여야 한다. 관찰된 성질은 구조와 결합에 대한 원리와 관계가 있는 것이다. 산-염기 개념은 경험적인 관찰을 **연관**시켜 준다.

1. **금속 산화물의 염기도.** 주기율표의 족에서 아래로 내려감에 따라서 산화물의 염기도는 증가하는 경향이 있다(표 8.1 참조). IIA (2) 족에서 BeO는 양쪽성이지만 보다 무거운 원소의 산화물(MgO, caO, SrO, BaO) 은 염기성이다. 이 경우에 각 화학종

[8] Huheey, J. E. *Inorganic Chemictry: Principles of Structure and Reactivity*; Harper & Row: New York, 1972; pp 213~216. Finston, H. L.; Rychtman, A. C. *A New View of Current Acid-Base Thoeries*: New York, 1982; 5장.

**표 8.3**
가수분해 상수와 전하-크기 상수.

| $Z^2/r$ | | $pK_h$[a] | | |
|---|---|---|---|---|
| | | 주족 원소와 란타넘족 | 보다 가벼운 전이 금속 및 그것의 후전이 금속 | 보다 무거운 전이 금속 및 그것의 후전이 금속 |
| 2.0[b] | 0.78[c] | | | $Ag^{2+}$ = 6.9 |
| 2.2 | 0.86 | $Na^{+}$ = 14.48 | | |
| 2.8 | 1.11 | $Li^{+}$ = 13.82 | | |
| 6.9 | 2.68 | $Ba^{2+}$ = 13.82 | | |
| 7.8 | 3.03 | $Sr^{2+}$ = 13.18 | | |
| 8.9 | 3.45 | | | |
| 9.0 | 3.51 | $Ca^{2+}$ = 12.70 | | $Hg^{2+}$ = 3.70 |
| 9.4 | 3.67 | | $Cd^{2+}$ = 11.70 | |
| 10.3 | 4.00 | | | $Pb^{2+}$ = 7.78 |
| 10.6 | 4.12 | | $Mn^{2+}$ = 10.70 | |
| 11.2 | 4.35 | | $Fe^{2+}$ = 10.1 | |
| 11.6 | 4.52 | | $Co^{2+}$ = 9.6 | |
| 11.7 | 4.55 | | $Zn^{2+}$ = 9.60 | |
| 11.8 | 4.60 | | $Cu^{2+}$ = 7.53 | |
| 11.9 | 4.65 | $Mg^{2+}$ = 11.42 | | |
| 12.4 | 4.82 | | $Ni^{2+}$ = 9.40 | |
| 17.4 | 6.78 | $Be^{2+}$ = 6.50 | | |
| 19.7 | 7.68 | $La^{2+}$ = 10.70 | | |
| 19.7 | 7.69 | | | $Bi^{3+}$ = 1.58 |
| 19.8 | 7.73 | | | $U^{3+}$ = 1.50 |
| 20.3 | 7.89 | Lanthanides | | $Pu^{3+}$ = 6.95 |
| 22.5 | 8.78 | | | $Tl^{3+}$ = 1.15 |
| 23.1 | 8.99 | $La^{3+}$ = 6.6 | | |
| 24.6 | 9.57 | | | $In^{3+}$ = 3.70 |
| 26.1 | 10.2 | | $Sc^{3+}$ = 4.6 | |
| 29.4 | 14.5 | | $Fe^{3+}$ = 2.19 | |
| 29.6 | 11.5 | | $V^{3+}$ = 2.92 | |
| 30.4 | 11.8 | | $Ga^{3+}$ = 3.40 | |
| 30.6 | 11.9 | | $Cr^{3+}$ = 4.01 | |
| 34.2 | 13.3 | $Al^{3+}$ = 5.14 | | |
| 41.1 | 16.0 | | | $Pu^{4+}$ = 1.6 |
| 47.7 | 18.6 | | | $Z4^{4+}$ = 0.22 |
| 48.3 | 18.8 | | | $Hf^{4+}$ = 0.12 |

전하 크기의 함수 때문에 가수분해되는 경향 증가 ↓

전자 구조 때문에 가수분해되는 경향 증가 →

[a] $pK_h$ 값은 다음으로부터 얻었다. Yatsimirksii, K. B.; Vasil'ev, V. P. *Instability Constants of Complex Compounds*; Pergamon: Elmsford. NY, 1960, 단 Bi, Hf, Lu, Pu, Sc, Tl은 다음으로부터 얻음. *Stability Constants of Metal-Ion Complexes*: *Part II*, *Inorganic Ligands*; Bjerrum, J.; Schwarzenbach, G.; Sillen, L. G., Eds.; The Chemical Society: London, 1958. 여러 가지 원소에 대하여는 실험 오차 때문에 그리고 몇 가지는 무한 묽힘에서 보정하지 않았기 때문에 가수분해 상수에는 상당한 불확실성이 존재한다. $Z^2/r$값은 표 3.4의 이온 반지름에서 계산하였다.

[b] $C^2 m^{-1} \times 10^{28}$

[c] $e^2$ Å$^{-1}$

의 금속 이온은 같은 전하를 갖지만, $Be^{2+}$ 이온은 전하가 훨씬 더 작은 부피에 채워져 있기 때문에 더 많은 효과가 나타난다. 그래서 BeO는 더 큰 금속의 산화물보다 산성은 더 강하고 염기성은 더 약하다. 이 경우에 "양성의 정도"는 양이온의 크기와 전하와 관련된다. 이것은 물론 Fajans의 편극 능력과 밀접한 관계가 있다(3장).

2. **비금속 산화물의 산도.** 산화물의 공유 결합성이 증가하면 염기성이 줄어들고 더 산성이 된다. 비금속 산화물들은 산 무수물이다. 이 효과는 여러 금속 산화물과 비금속 산화물에서 볼 수 있다(표 8.1 참조). 이러한 산도와 염기도는 포함된 금속과 비금속의 전기음성도에 직접 관련되어 있음을 알 수 있다.[9]
3. **수화 및 가수분해 반응.** 양이온의 전하/크기의 비가 크면 수화 에너지가 증가한다는 것을 알았다(3장과 7장). 즉, 정도의 차이를 제외하면 수화는 가수분해 현상과 밀접한 관련이 있다. 일반적으로 양이온에 물 분자가 배위하고, 더 이상의 반응이 일어나지 않으면 수화라고 말한다.

$$Na^+ + nH_2O \longrightarrow [Na(H_2O)_n]^+ \qquad (8.33)$$

가수분해 반응에서, 양이온의 산도(전하/크기의 비)는 H—O 결합이 끊어져서 수화물이 이온화하여 하이드로늄 이온을 생성할 수 있을 정도로 크다.

$$Al^{3+} + 6H_2O \longrightarrow [Al(H_2O)_6]^{3+} \xrightarrow{H_2O} H_3O^+ + [Al(H_2O)_5OH]^{2+} \qquad (8.34)$$

가수분해하는 양이온은 크기가 작거나(예: $Be^{2+}$), 전하가 크거나(예: $Fe^{3+}$, $Sn^{4+}$), 또는 양쪽 모두가 해당할 수도 있으며 높은 전하/크기 비를 가진다. 표 8.3은 $pK_h$ 값(가수분해 상수에 대한 음의 log)과 (전하)$^2$/(크기) 비[10]를 비교하여 나타낸 것이다. 주족 원소와 $La^{3+}$에 대한 값은 상관관계가 잘 나타나지만 전이 원소, 특히 보다 무거운 원소에서는 상관관계가 다소 약하다. $Hg^{2+}$, $Sn^{2+}$, $Pb^{2+}$와 같은 금속 이온이 변칙적인 행동을 하는 이유는 완전히 규명되지 않았지만, 이들의 "무른 성질"(283쪽 참조)과 관계가 있을 수 있다.

가수분해의 개념은 비금속의 할로젠화물과 물이 반응할 때 나타나는 현상에도 적용된다.

$$PCl_3 + 6H_2O \longrightarrow H_3PO_3 + 3H_3O^+ + 3Cl^- \qquad (8.35)$$

이 경우에 물은 양이온을 공격하여 가수분해를 일으키는 것이 아니고, 염화 이온의 유발 효과에 의해 생긴 크기가 작고 큰 전하를 띤 중심 원자(3가의 인 원자)를 공격하여 가수분해를 일으킨다.

4. **산소산의 산도.** 산소산의 세기는 중심 원자가 하이드록실기에 미치는 유발 효과와 관계가 있는 여러 가지의 인자에 의해 결정된다. (a) **중심 원자 고유의 전기음성도.** 과염소산($HClO_4$)과 질산($HNO_3$)은 가장 강한 산으로 알려져 있고, 황산($H_2SO_4$)은 약간 더 약한 산이다. 여기에 비해 인산($H_3PO_4$)과 탄산($H_2CO_3$)은 상당히 더 약한 한이고, 붕산($H_3BO_3$)은 매우 약한 산이다. (b) **치환기의 유발 효과.** 아세트산($CH_3COOH$)은 상당히 약한 산이지만, 메틸기에 염소 원자를 연속적으로 치환하면 양성자의 해리가 증가하기 때문에, 트라이클로로아세트산은 인산보다 더 강한

---

9) Bratsch, S. G. *J. Chem. Educ.* **1988**, *65*, 877~878.
10) 여기서는 $Z^2/r$을 사용했지만 $Z^n/r^m$도 비슷한 결과를 나타낼 것이다. 3장을 참조하라.

**표 8.4**
암모니아와 아민류의 염기도.

| | | $pK_b$ $NH_3 = 4.74$ | | |
|---|---|---|---|---|
| ← 전자 끌기 치환 염기성 감소 | | | 전자 주기 치환 염기성 증가 → | |
| $NH_2OH = 7.97$ | $NH_2NH_2 = 5.77$ | $MeNH_2 = 3.36$ | $Me_2NH = 3.29$ | $Me_3N = 4.28$ |
| | | $EtNH_2 = 3.25$ | $Et_2NH = 2.90$ | $Et_3N = 3.25$ |
| | | $i$-$PrNH_2 = 3.28$ | $i$-$Pr_2NH = 2.95$ | |
| | | $i$-$BuNH_2 = 3.51$ | $i$-$Bu_2NH = 3.32$ | $i$-$Bu_3N = 3.58$ |

산이 된다.

무기 산소산에서 더 중요한 것은 중심 원자 주위에 있는 산소 원자의 수이다. 그러므로 염소의 산소산들에서 산의 세기는 $HOCl < HOClO < HOClO_2 < HOClO_3$의 순서로 증가한다. 다음 식을 사용하면 산소산에서 산도의 경향과 $pK_a$값을 정확히 예상할 수 있다.[11)]

$$pK_a = 10.5 - 5.0n - \chi_x \tag{8.36}$$

여기서 산에 대한 식은 $X(OH)_mO_n$이고, $\chi_x$는 중심 원자의 전기음성도이다. (a)와 (b)의 효과는 식 8.36에 포함되어 있다.

5. **치환된 아민의 염기도.** 물에서 암모니아는 약한 염기이지만 트라이플루오린화 질소는 어떤 경우에도 염기도를 나타내지 않는다. $NH_3$ 분자에서 질소 원자는 수소 원자의 유발 효과 때문에 부분적으로 음전하를 띠게 된다. 그러나 $NF_3$ 분자에서는 반대 현상이 나타난다. 암모니아 분자에서 수소를 —OH나 —$NH_2$처럼 전자를 끌어당기는 기로 치환하면 염기도가 감소한다. 알킬기는 대개 전기음성인 원소에 전자를 주기 때문에(수소보다도 더), 수소 원자를 메틸기로 치환하면 질소 원자의 염기도는 증가할 것으로 예상된다. 물에서 이 효과는 약한 염기에 대한 평형 상수를 통해 쉽게 볼 수 있다(표 8.4).

   예상한 것처럼, 암모니아 분자의 수소 원자를 알킬기로 치환하면 질소 원자의 전자 밀도와 염기도를 증가시킨다. 두 번째 알킬기를 치환시킬 때에도 첫 번째 치환보다는 덜하지만 염기도는 증가한다. 트라이알킬아민에서는 이러한 경향이 계속되지 않으며, 놀랍게도 염기도는 모노알킬아민과 같거나 더 약하다. 이러한 불규칙성에 관한 설명은 아주 간단하지만, 전자 밀도에 의해서 좌우되는 것이 아니므로 다음 절에서 설명하겠다.

6. **"극한의 산 및 염기."** 산도와 염기도는 반응 자리의 전자 밀도 및 전하/크기의 비와 관계가 있다는 생각에 익숙해지면, 가장 강한 산이나 염기가 있을 것인지를 생각하게 된다. 몇 가지 사실을 감안하면 양성자 자체를 양전하/크기의 비가 가장 큰 화학종으로 생각하게 될 것이다. 물론 어떤 화학적 계에서도 양성자는 배위되지 않거나 용매화되지 않은 상태로 존재하지 않으며, 반드시 전자를 포함하는 화학종에 결

11) 이 관계식은 다음에서 처음 제안되었다. Ricci, J. E. *J. Am. Chem. Soc.* **1948**, *70*, 109~113; Pauling, L. *General Chemistry,* 3rd ed.; Freeman: San Francisco, 1970; pp 499~502. 현재의 식은 다음 문헌에 나와 있다. Somasekharan, K. N.; Kalpagam, V. *Chem. Educ.* **1986**, *2* (4), 43~46.

합된다. 양성자는 너무 강한 산이기 때문에 아무런 반응도 하지 않은 채 염기와 공존할 수 없다. 통상적으로 염기라고 생각되지 않는 불활성 기체조차도 극도로 산성인 양성자와 결합할 것이다(표 8.5 참조). Brønsted-Lowry의 개념에서 양성자를 교환되는 "특성" 화학종으로 선택한 것은 우연한 것이 아니다.

"극한"의 염기로서 $H^-$, $F^-$, $O^{2-}$와 같이 여러 작고 큰 전하를 띤 이온을 선택할 수 있는데, 이들은 실제로 상당히 염기성이다. 그러나 전자는 양성자를 보충하는 것으로 나타난다. 화학적 실체로서 유리 전자는 양성자보다 잘 규명되어 있지는 않지만, 전자가 음이온으로 존재하는 용액(고체까지도) 이 알려져 있다! 자유 전자를 포함하는 용액은 매우 염기성이다. 이 주제는 다음 장의 액체 암모니아에 관한 절에서 더 상세하게 설명할 것이다.

## 산-염기 세기의 측정

산-염기 화학은 물에서뿐만 아니라 물 아닌 용매에서도 용액화학과 밀접한 관련을 맺어왔다(9장). 화학자들은 고유한 산-염기 성질을 변형시키거나 모호하게 하는 강한 용매화 효과가 존재한다는 것을 알고 있었고, 비극성 용매를 사용하여 이 효과를 추정하거나 제거하는 여러 가지 방법을 연구하였다. 그럼에도 불구하고 오래 동안 산-염기 행동에 대한 용액 열역학은 일부만 규명되었다. 지난 10~15년 사이에 용액이 없는, 즉 **기체상**의 산-염기 화학에 관한 자료가 상당히 많이 수집되었다. 경쟁적 용매 효과가 없는 고유의 산-염기 화학은 이해하기는 쉽기 때문에 다음과 같은 순서로 설명을 진행하고자 한다. 즉, 연대가 반대로 되기는 했지만, 기체상 → 비극성 용매 → 극성 용매 순서로 설명할 것이다.

### 기체상의 염기도: 양성자 친화도

화학종의 고유한 염기도를 가장 기본적으로 측정한 것은 **양성자 친화도(proton affinity)** 이다. 이것은 반응에서 방출되는 에너지로 정의된다.

$$\mathbf{B(g)\ [\text{또는}\ B^-(g)] + H^+(g) \longrightarrow BH^+(g)\ [\text{또는}\ BH(g)]} \qquad \textbf{(8.37)}$$

양성자 친화도(PA) 는 식 8.37의 반응 엔탈피와는 부호가 반대이다. 양성자 친화도는 항상 발열 반응(1장의 전자 친화도에 관한 규약을 상기하라.) 으로 간주함에도 불구하고 양의 수로 나타낸다. 양성자 친화도는 여러 방법으로 얻는다. 양성자 친화도의 절대 척도를 정의하는 가장 간단하고 기본적인 방법은 Born-Haber 순환을 사용하는 것이다.

$$\begin{array}{ccc} \mathrm{B(g) + H(g)} & \xrightarrow{-\Delta H_{A_{BH}}} & \mathrm{BH(g)} \\ {\scriptstyle +e^-}\Big\uparrow {\scriptstyle \Delta H_{IE_H}} & & {\scriptstyle -e^-}\Big\downarrow {\scriptstyle \Delta H_{IE_{BH}}} \\ \mathrm{B(g) + H^+(g)} & \xrightarrow{\Delta H = -PA} & \mathrm{BH^+(g)} \end{array} \qquad \textbf{(8.38)}$$

BH 분자는 결합 에너지(원자화 엔탈피, $\Delta H_{A_{BH}}$) 와 이온화 전위($IE_{BH}$) 를 측정할 수 있을 정도로 충분히 안정해야 한다. 한때 여러 양성자 친화도가 이런 방법으로 얻어졌지

**표 8.5**
기체상의 양성자 친화도($kJ\ mol^{-1}$)[a].

| 3가 음이온 | 2가 음이온[b] | 1가 음이온 | 중성 분자 |
|---|---|---|---|
| | | $H^-$ = 1675 | $H_2$ = 424 |
| | | $CH_3^-$ = 1745 | $CH_4$ = 552 |
| | | $C_6H_5CH_2^-$ = 1593 | $C_6H_5CH_3$ = 794 |
| | | $C_6H_5^-$ = 1677 | $C_6H_6$ = 759 |
| | | $CN^-$ = 1469 | CO = 594 |
| | | | $(CH_3)_3N$ = 974 |
| | | $(CH_3)_2N^-$ = 1658 | $(CH_3)_2NH$ = 954[c] |
| | | | $C_5H_5N$ = 953[c] |
| | | $C_2H_5NH^-$ = 1671 | $C_2H_5NH_2$ = 935[c] |
| | | $CH_3NH^-$ = 1687 | $CH_3NH_2$ = 919[c] |
| | | | $C_6H_5NH_2$ = 899[c] |
| $N^{3-}$ = 3084[d] | $NH^{2-}$ = 2565[d] | $NH_2^-$ = 1689 | $NH_3$ = 872[c] |
| | | | $CH_3CN$ = 789[c] |
| | | | HCN = 796 |
| | | | $NF_3$ = 604 |
| | | $NO^-$ ≈ 1519 | NO ≈ 531 |
| | | $N_3^-$ = 1439 | $N_2$ = 494.5 |
| | | | $(CH_3)_3P$ = 950 |
| | | | $(CH_3)_2PH$ = 905 |
| | | | $CH_3PH_2$ = 854 |
| | | $PH_2^-$ = 1552 | $PH_3$ = 789 |
| | | | $PF_3$ = 697 |
| | | | $(CH_3)_3As$ = 893 |
| | | $AsH_2^-$ = 1515 | $AsH_3$ = 750 |
| | | | $CH_3C(O)NH_2$ = 863 |
| | | $C_6H_5O^-$ = 1451 | $C_6H_5OH$ = 821 |
| | | $t$-$C_4H_9O^-$ = 1567 | $t$-$C_4H_9OH$ = 810 |
| | | $i$-$C_3H_7O^-$ = 1571 | $i$-$C_3H_7OH$ = 800 |
| | | $C_2H_5O^-$ = 1579 | $C_2H_5OH$ = 788 |
| | | $CH_3O^-$ = 1592 | $CH_3OH$ = 761 |
| | | | $(CH_3)_2O$ = 804 |
| | | | $(CH_3)_2CO$ = 823 |
| | | | $H_2CO$ = 718 |
| | | | $CH_3NO_2$ = 750 |
| | $O^{2-}$ = 2318[d] | $OH^-$ = 1635 | $H_2O$ = 697 |
| | | $HOO^-$ = 1573 | HOOH = 678 |
| | | $O_2^-$ = 1476 | $HO_2$ ≈ 661 |
| | | $CH_3C(O)O^-$ = 1459 | $CH_3C(O)OH$ = 796 |
| | | $HC(O)O^-$ = 1444 | HC(O)OH = 748 |

만, 더 많은 양성자 친화도는 이온 사이클로트론 공명 분광법(ion cyclotron resonance spectroscopy) 이나 이에 관련된 방법으로 얻어졌는데,[12] 이 방법은 경쟁에 관여한 화학

[12] Aue, D. H.; Bowers, M. T. *In Gas Phase Ion Chemistry*; Bowers, M. T. Ed.; Academic: New York, 1979; Vol.2, 9장; Lias, S. G. ; Liebman, J. F.; Levin, R. D. *J. Phys. Chem. Ref. Data*, **1984**, *13*, 695~808.

**표 8.5(계속)**
기체상의 양성자 친화도(kJ mol$^{-1}$)[a].

| 3가 음이온 | 2가 음이온[b] | 1가 음이온 | 중성 분자 |
|---|---|---|---|
| | | $ClO^-$ = 1502 | |
| | | $NO_2^-$ = 1421 | |
| | | $NO_3^-$ = 1358 | |
| | | $CF_3C(O)O^-$ = 1351 | $CH_3C(O)OH$ = 707 |
| | | $FSO_3^-$ = 1285[e] | |
| | | $CF_3SO_3^-$ = 1280[e] | |
| | | | $(CH_3)_2SO$ = 884 |
| | | | $CH_2$ = 548 |
| | | | $O_2$ = 422 |
| | | | $(CH_3)_2S$ = 839 |
| | $S^{2-}$ = 2300[d] | $CH_3S^-$ = 1493 | $CH_3SH$ = 784 |
| | $Se^{2-}$ = 2200[d] | $SH^-$ = 1469 | $H_2S$ = 712 |
| | | $SeH^-$ = 1466 | $H_2Se$ = 717 |
| | | $F^-$ = 1554 | HF = 489.5 |
| | | $Cl^-$ = 1395 | HCl = 564 |
| | | $Br^-$ = 1354 | HBr = 569 |
| | | $I^-$ = 1315 | HI = 628 |
| | | | He = 178 |
| | | | Ne = 210 |
| | | | Ar = 371 |
| | | | Kr = 425 |
| | | | Xe = 496 |
| | | 1315 < $Mn(CO)_5^-$ < 1340[e] | |
| | | 1380 < $Re(CO)_5^-$ < 1395[e] | |
| | | $Co(PF_3)_4^-$ < 1280[e] | $(CH_3)_2Hg$ ≈ 778 |

[a] 이밖에 알려진 것 외에, 중성 분자들의 모든 데이터는 Lias, S. G.; Liebman, J. F.; Levin, R. D. *J. Phy. Chem. Ref. Data* **1984**, *13*, 695~808로부터 옮겼고, 음이 온들에 대해서도 Lias, S. G.; Bartmess, J. E.; Liebman, J. F.; Holmes, J. L.; Levin, R. D.; Mallard, W. G. *J. Phys. Chem. Ref. Data*, **1988**, *17*, 1~861로부터 옮겼다.

[b] 2가와 3가 음이온들은 격자로서 안정할 때 계의 외에 존재하지 않는다. 이들 값은 Born-Haber cycles로부터 얻은 대략 추정값이고 짝산으로부터 양성자를 끌어당기기는 비교적 어렵다는 것을 나타낸다.

[c] Meot-Ner, M.; Sieck, L. W. *J. Am, Chem. Soc.* **1991**. *113* 4448~4460.

[d] Waddington, T C. *Adv, Inorg, Chem. Radiochem.* **1859**, *I*, 157~221.

[e] Miller, A. E. S.; Kawamura, A. R.; Miller, T. M. *J. Am, Chem. Soc.* **1990**, *112*, 457~458. Viggino, A. A.; Henchman, M. J.; Dal, F.; Deakyne, C.; Paulson, J. F. *J. Am, Chem. Soc*, **1992**, *114*, 4299~4306. $HCo(PF_3)_4$는 위에 작성된 모든 음이온들에 양성자 주개로 가장 강한 기체상 산으로 보고되었다.

종의 평형 농도를 측정한다.

$$B(g) + B'H^+(g) \rightleftharpoons BH^+(g) + B'(g) \qquad \textbf{(8.39)}$$

처음에는 편견을 배제한 용액에서의 자료를 근거로 하여 양성자 친화도 자료를 얻었지만(283쪽 참조), 기체상의 양성자 친화도(표 8.5)는 이온들과 분자들의 염기도에 대한 직관적인 생각을 많이 확립시켜 주었다. 지금까지 추정된 가장 높은 양성자 친화도는 −3

가의 질화 이온($N^{3-}$)에 대한 것인데, −3가 이온의 정전기적 인력이 크기 때문이다.[13] −2가의 이미드 이온($NH^{2-}$)은 매우 크지만, $N^{3-}$ 이온보다는 다소 낮은 값을 가지며, 이어서 아마이드 이온($NH_2^-$), 암모니아($NH_3$) 순으로 더 낮은 값을 가진다. 유도 효과는 트라이플루오린화 질소($NF_3$) = 604 kJ $mol^{-1}$에서 암모니아($NH_3$) = 872 kJ $mol^{-1}$, 트라이메틸아민($(CH_3)_3N$) = 974 kJ $mol^{-1}$ 범위의 값으로부터 쉽게 관찰되었다. 톨루엔 대 벤젠, 아세토나이트릴 대 사이안화 수소, 에터 대 물, 그리고 다른 여러 비교 물질들에 대해서도 이와 비슷한 효과를 알 수 있다.

## 기체상의 산도: 양성자 잃음

양이온에 대한 양성자 친화도는 양성자를 잡아 당기고, 붙드는 경향을 나타내는 것이기 때문에 이들이 갖는 값은 기체상에서 짝산의 해리 엔탈피도 될 수 있을 것이다. HF ($PA_{F^-}$ = 1554 kJ $mol^{-1}$)을 생각해 보자.

$$\mathbf{HF \longrightarrow H^+ + F^- \qquad \Delta \mathit{H} = +1554\ kJ\ mol^{-1}} \qquad \mathbf{(8.40)}$$

반응식 8.40이 흡열일수록 산은 더 약해질 것이다. 그러므로 표 8.5는 기체상인 산의 세기를 비교하는 데 사용되며, 기체상에서 HF는 다른 산, HX보다 더 약한 산이다. 이 경향은 수용액에서도 마찬가지이다. 마찬가지로, 아세트산($PA_{CH_3COO^-}$ = +1459 kJ $mol^{-1}$)은 트라이플루오린아세트산($PA_{CF_3COO^-}$ = +1351 kJ $mol^{-1}$)보다 약한 산이다. 메테인과 톨루엔은 어느 것이 더 강한 산일까? 유기화학에서 얻은 지식은 표 8.5의 자료와 일치하는가 아니면 어긋나는가?

## 기체상의 산도: 전자 친화도

Brønsted 기체상 산도는 짝염기의 양성자 친화도와 연관될 것이다. 그러나 이것으로는 비양성자성(Lewis) 산에 대한 상대적 산도를 추정할 수 없다. 전자를 산성 양성자의 염기성 유사체로 간주하면, 전자 친화도는 염기에 대한 양성자 친화도와 일치하는 기체상의 산도 측정을 제공하여야 한다.[14] 전자 친화도가 큰 Lewis 산들은 강산이다. 이 개념은 특히 금속 양이온들에 적용했을 때 더 강력하다. 1가 양이온의 전자 친화도는 그 금속 원자의 이온화 에너지와 같다. 이러한 관점으로 보면 전이 금속에 비해 알칼리와 알칼리 토금속이 약산인 이유가 분명해진다.

$$\mathbf{K^+ + e^- \longrightarrow K \qquad EA = 419\ kJ\ mol^{-1}} \qquad \mathbf{(8.41)}$$

$$\mathbf{Ca^{2+} + e^- \longrightarrow Ca^+ \qquad EA = 1145\ kJ\ mol^{-1}} \qquad \mathbf{(8.42)}$$

---

13) 모든 2가 음이온과 3가 음이온에 대한 양성자 친화도는 Born-Haber 순환 과정을 이용하여 계산된다. 이들 이온들은 결정이 안정한 환경을 벗어나면 존재할 수 없기 때문에 실험적으로는 접근할 수 없다 - 이 이온들은 발열적으로 전자를 방출한다(1장 참조).

14) 산도는 단일 전자나 전자쌍을 받아들이는 것을 말하는 것이기 때문에 복잡한 요인이 존재한다. 그러므로 자유 라디칼은 높은 전자 친화도를 가질 수 있지만 빈 오비탈을 갖지는 않으며, 하나의 전자쌍을 받아들일 수 있는 낮은 오비탈을 가진다. 그러므로 이들은 $SO_2$ (EA = 107 kJ $mol^{-1}$)와 $SO_3$ (EA = 160 kJ $mol^{-1}$)를 비교하여 $SO_3$가 더 강한 산임을 알게 되면, 같은 방법의 비교를 통해 자유 라디칼 OH (EA = 176 kJ $mol^{-1}$)도 더 강한 산일 것으로 예측할 수 있지만, 이 경우 낮은 에너지를 갖는 오비탈이 완전히 비어 있지 않기 때문에 더 강한 산이 아니다.

$$Mn^{2+} + e^- \longrightarrow Mn^+ \qquad EA = 1509\ kJ\ mol^{-1} \tag{8.43}$$

$$Pt^{2+} + e^- \longrightarrow Pt^+ \qquad EA = 1791\ kJ\ mol^{-1} \tag{8.44}$$

$$Co^{3+} + e^- \longrightarrow Co^{2+} \qquad EA = 3232\ kJ\ mol^{-1} \tag{8.45}$$

그러므로 산화·환원 화학뿐만 아니라 음이온과 다른 Lewis 염기와 결합하려는 경향을 결정하는 금속의 이온화 에너지에 대한 기본적 성질을 반드시 기억해야 한다.[15)]

## 비극성 용매에서의 Lewis 상호작용

Lewis 산과 염기의 세기를 평가하고 관련 지우는 것은 많은 무기화학자들의 관심을 끌었다. 최근 들어 기체상의 데이터를 이용할 수 있게 되었지만, 이전에는 비양성자성 용매와 비극성 용매들에서 많은 계에 대한 연구가 이루어졌다. 오늘날까지도 여러 방법을 통해 이러한 용매들에서 많은 자료가 수집되고 있다. 용매화 효과는 미미하고, 반응물과 생성물에 대해 똑같이 작용할 것이기 때문에, 이 효과를 무시하더라도 심각한 오류는 일어나지 않을 것으로 간주한다.

산-염기의 상호작용의 세기를 반응의 엔탈피와 같게 하는 방법이 주로 사용된다. 어떤 경우에는 이 엔탈피를 열량계로 직접 측정할 수 있다. 즉, 일정 압력의 단열 과정에서 $\Delta H = q$이다.

반응 엔탈피는 일정 온도 범위에 걸쳐 산-염기 반응의 평형 상수를 측정하여 얻기도 한다. $\ln K$를 $1/T$에 대해 도시하면, 기울기는 $-\Delta H/R$이 될 것이다. 그래서 평형 상수를 분광광도법으로 측정하는 여러 가지 실험적 방법이 고안되었다. 반응물 중의 한 가지(산이나 염기)와 산-염기 첨가 생성물 간의 흡수가 다르면, 이 흡수는 평형 상수의 크기에 대한 중요한 정보를 제공한다. 왜냐하면 평형에 관여하고 있는 세 가지 화학종 중에서 두 가지 농도는 흡수를 측정하여 직접 알 수 있고, 세 번째 화학종의 농도는 화학량론을 통해 간접적으로 알 수 있기 때문이다. 예를 들어, 광범위하게 연구된 유기 카보닐 화합물과 아이오딘 간의 반응을 살펴보자. 첨가 생성물에 있는 카보닐의 적외선 흡수띠와 반응물에 있는 카보닐 화합물의 흡수띠는 파수가 서로 다르다. 그러므로 평형 혼합물은 카보닐 스펙트럼 영역에서(그림 8.1) 두 개의 흡수띠를 나타내며, 자유 카보닐과 첨가 생성물의 상대적 농도를 구할 수 있다. 한편 가시 스펙트럼의 300~600 nm 부분에서 아이오딘 분자 $I_2$에 대한 흡수를 측정할 수도 있다. 이 경우에도 첨가 생성물은 자유 아이오딘 분자 $I_2$와 서로 다른 파수의 빛을 흡수하므로, 두 흡수 극대로부터 용액에 존재하는 화학종의 상대적 농도를 구할 수 있다.[16)]

주어진 파수에서 흡광도를 측정하여 간단하게 각 화학종의 농도를 측정할 때, 이를 방해하는 두 가지 문제가 있다. 관심의 대상이 되는 대부분의 산-염기 반응은 1:1의 비로 반응하지만 이것을 미리 가정해서는 안 되며, 2:1과 3:1의 첨가 생성물도 존재할 수 있다. 다행스럽게도 이것은 대체로 해결하기 쉬운 문제이다. **등흡광점(isobestic point)**, 즉 흡광도가 일정한 점(그림 8.1 참조)이 존재하면, 흡수 화학종은 두 가지(자유 산이나 염기,

---

15) 다음 문헌은 이온화 에너지와 관련된 금속의 화학적 성질을 잘 설명하고 있다. Ahrens, L. H. *Ionization Potentials*; Pergamon: Oxford, 1983.

16) Drago, R. S.; Carlson, R. I.; Rose, N. J.; Wenz, D. A. *J. Am. Chem. Soc.* **1961**, *83*, 3572~3575.

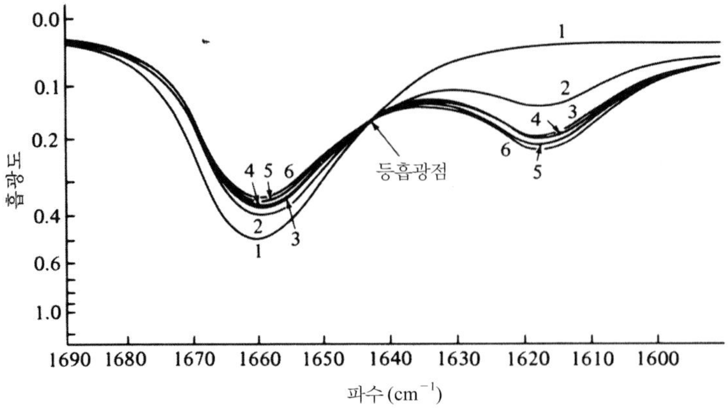


**그림 8.1** 다이메틸아세트아마이드-아이오딘 계의 적외선 흡수 스펙트럼: (1) 다이메틸아세트아마이드만의 스펙트럼; (2~6) 아이오딘의 농도 증가에 따른 스펙트럼. 1662 $cm^{-1}$의 봉우리는 자유 다이메틸아세트아마이드로부터 생긴 것이며, 1619 $cm^{-1}$의 봉우리는 DMA · $I_2$ 첨가 생성물의 흡수띠이다. [Schmulbach, C. D.; Drago, R. S. *J. Am. Chem. Soc.* **1960**, *82*, 4484~4487.]

그리고 단일 첨가 생성물) 만 존재한다고 가정할 수 있다.[17)]

두 번째 문제는 좀 더 복잡하다. 첨가 생성물과 자유 산(또는 염기) 의 흡수 극대는 분리되는 정도가 별로 크지 않기 때문에, 흡수띠가 상당히 겹친다(그림 8.1 참조). 각각의 파수에서 각 화학종의 흡광도가 알려져 있으면, 주어진 파수에서 전체 흡광도에 대한 각 화학종의 비율을 쉽게 알아낼 수 있다. 파수의 측정 영역 전체에 걸쳐서 자유 산(또는 염기) 의 흡광계수 $\varepsilon$를 측정하는 것은 상대적으로 간단한 일이다. 순수한 첨가 생성물을 만드는 것이 불가능할 경우도 있기 때문에(자유 산과 염기의 평형 농도를 모를 때), 이 때에는 흡광도를 측정할 수 없다. 그러나 산(또는 염기) 의 농도가 서로 다른 두 가지의 평형 상태를 조사하면, 두 미지수인 $K$와 $\varepsilon$를 포함하는 두 개의 연립방정식을 구성할 수 있고, $K$와 $\varepsilon$에 대해 풀 수 있다.[18)]

산-염기 반응의 엔탈피를 측정하는 다른 방법은 상호작용의 세기에 따라 변하는 물리적 성질을 측정하는 방법이다. 이러한 방법은 앞에서 다룬 측정법 중의 한 가지 방법으로 보정을 하여야 하지만, 일단 보정을 하고 나면 다른 방법으로 측정하기 어려운 반응까지도 확장하여 조사할 수 있다. 한 가지 예는 Lewis 산으로서의 페놀에 관한 연구이다.[19)] 페놀은 Lewis 염기와 강한 수소 결합을 형성하는데, 특히 크게 음으로 하전된 주개 원자를 갖는 Lewis 염기와는 강한 수소 결합을 형성한다. 수소 결합이 형성되면 페놀의 —O—H 기의 전자 밀도와 적외선에서 O—H 신축 진동의 파수가 변한다. 알려진 페놀-염기 첨가 생성물의 계열의 파수를 사용하여 보정을 하고 나면(그림 8.2), 유사한 작용기를 갖는 염기의 첨가 생성물 생성에 대한 엔탈피를 IR 스펙트럼에서 직접 추정할 수 있다.

두 번째 방법은 $s$ 성질과 NMR의 짝지음 상수 간의 관계를 포함한다. Drago와 공동

---

17) 등흡광점에 대한 더 상세한 설명은 다음을 참조하라. Cohen, M. D.; Fisher, F. *J. Chem. Soc.* **1962**, 3044~3052; Mayer, R. G.; Drago, R. S. *Inorg. Chem.* **1976**, *15*, 2010~2011; Sytnes, D. V. *Inorg. Chem.* **1975**, *14*, 453~454.

18) Rose, N. J.; Drago, R. S. *J. Am. Chem. Soc.* **1959**, *81*, 6138~6141.

19) Epley, T. D.; Drago, R. S. *J. Am. Chem. Soc.* **1967**, *89*, 5770~5773; *Ibid.* **1969**, *91*, 2883~2890. 염기를 선택할 때 주의하여야 한다. 다음을 참조하라. Bogel, G. C.; Drago, R. S. *Ibid.* **1970**, *92*, 5347~5351.

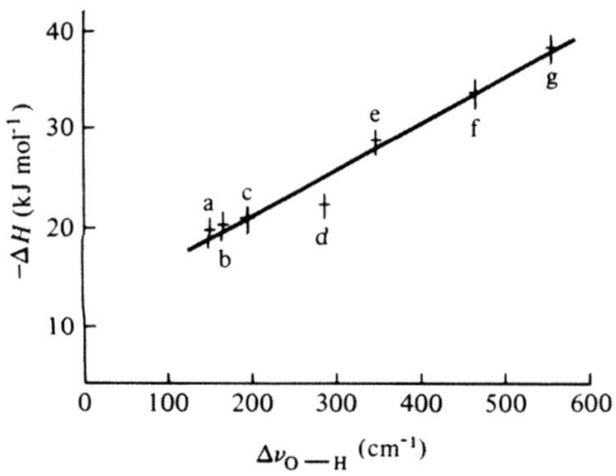


**그림 8.2** 염기-페놀 첨가 생성물의 생성 엔탈피와 페놀 중의 O−H 결합에 대한 신축 진동 파수 간의 관계. 염기: (a) 아세토나이트릴, (b) 아세트산 에틸, (c) 아세톤, (d) 테트라하이드로퓨란, (c) 다이메틸아세트아마이드, (f) 피리딘, (g) 트라이에틸아민. [Epley, T. D.; Drago, R. S. *J. Am. Chem. Soc.* **1967**, *89*, 5770.]

연구자들[20]은 클로로트라이메틸주석-염기 첨가 생성물의 $^{119}$Sn-H 짝지음 상수와 염기-주석 결합의 세기 간에는 훌륭한 상관관계가 있음을 입증하였다. 자유 주석에서 강하게 결합하고 있는 메틸기는 그들의 결합 세기, *s* 성질을 극대화시킬 수 있으며 따라서 $J_{^{119}Sn-^{1}H}$도 최대가 되게 만들 수 있다. 그래서 강염기는 약염기보다 더 넓은 범위(자유 $Me_3SnCl$의 $sp^3$ ~ 강염기 첨가 생성물의 한계인 $sp^3d$) 로 주석을 재혼성화시키며, 따라서 Sn—C 결합의 *s* 성질을 변화시킨다.

## Lewis 산-염기 상호작용의 체계화

Drago와 공동 연구자들은 기여하고 있는 산-염기 파라미터를 사용하여 반응의 엔탈피를 나타내는 여러 방법을 제안하였다. 첫 번째는 다음과 같다.

$$-\Delta H = E_A E_B + C_A C_B \tag{8.46}$$

여기서 $\Delta H$는 Lewis 산-염기 첨가 생성물의 생성 엔탈피이고, $E_A$와 $C_A$는 특성 산의 파라미터이며, $E_B$와 $C_B$는 특성 염기의 파라미터이다.[21] 파라미터 $E$는 화학종이 정전기적("이온 결합성" 또는 쌍극자-쌍극자) 상호작용을 수행하기 쉬운 정도로 해석되며, 파라미터 $C$는 공유 결합을 형성하기 쉬운 정도를 나타낸다. 그러므로 정전기적으로 잘 결합하는(이때 $E_A$는 크다) 산은 정전기적으로 잘 결합하는 염기와 가장 안정한 첨가 생성물을 형성할 것으로 예측할 수 있다(이때의 $E_AE_B$ 곱이 커지기 때문이다). 이와는 반대로 공유 결합적으로 잘 결합하는 산은 공유 결합적으로 잘 결합하는 염기와 가장 안정한 첨가 생성물을 형성하려는 경향이 있다. $E_A$, $E_B$, $C_A$, $C_B$에 대해 대표적인 몇 가지 값은 표 8.6에 나타내었다. 식 8.46을 사용하면 피리딘($E = 1.78$, $C = 3.54$) 과 아이오딘($E = 0.50$, $C = 2.00$; 정의에 따른 원래 크기는 각주 21을 참조하라) 사이의 반응을 설명할 수 있다.

---

[20] Bolles, T. F.; Drago, R. S. *J. Am. Chem. Soc.* **1966**, *88*, 5730~5734.

[21] Drago, R. S.; Wayland, B. B. *J. Am. Chem. Soc.* **1965**, *87*, 3571~3577; Drago, R. S.; Vogel, G. C.; Needham, T. E. *J. Am. Chem. Soc.* **1971**, *93*, 6014~6028.

**표 8.6**
산과 염기 파라미터[a].

| 산 | $E_A$ | $C_A$ | $R_A$ | 산 | $E_A$ | $C_A$ | $R_A$ |
|---|---|---|---|---|---|---|---|
| $I_2$ | 0.50 | 2.00 | − | $H^+$ | 45.00 | 13.03 | 130.21 |
| $H_2O$ | 1.54 | 0.13 | 0.20 | $CH_3^+$ | 19.70 | 12.61 | 55.09 |
| $SO_2$ | 0.56 | 1.52 | 0.85 | $Li^+$ | 11.72 | 1.45 | 24.21 |
| $HF$[b] | 2.03 | 0.30 | 0.47 | $K^+$[b] | 3.78 | 0.10[b] | 20.79 |
| $HCN$[b] | 1.77 | 0.50 | 0.54 | $NO^+$[b] | 0.1[b] | 6.86 | 45.99 |
| $CH_3OH$ | 1.25 | 0.75 | 0.39 | $NH_4^+$[b] | 4.31 | 4.31 | 18.52 |
| $H_2S$[b] | 0.77 | 1.46 | 0.56 | $(CH_3)_2NH_2^+$[b] | 3.21 | 0.70 | 20.72 |
| $HCl$[b] | 3.69 | 0.74 | 0.55 | $(CH_3)_4N^+$[b] | 1.96 | 2.36 | 8.33 |
| $C_6H_5OH$ | 2.27 | 1.07 | 0.39 | $C_5H_5NH^+$[b] | 1.81 | 1.33 | 21.72 |
| $(CH_3)_3COH$ | 1.36 | 0.51 | 0.48 | $(C_2H_5)_3NH^+$[b] | 2.43 | 2.05 | 11.81 |
| $HCCl_3$ | 1.49 | 0.46 | 0.45 | $(CH_3)_3NH^+$[b] | 2.60 | 1.33 | 15.95 |
| $CH_3CO_2H$[b] | 1.72 | 0.86 | 0.63 | $H_3O^+$ | 13.27 | 7.89 | 20.01 |
| $CF_3CH_2OH$ | 2.07 | 1.06 | 0.38 | $(H_2O)_2H^+$ | 11.39 | 6.03 | 7.36 |
| $C_2H_5OH$ | 1.34 | 0.69 | 0.41 | $(H_2O)_3H^+$ | 11.21 | 4.66 | 2.34 |
| $i-C_3H_7OH$ | 1.14 | 0.90 | 0.46 | $(H_2O)_4H^+$[b] | 10.68 | 4.11 | 3.25 |
| $PF_3$[b] | 0.61 | 0.36 | 0.87 | $(CH_3)_3Sn^+$ | 7.05 | 3.15 | 26.93 |
| $B(OCH_3)_3$[b] | 0.54 | 1.22 | 0.84 | $(C_5H_5)Ni^+$ | 11.88 | 3.49 | 32.64 |
| $AsF_3$[b] | 1.48 | 1.14 | 0.78 | $(CH_3)NH_3^+$[b] | 2.18 | 2.38 | 20.68 |
| $Fe(CO)_5$[b] | 0.10 | 0.27 | 1.00 | | | | |
| $CHF_3$[b] | 1.32 | 0.91 | 0.27 | | | | |
| $B(C_2H_5)_3$[b] | 1.70 | 2.71 | 0.61 | | | | |
| **염기**[c] | $E_B$ | $C_B$ | $T_B$ | **염기**[c] | $E_B$ | $C_B$ | $T_B$ |
| $NH_3$ | 2.31 | 2.04 | 0.56 | $C_5H_5NO$ | 2.29 | 2.33 | 0.67 |
| $CH_3NH_2$ | 2.16 | 3.12 | 0.59 | $(CH_3)_3P$ | 1.46 | 3.44 | 0.90 |
| $(CH_3)_2NH$ | 1.80 | 4.21 | 0.64 | $(CH_3)_2O$ | 1.68 | 1.50 | 0.73 |
| $(CH_3)_3N$ | 1.21 | 5.61 | 0.75 | $(CH_3)_2S$ | 0.25 | 3.75 | 1.07 |
| $C_2H_5NH_2$ | 2.35 | 3.30 | 0.54 | $CH_3OH$ | 1.80 | 0.65 | 0.70 |
| $(C_2H_5)_3N$ | 1.32 | 5.73 | 0.76 | $C_2H_5OH$ | 1.85 | 1.09 | 0.70 |
| $HC(C_2H_4)_3N$ | 0.80 | 6.72 | 0.83[d] | $C_6H_6$ | 0.70 | 0.45 | 0.81 |
| $C_5H_5N$ | 1.78 | 3.54 | 0.73 | $H_2S$[b] | 0.04 | 1.56 | 1.13 |
| $4-CH_3C_5H_4N$ | 1.74 | 3.93 | 0.73[d] | $HCN$[b] | 1.19 | 0.10 | 0.90 |
| $3-CH_3C_5H_4N$ | 1.76 | 3.72 | 0.74[d] | $H_2CO$[b] | 1.56 | 0.10 | 0.76 |
| $3-ClC_5H_4N$ | 1.78 | 2.81 | 0.75[d] | $CH_3Cl$[b] | 2.54 | 0.10 | 0.23 |
| $CH_3CN$ | 1.64 | 0.71 | 0.83 | $CH_3CHO$[b] | 1.76 | 0.81 | 0.74 |
| $CH_3C(O)CH_3$ | 1.74 | 1.26 | 0.80 | $H_2O$[b] | 2.28 | 0.10 | 0.43 |
| $CH_3C(O)OCH_3$ | 1.63 | 0.95 | 0.86 | $(CH_3)_3COH$[b] | 1.92 | 1.22 | 0.71 |
| $CH_3C(O)OC_2H_5$ | 1.62 | 0.98 | 0.89 | $C_6H_5CN$[b] | 1.75 | 0.62 | 0.85 |
| $HC(O)N(CH_3)_2$ | 2.19 | 1.31 | 0.74[d] | $F^-$ | 9.73 | 4.28 | 37.40 |
| $(C_2H_5)_2O$ | 1.80 | 1.63 | 0.76 | $Cl^-$[b] | 7.50 | 3.76 | 12.30 |
| $O(CH_2CH_2)_2O$ | 1.86 | 1.29 | 0.71 | $Br^-$[b] | 6.74 | 3.21 | 5.86 |
| $(CH_2)_4O$ | 1.64 | 2.18 | 0.75 | $I^-$ | 5.48 | 2.97 | 6.26 |
| $(CH_2)_5O$ | 1.70 | 2.02 | 0.74[d] | $CN^-$ | 7.23 | 6.52 | 9.20 |
| $(C_2H_5)_2S$ | 0.24 | 3.92 | 1.10[d] | $OH^-$[b] | 10.43 | 4.60 | 50.73 |
| $(CH_3)_2SO$ | 2.40 | 1.47 | 0.65 | $CH_3O^-$[b] | 10.03 | 4.42 | 33.77 |

[a] Drago, R. S.; Ferris, D. C.; Wong, N. J. *Am. Chem. Soc.* **1990**. *112*, 8953~8961. Drago, R. S.; Wong, N.; Ferris, D. C. *Ibid.* **1991**, *113*, 1970~1977. Reproduced with permission.

[b] 정해진 엔탈피 데이터로부터 설정한 파라미터.

[c] 만일 이외에 지시된 것이 없을 때, 이 표에서 염기는 $E_B$와, $C_B$를 중성산-중성염기 첨가 생성물에 적합하게 결정한다(각주 21).

[d] 이들 염기에 대해 $E_B$와 $C_B$는 잘 결정된다. $T_B$값은 정해진 데이터에서 결정하여 정해진다. 그 값들을 얻는 방법과 정확성은 원문을 보라.

$$
\begin{aligned}
-\Delta H_{\text{계산}} &= E_A E_B + C_A C_B = (0.50 \times 1.78) + (2.00 \times 3.54) \\
&= (7.97\ \text{kcal mol}^{-1}) = 33.3\ \text{kJ mol}^{-1} \\
-\Delta H_{\text{실험}} &= (7.8\ \text{kcal mol}^{-1}) = 32.6\ \text{kJ mol}^{-1}
\end{aligned}
\qquad \textbf{(8.47)}
$$
[22]

*E-C* 파라미터의 중요성은 다양하다. 첫째 이 파라미터를 이용하면 연구되지 않은 반응 엔탈피도 얻어낼 수 있다. 표 8.6의 파라미터와 이 파라미터와 같은 역할을 하는 자료는 수백 가지 정도의 산-염기 반응을 통해 얻어졌지만, 이들은 수천 가지 반응의 엔탈피를 예측하기 위해 사용될 수 있다. 예를 들면, 다음과 같은 반응에 대해서도 정확한 값을 얻을 수 있다.

$$
\begin{aligned}
&(CH_3)_3N + SO_2 \longrightarrow (CH_3)_3NSO_2 \\
&\Delta H_{\text{계산}} = 38.5\ \text{kJ mol}^{-1}\ (9.2\ \text{kcal mol}^{-1}) \\
&\Delta H_{\text{실험}} = 40.2\ \text{kJ mol}^{-1}\ (9.6\ \text{kcal mol}^{-1})
\end{aligned}
\qquad \textbf{(8.48)}
$$

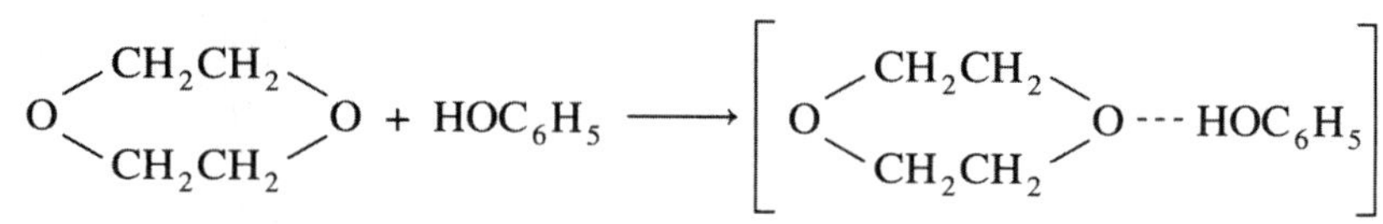

$$
\begin{aligned}
&\Delta H_{\text{계산}} = 23.4\ \text{kJ mol}^{-1}\ (5.6\ \text{kcal mol}^{-1}) \\
&\Delta H_{\text{실험}} = 23.4\ \text{kJ mol}^{-1}\ (5.6\ \text{kcal mol}^{-1})
\end{aligned}
\qquad \textbf{(8.49)}
$$

이러한 종류의 계에 대하여 두 번째로 중요한 항목은 여러 가지 계에 대한 결합의 성질을 알아볼 수 있게 해 준다는 것이다. 그래서 아이오딘과 페놀의 $C_A$와 $E_A$ 파라미터를 비교해 보면, $I_2$는 페놀보다 두 배[23]나 좋은 "공유 결합체"이지만, 페놀은 정전기적 인력을 통해 다섯 배 정도 더 강한 결합을 한다. 페놀($C_6H_5OH$)은 매우 강한 수소 결합을 하는 화학종이므로, 이것은 예상하지 못한 결과는 아니다. 이에 비해 아이오딘은 쌍극자 모멘트를 갖지 않기 때문에, Lewis 염기와 공유 결합을 형성하려면 팔전자계를 확장하여 전자를 받아들여야 한다.

이와 비슷한 효과는 염기에서도 관찰될 수 있다. Dimethylsulfoxide ($(CH_3)_2SO$) 는 diethylsulfide ($(C_2H_5)_2S$) 보다 훨씬 더 크고, 쌍극자 모멘트도 $(CH_3)_2SO$($\mu = 13.2 \times 10^{-30}$ C m; 3.96 D)가 $(C_2H_5)_2S$($\mu = 5.14 \times 10^{-30}$ Cm; 1.54 D) 보다 더 크다. 그러나 $C_B$ 값은 이와는 반대이므로 황 원자는 산에 대해 더 강한 공유 결합 능력을 가진다.

Drago와 공동 연구자들은 산(받개)에 의해 규정되는 상수를 첨가하여 식 8.46을 수정하였다.[24]

$$
-\Delta H = E_A E_B + C_A C_B - W \qquad \textbf{(8.50)}
$$

---

22) 원래 E-C 척도와 그 후에 수정된 모든 것은 kcal $\text{mol}^{-1}$ 단위를 가졌다. kJ $\text{mol}^{-1}$ 단위를 갖는 엔탈피를 얻으려면 4.184를 곱하여 계산하거나 새로운 척도를 만들어야 하는데, 표 8.6의 모든 파라미터는 2.05 $(\text{kJ mol}^{-1})^{1/2}/(\text{kcal mol}^{-1})^{1/2}$을 곱한 것이다.

23) 이들 수치를 사용하여 비교할 때에는 주의해야 한다. $E_{I_2}$를 $E_{\text{phOH}}$에 비교하는 것은 의미가 있지만, 단일 화학종에 대해서 $E$와 $C$ 파라미터는 직접 비교할 수 없다. 왜냐하면 필요에 의해 임의의 값($E_{I_2} = 0.50$; $C_{I_2} = 2.00$)을 사용하기 때문이다.

24) Drago, R. S.; Wong, N.; Bilgrien, C.; Vogel, G. C. *Inorg. Chem.* **1987**, *26*, 9~14. 상수 $W$는 에너지에 대한 것인데, 이 에너지는 이합체가 단위체로 되는 반응의 해리 엔탈피처럼 항상 특정한 반응물과 연관된다.

식 8.46은 단순화시킨 상황으로 다룰 수 있다. 즉, 고유의 정전기적 결합 능력(쌍극자-쌍극자 상호작용 등)을 기본으로 한 생성계 $E_AE_B$ 정전기적 에너지와, 고유의 공유 결합 능력(겹침 등과 관련된)을 기본으로 한 생성계 $C_AC_B$ 항에 따라 결합 거리만큼 A와 B를 접근시키는 것이다. 이러한 가정은 중성 화학종에 대해서는 잘 성립되지만, $E$와 $C$ 파라미터에 적용할 때에는 약간의 일치하지 않는 점(정전기적인 편극으로 인한 공유 결합성의 증가 등)을 수정할 수도 있다.[25)]

그러나 염기에서 산으로의 전하 이동량이 크면, 한 화학종이나 두 화학종 모두는 이온으로 존재하여야 하며, 이 에너지는 분명하게 반영되어야 한다. 근본적으로 이것은 원자(이온)가 그림 4.32의 이온-전하 곡선을 따라 움직일 때의 에너지 변화이다. 따라서 이 이동 에너지항은 이온화 에너지에 대응하는 것이며, 이보다는 적게 반영되지만 전자 친화도도 포함한다.[26)] 식 8.46은 두 가지의 부가적 파라미터, $R_A$ (수용, 산)와 $T_B$ (투과, 염기)로 구성된 항을 더함으로써 수정될 수도 있다.

$$-\Delta H = E_AE_B + C_AC_B + R_AT_B \tag{8.51}$$

식 8.51을 사용하면 아래의 두 과정을 설명할 수 있다.

$$H_2O + H^+ \longrightarrow H_3O^+ \qquad -\Delta H_{실험} = 695\ \mathrm{kJ\ mol^{-1}}\ (166\ \mathrm{kcal\ mol^{-1}}) \tag{8.52}$$

$$-\Delta H_{계산} = E_AE_B\ (102.6) + C_AC_B\ (1.3) + R_AT_B\ (56.0) = 669\ \mathrm{kJ\ mol^{-1}}\ (159.9\ \mathrm{kcal\ mol^{-1}}) \tag{8.53}$$

$$(CH_3)_2O + H^+ \longrightarrow (CH_3)_2OH^+ \qquad -\Delta H_{실험} = 803\ \mathrm{kJ\ mol^{-1}}\ (192\ \mathrm{kcal\ mol^{-1}}) \tag{8.54}$$

$$-\Delta H_{계산} = E_AE_B\ (75.6) + C_AC_B\ (19.5) + R_AT_B\ (95.0) = 795\ \mathrm{kJ\ mol^{-1}}\ (190.1\ \mathrm{kcal\ mol^{-1}}) \tag{8.55}$$

마지막 항은 전자가 풍부한 염기로부터 전자가 빈약한 산으로 전자 밀도가 이동할 때 수반되는 에너지를 나타낸다. 상세한 내용까지는 알 필요가 없지만, 그 결과는 확실히 흥미롭다.

1. 산-염기 상호작용에서 결합의 특징을 완전히 알아보려면, 세 가지 분리된 요인을 감안해야 한다: (a) 산-염기 상호작용의 정전기적 에너지; (b) 산-염기 상호작용의 공유 결합 에너지; (c) 전자 이동이 있어날 때 포함된 에너지. 이들 결과는 Mulliken-Jaffé 전기음성도의 기초가 되는 원리에 반영되고 있다.[27)]

---

25) $E$와 $C$를 조정하면 실험 데이터와 아주 잘 일치하게 되고, 이동 에너지를 무시한 결과의 일부를 경감시킬 수 있다.

26) 전기음성도에서 전자 친화도를 무시하는 것이 정당할 수도 있는데, $\chi_M = \frac{1}{2}(IE_V + EA_V)$에서 $IE_V$값은 $EA_V$값보다 크기가 더 크지만 같은 순서를 갖기 때문이다. 그러므로 두 가지 파라미터 계는 한 가지 파라미터만을 포함하는 식으로 근사될 수 있다. 그러나 여기서부터 이 장의 끝에까지 소개된 산-염기 이론에 대해, 최근에 진전된 내용은 산-염기 상호작용은 한 가지 파라미터를 포함하는 식으로 예측한 것보다 더 난해하다는 것이다. 직접 비교를 하는 경우, 전기음성도는 두 가지 파라미터를 포함하는 계(Mulliken Jaffé)임이 분명함에도 불구하고, 한 가지 파라미터를 포함하는 전기음성도 계(Pauling)가 얼마나 잘 적용되는 지를 주목하라. 280쪽의 설명도 참조하라.

27) Evans, R. S.; Huheey, J. E. *J. Inorg. Nucl. Chem.* **1970**, *32*, 777~793. 여기에서 사용한 방법은 역과정도 포함되었다: 첫째 전기음성도는 같다고 가정하였고(전자 이동 에너지를 최적화시키는 것과 같다), 이어서 이온 결합성과 공유 결합성 기여도에 대한 수정을 추가하였다. 이것은 이온-이온 상호작용($Li^+ + F^- \rightarrow Li^+F^-$)에 대해 가장 잘 적용되었고, 중성 분자에 대해서는 더 많이 어긋나는 결과를 얻었다. 290

2. 기체상에서 양성자는 엄청난 전자 밀도 받개이고, 이동 에너지는 매우 크다. 치환 형태의 반응이 일어나는 용액에 있는 용매화된 양성자(예: 하이드로늄 이온)의 경우, 이 이동 에너지는 이미 많이 "소모"되었다.

$$H_3O^+ + NH_3 \longrightarrow H_2O + NH_4^+ \tag{8.56}$$

3. $H^+$와 가장 유사한 음이온은 $F^-$ 이온이다. 이 이온에 대해 처음 얻어졌던 계산 중의 몇 가지는 놀라운 것이었지만, 양성자에 대한 값과 어긋남이 없었고, 다음의 조건으로 더 자세히 살펴보면 받아들일 수 있는 값이었다. (a) $F^-$가 $Cl^-$ ($> Br^- > I^-$) 보다 더 강한 공유 결합을 형성한다.[28] (b) $F^-$는 전자 밀도가 산으로 많이 이동되는 아주 강한 염기이다. 이것은 플루오린이 낮은 전하 용량(낮은 전자 친화도)을 갖기 때문에 나타나는 것이다.
4. 어떤 성공적인 모형에 대해서도 그들 자체의 예외에 대해서는 주의를 기울여야 하고, 이 예외 때문에 반발, $\pi$–결합, 첨가 생성물의 기하 구조 변화에 비정상적인 효과가 나타나게 된다.

## 결합 에너지

극성 결합 $X^{\delta+}$—$Y^{\delta-}$의 생성을 다루는 방법은 두 가지가 있다. 이 방법들은 이미 알아본 것이다. 첫 번째 방법은 비극성 분자 X—Y가 생성되고, 이어서 전자 밀도가 전기음성도에 따라 X에서 Y로 이동한다고 간주하는 것이다. 다른 방법은 $X^+$ 이온과 $Y^-$ 이온을 생성시킨 다음, 이어서 이들의 상호작용을 생성시키는 것이다. 후자는 $X^+$에 의한 $Y^-$의 Fajans 편극이나 $X^+$에 대한 $Y^-$의 염기성 공격으로 볼 수 있다. 어떤 모형을 사용하든지 간에 다음의 세 가지 에너지가 기여하게 된다.

1. 전자를 공유함에 따라 생기는 **공유 결합 에너지(covalent energy)**, $E_C$. 동극 결합일 때가 가장 크고 이온 결합성이 증가할수록 감소한다.
2. 부분 전하의 쿨롱 인력 때문에 생기는 **Madelung 에너지(Madelung energy)**, $E_M$:

$$X^{\delta+}\text{—}Y^{\delta-} \qquad E_M = \frac{\delta^+\delta^- e^2}{4\pi r\epsilon_0} \tag{8.57}$$

   이 에너지가 Madelung 에너지라고 불리는 이유는 Madelung 상수가 1.00인 분자 내의 "격자 에너지"를 의미하기 때문이다. 이 에너지는 순전히 이온 결합($\delta^+ = Z^+$)일 때 최대이고, X 및 Y의 전하가 감소함에 따라 감소한다.
3. 전체 에너지의 합에 포함되어 있는 이온화 에너지–전자 친화도항 때문에 생기는 전기음성도 에너지(electronrgativity energy), $E_\chi$ 또는 *IE*–*EA* 에너지. 이것은 $E_M$과 $E_C$보다 더 복잡한 함수이지만, 아래의 몇 가지 예를 통하여 명확해질 것이다.[29]

---

쪽을 참조하라.

28) 이것은 더 작은 원자들이 더 좋은 겹침을 가진다는 사실의 결과일 뿐이다. 플루오린은 공유 결합을 할 수 없다는 통상적인 편견은 공유 결합과 이온 결합 사이의 차이를 지나치게 강조하는 잘못된 경향 때문에 생긴다. 결합을 너무 자주 공유 결합이나 이온 결합으로 특성지우는데, 가능한 공유 결합성 및 이온 결합성으로 특성짓는 것이 더 바람직하다.

29) Evans, R. S.; Huheey, J. E. *Chem. Phys. Lett.* **1973**, *19*, 114~116.

전기음성도 차이 때문에 이온 결합성이 거의 없고 주로 공유 결합을 하고 있는 계에 대하여 Pauling의 **이온 결합성 공명 에너지(ionic resonance energy)** 를 생각해 보자. 일차 근사법에 따라, 이온성 공명 에너지는 Madelung 에너지($E_M$)와 전기음성도 에너지($E_\chi$)의 합과 같다고 할 수 있는데, 전기음성도 에너지는 공유 결합성 에너지가 조금 상실되어 분자를 불안정하게 만드는 것보다 XY 분자를 더 많이 안정화시킨다. 이들 세 가지 항의 가장 간단한 예는 Born-Haber 순환 과정과 Born-Landé 식(Madelung 상수가 1.00인 분리된 기체상 분자들까지만 적용)의 형태로 이미 알아보았다. 이 형태의 식은 기체상의 이온쌍(이온 결합성 분자)이 그들을 서로 붙들고 있게 만드는 Madelung 에너지에 의해 안정화되고, 이온을 형성하는 데 소비되는 이온화 에너지-전자 친화도 에너지에 의해 불안정해짐을 보여 준다. 두 이온을 함께 모았을 때(산-염기 반응), 그리고 이들이 완전하게 이온 결합성이 아니라면(화합물이 아니다), 전자 밀도는 음이온(염기)으로부터 양이온(산)으로 흐르게 된다. Madelung 에너지는 약간 상실되지만(전하는 감소), 전에 불안정했던 $E_{IE\text{-}EA}(E_\chi)$는 안정화된다. 마지막으로, 결합 A-B의 본질은 오비탈의 겹침 때문에 생기는 공유 결합 에너지항인데, 이것은 공유 결합의 특성이나 이온 결합성 화학종의 편극화 때문에 생긴다.

이제 Drago의 계에서 $E$, $C$, $R$ 및 $T$ 파라미터를 더 상세하게 알아볼 수 있다. $E_AE_B$와 $C_AC_B$ 항은 정전기적($E_M$) 또는 공유 결합($E_C$) 산-염기 상호작용을 형성하는 경향을 의미하는 것임을 알고 있다. 마지막으로, $R_AT_B$ 항을 이용하면 $E_\chi$를 측정할 수 있는데, 따라서 $E_\chi$는 IE-EA 에너지에 관련되어 있음을 분명하게 입증할 수 있다. 앞에서 주어진 이온쌍의 예에서는 이온 결합성 화학종의 공유 결합성 산-염기 반응에서 $E_{IE-EA}(E_\chi)$가 화학종을 불안정하게 만들었지만, 이 경우에는 $E_\chi$ 항은 강하게 안정화될 것이다. 이것은 특히 $H^+$와 $F^-$와 같은 화학종에 잘 들어맞는데, 이는 위에서 언급한 전기음성도에 대한 설명과 잘 일치하는 것이며, $R_AT_B$ 항은 주개-받개 결합의 안정화에 주된 기여를 하게 될 것이다.

Drago는 전자 밀도의 이러한 이동과 연관된 에너지의 중요성에 관한 예를 제시하였다. 전자 이동 에너지값은 매우 크기 때문에(수소의 높은 이온화 에너지 때문에), 기체상에서 $H^+$가 염기에 결합하는 것과 관련된 에너지(양성자 친화도)는 독특하고, 수용성의 하이드로늄 이온을 포함한 그 밖의 산과는 다르다. 이것은 알몸 양성자가 전하/크기 비가 극단적으로 크고, 양이온 전하가 여러 개의 원자에 걸쳐 비편재화된 다른 산에 비해서 첨가 생성물을 형성할 때($R_{H^+} = 130.21$) 매우 큰 $E_\chi$를 방출하기 때문이다. 이것은 어떤 원자단이 전하를 "흡수"하여 안정화시키는 능력을 측정하는 Mulliken-Jaffé 전기음성도(4장 참조)의 $b$ 파라미터와 비슷하다. 따라서 메틸기는 이온으로서의 양성자($R_{Me^+} = 55.09$)보다 더 낮은 $R_A$ 값을 갖기 때문에 양이온(전기음성도 $b$항의 값이 낮다)의 전하를 안정화시킬 수 있다.

## 입체 효과

아민과 보레인 또는 할로젠화 붕소와 같은 Lewis 산과 Lewis 염기 사이의 반응에서, 한 가지나 두 가지 화학종 모두에 큰 치환기가 있으면 산-염기 첨가 생성물의 안정도에 영향을 미칠 수 있다. 아마도 가장 뚜렷한 형태의 효과는 질소 원자에 있는 치환기와 붕소 원자에 있는 비슷한 크기의 치환기 사이에 나타나는 간단한 입체 장애일 것이다. 그림 8.3은 트라이프로필아민과 트라이에틸보레인 간의 첨가 생성물을 도식적으로 그린 것이

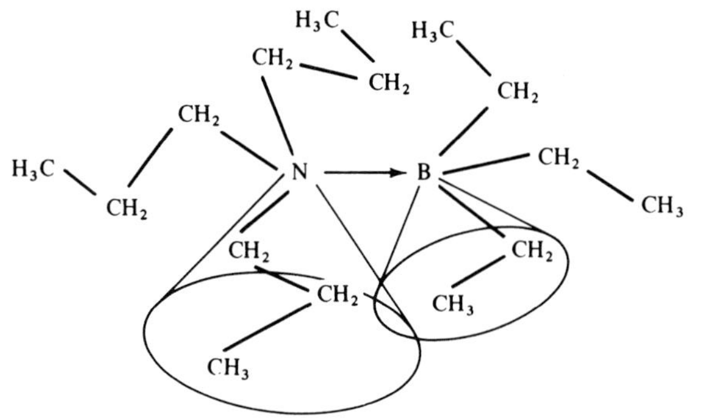


**그림 8.3** 트라이프로필아민-트라이에틸보레인 첨가 생성물. 질소 원자와 붕소 원자에 있는 큰 치환기 사이에 입체 장애를 보여 준다.

다. 이 현상은 **앞쪽** 스트레인 또는 "F-스트레인"으로 알려졌는데, 알킬기가 무질서하게 회전함에 따라 상당한 부피를 차지하게 되므로 첨가 생성물의 안정도에 상당한 영향을 미칠 수 있다.

두 번째의 유사한 효과는 **뒤쪽** 스트레인 또는 "B-스트레인"으로 알려져 있다. 이것은 아민의 질소 원자가 고립쌍을 사용하여 효과적으로 결합을 하기 위해서는 사면체($sp^3$) 에 가까운 구조를 가져야 하기 때문에 생긴다. 질소 원자에 있는 알킬기가 충분히 크면 아민의 결합각을 강제로 열려지게 만들고, 결합에는 더 많은 *s* 성질을 사용하게 하며, 고립쌍에는 *p* 성질이 더 많이 남게 만든다. 이러한 극단적인 결과는 평면 구조를 생성시키게 되는데, 순수한 *p* 오비탈에 있는 고립쌍을 갖는 삼각형의 분자는 산에게 전자쌍을 제공하기 어렵게 된다(그림 8.4).

B-스트레인과 관련이 있지만 잘 규명되지 않은 것이 "I-스트레인" [**내부**(internal) 스트레인]이다. $(CH_2)_nO$와 같은 고리 아민과 에터의 염기도는 고리의 크기에 따라 변한다. 이러한 화합물에서 염기 중심(N, O 등) 의 혼성화(그리고 겹침 능력과 전기음성도) 뿐만 아니라 고리에 있는 탄소의 혼성화도 고리 크기에 따라 변하게 된다. 그래서 결과를 예측하는 간단한 규칙은 존재하지 않는다.

락탐이나 락톤에서처럼 염기 중심이 고리 바깥에 있으면, 앞에서 바이페닐렌에 대한 설명과 유사한 방법(4장) 으로 해석할 수 있다. 락탐 계열을 살펴보자.

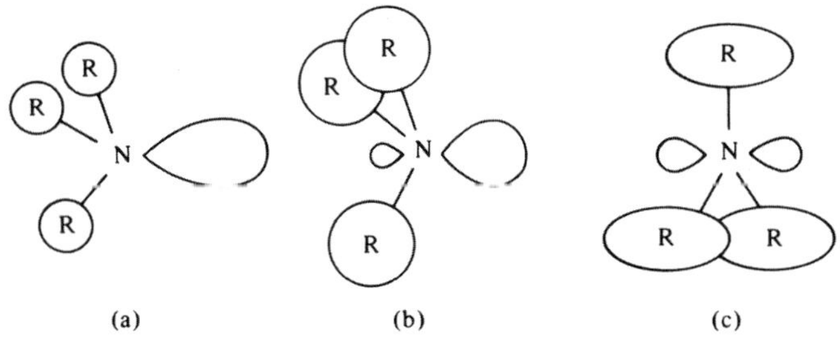


**그림 8.4** 치환된 아민의 B-스트레인: (a) 작은 치환기, 스트레인이 없고, 좋은 염기이다. (b) 중간 크기의 치환기 때문에 생긴 중간 정도의 스트레인, 일부가 재혼성화된다. (c) 아주 큰 치환기, 질소 원자는 평면인 $sp^2 + p$ 혼성화를 일으키며, 약한 염기이다.

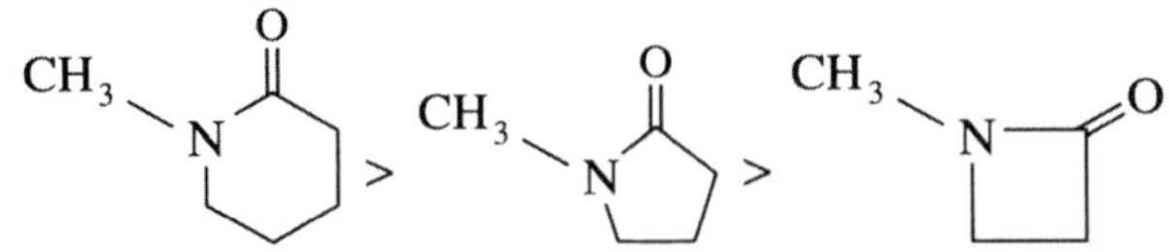

고리 크기가 감소함에 따라 내부 결합은 감소해야 하고, 고리 원자의 혼성화는 *s* 성질을 가져야 하고 전기음성도도 낮아져야 한다. 고리의 탄소 원자는 염기 중심[30]인 고리 밖의 산소 원자에 비해 **더 강한** *s* 성질과 **더 높은** 전기음성도를 나타내어야 한다. 따라서 작은 고리 화합물에 있는 카보닐기는 더 약한 염기이다.[31]

## 용매화 효과와 산–염기 "변칙성"[32]

다른 어떤 계보다도 수용액 속에서의 산–염기 행동에 대한 데이터가 수집되어 왔지만, 최근까지도 잘 규명되지 못한 부분이 있다. 이것은 용매화 효과가 없거나 또는 거의 없는 상태에서의 산–염기 행동에 대한 지식이 없이 수용액 데이터를 설명하기 위하여 이론을 구성하였다는 사실에 부분적인 원인이 있다. 예를 들면, F–스트레인과 B–스트레인은 덜 치환된 아민과 암모니아 (268쪽) 를 비교했을 때 트라이메틸아민의 비정상적인 p$K_b$를 설명하기 위해 인용되었다. 기체상에서 메틸아민의 염기도를 측정하면 $NH_3 < CH_3NH_2 < (CH_3)_2NH < (CH_3)_3N$ (표 8.5 참조) 의 순서로 규칙적으로 증가함을 알고 있다. 그러므로 트라이메틸아민 염기도의 "변칙성"은 어떤 용액의 효과임이 틀림없다. 수소 결합을 통한 용매화는 모든 아민의 겉보기 세기를 증가시키게 되는데, 양으로 하전된 암모늄 이온은 전하를 띠지 않은 아민보다 더 광범위하게 용매화될 것이기 때문이다 ($\Delta H$는 10배에서 100배 더 크다).

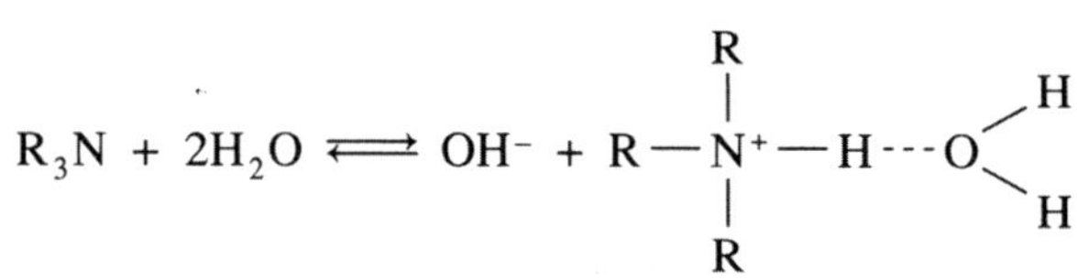

**(8.58)**

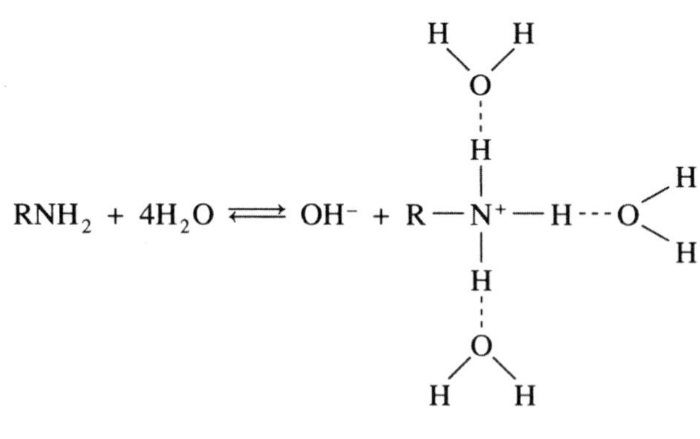

**(8.59)**

그러므로 아민의 염기도는 짝 암모늄 이온의 용매화의 정도에 비례해서 증가하며, 용매화 에너지는 $RNH_3^+ > R_2NH_2^+ > R_3NH^+$의 순서이다. 이것은 전자 (유발) 효과 때문에 생기

---

30) 문제 8.15 참조.

31) Filgueiras, C. A. L.; Huheey, J. E. *J. Org. Chem.* **1976**, *41*, 49~53.

32) Atnett, E. M. *J. Chem. Educ.* **1985**, *62*, 385~391. 더 상세한 설명은 다음을 참조하라. Lowry, T. H.; Richardson, K. S. *Mechanism and Theory in Organic Chemistry*, 3rd ed.; Harper & Row: New York, 1987; pp 296~316.

는 염기도 증가의 순서와는 반대이다. 두 가지의 반대되는 비선형적 경향은 최고 또는 최소를 만들게 될 것이다. 그러므로 다이알킬아민의 염기도(수용액 중에서 측정된 것처럼)가 최대로 되어도 놀라운 일이 아니다. 이들 반응을 Born-Haber 형태의 순환 과정을 사용하여 분석하면 용매화 효과를 쉽게 알 수 있다. 암모늄 이온에서 수소 결합을 하고 있는 양성 원자가 수소 결합을 하지 않는 알킬기로 치환되면, 그 이온은 약 30 kJ $mol^{-1}$의 수화 에너지를 잃는다.[32]

많은 "변칙성"은 역사적 산물이다. 용액 중에 있는 화학종에 대한 정확한 실험 데이터는 수십년 동안 축적되어 왔으며, 그것에 대한 이론도 기체상 데이터가 최초로 수집되기 훨씬 전부터 오랫동안 제안되었다. 예를 들면, 물이나 알코올의 산도는 $H_2O$ > R(1°)OH > R(2°)OH > R(3°)OH 순서임을 발견하였는데, 이는 전자를 방출하는 알킬기가 짝염기의 산소에 대한 전자 밀도를 증가시켜서 염기성을 증가시키기 때문이라고 "설명"하였다. 그러나 알킬기의 전기음성도는 가지가 달린 것과 가지가 없는 것이 실질적으로 같은데도 어떤 경향이 **나타난다**는 점을 감안하면, 탄소 원자를 더 많이 가지고 있는 기가 약간 더 전기음성임을 알 수 있다. Me = 2.30, Et = 2.32, *i*-Pr = 2.34, *t*-Bu = 2.36 (표 4.7 참조). 그러나 이들의 원자단의 **전하 용량(charge capacity)** 은 상당히 다르다(4장). 그러므로 많은 가지를 가진 원자단은 **더 좋은 주개**(전기음성인 중심에 결합되었을 때) 임과 동시에 **더 좋은 받개**(전기양성인 중심에 결합되었을 때) 이다. 보기에는 모순된 것처럼 보이지만(그림 1.13 참조) $O^-$는 **전기양성**이다. 즉, **음이온의 전하가 비편재화되면 산소 원자는 안정화될 것이다.** 이 현상은 보다 큰 전하 용량을 갖는 원자단에서 가장 잘 나타난다. 수소 원자(1.0) 에 대한 원자단들의 전하 용량은 Me = 2.8, Et = 3.4, *i*-Pr = 3.9, *t*-Bu = 4.2이다. 알짜 결과는 용매화 에너지를 고려할 필요가 없는 기체상 반응에서 알 수 있는데, 염기도의 순서는 $OH^-$ > R(1°)$O^-$ > R(2°)$O^-$ > R(3°)$O^-$이다.[33]

기체상에서 용액으로 되면 염기도가 반대로 되는 이유는 무엇일까? 용매화 효과는 전자 효과를 능가한다. 아민의 경우에서처럼 수소 결합은 주된 요인이며 이온 내의 유기 부분이 증가함에 따라 왁스로 만든 공처럼 점점 증가하게 된다. 음이온은 중성 분자보다 용매화에 의해 더 안정화되는데, 이 안정화를 상실하면서 양성자를 쉽게 받아들인다. *t*-뷰톡사이드 이온의 염기도가 증가하는 것은 산소의 전자 밀도가 더 커지기 때문이 아니고(더 낮다),[34] 이 음이온을 안정화시키는 용매화가 줄어들었기 때문이다.

## 굳은-무른 산과 염기

오랫동안 배위화학자들은 금속 착물의 안정도가 어떤 경향을 가지고 있음을 알고 있었다. 초기의 상관관계 중의 하나는 **Irving-Williams 안정도 계열(Irving-Williams series of stability)**[35]이었다. 주어진 리간드가 2가 금속 이온과 형성한 착물의 안정도는 다음의 순서에 따른다. $Ba^{2+} < Sr^{2+} < Ca^{2+} < Mg^{2+} < Mn^{2+} < Fe^{2+} < Co^{2+} < Ni^{2+} < Cu^{2+} > Zn^{2+}$. 이러

---

33) Brauman, J. I.; Blair, L. K. *J. Am. Chem. Soc.* **1968**, *90*, 6561~6562; **1970**, *92*, 5986~5992.

34) Baird, N. C. *Can. J. Chem.* **1969**, *47*, 2306~2307; Lewis, T. P. *Tetraheron* **1969**, *25*, 4117~4126; Huheey, J. E. *J. Org. Chem.* **1971**, *36*, 204~205.

35) Irving, H.; Williams, R. J. P. *J. Chem. Soc.* **1953**, 3192~3210.

한 순서는 부분적으로는 계열을 따라 크기가 감소하기 때문에 생기기도 하지만, 리간드장 효과(10장) 도 부분적으로 기여하고 있다. 두 번째 관찰은 어떤 리간드는 $Ag^{+}$, $Hg^{2+}$, $Pt^{2+}$와 같은 금속 이온과 가장 안정한 착물을 만들지만, 다른 리간드는 $Al^{3+}$, $Ti^{4+}$, $Co^{3+}$와 같은 이온을 더 좋아한다는 것이다.[36] 리간드와 금속 이온은 그들이 선호하는 결합에 따라 (*a*) 나 (*b*)[37]로 분류된다.[38] (*a*) 부류 금속 이온은 알칼리 금속, 알칼리 토금속, 그리고 $Ti^{4+}$, $Cr^{3+}$, $Fe^{3+}$, $Co^{3+}$처럼 높은 산화 상태를 갖는 가벼운 전이 원소와 수소 이온($H^{+}$) 을 포함한다. (*b*) 부류 금속 이온은 무거운 전이 원소와 $Cu^{+}$, $Ag^{+}$, $Hg^{+}$, $Hg^{2+}$, $Pd^{2+}$, $Pt^{2+}$처럼 낮은 산화 상태에 있는 금속 이온들이 포함된다. 리간드는 어떤 부류의 금속 이온과 안정한 화합물을 만드는지에 따라서 각각 (*a*) 부류와 (*b*) 부류로 분류된다. 이들 착물의 안정도는 다음과 같이 요약할 수 있다.

| (*a*) 부류 금속 이온과 착물을 이루는 경향 | (*b*) 부류 금속 이온과 착물을 이루는 경향 |
|---|---|
| **N ≫ P > As > Sb** | **N ≪ P > As > Sb** |
| **O ≫ S > Se > Te** | **O ≪ S < Se ~ Te** |
| **F > Cl > Br > I** | **F < Cl < Br < I** |

예를 들면, 포스파인($R_3P$) 이나 싸이오에테르($R_2S$) 는 $Hg^{2+}$, $Pd^{2+}$, $Pt^{2+}$에 훨씬 더 잘 배위하는 경향이 있지만, 암모니아, 아민($R_3N$), 물, 플루오린화 이온은 $Be^{2+}$, $Ti^{4+}$, $Co^{3+}$를 더 선호한다. 이와 같은 분류는 배위 화합물의 안정도를 계산하고 예측하는 데 매우 유용하다.

Pearson[39]은 (*a*) 와 (*b*) 부류를 표시하기 위해 "굳은"과 "무른"이란 용어를 제안하였다. 따라서 굳은 산은 (*a*) 부류의 금속 이온이고, 굳은 염기는 암모니아나 플루오린화 이온 같은 리간드이다. 반대로 무른 산은 (*b*) 부류의 금속 이온이고, 무른 염기는 포스파인이나 아이오딘화 이온 같은 리간드이다. 굳은-무른 상호작용에 있어서 작용하는 인자들에 대한 상세한 설명은 잠깐 뒤로 미루기로 한다. 그러나 굳은 화학종은 산이나 염기 모두 크기가 작고 거의 편극되지 않는 성질이 있으며, 무른 산이나 염기는 크기가 더 크고 편극되기 쉬운 경향이 있다. Pearson은 산과 염기 간에 형성된 착물의 안정도를 예측하는 간단한 규칙을 다음과 같이 제안하였다(Pearson의 원리라고 부르기도 한다). **굳은 산은 굳은 염기에 더 잘 결합하고, 무른 산은 무른 염기에 더 잘 결합한다.** 이 설명은 이론에 대한 설명이 아니고 산-염기 첨가 생성물의 상대적 안정도를 정성적으로 예측하는 데 사용할 수 있는 간단한 경험 규칙이다.

## 굳은 또는 무른 산과 염기의 분류

앞에서 설명한 (*a*) 와 (*b*) 부류 화학종은 굳은-무른 산-염기 개념을 적용할 때 중요한 것

36) 화학적 계에서 $Ti^{4+}$처럼 높은 전하를 갖는 분리된 이온의 존재는 에너지적으로 볼 때 바람직하지 못하다. 그럼에도 불구하고 높은 형식 산화 형태에서 이들 원소와의 착물은 존재한다.

37) 기호를 (*a*)와 (*b*)로 표기한 것은 임의적인 것이다. 때로는 A와 B로 표기하기도 한다. 주기율표에서 원소의 족 이름의 한 부분인 A와 B 또는 일반적으로 산과 염기를 표기하는 데 사용되는 A와 B를 이 기호와 혼동해서는 안 된다.

38) Ahrland, S.; Chatt, J.; Davies, N. R. *Quart. Rev. Chem. Soc.* **1958**, *12*, 265~276. 다음 문헌도 참조하라. Schwarzenbach, G. *Experientia Suppl.* **1956**, *5*, 162.

39) Pearson, R. G. *J. Am. Chem. Soc.* **1963**, *85*, 3533~3539.

들만 소개하였다. 이들 화학종 이외에도 어떠한 산이나 염기라도 이들이 굳은 반응물과 무른 반응물 중에서 어떤 반응물과 더 잘 반응하는지에 따라서, 굳은 부류와 무른 부류로 분류할 수 있다. 예를 들면, 염기 B는 다음과 같은 평형에 대한 행동에 따라 굳은 부류나 무른 부류로 분류될 수 있다.[40)]

$$\mathbf{BH^+ + CH_3Hg^+ \rightleftharpoons CH_3HgB^+ + H^+}$$

굳은 산($H^+$)과 무른 산($CH_3Hg^+$) 사이의 경쟁적 반응에서, 굳은 염기는 반응을 왼쪽으로 진행되게 할 것이고, 무른 염기는 반응을 오른쪽으로 진행시킬 것이다. 메틸수은 양이온은 사용하기가 편리한데, 이것은 전형적인 무른 산이고, 양성자처럼 1가 양이온으로 존재하므로 평형을 단순하게 해 주기 때문이다.

표 8.7에 있는 정보를 고려할 때 유념해야 할 점은, "굳은-무른"이란 용어는 상대적인 것으로, 이들을 분명하게 구분할 수 없다는 것이다. 그러나 굳은 또는 무른 부류에 속하더라도 어느 것이나 같은 정도로 단단하고 무른 것은 아니다. 그러므로 모든 알칼리 금속 이온이 굳은 부류이더라도, 크기가 더 크고 편극되기 쉬운 세슘 이온은 리튬 이온보다 약간 더 무를 것이다. 이와 마찬가지로 질소는 크기가 작기 때문에 일반적으로 굳은 부류에 속하지만, 편극되기 쉬운 치환기가 존재하면 질소의 행동에 영향을 줄 수 있다. 예를 들면, 피리딘은 암모니아보다 훨씬 더 무르므로 경계 영역 화학종으로 간주된다.

## 산-염기 세기와 굳기 및 무르기 성질

굳기 성질과 무르기 성질은 굳은-굳은과 무른-무른 상호작용의 특별한 안정도를 설명하는 것이며, 산이나 염기의 고유한 세기와는 주의하여 구별하여야 한다. 예를 들면, $OH^-$와 $F^-$는 모두 굳은 염기이다. 그러나 수산화 이온의 염기도는 플루오린화 이온의 $10^{13}$배이다. 마찬가지로 $SO_3^{2-}$와 $Et_3P$는 모두 무른 염기라고 간주되지만, $Et_3P$는 $SO_3^{2-}$보다 $10^7$배($CH_3Hg^+$에 대해) 더 강하다. 강한 산 또는 강한 염기가 더 약한 산 또는 약한 염기를 치환할 수 있는데, 이것은 굳은-무른 산-염기 원리에서 벗어나는 것처럼 보일 수도 있다. 예를 들면, 굳은 산인 $H^+$와 결합하고 있는 약한 굳은 염기인 플루오린화 이온은 이것보다 강한 무른 염기인 아황산 이온에 의해 치환된다.

$$\mathbf{SO_3^{2-} + HF \rightleftharpoons HSO_3^- + F^-} \qquad K_{\text{평형}} = 10^4 \qquad \mathbf{(8.60)}$$

마찬가지로 **매우 강한 굳은 염기**인 수산화 이온은 **무른 산**인 메틸수은 양이온과 결합하고 있는 더 **약한 무른 염기**인 아황산 이온을 치환할 수 있다.

$$\mathbf{OH^- + CH_3HgSO_3^- \rightleftharpoons CH_3HgOH + SO_3^{2-}} \qquad K_{\text{평형}} = 10 \qquad \mathbf{(8.61)}$$

이들 경우에 염기의 **세기**는 충분히 커서 ($SO_3^{2-} > F^-$, 식 8.60; $OH^- > SO_3^{2-}$, 식 8.61) "굳은-무른" 개념에도 불구하고, 이들의 반응을 오른쪽으로 향하게 만든다. 그렇지만 세기와 무른-굳은 개념을 모두 고려하여 경쟁적인 상황이 조성되면 굳은-무른 개념 규칙이 잘 들어맞는다.

---

40) 일반적인 경우처럼 수용액에서의 평형을 연구한다면, 수화가 일어나 산은 $CH_3Hg(H_2O)^+$와 $H_3O^+$로 될 것이다. 이러한 형태의 평형에 대한 자료는 다음을 참조하라. Schwarzenbach, G.; Schellenberg, M. *Helv. Chim. Acta*, **1965**, *48*, 28.

**표 8.7**
굳은-무른 산과 염기.

| 산 |
|---|
| **굳은 산** |
| $H^+$, $Li^+$, $Na^+$, $K^+$ ($Rb^+$, $Cs^+$) |
| $Be^{2+}$, $Be(CH_3)_2$, $Mg^{2+}$, $Ca^{2+}$, $Sr^{2+}$ ($Ba^{2+}$) |
| $Sc^{3+}$, $La^{3+}$, $Ce^{4+}$, $Gd^{3+}$, $Lu^{3+}$, $Th^{4+}$, $U^{4+}$, $UO_2^{2+}$, $Pu^{4+}$ |
| $Ti^{4+}$, $Zr^{4+}$, $Hf^{4+}$, $VO^{2+}$, $Cr^{3+}$, $Cr^{6+}$, $MoO^{3+}$, $WO^{4+}$, $Mn^{2+}$, $Mn^{7+}$, $Fe^{3+}$, $Co^{3+}$ |
| $BF_3$, $BCl_3$, $B(OR)_3$, $Al^{3+}$, $Al(CH_3)_3$, $AlCl_3$, $AlH_3$, $Ga^{3+}$, $In^{3+}$ |
| $CO_2$, $RCO^+$, $NC^+$, $Si^{4+}$, $Sn^{4+}$, $CH_3Sn^{3+}$, $(CH_3)_2Sn^{2+}$ |
| $N^{3+}$, $RPO_2^+$, $ROPO_2^+$, $As^{3+}$ |
| $SO_3$, $RSO_2^+$, $ROSO_2^+$ |
| $Cl^{3+}$, $Cl^{7+}$, $I^{5+}$, $I^{7+}$ |
| HX(수소 결합 분자) |
| **경계 영역 산** |
| $Fe^{2+}$, $Co^{2+}$, $Ni^{2+}$, $Cu^{2+}$, $Zn^{2+}$ |
| $Rh^{3+}$, $Ir^{3+}$, $Ru^{3+}$, $Os^{2+}$ |
| $B(CH_3)_3$, $GaH_3$ |
| $R_3C^+$, $C_6H_5^+$, $Sn^{2+}$, $Pb^{2+}$ |
| $NO^+$, $Sb^{3+}$, $Bi^{3+}$ |
| $SO_2$ |
| **무른 산** |
| $Co(CN)_5^{3-}$, $Pd^{2+}$, $Pt^{2+}$, $Pt^{4+}$ |
| $Cu^+$, $Ag^+$, $Au^+$, $Cd^{2+}$, $Hg_2^{2+}$, $Hg^{2+}$, $CH_3Hg^+$ |
| $BH_3$, $Ga(CH_3)_3$, $GaCl_3$, $GaBr_3$, $GaI_3$, $Tl^+$, $Tl(CH_3)_3$ |
| $CH_2$, carbenes |
| π-받개 : trinitrobenzene, chloroanil, quinones, tetracyanoethylene 등. |
| $HO^+$, $RO^+$, $RS^+$, $RSe^+$, $Te^{4+}$, $RTe^+$ |
| $Br_2$, $Br^+$, $I_2$, $I^+$, ICN, etc. |
| O, Cl, Br, I, N, RO·, $RO_2$· |
| $M^0$(금속 원자)와 부피가 큰 금속 |
| **염기** |
| **굳은 염기** |
| $NH_3$, $RNH_2$, $N_2H_4$ |
| $H_2O$, $OH^-$, $O^{2-}$, ROH, $RO^-$, $R_2O$ |
| $CH_3COO^-$, $CO_3^{2-}$, $NO_3^-$, $PO_4^{3-}$, $SO_4^{2-}$, $ClO_4^-$ |
| $F^-$ ($Cl^-$) |
| **경계 영역 염기** |
| $C_6H_5NH_2$, $C_5H_5N$, $N_3^-$, $N_2$ |
| $NO_2^-$, $SO_3^{2-}$ |
| $Br^-$ |
| **무른 염기** |
| $H^-$ |
| $R^-$, $C_2H_4$, $C_6H_6$, $CN^-$, RNC, CO |
| $SCN^-$, $R_3P$, $(RO)_3P$, $R_3As$ |
| $R_2S$, RSH, $RS^-$, $S_2O_3^{2-}$ |
| $I^-$ |

**표 8.8**
양성자와 메틸수은 양이온에 대한 염기도.

| 염기 | 연결 원자 | $pK_s{}^a(CH_3Hg^+)$ | $pK_h{}^b(H^+)$ |
|---|---|---|---|
| $F^-$ | F | 1.50 | 2.85 |
| $Cl^-$ | Cl | 5.25 | −7.0 |
| $Br^-$ | Br | 6.62 | −9.0 |
| $I^-$ | I | 8.60 | −9.5 |
| $OH^-$ | O | 9.37 | 15.7 |
| $HPO_4^{2-}$ | O | 5.03 | 6.79 |
| $S^{2-}$ | S | 21.2 | 14.2 |
| $HOC_2H_4S^-$ | S | 16.12 | 9.52 |
| $SCN^-$ | S | 6.05 | ~4 |
| $SO_3^{2-}$ | S | 8.11 | 6.79 |
| $S_2O_3^{2-}$ | S | 10.90 | 음성 |
| $NH_3$ | N | 7.60 | 9.42 |
| $p-NH_2C_6H_4SO_3^-$ | N | 2.60 | 3.06 |
| $Ph_2PC_6H_4SO_3^-$ | P | 9.15 | ~0 |
| $Et_2PC_2H_4OH$ | P | 14.6 | 8.1 |
| $Et_3P$ | P | 15.0 | 8.8 |
| $CN^-$ | C | 14.1 | 9.14 |

[a] $pK_s = \log[CH_3HgB]/[CH_3Hg^+][B]$
[b] $pK_h - \log[HB]/[H+][B]$

$$\underset{\text{무른-굳은}}{CH_3HgF} + \underset{\text{굳은-무른}}{HSO_3^-} \rightleftharpoons \underset{\text{무른-무른}}{CH_3HgSO_3^-} + \underset{\text{굳은-굳은}}{HF} \qquad K_{평형} \sim 10^3 \tag{8.62}$$

$$\underset{\text{무른-굳은}}{CH_3HgOH} + \underset{\text{굳은-무른}}{HSO_3^-} \rightleftharpoons \underset{\text{무른-무른}}{CH_3HgSO_3^-} + \underset{\text{굳은-굳은}}{HOH} \qquad K_{평형} > 10^7 \tag{8.63}$$

표 8.8은 양성자($H^+$)와 메틸수은 양이온($CH_3Hg^+$)에 대한 여러 가지 염기의 세기를 나열하였다. 황화 이온($S^{2-}$)과 트라이에틸포스파인($Et_3P$)과 같은 염기는 메틸수은 이온과 양성자 모두에 대해서 매우 강하지만, 메틸수은 이온에 대해서는 약 100만 배나 더 강하다. 그러므로 이들 염기는 모두 무른 염기로 간주된다. 수산화 이온은 메틸수은 양이온과 양성자 모두에 대해서 강염기지만, 이 경우에는 양성자에 대해 약 100만 배 더 강하다. 그러므로 이것은 굳은 염기이다. 수용성 플루오린화 이온은 메틸수은 이온과 양성자의 어느 한쪽에 대하여 특별히 좋은 염기는 아니지만, 이것의 굳은 성질로부터 예상되는 것처럼 양성자에 대하여 약간 더 좋은 염기이다.

고유 산도와 굳은-무른 인자에 대한 중요성은 Irving-Williams 계열 및 산소, 질소, 황의 킬레이트에 의하여 잘 알려져 있다(그림 8.5). $Ba^{2+}$로부터 $Cu^{2+}$까지 안정도가 증가하는 Irving-Williams 계열은 금속의 고유 산도 증가에 대한 척도이다(주로 크기의 감소 때문에). 이것에 굳은-무른 인자를 겹쳐 보면, 계열의 뒤쪽에 있는 더 무른 화학종(*d* 전자의 수가 더 많은, 289쪽 참조)은 리간드를 S > N > O의 순서로 선호한다. 알칼리 금속 이온이나 앞 부분에 있는 전이 금속 이온(*d* 전자가 없거나 조금 있는)은 굳은 부류에 속하고, O > N > S의 순서로 우선적으로 결합한다.

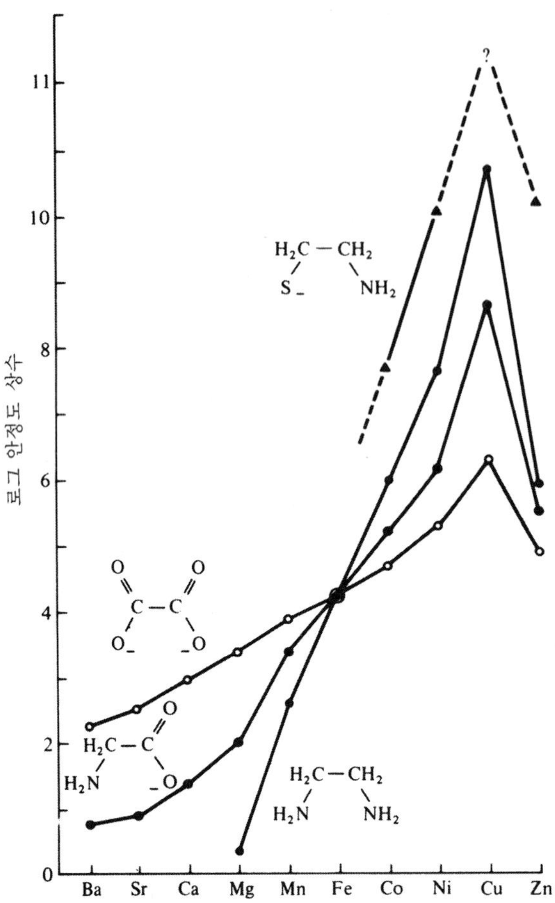


**그림 8.5** Irving-Williams 효과. 안정도가 Ba-Cu의 순서로 증가하고 Zn에서 감소한다. [Sigel, H.; McCormick, D. B. *Acc. Chem. Res.* **1970**, *3*, 201.]

## 공생

앞에서 지적한 것처럼, 분자 중의 산이나 염기 자리의 굳은 성질과 무른 성질은 그 자리에 있는 특정한 원자의 고유 성질이 아니고, 치환기 원자에 의해 영향을 받을 수 있다. 무르고 편극되기 쉬운 치환기를 첨가하면 다른 쪽의 굳은 중심을 무르게 만들고, 전자를 끄는 치환기가 존재하면 그 자리의 무른 성질을 감소시킨다. 산성 붕소 원자는 굳은 성질과 무른 성질의 경계 영역에 존재한다. 굳은 성질을 가지면서 전기음성인 세 개의 플루오린 원자가 첨가되면, 붕소를 단단하게 만들고 굳은 Lewis 산으로 된다. 이와 반대로 무른 성질을 갖고 전기양성인 세 개의 수소 원자가 첨가되면,[41] 그 붕소는 무르게 되고 무른 Lewis 산으로 된다. 이들 두 가지 붕소의 산이 굳은 성질의 차이를 나타내는 예는 다음과 같다.

$$R_2SBF_3 + R_2O \longrightarrow R_2OBF_3 + R_2S \tag{8.64}$$

$$R_2OBH_3 + R_2S \longrightarrow R_2SBH_3 + R_2O \tag{8.65}$$

---

41) 산화–환원 반응식의 균형을 맞추는 방법과 비슷한 방법으로, 여기서도 약간 주의할 점이 있다. 이것은 형식에 불과하지만 적당한 비교를 할 수 있는 무엇인가가 필요하다. 현재의 예에서, $BF_3$의 형성은 형식적으로 $B^{3+} + 3F^-$일 것으로 간주된다. 세 개의 $F^-$ 이온은 $B^{3+}$를 단단하게 만든다. $B^{3+} + 3H^- = BH_3$도 비슷한 방법으로 비교할 수 있다. 이 경우, 무른 성질을 갖는 수소화 이온은 $B^{3+}$를 무르게 만든다. 작고 단단한 성질을 갖는 양성자($H^+$)와 크고($r_- = 208$ pm) 무른 성질을 갖는 수소화 이온($H^-$)을 구별하려면 주의해야 한다.

이와 유사하게 굳은 $BF_3$ 분자는 또 다른 플루오린화 이온과도 결합하려 하지만, 무른 $BH_3$ 산은 더 무른 수소화 이온을 선호한다.[42)]

$$BF_3 + F^- \longrightarrow BF_4^- \qquad (8.66)$$

$$B_2H_6 + 2H^- \longrightarrow 2BH_4^- \qquad (8.67)$$

따라서 다음 경쟁 반응은 오른쪽으로 진행할 것이다.

$$BF_3H^- + BH_3F^- \longrightarrow BF_4^- + BH_4^- \qquad (8.68)$$

등전자인 플루오린화된 메테인도 비슷한 방식으로 행동할 것이다.

$$CF_3H + CH_3F \longrightarrow CF_4 + CH_4 \qquad (8.69)$$

Jørgensen은 네 번째 플루오린화 이온을 더 배위하게 만드는 플루오린화 이온의 이러한 경향(수소화 이온도 마찬가지)을 "공생"이라고 하였다. 다른 인자들이 공생의 경향에 반대되게 작용하더라도, 그 효과는 무기화학에서 광범위하게 존재하며, 화합물들이 혼합된 치환기를 갖는 것보다 오히려 대칭적으로 치환된 상태로 존재하려는 경향을 설명하는 데 도움을 준다. C—F 결합(이온 결합성 공명 에너지)의 정전기적 안정하는 $CF_4$에서 최대가 될 것임을 알아보았는데(4장), 또 다르게는 굳은-굳은 또는 무른-무른 상호작용이 최대가 되기 때문이라고 설명할 수도 있다.

## 굳기 성질과 무르기 성질의 이론적 기초

굳은-무른 개념 규칙은 근본적으로 화학적 성질을 예측하는 데 사용되는 실질적인 것이지만, 이 효과의 이론적 근거를 조사하는 것도 재미있다. 굳은-굳은 상호작용이나 무른-무른 상호작용의 세기에 영향을 줄 수 있는 여러 인자의 상대적 중요성에 대해서는 화학자들 사이에도 의견이 일치하지 않고 있다. 실제로 여러 인자들은 특정한 상황에 따라 중요성도 달라질 수 있다.

굳은-굳은 상호작용을 간단히 설명하려면, 우선은 이것을 정전기적 혹은 이온 결합성 상호작용이라고 간주하게 될 것이다. 전형적인 굳은 산과 염기의 대부분은 $Li^+$, $Na^+$, $K^+$, $F^-$, $OH^-$처럼 이온 결합을 형성한다고 가정할 수 있는 것들이다. 이온쌍의 정전기적 에너지나 Madelung 에너지는 원자간 거리에 반비례하므로, 이온이 작을수록 굳은 산과 염기 사이의 인력은 더 크다. 정전기적 설명은 무른-무른 상호작용의 겉보기 안정도를 설명할 수 없으므로(큰 이온쌍의 Madelung 에너지는 상대적으로 작아야 한다), 이 경우에 중요한 인자는 공유 결합이라고 제안되었다. 이것은 전이 금속, Ag, Hg 등과 관계가 있다. 왜냐하면 일반적으로 Ag—Cl과 같은 결합은 알칼리 금속-Cl보다 훨씬 더 공유 결합이 크기 때문이다. 이러한 점에서 편극력과 $d$ 전자의 편극도가 중요하다. 실제로 모든 무른 산은 여섯 개 이상의 $d$ 전자를 갖는 전이 금속이고, $d^{10}$ 전자 배치($Ag^+$, $Hg^{2+}$)를 가지면 아주 좋은 무른 산이 된다. 이러한 관점에서 보면, 무른-무른 상호작용의 편극 효과는 Fajans의 개념(3장)과 어떤 면에서는 비슷하고, 한편으로는 상당한 차이가 있다.

---

42) $BH_3$ 분자는 존재하지 않고 항상 이합체인 $B_2H_6$ 형태로 존재한다.

## 전기음성도와 굳기 성질 및 무르기 성질

일반적으로 비교적 전기음성도가 큰 화학종은 굳은 부류이고, 전기음성도가 낮은 화학종은 무른 부류이다. 이 경우 고려하고 있는 대상은 이온임을 상기하여야 한다. 예를 들면, Li는 낮은 전기음성도를 갖지만, $Li^+$ 이온은 두 번째 이온화 에너지가 매우 높기 때문에 상당히 높은 전기음성도를 가진다. 이에 비해 낮은 산화 상태에 있는 전이 금속($Cu^+$, $Ag^+$ 등)은 비교적 낮은 이온화 에너지와 낮은 전기음성도를 가진다. 굳은 염기와 무른 염기에 대해서도 같은 방법으로 설명할 수 있다.

굳은 성질과 전기음성도 사이의 이러한 관계는 트라이플루오로메틸기가 메틸기보다 훨씬 더 단단하며, 트라이플루오린화 붕소가 보레인보다 더 단단하다는 사실을 설명하는 데 도움을 준다.

Mulliken-Jaffé의 전기음성도 정의는 이온화 에너지-전자 친화도 곡선의 일차 도함수인 $a$ 파라미터와 이차 도함수인 $b$ 파라미터를 포함하고 있음을 상기하라. $a$항은 원래 Mulliken의 전기음성도와 동일하고, $b$항은 원자나 원자단의 전하 용량에 대한 역수이다. 전기음성도와 굳은 성질 사이의 회합은 실질적으로는 $b$ 파라미터와 관계가 있는 것으로 나타나지만, 원소들에 대한 $a$와 $b$값은 서로 비슷해지려는 경향을 가지므로 유사하다. 처음에는 $b$ 파라미터가 전하 용량의 역수이기 때문에 굳은 원자들은 높은 $b$값을 가지게 될 것이고, 무른 원자들은 보다 작은 값들을 갖게 될 것이라고 생각하였다.[43] 따라서 플루오린은 굳은 음이온을 형성할 뿐만 아니라(표 4.6에서는 $b$값이 대단히 높다) 트라이플루오로메틸기도 메틸기보다 더 높은 $b$값을 기여하게 되므로 트라이메틸플루오로메틸기를 메틸기보다 더 단단하게 만든다.

최근에 Parr와 Pearson[44]은 금속 이온들과 리간드들의 굳기 성질과 무르기 성질을 조사하는 데 $b$ 파라미터를 사용하였다. Mulliken-Jaffé의 $a$ 파라미터는 **절대 전기음성도(absolute electronegativity)**라고 부르는데, 이와 비교하여 이들은 $b$ 파라미터를 **절대 굳기도(absolute hardness)**라고 불렀다. 이들은 절대 굳기도 파라미터를 사용하여 굳은-무른 산-염기(HSAB) 상호작용을 다룰 수 있는 방법을 제시하였다.

HSAB 이론이 나온 거의 초기부터 **경계 오비탈(frontier orbital)**이 주목을 받고 있다.[45] 이들은 **최고 점유 분자 오비탈(the highest molecular orbital, HOMO)**과 **최저 비점유 분자 오비탈(the lowest molecular orbital, LUMO)**이다. Koopmans 이론에 의하면, HOMO의 에너지는 이온화 에너지를 나타내어야 하고 LUMO의 에너지는 닫힌 껍질 화학종의 전자 친화도를 나타내어야 한다. 그러므로 이들 오비탈은 바로 전에 설명한 전기음성도와 HSAB의 관계를 포함하게 된다. 굳은 화학종들은 큰 HOMO-LUMO 차이를 가지는 반면에 무른 화학종들은 그 차이가 작다. 바닥 상태와 혼합할 수 있는 능력이 있는 낮은 에너지를 가진 비점유 MO들이 존재하기 때문에 무른 원자의 편극을 잘 일으키게 되며, 실제로 Politzer는 원자의 편극도와 $b$ 파라미터 사이의 밀접한 관계를 입증하였다.[46] 이와 같은 상호 편극도는 전자 구름을 일그러지게 만들어 반발을 감소시킨다. 또한

---

43) Huheey, J. E.; Evans, R. S. *J. Inorg. Nucl. Chem.* **1970**, *32*, 383~390.

44) Parr, R. G.; Pearson, R. G. *J. Am. Chem. Soc.* **1983**, *105*, 7512~7516; Pearson, R. G. *J. Chem. Educ.* **1987**, *64*, 561~567. Parr-Pearson 파라미터는 처음에는 임의적으로 $\eta = (I-A)/2$로 정의되었다. 이것은 $\eta = b/2$로 된다. Parr-Pearson 수는 일반적으로 원자가상태에 있는 원자들에 대한 것이 아님을 알아야 하고, 따라서 이들을 응용할 때에는 주의해야 한다.

45) Klopman, G. *J. Am. Chem. Soc.* **1964**, *86*, 1463~1469; **1968**, *90*, 223~234.

편극 화학종들의 경우 **σ** 주개와 **π** 역결합은 상호 협동적으로 짝을 이루게 되므로 보강될 것이다.

굳은 - 굳은 상호작용을 정전기적 상호작용과 동일시 하는 개념은 지나치게 강조된 것 같지만, 이것은 당연한 것이다. 왜냐하면, 전형적인 굳은 - 굳은 상호작용이 $Li^+F^-$이기 때문이다. 그러나 등전자 계열인 Li—F, Be—O, B—N, C—C는 **모두** 강한 결합을 형성한다. Li—F 결합은 가장 강한데, 이것이 $Li^+F^- \leftrightarrow$ Li—F의 공명 혼성이기 때문이다. 계산들은 전기음성도의 이론에 바탕을 두고 있으며, 간단한 결합 모형은 LiF에서 결합 에너지의 약 1/4이 공유 결합으로부터 왔으며, 1/2이 이온 결합으로부터, 1/4은 전기음성도가 작은 Li 원자로부터 전기음성도가 큰 F 원자로 전자 밀도가 이동하기 때문에 생기는 것이라고 제시하였다.[47] 후자는 대략적으로 Pauling의 이온 결합성 공명 에너지와 같다.

보다 큰 원자들은 강한 공유 결합성을 위한 좋은 겹침의 이점을 가지고 있지 않으며, 강한 정전기적 상호작용을 위한 짧은 원자간 거리도 가지고 있지 않다. 즉, 모든 에너지를 알고 있을 때, 기체상에서 전형적인 HSAB 반응을 조사해 보면, 다음과 같은 사실을 알 수 있다.

$$\underset{\text{무른-굳은}}{HgF_2} + \underset{\text{굳은-무른}}{BeI_2} \longrightarrow \underset{\text{굳은-굳은}}{BeF_2} + \underset{\text{무른-무른}}{HgI_2} \qquad \Delta H = -397\ \text{kJ mol}^{-1} \qquad \textbf{(8.70)}$$

이 반응에는 HSAB 규칙이 적용되고 있고, 발열 반응이다. 화학종에 대한 개별적인 원자화 열(결합 에너지로부터 부록 E)을 조사해 보면, $BeF_2 = +1264$; $HgF_2 = +5.36$; $BeI_2 = +578$; $HgI_2 = +291$ kJ $mol^{-1}$임을 알 수 있다. 식 8.70에서 추진력은 거의 모두가 굳은-굳은 상호작용 상태에 있는 강한 결합이다.

더 무른 산과 염기가 일반적으로 가지고 있는 한 가지 장점은 **π** 결합 능력이다. 이것은 금속의 *d* 오비탈에 있는 많은 수의 전자들과 리간드의 비어 있는 낮은 에너지 상태의 받개 오비탈들 때문에 가능한 것이다. "더 큰 것"이 "더 좋은 것"을 위해 필요하지는 않다는 점을 다시 한 번 언급한다. 원자가 충분히 크면, 즉 $n = 3$이면 *d* 오비탈을 가질 수 있다. 황과 인은 무른 원자로 행동하는 예이다. 이들은 셀레늄, 비소, 텔루륨 및 안티모니와 같은 족의 더 큰 원소들보다 무른 금속과 훨씬 더 잘 결합한다. 이것은 앞에서 알아보았던 것과 같은 이유 때문에 나타나는 효과이다. 긴 **π** 결합은 긴 **σ** 결합이 아주 강하지 않은 것처럼 별로 강하지 않다. 그러나 그 효과는 측면끼리 겹쳐서 **π** 결합을 형성하기 때문에 더 잘 알려져 있다. 가장 오랫동안 알려져 온 무른 리간드이면서 **π** 결합체인 것은 일산화 탄소인데, 이 화합물은 에너지가 낮은 **π** 받개 오비탈들을 가지며, 크기가 작은 이점을 가지고 있어서 좋은 겹침을 얻을 수 있다.

HSAB와 $E_AE_B$-$C_AC_B$ 계는 모두 1960년대에 제안되었고, 발전되었다. HSAB 원리는 굳은 성질과 무른 성질을 설명하기 위하여 정전기적 개념과 공유 결합의 개념을 아이디어를 사용하고 있으므로, *E*와 *C* 파라미터를 서로 관련시키는 것은 당연하다. 1970년대 초기에 이 두 가지 개념을 연관시키거나, 어느 쪽이 더 우세한지를 입증하려 하거나, 이론적 근거를 개선하기 위하여 많은 연구가 진행되었다.[48] 예를 들면, Drago와 Pearson은

---

46) Politzer, P. *J. Chem. Phys.* **1987**, *86*, 1072~1073.

47) 각주 28과 플루오린화물의 강한 공유 결합에 대한 관련된 설명을 참조하라.

48) Drago, R. S.; Kabler, R. A. *Inorg. Chem.* **1972**, *11*, 3144~3145; Dago, R. S. *Ibid*, **1973**, *12*, 2211~2212;

*E-C* 계의 선을 따라 HSAB 원리의 정량화가 가능함을 설명하였다. 그러나 이들은 전혀 반대의 결론에 도달하였다. Drago와 공동 연구자들은 HSAB 모형은 더 이상 유지될 수 없다고조차 주장하였다.

이들 두 가지 방법을 비교할 때 만나게 되는 어려운 점은 이들이 사용한 방법이 달랐기 때문에 생기는 것이다. *E-C* 방법은 한 번에 두 가지 화학종만의 상호작용을 취급한다. 이들 연구에서는 용매화 효과를 최소화시키는 비극성 용매에 이르기까지 사용되었는데, 그 결과는 기체상의 양성자 친화도와 비교할 수 있을 정도이다. 이와는 대조적으로 HSAB 원리는 대개 다음과 같은 종류의 교환 또는 경쟁 반응에 적용된다.

$$\mathbf{A_1B_1 + A_2B_2 \rightleftharpoons A_1B_2 + A_2B_1} \qquad \mathbf{(8.71)}$$

기체상에서 모든 할로젠화 금속의 안정도는 $F^- > Cl^- > Br^- > I^-$의 순서임을 앞에서 이미 알아보았는데, 이것은 가장 간단한 HSAB 규칙을 사용한 해석과는 반대되는 결과이다. 그래서 HSAB 규칙은 다음과 같이 수정되어야 할 수도 있다. 즉, "굳은 산이 우선적으로 굳은 염기와 결합할 때, 무른 산은 무른 염기와 결합하는 것을 더 선호한다." HSAB 규칙은 기체상에서도 잘 적용되지만, 가장 유용하게 사용되는 경우는 수용액 중에서 착물을 해석할 때이다. 이들은 분명하게 말할 수는 없지만, 항상 수화되어 있을 것이다. 이러한 환경에서도 HSAB 규칙이 잘 적용된다는 사실은 다소 놀라운 것이다.

McDaniel과 공동 연구자[49]들은 이 장에서 설명한 몇 가지 아이디어를 그림으로 나타내었다. 굳은-무른 산과 염기의 반응에서

$$\mathbf{A_hB_s + A_sB_h \longrightarrow A_hB_h + A_sB_s} \qquad \mathbf{(8.72)}$$

이 반응의 엔탈피 변화인 $\Delta H_r$은 그림 8.6에 나타낸 것처럼, 두 가지 산에 대한 염기의 친화도와 관련시킬 수 있음을 입증할 수 있다. 만약 굳은 산(예를 들면 $H^+$) 과 더 무른 산

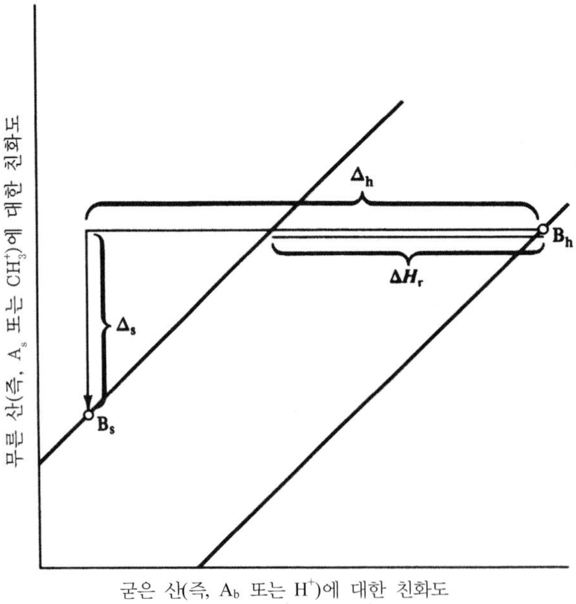


**그림 8.6** HSAB 파라미터를 나타낸 McDaniel 도표. $\Delta_h$는 굳은 산 $A_h$에 대한 두 염기 $B_s$와 $B_h$의 친화도의 차이이다. 식 8.72의 반응 엔탈피 $\Delta H_r$은 단위 기울기를 갖는 두 선간의 수평 거리(혹은 수직 거리)로 표시된다.

---

Pearson, R. G. *Inorg. Chem.* **1972**, *11*, 3146; Drago, R. S. *J. Chem. Educ.* **1974**, *51*, 300~307.

49) McDaniel, D. H., The University of Cincinati, personal communication, 1975.

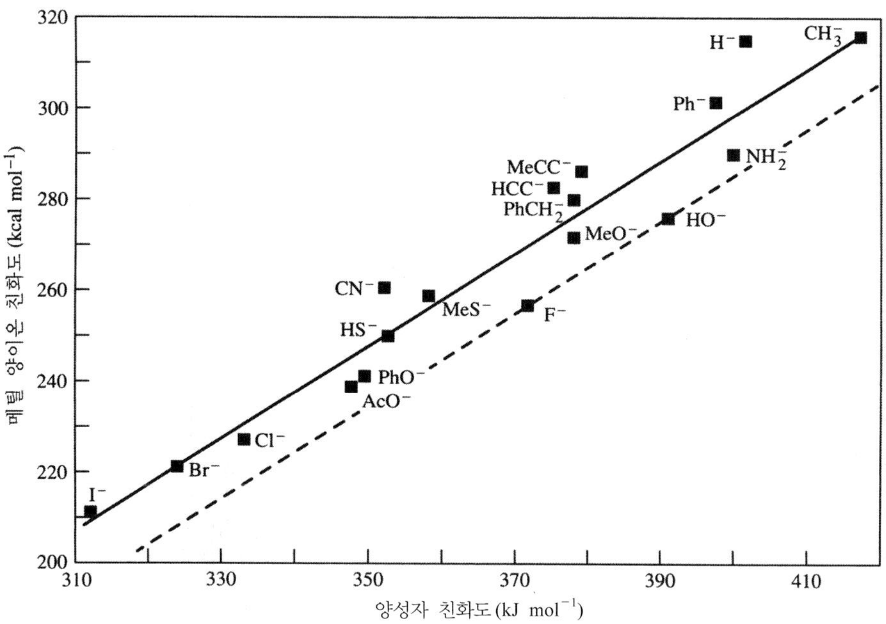


**그림 8.7** 메틸 양이온 친화도 대 다양한 굳은 성질을 갖는 일련의 음이온성 염기의 양성자 친화도. 실선은 원래 조사자의 자료를 최소자승법으로 최적화시켜 나타내었다. 점선은 일정한 기울기를 가지고 $F^-$와 $OH^-$를 통과하도록 임의로 나타내었다(그림 8.6 참조). 굳은 염기는 점선에 가깝게 있고, 무른 염기는 점선으로부터 멀리 떨어져 있다. [Brauman, J. I.; Han, *C. C. J. Am. Chem. Soc.* **1988**, *110*, 5612.]

(예를 들면 $CH_3^+$) 에 대한 친화도를 도시하고, 이들을 통과하는 단위 기울기의 직선을 그리면, 그 반응에 대한 $\Delta H_r$은 $x$ 방향이나 $y$ 방향에 있는 직선 간의 거리에 의해 측정될 수 있다. 또한 두 염기가 그림 8.6에서 같은 직선 위에 있으면, 두 염기는 무른 성질이 같을 것이다. 주어진 염기에 대한 직선이 다른 염기에 대한 직선보다 위쪽에 있으면, 첫 번째 염기는 더 무르고, 두 번째 염기는 더 단단하다. 마지막으로 세기는 산–염기의 상호작용 크기와 관련이 있으므로, 주어진 염기가 원점으로부터 더 멀리 떨어져 있으면 그 염기는 더 강하다.

전형적인 음이온성 염기 몇 가지를 양성자에 대한 친화도와 메틸 양이온에 대한 친화도와 함께 그림 8.7에 도시하였다. 실선은 최초의 연구자들이 그들의 자료를 최소자승법으로 최적화시켜 도시한 것이다. 점선은 이 설명을 위해 첨가된 것인데, 이것은 일정한 기울기(그림 8.6 참조) 를 가지고 $F^-$와 $OH^-$ (전형적인 가장 굳은 염기) 를 통과하게끔 임의적으로 그린 것이다. 굳은 염기는 점선에 가깝게 있고, 무른 염기는 점선으로부터 더 멀리 떨어져 있다. 이 그림으로부터 $I^-$와 $F^-$, $SH^-$와 $OH^-$, $CN^-$와 $NH_2^-$처럼 비슷한 결합쌍을 찾아보면, 도표 상에서 이들의 위치를 고유의 세기, 굳은 성질 및 무른 성질로 해석할 수 있다.

최근에 Staley와 공동 연구자[50]들은 기체상에서 전이 금속(항상 가장 유용함이 입증된 원리를 갖는) 들과 굳은 성질과 무른 성질을 갖는 여러 리간드 사이의 해리 에너지에서 HSAB 효과를 직접 측정하는 방법을 제시하였다. 예상한 것처럼, $Cu^+(d^{10})$ 은 $Co^+(d^8)$ 보

50) Kappes, M. M.; Staley, R. H. *J. Am. Chem. Soc.* **1982**, *104*, 1813, 1819. Jones, R. W.; Staley, R. H. *Ibid.* **1982**, *104*, 2296. *J. Phys. Chem.* **1982**, *86*, 1387.

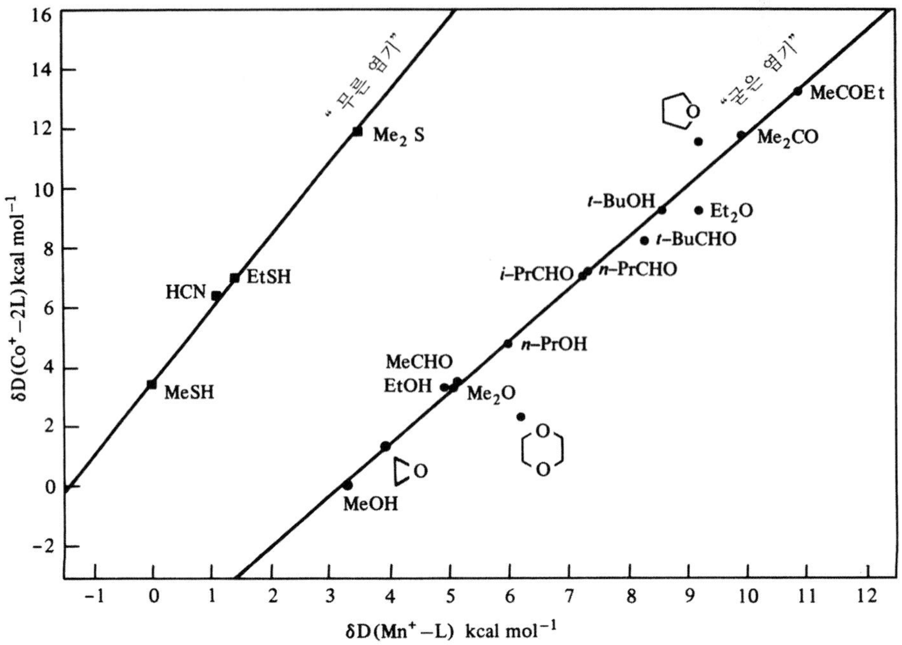


**그림 8.8** Mn$^+$와 Co$^+$에 대한 상대적 리간드 해리 에너지의 비교. 눈금상의 영점은 임의로 취한 것이다. MeSH, HCN, EtSH, Me$_2$S 등의 무른 염기의 데이터 점은 산소 염기의 데이터 점의 위쪽에, 그리고 왼쪽에 있음을 주목하라. 이것은 굳은-굳은 결합(O—Mn$^+$) 또는 무른-무른 결합(S—Co$^+$), 또는 두 가지 모두가 비교적 강함을 의미한다. [R. W. Jones, and Staley, R. H. *J. Phys. Chem*. **1982**, *86*, 1387.]

다 상당히 더 무르고, Co$^+$는 Mn$^+$($d^6$) 보다 더 무르다. 그림 8.8은 Co$^+$와 Mn$^+$에 대한 결과를 비교한 것이다. 산소 염기의 큰 계열에 대한 해리 에너지에 대해서는 예상한 대로의 상관관계가 존재하는데, 치환기, 혼성, 전기음성도 등의 차이 때문에 생기는 직선을 따라 변화가 나타난다. 그러나 굳은 산소 염기가 MeSH, EtSH, Me$_2$S, HCN과 같은 더 무른 염기로 치환되면 새로운 직선이 생성되는데, Co$^+$ 이온의 해리 에너지는 약 30 kJ mol$^{-1}$ 정도가 더 증가한다. 요약하면, 이들의 모든 데이터는 굳은-굳은 상호작용, 혹은 무른-무른 상호작용, 또는 두 가지 모두를 안정화시키는 복잡한 용매 효과가 없을 때 작용하는 HSAB 효과와 일치한다.

요약하면 산-염기의 화학은 개념적으로는 오히려 간단하지만, 작용하는 인자는 복잡하므로 다루기가 번잡하다. 보다 통일된 개념이 틀림없이 개발될 것이지만, 그 때까지는 각 문제에 대하여 그것에 사용할 수 있는 개념, 법칙 또는 (만약 있으면) 파라미터를 달리 적용할 필요가 있다.

## 연습문제

**8.1** 산과 염기에 관한 정의를 사용하여 Brønsted-Lowry, Lux-Flood, 용매계 정의에 대해 주어진 예(식 8.1~8.4, 8.5~8.8, 8.9~8.26)를 설명하라.

**8.2** 산과 염기에 관한 정의를 사용하여 Brønsted-Lowry, Lux-Flood, 용매계, Lewis 정

의에 대해 주어진 예(식 8.1~8.4, 8.5~8.8, 8.9~8.26, 8.27~8.30)를 설명하라.

**8.3** $BCl_3$와 $B(CH_3)_3$ 중에서 어느 것이 더 좋은 Lewis 산일 것인지를 예측하고 설명하라.

**8.4** 할로젠화 붕소의 산도 순서는 $BF_3 < BCl_3 < BBr_3$이다. 이 순서에 예상하지 못한 어떤 결과가 있는지를 설명하라.

**8.5** 표 8.1과 8.3에 모두 나타낸 금속들에 대한 표 8.1의 산성 파라미터 $a$값 대 표 8.3의 $pK_h$값을 도시하고 그 결과를 해석하라.

**8.6** B-스트레인은 염기도가 보다 낮은 아민류에서 일어날 수 있다. B-스트레인은 보레인류의 산성 작용을 방해하는가 또는 증가시키는가?

**8.7** 다음 반응이 기체상에서 어느 방향으로(왼쪽, 또는 오른쪽) 진행될지 예측하라.

$$HI + NaF = HF + NaI$$

$$AlI_3 + 3NaF = AlF_3 + 3NaI$$

$$CuI_2 + 2CuF = CuF_2 + 2CuI$$

$$TiF_4 + 2TiI_2 = TiI_4 + 2TiF_2$$

$$CoF_2 + HgBr_2 = CoBr_2 + HgF_2$$

**8.8** Born-Haber의 열역학적 순환 과정과 이온화 에너지, 전자 친화도, 결합 에너지의 값을 이용하여 표 8.2에 나타낸 할로젠화 음이온들의 양성자 친화도값을 계산하라.

**8.9** a. 식 8.51을 사용하여 다음 염기의 양성자 친화도를 계산하라.
$NH_3$, $CH_3NH_2$, $(CH_3)_2NH$, $(CH_3)_3N$, py, $H_2O$, $(CH_3)_2O$, $H_2S$, $(CH_3)_2SO$
b. 표 8.5에 주어진 실험값과 얻은 답을 비교하라. 여기서 $\Delta H_{계산}$과 $\Delta H_{실험}$ 사이에 가장 큰 차이를 나타낸 화합물은 어느 것인가? 이 차이에 대한 이유를 밝혀라.

**8.10** a. 다이메틸설폭사이드($(CH_3)_2SO$)에서 황이나 산소 원자를 통한 $H^+$와의 결합이 존재하겠는가? 숫자를 사용하여 이 가능성을 증명하라.
b. trimethylstannyl 양이온($(CH_3)_3Sn^+$)에 대한 다음 염기의 친화도를 계산하라.
$H_2O$, $NH_3$, $CH_3NH_2$, $(CH_3)_2NH$, $(CH_3)_3N$

**8.11** 일반적으로 산-염기 현상을 관련시키는 가장 좋은 자료는 용액보다는 기체상에서 얻어진다. 용액에 대한 자료를 불확실하게 만드는 용액 중의 요인, 특히 극성 용매에 대한 요인을 설명하라.

**8.12** 문제 8.11의 일반론과는 대조적으로 $CH_3O(CH_2)_nNH_2$에 대한 용액 데이터가 기체상 데이터보다 본래의 염기도를 더 잘 반영하고 있다고 믿을 수 있는 이유가 있다. 이 이유를 제시하여라(힌트: 수소 결합의 가능성을 생각하라).[51]

**8.13** a. 인산과 비소산의 $pK_a$ 값을 예측하라.
b. $H_3PO_4$와 $H_3AsO_4$ 중에서 어느 것이 더 강한 산인지를 결정하라.

---

[51] Love, P.; Cohen, R. B.; Taft, R. W. *J. Am. Chem. Soc.* **1968**, *90*, 2455.

**8.14** 아인산은 다음 두 가지 토토머 중의 하나로 존재할 수 있다.

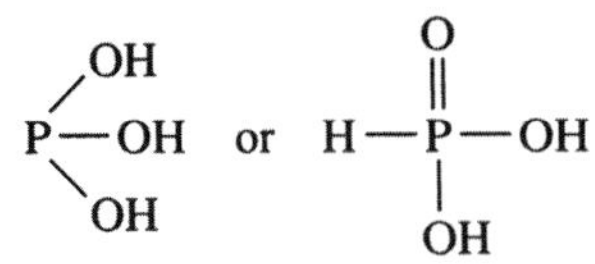

아인산의 p$K_a$ 값(1.8)으로부터 수용액 속에서 아인산이 생성될 때의 구조를 나타내어라. 하이포아인산, $H_3PO_2$의 p$K_a$는 2.00이다. 합리적인 구조를 그려라(15장 참조).

**8.15** 273쪽과 281쪽의 아마이드의 염기도에 대한 설명은 염기성 자리에 있는 카보닐 산소에 바탕을 두고 있다. 아마이드 질소 원자도 염기로 작용할 수 있다. 어느 원자가 가장 강한 염기성 자리일지를 결정할 수 있는 실험 방법을 설명하라.

**8.16** $H_2S$와 굳은 산 $H^+$와의 결합은 $H_2O$와 $H^+$의 결합보다 더 강하다. 그럼에도 불구하고 $H_2S$는 $H_2O$보다 더 무르다고 간주된다. 그림 8.6을 사용하여 그 이유를 설명하라.

**8.17** 다음 반응식에서 산과 염기를 지정하고 균형을 맞추어 완결하라.

a. $SO_3 + K_2O \rightarrow$

b. $MgO + Al_2O_3 \rightarrow$

c. $Al_2O_3 + Na_2O \rightarrow$

d. $CaO + P_4O_{10} \rightarrow$

e. $SiO_2 + K_2O + Al_2O_3 + MgO \rightarrow$

**8.18** 다음 염기에 대하여 양성자 친화도를 예측하여라: $NR_3$, $S^{2-}$, $NF_3$, $O^{2-}$, $NH_3$, $OH^-$, $NCl_3$, $N^{3-}$. 이들 계열 중에서 두 가지의 염기로 구성되는 쌍를 선택하고 한쪽이 다른 쪽보다 더 강한 이유를 설명하라.

**8.19** 산($H^+$, $CH_3^+$, $PF_3$, $CF_3CH_2OH$)과 염기($OH^-$, $NH_3$, $(CH_3)_3P$, $Cl^-$) 간의 가능한 모든 1 : 1 반응에 대한 엔탈피를 계산하라. 계산 결과를 표 8.5의 값과 비교하여 얼마나 정확한지 확인하라.

**8.20** Lewis 산에 대한 배위에 따른 카보닐기의 진동수 변화는 대개 결합 차수로 설명된다. 그 이유를 설명하라.

**8.21** a. 유기화학에서 $C_6H_5NH_2$와 $C_5H_5N$는 $NH_3$보다 더 약한 염기라고 간주한다. 그러나 표 8.5를 보면 그렇지 않다. 각 분자의 중요한 분자 특성과 함께 그 이유를 설명하라(힌트: 283쪽의 $RO^-$ 참조).

b. 물은 약한 산이지만, 대부분의 탄화수소는 산성를 갖지 않는 것으로 간주된다. 그러나 기체상에서 $C_6H_5CH_3$는 $H_2O$보다 $10^{12}$배나 강한 산이다. 기체상 값이 용액에서의 값과 차이가 나게 만들고 이들 두 화학종 간에 차이가 확연히 드러나게 만드는 분자 특성을 설명하라.

**8.22** 산소 분자($O_2$)는 좋은 리간드는 아니지만 상당히 무르다. 헤모글로빈은 $Fe^{2+}$를 포함하고 있으며 무른 성질의 경계에서만 존재한다.

a. heme 원자단의 구조를 조사하여 heme 속에서 철이 어떻게 무른 성질을 갖게 되는지를 제시하라.

b. 적혈구에서 일산화 탄소는 산소보다 훨씬 더 강하게 헤모글로빈에 결합하기 때문에 독성을 띤다. 리간드로서 일산화 탄소가 산소와의 경쟁에서 앞서는 이유를 설명하라.

**8.23** 그림 8.7에 나타낸 두 개의 직선은 무엇을 의미하는가? 이들의 차이점은 무엇인가? 이 그림에 나타낸 가장 무른 염기는 무엇인가?

**8.24** 불활성 기체가 $X—H^+$ 화학적 결합의 형성을 의미하는 발열적 양성자 친화도를 갖는 것이 가능한 이유를 설명하라.

• 제 9 장 •

# 수용액 및 비수 용매에서의 화학

무기화학자가 실험실에서 취급하는 거의 모든 반응은 용액에서 일어난다. 물은 가장 잘 알려진 용매이지만, 화학자에게 중요한 것은 물만이 아니다. 유기화학자들은 비극성 화합물을 녹이기 위하여 사염화 탄소나 벤젠 같은 비극성 용매들을 자주 사용한다. 이들 용매들은 무기화학자들도 사용하고 있고, 그 이외에도 액체 암모니아, 황산, 아세트산, 이산화 황, 비금속의 할로젠화물 등의 극성 용매도 광범위하게 연구되고 있다. 용액화학에 관한 연구는 산-염기 이론과 밀접하게 관련이 있으며, 편의상 이 부분을 별도의 장으로 분리하였다. 예를 들면, 비수 용매들의 용매화는 산-염기 상호작용에 관한 것이어서, 용매계의 개념을 사용하여 해석하기도 하며, 산화-환원 반응조차 Usnovich의 산-염기 반응의 정의 속에 포함될 수 있다.

용매의 행동을 결정하는 데 있어서 몇 가지 중요한 물리적 성질이 있다. 실용적인 관점에서 가장 중요한 성실은 녹는점과 끓는점이다. 이 두 가지 성질로 인해 액체를 유지하는 온도 범위가 결정되고, 화학적 조작이 가능한 범위가 결정된다. 보다 근본적인 성질은 유전율(유전 상수)이다. 이온 결합성 물질을 쉽게 녹이려면 유전율이 높은 용매가 필요하다. 이온 사이의 쿨롱 인력은 매질의 유전율에 반비례한다.

$$E = \frac{q^+q^-}{4\pi r\epsilon} \qquad (9.1)$$

여기서 $\epsilon$는 유전율이다. 예를 들어 물에서 두 이온 사이의 인력은 용매가 없을 때의 동일한 두 이온 사이의 인력보다 1% 정도 더 클 뿐이다.

$$\epsilon_{H_2O} = 81.7\epsilon_0 \qquad (9.2)$$

여기서 $\epsilon_o$는 진공 상태에서의 유전율이다. 큰 유전율을 갖는 용매는 염을 녹이는 능력이 물과 비슷한 경향을 가진다.

## 물

여기서는 물에 대하여 간략하게 설명할 것이지만 물리적 성질은 이어서 설명할 비수 용매와 비교하기 위하여 표 9.1에 나타내었다. 한 가지 특이한 성질은 이온 결합성 화합물이나 극성 화합물에 대하여 좋은 용매로 작용할 수 있는 매우 높은 유전율을 가진

**표 9.1**
물의 물리적 성질.

| | |
|---|---|
| 끓는점 | 100°C |
| 어는점 | 0°C |
| 밀 도 | 1.00 g $cm^{-3}$ (4°C) |
| 유전율(유전 상수) | 81.7$\epsilon$ (18°C) |
| 비전도 | $4 \times 10^{-8}$ $\Omega^{-1}$ $cm^{-1}$ (18°C) |
| 점 도 | 1.01 g $cm^{-1}$ $s^{-1}$ (20°C) |
| 이온곱 상수 | $1.008 \times 10^{-14}$ $mol^2$ $L^{-2}$ (25°C) |

다는 점이다. 물의 용매화하는 성질과 관련된 몇 가지 효과는 7장에서 설명하였다. 물의 전기화학적 반응은 314~318쪽에서 설명할 것이다.

## 비수 용매

많은 비수 용매계들이 연구되었지만, 여기서는 몇 가지 대표적인 용매, 즉 염기성 용매인 암모니아, 산성 용매인 황산, 비양성자성 용매인 트라이플루오린화 브로민에 한정하여 설명할 것이다. 또한 용융염의 용액에서 일어나는 화학 반응도 간단하게 설명할 것이다.

### 암모니아

암모니아는 다른 어떤 비수 용매보다도 더 광범위하게 연구되었다. 암모니아는 유전율이 물보다 작다는 것을 제외하면 물리적 성질은 물과 비슷하다(표 9.2). 유전 상수가 더 낮기 때문에 이온 결합성 화합물을 녹이는 능력은 일반적으로 낮다. 특히 높게 하전된 이온을 포함하는 이온 결합성 화합물에 대해서는 낮다(예: 탄산염, 황산염, 인산염 등은 실제로 불용성이다). 몇 가지 경우에는 유전율로만 예상한 것보다는 더 높은 용해도를 나타낸다. 이러한 경우에는 용질과 암모니아 사이에 안정화시키는 상호작용이 존재한다. 이 상호작용의 한 가지 형태는 $Ni^{2+}$, $Cu^{2+}$, $Zn^{2+}$ 같은 금속 이온과 암모니아 분자 사이에 존재하는데, 암모니아는 리간드로 작용하여 안정한 암민 착물을 형성한다. 두 번째 형태는 편극화되거나 편극될 수 있는 암모니아 분자와 편극될 수 있는 용질 분자나 이온 사이에 존재한다. 그러므로 암모니아는 비극성 분자에 대해서는 물보다 더 좋은 용매일 수 있다. 아이오딘화 이온이나 싸이오사이안산 이온처럼 크고 편극되기 쉬운 이온을 포함하는 이온 결합성 화합물은 대단히 잘 녹는다.

수용액 중에서 침전 반응이 일어나는 것처럼, 암모니아 중에서도 이 반응이 일어난다. 이 두 용매 간의 용해도 차이 때문에 결과는 상당히 다르다. 예를 들어 수용액 중에서 염화 은의 침전을 살펴보자.

**표 9.2**
암모니아의 물리적 성질.

| | |
|---|---|
| 끓는점 | −33.38°C |
| 어는점 | −77.7°C |
| 밀 도 | 0.725 g $cm^3$ (70°C) |
| 유전율(유전 상수) | 26.7$\epsilon_0$ (−60°C) |
| 비전도 | $1 \times 10^{-11}$ $\Omega^{-1}$ $cm^{-1}$ |
| 점 도 | 0.254 g $cm^{-1}$ $s^{-1}$ (−33°C) |
| 이온곱 상수 | $5.1 \times 10^{-27}$ $mol^2$ $L^{-2}$ |

$$KCl + AgNO_3 \longrightarrow AgCl\downarrow + KNO_3 \tag{9.3}$$

암모니아 용액 중에서는 반응의 방향이 반대로 된다.

$$AgCl + KNO_3 \longrightarrow KCl\downarrow + AgNO_3 \tag{9.4}$$

암모니아는 자동 이온화하여 암모늄 이온과 아마이드 이온을 생성한다.

$$2NH_3 \rightleftharpoons NH_4^+ + NH_2^- \tag{9.5}$$

물에서 중화 반응처럼 다음과 같은 중화 반응이 일어난다.

$$KNH_2 + NH_4I \longrightarrow KI + 2NH_3 \tag{9.6}$$

또한, 여분의 아마이드와 착물을 생성하기 때문에 나타나는 양쪽성 행동도 물에서와 동일하다.

$$Zn^{2+} + 2OH^- \longrightarrow Zn(OH)_2\downarrow \xrightarrow{\text{여분의 } OH^-} Zn(OH)_4^{2-} \tag{9.7}$$

$$Zn^{2+} + 2NH_2^- \longrightarrow Zn(NH_2)_2\downarrow \xrightarrow{\text{여분의 } NH_2^-} Zn(NH_2)_4^{2-} \tag{9.8}$$

물에서 강산으로 행동하는 모든 산은 암모니아와 완전히 반응하여(평준화 된다) 암모늄 이온을 생성한다.

$$HClO_4 + NH_3 \longrightarrow NH_4^+ + ClO_4^- \tag{9.9}$$

$$HNO_3 + NH_3 \longrightarrow NH_4^+ + NO_3^- \tag{9.10}$$

또한, 물에서 약산으로 행동하는 몇 가지 산(대략 $pK_a = 12$까지)은 암모니아와 완전히 반응하므로, 이 용매에서는 강산으로 행동한다.

$$HC_2H_3O_2 + NH_3 \longrightarrow NH_4^+ + C_2H_3O_2^- \tag{9.11}$$

더욱이 물에서는 전혀 산으로 행동하지 않던 분자도 암모니아에서는 산으로 행동할 수 있다.

$$NH_2C(O)NH_2 + NH_3 \rightleftharpoons NH_4^+ + NH_2C(O)NH^- \tag{9.12}$$

염기성 용매인 암모니아는 어느 정도의 산성 경향을 나타내는 모든 화학종을 평준화하고, 매우 약한 산성 화학종의 산도를 증가시킨다.

물에서는 염기로 생각되던 대부분의 화학종은 암모니아에서 녹지 않거나 약염기로 행동한다. 그러나 매우 강한 염기는 아마이드 이온을 생성하여 평준화되고 강염기로 작용한다.

$$H^- + NH_3 \longrightarrow NH_2^- + H_2\uparrow \tag{9.13}$$

$$O^{2-} + NH_3 \longrightarrow NH_2^- + OH^- \tag{9.14}$$

암모니아에서 가용매분해 반응은 잘 알려져 있으며, 많은 반응은 물에서의 반응과 비슷하다. 예를 들면, 할로젠의 가용매분해와 불균등화 반응은 다음과 같다.

$$Cl_2 + 2H_2O \longrightarrow HOCl + H_3O^+ + Cl^- \quad (9.15)$$

$$Cl_2 + 2NH_3 \longrightarrow NH_2Cl + NH_4^+ + Cl^- \quad (9.16)$$

암모니아는 물보다 더 염기성이기 때문에 암모니아는 황의 불균등화 반응을 일으킬 수 있다.

$$5S_8 + 16NH_3 \longrightarrow 4S_4N^- + 4S_6^{2-} + 12NH_4^+ \quad (9.17)$$

육황화 이온은 해리 평형에 있다.[1]

$$S_6^{2-} \rightleftarrows 2S_3^- \quad (9.18)$$

$S_3^-$ 이온 때문에 이들 용액은 짙은 청색을 띠게 된다($\lambda_{max} = 610$ nm). 이 이온은 또한 염화물 용융물(아래 참조)과 울트라마린으로 알려진 알루미노규산염에 용해된 황이 색을 띠게 만든다. 많은 비금속의 할로젠화물은 가용매분해에서 산 할로젠화물처럼 행동한다.

$$OPCl_3 + 6H_2O \longrightarrow OP(OH)_3 + 3H_3O^+ + 3Cl^- \quad (9.19)$$

$$OPCl_3 + 6NH_3 \longrightarrow OP(NH_2)_3 + 3NH_4^+ + 3Cl^- \quad (9.20)$$

이 두 반응의 유사성과 인산[$OP(OH)_3$], 포스포아마이드[$OP(NH_2)_3$]의 구조적 유사성 때문에, 후자의 화합물을 "암모노산"이라 부르는 사람도 있다.

물에서 사용한 것과 비슷한 방법으로, 암모니아에 대해서도 pH 척도를 만들 수 있는데, pH = 0 (1 M $NH_4^+$), 중성의 경우에는 pH = 13 ([$NH_4^+$] = [$NH_2^-$]), pH = 26 (1 M $NH_2^-$)이 된다. 산화–환원 전위도 수소 전극(314쪽)에 바탕을 두어 구할 수 있다.

$$NH_4^+ + e^- = NH_3 + \tfrac{1}{2}H_2 \qquad E^0 = 0 \quad (9.21)$$

요약하면, 암모니아 용액의 화학과 수용액의 화학은 상당히 유사한 대응 관계가 있다. 중요한 차이점은, 암모니아의 염기성이 강한 것과 유전 상수가 낮은 것이다. 유전 상수가 낮기 때문에, 이온 결합성 물질의 용해도가 작을 뿐 아니라 이온상이나 이온 뭉치가 생성되기 쉽다. 그러므로 강한 산, 염기, 염조차도 높게 회합되어 있다.

## 금속의 암모니아 용액

작은 조각의 알칼리 금속을 액체 암모니아가 들어 있는 보온 플라스크에 떨어뜨리면, 용액은 즉시 진한 청색을 띤다. 이 액체 암모니아액에 알칼리 금속을 더 가해주면, 마침내 **청동색을 띤 액상**이 분리되어 청색 용액의 위에 뜬다.[2] 알칼리 금속을 더 넣으면 청색의 용액은 점점 청동색의 용액으로 변하고, 마침내 청색 용액은 사라진다. 청동색 용액에서 암모니아를 증발시키면 알칼리 금속은 그대로 회수할 수 있다.[3] 1864년에

1) 용액은 더 많은 평형 반응과 불균등화 반응으로 인해 복잡하다. 다음을 참조하라. Dubois, P.; Lelieur, J. P.; Lepoutre, G. *Inorg. Chem.* **1988**, *27*, 1883~1890; **1989**, *28*, 195~200.

2) 세슘은 예외이다. 농도가 증가됨에 따라 용액은 청색에서 청동색으로 변하지만, 두 상으로 이루어진 계는 결코 얻어지지 않는다.

3) 충분히 주의하여 수분과 다른 물질을 제거하지 않으면, 이것이 알칼리 금속과 반응한다. 그 때문에 용액의 가역 반응이 방해를 받는다.

이 현상이 발견된 이래, 화학자는 이러한 비정상적 행동에 매료되었다. 이러한 용액에 관해서 행해진 실험적 관찰에 대한 이론적 해석은 완전한 일치에 이르지 못하였다. 그러나 다음의 다소 단순화된 설명이 가장 인기가 있는 해석 방법이다.[4)]

이 청색 용액은 다음과 같은 네 가지의 특성이 있다. (1) 색깔. 녹아 있는 금속의 종류에 무관하다. (2) 밀도. 순수한 암모니아의 밀도와 매우 비슷하다. (3) 전도도. 암모니아에 녹아있는 전해질이 나타내는 전도도와 같은 정도의 범위를 가진다. (4) 상자기성. 홀전자가 존재함을 의미하고, 전자 상자기성 공명 *g*-인자는 자유 전자와 매우 비슷한 값을 나타낸다. 이것은, 묽은 용액에서 알칼리 금속이 해리하여 알칼리 금속 양이온과 용매화된 전자를 생성함을 의미하는 것으로 해석되었다.

$$\mathbf{M \xrightarrow{NH_3에\ 녹음} M^+ + [e(NH_3)_x]^-} \qquad \mathbf{(9.22)}$$

양이온과 음이온으로 해리되는 것으로부터 전해질의 전도도를 설명할 수 있다. 용액은 매우 많은 수의 홀전자를 포함하고 있기 때문에 상자기성이고, *g*값은 용매와 전자 간의 상호작용이 어느 정도 약하다는 것을 나타낸고 있다. 암모니아에 있는 공동에 존재하는 전자는 대개 주위의 분자들에 의해 느슨하게 용매화되어 있다고 설명된다. 청색은 극대 위치가 약 1500 nm인 넓은 흡수 봉우리 때문에 나타난다. 이 봉우리는 전자가 높은 에너지 준위로 들뜰 때 전자에 의해서 광자가 흡수되기 때문에 나타나는 것이지만, 들뜬 상태의 성질에 관한 견해는 학자들 간에 서로 다르다.

그러므로 화학자들은 암모니아에 녹은 알칼리 금속의 매우 묽은 용액을 가상적인 "극한" 염기인 자유 전자(8장) 처럼 취급한다. 예상할 수 있는 것처럼, 이러한 용액은 준안정 상태이고, 촉매가 작용하면, 전자는 생성되는 아마이드 이온에서 "나타나게" 된다.

$$\mathbf{[e(NH_3)_x]^- \xrightarrow{Fe_2O_3} NH_2^- + \tfrac{1}{2}H_2 + (x-1)NH_3} \qquad \mathbf{(9.23)}$$

청동색의 용액은 다음과 같은 특성이 있다. (1) 금속 광택을 갖는 청동색, (2) 매우 낮은 밀도, (3) 금속이 갖는 것과 비슷한 범위의 전도도, (4) 순수한 금속과 비슷한 정도의 자기화율. 이와 같은 모든 성질은 용액을 "묽은 금속" 또는 "합금"으로 설명하는 모형과 일치하는 것이다. 즉, 전자는 금속에 있는 전자처럼 행동해야 하지만, 금속 원자들은 산재되어 있는 암모니아 분자에 의해 서로 떨어져 있다(순수한 금속에 비해).

이러한 두 가지 상의 성질은 금속-비금속 전이를 이해하는 데 도움을 준다. 예를 들면, 목성에서 발생하는 것과 같은 매우 높은 압력하에서 생성되는 수소 분자는 "알칼리 금속"으로 전이를 일으키는 것으로 생각된다. 이 근본적인 전이는 $H_2$ 분자 사이의 van der Waals 상호작용이 금속 응집으로 극적인 변화를 하는 한 가지 예이다.[5)]

알칼리 금속의 암모니아 용액은 가장 잘 연구되었지만, 다른 금속들과 다른 용매들도 비슷한 결과를 나타낸다. 베릴륨을 제외한 알칼리 토금속도 쉽게 비슷한 용액을 생성하지만, 암모니아를 증발시키면 고체 "암모니아화물", $M(NH_3)_x$가 생성된다. 안정한 +2 산화 상태를 갖는 란타넘족 원소(유로퓸, 이터븀) 도 용액을 형성한다. 아이오딘화

---

4) Edwards, P. P. *Adv. Inorg. Chem. Radiochem.* **1982**, *25*, 135~185.
5) Edwards, P.P.; Seinko, M. J. *J. Am. Chem. Soc.* **1981**, *103*, 2967.

알루미늄, 염화 베릴륨, 할로젠화 테트라알킬암모늄 용액을 음극 환원하면, 청색 용액이 되며, 각기 $Al^{3+}$, $3e^-$; $Be^{2+}$, $2e^-$; $R_4N^+$, $e^-$를 포함하는 것으로 추측된다. 아민, 에터, 헥사메틸포스포아마이드 같은 다른 용매에 대해서도 조사가 진행되었으며, 이러한 형태의 용액을 형성하는 몇 가지 경향이 입증되었다. 암모니아처럼 용이하지는 않지만, 에터에서 착물화에 의한 양이온의 안정화도 전형적인 청색 용액을 형성한다.[6] 수용액에서도 용매화된 전자가 알려져 있지만 수명은 매우 짧다($\sim 10^{-3}$ s).

이들 전자 용액은 실험실에서만 흥미를 끄는 것이 아니다. 이 용액은 강염기일뿐만 아니라 좋은 1-전자 환원제이다. 예를 들면, 순수한 알칼리 금속의 초과산화물은 이들 용액 중에서 쉽게 제조된다.

$$M^+ + e^- + O_2 \longrightarrow M^+ + O_2^- \tag{9.24}$$

초과산화물은 과산화물로 더 환원될 수 있다.

$$M^+ + e^- + O_2^- \longrightarrow M^+ + O_2^{2-} \tag{9.25}$$

몇 가지 금속 착물들도 비정상적인 산화 상태를 갖게 만든다.

$$[Pt(NH_3)_4]^{2+} + 2M^+ + 2e^- \longrightarrow [Pt(NH_3)_4] + 2M^+ \tag{9.26}$$

$$Mo(CO)_6 + 6Na^+ + 6e^- \longrightarrow Na_4[Mo(CO)_4] + Na_2C_2O_2 \tag{9.27}$$

$$Au + M^+ + e^- \longrightarrow M^+ + Au^- \tag{9.28}$$

금속 전자화물의 화학은 광범위하게 연구되었고, 이 화합물의 화학식을 $M^+e^-$라고 표기하는 것이 가장 적절하다. 전자화 세슘$[Cs\,(리간드)\,]^+e^-$을 단결정으로 분리하여 구조적 특성을 규명하는 일은 정말 흥미로운 것이다.[7] 이 결정은 암청색으로 단일 흡수 극대가 1500 nm에 있고 음이온은 존재하지 않는 것처럼 보인다(실험식은 Cs:리간드=1:1이고 아주 마량의 리튬 불순물이 합성 실험 중에 혼입될 수 있다). 그러므로 전자화 세슘 착물로서의 식이 이 화합물에 대해 가장 알맞은 것이 된다.

## 황산

황산의 물리적 성질은 표 9.3에 수록되어 있다. 유전 상수는 물보다 훨씬 더 크며, 이 때문에 이온 결합성 물질을 잘 녹이고, 자동 이온화의 정도도 더 크다. 점도가 물보다

**표 9.3**
황산의 물리적 성질.

| | |
|---|---|
| 끓는점 | 300°C |
| 어는점 | 10.371°C |
| 밀 도 | $1.83\ g\ cm^{-3}$ (25°C) |
| 유전율(유전 상수) | $110\epsilon_0$ (20°C) |
| 비전도 | $1.04 \times 10^{-2}\ \Omega^{-1}\ cm^{-1}$ (25°C) |
| 점 도 | $24.54\ g\ cm^{-1}\ s^{-1}$ (20°C) |
| 이온곱 상수 | $2.7 \times 10^{-4}\ mol^2\ L^{-2}$ (25°C) |

6) Dye, J. L.; DeBacker, M. G.; Nicely, V. A. *J. Am. Chem. Soc.* **1970**, *92*, 5226~5228.
7) Issa, D.; Dye, J. L. *J. Am. Chem. Soc.* **1982**, *104*, 3781. 이 화합물의 결정 구조는 11장의 그림 11.50b를 참조하라.

25배나 높아서 실험에 곤란을 초래시키기도 한다. 용질은 서서히 녹으며 서서히 결정화된다. 또한 결정화된 물질에 부착된 용매를 제거하기도 어렵다. 특히 황산은 증기압이 낮기 때문에, 제조된 결정으로부터 용매를 증발시켜 제거하기도 어렵다.

황산은 자동 이온화하여 황산수소 이온과 용매화된 양성자를 생성한다.

$$2H_2SO_4 \rightleftharpoons H_3SO_4^+ + HSO_4^- \tag{9.29}$$

예상한 것처럼, 황산수소 포타슘 용액은 강염기이고, $H_3SO_4^+$ 이온을 포함하는 용액으로 적정할 수 있다. 이러한 적정은 전도도를 측정하면 쉽게 할 수 있는데, 중화점에서 전도도는 최소가 된다.[8)]

황산 용액에서 용질의 성질에 관한 정보를 얻는 데 매우 유용함이 입증된 다른 방법은 어는점 내림 측정이다. 황산의 어는점 내림 상수($k$) 는 6.12 °C kg mol$^{-1}$이다. 이상 용액에 대한 어는점 내림은 다음과 같이 나타낼 수 있다.

$$\Delta T = km\nu \tag{9.30}$$

여기에서 $m$은 화학량론적 몰랄 농도이고, $\nu$는 1몰의 용질이 황산에 녹을 때 생성되는 입자의 수이다. 예를 들면, 에탄올은 황산과 다음과 같이 반응한다.

$$C_2H_5OH + 2H_2SO_4 \longrightarrow C_2H_5HSO_4 + HSO_4^- + H_3O^+ \qquad \nu = 3 \tag{9.31}$$

수용액에서 염기성을 나타내는 모든 화학종은 황산에서도 염기성임이 밝혀졌다.

$$OH^- + 2H_2SO_4 \longrightarrow 2HSO_4^- + H_3O^+ \qquad \nu = 3 \tag{9.32}$$

$$NH_3 + H_2SO_4 \longrightarrow HSO_4^- + NH_4^+ \qquad \nu = 2 \tag{9.33}$$

마찬가지로 황산에서는 물도 염기로 행동한다.

$$H_2O + H_2SO_4 \longrightarrow HSO_4^- + H_3O^+ \qquad \nu = 2 \tag{9.34}$$

요소와 같은 아마이드류는, 물에서는 비전해질이고 암모니아에서는 산으로 행동하지만, 황산으로부터는 양성자를 받아들인다.

$$NH_2C(O)NH_2 + H_2SO_4 \longrightarrow HSO_4^- + NH_2C(O)NH_3^+ \qquad \nu = 2 \tag{9.35}$$

수용액에서 아세트산은 약산이고 질산은 강산이지만, 황산에서 두 가지 산은 모두 염기로 행동한다.

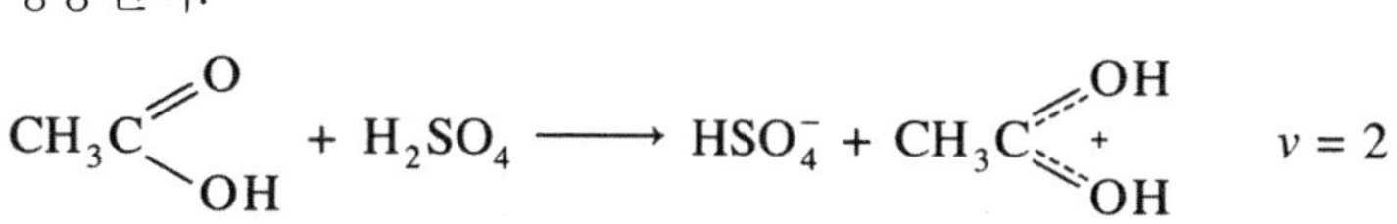
(9.36)

$$HNO_3 + 2H_2SO_4 \longrightarrow 2HSO_4^- + NO_2^+ + H_3O^+ \qquad \nu = 4 \tag{9.37}$$

황산은 강한 산성 매질이다. 그러므로 거의 모든 화학종은 황산 용액과 반응하면 황산수소 이온을 생성하며, 따라서 염기로 행동한다. $H_2SO_4$ 분자는 양성자를 내어 놓으려

8) 이 설명은 잘못된 것이다. 이온 농도는 중화점에서 최소이지만, 전도도는 점도에 따라 변하기 때문에(점도는 조성에 따라 변한다), 절대 최소 전도도는 정확하게 $[H_3SO_4^+] = [HSO_4^-]$일 때 일어나지 않는다. 그러나 실제로는 이러한 약간의 차이가 별로 중요하지 않다.

고 하는 경향이 매우 강하기 때문에, 염기성 경향을 나타내는 분자는 $HSO_4^-$로 평준화될 것이다.

과염소산은 가장 강한 산 중의 하나로 알려져 있지만, 황산에서는 실질적으로 비전해질이며 매우 약한 산처럼 행동한다.

$$HClO_4 + H_2SO_4 \rightleftharpoons H_3SO_4^+ + ClO_4^- \qquad (9.38)$$

황산에서 산으로 행동하는 것으로 알려진 몇 가지 물질 중의 하나는 이황산(파이로황산)이다. 이것은 삼산화 황과 황산으로부터 생성된다.

$$SO_3 + H_2SO_4 \longrightarrow H_2S_2O_7 \qquad (9.39)$$

$$H_2S_2O_7 + H_2SO_4 \rightleftharpoons H_3SO_4^+ + HS_2O_7^- \qquad (9.40)$$

예외적으로 황산에서 강산으로 행동하는 것은 테트라키스(하이드로젠술파토) 붕소산, $HB(HSO_4)_4$이다. 이 화합물은 제조되어 순수한 형태로 분리되지도 않았지만 그 용액은 황산 중에서 만들어진다.

$$H_3BO_3 + 6H_2SO_4 \longrightarrow B(HSO_4)_4^- + 3H_3O^+ + 2HSO_4^- \quad \nu = 6 \qquad (9.41)$$

$SO_3$를 가하면 $H_3O^+$와 $HSO_4^-$ 이온이 제거된다.

$$B(HSO_4)_4^- + 3H_3O^+ + 2HSO_4^- + 3SO_3 \longrightarrow H_3SO_4^+ + B(HSO_4)_4^- + 4H_2SO_4 \qquad (9.42)$$

매우 강한 몇 가지 산들은 "초강산"이라고 부른다.[9] 초강산은 이황산처럼 단순하고 매우 강한 Brønsted 산, 펜타플루오린화 안티모니처럼 매우 강한 Lewis 산, 또는 두 산의 조합으로 구성된다. 가장 흥미로운 것 중의 하나는 "요술산"인데, 플루오로설폰산에 녹아 있는 펜타플루오린화 안티모니의 용액이다. 박사학위 소유자 연구원이 우연히 이 용액에 크리스마스 양초의 작은 조각을 떨어뜨렸을 때(실험실 파티에 이어서) 이 요술산의 이름이 얻어졌는데, 파라핀 양초가 녹았기 때문이다. 긴 사슬 알케인으로 구성된 왁스는 이처럼 극성이 매우 큰 용매 속에서는 녹을 것으로 기대되지 않았다. 더욱이 시료의 $^1$H-NMR 스펙트럼에는 *t*-뷰틸 양이온의 특성적인 예리한 단일선이 나타나는데, 이는 왁스가 많이 끊어지고 재배열이 일어났음을 의미한다. 이 형태의 반응은 네오펜테인과의 반응에 의해 가장 간단하게 나타낼 수 있다.

$$SbF_5 + 2HSO_3F \longrightarrow FSO_3SbF_5^- + H_2SO_3F^+ \quad (\text{초강산}) \qquad (9.43)$$

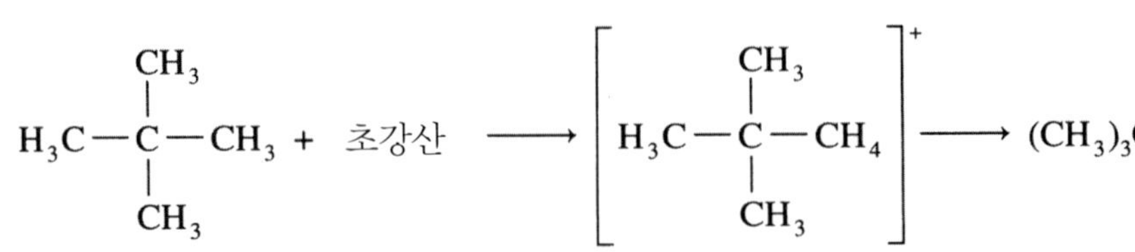

(9.44)

9) 이 용어는 다음 논문의 제목으로부터 유래되었다. Hall, N. F.; Conant, J. B. *J. Am. Chem. Soc.* **1927**, *49*, 3047~3061. 그러나 초강산에 관한 근대적인 연구는 1960년대와 1970년대부터 시작되었다. Gillespie, R. J.; Peel, T. E. *Adv. Phys. Org. Chem.* **1972**, *9*, 1~24; Olah, G. A. *Angew. Chem. Int. Ed. Engl.* **1973**, *12*, 173~212. Olah, G. A.; Prakash, G. K. S.; Sommer, J. *Superacids*; Wiley: New York, 1985.

초강산으로 알려진 것 중에서 가장 강한 것은 플루오린화 수소에 녹은 펜타플루오린화 안티모니의 용액이다.[10)]

$$\mathbf{SbF_5 + 2HF \longrightarrow H_2F^+ + SbF_6^-} \qquad \textbf{(9.45)}$$

Xe, $H_2$, $Cl_2$, $Br_2$, $CO_2$처럼 염기가 아닐 것 같은 화학종들도 초강산으로부터 작지만 $H^+$ 이온을 받아들이는 것으로 밝혀졌다. Ar, $O_2$, $N_2$는 양성자화된다는 증거가 없다.

## 양성자성 용매의 요약

약간의 차이는 있지만 앞에서 설명한 세 가지 양성자성 용매(물, 암모니아, 황산)는 산-염기로서의 행동이 비슷하다. 세 가지 용매 모두는 양성자가 한 용매 분자로부터 다른 용매 분자로 이동하여 용매화된 양성자(Brønsted 산, 용매계 산)와 양성자가 이탈된 음이온(Brønsted 염기, Lewis 염기, 용매계 염기)을 생성하는 자동 이온화를 일으키고 있다. 이들 세 가지 용매의 고유의 산도와 염기도는 다르므로, 용질에 양성자를 첨가하거나 용질에서 양성자가 이탈하는 경향도 다르다. 용매를 고유 산도나 염기도의 순서로 나열할 수도 있다. 물은 황산보다는 산성이 약하지만, 암모니아보다는 더 산성이다. 아세트산의 산도는 물과 황산의 중간이다. 그림 9.1은 네 가지 용매의 상대적 산도와 염기도를 산-염기의 짝쌍과 함께 나타낸 것이다. 이들은 물에서의 $pK_a$ 순서로 나열되어 있다. 이상 수용액에서 짝쌍을 같은 몰로 혼합한 용액의 pH는 $pK_a$에 의해 정해지는데, 다른 용매에서도 산도에 대한 비슷한 척도를 만들 수 있다. 그러므로 $pK_a$를 알면 물 이외의 다른 용매에서 대략적인 산도를 추정할 수 있다. 그림에서 아래에 쓰여진 산은 위에 나열되어 있는 산보다 더 강하며, 반대로 위쪽의 염기는 아래에 나열된 염기보다 더 강하다. 특정한 용매의 양극단 사이에 놓여 있는 모든 화학종은 그 용매 중에서 약한 전해질로 행동하며, 약한 산성이나 약한 염기성 용액을 생성한다. 양극단의 밖에 놓여 있는 모든 화학종은 용매에 의하여 평준화된다.

그림 9.1에서 얻을 수 있는 정보를 예를 들어 알아보자. 아세트산을 살펴보자. 아세트산은 물에서 산으로 행동한다. 더 엄밀히 따지자면, 아세트산과 아세트산염의 같은 몰비의 혼합액은 pH가 4.7이다. 황산에 아세트산을 가하면 아세트산은 염기로 작용하며, $CH_3C(OH)_2^+$ (aceticacidium ion)와 $HSO_4^-$를 생성하여 평준화된다(식 9.36과 비교하라. 평형은 그림 9.1에 나타낸 척도의 −9 부근에 있다).

아세트산을 암모니아에 녹이면, 아세트산은 강산으로 행동하고, $NH_4^+$와 $CH_3COO^-$가 생성되어 평준화된다(식 9.11과 비교하라. 평형은 그림 9.1의 척도에서 4.7에 있다). 아세트산이 염기(황산 중에서)로 행동할지, 강산(암모니아 중에서)으로 행동할지, 또는 약산(수용액 중에서)으로 행동할지는 용매의 산도나 염기도에 의존한다.

용매에 대한 평형 상자(그림 9.1)는 산이나 염기의 세기를 구별할 수 있는 범위를 나타낸다. 즉, 특정 용매의 범위 밖에서는 모든 화학종이 평준화된다. 예를 들면 물은 $pK_a$값이 0에서 14 사이에 있는(아세트산처럼) 산 또는 염기의 세기를 구별할 수 있다(즉, 이 범위 내의 화학종은 약한 산이나 염기이다). 그러나 암모니아는 아세트산과 황

---

10) Gillespie, R. J.; Liang, J. J. Am. Chem. Soc. 1988, 110, 6053~6057. 식 9.45는 묽은 용액에 대해서 간략화한 것이다. $SbF_5$의 농도가 증가함에 따라 polyfluoroantimonate 화학종은 복잡한 평형을 통해 생성된다.

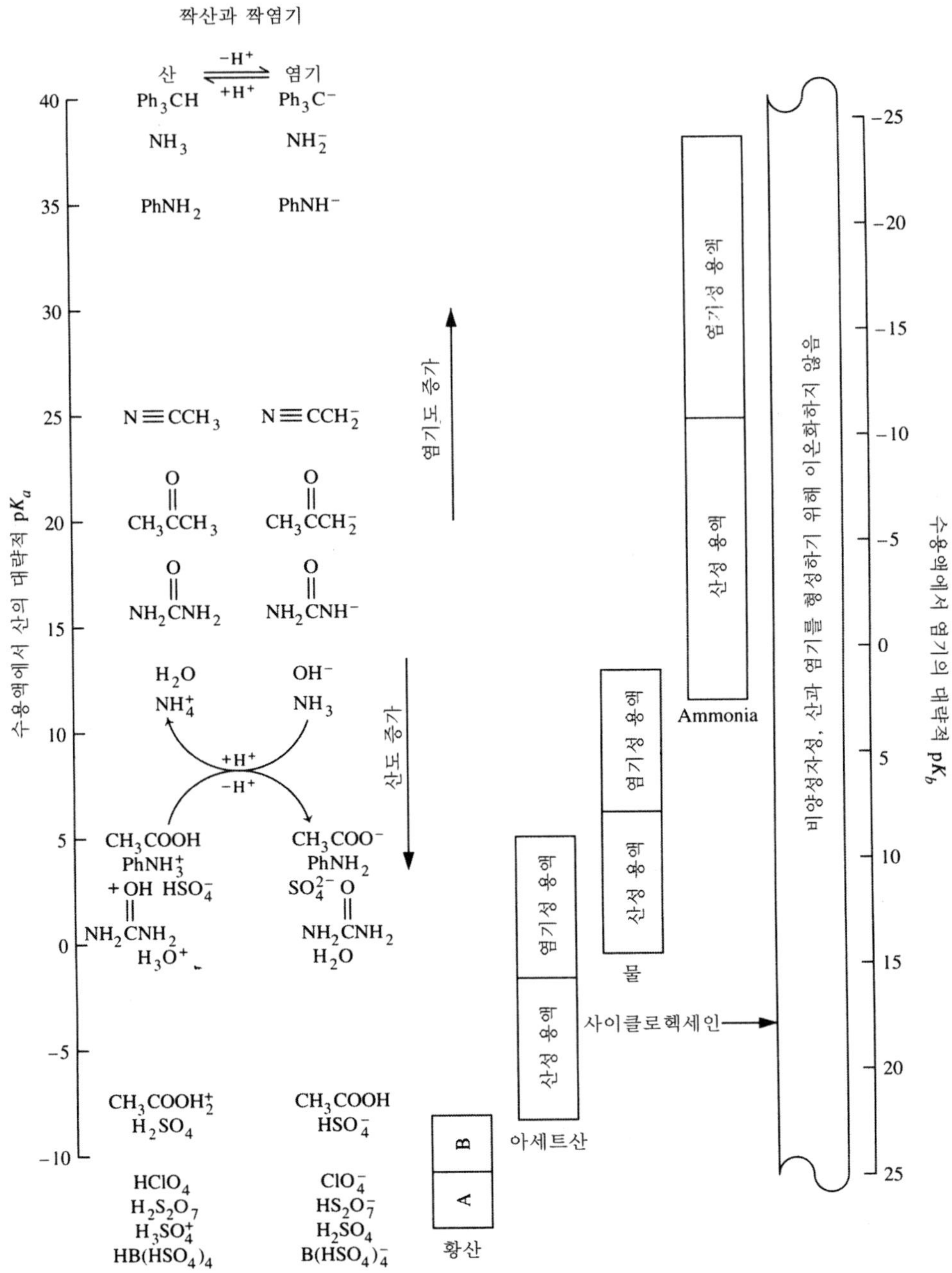


**그림 9.1** 용매의 상대 산도와 염기도. 용매와 용질은 위에서부터 아래로 염기도는 감소, 산도는 증가하는 순서로 나열되어 있다. 용질은 물에서 측정한 것처럼 $pK_a$의 몇 가지 값은 추정하였다. 이상 수용액에서 산과 그 짝염기의 같은 몰 혼합액의 pH가 산의 $pK_a$와 같다. 용액의 산도의 세기와 염기도의 세기가 구별되는 범위를 오른쪽에 나타낸다. 칸의 아래에 있는 모든 산과 칸의 위에 있는 모든 염기는 용매의 특성적 양이온과 음이온에 대해서 평준화된다. $CH_3COOH$와 $NH_3$를 포함하는 화살표는 산이 그 산 위에 있는 염기에, 그리고 오른쪽으로 쉽게 양성자를 줄 것이라는 사실을 설명한다.

산에 대하여 똑같이 행동한다 왜냐하면, 두 가지 화학종은 모두 구별할 수 있는 한계점인 ~12 이하에 놓여 있기 때문이다. 이러한 구별 범위의 정도는 용매의 자동 이온화 상수에 의하여 결정된다(예: 물의 경우 ~14단위). 앞에서 설명한 여러 화학종의 산-염기 행동은 그림 9.1과 관련지어 알아볼 수 있다.[11]

상대적인 산도와 염기도에 대한 완전한 설명은 여기에서 다루기에는 너무 광범위하다. 그렇지만 산과 염기의 행동은 다음을 포함하는 것으로 요약할 수 있다. (1) 용매의 고유 산도-염기도 (2) 용질의 고유 산도-염기도 (3) 평형을 이루거나("약한" 경우는 구별이 가능), 반응이 종결되는("강한" 경우에는 평준화된다) 용질과 용매의 상호작용. 마지막으로 유전 상수가 큰 용매만이 전해질 용액을 만들 수 있다는 것을 기억하여야 한다. 유전 상수가 작은 용매는 산도나 염기도에 관계없이 약한 전해질을 생성할 것이다.

## 비양성자성 용매

지금까지는 물과 공통적인 특성을 갖는 용매에 대하여 설명하였다. 즉, 이동이 가능한 수소가 있고 오늄 이온을 생성하는 용매이다. 이 절에서는 이와 같은 방식으로 이온화하지 않는 용매를 간단하게 살펴보겠다. 이들은 대개 세 가지 그룹으로 분류된다. 첫 번째 그룹은 무극성인 사염화 탄소와 사이클로헥세인과 같은 용매로서, 본질적으로 용매화되지 않으며 자동 이온화되지도 않는다. 이 부류는 용매가 **최소의 역할**만 하는 화학을 연구할 때 유용하다. 이와 같은 경우에 대한 예는, 앞 장에서 설명한 *E*와 *C* 파라미터의 측정이다.

비양성자성 용매의 두 번째 그룹에 속하는 용매는 극성이지만 이온화는 하지 않는 것들이다. 이러한 용매의 몇 가지 예는, 아세토나이트릴 $CH_3C\equiv N$; 다이메틸아세트아마이드, $CH_3C(O)N(CH_3)_2$; 다이메틸설폭사이드(dmso), $(CH_3)_2S=O$; 이산화 황, $SO_2$이다. 이러한 용매는 이온화는 그다지 되지 않지만, 극성 때문에 좋은 배위 결합성 용매이다. 극성은 낮은 것($SO_2$)으로부터 아주 높은 것(dmso)까지의 범위이다. 대부분은 양이온 및 다른 산성 중심과 강하게 배위되는 경향이 있는 염기성 용매이다.

$$\mathbf{CoBr_2 + 6dmso \longrightarrow [Co(dmso)_6]^{2+} + 2Br} \quad \textbf{(9.46)}$$

$$\mathbf{SbCl_5 + CH_3C{\equiv}N \longrightarrow CH_3C{\equiv}NSbCl_5} \quad \textbf{(9.47)}$$

몇 가지 비금속 산화물과 할로젠화물은 음이온 및 다른 염기 중심과 반응하는 받개 용매로서 행동한다.

$$\mathbf{Ph_3CCl + SO_2 \longrightarrow Ph_3C^+ + SO_2Cl^-} \quad \textbf{(9.48)}$$

이 그룹의 용매는 비극성 용매(그룹 I)의 한계로부터 자동 이온화 용매(그룹 III, 아래 참조)까지의 범위에 걸쳐 있다. 이 범위에는 매우 다양한 반응성이 얻어진다. Gutmann[12]은 용매의 염기도나 주개 능력의 척도로서 **주개수(donor number, DN)**을 정의하였다. 주개수는 Lewis 산인 오염화 안티모니와 염기가 반응할 때의 음의 엔탈피로 정의된다.

---

[11] 그림 9.1과 같은 짝산-짝염기 도표를 사용하기 위한 더 광범위한 설명은 다음을 참조하라. Treptow, R. S. *J. Chem. Educ.* **1986**, *63*, 938~941.

[12] Gutmann, V. *The Donor-Acceptor Approach to Molecular Interactions*; Plenum: New York, 1978.

**표 9.4**
몇 가지 용매의 주개수(DN), 받개수(AN) 및 상대적 유전율(유전 상수, $\epsilon/\epsilon_0$)[a, b].

| 용매 | DN | AN | $\epsilon/\epsilon_0$ |
|---|---|---|---|
| Acetic acid | – | 52.9 | 6.2 |
| Acetone | 17.0 | 12.5 | 20.7 |
| Acetonitrile | 14.1 | 19.3 | 36 |
| Antimony pentachloride | – | 100.0 | – |
| Benzene | 0.1 | 8.2 | 2.3 |
| Carbon tetrachloride | – | 8.6 | 2.2 |
| Chloroform | – | 23.1 | 4.8 |
| Dichloromethane | – | 20.4 | – |
| Diethyl ether | 19.2 | 3.9 | 4.3 |
| Dimethylacetamide | 27.3 | 13.6 | 37.8 |
| Dimethylformamide (dmf) | 24.0 | 16.0 | 36.7 |
| Dimethylsulfoxide (dmso) | 29.8 | 19.3 | 45 |
| Dioxane | 14.8 | 10.8 | 2.2 |
| Hexamethylphosphoric triamide (hmpa) | 38.8 | 10.6 | – |
| Nitromethane | 2.7 | 20.5 | 38.6 |
| Phosphorus oxychloride | 11.7 | – | – |
| Propylene carbonate | 15.1 | – | 65.1 |
| Pyridine (py) | 33.1 | 14.2 | 12.3 |
| Tetrahydrofuran | 20.0 | 8.0 | 7.3 |
| Trifluoroacetic acid | – | 105.3 | – |
| Trfluorosulfonic acid | – | 129.1 | – |
| Water | 18 | 54.8 | 81.7 |

[a] 유전율을 절대 단위로 표시한 것보다 $\epsilon/\epsilon_0$비가 사용하기에 편리하다.
[b] 자료 : Cutmann, V. *Chimia*, **1977**, *31*, 1: *The Donor-Acceptor Approach to Molecular Interactions*, Plenum: New York, 1978.

$$\mathbf{B + SbCl_5 \longrightarrow BSbCl_5 \qquad DN_{SbCl_5} \equiv -\Delta \mathit{H}} \tag{9.49}$$

주개수는 여러 가지 용매의 상대적인 주개 능력을 비교할 수 있게 해 준다. 예를 들면, 비극성인 1,2-다이클로로에테인으로부터 극성이 아주 높은 헥사메틸포스포아마이드 $[(CH_3)_2N]_3PO$까지의 범위에 있는 여러 가지 용매의 상대적 주개 능력은 주개수를 이용하면 비교할 수 있다(표 9.4). 그러나 주개수와 유전율 사이에는 정확한 상호관계가 없다. 나이트로메테인이나 탄산프로필렌 등은 유전율이 비교적 큰 용매($\varepsilon/\varepsilon_o$ = 38.6과 65.1)이지만, 매우 약한 주개(DN = 2.7과 15.1)이다. 또한 가장 좋은 주개가 항상 큰 유전율을 갖는 것도 아니다. 피리딘(DN = 33/1, $\varepsilon/\varepsilon_o$ = 12.3)과 다이에틸에터(DN = 19.2, $\varepsilon/\varepsilon_o$ = 4.3)를 예로 들 수 있다. 이것은 용해도는 단순한 정전기적인 상호작용이 아닐 뿐만 아니라, 공유 주개 결합을 형성하는 능력을 포함하는 용매화까지도 관계가 있다는 점을 상기시켜 준다. 피리딘은 비교적 무른 염기(8장)라고 간주될 수 있다. Gutmann은 이 개념을 용매의 친전자성 행동을 측정하는 **받개수(acceptor number, AN)** 까지 포함하도록 확장하였다(표 9.4).[13] Drago[14]는 주개수 개념을 비판하였는데, 주개수가 굳은 성질과 무른 성질(또는 정전기적 그리고 공유 결합적 차이)의 차이를 충분히 설명하지 못했기 때문이다. 주개수를 평가할 때 한 가지 산($SbCl_5$)만을 기준

13) Gutmann, V. *Electronchim. Acta* **1976**, *21*, 661~670; *Chimia* **1977**, *31*, 1~7.
14) Drago, R. S. *Inorg. Chem.* **1990**, *29*, 1379~1382.

으로 사용함으로써, 주개수 시스템은 4-파라미터 식, $E_AE_B + C_AC_B$ 로부터 얻을 수 있는 정보의 절반 밖에 제시하지 못한다.

세 번째 그룹의 용매는 극성이 크고 자동 이온화하는 용매로 구성되어 있다. 그들은 일반적으로 반응성이 크고 미량의 수분 및 오염 물질과 반응하므로 순수한 상태로 보관하기가 어렵다. 어떤 용매는 실리카 용기와 서서히 반응하기도 하고 금과 백금 전극도 녹인다. 반응성이 높은 용매 중의 한 가지 예는 트라이플루오린화 브로민이다. 산화물, 탄산염, 질산염, 아이오딘산염, 기타의 할로젠화물 등 플루오린화물이 아닌 염류는 다음과 같이 플루오린화된다.

$$\mathbf{Sb_2O_5 \xrightarrow{BrF_3} BrF_2^+ + SbF_6^-} \tag{9.50}$$

$$\mathbf{GeO_2 \xrightarrow{BrF_3} 2BrF_2^+ + GeF_6^{2-}} \tag{9.51}$$

$$\mathbf{PBr_5 \xrightarrow{BrF_3} BrF_2^+ + PF_6^-} \tag{9.52}$$

$$\mathbf{NOCl \xrightarrow{BrF_3} NO^+ + BrF_4^-} \tag{9.53}$$

플루오린화염은 아무런 변화를 일으키지 않고 녹지만, 플루오린화 이온이 이동하여 전도성 용액을 생성한다.

$$\mathbf{KF \xrightarrow{BrF_3} K^+ + BrF_4^-} \tag{9.54}$$

$$\mathbf{AgF \xrightarrow{BrF_3} Ag^+ + BrF_4^-} \tag{9.55}$$

$$\mathbf{SbF_5 \xrightarrow{BrF_3} BrF_2^+ + SbF_6^-} \tag{9.56}$$

$$\mathbf{SnF_4 \xrightarrow{BrF_3} 2BrF_2^+ + SnF_6^{2-}} \tag{9.57}$$

이들 용액은 다음과 같은 $BrF_3$의 자동 이온화처럼 가정하면,[15] 산이나 염기로 생각할 수 있다.

$$\mathbf{2BrF_3 \rightleftharpoons BrF_2^+ + BrF_4^-} \tag{9.58}$$

앞에서 살펴본 반응 9.50~9.52, 9.56, 9.57은 산성 용액을 형성하는 것으로 간주할 수 있고($BrF_2^+$ 이온이 생성된다), 반응 9.53~9.55은 염기성 용액이 생성되는 것으로 간주할 수 있다($BrF_4^-$ 이온이 생성된다). 산성 용액은 염기로 쉽게 적정할 수 있다.

$$\mathbf{(BrF_2)SbF_6 + AgBrF_4 \longrightarrow AgSbF_6 + 2BrF_3} \tag{9.59}$$

이러한 반응은 용액의 전도도를 측정하여 쉽게 알아낼 수 있다. 전도도는 1 : 1의 종말점에서 최소가 된다. $SnF_4$ 용액은 2염기산으로 행동하며, 몰비가 1 : 2일 때 전도도는 최소가 된다.

$$\mathbf{(BrF_2)_2SnF_6 + 2KBrF_4 \longrightarrow K_2SnF_6 + 4BrF_3} \tag{9.60}$$

---

15) $BrF_3$의 자동 이온화를 이와 같이 나타내는 것은 순수한 $BrF_3$의 전도도와 $KBrF_4$와 같은 염 중에서 $BrF_4^-$가 확인되는 것에 근거한다. $BrF_2^+$에 대한 증거는 더 약하다. 이 식의 정당성을 더 공고하게 해 주는 증거는 $ICl_3$ 계로부터 얻어졌는데, X선에 의해 $ICl_3$가 $ICl_2^+$와 $ICl_4^-$로 구성되어 있음이 밝혀졌다.

반응성은 좀 덜하지만 비슷한 성질을 갖는 비양성자성 용매는 옥시염화 인(염화 포스포릴)이다. 이 용매는 Gutmann과 공동 연구자[16]에 의하여 많이 연구되었다. 이들은 얻어진 결과를 다음과 같은 자동 이온화에 바탕을 둔 용매계로 해석하였다.

$$OPCl_3 \rightleftharpoons OPCl_2^+ + Cl^- \tag{9.61}$$

이 계에 대한 더 일반적인 형태는 다음과 같다.

$$(m + n)OPCl_3 \rightleftharpoons [OPCl_2(OPCl_3)_{n-1}]^+ + [Cl(OPCl_3)_m] \tag{9.62}$$

이 자동 이온화 반응은 측정하기가 매우 어려운데, 극소량의 물이 첨가되기만 해도 다음과 같은 반응이 일어나서 용액이 전도성을 띠기 때문이다.

$$3H_2O + 2OPCl_3 \longrightarrow 2(H_3O)Cl + Cl_2P(O)OP(O)Cl_2 \tag{9.63}$$

만약 자동 이온화 반응이 일어난다면 이온곱, $[OPCl_2^+][Cl^-]$은 $5 \times 10^{-14}$ 이하이다.

옥시염화 인에 녹아서 염화 이온의 농도를 진하게 만드는 염류는 염기로 간주된다.

$$KCl \xrightarrow{OPCl_3} K^+ + Cl^- \qquad \text{강염기} \tag{9.64}$$

$$Et_3N \xrightleftharpoons{OPCl_3} [Et_3NP(O)Cl_2]^+ + Cl^- \qquad \text{약염기} \tag{9.65}$$

대부분의 분자성 염화물은 산으로 행동한다.

$$FeCl_3 \xrightarrow{OPCl_3} OPCl_2^+ + FeCl_4^- \tag{9.66}$$

$$SbCl_5 \xrightarrow{OPCl_3} OPCl_2^+ + SbCl_6^- \tag{9.67}$$

예상한 것처럼, 염기성 용액은 산성 용액으로 적정이 가능하며 전도도법, 전위차법, 광도법 및 이와 유사한 방법으로 중화점을 찾을 수 있다. 옥시염화 인에서 몇 가지 금속과 비금속의 염화물은 양쪽성이다.

$$K^+ + Cl^- + AlCl_3 \xrightarrow{OPCl_3} K^+ + AlCl_4^- \tag{9.68}$$

$$SbCl_5 + AlCl_3 \xrightarrow{OPCl_3} AlCl_2^+ + SbCl_6^- \tag{9.69}$$

평형과 치환 반응으로부터 염화 이온의 주개와 받개에 대한 상대적 능력에 관한 표를 만들 수 있다(표 9.5).[17] 약간의 예외(예: $HgCl_2$)가 있기는 하지만 예상한 것처럼 좋은 주개는 일반적으로 빈약한 받개이고, 좋은 받개는 빈약한 주개이다.

옥시염화 인과 같은 용매에서 일어나는 반응에 관한 적절한 해석은 문헌상으로 몇 가지 논쟁이 있었다. Drago와 공동 연구자들[18]은 용매계 방법을 대신할 수 있는 방법

---

16) Gutmann, V. *Coordination Chemistry in Nonaqueous Solutions*; Springer: New York, 1968.

17) 이 표의 나열 순서는 변하지 않는다. 나열된 몇 가지 화합물은 매우 비슷한 주개와 받개 능력을 가지고 있으며, 용액 중에 있는 다른 이온의 성질에 따라 교환이 일어난다,. 이것은 비교적 작은 유전 상수($\epsilon/\epsilon_o$ = 13.9)의 용매 중에서 기대되는데, 이 용매에서는 이온쌍 생성이 중요하며 상대 이온의 성질이 염화 이온 첨가 생성물의 안정도에 영향을 줄 수도 있다.

18) Meek, D. W.; Drago, R. S. *J. Am. Chem. Soc.* **1961**, *83*, 4322~4325. Drago, R. S.; Purcell, K. F. *In Non-Aqueous Solvent Systems*; Waddington, T. C., Ed.; Academic: New York, 1965; pp 211~251.

**표 9.5**
염화 이온의 상대적 주개-받개 능력.

| 염화 이온 주개 | 염화 이온 받개 |
|---|---|
| $[R_4N]Cl$ | |
| $KCl$ | |
| $AlCl_3$ | $AlCl_3$ |
| $TiCl_4$ | $ZnCl_2$ |
| $PCl_5$ | $PCl_5$ |
| $ZnCl_2$ | $TiCl_4$ |
| | $HgCl_2$ |
| $BCl_3$ | $BCl_3$ |
| | $BF_3$ |
| | $InCl_3$ |
| $SnCl_4$ | $SnCl_4$ |
| $AlCl_2^+$ | |
| $HgCl_2$ | $SbCl_5$ |
| $SbCl_3$ | $FeCl_3$ |

염기도 증가 (↑) 염기도 증가 (↓)

으로 "배위 모형"을 제안하였다. 이들은 용매계의 개념을 실제로 입증될 수 있는 것보다 더 무리하게 적용할 때 생기는 오류를 강조하였다. 또한 이들은 옥시염화 인에서처럼 염화 철(III)이 인산트라이에틸에 녹으면 테트라클로로철(III) 산 이온, $FeCl_4^-$이 생성됨을 밝혔다. 그러나 인산 트라이에틸 중에서는 용매가 염화 이온 주개로 행동할 수 없기 때문에, 식 9.66과 같은 반응은 적용할 수 없다. 인산 트라이에틸 중에서 염화 이온 이동은 한 $FeCl_3$ 분자에서 다른 분자로 이동하여 철(III)의 양이온을 생성하게끔 일어나야 한다.

$$2FeCl_3 \xrightarrow{OP(OEt)_3} [FeCl_2\{OP(OEt)_3\}_n]^+ + FeCl_4^- \qquad \textbf{(9.70)}$$

Drago와 공동 연구자들은 옥시염화 인($OPCl_3$)과 인산 트라이에틸($OP(OEt_3)$) 간의 물리적 및 화학적 성질이 비슷하기 때문에 옥시염화 인 중에서 $FeCl_4^-$의 생성은 식 9.70과 유사한 반응으로 진행될 것이라고 설명하였다.

$$2FeCl_3 \xrightarrow{OPCl_3} [FeCl_2(OPCl_3)_n]^+ + FeCl_4^- \qquad \textbf{(9.71)}$$

그들은 이와 같은 포스포릴($-P=O$) 용매의 비슷한 배위 능력(및 더 작은 유전 상수)이 화학적 차이점(가상적인 자동 이온화와 옥시염화 인의 염소가 이동하는 것)보다 더 중요하다고 설명하고 있다.

Gutmann[19]은 다이클로로철(III) 이온, $[FeCl_2(용매)]^+$은 묽은 옥시염화 인 용액 중에는 존재하지 않지만, 진한 용액이나 $SbCl_5$처럼 강산을 가한 용액 중에서는 존재한다고 반박하였다. 이러한 경우 용매의 염화 이온 주개 능력이 보다 커져서 염화 이온이 염화 철(III)로부터 떨어지게 된다. 앞에서 지적한 것처럼, 이 논쟁은 어떤 의미에서는 단어의 정의에 관한 문제이다. 용매계의 자동 이온화로 인해 생성되는 용매계 양이온이나 용매계 음이온은 그 용매 중에서 평준화되지 않고 존재할 수 있는 가장 강한 산과 강한 염기라는 것만이 이들 이온의 특성이다. 인산 트라이에틸(평준화하지 않는 용

---

19) Gutmann, V. *Coordination Chemistry in Non-Aqueous Solution*; Springer: New York, 1968.

매) 중에서 다이클로로철(III) 이온은 완전히 안정하다. 옥시염화 인에서의 평준화 메커니즘은 다음과 같다.

$$\mathbf{FeCl_2^+ + OPCl_3 \rightleftharpoons OPCl_2^+ + FeCl_3} \tag{9.72}$$

이 평형은 만약 다이클로로철(III) 이온이 다이클로로포스포릴 이온보다 더 강한 산이면 오른쪽으로, 그 산의 세기가 반대이면 왼쪽으로 진행할 것이다. 중요한 점은 용매계의 방법이나 배위 모형 중의 어느 것도 식 9.72의 평형의 성질을 실험적으로 예상할 수 없다는 것이다. 이것을 예측하려면 $FeCl_2^+$와 $OPCl_2^+$에 있는 중심 원자의 상대적 전자 밀도에 대한 지식과 앞에서 설명한 일반화된 산–염기 정의를 이용하여야 한다. 염화 철(III)이 산성인 것은 철 원자의 반지름이 작고 전하가 큰 3가 양이온이기 때문이다. 이 전하는 배위된 세 개의 염화 이온에 의해서 부분적으로만 상쇄되기 때문에, 다른 곳에서 전자 밀도를 찾아서 양전하 성질을 감소시키려 한다. 그러므로 염화 철(III)은 용매와는 무관하게 산으로 작용하며, 염기가 있으면 가장 강한 것과 결합한다. 만약 포스포릴기의 염기도가 충분하다면(인산 트라이에틸이나 옥시염화 인에서 염화 이온의 농도가 너무 적으면, 당연히 포스포릴기의 염기도가 충분히 강하게 된다), 염화 철(III)은 염화 이온을 떼어낼 수 있을 만큼(옥시염화 인 중에서만 가능) 강한 산이 되지 못한다.

## 전극 전위와 기전력

앞에서 알아본 것처럼, 산도와 염기도는 전자의 이동과 밀접하게 연결된다. 전자 전이가 정수의 전자를 포함하면, 대체로 산화–환원 반응이 진행되는 것으로 간주한다. 전기화학에 대한 상세한 열역학은 물리화학 교재에서 다룰 분야이고, 이 절에서는 무기화학자에게 흥미있는 기전력(emf)의 응용을 알아볼 것이다. 그렇지만 전극 전위와 반쪽 반응에 대한 관례와 열역학을 아주 간략하게 알아보도록 하겠다.

1. 표준 수소 전극($a_{H^+} = 1.00$; $f_{H_2} = 1.00$)의 전극 전위는 임의적으로 0.00 V로 정의한다.
2. 수소 전극과 단위 활동도를 갖는 $M^{n+}$의 용액에 담근 금속 M의 두 번째 전극($M^{n+}/M$)으로 구성된 전지를 만들면, 전지의 전극 사이의 전위를 측정할 수 있다. 수소 전극의 전위는 0.00 V로 정하였으므로 정의에 따라서 전극, $M^{n+}/M$의 전위는 측정된 전지의 전위와 같다. 금속 전극이 수소 전극에 대하여 **양으로 하전**되면(예: $Cu^{2+}/Cu$), 금속의 전극 전위는 양의 부호를 갖게 된다($E_{Cu^{2+}/Cu} = +0.337$ V). 금속이 수소보다 전자를 더 쉽게 잃는 경향이 있어서 **음으로 하전**되면(예: $Zn^{2+}/Zn$), 전극은 음의 부호를 갖게 된다($E_{Zn^{2+}/Zn} = -0.763$ V). 이 관례는 각 전극의 전극 전위가 한 가지의 변하지 않는 값을 갖게 만들기 때문에 편리하다(아연 전극은 조사하고 있는 반응이 갈바니 전지에서 일어나거나, 전해 전지에서 일어나거나 상관없이, 항상 정전기적으로 음의 값을 가진다). 대부분의 물리화학자나 무기화학자는 표준 수소 전극을 기준으로 한 **정전기적 전위보다**는 오히려 **반**

**쪽 반응의 열역학**에 더 흥미를 가진다. 열역학에 관련된 관례를 **열역학적 관례**라고 한다. 이 관례는 기전력($E$)를 다음과 같이 나타낸다.

$$\Delta G = -nFE \tag{9.73}$$

여기에서 $\Delta G$는 Gibbs 자유 에너지의 변화이고, $n$은 반응하는 당량수이며, $F$는 Faraday 상수 96,485 쿨롱/당량이다. 반응이 진행되는 방향을 규정할 필요가 있다. 그러므로 다음 반응에서

$$\mathrm{Zn + 2H^+ \longrightarrow Zn^{2+} + H_2} \tag{9.74}$$

$\Delta G < 0$이면($H^+/H_2$는 0.00 V로 정의되므로)

$$\mathrm{Zn \longrightarrow Zn^{2+} + 2e^-} \qquad E > 0 \tag{9.75}$$

비자발적 반응의 경우

$$\mathrm{H_2 + Zn^{2+} \longrightarrow Zn + 2H^-} \tag{9.76}$$

$\Delta G > 0$이다. 그러므로

$$\mathrm{Zn^{2+} + 2e^- \longrightarrow Zn} \qquad E < 0 \tag{9.77}$$

따라서 반쪽 반응("전극")이나 전체 산화-환원 반응에 대한 emf의 부호는 반응식을 써 놓은 방향에 따라 결정된다(엔탈피, 엔트로피, 자유 에너지와 같은 열역학적 양의 경우와 같다). 환원 전극의 부호는 항상 정전기 전위의 부호와 같다.[20]

3. Nernst 식은 반쪽 반응과 전체 산화-환원 반응 모두의 전위를 활용한다.

$$E = E^0 - \frac{RT}{nF}\ln Q \tag{9.78}$$

여기에서 $E^o$는 모든 화학종의 활동도가 1일 때의 전체 전위이고, $Q$는 반응의 화학량론값을 나타낸다.

4. **자유 에너지가 감소하는 반응($\Delta G < 0$)은 자발적 반응이다.** 이것은 열역학 제2법칙의 필요조건이다. 따라서 $E > 0$인 산화-환원 반응은 자발적 반응이다.
5. 수용액에서 다음의 두 반쪽 반응은 특히 중요하다. (a) **물이나 옥소늄 이온에서 수소의 환원**

$$1\ \text{M 산}\quad \mathrm{H_3O^+ + e^- \longrightarrow H_2O + \tfrac{1}{2}H_2} \qquad E^0 = 0.00\ \mathrm{V} \tag{9.79}$$

$$\text{중성 용액}\quad \mathrm{H_2O + e^- \longrightarrow OH^- + \tfrac{1}{2}H_2} \qquad E = -0.414\ \mathrm{V} \tag{9.80}$$

---

20) 과거에는 정전기적 관례를 "유럽식 관례"라 부르기도 했고, Latimer에 의하여 보급된 열역학적 관례(*The Oxidation Potentials of Elements and Their Values in Aqueous Solution*; Prentice-Hall: Englewood Cliffs, NJ, 1952)를 "미국식 관례"라 하기도 하였다. 혼란을 줄이기 위해, IUPAC는 "Stockholm 규약"에서 전극 전위는 정전기적 전위를 의미하는 것으로 하고, *emf*는 열역학적 양을 의미하는 것으로 채택하였다. 또한 부호에 대한 혼란의 가능성을 피하기 위해서 표준 환원 전위를 "전극 전위"로 기록할 것을 권장하고 있다.

$$\text{1 M 염기}\quad \mathbf{H_2O + e^- \longrightarrow OH^- + \tfrac{1}{2}H_2} \qquad E^0 = -0.828\ \text{V} \tag{9.81}$$

(b) **물이나 수산화 이온에서 산소의 산화**

$$\text{1 M 산}\quad \mathbf{H_2O \longrightarrow \tfrac{1}{2}O_2 + 2H^+ + 2e^-} \qquad E^0 = -1.229\ \text{V} \tag{9.82}$$

$$\text{중성 용액}\quad \mathbf{H_2O \longrightarrow \tfrac{1}{2}O_2 + 2H^+ + 2e^-} \qquad E = -0.815\ \text{V} \tag{9.83}$$

$$\text{1 M 염기}\quad \mathbf{2OH^- \longrightarrow \tfrac{1}{2}O_2 + H_2O + 2e^-} \qquad E^0 = -0.401\ \text{V} \tag{9.84}$$

이들 반응은 수용액에 존재하는 화학종의 **열역학적 안정도**[21]를 제한한다.

6. 다가 화학종에 대한 "건너뛰기(skip-step) emf"를 계산할 때, 자유 에너지의 전체 변화를 고려해야 한다. Fe에서 $Fe^{2+}$로의 산화와 $Fe^{2+}$에서 $Fe^{3+}$로의 산화에 대한 emf를 알고 있을 때, Fe에서 $Fe^{3+}$로의 산화에 대한 건너뛰기 emf를 계산하는 과정을 살펴보자.

$$\mathbf{Fe \longrightarrow Fe^{2+}} \qquad E^0 = 0.44 \qquad \Delta G^0 = -2 \times 0.44 \times F \tag{9.85}$$

$$\mathbf{Fe^{2+} \longrightarrow Fe^{3+}} \qquad E^0 = -0.77 \qquad \Delta G^0 = -1 \times -0.77 \times F \tag{9.86}$$

$$\mathbf{Fe \longrightarrow Fe^{3+}} \qquad \Delta G^0 = -0.11\,F \tag{9.87}$$

$$E^0 = -\frac{\Delta G}{nF} = 0.11/3 = 0.037\ \text{V} \tag{9.88}$$

emf는 가감성이 아니지만 자유 에너지를 이용하면 3-전자 변화에 대한 전체 emf를 간단하게 계산할 수 있다.

7. 표준 전위 또는 "Latimer" 도표는 원소의 산화 상태에 대한 많은 열역학적 정보를 요약할 때 유용하고 편리한 방법을 제공한다. 예를 들면, 아래의 반쪽 반응은 부록 F의 표 F.1로부터 얻을 수 있다.

$$\mathbf{Mn^{2+} + 2e^- \longrightarrow Mn} \qquad E^0 = -1.18\ \text{V} \tag{9.89}$$

$$\mathbf{Mn^{3+} + e^- \longrightarrow Mn^{2+}} \qquad E^0 = +1.56\ \text{V} \tag{9.90}$$

$$\mathbf{MnO_2 + 4H^+ + e^- \longrightarrow Mn^{3+} + 2H_2O} \qquad E^0 = +0.90\ \text{V} \tag{9.91}$$

$$\mathbf{HMnO_4^- + 3H^+ + 2e^- \longrightarrow MnO_2 + 2H_2O} \qquad E^0 = +2.09\ \text{V} \tag{9.92}$$

$$\mathbf{H^+ + MnO_4^- + e^- \longrightarrow HMnO_4^-} \qquad E^0 = +0.90\ \text{V} \tag{9.93}$$

$$\mathbf{MnO_2 + 4H^+ + 2e^- \longrightarrow Mn^{2+} + 2H_2O} \qquad E^0 = +1.23\ \text{V} \tag{9.94}$$

$$\mathbf{MnO_4^- + 4H^+ + 3e^- \longrightarrow MnO_2 + 2H_2O} \qquad E^0 = +1.70\ \text{V} \tag{9.95}$$

$$\mathbf{MnO_4^- + 8H^+ + 5e^- \longrightarrow Mn^{2+} + 4H_2O} \qquad E^0 = +1.51\ \text{V} \tag{9.96}$$

$H_2O$, $H^+$, $OH^-$와 같은 화학종을 생략하면 위의 모든 정보를 다음과 같이 요약할 수 있다.

---

21) 열역학적 안정성을 취급할 때는 어느 경우든지, 화학종은 열역학적으로 불안정하지만 반응속도론적으로는 안정할지도 모른다. 즉, 낮은 활성화 에너지를 갖는 반응 메커니즘이 없으므로 분해가 일어나지 않을지도 모른다는 것을 명심해야 한다.

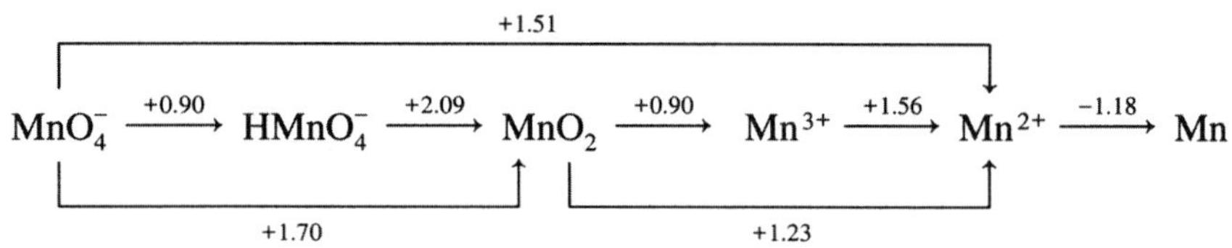

산화 상태가 높은 화학종은 왼쪽에 나열하고, 환원된 형태는 오른쪽에 나열한 다음 환원 emf를 각 화학종 사이에 적는다. 그래서 산화 상태가 가장 높은 화학종은 왼쪽에 위치하게 되고 산화 상태가 가장 낮은 화학종은 오른쪽에 위치하게 된다.[22)]

## 비수 용액에서의 전기화학

지금까지는 모두 수용액에 대한 전기화학을 설명하였지만, 비수 용매에도 같은 원리가 마찬가지로 적용된다. 용매화 에너지의 차이 때문에, 전극 전위는 수용액에서 관측되는 것과는 상당히 다르다. 또한 용매의 특성인 산화 전위와 환원 전위도 용매의 화학적 행동에 따라 변한다. 이러한 두 가지의 효과 때문에 물에서는 불가능한 반응도 비수 용매에서는 일어날 수 있다. 예를 들면, 소듐과 베릴륨은 물과의 반응성이 너무 강해서 수용액에서는 전기분해를 통해 얻는 것이 불가능하다. 그러나 액체 암모니아에서는 베릴륨을, 피리딘 용액에서는 소듐을 전기분해를 통해 얻을 수 있다.[23)] 불행하게도 물 이외의 대부분의 다른 용매에 대하여 완전한 표준 전위값의 표를 만드는 데 필요한 열역학적 자료는 부족하다. Jolly[24)]는 액체 암모니아에 대한 표를 완성하였다. 물에서처럼 척도를 확립하기 위하여 수소 전극을 척도의 기준으로 사용한다.

$$\mathbf{NH_4^+ + e^- \longrightarrow \tfrac{1}{2}H_2 + NH_3 \qquad E^0 = 0.000\ V} \tag{9.97}$$

암모니아에서 전극 전위를 화학에 적용한 간단한 예는 많이 있다. 산성 용액에서 수은에 대한 Latimer 도표는 다음과 같다.

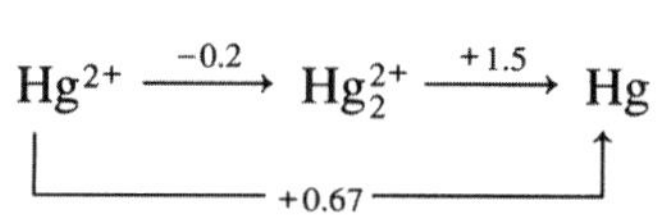

불용성 아이오딘화 수은(I)에 대한 Latimer 도표는 다음과 같다.

$$\mathbf{Hg^{2+} \xrightarrow{+0.66} Hg_2I_2 \xrightarrow{+0.68} Hg}$$

수은(I) 이온(자유 이온이나 $Hg_2I_2$ 중의 이온)은 물에서는 안정하지만 암모니아에서는

---

22) Latimer에 의해 처음으로 채택된 이 관례는 무기화학의 문헌에 널리 사용되고 있다. 불행하게도 Latimer도 emf를 사용하였기 때문에, 그의 도표(위에 나타낸 것의 거울상)는 현재 사용하는 환원 emf와 상반된다. 그 결과로 여러 가지 수정 "Latimer 도표"가 나타났다. 그 중에는 가끔 산화 emf인지 환원 emf인지, 또는 반응이 어느 방향으로 진행하는지 명확하게 표기되지 않은 것도 있다. 혼란을 피하기 위하여 화살표(본래 Latiemr 도표에는 없다)로 표시하였다. Latimer 도표에 대한 더 상세한 설명과 응용은 13장을 참조하라.

23) Parry, R. W.; Lyons, E. H., Jr. *In The Chemistry of Coordination Compounds*; Bailar, J. C., Jr., Ed.; Van Nostrand-Reinhold: New York, 1956; pp 669~671.

24) Jolly, W. L. *J. Chem. Educ.* **1956**, *33*, 512~517.

열역학적으로 불안정하여 불균등화 반응이 일으키는 것을 쉽게 알 수 있다.

비수 용매에서의 전기화학은 실험실에서만 흥미로운 것이 아니다. 대단히 효율적인 전지를 개발하려면 음극이나 양극은 반응성이 커야 하고(큰 양의 emf) 낮은 당량 무게를 가져야 한다. 이러한 점에서 보면 리튬이 아주 좋다. 그러나 리튬은 반응성이 매우 높기 때문에 수용액 계는 물론이고 액체 암모니아에서조차 사용할 수 없다. 리튬을 사용하는 전지 중에서 한 가지 성공한 예는 용매와 산화제로서 이산화 황이나 염화 싸이오닐($OSCl_2$)을 사용하여 개발한 것이다.[25] 대단히 효율적인 이런 종류의 전지는 가볍고 수명이 긴 것을 중요시하는 특수 분야에서 널리 사용되고 있다.

## 습식 야금

전통적으로 광석에서 금속을 얻기 위해서는 건식 야금술이 사용되었다. 이 방법은 상당히 높은 농도의 금속 광석을 고온에서 환원시킨다. 용광로에서의 반응이 그 전형적인 예이다.

$$Fe_2O_3 + 3CO \longrightarrow 2Fe + 3CO_2 \quad (9.98)$$

$$CO_2 + C \longrightarrow 2CO \quad (9.99)$$

철을 환원시키는 일산화 탄소는 이산화 탄소를 재활용하거나(식 9.99) 코크스 위에 뜨거운 공기를 접촉시켜 직접 산화시킴으로써 만들 수 있다.

$$2C + O_2 \longrightarrow 2CO \quad (9.100)$$

연소로 인해 방출된 에너지는 철의 녹는점(1535 °C) 이상으로 온도를 충분히 높일 수 있다. 금속을 생산하는 또 다른 방법을 개발하려는 동기 중의 하나는 에너지를 덜 소모 하는 과정을 발견하려는 것이다.

습식 야금술은 새로운 것이 아니다. 거의 한 세기 동안 저급 광석에서 금을 분리하기 위해 사용되었다. 다음의 과정은 사용된 방법 중에서 대표적 방법이다. 금은 일반적으로 반응성이 매우 낮은 금속이다.

$$Au \longrightarrow Au^+ + e^- \qquad E^0 = -1.69\ V \quad (9.101)$$

음의 산화 emf로 인해 금은 너무 활성이 낮아서 $O_2$ ($E^o$ =+1.185 V)나 $Cl_2$ ($E^o$ =+1.36 V)와 반응하지 않는다. 그러나 Au(I) 이온이 착물을 형성하면 emf가 변하여 반응이 일어나기 쉽게 된다.

$$Au + 2CN^- \longrightarrow Au(CN)_2^- + e^- \qquad E^0 = +0.60\ V \quad (9.102)$$

그러면 대기 중의 산소는 충분히 강한(그리고 값싼) 산화제로 작용하여 금의 용액에 영향을 준다. 그리하여 아연 분말($E^o$ = − 0.763 V)과 같은 활성 금속에 의해 환원되어 침전을 형성한다. 그러한 습식 야금술 과정은 다음과 같은 이점을 제공한다.

---

[25] Jones, K. J.; Hatch, E. S. , Jr. *Ind. Res. Dev.* Feb. **1982**, *24*, 182; Mar. **1982**. *24*, 89.

**표 9.6**
건식 야금술과 습식 야금술의 비교[a].

| | 간식 야금 | 습식 야금 |
|---|---|---|
| 에너지의 소비 | 고온(약 1500°C)을 필요로 하므로 반응 속도는 빠르지만 많은 에너지를 소비한다. 경제적으로 공정을 운영하려면 열회수 시스템을 필요로 한다. 열은 고온 기체에서 쉽게 회수할 수 있지만(필요한 장치는 부피가 크며 값이 비싸지만) 응용된 슬랙이나 금속에서는 잘 회수되지 않으므로 많은 에너지를 잃는다. | 용해 과정에는 온도가 낮으므로 반응 속도가 낮지만 에너지를 필요로 하지 않는다. 그러나 전해 정련, 유출물의 청소, 시약의 회수 등의 필요 때문에 이러한 에너지의 이점이 상쇄된다. |
| 분 진 | 대부분의 공정은 다량의 분진을 배출하므로 오염을 감소하기 위하여 혹은 분진에 값비싼 금속을 포함하므로 회수하여야 한다. 분진 회수 장치는 부피가 크며 값이 비싸다. | 문제가 생기지 않는다. 왜냐하면 일반적으로 젖은 상태의 물질을 취급하기 때문이다. |
| 유독 기체 | 여러 공정에서 유독 기체를 발생하므로, 반응로는 기밀 상태로 되어야 하며 기체 정화기나 기타의 시스템으로 제거하여야 한다. 기체는 뜨겁고 부식성이므로 제거 장치는 특히 비싸다. | 여러 과정에서는 기체를 발생하지 않는다. 그리고 만약 기체를 발생한다면 반응로는 쉽게 기밀 상태로 만들 수 있다. |
| 고체 찌꺼기 | 슬랙과 같은 찌꺼기는 조잡하고 해롭지 않으므로, 미관상으로 나쁘지만 용출의 위험도 없이 야적장에 보관할 수 있다. | 대부분의 찌꺼기는 미세한 고체이므로 건조되면 분진을, 젖으면 금속이온이 용액으로 서서히 녹아 나와서 환경을 오염시킨다. |
| 황화물 광석의 처리 | 이산화 황이 발생되며 진한 농도의 경우는 황산으로 변환시키고(시장성이 있으면) 농도가 묽으면 다른 방법으로 폐기한다(방법은 있지만 값비싸다). | 이산화 황을 발생하지 않고 광석을 처리할 수 있고, 황산을 만들어 시판할 필요가 없다. 황화물은 원소 형태로 회수할 수 있다. |
| 복잡한 광석의 처리 | 분리하기 어려우므로 적당하지 않다. | 적당하다. |
| 품위가 낮은 광석의 처리 | 맥석을 녹이는 데 많은 에너지를 필요로 하므로 적당하지 않다. | 선택적 침출제를 사용할 수 있으면 적당하다. |
| 경제성 | 많은 자본 투자를 필요로 하는 대 규모 운영에 가장 적당. | 작은 자본 투자를 필요로 하는 소규모 운영에 이용할 수 있다. |

[a] Habashi, H. *Chem, Eng, New*, **1982**, *60(6)*, 46.

1. 저급 광석은, 필요에 따라 착화제를 사용하여 녹일 수 있고, 적절하게 이용할 수 있다.
2. 복잡한 광석은 잘 처리하며, 공정을 주의깊게 조절하여 여러 가지 금속을 분리할 수 있다.
3. 실온에서 반응이 진행되므로 에너지를 절약할 수 있다.
4. 굴뚝에서 나오는 기체가 없으므로, 습식 야금술에서는 대기오염 문제가 없다.

그러나 이러한 점들이 좋은 것만은 아니다. 금속을 전기분해로 환원시켜야 한다면, 이 과정은 에너지를 더 많이 소비하게 된다. 이러한 문제를 해결하려면 덜 비싼 아연으로 더 비싼 금을, 또는 철 조각으로 더 값비싼 구리를 환원하는 방법을 사용하는 것이다. 마지막으로 부산물로서 폐수가 대량으로 발생하기 때문에, 공기오염 문제 대신 수질오염 문제가 대두된다. 두 방법의 장단점을 비교하여 표 9.6에 나타내었다.

## 연습문제

**9.1** 물과 암모니아 용액 중에서 일어나는 반응식 9.3과 9.4가 반대로 진행되게 하려면 화학적 및 물리적 상호작용은 어떻게 되어야 하는가?

**9.2** 암모니아 용액에서 $M^+$, $e(NH_3)_x^-$의 생성에 기여하는 여러 에너지를 활용한 Born-Haber 순환 과정을 이용하여, 가장 활성인 금속과 반응할 때만 용액이 형성되는 이유를 설명하라.

**9.3** 1몰의 $N_2O_5$를 황산에 녹이면 3당량의 염기가 생성된다. 전도도를 측정해 보면 $N_2O_5$에 대해 $\nu=6$이 된다. 황산에 의한 $N_2O_5$의 가용매분해를 나타내는 반응식을 제시하라.

**9.4** 그림 9.1에서 가장 강한 산과 가장 강한 염기는 어느 것인가?

**9.5** 그림 9.1로부터 다음의 용질은 용매와 어떻게 반응하는지, 그리고 평형은 어떻게 이루어지는지, 즉 용질은 완전히 평준화되는지 또는 평형에 있는지를 결정하라. 각각의 경우에 생성된 용액은 순수한 용매보다 더 산성일지 또는 더 염기성일지를 설명하라.

| 용 질 | 용 매 |
|---|---|
| $H_2SO_4$ | 아세트산 |
| $H_2SO_4$ | 물 |
| $H_2SO_4$ | 암모니아 |
| $CH_3C(O)CH_3$ | 암모니아 |
| $CH_3C(O)CH_3$ | 물 |
| $PhNH^-$ | 암모니아 |
| $PhNH^-$ | 물 |
| $PhNH^-$ | 아세트산 |
| $PhNH^-$ | 황산 |

**9.6** 염기성 용액에서 망간의 Latimer 도표를 그려라(부록 표 F.1의 값을 이용). 그리고

산화 상태가 안정한지를 예측하라. 불안정한 화학종 각각에 대해서 불안정해지는 원인을 설명하라.

**9.7** 다음 자료를 이용하여 산성 용액에서 $UO_2$가 $UO_2^{2+}$로 산화되는 것에 대한 전위를 계산하라.

$$UO_2^+ + e^- \longrightarrow UO_2 \qquad E^0 = 0.66\ V$$
$$UO_2^{2+} + e^- \longrightarrow UO_2^+ \qquad E^0 = 0.16\ V$$

**9.8** 산성 용액에서의 플루토늄에 대한 Latimer 도표를 사용하여 다음 질문에 답하라.

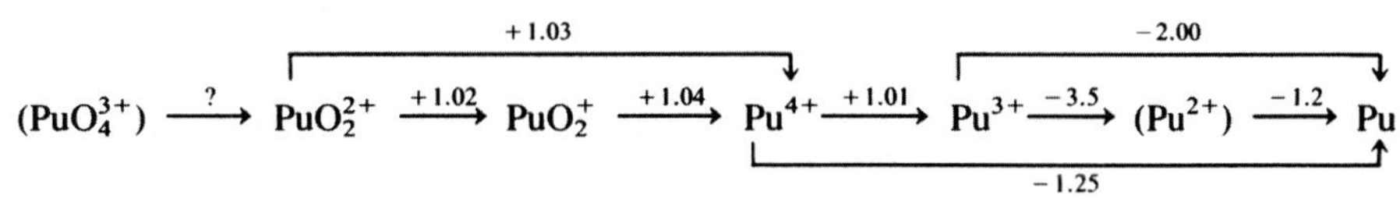


a. 플루토늄 금속은 물과 반응할 수 있는가?

b. 진한 산에서 $Pu^{4+}$는 안정하지만 낮은 산도에서 $PuO_2^{2+}$와 $Pu^{3+}$로 불균등화 반응을 일으킨다. 이를 설명하라.

c. $PuO_2^+$는 $Pu^{4+}$와 $PuO_2^{2+}$로 불균등화 반응을 일으키려고 한다. 이 반응이 일어나려면 pH는 얼마가 되어야 하는가?

**9.9** 다음의 경우 일어날 수 있는 현상을 반응식과 용어를 사용하여 설명하라.

a. 금속 포타슘을 암모니아에 녹여 묽은 용액을 만들 때

b. 포타슘을 더 첨가하여 진한 용액을 만들 때

c. (a) 나 (b) 용액을 진공 상태에서 조심스럽게 증발시킬 때

d. (a) 를 $Fe_2O_3$로 처리할 때

(d) 를 평준화 반응으로 간주할 수 있는가?

**9.10** 각각의 용매 (1) 암모니아, (2) 아세트산, (3) 황산에 대하여 다음 물음에 답하라.

a. 순수한 용매의 자동 이온화 반응에 대한 반응식을 써라.

b. 각각의 용매에 $CH_3COOH$를 녹이면 어떤 반응이 일어날지, 즉 어떤 이온이 생성되는지를 설명하라. 알맞은 반응식을 써라. 생성된 용액은 순수한 용매에 비해 더 산성이 되는가 더 염기성이 되는가? 용질은 약산(염기)이나 강산(염기)으로 작용할 것인가?

c. 강염기, 강산, 중화 반응의 예를 제시하라.

**9.11** $OPCl_3$를 용매계로 인정하고, 이온곱의 값이 $5 \times 10^{-14}\ mol^2L^{-2}$라고 가정하자. $OPCl_3$에 대한 pCl 척도를 만들고, 그림 9.1과 같은 그림을 그려라. 이 그림을 완성하기 위해 필요한 자료를 얻을 수 있는 방법을 설명하라.

**9.12** $Au(CN)_2$에 대한 안정도 상수, $K$는 $\dfrac{[Au(CN)_2^-]}{[Au^+][CN^-]}$로 정의된다.

a. 식 10.139에 대한 $E^o$=+0.60 V이다. $K$를 예측하라.

b. 이 착물이 매우 안정한 이유를 정성적으로 설명하라.

**9.13** "초강산" 중에서의 여러 용질의 행동과 이들의 기체상에서의 양성자 친화도와의 관계를 설명하라. 양성자 친화도 이외에 이들의 용액화학에 영향을 미칠 수 있는

인자는 무엇인가? $XH_3$ (VA족, 15), $H_2X$ (VIA족, 16), HX (VII족, 17)를 "초강산"에 녹이면, 어떤 화학종이 존재하게 되는가?

**9.14** "전자화 세슘"의 단결정은 거의 완전히 반자기성이다. 이 사실과 $[Cs(리간드)]^+e^-$ 의 화학식 간에는 어떤 모순이 있는가? 만약 모순이 있다면 어떻게 설명하면 좋은가?

**9.15** 알루미늄 전극의 산화–환원화학에 대한 평형을 제시하고, 전위와 $[Cl^-]$를 어떻게 관련지을 수 있는가를 나타내어라 (314쪽).

제 10 장

# 배위화학 : 결합, 스펙트럼, 자기성

배위 화합물은 19세기에 확인된 이래 무기화학자들로부터 도전의 대상이 되어 왔다. 초창기의 배위 화합물들은 원자가에 대한 일반적인 규칙을 따르지 않는 것처럼 보였기 때문에 비정상적인 화합물로 생각했었다(그래서 "복잡한(complex)" 화합물이라는 명칭을 붙였다). 오늘날 이들은 현대 무기화학의 주류를 이루고 있다. 이들 배위 화합물을 설명하기 위해 일반적인 결합 이론을 확장하여 적용할 수도 있지만, 아직도 흥미로운 이론적 문제점들이 존재하며, 실험실에서는 합성을 위한 노선이 계속되고 있다. 금속-탄소 결합을 포함하는 배위 화합물의 한 부류는, 유기금속화학이라고 부르는 화학에서 독립적인 하위 학문 분야의 중심을 이루고 있고, 생무기화학은 생명계에 있는 배위 화합물이 중심을 차지하고 있다.

Werner는 배위 화합물의 구조에 대한 그의 생각을 체계화시킬 때 다음과 같은 결과를 얻었다. 즉, 염화 코발트(III) 의 네 가지 암모니아 착물을 발견하였고, 이들의 색에 따라 다음과 같이 명명하였다.

| 착물 | 색 | 초기 명칭 |
|---|---|---|
| $CoCl_3 \cdot 6NH_3$ | 노란색 | *Luteo* 착물 |
| $CoCl_3 \cdot 5NH_3$ | 자주색 | *Purpureo* 착물 |
| $CoCl_3 \cdot 4NH_3$ | 녹색 | *Praceo* 착물 |
| $CoCl_3 \cdot 4NH_3$ | 보라색 | *Violeo* 착물 |

이 계열에서 가장 흥미로운 것 중의 한 가지는 같은 실험식은 $CoCl_3 \cdot 4NH_3$로 같지만 분명히 다른 성질을 가지면서 색깔이 완전히 다른 두 화합물이 존재한다는 것이다. 더욱이 Werner는 네 가지 화합물 중에 있는 염화 이온의 반응성이 매우 다른 점을 주목하였다. 이 화합물 각각에 질산 은을 첨가하면 다음과 같이 염화 은이 침전된다.

$$\mathbf{CoCl_3 \cdot 6NH_3 + excess\ Ag^+ \longrightarrow 3AgCl(s)} \tag{10.1}$$

$$\mathbf{CoCl_3 \cdot 5NH_3 + excess\ Ag^+ \longrightarrow 2AgCl(s)} \tag{10.2}$$

$$\mathbf{CoCl_3 \cdot 4NH_3 + excess\ Ag^+ \longrightarrow 1AgCl(s)} \tag{10.3}$$

반응 10.3은 *praceo*와 *violeo* 착물 모두에서 일어난다.

Werner는 존재하는 암모니아 분자의 수와 침전된 염화 은의 몰수 사이의 상호 관계

에서 다음과 같은 결론을 얻게 되었다.[1)]

"그러므로 다음과 같이 일반적으로 설명할 수 있다. 화합물 $M(NH_3)_6X_3$에서 암모니아 1분자가 없어지면 화합물 $M(NH_3)_5X_3$ [M = Cr, Co; X = Cl, Br 등] 가 된다.

그러나 암모니아 1분자를 잃으면서, 동시에 산의 잔기인 X [= 염화 이온] 의 기능이 변하게 된다. $Co(NH_3)_5Cl_3$에서 두 염소 원자는 이온으로 작용하고, 실온에서 질산 은에 의해 침전되지만, 세 번째 염소는 클로로에테인에 있는 염소와 매우 비슷하게 행동하는데, 더 이상 이온으로 작용하지 않는다."

이러한 결론으로부터 Werner는 다음과 같이 가정하였는데, 이 가정이 그의 이론 가운데 가장 중요한 부분이다. 즉, 이 계열의 코발트 화합물은 6이라는 일정한 배위수를 나타내고, 암모니아 분자가 제거되면 그 자리에 염화 이온이 들어가고, 그래서 그 염화 이온은 유리 염화 이온으로서 작용하기보다는 코발트에 공유 결합된 것처럼 행동한다. 그러므로 코발트의 착물화학을 설명하려면 금속의 산화 상태뿐만 아니라 배위수도 고려하여야 한다. 그래서 Werner는 네 가지 염이 $[Co(NH_3)_6]Cl_3$, $[Co(NH_3)_5Cl]Cl_2$ 및 $[Co(NH_3)_4Cl_2]Cl$임을 규명하였다.[2)]

이러한 형태의 식으로 착물을 표시하면 용액 중에 생성된 이온의 수를 정확하게 설명할 수 있기 때문에, Werner는 그의 첫 번째 실험 연구 중의 한 가지로 많은 수의 배위 화합물에 대한 전도도를 측정하였다.[3)] 이 연구의 몇 가지 결과는 표 10.1에 수록하였는데, 간단한 이온 결합 화합물도 비교할 수 있도록 함께 나타내었다.

배위 화학의 연구에 대한 Werner의 두 번째 중요한 기여는 금속과 리간드의 결합이 공간적으로 고정되어 있기 때문에 구조에 대한 원리를 적용하여 취급할 수 있다고 가정한 것이었다. 구조를 결정하기 위한 직접적 실험 방법이 확립되기 훨씬 이전에, Werner는 얻어진 이성질체의 수와 성질을 이용하여 많은 배위 화합물의 정확한 기하 구조를 결정할 수 있었다. Wernenr가 사용한 방법은 이전에 유기화학자가 벤젠 치환체의 구조를 밝히는 데 사용했던 것과 같은 방법, 즉 이성질체의 수를 계산하는 것이었다. Werner는 $[Co(NH_3)_6]^{3+}$와 같은 착물에 있는 여섯 개의 리간드는 몇 가지 대칭 양상을 띠고 있으며, 각각의 $NH_3$ 원자단은 중심의 코발트 원자로부터 같은 거리에 있다고 가정하였다. 이러한 배열을 갖는 구조는 다음의 세 가지이다. 벤젠 고리와 유사한 평면 육각형, 그리고 두 가지 입체 다면체, 즉 삼각 프리즘과 팔면체이다. 삼각 프리즘은 팔면체와 밀접한 관련이 있는데, 팔면체의 삼각면 중의 한 면을 60° 회전시키면 삼각 프리즘이 된다(실제로 팔면체는 **반**삼각 프리즘이라고 생각할 수 있다). "2치환" ($MA_4B_2$) 착물에 대한 평면 배열을 고려하면 유기화학의 오쏘, 메타, 파라 배열과 유사한 세 가지 이성질체를 만들 수 있다. 삼각 프리즘에도 세 가지 이성질체가 존재하지만, 팔면체에는 두 가지 이성질체만 가능하다. 각각의 기하 배열에 대해 예상되는 이성질체의 수와 여러 가지 조성을 갖는 화합물에 대한 실험 결과는 표 10.2에 나타내었다.

---

1) Werner, A. *Z. Anorg. Chem.* **1893**, *3*, 267~342.

2) Werner가 사용한 용어와 표기 방법은 지금 사용하고 있는 것과는 조금 다르지만, 이것은 그다지 중요하지 않다. 예를 들면, Werner는 산화 상태를 "주원자가" (Hauptvalenz) 로, 배위수를 "부원자가" (Nabenvalenz) 라고 불렀다. 또한 $[Co(NH_3)_5Cl]Cl_2$ 대신 $\{Co^{(NH_3)_5}_{Cl}Cl_2\}$로 표기하였다.

3) Werner, A.; Miolati, A. *Z. Phys. Chem.* (*Leizig*) **1893**, *12*, 35~55. Ibid. **1894**, *14*, 506~521.

**표 10.1**
배위 화합물의 전도도.

| 실험식 | 전도도[a] | Werner 식 |
|---|---|---|
| | 비전해질 | |
| $PtCl_4 \cdot 2NH_3$ | 3.52[b] | $[Pt(NH_3)_2Cl_4]$(trans) |
| $PtCl_4 \cdot 2NH_3$ | 6.99[b] | $[Pt(NH_3)_2Cl_4]$(cis) |
| | 1 : 1 전해질 | |
| NaCl | 123.7 | – |
| $PtCl_4 \cdot 3NH_3$ | 96.8 | $[Pt(NH_3)_3Cl_3]Cl$ |
| $PtCl_4 \cdot NH_3 \cdot KCl$ | 106.8 | $K[Pt(NH_3)Cl_5]$ |
| | 1 : 2와 2 : 1 전해질 | |
| $CaCl_2$ | 260.8 | – |
| $CoCl_3 \cdot 5NH_3$ | 261.3 | $[Co(NH_3)_5Cl]Cl_2$ |
| $CoBr_3 \cdot 5NH_3$ | 257.6 | $[Co(NH_3)_5Br]Br_2$ |
| $CrCl_3 \cdot 5NH_3$ | 260.2 | $[Cr(NH_3)_5Cl]Cl_2$ |
| $CrBr_3 \cdot 5NH_3$ | 280.1 | $[Cr(NH_3)_5Br]Br$ |
| $PtCl_4 \cdot 4NH_3$ | 228.9 | $[Pt(NH_3)_4Cl_2]Cl_2$ |
| $PtCl_4 \cdot 2KCl$ | 256.8 | $K_2[PtCl_6]$ |
| | 1 : 3와 3 : 1 전해질 | |
| $LaCl_3$ | 393.5 | – |
| $CoCl_3 \cdot 6NH_3$ | 431.6 | $[Co(NH_3)_6]Cl_3$ |
| $CoBr_3 \cdot 6NH_3$ | 426.9 | $[Co(NH_3)_6]Br_3$ |
| $CrCl_3 \cdot 6NH_3$ | 441.7 | $[Cr(NH_3)_6]Cl_3$ |
| $PtCl_4 \cdot 5NH_3$ | 404 | $[Pt(NH_3)_5Cl]Cl_3$ |
| | 1 : 4 전해질 | |
| $PtCl_4 \cdot 6NH_3$ | 522.9 | $[Pt(NH_3)_6]Cl_4$ |

[a] 이것은 0.001M의 농도에서 측정한 물 전도도이다. 값은 Werner 및 Miolati의 값이고, $[Pt(NH_3)_5Cl]Cl_3$는 Vladimirov, N.; Chugaev L. A. *Compt. Rend.*, **1915**, *160*, 840에서 취하였음.
[b] 물론 이론값은 0이다. 그러나 불순물이나 물 용매와 반응하여 적은 농도의 이온이 생성될 수도 있다.

**표 10.2**
C.N. =6에 대해 예상되는 이성질체의 수와 실제 이성질체 수.

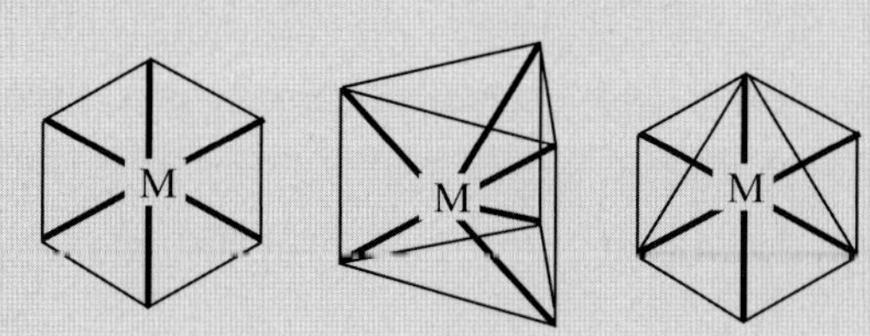


| 구조식 | 평면 | 삼각 프리즘 | 팔면체 | 실험 결과 |
|---|---|---|---|---|
| $MA_5B$ | 1 | 1 | 1 | 1 |
| $MA_4B_2$ | 3 | 3 | 2 | 2 |
| $MA_3B_3$ | 3 | 3 | 2 | 2 |

## 배위 화합물에서의 결합

4배위 화합물에서의 결합을 기술하고, 이들의 성질을 설명하고 예측할 수 있는 공식적인 이론을 만들기 위해 많은 연구가 진행되었다. 이러한 노력을 통해 첫 번째로 성공한 이론은 1930년대 Linus Pauling과 그의 동료들에 의해 제안된 **원자가결합(VB) 이론(valence bond theory)** 이다. 1950년대와 1960년대에는 **결정장(CF) 이론(crystal field theory)** 과 결정장 이론을 수정한 **리간드장(LF) 이론(ligand field theory)** 이 나왔으며, 계속해서 **분자 오비탈(MO) 이론(molecular orbital theory)** 이 나오게 되었다. 원자가결합 이론과 결정장 이론은 실용 무기화학자들이 사용하고 있는 모형으로 많이 대체되었지만, 오늘날에도 여전히 배위 화합물을 설명하기 위해 사용되고 있다.

## 원자가결합 이론[4)]

원자가결합의 관점으로 보면, 착물의 형성은 Lewis 염기(리간드)와 Lewis 산(금속 또는 금속 이온)이 반응하여, 리간드와 금속 사이에 배위공유(또는 공여) 결합을 형성하는 것이다. 이 모형은 금속의 *s*, *p*, *d* 원자가오비탈의 혼성화를 착물의 관측된 구조와 자기성을 설명하기 위하여 활용하는 것이다. 예를 들면, Pd(II)와 Pt(II) 착물은 대개 4배위, 사각평면, 반자기성인데, Ni(II) 착물도 이러한 배열을 갖는 경우가 있다. 각각의 경우 바닥 상태의 자유 이온은 상자기성($d^8$, $^3F$)이기 때문에 결합 모양은 리간드–금속–리간드의 결합각이 90°이고 전자의 쌍들을 포함하여야 한다. Pauling은 이것을 한 개의 $(n-1)\,d$, $ns$, 그리고 두 개의 $np$ 오비탈의 혼성화를 통하여 일어나서, 사각형의 모서리로 향하는 네 개의 동등한 $dsp^2$ 혼성을 형성한다고 제안하였다. 그래서 이들 오비탈은 리간드와의 공유 $\sigma$ 결합에 참여하고, 결합 전자쌍은 리간드들에 의해서 제공된다. 자유 이온에서 다섯 개의 *d* 오비탈에 분포되어 있던 여덟 개의 전자는 네 개의 혼성화되지 않은 금속의 *d* 오비탈에 짝을 지어 배정된다(그림 10.1a)

$Cl^-$와 같은 몇 가지 리간드와 Ni(II)은 상자기성이고 사면체인 4배위 착물을 생성한다. 이 경우 VB 이론에 따르면, 착물에서의 *d* 오비탈 점유는 자유 이온의 *d* 오비탈 점유와 같다고 가정하게 되는데, 이렇게 되면 원자가준위 *d* 오비탈이 리간드로부터 전자쌍을 받아들일 수 있는 가능성이 배제된다. $sp^3$ 형이거나 $sd^3$ 형의 혼성 오비탈(후자는 *n* 준위 *d* 오비탈을 포함한다), 또는 두 혼성 오비탈의 조합형은 자기적 성질뿐만 아니라 $\sigma$ 결합에 대한 적당한 대칭을 알려준다(그림 10.1b). 여기서 제시하는 예는 원래 "결합 형태의 자기적 기준"이라고 부르는 유용한 법칙을 설명하고 있는데, 이 기준을 활용하면, 자기적 성질을 알 수 있는 경우에 4배위 $d^8$ 착물의 구조를 예측할 수 있다. 즉, 반자기성 = 사각 평면, 상자기성 = 사면체이다.[5)]

---

4) 배위 화합물에 대한 고전적인 설명은 Pauling의 저서이다. "*The nature of the Chemical Bond*, 3rd ed.; Cornell Universith; Ithaca, NY, 1960. 배위 화합물과 유기금속 화합물에 대한 최근의 설명은 다음을 참조하라. Mingos, D. M. P.; Zhenyang, L. *Struct. Bonding* (*Berlin*) **1990**, *72*, 73~111.

5) 이 규칙의 예외는 상자기성 착물인 $[R_2P(O)NR']_2Ni$ (R = Bu$^t$; R' = Pr$^i$)이다. 이 착물에서 중심 금속 Ni(II)는 두 개의 산소와 두 개의 질소에 결합되어 평면으로 배열되어 있다. 다음을 참조하라. Frömmel, T.; Wunderich, H.; Kuchen, W. *Angew. Chem. Int. Ed. Engl.* **1992**, *31*, 612~613.

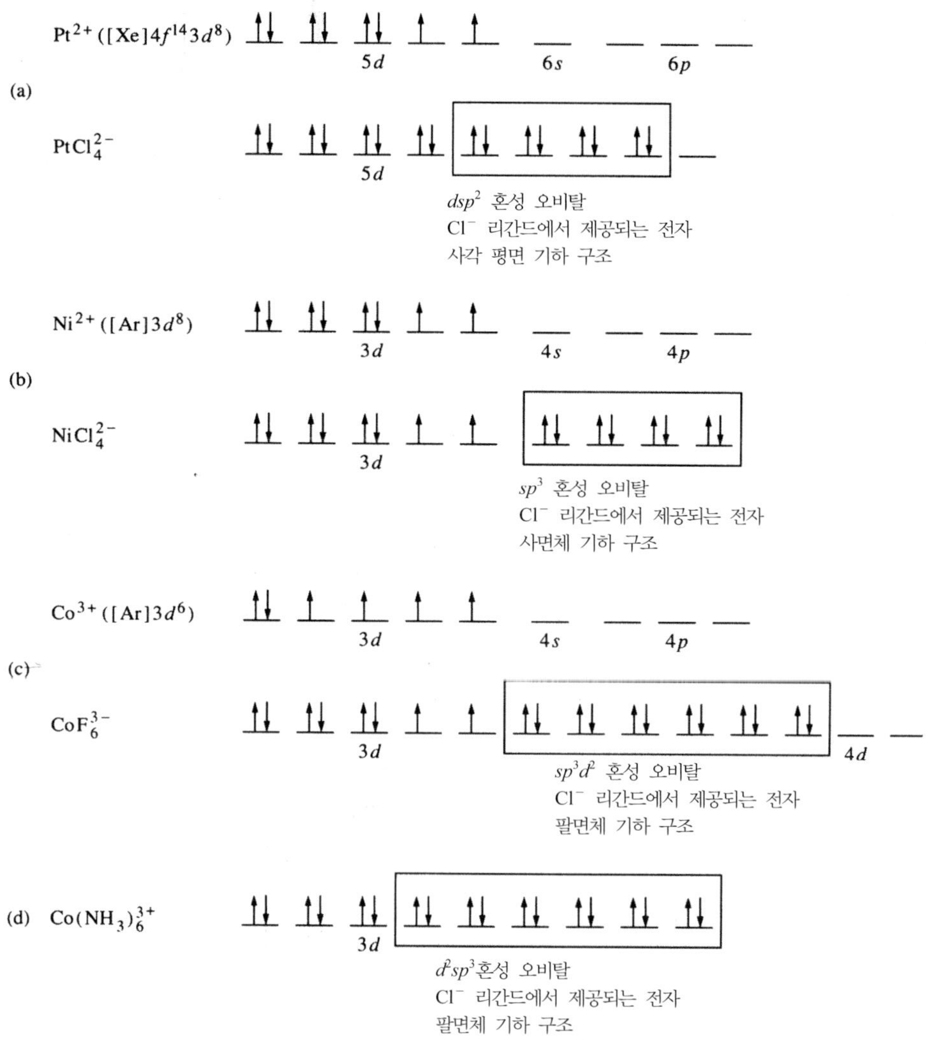


**그림 10.1** 금속-리간드 결합에서 원자가결합을 나타내는 오비탈 도표. (a) $[PtCl_4]^{2-}$, (b) $[NiCl_4]^{2-}$, (c) $[CoF_6]^{3-}$, (d) $[Co(NH_3)_6]^{3+}$.

6배위 팔면체 착물에 대한 원자가결합 특징은 금속의 $d^2sp^3$ 혼성을 포함한다(그림 10.1c, d). 금속-리간드 $\sigma$ 결합에 대해 요구되는 대칭성을 충족시키는 특정 $d$ 오비탈은 $d_{z^2}$와 $d_{x^2-y^2}$이다(331쪽). 앞에서 설명한 4배위 $d^8$ 착물에서처럼, 팔면체 화합물에 홀전자가 존재하면 $(n-1)d$ 오비탈은 결합에 이용할 수 없게 된다. 이러한 예는 상자기성 $[CoF_6]^{3-}$에서 볼 수 있다(그림 10.1c). 이 경우의 VB 모형에 따르면, $n$ 준위 $d$ 오비탈이 혼성화에 참여하여야 한다.

## 전기중성 원리와 역결합

원자가결합 이론에서 리간드로부터 금속 이온으로 전자가 공여된다는 가정을 할 때 한 가지 문제점은 금속의 형식 전하가 음으로 된다는 것이다. 이것은 어떤 형식으로든 배위 화합물을 완전하게 다루는 데 문제가 되는 것이기 때문에, 다음의 설명은 현재의 모든 결합 모형에 대해 적절한 것이다.

$[CoL_6]^{2+}$와 같은 Co(II) 착물을 살펴보자. 여섯 개의 리간드는 12개의 전자를 금속 원자와 공유하고 있기 때문에 금속의 형식 전하는 −6이 되는데, 이 형식 전하는 금속의 이온 전하 +2에 의해 일부만 상쇄된다. 형식 전하의 관점에서 보면 코발트는 −4의 알짜 전하를 얻게 된다. 그러나 Pauling은 실제 상태에서는 금속이 이처럼 부자연스러운 음전하 상태로는 존재할 수 없음을 지적하였다. 왜냐하면 리간드의 주개 원자는 대개 전기음성도가 높고(N, O와 할로젠), 결합 전자들은 금속과 리간드 사이에 동등하게 공유되지 않기 때문이다. Pauling은 리간드의 전기음성도가 금속의 알짜 전하를 근본적으로 0이 되는 상태에 도달하게 할 때, 그 착물은 가장 안정하게 된다고 제안하였다. 원자가 0이나 낮은 전하를 갖게 되는 이러한 경향은 **전기중성 원리(electroneutrality principle)**라고 알려져 있는데, 이 원리는 착물뿐만 아니라 많은 형태의 화합물에서 전자 구조에 관한 예측을 하는 데 사용된다. Pauling은 착물의 안정도와 중심 금속 원자의 전하를 서로 연관시키는 반정량적인 계산법을 만들었다.[6] 몇 가지 대표적인 계산 결과는 다음과 같다.

| $[Be(H_2O)_4]^{2+}$ | $[Be(H_2O)_6]^{2+}$ | $[Al(H_2O)_6]^{3+}$ | $[Al(NH_3)_6]^{3+}$ |
|---|---|---|---|
| Be = −0.08 | Be = −1.12 | Al = −0.12 | Al = −1.08 |
| 4O = −0.24 | 6O = −0.36 | 6O = −0.36 | 6N = 1.20 |
| 8H = 2.32 | 12H = 3.48 | 12H = 3.48 | 18H = 2.88 |
| 합계 = +2.00 | 합계 = +2.00 | 합계 = +3.00 | 합계 = +3.00 |

위의 값들은 아주 대략적인 근사값들을 포함하고 있지만, 이들은 금속에 여분의 음전하가 생기면 착물이 얼마나 불안정하게 될 수 있는지를 **정성적으로** 보여 준다. 위에 나타낸 착물들 중에서 $[Be(H_2O)_4]^{2+}$와 $[Al(H_2O)_6]^{3+}$는 안정하지만, 나머지 둘은 그렇지 않다. 네 개의 물 분자는 베릴륨의 +2의 이온 전하를 효과적으로 중화시키지만, 여섯 개의 물 분자는 너무 많은 전자 밀도를 제공한다. 이와는 대조적으로 $Al^{3+}$는 여섯 개의 물 분자와는 적절하게 결합할 수 있지만, $[Al(NH_3)_6]^{3+}$에서 암모니아 리간드의 질소 주개 원자는 알루미늄에 여분의 전자 밀도가 생기지 못하게 할 만큼 전기음성이 충분하지 못하기 때문에, 이 착물은 불안정하다.

전기중성 원리에서 벗어나는 명백한 예로는, 금속이 낮은 산화 상태에 있으면서도 전기음성도가 상당히 낮은 원소에 결합되어 있는 착물들이 많이 있다는 것이다. 이 중에서 가장 두드러진 예는 리간드(CO)가 탄소를 통해 중심 금속에 결합되어 있는 전이 금속의 카보닐 화합물인데, 상당히 많은 종류의 화합물이 있다. 이들 착물이 안정한 이유는 일산화 탄소 리간드가 금속 원자로부터 "역제공"되는 전자 밀도를 받아들일 수 있는 능력을 갖기 때문이다. 원자가결합 이론의 범주 안에서 이 과정은 공명으로 나타낼 수 있다.

$$\overset{-}{\mathrm{Cr}}\text{—}\mathrm{C}\equiv\overset{+}{\mathrm{O}}\!: \;\leftrightarrow\; \mathrm{Cr}=\mathrm{C}=\ddot{\underset{\cdot\cdot}{\mathrm{O}}}$$

**(I)** **(II)**

정준형(II)이 공명 혼성에 어느 정도 기여하려면, 전자 밀도는 크로뮴에서 산소로 이

6) Pauling, L. *The Nature of the Chemical Bond*, 3rd ed.; Cornell University: Ithaca, NY, 1960; pp 172~174.

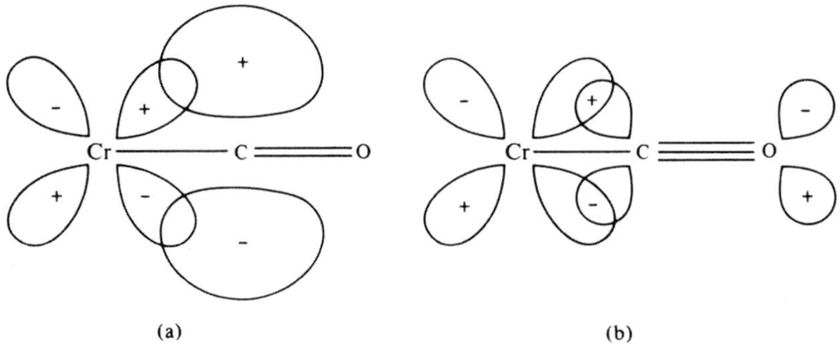


**그림 10.2** 금속-리간드 $\pi$ 결합 효과. Cr—C 결합의 결합 차수는 증가하고, C—O 결합의 결합 차수는 감소한다. (a) VB 관점: Cr 원자의 $d$ 오비탈과 C 원자의 $p$ 오비탈 간의 $\pi$ 결합. (b) MO 관점: Cr 원자의 $d$ 오비탈과 CO 리간드의 반결합성 오비탈($\pi$*) 간의 $\pi$ 결합.

동되어야 할 것이다. 이 과정을 보다 더 상세하게 살펴보면, 전자 밀도의 비편재화는 카보닐 리간드의 적당한 대칭을 갖는 오비탈과 금속의 $d$ 오비탈 간의 $\pi$ 겹침 때문에 생긴다. 원자가결합 이론에서, 리간드 오비탈은 탄소 원자의 $p$ 오비탈 중의 하나이어야 하며(그러므로 이 $p$ 오비탈은 산소와의 $\pi$ 결합에 사용될 수 없다), 반면에 분자 오비탈 이론에서는 일산화 탄소의 $\pi$ 반결합성 오비탈과 겹치는 것으로 실명한다(그림 10.2). 어떤 표현 방법이든 $\pi$ 결합은 금속과 리간드 사이에 형성되며, 전자 밀도가 금속으로부터 리간드로 이동하는 것에 대한 메커니즘을 제공한다. 이러한 형태의 $\pi$ 결합의 형성은 이 장의 뒤에서 보다 상세하게 설명할 것이다.

## 결정장 이론

원자가결합 이론 대신 배위 화합물의 화학을 설명하기 위해 사용된 모형은 1929년 Hans Bethe[7]가 처음으로 제안한 결정장 이론이었다. 이 이론은 리간드와 금속 이온 사이의 순수한 정전기적 상호작용에 근거를 둔 방법이었다. 1935년 J. H. Van Vleck[8]의 논문에서는 상호작용에 약간의 공유 결합성을 고려한 수정이 이루어졌다. 이러한 방법으로 원래 이론을 수정한 것을 대개 리간드장 이론[9]이라 부른다. 결정장 이론과 리간드장 이론의 발전은 원자가결합 이론의 발전과 같은 시대에 이루어졌지만, 결정장 이론은 처음 20여 년 동안 고체물리학 분야에서만 주로 이용되었다. 이후 1950년대에

---

7) Bethe, H. *Ann. Phys.* **1929**, *3*, 135~206.

8) Van Vleck, J. H. *J. Chem. Phys.* **1935**, *3*, 803~806, 807~813.

9) 교재를 비롯한 여러 자료 중에서 "리간드장 이론"이라는 명칭을 사용하는 것은 다소 모순이 있다. 어떤 경우에는 후자(리간드장 이론이라는 명칭)를 결정장 이론 대신 사용하고 있다(예를 들어 다음을 참조하라; Schläfer, H. L.; Gliemann, G. *Basic Principles of Ligand Field Theory*; Wiley-Interscience: New York, 1969; p. 17). 또 다른 예로는 착물 내에서의 결합을 분자 오비탈 이론으로 설명하기 위해 이 용어를 사용하는 경우도 있다. Van Vleck의 1935년 논문에서는 Bethe의 이론을 Mülliken의 분자 오비탈 연구와 조화시키기 위해 의미있는 시도를 하였다. 이러한 노력은 Balhausen에 의하여(각주 10 참조) "순수 결정장 이론과 분자 오비탈 이론의 가장 좋은 특징의 결합"으로 서술되었다. 그래서 모형으로서의 리간드장 이론을 결정장 이론에 기원을 두는 것으로 간주하고, 리간드에 의한 금속 원자가오비탈의 섭동을 결정장 이론과 함께 강조한 것은 적절한 것으로 보이며, 동시에 착물을 완전한 분자 오비탈로만 다룰 때 중간 역할로 사용된다.

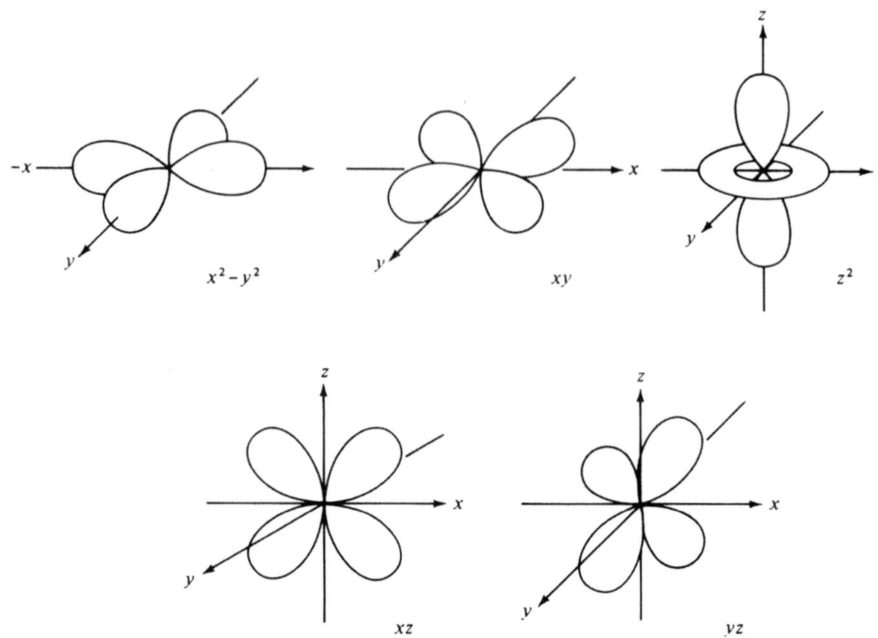


**그림 10.3** 다섯 개 $d$ 오비탈의 공간적 배열.

들어서서야, 화학자들은 결정장 이론을 전이 금속 착물에 적용하기 시작하였다.[10)]

순수한 결정장 이론은 금속 이온과 리간드의 상호작용을 단지 리간드를 음의 점전하로 생각하는 정전기적 또는 이온적 상호작용으로 가정한다. 이러한 비현실적 전제에도 불구하고, 이 이론은 많은 중요한 성질을 설명하는 데 상당한 성공을 하였다. 더욱이, 결정장 방법에 포함되는 대칭성 고려는 분자 오비탈법의 대칭성 고려와 일치하였다. 그러므로 정전기 모형은 배위화학의 현대 이론에 좋은 서론으로 공헌한다.

전이 금속 착물의 결정장 또는 리간드장 효과에 영향을 주는 상호작용을 분명하게 이해하려면, $d$ 오비탈의 기하 구조적 상호관계를 잘 파악해야 할 필요가 있다. 다섯 개 $d$ 오비탈을 나타내는 유일한 방법은 존재하지 않으며, 그림 10.3과 10.4처럼 나타내는 것이 가장 편리하다. 즉, 전형적인 네 개의 귓불 형태를 갖는 오비탈(예: $d_{xy}$와 $d_{x^2-y^2}$) 을 표시하는 여섯 개의 파동 함수가 존재한다. 물리적으로 의미가 있는 $d$ 오비탈은 다섯 개이므로, 이들 중의 하나($d_{z^2}$) 는 관습적으로 다른 두 오비탈 $d_{z^2-y^2}$과 $d_{z^2-x^2}$의 선형 결합으로 간주한다. 따라서 마지막의 두 오비탈은 독립적으로 존재하지는 않지만, $d_{z^2}$은 이들 두 오비탈의 평균 성질을 갖는 것으로 간주할 수 있다(그림 10.5). 즉, 이 두 오비탈은 $z$축을 따라서 큰 전자 밀도를 갖기 때문에 $d_{z^2}$ 오비탈도 $z$축을 따라 매우 큰 전자 밀도를 가진다. 또한 파동 함수 성분 중의 하나($d_{z^2-x^2}$)는 $x$축을 따라 귓불을 가지며, 다른 하나 $d_{z^2-y^2}$은 $y$축을 따라 귓불을 가지므로, $d_{z^2}$은 $xy$ 평면에 전자 밀도의 원환체를 가진다. "도넛" 또는 "목걸이"라고 부르기도 하는 이 $xy$ 성분은 그림으로 표시할 때 무시되기도 하는데, 특히 다섯 $d$ 오비탈 모두를 동시에 그릴 때 그렇게 된다. 그렇지만, $d_{z^2}$ 오비탈의 이 $xy$ 부분을 기억하는 것은 중요하다.

---

10) 1920년대부터 1950년대 중반까지 무기 착물에 대한 결합 모형의 발전은 다음 논문을 참조하라. Ballhausen, C.; *J. Chem. Educ.* **1979**, *56*, 194~197, 215~218, 357~361.

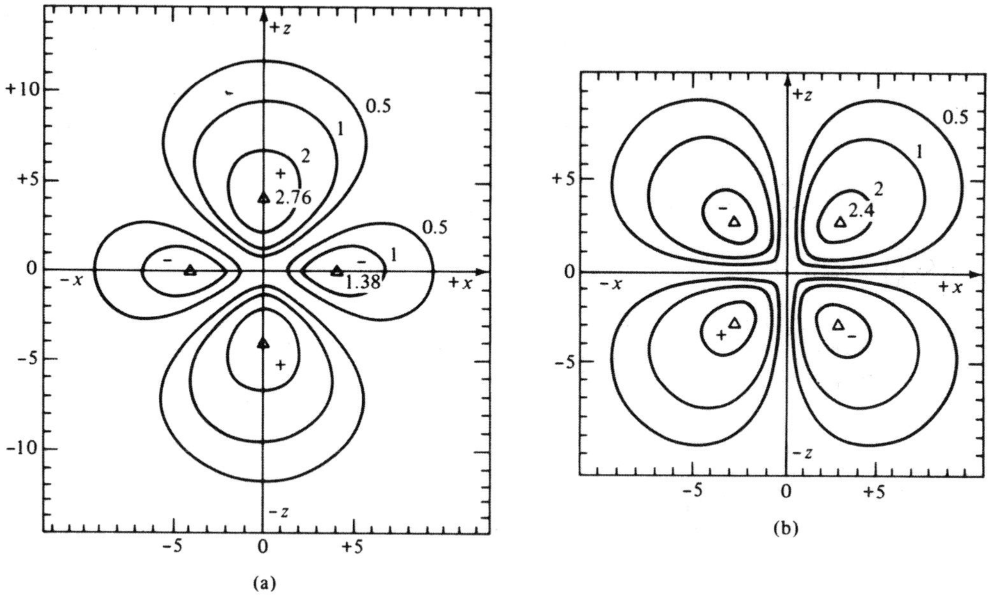


**그림 10.4** (a) $d_{z^2}$와 (b) $d_{xz}$ 오비탈의 등전자 밀도선. 삼각형은 전자 밀도가 최대인 점을 나타낸다. [Perlmutter-Hayman, B. J. *Chem. Educ.* **1969**, *46*, 428~430.]

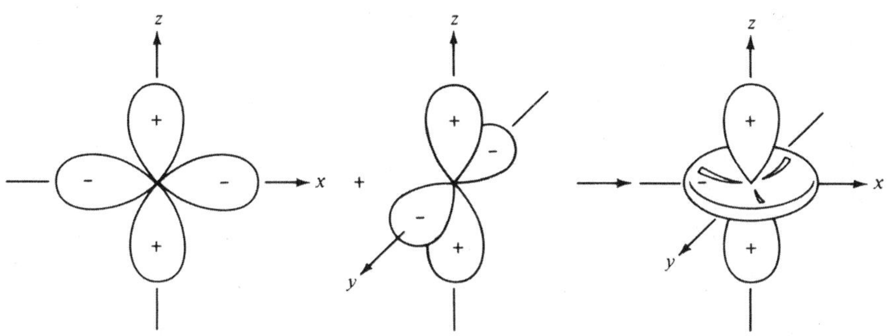


**그림 10.5** $d_{z^2-x^2}$ 오비탈과 $d_{z^2-y^2}$ 오비탈의 선형 결합으로 나타낸 $d_{z^2}$ 오비탈. $d_{z^2}$은 실제로는 $d_{2z^2-x^2-y^2}$을 줄여서 표기한 것이다.

고립된 기체 상태의 금속 이온에 있는 다섯 *d* 오비탈은 축퇴되어 있다. 음전하의 구형 대칭장이 금속 이온 주위에 존재하면, 오비탈들은 축퇴된 상태로 남아 있게 되지만, 음성의 장과 음성 전자 사이의 반발 때문에 모든 오비탈은 에너지가 증가하게 될 것이다. 장이 실제 리간드의 영향 때문에 생긴다면(음이온이나 $NH_3$, $H_2O$처럼 음성 말단을 가진 쌍극자 리간드), 장의 대칭은 구형일 때보다 낮아져서 *d* 오비탈의 축퇴는 사라지게 될 것이다. 이 때문에 생기는 *d* 오비탈 에너지의 갈라짐이 바로 결정장 이론의 핵심이다.

## 결정장 효과: 팔면체 대칭

먼저 여섯 개의 리간드가 팔면체 착물을 형성하고 있는 경우를 살펴보자. 편의상 원점에 금속 이온이 있는 직교 좌표계의 축을 따라 리간드가 그림 10.6에서 보이는 것

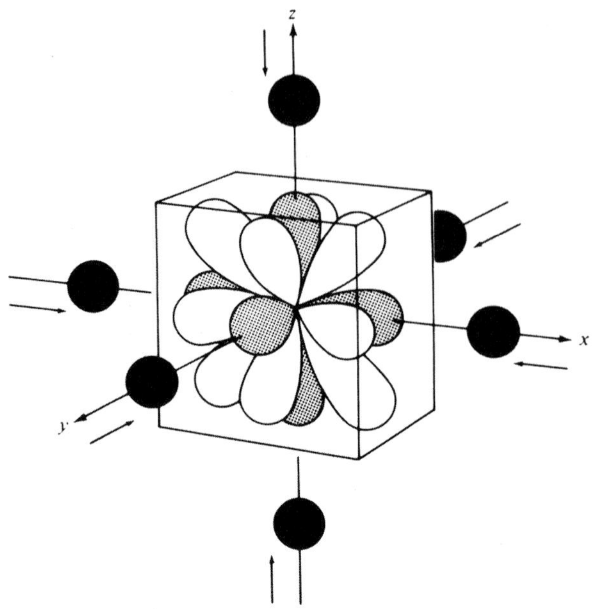


**그림 10.6** 여섯 개의 리간드에 의해 생성되는 팔면체장에 존재하는 $d$ 오비탈의 완전한 세트. $e_g$ 오비탈은 어둡게 나타내었고, $t_{2g}$ 오비탈은 음영없이 나타내었다. $d_{z^2}$ 오비탈의 원환체는 생략하였다.

처럼 대칭적으로 자리잡고 있다고 생각하자. 구형장의 경우와 마찬가지로, 모든 $d$ 오비탈은 음전하에 의한 반발 때문에 자유 이온에 비해 에너지가 증가될 것이다. 그러나 그림에서처럼, 모든 오비탈이 같은 크기로 영향을 받게 되지는 않을 것이다. 축을 따라 놓인 오비탈($d_{z^2}$과 $d_{x^2-y^2}$)은 축 사이로 향한 귓불이 있는 오비탈($d_{xy}$, $d_{xz}$, 그리고 $d_{yz}$)보다 더 강한 반발력을 받게 될 것이다. 그러므로, $d$ 오비탈들은 보다 높은 에너지를 갖는 $d_{z^2}$과 $d_{x^2-y^2}$과 나머지 세 개의 $d$ 오비탈을 포함하는, 두 세트의 에너지 상태로 갈라진다. 이와 같은 두 그룹으로의 갈라짐은 팔면체 환경에 있는 $d$ 오비탈의 대칭성 때문에 생기는데, $O_h$ 점군에 대한 지표표(부록 D)를 통해 확인할 수 있다. $d_{z^2}$과 $d_{x^2-y^2}$ 오비탈은 $E_g$ 표현으로, $d_{xy}$, $d_{xz}$, $d_{yz}$ 오비탈은 $T_{2g}$ 표현으로 변환됨을 알 수 있다. 그러므로 앞의 설명에서 오비탈들은 두 세트로 갈라지는데, 그 중 한 세트는 이중으로 축퇴되고, 다른 한 세트는 삼중으로 축퇴된다는 결론은 이 지표표를 통하여 입증된다. 이 두 그룹에 대한 일반적인 표기에는 이들의 대칭성도 함께 표시된다. 즉, $t_{2g}$는 삼중 축퇴된 세트를, $e_g$는 이중 축퇴된 쌍을 표시한다. 대칭 분석만으로는 두 세트의 오비탈 중에서 어느 것이 에너지가 더 높은지는 알 수 없다. 오비탈의 상대적인 에너지를 결정하려면 갈라짐이 일어나게 하는 상호작용의 특성을 살펴보아야 한다.

팔면체 착물에서 $e_g$ 오비탈과 $t_{2g}$ 오비탈의 갈라지는 정도는 $\Delta_o$(아래 첨자 $o$는 팔면체를 의미한다) 또는 $10Dq$로 표시한다(그림 10.7). 착물 형성 과정을 두 단계로 살펴보

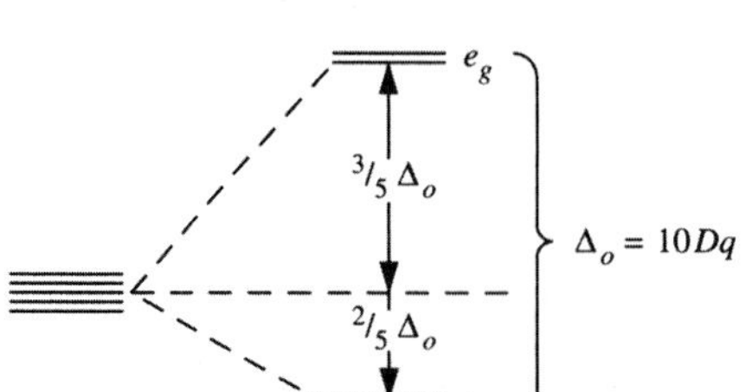


**그림 10.7** 팔면체장에 의한 다섯 $d$ 오비탈의 갈라짐. 그림 왼쪽에 표시된 축퇴 준위는 가상적 구형장 상태이다.

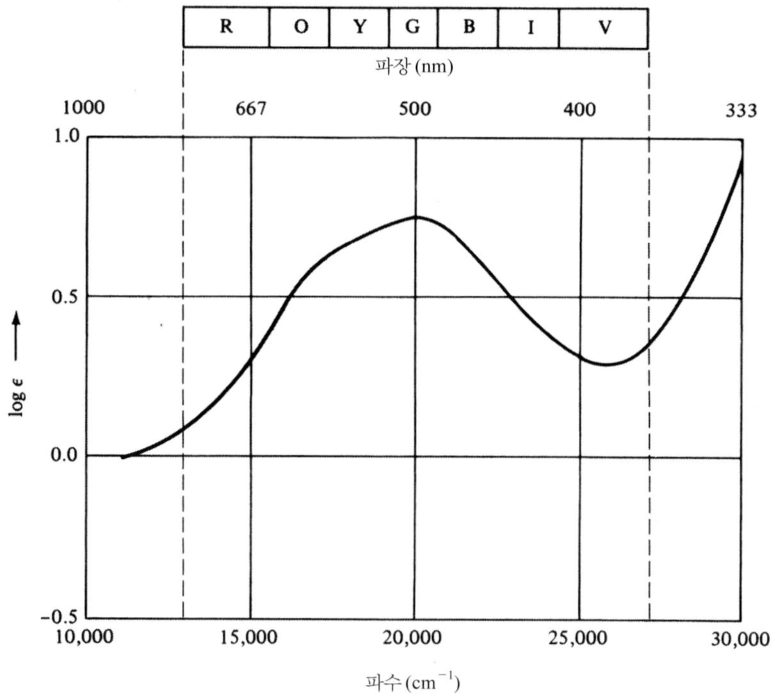


**그림 10.8** 0.1 M $[Ti(H_2O)_6]^{3+}$ 수용액의 전자 스펙트럼. 위쪽에 있는 글자는 가시선 스펙트럼 영역과 연관된 색을 나타낸다. [Hartmann, H.;Schläfer, H. L.; Hansen K. H. Z. *Anorg. Allg. Chem.* **1956**, *284*, 153~161.]

면, 이 갈라짐의 특성을 더 자세히 알아볼 수 있다. 첫째 단계에서 중심 금속에 리간드가 접근하면서 모든 $d$ 오비탈이 같은 정도로 반발하는 가상적인 구형장을 형성하고, 둘째 단계에서 리간드가 팔면체장에 영향을 미쳐 오비탈의 축퇴가 풀리며 갈라진다. 첫째 단계에서 둘째 단계로 가는 동안에도, 오비탈의 무게 중심은 일정하게 그대로 유지되는 것을 알 수 있다. 즉, 첫째 단계에서는 접근하는 리간드의 반발에 의하여 모든 오비탈의 에너지가 증가하지만, 가상적 구형장에서 팔면체장으로 리간드가 재배열만 될 때에는 다섯 개의 $d$ 오비탈 세트의 평균 에너지는 변하지 않는다. 그러므로 일정한 무게 중심을 유지하려면 그림 10.7에서 나타낸 것처럼 두 $e_g$ 오비탈은 0.6 $\Delta_o$만큼 더 반발하고, 세 $t_{2g}$ 오비탈은 0.4 $\Delta_o$만큼 더 안정화된다. 이러한 $d$ 오비탈 무게 중심의 일정성은 기하 구조에 상관없이 모든 착물에 적용된다.

$\Delta_o$의 크기가 그 측정 방법을 알아보기 위하여 $d^1$ 착물인 $[Ti(H_2O)_6]^{3+}$를 살펴보자. 이 이온은 $Ti^{3+}$의 수용액 속에 존재하고, 자주색을 띤다. 착물 내의 $d$ 홀전자는 가능한 한 가장 낮은 에너지의 오비탈, 즉 축퇴되어 있는 세 $t_{2g}$ 오비탈 중의 하나를 점유할 것이다. 자주색은 전자가 빛을 흡수하여 $t_{2g}$ 준위에서 $e_g$ 준위로 들뜨기 때문에 나타난다. 선이는 나음과 같이 표현할 수 있나.

$$t_{2g}^1 e_g^0 \longrightarrow t_{2g}^0 e_g^1$$

$[Ti(H_2O)_6]^{3+}$의 흡수 스펙트럼(그림 10.8)은 이 전이가 20,300 $cm^{-1}$에서 최대흡수가 일어나는 것으로 나타난다. 이 값은 $\Delta_o$에 대해서는 243 kJ $mol^{-1}$의 에너지에 해당한

다.[11] 이와는 대조적으로, $ReF_6$ (역시 $d^1$ 화학종이다) 의 최대 흡수는 32,500 $cm^{-1}$ 또는 338 kJ $mol^{-1}$로 나타난다. 이들은 $\Delta_o$에 대한 전형적인 값이고, 화합 결합 에너지와 같은 차수의 크기이다.

$d^1$의 경우는 가장 간단한 경우이고, 관측된 스펙트럼의 전이는 $e_g$ 중위와 $t_{2g}$ 준위 사이의 실제 에너지 차이를 반영한다. 보다 더 일반적인 $d^n$의 상황에서는 전자−전자 상호작용을 고려해야 하고, 계산은 약간 더 복잡해진다. 여기에 대한 적절한 방법은 375쪽과 다음에서 설명한다.

## 결정장 안정화 에너지

앞에서 설명한 $d^1$의 경우, 전자는 $d$ 오비탈들의 무게 중심에 비해서 $-0.4\Delta_o$의 에너지를 갖는 $t_{2g}$ 오비탈을 점유한다. 그러므로 착물은 가상적 구형장 경우에 비해 0.4 $\Delta_o$ 만큼 안정화되었다고 말할 수 있다. 이 양을 **결정장 안정화 에너지(crystal field stabilization energy, CFSE)** 라고 한다. $d^2$와 $d^3$ 금속 이온의 경우, 전자는 Hund 규칙에 따라 짝을 짓지 않고 각각 다른 축퇴 $t_{2g}$ 오비탈을 차지할 것이다. 그래서 전자 배치는 $t_{2g}^2$와 $t_{2g}^3$가 되고, 각각 0.8 $\Delta_o$와 1.2 $\Delta_o$의 CFSE를 갖게 될 것이다. 전자 한 개를 더 첨가하여 $d^4$의 경우가 되면, 두 가지 가능성이 생긴다. 즉, 네 번째 전자가 높은 에너지를 갖는 $e_g$ 준위에 들어가거나 $t_{2g}$ 오비탈 중의 하나에 들어가 다른 전자와 짝을 짓는 경우이다. 실제 전자 배치는 당연히 가장 낮은 에너지를 갖는 전자 배치일 것이고, $\Delta_o$와 $P$의 상대적인 크기에 의존할 것이다. 여기서 $P$는 한 오비탈에서 전자가 짝을 짓게 하는 데 필요한 에너지이다. $\Delta_o < P$ [**약한 장(weak field)** 또는 **고스핀(high spin)** 조건] 의 경우, 네 번째 전자는 "대가를 지불하면서" $t_{2g}$ 오비탈들 중의 한 오비탈에 있는 전자와 짝을 짓는 것보다 $e_g$ 오비탈들 중의 어느 한 오비탈에 들어가게 될 것이다. 따라서 전자 배치는 $t_{2g}^3 e_g^1$이 될 것이고, 알짜 CFSE는 다음과 같이 될 것이다.

$$\mathbf{CFSE = (3 \times +0.4\Delta_o) - (1 \times +0.6\Delta_o) = 0.6\Delta_o} \tag{10.4}$$

약한 장 착물에 다섯 번째 전자를 첨가하면, 전자 배치는 $t_{2g}^3 e_g^2$로 되어 CFSE는 0이 된다. 에너지가 더 높은 $e_g$ 준위에 있는 두 전자는 에너지가 더 낮은 $t_{2g}$ 준위에 있는 세 전자와 정확하게 균형을 이룬다(그림 10.9a).

$d$ 오비탈의 갈라짐이 짝지움 에너지보다 더 크면($\Delta_o > P$), 전자들은 에너지가 더 높은 $e_g$ 준위에 들어가는 것보다 $t_{2g}$ 준위에 들어가서 짝을 짓는 것이 에너지적으로 더 유리하다. 이들 **강한 장(strong field)** 또는 **저스핀(low spin)** 착물들에서, $d^1$부터 $d^6$ 이온들의 $e_g$ 준위는 채워지지 않은 상태로 남아 있게 된다(그림 10.9b). 그래서 네 개에서 일곱 개의 $d$ 전자를 갖는 착물의 결정장 안정화 에너지는 약한 장의 경우보다 강한 장의 경우가 더 크다. 예를 들어 $d^4$의 경우, 저스핀 전자 배치는 $t_{2g}^4$이고, CFSE는 1.6 $\Delta_o$가 되는데, 이는 고스핀 전자 배치에 대한 0.6 $\Delta_o$에 비해 더 큰 값이다. $d^1$부터 $d^{10}$까지의 강한 장 및 약한 장에 대한 전자 배치, 결정장 안정화 에너지, 홀전자의 수을 요약하여 표 10.3에 나타내었다.

11) 적당한 환산 인자를 사용하여 이 등가치를 확인하라.

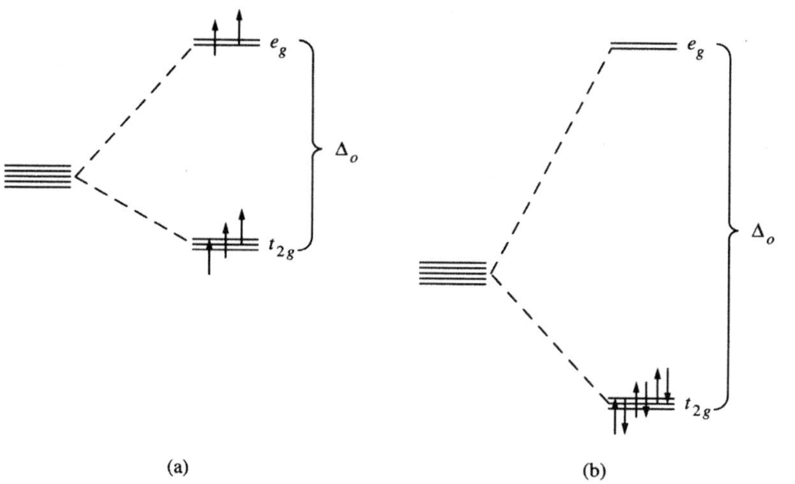


**그림 10.9** (a) 약한 팔면체장에서의 $d^5$ 이온과 (b) 강한 팔면체장에서의 $d^6$ 이온에 대한 전자 배치[a].

**표 10.3**
약한 팔면체장과 강한 팔면체장에 대한 결정장 효과.

| | 약한 장 | | | 강한 장 | | |
|---|---|---|---|---|---|---|
| $d^n$ | 배치 | 홀전자 | CFSE | 배치 | 홀전자 | CFSE |
| $d^1$ | $t_{2g}^1$ | 1 | $0.4\Delta_o$ | $t_{2g}^1$ | 1 | $0.4\Delta_o$ |
| $d^2$ | $t_{2g}^2$ | 2 | $0.8\Delta_o$ | $t_{2g}^2$ | 2 | $0.8\Delta_o$ |
| $d^3$ | $t_{2g}^3$ | 3 | $1.2\Delta_o$ | $t_{2g}^3$ | 3 | $1.2\Delta_o$ |
| $d^4$ | $t_{2g}^3\ e_g^1$ | 4 | $0.6\Delta_o$ | $t_{2g}^4$ | 2 | $1.6\Delta_o$ |
| $d^5$ | $t_{2g}^3\ e_g^2$ | 5 | $0.0\Delta_o$ | $t_{2g}^5$ | 1 | $2.0\Delta_o$ |
| $d^6$ | $t_{2g}^4\ e_g^2$ | 4 | $0.4\Delta_o$ | $t_{2g}^6$ | 0 | $2.4\Delta_o$ |
| $d^7$ | $t_{2g}^5\ e_g^2$ | 3 | $0.8\Delta_o$ | $t_{2g}^6\ e_g^1$ | 1 | $1.8\Delta_o$ |
| $d^8$ | $t_{2g}^6\ e_g^2$ | 2 | $1.2\Delta_o$ | $t_{2g}^6\ e_g^2$ | 2 | $1.2\Delta_o$ |
| $d^9$ | $t_{2g}^6\ e_g^3$ | 1 | $0.6\Delta_o$ | $t_{2g}^6\ e_g^3$ | 1 | $0.6\Delta_o$ |
| $d^{10}$ | $t_{2g}^6\ e_g^4$ | 0 | $0.0\Delta_o$ | $t_{2g}^6\ e_g^4$ | 0 | $0.0\Delta_o$ |

[a] 이 표는 짝지음 에너지와 전자-전자 효과가 무시되어 왔기 때문에 약간 간략화되어 있다.

전자 짝지음 에너지 $(P)$ 를 포함한 강한 장과 약한 장의 경우에 대해서 전체 에너지를 계산하여 비교할 수 있다. 저스핀 $d^6$ 배치에 대한 CFSE는 $2.4\Delta_o - 3P$일 것이다. 고스핀 $d^6$ 배치는 $0.4\Delta_o - P$의 CFSE를 가져야 하므로, 두 전자 배치 간의 CFSE 차이는 $2.0\Delta_o - 2P$가 된다. 두 전자 배치 간에는 두 개의 전자에 대한 스핀이 다르기 때문에, 한 개의 전자 스핀당 에너지 인자는 $(1.0\Delta_o - P)$ 크기를 가진다.

전자 짝지음 에너지는 두 항으로 구성되어 있다. 하나는 고유한 쿨롱 반발인데, 같은 오비탈에 두 전자를 강제로 채울 때에는 전자간 반발이 극복되어야 한다. 쿨롱 반발의 크기는, 주기율표의 같은 족 내에서는 위에서부터 아래로 가면서 단계적으로 감소한다. 보다 무거운 전이 금속의 보다 크고 더 확산된 $5d$ 오비탈은 보다 작은 $3d$ 오비탈보다 두 개의 음전하를 더 쉽게 수용한다. 두 번째로 중요한 요인은 교환 에너지(대개 Hund 규칙에 근거하고 있음, 1장 참조)의 손실인데, 교환 에너지는 평행 스핀을 갖는 전자를 강제로 역스핀으로 만들 때 생긴다. 주어진 전자 배치에 대한 교환 에

**표 10.4**
몇 가지 3*d* 금속 이온의 짝지음 에너지[a].

| | 이온 | $P_{coul}$ | $P_{ex}$ | $P_T$ |
|---|---|---|---|---|
| $d^4$ | $Cr^{2+}$ | 71.2 (5950) | 173.1 (14,475) | 244.3 (20,425) |
| | $Mn^{3+}$ | 87.9 (7350) | 213.7 (17,865) | 301.6 (25,215) |
| $d^5$ | $Cr^{+}$ | 67.3 (5625) | 144.3 (12,062) | 211.6 (17,687) |
| | $Mn^{2+}$ | 91.0 (7610) | 194.0 (16,215) | 285.0 (23,825) |
| | $Fe^{3+}$ | 120.2(10,050) | 237.1 (19,825) | 357.4 (29,875) |
| $d^6$ | $Mn^{+}$ | 73.5 (6145) | 100.6 (8418) | 174.2 (14,563) |
| | $Fe^{2+}$ | 89.2 (7460) | 139.8 (11,690) | 229.1 (19,150) |
| | $Co^{3+}$ | 113.0 (9450) | 169.6 (14,175) | 282.6 (23,625) |
| $d^7$ | $Fe^{+}$ | 87.9 (7350) | 123.6 (10,330) | 211.5 (17,680) |
| | $Co^{2+}$ | 100 (8400) | 150 (12,400) | 250 (20,800) |

[a] KJ $mol^{-1}$(그리고 $cm^{-1}$)로서의 짝지음 에너지는 Orgel, L. E. J. *Chem. Phys.*, **1955**, *23*, 1819; Griffith, J. S. J. *Inorg. Nucl. Chem.*, **1956**, *2*, 1.229에서 나타낸 식과 데이터로부터 계산하였다. 그 값은 자유 이온에 관한 것이고, 전자구름퍼짐 효과 때문에 착이온에 대하여는 15%에서 30% 더 작은 것으로 예상된다. $P_{coul}$, $P_{ex}$, $P_T$는 전자의 짝지음에 필요한 쿨롱 에너지, 교환 에너지, 전체 에너지를 나타낸다.

너지의 크기는 평행 스핀을 가진 전자가 몇 쌍[12)]인지에 비례한다. *d* 부껍질 내에서는 $d^5$ 전자 배치가 쌍을 이루게 될 때 가장 큰 교환 에너지의 손실이 있을 것이다. 그러므로 $d^5$ 착물(예: $Mn^{2+}$, $Fe^{3+}$)은 고스핀인 경우가 많다. 기체상의 전이 금속 이온에 대한 짝지음 에너지의 몇 가지 전형적인 값은 표 10.4에 수록하였다.

## 사면체 대칭

4배위 착물에서 가장 일반적인 두 가지 구조는 사면체와 사각 평면 배열이다. 다음 절에서 설명할 사각 평면 기하 구조는 일반적인 $D_{4h}$ 대칭의 특별한 경우인데, 이 구조는 팔면체 착물에서 정방 일그러짐도 포함한다(369쪽). 사면체 배위는 입방체 배위와 밀접하게 관련된다. 후자는 배위화학에서는 흔하지 않은 것이지만, 사면체 $ML_4$ 착물에 대한 결정장 갈라짐 양식을 유도하는 데 편리한 출발점을 마련해 준다.

그림 10.10에서 보이는 것처럼, 중심에 놓여 있는 금속 원자에 입방체의 모서리에 배열된 여덟 개의 리간드가 접근하는 경우를 살펴보자. 이와 같은 착물은 팔면체와 같은 점군($O_h$)에 속할 것이므로, *d* 오비탈은 팔면체 경우와 마찬가지로 두 가지의 축퇴된 세트, $t_{2g}$와 $e_g$로 갈라질 것이다. 그러나 입방 배열에서 리간드는 금속의 어떤 *d* 오비탈에도 직접 접근하지는 않고, 입방체 각 면의 중심으로 향하는 오비탈($d_{x^2-y^2}$과 $d_{z^2}$)보다는 입방체의 모서리로 향하는 오비탈($d_{xy}$, $d_{xz}$, $d_{yz}$)로 향하는 오비탈에 더 가깝게 접근한다. 그러므로 $t_{2g}$ 오비탈은 에너지가 증가되어 무게중심으로부터 0.4Δ 만큼 높아지고, 오비탈은 0.6 Δ만큼 안정화된다. 그러므로 입방 대칭의 에너지 준위 도표는 팔면체 대칭의 에너지 준위 도표와는 정반대이다.

만약 그림 10.10의 네 개의 입방체 모서리에 있는 리간드 중의 하나를 제거하면, 나머지 리간드는 금속 주위에 사면체를 형성한다. 사면체 대칭의 에너지 준위 도표(그림

12) 여기서 사용한 "쌍"이라는 말은 두 개의 전자로 이루어진 세트를 의미하는 것으로, 전자의 스핀이 쌍을 이룬 두 전자를 의미하는 것은 아니다.

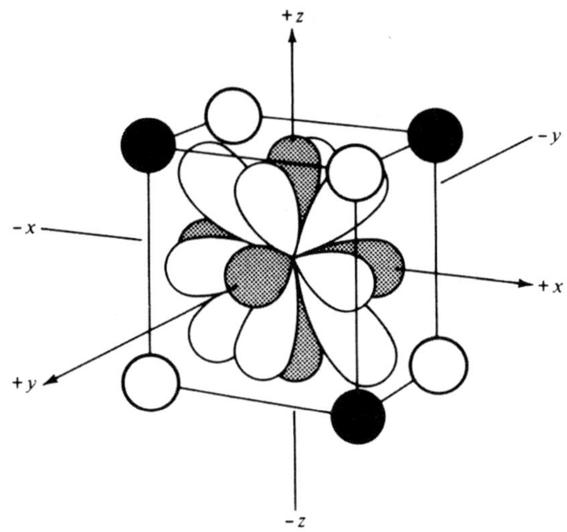


**그림 10.10** 입방체장에 있는 $d$ 오비탈의 완전한 세트. 사면체 리간드의 한 세트(● 또는 ○)는 입방체장의 세기의 1/2에 상당하는 장의 세기를 만든다.

10.11)는, 정성적으로 입방체에 대한 것과 같지만, 리간드 수가 절반 밖에 안 되기 때문에 갈라짐($\Delta_t$)의 크기는 반 정도에 불과하다. 누 세트의 축퇴 오비탈에 적용한 표기는 사면체 환경에서의 대칭성과 일치한다(부록 D의 $T_d$ 점군에 대한 지표표를 참조). 즉, $d_{xy}$, $d_{xz}$, $d_{yz}$ 오비탈에 대해서는 $t_2$, $d_{x^2-y^2}$과 $d_{z^2}$ 오비탈에 대해서는 $e$이다. 팔면체장과 입방체장에 대해서 사용했던 아래 첨자 $g$는 사면체에는 반전 중심이 없으므로 쓸 수 없다.

사면체장에서의 결정장 갈라짐은 팔면체장의 갈라짐보다는 본질적으로 작은데, 그 이유는 사면체장의 리간드 수가 팔면체장의 2/3에 불과하고, $d$ 오비탈들에 대한 리간드의 직접적인 효과가 팔면체장에서 보다 작기 때문이다. 점 전하 모형에 의하면 같은 금속 이온, 같은 리간드, 그리고 같은 금속-리간드 거리에 대해 $\Delta_t = \frac{4}{9}\Delta_o$가 될 것으로 예측된다. 그래서 사면체 착물에서의 오비탈 갈라짐 에너지는 대개 전자가 쌍을 이루게 할 만큼 충분히 크지 않기 때문에, 저스핀 배치는 거의 관찰되지 않는다.[13] 오

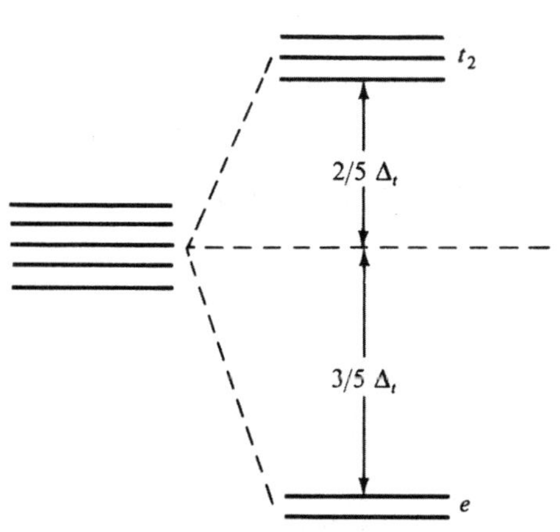


**그림 10.11** 사면체장에서 $d$ 오비탈의 갈라짐.

[13] 첫째 계열 전이 금속의 저스핀 사면체 착물의 예로는 tetrakis(1-norbornyl) cobalt(IV)가 최근에 확인되었다. Byrne, E. K.; Richeson, D. S.; Theopold, K. H. *Chem. Commun.* **1986**, 1491~1492.

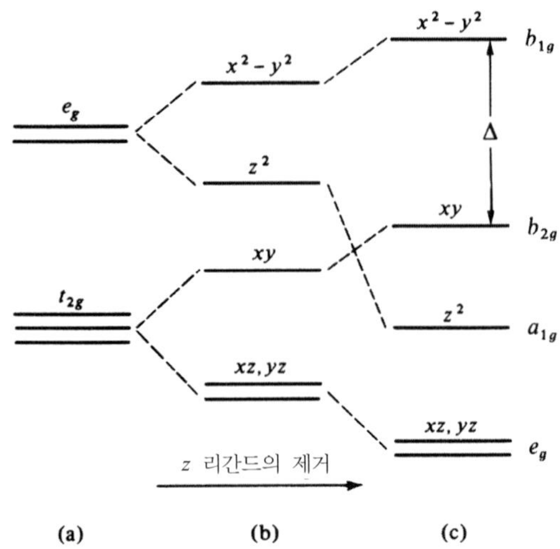


**그림 10.12** 팔면체 착물 (a) 은 $z$축이 늘어남에 따라, 정방 일그러짐 (b) 을 거쳐서 최종적으로 사각 평면 (c) 이 된다. $a_{1g}(d_{z^2})$ 오비탈은 사각 평면 착물에서 $e_g(d_{xz}$와 $d_{yz})$ 오비탈보다 아래에 놓일 수 있다.

히려 강한 결정장이 유리한 상황에서는 사면체 구조보다 다른 기하 구조를 취하게 된다.

## 정방 대칭: 사각 평면 착물

팔면체 착물 $ML_6$에서 트랜스 위치에 있는 두 리간드 (예를 들어 $z$축 양쪽의 두 리간드) 를 중심 금속 이온으로부터 멀어지게 잡아당기거나 가까워지게 수축시켰을 때, 이 착물은 정방형으로 일그러졌다고 말한다. 보통 이러한 일그러짐은 결합 에너지의 알짜 손실을 초래하기 때문에 일그러짐이 일어날 가능성이 없다. 그러나 어떤 상황에서, 이러한 일그러짐은 Jahn-Teller 효과 (371쪽) 때문에 일어날 수 있다. 일반식이 트랜스-$MA_2B_4$인 착물도 정방 ($D_{4h}$) 대칭을 갖게 될 것이다. 여기서는 $d$ 오비탈의 갈라짐 양식을 유도하기 위하여 정방 신축의 극단적인 경우인 사각평면 $ML_4$ 착물만 살펴볼 것이다.

그림 10.12는 팔면체 착물에서 $e_g$와 $t_{2g}$ 오비탈에 대한 $z$축의 신축 효과를 나타낸 것이다. $z$ 성분을 갖는 오비탈들 ($d_{z^2}$, $d_{xz}$, $d_{yz}$) 은 리간드와의 정전기적 반발이 감소되기 때문에 더 안정화될 것이다. 동시에, "$z$축 성분이 없는" 오비탈은 에너지가 증가하게 되어 무게 중심이 일정하게 유지될 것이다. 그래서 전체적으로는 $e_g$ 준위는 에너지가 높아진 $b_{1g}\,(d_{x^2-y^2})$ 와 에너지가 낮아진 $a_{1g}\,(d_{z^2})$ 로 갈라지고, $t_{2g}$ 세트는 $b_{2g}\,(d_{xy})$ 와 2중으로 축퇴된 $e_g\,(d_{xz},\ d_{yz})$ 로 갈라진다. 부록 D의 $D_{4h}$ 지표표를 사용하면 이러한 대칭 표시를 지정할 수 있다. $b_{2g}\,(d_{xy})$ 와 $b_{1g}\,(d_{x^2-y^2})$ 준위 사이의 에너지 간격은 $\Delta$로 정의된다. 팔면체의 경우와 마찬가지로, 이 갈라짐은 $10Dq$와 같다. 그러나 사각평면 착물의 오비탈 간격 (그리고 다른 어떤 비입방 대칭들의 오비탈 간격) 을 설명하려면 $D_t$와 $D_s$로 표기되는 추가적인 파라미터가 필요하다.[14)]

사각 평면 기하 구조는 강한 장의 $d^8$ 전자 배치를 가진 금속 이온에 유리하다. 이때에는 주로 저스핀 착물이 생성되는데, 여덟 개의 $d$ 전자는 낮은 에너지의 $d_{xz}$, $d_{yz}$, $d_{z^2}$과 $d_{xy}$ 오비탈을 채우게 되며, 높은 에너지의 $d_{x^2-y^2}$ 오비탈은 채워지지 않고 남아 있

---

14) Schläfer, H. L,: Gliemann, G. *Basic ProncipIes of Ligand Field Theory*; Wiley-Interscience: New York. 1969: pp 63~65 및 343~347.

표 10.5
다른 대칭들에 대한 결정장에서 $d$ 오비탈의 에너지 준위[a, b].

| C.N. | 구 조 | $d_{z^2}$ | $d_{x^2-y^2}$ | $d_{xy}$ | $d_{xz}$ | $d_{yz}$ |
|---|---|---|---|---|---|---|
| 1 | 선형[c] | 5.14 | −3.14 | −3.14 | 0.57 | 0.57 |
| 2 | 선형[c] | 10.28 | −6.28 | −6.28 | 1.14 | 1.14 |
| 3 | 삼각형[d] | −3.21 | 5.46 | 5.46 | −3.86 | −3.86 |
| 4 | 사면체 | −2.67 | −2.67 | 1.78 | 1.78 | 1.78 |
| 4 | 사각 평면[d] | −4.28 | 12.28 | 2.28 | −5.14 | −5.14 |
| 5 | 삼각 쌍뿔[e] | 7.07 | −0.82 | −0.82 | −2.72 | −2.72 |
| 5 | 사각뿔[e] | 0.86 | 9.14 | −0.86 | −4.57 | −4.57 |
| 6 | 팔면체 | 6.00 | 6.00 | −4.00 | −4.00 | −4.00 |
| 6 | 삼각 기둥 | 0.96 | −5.84 | −5.84 | 5.36 | 5.36 |
| 7 | 오각 쌍뿔 | 4.93 | 2.82 | 2.82 | −5.28 | −5.28 |
| 8 | 입방체 | −5.34 | −5.34 | 3.56 | 3.56 | 3.56 |
| 8 | 뒤틀린 사각 기둥 | −5.34 | −0.89 | −0.89 | 3.56 | 3.56 |
| 9 | $[ReH_9]^{2-}$ 구조(그림 11.40 참조) | −2.25 | −0.38 | −0.38 | 1.51 | 1.51 |
| 12 | 이십면체 | 0.00 | 0.00 | 0.00 | 0.00 | 0.00 |

[a] Zuckerman, J. J. *J. Chem. Educ.* **1965**, *42*, 315. Krishnamurthy, R.; Schaap, W. B. *J. Chem. Educ.* **1969**, *46*, 799. 허가를 얻어 사용.
[b] 모든 에너지는 $Dq$ 단위이다: $10Dq = \Delta_0$.
[c] 리간드는 $z$축에 따라 놓여 있다.
[d] 리간드는 $xy$ 평면에 놓여 있다.
[e] 피라미드 바닥은 $xy$ 평면에 있다.

게 된다. 외부장이 강해질수록 높은 에너지의 $d_{x^2-y^2}$ 오비탈의 에너지 준위는 더 높아지게 된다. 그러나 이 준위가 비어 있는 한 착물에 대한 전체 효과는 안정화를 일으키게 되는데, 채워져 있는 낮은 오비탈의 에너지가 상응하는 만큼 더 낮아지기 때문이다. 저스핀 사각 평면 착물의 전형적인 예는 $[Ni(CN)_4]^{2-}$, $[PdCl_4]^{2-}$, $[Pt(NH_3)_4]^{2-}$, $[PtCl_4]^{2-}$, $[AuCl_4]^{-}$를 들 수 있는데, 모두 $d^8$ 화학종이다.

## 다른 대칭을 갖는 장에서의 오비탈 갈라짐

많은 착물이 지금까지 설명한 대칭에 속할 수 있지만, 다른 기하 구조를 가진 착물도 많이 있다. 이러한 기하 구조에 대해 자세히 다루지는 않겠지만, 비교적 흔히 볼 수 있는 구조에 대한 $d$ 오비탈 에너지를 표 10.5에 나타내었다. 이 표를 이용하면 앞에서 열거된 대칭에 대하여 팔면체, 사면체 및 사각 평면 착물과 유사한 에너지 준위 도표를 그릴 수 있다.

## Δ의 크기에 영향을 미치는 인자

금속 $d$ 오비탈이 주위의 리간드에 의해 갈라지는 정도에 영향을 미치는 몇 가지 인자가 있다. 다양한 착물에 대한 대표적인 Δ값을 표 10.6에 나타내었다. 이 표로부터 여러 가지 중요한 변수와 경향을 확인할 수 있다.

**금속 이온의 산화 상태.** 중심 금속 이온의 전하가 증가하면 Δ의 크기도 증가한다. 표 10.6에 있는 여러 착물들 중에서 같은 리간드를 가지면서 산화 상태가 다른 특정한 금속 이온은 이러한 경향성을 잘 나타내고 있다. 예를 들면, $[Ru(H_2O)_6]^{2+}$($\Delta_o = 19{,}800\ cm^{-1}$)와 $[Ru(H_2O)_6]^{3+}$ ($\Delta_o = 28{,}600\ cm^{-1}$) 의 경우이다.

**표 10.6**
전이 금속 착물들에 대한 Δ값[a].

| 착물 | 금속의 산화 상태 | 대칭 | Δ($cm^{-1}$) |
|---|---|---|---|
| $[VCl_6]^{2-}$ | 4 | $O_h$ | 15,400 |
| $VCl_4$ | 4 | $T_d$ | 7900 |
| $[CrF_6]^{2-}$ | 4 | $O_h$ | 22,000 |
| $[CrF_6]^{3-}$ | 3 | $O_h$ | 15,060 |
| $[Cr(H_2O)_6]^{3+}$ | 3 | $O_h$ | 17,400 |
| $[Cr(en)_3]^{3+}$ | 3 | $O_h$ | 22,300 |
| $[Cr(CN)_6]^{3-}$ | 3 | $O_h$ | 26,600 |
| $[Mo(H_2O)_6]^{3+}$ | 3 | $O_h$ | 26,000 |
| $[MnF_6]^{2-}$ | 4 | $O_h$ | 21,800 |
| $[TcF_6]^{2-}$ | 4 | $O_h$ | 28,400 |
| $[ReF_6]^{2-}$ | 4 | $O_h$ | 32,800 |
| $[Fe(H_2O)_6]^{3+}$ | 3 | $O_h$ | 14,000 |
| $[Fe(ox)_3]^{3-}$ | 3 | $O_h$ | 14,140 |
| $[Fe(CN)_6]^{3-}$ | 3 | $O_h$ | 35,000 |
| $[Fe(CN)_6]^{4-}$ | 2 | $O_h$ | 32,200 |
| $[Ru(H_2O)_6]^{3+}$ | 3 | $O_h$ | 28,600 |
| $[Ru(ox)_3]^{3-}$ | 3 | $O_h$ | 28,700 |
| $[Ru(H_2O)_6]^{2+}$ | 2 | $O_h$ | 19,800 |
| $[Ru(CN)_6]^{4-}$ | 2 | $O_h$ | 33,800 |
| $[CoF_6]^{2-}$ | 4 | $O_h$ | 20,300 |
| $[CoF_6]^{3-}$ | 3 | $O_h$ | 13,100 |
| $[Co(H_2O)_6]^{3+}$ | 3 | $O_h$ | 20,760 |
| $[Co(NH_3)_6]^{3+}$ | 3 | $O_h$ | 22,870 |
| $[Co(en)_3]^{3+}$ | 3 | $O_h$ | 23,160 |
| $[Co(H_2O)_6]^{2+}$ | 2 | $O_h$ | 9200 |
| $[Co(NH_3)_6]^{2+}$ | 2 | $O_h$ | 10,200 |
| $[Co(NH_3)_4]^{2+}$ | 2 | $T_d$ | 5900 |
| $[RhF_6]^{2-}$ | 4 | $O_h$ | 20,500 |
| $[Rh(H_2O)_6]^{3+}$ | 3 | $O_h$ | 27,200 |
| $[Rh(NH_3)_6]^{3+}$ | 3 | $O_h$ | 34,100 |
| $[IrF_6]^{2-}$ | 4 | $O_h$ | 27,000 |
| $[Ir(NH_3)_6]^{3+}$ | 3 | $O_h$ | 41,200 |

[a] Lever, A. B. P. *Inorganic Electronic Spectroscopy*, 2nd ed.; Elsevier: New York, 1986; Chapters 6 and 9.
[b] 약호 : ox = oxalate; en = ethylenediamine.

**금속 이온의 성질.** 같은 족 내의 유사한 착물에 대해서도 Δ값의 상당한 차이가 나타나는데 그 경향성은 $3d < 4d < 5d$이다. Cr로부터 Mo로 또는 Co로부터 Rh로 갈수록, $\Delta_o$값은 50% 정도 증가한다. 마찬가지로, Ir 착물에 대한 값은 Rh 착물의 값보다 약 25% 더 크다. 이러한 경향 때문에 두 번째와 세 번째 전이 금속 계열 착물은 첫 번째 전이 금속 계열 착물보다 저스핀이 되려는 경향이 더 크게 된다.

**리간드의 수와 기하 구조.** 앞에서 알아보았던 것처럼, 다른 모든 인자가 같다면, 점전하 모형을 통해 사면체 착물의 Δ는 팔면체 착물의 약 50%에 불과함을 예상할 수 있다. 이와 같은 근사 관계는 $[Co(NH_3)_4]^{2+}$와 $[Co(NH_3)_6]^{2+}$뿐만 아니라 $VCl_4$와 $[VCl_6]^{2-}$에서도 관측된다.

**리간드의 성질.** 갈라짐의 정도에 미치는 리간드의 효과는 그림 10.13에 나타내었는

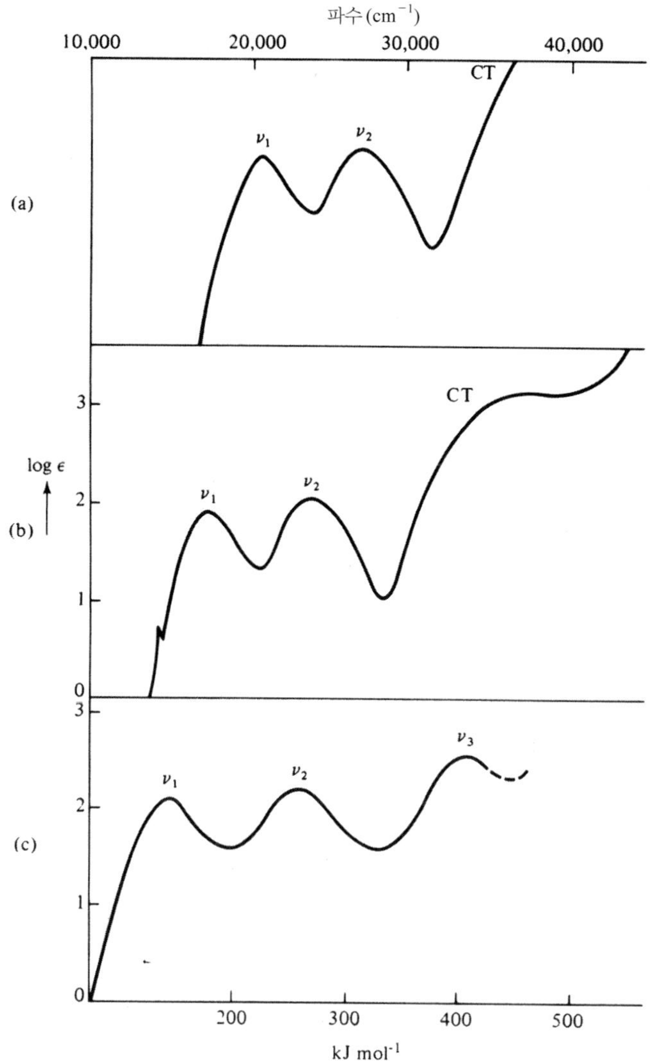


**그림 10.13** 몇 가지 크로뮴(III) 착물의 스펙트럼 비교: (a) $[Cr(en)_3]^{3+}$; (b) $[Cr(ox)_3]^{3-}$; (C) $[CrF_6]^{3-}$; $\nu_1$은 10 *Dq*에 해당한다. CT = 전하 이동띠 (397쪽 참조). [스펙트럼 (a)와 (b): Schläfer, H. L. *Z. Phyzik. Chem.*(Frankfurt am Main) 1957, 11, 65. 스펙트럼 (C): Jørgensen, C. K. *Absorption Spectra and Chemical Bonding in Complexes; Pergamon*: Elmsford, NY, 1962.]

데, 이 그림은 세 가지 $CrL_6$ 착물에 대한 흡수 스펙트럼이다. 전자–전자 반발 효과를 포함한 분석을 바탕으로 하면, 각 착물에서는 세 가지의 *d–d* 전이가 나타날 것으로 예측된다 (375~379쪽 참조). $\nu_1$으로 표시한 전이가 $\Delta_o$, 즉 10*Dq*에 해당한다. 배위된 원자가 F → O → N으로 변함에 따라, 흡수 주파수는 지속적으로 증가하는데, 장의 세기가 조금씩 증가하기 때문이다. 다양한 착물에 대한 유사한 데이터를 바탕으로 하면, **분광화학적 계열 (spectrochemical series)** 에서 장의 세기가 증가하는 순서로 리간드를 나열하는 것이 가능하다. 한 가지 금속 이온을 갖는 모든 리간드에 대해 완전한 계열을 형성하는 것은 불가능하지만, 이 계열의 각 부분을 구성하는 부분의 겹침을 통하여 계열을 구성할 수 있다.[15]

---

15) 약자는 다음을 의미한다. ox = oxalate, py = pyridine, en = ethylenediamine, bpy = 2,2'-bipyridine, phen = 1,10-phenanthroline. $SCN^-$와 $NCS^-$의 경우 첫 번째 원자가 결합되는 원자이다. Lever, A. B. P.

**표 10.7**
$f$ 인자와 $g$ 인자의 값[a].

| 리간드 | $f$ 인자 | 금속 이온 | $g$ 인자[b] |
|---|---|---|---|
| $Br^-$ | 0.72 | Mn(II) | 8.0 |
| $\mathbf{S}CN^-$ | 0.73 | Ni(II) | 8.7 |
| $Cl^-$ | 0.78 | Co(II) | 9 |
| $N_3^-$ | 0.83 | V(II) | 12.0 |
| $F^-$ | 0.9 | Fe(III) | 14.0 |
| ox $= C_2\mathbf{O}_4^{2-}$ | 0.99 | Cr(III) | 17.4 |
| $H_2O$ | 1.00 | Co(III) | 18.2 |
| $\mathbf{N}CS^-$ | 1.02 | Ru(II) | 20 |
| gly$^-$ $= NH_2CH_2CO_2^-$ | 1.18 | Mn(IV) | 23 |
| py $= C_5H_5\mathbf{N}$ | 1.23 | Mo(III) | 24.6 |
| $\mathbf{N}H_3$ | 1.25 | Rh(III) | 27.0 |
| en $= \mathbf{N}H_2CH_2CH_2\mathbf{N}H_2$ | 1.28 | Tc(IV) | 30 |
| bpy = 2.2'-bipyridine | 1.33 | Ir(III) | 32 |
| $\mathbf{C}N^-$ | 1.7 | Pt(IV) | 36 |

[a] Jørgensen, C. K. *Modern Aspects of Ligand Field Theory*; Elsevier: New York, 1971; Chapter 26.
[b] kK ($= 1000\ cm^{-1}$) 단위에서. 묶인 원자는 굵은 글씨로 나타내었다.

$$I^- < Br^- < S^{2-} < SCN^- < Cl^- < N_3^-,\ F^- < \text{urea},\ OH^- < \text{ox},\ O^{2-} < H_2O < NCS^- < \text{py},\ NH_3 < \text{en} < \text{bpy},\ \text{phen} < NO_2^- < CH_3^-,\ C_6H_5^- < CN^- < CO$$

Jørgensen은 독립적인 두 인자의 곱으로 처리함으로써 팔면체 착물에 대한 Δ 값을 추정하는 방법을 개발하였다.[16)]

$$\Delta_o = f \cdot g \tag{10.5}$$

$f$ 인자값은 물을 기준(1.00)으로 한 리간드의 장 세기를 나타낸다. 이 값은 약한 장 브로민화 이온의 약 0.7로부터 강한 장 사이안화 이온의 약 1.7까지의 범위까지에 걸쳐 있다. $g$ 인자값은 금속 이온의 특성이며 8,000에서 36,000 $cm^{-1}$까지의 값을 가진다(표 10.7). 식 10.5는 Δ값을 추정하는 데 사용되는데, 짝지음 에너지(표 10.4)와 조합하면, 새로운 팔면체 착물이 고스핀이든 저스핀이든 상관없이 Δ값을 예측할 수 있다.

비록, 이 절에서 다룬 분광화학적 계열과 다른 경향들을 이용하면 스펙트럼의 차이를 설명할 수 있고, 몇 가지 결과를 예측할 수는 있지만, 결정장 이론을 해석하는 것은 매우 어렵다는 사실도 보여 주고 있다. $d$ 오비탈이 단순히 점 전하(이온 또는 쌍극자) 효과 때문에 갈라지는 것이라면, 음이온성 리간드가 갈라짐에 가장 큰 효과를 나타낼 것으로 예측하여야 한다. 그러나 이러한 예측과는 달리 분광화학적 계열에서 약한 장에 속하는 부분에는 음이온성인 리간드가 많이 존재한다. 또한, $OH^-$ 이온이 $H_2O$ 분자보다 더 약한 장에 놓여 있고, 쌍극자 모멘트가 반대 순서인데도($\mu_{NH_3} = 4.90 \times 10^{-30}$ C m; $\mu_{H_2O} = 6.71 \times 10^{-30}$ C m) $NH_3$가 $H_2O$보다 더 큰 갈라짐을 일으킨다. 또한 이 모형은 같은 족에서 강한 장 리간드($CN^-$)를 가진 유사한 착물에 대한 $\Delta_o$값이

Inroganic Electronic Spectroscopy, 2nd ed.; Elsevier: New York, 1986. Jørgensen, C. K. Modern Aspect Of Ligand Field Theory; Elsevier: New York, 1971; Chapter 26.

16) Jørgensen, C. K. *Modern Aspects of Ligand Field Theory*; Elsevier: New York, 1971; Chapter 26.

단지 조금만 변하는 것에 대해서도 설명하지 못한다. 이와 같은 이론상의 명백한 약점 때문에 리간드와 중심 금속 이온 사이에는 상호작용은 순수한 정전기적 상호작용이라는 가정에 의문을 불러일으키게 되어, 결국에는 리간드와 금속 사이의 공유 결합성 상호작용도 포함하는 결합 이론을 등장하게 만들었다. 이러한 결함에도 불구하고, 기본적인 결정장 이론은 착물화학의 많은 결과들을 해석하는 데 사용될 수 있으며, 다음 절에서 설명할 것이다.

## 결정장 이론의 응용

초기에 결정장 이론이 성공을 거둔 이유는 착물의 자기적 성질과 스펙트럼을 설명할 수 있었기 때문이다. 결정장 이론은 많은 착물에 대해 구조와 열역학적 성질을 이해하고 예측할 수 있는 근거를 제공하였다. 이 절에서는 이와 같은 착물의 여러 가지 성질을 결정장 이론으로 설명한다. 분자 오비탈 이론과 같은 다른 결합 모형도 이러한 결과들을 해석하는 데 사용될 수 있다. 그래서 다른 모형에서의 개념이 결정(리간드) 장 안정화 에너지처럼 결정장 이론으로부터 파생된 것이라면, 이 절의 설명에서도 인용할 것이다.

전이 금속 화합물에서 결정장 안정화 에너지가 중요할 것이라는 초기 증거 중의 하나는 격자 에너지를 계산하여 얻었다. 3장에서 살펴본 바와 같이, 격자 에너지를 아주 정확하게 예측할 수는 없지만, 이러한 예측은 $Cr^{2+}$, $Fe^{2+}$, $Co^{2+}$, $Ni^{2+}$, $Cu^{2+}$ 보다는 $Na^{+}$, $K^{+}$, $Ca^{2+}$, $Mn^{2+}$, $Zn^{2+}$와 같은 이온에는 더 잘 들어맞는다. 거의 모든 6배위 금속 이온에 대해서는 CFSE 때문에 격자 에너지에 심각한 오류가 나타난게 된다. 이러한 오류를 나타내지 않는 이온들은 모두 CFSE = 0인 $d^0$, $d^5$ (고스핀) 와 $d^{10}$ 배치를 갖는 것들이다. 금속 이온이 팔면체 구멍을 차지하는 $CaX_2$로부터 $ZnX_2$까지의 할로젠 화합물의 격자 에너지를 살펴보자. $Ca^{2+}$로부터 $Zn^{2+}$까지 이온 반지름은 서서히 감소할 것으로 예상되기 때문에(1장), Born-Landé 식(3장)에 바탕을 둔 격자 에너지도 서서히 증가할 것으로 예측된다. 그러나 그림 10.14를 보면, 예측한 것과 같은 완만한 곡선은 볼 수 없다. $Ca^{2+}$, $Mn^{2+}$, $Zn^{2+}$은 직선에 가까운 곡선 위에 놓여 있다. 이 곡선에서 최대로 벗어나는 지점은 두 곳이 있는데, $V^{2+}$와 $Ni^{2+}$ 영역이다. 표 10.3의 약한 팔면체장(할로젠화 이온은 분광화학적 계열에서 약한 장 부분의 끝자리에 있다는 것을 기억하라)을 보면, $V^{2+}(d^3)$와 $Ni^{2+}(d^8)$가 가장 큰 CFSE ($1.2\Delta_o$)를 가진다는 것을 알 수 있다. $d^2$, $d^4$, $d^7$, $d^9$ 이온은 약간 더 낮은 값(0.6과 $0.8\Delta_o$)을 가지며, $d^0$, $d^5$, $d^{10}$의 경우에는 CFSE가 0이다. 그림 10.14에서 곡선의 모양을 보면 큰 실험 오차를 나타내기는 하지만, 정성적으로는 이러한 사실과 일치함을 볼 수 있다.

전이 금속 이온의 수화 에너지에 대해서는 약간 더 나은 데이터를 이용할 수 있다. 이 엔탈피는 직선을 연장한 외삽 방법을 통해 측정되지만, 여섯 개의 물 분자만 금속 이온의 배위권에 들어가 팔면체 아쿠아 착물을 형성한다. 따라서 수화의 엔탈피는 헥사아쿠아 착물의 생성 엔탈피와 밀접한 관계가 있다. 만약 첫째 전이 원소 계열(불안정한 $Sc^{2+}$는 제외하고)의 2가 이온과 3가 이온에 대한 $\Delta H_{hyd}$값을 원자 번호의 함수로서 도시하면, 그림 10.14에 나타낸 것과 매우 비슷한 곡선이 얻어진다. 실험을 통해 얻은 엔탈피에서 계산을 통해 예측한 CFSE를 빼면, $Ca^{2+}$로부터 $Zn^{2+}$까지 그리고 $Sc^{3+}$로부터 $Fe^{3+}$까지(첫째 전이 원소 계열의 나머지는 물이 있으면 +3의 산화 상태는 불

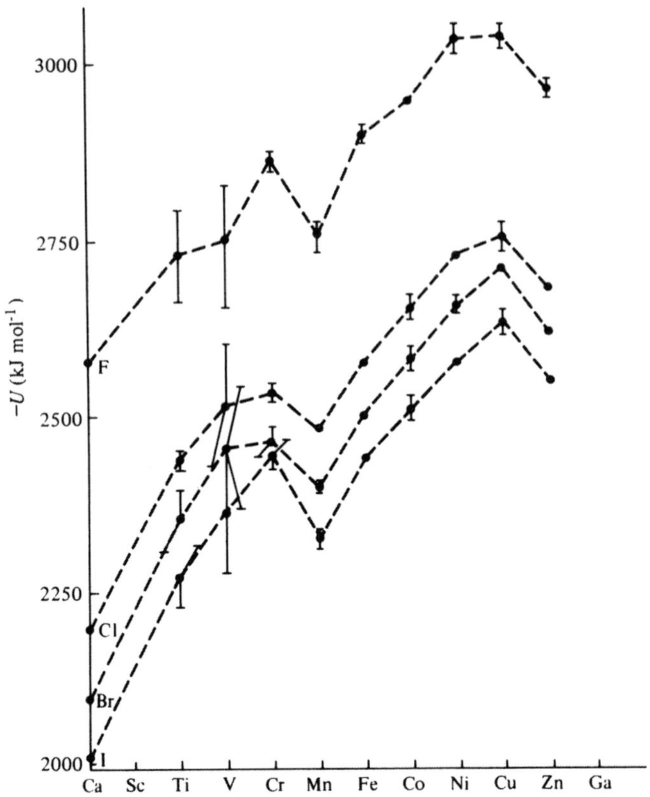


**그림 10.14** 일차 전이 금속 계열의 2가 금속 할로젠화물의 격자 에너지, 수직선은 실험값의 불확실성을 나타낸다. [George, P.; McClure. D. S. *Inorg. Chem.* **1959**, *1*, 381~463.]

안정하다) 에 대한 점은 직선에 가깝게 놓이게 된다. 배위 화합물에 대한 많은 열역학적 데이터도 두 개의 언덕 모양을 가진 곡선을 나타내게 되는데, 이것은 *d* 오비탈과 관련된 CFSE의 변화에 의해서 설명될 수 있다.

3*d* 전자 배치를 갖는 2가 금속들의 이온 반지름은 전형적인 이중 언덕 곡선과 비슷하지만 약간 다른 형태의 곡선을 나타낸다. 이들은 그림 10.15에 나타내었다 (표 3.4의 데이터를 이용). 2가와 3가 양이온의 경우, 강한 장에서는 $t_{2g}^6$ 배치가 될 때까지 반지름이 지속적으로 감소한다. 이 다음에 첨가되는 전자는 리간드의 방향으로 직접 향하고 있는 $e_g$ 준위에 들어가므로 서로 반발하게 되고, 따라서 금속의 유효 반지름은 증가한다. 고스핀 이온의 경우에는 같은 이유 때문에 $t_{2g}^3 e_g^1$ 배치는 반지름이 증가하게 된다.

결정장 모형은 특정한 산화 상태의 안정도를 설명하는 데도 사용된다. 수용액 중에서 Co(III) 는 불안정하고, 물에 의하여 환원되어 Co(II) 로 된다. 여기에는 몇 가지 이유가 있지만, 코발트의 세 번째 이온화 에너지가 크기 때문이라고 설명된다. 그러나 용액에 중간장에서부터 강한 장까지의 여러 리간드가 존재하면, Co(III) 이온은 매우 안정해진다. 그러나 어떤 경우에는 Co(II) 가 Co(III) 로 산화되는 것을 막기가 어렵거나 불가능할 수도 있다.

예를 들면, 적당한 산화 emf (volt 단위) 는 다음과 같다.

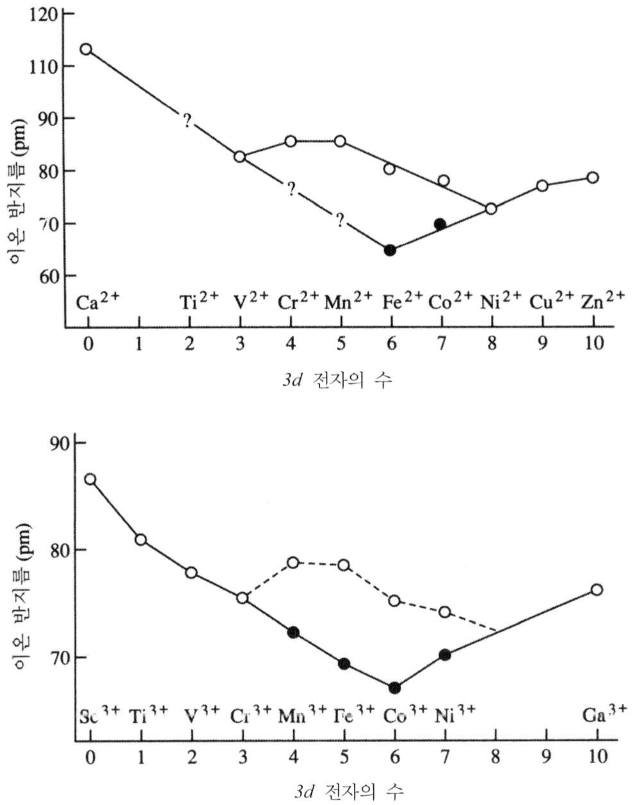


**그림 10.15** *d* 전자 수의 함수로 도시한 2가 이온 $Ca^{2+} \sim Zn^{2+}$ (위쪽) 과 3가 이온 $Sc^{3+} \sim Ga^{3+}$ (아래쪽) 의 반지름. 저스핀 이온은 겸은 원으로 나타내었다. [Shannon, R. D.; Prewitt, C. T. *Acta Cryst.* **1970**, *B26*, 1076.]

$$[Co(H_2O)_6]^{2+} \longrightarrow [Co(H_2O)_6]^{3+} + e^- \qquad E^0 = -1.83 \qquad (10.6)$$

$$[Co(ox)_3]^{4-} \longrightarrow [Co(ox)_3]^{3-} + e^- \qquad E^0 = -0.57 \qquad (10.7)$$

$$[Co(phen)_3]^{2+} \longrightarrow [Co(phen)_3]^{3+} + e^- \qquad E^0 = -0.42 \qquad (10.8)$$

$$[Co(edta)]^{2-} \longrightarrow [Co(edta)]^{-} + e^- \qquad E^0 = -0.37 \qquad (10.9)$$

$$[Co(en)_3]^{2+} \longrightarrow [Co(en)_3]^{3+} + e^- \qquad E^0 = -0.18 \qquad (10.10)$$

$$[Co(NH_3)_6]^{2+} \longrightarrow [Co(NH_3)_6]^{3+} + e^- \qquad E^0 = -0.11 \qquad (10.11)$$

$$[Co(CN)_5H_2O]^{3-} + CN^- \longrightarrow [Co(CN)_6]^{3-} + H_2O + e^- \qquad E^0 = +0.83 \qquad (10.12)$$

식 10.6~10.12에 있는 리간드의 순서는 대략 분광화학적 계열의 순서, 즉 결정장 안정화 에너지가 증가하는 순서임을 주목하라. Co(II) 가 Co(III) 로 산화되면 착물은 고스핀에서 저스핀으로 변하게 된다. 산화는 두 단계에 걸쳐 일어나는 것으로 생각할 수 있다. 첫 번째 단계는 저스핀 상태로 전자가 재배열되는 것이고, 두 번째 단계는 $e_g$전자가 제거되어 Co(III) 가 생성되는 것이다.

$$Co^{2+}(t_{2g}^5 e_g^2) \longrightarrow Co^{2+}(t_{2g}^6 e_g^1) \longrightarrow Co^{3+}(t_{2g}^6 e_g^0)$$

이것은 반응이 실제로 이 순서로 일어난다는 것을 의미하는 것이 아니라, 열역학적 과

표 10.10
리간드와 금속 이온에 대한 nephelauxetic 계열[a].

| 리간드 | $h$ | 금속 | $k$ |
|---|---|---|---|
| $F^-$ | 0.8 | Mn(II) | 0.07 |
| $H_2O$ | 1.0 | V(II) | 0.1 |
| urea | 1.2 | Ni(II) | 0.12 |
| $NH_3$ | 1.4 | Mo(III) | 0.15 |
| en | 1.5 | Cr(III) | 0.20 |
| ox | 1.5 | Fe(III) | 0.24 |
| $Cl^-$ | 2.0 | Rh(III) | 0.28 |
| $CN^-$ | 2.1 | Ir(III) | 0.28 |
| $Br^-$ | 2.3 | Co(III) | 0.33 |
| $N_3^-$ | 2.4 | Pt(IV) | 0.6 |
| $I^-$ | 2.7 | Pd(IV) | 0.7 |

[a] $MX_n$ 착물에서 총 nephelauxetic 효과는 $h_x \cdot k_M$ 곱에 비례한다. 리간드 약호에 대해서는 표 10.7 참조. Jørgensen C. K. *Oxidation Numbers and Oxidation States*; Springer: New York; 1969; p 106.

름, 공유 결합성 등) 이 차이가 많이 나는 경우에 대한 구조를 비교할 때에는, $d$ 오비탈 갈라짐만으로는 관측된 결과를 설명할 수 없다. 이러한 경우에는 더 광범위한 분석이 요구된다.

## 분자 오비탈 이론

결정장 이론을 사용하면 전이 금속 착물에 대한 수많은 데이터를 놀라울 정도로 적절하게 설명할 수 있지만, 이 이론은 심각한 한계를 가진다. $d$ 오비탈의 갈라짐은 순전히 정전기적 효과 때문에 나타나게 되고, 금속과 리간드의 결합은 공유 결합성을 포함하지 않는 이온성이라는 가정이 틀렸음을 제시하는 몇 가지 실험적 및 반이론적 반론이 있다.

리간드와 중심 금속 이온 사이에 전자가 공유된다는 간접적 증거로는 **전자구름 퍼짐 효과 (nephelauxetic effect)** 를 들 수 있다. 착물에서 전자-전자 반발은 자유 이온에서의 반발보다 약간 더 작은 것으로 알려져 있다. 착물의 전자 스펙트럼을 통해 금속 이온들과 리간드들 모두에 대하여 각각 분리된 전자구름퍼짐 계열을 구성할 수 있는데, 이것은 전자-전자 반발이 감소하는 순서 (또는 전자구름퍼짐 효과가 증가하는 순서) 를 나타낸다 (표 10.10). 결합이 형성될 때 관찰되는 전자-전자 반발의 감소는 금속과 리간드 오비탈이 더 큰 분자 오비탈을 형성하기 위해 결합할 때 생기는 전자-전자 거리의 효과적인 증가 때문이다 (nephelauxetic은 "전자 구름의 퍼짐"을 의미한다). 금속의 전자들을 비편재화시키는 가장 효과적인 리간드는 nephelauxetic 파라미터, $h$가 가장 큰 값을 나타낸다.

금속-리간드 결합의 공유 결합성에 대한 또 다른 증거는 전자 상자기 공명 (EPR) 방법을 통해 제공된다. 전자의 스핀 때문에 홀전자들은 자석처럼 행동하고, 외부 자기장과 평행하게 배열되거나 반대 방향으로 배열된다. 이 두 가지 배열은 서로 약간 다른 에너지를 가지게 되는데, 한 상태에서 다른 상태로 전이가 일어날 수 있고, 전자기

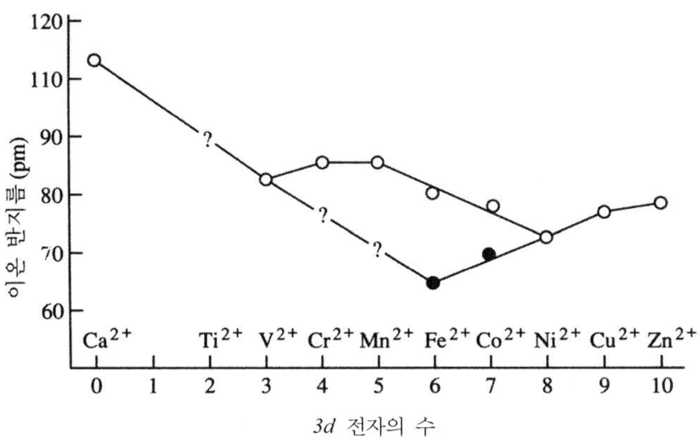


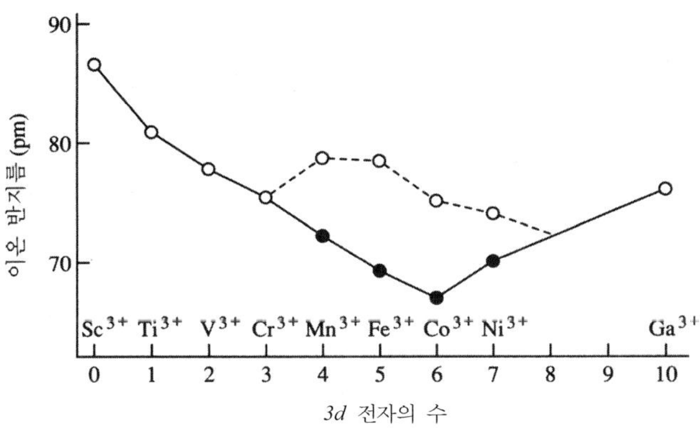


**그림 10.15** *d* 전자 수의 함수로 도시한 2가 이온 $Ca^{2+} \sim Zn^{2+}$ (위쪽) 과 3가 이온 $Sc^{3+} \sim Ga^{3+}$ (아래쪽) 의 반지름. 저스핀 이온은 검은 원으로 나타내었다. [Shannon, R. D.; Prewitt, C. T. *Acta Cryst.* **1970**, *B26*, 1076.]

$$[Co(H_2O)_6]^{2+} \longrightarrow [Co(H_2O)_6]^{3+} + e^- \qquad E^0 = -1.83 \qquad (10.6)$$

$$[Co(ox)_3]^{4-} \longrightarrow [Co(ox)_3]^{3-} + e^- \qquad E^0 = -0.57 \qquad (10.7)$$

$$[Co(phen)_3]^{2+} \longrightarrow [Co(phen)_3]^{3+} + e^- \qquad E^0 = -0.42 \qquad (10.8)$$

$$[Co(edta)]^{2-} \longrightarrow [Co(edta)]^{-} + e^- \qquad E^0 = -0.37 \qquad (10.9)$$

$$[Co(en)_3]^{2+} \longrightarrow [Co(en)_3]^{3+} + e^- \qquad E^0 = -0.18 \qquad (10.10)$$

$$[Co(NH_3)_6]^{2+} \longrightarrow [Co(NH_3)_6]^{3+} + e^- \qquad E^0 = -0.11 \qquad (10.11)$$

$$[Co(CN)_5H_2O]^{3-} + CN^- \longrightarrow [Co(CN)_6]^{3-} + H_2O + e^- \qquad E^0 = +0.83 \qquad (10.12)$$

식 10.6~10.12에 있는 리간드의 순서는 대략 분광화학적 계열의 순서, 즉 결정장 안정화 에너지가 증가하는 순서임을 주목하라. Co(II) 가 Co(III) 로 산화되면 착물은 고스핀에서 저스핀으로 변하게 된다. 산화는 두 단계에 걸쳐 일어나는 것으로 생각할 수 있다. 첫 번째 단계는 저스핀 상태로 전자가 재배열되는 것이고, 두 번째 단계는 $e_g$전자가 제거되어 Co(III) 가 생성되는 것이다.

$$Co^{2+}(t_{2g}^5e_g^2) \longrightarrow Co^{2+}(t_{2g}^6e_g^1) \longrightarrow Co^{3+}(t_{2g}^6e_g^0)$$

이것은 반응이 실제로 이 순서로 일어난다는 것을 의미하는 것이 아니라, 열역학적 과

**표 10.8**
스피넬 $A^{II}B_2^{III}O_4$에 대한 λ 값[a].

| $B^{3+}$ \ $A^{2+}$ | $Mg^{2+}$ | $Mn^{2+}$ | $Fe^{2+}$ | $Co^{2+}$ | $Ni^{2+}$ | $Cu^{2+}$ | $Zn^{2+}$ |
|---|---|---|---|---|---|---|---|
| $Al^{3+}$ | 0 | 0 | 0 | 0 | 0.38 | – | 0 |
| $Cr^{3+}$ | 0 | 0 | 0 | 0 | 0 | 0 | 0 |
| $Fe^{3+}$ | 0.45 | 0.1 | 0.5 | 0.5 | 0.5 | 0.5 | 0 |
| $Mn^{3+}$ | – | 0 | – | – | – | – | 0 |
| $Co^{3+}$ | – | – | – | 0 | – | – | 0 |

[a] Wells, A. F. *Structural Inorganic Chemistry*, 5th ed.; Clarendon: Oxford, 1986; p 595.

정을 이 가상적인 순서의 합으로 고려할 수 있다는 것을 의미한다. 첫 단계는 전자의 짝지음을 포함하기 때문에, 이때 요구되는 에너지는 저스핀 배열의 추가적인 CFSE ($1.8\Delta_o$ 대 $0.8\Delta_o$)에 의하여 보완되는 부분일 것이다. 장이 세어질수록 $\Delta_o$의 크기도 더 증가할 것이다. $e_g$ 준위로부터 전자가 제거되는 두 번째 단계는 높은 이온화 에너지 ($Co^{2+}$에서 $Co^{3+}$로) 때문에 흡열이지만, CFSE가 증가하기 때문에 이온화가 일어나게 된다 ($1.8\Delta_o$에서 $2.4\Delta_o$). CFSE는 emf에 영향을 주는 많은 인자들 중의 하나에 불과하다는 점을 명심하여야 한다. 특히 킬레이트 고리와 연관된 엔트로피 효과가 중요해질 수 있고, 이 효과 때문에 식 10.6~10.12에 있는 리간드의 순서가 분광화학적 계열에서와는 달라진다.

결정장 인자도 스피넬과 같은 결정에서 관찰되는 특정한 자리를 선호하는 현상을 설명하는 데 도움이 될 수 있다. 스피넬은 $AB_2O_4$의 화학식을 가지며, A는 IIA(2)족 금속이나 +2 산화 상태에 있는 전이 금속이다. B는 IIIA족(3) 금속이나 +3 산화 상태에 있는 전이 금속이다. 산화 이온은 $AB_2O_4$ 단위당 여덟 개의 사면체 구멍과 네 개의 팔면체 구멍을 갖는 조밀 쌓임 입방 격자를 형성한다. $MgAl_2O_4$와 같은 정상 스피넬에서 $Mg^{2+}$ 이온은 사면체 구멍의 1/8을 점유하고, $Al^{3+}$ 이온은 이용할 수 있는 팔면체 구멍의 1/2을 점유한다. 이 배치는 2가 이온이 배위수 4, 3가 이온은 배위수 6을 가지기 때문에 가장 안정하다고 예측되는 배열이다(328쪽의 $[Be(H_2O)_4]^{2+}$와 $[Al(H_2O)_6]^{3+}$를 비교해 보라). 그러므로 A(II) 이온들과 B(III) 이온의 자리를 교환하여 상대방 자리를 점유하고 있는 **역스피넬(inverse spinel)** 구조는 매우 흥미롭다. 역스피넬 구조에서는 A(II) 이온은 B(III) 이온의 절반과 함께 팔면체 구멍을 점유하고 있고, 나머지 절반의 B(III) 이온은 사면체 구멍을 점유한다. 정상 스피넬과 역스피넬 사이의 중간적인 분포를 갖는 스피넬도 발견되었다. 스피넬 구조는 대개 **λ** 파라미터로 기술하는 것이 일반적인데, **λ**는 사면체 구멍을 차지한 B 이온의 분율로 정의된다. **λ**값의 범위는 정상 스피넬인 0에서부터 역스피넬의 0.50까지이다. 표 10.8은 여러 스피넬에서 양이온의 분포에 대한 **λ**값을 나타낸 것이다.

산화물이 정상 스피넬 구조과 역스피넬 구조 중에서 어느 것을 채택할지를 결정하는 데 역할을 하는 여러 가지 요인들이 있는데, 그 중의 하나는 $d$ 오비탈 갈라짐 에너지이다. 계의 전체 결합 에너지에 대한 CFSE 기여는 5~10%에 불과하지만, 다른 기여들이 일정하면 CFSE가 결정적인 요인이 될 수 있다. 금속 이온이 포함된 사면체 배위와 비교한 팔면체 배위의 결정장 안정화 에너지의 차이를 살펴보면 스피넬에 대한 결정장 기여를 알 수 있다. 이 차이를 통해 추정하면, 산화 이온은 $\Delta_o$값이 측정되어 있는 물에 대한 결정장과 비슷한 약한 결정장을 제공한다고 가정할 수 있다. 4배위 자리

**표 10.9**
일차 전이 계열에서 금속 이온의 아쿠아 착물에 대한 결정장 데이터.

| d전자의 수 | 이온 | 자유이온 바닥상태 | 팔면체장 배치 | 사면체장 배치 | $\Delta_0{}^a$ ($cm^{-1}$) | $\Delta_0{}^b$ ($cm^{-1}$) | CFSE ($kJ\ mol^{-1}$) 팔면체 | CFSE ($kJ\ mol^{-1}$) 사면체 | 팔면체 자리 선호 에너지 |
|---|---|---|---|---|---|---|---|---|---|
| 1 | $Ti^{3+}$ | $^2D$ | $t_{2g}^1$ | $e^1$ | 20,100 | 8930 | 96.2 | 64.1 | 32.1 |
| 2 | $V^{3+}$ | $^3F$ | $t_{2g}^2$ | $e^2$ | 19,950 | 8870 | 190.9 | 127 | 64 |
| 3 | $V^{2+}$ | $^4F$ | $t_{2g}^3$ | $e^2t_2^1$ | 12,100 | 5380 | 174 | 51.5 | 122 |
|  | $Cr^{3+}$ | $^4F$ | $t_{2g}^3$ | $e^2t_2^1$ | 17,400 | 7730 | 250 | 74.0 | 176 |
| 4 | $Cr^{2+}$ | $^5D$ | $t_{2g}^3\ e_g^1$ | $e^2t_2^2$ | 14,000 | 6220 | 101 | 29.8 | 71 |
|  | $Mn^{3+}$ | $^5D$ | $t_{2g}^3\ e_g^1$ | $e^2t_2^2$ | 21,000 | 9330 | 151 | 44.6 | 106 |
| 5 | $Mn^{2+}$ | $^6S$ | $t_{2g}^3\ e_g^2$ | $e^2t_2^3$ | 7500 | 3330 | 0 | 0 | 0 |
|  | $Fe^{3+}$ | $^6S$ | $t_{2g}^3\ e_g^2$ | $e^2t_2^3$ | 14,000 | 6220 | 0 | 0 | 0 |
| 6 | $Fe^{2+}$ | $^5D$ | $t_{2g}^4\ e_g^2$ | $e^3t_2^3$ | 9350 | 4160 | 44.7 | 29.9 | 14.8 |
|  | $Co^{3+}$ | $^5D$ | $t_{2g}^6$ | $e^3t_2^3$ | 20,760 | – | – | – | –[c] |
| 7 | $Co^{2+}$ | $^4F$ | $t_{2g}^5\ e_g^2$ | $e^4t_2^3$ | 9200 | 4090 | 88.0 | 58.7 | 29.3 |
| 8 | $Ni^{2+}$ | $^3F$ | $t_{2g}^6\ e_g^2$ | $e^4t_2^4$ | 8500 | 3780 | 122 | 36.2 | 86 |
| 9 | $Cu^{2+}$ | $^2D$ | $t_{2g}^6\ e_g^3$ | $e^4t_2^5$ | 12,000 | 5330 | 86.1 | 25.5 | 60.6 |

[a] $[M(H_2O_6)]^{3+}$에 대한 실험값. Lever, A. B. P. *Inorganic Electronic Spectroscopy*, 2nd ed.; Elsevier: New York, 1986; Chapter 6.
[b] $\frac{4}{9}\Delta_o$로서 계산됨.
[c] $[Co(H_2O)_6]^{3+}$는 저스핀이므로 팔면체 자리 선호 에너지는 계산되지 않음.

에 대한 $\Delta_t$값은 $\Delta_t = \frac{4}{9}\Delta_o$ 관계에 의해 추정할 수 있다. 첫째 전이 원소 계열의 2가 및 3가 이온에 대한 팔면체 자리 선호 에너지는 이런 방법으로 결정할 수 있으며, 그 값을 표 10.9에 나타내었다.

표 10.8을 보면 $Fe^{3+}$ ($AFe_2O_4$) 를 포함하는 대부분의 스피넬은 역스피넬 구조를 가짐을 알 수 있다. $d^5$ $Fe^{3+}$ 이온은 사면체 배위와 팔면체 배위 모두에 대해서 CFSE가 0이기 때문에 자리에 대한 선호가 존재한다면, 그것은 A(II) 이온 때문일 것이다. 예를 들어 $NiFe_2O_4$의 경우를 보면 분명히 알 수 있는데, $Ni^{2+}$ 이온은 86 kJ $mol^{-1}$의 팔면체 자리 선호 에너지를 가진다. 자철광($Fe_3O_4$)에서 A 이온과 B 이온은 모두 철이며, 하나는 +2 산화 상태에 있고 다른 하나는 +3 산화 상태에 있다. 즉, $Fe^{II}Fe^{III}O_4$이다. $d^6$ $Fe^{2+}$ 이온의 경우, 팔면체 배위는 사면체 배위보다 약 15 kJ $mol^{-1}$만큼 더 유리하다. 이 에너지는 적은 양이지만, 구조를 반전시키기에 충분하다. 이와는 대조적으로, 유사한 산화물, $Mn_3O_4$는 정상 구조를 가진다. 이 경우에 $d^5$ $Mn^{2+}$는 팔면체장이나 사면체장에서 CFSE를 갖지 않는다. 그러나 $d^4$ $Mn^{3+}$는 팔면체 자리에 대해서 106 kJ $mol^{-1}$만큼 선호함을 나타낸다. 다른 혼합 원자가산화물인 $Co_3O_4$의 경우, 고려해야 할 부수적인 요인이 있다—$Co^{3+}$는 여섯 개 산화 이온에 의해 생성되는 장에서 저스핀이다. 그래서 $Co^{3+}$에 대한 팔면체 자리 선호 에너지를 추정하기가 복잡해지는데, 사면체 자리에서 이 이온은 고스핀이기 때문이다. 그러나 저스핀 $d^6$ 전자 배치는 팔면체 구멍에 있는 $Co^{3+}$에 부가적인 안정화를 제공한다. 그래서 $Co^{3+}$에 대한 팔면체 선호는 정상 배열을 선호하는 $Co^{2+}$ (29.3 kJ $mol^{-1}$) 보다 보다 더 중요하다.

결정장 이론은 첫째 전이 원소 계열에서 관찰된 스피넬 구조를 매우 합리적으로 설명하고 있지만, 다른 예들에 대해 적용할 때는 조심해야 한다. 다른 요인들(이온 반지

**표 10.10**
리간드와 금속 이온에 대한 nephelauxetic 계열[a].

| 리간드 | $h$ | 금속 | $k$ |
|---|---|---|---|
| $F^-$ | 0.8 | Mn(II) | 0.07 |
| $H_2O$ | 1.0 | V(II) | 0.1 |
| urea | 1.2 | Ni(II) | 0.12 |
| $NH_3$ | 1.4 | Mo(III) | 0.15 |
| en | 1.5 | Cr(III) | 0.20 |
| ox | 1.5 | Fe(III) | 0.24 |
| $Cl^-$ | 2.0 | Rh(III) | 0.28 |
| $CN^-$ | 2.1 | Ir(III) | 0.28 |
| $Br^-$ | 2.3 | Co(III) | 0.33 |
| $N_3^-$ | 2.4 | Pt(IV) | 0.6 |
| $I^-$ | 2.7 | Pd(IV) | 0.7 |

[a] $MX_n$ 착물에서 총 nephelauxetic 효과는 $h_x \cdot k_M$ 곱에 비례한다. 리간드 약호에 대해서는 표 10.7 참조. Jørgensen C. K. *Oxidation Numbers and Oxidation States*; Springer: New York; 1969; p 106.

름, 공유 결합성 등) 이 차이가 많이 나는 경우에 대한 구조를 비교할 때에는, $d$ 오비탈 갈라짐만으로는 관측된 결과를 설명할 수 없다. 이러한 경우에는 더 광범위한 분석이 요구된다.

## 분자 오비탈 이론

결정장 이론을 사용하면 전이 금속 착물에 대한 수많은 데이터를 놀라울 정도로 적절하게 설명할 수 있지만, 이 이론은 심각한 한계를 가진다. $d$ 오비탈의 갈라짐은 순전히 정전기적 효과 때문에 나타나게 되고, 금속과 리간드의 결합은 공유 결합성을 포함하지 않는 이온성이라는 가정이 틀렸음을 제시하는 몇 가지 실험적 및 반이론적 반론이 있다.

리간드와 중심 금속 이온 사이에 전자가 공유된다는 간접적 증거로는 **전자구름 퍼짐 효과 (nephelauxetic effect)** 를 들 수 있다. 착물에서 전자-전자 반발은 자유 이온에서의 반발보다 약간 더 작은 것으로 알려져 있다. 착물의 전자 스펙트럼을 통해 금속 이온들과 리간드들 모두에 대하여 각각 분리된 전자구름퍼짐 계열을 구성할 수 있는데, 이것은 전자-전자 반발이 감소하는 순서 (또는 전자구름퍼짐 효과가 증가하는 순서) 를 나타낸다 (표 10.10). 결합이 형성될 때 관찰되는 전자-전자 반발의 감소는 금속과 리간드 오비탈이 더 큰 분자 오비탈을 형성하기 위해 결합할 때 생기는 전자-전자 거리의 효과적인 증가 때문이다 (nephelauxetic은 "전자 구름의 퍼짐"을 의미한다). 금속의 전자들을 비편재화시키는 가장 효과적인 리간드는 nephelauxetic 파라미터, $h$가 가장 큰 값을 나타낸다.

금속-리간드 결합의 공유 결합성에 대한 또 다른 증거는 전자 상자기 공명 (EPR) 방법을 통해 제공된다. 전자의 스핀 때문에 홀전자들은 자석처럼 행동하고, 외부 자기장과 평행하게 배열되거나 반대 방향으로 배열된다. 이 두 가지 배열은 서로 약간 다른 에너지를 가지게 되는데, 한 상태에서 다른 상태로 전이가 일어날 수 있고, 전자기

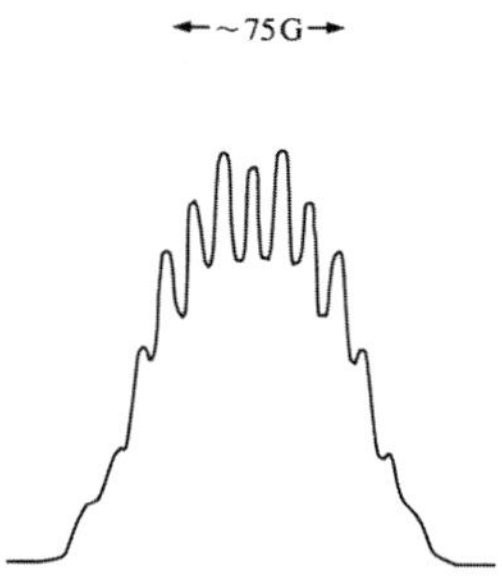


그림 10.16 $K_2PtCl_6$에서 $K_2IrCl_6$의 전자 상자기 공명 스펙트럼. [Owen, J. A. J. *Faraday Disc. Chem. Soc.* **1955**, *19*, 127~134.]

복사 형태의 공명 에너지를 가해 주면 검출될 수 있다. 다른 홀전자나 자기성을 갖는 핵과 상호작용을 하지 않는 홀전자는 이러한 전이에서 단 하나의 흡수를 보일 것이다. 그러나 많은 착물의 EPR 스펙트럼은 초미세 갈라짐 모양의 스펙트럼으로 나타나는데(그림 10.16), 리간드의 자기적 핵과 금속의 홀전자 사이의 상호작용 때문에 생기는 것이다. 이것은 전자가 리간드에 대해 최소한 부분적으로 비편재되는 것을 분명하게 암시하는 것이다.

## 팔면체 착물

팔면체 착물에 대한 분자 오비탈들을 구성하는 것은 더 간단한 분자와 이온에 대해 4장에서 사용되었던 것과 동일한 일반적인 접근법을 포함한다. 착물의 경우, 겹침이 더 많은 오비탈과 전자를 고려해야 한다. $[Co(NH_3)_6]^{3+}$와 같은 착이온의 경우, 중심 금속에 있는 원자가오비탈은 $3d$, $4s$, $4p$일 것이다. 금속과의 $\sigma$ 결합에 포함되어 있는 리간드의 오비탈들은 암모니아 분자에 있는 여섯 개의 $sp^3$에 가까운 혼성 오비탈의 고립쌍일 것이다. ($\pi$ 결합 리간드의 경우, 추가적인 오비탈이 고려되어야 한다.) 아홉 개의 금속 오비탈과 여섯 개의 리간드 오비탈의 적절한 선형 조합을 알아내는 것은 처음에는 상당히 힘든 일이지만, 오비탈의 대칭성을 이용하는 이전의 경험을 통해 이 과정을 해낼 수 있었다.

구하고자 하는 분자 오비탈은 같은 대칭을 갖는 금속과 리간드의 원자 오비탈의 선형 조합이므로, 팔면체 결합 축을 따라 금속의 오비탈과 겹쳐지는 리간드의 오비탈들 또는 **리간드 군 오비탈(ligand group orbital, LGO)**을 선형 조합하는 것으로 시작하는 것이 바람직할 것이다(이 방법은 4장에서 $BeH_2$와 $NO_2^-$에 대해서 이미 사용되었다). 이들 LGO는 결합에 사용될 수 있는 금속 오비탈들의 대칭과 일치해야 한다. 이미 설명한 것처럼, 관심을 가져야 할 금속 원자가오비탈은 $ns$, $np$, $(n-1)$, $d$이다. 팔면체 착물에서 이들의 대칭성은 $O_h$ 지표표(부록 D)를 이용하면 결정할 수 있는데, 이 표에서 $s$ 오비탈은 $a_{1g}$로 변환되고, $p$ 오비탈 세트는 $t_{1u}$로 변환된다. 그러나 다섯 개의 $d$ 오비탈은 축퇴가 무너져서 $e_g$ ($d_{z^2}$과 $d_{x^2-y^2}$)와 $t_{2g}$($d_{xy}$, $d_{xz}$ 및 $d_{yz}$) 세트를 형성한다. ($d$ 오비탈들의 이들 두 세트는 결정장 이론에서 알아보았던 것과 같다.)

착물에서 실제로 $\sigma$ 결합에 참여하려면, 금속 오비탈은 결합축 방향으로 배향되어 있는 리간드 군 오비탈과 양의 겹침을 할 수 있어야 한다. 방향에 대한 요구만 고려하고 양의 겹침에 대한 요구는 무시하면, 금속과 리간드 오비탈들은 같은 부호를 가져야 한다. $a_{1g}$ 금속 오비탈은 구형일 것이기 때문에, 모든 축에서 LGO와 겹칠 수 있다. $t_{1u}$와 $e_g$ 세트도 결합 방향을 따라 밀집된 귓불을 가지기 때문에 결합에 참여할 수 있다.

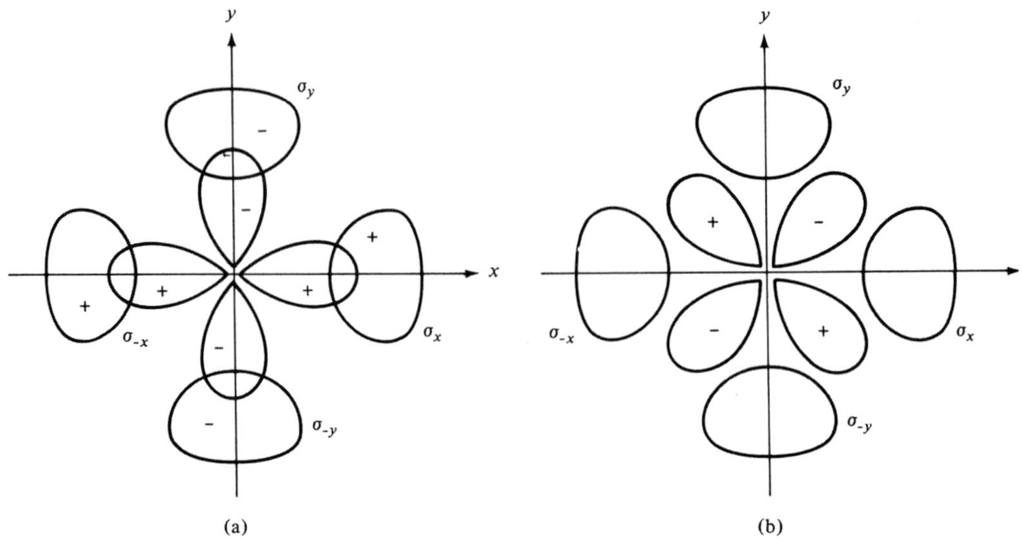


**그림 10.17** $xy$ 평면에서 금속 $d_{x^2-y^2}$ (a) 및 $d_{xy}$ (b) 오비탈과 리간드 오비탈들의 겹침. 리간드 오비탈에 대해 부호 선택을 적절히 하면 $d_{x^2-y^2}$ 오비탈과 양의 겹침이 생긴다. 그러나 리간드 파동 함수에 대해 어떤 단일 부호를 선택하더라도 $d_{xy}$ 오비탈과는 양의 겹침이 생성되지 않는다.

그림 10.17a는 $d_{x^2-y^2}$ 오비탈에 대해 이 현상을 보여주고 있다. 그러나 $t_{2g}$ 세트는 결합 축 사이로 배향된 귓불을 가질 것이기 때문에, 리간드 오비탈들과는 겹침이 일어나지 않을 것이다(그림 10.17b).

앞의 분석에서 팔면체 착물의 $\sigma$ 결합을 구성하는 LGO는 $a_{1g}$, $t_{1u}$, $e_g$ 대칭이어야 함을 알아보았다. 팔면체 착물의 여섯 개 $\sigma$ 결합을 벡터로 간주하고(그림 10.18), 이들이 $O_h$ 점군의 대칭 조작에 의해 어떻게 변환되는지를 결정하면 보다 더 공식적인 방법으로도 같은 결론에 도달할 수 있었다(포함된 과정은 2장 참조). 각 대칭 조작에 의해서 변하지 않고 남아 있는 벡터의 수를 세어서 나타내는 가약 표현(reducible representation), $\Gamma_\sigma$를 그림 10.18에 나타내었다. 이 표현을 약분하면(식 2.1) 가약 성분인 $a_{1g}$, $e_g$, $t_{1u}$를 얻게 되는데, 이들은 착물에서 $\sigma$ 분자 오비탈을 형성하는 데 적합한 금속과 리간드 군 오비탈의 대칭임을 의미한다. 앞에서 금속의 원자가오비탈에 대하여 겹침 능력을 고려하였을 때에도 같은 결론에 도달하였다.

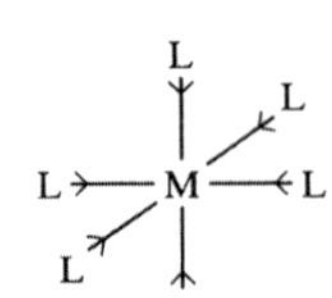


| $O_h$ | E | $8C_3$ | $6C_2$ | $6C_4$ | $3C_2(=C_4^2)$ | $i$ | $6S_4$ | $8S_6$ | $3\sigma_h$ | $6\sigma_d$ |
|---|---|---|---|---|---|---|---|---|---|---|
| $\Gamma_\sigma$ = | 6 | 0 | 0 | 2 | 2 | 0 | 0 | 0 | 4 | 2 |

$$\Gamma_\sigma = a_{1g} + e_g + t_{1u}$$

**그림 10.18** 팔면체 $ML_6$ 착물의 $\sigma$ 결합(벡터로 나타낸) 에 포함된 리간드 군 오비탈 및 금속 오비탈들의 대칭 확인. 가약 표현 $\Gamma_\sigma$에 대한 지표들은 $O_h$ 점군에 대한 각각의 대칭 조작하에서 움직이지 않고 남아 있는 벡터수를 세면 얻을 수 있다. $\Gamma_\sigma$의 가약 성분은 식 2.1을 사용하여 얻는다.

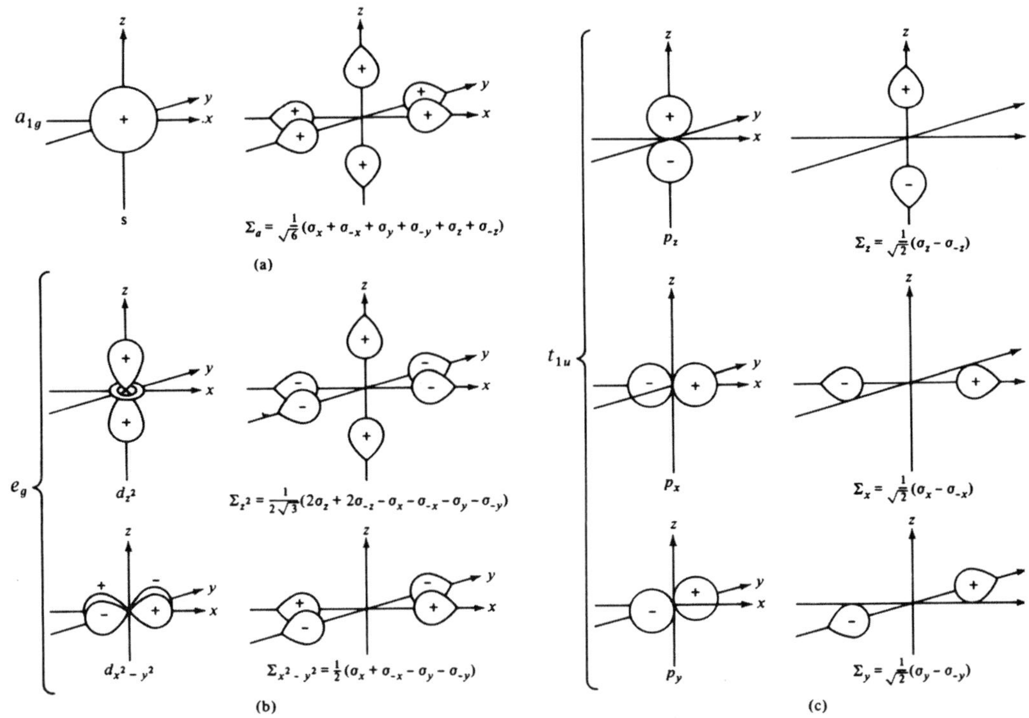

**그림 10.19** 팔면체 $ML_6$ 착물에서 $\sigma$ 결합에 적절한 리간드 군 오비탈(LGOs) 및 대칭이 일치되는 금속 원자 오비탈.

결합에 참여할 오비탈의 대칭을 결정하는 것은, 여섯 개의 LGO를 구성하는 데 리간드 고립 전자쌍 오비탈 중의 어떤 특정 결합이 사용되어야만 하는지를 알려주지는 않는다.[17] 그림 10.19로부터 이 과정에 대한 몇 가지 사실을 얻을 수 있다. 금속 $a_{1g}$ 오비탈에 대한 파동 함수의 부호는 모든 방향에 대해 양의 부호를 가진다. 여섯 개의 리간드는 이 오비탈과 동등하게 상호작용을 할 수 있고, 각각의 기여하는 리간드 오비탈 역시 양의 부호를 가져야 한다. 그러므로 $a_{1g}$ LGO는 여섯 개의 리간드 오비탈의 가감성 조합을 통해 구성될 수 있다.

$$\Sigma_{a_{1g}} = \frac{1}{\sqrt{6}}(\sigma_x + \sigma_{-x} + \sigma_y + \sigma_{-y} + \sigma_z + \sigma_{-z}) \tag{10.13}$$

여기서 $\Sigma$와 $\sigma$는 각각 리간드 군 오비탈과 기여하는 리간드 오비탈들에 대한 파동함수이고, $1/\sqrt{6}$은 평준화 상수이다. $d_{x^2-y^2}$ 오비탈과 상호작용할 수 있는 LGO는 $x$와 $y$축을 따라 있는 성분만을 가질 것이다.

$$\Sigma_{x^2-y^2} = \frac{1}{2}(\sigma_x + \sigma_{-x} - \sigma_y - \sigma_{-y}) \tag{10.14}$$

금속 $d_{z^2}$ 오비탈과 일치되는 LGO는

$$\Sigma_{z^2} = \frac{1}{\sqrt{12}}(2\sigma_z + 2\sigma_{-z} - \sigma_x - \sigma_{-x} - \sigma_y - \sigma_{-y}) \tag{10.15}$$

---

17) 군 이론 분석에서, 이것은 대개 투영 조작을 통해 이루어진다. 이 방법에 대한 설명은 2장의 각주 1에 열거한 군 이론 교재들을 참조하라.

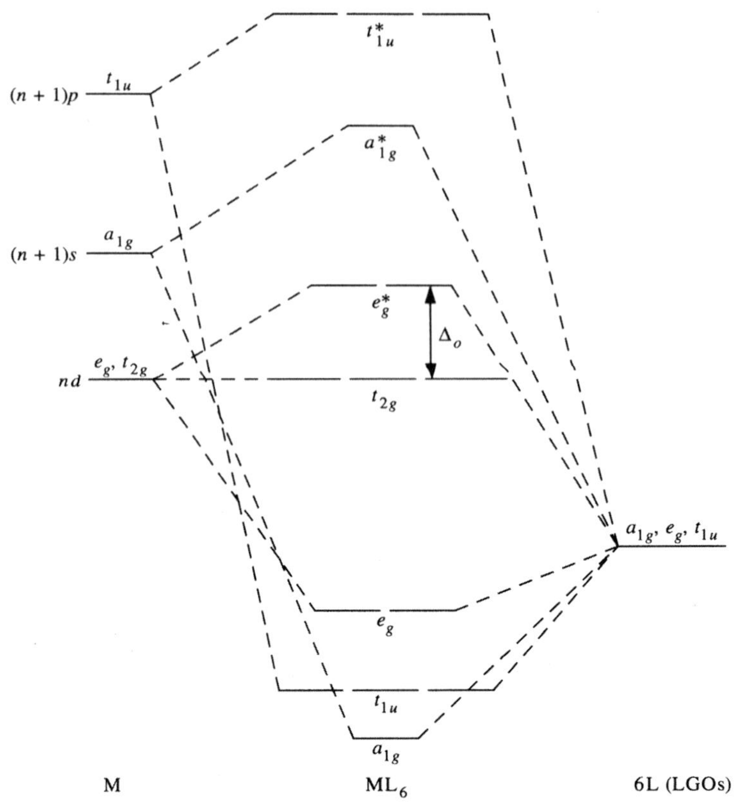


**그림 10.20** 팔면체 대칭을 갖는 착물에 대한 $\sigma$ 결합 분자 오비탈 도표.

금속 $p$ 오비탈과 겹치게 되는 $t_{1u}$ 대칭의 세 가지 LGO는 비슷한 방법으로 구성할 수 있는데, 그림 10.19에 나타내었다. 금속 $t_{2g}$ 오비탈은 $\sigma$ 겹침에 참여할 수 없기 때문에, $\pi$ 결합 가능성이 없는 착물에서는 비결합성 분자 오비탈로 간주된다.

$[Co(NH_3)_6]^{3+}$와 같은 팔면체 착물의 $\sigma$ 결합에 대한 분자 오비탈 에너지 도표는 그림 10.20과 같다. 여기에는 몇 가지 가정이 포함되어 있으며, 그림에 나타낸 것은 정성적인 정확성만 나타낸 것이기 때문에 에너지 준위의 순서는 다소 불확실한 것이다. 그러나 이러한 사실 때문에 도표를 활용성이 줄어드는 것은 아니다. 금속 4$s$와 4$p$ 오비탈과 리간드 군 오비탈 사이의 겹침이 3$d$ 오비탈과의 겹침보다는 상당히 더 좋다는 것은 분명하다.[18] 결과적으로, $a_{1g}$와 $t_{1u}$ 분자 오비탈은 에너지가 가장 낮고, 이들에 대응되는 $a_{1g}^*$와 $t_{1u}^*$가 가장 높은 에너지 상태에 있게 된다. 3$d$ 오비탈들로부터 생성되는 $e_g$와 $e_g^*$ 오비탈들은 겹침이 약하기 때문에 무게 중심으로부터 보다 적게 이동된다. $\sigma$ 결합만 있는 계에서는 비결합성인 $t_{2g}$ 오비탈들은 오비탈 에너지가 전혀 변하지 않는다.

이제 착물의 분자 오비탈에 에너지가 증가하는 순으로 전자를 첨가해 보자. $[Co(NH_3)_6]^{3+}$의 경우 배정할 전자는, 암모니아 리간드의 고립 전자쌍 12개와 $Co^{3+}$ 이온의 $3d^6$ 배치로부터 여섯 개 전자를 합치면 모두 18개이다. 착물의 전자 배치는 $a_{1g}^2t_{1u}^6e_g^4t_{2g}^6$로 표현하거나, 더 간단하게 $t_{2g}^6$로 나타낼 수 있다. $[Co(NH_3)_6]^{3+}$는 전자쌍이 더 높은 에

18) 일반적으로 $d$ 오비탈은 크고 확산되는 경향이 있기 때문에, 다른 오비탈과 $d$ 오비탈의 겹침은 정량적으로 우수할 때조차도 정량적으로는 빈약할 수도 있다. 이 문제는 15장에서 설명할 것이다.

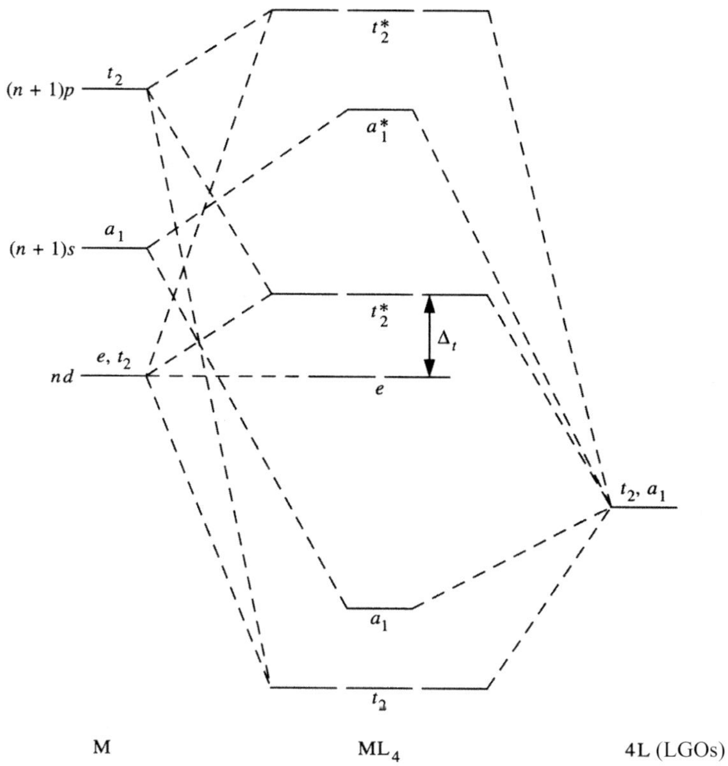


**그림 10.21** 사면체 대칭을 갖는 착물에 대한 $\sigma$ MO 도표.

너지의 $e_g^*$에 들어가는 것이 아니라 $t_{2g}$ 준위에 들어가기 때문에 반자기성이다. $t_{2g}$ 준위와 $e_g^*$ 준위 간의 에너지 차이가 적은 경우에는 $[CoF_6]^{3-}$에서처럼 전자는 $t_{2g}^4 e_g^{*2}$로 분포될 것이다. 그러므로 분자 오비탈 이론과 결정장 이론은 모두 에너지 차이 $\Delta_o$에 따라 분리된 두 세트의 오비탈을 바탕으로 하여 팔면체 착물의 자기적 성질과 분광학적 성질을 설명하고 있다. 만약 이 에너지 차이가 짝지음 에너지보다 클 때에는 저스핀 착물이 되지만, 전자가 짝을 짓는 데 필요한 에너지가 $\Delta_o$보다 클 때에는 고스핀 착물이 된다.

## 사면체와 사각 평면 착물

앞절에서 사용한 방법은 다른 기하 구조를 갖는 착물에 대한 MO 도표를 만들 때에도 적용될 수 있다. 각각의 경우, 금속 원자나 이온은 결합에 이용될 수 있는 동일한 아홉 개의 원자가오비탈들을 가질 것이지만, 대칭성은 서로 다를 것이다. 사면체 $ML_4$ 착물($T_d$ 대칭)의 경우, 금속의 $s$와 $p$ 오비탈은 각각 $a_1$과 $t_2$ 대칭을 가진다(부록 D의 $T_d$ 지표 참조). 다섯 개의 $d$ 오비탈은 $e$ ($d_{z^2}$과 $d_{x^2-y^2}$)와 $t_2$ ($d_{xy}$, $d_{xz}$, $d_{yz}$)의 두 세트로 분리된다. 리간드의 고립쌍 오비탈에 의해 형성된 네 개의 LGO는 $t_2$ 세트와 $a_1$ 대칭을 갖는 한 개의 오비탈로 구성될 것이다. $t_2$ LGO들은 금속의 $t_2$ 오비탈($p$와 $d$)들로 이루어진 세트 모두와 상호작용을 하여 세 개의 $\sigma$ MO를 형성할 수 있는데, 한 개는 결합성이고, 한 개는 약간 반결합성이며, 한 개는 확실한 반결합성이다.

사면체 착물에 대한 $\sigma$ MO 도표는 그림 10.21에 나타내었다. 팔면체 경우와는 달

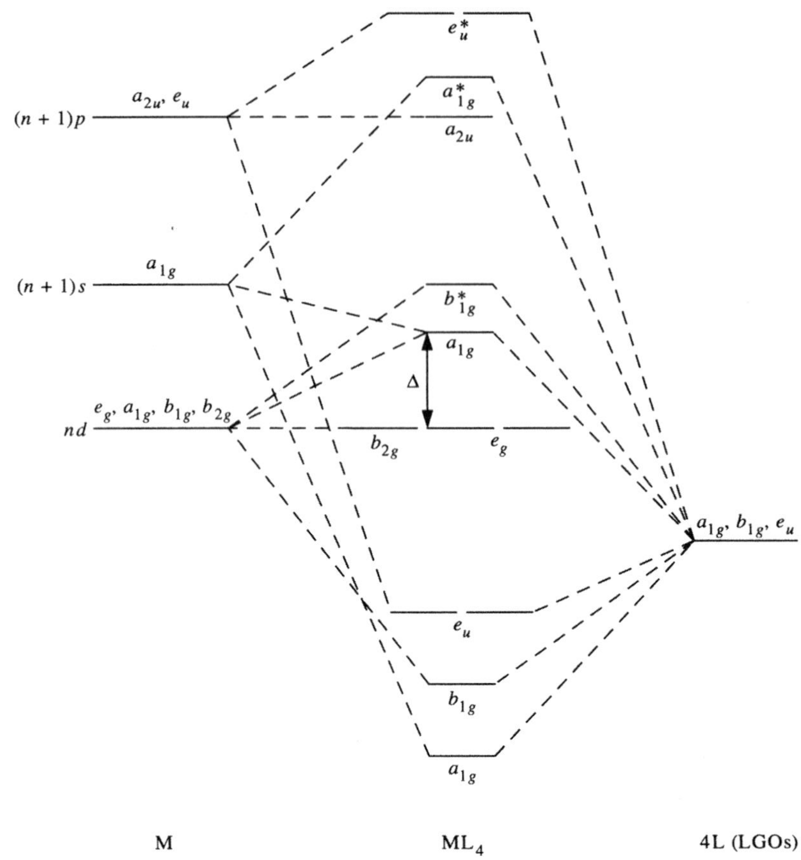


**그림 10.22** 사각 평면 $ML_4$ 착물($D_{4h}$ 대칭)에 대한 $\sigma$ MO 도표.

리, 여기서는 금속의 $e$ 오비탈이 비결합성이다. 결정장 이론에서처럼, $e$ 오비탈과 더 높은 에너지의 $t_2$ 오비탈 사이의 분리는 $\Delta_t$로 표기한다. $[CoCl_4]^{2-}$와 같은 착물에서 리간드들은 각각 두 개씩의 전자를 제공하여, 모두 여덟 개의 전자를 제공하고, $Co^{3+}$ 이온은 일곱 개 전자를 제공하기 때문에 모두 합쳐 15개의 전자가 주어진다. 이 중에서 12개의 전자는 낮은 에너지를 갖는 여섯 개의 분자 오비탈을 채울 것이고($e$ 세트를 통해서), 나머지 세 개의 전자는 짝짓지 않은 채로 약간 반결합성인 $t_2$ 분자 오비탈을 차지할 것이다.

네 개의 동일한 리간드를 갖는 많은 4배위 착물들은 사각 평면 기하 구조를 채택하여 $D_{4h}$ 대칭을 갖게 된다. 이러한 상황에서는, 금속의 $d$ 준위가 $a_{1g}(d_{z^2})$, $e_g(d_{xz}, d_{yz})$, $b_{2g}(d_{xy})$, $b_{1g}(d_{x^2-y^2})$ 오비탈로 갈라진다. $p$ 준위도 축퇴가 깨어져 $a_{2u}(p_z)$와 $e_u(p_x, p_y)$로 나타난다. $x$와 $y$축을 따라 배향될 네 개의 리간드는 $a_{1g}$, $b_{1g}$, $e_u$ 대칭을 갖는 리간드 군 오비탈들을 만들게 될 것이다. 이들은 같은 대칭을 갖는 금속의 오비탈과 상호작용하여 그림 10.22에서 나타낸 것과 같은 $\sigma$ MO 도표를 생성한다. 여기서는 $a_{1g}$ LGO가 금속의 $a_{1g}$ 오비탈과 겹쳐 같은 대칭을 갖는 세 개의 MO를 생성한다. 몇 가지 금속 오비탈($a_{2u}$, $e_g$, $b_{2g}$)은 리간드 오비탈과의 알짜 겹침이 없기 때문에 비결합성으로 남게 된다.

사각 평면 구조는 $d^8$ 금속 이온 착물에서 흔히 볼 수 있다. 이 착물들은 금속으로부터 여덟 개, 네 개의 리간드로부터 여덟 개, 총 16개 전자가 그림 10.22의 분자 오비탈에 배정될 것이다. 이 전자들은 낮은 에너지를 갖는 여덟 개의 MO를 차지할 것이므로 착물은 반자기성이 될 것이다. MO 그림은 사각 평면 $d^8$ 착물의 관찰된 안정도에 대한 명쾌한 해석을 제공한다. 결합성 분자 오비탈은 모두 채워지고, 모든 반결합성 오비탈은 채워지지 않은 채로 남게 된다. 전자가 더 첨가되면 추가 전자는 반결합성 준위를 채우게 될 것이므로 착물을 불안정하게 만들 것이다. 다른 상황이 모두 같다면, 전자를 16개보다 더 적게 가질 경우에도 결합 상호작용이 감소할 것이므로, 안정도를 낮추게 될 것이다.

그림 10.20, 10,21, 10.22의 분자 오비탈 그림을 보면, 전이 금속 착물에 대한 분자 오비탈과 결정장 설명은 아주 비슷함을 알 수 있다. 각 MO 그림의 중앙에 나타나는 에너지 준위는 같은 대칭을 갖는 결정장 환경에 대한 갈라짐 양상과 일치한다. 분자 오비탈 설명에서 이 준위들의 일부는 반결합성인데, 이 개념은 결정장 모형에서는 사용되지 않는다. 이들 이론의 전개를 정성적으로 살펴보면, 두 모형은 매우 유사한 것처럼 보일 것이다. 그러나 이들 사이의 공통적인 바탕은 결합을 설명하는 대칭에 따라 제한된다는 것을 깨달아야 한다. 두 이론은 금속-리간드 결합을 설명하는 방법이 근본적으로 다른데, MO로 설명하는 것이 더 사실적이고, 착물의 성질을 정량적으로 예측하는 데 더 좋은 이론이다.

## $\pi$ 결합과 분자 오비탈 이론

많은 리간드는 금속과의 상호작용을 통하여 $\sigma$ 결합뿐만 아니라 $\pi$ 결합을 형성할 수도 있다. 어떤 리간드 오비탈이 $\pi$ 결합에 관여할 수 있는 정확한 대칭성을 가지는지에 대한 논의는 나중에 하기로 하고, 여기서는 몇 가지 리간드에 대해 실제로 일어나고 있는 $\pi$ 결합에 대해 알아보기로 한다. 리간드와 금속의 오비탈이 $\pi$ 결합 형성에 적합한 대칭성을 가질 때에도 에너지와 크기가 서로 적합한 조건을 갖추지 못하면 그 상호작용은 의미가 없을 수도 있다.

$\pi$ 결합은 결합축을 포함하는 마디면을 가지며 $\pi$ 결합 오비탈은 이 마디면의 양쪽에 부호가 반대인 귓불을 갖게 된다는 사실은 이미 알고 있다(4장). 오비탈 대칭성의 관점에서 보면, 팔면체 착물은 12가지의 $\pi$ 결합을 가질 수 있는데, 실제 착물에서 이 숫자만큼의 $\pi$ 결합은 결코 존재할 수 없지만 두 가지는 금속과 각각의 6개 리간드 간에 존재한다. $\pi$ 결합에 참여하는 금속과 리간드의 오비탈은 핵간 축에는 수직으로 놓이게 된다. 네 가지의 가능한 금속-리간드 $\pi$-상호작용을 살펴보자: (1) $d_\pi$-$p_\pi$, (2) $d_\pi$-$d_\pi$, (3) $d_\pi$-$\pi^*$, (4) $d_\pi$-$\sigma^*$(그림 10.23). 각 형태에 대해 가능한 리간드의 예는 표 10.11에 나타내었다. 원칙적으로 리간드나 금속은 전자 주개로 작용할

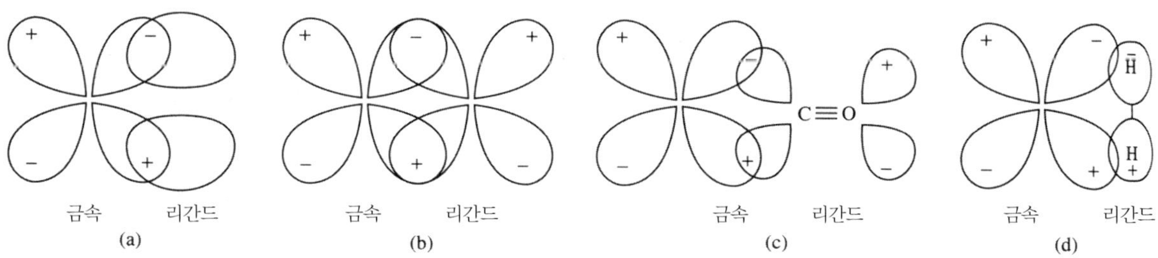


**그림 10.23** 여러 가지 형태의 리간드 오비탈을 가진 금속 $d$ 오비탈의 $\pi$ 겹침: (a) $p$, (b) $d$, (c) $\pi^*$, (d) $\sigma^*$

**표 10.11**
배위 화합물의 $\pi$ 결합[a]

| 형태 | 설명 | 리간드 예[b] |
|---|---|---|
| $p_\pi - d_\pi$ | 리간드의 채워진 $p$ 오비탈에서 금속의 빈 $d$ 오비탈까지 전자의 공여 | $RO^-$, $RS^-$, $O^{2-}$, $F^-$, $Cl^-$, $Br^-$, $I^-$, $R_2N^-$ |
| $d_\pi - d_\pi$ | 금속의 채워진 $d$ 오비탈에서 리간드의 빈 $d$ 오비탈까지 전자의 공여 | $R_3P$, $R_3As$, $R_2S$ |
| $d_\pi - \pi^*$ | 금속의 채워진 $d$ 오비탈에서 리간드의 빈 $\pi$ 반결합성 오비탈까지 전자의 공여 | CO, RNC, pyridine, $CN^-$, $N_2$, $NO_2^-$, ethylene |
| $d_\pi - \sigma^*$ | 금속의 채워진 $d$ 오비탈에서 리간드의 빈 $\sigma^*$ 오비탈까지 전자의 공여 | $H_2$, $R_3P$, alkanes |

[a] Nugent, W. A.; Mayer, J. M. *Metal-Ligand Multiple Bonds*; Wiley: New York, 1988

[b] 이 리간드의 일부는 하나 이상의 범주에 적합하다. 예를 들면 $I^-$는 전자를 주기 위한 채워진 $p$ 오비탈을 가질 뿐만 아니라 전자를 받기 위한 낮은 에너지의 비어 있는 $d$ 오비탈을 가진다. $R_3P$에서 알아본 것처럼 공여되는 $\pi$ 전자는 비어 있는 $d$ 오비탈이나 P－R $\sigma^*$ 오비탈이 받아들인다. $\sigma^*$기여가 일반적으로 더 중요하게 간주된다.

수 있다. 금속의 채워진 $d$ 오비탈은 리간드의 비어 있는 오비탈에 전자 밀도를 제공할 수 있고, 마찬가지로 금속의 비어 있는 $d$ 오비탈은 리간드의 채워진 오비탈로부터 전자 밀도를 제공받을 수 있다.

팔면체 착물에서 $\pi$ 상호작용을 할 수 있는 리간드의 군 오비탈은 네 가지 대칭 범주에 속하게 된다(그림 10.24): $t_{2g}$, $t_{1u}$, $t_{2u}$ 및 $t_{1g}$. 이들 중에서 전이 금속은 두 가지 형태의 오비탈만 갖게 된다: $t_{2g}$ ($d_{xy}$, $d_{xz}$ 및 $d_{yz}$)와 $t_{1u}$ ($p_x$, $p_y$ 및 $p_z$). 금속은 $\pi$ 결합에 대해 이들 오비탈을 모두 사용할 수 있다고 생각할 수도 있다. 그러나 $t_{1u}$ 세트를 구성하는 오비탈은 리간드를 향하고 있기 때문에 강한 $\sigma$ 결합을 형성하는 데 관여하고 있다. 따라서 이들 오비탈을 사용한 $\pi$ 결합의 형성은 $\sigma$ 계를 약화시키게 되므로 일어나지 않을 것이다. 한편, $t_{2g}$ 오비탈들은 리간드들 사이로 향하고 있는데, 앞에서 알아본 것처럼 이들 리간드는 $\sigma$ 계만 존재할 때에는 비결합 상태로 제한되고 있다(그림 10.17b). 그러나 이들은 대칭성이 일치하는 LGO와 쉽게 $\pi$-결합을 할 수 있다(그림 10.25). $t_{2u}$와 $t_{1g}$ 리간드 군 오비탈은 금속에 대칭성이 일치하는 오비탈이 없기 때문에 비결합 상태로 남아 있어야 한다. 따라서 팔면체 착물의 $\pi$ 결합은 대칭을 갖는 오비탈로 제한된다.

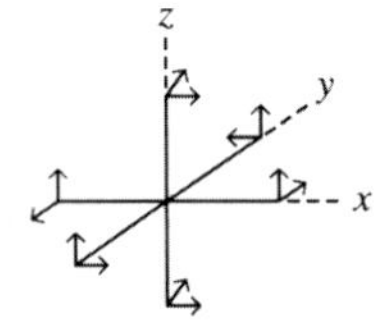


| $O_h$ | $E$ | $8C_3$ | $6C_2$ | $6C_4$ | $3C_2\,(=C_4^2)$ | $i$ | $6S_4$ | $8S_6$ | $3\sigma_h$ | $6\sigma_d$ |
|---|---|---|---|---|---|---|---|---|---|---|
| $\Gamma_\pi$ | 12 | 0 | 0 | 0 | −4 | 0 | 0 | 0 | 0 | 0 |

$$\Gamma_\pi = t_{1g} + t_{2g} + t_{1u} + t_{2u}$$

**그림 10.24** 팔면체 $ML_6$ 착물에서 $\pi$ 결합에 참여할 수 있는 리간드 군 오비탈 및 금속 오비탈의 대칭 확인. 가약표현 $\Gamma_\pi$의 지표와 기약성분은 $\sigma$만의 계에 사용된 것과 같은 방법을 적용함으로써 얻을 수 있다(그림 10.18).

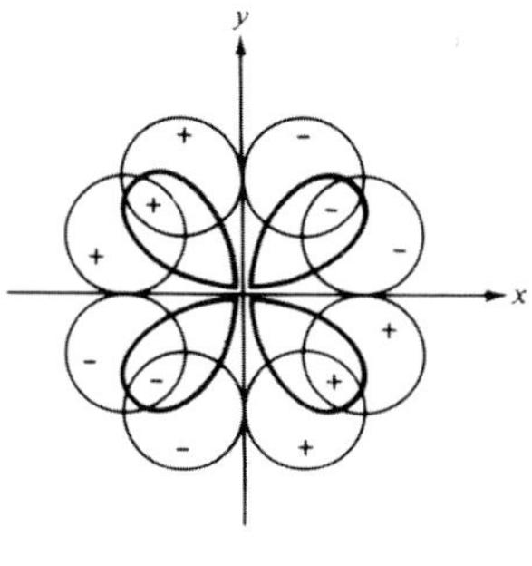


**그림 10.25** 금속 $t_{2g}(d_{xy})$ 오비탈을 가진 $t_{2g}$ LGOs의 $\pi$ 겹침. 나타낸 한 개의 세트에 수직인 두 개의 추가 세트가 존재한다.

팔면체 착물의 $\pi$ 결합에 대한 가장 간단한 예 중의 한 가지는 $[CoF_6]^{3-}$이다. 이 착물의 $\sigma$ 계는 그림 10.20에서 알아본 것과 비슷하다. 금속의 $t_{2g}$ 오비탈은 플루오린의 $2p$ 오비탈로부터 구성된 $t_{2g}$ LGO와 상호작용하여 $\pi$ 결합성 및 반결합성 분자 오비탈을 생성할 수 있다. 플루오린은 코발트보다 더 전기음성이기 때문에, 플루오린의 $2p$ 오비탈은 금속의 $3d$ 오비탈보다 더 낮은 에너지 자리에 놓인다. 이러한 조건 하에서는, 결합성 $\pi$ MO는 금속의 오비탈보다는 플루오린의 오비탈과 더 비슷하게 되고, $\pi^*$ MO는 금속의 오비탈과 더 비슷하게 된다(4장 참조). $[CoF_6]^{3-}$의 $\pi$ 계에 대한 분자 오비탈 에너지 도표는 그림 10.26에 나타내었다. 플루오린 리간드의 $2p$ 오비탈은 채워져 있기 때문에, 이 전자들이 생성되는 $t_{2g}$ $\pi$ 분자 오비탈을 채우게 된다. 그러므로 코발트의 $3d(t_{2g})$ 오비탈의 전자는 $\pi$ 결합이 일어나지 않았을 때보다 더 높은 에너지 자리에 있는 $\pi$ 반결합성 오비탈($\pi^*$)에 들어간다. $e_g^*$ 오비탈의 준위는 $\pi$ 상호작용에 의해 영향을 받지 않기 때문에, $\pi$ 결합으로 인해 $\Delta_o$는 감소하게 된다. 이것은 플루오린 이온(그리고 다른 할로젠화 이온)이 분광화학적 계열에서 약한 장의 극단에 위치하게 되는 원인이다($\sigma$ 결합만 형성하는 대부분의 리간드보다 더 약하다). 마찬가지로, 정전기적 모형만으로는 설명하기 어려웠던 $OH^-$가 $H_2O$에 비해 더 약한 장을 갖는 이유도 수산화 이온이 더 좋은 $\pi$ 주개라는 사실로 설명할 수 있다. $\pi$ 결합으로 인하여 결합 에너지에서 전체적으로 얻어지는 보상은 그다지 크지 않음을 주목하라. 채워진 $t_{2g}$ 오비탈은 에너지가 다소 낮아지지만, 거의 채워진 $t_{2g}^*$ 오비탈도 같은 정도로 에너지가 높아진다. 그러므로 알짜 안정화 에너지는 두 오비탈을 채우는 전자 수의 작은 차이로부터 얻어지는 것뿐이다. 마지막으로, 상당한 $\pi$ 결합을 포함할 것으로 예상되는 $CrO_4^{2-}$, $MnO_4^-$ 및 $FeO_4^{2-}$와 같은 높은 산화 상태에 있는 전이 금속의 옥소 음이온에 대해 살펴보아야 한다. 원칙적으로 금속과 $O^{2-}$ 리간드 간의 $\pi$ 결합은 앞에서

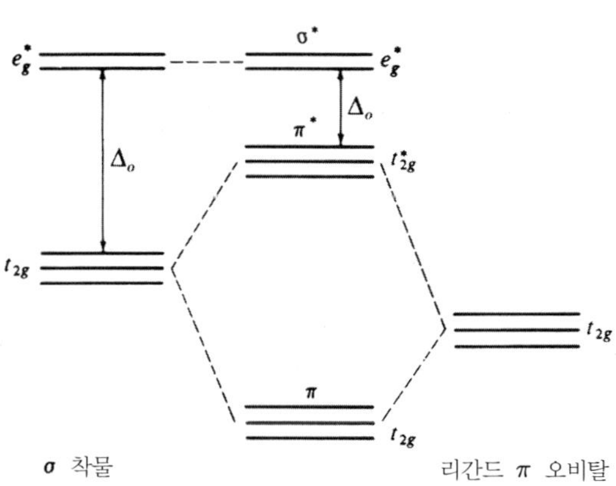


**그림 10.26** $[CoF_6]^{3-}$의 $\pi$계에 대한 MO 도표. 왼쪽: 착물의 $\sigma$계에 대한 MOs; 오른쪽: $t_{2g}$ 대칭의 LGOs; 중앙: $\pi$ 상호작용 후의 MOs. $\Delta_O$는 $\pi$ 상호작용에 의해 감소함을 유의하라.

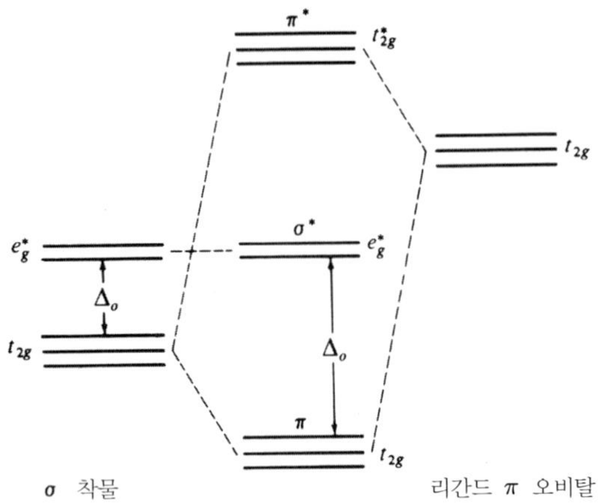


**그림 10.27** Co, $PR_3$ 또는 $SR_2$와 같은 받개 리간드를 가진 팔면체 착물의 **π** 계에 대한 MO 도표. 이 경우 **π** 상호작용은 $\Delta_O$를 증가시킴을 유의하라.

설명한 것처럼 다룰 수 있지만, 이 착물들은 사면체이기 때문에, **π** 결합에 관한 문제는 좀더 복잡하고 여기서는 다루지 않기로 한다.

$R_3P$와 같은 리간드들도 **π** 결합에 참여할 수 있을 것이다. $NH_3$에서처럼, 이들 분자에 있는 결합자리 원자는 $sp^3$ 혼성 오비탈을 통하여 금속과 **σ** 결합을 형성할 수 있다. 그러나 질소와는 달리, 인은 충분히 낮은 에너지 상태에 있는 비어 있는 3*d*와 **σ***오비탈을 가지고 있어서 금속으로부터 전자 밀도를 제공받을 수 있다. 이들 오비탈은 (금속에 비해) 상당히 낮은 전자 밀도를 갖기 때문에, 이들로부터 생성된 $t_{2g}$ LGO는 상응하는 금속의 오비탈보다 더 **높은 에너지** 자리에 놓이게 된다. 여기에 대한 에너지 준위 도표는 그림 10.27에 나타내었다. 착물의 $t_{2g}$ 오비탈은 더 낮고 $t_{2g}^*$는 앞의 경우와 거의 동일하게 증가하겠지만, 리간드의 $t_{2g}$ 오비탈이 **비어 있기** 때문에 결합성 $t_{2g}$ 오비탈이 **안정화되는** 동안 $t_{2g}^*$ 오비탈은 **아무런 대가없이** 에너지가 상승하게 된다. 따라서 이러한 형태의 **π** 결합은 결합 에너지가 증가하기 때문에 착물을 안정화시킬 수 있다. 또한 이때 생성되는 $t_{2g}$ **π** 오비탈은 금속과 리간드 모두에 걸쳐 비편재화되고 비결합성 $t_{2g}$ 오비탈은 금속에만 편재화되기 때문에, **π** 결합이 없는 경우와 동일한 상태를 갖게 된다. 따라서 **π** 결합으로 인해 금속으로부터 전자 밀도가 제거된다. 금속은 이미 부분적인 양의 전하를 갖기 때문에 이것은 높은 형식 산화 상태에 있는 금속을 포함하는 착물에서는 바람직하지 않다.[19] 한편, 낮은 산화 상태에서 **σ** 계를 구성하는 전자 밀도는 **π** 계를 통해 분산될 수 있다. 즉, 상승 효과를 일으켜 두 계는 서로 보완적으로 작용할 수 있다. **π** 계는 더 많은 전자 밀도를 금속으로부터 리간드로 옮길 수 있고, 금속은 더 많은 전자 밀도를 **σ** 계를 통하여 받을 수 있다. 또한 **σ** 계는 더 많은 전자 밀도를 리간드로부터 제거하고, 리간드는 **π** 계를 통하여 전자 밀도를 더 쉽게 받아들일 수 있다. 그래서 각 계는 서로의 결합 가능성을 어느 정도까지는 증가시킬 수 있다.

금속과 리간드 간의 **π** 결합은 결정장 이론이 설명하지 못하는 강한 장 리간드의 간

19) 최근 몇 년 동안 중성인 주개 원자를 포함하는 리간드들과 상대적으로 높은 산화 상태에 있는 초기 전이금속 간의 착물이 많이 만들어졌다. 금속 원자는 더 굳은 Lewis 염기를 선호하지만, 이 사실을 배제하면 인과의 결합은 일어날 수도 있다. Fryzuk, M. D.; Haddad, T. S.; Berg, D. J. *Coord. Chem. Rev.* **1990**, *99*, 137~212.

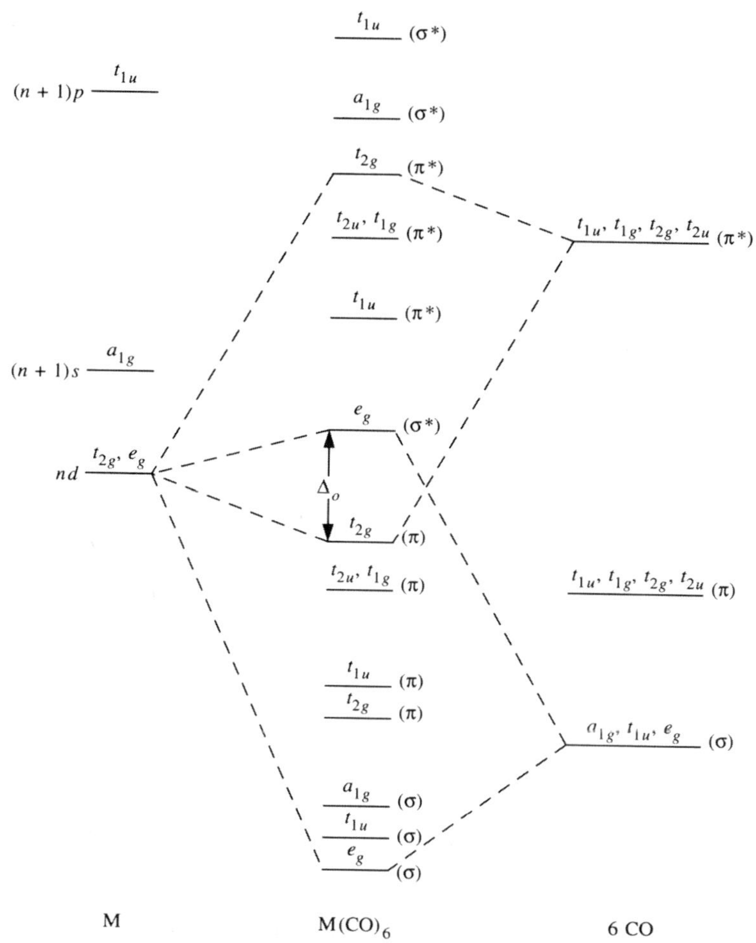


**그림 10.28** 팔면체 $M(CO)_6$ 착물에 대한 MO 도표; $\boldsymbol{\sigma}$ 및 $\boldsymbol{\pi}$ 상호작용이 모두 포함되어 있다. 상관관계 선은 금속 $d$ 전자가 기여하는 분자 오비탈에만 그려진다.

단한 **존재 이유**를 제공한다. 분광화학적 계열(342쪽)의 강한 장 말단을 조사해보면, 아질산 이온, 시안화 이온, 일산화 탄소, 아인산 이온 및 포스핀과 같은 리간드를 발견할 수 있다. 앞에서 설명한 것처럼, 마지막의 두 리간드는 $\boldsymbol{\pi}$ 받개로 작용할 수 있어서 $\boldsymbol{\sigma}$ 계만 존재할 때보다 $\Delta_o$ 값을 증가시키기 때문에 그 자리에 위치하게 된다(그림 10.27). 나머지 세 가지 리간드는 그림 10.23c에 나타낸 것처럼 받개 오비탈이 $\boldsymbol{\pi}^*$ 오비탈이라는 사실을 제외하고는 비슷한 양상으로 $\boldsymbol{\pi}$ 결합을 형성한다. 팔면체 $M(CO)_6$ 착물에 대해 $\boldsymbol{\pi}$ 상호작용을 포함하는 분자 오비탈 도표는 그림 10.28에 나타내었다. 많은 착물에서 $\boldsymbol{\pi}$ 결합으로 인한 $\Delta_o$의 증가는 충분하기 때문에, $t_{2g} \rightarrow e_g^*$ 전자 전이에 대한 흡수 최대가 전자기 스펙트럼의 가시광선 영역에서 자외선 영역으로 청색 이동을 일으키고, 착물은 색깔이 없어지게 된다. 이러한 경우에 대한 예는 금속 카보닐 착물이다.

$Cl^-$, $Br^-$ 및 $I^-$와 같은 할로젠화 이온은 다른 상황을 나타낸다. 플루오린화 이온과 마찬가지로, 이들은 채워진 $p$ 오비탈을 갖지만, 플루오린화 이온과는 달리, 이들의 비어 있는 $d$ 오비탈은 $\boldsymbol{\pi}$ 결합에 참여할 수 있다. 이들 이온에 대한 (채워진 $p$ 또는 $d$ 오비탈로부터 구성되는) $t_{2g}$ LGO 세트 중에서 어느 것이 금속의 $t_{2g}$ 오비탈과 더 강하게 상호작용을 할지 예상하기는 어렵다. 실험적으로 모든 할로젠화 이온은 분광화학적 계

열에서 약한 장의 극단에 놓이는데, 이것은 *d* 오비탈의 상호작용보다는 *p* 오비탈의 상호작용이 더 중요하다는 사실을 의미한다.

최근 들어 $\sigma^*$ 오비탈이 $\pi$ 받개로 작용할 수 있다는 사실은 분명해지고 있다. 포스핀은 비어 있는 순수한 *d* 오비탈을 $\pi$ 받개로 사용하는 대신, 낮은 에너지 자리에 있는 $\sigma^*$ 오비탈이나 $\sigma^*$와 3*d* 오비탈을 포함하는 혼성 오비탈에 $\pi$ 주개를 받아들일 수 있다.[20] 또한 수소 분자의 배위는 H—H $\sigma$ 결합으로부터 금속으로 $\sigma$ 전자의 제공과 금속으로부터 $H_2$ $\sigma^*$ 오비탈로의 역제공을 포함하는 것으로 생각된다.

## $\pi$ 결합에 대한 실험적 증거

배위화학에서 $\pi$ 결합보다 더 주목을 받는 주제는 거의 없다. 앞 절에서는 분광화학적 계열에 대한 합리적인 이유를 알아보았다. 12장에서는 리간드 치환 반응의 양상을 결정할 때 $\pi$ 결합이 중요하다는 사실을 알게 될 것이다. $\pi$ 결합은 유기금속 착물의 반응성과 안정도를 이해하기 위한 중심 개념이다. 이 절에서는 금속 카보닐 착물과 그 유도체에 존재하는 $\pi$ 결합을 확인하는 실험 방법에 대해 알아본다.

이론학자든 실험학자든 상관없이, 무기화학자들은 금속 카보닐 착물의 안정도는 일산화 탄소가 $\pi^*$ 오비탈에 금속의 전자 밀도를 받아들일 수 있는 능력에 의존한다는 사실을 동의하고 있다.[21] 일산화 탄소는 수소 이온이나 $BH_3$에 대해 약한 염기이지만, 전자가 풍부한 금속에 대해서는 상당히 친화적이다. 예를 들면 일산화 탄소는 그다지 높지 않는 온도에서 금속 니켈과 반응하여 기체 상태의 $Ni(CO)_4$ 를 생성한다. 이것은 착물을 생성하기 위해서는 반드시 파괴되어야 하는 니켈의 금속-금속 결합이 꽤 강하다는 점을 고려하면 특별하게 고무적인 사실이다. 이와 같은 관찰은 $\sigma$ 결합만으로는 쉽게 설명될 수 없다. 최근 인용되는 결합 모형에서는 일산화 탄소가 $\sigma$ 주개(OC → M)와 $\pi$ 받개(OC ← M)로 작용하며, 이 두 가지 상호작용이 상승작용을 하여 강한 결합을 만든다고 간주한다.

$$\mathrm{M} + \mathrm{C{\equiv}O} \longrightarrow \mathrm{M^{-}{-}C{\equiv}O^{+}} \longleftrightarrow \mathrm{M{=}C{=}O} \tag{10.16}$$

**결정학.** 위에서 설명한 M—CO 결합 모형에서는 $\pi$ 결합의 정도가 더 클수록 C—O 결합은 길어지고 M—C 결합은 짧아지게 된다고 제안한다. 그러나 $\sigma$ 결합에 활용되는 탄소에 있는 고립 전자쌍은 다소 반결합성을 갖는 일산화 탄소의 MO에 채워져 있기 때문에(그림 5.20의 3$\sigma$ 오비탈), $\sigma$ 상호작용은 C—O 결합 길이에 대해 반대 효과를 가져야 한다. Lewis 산에 이 전자쌍이 제공되면 C—O 결합은 더 강해져서 일산화 탄소에서의 결합에 비해 짧아질 것으로 예상할 수 있다. 이와 같은 분석을 확인하기 위해 일산화 탄소에서의 결합 길이(112.8 pm)와 카보닐 착물에서의 결합 길이를 단순히 비교해 볼 수 있고, 카보닐 착물에서의 결합 길이가 더 긴 것으로 확인된다면, 이것을

---

20) McAuliffe, C. A. *In Comprehensive Coordination Chemistry*; Wilkinson, G.; Gillard, R. D.; McCleverty, J. A., Eds.; Pergamon: Oxford, 1987; Vol. 2. Marynick, D. S. J. *Am. Chem. Soc*. **1984**, *106*, 4064~4065. Green, J. C.; Kaltsoyannis, N.; Sze, K. H.; MacDonald, M. A. *J. Chem. Soc. Dalton Trans*. **1991**, 2371~2375. (주기성 장 참조)

21) Sherwood, D. E., Jr.; Hall, M. B. *Inorg. Chem*. **1980**, *19*, 1805~1809. Bursten, B. E.; Freier, D. G.; Fenske, R. F. *Inorg. Chem*. **1980**, *19*, 1810~1811. Bauschlicher, C. W., Jr.; Bagus, P. S. *J. Chem. Phys*. **1984**, *81*, 5889~5898.

$\pi$ 결합에 대한 증거로 채택할 수 있을 것이다. C—O 결합 길이(그리고 일반적인 다중 결합의 길이)는 결합 차수에 비교적 민감하지 않기 때문에 문제가 있을 수 있다. CO의 삼중 결합(113 pm)과 유기 분자에서의 전형적인 C=O 이중 결합(~123 pm) 간의 길이 차이는 작다. 또한 금속 카보닐류에서 측정된 C—O 결합 길이는 약 114~115 pm 사이의 매우 좁은 영역에 불과하다. 정확한 실험을 통해 측정이 이루어지지 않는다면, 이 정도 영역의 결합 길이 차이는 통계적으로 의미를 가질 수 없고, 결합 차수를 나타내는 지표로 채택될 수 없다.

카보닐 착물의 금속-탄소 결합은 결합 차수의 변화에 더욱 민감하기 때문에 이중 결합 성질을 측정하기 위한 보다 나은 수단을 제공한다. *sp* 탄소 원자의 공유 반지름과 여기에 결합된 금속 원자의 공유 반지름이 알려져 있다면, 이 두 반지름의 합은 금속-카보닐 단일 결합에 대해 예상되는 결합 길이가 되어야 한다. 즉 $\pi$ 결합이 없을 경우의 결합 길이가 된다. 그런 다음 이 값을 측정된 결합 길이와 비교하면 존재하는 $\pi$ 결합의 정도를 결정할 수 있다. 이 방법을 적용할 때 야기될 수 있는 문제는 금속 원자에 대한 공유 반지름이 정확하게 알려지지 않을 수도 있다는 사실이다. 그러나 이 문제는 카보닐과 알킬 리간드 모두를 포함하는 착물을 선택하여 해결할 수 있다. 이러한 착물에서 $\pi$ 결합이 없는 두 가지 리간드에 대한 금속 원자의 공유 반지름은 같게 될 것이므로, 측정된 M—C(알킬) 결합 길이와 $sp^3$ 탄소에 대해 알려진 공유 반지름으로부터 금속 원자의 공유 반지름을 결정할 수 있다. 그런 다음 이 값을 예상되는 금속-카보닐 단일 결합 길이를 예측하기 위해 사용할 수 있다. 레늄 카보닐 착물의 메틸 유도체, $Re(CH_3)(CO)_5$를 예로 들면 이 과정은 다음과 같이 설명할 수 있다.

| | | |
|---|---|---|
| $ReCH_3$에서 Re—C 단일 결합 길이 | = | 231 pm |
| −($sp^3$의 공유 반지름) | = | − 77 pm |
| Re 의 공유 반지름 | = | 154 pm |
| Re의 공유 반지름 | = | 154 pm |
| +(*sp* C의 공유 반지름) | = | + 70 pm |
| ReCO에서 Re—C 단일 결합 길이 | = | 224 pm |

이 착물에 대해 실험적으로 결정된 Re—CO 결합 길이는 200.4 ± 0.4 pm인데, $\sigma$ 결합만 존재할 경우에 대해 예측한 값보다 약 24 pm 더 짧다. 이러한 형태의 분석을 다른 착물에 적용하면, 금속-탄소 결합 길이가 마찬가지로 감소하는 것으로 측정되는데, 이것은 M—CO 결합이 상당한 이중 결합 성질을 갖기 때문인 것으로 해석된다.

금속-카보닐 $\pi$ 결합에 대한 또 다른 결정학적 증거는 헥사카보닐크로뮴의 포스핀과 아질산 유도체에서 발견된다. $Cr(CO)_6$의 CO를 $R_3P$로 치환하면 $C_{4v}$ 대칭을 갖는 착물이 생성되는데, 이 착물에서 한 개의 CO기는 인 리간드의 트랜스 위치에 자리한

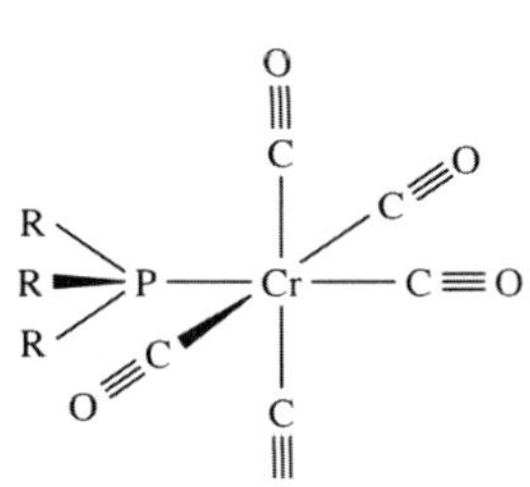

**그림 10.29** 헥사카보닐크로뮴의 포스핀 및 아인산염 유도체 구조

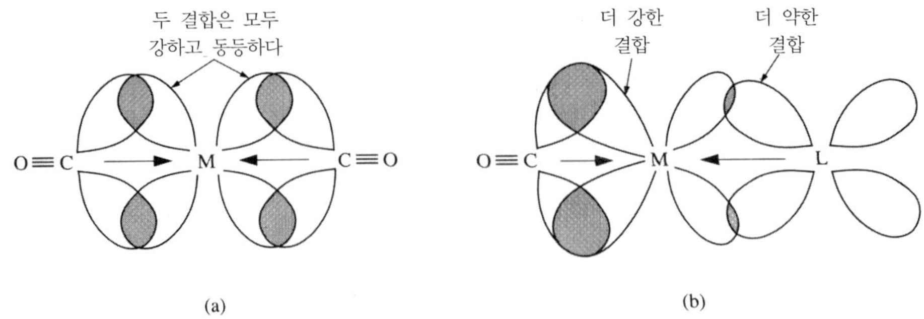


**그림 10.30** 중앙 금속 원자의 $\pi$ 결합 $d$ 오비탈에 대한 리간드들의 경쟁. 상대적 겹침은 검은 부분으로 나타내었다. (a) 동등하고 강한 $\pi$ 결합은 금속 $d$ 오비탈과 2개의 일산화 탄소 $\pi^*$ 오비탈의 동등하고 좋은 겹침 때문에 생긴다. (b) 리간드 $d$와 금속 $d$ 오비탈 사이의 빈약한 겹침과 비교된 편극된 금속 $d$ 오비탈과 일산화 탄소 $\pi^*$ 오비탈의 우세한 겹침 편극(높은 에너지 파동함수의 혼합)은 전체 겹침이 최대가 되도록 일어난다. 완전한 겹침은 공간적 및 집약적 성질을 둘 다 포함함을 상기하라; 위에 나타낸 것은 도형적으로 간략화하였다.

다(그림 10.29). 이 두 가지 트랜스 자리 리간드는 동일한 $\pi$ 오비탈에 대해 경쟁하게 일산화 탄소가 포스핀보다 더 좋은 $\pi$ 산($\pi$ 받개)이다(그림 10.30). 그 결과 Cr—$CO_{ax}$ 결합은 Cr—$CO_{eq}$와 $Cr(CO)_6$의 Cr—CO 결합에 비해 더 짧아져야 한다. 표 10.12에 나타낸 자료는 이러한 예측과 잘 일치하고 있으며 금속-카보닐 결합에는 $\pi$ 성질이 필연적으로 포함됨을 보여 준다.

일반적으로 포스핀의 $\pi$-받개 능력은 치환기의 전기음성도가 증가함에 따라 증가한다. 그러므로 $P(OPh)_3$의 $\pi$ 산도는 $PPh_3$보다 증가할 것으로 예상한다. 아질산 착물의 Cr—P 결합 길이는 포스핀 착물보다 더 짧은 것으로 밝혀졌는데, 이 사실은 바로 앞의 예상과 일치하는 것이다. 인 리간드에 대해 트랜스 자리에 있는 카보닐 리간드는 아질산 착물에서보다 포스핀 착물에서 더 많은 $\pi$ 전자 밀도를 받게 될 것으로 예상할 수 있기 때문에, 포스핀 유도체에 대한 금속-탄소 결합을 더 짧게 만들 것이다. 이 현상도 관찰되었다.

$P(CH_2CH_2CN)_3$ 리간드는 이 모델과 일치하지 않는 것으로 나타난다. 그러나 Cr—P 결합 길이를 보면 $P(OPh)_3$보다 더 나쁜 $\pi$ 결합 리간드임을 알 수 있다. 인 리간드들에 대해 요구되는 입체적 조건이 다르기 때문에 약간의 불확실성이 나타날 수 있다. 수평자리 카보닐 리간드와의 입체적 상호작용 때문에 Cr—P 결합 길이가 증가할 수도 있는데, 이는 고유의 전자적 효과를 불확실하게 만드는 것이다. 다른 요인들이 결합 길

**표 10.12**
크로뮴 카보닐 착물, $Cr(CO)_5L$의 결합 길이[a]

| L | Cr−P | Cr−C (trans to P) | Cr−C (trans to CO) | C−O (trans to P) | C−O (trans to CO) |
|---|---|---|---|---|---|
| CO | — | — | 191.5(2) av | — | 114.0(2) av |
| $P(OPh)_3$ | 230.9(1) | 186.1(4) | 189.6(4) av | 113.6(6) | 113.1(6) av |
| $P(CH_2CH_2CN)_3$ | 236.4(1) | 187.6(4) | 189.1(4) av | 113.6(4) | 113.8(4) av |
| $PPh_3$ | 242.2(1) | 184.4(4) | 188.0(4) av | 115.4(5) | 114.7(6) av |

[a] Rees, B.; Mitschler, A. *J. Am. Chem. Soc.* **1976**, *98*, 7918~7924(chromium hexacarbonyl). Plastas, H. J.; Stewart, J. M.; Grim, S. O. *J. Am. Chem. Soc.* **1969**, *91*, 4326~4327 (triphenyl-phosphine and triphenylphosphite complexes), Cotton, F. A.; Darensbourg, D. J.; Ilsley, W. H. *Inorg. Chem.* **1981**, *20*, 578~583 [tris(2-cyanoethyl)phosphine complex].

이에 영향을 미칠 수 있기 때문에 구조적 자료로부터 금속-카보닐 결합에 대한 **σ**와 **π** 기여를 구분하는 문제는 결코 간단할 수 없다.

**적외선 분광학.** 금속 카보닐 착물을 분석하기 위하여 가장 널리 사용되는 실험 방법은 적외선(IR) 분광학이다. C—O 신축 진동과 관련된 IR 흡수 진동수(더 적절하게는 힘 상수, *k*) sms 착물의 원자를 치환하는데 대한 결합의 저항을 측정하는 것이다. 그러므로 신축 진동수는 결합의 세기에 대한 정성적인 척도를 제공할 수 있는데, 일반적으로 결합이 더 강할수록 IR 흡수는 더 높은 진동수에서 일어나게 된다. 표 10.13은 금속 카보닐의 두 가지 등전자 계열에 대한 IR 데이터를 나타낸 것이다. 흡수 극대를 기준으로 보면, 이 두 계열에서 C—O 결합 세기는 다음의 순으로 감소한다고 말할 수 있다. $[Mn(CO)_6]^+$ > $[Cr(CO)_6]$ > $[V(CO)_6]^-$ > $[Ti(CO)_6]^{2-}$. $[Ni(CO)_4]$ > $[Co(CO)_4]^-$ > $[Fe(CO)_4]^{2-}$. 이들 정성적인 결과는 앞에서 설명한 **π** 결합 모형과 일치한다. 즉, M—C **π** 결합성이 증가함에 따라 C—O 결합은 더 약해진다. 중심 금속 원자의 양의 전하가 더 커질수록 금속은 일산화 탄소 리간드의 **π*** 오비탈로 전자 밀도를 제공하는 것이 덜 쉬어지게 되어 C—O 결합이 약해지게 된다. 이와는 대조적으로 카보닐 음이온에서 금속은 분산시킬 전자 밀도를 더 많이 가지므로 M—C **π** 결합이 강화되고 C—O 결합은 세기가 감소한다.

**표 10.13**
몇 가지 금속 카보닐 착물의 적외선 흡수

| 화합물 | 진동수 ($cm^{-1}$) |
|---|---|
| $[Mn(CO)_6]^+$ | 2090 |
| $[Cr(CO)_6]$ | 2000 |
| $[V(CO)_6]^-$ | 1860 |
| $[Ti(CO)_6]^{2-}$ | 1748 |
| $[Ni(CO)_4]$ | 2060 |
| $[Co(CO)_4]^-$ | 1890 |
| $[Fe(CO)_4]^{2-}$ | 1790 |

C—O 결합 세기(결과적으로는 금속-카보닐의 **π** 결합 정도)를 측정하기 위해 C—O 신축 진동수를 활용하는 것은, 이 흡수가 CO 반결합성 오비탈을 채우고 있는 전자 수에 민감하기 때문이다. 고립된 일산화 탄소 리간드에서 탄소의 고립 전자쌍은 이 분자의 HOMO(최고 점유 분자 오비탈)인 3**σ** 오비탈을 채우고 있다(그림 4.20). 기체 상태의 CO에서 이들 전자 중의 하나를 **π*** 준위로 밀어 올리면 들뜬 상태는 $3\sigma^1 2\pi^1$이 되고 C—O 신축 진동수는 2143 $cm^{-1}$에서 1489 $cm^{-1}$로 감소하게 된다. 이와 같은 큰 변화를 통해 중심 금속으로부터 결합된 CO의 **π*** 오비탈로 이동하는 전자의 작은 양도 IR 측정을 통해 쉽게 검출할 수 있음을 알 수 있다.[22)]

앞에서 이미 설명한 것처럼, 일산화 탄소 리간드에서 탄소에 있는 고립 전자쌍은 약간 반결합성인 분자 오비탈을 채운다고 주장하고 있다. 이러한 주장도 IR 데이터로 입증할 수 있다. CO로부터 고립 전자쌍(HOMO) 중의 전자 한 개를 제거하여 $CO^+$로 만들면, C—O 신축 진동수는 2143 $cm^{-1}$에서 2184 $cm^{-1}$로 증가하는데, 이는 C—O 결합 차수도 증가함을 의미하는 것이다. CO의 양성자화는 이 분자를 $H^+$에 **σ** 배위시키는 것으로 고려될 수 있는데, 이 때에도 신축 진동수가 증가한다. 금속 원자에 CO의 고립 전자쌍이 제공될 때, 다른 부수적인 전자 이동이 없다면 $\nu_{CO}$도 마찬가지로 증가해야 할 것으로 예상할 수 있다. 그러나 실제로는 착물 형성에 따라 거의 모두 $\nu_{CO}$가 감소하는 것으로 관찰된다. 이는 금속으로부터 리간드의 **π*** 오비탈로 **π** 전자 밀도가 이동하는 효과가 리간드로부터 금속으로의 **σ** 증여로 인한 C—O 결합 차수를 증가시키는 효과보다 더 우세함을 의미한다.[23)]

---

22) Johnson, J. B.; Klemperer, W. G. *J. Am. Chem. Soc.* **1977**, *99*, 7132~7137.

23) 예외. ClAuCO, $\nu_{CO}$ = 2152 $cm^{-1}$ (Dell'Amico, D. B.; Calderazzo, F.; Dell'Amico, G. *Gazz. Chim. Ital.* **1977**, *107*, 101~105). $AgCO[B(OTeF_5)_4]$, $\nu_{CO}$ = 2204 $cm^{-1}$ (Hurlburt, P. K.; Anderson, O. P.; Strauses, S. H. *J. Am. Chem. Soc.* **1991**, *113*, 6277~6278). 주족 금속을 포함하는 예. $Me_3AlCO$, $\nu_{CO}$ = 2185 $cm^{-1}$ (Sanchez, R.; Arrington, C.; Arrington, C. A., Jr. *J. Am. Chem. Soc.* **1989**, *111*, 9110~9111).

**표 10.14**
몇 가지 $W(CO)_5L$ 착물에 대한 적외선 카보닐 신축 진동수($cm^{-1}$)[a]

| L | $A_1^{(1)}$ | *E* | $A_1^{(2)}$ | 참고문헌 |
|---|---|---|---|---|
| $Me_2NCHO$ | 1847 | 1917 | 2067 | *b* |
| $Me_2CO$ | 1847 | 1920 | 2067 | *b* |
| $Et_2O$ | 1908 | 1931 | 2074 | *b* |
| $H_2S$ | 1916 | 1935 | 2076 | *c* |
| $Ph_2S$ | 1930 | 1943 | 2074 | *c* |
| $Me_2S$ | 1932 | 1937 | 2071 | *c* |
| $CyNH_2$[d] | 1894 | 1929 | 2071 | *e* |
| pyridine | 1895 | 1933 | 2076 | *e* |
| aniline | 1916 | 1929 | 2071 | *f* |
| $CH_3CN$ | 1931 | 1948 | 2083 | *b* |
| $H_3P$ | 1921 | 1953 | 2083 | *c* |
| $Me_3P$ | 1947 | 1937 | 2070 | *f* |
| $Me_2PhP$ | 1947 | 1938 | 2071 | *f* |
| $MePh_2P$ | 1947 | 1940 | 2072 | *f* |
| $Ph_3P$ | 1942 | 1939 | 2072 | *f* |
| $(MeS)_3P$ | 1946 | 1940 | 2062 | *g* |
| $(EtO)_3P$ | 1959 | 1945 | 2078 | *g* |
| $(PhO)_3P$ | 1965 | 1958 | 2083 | *g* |
| $I_3P$ | 1981 | 1979 | 2087 | *h* |
| $Br_3P$ | 1991 | 1982 | 2093 | *h* |
| $CI_3P$ | 1990 | 1984 | 2095 | *I* |
| $F_3P$ | 2007 | 1983 | 2103 | *g* |
| $C_2H_2$ | 1952 | 1967 | 2095 | *j* |
| C(OEt)Me | 1958 | 1945 | 2072 | *k* |
| $C_2H_4$ | 1973 | 1953 | 2088 | *j* |

[a] 다양한 용매가 이 연구에 사용되었다. 일반적으로 진동값은 용매에 따라 달라지므로, 작은 차이는 중요하지 않다. 이들 스펙트럼에서 주로 약한 흡수로 나타나는 금지된 B 모형은 생략하였다.

[b] Stolz, I. W.; Dobson, G. R.; Sheline, R. K. *Inorg, Chem.* **1963**, *2*, 323~326.

[c] Herberhold, M.; Suss, G. *J. Chem. Res.* (*M*) **1977**, 2720.

[d] Cy = cyclohexyl.

[e] Kraihanzel, C. S.; Cotton, F. A. *Inorg, Chem.* **1963**, *2*, 533~540.

[f] Bancroft, M.; Dignard-Bailey, L.; Puddephatt, R. J. *Inorg. Chem.* **1986**, *25*, 3675~3680.

[g] Keiter. R. L.; Verkade, J. G. *Inorg. Chem.* **1969**, *8*, 2115~2120.

[h] Fischer, E. O.; Knauss, L. *Chem. Ber.* **1969**, *102*, 223~229.

[i] Poilblanc, R.; Bigorgne, M. *Bull. Chim. Soc. Fr.* **1962**, 1301.

[j] Stoltz, I. W.; Dobson, G. R.; Sheline, R. K. *Inorg. chem.* **1963**, *2*, 1264~1267.

[k] Darenstbourg, M. Y.; Darenshourg, D. J. *Inorg. Chem.* **1970**, *9*, 32~39.

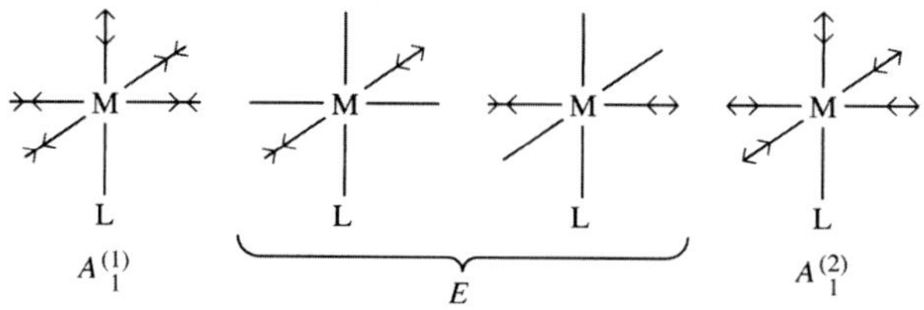


**그림 10.31** $M(CO)_5L$ 착물에 대한 진동 신축 모형 및 대칭성.

앞 절에서는 $Cr(CO)_6$의 일산화 탄소를 인 리간드로 치환시키면 Cr—C 결합의 세기가 증가하는데, 특히 인을 포함하는 치환기의 트랜스 위치의 세기가 증가한다는 사실에 대한 결정학적 증거를 알아보았다. 그리고 이 현상을 이용가능한 **π** 전자 밀도에 대한 리간드들의 경쟁으로 해석하였다. 이 현상에 대해서는 CO 적외선 흡수의 변화도 일어나며 마찬가지로 해석될 수 있다. 일반적으로, CO를 리간드 L로 치환하면 남아있는 카보닐 리간드의 CO 신축 진동수는 변하게 되는데, 이 변화는 L에 의해 중심 금속 원자로 전달된 알짜 전자 밀도를 반영하는 것이다. 그래서 이 CO 신축 진동수의 변화는 **σ** 제공 정도와 L의 **π** 산도 모두에 의존하게 된다.

다양한 리간드(L)들이 C—O 신축 진동수를 어떻게 변화시키는지를 알아보기 위해 일련의 $W(CO)_5L$을 통하여 알아보자. 이들 착물은 이상적으로는 모두 $C_{4v}$ 대칭을 가지며, $A_1^{(1)}$, $A_1^{(2)}$ 및 $E$의 대칭 표기를 갖는 세 개의 IR 흡수(두 개는 축퇴되지 않은 상태이고 한 개는 이중으로 축퇴된 상태)가 허용된다. 여기서는 적당한 지표표를 사용하여 진동 방식에 대한 대칭을 지정하는 과정은 생략하고 그 결과만을 활용하기로 한다(표 10.14). 여기에 포함된 특정한 진동 신축 방식은 그림 10.31에 나타내었다. 중요한 진동 방식은 A1(1) 인데, 이것은 리간드 L의 반대 자리에 있는 CO 기의 대칭 신축 운동에 해당하는 것이다. 이용 가능한 **π** 전자 밀도에 대해 L과 직접적으로 경쟁하는 리간드는 바로 이 CO이고, 따라서 L의 **π** 산도를 가장 잘 반영하는 위치에 있는 리간드이다.

표 10.14에 있는 리간드들은 **π** 산도를 거의 갖지 않거나 **π** 산도가 없는 리간드이기 때문에(즉 주개 원자가 산소나 질소이다), 트랜스 자리의 CO는 반결합성 오비탈에 전자 밀도를 상당히 많이 흡수할 수 있고, 상대적으로 낮은 C—O 신축 진동수가 관찰된다. 인 리간드의 경우, **π** 산도는 P에 있는 치환기의 전기음성도가 증가함에 따라 증가한다. 이들 리간드가 **π** 전자에 대해 더 경쟁적이 될수록 CO는 **π** 전자 밀도를 덜 받아들이게 되고, 이에 따라 C—O 신축 진동수는 증가한다. $PF_3$ 착물의 매우 높은 C—O 신축 진동수는 이 리간드의 **π** 산도가 일산화 탄소 자체와 비교할 만하다는 것을 의미한다. 표 10.4에서 결합 원자가 탄소인 그룹은 매우 효율적인 **π** 받개이고, 이들 착물은 비교적 높은 $A_1^{(1)}$ 신축 진동수를 나타낸다.

IR 진동수를 사용하면 카보닐 착물의 **π** 결합 정도를 측정할 수 있지만, 보다 정량적인 특성은 C—O 힘 상수로부터 얻을 수 있다. 이 값은 주로 Cotton-Kraihanzel 역장법(Cotton-Kraihanzel force-field technique)을 사용하여 IR 데이터로부터 얻게 된다.[24] 이 과정은 정밀하게 풀기가 매우 어렵기 때문에 문제에 대한 실질적인 해답을

24) Cotton, F. A.; Kraihanzel, C. S. *J. Am. Chem. Soc.* **1962**, *84*, 4432~4438. Cotton, F. A.; Wilkinson, G. *Advanced Inorganic Chemistry*, 5th ed.; Wiley: New York, 1988; pp 1038~1040; Timney, J. A. *Inorg. Chem.* **1979**, *18*, 2502~2506.

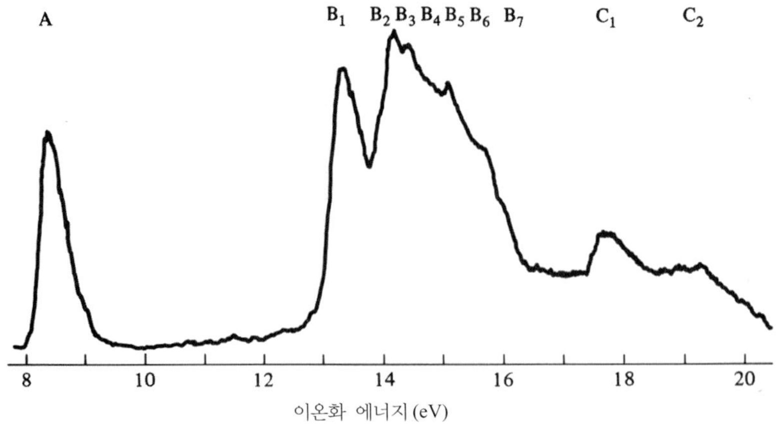


**그림 10.32** $Cr(CO)_6$의 He(I) 자외선 광전자 스펙트럼. 봉우리 위치는 착물에서 분자 오비탈의 상대 에너지에 해당한다. [자료: Higginson, B. R.; Lloyd. D. R.; Burroughs, P.; Gibson, D. M.; Orchard. A. F. *J. Chem. Soc., Faraday Trams*. 2 **1973**, *69*, 1659~1668. 허가를 얻어 이용]

얻으려면 단순화를 위한 가정을 할 필요가 있다. 중요한 가정은 C—O 진동은 분자의 다른 진동 방식과 짝지움을 하지 않는다는 것과 측정된 진동수는 비조화 효과에 대한 수정없이 사용될 수 있다는 것이다. 이러한 형태의 힘상수 계산의 결과로부터 **π**–받개 계열을 구성할 수 있다.[25)]

NO > CO, RNC, $PF_3$ > $PCl_3$, $C_2H_4$, $P(OPh)_3$ > $P(OEt)_3$ > C(OR)R > $C_2H_2$ > $P(SR)_3$ > $PPh_3$ > $PR_3$ > $R_2S$ > $Ph_3$ > RCN > 아닐린 > 알킬 아민 > 에터 > 알코올

이 계열은 전기음성도를 기반으로 예측하였던 많은 경향성을 보여 주고 있는데, 특히 인을 포함하는 리간드에 대한 경향성을 잘 보여 주고 있다. 즉 $PF_3$ > $PCl_3$ > $P(OR)_3$ > $PR_3$. 아인산과 포스핀의 유사성은 전기음성도로부터 예측하였던 것보다 더 많이 나타나고 있는데, 이는 아인산에는 상당한 O—P **π** 결합이 존재하고 인의 *d* 오비탈에 대한 경쟁도 존재할 수 있음을 의미한다. 알킬 아민과 에터는 비어 있는 낮은 자리 오비탈을 갖지 않기 때문에 **π** 받개 척도의 끝자리에 위치한다.

바로 앞에서 설명한 것과 같은 **π**–산도 척도를 적용할 때에는 주의가 필요하다. 이것을 사용하여 카보닐 착물에 대한 IR 데이터를 해석하려면, 고유 리간드 **π** 산도 이외의 다른 요인도 $\nu_{CO}$ 값에 영향을 미칠 수 있음을 반드시 고려해야 한다. 이들 계에서 **π** 결합보다 **σ** 결합이 훨씬 더 중요하다는 사실이 주어지면, 리간드들 중에서 **σ**–주개 용량의 차이는 **π**–받개 능력의 경향보다 더 중요해진다. 예를 들어 인의 페닐기를 메틸기로 치환하더라도 $W(PR)_3(CO)_5$ 착물의 카보닐 신축 진동수는 거의 영향을 받지 않는다. 그러나 **π**–산도 계열에서는 이러한 치환이 일어나면 $\nu_{CO}$가 증가해야 하는 것으로 예측된다. 리간드 치환에 따른 변화가 전자적 요인보다 더 큰 효과를 가지기에 충분할 정도로 입체적 섭동을 유발할 가능성도 있다.

25) π 받개 경향성을 근본적으로 구별할 수 없는 리간드가 많기 때문에 이 계열의 순서는 모든 경우에 맞지는 않는다. 비소와 안티모니 화합물은 상응하는 인 화합물과 동일한 경향을 갖는 계열을 구성한다. 이들 화합물이 유사한 인 화합물보다 약간 더하거나 약간 덜한 받개라는 것에 대한 불확실성이 있지만, 일반적으로 받개 능력은 P > As > Sb의 순이라고 여겨진다. 위에 있는 계열에서 R은 페닐이나 알킬기를 나타내며, 페닐 리간드는 대체로 더 나은 받개 능력을 갖는다.

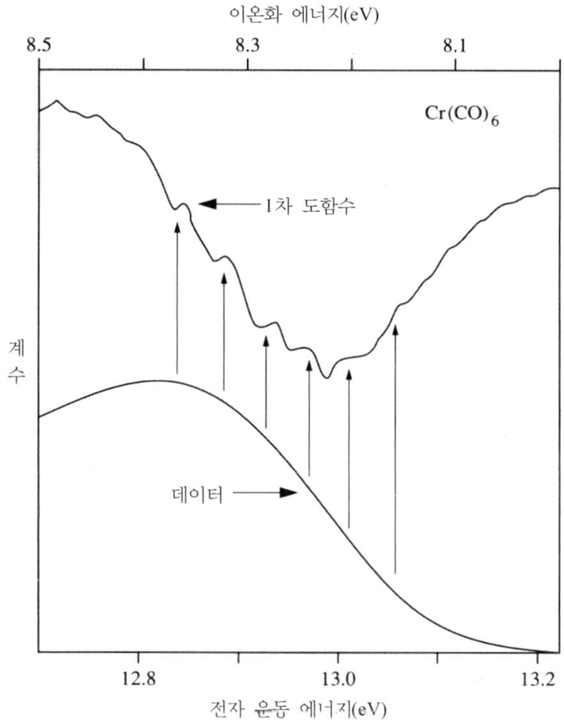


**그림 10.33** 그림 10.32의 PES 스펙트럼 중 $B_1$ 표지 신호에 대한 1차 도함수 확대도. [자료: Hubbard, J. L.; Lichtenberger, D. L. *J. Am. Chem. Soc.* **1982**, *104*, 2132~2138. 허가를 얻어 전재.]

**광전자 분광학.** 광전자 분광학은 VIB 족 카보닐 착물에 대한 금속-탄소 신축 진동수를 얻는 데 사용되어 왔다.[26][27] $Cr(CO)_6$에 대한 전체 스펙트럼은 그림 10.32에 나타내었다. $B_1$으로 표기된 신호는 $t_{2g}$ 오비탈로부터 전자가 이온화되는 과정에 대한 것이며, $t_{2g}$ 오비탈은 당연히 일산화 탄소의 $\pi^*$ 오비탈과 상호작용할 수 있는 적절한 대칭성을 갖는다. 이 상호작용이 실제로 존재한다면, 전자가 제거될 때 금속-탄소 결합은 약해지고 신축 진동수는 감소해야 한다. 반대로, 이 상호작용이 존재하지 않는다면 전자는 비결합 오비탈로부터 제거되어야 하기 때문에 이온화에 따라 $\nu_{MC}$는 거의 변하지 않을 것으로 예상할 수 있다. 분해능이 매우 높은 조건 하에서 광전자 스펙트럼의 $B_1$을 조사하여 여러 개로 갈라져 나타나는 신호들 중의 첫 번째 파생신호를 선택하면 (그림 10.33), M—C 신축에 대응하는 진동수 간격을 가진 진동 거동(vibrational progress)을 관찰하게 된다. 이 진동 미세 신호는 진동 바닥 상태나 여러 가지의 진동 들뜬 상태 중의 한 상태에서 존재할 수 있는 형태인 $[Cr(CO)_6]^+$ 이온 때문에 나타나는 것이다(그림 10.34). 미세 신호로부터 얻을 수 있는 $[Cr(CO)_6]^+$에 대한 $\nu_{MC}$ 값은 325 $cm^{-1}$인데, 중성 분자에 대한 값 379 $cm^{-1}$과 비교하면 감소하였고, 이는 $\pi$ 결합에 $t_{2g}$ 전자가 관여한다는 사실과 일치하고 있다. 이러한 진동수 이동은 이온화에 따라 M—C 결합 길이가 14 pm 증가한 것에 상응한다고 추정된다. 이와 같은 구조적 변화가 일어난다는 것은 스펙트럼에서 신호의 세기를 통해 뒷받침된다. 관찰되는 가장 강한 전이가 바닥 진동 상태에 의한 것이라면, 이온화가 일어나더라도 구조의 변화는 거의 없다는 의미이다(Franck-Condon 원리에 따라). 그러나 가장 강한 전이가 진동 들뜬 상태

26) Hubbard, J. L.; Lichtenberger, D. L. *J. Am. Chem. Soc.* **1982**, *104*, 2132~2138.

27) Hu, Y. -F.; Bancroft, G. M.; Bozek, J. R.; Liu, Z.; Sutherland, D. G. J.; Tan, K. H. *J. Chem. Soc. Chem. Commun.* **1992**, 1276~1278.

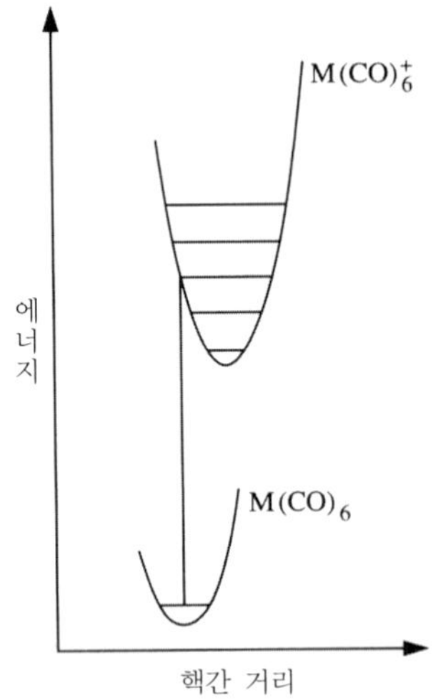


**그림 10.34** PES 스펙트럼에서 진동 미세 구조의 근원을 나타내는 $M(CO)_6$ 및 $M(CO)_6^+$에 대한 퍼텐셜 우물 표현. [Hubbard, J. L.; Lichtenberger, D. L. *J. Am. Chem. Soc.* **1982**, *104*, 2132~2138. 허가를 얻어 이용.]

를 포함한다면, 본질적인 기하구조의 변화는 중성 분자가 양이온이 되면서 일어나는 것으로 결론지을 수 있다. $Cr(CO)_6$의 경우 진동수 이동을 통해 후자가 관찰된 것으로 결론지을 수 있기 때문에 **π**-결합 오비탈은 $t_{2g}$ 오비탈임을 알 수 있다.

## 유기금속 화합물의 결합 이론

일반적으로 유기금속 화합물은 금속-탄소 결합을 포함하는 화합물로 정의된다. Oranometallics 잡지에서 설명한 바에 의하면, 이 결합에 대한 상호작용은 "이온성이거나 공유 결합성이고, 유기 그룹이나 분자에 있는 한 개 이상의 탄소 원자와 전이 금속, 란타넘족, 악티늄족 또는 주족 원자 사이에 편재되거나 비편재된다." 이와 같은 엄격한 정의에도 불구하고, 유기금속 화학을 다른 분야와 구별하기 위한 경계는 명확하지 않은 경우가 많다. 예를 들면, 일산화 탄소는 전형적인 유기 화합물이지만, 모든 화학자는 테트라카보닐 니켈, $Ni(CO)_4$를 유기금속 화합물이라고 규정한다. 마찬가지로 붕소, 규소, 비소 및 텔루륨은 금속과의 경계에 위치하지만 유기붕소, 유기규소, 유기비소 및 유기텔루륨 화합물은 유기금속화학에 포함된다. 사이안화 소듐과 같은 전통적인 무기 화합물은 금속-탄소 결합을 포함하고 있지만 유기금속 화합물로 분류되지는 않는다. 그러므로 유기금속화학은 유기화학과 무기화학 사이의 중간에 위치하는 화학으로 볼 수 있다.

유기금속화학에 근거한 균일 촉매를 사용한 화학공업은 제약, 농약, 향신료, 방향제, 반도체 및 세라믹 전구체 등의 제조에 활용되고 있으며, 유기금속 촉매는 그 중요성이 계속 확장되고 있다.

### 18-전자 규칙

전이 금속 착물에서의 결합에 대한 최초로 설명하고자 한 사람은 Sidwick인데,[28] 그는 G. N. Lewis의 팔전자계 이론을 배위 화합물에까지 확장시켰다. 리간드는 금속에 전자를 주는(대개 리간드당 한 쌍의 전자) Lewis 염기로 간주되고, 따라서 금속은

28) Sidwick, N. V. The Electronic Theory of Valency; Cornell University; Ithaca, 1927.

Lewis 산으로 작용한다. 안정도는 금속이 영족 기체 전자 배치를 갖게 되기 때문에 생기는 것으로 추정된다. 금속에 있는 전자와 리간드로부터 주어진 전자를 합한 수를 유효 원자 번호(effective atomic number, EAN)라고 부르는데, 이 수가 36(Kr), 54(Xe) 또는 86(Rn)이면 EAN 규칙에 따른다고 하였다. 또 다른 내용이지만 보다 일반적인 설명은 금속의 외각 전자 배치가 $ns^2(n-1)d^{10}np^6$가 되면 원자가 오비탈에는 18개의 전자가 존재하게 되어 완전히 채워진 오비탈이 되고, 안정한 전자 배치라는 것이다. *18*–**전자 규칙(18–electron rule)** 이라고 부르는 이 경험 법칙은 주기율표의 모든 주기에 대해 동일하게 적용되고, 각각의 영족 기체에 대해 다른 EAN을 기억할 필요가 없다는 장점을 갖는다. 또한 한 가지 세트에 있는 각각의 *s*, *p* 및 *d* 오비탈의 합인 아홉 개의 오비탈이 가질 수 있는 전자 수만 고려하기 때문에 기억하기도 쉽다. 이 규칙은 카보닐 리간드와 나이트로실 리간드를 포함하는 유기금속 화합물에 더 자주 적용되는데, 안정한 화합물의 화학식을 예측하는 데 상당히 유용한 방법이다.

## 분자 오비탈 이론과 18–전자 규칙

대부분의 경험 규칙과 마찬가지로, 18–전자 규칙도 항상 엄격하게 적용되지는 않는다. 외각 껍질 전자가 18개보다 많거나 적은 착물도 안정한 경우가 많다.[29] 착물의 결합에 대한 분자 오비탈 설명(10장)을 사용하면 유기금속 화합물의 안정도와 18–전자 규칙 간의 관계와 예외가 나타나는 이유를 조사할 수 있다. 팔면체 착물의 경우(그림 10.20), 가장 안정한 배열은 모든 결합성 오비탈($a_{1g}$, $t_{1u}$, $e_g$ 및 $t_{2g}$)은 완전히 채워져 있고 모든 반결합성 오비탈은 비어 있는 상태일 것이다. 아홉 개의 결합성 오비탈이 있기 때문에 18–전자 규칙으로 예측한 것처럼 18개의 전자가 필요하게 된다. 그러므로 $\Delta_o$가 큰 착물은 반결합성 $e_g^*$ 오비탈을 채우는 것이 바람직하지 않기 때문에 18–전자 규칙을 고수하려는 경향을 갖는다. 두 번째와 세 번째 계열 전이 금속은 이 범주에 속하는 금속들인데, 18개 이상의 전자를 갖는 경우는 알려진 바가 없다. 그러나 리간드가 $\pi$ 결합에 의해 $t_{2g}$ 준위의 안정화를 제공하지 않는다면 18 전자 이하의 경우도 존재할 수 있다. 이러한 경우는 $[WCl_6]^{2-}$(14 전자), $[TcF_6]^{2-}$ (15 전자), $[OsCl_6]^{2-}$ (16 전자) 및 $[PtF_6]^{2-}$ (17 전자)와 같은 착물에서 관찰되었다. CO 및 NO와 같은 리간드는 좋은 $\pi$ 받개이기 때문에 분광화학적 계열에서 높은 에너지 쪽에 자리하는데, 이들 리간드는 $t_{2g}$ 오비탈을 안정화시키는 데 매우 효과적이다. 그러므로 $\Delta_o$ 값을 더 크게 만들고 총 결합 에너지를 증가시키기 때문에(그림 10.27 및 10.28), 팔면체 카보닐과 나이트로실 착물이 18–전자 규칙에서 벗어나는 경우는 거의 발견되지 않는다.

첫째 계열 전이 금속 착물에 대한 경우처럼, $\Delta_o$가 작다면, 약한 반결합성 $e_g^*$ 오비탈을 채우는 것이 쉬워진다. 그래서 18–전자를 초과하는 안정한 착물이 존재하며, 19 전자 ($[Co(H_2O)_6]^{2+}$), 20 전자 ($[Ni(en)_3]^{2+}$), 21 전자 ($[Cu(NH_3)_6]^{2+}$) 및 22 전자 ($[Zn(NH_3)_6]^{2+}$)에 대한 예가 잘 알려져 있다. 주기율표의 왼쪽에 있는 전이 금속들은 외각 껍질 전자 수가 적고 18–전자를 채우려면 입체적으로 가능한 것보다 더 많은 리간드가 필요하다(18–전자 규칙을 따르는 $[TiF_9]^-$는 존재하지 않는다). 이들 금속의 경우에는 18 전자보다 더 작은 전자를 갖는 안정한 착물이 존재할 수 있으며, $[TiF_6]^{2-}$

[29] Mitchell, P. R.; Parish, R. V. *J. Chem. Educ.* **1969**, *46*, 811~814.

(12 전자), $[VCl_6]^{2-}$ (13 전자), $[Cr(NCS)_6]^{2-}$ (15 전자) 등을 예로 들 수 있다.

다른 기하구조를 갖는 착물에 대한 특징은 좀 더 복잡하다. 사면체 테트라카보닐니켈(0)의 경우, 카보닐기로부터 생성된 네 개의 $\sigma$ 결합은 8개의 전자가 4개의 강한 결합성 분자 오비탈($a_1$과 $t_2$)을 채우는 것으로 나타난다(그림 10.21). 나머지 10개의 전자는 $e$와 $t_2^*$ 오비탈에 채워져야 하는데, 이 오비탈은 각각 비결합성과 반결합성이다. $\Delta_t$는 비교적 작기 때문에 반결합성 준위를 채우는 것은 에너지적으로 힘든 과정이 아니고 착물은 안정하다. 4개의 리간드만을 갖는 (리간드는 각각 2개의 전자를 제공할 수 있다) 모든 사면체 착물에서 금속은 10개 이하의 전자를 갖기 때문에 분자 오비탈을 채울 수 있는 전체 전자 수는 18개보다 적게 될 것이다. 따라서 사면체 착물은 18-전자 규칙에서 예외가 되며, $[FeCl_4]^-$처럼 13-전자 화학종이 안정한 경우도 많다.

사각 평면 $d^8$ 전이 금속 착물도 18-전자 규칙에 대한 예외이다. 금속의 8개 전자와 네개의 리간드로부터 제공된 2개씩의 전자를 합하면 전체 전자 수는 16개가 된다. 이들 착물은 16개의 전자만으로도 매우 안정하기 때문에 이들은 *16*-**전자 규칙 (16-electron rule)**을 따른다고 말하기도 한다. 사각 평면 착물에서는 16개의 전자로도 결합성 분자 오비탈이 모두 채워진다(그림 10.22). 그리고 여분의 전자가 존재하면 이 전자들은 반결합성 오비탈에 채워져야 하기 때문에 안정도를 감소시키는 효과를 나타내게 된다. 한 개의 리간드를 첨가하여 (두 개의 전자를 제공한다) 사각 평면 화학종이 5-배위체로 변환된다면, 18-전자 착물이 되는데, $[Ni(CN)5]^{3-}$와 같은 5-배위 착물은 잘 알려져 있다(11장). 리간드가 첨가되면 덜 안정한 착물이 되는 예도 많이 있다.

일반적으로 18-전자 규칙이 유지되는 것을 선호하는 조건은 중심 금속의 전자가 풍부하고 (즉, 낮은 산화 상태에 있고) 리간드는 좋은 $\pi$ 받개인 경우이다.[30)]

## 착물에서의 전자 계산

18-전자 규칙을 사용하면 유기금속 화합물의 안정도와 구조를 예측할 수 있다. 착물에서 각 금속 원자 주위의 바깥 껍질 전자 수를 계산하면, 착물이 안정할 것인지를 예측할 수 있을 뿐만 아니라 때로는 금속-금속 결합이 존재할 것인지와 리간드가 다리 결합을 하고 있는지 아니면 말단에 있는지도 예측할 수 있다. 전자를 계산하는 과정은 중성 원자 방법과 산화 상태 방법이 주로 사용된다. 어떤 방법을 사용하더라도 전자 수를 잘 계산할 수 있지만, 두 가지를 섞어서 사용하면 안 된다. 즉, 특정한 분자나 이온의 전자를 계산할 때 한 가지 방법만을 사용해야 한다. 유기금속 화합물은 산화 상태를 지정할 수 있는 경우가 종종 발생한다. 따라서 산화 상태를 지정할 필요가 없는 중성 원자 방법을 사용하는 것이 더 명확할 수 있다.

전자 계산 방법을 사용하려면 착물에서 각각의 리간드가 몇 개의 전자를 금속에 제공하는지를 알아야 한다. 표 10.15는 중성 원자 방법과 산화 상태 방법에 대해 여러 가지 리간드가 제공하는 전자 수를 나타낸 것이다. 중성 리간드에 대한 전자 수 계산은 두 방법이 동일하다. 그러므로 포스핀과 CO는 표의 두 방법에 대한 칸에서 두 개의 전자 주개로 표기되었다. 이들 리간드를 포함하는 세 가지 착물, $Cr(CO)_6$, $Ni(PF_3)_4$ 및 $Fe(CO)_4PPh_3$에 대한 전자 수 계산은 다음과 같다.

---

30) Chu와 Hoffman은 분자 오비탈을 기술하는 책에서 18-전자 규칙에 대한 흥미로운 예외를 설명하였다. Chu, S-Y.; Hoffman, R. *J. Phys. Chem.* **1982**, *86*, 1289~1297.

**표 10.15**
전자 계산에 대한 리간드 기여

| | 중성 원자 전자 계산 | 산화 상태 전자 계산 |
|---|---|---|
| **말단 리간드** | | |
| Carbonyl (M−CO) | 2 | 2 |
| Thiocarbonyl (M−CS) | 2 | 2 |
| Phosphine ($M-PR_3$) | 2 | 2 |
| Amine ($M-NR_3$) | 2 | 2 |
| Dinitrogen (M−N≡N) | 2 | 2 |
| Dihydrogen M−(H−H) | 2 | 2 |
| Alkene M−(C=C) | 2 | 2 |
| Alkyne* M−(C≡C) | 2 | 2 |
| Isocyanide (M−CNR) | 2 | 2 |
| Nitrosyl, bent (M−N̈=O) | 1 | 2 |
| Nitrosyl, linear (M−N≡O) | 3 | 2 |
| Halogen (M−X) | 1 | 2 |
| Hydrogen (M−H) | 1 | 2 |
| Alkyl (M−R) | 1 | 2 |
| Acyl (M−C(=O)−R) | 1 | 2 |
| Aryl(M−Ph) | 1 | 2 |
| Amide($M-NR_2$) | 1 | 2 |
| Phosphide ($M-PR_2$) | 1 | 2 |
| Alkoxide (M−OR) | 1 | 2 |
| Thiolate (M−SR) | 1 | 2 |
| Carbene = alkylidene ($M=CR_2$) | 2 | 4 |
| Carbyne = alkylidyne (M≡CR) | 3 | 6 |
| $\eta^1$-Allyl $M-CH_2CH=CH_2$ | 1 | 2 |
| $\eta^3$-Allyl | 3 | 4 |
| $\eta^1$-Enyl M−C=C | 3 | 4 |
| $\eta^1$-Cyclopentadienyl | 1 | 2 |
| $\eta^5$-Cyclopentadienyl | 5 | 6 |
| $\eta^6$-Benzene | 6 | 6 |
| $\eta^7$-Cyclopentatrienyl | 7 | 6 |
| $\eta^8$-Cyclooctatetraenyl | 8 | 10 |
| **Bridging ligands** | | |
| Carbonyl [M−(CO)−M] | 2 | 2 |
| Halogen (M−X−M) | 3 | 4 |
| Alkyne (M−(C≡C)−M) | 4 | 4 |
| Hydrogen (M−H−M) | 1 | 2 |
| Alkyl [$M-(CR_3)-M$] | 1 | 2 |
| Amide [$M-(NR_2)-M$] | 3 | 4 |
| Phosphide [$M-(PR_2)-M$] | 3 | 4 |
| Alkoxide [M−(OR)−M] | 3 | 4 |

* π 주개로서 작용하는 경우 4전자 주개로 계산될 수도 있다.

| | | | | | |
|---|---|---|---|---|---|
| | | | | Fe | $8e^-$ |
| Cr | $6e^-$ | Ni | $10e^-$ | 4CO | $8e^-$ |
| 6CO | $12e^-$ | $4PF_3$ | $8e^-$ | $Ph_3P$ | $2e^-$ |
| $Cr(CO)_6$ | $18e^-$ | $Ni(PF_3)_4$ | $18e^-$ | $Fe(CO)_4PPh_3$ | $18e^-$ |

이들 착물 각각에서 금속 원자에 대해 계산된 전자 수는 원자가 오비탈인 *s* 및 *d* 오비탈에 있는 전자들이다. 홀수의 전자를 갖는 금속에 2개의 전자를 제공하는 CO 리간드를 단순하게 첨가하면 항상 홀수의 전자만을 갖게 될 것이기 때문에 18-전자 규칙을 만족시킬 수 없음은 명확하다. 예를 들면, $Mn(CO)_5$와 $Co(CO)_4$는 모두 17-전자 화학종이고, 예측할 수 있는 것처럼 안정한 분자로 존재하지 않는다. 그러나 이들의 음이온, $[Mn(CO)_5]^-$와 $[Co(CO)_4]^-$는 안정한 화학종이고 18-전자 규칙과 일치한다.

| | | | |
|---|---|---|---|
| Mn | $7e^-$ | Co | $9e^-$ |
| 5CO | $10e^-$ | 4CO | $8e^-$ |
| 전하 | $1e^-$ | 전하 | $1e^-$ |
| $[Mn(CO)_5]^-$ | $18e^-$ | $[Co(CO)_4]^-$ | $18e^-$ |

(위에서 보인 계산법은 중성 원자 방법이다. 산화 상태 방법에서는, 각 금속은 여분의 전자가 제공된 $M^-$ 화학종으로 간주하고 전체 전하는 기록하지 않는다.)

이합체 화학종, $Mn_2(CO)_{10}$과 $Co_2(CO)_8$도 안정하고 반자기성이다. 각 화합물은 금속-금속 단일 결합(2개의 전자)을 갖는다고 가정하면, 각 금속은 총 18개의 전자를 갖는 것으로 계산된다.

| | | | |
|---|---|---|---|
| 2Mn | $14e^-$ | 2Co | $18e^-$ |
| 10CO | $20e^-$ | 8CO | $16e^-$ |
| Mn—Mn | $2e^-$ | Co—Co | $2e^-$ |
| $Mn_2(CO)_{10}$ | $36e^-$ | $Co_2(CO)_8$ | $36e^-$ |
| 또는 $18e^-$/Mn | | 또는 $18e^-$/Co | |

망가니즈 이합체의 분자 구조에서는 Mn-Mn 결합이 존재함이 명확하게 드러난다(그림 10.35a, b). 코발트 구조에서, 두 개의 CO 리간드는 다리결합(bridging)을 하고 있다. 즉 이들은 두 Co 원자에 동시에 결합되어 있다(그림 10.35c, d). 그러나 CO와 다른 중성 리간드는 말단에 있든 다리결합을 하고 있든 상관없이 착물에 2개의 전자를 제공하기 때문에 결합 전자 수 계산에는 영향을 미치지 않는다(표 10.15). $Co_2(CO)_8$에서 금속-금속 결합이 구조적으로 꼭 필요한 것은 아니다. 왜냐하면 다리결합 CO 리간드는 두 금속 간의 결합이 없는 경우에도 이합체의 반쪽 두 개를 함께 묶을 수 있기 때문이다. 그러나 18-전자 규칙은 금속-금속 결합이 존재할 것으로 예측하며, 이 결합의 존재는 이 화합물이 반자기성일 뿐만 아니라 구조 연구에서 결정된 코발트-코발트 거리를 통해서 입증되고 있다.

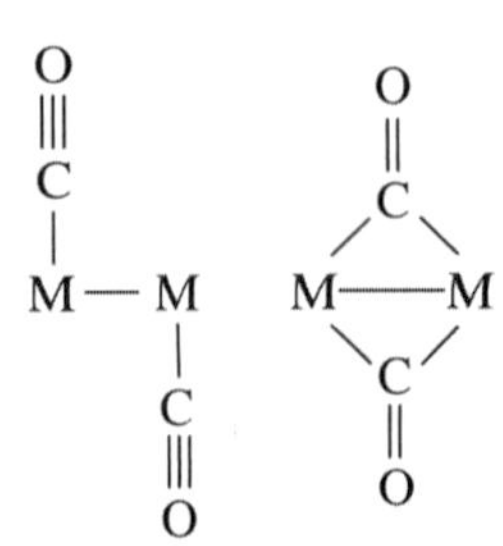

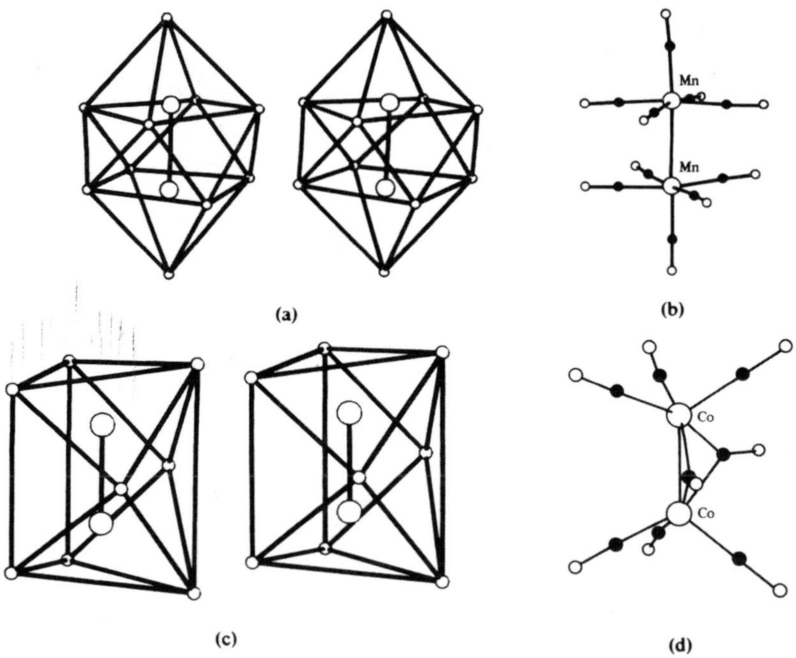


**그림 10.35** 금속 카보닐 착물 이합체의 입체도(왼쪽)와 보통의 컴퓨터 도시(오른쪽): (a, b) $Mn_2(CO)_{10}$; (c, d) $Co_2(CO)_8$ [Johnson, B. F. G.; Benfield, R. E. In *Topics in Inorganic and Organometallic Stereochemistry*; Geoffroy, G. L., Ed.; Wiley: New York, 1981.]

전자를 계산하는 두 가지 방법의 차이는 금속의 산화 상태가 0이 아니고 리간드가 이온성으로 간주되는 착물에 대해 명확하게 드러난다. 중성 원자 방법은 (전자를 표기하기 위한 방법에서) 이들 차이를 무시하고, 금속 원자는 0의 산화 상태를 갖고 리간드는 알짜 전하를 갖지 않는 것으로 간주하여 착물을 구성한다. 그러므로 중성 원자 방법에서 할로젠, 수소 및 알킬 리간드는 한 개의 전자를 제공하는 중성 주개로 간주된다. 산화 상태 방법에서 이들 리간드는 두 개의 전자 주개인 음이온성으로 간주되고, 각 금속에서 제공된 전자 수는 금속의 형식 산화 상태에 따라 달라진다. 이 두 가지 방법이 어떻게 동일한 결과를 도출하는지 알아보기 위해 $[PtCl_4]^{2-}$와 $HMn(CO)_5$를 예로 들어 살펴보자. 이들은 각각 16–전자 규칙과 18–전자 규칙을 따르는 착물이다.

| 중성 원자 | | 산화 상태 | |
|---|---|---|---|
| Pt | $10e^-$ | $Pt^{2+}$ | $8e^-$ |
| 4Cl | $4e^-$ | $4Cl^-$ | $8e^-$ |
| 전하 | $2e^-$ | | |
| $[PtCl_4]^{2-}$ | $16e^-$ | $[PtCl_4]^{2-}$ | $16e^-$ |
| Mn | $7e^-$ | $Mn^+$ | $8e^-$ |
| 5CO | $10e^-$ | 5CO | $10e^-$ |
| H | $1e^-$ | $H^-$ | $2e^-$ |
| $HMn(CO)_5$ | $18e^-$ | $HMn(CO)_5$ | $18e^-$ |

표 10.15로부터 명확하게 알 수 있듯이, CO 리간드는 말단기 또는 다리결합 기로 모두 작용할 수 있다. 그러나 몇 가지 리간드는 결합 방식에 따라 전자 수 계산이 달라진다. 예를 들면 한 개의 금속 원자에 결합된 할로젠 (또는 할로젠화) 리간드는 두 번째 금속 중심에 제공할 수 있는 여분의 비결합 전자쌍을 갖고 있다.

$$\text{M—Cl:} + \text{M} \longrightarrow \text{M—Cl—M} \tag{10.17}$$

이 과정이 일어나면, 리간드의 전자 제공은 2개가 늘어난다. 그러면 중성 원자 방법에서는 3–전자 주개가 되고 산화 상태 방법에서는 4–전자 주개가 된다. 착물 $Rh_2(CO)_4Cl_2$는 두 개의 다리결합 클로로 리간드를 갖는다.

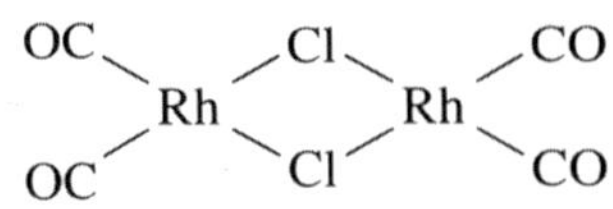

두 가지 방법에 따라 전자 수를 계산하면 이 착물은 16–전자 규칙을 따르고 있음을 할 수 있다.

| 중성 원자 | | 산화 상태 | |
|---|---|---|---|
| 2Rh | $18e^-$ | $2Rh^+$ | $16e^-$ |
| 4CO | $8e^-$ | 4CO | $8e^-$ |
| 2Cl(다리걸친) | $6e^-$ | $2Cl^-$(다리걸친) | $8e^-$ |
| $Rh_2(CO)_4Cl_2$ | $32e^-$ | $Rh_2(CO)_4Cl_2$ | $32e^-$ |
| 또는 $16e^-/Rh$ | | 또는 $16e^-/Rh$ | |

알릴($C_3H_5^-$), 사이클로펜타다이엔일($C_5H_5^-$) 및 벤젠($C_6H_6$)과 같은 많은 불포화 유기 리간드는 한 가지 이상의 방법으로 금속과 결합할 수 있고, 다른 결합 방식은 결합에 참여하는 탄소 원자의 수에 따라 구별할 수 있다. 예를 들면, 알릴은 한 개의 탄소 원자(한 개의 알릴 리간드가 결합하는 방식) 또는 $\pi$ 전자계를 이용한 세 개의 탄소 원자를 통해 금속과 결합할 수 있다.

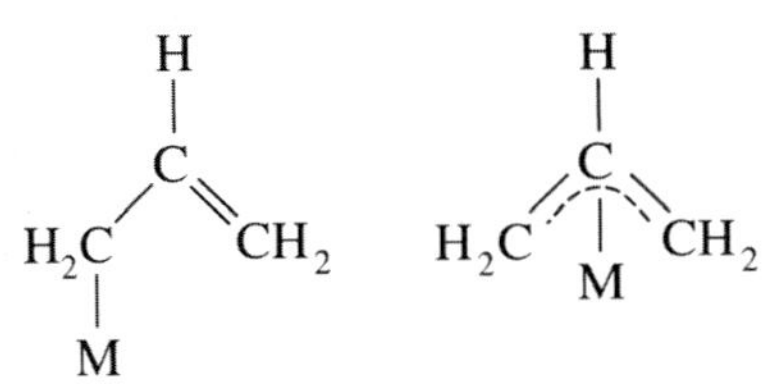

알릴 착물을 명명할 때, 두 가지의 결합 방식은 $\eta^1$–알릴과 $\eta^3$–알릴로 표기된다. $\eta^x$ 기호는 리간드의 합토 결합성(hapticity) 또는 금속 중심에 동시에 결합된 리간드 원자의 수를 나타내며, 이들 리간드의 이름은 '모노합토알릴'과 '트라이합토알릴'이라고 읽는다. 합토 결합성이 1에서 3으로 증가하면 알릴 리간드에 대한 전자 수는 2가 증가한다(표 10.15). 더 확장된 $\pi$ 계를 갖는 리간드는 더 많은 수의 결합 방식을 나타낸다. 예를 들면 사이클로펜타다이엔일 리간드는 펜타합토, 트라이합토 또는 모노합토가 될 수 있다.

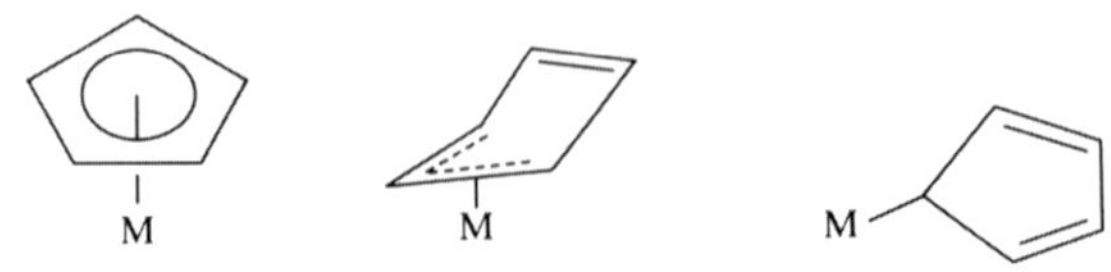

$\eta^5$-$C_5H_5$　　$\eta^3$-$C_5H_5$　　$\eta^1$-$C_5H_5$

불포화 리간드를 포함하는 착물에 대한 구조를 예측하기 위한 18–전자 규칙의 유용성은 $W(CO)_2(C_2H_5)_2$를 통해 알아볼 수 있다. 두 개의 $C_2H_5$ 리간드는 펜타합토이고,

이 화합물은 20개의 전자를 가질 것이기 때문에 안정도에 적합한 전자 수보다 2가 더 많다. 그러나 두 개 중의 한 개만 합토이고 다른 하나는 트라이합토라고 가정하면 18-전자 착물이 된다.

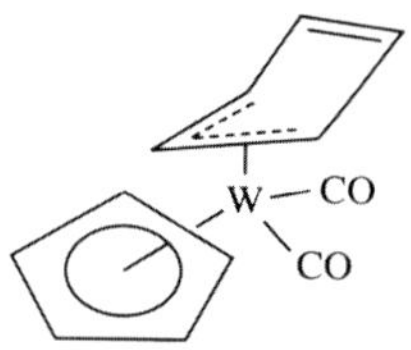


이렇게 예측된 구조는 실제로 입증되었다.[31)]

마지막으로, 유기금속 화합물에 대한 전자 수를 계산하는 방법을 적용할 때, 그 방법이 매우 유용하다 할지라도 형식론에 불과하다는 것을 반드시 기억해야 한다. 여기에서 제시한 두 가지 방법, 또는 18-전자 규칙을 통해 금속-리간드 결합에서의 전자 분포와 착물이 어떻게 형성되는지에 대한 기계론적인 상세한 사항을 추정할 때에는, 나타날 수 있는 어떠한 경향성에도 주의를 기울여야 한다. 전자 수를 계산하는 것은 유기금속 착물의 안정도와 구조에 대해 1차적으로 좋은 가정을 세우는 것이기 때문에, 주족 화합물에 대한 Lewis 도표와 같은 역할을 제공한다고 할 수 있다.

## 착물의 전자 스펙트럼[32)]

전이 금속 착물들의 다양한 색상은 오랫동안 보는 사람들을 매혹시켰다. 예를 들면, 팔면체 $[Co(H_2O)_6]^{2+}$의 수용액은 분홍색이고, 사면체 $[CoCl_4]^{2-}$의 수용액은 파란색이다. $[Ni(H_2O)_6]^{2+}$ 수용액은 녹색이지만, 이 용액에 암모니아를 가하여 $[Ni(NH_3)_6]^{2+}$가 생성되면 파란색으로 변한다. 보라색 $[Cr(H_2O)_6]^{3+}$가 환원되면 밝은 푸른색의 $[Cr(H_2O)_6]^{2+}$가 된다. 이런 색들은 가시광선의 파장 영역에 해당되는 준위 간의 전자 전이 때문에 생긴다. (물론 가시광선의 광자가 흡수되었을 때, 실제로 보이는 것은 흡수된 색깔의 보색이다.) 착물에서, 이들 전이는 대개 $d$–$d$ 전이라고 부르는데, 이들 전이에 포함된 분자 오비탈들이 주로 금속의 $d$ 성질을 띠기 때문이다(팔면체 착물의 $e_g$와 $t_{2g}$ 오비탈이나 사면체 착물에서 $e$와 $t_2$ 오비탈). 생성되는 색깔은 이들 전자 준위 간의 간격 크기와 밀접하게 관련된다. 이 간격은 리간드의 성질과 중심 금속 원자의 산화 상태, 착물의 기하 구조 등과 같은 인자에 따라 달라지기 때문에 착물의 전자 스펙트럼은 결합과 구조에 대한 유용한 정보를 제공한다.

지금까지 이 장에서는 $[Ti(H_2O)_6]^{3+}$ (그림 10.8) 와 $[Cr(en)_3]^{3+}$, $[Cr(ox)_3]^{3-}$, $[CrF_6]^{3-}$ (그림 10.13) 등 네 개의 착물에 대한 전자 스펙트럼을 살펴보았다. 이들 예를 대충 살펴보면 많은 수의 흡수가 다양하게 일어나고 있음을 알 수 있다. 전자 스펙트럼 해

---

31) Hutter, G.; Brintzinger, H. H.; Bell, L. G.; Friedrich, P.; Benjenke, V.; Neugebauer, D. *J. Organomet. Chem.* **1978**, *145*, 329.

32) Lever, A. B. p. *Inorganic Electronic Spectroscopy*, 2nd ed.; Elsevier: New York, 1986. Figgis, B. N. *In Comprehensive Coordination Chemistry*; Wilkinson, G.; Gillard, R. D.; McCleverty, J. A., Eds.; Pergamon: Oxford, 1987; Vol. 2, Chapter 6. Figgis, B. N. *Introduction to Ligand Fields* ; John Wiley: New York, 1966.

석의 핵심은 주어진 착물에 대해 얼마나 많은 흡수가 일어날 것인지를 알아내는 것이다. 이러한 문제를 해결하려면, 관심의 대상이 되는 착물에 대한 정확한 에너지 준위 도표뿐만 아니라 전자 전이를 지배하는 선택 규칙도 충분히 이해하고 있어야 한다.

지금까지 전이 금속 착물에 대해 제시된 에너지 준위 도표는 중심 금속 원자가 한 개 이상의 $d$ 전자를 가지고 있는 경우에도 1-전자 모형이라고 부르는 것에 기초를 두고 있다. 다시 말해서, 전자-전자 반발 효과는 무시되었다. 이들 반발은, 한 개 이상의 $d$ 전자를 갖거나 한 개 이상의 $d$준위 빈자리를 갖는 착물에서 전자 에너지에 중요한 기여를 할 수 있기 때문에, 스펙트럼을 해석할 때 매우 중요하다. 착물에 대한 에너지 준위 도표를 그릴 때 사용하는 방법은 자유 이온의 $d^n$ 배치로부터 시작하여 전자 간의 반발 효과와 주위에 있는 리간드의 효과를 차례로 고려한다. 여기서의 설명은 주로 정성적이고, 결정장 이론(329쪽)을 다룰 때 소개하였던 것처럼, 리간드에 의해 생성되는 장의 개념을 사용할 것이다. 그러나 지금부터는 리간드장(ligand field)라는 용어를 사용할 것인데, 이와 같은 설명이 순수한 결정장 이론으로부터 이 장의 앞부분에서 설명한 정성적인 분자 오비탈 접근법(348쪽)에 이르기까지 광범위하게 적용된다는 것을 강조하기 위한 것이다.

1장에서 알아본 것처럼, 전자-전자 반발은 주어진 전자 배치가 항들로 갈라지게 만든다. 그러나 가장 간단한 경우인, $d^1$에서는 전자가 한 개뿐이기 때문에 이런 자유 이온 준위의 갈라짐은 없다. 그러므로 다섯 개의 $d$ 오비탈들은 축퇴되어 있고, 전자가 이들 오비탈 중의 어떤 한 오비탈에 존재할 확률이 같기 때문에, 바닥 상태가 $^2D$인 한 가지 항만 가질 수 있다. 앞에서 알아본 것처럼 팔면체장의 영향(약한 장이나 강한 장) 하에서, 다섯 개의 $d$ 오비탈은 $t_{2g}$와 $e_g$ 오비탈로 갈라진다. 그러므로 팔면체 착물에서 $^2D$ 항은 $^2T_{2g}$와 $^2E_g$ 항으로 갈라질 것이다.

$d^2$ 배치의 경우, 전자-전자 상호작용이 일어나서 바닥 상태의 자유 이온항($^3F$) 뿐만 아니라 많은 수의 들뜬 상태의 항($^3P$, $^1G$, $^1D$, $^1S$) 도 생기게 된다.[33] 그래서 리간드장에 의해서 이러한 항들이 어떻게 영향을 받는지도 고려해야 한다. 항 사이의 갈라짐이 리간드에 의해서 발생하는 섭동에 비해 더 크면, 약한 장이다. 반대로 리간드장 갈라짐이 항 사이의 에너지 차에 비해 더 크면 강한 장 조건이 된다. 그림 10.23은 $d^2$ 전자 배치에 대한 자유 이온항들과 약한 팔면체장의 존재하에서의 이들의 갈라짐(왼쪽 도표)을 보여 준다. 도표의 오른쪽은 강한 팔면체장의 효과를 보여 준다. 약한 장과 강한 장의 끝을 연결하는 선은 중간 장에서 생기는 상태들의 상대적인 에너지를 추정할 수 있게 해 준다. $d^2$에 대해 강한 장 쪽의 상관 도표를 구성하는 것은 이 교재의 범위를 벗어나는 것이지만, 약한 장 부분은 쉽게 만들 수 있다.

$S$, $P$, $D$, $F$ 등의 항들에 대한 파동 함수는 $s$, $p$, $d$, $f$ 등의 오비탈에 대한 상응하는 세트의 파동 함수와 동일한 대칭을 가진다. 이것은 $D$항의 경우 팔면체장에 의해 $d$ 오비탈 세트가 갈라지는 것과 정확하게 같은 방식으로 갈라지고, $F$항에 대한 갈라짐은 $f$ 오비탈 세트에 대한 것과 같음을 의미한다. 팔면체장에서의 $S$항으로부터 $I$항까지의 변환은 표 10.16에 나타내었다. $A$, $E$, $T$, $D$, $F$항과 관련되는 오비탈의 축퇴도는 각각 1, 2, 3, 5, 7이다. 팔면체장에서 각 성분의 축퇴도의 합은 원래 항의 축퇴도와 같다. 즉,

33) 들뜬 상태의 항들은 부록 C에 설명한 방법으로 얻을 수 있다.

**표 10.16**
팔면체장에서 $d^n$ 항들의 갈라짐.

| 항 | | 팔면체장에서 성분 |
|---|---|---|
| $S$ | ⟶ | $A_{1g}$ |
| $P$ | ⟶ | $T_{1g}$ |
| $D$ | ⟶ | $E_g + T_{2g}$ |
| $F$ | ⟶ | $A_{2g} + T_{1g} + T_{2g}$ |
| $G$ | ⟶ | $A_{1g} + E_g + T_{1g} + T_{2g}$ |
| $H$ | ⟶ | $E_g + T_{1g} + T_{1g} + T_{2g}$ |
| $I$ | ⟶ | $A_{1g} + A_{2g} + E_g + T_{1g} + T_{2g} + T_{2g}$ |

총 축퇴도는 보존된다. 각각의 성분에 대한 스핀 다중도는 그것의 어미 항의 스핀 다중도와 같게 되는데, 전자의 스핀 상태는 외부장의 대칭에 의해 영향을 받지 않기 때문이다. 그러므로 $d^2$ 배치에 대한 바닥 상태 $^3F$항은 팔면체장에서 세 가지 항, $^3T_{1g}$, $^3T_{2g}$, $^3A_{2g}$ 항으로 갈라지게 되는데, 이것은 그림 10.36에 나타낸 세 가지 준위와 일치한다.

약한 팔면체장에서 항들의 에너지는 구형장(spherial field) 하에서의 원래 자유 이온 항의 에너지와 동등한 평균 에너지, 또는 그 무게 중심과 같은 것이 될 것이다. $d^1$과

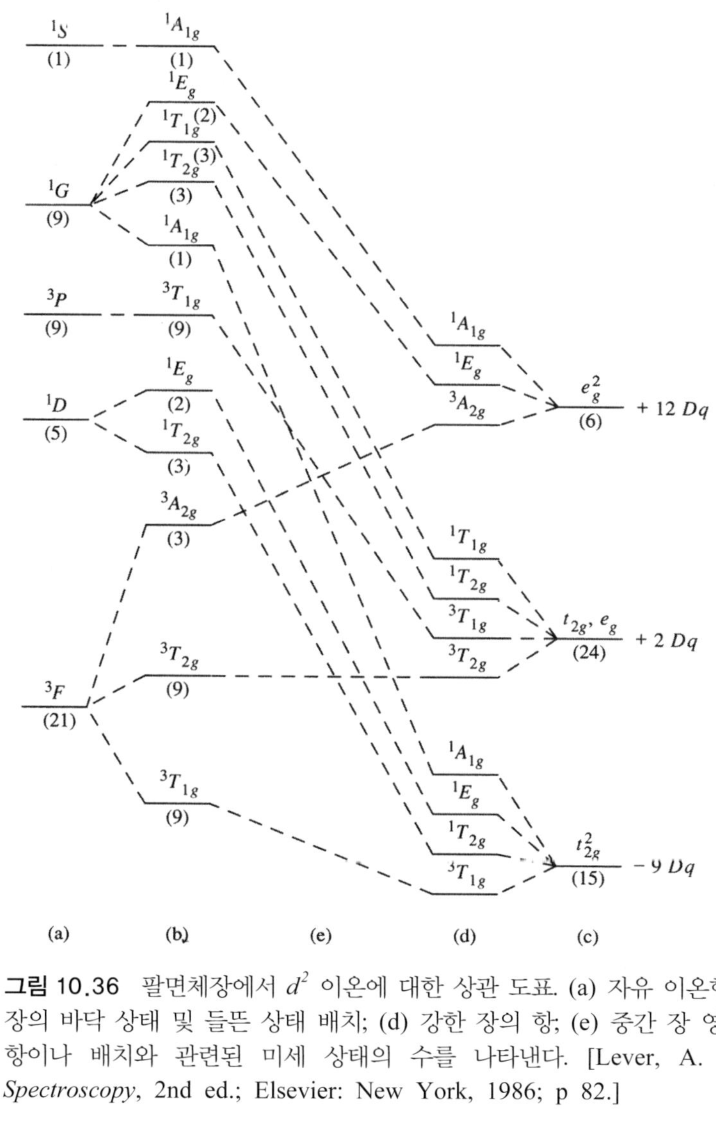

**그림 10.36** 팔면체장에서 $d^2$ 이온에 대한 상관 도표. (a) 자유 이온항; (b) 약한 장의 항; (c) 강한 장의 바닥 상태 및 들뜬 상태 배치; (d) 강한 장의 항; (e) 중간 장 영역. 괄호 내의 숫자는 각각의 항이나 배치와 관련된 미세 상태의 수를 나타낸다. [Lever, A. B. P. *Inorganic Electronic Spectroscopy*, 2nd ed.; Elsevier: New York, 1986; p 82.]

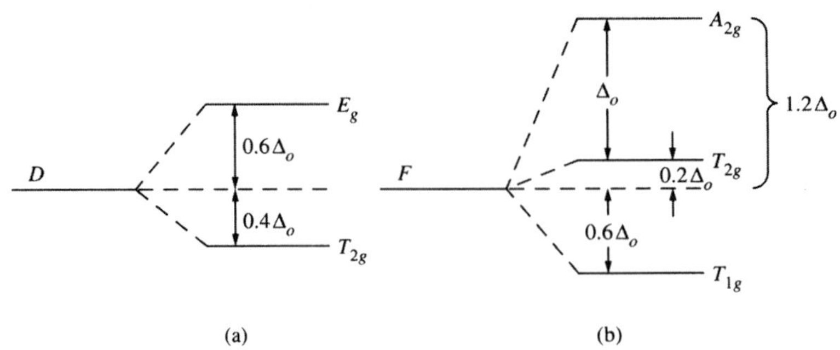


**그림 10.37** (a) $d^1$ 및 (b) $d^2$ 전자 배치를 갖는 바닥 상태항의 팔면체장에 의한 갈라짐.

$d^2$ 배치를 갖는 바닥 상태항에 대한 에너지 도표는 그림 10.37에 나타내었다. $d^9$ 금속 이온은 $d$ 준위에 한 개의 전자 빈자리, 또는 "구멍"을 가지고 있으므로 $d^1$ 배치의 역으로 간주될 수 있다. 이들 두 배치도 동일한 바닥 상태 자유 이온의 항 $^2D$를 가지는데, 이 $^2D$는 팔면체장에 의해서 똑같은 두 개의 준위($^2T_{2g}$와 $^2E_g$)로 갈라질 것이다. 그러나 $d^9$ 금속에서 두 가지 준위에 대한 에너지 순서는 그림 10.24에 나타낸 $d^1$의 경우와는 완전하게 반대일 것이다. 이 구멍 형식론은 다른 모든 $d^n$ 배치에도 잘 적용된다. 즉, $d^2$와 $d^8$ 그리고 $d^3$와 $d^7$ 등은 동일한 바닥 상태항을 가지지만 서로 반전된 팔면체장 갈라짐을 한다.

반전 관계는 팔면체와 사면체 대칭을 갖는 장 사이에도 존재한다. 이들 두 대칭의 결정장은 1전자 $d$ 오비탈들에 대해 서로 반전된 갈라짐 양상을 생성함을 앞에서 알아보았다. 이런 관계는 전자-전자간 반발이 가해졌을 때에도 유지된다. 즉, 어떤 자유 이온항이든지 사면체장과 팔면체장에 의해서 동일한 새로운 항들로 갈라질 것이지만(사면체 착물에 대해서는 $g$와 $u$ 표기는 사용할 수 없는 것을 제외하고), 이들 두 대칭에 대한 에너지 순서는 서로 반대가 될 것이다.

$d^2$와 $d^8$ 팔면체 착물과 사면체 착물에 대한 상관관계 도표는 그림 10.38에 나타내었다. 구멍 형식론과 팔면체-사면체 반전을 이용하면 두 기하 구조에서의 일곱 가지 배치 모두를 네 개의 도표로 나타낼 수 있다. 각각의 도표($d^5$를 제외한)에서 자유 이온 항들은 중앙에 표기되어 있고, $d^n$ 팔면체와 $d^{10-n}$ 사면체 갈라짐은 오른쪽에, $d^{10-n}$ 팔면체와 $d^n$ 사면체 갈라짐이 왼쪽에 표기되어 있다. 장의 세기는 중앙으로부터 양쪽의 바깥쪽으로 갈수록 모두 증가한다. 더 낮은 에너지를 갖는 항들만 표시되어 있다. 모든 도표에서 공통되는 특징은 리간드장의 세기가 증가함에 따라 여러 에너지 준위들이 서로 교차하게 된다는 것이다. 이런 모든 교차를 설명하는 일반적인 규칙은 이들이 항상 다른 대칭 상태와 스핀 다중도를 가진다는 것이다. 즉, 명칭이 같은 준위는 절대 교차하지 않는다. 몇 가지 배치($d^4$, $d^5$, $d^6$, $d^7$)에서는 교차 때문에 바닥 상태가 변하게 된다. 예를 들면, $d^5$의 경우 자유 이온에 대한 가장 낮은 에너지항은 $^6S$인데, 약한 팔면체장에서는 분리가 더 일어나서 바닥 상태가 $^6A_{1g}$로 된다. 그러나 중간장에서는 $^6A_{1g}$보다 $^2T_{2g}$ 상태가 더 낮은 에너지로 떨어져 바닥 상태가 된다. 이때 스핀 다중도는 6에서 2로 변하는데, 이는 홀전자 수가 다섯 개에서 한 개로 감소하기 때문이다. 즉, 이때에는 고스핀에서 저스핀으로의 전이가 일어난다. 이와는 대조적으로 팔면체 $d^2$, $d^3$, $d^8$, $d^{10}$ 착물의 바닥 상태는 장의 세기에 상관없이 변하지 않는다. 예를 들면, $[TiL_6]^{2+}$ ($d^2$)

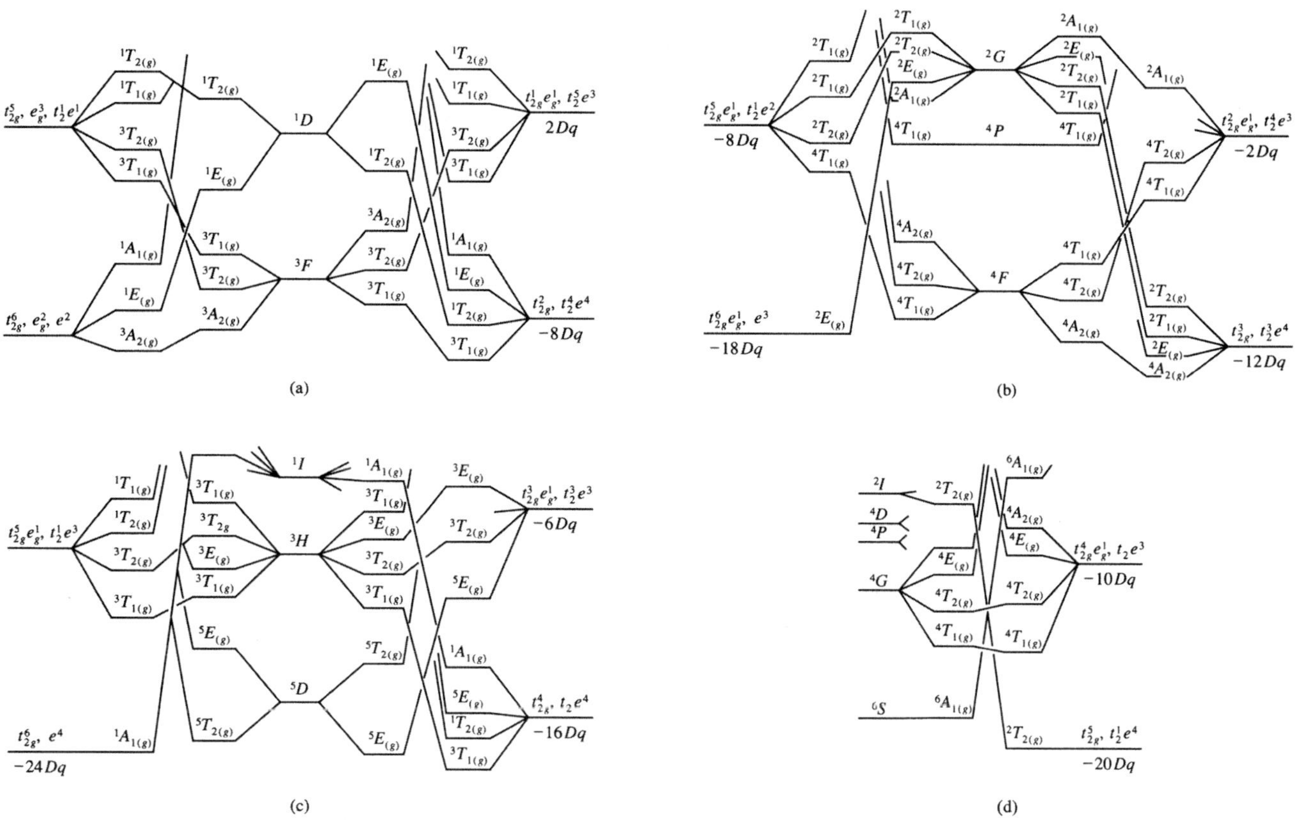

**그림 10.38** 팔면체 및 사면체 장에서 $d^n$ 및 $d^{10-n}$ 이온에 대한 상관관계 도표: (a) $d^2$ 및 $d^8$, (b) $d^3$ 및 $d^7$, (c) $d^4$ 및 $d^6$, (d) $d^5$. (a) ~ (c)에서 자유 이온항은 중앙에 표기되어 있는데, 이 중앙으로부터 장의 세기는 양쪽으로 증가한다. 팔면체 $d^{10-n}$ 및 사면체 $d^n$ 착물(왼쪽) 그리고 팔면체 $d^n$ 및 사면체 $d^{10-n}$ 착물(오른쪽)에 대한 강한 장의 배치는 양쪽 끝에 표기되어 있다. [자료: Figgis, B. N. In *Comprehensive Coordination Chemistry*; Wilkinson, G: Gillard, R. D.: McCleverty, J. A., Eds.; Pergamon: Oxford, 1987; Vol. I, Chapter 6, pp 236~237.]

착물의 바닥 상태항은 모든 $\Delta_o$값에서 $^3T_{1g}$이다. 이것은 이런 종류의 모든 착물이 리간드 L의 성질에 관계없이 두 개의 홀전자를 가질 것이라는 것을 의미한다. 물론 이 모든 것은 이 장에서 이미 논의했던 결합 모형과 일치하고 있다.

그림 10.38에 나타낸 상관관계 도표나 이들을 단순화시킨 도표를 이용하려면, 전자 전이를 설명하는 **선택 규칙(selection rule)** 을 알아볼 필요가 있다. 선택 규칙은 원자나 분자에 유용한 상태 변화에 제한을 반영한다. 선택 규칙에 위배되는 모든 전이를 "금지 전이"라고 말한다. 그러나 어떤 전이는 다른 전이보다 "더 강하게 금지된다." 여기서는 규칙에 대한 이론적 기초를 상세하게 알아보지는 않을 것이지만, 선택 규칙을 적용하는 간단한 방법에 대해 대략적으로 알아보고자 한다.

Laporte 규칙으로 알려진 첫 번째 선택 규칙은 **반전성이 변하는 전이만 허용된다**고 주장한다. 즉, 점대칭에서 비점대칭으로($g \rightarrow u$) 그리고 비점대칭에서 점대칭으로의 전이($u \rightarrow g$)는 허용되지만, $g \rightarrow g$ 전이와 $u \rightarrow u$ 전이는 허용되지 않는다. 중심 대칭 분자에 있는 모든 $d$ 오비탈들은 점대칭을 가지기 때문에, 이 규칙에 따르면 팔면체 착물에서 모든 $d$–$d$ 전이는 형식적으로는 금지된다는 것을 의미한다. 그러나 이러한 착물들에 대한 자외선/가시광선 분광법이 가능하다는 것이 이상하게 생각될 것이다. 실제로 광학 분광법은 가능할 뿐만 아니라, 착물에 대한 현재의 결합 이론을 실험적으로 증명해 주는 중요한 원천이 되어 왔다. 여기에서 핵심적인 요소는, 세기는 약하지만 전이가 일어날 수 있도록 선택 규칙을 완화시키는 여러 가지 메커니즘이 존재한다는 것이다. 예를 들면, 팔면체 착물의 비대칭 진동은 대칭의 중심을 일시적으로 무너뜨려, Laporte 금지인 전이가 일어나게 된다. 이러한 **진동–전자 (vibronic; *vib*rational-elect*ronic*)** 전이는 세기는 약하지만(어느 순간일지라도 비대칭 형태에 있는 분자의 수는 전체에 비하면 작은 분율일 것이다) 관찰되기는 할 것이다. 전형적으로 팔면체 착물의 몰흡광 계수는 1에서 $10^2$ L $mol^{-1}$ $cm^{-1}$의 범위이다. 실질적으로 이것은 전형적인 $ML_6$ 착물의 0.10 M 용액을 만들어, 자외선/가시광선 스펙트럼을 얻으면, $d$–$d$ 흡수를 관찰할 수 있음을 의미한다. 한편 벤젠처럼 완전히 허용된 전이를 갖는 물질의 0.10 M 용액 훨씬 더 큰 흡수 봉우리를 나타낸다.

사면체 착물에는 대칭 중심이 없기 때문에 오비탈은 $g$나 $u$ 표기를 갖지 않는다. 그러나 원자 오비탈로부터 생성된 $e$와 $t_2$ 오비탈은 분자 오비탈과는 반전성을 가진다. 비결합성 $e$ 오비탈은 순전히 금속의 $d$ 원자 오비탈이기 때문에(그림 10.21), 착물에서도 $g$ 성질을 유지하고 있다. 그러나 $t_2$ 분자 오비탈은 원자성 $d$(점대칭)와 $p$(비점대칭) 오비탈로부터 생성된다. 이러한 $d$–$p$ 혼합으로 인해 착물의 $t_2$ 준위에 약간의 $u$ 성질이 가해져서 Laporte의 선택 규칙이 완화된다. 그래서 사면체 착물의 흡광 계수는 팔면체 착물보다 약 $10^{-2}$배 정도 크고, $10^2$에서 $10^3$ L $mol^{-1}$ $cm^{-1}$ 이다.

두 번째 선택 규칙은 $\Delta S \neq 0$인 전이는 모두 금지된다는 것이다. 즉, 허용된 전이는 스핀 상태가 변해서는 안 된다는 것이다. 팔면체장에서 $d^2$ 배치에 대한 상관관계 도표를 살펴보면(그림 10.36), 바닥 상태는 3 ($S=1$) 의 다중도를 가지며, 동일한 스핀 다중도를 갖는 들뜬 상태는 세 가지, $^3T_{2g}$, $^3A_{2g}$, $^3T_{1g}$ ($^3P$로부터) 가 존재함을 알 수 있다. 그러므로 세 가지 전이가 허용됨을 알 수 있다:

$$^3T_{1g} \longrightarrow {}^3T_{2g}$$
$$^3T_{1g} \longrightarrow {}^3A_{2g}$$
$$^3T_{1g} \longrightarrow {}^3T_{1g}(P)$$

$^3T_{1g}$로부터 단일항 들뜬 상태로의 전이는 스핀 금지이다. 그래서 $d^2$ 팔면체 착물은 세 개의 흡수 봉우리를 갖는 전자 스펙트럼을 나타내어야 한다. 약한 장이든 강한 장이든 그렇게 될 것이다. 그러나 장의 세기가 증가함에 따라, 삼중항 바닥 상태와 들뜬 상태 사이의 분리는 더 커지는 것이 관찰되어야 한다. 그러므로 장의 세기가 증가함에 따라 전이 에너지는 더 높아지고 스펙트럼 띠는 자외선 영역 쪽으로 이동된다. 파란색의 $[V(H_2O)_6]^{3+}$에서는 가시광선 영역에서 예상된 세 개의 흡수 중에서 두 개의 흡수만 관찰된다(그림 10.39a). 즉, $^3T_{2g}$ 상태로의 전이는 17,200 $cm^{-1}$에서 일어나고 $^3T_{1g}(P)$ 상태로의 전이는 25,700 $cm^{-1}$에서 나타난다. $^3A_{2g}$로의 전이는 36,000 $cm^{-1}$로 계산되지만, 이것은 강도가 낮고 스펙트럼에서 허용된 많은 전이들 때문에 가리워지는 높은 에너지 영역에 존재하게 되므로 관찰되지 않는다. 고체 상태 ($V^{3+}/Al_2O_3$) 에서는 이 전이가 38,000 $cm^{-1}$에서 나타난다.

$d^5$ 상관관계 도표(그림 10.38d) 는 특히 흥미롭다. 바닥 상태 ($^6A_{1g}$) 는 도표에서 유일

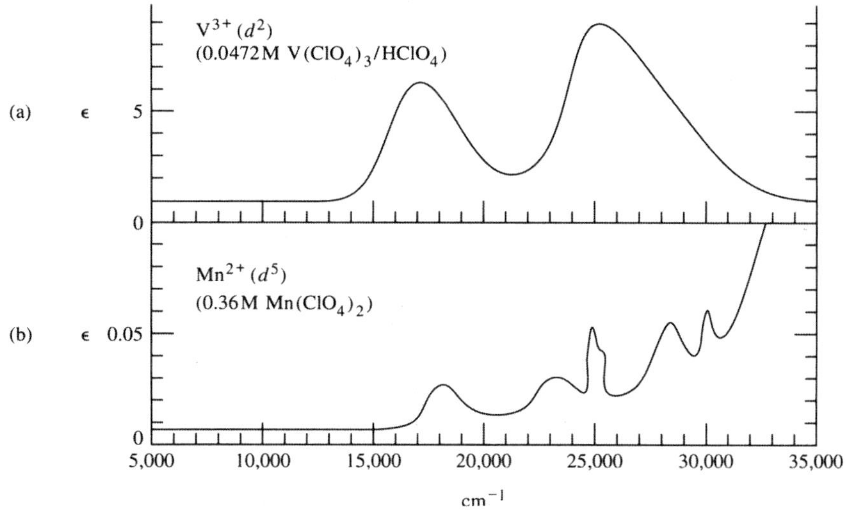


**그림 10.39** 전자 흡수 스펙트럼. (a) $[V(H_2O)_6]^{3+}$; (b) $[Mn(H_2O)_6]^{2+}$. [Figgis, B. N. *Introduction to Ligand Fields; John Wiley*: New York, 1966; pp 221 및 224.]

하게 6의 다중도를 갖는 상태이다. 이것은 $d^5$ 팔면체 착물의 경우, 모든 전이가 Laporte 금지일 뿐만 아니라 스핀 금지라는 것을 의미한다. 두 가지 요인에 의해 금지된 전이와 관련된 흡수는 매우 약하며, 한 가지 요인에 의해 금지된 전이의 흡광계수보다 수백 배나 더 작은 흡광계수를 가진다. 이와 같은 사실에 비추어 보면, Mn(II) 의 묽은 용액은 색깔이 없고. 농도가 상당히 진할 경우에만 $[Mn(H_2O)_6]^{2+}$의 특징적인 연한 분홍색이 관찰될 수 있다는 것을 이해할 수 있다(그림 10.39b).

스핀 선택 규칙은 스핀-궤도 짝지음을 나타내는 착물에서는 다소 완화된다. 이런 현상은 보다 무거운 전이 원소 착물에서 특히 흔하게 볼 수 있는데, 공식적으로 스핀 금지 전이(일반적으로 $\Delta S=\pm1$까지로 제한된다)와 관련이 있는 띠들이 측정되기에 충분한 세기를 얻기 때문에 나타나는 결과이다. 표 10.17은 완전히 허용된 전이인 전하 이

**표 10.17**
착물에서 관찰되는 다양한 형태의 전자 전이에 대한 몰 흡광도(ε)[a].

| 전이의 형태 | ε (L $mol^{-1}$ $cm^{-1}$) | 전형적인 착물 |
|---|---|---|
| 스핀 금지 Laporte 금지 | $10^{-3}$~1 | $d_5$ 이온의 대부분의 팔면체 착물, 예 : $[Mn(H_2O)_6]^{2+}$ |
| 스핀 허용 Laporte 금지 | 1~10 | 대부분의 팔면체 착물, 예 : $[Ni(H_2O)_6]^{2+}$ |
| | 10~$10^2$ | 일부 사각 평면 착물, 예 : $[PdCl_4]^{2-}$ |
| | $10^2$~$10^3$ | 저대칭의 6배위 착물 ; 특히 유기 리간드를 가진 대부분의 사각 평면 착물 |
| 스핀 허용 Laporte 허용 | $10^2$~$10^3$ | 불포화 리간드를 가진 분자에서 일부 금속 대 리간드 전하 이동띠 |
| | $10^2$~$10^4$ | 아세틸아세톤기와 같은 리간드를 갖는 중심을 벗어난 착물 또는 주개 원자로서 P, As 등을 갖는 것들 |
| | $10^3$~$10^6$ | 대부분의 전하 이동띠, 유기종의 전이 |

[a] Lever, A. B. P. *Inorganic Electronic Spectroscopy*, 2nd en.; Elsevier: New York, 1986; Chapter 4.

**표 10.18**

약한 장의 팔면체(oct) 및 사면체(tet) 착물에서 동일한 스핀 다중도를 갖는 바닥 및 들뜬 항.

| 배치 | 바닥항[a] | 바닥 항과 동일한 스핀 다중도를 가진 들뜬 항[a] |
|---|---|---|
| $d^1$ oct, $d^9$ tet | $^2T_{2(g)}$ | $^2E_{2(g)}$ |
| $d^2$ oct, $d^8$ tet | $^3T_{1(g)}(F)$ | $^3T_{2(g)}$, $^3A_{2(g)}$, $^3T_{1(g)}(P)$ |
| $d^3$ oct, $d^7$ tet | $^4A_{2(g)}$ | $^4T_{2(g)}$, $^4T_{1(g)}(F)$, $^4T_{1(g)}(P)$ |
| $d^4$ oct, $d^6$ tet | $^5E_{2(g)}$ | $^5T_{2(g)}$ |
| $d^5$ oct, $d^5$ tet | $^6A_{1(g)}$ | 없음 |
| $d^6$ oct, $d^4$ tet | $^5T_{2(g)}$ | $^5E_{2(g)}$ |
| $d^7$ oct, $d^3$ tet | $^4T_{1(g)}(F)$ | $^4T_{2(g)}$, $^4A_{2(g)}$, $^4T_{1(g)}(P)$ |
| $d^8$ oct, $d^2$ tet | $^3A_{2(g)}$ | $^3T_{2(g)}$, $^3T_{1(g)}(F)$, $^3T_{1(g)}(P)$ |
| $d^9$ oct, $d^1$ tet | $^2E_{2(g)}$ | $^2T_{2(g)}$ |

[a] 아래 첨자 $g$는 팔면체의 입체화학에 대해서만 적절하다. $F$ 및 $P$ 표가 나열된 항이 유래하는 자유 이온항을 가리킨다.

동 흡수를 포함한 전자 전이의 다양한 형태에 대한 띠의 세기를 요약한 것인데, 전하 이동 흡수는 이 장에서 나중에 설명하기로 한다.

착물에 대해 예상되는 스핀 허용 전이의 수만 예측하려고 할 경우에는 완전한 상관관계 도표가 필요 없다. 바닥 상태에서와 같은 다중도를 지닌 들뜬 상태의 수를 아는 것만으로도 충분하다. 표 10.18은 약한 장 팔면체와 사면체 착물에 대한 이러한 정보를 요약한 것이다. $d^1$, $d^4$, $d^6$, $d^9$ 배치와 약한 장 리간드를 갖는 팔면체 착물들은 각각 $\Delta_o$에 해당하는 한 개의 흡수띠를 내어야 한다. 약한 팔면체장에서 $d^2$, $d^3$, $d^7$, $d^8$ 배치는 각각 세 개의 스핀 허용 전이를 가진다. (각각의 경우에서 $\Delta_o$는 인접한 $A_{2g}$와 $T_{2g}$ 항 사이의 에너지 차이이다.) 약한 장 리간드를 가진 $d^5$ 팔면체 착물의 경우 스핀 허용 전이는 존재하지 않음을 이미 알아보았다. 스핀–궤도 짝지음과 John–Teller 일그러짐과 같은 다른 요인들은 아중에 알아볼 것인데, 이들은 스핀 선택 규칙으로 예측한 것보다 더 복잡한 스펙트럼이 나타나게 만든다.

특정 배치에 대해 동일한 다중도의 바닥 상태와 들뜬 상태를 나타내기 위하여 자주 사용되는 다른 방식은 **Orgel 도표(Orgel diagram)**이다. 이 도표는 상관관계 도표처럼 상태의 에너지를 장의 세기의 함수로 나타낸다. 그러나 Orgel 도표는 훨씬 더 간단한데, 바닥 상태의 다중도와 다른 다중도를 갖는 들뜬 상태는 도표에서 제외시켰고, **약한 장의 경우만** 포함하기 때문이다. 사면체와 팔면체 리간드장에서 $Co^{2+}(d^7)$에 대한 Orgel 도표는 그림 10.40에 나타내었다. 사면체장은 팔면체장의 역이기 때문에, 여기서 두 대칭 사이의 반전 관계를 다시 한 번 볼 수 있다. 도표는 항들의 혼합 효과도 설명한다. 일반적인 규칙에 따르면, 동일한 대칭성을 갖는 항들이 혼합되면, 혼합의 정도는 그들 사이의 에너지 차이에 반비례한다. $Co^{2+}$의 경우, 포함된 항은 두 가지 준위, $^4T_1$ (사면체)와 $^4T_{1g}$ (팔면체)이다. 항들의 혼합은 앞에서 알아본(4장) 분자 오비탈의 혼합과 똑같기 때문에, 동일한 결과가 나타난다. 즉, 높은 쪽 준위의 에너지는 높아지고, 낮은 쪽의 준위의 에너지는 떨어진다. 이것은 $Co^{2+}$ 도표에서 $^4T_{1g}$와 $^4T_1$ 준위의 쌍에 대하여 휘어지는 선으로 나타내었다. 혼합이 없는 상태는 점선으로 표시되어 있다. 혼합이 없는 사면체의 경우, 두 $^4T_1$ 항은 장의 세기가 증가함에 따라 점차로 서로 접근하는데 반해, 팔면체 착물에서는 반대 현상이 일어난다. 그래서 혼합의 정도는 사면체 착물에서 더 크다.

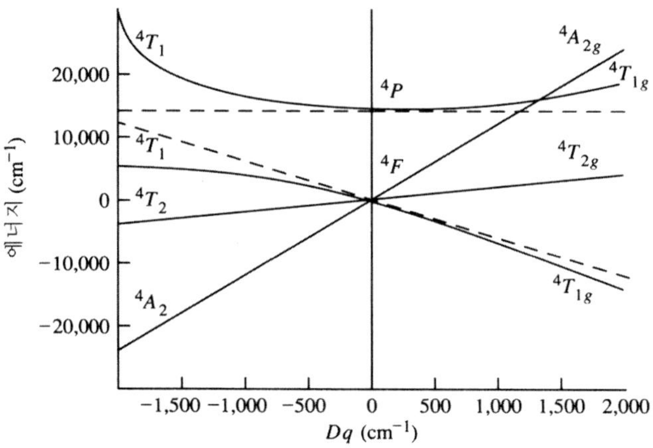


**그림 10.40** 사면체(왼쪽) 및 팔면체(오른쪽) 장에서 $Co^{2+}$ 이온에 대한 Orgel 도표. 점선은 혼합 전의 $^4T_1$ 항을 나타낸다. [Orgel, L. E. *J. Chem. Phys.* **1955**, *23*, 1004~1014.]

Orgel 도표는 착물에 대한 자외선/가시광선 스펙트럼에서 예측되는 스핀 허용 흡수띠의 수를 예측하는 편리한 수단을 제공한다. 그림 10.40을 보면, $Co^{2+}$ 착물(또는 다른 $d^7$ 이온)은 스펙트럼에서 세 개의 흡수 스펙트럼을 나타내어야 함을 분명히 알 수 있다. 두 개에서 여덟 개의 $d$ 전자를 갖는 금속들의 고스핀 팔면체나 사면체 착물에 대한 일반적인 Orgel 도표는 그림 10.41에 나타내었다.

지금까지는 전이 금속 착물의 전자 스펙트럼을 해석하는 데 필요한 두 가지 중심 주제인 스펙트럼선의 수와 강도를 살펴보았다. 세 번째로 중요한 스펙트럼 특징은 관찰된 띠의 너비인데, 여기에 대해서는 아직 설명하지 않았다. $[Ti(H_2O)_6]^{3+}$에 대한 가시광선 스펙트럼을 다시 한번 살펴보자(그림 10.8). 단일 흡수띠는 매우 넓어서 수천 파수의 범위에 걸쳐서 나타나고 있다. 흡수의 너비는 주로 착물이 고정되고 정적인 구조

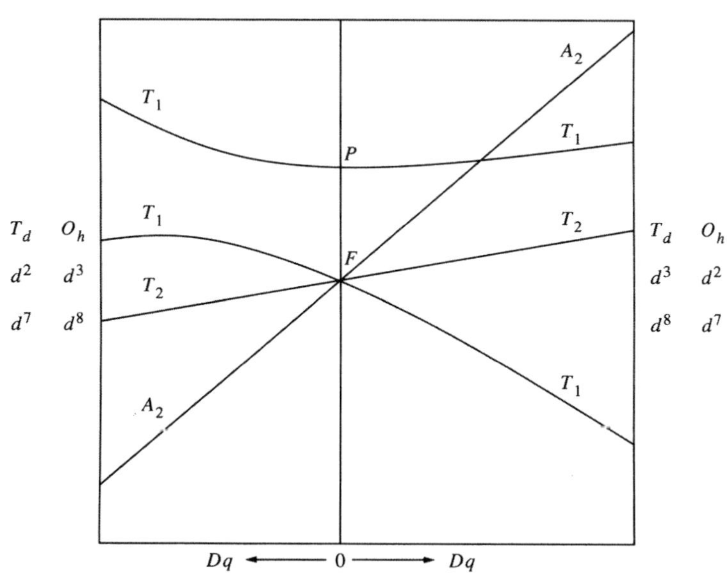


**그림 10.41** 팔면체 및 사면체 장에서 $d^2$, $d^3$, $d^7$, $d^8$ 이온에 대한 Orgel 도표. [Lever, A. B. *Inorganic Electronic Spectroscopy*; 2nd ed.: Elsevier: New York. 1986: p 85.]

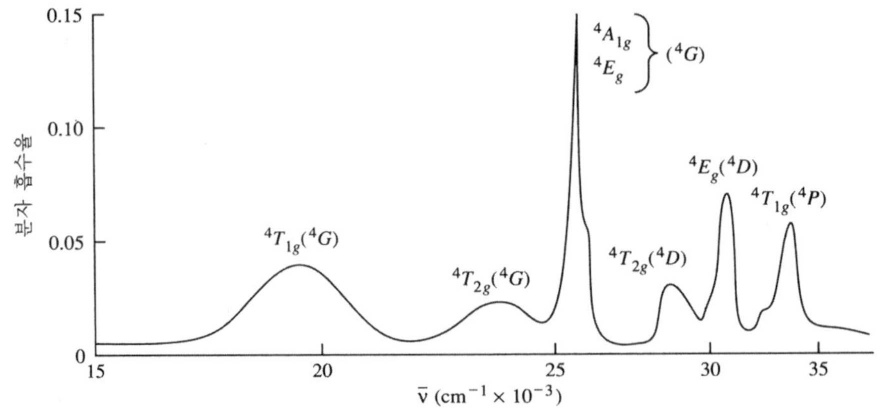


**그림 10.42** 팔면체 $MnF_2$의 흡수 스펙트럼. 좁은 선들을 주목하라. [Lever, A. B. *Inorganic Electronic Spectroscopy*; Elsevier: New York, 1986; p 451.]

가 아니라는 사실을 반영하는 것이다. 오히려 금속–리간드 결합은 일정하게 진동하고 있기 때문에, 흡수 봉우리는 약간 다른 분자 구조와 $\Delta_o$값을 갖는 분자 집단을 모두 합하여 적분한 결과로 나타나는 것이다. 용액에서 이러한 리간드의 움직임은 분자 간 충돌 때문에 더 커지게 된다. 그러나 고체 상태에서는 스펙트럼 띠를 그들의 진동 성분으로 분해하는 것이 가능할 경우도 있다.

용액의 스펙트럼이 예리한 봉우리로 나타날 때도 있는데, 전이가 $\Delta_o$의 변화에 민감하지 않거나 변화에 의해 동일하게 영향을 받는 경우이다. 이러한 항들은 에너지 준위 도표에서 평행한 선으로 나타나는데, 이 선들은 최종적으로는 에너지가 $\Delta_o$에 무관한 수평선이 될 것이다. 예를 들면 $Mn^{2+}$ 착물의 스펙트럼에서는 상당히 예리한 봉우리(너비가 수백 $cm^{-1}$인) 가 나타난다(그림 10.42).

선의 너비와 모양에 기여할 수 있는 추가적인 두 인자는 무거운 전이 금속 착물에서 특히 자주 나타나는 스핀–궤도 짝지음과, John–Teller 효과 등을 통하여 일어나는 입방대칭으로부터의 이탈이다. Jahn–Teller 효과는 $[Ti(H_2O)_6]^{2+}$ 흡수선(그림 10.8) 에서 낮은 진동수의 선 어깨가 나타나게 하는 원인으로 간주되고 있는데, 이 효과에 대해서는 이 장에서 나중에 설명하기로 한다.

## Tanabe–Sugano 도표

스펙트럼을 해석하는 문제를 상세히 다루려고 할 때에는, Tanabe와 Sugano[34]가 제안한 도표를 많이 사용한다. 이 Tanabe–Sugano 도표는 장의 세기에 따라 항 에너지의 변화를 나타내는 다른 수단이다. 이 도표는 약한 장과 강한 장을 모두 포함하고 있어서 Orgel 도표보다 이해하기가 더 쉽다. 이들은 상관관계 도표와 비슷하지만 정량적 정보를 뽑아내는 데에는 훨씬 더 유용하다.

$d^6$ 팔면체 착물에 대한 단순하게 변형된 Tanabe–Sugano 도표를 그림 10.43에 나타냈다.[35] 이 도표에서 바닥 상태는 항상 가로 좌표로 주어지며, 다른 상태들에 대한 에너지도 상대적인 크기에 따라 도시된다. 전자 간 반발은 Racah 파라미터 *B*와 *C*로 표

[34] Tanabe, Y.; Sugano, S. *J. Phys. Soc. Jpn.* **1954**, *9*, 753~766, 766~779.

[35] Tanabe-Sugano 도표의 완전한 세트는 부록 G에 주어져 있다.

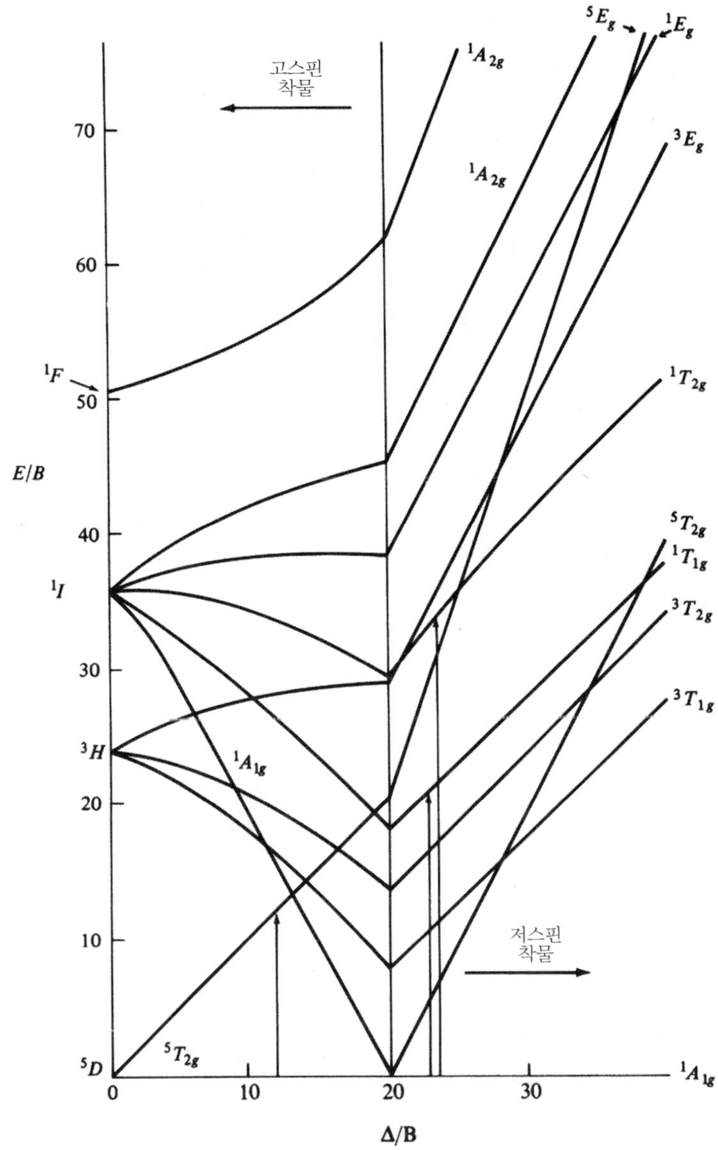


**그림 10.43** ${}^5D$, ${}^3H$, ${}^1F$, ${}^1I$ 항만을 나타낸 변형된 Tanabe-Sugano 도표. 화살표는 고스핀과 저스핀 착물에 대한 스핀 허용 전이를 나타낸다.

현되며, 이 파라미터들은 착물을 이루지 않은 이온에 대한 어떤 일정한 쿨롱과 교환 적분의 선형 조합이다.[36] 일반적으로 이들 적분의 정확한 계산은 실행할 수 없기 때문에 이들 파라미터는 경험적 파라미터로 취급되며, 자유 이온의 스펙트럼으로부터 얻는다. 파라미터 $B$는 대개 같은 스핀 다중도를 갖는 상태 사이의 에너지 차이를 계산하기에는 충분하다. 그러나 다중도가 다른 항들에 대해서는 두 가지 파라미터가 모두 필요하다. 스펙트럼 해석에 매우 유용할 것으로 입증된 관계는, 동일한 스핀 다중도($d^2$, $d^3$, $d^7$, $d^8$ 배치에서 나타나는 것처럼)를 갖는 자유 이온의 바닥 상태 $F$항과 들뜬 상태 $P$항 간의 에너지 차이가 $15B$라는 사실이다. Tanabe–Sugano 도표에서 에너지($E$)와 장의 세기는 파라미터 $B$를 사용하여 각각 $E/B$와 $\Delta/B$로 나타낸다. 에너지 준위를

36) Slater-Condon-Shortley 파라미터 $F_2$와 $F_4$가 대신 사용되기도 한다. Racah 파라미터와 이들의 관계는 $B = F_2 - 5F_4$, $C = 35F_4$이다.

**표 10.19**
기체상의 전이 금속 이온에 대한 자유 이온의 파라미터 B와 C 값($cm^{-1}$)[a].

| 배치 | 이온 | B | C |
|---|---|---|---|
| 3 $d^2$ | $Ti^{2+}$ | 718 | 2629 |
| | $V^{3+}$ | 861 | 4165 |
| | $Cr^{4+}$ | 1039 | 4238 |
| 3 $d^3$ | $Sc^{+}$ | 480 | |
| | $V^{2+}$ | 766 | 2855 |
| | $Cr^{3+}$ | 918 | 3850 |
| | $Mn^{4+}$ | 1064 | |
| 3 $d^4$ | $Cr^{2+}$ | 830 | 3430 |
| | $Mn^{3+}$ | 1140 | 3675 |
| 3 $d^5$ | $Mn^{2+}$ | 960 | 3325 |
| 3 $d^6$ | $Fe^{2+}$ | 1058 | 3901 |
| | $Co^{3+}$ | 1100 | |
| 3 $d^7$ | $Co^{2+}$ | 971 | 4366 |
| 3 $d^8$ | $Ni^{2+}$ | 1041 | 4831 |
| 4 $d^3$ | $Mo^{3+}$ | 610 | |
| 4 $d^6$ | $Rh^{3+}$ | 720 | |
| 4 $d^7$ | $Rh^{2+}$ | 620 | 4002 |
| 4 $d^8$ | $Pd^{2+}$ | 683 | 2620 |
| 5 $d^2$ | $Os^{6+}$ | 780 | |
| 5 $d^3$ | $Re^{4+}$ | 650 | |
| | $Ir^{6+}$ | 810 | |
| 5 $d^4$ | $Os^{4+}$ | 700 | |
| 5 $d^6$ | $Ie^{3+}$ | 660 | |
| | $Pt^{4+}$ | 720 | |
| 5 $d^8$ | $Pt^{2+}$ | 600 | |

[a] Lever, A. B. P. *Inorganic Electronic Spectroscopy*, 2nd ed.; Elsevier: New York, 1986; p 115

어느 정도의 정확도로 나타내려면, $C$와 $B$의 상대적인 값에 대해 몇 가지 가정을 할 필요가 있다. 그림 10.43에서 도표에 대한 $C/B$의 비는 4.8이다. 대부분의 전이 금속 이온의 경우, $B$는 대략 1000 $cm^{-1}$ 정도이고, $C = \sim 4B$이다. 더 정확한 값은 표 10.19에 나타내었다.

약한 팔면체장에서 $d^6$ 착물의 바닥 상태는 $^5T_{2g}$인데, 이 항은 자유 이온의 $^5D$ 항으로부터 생긴다(그림 10.43). 약한 장의 극단에 있는 들뜬 항들 중의 하나인 $^1A_{1g}$(자유 이온 $^1I$ 항으로부터 생긴다)는 $\Delta$가 증가함에 따라 에너지가 급격하게 떨어지고, 마침내 바닥 상태항이 $\Delta/B = 20$일 때 $^5T_{2g}$로 바뀐다. 이 지점에서는 스핀 짝지음이 일어나기 때문에 도표에서 불연속적인 상태로 나타나고, 수직선으로 표시된다. 이 지점을 넘어서면 저스핀 $^1A_{1g}$항이 바닥 상태로 된다.

팔면체 $d^6$ 착물의 모든 스펙트럼은 그림 10.43을 이용하면 해석할 수 있다. $[CoF_6]^{3-}$ 같은 고스핀 화학종의 경우, 스핀 허용 전이는 $^5T_{2g} \rightarrow {}^5E_g$뿐이고, 한 개의 흡수만 관찰되어야 한다. 실제로 이 착물의 파란색은 흡수 중심이 13,100 $cm^{-1}$인 것으로부터 생긴다. 저스핀 $Co^{3+}$ 착물의 경우, 상대적으로 낮은 에너지에서 $^1A_{1g} \rightarrow {}^1T_{1g}$와 $^1A_{1g} \rightarrow {}^1T_{2g}$로의 두 개의 스핀 허용 전이가 있다. 더 높은 에너지에서는 스핀 허용 전이가 더 존재하지만, 이들은 대개 완전히 허용된 전이들에 의해 가려져서 관찰되지 않는다. $^1T_{2g}$

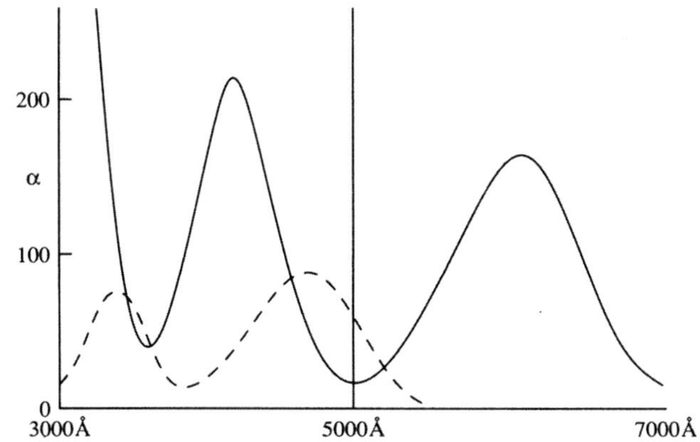


**그림 10.44** $[Co(en)_3]^{3+}$(점선) 및 $[Co(ox)_3]^{3-}$ (실선) 의 스펙트럼. [Mead, A. *Trans. Faraday Soc.* **1934**, *30*, 1052~1058.]

의 기울기는 $^1T_{1g}$보다 더 빠르게 변하기 때문에, 관찰되는 두 봉우리는 Δ값이 더 커지면 에너지 차이가 더 벌어지게 된다. 노란색 $[Co(en)_3]^{3+}$과 녹색 $[Co(ox)_3]^{3-}$ (그림 10.44) 의 스펙트럼을 보면 이러한 예측을 확인할 수 있다.

관찰된 스펙트럼을 해당 Tanabe–Sugano 도표에 맞추면 착물에 대한 Δ값을 얻을 수 있다. 또한 전자 반발 파라미터 $B$도 추정할 수 있다. 착물에서의 겉보기 $B$값($B'$로 표기) 은 자유 이온보다 항상 더 작다. 이것은 전자구름퍼짐 효과로 알려진 현상 때문에 생기고, 금속과 리간드 모두를 둘러싸고 있는 분자 오비탈에 걸쳐 금속 전자가 비편재화되는 현상을 설명한다. 이러한 비편재화 또는 "전자 구름 확장" 때문에 평균 전자간 반발이 감소되기 때문에 $B'$를 $B$보다 더 작게 만든다. 전자 구름 퍼짐의 비, $\boldsymbol{\beta}$는 다음과 같이 주어진다.

$$\beta = B'/B \tag{10.18}$$

$\boldsymbol{\beta}$값은 항상 1보다 작고, 비편재화가 커지면 감소한다.

Tanabe–Sugano 도표로부터 정보를 얻어내는 접근 방법은 여러 가지가 있다. 그 중 한 가지는 측정된 전이 에너지의 비를 도표에다 맞추어서 $\Delta/B$ 값을 얻는 것이다. 이것은 순전히 사람의 손에 의해 이루어지는 것이기 때문에 정확도는 사용된 Tanabe–Sagano 도표의 정밀도에 따라 다소 달라질 수 있다. 그림 10.43과 부록 G에 제시된 것처럼 크기가 작은 도표를 사용할 경우 정확도는 좀 떨어진다. 그러나 이들은 맞춤의 원리를 설명하는 데에는 충분히 사용될 수 있다. 저스핀 착물 $[Co(en)_3]^{3+}$를 예로 들어 살펴보자. 이 착물의 스펙트럼(그림 10.44) 에서는 두 개의 띠가 21,550 $cm^{-1}$와 29,600 $cm^{-1}$에서 나타나며, 다음과 같이 해석된다.

$$^1A_{1g} \longrightarrow {}^1T_{1g} \qquad 21{,}550\ cm^{-1}$$

$$^1A_{1g} \longrightarrow {}^1T_{2g} \qquad 29{,}600\ cm^{-1}$$

이들 두 에너지의 비는 다음과 같이 주어진다.

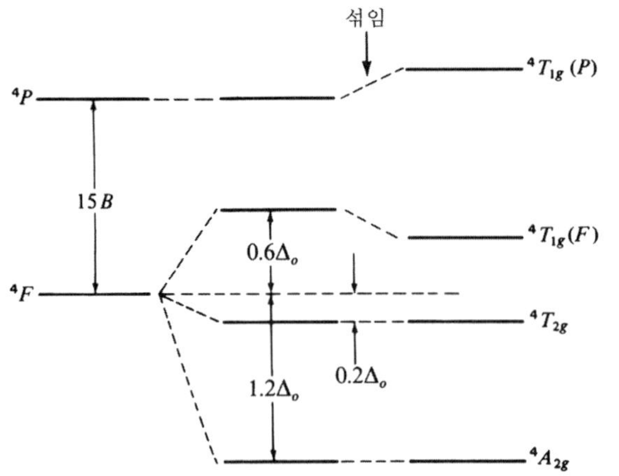


**그림 10.45** 팔면체장에서 $^4F$ 및 $^4P$ 항의 갈라짐. $^4T_{1g}$항의 혼합을 주목하라.

$$\frac{^1A_{1g} \longrightarrow {}^1T_{2g}}{^1A_{1g} \longrightarrow {}^1T_{1g}} = \frac{29{,}600\ \text{cm}^{-1}}{21{,}550\ \text{cm}^{-1}} = 1.37 \tag{10.19}$$

이렇게 구한 에너지 비를 도표(그림 10.43에 맞추는데, 가로축에 수직으로 자를 대고 가로축을 따라 자를 움직이면서 에너지 준위 분리를 측정하여 식 10.19에서 구한 비와 같은 값을 갖는 지점을 찾는다. 이러한 조건을 만족하는 지점은 $\Delta/B = 40$이다. 이 지점에서 가장 낮은 에너지를 갖는 전이에 대한 $E/B$ (실제로는 $E/B'$) 값을 도표로부터 읽을 수 있는데, 이 경우에 값은 38이며 다음과 같이 해석할 수 있다.

$$\frac{^1A_{1g} \longrightarrow {}^1T_{1g}}{B'} = \frac{21{,}550\ \text{cm}^{-1}}{B'} = 38 \tag{10.20}$$

$B'$에 대하여 풀면 570 $\text{cm}^{-1}$가 얻어지는데, 이것은 표 10.19에 주어진 자유 $Co^{3+}$ 이온의 $B$값(1100 $\text{cm}^{-1}$) 보다 훨씬 더 작은 값이다. 마지막으로는 $\Delta$는 $\Delta/B'$ (40) 과 $B'$ (570 $\text{cm}^{-1}$) 로부터 계산될 수 있다. 계산 결과인 23,000 $\text{cm}^{-1}$은 더 정확한 값인 표 10.17에서 주어진 값과 아주 잘 일치한다.

그림 10.13은 세 가지의 $Cr^{3+}$ 착물의 스펙트럼을 나타낸 것인데, 이 스펙트럼들도 같은 방법으로 분석될 수 있다. $^4F$와 $^4P$항의 갈라짐, 그리고 이 두 상태의 혼합은 그림 10.45에 나타내었다. $\Delta$값은 가장 낮은 에너지의 전이($\nu_1$)가 갖는 에너지이기 때문에 스펙트럼으로부터 직접 얻을 수 있다. 세 가지 전이가 모두 측정될 수 있을 때에는, 아래의 방정식이 성립되므로 $B'$값을 계산하는 것은 간단한 일이다.

$$15B' = \nu_3 + \nu_2 - 3\nu_1 \tag{10.21}$$

여기서 흡수 진동수는 $\nu_1 < \nu_2 < \nu_3$의 순으로 증가한다. 예를 들면, 플루오로 착물에 대한 $B'$값은 다음과 같다.

$$B' = \tfrac{1}{15}[34{,}400 + 22{,}700 - 3(14{,}900)] = 827\ \text{cm}^{-1} \tag{10.22}$$

두 가지 전이만 관찰되는 경우(그림 10.13b에서처럼 전하 이동띠 때문에 $\nu_3$가 감추어질 경우), 다른 방법을 사용하면 $B'$값을 추정할 수 있다.[37] $\Delta$와 $B'$값이 결정되면, 착물

**표 10.20**
크로뮴(III) 착물의 스펙트럼 전이에 대한 계산값 및 측정값 ($cm^{-1}$).

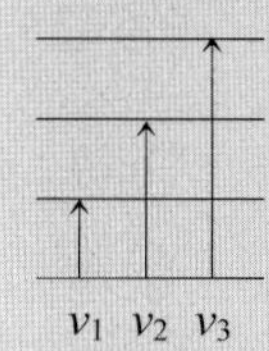

| | $[CrF_6]^{3-}$ | | $[Cr(ox)_3]^{3-}$ | | $[Cr(en)_3]^{3+}$ | |
|---|---|---|---|---|---|---|
| | 계산값 | 실험값 | 계산값 | 실험값 | 계산값 | 실험값 |
| $^4T_{1g}(P)$ | 34,800 | 34,400 | 38,100 | —[a] | 46,500 | —[a] |
| $^4T_{1g}(F)$ | 22,400 | 22,700 | 24,000 | 23,900 | 28,700 | 28,500 |
| $^4T_{2g}$ | 14,900 | 14,900 | 17,500 | 17,500 | 21,850 | 21,800 |
| $^4A_{2g}$ | | | | | | |

[a] 이 전이는 전하 이동 스펙트럼에 의해 가리어졌기 때문에 실험적으로 관측되지 않았다.

에 대한 모든 전이 진동수를 추정할 수 있다. 고스핀 팔면체의 $d^3$와 $d^8$, 그리고 사면체의 $d^2$와 $d^7$ 화학종에 대한 관계식은 다음과 같다.

$$\nu_1 = A_{2g} \longrightarrow T_{2g} = \Delta \tag{10.23}$$

$$\nu_2 = A_{2g} \longrightarrow T_{1g}(F) = 7.5B' + 1.5\Delta - \tfrac{1}{2}[225B'^2 + (\Delta)^2 - 18.0B'\Delta]^{\frac{1}{2}} \tag{10.24}$$

$$\nu_3 = A_{2g} \longrightarrow T_{1g}(P) = 7.5B' + 1.5\Delta + \tfrac{1}{2}[225B'^2 + (\Delta)^2 - 18.0B'\Delta]^{\frac{1}{2}} \tag{10.25}$$

이들 방정식을 반복 계산 과정[38]으로 풀면, 전이 진동수를 정확하게 추정할 수 있고(표 10.20) 스펙트럼과도 만족스럽게 일치한다. 팔면체 $d^6$ 착물에 대한 식은 다음과 같다.

$$\nu_1 = \Delta - 4B' + 86B'^2/\Delta \tag{10.26}$$

$$\nu_2 = \Delta + 12B' + 2B'^2/\Delta \tag{10.27}$$

## 팔면체 대칭으로부터 정방 일그러짐

팔면체 $ML_6$ 착물과 사면체 $ML_4$ 착물의 전자 스펙트럼은 적절한 상관관계, 즉 Orgel 도표나 Tanabe-Sugano 도표를 사용하여 분석할 수 있음을 알아보았다. 잘 배열된 입방 구조로부터 보다 낮은 대칭을 갖는 착물이 되면, 스펙트럼은 대체로 더 복잡하게 된다. 대칭성이 감소하면, 대칭성이 큰 기하 구조에서는 축퇴되어 있던 에너지 준위가 갈라지게 된다. 에너지 준위가 많을수록 가능한 전이 수는 증가하고 따라서 스펙트럼 띠의 수도 증가한다. 이 절에서는 6배위 착물의 팔면체 대칭부터 알아보기로 한다.

6배위 착물의 경우 팔면체보다 더 낮은 대칭을 갖게 만드는 환경이 많이 있다. 그 중에서 한 가지는 $ML_6$ 분자나 이온이 갖는 리간드를 다른 형태의 리간드로 치환시키는 것이다. 예를 들면, 두 개의 L 원자단을 치환하여 **시스**-$MX_2L_4$나 **트랜스**-$MX_2L_4$가 되게 하면, 대칭은 각각 $C_{2v}$나 $D_{4h}$가 된다. 보다 약한 대칭의 변화는 두 자리 리간드나 킬레이트 리간드를 포함하는 착물에서 자주 나타난다. 예를 들면, 킬레이트 착물인 $[Cr(en)_3]^{3+}$와 $[Cr(ox)_3]^{3-}$는 완전한 팔면체가 아니다. 두 자리 리간드로 인해 생기는 고리 때문에 이 착물은 더 낮은 대칭의 $D_3$ 점군에 속한다. 이러한 변화는 그다지 심각하지 않기 때문에, 이들 착물이 완전한 팔면체는 아니지만, 스펙트럼(그림 10.13)을 성공적으로 분석할 수 있고, 대칭적인 $[CrL_6]^{3+}$ 화학종에 대해 예측되는 흡수가 관찰된

37) Lever, A. B. P. *J. Chem. Educ.* **1968**, *45*, 711~712.
38) Brown, D. R.; Pavlis, R. R. *J. Chem. Educ.* **1985**, *62*, 807~808.

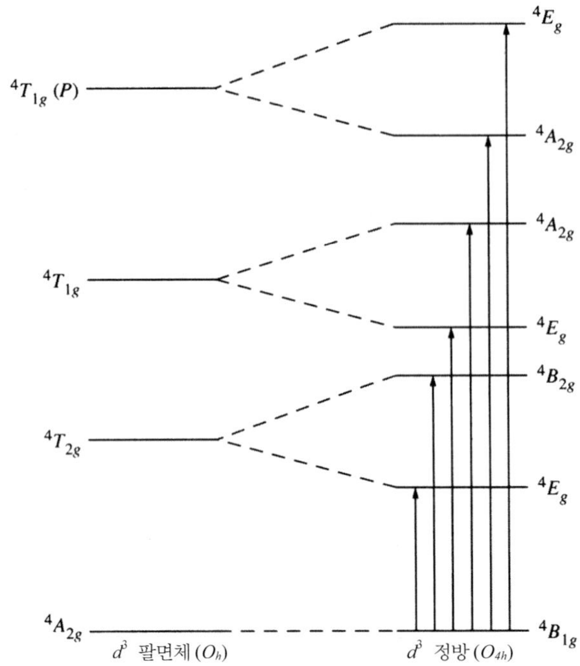


**그림 10.46** 팔면체 $(O_h)$ 로부터 정방 $(D_{4h})$ 으로 환경이 변할 때 $d^3$ 이온에 대한 에너지 준위의 변화.

다. 그러나 $[Cr(en)_3]^{3+}$의 에틸렌다이아민 리간드 중의 하나가 두 개의 $F^-$ 리간드로 치환되어 **트랜스**-$[Cr(en)_2F_2]^+$가 되면, 대칭은 아주 심하게 변하기 때문에 새로운 착물을 유사팔면체로 취급할 수 없게 되고, 오히려 정방 $(D_{4h})$ 화학종으로 해석되어야 한다. 팔면체 대칭으로부터 정방 대칭으로 변했을 때, 에너지 준위의 변화는 그림 10.46에 나타내었다. 각각의 삼중으로 축퇴된 $T$ 항은 두 개의 새로운 항 ($E$와 $A$ 또는 $B$) 으로 갈라지기 때문에, 세 가지의 전이가 아니라 여섯 가지의 전이가 일어날 것으로 예상된다. **트랜스**-$[Cr(en)_2F_2]^+$에 대한 가장 낮은 에너지 흡수 네 가지는 그림 10.47에 나타내었다. 다섯 번째 띠는 전하 이동 영역의 어깨 부분에서 나타나고, 여섯 번째 띠는 계산

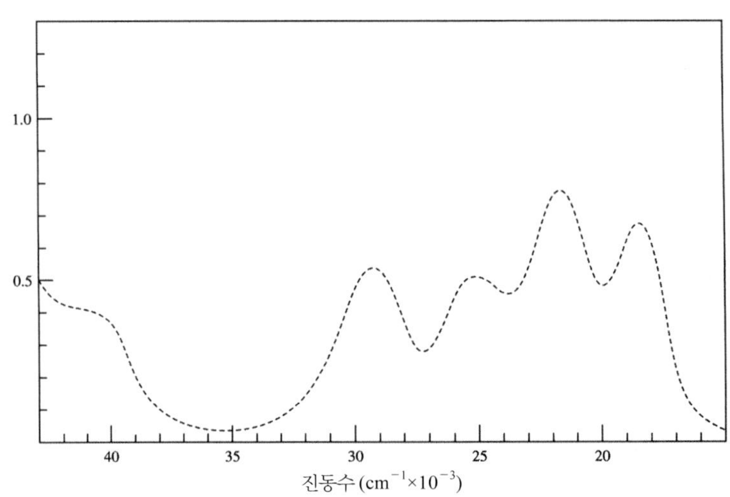


**그림 10.47** 트랜스-$[Cr(en)_2F_2]^+$의 전자 스펙트럼. 전이 진동수는 표 10.21에 주어졌다. [Dubicki, L.; Hilchman, M. A.; Day, P. *Inorg. Chem.* **1970**, *9*, 188~290.]

| 관측된 진동수(cm − 1) | 배치 |
|---|---|
| 18,500 | $^4B_{1g} \longrightarrow {}^4E_g$ |
| 21,700 | $^4B_{1g} \longrightarrow {}^4B_{2g}$ |
| 25,300 | $^4B_{1g} \longrightarrow {}^4E_g$ |
| 29,300 | $^4B_{1g} \longrightarrow {}^4A_{2g}$ |
| 41,000(shoulder) | $^4B_{1g} \longrightarrow {}^4A_{2g}(P)$ |
| 43,655(calculated) | $^4B_{1g} \longrightarrow {}^4E_g(P)$ |

[a] 그림 10.34 참조.

**표 10.21**
4 K에서 trans-$[Cr(en)_2F_2]ClO_4$에 대한 스펙트럼 자료[a].

을 통해 예상되었다(표 10.21).

팔면체 대칭으로부터 정방 일그러짐은 착물의 모든 리간드가 동일할 때에도 일어날 수 있다. 즉, 서로 트랜스 위치에 있는 두 L 원자단은 다른 네 리간드보다 금속 이온으로부터 더 가깝거나 멀리 있음이 발견된다. 이러한 형태의 일그러짐은 **Jahn-Teller 이론(Jahn-Teller Theorem)**으로 설명되는 환경에서 잘 나타난다. 이 이론은 전자적으로 축퇴된 상태에 있는 비선형 분자의 경우에 대칭성을 더 낮게 만들고, 축퇴를 제거하여, 에너지가 낮아지도록 하려면 일그러짐이 일어나야 한다고 설명한다.[39] 바닥 상태의 축퇴도를 살펴보면 어떤 팔면체 착물이 Jahn-Teller 일그러짐을 일으킬 것인지를 결정할 수 있다. 부록 G의 Tanabe-Sligano 도표를 보면 비축퇴 바닥 상태를 갖는 전자 배치는 $d^3$ ($^4A_{2g}$), 고스핀 $d^5$ ($^6A_{1g}$), 저스핀 $d^6$ ($^1A_{1g}$), 그리고 $d^8$ ($^3A_{2g}$) 뿐임을 알 수 있다. 그러므로 자발적인 Jahn-Teller 일그러짐은 다른 전자 배치 모두에서 일어날 수 있다. 즉 $d^1$, $d^2$, $d^4$, 저스핀 $d^5$, 고스핀 $d^6$, $d^7$, $d^9$ 등이다(표 10.22).

Jahn-Teller 효과의 성질을 기본적으로 알아보려면 오비탈 그림부터 다시 살펴보아야 한다. $ML_6$ 착물에서 $z$축에 있는 두 리간드가 중심 금속으로부터 멀어져 있는 그림 10.48a를 살펴보자. 이렇게 되면 $z$ 성분을 갖는 금속의 오비탈, $d_{z^2}$, $d_{xz}$, $d_{yz}$와의 상호작용은 줄어들게 되어 이들 오비탈은 안정화된다. "무게 중심" 규칙 때문에 $z$성분을 갖

| 배치 | 바닥 상태항 | Jahn-Teller 일그러짐 |
|---|---|---|
| $d^1$ | $^2T_{2g}$ | Yes |
| $d^2$ | $^3T_{1g}$ | Yes |
| $d^3$ | $^4T_{2g}$ | No |
| $d^4$ | $^5E_g$ (고스핀) | Yes |
| | $^3T_{1g}$ (저스핀) | Yes |
| $d^5$ | $^6A_{1g}$ (고스핀) | No |
| | $^2T_{2g}$ (저스핀) | Yes |
| $d^6$ | $^5T_{2g}$ (고스핀) | Yes |
| | $^1A_{1g}$ (저스핀) | No |
| $d^7$ | $^4T_{1g}$ (고스핀) | Yes |
| | $^2E_g$ (저스핀) | Yes |
| $d^8$ | $^3A_{2g}$ | No |
| $d^9$ | $^2E_g$ | Yes |

**표 10.22**
$ML_6$ 착물에서 Jahn-Teller 일그러짐이 예상되는 전자 배치.

39) Jahn, H. A.; Teller, E. *Proc. R. Soc. Lond.* **1937**, *A167*, 220~225. Jahn, H. A. *Proc. R. Soc. Lond.* **1938**, *A164*, 117~131.

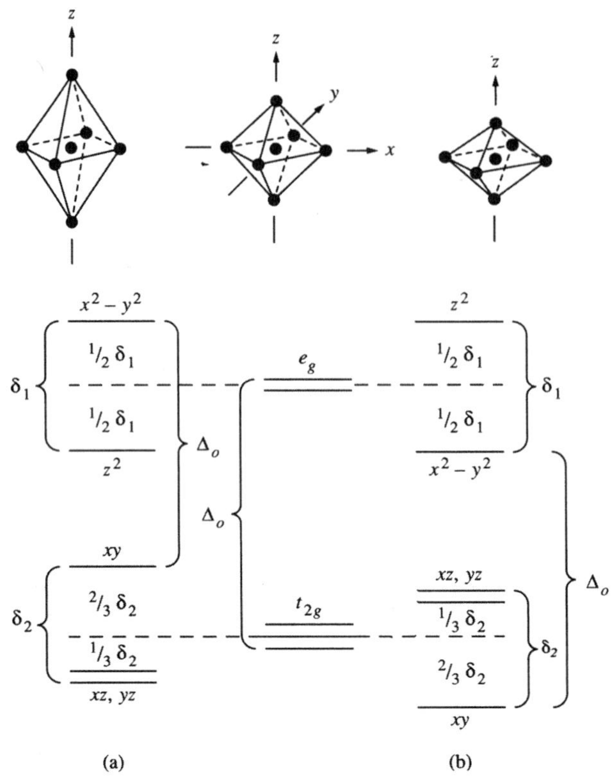


**그림 10.48** 정방 일그러짐 하에서 팔면체 오비탈 에너지(중앙)의 변화: (a) $z$ 리간드 나감, (b) $z$ 리간드 들어옴. 그림은 비율에 맞춘 것이 아님; $\Delta_o \gg \boldsymbol{\delta}_1 > \boldsymbol{\delta}_2$.

지 않는 오비탈, $d_{x^2-y^2}$과 $d_{xy}$는 안정화에 상당하는 양만큼 에너지가 높아질 것이다. 일그러짐의 정도를 예측할 수 없기 때문에 이들 갈라짐의 정도는 예측할 수 없다. 그러나 강한 $\boldsymbol{\sigma}$ 반결합성 $e_g^*$ 오비탈의 갈라짐은 $t_{2g}$ 오비탈의 갈라짐보다 상당히 더 크다고 말할 수 있는데, 후자는 리간드와 비결합이거나 리간드와의 약한 $\boldsymbol{\pi}$ 상호작용을 포함하고 있기 때문이다. 또한 $\boldsymbol{\delta}_1$과 $\boldsymbol{\delta}_2$ 모두는 $\Delta_o$에 비해 상대적으로 작을 것이기 때문에 일그러짐을 팔면체 구조의 변형으로 간주할 수 있게 된다.

Jahn–Teller 이론은 대칭 중심이 유지될 것이지의 여부 외에는 어떤 형태의 일그러짐이 생길지에 대해서는 예측하지 못한다. 앞에서 설명한 예처럼, $z$ 리간드는 멀어질 수도 있지만 가까워질 수도 있다. "z-in" 일그러짐의 경우, 갈라짐 방식은 "z-out"에서 관찰된 것과 같지만, $e_g$ 준위와 $t_{2g}$ 준위 내에서의 에너지 순서는 역전된다(그림 10.48b 참조).

$[TiCl_6]^{3-}$를 통하여 Jahn–Teller 일그러짐을 살펴보자. $Ti^{3+}$ 이온은 $d^1$ 화학종이고 팔면체장에서 나타나는 $^2D$ 바닥항은 $^2T_{2g}$와 $^2E_g$ 항으로 갈라진다. 삼중으로 축퇴되어 있는 $^2T_{2g}$항이 바닥 상태이고, Jahn–Teller 이론에 따르면 일그러짐이 일어날 수 있다.[40] $[TiCl_6]^{3-}$의 구조는, 낮은 온도에서는 축방향 리간드가 약간 수축되어 있는 것으로 나타나지만, 이것은 John–Teller 효과라기보다는 충전력에 의한 것이라 생각된다. 그러나

40) 축퇴를 고려할 때에는 항과 오비탈을 구별하는 것이 중요하다. 예를 들면, $d^3$ 배치($Cr^{3+}$)는 팔면체 착물에서 세 개의 전자가 $d_{xy}$, $d_{xz}$, $d_{yz}$ 오비탈을 점유하고 있다. 세 오비탈은 축퇴되어 있지만, 이 배치에 대한 바닥 상태항은 비축퇴되어 있는 $^4A_{2g}$이다. 따라서 오비탈은 축퇴되어 있지만, 이 배치에서는 어떤 Jahn-Teller 일그러짐도 예상되지 못한다.

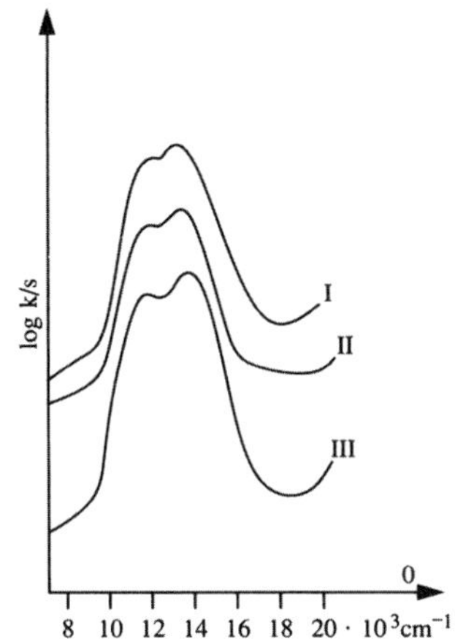


**그림 10.49** $Rb_2Na[TiCl_6]$(I), $Cs_2K[TiCl_6]$(II) 및 $Rb_3[TiCl_6]$(III) 의 전자 스펙트럼. [Ameis, R.; Kremer, S.; Reinen, D. *Inorg. Chem.* **1985**, *24*, 2751~2754.]

착물의 전자 스펙트럼을 보면 Jahn–Teller 일그러짐의 증거가 나타난다. 이 스펙트럼에서는 대략 1400 $cm^{-1}$ 만큼 분리된 두 개의 흡수 봉우리가 있는데, 하나는 바닥 상태 ($^2B_{2g}$) 로부터 한 가지 들뜬 상태 ($^2B_{1g}$) 로의 전이 때문에 나타나는 것이고, 다른 하나는 또 다른 들뜬 상태인 $^2A_{1g}$ 상태로의 전이 때문에 나타난다 (그림 10.49).[41] 이러한 해석은 EPR 결과에 의해 입증되는데, 이 자료에 의하면 정방 압축과 일치하고 있다. 몇 가지 $d^1$ 착물의 경우, Jahn–Teller 갈라짐이 그다지 크지 않기 때문에 전자 스펙트럼에서 잘 분리된 띠가 나타나지 않는다. 이러한 경우에 대한 예로는 $[Ti(H_2O)_6]^{3+}$을 들 수 있는데, 두 개의 흡수는 폭이 넓은 한 개의 봉우리처럼 나타나며, 에너지가 낮은 쪽에 어깨를 갖는 것을 볼 수 있다 (그림 10.8).

표 10.22에서 알아본 것처럼, John–Teller 일그러짐을 일으키기 쉬운 $ML_6$ 착물은 모두 $e_g^*$ 또는 $t_{2g}$ 오비탈에 전자가 비대칭적으로 채워진 배열을 가진다. 일반적으로, $e^*$ 오비탈은 $t_{2g}$ 오비탈보다 일그러짐을 훨씬 더 잘 일으킨다. 이것은 $\sigma$ 결합에 $e_g^*$ 준위가 $t_{2g}$ 준위보다 훨씬 더 많이 포함되기 때문에 나타나는 현상이다. 그러므로 $e_g^{*1}$이나 $e_g^{*3}$ 배치 (고스핀 $d^4$와 $d^6$, 저스핀 $d^7$ 또는 $d^9$) 를 갖는 착물은 큰 일그러짐을 더 자주 일으킨다. 실온에서 이들 착물에 대한 결정학에서 결합 길이의 차이 (두 결합은 다른 네 결합에 비해 더 길거나 네 결합이 다른 두 결합에 비해 더 길다) 가 나타나는 것은 이상한 일이 아니다. 실제로, 전이 금속 화합물의 Jahn–Teller 효과에 대한 가장 강력한 증거 중 몇 가지는 $d^9$ $Cu^{2+}$ 이온을 포함하는 고체의 구조에 대한 연구를 통해 얻었다. 팽창이나 압축에 의한 일그러짐은 구리(II) 착물을 안정화시킨다. 그러나 실험적으로 측정해 보면, 일그러짐은 대개 $z$축을 따라 늘어나는 것으로 나타난다 (그림 10.50). 표 10.23에 6배위 Cu(II) 이온을 포함하는 결정에서 밝혀낸 몇 가지 결합 길이를 나타내었다. 각각의 화합물은 더 짧거나 더 긴 결합을 모두 가지고 있다. “짧은” 결합은 $Cu^{2+}$ 이온에 대해 거의 일정한 반지름을 나타내는 반면 “긴” 결합은 이와 같은 일정한 경향을 보이지 않는다. 이것은 짧은 결합이 결합의 늘어남을 통해 일어날 수 있는 다양한 일그러짐에 대한 출발점이거나 하한선임을 의미한다.

고스핀 $d^4$나 저스핀 $d^7$ 착물에서 일어나는 Jahn–Teller 일그러짐에 대한 자료는 별로 많지 않다. 크로뮴(II)과 망가니즈(III) 는 $d^4$ 이온이며, 둘 다 몇 가지 화합물 중에

41) Ameis, R.; Kremer, S.: Reinen, D. *Inorg. Chem.* **1985**, *24*, 2751~2754.

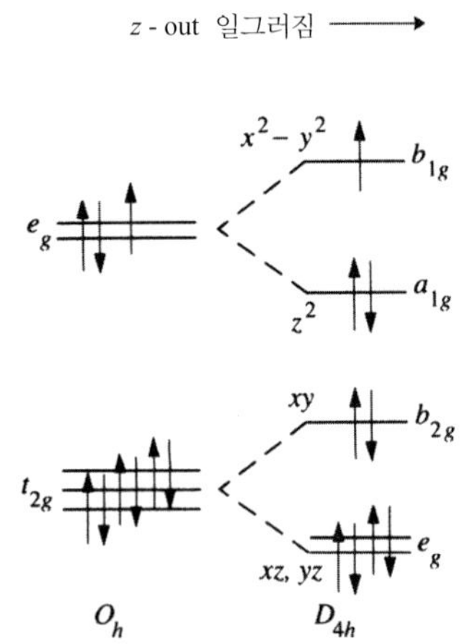


**그림 10.50** 팔면체 ($O_h$) 및 z-out 정방 ($D_{4h}$) 계에서의 $d^9$ 배치에 대한 오비탈 에너지 준위 도표.

서의 일그러짐이 발견되었다 (표 10.23 참조). 6배위 망가니즈(III) 화합물에 대한 광범위한 연구에서, z축을 따라 늘어나기 때문에 나타나는 현상으로 쉽게 해석될 수 있는 스펙트럼이 나타나고 있다. $d^7$ 배치를 갖는 저스핀 $Co^{2+}$는 다소 불분명하다. 짝지음을 일으키기에 충분한 강한 장 리간드를 갖는 이온은 6배위 착물보다는 5배위나 4배위 착물을 형성하려는 경향이 있다. 예를 들면, 예상되는 헥사사이아노 착물, $[Co(CN)_6]^{4-}$는 아직 발견되지 않았지만, 용액에서 주된 화학종은 한 개의 코발트에 대해 다섯 개의

**표 10.23**
Cu(II), Cr(II) 및 Mn(III) 화합물에서 몇 가지 전형적인 금속-리간드 거리[a].

| 화합물 | 짧은 거리 | $r_M$[b] | 긴 거리 | $r_M$[b] |
|---|---|---|---|---|
| $CuF_2$ | 193에서 4F | 122 | 227에서 2F | 156 |
| $CuF_2 \cdot 2H_2O$ | 190에서 2F | 119 | 247에서 2F | 176 |
| | 194에서 2O | 121 | | |
| $Na_2CuF_4$ | 191에서 4F | 120 | 237에서 2F | 166 |
| $K_2CuF_4$ | 192에서 4F | 121 | 222에서 2F | 151 |
| $Na_2CuF_3$ | 188에서 2F | 117 | 226에서 2F | 155 |
| | 197에서 2F | 126 | | |
| $KCuF_3$ | 189에서 2F | 118 | 225에서 2F | 154 |
| | 196에서 2F | 125 | | |
| $CuCl_2$ | 230에서 4Cl | 131 | 295에서 2Cl | 196 |
| $CuCl_2 \cdot 2H_2O$ | 229에서 2Cl | 130 | 294에서 2Cl | 195 |
| | 196에서 2O | 123 | | |
| $CuCl_2 \cdot 2C_5H_5N$ | 202에서 2N | 127 | 305에서 2Cl | 206 |
| | 228에서 2Cl | 129 | | |
| $Cu(NH_3)_6^{2+}$ | 207[c]에서 4N | 132 | 262[c]에서 2N | 187 |
| $CrF_2$ | 200에서 4F | 119 | 243에서 2F | 172 |
| $KCrF_3$ | 200에서 2F | 119 | 214에서 4F | 143 |
| $MnF_3$ | 176에서 2F | 108 | 209에서 2F | 138 |
| | 191에서 2F | 120 | | |
| $K_2MnF_5 \cdot H_2O$ | 183에서 4F | 112 | 207에서 2F | 136 |

[a] 별도로 표기하지 않은 경우 데이터는 다음에서 얻었다. Wells, A. F. *Structural Inorganic Chemistry*, 5th ed.; Oxford University press: London, 1986. Wells는 많은 추가 데이터를 제시했다.
[b] 모든 거리는 picometer이다. 금속의 반지름은 결합 원자(표 7.1)의 공유 반지름에서 M-X 거리를 뺌으로써 얻어졌다.
[c] Tistler, T.; Vaughan, P. A. *Inorg. Chem.* **1967**, *6*, 126.

사이아노기를 가지며, $[Co(CN)_5H_2O]^{3-}$일 것이다. 이것은 Jahn–Teller 일그러짐의 극단적인 형태로 간주될 수 있는데, 가상적인 $[Co(CN)_6]^{4-}$ 이온으로부터 한 개의 사이안화 이온이 완전히 해리된 것이다. bis (salicylidene) ethylenediamine ($H_2$salen) 과 아질산 리간드에 대한 6배위 $Co^{2+}$ 착물이 관찰되었다. 이들 화학종의 스펙트럼은 상당히 복잡하지만, 축방향으로 늘어난 구조와 일치한다.

표 10.23에 나타낸 화합물들처럼 측정 가능한 결합 길이 차이를 가진 착물은 **정적 (static)** Jahn–Teller 행동에 대한 예들이다. 몇 가지 다른 착물의 경우에는, 실온의 결정 구조에서 일그러짐을 찾아낼 수는 없었지만, 다른 증거에 의하면 Jahn–Teller 효과가 작용하고 있음이 입증되었다. 보충적인 증거는 일그러짐이나 정방 구조와 일치하는 분광학적 데이터를 보여주는 저온 결정 구조이다. 이들 착물은 **동적 (dynanic)** Jahn–Teller 행동을 나타내고 있다. 동적 행동의 가장 간단한 형태에서는, 착물이 세 가지의 동등한 정방 구조 사이에서 진동하는 과정으로 간주할 수 있다. 어떤 순간에서도 착물은 일그러지지만, 형태들 사이의 진동이 충분히 빠르다면, 특정한 물리적 방법에 의해 관찰된 구조는 시간 평균일 것이고, 따라서 일그러지지 않은 것처럼 보일 것이다. 그러나 시료를 냉각시키면, 한 가지 형태로 일그러진 구조가 "동결"되기에 충분할 만큼 진동을 늦출 경우도 있을 것이다. 그러나 어떤 경우에는, 냉각에 따라 생성된 일그러진 구조는 실제 정적 조건을 나타내는 것이 아니라 동적 행동의 다른 형태를 나타낼 수도 있다.

앞에서 설명한 동적 및 정적 Jahn–Teller 효과의 전체 범위를 나타내는 흥미로운 일련의 화합물들이 있는데, 이들은 모두 헥사나이트로구리(II)산 이온을 포함하고 있다.[42] 이 계열 중의 $K_2Ba[Cu(NO_2)_6]$, $K_2Ca[Cu(NO_2)_6]$, $K_2Sr[Cu(NO_2)_6]$와 같은 어떤 것들은, Cu(II) 음이온이 실온(298 K)에서 늘어나지만, $K_2Pb[Cu(NO_2)_6]$와 같은 다른 것들은 일그러지지 않는다. 세 번째 범주에 속하는 것은 $Cs_2Ba[Cu(NO_2)_6]$와 $Rb_2Ba[Cu(NO_2)_6]$인데, 실온에서 이 화합물들의 구조는 축방향으로 압축된 팔면체인 것으로 나타나지만, 실제로는 정방형으로 늘어난 두 가지 구조의 동적 평균이다. 276 K로 냉각되면 $K_2Pb[Cu(NO_2)_6]$도 "유사 압축" 기하 구조를 가질 것으로 가정한다. 비슷한 행동을 나타내는 여러 착물에서의 미소한 구조적 변화는 물리적 방법을 조합하여 설명하는데, 결정학과 EPR 및 전자 분광법을 함께 사용하는 경우가 가장 많다.[43]

배위 화합물에 대한 John–Teller 효과는 킬레이트 화합물의 특별한 성질을 다루지 않고서는 완전하게 설명할 수 없다(킬레이트 착물에 대한 상세한 설명은 11장 참조). 킬레이트 리간드는 선호하는 "자리"나 배위되는 원가들 간의 거리를 갖기 때문에 착물이 완전한 팔면체로부터 일그러지는 것을 제한하게 된다.

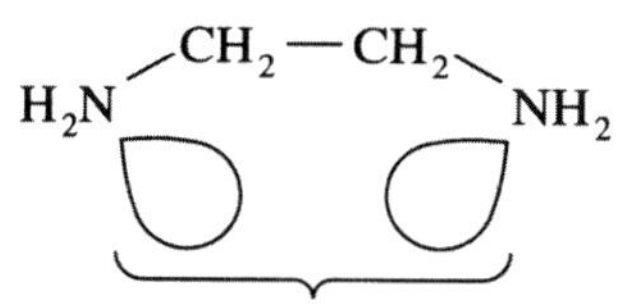

맞물림

42) Hathaway. B. J. *Struct. Bonding* (*Berlin*) **1984**. *57*, 54~118.

43) Ammeter, J. H.; Burgi. H. B.; Gamp, E.; Meyer-Sandrin, V.; Jensen, W. P. *Inorg. Chem.* **1979**, *18*, 733~750.

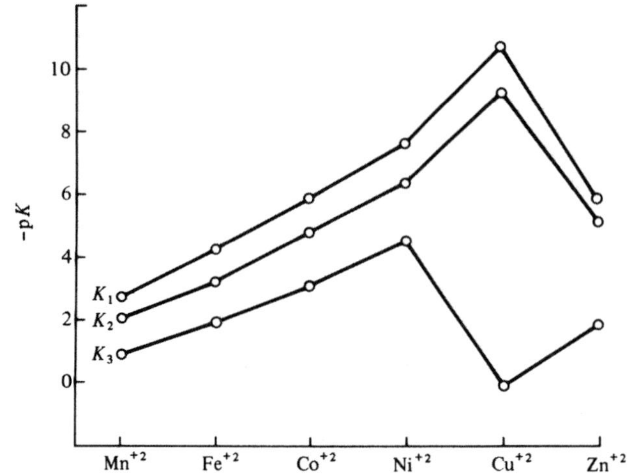


**그림 10.51** 수용액에서 여러 첫째 계열 전이 금속의 에틸렌다이아민 착물에 대한 단계적인 안정도상수 $K_1$, $K_2$, $K_3$.

John–Teller 효과에 의한 안정화와 킬레이트에 대한 기하학적 제약이 서로 경쟁하는 예는 $Cu^{2+}$의 에틸렌다이아민 착물에서 나타나고 있다. 대부분의 2가 전이 금속 이온은 물을 단계적으로 치환하면서 에틸렌다이아민 (en) 과 착물을 형성한다.

$$[M(H_2O)_6]^{2+} + en \longrightarrow [M(H_2O)_4en]^{2+} + 2H_2O \qquad (10.28)$$

$$[M(H_2O)_4en]^{2+} + en \longrightarrow [M(H_2O)_2(en)_2]^{2+} + 2H_2O \qquad (10.29)$$

$$[M(H_2O)_2(en)_2]^{2+} + en \longrightarrow [M(en)_3]^{2+} + 2H_2O \qquad (10.30)$$

각 단계는 각각 모노, 비스, 트리스 (에틸렌다이아민) 착물을 형성하는 경향을 측정하는 평형 상수 또는 안정도 상수 $K_1$, $K_2$, $K_3$와 연관된다. $Mn^{2+}$ 이온에서 $Zn^{2+}$ 이온까지에 대한 이들 상수값은 안정도가 계열의 왼쪽에서 오른쪽으로 갈수록 일정하게 증가하는 경향을 나타낸다 (Irving–Williams 계열) (그림 10.51). 그러나 $Cu^{2+}$ 이온은 뚜렷하게 벗어나는 경향을 나타내는데, 트리스 (에틸렌다이아민) 구리(II) 착물, $[Cu(en)_3]^{2+}$는 상당히 불안정하다. 실제로, 한때에는 이 착물의 존재 자체가 의심스러웠다. 결국 이 착물은 합성되었지만,[44] $K_3$ 값 (세번째 에틸렌다이아민 리간드가 배위되는 경향의 척도) 은 계열 내 이온 중에서 가장 낮은 값을 나타낸다. 그러나 $K_1$과 $K_2$값은 가장 큰 값이다. 트리스 착물이 이처럼 불안정한 것은 6배위 $d^9$ 이온의 일그러지는 경향과 직접적으로 관계가 있다. 비스 (에틸렌다이아민) 착물, $[Cu(en)_2(H_2O)_2]^{2+}$는, 두 에틸렌다이아민 고리는 변하지 않은 채 남겨두고 두 개의 트랜스 물 분자를 구리로부터 멀어지게 함으로써, 쉽게 일그러질 수 있다. 이에 비하여 트리스 (에틸렌다이아민) 착물은 최소한 두 개의 킬레이트 고리를 당기지 않고서는 정방형으로 일그러질 수 없다.

44) Gordon, G.; Birdwhistell, R. K. *J. Am. Chem. Soc.* **1959**, *81*, 3567~3569.

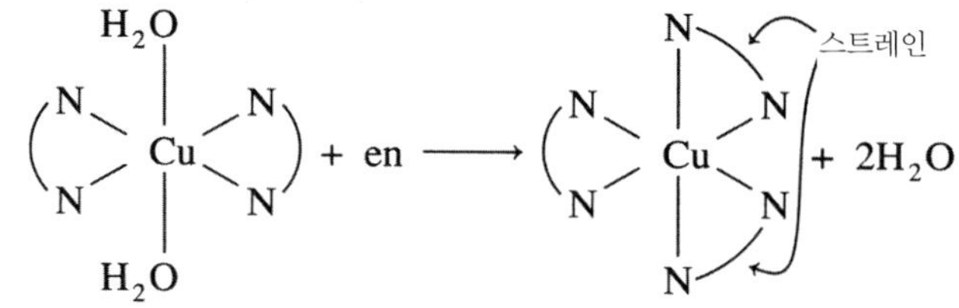


**(10.31)**

다른 한편으로는 킬레이트 고리계의 억제를 통해 전체적인 정방 일그러짐을 방지할 수 있다. 그러나 결과적으로 생기는 완전한 팔면체 착물은 Jahn–Teller 일그러짐에 의하여 생기는 안정화를 잃게 된다. 두 자리 리간드에 의해 억제되는 영향을 받음에도 불구하고, 일그러진 킬레이트 구조가 많이 알려져 있다. 예를 들면, $[Cu(bpy)(hfa)_2]$는 정방형으로 일그러진 구조를 갖는 것으로 알려졌다.[45] 바이피리딘과 헥사플루오로아세틸아세톤은 모두 각각 질소와 산소 원자를 통하여 결합을 형성하는 킬레이트 리간드를 가지고 있다. 이러한 분자의 구조는 그림 10.52에 나타내었다. 바이피리딘에 있는 두 개의 질소 원자는 구리와 200 pm 길이로 결합하며, 이 값은 다른 질소 리간드와 구리(II)의 짧은 결합과 일치한다(표 10.23). 각각의 헥사플루오로아세틸아세톤 리간드로부터는 한 개의 산소 원자가 197 pm의 거리에서 결합을 형성하며, Cu–O의 짧은 결합과 일치한다. 나머지 두 개의 산소 원자는 약 33 pm이 더 긴 Cu–O 결합을 형성하는데, 고리의 억제 효과에도 불구하고 강한 John–Teller 일그러짐을 일으킴을 의미한다.

## 전하 이동 스펙트럼[46]

무기화학자들이 배위 화합물의 성질을 조사하기 위하여 연구하는 가시광선 스펙트럼의 대부분은 *d–d*(또는 리간드장) 전이이지만, 응용화학에서 더 중요한 것은 전하 이동 전이를 포함하는 것이다. 용어가 의미하는 것처럼, 이 전이는 착물의 한 부분으로부터 다

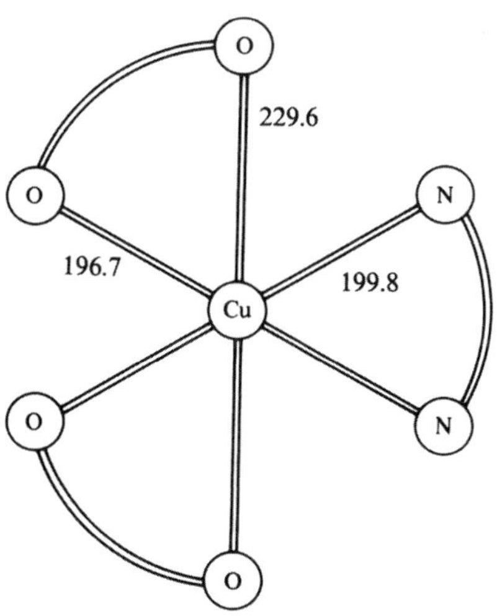


**그림 10.52** Cu—O 및 Cu—N 결합 길이(pm)를 보여 주는 $[Cu(bpy)(hfa)_2]$ 구조. [Veidis. M. V.; Schreiber, G. H.; Gough, T. E.; Palenik, G. J. *J. Am. Chem. Soc.* **1969**, *91*, 1859.]

45) bpy = 2,2'-bipyridine =

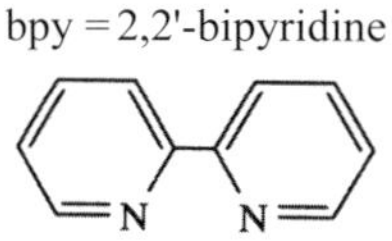

hfa = hexafluoroacetylacetonate, $[CF_3C(O)CHC(O)CF_3]^-$ (= 1,1,1,5,5,5-hexafluoropentane-2,4-dionate).

46) Lever, A. B. P. *Inorganic Electronic Spectroscopy*, 2nd ed.; Elsevier: New York, 1986; Chapter 5. Lever, A. B. P. *J. Chem. Educ.* **1974**, *51*. 612~616.

른 부분으로의 전자 전이를 수반한다. 보다 상세히 말하자면, 주로 리간드 성질인 오비탈로부터 주로 금속 성질인 오비탈로 전자가 이동하거나 (ligand-to-metal charge transfer: LMCT), 그 반대로 이동한다 (금속에서 리간드로 전하 이동, MLCT). 4*d* 전이와는 달리, 전하 이동을 수반하는 이 전이들은 완전히 허용되기 때문에 훨씬 더 강한 흡수를 일으킨다 (표 10.17 참조). 이들 흡수가 가시영역 내에서 일어날 때에는 선명한 색을 나타내는 경우가 있는데, 그래서 이러한 유형의 전이가 관심을 끌고 있다.[47]

근본적인 의미에서, 전하 이동 전이는 내부 산화환원 과정으로 간주할 수 있다. 그러면 이온화 에너지, 전자 친화도와 같은 친숙한 개념을 사용하여 전하 이동 전이를 잘 일어나게 만드는 조건들을 예측할 수 있게 된다. 염화 소듐의 결정을 살펴보자. 염화 이온에서 전자를 이온화시키고 ($\Delta H$ = 전자 친화도), 이 전자를 소듐 이온으로 옮긴다 ($\Delta H$ = 음의 이온화 에너지) 고 가정하자. 이 과정이 실행되는 데 필요한 전체 에너지 ($-\ U_o$를 포함한) 는 광자에 의해 제공된다고 간주될 수 있다. 실제로 이러한 광자가 존재하지만, 이들의 에너지는 매우 높아서 스펙트럼의 자외선 영역에 속한다. 그러므로 염화 소듐은 가시광선을 흡수하지 않는다. 즉, 무색이다.

이제 리간드로부터 금속으로의 전자 이동이 일어나게 만들려면 금속-리간드 조합을 어떻게 조절해야 할지를 생각해 보자. 금속이 상대적으로 높은 이온화 에너지를 가져서 상당히 낮은 에너지를 갖는 빈 오비탈을 가질 것을 원할 수도 있다. 이러한 조건을 갖춘 좋은 후보감은 전이 금속 또는 후전이 금속인데, 특히 높은 산화 상태일 때는 더욱 그러하다. 이상적인 리간드는 상대적으로 낮은 전자 친화도를 갖는 비금속이 될 것인데, 이러한 조건에서는 상당히 높은 에너지의 채워진 오비탈을 가질 것이기 때문에 쉽게 산화될 수 있을 것이다. 칼코젠화물이나 보다 무거운 할로젠화물들은 좋은 예가 될 것이다. 이러한 금속-리간드 조합의 알짜 결과는 LMCT 과정에 포함된 오비탈들의 에너지를 충분히 가깝게 만들 것이기 때문에, 전이는 가시광선이나 근적외선 영역의 광자에 의해서 유발될 수 있다.

과망가니즈산 이온 ($MnO_4^-$) 은 앞에서 언급한 기준에 일치한다. 망가니즈는 형식 산화 상태가 +7이고 네 개의 산화 이온과 결합되어 있다. 그림 10.53에 있는 사면체 착물에 대한 분자 오비탈 도표를 이용하면 가능한 LMCT 전이를 확인할 수 있다. 어떤 사면체 착물에서 가장 낮은 에너지를 갖는 네 개의 $\sigma$ 결합 오비탈은 채워져 있고 일차적으로는 리간드 성질을 띠고 있을 것이다. 그 다음의 에너지 상태에는 두 세트의 $\sigma$-비결합성 MO가 있는데 하나는 리간드에 중심을 두고 있고, 다른 하나는 금속에 중심을 두고 있다. 과망가니즈산 이온에서 이 오비탈들은 각각 산소의 채워진 $\pi_p$ 오비탈과 망가니즈의 빈 3*d* 오비탈에 해당될 것이다. 망가니즈(II) 착물의 경우, 보다 높은 에너지를 갖는 반결합성 분자 오비탈은 모두 채워지지 않을 것이다. 그러므로 가능한 리간드에서 금속으로의 전이는 네 가지가 존재한다.

---

[47] 전하 이동 전이로부터 생기는 색에 대한 설명은 다음을 참조하라. Nassau, K. *The Physics and Chemistry of Color*; John Wiley: New York. 1983; Chapter 7.

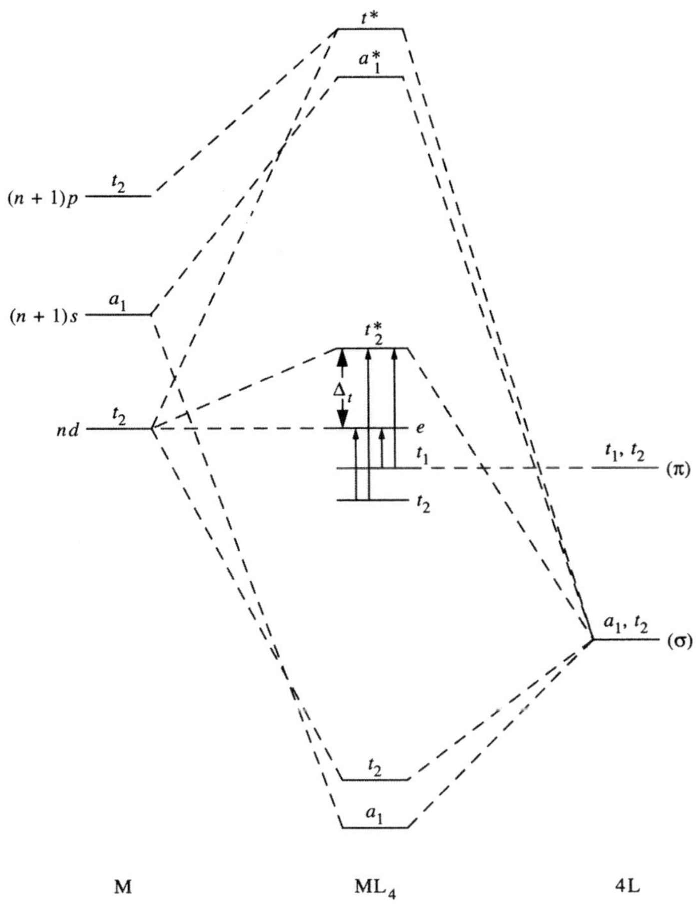


**그림 10.53** 가능한 리간드-금속 전하 이동(LMCT) 전이를 나타내는 사면체 $ML_4$ 착물의 분자 오비탈 도표.

$$\mathbf{L}(t_1) \longrightarrow \mathbf{M}(e)$$
$$\mathbf{L}(t_1) \longrightarrow \mathbf{M}(t_2^*)$$
$$\mathbf{L}(t_2) \longrightarrow \mathbf{M}(e)$$
$$\mathbf{L}(t_2) \longrightarrow \mathbf{M}(t_2^*)$$

$MnO_4^-$의 경우, 네 가지 전이가 모두 관찰되었다. 즉, 17,700 $cm^{-1}$($t_1 \rightarrow e$); 29,500 $cm^{-1}$($t_1 \rightarrow t_2^*$); 30,300 $cm^{-1}$($t_2 \rightarrow e$); 그리고 44,400 $cm^{-1}$($t_2 \rightarrow t_2^*$).[48] 17,700 $cm^{-1}$에서의 흡수만이 가시광선 영역(14,000~28,000 $cm^{-1}$) 에 있으며, 이 흡수 때문에 $MnO_4^-$는 짙은 보라색을 띠게 된다.

유사한 방법으로, 오렌지색의 $CrO_4^{2-}$ 이온의 전하 이동 스펙트럼을 분석할 수 있는데, 크로뮴(IV) 의 높은 산화 상태 때문에 LMCT 과정이 쉽게 일어난다. 많은 아이오딘화염도 이와 같은 형태의 전하 이동 전이 때문에 색깔을 띤다. 예를 들면, $HgI_2$ (붉은색), $BiI_3$ (붉은 오렌지색), 그리고 $PbI_2$ (노란색) 가 있다. 이들 물질에 있는 금속 이온은 좋은 산화제가 아니지만, 아이오딘화 이온이 쉽게 산화되기 때문에 전이가 일어난다.

[48] Lever, A. B. P. *Inorganic Electronic Spectroscopy*, 2nd ed.; Elsevier: New York, 1986; p 324.

**표 10.24**
리간드에서 금속으로의 전하 이동 전이 때문에 색깔이 생성되는 안료[a].

| 안 료 | 관여된 일차 오비탈[b] |
|---|---|
| Cadmium yellow (CdS) | 리간드 $\pi_p \longrightarrow$ 금속 5$s$ |
| Vermilion (HgS) | 리간드 $\pi_p \longrightarrow$ 금속 6$s$ |
| Naples yellow [$Pb_3(SbO_4)_2$] | 리간드 $\pi_p \longrightarrow$ 금속 5$s$ 또는 5$p$ |
| Massicot (PbO) | 리간드 $\pi_p \longrightarrow$ 금속 6$s$ |
| Chrome yellow ($PbCrO_4$) | 리간드 $\pi_p \longrightarrow$ 금속 3$d$ |
| Red and yellow ochres (iron oxides) | 리간드 $\pi_p \longrightarrow$ 금속 3$d$ |

[a] Brill, T. B. *Light, Its Interaction with Art and Antiquities*; Plenum: New York, 1980
[b] 간략화 표기법. 그림 10.40 참조.

만약 금속 이온에 중심을 두고 있는 최저 비점유 분자 오비탈(LUMO)과 리간드에 중심을 두고 있는 최고 점유 분자 오비탈(HOMO) 사이의 에너지 차가 매우 작으면 (10,000 $cm^{-1}$ 이하), 두 분자 오비탈 사이에 전체적인 전자 전이가 일어날 수 있다. 금속 이온이 자발적인 산화환원 과정을 일으킬 만큼 금속 이온이 충분히 좋은 산화제이고, 리간드도 충분히 좋은 환원제일 경우 이러한 전이가 일어나게 될 것이다. 그래서 착물은 분해된다. 이러한 현상이 일어나는 착물의 예는 $[Co(H_2O)_6]^{3+}$와 $FeI_3$이다. 이 경우에 물은 $Co^{3+}$에 의해서 산화되고, 아이오딘화 이온은 $Fe^{3+}$에 의해서 산화된다. 이 착물들은 열역학적으로 불안정하지만, 반응속도론적으로는 난치환성이기 때문에 이를 이용한 과정을 통해 두 화학종을 분리할 수 있다.[49]

색깔의 성질과 세기가 리간드에서 금속으로의 전이 때문에 나타나는 몇 가지 안료에 대한 예를 표 10.24에 나타내었다. 이들 안료 중의 일부는 오래 전부터 알려져 있었으며, 주변을 아름답게 칠하기 위해 사용되어 왔다. 황토는 주변에서 쉽게 구할 수 있기 때문에 선사 시대부터 안료로 사용되어 왔다[사막과 일부 토양의 주황색은 산화 철(III) 때문에 생긴다]. 고대로부터 사용된 안료로는 이집트 Thebes 근처의 Tutankhamen의 묘에서 발견된 웅황과 바빌론의 유약에서 중요한 안티몬산 납(후에 Naples yellow라고 불렸다)이 있다.[50] 후에 진사(vermilion)는 베니스 미술학교에서 중요한 안료로 사용되었고, 크롬옐로($PbCrO_4$)는 밝은 색 때문에 여러 직물에서 중요한 착색제로 계속 사용되고 있다.[51]

반대 방향인 금속에서 리간드로의 전하 이동 과정은, 채워진 금속-중심 오비탈과 비어 있는 낮은 에너지의 리간드-중심 오비탈을 갖는 착물에서 잘 일어난다. 좋은 예는, 리간드가 비어 있는 $\pi$ 반결합성 오비탈을 갖는 경우의 착물이다. 이 범주에 속하는 리간드에는 일산화 탄소, pyridine, bipyridine, *o*-phenabthroline이 있다. 그림 10.54는 $t_{2g}$와 $e_g^*$ 오비탈이 모두 채워진 팔면체 착물에서 가능한 MLCT 전이를 보여 주고 있다.

---

49) $Cs[Co(H_2O)_6][SO_4]_2 \cdot 6H_2O$의 합성은 다음 문헌에서 보고되었다. Johnson, D. A.; Sharpe, A. G. J. Chem. Soc. (A), 1966, 798~801. $FeI_3$의 제조는 다음 문헌에 설명되어 있다. Yoon, K. B.; Kochi, J. K. J. K. Inorg. Chem. 1990, 29, 869~874. 이 문헌은 이런 화합물이 존재할 수 없다는 오랫동안의 가정을 무너뜨렸다.

50) *A History of Technology, Vol. 1: From Early Times to Fall of Ancient Empires*; Singer, C. J.; Holmyard. E. J.; Hall, A. R., Eds.; Oxford: London, 1954.

51) 무기 안료와 미술과의 관계에 대한 설명은 다음을 참조하라. Brill, T. B. *Light, Its Interaction with Art and Antiquities*; Plenum: New York, 1980.

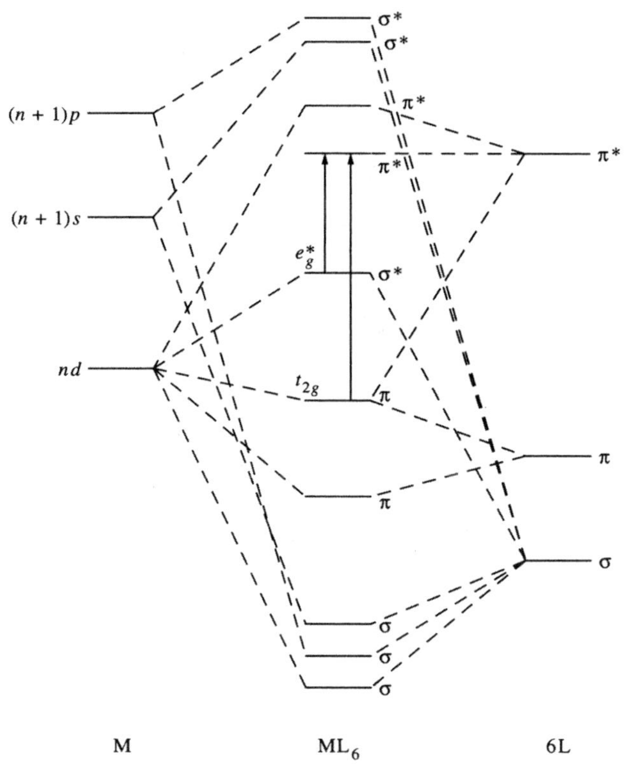


**그림 10.54** $t_{2g}$와 $e_g^*$ 오비탈이 모두 채워지고 리간드는 비어 있는 $\pi$ 오비탈을 갖는 경우, 가능한 금속에서 리간드로의 전하 이동(MLCT) 전이를 보여주는 팔면체 $ML_6$ 착물의 단순화시킨 분자 오비탈 도표.

## 착물의 자기적 성질[52]

전자 분광학이 전이 금속 착물을 조사하는 데 가장 좋은 방법이라는 것은 앞에서 충분히 설명하였으며, 분명한 사실이다. 그러나 자기적 성질을 측정하면 추가적이고 보충적인 정보를 얻을 수 있다. 착물에는 대개 부분적으로 채워진 $d$나 $f$ 오비탈이 존재하기 때문에 자기적 성질의 범위는 예측될 수 있으며, 중심 금속의 산화 상태, 전자 배치, 배위수에 따라 달라진다.

1845년에 Michael Faraday에 의해서 물질은 반자기성과 상자기성으로서 처음으로 분류되었지만, 전자 구조를 사용하여 이 현상을 이해할 수 있게 된 것은 여러 해가 지난 후였다. 어떤 물체를 외부 자기장 속에 놓으면, 알짜 자기 모멘트를 외부 자기장과는 반대 방향으로 정렬되게 만드는 전자의 유발 순환이 생긴다. 이것은 반자기성 효과인데, 시료에 짝진 전자가 있을 때 생긴다. 모든 화합물은 약간의 짝진 전자를 포함하기 때문에, 반자기성 효과는 물체의 보편적인 특성이다. 물체가 짝진 전자만 가진다면, 이 반자기성 효과가 우세하게 될 것이기 때문에, 그 물질은 반자기성으로 분류될 것이

[52] Figgis, B. N. In *Comprehensive Coordination Chemistry*; Wilkinson, G.; Gillard, R. D.; McCleverty. J. A., Eds.; Pergamon: New York. 1987. Vol. I, Chapter 6. Gerloch, M. *Magnetism and Ligand-Field Analysis*; Cambridge University: New York, 1983. Carlin, R. L. *Magnetochemistry*; Springer-Verlag: New York, 1986. O'Connor, C. J. *Prog. Inorg. Chem.* 1982, 29, 203~283.

고, 자기장에 의해서 약간 밀려나게 될 것이다.

상자기성은 시료에 홀전자가 있을 때 나타난다. 이 전자들의 스핀과 궤도 운동 때문에 영구 분자 자기 모멘트가 생기게 되고, 외부 자기장과 같은 방향으로 정렬하려는 경향을 나타낸다. 상자기성 효과는 반자기성 효과보다 훨씬 더 크기 때문에, 외부 자기장과 시료에 있는 짝진 전자 사이의 어떠한 반발도 상쇄시킨다. 그래서 어떤 물질이 분자당 한 개의 홀전자만을 가지고 있더라도, 자기장 속으로 당겨지는 알짜 인력을 나타낼 것이다. 상자기성 효과는 외부 자기장이 존재할 때에만 관찰된다. 외부 자기장이 제거되면, 각각의 분자 모멘트는 열적 운동 때문에 무작정화되고, 전체 시료는 아무런 모멘트를 갖지 않는다. 자기장이 존재할 때에는, 무작정화하려는 열적 경향과 정렬하게 하려는 자기장의 능력 간에 경쟁을 하게 된다. 그래서 온도가 증가하면 상자기성 효과는 크기가 감소한다.

물질을 자기장에 놓으면 시료 내부에서 생성되는 자기장은 그 물질이 상자기성인지 혹은 반자기성인지에 따라, 외부 자기장보다 더 크거나 더 작게 된다. 이 두 가지 경우간의 차이 ($\Delta H$) 는 다음과 같이 나타낼 수 있다.

$$\Delta H = B - H_0 \quad \textbf{(10.32)}$$

여기서 $B$는 시료 내부에서 유발된 자기장이고 $H_o$는 자유장 (free field) 에서의 값이다. $\Delta H$는 반자기성 물질에 대해서는 음의 값 ($B < H_o$) 이고, 상자기성 물질에 대해서는 양의 값 ($B > H_o$) 이다. 외부 자기장과 시료 내부에서 유발된 장 사이의 더 일반적인 차이는, 단위 부피당의 자기 모멘트인 **자기화 세기 (intensity of magnetization)**, $I$로 나타낼 수 있다.

$$4\pi I = B - H_0 \quad \textbf{(10.33)}$$

$B$와 $I$는 모두 외부 자기장에 비례하는 경향이 있기 때문에, 식 10.33을 $H_o$로 나눈 비 ($I/H_o$와 $B/H_o$) 는 주어진 물질에 대해 일정하여야 한다. 자기 투과도라고 부르는 $B/H_o$는 시료가 없을 때의 자력선 밀도에 대한 시료가 존재할 때의 자력선 밀도의 비율인데, 진공에서 이 비율은 1이다. $I/H_o$는 **단위 부피당 자기화율 (magnetic susceptibility per unit volume, $\kappa$)** 인데, 이것은 물질이 자기화되는 정도를 나타낸다.

$$4\pi\kappa = B/H_0 - 1 \quad \textbf{(10.34)}$$

$\kappa$값은 반자기성 물질에 대해서는 음이고, 상자기성 물질에 대해서는 양이 될 것이다.

자기성을 실험적으로 측정하여 가장 자주 얻게 되는 양은 **비 (specific)** (또는 질량) **자기화율 (susceptibility)**, $\chi$이다. 이 양은 밀도 $d$를 통하여 부피 자기화율과 관련된다.

$$\chi = \kappa/d \quad \textbf{(10.35)}$$

화합물의 비자기화율에 분자량을 곱하면 **몰 자기화율 (molar susceptibility)**, $\chi_M$을 얻을 수 있다.

$$\chi_M = \chi \cdot \mathrm{MW} \quad \textbf{(10.36)}$$

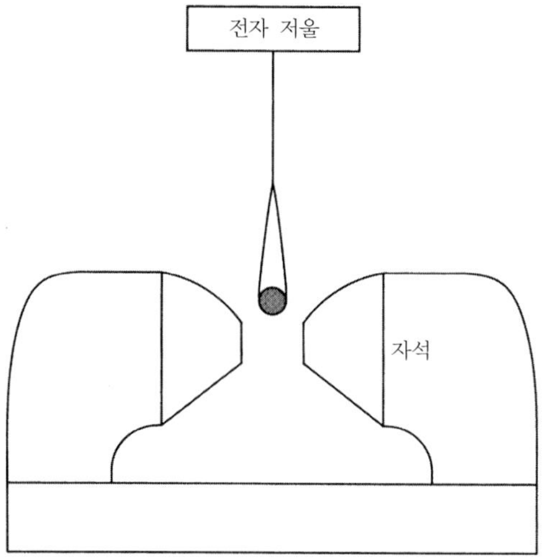


**그림 10.55** Faraday 자기화율 결정에 사용된 장치의 개요도. 시료는 자석막대 사이에 달려 있다. 자석 막대는 $H_0$ $(\delta H/\delta x)$ 값이 시료에 의해 점유된 영역에 대해 일정하도록 세심하게 모양을 이루고 있다.

자기화율을 실험적으로 측정하는 방법은 여러 가지가 있다.[53] 가장 일반적이고, 서로 매우 유사한 방법으로 Gouy의 방법과 Faraday의 방법이 있다. 두 가지 방법은 모두 불균일 자기장이 시료에 미치는 힘을 결정하는 기법에 바탕을 두고 있으며, 자기장이 있을 때와 없을 때 물실의 무게를 측성한다. Faraday의 방법은 Gouy의 방법에 비해 뚜렷한 장점 두 가지가 있다. 한 가지는 시료의 크기이다. 즉, Faraday의 방법은 수 mg의 시료만 필요하다. 그러나 Gouy 방법은 약 1 g이 필요하다. Faraday의 방법의 두 번째 장점은 비자기화율 값을 즉시 얻을 수 있다는 것이다. Gouy 실험으로는 부피 자기화율을 얻게 되는데, 이것을 비자기화율로 전환해야 한다. 이런 전환에는 문제점이 발생하게 된다. 즉, 이 전환 과정에서는 밀도에 대한 정확한 값이 필요하지만, 밀도는 재료를 채우는 방법에 따라서 변할 수 있기 때문에 고체에 대해서는 밀도값을 얻기 힘들기 때문이다.

Faraday 실험의 장치를 그림 10.55에 도식적으로 나타내었다. 질량이 $m$이고 비자기화율이 $\chi$인 시료를 $x$ 방향으로 기울기 $(\delta H/\delta x)$ 를 갖는 불균일 자기장 $H$ 속에 놓으면, 시료는 기울기 때문에 $x$ 방향을 따라 힘 $(f)$ 을 느끼게 될 것이다.

$$f = (m\chi H_0)\left(\frac{\delta H}{\delta x}\right) \tag{10.37}$$

이 힘은 시료가 자기장 내에 있을 때와 자기장 밖에 있을 때의 무게를 측정함으로써 구할 수 있는데, 두 무게 사이의 차이는 $f$ 와 같다. $Hg[Co(SCN)_4]$ $(\chi = 16.44 \times 10^{-6}$ $cm^3\ mol^{-1})$ 처럼 자기화율이 이미 알려진 표준 물질에 미치는 힘을 측정하면 실험은 간단해진다. 표준 물질 $(s)$ 과 미지 시료 $(u)$ 에 세기와 기울기가 같은 자기장을 사용할 경우에는 정밀한 값을 알 필요가 없다. 따라서 다음과 같이 나타낼 수 있다.

$$\frac{f_s}{m_s\chi_s} = \frac{f_u}{m_u\chi_u} \tag{10.38}$$

---

[53] 진동 시료 자력계와 초전도 양자 간섭 장치 (SQUID) 를 사용하는 것을 포함하여 여러 가지 토크 및 유도법에 대한 설명은 다음을 참조하라. Gerloch, M. *Magnetism and Ligand-Field Analysis*; Cambridge University: New York, 1983; O'Connor, C. J. *Prog. Inorg. Chem.* **1982**, *29*, 203~283.

미지 시료의 자기화율에 대해서 이 식을 풀면 다음과 같다.

$$\chi_u = \frac{f_u m_s \chi_s}{f_s M_u} \tag{10.39}$$

시료의 몰 자기화율, $\chi_M$은 식 10.36를 이용하면 $\chi_u$로부터 얻을 수 있다.

상자기성 물질에 대한 몰자기화율 $\chi_M$의 실험값이 얻어지면, 분자 또는 이온당 홀전자의 수를 알 수 있다. 실험 결과로부터 홀스핀의 수를 알아내려면, 먼저 측정된 자기화율에는 시료의 상자기성과 반자기성 모두의 기여를 포함하고 있음을 고려해야 한다. 반자기성 효과가 더 작겠지만, 이것을 무시하려고 생각하는 것은 타당하지 않다. 가장 일반적인 절차는 측정된 자기화율을 반자기성 기여에 대해 보정하는 것이다. 반자기성 물질에 대한 자기화율을 측정한 많은 자료로부터 적절한 보정 계수를 추정할 수 있다. 특정 물질에 대한 반자기성 자기화율은 그 물질의 구성 단위, 즉 원자, 이온, 결합 등의 기여를 모두 합하여 얻게 된다(표 10.25). 이러한 절차의 기반을 이루는 기본적 가정은 개별 원자나 다른 단위와 관련된 반자기성이 주위 환경과는 무관하다는 것인데, 이 가정은 옳은 것으로 입증되었다.

다음 단계는 거시적 자기화율을 개별적인 분자 모멘트와 결부시키고, 마지막으로 홀전자 수에 연결시키는 것이다. 고전 이론에 따르면, 보정, 또는 상자기성 몰자기화율은 분자의 영구 상자기성 모멘트, $\mu$와 연관된다.

$$\chi_M = \frac{N^2 \mu^2}{3RT} \tag{10.40}$$

여기서 $N$은 Avogadro 수, $R$은 이상 기체 상수, $T$는 절대 온도, $\mu$는 Bohr 마그네톤 (BM) (1 BM $= eh/4\pi m$) 이다. 이 식을 자기 모멘트에 대해서 풀면 다음과 같다.

$$\mu = \left(\frac{3RT\chi_M}{N^2}\right)^{1/2} = 2.84(\chi_M T)^{1/2} \tag{10.41}$$

이미 알고 있는 것처럼, 이 상자기성 모멘트는 물질에 있는 홀전자의 스핀과 궤도 운동 때문에 생긴다. 이들 구성 성분 사이의 상호작용은 세 가지 방식이 가능한데, 스핀-스핀, 궤도-궤도, 스핀-궤도이다. 어떤 착물, 특히 란타넘족 착물에서는 세 가지 상호작용 방식을 모두 고려하여야 한다. 이런 착물의 이론적인 상자기성 모멘트는 다음과 같이 주어진다.

$$\mu = g[J(J+1)]^{1/2} \tag{10.42}$$

여기서 $J$는 전체 각운동량 양자수이고, $g$는 전자의 Landé 갈라짐 인자로 다음과 같이 정의된다.

$$g = 1 + \frac{J(J+1) + S(S+1) - L(L+1)}{2J(J+1)} \tag{10.43}$$

$J$ 값은 전체 궤도 각운동량 양자수, $L$과 전체 스핀 각운동량 양자수, $S$에 의존한다(부록 C). 몇 가지 란타넘족 착물에 대해 계산된 자기 모멘트와 측정된 자기 모멘트를 표

**표 10.25**
반자기성 자기화율 [ × $10^6$ (cgs units) $mol^{-1}$][a].

| 양이온 | | 음이온 | |
|---|---|---|---|
| $Li^+$ | −1.0 | $F^-$ | −9.1 |
| $Na^+$ | −6.8 | $Cl^-$ | −23.4 |
| $K^+$ | −14.9 | $Br^-$ | −34.6 |
| $Rb^+$ | −22.5 | $I^-$ | −50.6 |
| $Cs^+$ | −35.0 | $NO_3^-$ | −18.9 |
| $Tl^+$ | −35.7 | $ClO_3^-$ | −30.2 |
| $NH_4^+$ | −13.3 | $ClO_4^-$ | −32.0 |
| $Hg^{2+}$ | −40.0 | $CN^-$ | −13.0 |
| $Mg^{2+}$ | −5.0 | $NCS^-$ | −31.0 |
| $Zn^{2+}$ | −15.0 | $OH^-$ | −12.0 |
| $Pb^{2+}$ | −32.0 | $SO_4^{2-}$ | −40.1 |
| $Ca^{2+}$ | −10.4 | $O^{2-}$ | −12.0 |
| 중성 원자 | | | |
| H | −2.93 | As(III) | −20.9 |
| C | −6.00 | Sb(III) | −74.0 |
| N (고리) | −4.61 | F | −6.3 |
| N (열린 사슬) | −5.57 | Cl | −20.1 |
| N (이미드) | −2.11 | Br | −30.6 |
| O (에터르 또는 알코올) | −4.61 | I | −44.6 |
| O (알데하이드 또는 케톤) | −1.73 | S | −15.0 |
| P | −26.3 | Se | −23.0 |
| As (V) | −43.0 | | |
| 공통 리간드 | | | |
| $H_2O$ | −13 | $C_2O_4^{2-}$ | −25 |
| $NH_3$ | −18 | acetylacetonate | −52 |
| $C_2H_4$ | −15 | pyridine | −49 |
| $CH_3COO-$ | −30 | bipyridyl | −105 |
| $H_2NCH_2CH_2NH_2$ | −46 | *o*-phenanthroline | −128 |
| 구조 보정 | | | |
| C=C | 5.5 | N=N | 1.8 |
| C=C−C=C | 10.6 | C=N−R | 8.2 |
| C≡C | 0.8 | C−Cl | 3.1 |
| C in benzene ring | 0.24 | C−Br | 4.1 |

[a] Carlin, R. L. *Magnetochemistry*; Springer-Verlag: York, 1986; p 3.
[b] 제1열 전이 금속의 내부 핵 반자기성은 약 $-13 \times 10^{-6}$ (cgs units) $mol^{-1}$로 받아들일 수 있다.

10.26에 나타내었다.

스핀-궤도 상호작용이 존재하지 않거나 무시할 수 있지만 스핀과 오비탈의 기여는 모두 중요한 착물의 경우 $\mu$를 예측하는 식은 다음과 같다.

$$\mu = [4S(S+1) + L(L+1)]^{1/2} \tag{10.44}$$

식 10.44는 착물에서 완전히 이해되지 않는 조건을 나타내고 있는데, 실제 오비탈의 기여는 항상 이상적인 값보다 더 작기 때문이다. 이것은 궤도 각운동량 모멘트가 리간드가 존재하면 궤도 각운동량이 자유 금속 이온에 있을 때보다 감소하기 때문에 나타

**표 10.26**
몇 가지 란타넘족 금속 화합물의 자기적 성질 (300 K)[a].

| 중앙 금속 | $f$전자의 수 | 바닥 상태 | 화합물 | $\mu$(실험값) BM | $\mu$(계산값)[b] BM |
|---|---|---|---|---|---|
| $Ce^{3+}$ | 1 | $^2F_{5/2}$ | $Ce_2Mg_3(NO_3)_6 \cdot 24H_2O$ | 2.28 | 2.54 |
| $Pr^{3+}$ | 2 | $^3H_4$ | $Pr_2(SO_4)_3 \cdot 8H_2O$ | 3.40 | 3.58 |
| $Nd^{3+}$ | 3 | $^4I_{9/2}$ | $Nd_2(SO_4)_3 \cdot 8H_2O$ | 3.50 | 3.62 |
| $Sm^{3+}$ | 5 | $^6H_{5/2}$ | $Sm_2(SO_4)_3 \cdot 8H_2O$ | 1.58 | 1.6[c] |
| $Eu^{3+}$ | 6 | $^7F_0$ | $Eu_2(SO_4)_3 \cdot 8H_2O$ | 3.42 | 3.61[c] |
| $Sm^{2+}$ | 6 | $^7F_0$ | $SmBr_2$ | 3.57 | 3.61[c] |
| $Gd^{3+}$ | 7 | $^8S_{3/2}$ | $Gd_2(SO_4)_3 \cdot 8H_2O$ | 7.91 | 7.94 |
| $Eu^{2+}$ | 7 | $^8S_{3/2}$ | $EuCl_2$ | 7.91 | 7.94 |
| $Tb^{3+}$ | 8 | $^7F_6$ | $Tb_2(SO_4)_3 \cdot 8H_2O$ | 9.50 | 9.72 |
| $Dy^{3+}$ | 9 | $^6H_{15/2}$ | $Dy_2(SO_4)_3 \cdot 8H_2O$ | 10.4 | 10.63 |
| $Ho^{3+}$ | 10 | $^5I_8$ | $Ho_2(SO_4)_3 \cdot 8H_2O$ | 10.4 | 10.60 |
| $Er^{3+}$ | 11 | $^4I_{15/2}$ | $Er_2(SO_4)_3 \cdot 8H_2O$ | 9.4 | 9.57 |
| $Tm^{3+}$ | 12 | $^3H_6$ | $Tm_2(SO_4)_3 \cdot 8H_2O$ | 7.1 | 7.63 |
| $Yb^{3+}$ | 13 | $^2F_{7/2}$ | $Yb_2(SO_4)_3 \cdot 8H_2O$ | 4.86 | 4.50 |

[a] Figgis, B. N. In *Comprehensive Coordination Chemistry*; Wilkinson, G.; Gillard, R. D.; McCleverty, J. A., Eds.; Pergamon: New York, 1987; Vol. 1, p 261.
[b] $g[J(J+1)]^{1/2}$, 표기된 것은 제외.
[c] 계산은 바닥 상태와 고에너지항의 섞임 효과를 포함한다.

나는 현상이다. $L$이 실제로 0이 되는 극단적인 경우, 자기 모멘트에 대한 오비탈의 기여는 **소멸되었다** (quenched) 라고 말한다. 이것은 $A$ 또는 $E$ 바닥 상태를 갖는 착물에서는 일반적인 상황이며, 팔면체 $d^3$, $d^4$(고스핀), $d^5$(고스핀), $d^6$(저스핀), $d^7$(저스핀) 과 $d^8$의 경우가 포함된다. 또한 첫째 계열 전이 원소를 포함하는 착물일 때에는, 바닥 상태가 $T$인 경우에도, 오비탈의 기여는 일반적으로 무시될 수 있다. $L=0$인 조건의 경우 식 10.44는 다음과 같이 나타낼 수 있다.

$$\mu = [4S(S+1)]^{1/2} = 2[S(S+1)]^{1/2} \tag{10.45}$$

이 식은 자기 모멘트에 대한 **순스핀 (spin-only)** 식으로 알려져 있다. $S$는 홀전자의 수 ($n$)와 $S=n/2$의 관계를 가지기 때문에, 이 식은 더 간단하게 나타낼 수 있다.

$$\mu = [n(n+2)]^{1/2} \tag{10.46}$$

첫째 계열 전이 금속 착물의 자기 모멘트에 대한 실험값과 계산값을 표 10.27에 나타내었는데, 순스핀 식의 결과와 잘 일치하고 있음을 볼 수 있다.

많은 전이 금속 이온은 고스핀 착물과 저스핀 착물 모두를 형성하는데, 자기화율을 측정하면 이들을 서로 구별할 수 있음을 알게 되었다. 리간드장 이론에서는, 팔면체 착물의 이들 두 스핀 배치는 $\Delta_o$와 짝지음 에너지 ($P$) 의 상대적인 크기로 설명한다. 즉, 고스핀 착물의 경우 $\Delta_o < P$이고, 저스핀 착물은 $\Delta_o > P$이다. $\Delta_o$와 $P$ 사이의 에너지 차이가 상대적으로 작은 경우와 중간장 상황에 있는 착물의 경우, 두 개의 스핀 상태가 서로 평형을 이루면서 공존할 수 있게 된다. $Fe^{2+}$ 이온을 살펴보자. 두 가지 극단적인 상황에서, 이 이온은 고스핀 상자기성 $[Fe(H_2O)_6]^{2+}$ ($S=2$) 와 저스핀 반자기성 $[Fe(CN)_6]^{4-}$ ($S=0$) 를 형성한다. 이들 $d^6$ 착물에 대한 Tanabe–Sugano 도표 (부록 G)

**표 10.27**
첫째 계열 전이 금속 착물의 자기적 성질[a].

| 중앙 금속 | d전자의 수 | 고스핀 착물 홀전수의 수 | μ(실험값) BM | μ(실험값)[b] BM | 저스핀 착물 홀전수의 수 | μ(실험값) BM | μ(계산값)[b] BM |
|---|---|---|---|---|---|---|---|
| $Ti^{3+}$ | 1 | 1 | 1.73 | 1.73 | – | – | – |
| $V^{4+}$ | 1 | 1 | 1.68~1.78 | 1.73 | – | – | – |
| $V^{3+}$ | 2 | 2 | 2.75~2.85 | 2.83 | – | – | – |
| $V^{2+}$ | 3 | 3 | 3.80~3.90 | 3.88 | – | – | – |
| $Cr^{3+}$ | 3 | 3 | 3.70~3.90 | 3.88 | – | – | – |
| $Mn^{4+}$ | 3 | 3 | 3.8~4.0 | 3.88 | – | – | – |
| $Cr^{2+}$ | 4 | 4 | 4.75~4.90 | 4.90 | 2 | 3.20~3.30 | 2.83 |
| $Mn^{3+}$ | 4 | 4 | 4.90~5.00 | 4.90 | 2 | 3.18 | 2.83 |
| $Mn^{2+}$ | 5 | 5 | 5.65~6.10 | 5.92 | 1 | 1.80~2.10 | 1.73 |
| $Fe^{3+}$ | 5 | 5 | 5.70~6.0 | 5.92 | 1 | 2.0~2.5 | 1.73 |
| $Fe^{2+}$ | 6 | 4 | 5.10~5.70 | 4.90 | 0 | – | – |
| $Co^{3+}$ | 6 | 4 | – | 4.90 | 0 | – | – |
| $Co^{2+}$ | 7 | 3 | 4.30~5.20 | 3.88 | 1 | 1.8 | 1.73 |
| $Ni^{3+}$ | 7 | 3 | – | 3.88 | 1 | 1.8~2.0 | 1.73 |
| $Ni^{2+}$ | 8 | 2 | 2.80~3.50 | 2.83 | – | – | – |
| $Cu^{2+}$ | 9 | 1 | 1.70~2.20 | 1.73 | – | – | – |

[a] Burger, K. *Coordination Chemistry: Experimental Methods*; Butterworth: London, 1973.
[b] 순스핀 값.

에서는, 약한 장과 강한 장 사이의 교차점 근처에서 스핀이 없는 상태($^5T_{2g}$)와 스핀이 쌍을 이룬($^1A_{1g}$) 바닥 상태 사이의 에너지 차이는 매우 작아짐을 보여 준다(그림 10.56). 이 영역 내에서는, 두 스핀 상태가 동시에 존재한다는 것과 각각이 나타내는 정도는 온도에 의존할 것($\Delta_o - P = kT$)이라고 예상하여야 한다. 이러한 효과를 나타내는 착물은 $[Fe(phen)_2(NCS)_2]$이다. 그림 10.57은 온도에 대해 자기 모멘트를 도시한 것이다. 높은 온도에서는 네 개의 홀전자와 일치하는 모멘트가 관찰되지만, 온도가 감소함에 따라 175 K에서 크기가 갑자기 줄어드는 것이 관찰되는데, 이 온도에서 저스핀 형태가 더 많이 존재하게 된다.

스핀 교차를 나타내지 않는 착물의 경우도 자기적 성질의 온도 의존상은 매우 중요한 정보를 제공할 수 있다. 1895년 Pierre Curie는 상자기성 자기화율은 절대 온도에

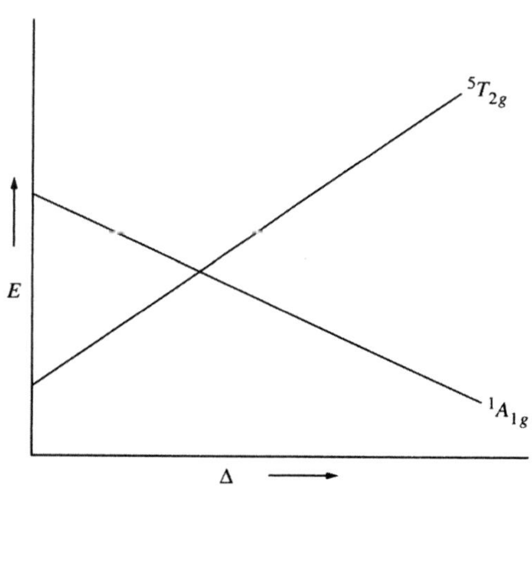


**그림 10.56** $d^6$ 팔면체 착물에서 $\Delta_o$가 증가함에 따른 $^5T_{2g}$와 $^1A_{1g}$ 항의 에너지 변화. 약한 장(고스핀 착물)에서 바닥항은 $^5T_{2g}$이고, 강한 장(저스핀 착물)에서 바닥항은 $^1A_{1g}$이다. 스핀 교차점 근처의 양쪽 방향에서는 두 항 사이의 에너지 차이가 작기 때문에 고스핀과 저스핀 착물은 공존할 수 있다.

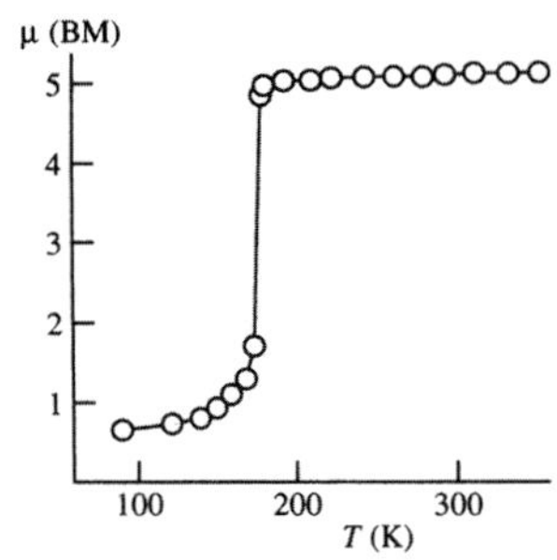


**그림 10.57** 온도에 따른 $[Fe(phen)_2(NCS)_2]$의 자기 모멘트 변화. [Goodwin, H. A. *Coord. Chem. Rev.* **1976**, *18*, 293~325.]

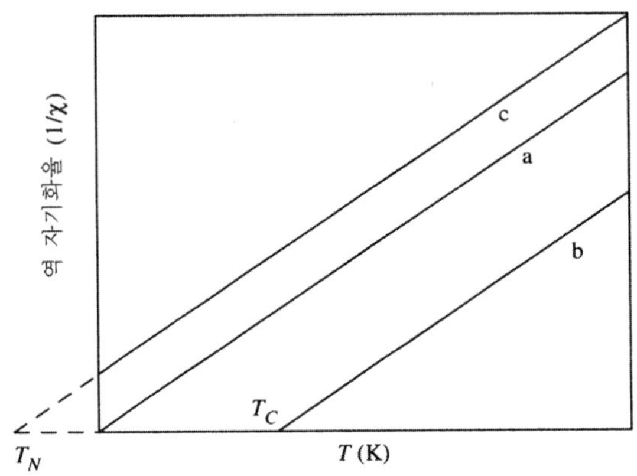


**그림 10.58** 세 가지 자기적 행동에 대한 자기화율의 역수 대 온도의 도표: (a) Curie 법칙; (b) Curie 온도 $T_c$에 따른 강자성 물질의 Curie-Weiss 법칙; (C) Neel 온도 $T_N$에 따른 반강자성 물질의 Curie-Weiss 법칙.

반비례함을 입증하였다(그림 10.58a).

$$\chi_M = C/T \tag{10.47}$$

Curie의 법칙으로 알려져 있는 이 식은 실질적으로는 식 10.40을 다시 설명한 것이다. Curie의 법칙은 자기적으로 희석된, 즉 상자기성 중심이 반자기성 원자에 의해 서로 잘 분리된 상자기성 물질에 잘 적용된다. 자기적으로 희석되지 않은 물질에서는 이웃하고 있는 원자의 홀스핀은 서로 짝지음을 일으킬 것이며, 이런 현상을 자기적 교환이라고 부른다. 교환 작용을 나타내는 물질은 식 10.47을 수정한 Curie–Weiss 법칙으로 다룰 수 있다.

$$\chi_M = C/(T - \Theta) \tag{10.48}$$

여기서 Θ는 온도의 단위를 갖는 상수이다(그림 10.58b와 c). 이웃한 원자에 있는 자기

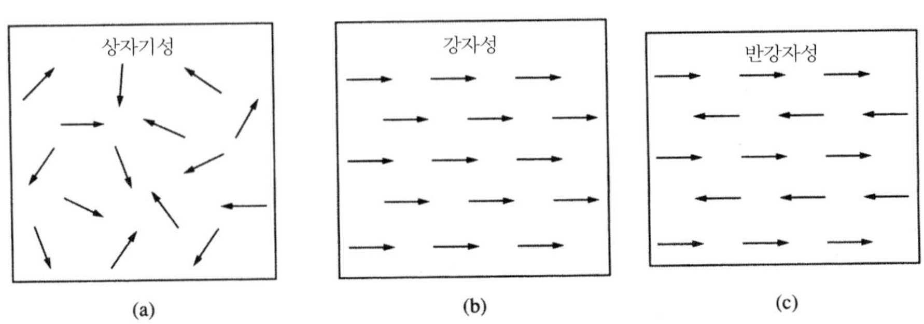


**그림 10.59** 자기 쌍극자 배열의 도식적 표현 (a) 상자기성, (b) 강자성 및 (C) 반강자성 물질.

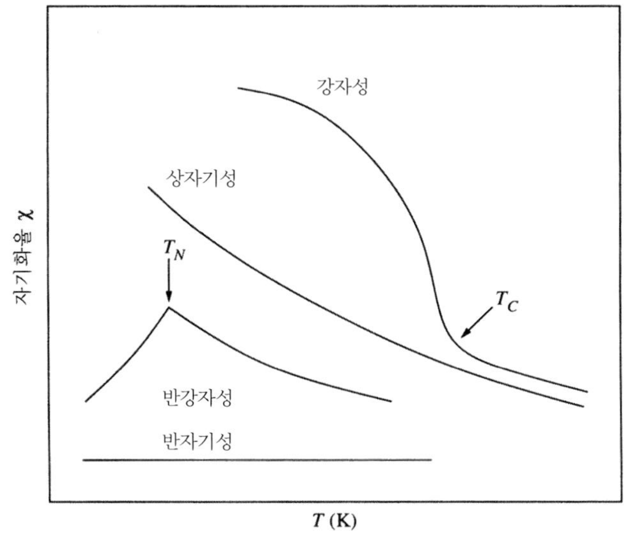


**그림 10.60** 반자기성, 상자기성, 강자성 및 반강자성 물질의 온도에 따른 자기화율의 변화. 강자성 및 반강자성 물질의 경우, 상자기적 행동으로의 전이는 각각 Curie($T_c$) 및 Neel($T_N$) 온도에서 일어난다.

쌍극자의 상호작용이 같은 방향으로의 배열을 가지면, 이 물질은 **강자성 (ferromagnetic)** 이다 (그림 10.59b). 반면에 짝이 되는 스핀의 배열이 서로 반대 방향을 갖는 배열이라면 이 물질은 **반강자성 (antiferromagnetic)** 이다 (그림 10.59c). 자기적 교환을 나타내는 물질에서 스핀 배열의 경향은 스핀 무작정도를 이루려는 열적 경향과 경쟁을 할 것이다. 모든 경우, 어떤 온도보다 더 낮은 온도에서는 자기적 교환이 지배적인 경우가 있다. 이때 교환의 형태가 강자성으로 나타나면 이 온도를 Curie 온도 ($T_C$) 라고 부르며, 반강자성으로 나타나면, Neel 온도 ($T_N$) 라고 부른다. 온도에 따른 자기화율의 변화는 $T_C$나 $T_N$ 아래에서 아주 급격하게 변한다 (그림 10.60). 네 가지의 자기적 현상, 즉 반자기성, 상자기성, 강자성, 반강자성을 비교하여 표 10.28에 나타내었다.

**표 10.28**
자기적 성질의 비교.

| 성질 | 외부장의 효과 | 20 °C, (cgs unit)$g^{-1}$에서 비자기화율 | χ의 온도 의존도 | χ의 장 의존도 |
|---|---|---|---|---|
| 반자기성 | 약한 반발 | $-1 \times 10^{-6}$ | 없음 | 없음 |
| 상자기성 | 적당한 흡인 | $100 \times 10^{-6}$ | $1/T$ | 없음 |
| 강자성 | 매우 강한 흡인 | $1 \times 10^{-2}$ | 복잡 | 의존 |
| 반강자성 | 약한 흡인 | $1 \times 10^{-7} \sim 1 \times 10^{-5}$ | 복잡 | 의존 |

## 연습문제

10.1 부록 H를 참고하여 아래 화합물들을 명명하라.

a. $[Cu(NH_3)_4][PtBr_4]$ b. $[Co(en)_2Cl(NO_2)]Cl$

c. $Na_3[Al(C_2O_4)_3]$ d. $W(CO)_5PMe_3$

e.

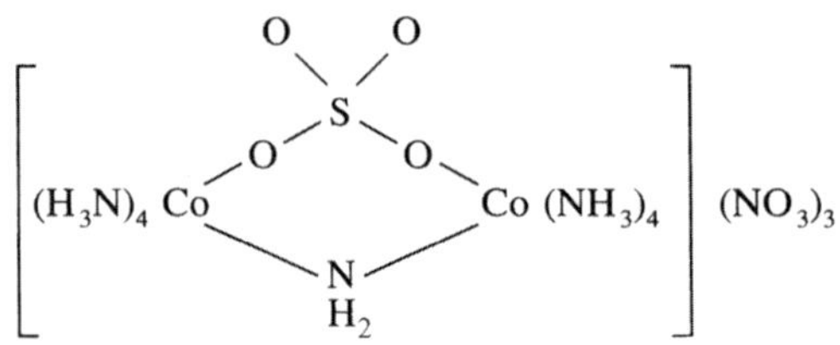

10.2 다음 화합물의 구조식을 적어라.

a. diamminetriaquahydroxochromium(III) nitrate

b. tetrakis(pyridine)platinum(II) tetraphenylborate

c. dibromotetracarbonyliron(II)

d. tetraamminecobalt(III)-μ-amido-μ-hydroxobis(ethylenediamine)cobalt(III) chloride

e. ammonium diamminetetrakis(isothiocyanato)chromate(III)

10.3 다음 착물의 구조를 그려라. (c)–(f) 의 경우, 구조가 표 10.1에 주어진 것과 일치하는지 확인하라.

a. *cis*-$Pt(NH_3)_2Cl_2$ b. *trans*-$Pt(NH_3)_2Cl_2$

c. $[Pt(NH_3)_3Cl_3]Cl$ d. $K[Pt(NH_3)Cl_5]$

e. $[Pt(NH_3)_5Cl]Cl_3$ f. *cis*-$[Pt(NH_3)_2Cl_4]$

g. *trans*-$[Pt(NH_3)_2Cl_4]$

10.4 표 10.2에 나타낸 $MA_3B_3$ 삼각 프리즘 화합물에 대한 세 가지 이성질체를 그려라.

10.5 Werner는 한 화합물에 대한 다음의 두 가지 화학식: $[Co(NH_3)_5]Cl_3$와 $[Co(NH_3)_5Cl]Cl_2$을 어떤 방법으로 구별하였는가? 양이온은 전자에서는 삼각 쌍뿔이고 후자에서는 팔면체이다.

10.6 중성 착물 $[Pt_2(PEt_3)_2Cl_4]$ 1몰에 $Et_3P$ 2몰을 첨가하였더니 2몰의 $[Pt(PEt_3)_2Cl_2]$가 생성되었다. 반응물로 작용한 이합체의 구조를 예측하라. 이것의 구조와 $[Hg_2(PEt_3)_2Cl_4]$의 구조 사이의 차이는 무엇이겠는가?

10.7 기본적 결합 모형에 대한 지식을 바탕으로 $[Ni(NH_3)_6]^{2+}$의 결합을 다음에 근거하여 설명하라.

a. 원자가결합 이론 b. 결정장 이론 C. 분자 오비탈 이론

10.8 표 10.8에 있는 12가지의 이온들 중에서 많은 정상 스피넬과 일치하는 이온은 $Zn^{2+}$와 $Cr^{3+}$뿐이다. 이 관찰 결과를 설명하라.

10.9 다음 대칭의 경우, $d$ 오비탈에 대하여 정성적인 결정장 갈라짐 방식을 설명하라. $C_{2v}$, $D_{3h}$, $C_{4v}$, $C_{3v}$, $D_{2h}$.

**10.10** Ni(acac)$_2$ 는 상자기성이지만, 사면체 구조가 아니다. 이 사실과 일치하는 구조를 제시하라.

**10.11** 사각 평면 구조를 갖는 $d^8$ 상자기성 착물은 매우 드물다(각주 5 참조). 결정장 이론을 사용하여 이 결과를 설명하라.

**10.12** 리간드의 $\pi$ 결합 경향으로서 다음의 착물들을 논하라: $[Os(O)_2Cl_4]^{2-}$, $Os(O)(CH_2SiMe_3)_4$, $[Os(N)(CH_2SiMe_3)_4]^-$(Marshman, R. W.; Bigham, W. S.; Shapley, P. A. *Organometallics* **1990**, 9, 1341-1343을 보라.)

**10.13** 그림 10.39와 10.40의 부분적인 분자 오비탈 도표를 보면, $\Delta_o$는 $\pi$-주개 리간드에 대해서는 $t_{2g}^*$와 $e_g^*$ 간의 에너지 분리이고, $\pi$-받개 리간드에 대해서는 $t_{2g}$와 $e^*$ 간의 에너지 분리이다. 이런 차이가 생기는 원인은 무엇인가? 모든 $\sigma$, $\pi$ 및 비결합 전자들을 포함하는 $[CoF_6]^{3-}$와 가상적인 $[Co(PR_3)_6]^{3+}$에 대한 정성적인 분자 오비탈 도표를 만들어라.

**10.14** a. $H^+$에 대한 염기도가 감소하는 순서로 다음 리간드들을 배열하라: $PPh_3$, $PMe_3$, $PH_3$, $P(OR)_3$, $PF_3$.

b. 포스핀 화합물은 물에 녹지 않는다. 양성자화된 포스핀에 대한 수용액에서의 p$K_a$ 값을 실험적으로 결정하는 방법을 제시하라.

c. $[HPBu^t_3]^+$의 p$K_a$는 11.4이고, 모든 $[HPR_3]^+$ 화학종 중에서 가장 높은 값을 갖는 것으로 알려져 있다. 이 화합물의 값이 $[HPMe_3]^+$의 p$K_a$(8.6) 보다 더 큰 이유를 설명하라.

d. (a) 에서 주어진 리간드들을 $\pi$-산도가 감소하는 순으로 배열하라.

**10.15** $\sigma$, $\pi$ 및 배위된 포스핀의 입체적 용량 등을 모두 합한 항으로 금속-인 결합의 세기를 합리적으로 설명하려는 시도는 매우 어려운 작업이다. 문제 10.13에서 살펴본 계열을 참조하여 가장 강한 M—P 결합과 가장 약한 M—P 결합을 형성하는 리간드를 예측하라.

**10.16** 일산화 탄소는 $H^+$에 대하여 매우 약한 Lewis 염기이지만, Ni에 대해서는 우수한 Lewis 염기이다. CO가 강염기와 약염기의 성질을 모두 가질 수 있는 이유는 무엇인가? (어느 것이 강염기인지를 알려면 "무엇에 대해서"를 먼저 정해야 한다. 어느 것이 안정한지에 대해서도 마찬가지이다.)

**10.17** 황산 구리(II) 용액이 푸른색인 이유는 무엇인가?

**10.18** $[CuL_6]^{2+}$ 용액의 색깔은 하나는 푸른색이고 다른 하나는 녹색이다. 어느 것이 더 높은 $\Delta_o$값을 가질 것으로 예상되는가?

**10.19** 분광학적 방법으로 사이클로펜타다이엔일 인 화합물, $(Me_5C_5)Bu^tPCl$이 확인되었다.[54] 이 화합물이 유기금속 화합물인지 여부를 답하고 그 이유를 설명하여라. 전자 수를 계산하여 사이클로펜타다이엔일 기의 합토 결합성을 결정하여라. 유효 원자 번호 규칙을 따르려면 인은 몇 개의 전자가 필요한가?

**10.20** $[Fe(H_2O)_6]^{2+}$는 18개의 원자가 전자를 갖지만 유효 원자 번호 규칙에서 벗어

[54] Cowley, A. H.; Metrotra, S. K. *J. Am. Chem. Soc.* **1983**, *105*, 2074~2075.

난다. 그 이유를 설명하라.

**10.21** 다음 리간드를 포함하는 크로뮴의 중성, 18-전자 착물의 식을 써라.

a. 사이클로펜타다이엔일과 나이트로실 리간드

b. 사이클로펜타다이엔일, 카보닐 및 나이트로실 리간드

**10.22** 비스-, 트리스- 테트라키스(트라이페닐포스핀) 팔라듐에 대한 기하구조를 가정하라. 이들 중 18-전자 규칙을 따르는 것은 어느 것인가? $[PdCl_4]^{2-}$의 기하구조는 무엇인가? 이 착물의 기하구조가 테트라키스(트라이페닐포스핀) 착물과 다른 이유는 무엇인가?

**10.23** M = V, Cr 및 Mn일 때, $[(OC)_4M(\mu\text{-}PR_2)_2M(CO)_4]$ 식을 갖는 중성 착물에 대한 금속-금속 결합 차수를 예측하라.

**10.24** CS의 착물은 알려져 있지만 $Fe(CS)_5$ 처럼 동종 리간드 착물은 아직까지 합성되지 않았다. 이들 착물의 합성이 실패한 이유는 무엇이라고 생각하는가?

**10.25** a. 다이포스포라고 부르기도 하는 $Ph_2PCH_2CH_2PPh_2$를 포함하는 착물은 많이 있다. 18-전자 규칙을 사용하여 다음 착물의 구조를 그려라.

i. $(OC)_5W(Ph_2PCH_2CH_2PPh_2)$

ii. $(OC)_4W(Ph_2PCH_2CH_2PPh_2)$

iii. $(OC)_4W(Ph_2PCH_2CH_2PPh_2)_2$

iv. $(OC)_{10}W_2(Ph_2PCH_2CH_2PPh_2)$

v. $(OC)_8W_2(Ph_2PCH_2CH_2PPh_2)_2$

b. $(OC)_{10}W_2(Ph_2PCH_2CH_2PPh_2)$ 를 합성하는 것은 가능하지 않았지만 $(OC)_{10}W_2(PMe_2CH_2PMe_2)$ 는 알려져 있다. 이유를 설명하여라.

**10.26** 18-전자 규칙을 따르고 다음의 리간드만을 포함하는 단일 금속 망가니즈 착물을 가정하라.

a. 수소, 아실, 사이클로뷰타다이엔 및 사이클로펜타다이엔일

b. 싸이올산, 알켄, 벤젠 및 포스핀

c. 알킬, 카벤, 카바인 및 나이트로실

d. 사이클로헵타트라이엔일, 이질소 및 아이소사이아나이드

**10.27** 포스피도 다리결합을 포함하는 삼금속 착물은 잘 알려져 있다.[55] 18-전자 규칙을 따른다고 가정하고 $[Mn(\mu\text{-}PH_2)(CO)_4]_3$에 대한 구조를 예측하라.

**10.28** Dixneuf와 공동 연구자들은 18-전자 규칙을 따르는 $Fe[\eta^2\text{-}Ph_2PCH{=}C(R)S](\eta^2\text{-}SCOMe)(PPh_3)(CO)$를 합성하였다.[56] 이 화합물의 구조를 그려라. 이 화합물에서 철의 산화 상태는?

**10.29** $Me_3P$와 $P(OMe)_3$는 모두 리간드로 널리 사용되고 있다. $O_2$와 $H_2O$에 대한 이들의 반응성을 비교하라. 두 리간드 중에서 어느 것이 더 좋은 **σ**-주개이고 **π**-주개인가? 그 이유를 설명하라.

---

55) Powell, J.; Sawyer, J. F.; Shiralian, M. *Organometallics* **1989**, *8*, 577~583.

56) Samb, A.; Demerseman, B.; Dixneuf, P. H.; Mealli, C. *Organometallics* **1988**, *7*, 26~33.

**10.30** 유기금속 화합물의 명명에는 접두사가 많이 사용된다. 예를 들면, 착물 $Fe_3(CO)_9(\mu_3\text{-}\eta^2\text{-}\perp\text{-}(CH_3C{\equiv}CCH_3))$는 $\mu_3$, $\eta^2$ 및 $\perp$를 포함한다. 이 착물의 구조를 그리고 각 접두사의 의미를 설명하라.

**10.31** 니켈(II) 계열 착물들의 전자 전이 진동수는 아래와 같다(dma = dimethylacetamide)

| 착물 | $\nu_1$ | $\nu_2$ | $\nu_3$ |
|---|---|---|---|
| $[Ni(H_2O)_6]^{2+}$ | 8500 | 15,400 | 26,000 |
| $[Ni(NH_3)_6]^{2+}$ | 10,750 | 17,500 | 28,200 |
| $[Ni(OSMe_2)_6]^{2+}$ | 7728 | 12,970 | 24,038 |
| $[Ni(dma)_6]^{2+}$ | 7576 | 12,738 | 23,809 |

이들 착물에 대한 $\Delta_o$와 $B'$ 값을 결정하라.

**10.32** $[Cr(CN)_6]^{3+}$의 스펙트럼 흡수띠는 각각 264 nm(전하 이동), 310 nm, 378 nm에서 나타난다. $\Delta_o$와 $B'$ 값을 결정하라.

**10.33** 가시광선이 황산 니켈(II) 용액을 통과하면 용액은 녹색을 나타낸다. 이 색깔을 나타나게 만드는 스핀 허용 전이는 무엇인가? 이 착물의 경우 John–Teller 일그러짐이 예상되는가?

**10.34** 플루오린화 크로뮴(II)와 플루오린화 망가니즈(II)는 모두 중심 금속 주위에 여섯 개의 플루오린화 리간드를 가진다. Mn—F의 결합 길이는 모두 같지만, Cr—F의 경우 네 개는 길고 두 개는 짧다. 그 이유를 설명하라.

**10.35** 분자가 Jahn–Teller 일그러짐을 일으키는 대칭 중심을 가진다면, 대칭 중심은 반드시 유지되는데, 팔면체가 정방형 일그러짐을 일으킬 때 이 현상을 관찰할 수 있다. 이 원리와 일치하는 팔면체 착물의 다른 일그러짐은 어떤 것이 있겠는가?

**10.36** $FeF_2$와 $K_3[CoF_6]$는 6배위 고스핀 금속 이온을 갖고 있다. $FeF_2$의 전자 스펙트럼은 6690 $cm^{-1}$과 10,660 $cm^{-1}$에서 흡수가 나타나고, 후자의 경우 10,200 $cm^{-1}$과 14,500 $cm^{-1}$에서 흡수가 나타난다. 어떤 착물에서 $\Delta_o$가 가장 큰가? 이들 착물에서 허용된 전자 전이의 다중도는 얼마이고 그러한 다중도를 갖는 이유는 무엇인가? 각각의 스펙트럼에서 흡수띠가 두 개씩 나타나는 이유를 설명하라.

**10.37** 리간드에서 금속으로의 전하 이동 흡수띠는 $[CoI_4]^- < [CoBr_4]^- < [CoCl_4]^-$의 순서로 에너지가 증가한다. 그 이유를 설명하라.

**10.38** 다음을 설명하라. (Lever, A. B. P. *J. Am. Chem. Soc.* **1974**, *51*, 612~616 참조)

a. 무수 고체 $CuCl_2$와 $CuBr_2$는 각각 녹색과 검은색이고, $CuI_2$는 상대적으로 불안정하다.

b. $NCS^-$ 이온은 Fe(III)에 대한 좋은 비색 시약이다.

c. 다른 산화 상태를 갖는 두 금속이 서로 가깝게 있는 착물은 매우 선명한 색깔을 띠는 경우가 많다.

d. 가시광선 영역에서 전하 이동 띠가 나타나는 착물들은 햇빛에 불안정한

경우가 많다.

**10.39** $NiBr_2$와 $Ph_2EtP$의 반응을 통해, 3.20 Bohr 마그네톤의 자기 모멘트를 갖는 $[Ni(Ph_2EtP)_2Br_2]$의 녹색 결정과 자기 모멘트가 0인 $[Ni(Ph_2EtP)_2BrS_2]$의 붉은색 결정을 분리할 수 있다. 이들 중의 어느 한 가지를 40 °C에서 다이클로로메테인에 녹이면, 이 용액은 2.69 BM의 자기 모멘트를 가진다. 녹색과 붉은색 결정의 구조를 제시하고 용액의 자기 모멘트에 대하여 설명하라. (LaMar, G. N.: Sherman, E. O. *J. Am. Chem. Soc.* **1970**, *92*, 2691 참조).

**10.40** $Dy_2(SO_4)_3 \cdot 8H_2O$의 자기 모멘트를 계산하라.

**10.41** $Er^{3+}$의 바닥 상태항은 $^4I_{15/2}$이다. $Er_2(SO_4)_3 \cdot 8H_2O$의 자기 모멘트는 얼마인가?

**10.42** 착물인 $[Mn(H_2O)_6]^{2+}$, $[Fe(H_2O)_6]^{3+}$, $[MnCl_4]^{2-}$, $[FeCl_4]^{2-}$는 모두 자기 모멘트가 약 5.92 BM이다. 이것으로부터 알 수 있는 이들 착물의 기하학적 구조와 전자 구조에 관한 정보는 무엇인가? 이들 착물에 대한 순스핀 식이 정확한 이유는 무엇인가?

**10.43** 전이 금속 착물의 자기화율을 측정하는 방법인 Evans법은 NMR을 이용한다. 이 과정을 설명하는 예로서 60 MHz 분광기를 이용하는 다음과 같은 실험을 살펴보자. 2% *t*-뷰틸 알코올에 $CuSO_4$ 8.0 mg $mL^{-1}$을 녹인 수용액을 모세관에 채운다. 모세관을 밀봉하고, $CuSO_4$를 녹이지 않은 2% *t*-뷰틸 알코올을 용액으로 채워져 있는 NMR 튜브 속에 넣는다. 두 용액의 부피 자기화율이 다르기 때문에, *t*-뷰틸기는 각각 서로 다른 양성자 화학적 이동을 나타낸다. 이 특별한 실험의 경우, 310 K에서 $CuSO_4$ 용액에 있는 *t*-뷰틸기의 화학적 이동은 Cu가 없는 용액의 화학적 이동보다 8.6 Hz 더 높은 장에서 나타난다. 이 자료와 문헌(Loliger, J.: Scheffold, R. *J. Chem. Educ.* **1972**, *49*, 646~647.) 을 참조하여 $CuSO_4$의 자기 모멘트를 결정하라. 순스핀 식으로 예측한 값과 결정한 값을 비교하라.

**10.44** 다음 실험 결과를 설명하라. 실온에서 $Fe[HB(l\text{-}pyrazolyl)_3]_2$ 시료 0.192 g의 무게를 측정하였더니 자기장 내에서나 자기장 밖에서의 무게가 서로 같았다(유효숫자 세 자리까지). 그러나 449 K에서는 동일한 자기장 내에서 같은 재료의 시료 0.192 g의 무게는 장 밖에서의 무게보다 0.015 g 더 무겁게 측정 결과가 얻어졌다. (Hutchinson, B.;Hance, R. L.; Hardegree, E. L.; Russel, S. A. *J. Chem. Educ.* **1980**, *57*, 830~831 참조.)

**10.45** 진한 염산에 녹인 염화 코발트(II) 육수화물 용액에 에틸렌다이아민을 첨가하여 80%의 수율로 푸른색 고체 결정을 얻었다. 이 화합물을 분석하니 14.16% N, 12.13% C, 5.09% H와 53.70% Cl로 이루어져 있었다. 유효 자기 모멘트는 4.6 BM으로 측정되었다. 이 푸른색 착물을 물에 녹였더니 분홍색 용액이 되었고, 25 °C에서의 전도도는 852 $ohm^{-1}$ $cm^2$ $mol^{-1}$이었다. DMSO 용액에서 착물의 가시광선 스펙트럼 흡수띠의 중심은 3217 $cm^{-1}$, 5610 $cm^{-1}$과 15,150 $cm^{-1}$(몰 흡광도 = 590 $mol^{-1}$ L $cm^{-1}$)이었다. 그러나 물속에서는 8,000~16,000 $cm^{-1}$과 19,400 $cm^{-1}$(몰 흡광도 = 5 $mol^{-1}$ L $cm^{-1}$)에서 흡수띠의 중심이 나타

났다. 수산화 소듐으로 적정했더니 착물 1몰을 중화시키는 데 4몰의 염기가 사용되었다. 이 착물의 화학식과 구조를 결정하라. 모든 반응과 관찰 결과를 설명하라.

**10.46** $TiCl_3$가 첨가된 요소 수용액에 KI를 첨가하였더니 타이타늄, 요소, 아이오딘을 포함하는 짙은 푸른색의 착물 결정이 얻어졌다. 이 물질의 가시광선 스펙트럼은 18,000 $cm^{-1}$에서 하나의 흡수만 나타내었고, 자기 모멘트는 1.76 BM으로 측정되었다. 이 화합물 1.000 g이 산소 분위기 하의 높은 온도에서 분해시키면, 모든 리간드는 휘발되었고 0.101 g의 $TiO_2$가 생성되었다. 이 착물의 화학식과 구조를 추정하라. 요소나 물이 분광화학적 계열에서 높은 위치에 있다고 생각하는가? 요소는 산소와 질소 중에서 어느 원자를 통하여 타이타늄과 결합할 지를 결정하는 방법은 무엇인가?

**10.47** 고체 상태에서 $Co(py)_2Cl_2$는 보라색이고, 5.5 BM의 자기 모멘트를 가진다. 그러나 $CH_2Cl_2$ 용액에서는 푸른색이고 4.42 BM의 자기 모멘트를 가진다. 이와는 대조적으로, $Co(py)_2Br_2$는 고체 상태에서나 $CH_2Cl_2$ 용액에서 모두 푸른색이고, 두 가지 형태에서 각가 4.6 BM의 자기 모멘트를 가진다. 이들 관찰 결과를 설명하라. $Co(2\text{-}Mcpy)_2Cl_2$와 $Co(py)_2I_2$의 색깔과 자기 모멘드를 예측하라.

**10.48** 유리에 코발트(II)를 넣으면 푸른색 유리가 얻어진다는 것이 알려졌던 것은 기껏해야 15세기경이다. 이런 형의 유리는 아름다움은 말할 것도 없고, 소듐 방출을 흡수하는 데 유용하기 때문에, 소듐이 존재하더라도 포타슘에 대한 특성적 불꽃시험을 검출할 수 있다. 이를 설명하라. 코발트(II)를 함유하지만 붕산 알칼리의 함량이 적은 유리는 코발트블루의 색깔을 잘 내지 못하고 분홍색을 띤다. 여기에 염화 소듐을 첨가하면 짙은 푸른색을 띠게 된다. 이런 현상이 일어나는 이유는 무엇인가? (Paul, A. *Chemistry of Glasses*, 2nd ed.; Chapman and Hall: London, 1990; pp 323ff.)

제 11 장

# 배위화학 : 구조

앞 장에서 배위 화합물의 에너지학과 구조를 설명하는 결합 원리에 대해 살펴보았다. 이 장에서는 특히 여러 가지 배위수의 존재와 분자 구조, 그리고 이러한 구조들이 화합물의 화학적·물리적 성질에 미치는 영향들에 대해 좀 더 자세히 알아볼 것이다.

금속 이온의 배위수는 기체상의 $Na^+Cl^-$ 이온쌍에서의 1로부터 몇 가지 혼합 금속 산화물에서의 12까지의 범위를 가진다. $Na^+Cl^-$ 이온쌍은 보통 배위 화합물로 취급하지 않고, 다른 예도 거의 없기 때문에 최저 배위수 1은 배위화학의 영역으로 보기 어렵다. 마찬가지로 최고 배위수 12도 별로 중요하게 취급되지 않는다. 왜냐하면, 자주 사용하지 않는 육방정계 $BaTiO_3$나 페로브스카이트[1]와 같은 고체 결정 격자를 취급할 때나 가치가 있기 때문이다. "전형적" 배위 화합물 중에 알려진 최저 및 최고 배위수는 각기 2와 9이고, 중간 배위수인 6이 가장 중요하다.

3장에서 격자 내의 이온의 배위수는 이온 반지름의 비와 관계가 있다는 것을 알았다. 그와 같은 일반 원리는 배위 화합물에도 적용되며, 특히 배위수 4처럼 같은 배위수를 가지면서 사면체와 사각 평면의 두 가지 일반적 기하 구조를 갖는 경우에 적용된다. 여러 가지 반지름비를 표 11.1에 나타내었다.

## 배위수 1

앞에서 언급한 기체상 이온쌍이 배위수 1의 예로 고려될 수 있을 것이다. 그 외에도 몇 가지 알려진 다른 예도 있다. 예를 들면, 매우 입체적으로 가리워진 1,3,5-트라이페닐벤젠으로부터 생기는 아릴 라디칼은 옆의 여백에 나타낸 것과 같은 $CuC_6H_2(C_6H_5)_3$나 $AgC_6H_2(C_6H_5)_3$ 형태의 1:1[2]의 유기금속 화합물을 이룬다.

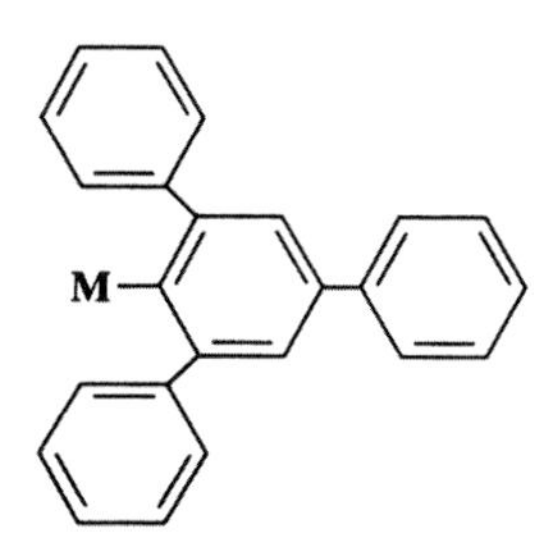

[1] 이들 계의 금속 이온의 성질들 중에서 몇 가지는 배위화학으로 설명할 수 있다(6장 참조).

[2] Lingnau, R.; Strahle, J. *Angew. Chem. Int. Ed. Engl.* **1988**, 436. "$LiCH_3$", "$LiC_6H_5$", "$KCH_3$" 및 "$CuCH_3$"라고 표기하는 것은 훨씬 더 복잡한 것일 수도 있음을 유의하라: $Li(CH_3)_{4,6}$(탄화수소 용매에서는 6배위 분자로, THF 용매에서나 고체에서는 4배위 분자이다.) $K^+CH_3^-$(이온성 고체), 그리고 $(CuCH_3)_x$(다리결합된 고분자성 고체). Elschenbroich, C.; Salzer, A. *Organometallics*, 2nd ed.: Weinheim, Germany, 1992; pp 20~21.

**표 11.1**
반지름비.

| C.N. | 최소 반지름비 | 배위 다면체 |
|---|---|---|
| 4 | 0.225 | 정사면체 |
| 6 | 0.414 | 팔면체/사각 평면 |
| 6 | 0.528 | 삼각 프리즘 |
| 7 | 0.592 | capped 팔면체 |
| 8 | 0.645 | 사각 안티 프리즘 |
| 8 | 0.668 | 정12면체(bisdisphenoid) |
| 8 | 0.732 | 입방체 |
| 9 | 0.732 | tricapped 삼각 프리즘 |
| 12 | 0.902 | 20면체 |
| 12 | 1.000 | 입방 팔면체 |

## 배위수 2

배위수 2를 갖는 몇 가지 착물이 알려져 있다. 그들은 일반적으로 IB(11) 족 금속의 +1가 이온과, 이들 이온과 비슷한 Hg(II) 화합물($d^{10}$)에 한정되어 있다. 예를 들면, $[Cu(NH_3)_2]^+$, $[Ag(NH_3)_2]^+$, $[CuCl_2]^-$, $[AgCl_2]^-$, $[AuCl_2]^-$, $[Ag(CN)_2]^-$, $[Au(CN)_2]^-$, $[Hg(CN)_2]$이다. 이들은 다음과 같이 더 많은 리간드와 반응하여 배위수가 높은 착물이 된다.

$$[Ag(NH_3)_2]^+ + 2NH_3 \longrightarrow [Ag(NH_3)_4]^+ \tag{11.1}$$

$$[Hg(CN)_2] + 2CN^- \longrightarrow [Hg(CN)_4]^{2-} \tag{11.2}$$

2배위 착물은 다른 구조에 비해서 안정도가 낮은데, 그러한 것은 사이아노 착물에서 잘 나타난다. 은(I)과 금(I)은 독립적인 비스(사이아노) 착물을 형성하지만, 고체 $KCu(CN)_2$는 사슬 구조이며, 구리(I)의 배위수는 3이다.

만약 리간드가 $[N(SiMe_3)_2]^-$, $[N(SiMePh_2)_2]^-$, $[NPhBMeS_2]^-$, $[NPhBXyl_2]^-$와 같이 충분하게 입체적으로 가리어져 있다면, $Mn^{2+}$, $Fe^{2+}$, $Co^{2+}$, $Ni^{2+}$와 같은 이온들과 2배위 착물을 형성할 것이다.[3] 마지막 두 리간드는 N → B 공여 $\pi$ 결합을 통해 질소 원자의 비공유 전자쌍 하나를 보릴기에 주어 질소 원자의 다리결합 능력을 줄임으로써 이합체 착물을 형성하는 경향을 줄여주는 이점을 가지고 있다.

배위수 2의 기하 구조는 간단한 정전기적 관점에 따르거나 금속에 의한 *sp* 혼성화에 따르거나 모두 직선형일 것으로 예상된다(그러나 예외도 있다; 5장 참조). 만약 금속의 $(n-1)d$ 오비탈이 *ns*와 *np* 오비탈에 에너지적으로 충분히 근접해 있다면, $d_{z^2}$ 오비탈도 리간드 영역으로부터 전자 밀도를 줄여 이 혼성화에 포함될 수 있다. 이러한 현상이 일어나는 경향은 Hg = Au > Ag > Cu 순이며, 이는 상대성 효과[4] 때문이다(15장 참조). 다시

---

3) Mes = $C_6H_2Me_3$, Xyl = $C_6H_3Me_2$. Chen, H.; Bartlett, R. A.; Olmstead, M. M.; Power, P.P.; Shoner, S. C. *J. Amer. Chem. Soc.* **1990**, *112*, 1048~1055. Power, P. P. *Comments Inorg. Chem.* **1989**, *8*, 177~202와 이 논문에 인용된 문헌들.

4) Schwerdtfeger, P.; Boyd, P. D. W.; Burrell, A. K.; Robinson, W. T.; Taylor, M. J. *Inorg. Chem.* **1990**, *29*, 3593~3607.

말해, 이것은 아마 금(I)과 수은(II)의 무른 정도의 증가에 일부 원인이 있을 것이다(8장 참조).

## 배위수 3

배위수 3[5]은 드문 배위수이다. 화학량론적으로 볼 때 3배위를 하고 있는 것처럼 보이는 많은 화합물들을 조사해 보면 더 높은 배위수를 갖는 것을 알 수 있다. 예를 들면, $CsCuCl_3$(무한 단일 사슬, 228 pm 및 236 pm에서 —Cl—$CuCl_2$—Cl—, C.N. = 4 ; 278 pm에서 이웃한 사슬로부터 두 개 더 많은 $Cl^-$; Jahn–Teller 효과가 있음에 유의), $KCuCl_3$(무한 이중 사슬, $Cl_4$—($Cu_2Cl_2$)—$Cl_4$, C.N. = 6 ; 일그러진 팔면체 구조), $NH_4CdCl_3$(무한 이중 사슬, C.N. = 6 ; 일그러지지 않음)가 있다.

위에서 설명한 $KCu(CN)_2$ 사슬(—CN—Cu(CN)—CN—Cu(CN)—)은 완전한 3배위의 예이다. X선 연구[6]로 증명된 또 다른 3배위의 예는 과염소산 트리스(황화 트라이메틸포스핀) 구리(I)인 $[Cu(SPMe_3)_3][ClO_4]$(그림 11.1a), 사이클로-트리스(클로로-$\mu$-황화 트라이메틸포스핀) 구리(I)(그림 11.1b), 트리스(*t*-뷰틸티올라토) 수은(II) 산 음이온[7](그림 11.1c), 트라이아이오도수은(II) 산 음이온인 $[HgI_3]^-$, 트리스(트라이페닐포스핀) 백금(0)인 $[(Ph_3P)_3Pt]$이다. 위의 모든 예에서 기하 구조는 $sp^2$ 혼성으로부터 예상되는 것처럼 평면의 중심에 중심 금속 원자가 있는 대략적인 정삼각형이다. 삼각형의 $sd^2$ 혼성도 가능하므로, 선형 혼성의 경우에서와 같이 일부 *d* 오비탈이 참여하고 있다고 생각할 수 있다. 역시 입체구조로 보더라도 일반적인 C.N. = 4 보다는 C.N. = 3이 바람직하며, 전자적으로 3배위가 유리하지 않으므로 입체 효과가 중요한 요인임에 틀림없다.

기하 구조는 평면이지만 등변형이 아닌 몇 가지 착물이 알려져 있다. 하나의 각이 120° 보다 훨씬 크거나(T자형, 그림 11.1d), 또는 120°보다 훨씬 작다(Y자형, 그림 11.1e). 결합각이 다른 것처럼, 결합 길이도 다르다(문제 11.28 참조).[8]

## 배위수 4

여기에서 처음으로 배위화학에 있어서 중요한 위치를 차지하는 배위수가 등장한다. 이성질체가 예상되는 최초의 것이기도 하다. 배위수 4[9]를 갖는 구조는 중간체와 일그러진 구조가 흔하기는 하지만, 일반적으로 사면체와 사각 평면으로 구분할 수 있다.

---

[5] Eller, P. G.; Bradley, D. C.; Hursthouse, M. B.; Meek, D. W. *Coord. Chem. Rev.* **1977**, *24*, 1~95.

[6] Tiethof, J. A.; Stalick, J. K.; Meek, D. W. *Inorg. Chem.* **1973**, *12*, 1170~1174. Tiethof, J. A.; Hetey, A. T.; Meek, D. W. *Inorg. Chem.* **1974**, *13*, 2505~2509. Eller, P. G.; Corfield, P. W. R. *Chem. Commun.* **1971**, 105~106. Fenn, R. H.; Oldham, J. W. H.; Phillips, D. C. *Nature*, **1963**, *198*, 381~382. Albano, V.; Bellon, P. L.; Scatturin, V. *Chem. Commun.* **1966**, 507~509.

[7] 이 음이온은 수은 바이오센서에서 수용체 자리를 위한 모델 화합물로 사용된다. (Watton, S. P.; Wright, J. G.; MacDonnell, F. M.; Bryson, J. W.: Sabat, M.; O'Halloran, T. V. *J. Amer. Chem. Soc.* **1990**, *112*, 2824~2826.)

[8] Munakata, M.; Maekawa, M.; Kitagawa, S.; Matsuyama, S.; Masuda, H. *Inorg. Chem.* **1989**, *25*, 4300~4302와 이 논문의 참고문헌 참조.

[9] Favas, M. C.; Kepert, D. L. *Prog. Inorg. Chem.* **1980**, *27*, 325~463.

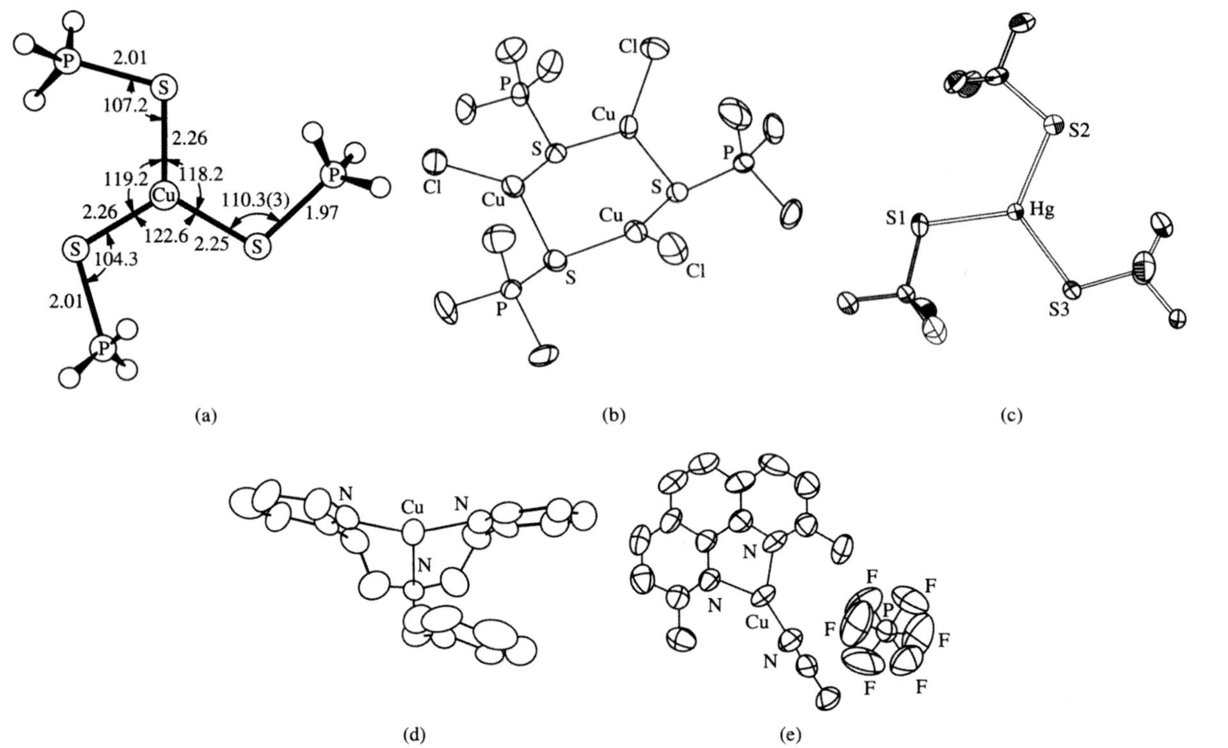


**그림 11.1** 3배위 착물: (a) $Cu[SP(Me_3)_3]^+$; (b) $[Cu(SP(CH_3)_3)Cl]_3$; (c) $[Hg(SBu^t)_3]^-$; (d) $[C_6H_5CH_2N(CH_2CH_2C_5H_4N)_2Cu]^+$; (e) $[(CH_3CN)CuN_2C_{12}H_6(CH_3)_2]PF_6$. 탄소 원자는 표시하지 않았고, 수소 원자는 생략하였다. [Eller, P. G.; Corfield, P. W. R. *Chem. Commun.* **1971**, 105~106. Tiethof, J. A.; Stalick, J. K.; Meek, D. W. *Inorg. Chem.* **1973**, *12*, 1170~1174. Tiethof, J. A.; Hetey, A. T.; Meek, D. W. *Inorg. Chem.* **1974**, *13*, 2505~2509. Watton, S. P.; Wright, J. G.; MacDonnel, F. M.; Bryson, J. W.; Sabat, M.; O'Halloran, T. V. *J. Am. Chem. Soc.* **1990**, *112*, 2824~2826. Blackburn, N. J.; Karlin, K. D.; Concannon, M.; Hayes, J. C.; Gultneh, Y.; Zubieta, J. *Chem. Commun.* **1984**, 939~940. Munakata, M.; Maekawa, M.; Kitagawa, S.; Matsuyama, S.; Masuda, H. *Inorg. Chem.* **1989**, *28*, 4300~4302.]

## 사면체 착물

사면체 착물은 전하를 띤 리간드의 간단한 정전기적 반발이나 큰 리간드의 van der waals 반발에 의한 입체적 요건 때문에 잘 생성된다. 원자가결합(VB)의 관점에서 사면체 구조는 $sp^3$ 혼성화로 묘사된다. 결정장(CF)이나 분자 오비탈(MO)의 관점에서 사면체 착물은 큰 리간드장 안정화 에너지(LFSE)에 의해서 안정화되는 것은 아니라고 본다. 그러므로 사면체 착물은 $Cl^-$, $Br^-$, $I^-$와 같은 큰 리간드와 다음과 같은 세 가지 형태의 작은 금속 이온에 의하여 잘 생긴다: (1) $Be^{2+}$처럼 불활성 기체 배치를 갖는 것; (2) $Zn^{2+}$나 $Ga^{3+}$처럼 유사 불활성 기체인 $(n-1)d^{10}ns^0np^6$의 전자 배치를 갖는 것, (3) $d^7$의 $Co^{2+}$처럼 LFSE 때문에 다른 구조를 잘 형성하지 않는 전이 금속 이온.

사면체 착물은 기하 이성질체를 갖지 않는다. 그러나 사면체 탄소처럼 광학적으로 활성이 될 가능성이 있다. 대부분의 유기 광학 활성 이성질체에서 보이는 가장 간단한 광학 이성질체, 즉, 네 개의 다른 치환기를 갖는 광학 이성질체는 사면체 착물에서는 거의 관찰되지 않는다. 그 이유는 사면체 착물을 분리하기에는 사면체 착물의 치환기가 치환성[10]이 너무 크기 때문이다. 즉, 그들은 빠르게 라세미화된다. 그러나 흥미로운 한 계열의 사

10) 치환성(labile)은 본질적으로 열역학적 안정도와 관계가 없고, 다른 리간드와의 치환 용이성을 나타낸다. 결합 세기 이외에, 적당한 반응 메커니즘도 착물의 난치환성이나 치환성에 기여한다(12장 참조).

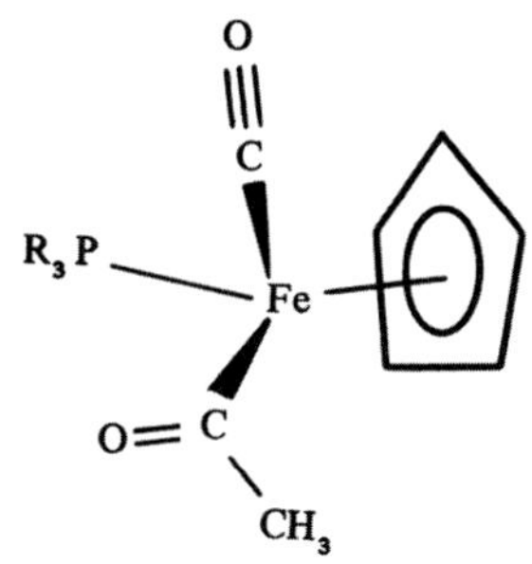

(a)

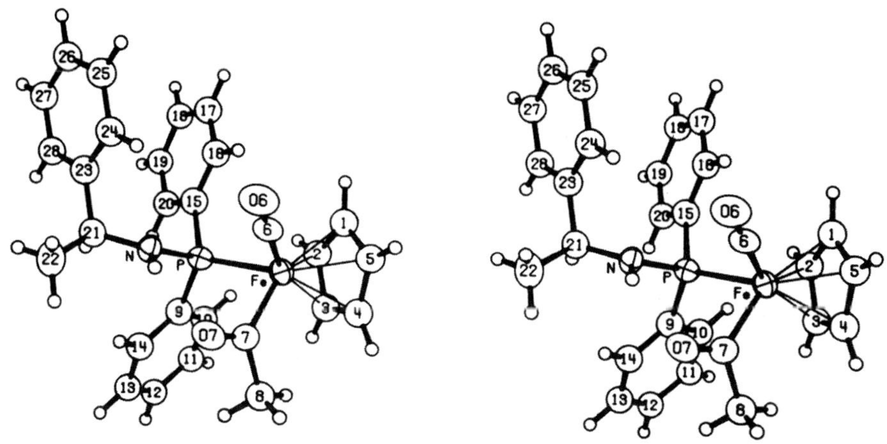

(b)

**그림 11.2** (a) acetyl(carbonyl)(cyclopentadienyl)(phosphine)iron 착물을 선으로 나타낸 그림. (b) 동일 분자의 입체도. [Korp, J. D.; Bernal, I. *J. Organomet. Chem.* **1981**, *220*, 355~364.]

이클로펜타다이엔일철의 포스핀 카보닐 화합물이 합성되고 연구되었다.[11] 이러한 화합물들 중의 하나에 대한 선 구조와 입체도를 그림 11.2에 나타내었다. 큰 $C_5H_5$ 고리가 다른 리간드의 뒤에서 힘을 미치기 때문에 결합각이 109.5°가 아닌 90°로 된다. 실제로 이 착물은 8배위로 고려된다는 논의도 있지만 그러한 관점을 받아들이는 사람들은 별로 없다. 분자의 카이랄성은 유의해야 할 중요한 특성이다.

다른 광학 이성질체는 유기 스피로고리 화합물과 유사한 형태의 광학 이성질체이다. 어떤 분자가 그것의 거울상과 겹쳐지지 않으면 광학적으로 활성일 것이다. 비스(벤조일아세토나토) 베릴륨의 두 광학 이성질체를 그림 11.3에 나타내었다. 착물이 카이랄이 되려면 그 킬레이트 리간드는 비대칭이어야 한다(킬레이트 자체가 부분 대칭이나 카이랄일 필요는 없다). $[Be(acac)_2]$는 광학 활성이 아니다.

## 사각 평면 착물

사각 평면 착물은 사면체 착물보다 입체적으로는 유리하지 않기 때문에(표 11.1), 큰 리

---

[11] Brunner, H. Adv. *Organomet. Chem.* **1980**, *18*, 151~206. Korp, J. D.; Bernal, I. *J. Organomet. Chem.* **1981**, *220*, 355~364. *J. Organomet. Chem.* **1981**, *370* (H. Brunner가 편집한 "Organometallic Compounds and Optical Activity" 전부). Saura-Llamas, I.; Dalton, D. M.; Arif, A. M.; Gladysz, J. A. *Organometallics* **1992**, *11*, 683~693.

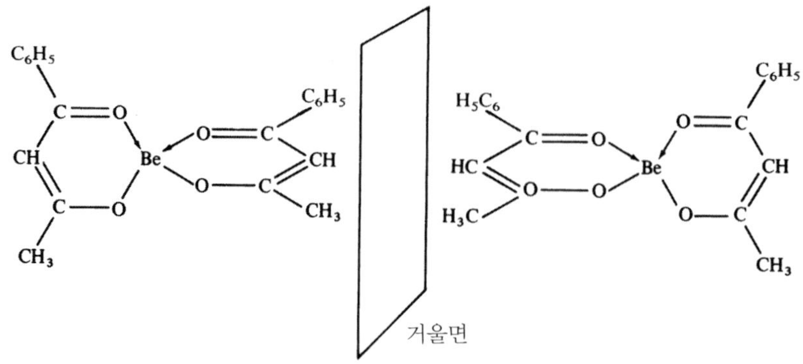


**그림 11.3** bis(benzoylacetonato)beryllium의 거울상 이성질체.

간드에 의해 방해를 받으면 생성되지 않는다. 반면에 리간드가 충분히 작아서 사각 평면 착물을 형성한다면, 거의 또는 전혀 입체적 반발이 없이 다시 두 개의 **σ** 결합이 더해져 팔면체 착물을 형성할 수 있다. 그러므로 일부의 금속 이온들만이 사각 평면 착물을 생성한다. 가장 잘 알려진 것이 $Ni^{2+}$, $Pd^{2+}$, $Pt^{2+}$, $Au^{3+}$와 같은 $d^8$ 화학종들이다(10장 참조). 또한 $Cu^{2+}(d^9)$, $Co^{2+}(d^7)$, $Cr^{2+}(d^4)$, 그리고 심지어는 $Co^{3+}(d^6)$ 의 착물까지도 사각 평면 구조를 갖는 경우가 있지만, 이러한 착물들은 일반적이지 않다.[12] 안정한 사각 평면 착물에 필요한 조건은 부피가 작아야 하고, **π** 결합이 6배위가 아닌 4배위를 형성함에 따라 생기는 에너지의 "손실"을 보상할 수 있도록 강한 장의 리간드가 있어야 한다. 예를 들면, $Ni^{2+}$에 대해서 사이안화 이온은 사각 평면 착물을 형성하지만, 암모니아와 물은 6배위 팔면체 착물을 형성하고, 또한 염화 이온, 브로민화 이온, 아이오딘화 이온은 사면체 착물을 형성한다. 보다 더 무거운 금속에서는 입체적인 요구 조건이 완화되며, 모든 리간드의 유효한 리간드장 세기도 증가한다. 이러한 조건하에서 테트라클로로팔라듐(II) 산, 테트라클로로백금(II) 산, 테트라클로로금(III) 산 음이온들은 저스핀 사각 평면이다.

예상하지 못했던 사각 평면 착물인 $[Cd(OAr)_2(thf)_2]$(그림 11.4)가 최근에 보고되었다.[13] 이것은 $d^{10}$의 $Cd^{2+}$에 대한 사각 평면 구조로는 첫 번째 예이다. 더 작은 아연 이온의 아주 유사한 착물인 $[Zn(OAr')_2(thf)_2]$는 일그러진 사면체 구조를 갖기 때문에,[14] 간단한 입체적 요인으로는 카드뮴 착물의 유사 $D_{2h}$ 대칭을 설명할 수 없다. 그러나 사실은 큰 금속 원자와 thf 평면과 페녹사이드 고리가 서로 수직인 것에 의해 생기는 입체적 조건의 완화로 이러한 상황을 잘 설명할 수 있다. 뿐만 아니라 $d^{10}$ 화학종들에서 팔면체 구조가 비정상인 것은 아니지만, 2,6-di-*t*-butyl기가 다섯 번째와 여섯 번째 리간드의 배위를 방해한다. 전자의 관점에서 보면, 더 강한 카드뮴−페녹사이드 결합이 결합을 지배할 것

12) Hermes, A. R.; Morris, R. J.; Girolami, G. S. *Organometallics*, **1988**, *7*, 2372~2379. Brewer, J. C.; Collins, T. J.; Smith, M. R.; Santarsiero, B. D. *J. Amer. Chem. Soc.* **1988**, *110*, 423~428.

13) Goel, S. C.; Chiang, M. Y.; Buhro, W. E. *J. Amer. Chem. Soc.* **1990**, *112*, 6724~6725. OAr = 2,6-di-*t*-butylphenoxide, thf = tetrahydrofuran. 예상 밖으로 이 기하 구조를 갖은 다른 착물로는 $[R_2P(O)NR']_2Ni$ ($R = Bu^t$; $R' = Pr^i$)가 있는데, $d^8$ 금속 착물에서는 예상하지 않는 사각 평면이면서 상자기성인 구조를 가진다(Frömmel, T.; Peters, W.; Wunderlich, H.; Kuchen, W. *Angew. Chem. Int. Ed. Engl.* **1992**, *31*, 612~613).

14) Ar′O-Zn-OAr′의 각이 122°이고, thf-Zn-thf 각이 95°인 Zn에서 미세대칭은 $C_{2v}$이다. $^-$OAr′ = 2,4,6-tri-*t*-butylphenoxide.

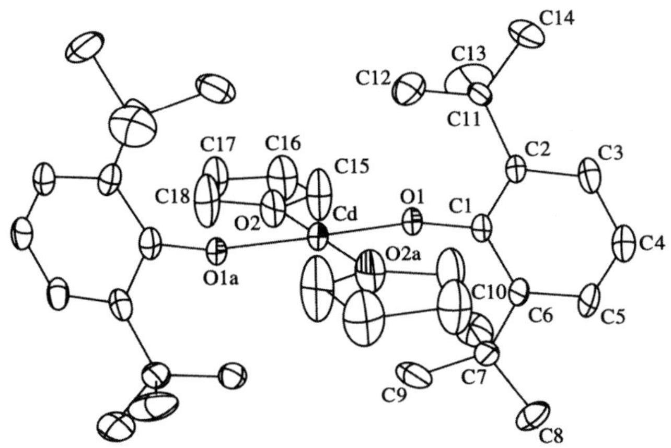


**그림 11.4** $[Cd(OAr)_2(thf)_2]$의 ORTEP 그림. 분명하게 나타내기 위하여 수소 원자는 생략하였다. Cd 원자는 결정학적 반전 중심에 있다. [Goel, S. C.; Chiang, M. Y.; Buhro, W. E. *J. Am. Chem. Soc.* **1990**, *112*, 6724~6725.]

이고, 더 약한 염기성의 thf 분자는 가능한 한 최대로 결합된 상태로 남는다.[15] 만일 그렇다면 이것은 착이온에 적용되는 Bent의 규칙(가장 강한 결합성 리간드에 대한 *s* 성격의 최대화)의 예가 될 것이다.

화학식 $[Ma_2B_2]$로 표시되는 사각 평면 착물은 시스-트랜스 이성질 현상을 보인다.

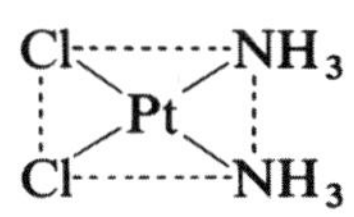


$\mu \neq 0$

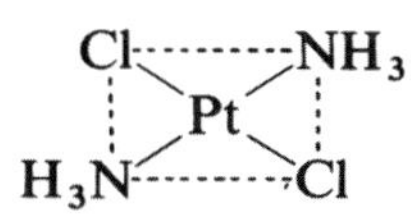


$\mu = 0$

*cis*-diamminedichloroplatinum (II) *trans*-diamminedichloroplatinum (II)

위의 예에서처럼 착물이 중성 분자이면 시스 이성질체는 쌍극자 모멘트($\mu$)가 있고, 트랜스 이성질체는 쌍극자 모멘트가 없기 때문에, 두 이성질체는 쉽게 구별된다(또한 대개 잘 분리된다). 다만 이런 경우는 있을 것 같지 않지만, M—A와 M—B의 결합 모멘트가 같을 경우에는 시스 이성질체의 쌍극자 모멘트는 영이다.

사각 평면 착물은 드물게 광학 이성질 현상을 나타낸다. 네 개의 배위 원자와 금속 이온으로 형성되는 면은 보통 거울면이므로 카이랄성을 가질 가능성이 없다. 이러한 일반적 규칙에도 예외가 있으며, 이것은 백금(II) 착물이나 팔라듐(II) 착물이 사면체가 아니라는 것을 증명하기 위한 정교한 실험에 사용되었다.[16] 사각 평면 구조를 갖는 잘 고안된 어떤 착물은 회전 투영축을 갖지 않으므로(그림 11.5a), 광학 활성이다. 만약 이러한 착물이 사면체 구조이면(그림 11.5b), 페닐기, 메틸기 등을 반사하는 거울면(아이소뷰틸렌다이아민의 두 질소 원자와 금속에 의하여 정해지는)이 존재한다. 광학 활성이 실험적으로 알려져 있는 한, 이들 착물은 사면체 착물일 수가 없으며, 일부 비정상적인 기하 구조가 아니라면 사각 평면이어야 한다.

[15] Haaland, A. *Angew. Chem. Int. Ed. Engl.* **1989**, *28*, 992~1007. 각주 13도 참조.

[16] Mills, W. H.; Quibell, T. H. *J. Chem. Soc.* **1935**, 839~846. Lidstone, A. G.; Mills, W. H. *J. Chem. Soc.* **1939**, 1754~1759.

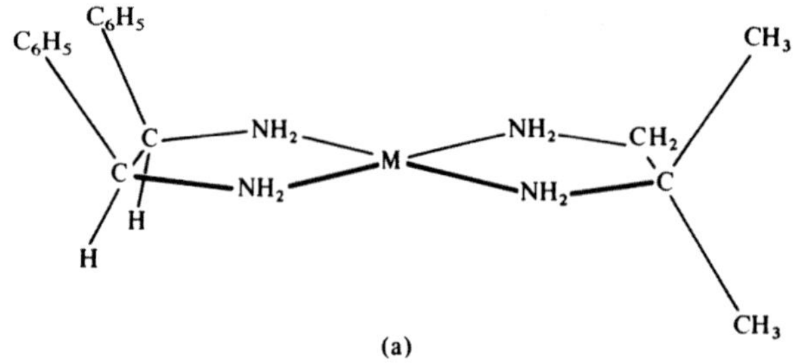


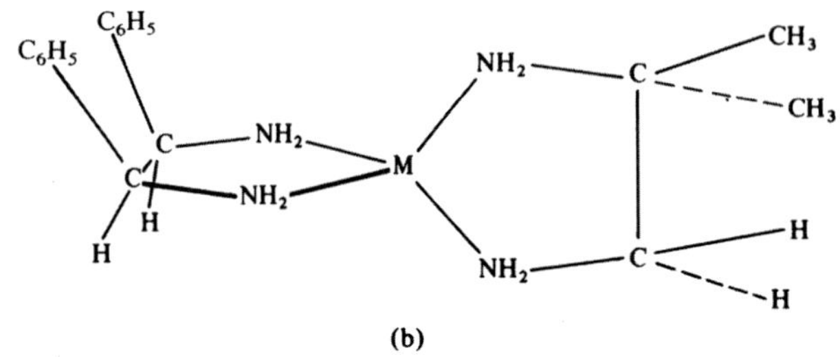


**그림 11.5** (*meso*-stilbendiamine)(isobutylenediamine)palladium(II)와 백금(II) 착물의 가능한 구조 : (a) 평면 구조, 광학 활성 ; (b) 사면체 구조, 광학 비활성.

## 배위수 5

과거에 5의 배위수[17]는 배위수 3과 마찬가지로 매우 드물다고 생각하였다. 화학량론을 기초해서 볼 때 5배위로 나타나는 여러 화합물들은 정밀한 실험에 의하면 다른 배위수를 갖는 것으로 알려져 있다. 그러므로 $Cs_3CoCl_5$와 $(NH_4)_3ZnCl_5$는 개별적인 사면체의 $MCl_4^{2-}$ 음이온과 자유 염화 이온을 포함한다. 플루오로알루미늄산 탈륨인 $Tl_2AlF_5$는 —F—$AlF_4$—F의 무한 사슬로 구성되어 있고, 알루미늄의 배위수는 6이다. 실험식이 $[CoCl_2dien]$인 염화 코발트(II)와 다이에틸렌트라이아민($H_2NCH_2CH_2NHCH_2CH_2NH_2$)으로부터 얻는 착물은 5배위 분자가 아니라 팔면체 양이온과 사면체 음이온을 포함하는 염인 $[Co(dien)_2][CoCl_4]$이다.

만약 정전기적 힘만이 결합에 작용한다면 5배위 착물은 항상 4배위 착물과 6배위 착물로 불균등화할 것이다(위의 $Co(dien)Cl_2$ 착물도 그러하다). 배위 화합물에서는 분명히 공유 결합이 중요하므로 안정한 5배위 착물이 가능하다. 그러나 이들 착물들에서 미묘한 힘의 균형이 있으며, 또한 다른 가능한 구조의 안정도에 비해 5배위의 안정도가 크지 않다는 것은 사실이다. 예를 들면, $[Ni(PNP)X_2]$ (여기에서 PNP = $(C_6H_5)_2PCH_2CH_2NRCH_2CH_2P(C_6H_5)_2$)는 실제로 5배위 화학종이지만, 약간 가열하면 사각 평면과 사면체 화학종을 모두 포함하는 $[Ni(PNP)X]_2[NiX_4]$로 변환된다. 또 다른 예는 $MX_2(Et_4dien)$의 실험식을 갖는 한 쌍의 화합물이다. 여기에서 M = Co나 Ni이고 $Et_4dien = Et_2NCH_2CH_2NHCH_2CH_2NEt_2$이다. 코발트 착물은 5배위이지만 그에 상응하는 니켈 화합물은 4배위의 $[NiX(Et_4dien)]X$이다.

---

17) 배위수 5에 대한 고찰은 다음을 참조하라. Holmes, R. R. *Prog. Inorg. Chem.* **1984**, *32*, 119~235; Kepert, D. L. *In Comprehensive Coordination Chemistry*; Wilkinson, G.; Gillard, R. D.; McCleverty, J. A., Eds; Pergamon : Oxford, 1987, Vol. 1. 1, pp 39~48.

## 극단적인 기하 구조 : 삼각 쌍뿔과 사각뿔 구조

5배위 화합물은 4 또는 6의 배위수를 갖는 착물보다 아직 일반적이지는 않더라도, 최근 이것에 대해서 상당한 흥미를 갖게 되었고, 5배위로 구조가 알려진 화합물들의 수는 빠르게 증가하였다. 이 착물들은 "정상적" 혹은 "일그러진" 삼각 쌍뿔 구조(TBP : 그림 11.6) 나, "정상적" 혹은 "일그러진" 사각뿔 구조(SP : 그림 11.7) 로 표현될 수 있거나, TBP와 SP사이의 "매우 일그러진" 구조로 묘사될 수 있다. 그러나 앞에서 살펴본 바와 같이 "완전한 TBP" 와 "완전한 SP" 사이의 여러 중간 구조도 가능하기 때문에(5장), 이들을 깔끔하게 분류하려는 시도는 거의 이루어지지 않았다. 여러 구조들 사이는 흔히 근소한 차이를 보이고 내부 전환을 막는 에너지 장벽도 역시 작다.

서로 다르지만 그러나 매우 유사한 양이온을 갖는 두 펜타사이아노니켈(II) 산염은 TBP 구조를 좋아하는 힘과 SP 구조를 좋아하는 힘 사이의 균형이 미묘하기 때문에, 특히 흥미가 있다. 펜타사이아노니켈(II) 산 트리스(1,3-프로페인다이아민) 크로뮴(III), $[Cr(tn)_3][Ni(CN)_5]$는 사각뿔의 음이온을 가지고 있다. 이와는 대조적으로 결정성 펜타사이아노니켈(II) 산 트리스(에틸렌다이아민) 크로뮴(III) · 1.5 수화물, $[Cr(en)_3][Ni(CN)_5] \cdot 1.5H_2O$는 사각뿔 음이온(그림 11.7) 과 약간 일그러진 삼각 쌍뿔 음이온을 모두 포함하고 있다. 이 고체의 IR 스펙트럼과 Raman 스펙트럼은 두 세트의 띠를 나타내는데, 1.5 수화물을 탈수시키면 그 중의 하나(TBP 세트) 는 나타나지 않는다. 수용액 중에서의 구조도 분명히 사각뿔이다. SP 구조는 본래 TBP보다 안정하지만 약간 더 안정할 따름이고, 수화된 결정에서 생기는

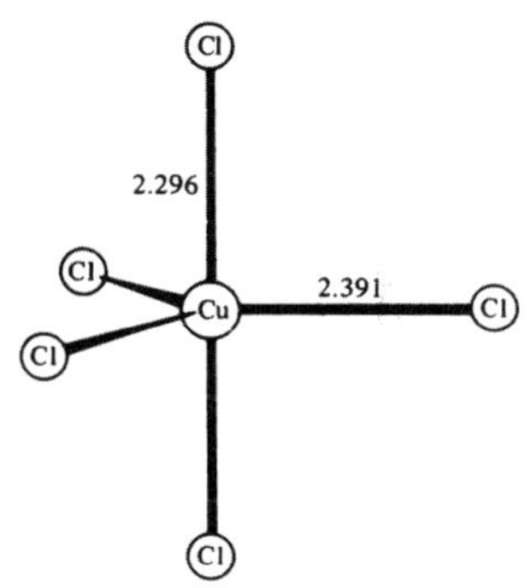


**그림 11.6** $[Cr(NH_3)_6][CuCl_5]$ 화합물에서 pentachlorocuprate(II) 음이온의 삼각 쌍뿔 구조. 결합 길이가 다름을 주목하라. [Raymond, K. N.; Meek, D. W.; Ibers, J. A. *Inorg. Chem.* **1968**, *7*, 1111~1118.]

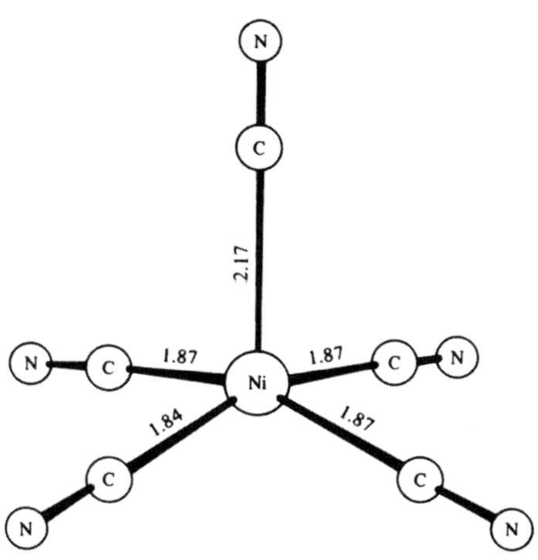


**그림 11.7** $[Cr(en)_3][Ni(CN)_5] \cdot 1.5H_2O$에서 pentacyanonickelate(II) 음이온의 사각뿔 구조. 결합 길이가 다름을 주목하라. [Raymond, K. N.; Corfield, P. W.; Ibers, J. A. *Inorg. Chem.* **1968**, *7*, 1362~1372.]

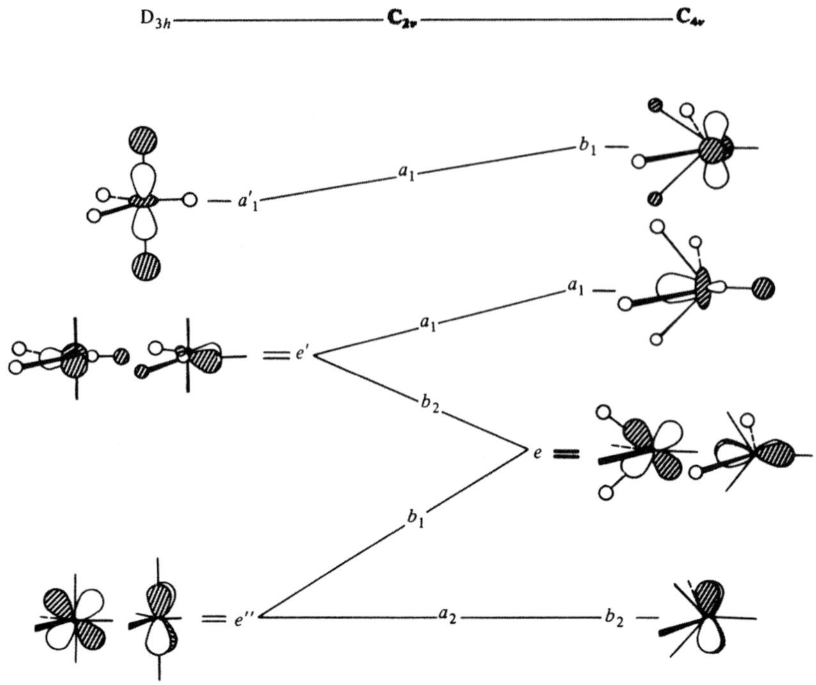

그림 11.8 Berry 유사회전 좌표에 따른 파동 함수와 에너지의 변화. $e'(D_{3h})$와 $a_1$과 $e(C_{4v})$ 준위의 상대적 에너지에 주목하라. [Rossi, A. R.; Hoffmann, R. *Inorg. Chem.* **1975**, *14*, 365–374.]

힘은 TBP 구조를 안정화시킬 수 있다. 이 양극단의 구조를 선호하는 각각의 힘은 완전하게 알려져 있지 않았지만 다음과 같은 일반 원리로 설명할 수 있다. 리간드의 반발을 근거로 하면 그 힘을 순수하게 정전기적 반발이나 결합쌍의 Pauli 반발의 어느 것으로 봐도 삼각 쌍뿔이 바람직하다(5장 참조). 이러한 이유 때문에 비금속 중심 원소($PF_5$처럼)를 갖는 거의 대부분의 5배위 화합물은(고립 전자쌍을 갖지 않는 한) TBP 구조를 가진다. 왜냐하면 불완전하게 채워진 $d$ 오비탈에서 생기는 효과가 없기 때문이다. 마찬가지로 $d^0$와 $d^{10}$은 TBP 구조를 선호할 것으로 예상할 수 있다. TBP ($D_{3h}$) 와 SP ($C_{4v}$) 구조에서 오비탈의 상대 에너지를 비교해 보면(그림 11.8), $D_{3h}$의 $e''$ 오비탈이 $C_{4v}$의 $e$ 오비탈보다 더 안정하므로 $d^1$, $d^2$, $d^3$, $d^4$의 전자 배치도 SP보다 TBP 구조를 선호할 것이다. 이에 반하여 SP 착물의 $e$ 오비탈은 TBP 착물의 $e'$ 오비탈보다 에너지가 더 낮으므로 저스핀 $d^6$은 SP 배치를 가질 것이다.[18] $d^8$에 대해서는 다시 안정도의 순서가 TBP를 선호하는 것($e'$의 에너지가 $a_1$보다 더 낮다) 으로 바뀌고, $d^9$와 $d^{10}$을 통해 이러한 현상이 계속된다. 불행하게도 이러한 예측을 시험하는 데 이용할 만한 자료가 거의 없다. 저스핀 $d^7$ 착물인 $[Co(dpe)_2Cl]^+$ [dpe = 1,2-비스(다이페닐포스피노) 에테인]은 SP 이온을 포함하는 적색 고체와 TBP 이온을 포함하는 녹색의 두 가지 형태로 결정화된다(그림 11.9).[19] 분명히 SP 배열을 선호하는 약간의 리간드장 안정화 에너지와 본래의 안정한 TBP 배열이 균형 관계에 있으므로 두 이성질체가 분리된다. 용액 중에서 두 형태는 Berry의 유사회전이나 해리 및 재결합을 통하여 쉽게 상호 변환된다(5장 참조).

마지막으로 여러 자리 리간드는 그들 자신의 입체적 요구의 결과만으로도 착물의 구

18) 팔면체 저스핀 $d^6$와 사각 평면 저스핀 $d^8$도 선호됨을 유의하라.

19) Stalick, J. K.; Corfield, P. W. R.; Meek, D. W. *Inorg. Chem.* **1973**, *12*, 1668~1675.

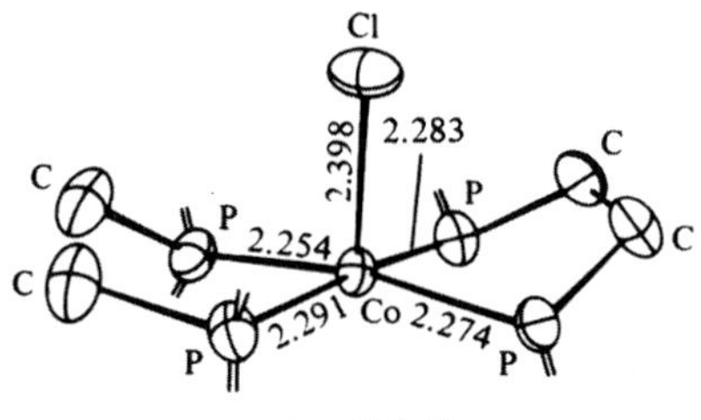


(a) 붉은색

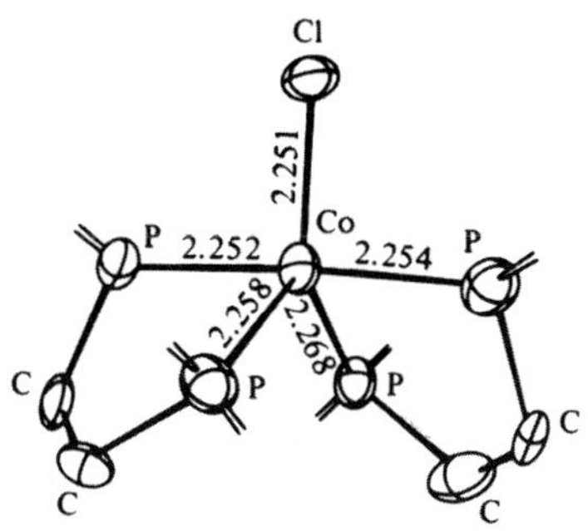


(b) 녹색

**그림 11.9** chlorobis[1,2-bis(dipheylphosphino)ethane]cobalt(II) 양이온의 붉은색 사각뿔 이성질체(a)와 녹색의 삼각 쌍뿔 이성질체(b)의 구조. 분명하게 나타내기 위해 페닐기와 그 밖의 치환기들은 생략하였다. [Stalick, J. K.; Corfield, P. W. R.; Meek, D. W. *Inorg. Chem.* **1973**, *12*, 1668~1675.]

조에 영향을 미칠 수 있다. 예를 들어, 트리스(2-다이메틸아미노에틸) 아민, [$Me_6tren = ((CH_3)_2NCH_2CH_2)_3N$]과 같은 일부 네 자리 리간드는 5배위 착물만을 형성한다(그림 11.10). 이것은 명백하게 여러 자리 리간드가 4배위 정사면체나 사각 평면이 되도록 펼쳐질 수도 없고 팔면체 배위권의 일부가 되도록 조정될 수도 없기 때문이다.

## 삼각 쌍뿔 착물에서의 위치 선택

인($d^0$)과 같은 비금속 원자가 중심에 있는 경우, 보다 더 전기음성인 원소는 TBP 구조의 축방향을 더 좋아한다는 것을 알았다. 금속 착물의 분자 오비탈 해석[20]에 의하면 대부분 $d^n$ 전자 배치도 이와 같은 경향을 따른다. 눈에 띄는 예외가 $d^5$이며, 여기에서 전기양성의 치환기는 꼭짓점 자리를, 그리고 전기음성의 치환기는 적도방향 자리를 좋아한다.

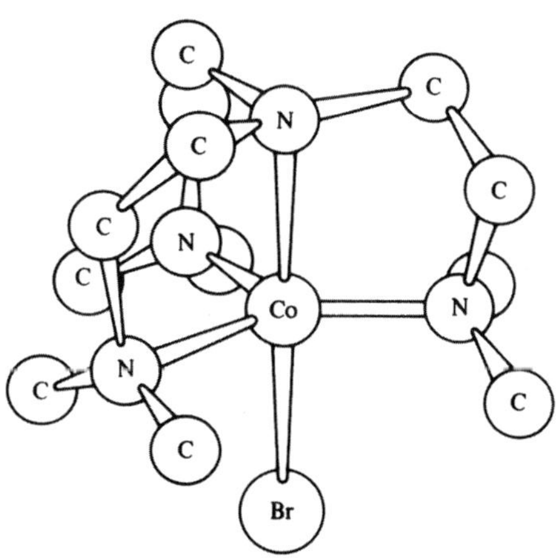


**그림 11.10** [$CoBr(Me_6tren)$]Br에 있는 bromotris(2-dimethylaminoethyl)aminecobalt(II) 양이온의 분자 구조. [Di Vaira, M.; Orioli, P. L. *Inorg. Chem.* **1967**, *6*, 955.]

[20] Rossi, A. R.; Hoffmann, R. *Inorg. Chem.* **1975**, *14*, 365~374.

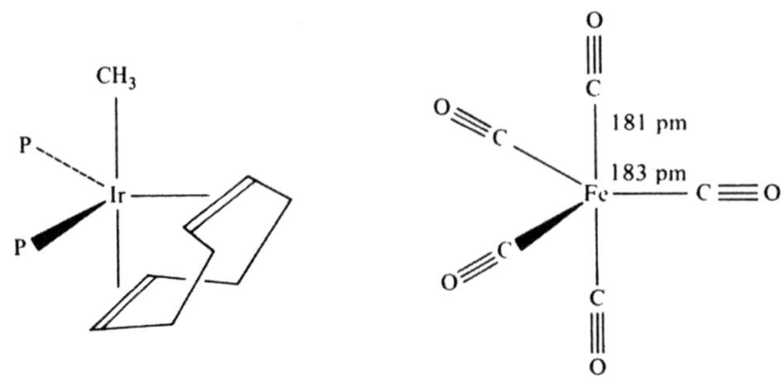


(a) (b)

**그림 11.11** 삼각 쌍뿔 결합에 대한 규칙에서 명백한 예외를 보여 주는 착물들. (a) 메틸 리간드는 축방향 자리를 선호하고 강한 $\pi$ 받개는 적도방향을 점유한다. 포스핀 리간드에 있는 치환기들은 생략하였다. [Rossi, A. R.; Hoffmann, R. *Inorg. Chem.* **1975**, *14*, 365~374.] (b) $Fe(CO)_5$에서 적도방향 결합은 축방향 결합보다 조금 더 길다.

마찬가지로 보통은 축방향 치환기의 결합이 약하지만 $d^8$ 전자 배치에서는 반대로 된다. 그러므로 그림 11.11a에 나타낸 $d^8$의 리듐(I) 착물에서 메틸기를 축방향 자리에서 볼 수 있다. 이와는 대조적으로 포스포레인에서의 위치는 보통 적도방향 자리에 있다. 마찬가지로 포스포레인과는 다르게 $Fe(CO)_5$의 축방향 결합은 적도방향 결합보다 더 짧다(그림 11.11b). 그러나 이러한 행동에는 예외가 있다는 것을 강조하여야 한다(표 11.2). 같은 형태의 해석[21]에 의하면 $d^8$ 착물에서 좋은 $\pi$ 받개 리간드는 적도방향 자리를 좋아하는 것으로 예측된다. 그림 11.11과 11.12의 나타낸 착물들이 이러한 사실을 검증해준다. 대부분의 리간드는 어떤 다른 종류의 리간드가 존재하느냐에 따라 축방향과 적도방향이 결정된다는 것에 유의하라. 가장 좋은 $\pi$ 받개가 항상 적도방향을 선택한다고 가정하면, 다음과 같은 순서로 리간드들을 배열할 수 있다.[22]

$$\mathbf{NO^+ > CO > CN^- > SnCl_3^- > Cl^- > PR_3 > C_2H_4 > CH_3^-}$$

이러한 계열을 완전히 다른 가정으로부터 유도된 10장의 계열과 비교할 수 있으며, 일반적으로 잘 일치하고 있다.

**표 11.2**
몇 가지 $d^8$ TBP 착물의 결합 길이[a].

| 착물 | M−L(pm) 축방향 | M−L(pm) 적도방향 |
|---|---|---|
| $Fe(CO)_5$ | 181 | 183 |
| $[Co(CNCH_3)_5]^+$ | 184 | 188 |
| $[Pt(SnCl_3)_5]^{3-}$ | 254 | 254 |
| $[Mn(CO)_5]^-$ | 182 | 180 |

[a] Rossi, A. R.; Hoffmann, R. *Inorg, Chem.* **1975**, *14*, 365~374.

21) 완전한 유도를 설명할 수는 없지만 그 방법은 앞에서 팔면체 착물에 대해 주어진 것과 비슷하다(10장). 더 자세한 방법은 각주 20을 참조하라.

22) $CN^-$와 $SnCl_3^-$는 이 계열에 있는 같은 착물에서는 생기지 않기 때문에, 이들이 동등하지 않는지도 불확실하다.

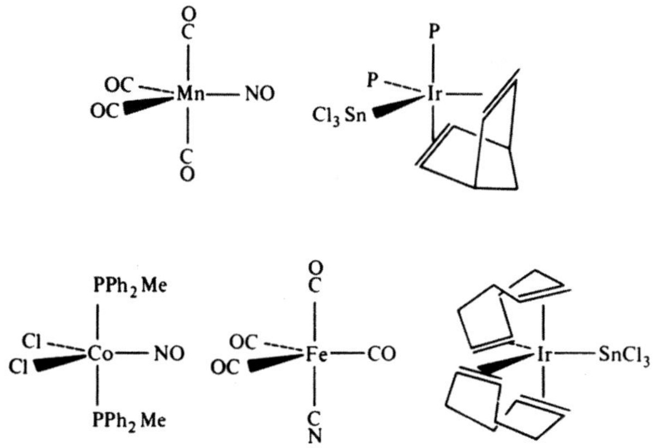

**그림 11.12** $\pi$ 받개 계열이 적도방향 대 축방향 자리 선호도에 따라 배열되도록 하는 일련의 삼각쌍뿔 착물들. [Rossi, A. R.; Hoffmann, R. *Inorg. Chem.* **1975**, *14*, 365~374.]

## 사각뿔 착물에서의 위치 선택

SP 기하 구조에서 중심 금속은 바닥 리간드의 면 안에 있거나 여러 가지 각도로 면 위에 떠 있을 수도 있다. 다음의 설명에서는 금속 이온이 바닥 평면보다 위에 있다고 가정하며, 실제로도 보통은 그렇게 발견된다. 이러한 조건하에서 "정상" 상태($d^0 \sim d^6$, 그리고 $d^{10}$)는 강한 결합이 바닥에, 약한 결합이 꼭짓점에 오는 것이다. TBP의 경우에서처럼 $d^5$ 배열은 그와 반대이며 강한 결합이 꼭짓점에, 약한 결합이 바닥에 위치한다. 마찬가지로 좋은 전자 주개는 보통($d^0 \sim d^6$, $d^{10}$) 꼭짓점 자리를 찾지만, $d^8$ 착물에서는 전기음성인 리간드가 꼭짓점 위치를 선호한다. 표 11.3에 나타낸 결합 길이는 앞에서와 같이 일반적인 이러한 결론을 뒷받침해 주지만, 일부 당혹스러운 예외도 있다.

만약 강한 $\pi$ 결합을 갖는 사각 평면 착물에 약하게 결합하는 다섯 번째의 리간드가 첨가되어 다음과 같이 5배위 착물이 생성되면:

$$[Pd(diars)_2]^{2+} + X^- \longrightarrow [Pd(diars)_2X]^+ \qquad (11.3)$$

전자의 리간드 [diars = *o*-페닐렌비스(다이메틸아르신)]는 강한 $\pi$ 결합성 리간드이기 때문에 금속 원자와 동일 평면상에 있거나 거의 평면에 근접해야 한다. 그러므로 SP 배열을 강하게 선호한다.

**표 11.3**
몇 가지 SP 착물의 결합 길이[a].

| 착물 | M−L(pm) Apical | Basal | $d^n$ |
|---|---|---|---|
| $[Nb(NMe_2)_5]^-$ | 198 | 204 | $d^1$ |
| $[MnCl_5]^{2-}$ | 258 | 230 | $d^2$ |
| $[Ni(CN)_5]^{3-}$ | 217 | 186 | $d^8$ |
| $[InCl_5]^{2-}$ | 242 | 246 | $d^{10}$ |
| $Sb(C_6H_5)_5$ | 212 | 222 | $d^{10}$ |

[a] Rossi, A. R.; Hoffmann, R. *Inorg, Chem.* **1975**, *14*, 365~374.

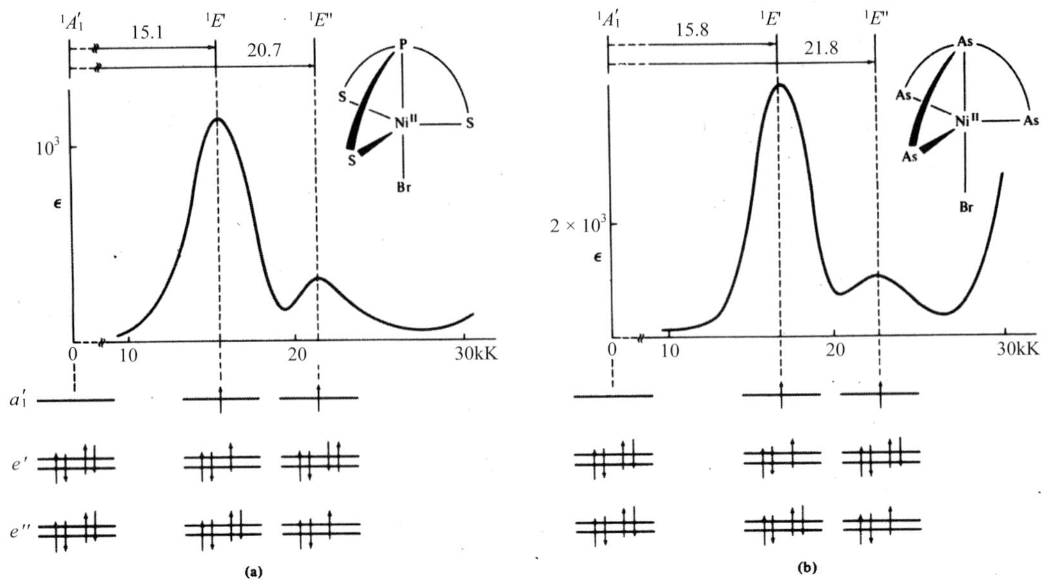


**그림 11.13** (a) bromotris(methylmercapto-*o*-phenyl)phosphinenickel(II) 양이온과 (b) bromotris(dimethylarsino-*o*-phenyl)arsinenickel(II) 양이온의 스펙트럼. [Furlani, C. *Coord. Chem. Rev.* **1968**, *3*, 141.]

## 자기적 성질과 분광학적 성질

$d^5$, $d^6$, $d^7$, $d^8$의 5배위 착물은 고스핀 혹은 저스핀이다. 만약 금속 $d$ 전자가 $d$ 오비탈 중의 하나를 사용하지 않으면 저스핀 착물의 자기화율을 예상할 수 있다. 그러므로 S는 $0(d^8)$, $\frac{1}{2}(d^7)$, $1(d^6)$, $\frac{3}{2}(d^5)$ 과 같다. 저스핀 5배위 착물의 자기화율은 그에 상응하는 저스핀 팔면체 착물의 것과 크게 다르다. 다섯 번째의 오비탈을 사용하지 않는다는 것은 $dsp^3$ 혼성 결합으로 잘 설명될 수 있다. TBP 구조는 $d_{z^2}sp^3$ 혼성으로부터, SP 구조는 $d_{x^2-y^2}sp^3$ 혼성으로부터 온다.[23] 이러한 점에서 원자가결합 이론은 간단한 결정장 이론이나 보다 더 정교한 분자 오비탈 이론과 정성적으로 일치한다. 그러나 결정장 이론과 분자 오비탈 이론은 다른 $d$ 오비탈들의 에너지 준위를 설명해 줄 뿐만 아니라 $d_{z^2}$과 $d_{x^2-y^2}$ 오비탈의 상대적 에너지에 대한 고스핀과 저스핀 착물의 차이도 설명해 준다(그림 11.8 참조). 이들 에너지 준위의 배치는 스펙트럼 측정에 의해 정확하게 해석될 수 있다. 몇 가지 저스핀 착물의 전자 간 반발은 일차 근사에서 무시할 수 있으며 스펙트럼은 다만 간단한 일전자 에너지 준위 도표에 바탕을 두어 해석한다(그림 11.13). 그렇지만 더 일반적인 경우에서 이러한 전자-전자 효과는 10장에서 설명한 팔면체 착물과 비슷한 방법으로 취급되어야 한다.

## 5배위 착물에서의 이성질현상

배위수 5의 착물에는 여러 가지 기하 이성질체나 광학 이성질체가 있을 수 있다는 것은 이전부터 알려져 있었지만 그 실례는 거의 없었다. 니켈(II)와 Co(II) 착물의 TBP-SP 이성질현상은 이미 예를 들었다. 또 다른 예는 $[(C_6H_5)_3P]_2Ru(CO)[(CF_3)_2C_2S_2]$이다. 이것

23) 보기에 따라서는 이들이 가장 간단한 혼성화이다. $p$ 성질은 $d$ 성질이 더 많게 치환될 수 있으며 같은 대칭성에 도달한다. 예를 들면, $d^3sp$도 TBP를 생성하고 $d^4s$와 $d^4p$도 SP를 형성한다. 실제로 $s$, $p$, $d$ 성질의 분율은 들뜸 에너지와 혼성 결과의 겹침의 성질과 같은 에너지적 인자에 의존할 것이다.

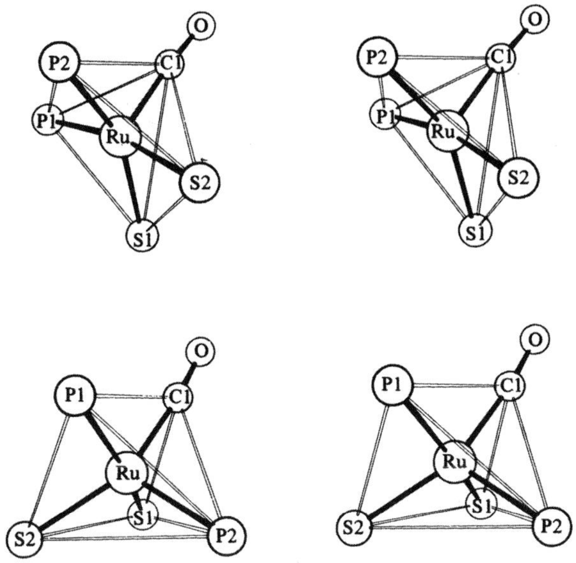


**그림 11.14** $[(C_6H_5)_3P]_2Ru[(CF_3)_2C_2S_2](CO)$의 오렌지색(위)과 보라색(아래) 이성질체에 있는 루테늄 원자 주위의 내부 배위권의 입체도. [Bernal, I.; Clearfield, A.; Ricci, J. S., Jr. *J. Cryst. Mol. Struct.* **1974**, *4*, 43~54.]

은 오렌지와 보라색의 두 가지 이성질체를 형성하며 용액 중에서는 공존한다. 대부분의 용매들(예: 아세토나이트릴)로부터 재결정화시키면 오렌지색 이성질체만을 얻을 수 있으나, 다이클로로메테인/헥세인 용매를 사용하면 오렌지와 보라색 결정의 혼합물이 얻어진다. 두 가지 이성질체는 모두 사각뿔이지만, 오렌지색 이성질체는 꼭짓점 자리에 일산화 탄소 리간드가 위치하고, 보라색 이성질체는 바닥면에 일산화 탄소와 사각뿔 꼭짓점에 포스핀 리간드 중의 하나가 자리한다(그림 11.14).[24] 이것과 유사한 기하 이성질체가 유기금속 착물인 다이브로모다이카보닐사이클로펜타다이엔일레늄(III)에서 발견되었다. 두 가지 이성질체는 모두 사이클로펜타다이엔일 고리가 사각뿔의 꼭짓점에 위치하며 바닥의 리간드가 하나는 시스 배열, 다른 하나는 트랜스 배열을 한다.[25]

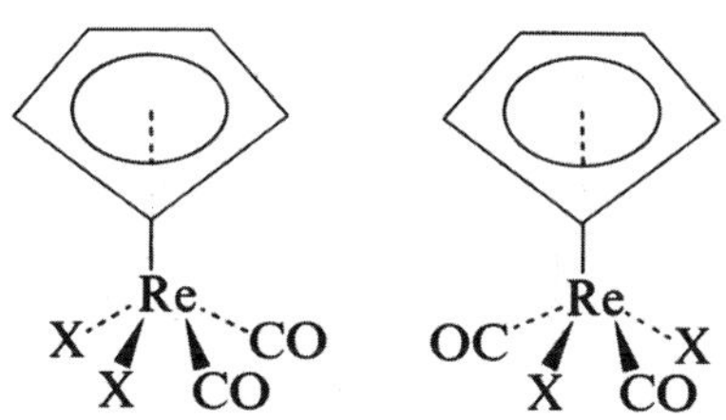


마지막으로, 광학 이성질체는 훨씬 더 드물다. 그러한 광학 이성질 착물의 절대 배치를 결정한 첫 번째 예를 그림 11.15에 나타내었다.[26] 이 이성질체는 트라이카보닐(사이클로펜타다이엔일)클로로몰리브데넘과 비대칭 Schiff 염기와의 반응에서 부분입체 이성질체와 함께 형성된다(식 11.4 참조).

---

24) Bernal, I.; Clearfield, A.; Ricci, J. S., Jr. *J. Cryst. Mol. Struct*. **1974**, *4*, 4~54. Clearfield, A.; Epstein, E. F.; Bernal, I. *J. Coord. Chem.* **1977**, *6*, 227~240.

25) King, R. B.; Reimann, R. H. *Inorg. Chem.* **1976**, *15*, 179~183.

26) LaPlaca, S. J.; Bernal, I.; Brunner, H.; Herrmann, W. A. *Angew. Chem. Int. Ed. Engl.* **1975**, *14*, 353~354. Bernal, I.; LaPlaca, S. J.; Korp, J.; Brunner, H.; Herrmann, W. A. *Inorg. Chem.* **1978**, *17*, 382~388. Brunner, H. Adv. Organomet. Chem. **1980**, *18*, 151~206.

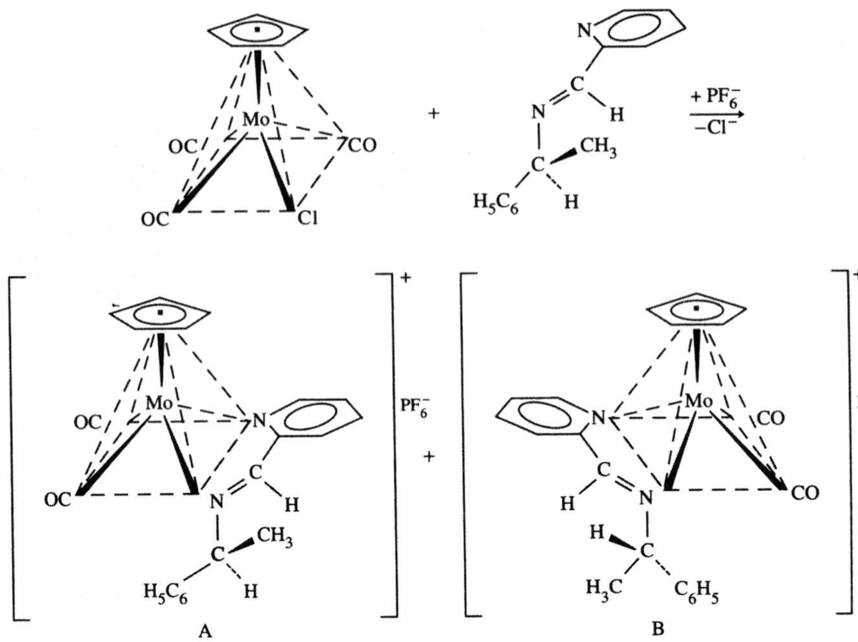

**(11.4)**

이들 화합물은 광학 이성질체가 아니라 다른 성질을 갖는 부분입체 이성질체이고 분별 결정에 의해 분리될 수 있을 것이다. 두 부분입체 이성질체의 비대칭 탄소 원자는 *S* 형 배열을 갖지만, 몰리브데넘 원자 주위의 카이랄성은 서로 다르다. 따라서 비대칭 탄소는 몰리브데넘 중심의 분리에 도움을 주지만 착물이 카이랄이 되기 위해 꼭 필요한 것은 아니다. 이것은 단지 Schiff 비대칭(즉 한 개의 피리딘 질소와 하나의 이미노 질소를 가진)이 되기 위해 필요한 것뿐이다. 만약 두자리 리간드가 에틸렌다이아민, 바이피리딘 혹은 옥살산 이온이면, 거울면이 존재하며 몰리브데넘에 카이랄성은 없다.

기하 이성질체와 광학 이성질체를 모두 갖는 흥미로운 착물의 예를 다음에 나타내었다.[27)]

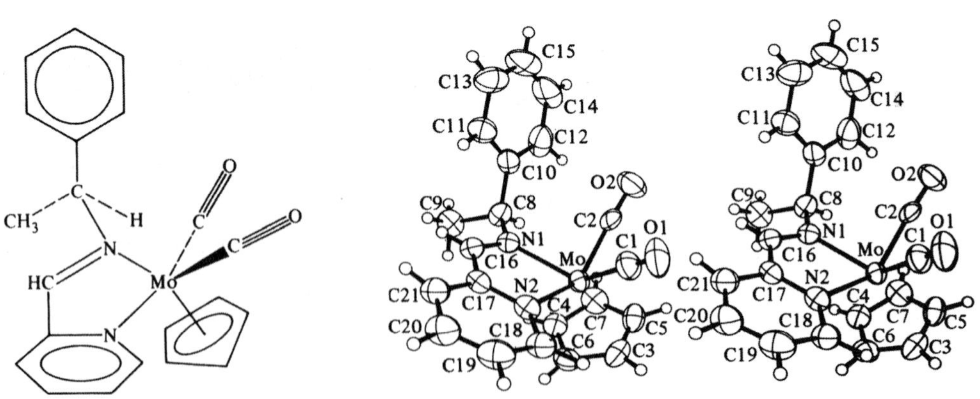

**그림 11.15** dicarbonylcyclopentadienylmolybdenum(II) 양이온의 Schiff 염기 착물. [Bernal, I.; LaPlaca, S. J.; Korp, J.; Brunner, H.; Herrmann, W. A. *Inorg. Chem.* **1978**, *17*, 382~388.]

27) Reisner, G. M.; Bernal, I.; Brunner, H.; Muschiol, M.; Siebrecht, B. *Chem. Commun.* **1978**, 691~692.

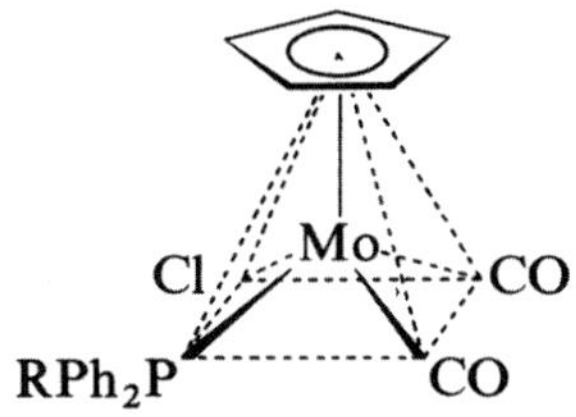


시스 (카이랄)

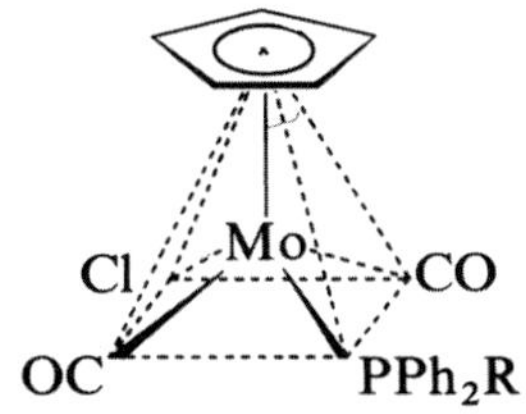


트랜스 (비카이랄)

시스 이성질체는 회전 투영축이 없기 때문에 카이랄이지만, 트랜스 이성질체는 그러한 대칭면이 있어서 포스핀 리간드에 비대칭 탄소가 없으면 비카이랄성이라는 것에 유의하라.[28] 앞에서 나온 사이클로펜타다이엔일 착물의 경우처럼 그 배위수가 5인가 9인가 하는 논쟁이 생길 수 있다. 9배위 착물의 이성질현상은 5배위의 것보다 그 예가 훨씬 적기 때문에 어느 것이든 이들 화합물은 상당히 흥미가 있다.

## 배위수 6

가장 일반적인 배위수이다. 어떤 이온들에서는 현저하게 6배위[29] 착물이 주를 이룬다. 예를 들면, 크로뮴(III)과 코발트(III) 착물들은 거의 모두가 팔면체이다.[30] 다양한 Cr(III)과 Co(III)의 착물들은 Werner로 하여금 배위화학의 이론을 정립하게 하였으며, 사각 평면의 백금(II) 착물들과 함께 거의 모든 배위 화합물에 대한 고전적 연구의 기초가 되었다. 팔면체 착물의 여러 가지 이성질체의 가능성을 설명하기 전에 몇 가지 비팔면체 기하 구조를 설명하는 것이 편리하다.

### 완벽한 팔면체 대칭으로부터의 일그러짐

팔면체 착물의 두 가지 일그러짐 형태가 중요성을 가진다. 첫 번째는 팔면체의 4중 회전축 중의 하나를 따라 길어지거나 짧아지는 정방 일그러짐이다(그림 11.16a). 이러한 형태의 일그러짐은 Jahn–Teller 효과와 연관시켜 앞에서 이미 설명하였다. 또 다른 가능성은 팔면체면의 중심을 지나는 네 개의 3중 회전축 중의 한 축을 따라 늘어나거나 줄어들어 생성되는 삼각 반프리즘이다(그림 11.16b). 일그러짐은 아니지만 대칭성이 저하되는 또 다른 배열도 여기에서 언급된다. 이러한 경우는 $[Co(NH_3)_6]^{3+}$와 같은 착물의 여섯 개의 한자리 리간드가 에틸렌다이아민과 같은 킬레이트 고리로 치환되어 $[Co(en)_3]^{3+}$을 생성할 때 일어난다. 후자의 착물은 거울면이 없고 착물의 대칭은 $O_h$로부터 $D_3$로 낮아졌다. 광학 활성 이성질체를 구분할 수 있게 해 주는 것을 제외하면 대부분의 경우에 이러한

---

28) 실제로 카이랄성 리간드는, 입체 구조 효과를 관찰하고 X선 결정 구조의 문제 해결을 위하여 이런 형태의 분자를 합성하는 데 이용되기도 한다. 앞서의 C.N. = 5의 착물과 C.N. = 6인 팔면체 착물의 절대 배열에 대한 설명을 참조하라.

29) Kepert, D. L. *Prog. Inorg. Chem.* **1977**, *23*, 1~65. Kepert, D. L. *In Comprehensive Coordination Chemistry*; Wilkinson, G.; Gillard, R. D.; McCleverty, J. A., Eds.; Pergamon : Oxford, 1987; Vol. a, pp 49~68.

30) 석류석에서 코발트(III) 착물은 사면체이고, 사각 평면(421쪽)이나 5배위(TBP 또는 SP)일 때도 있다. 마찬가지로, Cr(III)는 삼각형, 사면체 또는 TBP일 경우가 드물다.

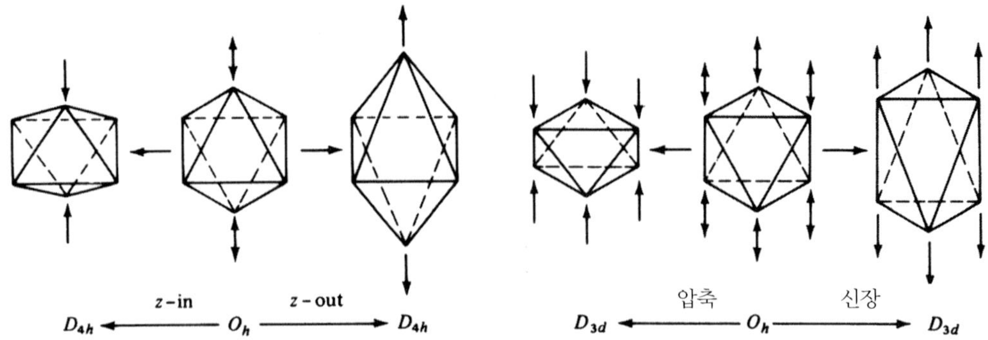


(a) 정방 일그러짐 (b) 삼각 일그러짐

**그림 11.16** 팔면체 착물의 (a) 정방 일그러짐과 (b) 삼각 일그러짐. 둘 다 신장 또는 압축을 통해 일어난다.

대칭성의 저하에 따른 효과는 거의 없다. (에틸렌다이아민 착물의 가시광선 스펙트럼은 헥사암민 착물의 것과 아주 유사하다.)

## 삼각 프리즘 착물

6배위 착물의 거의 대부분은 팔면체이지만 몇 가지의 관심을 끄는 착물들은 삼각 프리즘 구조를 갖고 있다. 오랫동안 삼각 프리즘 배위는 중금속의 황화물(예: $MoS_2$와 $WS_2$) 과 같은 결정 격자 중에서만 발견되었다.[31] 개별적인 분자 착물 중에서 최초로 발견된 이 구조의 예는 트리스(시스-1,2-다이페닐에텐-1,2-다이싸이올라토) 레늄, $Re[S_2C_2(C_6H_5)_2]_3$이다 (그림 11.17).[32] 그 후에 계속해서 $R_2C_2S_2$ 형태의 리간드를 갖는 상당히 많은 일련의 삼각 프리즘 착물들이 레늄, 몰리브데넘, 텅스텐, 바나듐, 지르코늄, 니오븀에 대해서 완전히 확인되었으며, 다른 금속들에 대해서도 삼각 프리즘 착물이 제안되었다.[33]

이러한 형태의 리간드의 전하는 대단히 모호하다. 이것은 중성의 다이싸이오케톤이나 음이온 형태의 불포화 다이싸이올의 두 가지 화학식이 모두 가능하기 때문이다. 두 전자들의 차이를 다음과 같이 표현할 수 있다.

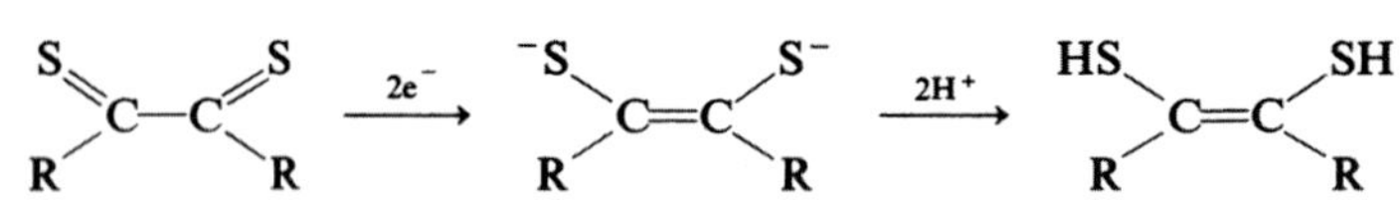


**(11.5)**

전자들은 리간드뿐만 아니라 금속의 분자 오비탈들에도 비편재화되어 포함되어 있기 때문에 리간드나 금속의 형식 전하를 계산하는 것은 불가능하다. 그럼에도 불구하고 전자 밀도의 실제적인 분포는 몰리브데넘 효소에서 설명한 것처럼 반응 경로를 결정하는 데 있어 매우 중요하다.[34]

중성 착물 이외에도 한 개, 두 개, 혹은 세 개의 전자를 첨가하여 $[M(S_2C_2R_2)_3]^{n-}$ 형의 환원된 화학종들을 형성할 수 있다. 현재까지의 증거에 의하면 착물이 환원되어도 삼각

---

31) Wells, A. F. *Structural Inorganic Chemistry*, 5th ed.; Oxford University : London, 1984; p 757.

32) Eisenberg, R.; Ibers, J. A. *J. Amer. Chem. Soc.* **1965**, *87*, 3776~3778; *Inorg. Chem.* **1966**, *5*, 411~416.

33) Bennett, M. J.; Cowie, M.; Martin, J. L.; Takats, J. *J. Amer. Chem. Soc.* **1973**, *95*, 7504~7505.

34) Barnard, K. R.; Wedd, A. G.; Tiekink, E. R. T. *Inorg. Chem.* **1990**, *29*, 891~892.

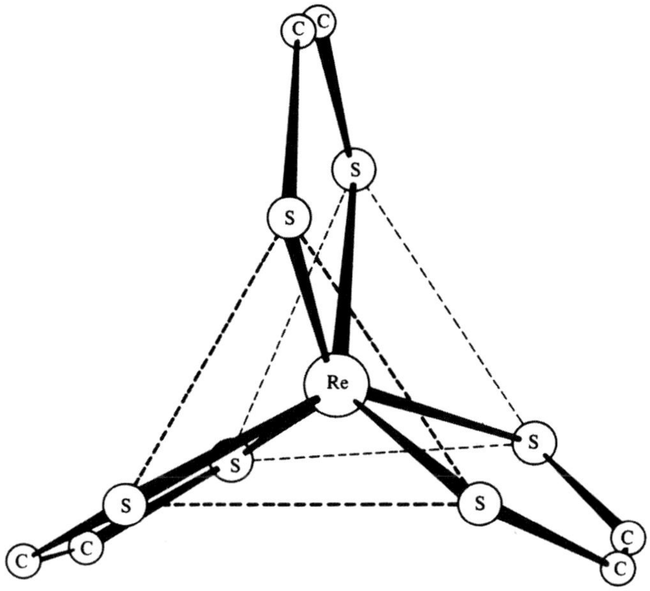


**그림 11.17** [$Re(S_2C_2Ph_2)_3$]의 구조. 페닐 고리는 생략하였다. [Eisenberg, R.; Ibers, J. A. *Inorg. Chem.* **1966**, *5*, 411~446.]

프리즘 배위를 유지하는 경향이 있으나 첨가되는 전자가 증가함에 따라 정팔면체 방향으로 조금씩 일그러진다(표 11.4 참조).

1,2-에텐다이싸이올라토 혹은 1,2-다이싸이올렌 착물의 가장 흥미있는 특징 중의 하나는 킬레이트 고리 내에 있는 두 황 원자 사이의 짧은 거리이다. 이 거리는 약 305 pm 정도로, 놀라울 만큼 일정하고 van der Waals 반지름의 합보다 60 pm 정도 더 짧다(표 8.1). 이것은 삼각 구조를 안정화시킬 수 있는 일부 S—S 결합이 있음을 강력히 시사해준다.[35] 이렇게 될 수 있는 한 가지 방법은 황 원자들이 서로 잡아 당겨져서 배위각이 감소되는 것이다(그림 11.17의 착물에서는 약 81°이다). 완전한 팔면체 배위가 되려면 90°가 되어야 한다. 또 다른 한 가지 방법은 그림 11.17에 있는 분자에서 하나의 $S_3$ 삼각형을 60° 뒤틀어 팔면체를 만들어 보는 것이다. 만약 다른 것들의 길이가 같게 유지되면서

**표 11.4**
tris(dithiolato) 금속 착물인 $ML_3^{n-}$에서 꼬임각($\theta$)의 지도[a].

| ⅣB족(4) | ⅤB족(5) | ⅥB족(6) | ⅦB족(7) | ⅧB족(8) |
|---|---|---|---|---|
| | $VL_3(\theta=0°)$ | | | |
| $ZrL_3^{2-}(\theta=19.6°)$ | $NbL_3^-(\theta=0.6°)$<br>$TaL_3^-(\theta\sim 16°)$ | $MoL_3(\theta=0°)$ | | |
| | $VL_3^{2-}(\theta=17.0°)$ | | $ReL_3(\theta=0°)$<br>$TcL_3(\theta=4.6°)$ | |
| | | $MoL_3^{2-}(\theta=14.0°)$<br>$WL_3^{2-}(\theta=14.0°)$ | | |
| | | | | |
| | | | | $FeL_3^{2-}(\theta=24.5°)$ |

[a] 삼각 프리즘, $\theta=0°$; 팔면체 $\theta=60°$

[35] 이들 리간드를 포함하는 착물들에 대한 고찰은 각주 29를 참조하라.

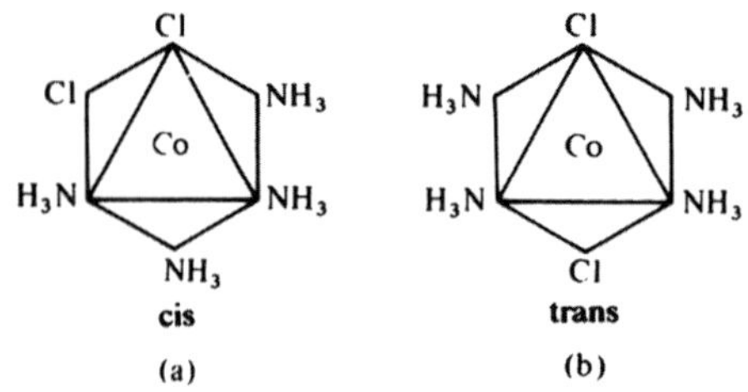


**그림 11.18** 시스 및 트랜스 팔면체 이성질체의 예. (a) *cis*-tetraamminechlorocobalt(III), Werner의 *violeo* 착물, 그리고 (b) *trans*-tetraamminechlorocobalt(III), Werner의 *praseo* 착물.

황 원자들을 서로 멀리 움직이려 할 때, 어떠한 S—S 결합이 있다면 이러한 움직임은 방해를 받을 것이다.

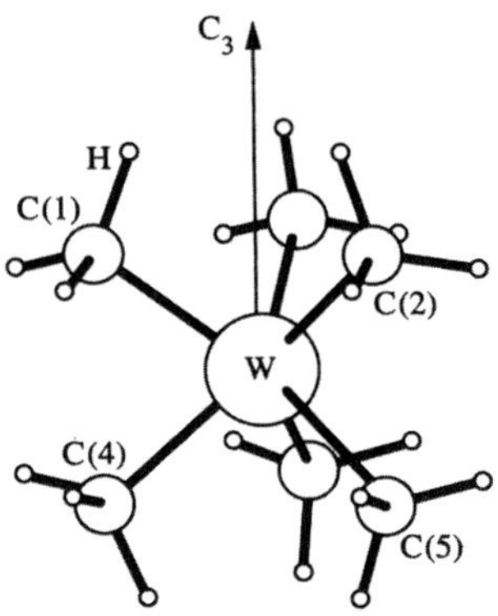


한자리 리간드를 갖는 삼각 프리즘 착물은 거의 없지만 $[Zr(CH_3)_6]^{2-}$와 $W(CH_3)_6$는 여백의 그림에서 보는 것과 같이 모두 $D_{3h}$ 대칭을 가진다.[36] $O_h$ 대칭을 선호하고 삼각 일그러짐을 방해하는 요인을 찾는 것은 어렵지 않다. 그것은 커다란 리간드의 입체 효과와 여섯 개 리간드의 큰 부분 전하, 그리고 상대적으로 작은 금속의 크기이다. 헥사메틸 화합물과 순전히 이론적 방법으로만 계산했던 가상의 $CrH_6$에서는 이러한 요인들이 없다는 것으로부터 확인할 수 있다. $D_{3h}$ 대칭을 선호하는 요인은 명확하지 않다. 예를 들어 형식적인 비결합 오비탈의 상대적인 안정도는 4장에서 거론된 $BeH_2$와 $H_2O$의 MO 분석에서의 안정도와 비슷하다.[37]

## 팔면체 착물에서의 기하 이성질현상[38]

팔면체 착물에는 두 가지 간단한 기하 이성질 형태가 있다. 첫 번째는 $MA_2B_4$ 형태의 착물에서 나타나는데, A 리간드들이 서로 인접하는 경우(그림 11.18a)와 팔면체의 반대편 끝에 있는 경우(그림 11.18b)이다. 이러한 형태의 착물은 Werner에 의하여 연구되었으며 그는 테트라암민다이클로로코발트(III) 착물의 **프라세오**(*praseo*)와 **바이올레오**(*violeo*) 착물이 이러한 형태의 이성질체인 것을 증명하였다(10장 참조). 이러한 착물들은 매우 많이 알려져 있으며 구조적 효과에 대한 연구에 널리 이용되었다. 최근에 대칭성의 저하가 전자 전이 스펙트럼에 미치는 영향이 밝혀져 이 분야가 다시 흥미를 끌고 있다.

$MA_3B_3$ 형의 착물에도 두 가지의 기하 이성질체가 가능하다: (1) 같은 형태의 리간드가 한 면 위에서 정삼각형을 형성한다(면 이성질체, 약자 *fac*, 그림 11.19a) 또는 (2) 같은 형태의 리간드가 세 자리를 차지하되 두 개가 서로 정반대의 위치 또는 트랜스 위치에 있다(자오선 이성질체, 약자 *mer*, 그림 11.19b).[39] $MA_2B_4$의 시스-트랜스 이성질체는 수백여 개가 있지만 *fac–mer* 이성질체는 많지 않다. 예를 들면 $[Ru(H_2O)_3Cl_3]$, $[Pt(NH_3)_3Br_3]^+$, $[Pt(NH_3)_3I_3]^+$, $[Ir(H_2O)_3Cl_3]$, $[Rh(CH_3CN)_3Cl_3]$, $[Co(NH_3)_3(NO_2)_3]$, 그리고 $[M(CO)_3(PR_3)_3]$(M = Cr, Mo, W) 등이 있다.

---

[36] Morse, P. M.; Girolami, G. S. *J. Amer. Chem. Soc.* **1988**, *111*, 4114~4116. Haaland, A.; Hammel, A.; Rypdal, K.; Volden, H. V. *J. Amer. Chem. Soc.* **1990**, *112*, 4547~4549.

[37] Kang, S. K.; Albright, T. A.; Einstein, O. *Inorg. Chem.* **1989**, *28*, 1611~1613.

[38] 기하 이성질현상에 대한 완전한 설명은 다음을 참조하라. Saito, Y. *Inorganic Molecular Dissymmetry*, Springer-Verlag : Berlin, 1979; pp 6~7, 73~88.

[39] 이들은 시스-트랜스 이성질체로 불리기도 하지만 *fac-mer* 라는 명칭이 더 정확하다. 그러나 IUPAC은 자오선과 동면과 같은 용어의 사용은 하지 않기를 권장하고 있다.

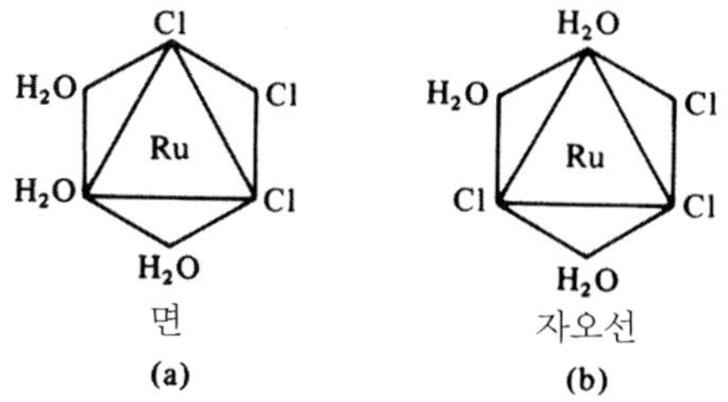


**그림 11.19** 면(facial) 및 자오선(meridional) 팔면체 이성질체의 예. (a) *fac*-triaquatrichlororuthenium (III)와 (b) *mer*-triaquatrichlororuthenium(III).

## 팔면체 착물에서의 광학 이성질현상

$[Co(en)_3]^{3+}$ 형태의 트리스(킬레이트) 착물에는 회전 반사축이 없다고 이미 설명하였다. 그 결과로 이러한 착물은 두 가지의 거울상 이성질체 형태 중의 하나(또는 두 가지의 라세미 혼합물)로 존재할 수 있다. 그림 11.20에 각기 $D_3$ 대칭의 광학 이성질체인 $[Co(en)_3]^{3+}$와 $[Cr(ox)_3]^{3-}$ 착이온을 나타내었다. 착물이 광학 활성으로 되기 위해 반드시 세 개의 킬레이트 고리를 가질 필요는 없다. 다이클로로비스(에틸렌다이아민) 코발트(III) 양이온은 시스와 트랜스의 두 가지 기하 이성질체로 존재한다. 트랜스 이성질체는 $D_{2h}$에 가까운 대칭을 가진다(그림 11.21b). 그리고 트랜스 이성질체는 세 개의 내부 거울면을 가지므로 광학 비활성이다.[40] 시스 이성질체는 $C_2$ 대칭을 가지며 광학 활성이다(그림 11.21a). 에틸렌다이아민 고리의 두 개의 질소 원자를 두 개의 염화 이온으로 치환하더라도 나머지의 기하 구조를 변화시키지 않으므로 광학 활성이 유지된다.[41] 불완전 비대칭을 목적으로, 두 개의 질소 원자를 두 개의 염화 이온으로 바꾸는 것은 아무런 의미가 없다. *cis-cis-cis*-$[Co(NH_3)_2(H_2O)_2(CN)_2]^+$에서처럼 한 쌍의 한자리 리간드에 의한 킬레이트 고리의 치환으로 광학 이성질체를 얻을 수 있지만,[42] 실용적인 면에서 광학 이성질체의 분리는 킬레이트 고리를 포함하는 착물들에 국한된다. 킬레이트 고리는 보다

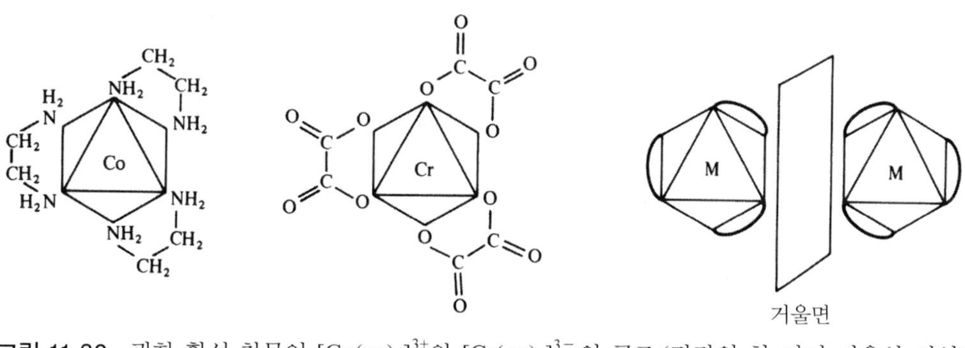


**그림 11.20** 광학 활성 착물인 $[Co(en)_3]^{3+}$와 $[Cr(ox)_3]^{3-}$의 구조(각각의 한 가지 거울상 이성질체)와 트리스(킬레이트) 착물의 두 거울상 이성질체를 나타낸 그림.

---

40) 이 가정은 에틸렌다이아민-금속 고리가 정확하게 평면을 이룬다는 것이지만, 실제로는 그렇지 않고, 이들 고리는 비스듬하게 놓여 있다. 그러나 두 개의 비스듬한 형태가 광학 활성을 목적으로 빠르게 상호전환하기 때문에, 화합물은 광학 활성인 것처럼 보인다.

41) 여기에서 인용한 염화 이온에 의한 에틸렌다이아민의 "치환"이라는 말은 형식적인 의미이다. 용액 중에서 두 염화 이온이 착물의 배열을 그대로 유지하면서 $[Co(en)_3]^{3+}$ 양이온을 공격한다는 것을 뜻하지는 않는다.

42) Ito, T.; Shibata, M. *Inorg. Chem.* **1977**, *16*, 108~116.

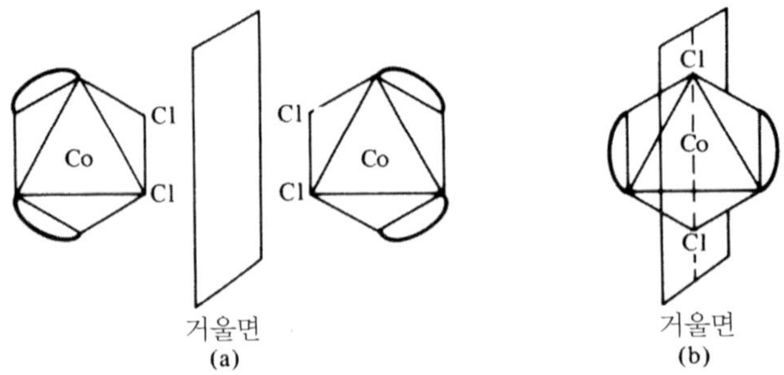


**그림 11.21** (a) *cis*-dichlorobis(ethylenediamine)cobalt(III) 이온 (*violeo* 염) 의 광학 이성질체. (b) 내부 대칭면 중의 하나 (그림에 나타낸 면에 수직인 두 개의 다른 대칭면이 있음) 를 보여 주고 있는 *trans*-dichlorobis(ethylenediamine)cobalt(III) 이온(*praseo* 염).

안정한 착물을 만든다 (466쪽의 "킬레이트 효과" 참조). 더군다나 킬레이트 고리가 없는 착물은 합성하기도 어렵고, 또한 많이 생겨나는 기하 이성질체들을 분리하기도 힘들다.

Werner는 그의 팔면체 배위의 이론에 대한 강력한 증거로서 광학 이성질체를 합성하고 분리하였다. 그는 최초의 논문에서 광학 활성에 대해서 언급하지 않았지만 그로부터 4~5년 후에 여기에 대한 아이디어를 갖게 되었고,[43] 이로부터 약 14년 후에 암민클로로비스 (에틸렌다이아민) 코발트 (III) 양이온 (그림 11.21에서 한 개의 염소 이온이 암모니아로 치환된 구조) 을 갖는 광학 이성질체의 분리에 성공하였다.[44] 또한 금속 이온은 크로뮴 (III), 철 (III), 루테늄 (III) 이온, 그리고 킬레이트 리간드는 에틸렌다이아민, 옥살산, 바이피리딘을 포함하는 광범위한 착물들의 분리를 계속하였다. 그럼에도 불구하고 그에게 비판적인 시각을 갖고 있는 일부 사람들은 그가 사용한 모든 리간드는 탄소를 포함하고 있음을 지적하였다. "무기" 화합물에 대비시킨 "유기" 화합물의 광학 활성을 어떤 형태로 관련지우고, 또한 전체의 대칭을 고려하지 않는다고 Werner의 연구결과를 평가 절하했다. 일리가 있는 이러한 논의를 잠재우기 위해 Werner는 탄소 원자를 포함하지 않은 다핵 착물인 트리스[테트라암민-μ-다이하이드록소코발트 (III)]코발트 (III) (그림 11.22) 를 합성하고 분리하였다.[45] 탄소와 다른 원소 사이의 구별은 1828년의 Wöhler의 연구에 의해 종식되었다. Werner 이후의 모든 연구 중에서 탄소를 완전히 포함하지 않는 착물이

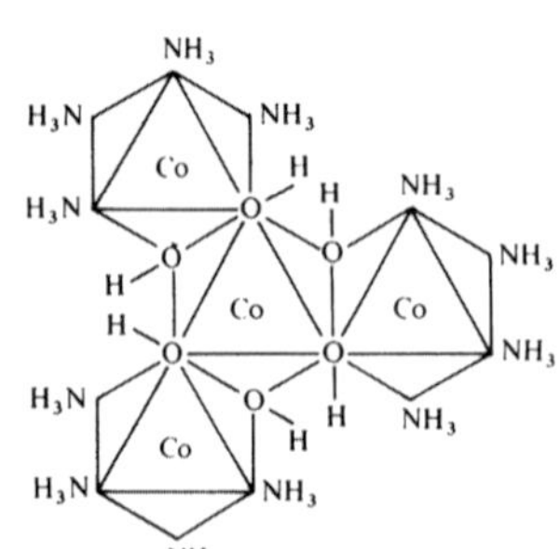


**그림 11.22** tris[tetraammine-$\mu$-dihydroxocobalt(III)]cobalt(III) 양이온의 한 가지 거울상 이성질체.

---

43) Werner는 1897년에 공동 연구자인 Arturo Miolati에게 편지로 가능성을 설명하였다. 다음을 참조하라. *Classics in Coordination Chemistry*; Kauffman, G. B., Ed.; Dover : New York, 1968; pp 155~158.

44) Werner, A. *Chem. Ber.* **1911**, *44*, 1887. 이 논문에 대한 번역은 *Classics in Coordination Chemistry*; Kauffman, G. B., Ed.; Dover : New York, 1968; pp 159~173에 실려 있다.

45) Werner, A. Chem. Ber. **1914**, *47*, 3087. 이 논문에 대한 번역은 *Classics in Coordination Chemistry*; Kauffman, G. B., Ed.; Dover : New York, 1968; pp 177~184에 실려 있다.

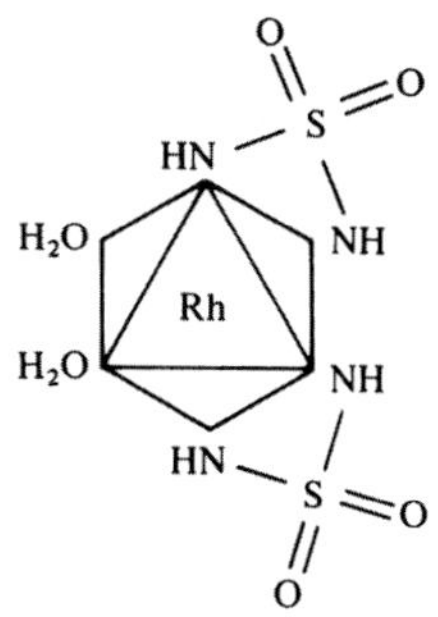


**그림 11.23** *cis*-diaquabis(sulfamido)rhodate(III) 음이온의 한 가지 거울상 이성질체.

분리된 다른 예는 시스-다이아쿠아비스(설프아미도) 로듐(III) 산 소듐(그림 11.23) 뿐인데,[46] 탄소를 포함하지 않는 킬레이트제를 만드는 것이 어렵기 때문이다.

## 광학 활성 착물의 분리

광학 활성인 화합물을 두 가지의 반면상 결정으로 결정화시켜 눈으로 검사하여 식별할 수 있었던 Pasteur 만큼의 행운을 가진 무기화학자들은 거의 없었다.[47] 배위 화합물의 분리에는 효과적인 여러 가지 화학적 방법이 고안되었다. 그 방법들은 거울상 이성질체의 라세미 화합물들과 다른 종류의 카이랄 화학종과의 상호작용을 포함하고 있다. 광학 활성인 양이온은 광학 활성의 주석산 음이온인 $\alpha$-브로모캄퍼-$\boldsymbol{\pi}$-설폰산 음이온 중의 한 이성질체 또는 금속 착음이온들 중의 한 이성질체와 상호작용하여, 용해도가 다른 부분 입체 이성질체가 되거나 용액 중에서의 평형이 이동되거나 기타 여러 가지 물리적 성질이 변화하여 효과적으로 분리될 수 있게 된다. 음이온의 분리에는 양성자가 첨가되면 양이온으로 되는 스트리키닌이나 브루신 같은 카이랄 염기가 사용된다. 중성 착물은 일반적으로 염을 형성하기가 불가능하므로 분리하기 어렵다. 이런 경우에는 불완전 비대칭 용매로 선택적 추출을 하거나 석영이나 설탕(둘 다 한 가지 거울상 이성질체로 구성된), 또는 기타 카이랄 물질을 충진물로 한 흡착 크로마토그래피 방법과 같이 불완전 비대칭 물질에 대한 물리적 성질의 차이를 이용한다.

## 착물의 절대 배열

비대칭 배위 화합물 중에서 원자의 절대적 공간 관계(카이랄성이나 좌우방향성)를 결정하는 것은 Werner의 시대부터 무기화학자들이 관심을 가져온 문제이다. Werner는 그러한 결정을 할 수 있는 오늘날의 물리적 방법을 아무것도 알지 못하였다. 거울상 이성질체의 회전성 분석을 통하여 배열에 관한 강력한 단서를 얻을 수 있지만 단순하게 편광면의 회전 방향만으로는 절대 배열을 결정할 수 없음에 유의하라.[48]

절대 배열을 실험적으로 결정하는 방법을 설명하기 전에, 그러한 배열의 표기 방법을 간단히 설명하겠다. 유기화학의 경우처럼 이들 규칙은 절대 배열이 알려지기 훨씬 이전

46) Mann, F. G. *J. Chem. Soc.* **1933**, 412.

47) 그러나 상대적으로 간단한 코발트 착물인 시스-비스(에틸렌다이아민) 다이나이트로코발트(III) 염은 이러한 행동을 나타낸다. 이들 중에서 어떤 것은 Werner가 만들었고, 재결정을 하는 도중에 그도 알지 못하는 사이에 분해되었다. Bernal. I.; Kauffman, G. B. *J. Chem. Educ.* **1987**, *64*, 604~610.

48) 예를 들면, 소듐 D선을 같은 방향으로 회전시키는 $[Co(en)_3]^{3+}$와 $[Rh(en)_3]^{3+}$의 거울상 이성질체는 서로 반대인 절대 배열을 가진다. 즉, (Co와 Rh 간의 차이를 무시하면) 서로 거울상인 것이 알려져 있다.

에 만들어졌으므로 논리적 상호관계라는 면에서 유감스러운 점이 많다. 이미 설명한 것처럼 가장 간단한 방법은 편광의 회전 방향에 의한 실험적 표시법, (+) 혹은 *d*, (−) 혹은 *l*이다. 즉, $(+)_{589}$-$[Co(en)_3]^{3+}$라고 적으면 빛의 파장이 589 nm인 빛에 대하여 우회전성임을 나타낸다.[49] 비록 곧 배우게 될 실험 방법과 가정으로 배열에 관한 강력한 단서를 얻을 수 있지만, 앞에서와 같은 표기법으로는 거울상 이성질체를 서로 구별할 수는 있어도 절대 배열을 구분할 수는 없다.

다음으로 D-글리세르알데하이드와 설탕에 대한 Emil Fischer의 체계에서처럼 임의로 (+)-$[Co(en)_3]^{3+}$를 D 배열로 정하고 이미 알려져 있는 구조와 이것을 비교할 수 있다. 그러나 D 기호는 임의적이다. 더군다나 자칫하면 D라는 기호가 "우회전성"이거나 "오른손잡이성"과 관계된 것으로 잘못 생각할 수 있다.

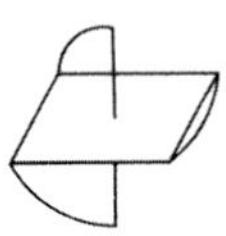
Λ 또는 D 이성질체

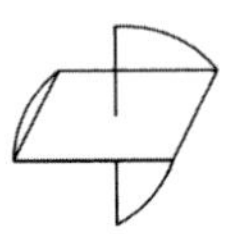
Δ 또는 L 이성질체

가장 일반적인 카이랄 배위 화합물의 한 부류인 트리스(킬레이트) 착물을 3중 회전축을 따라 내려다 보는 방법으로 체계적인 근거를 얻을 수 있다. 만약 나사선이 우회전성이면 그 이성질체는 Δ-이성질체이고, 그것의 거울상은 Λ-이성질체이다.[50] 따라서 D-, L-, Δ-, Λ- 이성질체는 여백에 나타낸 것과 같이 표현된다. 이 체계에 따르면 Λ ≠ L이고 Δ ≠ D임을 알 수 있음에도 혼란을 가져올 수 있으므로 주의하여야 한다.

보통의 X선 회절법에서 두 거울상 이성질체는 똑같은 X선 회절 무늬를 나타내므로 이 방법은 금속 원자 주위의 절대 배열에 관한 정보를 주지 못한다. 그러나 배위 화합물의 절대 배열은 **Bijvoet 해석**[51]이라고 부르는 X선의 변칙 분산을 사용하여 직접 결정할 수 있다. 그 방법은 널리 응용되지 않지만, D글리세르알데하이드의 절대 배열에 관련된 유기화학의 문제에서처럼 하나의 절대 배열을 알면 다른 것들과 연관지을 수 있는 방법들이다. D-(+)-$[Co(en)_3]^{3+}$의 염화물과 브로민화물 그리고 L-(−)-$[Co(R\text{-pn})_3]^{3+}$의 브로민화물의 절대 배열이 결정되었다 [en = ethylendiamine; *R*-pn = *l*- 또는 (−)-propylenediamine].

만약 리간드 중의 하나가 광학 활성이고 그의 절대 배열을 알고 있으면, X선(또는 중성자) 회절법으로 금속 원자에서의 절대 배열을 결정할 수 있다. 두 거울상 이성질체 중에서 알려진 카이랄 중심의 배열과 맞는 X선 데이터를 갖는 구조를 고르면 된다. 예를 들어 트리스(*R*-프로필렌다이아민) 코발트(III)를 살펴보자. 이것은 다음과 같이 합성된다.

$$[Co(CO_3)_3]^{3-} + 3R\text{-pn} \longrightarrow [Co(R\text{-pn})_3]^{3+} + 3CO_3^{2-} \qquad (11.6)$$

놀랍게도 합성물은 입체특이성이고 한 가지 이성질체만 얻어진다(445쪽 참조). 그런 후에 다음과 같은 방법으로 Δ- 또는 L-이성질체인 것을 확인한다. *R*-프로필렌다이아민에 있는 비대칭 탄소의 절대 배열을 알고 있으므로, 그 탄소의 배열이 올바르게 나오는 거울상 이성질체의 데이터를 선택하여 해석하면 자동적으로 코발트 주위의 절대 배열이 결정된다(그림 11.24 참조).[52] 이 방법은 알라닌이나 글루타민산과 같은 천연적인 L-아미노

49) 이것은 "소듐 D선"이다. "D"는 "우회전성(dextrorotatory)"을 의미한다. 소듐 D선은 매우 자주 사용되기 때문에 아래 첨자 D를 생략할 때도 있지만, 다른 파장을 이용할 때에는 항상 명기하여야 한다.

50) 이것은 Piper, T. S. *J. Amer. Chem. Soc.* **1961**, *83*, 3908~3909에서 제안되었다. IUPAC에서는 훨씬 일반적인 계로 이것을 확장시켰다(부록 II 참조). 트리스(킬레이트)의 두 개의 계는 앞에서 언급한 것처럼 같은 부호를 가진다.

51) Bijvpet, J. M. *Endeavor*, **1955**, *14*, 71~77. Saito, Y. *Inorganic Molecular Dissymmetry*; Springer-Verlag : Berlin, 1979; Chapter 2.

52) 그림 11.24의 거울상은, X선과 중성자 회절 데이터의 수학적 해답과 같다. 그러나 용액 중에서 프로필렌다이아민의 카이랄 중심은 *S* 배열을 가진다.

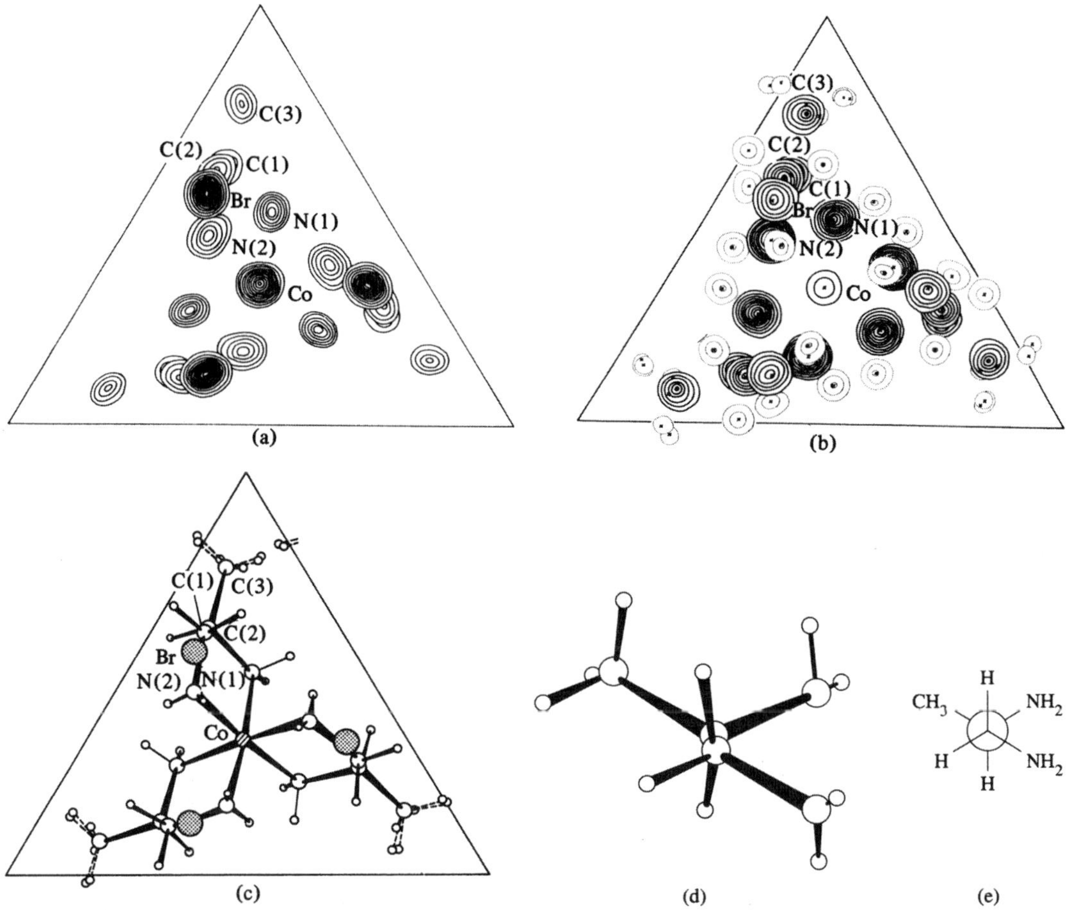


**그림 11.24** $(-)_{589}$-tris($R$-propylenediamine)cobalt(III) bromide의 절대 배열의 결정. (a) X선 회절 데이터에 의한 전자 밀도 지도. 코발트와 브로민의 등밀도선은 $10^4$ e nm$^{-3}$(10 e Å$^{-3}$)의 간격으로 그려졌다. 가벼운 원자에 대해서는 $2 \times 10^3$ e nm$^{-3}$(2 e Å$^{-3}$)의 간격으로 나타내었다. 원자 번호가 커짐에 따라 산란이 증가하는 것에 유의하라. C < N < Co < Br. 수소 원자는 나타내지 않았다. (b) 중성자 산란 밀도. 산란은 Z에 비례하지 않는다(코발트의 약한 산란에 유의하라). 수소 원자의 위치는 이제 알 수 있다. (c) 화합물의 최종 구조. 삼각형의 구석에 있는 다중 수소의 위치는 회전에 의한 무질서를 나타내고 있다. (d) $R$-propylenediamine 리간드 [(c)의 왼쪽 아래 구석에 있는 propylenediamine 리간드가 브로민화 이온과 함께 시계 방향으로 약 60° 회전하는 것과 메틸기의 회전 무질서가 없어진 것과 비교하라]. (e) $R$-propylenediamine의 Newman 투시도. 뒤쪽에 있는 것이 비대칭 탄소이다. [Saito, Y. *Inorganic Molecular Dissymmetry*; Springer-Verlag : Berlin, 1979.]

산의 착물을 연구할 때 특히 유용하다. X선 회절법이 점점 일상적인 분석법이 되어감에 따라 올바른 해답을 줄 수 있는 많은 방법들 중에서 유일하게 간편한 방법이 되어가고 있다(문제 11.29 참조). 따라서 다른 두 가지 방법은 간단히 살펴볼 것이다.

## 분광학적 방법[53)]

10장에서 헥사암민 코발트(III) 이온의 가장 낮은 에너지의 $d$–$d$ 전이가 ${}^1A_{1g} \rightarrow {}^1T_{1g}$임을 알게 되었다. 트리스(에틸렌다이아민) 코발트(III) 는 이와 매우 유사한 전자 전이와 가시

53) 상세한 설명은 다음을 참조하라. Mason, S. F. *Molecular Optical Activity and Chiral Discrimination*; Cambridge University : New York, 1982; Saito, Y. *Inorganic Molecular Dissymmetry*; Springer-Verlag: Berlin, 1979.

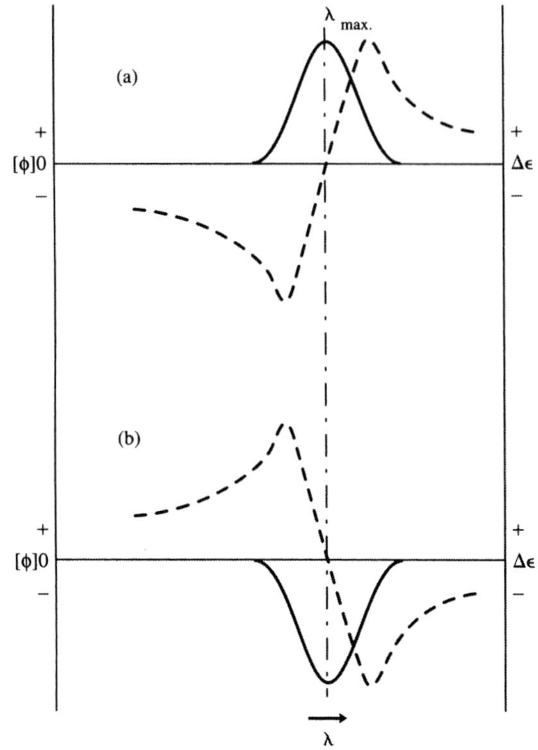


**그림 11.25** Cotton 효과 : (a) 양의 Cotton 효과 ; (b) 음의 Cotton 효과. 흡수띠는 나타내지 않았다 ; 그것은 $\boldsymbol{\lambda}_{max}$에 중심을 둔 양의 Gaussian 곡선일 것이며, 척도는 없다. 점선은 ORD 곡선을 나타낸다 (그리고 좌측에 있는 굴절률 척도와 관련된다). 실선은 CD 곡선을 나타낸다 ($\varepsilon_l - \varepsilon_r$, 우측의 척도). 최대 흡수, ORD의 영점, 그리고 CD 값의 최대 및 최소는 $\boldsymbol{\lambda}_{max}$에서 나타난다. (a)와 (b) 두 그림은 두 개의 거울상 이성질체를 나타내고 있다. 이들은 흡수 피크가 다른 흡수로부터 잘 분리된 이상적인 곡선들이다. [Gillard, R. D.; *Prog. Inorg. Chem.* **1966**, *7*, 215~276.]

광선 스펙트럼을 가질 것이다.[54] 절대 배열을 결정하는 데 유용한 이러한 *d–d* 전이들과 관련된 두 가지 현상이 있다. 그것들은 광회전 분산 (ORD) 과 원편광 이색성 (CD) 으로 Cotton 효과에 기초하고 있다. 일반 규칙은 다음과 같다. 만약 비슷한 화합물들에서 상응하는 전자 전이들이 같은 부호의 Cotton 효과를 보인다면 그 화합물들은 같은 광 배열을 가진다.[55]

광회전 분산은 파장에 따른 광회전의 변화를 측정하는 것을 포함한다. 흡수띠 근처에서는 갑작스런 회전의 반전이 일어난다. 만약 착물이 좌회전성이면 (그림 11.25a), ORD 곡선은 최소로 떨어졌다가 최대로 증가하고, 그런 후에 천천히 감소한다. 만약 착물이 우회전성이면 ORD 곡선은 반대로 처음에는 최대로 올라갔다가 나중에 떨어지는 효과를 보인다 (그림 11.25b). 이것은 각각 양과 음의 Cotton 효과를 나타낸다.

---

54) 실제로 $^1A_{1g} \rightarrow {}^1T_{1g}$ 전이는 완전한 $O_h$ 대칭에만 적용된다. 트리스(에틸렌다이아민)코발트(III)는 $D_3$ 대칭을 가지므로, $^1T_{1g}$ 준위는 $^1A_2$와 $^1E$ 준위로 갈라진다. 그러므로 두 가지 전이, $^1A_1 \rightarrow {}^1E$와 $^1A_1 \rightarrow {}^1A_2$가 존재한다. 삼각형을 이루는 구성 성분은 작기 때문에, 각각의 전이에서 분리되는 띠가 보통의 흡수 스펙트럼으로는 구별되지 않는다(그림 11.43에 있는 470 nm[4700 Å, 21,400 cm$^{-1}$]에서 나타나는 넓은 띠가 이들 두 가지 전이에 대한 것이다). 이들 두 가지 전이는 선택 규칙이 다르기 때문에 CD 스펙트럼으로 구별할 수 있다(두 착물에 대한 값은 표 11.5에 나타내었다). 다음을 참조하라. Mason, S. F. *Molecular Optical Activity and Chiral Discrimination*; Cambridge University: New York, 1982; Saito, Y. *Inorganic Molecular Dissymmetry*; Springer-Verlag: Berlin, 1979.; Chapter 6.

55) Gillard, R. D. *Prog. Inorg. Chem.* **1966**, *7*, 215~276.

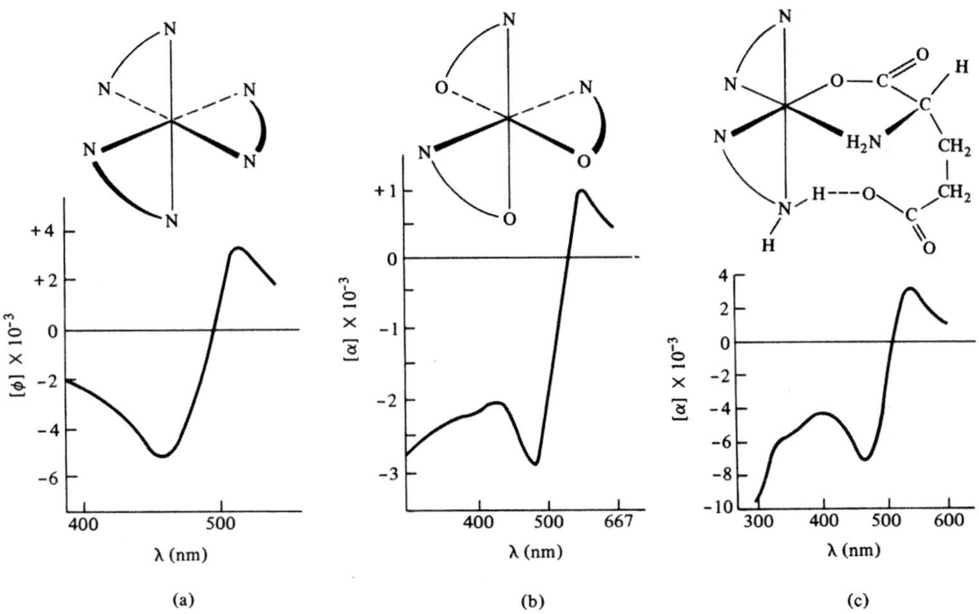


**그림 11.26** (a) $\Lambda$-$[Co(en)_3]^{3+}$; (b) $\Lambda$-$[Co(S\text{-}ala)_3]$($S$-ala = $S$-(L)-alanine의 음이온); (c) $\Lambda$-$[Co(en)_2(S\text{-}glu)]^+$ ($S$-glu = $S$-(L)-glutamic acid의 2가 음이온)의 절대 배열과 ORD 스펙트럼. 이러한 착물들은 모두 $\Lambda$ 또는 D 배열을 가진다.

ORD 곡선은 절대 배열의 결정에 유용하다. 예를 들어 트리스(에틸렌다이아민) 코발트(III), 트리스(알라니나토) 코발트(III), 비스(에틸렌다이아민) 글루타마토코발트(III) 와 같은 거울상 이성질체의 배열은 X선 연구에 의하여 알려졌고, 이들 착물들의 세 가지 $\Lambda$-(D)-거울상 이성질체들은 유사한 ORD 스펙트럼을 갖는 것으로 밝혀져 있다(그림 11.26). 이러한 근거에 따라 X선 데이터가 없는 이들 화합물들 중의 어느 것에라도 ORD 스펙트럼이 서로 비슷한가의 여부에 따라 $\Lambda$-배열을 결정할 수 있었다. ORD 스펙트럼이 분명하려면 주위에 다른 흡수가 없어야만 한다.

기기적으로 간단하기 때문에 ORD가 한때 널리 사용되기는 하였지만, 현재에는 원편광 이색성법이 훨씬 더 유용하게 사용된다. CD 효과는 ${}^1A_1 \rightarrow {}^1E$와 ${}^1A_1 \rightarrow {}^1A_2$와 같은 전이와 관계된 원편극된 빛의 왼쪽과 오른쪽에서 미분 흡수 때문에 나타난다. 원편광 이색은 좌편광과 우편광의 몰흡광도 사이의 차이인 $\varepsilon_l - \varepsilon_r$이다(그림 11.25의 실선).[56] 주어진 흡수띠에서 같은 부호의 CD를 갖는 착물들은 같은 절대 배열을 가진다. 몇 가지 전형적인 값을 표 11.5에 나타내었다.

## 킬레이트 고리의 입체 선택성과 형태

팔면체 착물의 트리스(킬레이트) 구조에 의하여 생긴 불완전 비대칭 이외에 그 리간드 내에서도 마찬가지로 불완전 비대칭성을 가질 수 있다. 예를 들어 에틸렌다이아민의 고우시 형태는 불완전 비대칭이지만(그림 11.27), 라세미화를 방해하는 에너지 장벽이 거의 없다면 분리는 불가능하다. 이 리간드가 금속에 배위하더라도 고우시 형태의 카이랄성은 유지되지만, 이 경우에도 유기 고리의 상호변환과 마찬가지로 두 개의 거울상 이성

56) $\varepsilon_1 - \varepsilon_2$의 값은 $\Delta E$로 주어질 때도 있다. $\Delta E$가 양이면($\varepsilon_1 > \varepsilon_2$), 양의 Cotton 효과라고 부른다.

**표 11.5** 코발트(III) 의 Λ-(D)-와 Δ-(L)-트리스(킬레이트) 착물에 대한 원편광 이색성 데이터[a].

| 착물의 화학식[b] | $\nu(cm^{-1})$ | $\varepsilon_l - \varepsilon_r$ | 절대 배열 |
|---|---|---|---|
| $(+)_{589}$-$[Co(en)_3]^{3+}$ | 20,280 | +2.18 | Λ |
| | 23,310 | −0.20 | |
| $(-)_{589}$-$[Co(en)_3]^{3+}$ | 20,280 | −2.18 | Δ[c] |
| | 23,310 | +0.20 | |
| $(+)_{589}$-$[Co\text{-}(S\text{-}pn)_3]^{3+}$ | 20,280 | +1.95 | Λ |
| | 22,780 | −0.58 | |
| $(+)_{589}$-$[Co(R\text{-}pn)_3]^{3+}$ | 21,000 | +2.47 | Λ |
| $(+)_{589}$-$[Co(S\text{-}ala)_3]$ | 18,500 | +1.3 | Λ |
| | 21,000 | −0.2 | |
| $(+)_{495}$-$[Co(S\text{-}glu)(en)_2]^{2+}$ | 19,600 | +2.4 | Λ |

[a] Saito, Y. *Inorganic Molecular Dissymmetry*; Springer-Verlag; Berlin, 1979; p 136 트리스(알라) 착물은 트리스(디아민) 착물($CoN_6$) 보다 다른 발색단($CoN_3O_3$) 을 가져서 유사점은 단지 개략치임을 유의하라.
[b] en = ethylenediamine; pn = propylenediamine; ala = alaninate; glu = glutanmate.
[c] 각 경우에 Δ 이성질체는 Λ 이성질체와 비교하여 고유 광회전도에 대해 반대 부호의 같은 값, 흡수 최대치에 대해 같은 값 그리고 원형 이색성에 대해 반대 부호의 같은 값을 가질 것이기 때문에, 이 값들은 여기에 모두 열거되어 있지 않다.

질체는 에너지가 대단히 낮은 평면 구조를 통하여 여전히 상호변환될 수 있다. 그러므로 이론적으로는 $[Co(NH_3)_4(en)]^{3+}$와 같은 착물의 두 광학 이성질체를 구분하는 것이 가능하다 하더라도, 고리 형태의 빠른 상호변환 때문에 실제로 그들을 분리하는 것은 불가능한 것으로 증명되었다.[57]

둘 이상의 고리가 한 착물 내에 존재하면 서로가 상호작용하여 원자 사이의 반발이 가능한 한 감소되는 형태를 취하여 안정화되는 것으로 생각된다. 예를 들어 에틸렌다이아민의 두 킬레이트 고리를 포함하는 사각 평면 착물을 살펴보자. 순수하게 통계적 관점에서 세 가지 구조를 기대할 수 있고, 그것은 **Mδδ**, **Mλλ**, **Mδλ** (**Mλδ**와 동일) 의 구조일 것이다. 처음 두 분자는 대칭면이 없지만 **Mδλ**는 메소형이다. Corey와 Bailar[58]는 **Mδδ**와 **Mλλ** 형이 메소형보다 우세하다는 것을 처음으로 입증하였다. 왜

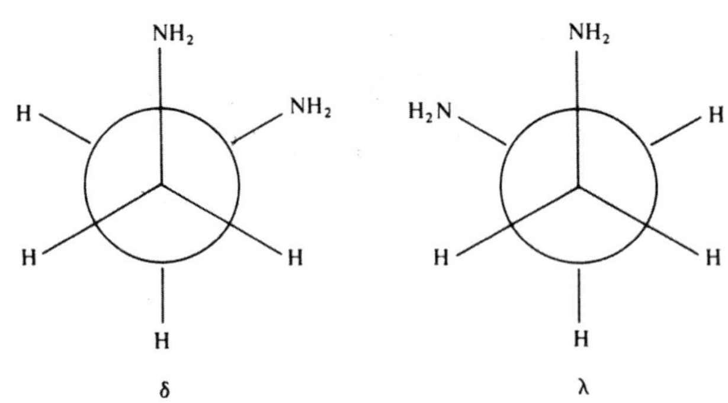


**그림 11.27** *gauche* ethylenediamine(1,2-diaminoethane) 의 거울상 형태. **δ**는 우회전성 나사선을, **λ**는 좌회전성 나사선을 나타낸다.

[57] 이 경우 카이랄성은 금속 원자의 배열에 따라 영향을 받는 것이 아니라, 에틸렌다이아민-금속 고리의 카이랄성 **δ** 또는 **λ** 때문에 생기는 것을 유의하라. 다음을 참조하라. Shimura, Y. *Bull. Chem. Soc.* (Japan), **1958**, *31*, 311.

[58] Corey, E. J.; Bailar, J. C., Jr. *J. Amer. Chem. Soc.* **1959**, *81*, 2620~2629. 이 논문은 이어지는 모든 연구의 기초가 된 논문이다. 다음도 참조하라. Saito, Y. *Inorganic Molecular Dissymmetry*; Springer-Verlag : Berlin, 1979.; Chapter 3.

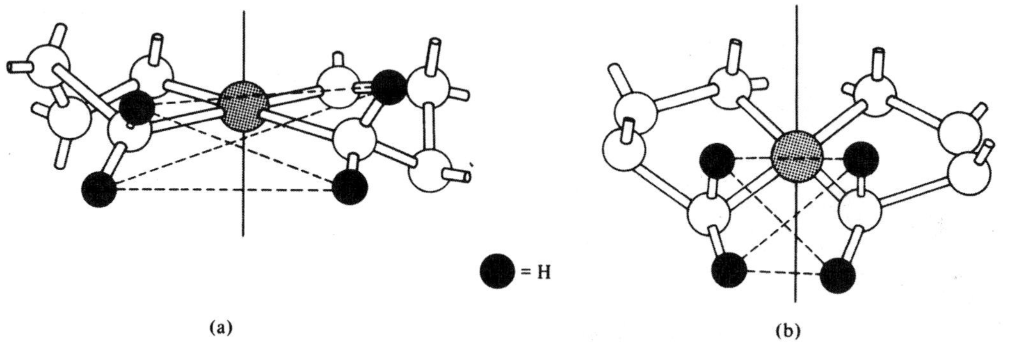

**그림 11.28** 비스(킬레이트) 사각 평면 착물에서 구조적인 상호작용: (a) $\lambda\lambda$형; (b) $\lambda\delta$형. 수소 원자 네 개를 제외한 모든 수소 원자는 나타내지 않았다. 점선은 고리 내부의 H−H 반발을 나타내주고 있다. [Corey, E. J.; Bailer, J. C., Jr. *J. Am. Chem. Soc.* **1959**, *81*, 2620~2629.]

냐하면 메소형은 두 고리 사이의 축방향−축방향 및 적도방향−적도방향 형태의 H—H 상호작용이 불리하게 작용하기 때문이다(그림 11.28). 다른 요인이 동등하다면 거울상 관계에 있는 M$\delta\delta$와 M$\lambda\lambda$ 형이 메소형보다 대략 4 kJ mol$^{-1}$ 정도 더 안정할 것으로 예상된다.

보다 더 중요한 결과가 팔면체 트리스(킬레이트) 구조로부터 도출되었다. 또다시 통계적 관점으로 보면 M$\delta\delta\delta$, M$\delta\delta\lambda$, M$\delta\lambda\lambda$, M$\lambda\lambda\lambda$의 구조들을 예상할 수 있다. 더군다나 이들 모두는 트리스(킬레이트) 구조로 인해 광학 활성이 되기 때문에, 여덟 개의 다른 이성질체를 기대할 수 있다. 일반적으로는 훨씬 적은 숫자만이 발견되며, 보통은 두 개 정도에 불과하다. 이러한 입체 선택성은 프로필렌다이아민, $CH_3CH(NH_2)CH_2NH_2$와 같은 카이랄 리간드를 사용하면 가장 쉽게 알 수 있다. 5원자 킬레이트 고리에서 치환기의 위치는 본질적으로 축방향과 적도방향의 두 가지 형이 될 것이다. 수소보다 큰 치환기가 있으면 고리는 치환기가 적도방향 위치에 있는 형태로 된다. 이와 같은 형태를 가지려는 경향이 강하기 때문에 *R*-(−)-프로필렌다이아민은 우선적으로 $\lambda$ 킬레이트로서 결합하고, 또한 *S*-(+)-프로필렌다이아민은 $\delta$ 킬레이트로서 결합한다. 따라서 예상되는 이성질체의 수는 4개로 감소된다. 즉, $\Lambda$-M$\delta\delta\delta$ (=D-M$\delta\delta\delta$), $\Lambda$-M$\lambda\lambda\lambda$ (=D-M$\lambda\lambda\lambda$), $\Delta$-M$\delta\delta\delta$ (=L-M$\delta\delta\delta$), $\Delta$-M$\lambda\lambda\lambda$ (=L-M$\lambda\lambda\lambda$)이며, 여기에서 $\Lambda$, $\Delta$, D, L은 $\Lambda$-$(+)_{589}$-$[Co(en)_3]^{3+}$ (=D 이성질체, 그림 11.26 참조)와 관련된 금속 주위의 절대 배열을 나타낸다. *R,S*-프로필렌다이아민의 라세미체 존재하에서 염화 코발트(II)의 산화와 같은 전형적인 반응에서는 두 개의 이성질체만 분리되었다.

$$[Co(H_2O)_6]^{2+} + R\text{-pn} + S\text{-pn} \xrightarrow{[O]} \Lambda\text{-}[Co(S\text{-pn})_3]^{3+} + \Delta\text{-}[Co(R\text{-pn})_3]^{3+} \quad (11.7)$$

여러 이성질체 사이의 안정도 차이는 중심 금속 원자 주위에 있는 킬레이트 고리가 어떤 배향을 좋아하느냐는 것과 관계가 있다. 그러므로 $\delta$ 킬레이트 고리인 *S*-프로필렌다이아민이 금속 주위에 가장 효과적으로 들어맞는 방법은 좌회전성 나사선을 형성하는 것이다. 이 배열은 여러 가지 가능한 반발을 최소화한다. C—C 결합이 착물의 3중 회전축에 평행하므로 이것을 *lel* 이성질체라 부른다(그림 11.29). 금속 주위에서 리간드가 우회전성 나사선을 형성하는 또 다른 이성질체는 C—C 결합이 3중 회전축에 대하여 비스듬하

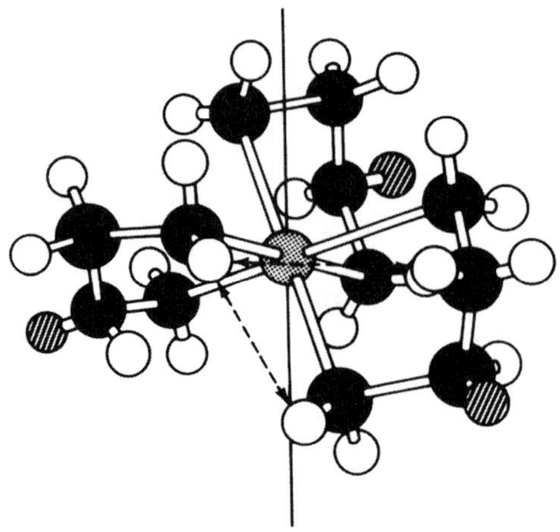

**그림 11.29** tris(diamine)metal 착물의 Λ 또는 D 이성질체의 *lel* 이형태체. 빗금친 동그라미는 propylenediamine 착물에서의 메틸기의 위치를 나타낸다. propylenediamine에 있어서 이것은 Λ***δδδ*** 또는 D***δδδ*** 이성질체를 나타낸다. [Corey, E. J.; Bailer, J. C., Jr. *J. Am. Chem. Soc.* **1959**, *81*, 2620~2629.]

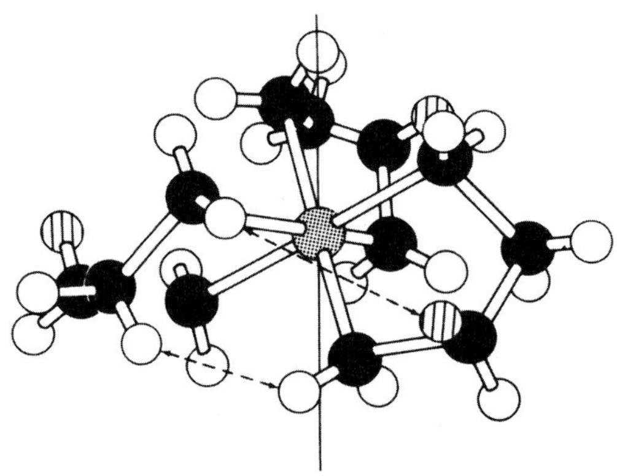

**그림 11.30** tris(diamine)metal 착물의 Δ 또는 L 이성질체의 *ob* 이형태체. 빗금친 동그라미는 propylenediamine 착물에서의 메틸기의 위치를 나타낸다. propylenediamine에 있어서 이것은 Δ***δδδ*** 또는 L***δδδ*** 이성질체를 나타낸다. [Corey, E. J.; Bailer, J. C., Jr. *J. Am. Chem. Soc.* **1959**, *81*, 2620~2629.]

게 놓여 있으므로 *ob* 이성질체로 알려져 있다(그림 11.30).[59] 여러 고리의 수소 원자들 사이의 상호작용을 보면 *lel* 이성질체 쪽이 몇 kJ $mol^{-1}$ 정도 더 안정하다. 다른 구조에 대한 어떤 한 구조의 큰 안정도가 앞에서 보았던 Δ-트리스(*R*-프로필렌다이아민) 코발트(III) 의 입체특이적인 합성에 대한 원인이다.

## 배위 화합물을 촉매로 사용한 비대칭 합성

광학 활성 배위 화합물을 이용한 유기 화합물의 입체특이성의 합성은 흥미있다. 카이랄 촉매들은 약품, 살충제, 페르몬과 방향제 등을 생산하기 위해 연구되었다. 최근에 주목할 만한 진보는 카이랄성 킬레이트 시약을 포함한 망가니즈(III) 착물을 가지고 비대칭 에폭시화를 얻어낸 것이다. 사용된 촉매들 중 하나는 망가니즈(II) 아세테이트, (*R, R'*)- 또는 (*S, S'*)-1,2-다이아미노-1,2-다이페닐에테인, 치환된 살리실알데하이드, 염화 리튬으로부터 만들어진다. 아염소산 소듐과 이 촉매의 존재하에서 알켄이 에폭시화물로 변환된다.

59) 특히 세 개의 킬레이트 고리가 있기 때문에, 각각은 *lel*이나 *ob* 둘 다 가질 가능성이 있다. 이들 두 이성질체는 *ob-lel*이 혼합된 착물도 가능하기 때문에 $lel_3$와 $ob_3$로 표시한다.

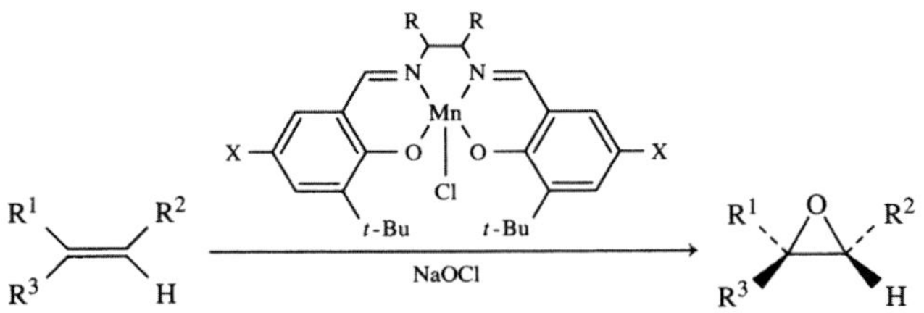

(11.8)

**R¹, R², R³ = H, alkyl, aryl**
**R = Ph**
**X = H, OMe, Me, Cl, $NO_2$**

시스로 치환된 알켄의 경우에 이러한 과정에 의해 한 가지 입체 이성질체가 90% 이상인 카이랄성 에폭시화물로 변환될 수 있다.[60)]

로듐(I) 촉매를 사용한 이중 결합의 수소화는 "diop" 혹은 "binap"과 같은 카이랄성 다이포스핀을 사용하여 입체특이적으로 일으킬 수 있다(그림 11.31). 이 다이포스핀의 카이랄성은 두 가지 전이 상태(두 가지 입체 이성질의 생성물을 유도하는) 의 부분입체 이성질체를 가능하게 하므로 평형 농도, 활성화 에너지, 반응 속도의 차이가 생겨 다른 입체 이성질체를 배제한 하나의 입체 이성질체만을 만들 수 있다. (diop) 로듐(I) 촉매에 의한 입체선택적 수소화를 사용하여 Parkinson 병을 치료하는 약인 *S*-(L)-DOPA와 인공감미료인 아스파탐 [*S*-(L)-페닐알라닌-*S*-(L)-아스파트산]을 상업적으로 제조한다. (binap) 루테늄(II) 촉매

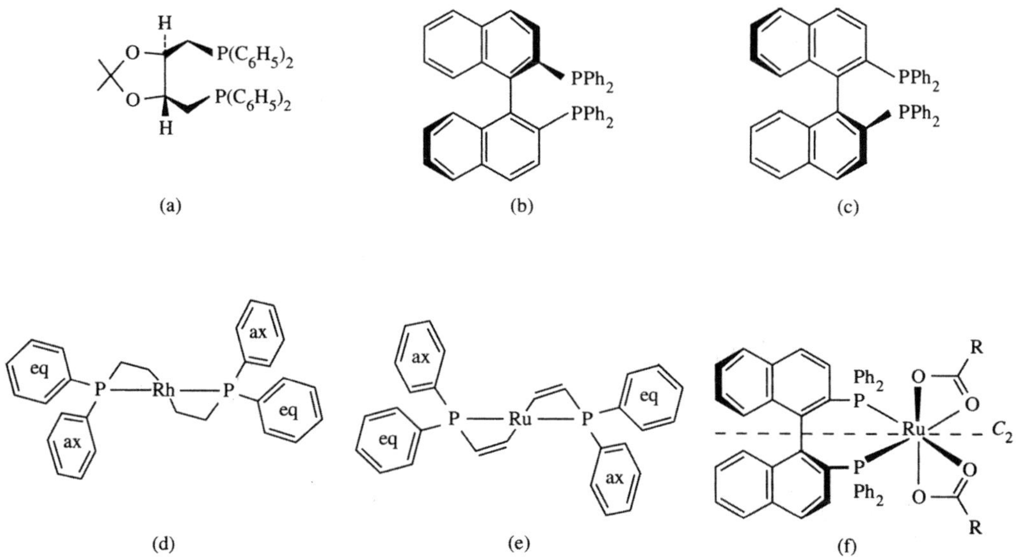

**그림 11.31** 카이랄 diphosphine 리간드 (a) *R,R*-(−)-diop, (b) *R*-(+)-binap, (c) *S*-(−)-binap. 자유 리간드는 위에 보이는데, 하단에서는 로듐(I) 이나 루테늄(II) 원자에 배위되어 있다. (d) (*R,R*-(−)-diop)Rh(I) 부분, (e) (*S*-(−)-binap)Ru(II) 부분. 카이랄성은 들어오는 리간드에 의해 생긴다는 것에 유의하라. $C_2$축 아래로 내려다본 그림이다. (f) 가상(pseudo)-$D_3$축을 통해 내려다보는 (*S*-(−)-binap)bis(carboxylato)ruthenium(II).

60) Jacobsen, E. N.; Zhang, E.; Güler, M. L. *J. Amer. Chem. Soc.* **1991**, *113*, 6703~6704. 배위 화합물을 이용한 비대칭 합성에 대한 추가적인 설명은 다음을 참조하라. Bosnich, B.; Fryzuk, M. D. *Top. Stereochem.* **1981**, *12*, 119~154; Kagan, H. B. In *Comprehensive Organometallic Chemistry*; Wilkinson, G.; Stone, F. G. A.; Abel, E. W., Eds.; Pergamon; Oxford, 1982; Vol. 8, pp 463~498; Scott, J. W. Top. Stereochem. **1989**, *19*, 209~226.

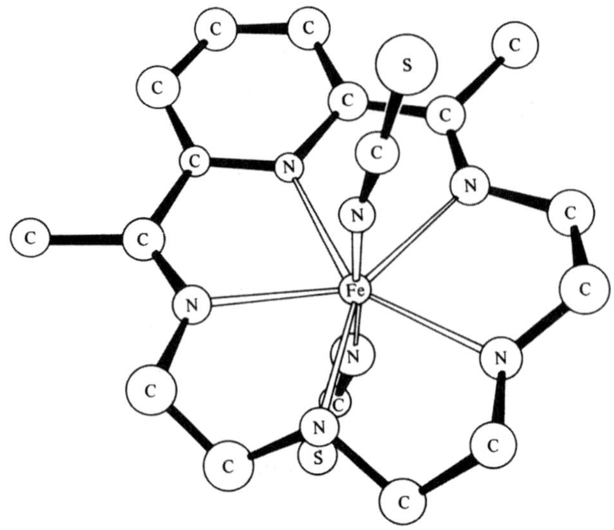

**그림 11.32** 2,13-dimethyl-3,6,9,12,18-pentaazabicyclol-[12.3.1]-octadeca-1(18),2,12,14,16-pentaene과 두 개의 축방향 $SCN^-$ 리간드를 포함하는 7배위 철 착물의 분자 구조. 수소 원자는 생략하였다. [Fleischer, E.; Hawkinson, S. *J. Am. Chem. Soc.* **1967**, *89*, 720~721.]

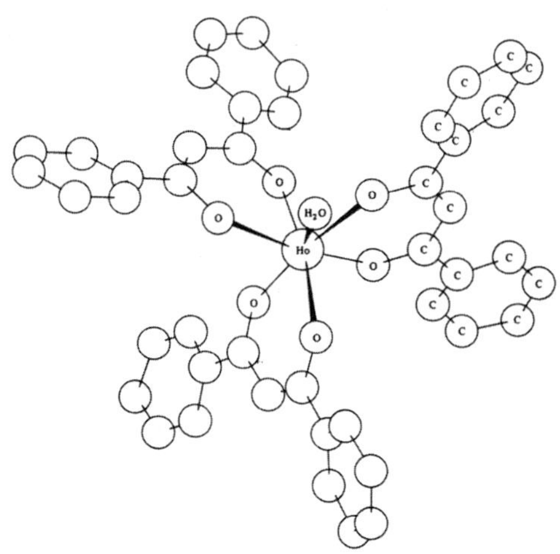

**그림 11.33** 3중 회전축에 투영된 tris(diphenylpropanedionato)aquaholmium(III) 의 분자 단위. 물 분자는 홀뮴 원자 바로 뒤에 있으나 이 그림에서는 더 잘 보이게 하기 위해 약간 위치를 옮겼다. [Zalkin, A.; Templeton, D. H.; Karraker, D. G. *Inorg. Chem.* **1969**, *8*, 2680~2684.]

가 훨씬 더 유용해질 수도 있다.[61)]

## 배위수 7

배위수 7[62)]은 일반적으로 전혀 고려되지 않는다. 일곱 번째 결합에 의해 증가되는 결합 에너지가 (1) 리간드-리간드 반발의 증가, (2) 결합의 약화, (3) 비팔면체 구조로 인한 리간드장 안정화 에너지(LFSE) 의 일반적 감소 등에 의하여 상쇄되기 때문에 7배위 착물은 상대적으로 불안정하다. 7배위 착물에는 세 가지의 기하 구조가 알려져 있다. (1) 주족 원소 화합물인 $IF_7$ (그림 6.12) 에서도 나타나는 오각 쌍뿔(그림 11.32), (2) 일곱 번째의 리간드가 삼각형의 면에 추가된 모자쓴 팔면체(capped octahedron) (그림 11.33),

61) Noyori, R. *Science*, **1990**, *248*, 1194~1199. Noyori, R.; Takaya, H. *Acc. Chem. Res.* **1990**, *23*, 345~350. Brunner, H. *Top. Stereochem.* **1988**, *18*, 129~247.

62) Kepert, D. L. In *Comprehensive Organometallic Chemistry*; Wilkinson, G.; Stone, F. G. A.; Abel, E. W., Eds.; Pergamon; Oxford, 1982; Vol. 1, pp 69~83.

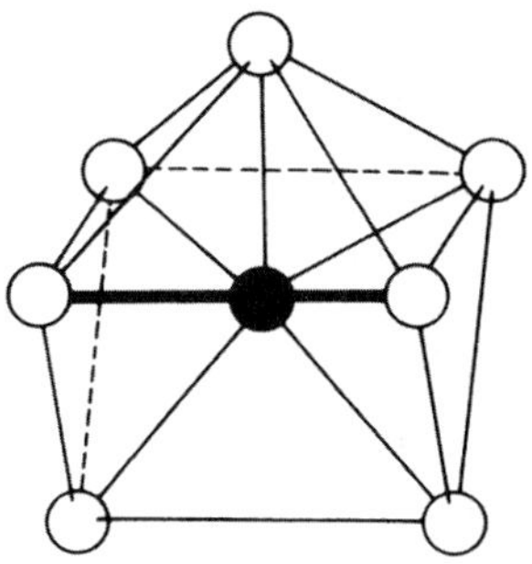

**그림 11.34** heptafluoroniobate(V) 음이온의 구조. [Hoard, J. L. *J. Am. Chem. Soc.* **1939**, *61*, 1252.]

(3) 일곱 번째의 리간드가 사각형의 면에 추가된 모자쓴 삼각 프리즘(그림 11.34). 이들은 상당한 안정도를 가지며 쉽게 상호변환된다. 따라서 많은 중간적인 구조를 가질 수 있고, 이러한 상황은 5배위 구조의 경우와 비슷하다.

이러한 많은 착물들 중에서 여러 자리 리간드는 배위수 7을 좋아한다. 그러므로 그림 11.32에서처럼 거대고리 모양을 하고 동일 평면 내에 다섯 개의 질소 원자를 갖는 리간드가 있으면 오각 쌍뿔 구조를 형성하는 것은 어렵지 않다. 어떤 경우에는 리간드의 기하학적 구조에 의하여 바람직하지 않은 상호작용조차 강제로 적용될 수 있다.

예를 들면, 7배위 착물 중의 한 형태에서는 다른 여섯 배위 원자의 기하학적 구조에 의하여 억지로 형성되는 일곱 번째 배위는 결합이라기보다 "반결합"이라고 생각하는 것이 좋은 경우도 있다. 이러한 효과는 $[M(py_3tren)]^{2+}$ 착물 계열에서 볼 수 있으며(M = Mn, Fe, Co, Ni, Cu, Zn ; $py_3tren = [C_5H_4NCH=NCH_2CH_2]_3N$), 등변 삼각형의 꼭짓점에 세 개의 이민 질소 원자가 있고, 또 다른 등변 삼각형의 꼭짓점에 세 개의 피리딘 질소 원자들이 위치해 있다.[63] 이 배열은 팔면체에 가까운 것으로 알려져 있으나 금속 이온이 피리딘 질소 원자보다 이민 질소 원자에 근접해 있으며, 삼각 반프리즘으로 보는 것이 더 타당하다(그림 11.35).[64] 각 착물에서는 일부 삼각형의 뒤틀림으로 인해(삼각 프리즘을 이루기 위한 반대편 삼각면의 회전) 삼각 반프리즘이 완전한 표현은 아니다. 삼각 반프리즘($D_3$)에서 $\sigma$로만 이루어진 리간드장 갈라짐 형태는 $a_1(d_{z^2})$, $1e(d_{x^2-y^2}, d_{xy})$, $2e(d_{xz}, d_{yz})$의 세 가지 에너지 준위로 구성된다.

$$
\begin{array}{l}
— \; — \; 2e\ (d_{xz},\ d_{yz}) \\
— \; — \; 1e\ (d_{x^2-y^2},\ d_{xy}) \\
\quad — \; a_1\ (d_{z^2})
\end{array}
$$

삼각 반프리즘의 모자 위치에 있는 삼차 아민의 질소 원자($N_7$)의 고립 전자쌍은 삼각

63) Kirchner, R. M.; Mealli, C.; Bailey, M.; Howe, N.; Torree, L. P.; Wilson, L. J.; Andrews, L. C.; Rose, N. J.; Lingafelter, E. C. *Coord. Chem. Rev.* **1987**, *77*, 89~163.

64) 팔면체는 삼각 반프리즘의 특별한 경우(모든 모서리의 길이가 같은 경우)임을 유의하라. 그러나 좌표(팔면체에서의 사중축에 놓인 *x*, *y*, *z*)의 일반적인 선택과는 달리, 삼각 반프리즘에서는 가장 차수가 높은 다중축이 *z*축으로 지정되는 삼중축이다. 좌표의 선택과 해당 명칭을 제외하면, 그 삼각 분리는 유사 팔면체 분리와 비슷하다(10장). 즉, 세 개의 낮은 오비탈 $a_1$과 $1e$($O_h$에서 $t_{2g}$), 두 개의 높은 오비탈 $2e$($O_h$에서의 $e_g$)가 있다. $1e$와 $2e$ 오비탈의 관련 에너지에 대한 삼각 반프리즘의 뒤틀림 효과는 $N_7$ 비공유 전자쌍 오비탈을 가진 $d_{z^2}$ 오비탈의 상호작용에 달려 있다. 이것은 앞에서는 $1e$보다 낮은 것처럼 설명하였지만, 이들 착물 중에서 어떤 것은 $1e$와 $2e$ 사이에 놓인 것으로 간주된다. 팔면체 경우에서처럼, $\pi$ 결합은 $\sigma$ 만의 결합계에 더해질 수 있다.

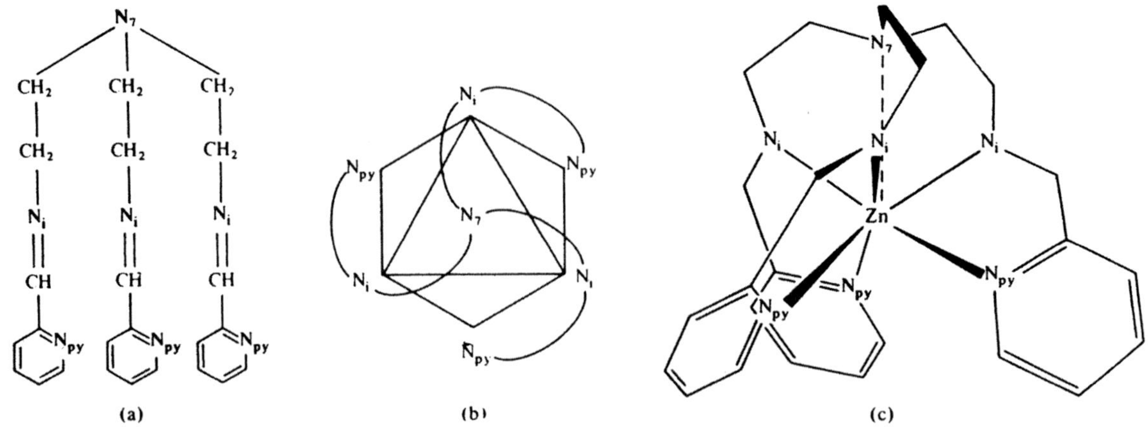


**그림 11.35** $[M(py_3tren)]^{2+}$ 착물들: (a) 리간드: $N(CH_2CH_2N{=}CHC_5H_4N)_3$; 질소 원자는 다음과 같이 구별한다. 피리딘 질소는 $N_{py}$, 이민 질소는 $N_i$, 일곱 번째 또는 독특한 질소는 $N_7$로 표시하였다; (b) 3중 회전축으로부터 아래로 내려다본 $[M(py_3tren)]^{2+}$ 착물의 개략적인 표현; (c) 3중 회전축에 수직으로 본 아연(III) 착물의 분자 구조.

반프리즘면의 중심으로 향하고 있으므로 $a_1$ 오비탈과 직접적으로 상호작용한다.

그림 11.36은 이러한 착물 계열에서 금속-질소 사이의 거리를 보여 주고 있다. 위쪽 점선은 $M—N_7$의 거리를 나타낸다. 일곱 개의 질소 원자들로 향하는 오비탈에 전자가 증가하면 결합 길이가 길어지게 된다. 특히 이 계열 중에서 유일한 저스핀 착물인 $Fe^{2+}$ 착물의 경우에 하나의 결합 길이는 극단적으로 감소하고 동시에 다른 것들의 길이는 증가한다. 저스핀 $(a_1)^2(1e)^4$ 배치에서 축방향의 질소 원자를 향한 전자 밀도는 최대화되고, 삼각 반프리즘 방향의 질소 원자들의 전자 밀도는 최소화된다.

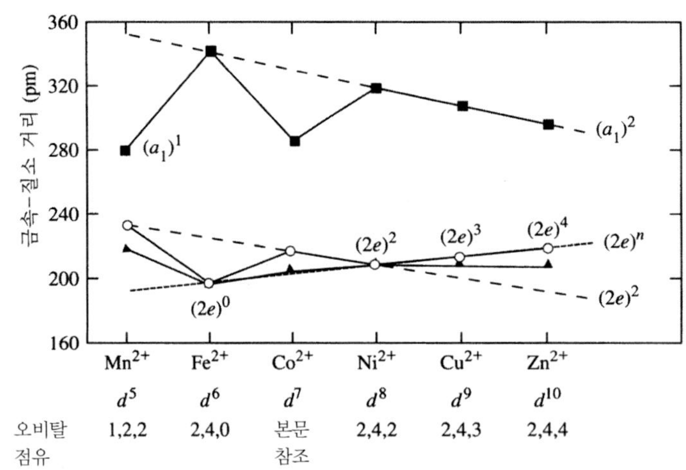


**그림 11.36** 금속-질소 거리에 대한 오비탈 점유의 효과. 도표의 상단부는 $M—N_7$ 거리를 나타낸다(■로 나타냄). 삼차 아민 원자($N_7$)의 고립 전자쌍은 금속 이온에 있는 $a_1$ 오비탈을 향한다. 도표의 하단부는 $M—N_1$과 $M—N_2$의 가중 평균 결합 길이를 나타낸다. 이민 질소와 피리딘 질소 원자들은 금속 이온에 있는 $2e$ 오비탈을 향한다. 이민 질소 원자에 대한 거리(▲로 나타냄)인 $N_1$은 약간 더 짧아서 피리딘 질소 원자에 대한 값들(○로 나타냄)인 $N_2$의 바로 아래에 위치한다. 끊어진 선(----)은 일정한 전자 배열을 나타내고, 반면에 점선(···)은 금속 이온에 있는 주어진 형태의 오비탈에서의 전자들이 늘어나는 숫자를 나타낸다. 오비탈 점유 $(a_1)^x(1e)^y(2e)^z$는 각 금속 이온의 아래에 $x$, $y$, $z$의 순서로 나타내었다. [Kirchner, R. M.; Mealli, C.; Bailey, M.; Howe, N.; Torree, L. P.; Wilson, L. J.; Andrew, L. C.; Rose, N. J.; Lingafelter, E. C. *Coord. Chem. Rev.* **1987**, *77*, 89~163.]

니켈, 구리와 아연 착물의 M—$N_7$의 거리(각각 323, 311, 301 pm)는 각각 315, 295, 295 pm인 van der Waals 반지름($r_{M_{VDW}} + r_{N_{VDW}}$)보다 10 pm 정도 더 길다(표 7.1 참조). 다른 여섯 개의 M—N 결합 길이(201~223 pm)는 van der Waals 반지름보다 상당히 짧다(van der Waals 합보다 짧은 X—Y 거리를 흔히 결합의 기준으로 본다). 금속으로부터 멀어지려는 $N_7$의 움직임을 제한하는 제약에도 불구하고, 대부분의 이들 착물들에서 M—$N_7$ 거리는 실제 결합이라고 보기에는 너무 길다. 망가니즈(II)와 코발트(II)에서 M—$N_7$ 거리는 van der Waals 상호작용보다 더 짧고, 이는 약한 결합을 하고 있음을 의미한다. 이것은 $a_1$ 오비탈이 단지 반만 채워져 있기 때문에, 고스핀의 망가니즈(II)에서 예상하지 못한 결과이다. 코발트(II)의 경우 $a_1$과 1$e$ 준위가 상호 자리바꿈하므로 이 착물에서도 마찬가지로 $a_1$ 오비탈에 전자 하나만을 가진다고 논의되어 왔다.

동시에 결합각(C—N—C)은 망가니즈 착물(반발이 가장 작은)의 112°(아민 리간드에 대해 예상되는 ~$sp^3$)로부터 최대 반발을 갖는 철 착물에서의 최대값인 120°까지 변한다. 삼차 아민의 질소 원자($N_7$)는 바람에 의하여 뒤집힌 세 개의 살이 있는 우산에 해당된다(손잡이는 금속 쪽으로 향한 고립 전자쌍). $a_1$과 1$e$ 준위가 채워짐에 따라 반발이 증가하여, 금속-질소 사이의 거리가 증가하고 우산은 평평해지기 시작한다.

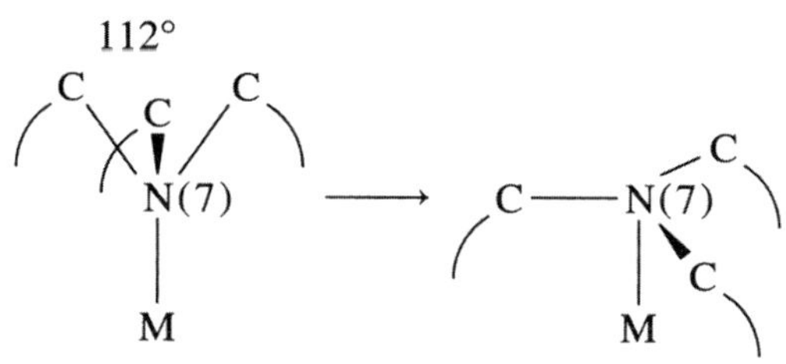


**(11.9)**

7배위 착물에서 기하 이성질 현상과 광학 이성질 현상이 원칙적으로는 가능하다 하더라도 알려진 예는 없다. 예를 들어 $py_3tren$ 착물은 라세미화에 관하여 속도론적인 안정도를 가진다면 광학 활성이어야 한다는 것에 유의하라(그림 11.35b).

## 배위수 8

배위수 8[65]은 흔하다고 생각할 수 없지만 근래에 알려지는 화합물의 수가 빠르게 증가하고 있으며, 따라서 이제는 이 배위수를 능가하는 것은 4배위와 6배위뿐이다. 이러한 증가의 중요한 원인으로는 삼차원 X선법의 발전과 란타넘족 및 악티늄족 원소의 배위 화학에 대한 관심의 증가를 꼽을 수 있다.

8배위를 선호하게 하는 두 가지의 중요한 인자가 있다. 한 가지는 금속 양이온의 크기이다. 붐비지 않고 여덟 개의 리간드를 수용할 수 있도록 충분히 커야 한다. 첫 번째 전이 계열에서 알려진 8배위 착물은 거의 없다. 이러한 형태의 착물의 대부분은 란타넘족과 악티늄족에서 알려져 있고, 지르코늄, 하프늄, 니오븀, 탄탈럼, 몰리브데넘, 텅스텐의 8배위 착물은 상당히 일반적이다. 리간드는 당연히 상대적으로 작고 전기음성이어야 한다.

---

65) Kepert, D. L. In *Comprehensive Organometallic Chemistry*; Wilkinson, G.; Stone, F. G. A.; Abel, E. W., Eds.; Pergamon; Oxford, 1982; Vol. 1, pp 83~95.

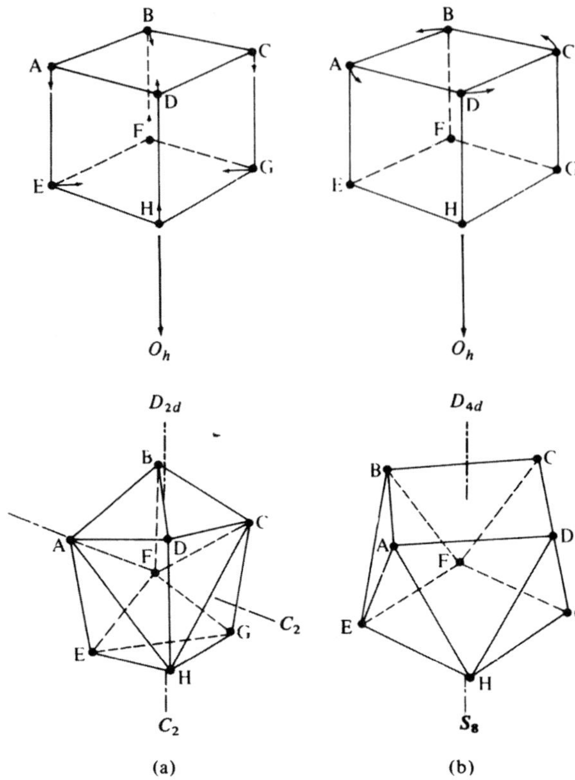


**그림 11.37** 입방체의 (a) 삼각 12면체, (b) 사각 반프리즘 형태로의 일그러짐. 주름잡힌 CDHG 면($C_2$축) 아래로 본 12면체와 ABCD 면($S_8$-축) 아래로 내려다본 반프리즘의 유사성에 주목하라. [Lippard, S. J. *Prog. Inorg. Chem.* **1968**, *8*, 109~193.]

가장 일반적인 배위 원자는 탄소, 질소, 산소, 플루오린이다. 두 번째 인자는 금속의 산화 상태이며, 높은 형식 전하의 산화 상태가 8배위를 선호한다. 이러한 요구조건은 전기 중성의 원리에 기인한다. 낮은 산화 상태의 금속에 여덟 개의 배위 결합이 형성되면, 금속의 전자 밀도가 과잉으로 된다. 따라서 일반적인 산화 상태는 +3 또는 그 이상이어서 $d^0$, $d^1$, $d^2$와 같이 $d$ 전자가 별로 없는 전자 배치를 가져야 한다.[66)]

8배위에 적합한 몇 가지 배위 다면체가 있다. 가장 일반적인 것은 입방체이지만, 이것은 독립된 착물로서는 알려져 있지 않고 CsCl과 같은 격자에서만 생긴다.[67)] 두 가지의 가장 흔한 구조는 삼각 12면체(그림 11.37a)와 사각 반프리즘(그림 11.37b)이다. 두 구조는 리간드-리간드 반발이 감소되어 생기는 단순 입방체의 일그러짐으로 생각할 수 있다. 사각 반프리즘 구조가 12면체보다 조금 더 작은 리간드-리간드 반발을 가진다. 다른 기하학적 구조도 알려져 있지만, 이 두 구조가 가장 중요하다.

원자가결합의 관점에서 보면 12면체와 사각 반프리즘은 모두 $sp^3d^4$ 혼성에 의해서 생길 수 있다. 리간드 결합을 위한 혼성화에 네 개의 $d$ 오비탈이 필요하므로 8배위에 $d^0$, $d^1$, $d^2$ 전자 배치가 일반적이라는 사실이 원자가결합 모델의 관점에서 보더라도 합리적이다. 사각 반프리즘이나 12면체 모두, 한 개의 축퇴되지 않은 보다 낮은 에너지 준위(한 개 또는 두 개의 $d$전자를 수용하는)와 보다 높은 준위의 나머지 네 개의 금속 $d$ 오비탈(또

66) 예를 들면, $Mo^{4+}(d^2) + 8CN^-$의 결합에 의한 $[Mo(CN)_8]^{4-}$의 생성은 물리적 의미가 없고, 다만 계산상의 편의상 그렇게 생각할 뿐이지만, 앞에서 상세하게 설명한 $Co^{3+} + 6NH_3$ 만큼의 것은 아니다.

67) 일반 규칙에서 최소한 한 가지 예외가 나타난다. $(Et_4N)[U(NCS)_8]$는 고체 상태에서 입방체 음이온이지만 구조는 그대로 유지되지 않는다(Countryman, R.; McDonald, R. S. *J. Inorg. Nucl. Chem.* **1971**, *33*, 2213~2220). 입방체는 사각 프리즘의 특별한 경우이고, 삼각 프리즘의 특별한 경우인 팔면체와 유사하다. 리간드-리간드 인력은 사각 반프리즘에 비해 더 크다.

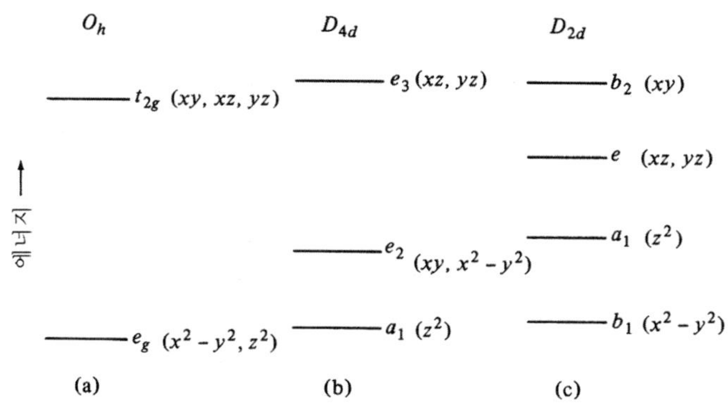


**그림 11.38** 8배위에 대한 에너지 준위 도표 : (a) 입방체 ($O_h$); (b) 사각 반프리즘 ($D_{4d}$); (c) 12면체 ($D_{2d}$). [Burdett, J. K.; Hoffmann, R.; Fay, R. C. *Inorg. Chem.* **1978**, *17*, 2553~2568.]

는 원칙적으로 금속 $d$ 오비탈로부터 유도되는 분자 오비탈) 로 구성된다는 점에서, 결정장 이론과 분자 오비탈 이론은 비슷한 결론에 이른다 (그림 11.38). 두 구조의 리간드장 안정화 에너지 (LFSE) 는 비슷한 정도이고, 어느 구조로 될 것인가는 5배위의 경우처럼 두 구조 간의 미묘한 힘의 균형에 따라 좌우된다. 현재 어느 8배위 구조를 선택하는가의 문제는 만족스럽게 설명하지 못하고 있지만, VB와 MO의 계산을 가지고 금속의 진자 배치에 따른 어느 정도의 조절을 올바르게 예측할 수 있다.[68]

8배위 착물은 여러 가지 기하 이성질체나 광학 이성질체를 생성할 가능성이 많다. 지금까지는 한 쌍만이 완전히 밝혀져 있다. Diglyme[ = di(2-methoxyethyl)ether]과 아이오딘화 사마륨이 결합된 $SmI_2[O(CH_2CH_2OCH_3)_2]_2$는 시스와 트랜스 형태 모두 분리되었다. 트랜스 착물 (그림 11.39a) 은 대칭 중심을 가진다. 따라서 I—Sm—I 각은 정확히 180°이며, 분자는 두 개의 모자를 갖는 삼각 반프리즘이다. 시스 이성질체 (그림 11.39b) 는 92°의 I—Sm—I 각을 갖는 뒤틀린 12면체로 낮은 대칭성을 가진다.[69]

## 보다 큰 배위수

배위수가 8보다 큰 화합물[70]은 거의 알려져 있지 않다. 결정 격자 중에서 배위수 12인 것이 있다는 것은 앞에서 설명하였다. $[Ln(H_2O)_9]^{3+}$와 같은 착물과 수소화물 착물인 $[MH_9]^{2-}$ (M = Tc 또는 Re) 에서 단분자 9배위 구조가 알려져 있다. 이 구조는 삼각 프리즘의 각 사각면에 한 리간드가 첨가되어 형성된다 (그림 11.40).

열 개 혹은 그 이상의 다른 리간드 (즉, 킬레이트가 아닌) 를 갖는 화합물은 알려진 것이 없다. 단지 몇 개의 10배위 킬레이트 구조만이 알려져 있다. 하나의 가능한 구조는 "이중 삼각 쌍뿔"로 TBT 자리의 각각에 두자리 질산염 혹은 탄산염 이온을 가진 것이 있다 (그림 11.41a). 여섯 개의 두자리 질산염 리간드가 12면체의 모서리에 위치해 있는

---

[68] Burdett, J. K.; Hoffmann, R.; Fay, R. C. *Inorg. Chem.* **1978**, *17*, 2553~2568. Mingos, D. M. P.; Zhenyang, L. Struct. Bonding (Berlin) **1990**, *72*, 94~98.

[69] Sen, A.; Chebolu, V.; Rheingold, A. L. *Inorg. Chem.* **1987**, *26*, 1821~1823.

[70] Kepert, D. L. In *Comprehensive Organometallic Chemistry*; Wilkinson, G.; Stone, F. G. A.; Abel, E. W., Eds.; Pergamon; Oxford, 1982; Vol. 1, pp 95~101.

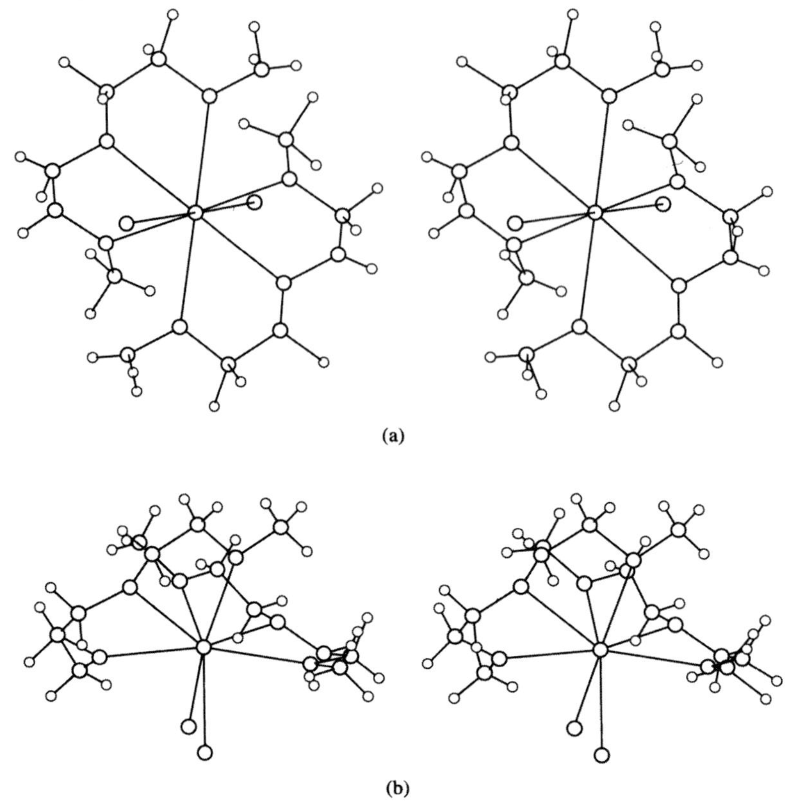


그림 11.39 (a) *trans*-$SmI_2[O(CH_2CH_2OCH_3)_2]_2$와 (b) *cis*-$SmI_2[O(CH_2CH_2OCH_3)_2]_2$의 입체적 구조. [Sen, A.; Chebolu, V.; Rheingold, A. L. *Inorg. Chem.* **1987**, *26*, 1821~1823.]

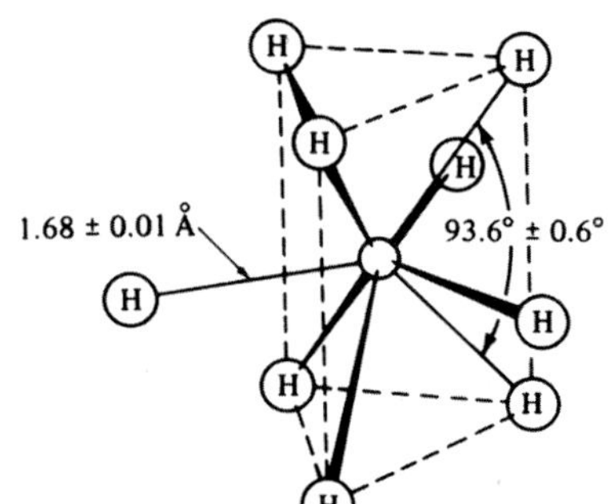


그림 11.40 $[ReH_9]^{2-}$ 음이온의 분자구조. [Abrahams, S. C.; Ginsberg, A. P.; Knox, K. *Inorg. Chem.* **1964**, *3*, 558~567.]

배위수 12도 역시 알려져 있지만 이러한 착물들은 매우 드물다(그림 11.41b).

## 배위수에 대한 일반 규칙

높은 배위수와 낮은 배위수를 모두 설명할 수 있는 일반 규칙은 무엇일까? 모든 일반 규칙은 예외를 가지지만, 경향성에 따라 목록을 만들 수 있다. 낮은 배위수를 선호하는 인자는 다음과 같다.

1. **무른 리간드들과 낮은 산화 상태의 금속들**. 전자적으로 이들은 낮은 배위수를 좋아

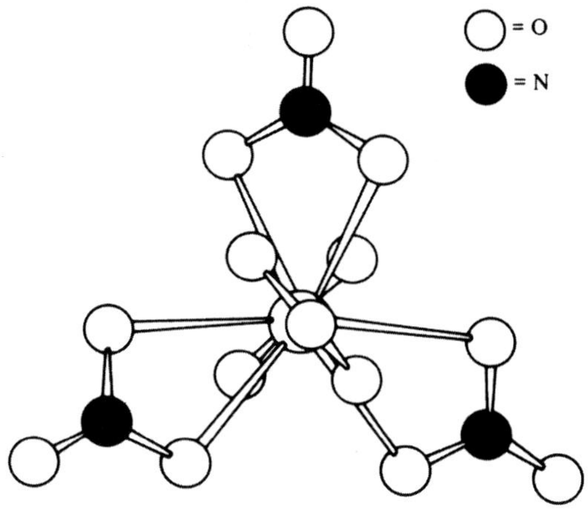


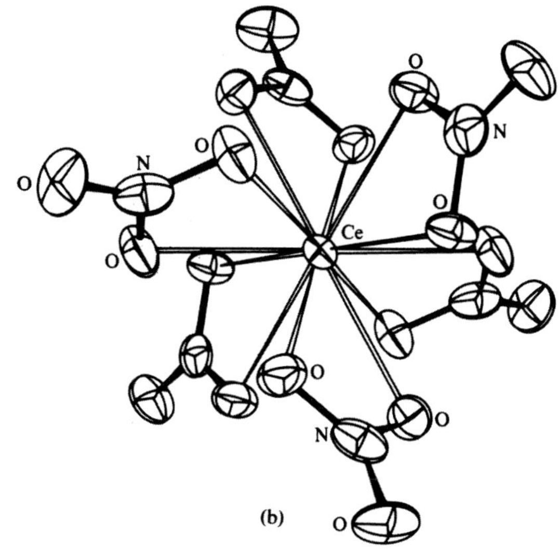


**그림 11.41** (a) pentanitratocerate(III) 음이온의 구조. 각 질산 이온은 삼각 쌍뿔의 꼭짓점을 차지하고 있는 것으로 생각된다. 각 질산 이온은 두 자리 리간드이기 때문에 배위수는 10이 된다. 삼각 쌍뿔의 주축에서 내려다본 그림이기 때문에, 축에 있는 질소 원자뿐만 아니라 중앙의 세륨 원자는 일부만 보인다. (b) hexanitratocerate(III) 음이온의 구조. 각 질산 리간드는 두 자리 리간드이고 배위수는 12가 된다. [Al-Karaghouli, A. R.; Wood, J. S. *Chem. Commun.* 1970, 135~136. Beineke, T. A.; Delgaudio, J. *Inorg. Chem.* **1968**, *7*, 715-721.]

할 것이다. 왜냐하면 확장된 $\pi$ 결합이 부가적인(잠재적인) $\sigma$ 결합의 부재를 부분적으로 보상할 것이기 때문이다. 낮은 산화 상태의 금속은 전자가 풍부하기 때문에 결합하는 리간드로부터 부가되는 전자 밀도가 필요 없다.

2. **부피가 큰 리간드들**. 만약 착물이 배위적으로 불충분하다면(전자적인 측면에서) 입체 장애가 금속에 배위하려는 리간드의 결합을 방해하는 것일 수 있다.
3. **낮은 염기도의 짝이온**. 낮은 배위수를 갖는 양이온 착물은 Lewis 산이며 음이온성 짝이온에 의해 공격받거나 배위되기 쉽다. 이러한 이유 때문에 음이온들의 낮은 염기도와 배위 능력이 짝이온을 선택하는 기준이 된다. 산소산 음이온 중에서 질산염과 과염소산염은 사용되어진 역사가 오래되었다. 그들은 모두 얼마간의 배위 능력(앞 절에서 논의되었던 질산 착물 참조)과 강한 산화력을 가지고 있어 유기 리간드와 함께 사용되면 아주 위험하다. 트라이플레이트인 $CF_3OSO_2^-$는 폭발성의 위험이 없고 또한 결정에서 회전에 의한 무질서 경향을 감소시켜 준다. 플루오린화 음이온이 첨가된 $BF_4^-$, $PF_6^-$, $SbF_6^-$와 같은 강한 Lewis 산들은 산성 양이온에 플루오린화 음이온을 전달하는 경향이 낮기 때문에 짝이온으로 흔히 선택된다. 양이온이 충분히 산성이라면 이러한 전달이 일어난다. 예를 들면, 금속의 배위권으로부터 염소 이온을 떼어내는 성공적인 방법 중의 한 가지는 대개 착물을 테트라플루오로붕산 은과 반응시킨다. 염화 은은 침전되고 낮은 염기도와 비배위성의 $BF_4^-$가 짝이온으로 도입된다. 따라서 tris(3-*t*-butylpyrazolyl)hydroboratocobalt(II)는 테트라플루오로붕산 은과 반응하여 매우 안정한 염화 은과 3배위 양이온의 테트라플루오린화 붕산염으로 될 수 있다. 그러나 이 반응을 시도했을 때는, 플루오린화 이온의 추출물($BF_4^-$로부터)이 대신 발견된다(그림 11.42).[71]

[71] Gorrell, I. B.; Parkin, G. *Inorg. Chem.* **1990**, *29*, 2452~2456.

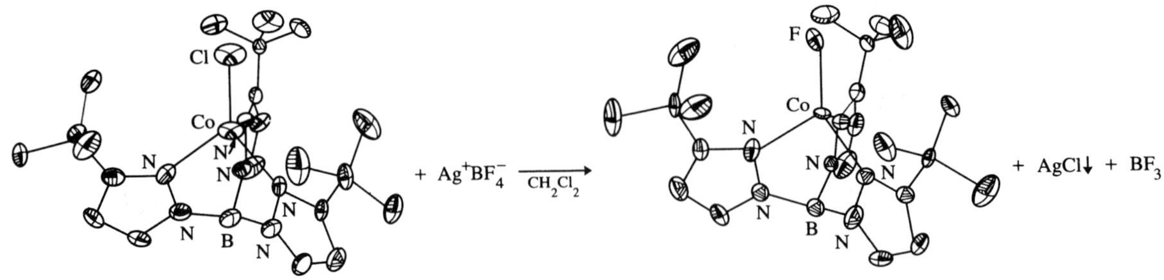


**그림 11.42** tris(3-*t*-butylpyrazolyl)hydroboratochlorocobalt(II)와 silver tetrafluoroborate와의 반응. 플루오린화 이온이 $BF_4^-$ 음이온에서 떨어져 나가 tris(3-*t*-butylpyrazolyl)hydroboratofluorocobalt(II)를 만든다. 표시되지 않은 원자는 모두 탄소이며 수소 원자는 나타내지 않았다. [Gorrell, I. B.; Parkin, G. *Inorg. Chem.* **1990**, *29*, 2452~2456.]

비슷한 3배위 "삼각다리" 리간드들이 $[C(R_2PY)_3]^-$(여기에서 Y는 산소, 황 혹은 인 원자의 전자쌍 등이 가능)의 형태로 알려져 있다.[72] 이들 삼각다리 리간드들은 피라미드 배열에서 세 개의 배위 위치를 강력하게 점유하므로 할로젠화 음이온에 의한 네 번째 배위를 유도한다.

플루오린화물에 의한 다리결합도 일어날 수 있다. 예를 들면 $SbF_6^-$는 매우 강한 Lewis 산인 $SbF_5$에 배위되어 $[F_5Sb—F—SbF_5]^-$를 형성할 수 있지만, $SbF_6^-$로부터 플루오린화 음이온을 빼내는 것은 매우 어렵다. $[SbF_6]^-$는 반응성이 크지만 그래도 분리해낼 수 있는 양이온성 Lewis 산의 합성에 음이온으로 사용될 수 있다고 제안되었다.[73]

높은 배위수를 선호하는 인자는 다음과 같다.

1. **높은 산화 상태와 단단한 리간드들**. 이들 조건들은 착물을 안정화시키는 정전기적인 기여를 최대화한다. 큰 전기음성이기 때문에 플루오린과 산소가 포함된 리간드들은 높은 산화 상태를 안정화시킬 수 있다.
2. **조그만 입체 구조의 리간드들**. 플루오린이나 산소가 역시 잘 사용된다.
3. **크고 비산성인 양이온들**. 금속이 보통 매우 높은 산화 상태에 있다 하더라도, 많은 수의 음의 전하를 띤 플루오린화 이온, 산화 이온, 알콕사이드 이온 등에 의해 이들 착물은 전반적으로 음이온으로 되려는 경향이 있다. 작은 크기의 리간드라 할지라도 높은 배위수에 의해 커다란 이온으로 되는 경향이 있기 때문에, 커다란 양이온성 짝이온이 결정 격자를 안정화시키는 경향을 가진다(7장 참조). 또한 작고 편극능이 있는 $Li^+$와 같은 양이온은 피해야 하는데, 이것은 음이온을 편극화시켜 플루오린이나 산화 이온을 떼어내려는 경향이 있기 때문이다(3장 참조).

---

72) Grim, S. O.; Smith, P. H.; Nittolo, S.; Ammon, H. L.; Sat다, L. C.; Sangokoya, S. A.; Khanna, R. K.; Colquhoun, I. J.; McFarlane, W.; Holden, J. R. *Inorg. Chem.* **1985**, *24*, 2889~2895. Grim, S. O.; Sangokoya, S. A.; Colquhoun, I. J.; McFarlane, W.; Khanna, R. K. *Inorg. Chem.* **1986**, *25*, 2699~2704.

73) Honeychuck, R. V.; Hersy, W. H. *Inorg. Chem.* **1989**, *28*, 2869~2886.

## 결합 이성질현상

이미 설명한 기하 이성질체와 광학 이성질체 이외에 무기화학 분야에서 중요한 또 다른 형태의 이성질현상이 있다. 이것은 두 개의 강력한 주개 원자를 갖는 리간드를 다루는데, 어떤 상황에서는 한 가지의 주개 원자를, 그리고 다른 착물에서는 다른 주개 원자를 통해서 배위할 수 있다. 이 형태의 이성질현상은 Werner와 같은 시대의 Jørgensen에 의하여 최초로 발견되었다. 그의 제조 방법은 다음과 같다.[74]

$$[Co(NH_3)_5Cl]Cl_2 \xrightarrow{NH_3} \xrightarrow{HCl} \xrightarrow{NaNO_2} \text{“용액 A”} \tag{11.10}$$

$$\text{“용액 A”} \xrightarrow{\text{냉각 상태로 유지}} [(NH_3)_5CoONO]Cl_2 \quad \text{적색} \tag{11.11}$$

$$\text{“용액 A”} \xrightarrow{\text{가열}} \xrightarrow[\text{농축 HCl}]{\text{냉각}} [(NH_3)_5CoNO_2]Cl_2 \quad \text{황색} \tag{11.12}$$

Jørgensen과 Werner는 두 이성질체의 차이는 코발트에 대한 $NO_2$기의 결합에 있다는 것에 의견이 일치하였다. 비슷한 화합물의 색을 바탕으로 하여 N을 통해 결합한(또는 nitro) 구조는 황색 이성질체, O로 결합한(또는 nitrito) 구조는 적색 이성질체라는 것을 밝혀냈다. 예를 들면, 코발트의 헥사암민 착물과 트리스(에틸렌다이아민) 착물(확실히 N을 통해 결합된 것)은 황색이고, 배위권에 한 개의 산소 원자와 다섯 개의 질소 원자를 갖는 아쿠아펜타암민과 나이트라토펜타암민 착물은 적색이다. 그래서 스펙트럼이 전자적으로 설명되기 이전에는 올바른 구조의 확인은 색을 바탕으로 하여 이루어졌다.

그 후에 이들 화합물은 상당히 많은 논쟁의 대상이었다. 여기에서 다음의 두 가지 이유 때문에 이 논쟁의 역사를 간단히 언급하겠다. 그 이유 중의 하나는 이러한 연구에 응용할 수 있는 몇 가지 방법을 나타내기 위한 것이고, 또 다른 이유는 문헌상의 보고를 비평 없이 받아들인다면 오류가 지속될 수 있음을 지적하기 위함이다. 적색 화합물은 황색 화합물보다 불안정하여 방치해 두면 황색 화합물로 서서히 변환된다. 가열하거나 용액에 염산을 가하면 더 빠르게 변환한다. Piutti[75]는 두 화합물의 흡수 스펙트럼이 동일하다고 주장하였다. Shibata[76]는 이에 반론하여 그들은 확실히 다른 스펙트럼을 가지고 있다고 주장하였다. Lecompte와 Duval은 두 화합물의 분말 X선 회절 무늬를 비교하여 이들이 “정확하게 일치”함을 알았다.[77] 그들은 나이트리토 착물이라고 추측한 적색은 생성물 중에 포함된 약간의 미반응 출발물인 $[Co(NH_3)_5Cl]Cl_2$에 의한 결과라고 설명하였다.

Adell[78]은 적색에서 황색 형태로의 변환 속도를 분광학적으로 측정하여 그것이 일차 반응임을 알아냈다. 만일 이 변환이 다른 화학종을 포함하지 않은(용매가 관여할 가능성을 제외한) 분자내 재배열이라면 일차 반응이 예상되는 것이다. 그와 반대로 만약 적색 이성질체가 실질적으로 미반응의 출발물인 $[Co(NH_3)_5Cl]Cl_2$이라면 그 반응은 다음처럼 이차 반응이어야 할 것이다.

---

74) Jørgensen, S. M. *Z. Anorg. Chem.* **1984**, *5*, 168. 실제로 두 이성질체는 훨씬 이전에 만들어졌다. Gibbs, W.; Genth, F. A. *Am. J. Sci.* **1857**, *24*, 86. Kauffman, G. B. *Coord. Chem. Rev.* **1973**, *11*, 161~188.

75) Piutti, A. *Ber. Deut. Chem. Ges.* **1912**, *45*, 1832.

76) Shibata, Y. *J. Coll. Sci. Imp. Univ. Tokyo* **1915**, *37*, 15.

77) Lecompt, J.; Duval, C. *Bull. Soc. Chim.* **1945**, *12*, 678. 분말의 무늬는 결정 격자의 형태와 격자 간격에 의해 결정된다. 분말 무늬는 결정을 확인할 때 지문으로서 유용하다.

78) Adell, B. *Z. Anorg. Chem.* **1944**, *252*, 272.

$$[Co(NH_3)_5Cl]^{2+} + NO_2^- \longrightarrow [(NH_3)_5CoNO_2]^{2+} + Cl^- \qquad \textbf{(11.13)}$$

$$\frac{-d[Co(NH_3)_5Cl^{2+}]}{dt} = k[Co(NH_3)_5Cl^{2+}][NO_2^-] \qquad \textbf{(11.14)}^{79)}$$

Murmann과 Taube[80]는 Co—C 결합이 끊어지지 않고 나이트리토 착물의 생성이 일어남을 증명하였다. 그들은 $^{18}O$로 표지된 $[(NH_3)_5CoOH]^{2+}$를 출발물로 사용하여 모든 $^{18}O$가 착물에 남아있음을 발견하였다. 이것은 식 11.15의 반응보다 식 11.16의 반응이 일어남을 설명해주는 것이다.

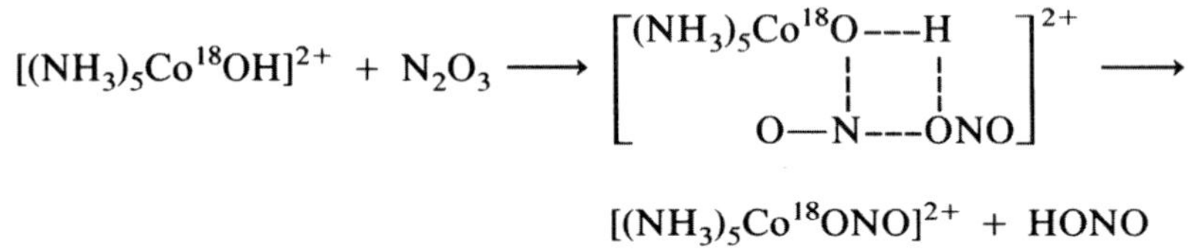

**(11.15)**[81]

$$[(NH_3)_5Co^{18}OH]^{2+} + NO_2^- \longrightarrow [(NH_3)_5CoNO_2]^{2+} + {}^{18}OH^- \qquad \textbf{(11.16)}^{82)}$$

표지된 나이트리토 착물은 열에 의하여 재배열이 일어날 수 있다. 이 과정에서 과잉의 아질산 이온이 존재해도 $^{18}O$의 손실이 없는 것으로 볼 때, 이 반응이 분자내 재배열이라는 Adell의 가정이 옳다는 것을 확인시켜 주었다.

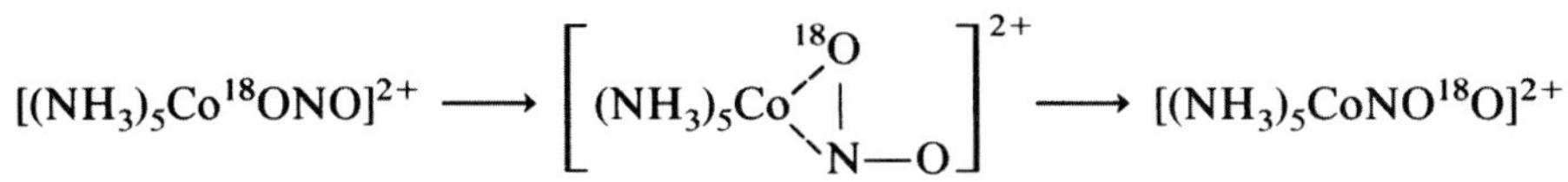

**(11.17)**

마지막으로 $^{18}O$는 나이트로 이성질체의 염기성 가수분해에 의하여 정량적으로 제거될 수 있다.

$$[(NH_3)_5CoNO^{18}O]^{2+} + OH^- \longrightarrow [(NH_3)_5CoOH]^{2+} + ON^{18}O^- \qquad \textbf{(11.18)}$$

이러한 모든 실험들은 결합 이성질체에 관한 Jørgensen과 Werner의 본래 가정과 일치한다. 초기의 연구자들이 얻은 "전혀" 정반대의 증거를 합리화하기는 어렵겠지만 일반적으로 예상하거나 또는 원하고 있는 실험결과와 다른 결과를 얻은 경우는 가끔 있을 수 있는 일이다.

Werner는 결합 이성질체의 다른 두 가지 예를 알고 있었다. 두 가지는 나이트로-나이트리토 이성질체이며 광범위하게 연구되지는 않았지만 위에 언급한 화합물의 경우처럼 그 화합물이 결합 이성질체인 것이 의문시되고 연구되었다. 50년 이상이 지난 후에 Basolo와 공동 연구자들은 이 문제를 연구하여 놀라운 결과를 얻었다.[82] 결합 이성질현상은 한때 이성질현상의 논의에서 예외적인 경우로 간단히 분류가 되었지만, 이제는 수

---

79) 일차 반응속도론은 분자내 반응일 것으로 예상되지만, 이것의 존재가 반응이 이 메커니즘으로 진행된다는 증거는 아니다.

80) Murmann, R. K.; Taube, H. *J. Amer. Chem. Soc.* **1956**, *78*, 4886~4890.

81) $N_2O_3$ 대 $NO_2^-$의 반응에서의 차이는 생성물로서 $OH^-$의 존재 여부 등이 실제보다 더 명백하다는 것이다. 왜냐하면, 이들 화학종은 서로 반응하여 평형 혼합물을 형성할 것이기 때문이다. 일반적인 논의의 요지는 반응물과 생성물의 정확한 성질에 달려있는 것이 아니다.

82) Basolo, F.; Hammaker, G. S. *J. Amer. Chem. Soc.* **1961**, *82*, 1001~1002; *Inorg. Chem.* **1962**, *1*, 1~5.

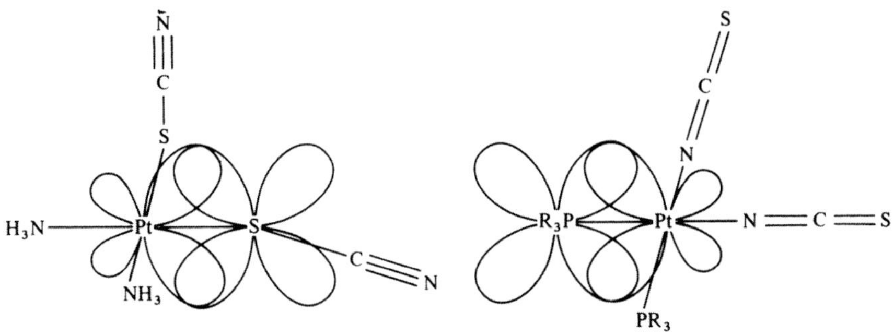


**그림 11.43** 금속의 $\pi$ 결합성 $d$ 오비탈에 대한 경쟁을 설명해 주는 $[Pt(SCN)_2(NH_3)_2]$와 $[Pt(NCS)_2(PR_3)_2]$의 구조. 한 세트의 $\pi$ 결합은 생략하였다. "$d$ 오비탈"의 좌우 대칭성은 편극 때문에 없어진다. 빈 $d$ 오비탈 외에도 황이 $p$ 오비탈을 채우고 있다.

많은 화학자들이 연구하는 분야로 발전을 계속하고 있다. 합성된 최초의 결합 이성질체는 Cr(III), Rh(III), Ir(III), Pt(IV) 의 나이트로-나이트리토 이성질체였다. Cr(III) 을 제외한 모든 경우에 나이트리토 이성질체는 보다 안정한 나이트로 이성질체로 쉽게 변환된다.

## 전자적 효과

최초의 싸이오사이안산 다리결합 이성질체가 분리된 것은, 싸이오사이안산을 포함하는 시스 착물의 구조와 암모니아나 포스핀은 각각 S-결합, N-결합이라는 것이 알려진 이후였다(그림 11.43). 제안된 가정은 금속에 있는 $\pi$ 결합성 오비탈에 대한 경쟁 때문에 이들 이성질체가 다른 이성질체(즉 포스핀 착물의 S-결합, 암민 착물의 N-결합) 보다 더 안정하다는 것이다. 포스핀은 강한 $\pi$ 결합을 형성하므로 백금의 $\pi$ 결합성 $d$ 오비탈을 점유하려는 경향이 있다. 결합성 $d$ 오비탈이 포스핀에 의하여 결합되면 포스핀보다 결합성이 약한 황의 $\pi$ 결합의 안정도는 감소한다. 그러므로 싸이오사이안산 이온은 질소 원자를 통해 결합한다. $\pi$ 오비탈에 대한 경쟁이 없는 경우에는(암모니아는 $\pi$ 결합을 형성할 수 없음) 황 원자가 우선적으로 결합한다. 이러한 가정을 기초로 하여, Basolo와 공동연구자들[83]은 이 두 가지의 이성질체가 분리될 수 있을 정도로 잘 균형을 이루는 $\pi$ 결합성 착물을 발견하려고 시도하였다. 분리된 착물의 예는 $[(Ph_3As)_2Pd(SCN)_2]$, $[(Ph_3As)_2Pd(NCS)_2]$, 그리고 $[(bpy)Pd(SCN)_2]$, $[(bpy)Pd(NCS)_2]$이다. 어느 경우든지 S-결합 이성질체를 가열하면 약간 더 안정할 것으로 예상되는 N-결합 이성질체로 변환된다.

$\pi$ 결합에 대한 경쟁은 셀레노사이안산기인 $SeCN^-$의 행동에서도 나타난다. 이 기는 셀레늄 원자를 통해 무거운 VIIIB(8) 족 금속에 쉽게 결합하여 $[Pd(SeCN)_4]^{2-}$나 *trans*-$[Rh(PPh_3)_2(SeCN)_2]^-$와 같은 착물을 형성한다. 그러나 매우 유사한 *trans*-$[Rh(PPh_3)_2(CO)(NCSe)]$ 착물에서는 트랜스 위치에 카보닐기가 있으므로 $\pi$ 결합성이 없는 질소 원자에 배위되는 것이 유리하다.[84]

결합 이성질현상이 명백하게 전자적(즉, $\pi$ 결합성) 으로 조절되는 또 다른 예는 강한

---

83) Basolo, F.; Burmeister, J. L.; Poë, A. J. *J. Amer. Chem. Soc.* **1963**, *85*, 1700~1701. Burmeister, J. L.; Basolo, F. *Inorg. Chem.* **1964**, *3*, 1587~1593.

84) Burmeister, J. L.; DeSterfano, N. *J. Chem. Commun.* **1970**, 2968.

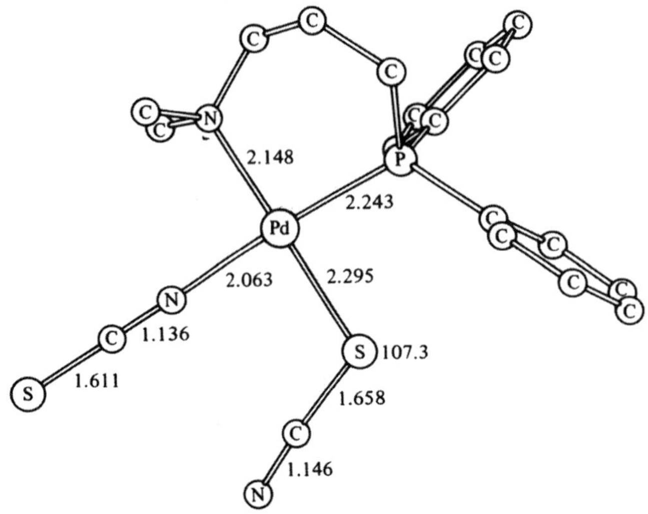


**그림 11.44** isothiocyanatothiocyanato(1-diphenylphosphino-3-dimethylaminopropane) palladium(II)의 분자 구조. 주: (1) P—Pd—N과 N—Pd—S 결합의 트랜스 배열과 (2) NCS기의 직선 대 굽힘 배열. [Meek, D. W.; Nicpon, P. E.; Meek, V. I. *J. Am. Chem. Soc.* **1970**, *92*, 5351~5359.]

주개 원자와 약한 주개 원자를 하나씩 갖는 두자리 킬레이트에서 나타난다(그림 11.44). **π** 결합성이 없는 질소 원자의 트랜스 위치에는 S-결합한 싸이오사이안산기가 있고, **π** 결합성 포스핀 리간드의 트랜스 위치에는 N-결합한 아이소싸이오사이안산기가 있다는 것은 이러한 착물들 내에서 **π** 결합에 대한 경쟁이 있음을 의미한다.[85)]

## 입체 효과

입체적 요인은 한 쌍의 결합 이성질체에서 한 쌍이나 다른 한 쌍을 안정화시키는 데 중요한 역할을 한다. 그러므로 나이트로–나이트리토, 싸이오사이아나토–아이소싸이오사이아나토 그리고 셀레노사이아나토–아이소셀레노사이아나토 쌍의 상대적 안정도를 결정하는데 있어서 입체적 요인이 중요한 역할을 한다(그림 11.45).

한 가지나 몇 가지의 인자가 동시에 작용하여 복잡한 대치 효과의 균형을 유지하는 것

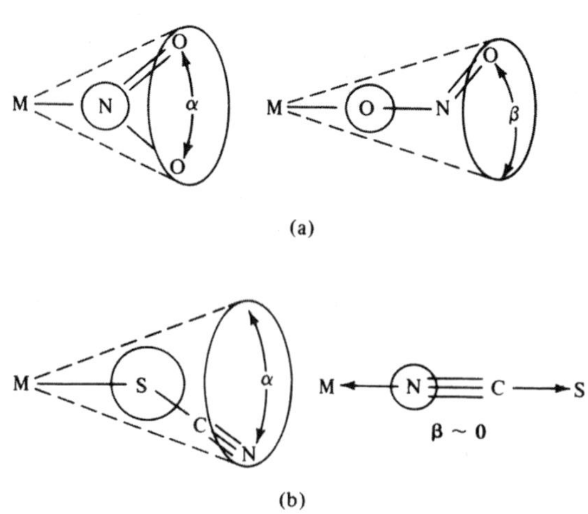


**그림 11.45** 양쪽 자리성 리간드의 입체적 요구 조건. $\alpha$로 표시된 각은 $\boldsymbol{\beta}$로 표시된 것보다 더 크다는 것에 유의하라. 그리고 S와 Se의 van der Waals 반지름은 N의 van der Waals 반지름보다 더 크다. (각 $\alpha$와 $\boldsymbol{\beta}$를 정량적으로 계산하는 데 있어서 말단 O와 N의 van der Waals 반지름이 포함되어야 한다.)

---

85) Meek, D. W.; Nicpon, P. E.; Meek, V. I. *J. Amer. Chem. Soc.* **1970**, *92*, 5351~5359. Clark, G. R.; Palenik, G. J. *Inorg. Chem.* **1970**, *9*, 2754~2760.

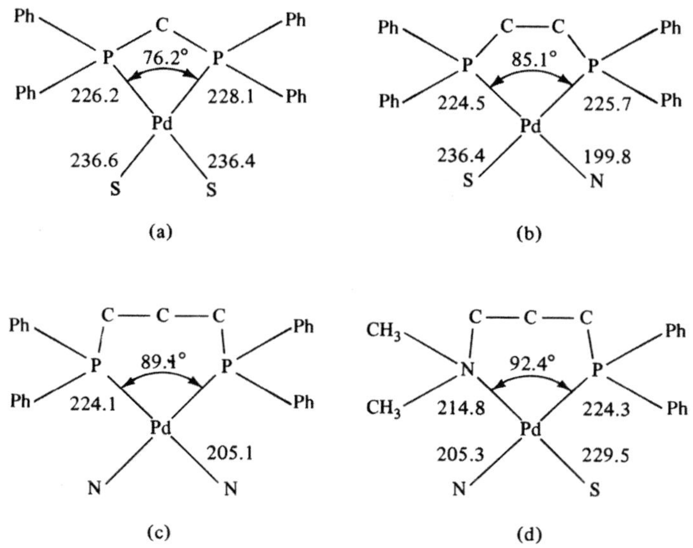

**그림 11.46** thiocyanate 리간드의 결합에 미치는 입체 효과와 전자 효과가 합쳐진 효과를 설명해 주는 네 가지 팔라듐 착물의 구조. [Palenik, G. J.; Steffen, W. L.; Mathew, M.; Li, M.; Meek, D. W. *Inorg. Nucl. Chem. Lett.* **1974**, *10*, 125~128.]

으로 알려져 있다. 사각 평면 팔라듐(II) 착물의 결합 이성질체에서 경쟁 효과를 나타내는 흥미있는 계열의 착물(그림 11.46a~d)을 예로 나타내었다.[86] 그림 11.46c에 있는 6원자 킬레이트 고리는 팔라듐 원자에서의 각도가 89.1°로 실질적인 스트레인은 없다. 알릴-알킬 치환 포스핀의 $\pi$ 결합은 약하지만, 예상대로 N-결합된 이성질체가 얻어진다. 킬레이트 고리가 오원자 고리(그림 11.46b), 사원자 고리(그림 11.46a)로 작아지면서 인에서의 전자적 상황은 거의 변하지 않으나, P—Pd—P의 결합각이 작아짐에 의해 입체적 제약은 완화된다. 그림 11.46b에서는 먼저 한 개의 싸이오사이아나토기가 그리고 그림 11.46a에서는 두 개의 싸이오사이아나토기가 팔라듐 원자의 주위에 보다 공간을 필요로 하는 큰 황 원자로 배위된다. 그러나 인 원자 중의 하나가 더 작은 $\pi$ 결합성이 아닌 질소 원자로 치환되면 기하학적 배열을 그대로 유지하면서도 같은 효과를 얻을 수 있다(그림 11.46d). 싸이오사이나토 리간드 중의 하나에 재배열이 일어난다. 여기에서 중요한 것은 재배열이 일어나는 것은 질소 원자의 트랜스 위치에 있는 그룹이라는 사실이다. 이들 착물에서 나타나는 독특한 **트랜스 효과(trans effect)**[87]는 전자 효과로 인한 것임을 의미한다. 그러므로 만약 착물의 계열 중에서 전자적 인자와 입체적 인자 중의 어느 것이 일정하게 유지되면, 다른 쪽의 인자가 형성되는 결합 이성질체를 결정한다고 결론지을 수 있다.[88]

## 공생

Jørgensen[89]은 굳은-무른 산-염기의 행동의 관점에서 **공생(symbiosis)**의 원리를 제안

---

86) Palenik, G. J.; Steffen, W. L.; Mathrew, M.; Li, M.; Meek, D. W. *Inorg. Nucl. Chem. Lett.* **1974**, *10*, 125~128.

87) 트랜스 효과에 작용하는 전자적 인자에 관한 설명은 12장을 참조하라.

88) Meek, D. W.; Nicpon, P. E.; Meek, V. I. *J. Amer. Chem. Soc.* **1970**, *92*, 5351~5359. Huheey, J. E.; Grim, S. O. *Inorg. Nucl. Chem. Lett.* **1974**, *10*, 973~975.

89) Jørgensen, C. K. *Inorg. Chem.* **1964**, *3*, 1201~1202.

하였다. 이 경험 법칙은 굳은 화학종은 그들이 결합된 원자의 굳기 정도를 증가시키는 경향이 있으므로 더 굳은 화학종을 끌어당기는 경향이 증가한다. 반대로 무른 리간드가 있으면 중심 금속의 다른 무른 리간드를 받아들이는 능력이 증가된다. Pearson의 "굳은-무른" 또는 Dargo의 $E_AE_B$ 와 $C_AC_B$ 파라미터를 사용하여 정전기적 대 공유 결합적 관점으로 보면, 착물을 생성하는 최선의 "전략"은 "같은 종류의 달걀을 한 바구니에 넣어라"는 것이다. 즉, 모두가 단단하든지("정전기적"), 아니면 모두가 무른("공유 결합성") 리간드와 결합을 형성하는 것이다. 금속 착물에서는 이러한 경향을 보이는 예가 많이 있다.

| 모두가 단단한 리간드 | 모두가 무른 리간드 |
|---|---|
| $[Co(NH_3)_5NCS]^{2+}$ | $[Co(CN)_5SCN]^{3-}$ |
| $[Rh(NH_3)_5NCS]^{2+}$ | $[Rh(SCN)_6]^{3-}$ |
| $[Fe(NCSe)_4]^{2-}$ | $[CpFe(CO)_2(SeCN)]$ |

첫 번째의 예에서 굳은 암모니아 리간드는 코발트를 단단하게 만드는 경향이 있기 때문에 싸이오사이안산 이온은 우선적으로 질소 원자를 통해 결합된다. 반대로 무른 사이아노 리간드는 코발트를 무르게 만들기 때문에 싸이오사이안산 이온의 무른 쪽(황 원자)으로 결합된다. 마찬가지로 Rh(III) 의 경우, 다섯 개의 암모니아 리간드가 결합되면 여섯 번째의 리간드 위치는 질소가 차지한다. 만약 결합될 수 있는 리간드가 모두 황이라면 여섯 개의 황 원자가 결합될 것이다. 철(II) 은 카보닐기에 의하여 무르게 되지 않는 한 굳은 질소 원자를 선호할 것이다.

공생 이론은 팔면체 착물에서 관찰되는 대부분의 결합 이성질체의 선호도를 적절하게 설명해 준다. 그러나 이 이론은 사각 평면 착물에 대하여 이미 응용한 $\pi$ 결합성 이론과는 정확히 반대이다. $\pi$ 결합은 무르기로, 그리고 $\sigma$ 결합은 굳기로 볼 수 있다. 팔면체 착물의 경우에 무른 $\pi$ 결합성 리간드가 존재하면 더 무른 $\pi$ 결합성 리간드의 첨가가 쉬워진다(공생 이론). 그러나 사각 평면 착물의 경우에는 무른 $\pi$ 결합성 리간드가 있으면 다른 $\pi$ 결합성 리간드와의 결합을 저해하여 굳은 $\sigma$ 결합성 리간드의 첨가가 유리해진다($\pi$ 경쟁 이론). 만약 이 두 이론이 제한된 영역에서만 이용할 수 있고, 기본적인 존재 이유가 서로 모순되게 보인다면, 분명히 이 상황은 다소 불완전한 것이다. 그럼에도 불구하고 이들은 어느 이성질체가 생성되기 쉬운가를 결정하는 데 있어서 전자적 및 입체적 요인을 포함한 많은 인자가 있음을 강조하고 있으므로 그런 의미에서 교육적 가치가 있다.[90)]

Pearson은 위에서 언급한 개념을 세밀하게 다듬어 경쟁 이론의 본질을 다음과 같이 설명하였다. **두 무른 리간드가 (b)족(무른) 의 금속 원자에 대해 서로 트랜스 위치의 관계로 배위되면 서로를 불안정하게 한다.** 또한 그는 공생은 팔면체에서 우세하고, 반공생은 사각 평면 착물에서 우세하다는 법칙을 추가할 수 있는 예를 입증하였다. 사면체 착물은 반공생이 기대되지만 그 정도는 사각 평면 착물보다 훨씬 더 약하다.[91)]

---

90) DeStefano, N. J.; Burmeister, J. L. *Inorg. Chem.* **1971**, 10, 998~1003. 공생 현상은 실제로 일어나는 것이지만, 설명을 위해 공생이라는 단어를 선택한 것은 잘못된 것이다. 생물학에서 공생은 같은 종의 친밀한 공동 생활보다 오히려 서로 다른 종이 사이좋게 무리를 짓는 것을 의미한다. 그렇지만 무기화학자들은 이 용어를 여기에서 설명한 의미로 계속 사용하고 있다.

91) Pearson, R. G. *Inorg. Chem.* **1973**, *12*, 712~713.

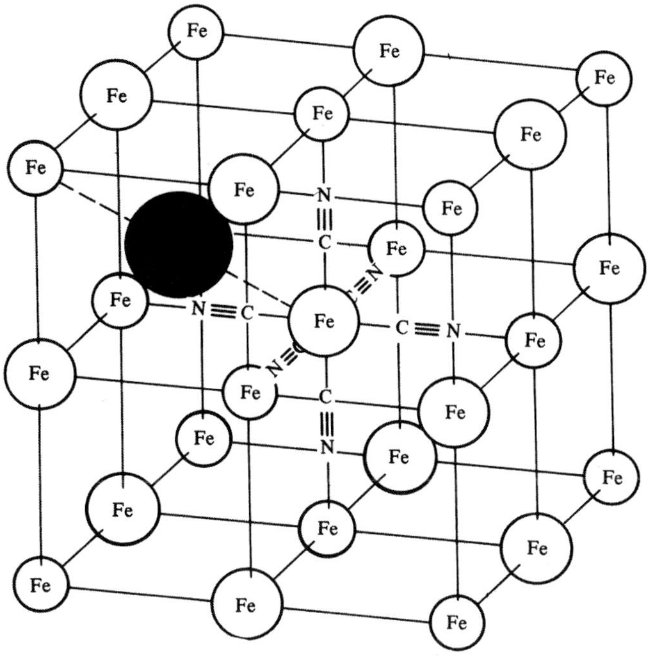


**그림 11.47** 양쪽 자리성 사이안화 이온에 의한 다리걸침을 보여 주는 Prussian blue의 결정 구조의 일부분. 각 동그라미는 철(II)(○), 철(III)(○), 물에 있는 산소(●)를 나타낸다. 나머지 입방 자리 안에 있는 틈새형 또는 "제올라이트형" 물은 대부분의 사이안화 이온과 마찬가지로 생략하였다. 또한 몇몇 사이안화 이온들은 철(III)에 배위된 물 분자에 의해 치환되었고, 구조 내에 빈자리들도 있다. [Buser, H. J.; Schwarzenbach, D.; Petter, W.; Ludi, A. *Inorg. Chem.* **1977**, *16*, 2704~2719.]

## 프루시안 블루과 관련된 구조들

결합 이성질현상은 리간드에서 양쪽성 주개의 특수한 경우에 불과하다. 사이안화 이온은 이와 같은 행동을 보이는 좋은 예이다. 개별 착물에서는 강한 **π** 결합성 때문에 거의 항상 탄소 원자를 통해서 결합한다. 또한 *cis*-$[Co(trien)(CN)_2]^+$와 *cis*-$[Co(trien)(NC)_2]^+$와 같은 몇 가지 결합 이성질체를 형성한다는 것도 보고된 바가 있다.

양쪽 자리성 다리결합 리간드인 CN기를 포함하는 중합 착물이 많이 알려져 있다. 이들은 "프루시안 블루"(Prussian blue) 구조와 관련이 있는데, 프루시안 블루는 헥사사이아노철(II)에 철(III) 염을 가하여 만든다.

$$Fe^{3+} + [Fe^{II}(CN)_6]^{4-} \longrightarrow Fe_4[Fe(CN)_6]_3 \quad \textbf{(11.19)}$$

헥사사이아노철(III)에 철(II) 염을 가하면 "턴불 블루" (Turnbull's blue)가 생긴다.

$$Fe^{2+} + [Fe^{III}(CN)_6]^{3-} \longrightarrow Fe_4[Fe(CN)_6]_3 \quad \textbf{(11.20)}$$

철-사이안화물의 골격은 프루시안 블루, 턴불 블루, 기다 이와 유사한 중합 사이안화물 착물(그림 11.47)에서 모두 동일하지만, 다른 점은 전기적 중성을 유지하는 데 필요한 이온의 개수뿐이다. 큰 입방체의 구멍에 물 분자가 다양한 양으로 존재할 수 있다.

프루시안 블루 그 자체는 탄소 원자를 통해 결합된 6배위 저스핀 Fe(II)와 사이안화 이온의 질소 원자를 통해 결합된 6배위 고스핀 Fe(II)를 갖는 구조로 되어있다. 화학량론을 만족시키기 위해 Fe(II) 자리의 1/4이 물 분자로 점유된다. 이렇게 되면 다리결합된

CN기, $[Fe^{II}—C{\equiv}N—Fe^{III}]$의 수가 어느 정도 감소되고, 그렇지 않으면 비어 있을 리간드 자리를 물 분자가 점유한다. 또한 각 입방체의 자리에도 1 분자의 물이 있다.[92] 비록 다른 출발물로부터 제조되었지만, 턴불 블루도 동일하다. X선과 자기적 실험결과가 이러한 동일성을 뒷받침하지만, 최선의 증거는 프루시안 블루와 턴불 블루의 Mössbauer 스펙트럼이 똑같다는 사실이다.[93] Mössbauer 스펙트럼은 철 원자 주위의 전자 밀도와 미세한 분위기에 대단히 민감하므로 이러한 동일성을 확인할 수 있다. 페리사이안화 철(III) (Berlin green) 은 모든 철의 자리가 철(III) 로, 백색의 Everritt 염 (실제적으로 $K_2[Fe^{II}(CN)_6Fe^{II}]$) 은 모든 철의 자리가 철(II) 로 구성되고 포타슘 이온은 모든 틈새에 위치한다.

프루시안 블루를 진공 중에서 온화한 조건으로 열분해하든가 더욱 좋게는 아이오딘화 포타슘이나 설탕 같은 환원제의 존재하에서 철(II) 의 페리사이안화물을 침전시키면, 실제의 헥사사이아노철(III) 산철(II) 이 형성된다.[94] 그러나 이것을 묽은 염산과 함께 가열하거나 습도가 높은 공기 중에 방치하면 프루시안 블루로 되돌아간다.

결합 이성질현상에서 특히 흥미있는 예가 Shriver와 공동 연구자[95]에 의하여 보고되었다. 철(II) 염과 헥사사이아노크로뮴(III) 산 포타슘의 용액을 혼합하면 붉은 벽돌색의 침전이 되고 이것을 가열하면 암녹색으로 변한다.

$$\mathbf{Fe^{2+} + K^+ + [Cr(CN)_6]^{3-} \longrightarrow KFe^{II}[Cr^{III}(CN)_6]} \quad \text{(붉은 벽돌색)} \qquad \mathbf{(11.21)}$$

$$\mathbf{KFe[Cr(CN)_6] \xrightarrow{100\ ^\circ C} KCr^{III}[Fe^{II}(CN)_6]} \quad \text{(암녹색)} \qquad \mathbf{(11.22)}$$

이것을 결합 이성질체의 형태로 해석하면 다음과 같다.

$$\underset{\text{붉은 벽돌색}}{\mathbf{\ldots Fe^{II}—NC—Cr^{III}—CN—Fe^{II}—NC—Cr^{III}\ldots}} \longrightarrow \underset{\text{암녹색}}{\mathbf{\ldots Fe^{II}—CN—Cr^{III}—NC—Fe^{II}—CN}} \qquad \mathbf{(11.23)}$$

식 11.23에 나타낸 직선형의 배열은 그림 11.47에 나타낸 입방 배열의 일부분이다. 최초의 생성물은 크로뮴(III) 에 C-로 배위하고 있다. 이것은 본래의 헥사사이아노크로뮴(III) 산의 배열 그대로이다. 철(II) 가 배위 가능한 질소 원자에 배위되어 프루시안 블루 형태의 구조로 된다. 그러나 이미 설명한 프루시안 블루의 경우처럼, Fe(II) 의 저스핀 $t_{2g}^6$ 배치에 강한장의 C-결합으로 배위된 것이 Cr(III) 의 $t_{2g}^3$ 배치의 것보다 LFSE가 약 두 배 정도 더 크다(표 11.3 참조).

---

92) Buser, H. J.; Schwarzenbach, D.; Petter, W.; Ludi, A. *Inorg. Chem.* **1977**, *16*, 2704~2710.

93) Duncan, J. F.; Wigley, P. W. R. *J. Chem. Soc.* **1963**, 1120~1125. Fluck, E.; Kerler, W. Neuwirth, W. *Angew. Chem. Int. Ed. Engl.* **1963**, 2, 277~287. Bonnette, A. K., Jr.; Allen, J. F. *Inorg. Chem.* 1971, 10, 1613~1616. 합성 방법과 침전 방법이 침전물(콜로이드 등)의 성질에 영향을 미칠 수 있다. 그래서 구조에서 물과 양이온의 양은 변한다.

94) Cosgrove, J. G.; Collins, R. L.; Murty, D. S. *J. Amer. Chem. Soc.* **1973**, *95*, 1083~1086. Robinette, R.; Collins, R. L. *J Coord. Chem.* **1974**, *3*, 333.

95) Shriver, D. F.; Shriver, S. A.; Anderson, S. E. *Inorg. Chem.* **1965**, *4*, 725~730.

## 다른 이성질현상

이미 설명했던 것 이외의 배위 화합물의 이성질현상은 그다지 중요하지는 않지만 다양한 가능성을 알아보기 위해서 간단하게 설명한다.

### 리간드 이성질현상

리간드는 이성질체의 가능성이 있는 유기 화합물인 경우가 많기 때문에, 생성되는 착물도 리간드에 의해 이성질현상을 나타낼 수 있다. 이성질체로 될 수 있는 리간드의 예로는 1,2-다이아미노프로페인("프로필렌다이아민", pn)과 1,3-다이아미노프로페인("트라이메틸렌다이아민", tn), 또는 톨루이딘($CH_3C_6H_4NH_2$)의 오쏘, 메타, 파라 이성질체가 있다.

### 이온화 이성질현상

이온화 이성질체인 $[Co(NH_3)_5Br]SO_4$와 $[Co(NH_3)_5SO_4]Br$은 물에 녹아 서로 다른 이온을 생성하므로 여러 시약들과 다르게 반응한다.

$$[Co(NH_3)_5Br]SO_4 + Ba^{2+} \longrightarrow BaSO_4(s) \quad (11.24)$$

$$[Co(NH_3)_5SO_4]Br + Ba^{2+} \longrightarrow \text{반응이 일어나지 않음} \quad (11.25)$$

$$[Co(NH_3)_5Br]SO_4 + Ag^{+} \longrightarrow \text{반응이 일어나지 않음} \quad (11.26)$$

$$[Co(NH_3)_5SO_4]Br + Ag^{+} \longrightarrow AgBr(s) \quad (11.27)$$

### 용매화 이성질현상

이것은 앞에서 설명한 것의 특별한 경우로서, 중성 용매화 분자를 포함하는 리간드 교환 반응이다. 가장 잘 알려진 예는 "염화 크로뮴 수화물"의 이성질체이며, $[Cr(H_2O)_6]Cl_3$, $[Cr(H_2O)_5Cl]Cl_2 \cdot H_2O$, $[Cr(H_2O)_4Cl_2]Cl \cdot 2H_2O$의 세 종류가 알려져 있다. 이들은 다음과 같이 다르게 반응한다.

$$[Cr(H_2O)_6]Cl_3 \xrightarrow{H_2O,\ H_2SO_4} [Cr(H_2O)_6]Cl_3 \quad (\text{변하지 않음}) \quad (11.28)$$

$$[Cr(H_2O)_5Cl]Cl_2 \cdot H_2O \xrightarrow{H_2O,\ H_2SO_4} [Cr(H_2O)_5Cl]Cl_2 \quad (11.29)$$

$$[Cr(H_2O)_4Cl_2]Cl \cdot 2H_2O \xrightarrow{H_2O,\ H_2SO_4} [Cr(H_2O)_5Cl]Cl_2 \quad (11.30)$$

$$[Cr(H_2O)_6]Cl_3 \xrightarrow{Ag^+} [Cr(H_2O)_6]^{3+} + 3AgCl(s) \quad (11.31)$$

$$[Cr(H_2O)_5Cl]Cl_2 \xrightarrow{Ag^+} [Cr(H_2O)_5Cl]^{2+} + 2AgCl(s) \quad (11.32)$$

$$[Cr(H_2O)_4Cl_2]Cl \xrightarrow{Ag^+} [Cr(H_2O)_4Cl_2]^{+} + AgCl(s) \quad (11.33)$$

### 배위 이성질현상

착양이온과 착음이온을 포함하는 염은 양이온과 음이온 사이의 리간드의 교환을 통하여 이성질현상을 나타낸다. 예를 들면, $[Co(NH_3)_6][Cr(CN)_6]$와 그의 배위 이성질체인 $[Cr(NH_3)_6][Co(CN)_6]$가 알려져 있다. 또 다른 예는 $[Cu(NH_3)_4][PtCl_4]$와 $[Pt(NH_3)_4][CuCl_4]$이고, 각각 보라색과 녹색의 다른 색깔($d^9$ $Cu^{2+}$ 발색단의 결과로) 을 가진다. 이러한 형태의 이성질현상은 매우 많다.

배위 이성질현상의 특별한 경우 중의 하나를 때때로 "중합 이성질현상"이라고도 부른다. 이것은 여러 가지 이성질체의 화학식량이 서로 다르기 때문이다. 그러나 중합은 일반적으로 단위체가 반복되어 더 큰 구조를 이루는 반응이므로 이 용어는 옳지 않다. 예를 들면, $[Co(NH_3)_4(NO_2)_2][Co(NH_3)_2(NO_2)_4]$, $[Co(NH_3)_6][Co(NO_2)_6]$, $[Co(NH_3)_5NO_2][Co(NH_3)_2(NO_2)_4]_2$, $[Co(NH_3)_6][Co(NH_3)_2(NO_2)_4]_3$, $[Co(NH_3)_4(NO_2)_2]_3[Co(NO_2)_6]$, $[Co(NH_3)_5NO_2]_3[Co(NO_2)_6]_2$와 같은 화합물들이다. 이들은 모두 $Co(NH_3)_3(NO_2)_3$의 실험식을 갖지만 그 화학식량은 각각 2배, 2배, 3배, 4배, 4배, 5배이다.

## 킬레이트 효과

착물이 킬레이트 고리를 가지면 안정도가 증가한다는 것은 이미 설명하였다. 이러한 여분의 안정도를 킬레이트 효과[96]라고 한다. 모든 킬레이트 계에 공통인 엔트로피 효과가 주요 원인이지만 종종 엔탈피 변화로부터 기인되는 별도의 안정화 효과도 있다. 킬레이트화와 관련이 있는 엔트로피의 변화는 복잡하다.[97] 병진 엔트로피 인자를 두 가지의 관점에서 볼 수 있다. 그 두 가지는 본래 통계적이고 확률적이므로 같은 것이고, 그러므로 계의 엔트로피와 관계가 있지만 약간 다른 관점에서 문제를 살펴보겠다. 예를 들면, 에틸렌다이아민 고리의 효과로써(에틸렌다이아민과 암모니아에 있는 질소 원자의 전자적 효과는 비슷함), 에틸렌다이아민 착물과 암모니아 착물 간의 해리의 차이만을 고려하는 것이다. 만약 암모니아 분자가 착물에서 해리되면, 용액 속으로 빠르게 소실되므로 이전의 자리로 되돌아갈 확률은 매우 작다. 이에 반해서 에틸렌다이아민의 아미노기 중의 하나가 착물에서 해리되더라도 다른 끝자리의 아미노기는 아직도 금속에 결합된 채로 남아있다. 떨어진 질소 원자는 금속으로부터 수백 pm만을 움직일 수 있기 때문에 되돌아와서 금속에 재결합할 수 있다. 착물은 해리의 기회가 더 작아지므로 실험적으로 볼 때 해리에 대해 더 안정하게 된다.

다음의 반응을 통해 엔탈피와 엔트로피의 조금 더 복잡한 접근법을 고려해 보자.

$$[Ni(NH_3)_6]^{2+} + 3en \rightleftharpoons [Ni(en)_3]^{2+} + 6NH_3 \tag{11.34}$$

암모니아와 에틸렌다이아민의 결합은 매우 비슷하므로,[98] 이 반응의 $\Delta H$는 작을 것으로

96) Hancock, R. D.; Martell, A. E. Comments *Inorg. Chem.* **1988**, *6*, 237~284.

97) Chung, C.-S. J. Chem. Educ. **1984**, *61*, 1062~1064. Meyers, R. T. *Inorg. Chem.* **1978**, *17*, 952~958.

98) 에틸렌다이아민과 암모니아는 장의 세기가 거의 같기 때문에($f$ 인자의 차이는 3% 이하), 같은 금속 이온과 결합한 착물의 LFSE는 거의 동등하다. 그러나 에틸렌다이아민은 메틸렌기의 유발 효과 때문에 암모니아보다 더 강한 염기이다. 또한 고리 뒤틀림의 형태나 다른 입체 효과로 인한 엔탈피의 차이가 있을 것이다. 표 11.6을 참조하라.

**표 11.6**

니켈(II)과 구리(II) 착물의 킬레이트 효과에 대한 열역학적 기여도[a].

| 암모니아 착물 | $\Delta G$ | $\Delta H$ | $\Delta S$ | 에틸렌다이아민 착물 | $\Delta G$ | $\Delta H$ | $\Delta S$ | 킬레이트 효과 $\Delta G$ | $\Delta H$ | $\Delta S^b$ | $33.4n$ |
|---|---|---|---|---|---|---|---|---|---|---|---|
| $[Ni(NH_3)_2(H_2O)_4]^{2+}$ | −29.0 | −33 | −12 | $[Nien(H_2O)_4]^{2+}$ | −41.9 | −38 | 17 | −12.9 | −5 | 29 | 33 |
| $[Ni(NH_3)_4(H_2O)_2]^{2+}$ | −46.3 | −65 | −63 | $[Ni(en)_2(H_2O)_2]^{2+}$ | −77.2 | −77 | 12 | −30.9 | −11 | 74 | 67 |
| $[Ni(NH_3)_6]^{2+}$ | −51.8 | −100 | −163 | $[Ni(en)_3]^{2+}$ | −101.8 | −117 | −42 | −50.0 | −17 | 121 | 100 |
| $[Cu(NH_3)_2(H_2O)_4]^{2+}$ | −44.7 | −46 | −4 | $[Cuen(H_2O)_4]^{2+}$ | −60.1 | −55 | 25 | −15.5 | −8 | 29 | 33 |
| $[Cu(NH_3)_4(H_2O)_2]^{2+}$ | −74.2 | −92 | −58 | $[Cu(en)_2(H_2O)_2]^{2+}$ | −111.8 | −107 | 29 | −37.6 | −15 | 88 | 67 |

[a] Hancock, R. D.,; Marell, A. E. *Comments Inorg. Chem.* **1988**, *6*, 237~284에서 수정. 자유 에너지 및 엔탈피 변화는 kJ $mol^{-1}$로 나타냈다. 엔트로피 변화는 J $mol^{-1}$ $K^{-1}$로 나타냈다.
[b] 킬레이트화 엔트로피는 $\Delta S = nR$ ln 55.5에 근거한 $33.4n$ ($n$ = 킬레이트 고리의 수)과 비교되어야 한다.

예상된다. 일차 근사로서 이 반응의 엔트로피 변화는 계에 존재하는 분자수의 차이에 비례한다. 반응은 분자 수가 증가하면서 오른쪽으로 진행되므로, 병진 운동 엔트로피로 보면 헥사암민 착물보다는 킬레이트 착물의 생성이 우세하다.[99] 물 분자가 킬레이트로 치환되면 용액 중의 분자의 수는 증가하고, $\Delta S = nR$ ln $55.5 = 33.4n$ J $mol^{-1}$ $K^{-1}$로 나타낼 수 있는 엔트로피의 증가가 일어난다. 여기서 $n$은 킬레이트 고리의 수이고, 300 K에서 생성된 킬레이트 고리 하나에 대한 착물의 자유 에너지의 안정화 효과는 10.0 kJ $mol^{-1}$에 상당한다. 표 11.6에서 보는 것처럼, 계산된 엔트로피의 값 ($33.4n$ J $mol^{-1}$ $K^{-1}$) 은 실험값과 잘 일치된다. 킬레이트화를 포함하는 열역학적 복잡성의 해결책으로는 우연하게도 간단한 접근 방법이 매우 성공적으로 들어맞는다.

엔탈피 효과도 평형을 결정하는 데 기여한다. 이들은 가장 간단히 "미리 형성된" 킬레이트를 가지고 설명할 수 있다. 다시 말하면 이웃한 두 개의 한자리 리간드 사이의 입체적 방해, 혹은 이웃한 리간드들의 쌍극자들 사이의 반발 등과 같이 착물이 형성되기 위해 필요한 에너지 값이 있다. 그러나 강력한 두자리 리간드가 원래부터 형성되어 있고, 착물이 형성될 때는 다시 소비할 필요가 없을 경우에는 일부분의 에너지 값만이 필요하다. 이러한 효과가 유효하기 위해서는 킬레이트 생성 엔탈피가 한자리 리간드 착물의 엔탈피보다 훨씬 우세해야 할 것이다.

마지막으로 아세틸아세톤과 같은 킬레이트 리간드는 부분적으로 방향족의 성격을 띠는 육원자 고리를 형성하기 때문에 공명에 의한 안정화가 일어난다. 아세틸아세톤 (2,4-펜탄티온) 은 음이온성 엔올산 형태의 리간드로서 배위된다.

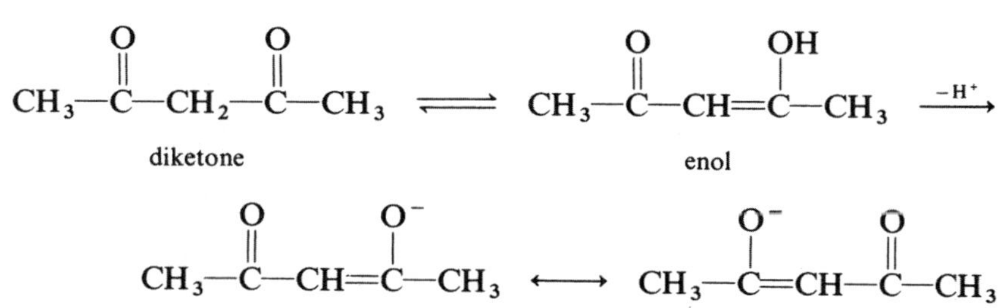


(11.35)

엔올레이트 음이온의 공명형

[99] 용매화와 회전의 차이와 관련된 엔트로피의 변화가 중요하다. 이 반응의 추진력은 ($\Delta G = -50$ kJ $mol^{-1}$) 거의 $T\Delta S$ 항으로부터 생긴다.

그러므로 아세틸아세톤은 3가의 금속과 착물을 형성하면 $[Al(acac)_3]$, $[Ti(acac)_3]$, $[Cr(acac)_3]$, $[Co(acac)_3]$와 같은 중성 착물로 된다. 이러한 착물들에서 고리는 대칭 구조를 나타내고, 두 개의 M—O 결합, 두 개의 C—O 결합, 두 개의 C—C 결합의 길이는 같다. 이것은 공명에 의하여 동등하게 되기 때문이다(한 고리만 나타냄).

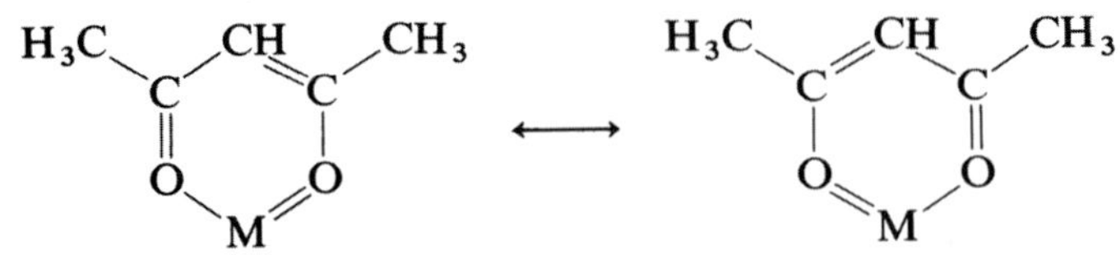


(11.36)

리간드–금속 **π** 결합이 있으므로 킬레이트 고리 내에서는 유리된 엔올산보다 전자의 비편재화는 더 크고 공명의 안정화가 일어난다.

Jahn–Teller 일그러짐 때문에 공명이 깨어지는 흥미있는 예로서 바이피리딘비스(헥사플루오로아세틸아세토나토) 구리(II) 가 있다(그림 11.51 및 Jahn–Teller 효과의 설명 참조). 이 일그러짐 때문에 두 개의 Cu—O의 거리(197 대 230 pm) 는 같지 않고, 아마도 **π** 결합성도 동등하지 않을 것이다. 그러므로 한 공명형이 다른 공명형보다 우세하고, 그 결과로 고리 내에서의 결합 길이가 변한다.

한 금속 원자 주위에 몇 개의 고리를 형성하는 여러 자리 리간드의 경우에는 킬레이트 효과가 증대된다. 에틸렌다이아민테트라아세트산(edta) 인 $(^{-}OOCCH_2)_2NCH_2CH_2N(CH_2COO^{-})_2$와 같은 여섯 자리 리간드에서는 극단적인 안정도를 보인다.

입체 배열에 있어서 킬레이트 고리는 유기 고리와 같은 형태의 입체적 제약에 따르지만 그 제약이 훨씬 크다는 것을 알았다. 유기 고리의 경우와 다르게 킬레이트 고리에서 오원자 고리가 보통 가장 안정하다. 이것은 금속 원자가 탄소 원자보다 더 크고 또한 사면체 탄소의 109.5°에 비해 금속에서의 결합각(L—M—L) 은 사각 평면 착물 혹은 팔면체 착물에서 90°가 되기 때문이다. 아세틸아세톤처럼 큰 공명 효과를 나타내는 고리에서는 육원자 고리가 상당히 안정하다. 더 크거나 더 작은 킬레이트 고리도 알려져 있지만, 오원자 고리나 육원자 고리의 화학종만큼 안정한 것은 거의 없다.

## 거대고리 화합물[100)]

근래에 특별히 관심을 갖는 연구 분야는 평면의 거대고리 리간드의 합성이다. 이들은 여

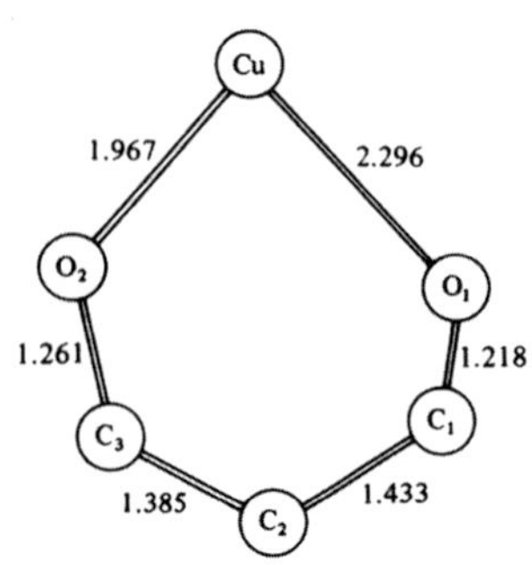


**그림 11.48** $[Cu(py)(hfa)_2]$의 acetylacetonate 고리 내에서의 결합 길이. [Veidis, M. V.; Schreiber, G. H.; Gough, T. E.; Palenik, G. *J. Am. Chem. Soc.* **1969**, *91*, 1859~1860.]

100) 노벨화학상(1987) 을 공동 수상한 세 명의 화학자, C. J. Pederson(각주 103), J. K. Lehn(각주 111), D. J. Cram(각주 109)의 연구 분야이다. 다음 문헌도 참조하라. Izatt, R. M.; Pawlak, K.; Bradshaw, J. S.; Bruening, R. L. *Chem. Rev.* **1991**, *91*, 1721~2085.

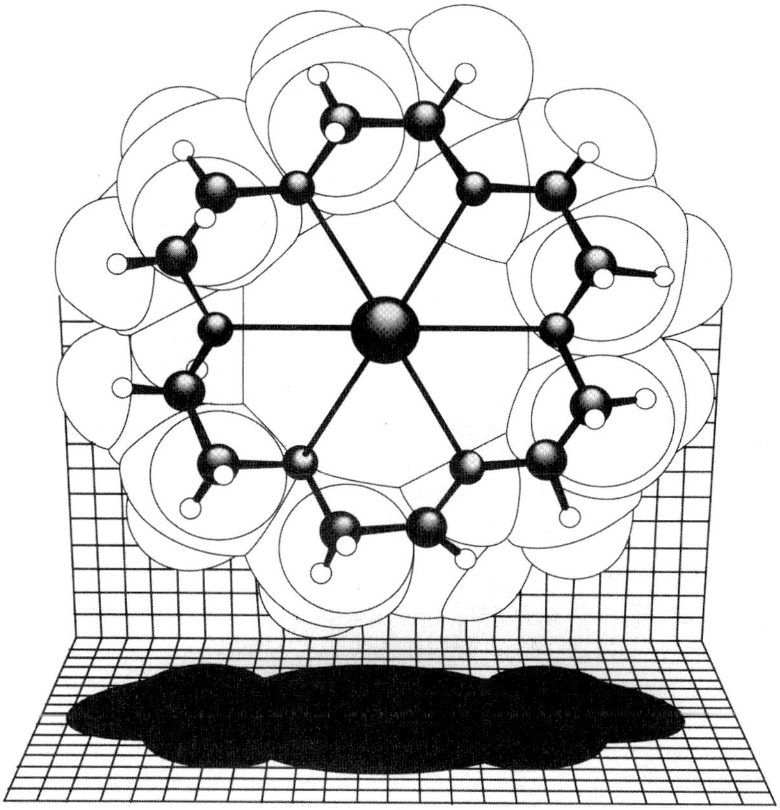

**그림 11.49** 포타슘과 18-crown-6의 거대고리 착물의 구조. 평면들은 50 pm 바둑판 눈금을 가지며 광원은 무한한 곳에 떨어져 있으므로 그림자의 크기는 의미가 있다. 이 그림은 KANVAS 컴퓨터 그래픽 프로그램으로 만들어졌다. 이 프로그램은 E. Keller (Kristallographisches Institut der Universität Frieburg, Germany) 의 Schakal 프로그램을 기초로 하여 A. J. Arduengo, III(E. I. du Pont de Nemours & Co., Wilmington, DE) 가 배경과 그림자면을 만들 수 있도록 수정하였다.

러자리 리간드의 특수한 형태이며, 배위 원자는 큰 평면(혹은 거의 평면) 의 고리 속에 있어서 금속 원자를 둘러싼다. 예를 들면 폴리에터를 들 수 있으며, 각각이 두 개의 메틸렌기로 연결되어 있는 에터의 산소 원자는 중심 금속 원자의 주위에 거의 평면 배열로 놓이고(그림 11.49), 폴리에터의 산소 이외의 원자는 "왕관" 모양으로 배열하고 있다. 그래서 이 화합물들을 "크라운 에터"라 부른다.[101] 모든 산소 원자는 금속 원자 쪽, 즉 안쪽을 향하고 있으며, 알칼리 금속과 안정한 착물을 형성하는 비정상적 성질을 가진다. 이러한 예외적 안정도는 알칼리 금속이 리간드의 중심에 있는 구멍에 잘 들어맞기 때문이다. 그러나 어떤 자료는 이러한 간단한 모델과 모순되게 나타난다. 계산에 의하면 $Li^+$가 crown-4에 우선적으로 잘 맞으나, 용액 내에서 crown-4, crown-5, crown-6, crown-7 모두가 $K^+$를 더 좋아한다. Hancock[102]은 위의 크라운 에터 중에서 어느 것이라도 알칼리

[101] Pederson, C. J. *Angew. Chem. Int. Ed. Engl.* **1988**, *27*, 1021~1027. 유기고리계의 명명법은 복잡하다(그림 11.49에 있는 리간드는 1,4,7,10,13,16-헥사옥사사이클로옥타데케인). 그리고 Peserson은 이것은 "18-크라운-6"로 단축하여 불렀다. 여기서 18은 거대고리의 크기를 의미하고, "크라운" (crown) 은 이 부류의 화합물에 대한 통속적인 명칭이고, 6은 산소 원자의 수를 나타낸다. 이 명칭은 더 간단하게 18C6로 표기하기도 한다. 여기서는 crown-4, crown-5, crown-6으로 표기하였는데, 마지막 숫자(산소 원자의 수) 에 따라 고리 크기가 달라짐을 의미한다. cryptand는 C222로 간단하게 표기할 수 있는데, 럭비공의 봉합선에 세 개의 산소 원자를 갖는 형태이다.

[102] Hancock, R. D. *J. Chem. Educ.* **1992**, 615~621; *Perspectives in Coordination Chemistry*; Williams,

금속 양이온과 결합할 때, $K^+$의 크기에 가장 잘 맞는 오원자 고리가 형성되기 때문이라고 제안하였다.

기체상 연구[103]에 따르면 crown-5는 다른 알칼리 금속보다 $Li^+$을 더 선호한다.

$$\textbf{crown-5:}\quad Li^+ >> Na^+ > K^+ > Cs^+$$

반면에 crown-6는 $Na^+$에 훨씬 더 큰 친화력을 보이고 crown-7은 $K^+$를 더 선호한다.

$$\textbf{crown-6:}\quad Na^+ \geq K^+ > Li^+ > Rb^+ > Cs^+$$

$$\textbf{crown-7:}\quad K^+ > Na^+ \geq Rb^+ > Li^+ > Cs^+$$

기체와 액체상에서의 친화도의 차이는 용매 효과가 매우 중요하다는 것을 암시해 준다. 이러한 리간드들은 큰 소수성 유기 고리를 갖기 때문에 유기 용매 중에서의 알칼리염의 용해도를 증진시키는 유별난 능력을 가진다. 예를 들면, 알칼리 금속은 정상적으로 암모니아에는 녹고 에테르에는 녹지 않지만(9장 참조), 크라운 리간드가 존재하면 녹는다.

$$K + \text{crown-6} \xrightarrow[\text{또는 THF}]{Et_2O} [K(\text{crown-6})]^+ + [e(\text{용매})]^- \tag{11.37}$$

알칼리 금속 이온을 착물화시키고 안정시킬 수 있는 능력 때문에 합성이 어렵거나 불가능했던 것이 효과적으로 진행시킬 수 있게 될 경우도 있다. $Cs^+Au^-$ 화합물을 살펴보자. 이 화합물의 존재는 금속과 비금속 간의 화합물이 아닌 두 금속 간의 이온성 화합물이므로 불가능한 것일 수도 있다. 그러나 세슘의 이온화 에너지와 금의 전자 친화도를 보면(또는 금의 Pauling의 전기음성도가 2.54이고 아이오딘은 2.66이라는 것을 단순히 비교해 보면), 호기심이 생긴다. 그러나 실험적으로는 확실히 장애물이 있다. 즉, 이 두 금속을 섞으면 실제로 이온성 화합물이고 합금이 아니라는 것을 어떻게 결정할 것인가? 세슘을 금과 반응시킬 때 얻어지는 용융물의 전기 전도도는 이온성 화합물의 특징이었다. 그렇지만 더 많은 증거가 필요하였다. 두 가지 접근법이 사용되었다. 한 가지 방법은 액체 암모니아 중에서 알칼리 금속의 용해도, 자유 전자의 강한 환원력, 그리고 암모니아 중에서 환원된 화학종의 안정도를 이용하는 것이었다. ($Au^-$는 강한 환원제라는 것에 유의하라.) 둘째 방법은 보통 반응하지 않는 소듐과 같은 금속을 거대고리 폴리에터와 반응시켜(다시 말하지만 소듐 혹은 세슘 등 어느 금속이든 이온화는 흡열 반응이다) $[Na(\text{거대고리})]^+Au^-$의 염을 만들어 안정화시키는 것이었다. 이들은 물 아닌 용액에서의 전기화학적 방법과 비정상적으로 낮은 ESCA 결합 에너지 측정, 그리고 Mössbauer 화학적 이동과 같은 방법들을 사용하여 $-1$가의 금을 확인하였다.[104]

알칼리 금속염을 안정화시키는 크라운 에터와 크립탄드(뒤에서 논의되는)의 능력은 더 있을법하지 않는 화합물인 알칼리화물과 전자화물에까지 확장되었다. 이들은 착물화된 알칼리 금속 양이온과 알칼리화 음이온 또는 전자화 음이온으로서 존재한다. 그 예로

---

A. F.; Floriani, C.; Merbach, A. E., Eds.; VCH : Weinheim, 1992; pp 129~151.

103) Maleknia, S.; Brodbelt, J. *J. Amer. Chem. Soc.* **1992**, *114*, 4295~4298.

104) Batchelor, R. J.; Birchall, T.; Burns, R. C. *Inorg. Chem.* **1986**, *25*, 2009~2015. Jaganathan, R.; Wallace, D. W.; Lagowski, J. J. *Inorg. Chem.* **1985**, *24*, 113. Knecht, J.; Fischer, R.; Overhof, H.; Hensel, F. *Chem. Commun.* **1978**, 905~906. Peer, W. J.; Lagowski, J. J. *J. Amer. Chem. Soc.* **1978**, *100*, 6260~6261.

9장에서 본 것과 같이, 알칼리 금속을 액체 암모니아(그리고 일부 아민이나 에터)에 녹이면 알칼리 전자화물 용액이 얻어진다.[105)]

$$M \xrightarrow{NH_3} M^+ + e^- \quad (11.38)$$

그러나 전자는 금속과 더 반응하여 알칼리화 이온을 형성할 수도 있기 때문에, 식 11.38에 나타낸 것보다 상황이 약간 더 복잡하다.

$$M + e^- \longrightarrow M^- \quad (11.39)$$

따라서 일반적으로 평형 혼합물에는 알칼리 금속 양이온, 알칼리화 음이온, 전자화 음이온(그리고 아마도 다른 중요하지 않은 화학종들) 등이 있으며, 이들의 존재량은 여러 가지의 에너지적 인자에 의해 결정된다. 예를 들어 액체 암모니아에 의한 전자화 이온의 뛰어난 용매화 때문에 알칼리화 이온은 이러한 용매에서 많이 존재하지 않고, 어느 정도는 전형적인 모양을 갖지 않음에 유의하라. 메틸아민과 에터 용매를 사용하면, *n*-펜테인과 같이 극성이 낮은 용매를 가하더라도 평형은 이동될 수 있어서 때로는 결정이 자라기도 한다.[106)] 크라운 에터나 크립테이트에 대한 알칼리 금속 이온의 친화도에 의해 용액에서 쉽게 양이온성 착물이 형성된다(식 11.37 참조). 또한 이것은 평형에도 영향을 주어 이들 리간드의 첨가에 의해 식 11.38은 오른쪽으로 이동하게 되고, 식 11.39의 반응은 왼쪽으로 이동하게 된다. 대략적인 일반화가 가능한데, 모든 금속이 양이온 형태의 착물을 형성하게 되므로 과량의 리간드는 전자화물의 형성을 촉진한다는 것이다.

$$Cs + \text{과량의 18-crown-6} \longrightarrow [Cs(\text{18-crown-6})_2]^+ + e^- \quad (11.40)$$

반면 금속 대 리간드가 2 : 1 몰비이면 알칼리화물로 되려는 경향이 있다.

$$2Na + \text{18-crown-6} \longrightarrow [Na(\text{18-crown-6})]^+ + Na^- \quad (11.41)$$

리간드의 화학량론적 효과와 용매의 성질은 별도로 하더라도, 알칼리화 이온의 안정도의 차이도 있다. 소듐화 음이온이 가장 안정하고 세슘화 음이온이 가장 낮은 안정도를 가진다. 알칼리화 이온의 안정도 차이와 [M(리간드)]$^+$ 착물의 다른 안정도 상수 때문에 혼합된 금속 화합물의 형성이 가능하다.

$$Na + K + \text{18-crown-6} \longrightarrow [K(\text{18-crown-6})]^+ + Na^- \quad (11.42)$$

예측한 것처럼, 이들 계 모두가 강한 환원성이 있고 공기나 습기에 노출되면 분해되는 경향이 있기 때문에 이들을 연구할 때는 매우 조심해야 한다. 드물게 단결정을 얻을 수 있었고, 결정학적으로 그의 구조를 알아낼 수 있었다.[107)] [Na(거대고리)]$^+$Na$^-$ 결정은 거의 최조밀 쌓임을 하는 큰 착양이온과 팔면체 구멍에 들어가 있는 소듐화 음이온으로 구성

---

105) 식 9.22의 전자는 용매화 효과를 강조하기 위해 $[e(NH_3)_x]^-$로 표기하였다. 물속에서 $Na(H_2O)_x^+$는 $Na_{aq}$ 또는 $Na^+$로 표기한다. 또한 액체 암모니아에서 용매화는 아래 첨자 am을 붙여 $e^-_{am}$로 표기한다.

106) Dye, J. L. *Prog. Inorg. Chem.* **1984**, *32*, 327~441. Dye, J. L. *Sci. Am.* **1987**, *257*(3), 66~75.

107) 예를 들면, $[K(C222)]^+e^-$: Ward, D. L.; Huang, R. H.; Dye, J. L. *Acta Crystallgr. Sect. C: Cryst. Struct. Commun.* **1988**, *C44*, 1374~1376. $[Cs(C222)]^+$ 및 $[Cs(18C6)_2]^+Cs^-$: Huang, R. H.; Ward, D. L.; Kuchenmeister, M. E.; Dye, J. L. *J. Amer. Chem. Soc.* **1987**, *109*, 5561~5563.

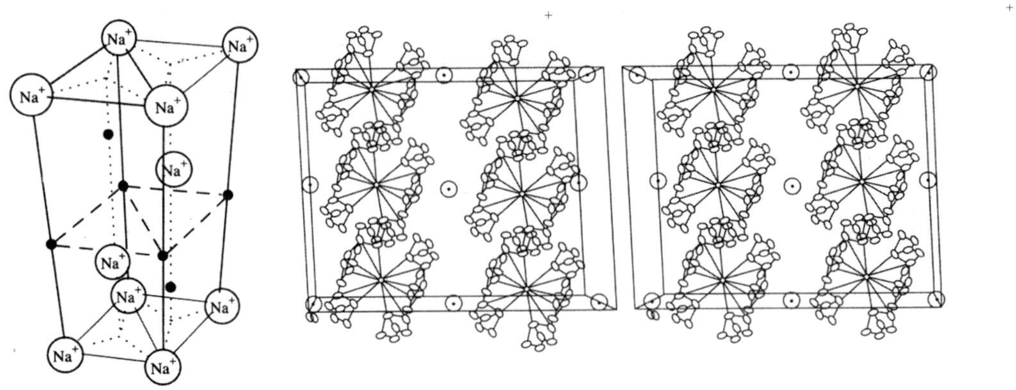

(a) (b)

**그림 11.50** (a) (cryptand)sodium sodide에 있는 $[NaC222]^+$(큰 동그라미) 와 $Na^-$(작고 까만 동그라미) 이온들의 쌓임. (b) bis(18-crown-6)cesium electride의 ORTEP 입체 쌓임 그림. 음이온성 구멍 중심들은 ⊙ 기호로 나타내었다. [Tehan, F. J.; Barnett, B. L.; Dye, J. L. *J. Am. Chem. Soc.* **1974**, *96*, 7203; Dawes, S. B.; Ward, D. L.; Huang, R. H.; Dye, J. L. *J. Am. Chem. Soc.* **1986**, *108*, 3534~3535.]

되어 있다(그림 11.50a). 알칼리화 이온도 얻을 수 있고 또한 측정되었다. 예측한 대로 알칼리 금속 양이온들보다 훨씬 더 크다. 사실 세슘 음이온은 반지름이 대략 310~350 pm로 단원자 이온으로는 가장 큰 것으로 알려졌다. 어떤 염에서는 유효 반지름이 319 pm가 되는 음이온-음이온 접촉이 있다. 보통 이온의 반지름을 정확히 결정하기는 어려운데, 세슘화 음이온은 가장 큰 이온일 뿐만 아니라 가장 편극능이 크기 때문이다.

$[Cs(18\text{-crown-}6)_2]^+e^-$ 의 구조가 결정되었다.[108] 전자화 음이온은 커다란 세슘 양이온에 비하면 회절시키는 능력이 극도로 작기 때문에(그리고 크라운 에터의 탄소와 산소 원자는 그보다는 회절 능력이 크다), 짝이 되는 음이온들이 없이 착물화된 금속 양이온만 있는 기묘한 모양의 구조로 되어 있다(그림 11.50b). 그러나 전자가 있음직한 확률이 높은 곳을 반지름이 240 pm인 동공(cavity) 의 위치로부터 유추할 수 있다. 아마도 전자는 이 동공에 위치한다.

거대고리 착물화의 마지막 예를 여기에 나타내었다. 8장에서의 설명에 의하면 플루오린화 이온은 강한 염기이면서 친핵체이다. 그러나 정상적으로는 이와 같이 예상되는 성질들이 나타내지 않는다. 그 이유는 그의 염기성이 너무 강하므로 짝이온을 강하게 끌어당겨서 용액 중에서 이온쌍으로 존재하고, 유리된 음이온으로서 반응할 수 없기 때문이다. 그러나 예를 들어 크라운-6를 벤젠 중에서 플루오린화 포타슘에 가하면 용해도가 열 배 정도 증가하고 플루오린화 음이온의 친핵성도 역시 커진다.

앞에서 우리는 킬레이트 리간드가 한자리 리간드보다 안정도가 더 큰 착물을 형성하는 것을 보았다. 이 큰 안정도는 일차적으로 엔트로피 효과에 기인하지만 엔탈피 효과도 약간은 중요하다. 거대고리 리간드들은 열린 사슬 킬레이트 리간드보다 한층 더 안정하다. $Na^+$, $K^+$, $Ba^{2+}$의 18-크라운-6의 착물과 펜타글림, $CH_3(OCH_2CH_2)_5OCH_3$과의 착물에 대한 열역학적 비교를 표 11.7에 나타내었다. 증가한 안정도의 원인은 근본적으로 거대고리의 선구성(preorganization) 에 의한 엔탈피 효과에 있다. 이것은 18-크라운-6의 형태가 착물에서 알려진 형태와 같음을 말하지 않는다.

108) Dawes, S. B.; Ward, D. L.; Huang, R. H.; Dye, J. L. *J. Amer. Chem. Soc.* **1986**, *108*, 3534~3535.

**표 11.7**
메탄올에서 18-crown-6과 pentaglyme, $CH_3(OCH_2CH_2)_5OCH_3$의 착물의 거대고리 효과에 대한 열역학적 기여[a].

| | | $Na^+$ | $K^+$ | $Ba^{2+}$ |
|---|---|---|---|---|
| log $K_1$ | 18-crown-6 | 4.36 | 6.06 | 7.04 |
| | pentaglyme | 1.44 | 2.1 | 2.3 |
| | log $K$ difference | 2.92 | 3.96 | 4.74 |
| $\Delta H$ | 18-crown-6 | −35.1 | −56.0 | −43.5 |
| | pentaglyme | −16.7 | −36.4 | −23.8 |
| | $\Delta H$ difference | −18.4 | −19.6 | −19.7 |
| $\Delta S$ | 18-crown-6 | −33 | −71 | −13 |
| | pentaglyme | −29 | −84 | −33 |
| | $\Delta S$ difference | −4 | 13 | 20 |

[a] Hancock, R. D.; Martell, A. E. *Comments Inorg. Chem.* **1988**, *6*, 237~284. 자유 에너지 및 엔탈피 변화는 kJ $mol^{-1}$로 나타냈고, 엔트로피 변화는 $mol^{-1}$ $K^{-1}$로 나타냈다.

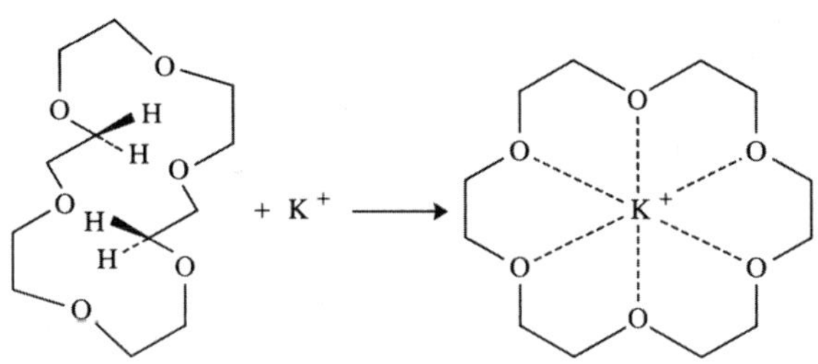

**(11.43)**

더군다나 착물 형성시 거대고리 리간드의 재배열에 필요한 에너지는, 펜타글림이 알맞은 형태로 되는 재배열에 필요한 에너지보다 작다.[109] 생체 분자와의 직접적인 구조적 연관성이외에도 폴리에터와 같은 거대고리는 생체 조직이 여러 가지 이온을 식별하는 단서를 제공한다. 이러한 선택성이 있기 때문에 소위 소듐 펌프가 적절한 $Na^+/K^+$의 이온 균형을 조절할 수 있고 근육 운동의 전기적 기울기나 퍼텐셜이 생기는 것이다.[110]

리간드가 금속 이온을 둘러싸는 극단적인 경우가 리간드가 금속 주위에 삼차원의 새장을 만드는 캡슐화 반응이다. 이 경우의 결과(그림 11.51)를 **클라드로-킬레이트(clathro-chelate)** 혹은 **크립테이트(cryptate)** 라고 부른다. $N(CH_2CH_2OCH_2CH_2OCH_2CH_2)_3N$ 형태의 크립테이

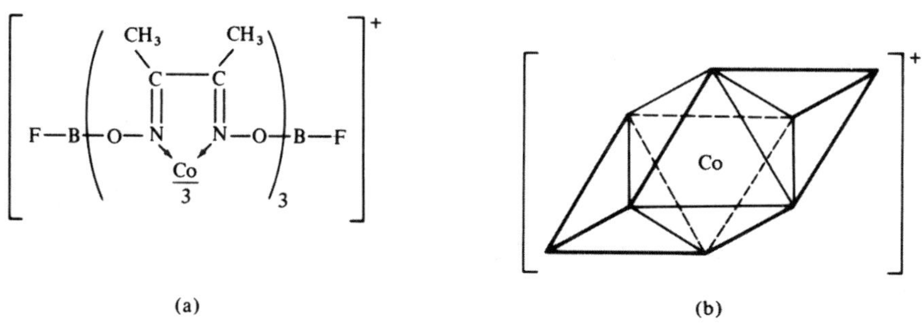

**그림 11.51** dimethylglyoxime, boron trifluoride, 코발트(III)에서 유도된 크립테이트(cryptate) : (a) 구조식; (b) 크립테이트의 기하 구조; 붕소 원자는 왼쪽 아래와 오른쪽 위에서 꼭짓점을 이룬다; 팔면체의 배위 위치는 질소 원자로 채워져 있다. 굵은 선은 킬레이트 고리에 의해 걸쳐져 있는 다면체의 모서리들을 나타낸다. [Boston, D. R.; Rose, N. J. *J. Am. Chem. Soc.* **1968**, *90*, 6860.]

---

109) Cram, D. J. *Angew. Chem. Int. Ed. Engl.* **1988**, *27*, 1009~1020.

110) Rawn, J. D. *Biochemistry*; Neil Patterson : Burlington, NC, 1989; pp 1024~1034. Stryer, L. *Biochemistry*; Freeman : New York, 1988; 948~954.

트를 형성하는 일련의 리간드를 "풋볼 리간드"라고 부른다. 왜냐하면 두 질소 원자 사이의 폴리에터 다리는 풋볼의 봉합선과 비슷하기 때문이다. 이러한 형태의 리간드는 "풋볼"의 크기가 알칼리 금속 이온과 잘 일치할 때는 매우 안정한 착물을 형성하고 또한 높은 선택성을 나타낸다.[111)]

"풋볼 리간드"와 매우 비슷한 리간드로 sepulchrate 리간드라고 부르는 것이 있다. 이것은 폼알데하이드와 암모니아를 트리스(에틸렌다이아민) 코발트(III)의 질소 원자에 축합시켜 만들 수 있다. 이 결과로 생긴 것은 배위 팔면체의 마주 대하는 양면에 트리스(메틸렌) 아미노의 모자를 갖는 것이다. 만일 이 반응을 (Δ, Λ)-거울상 이성질체의 어느 한쪽을 활용하여 합성을 진행시킨다면 그 착물의 카이랄성이 유지된다. 더군다나 그 착물은 코발트(II) 양이온으로 환원시키고 다시 코발트(III)로 재산화시켜도 카이랄성을 잃지 않는다. 다음의 장에서 설명하겠지만, 코발트(II) 착물은 안정한 코발트(III) 착물에 비해 치환성이 훨씬 크다는 점에서 위의 사실은 특히 비정상적이다. 여기에서 또 다시 여러 자리 리간드의 특별한 안정도가 증명이 되는 것이다.

이와는 대조적으로 Bernal은 그 카이랄성이 아실 다리의 형태에만 의존하는 자기-분리 착물을 분리하였다.

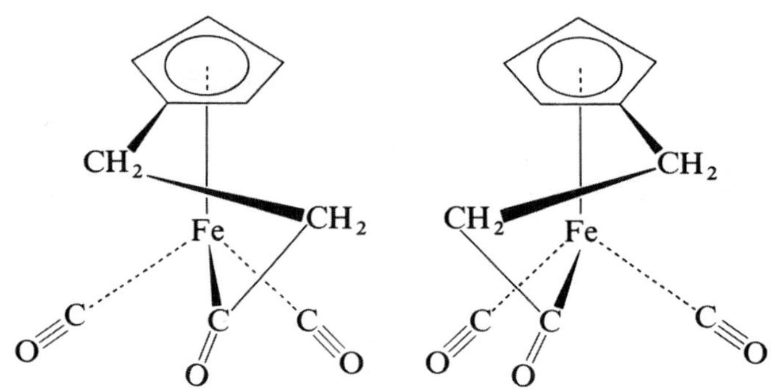


그의 단결정은 한 가지 거울상 이성질체만으로 구성된다. 고리의 회전 장벽이 없는 것처럼 보이는데도 불구하고 고체 상태에서 그 거울상 이성질체는 라세미화하지 않는다(12장 참조). 아마도 결정의 쌓임의 힘이 카이랄성을 유지하기 때문이다. 용액에 녹는 즉시 착물은 라세미화하는데, 그것은 결정의 안정화 힘이 취약하다는 것을 의미한다.

## 연습문제

**11.1** 니켈(II)의 착물인 $[NiCl_2(PPh_3)_2]$는 상자기성이고, 유사한 팔라듐(II) 착물은 반자기성이다. 이러한 화학식을 갖는 각각의 화합물에 존재하는 이성질체의 수를 예측하라.

**11.2** a. $MA_2B_2$ 화합물의 시스-트랜스 이성질체를 쌍극자 모멘트에 의해 확인하는 방법을 설명하라.

b. 쌍극자 모멘트로 $MA_2B_4$의 시스-트랜스 이성질체를 확인할 수 있는 가능성을

---

111) Lehn, J. M. *Angew. Chem. Int. Ed. Engl.* **1988**, *27*, 89~112.

설명하라.

c. 쌍극자 모멘트로 $MA_3B_3$의 *fac*–*mer* 이성질체를 확인할 수 있는 가능성을 설명하라.

d. 쌍극자 모멘트로부터 팔면체 착물의 이성질체를 예상하는 경우에는, 사각 평면 착물에서 예상하는 경우와 비교하여 어떤 문제가 생기는가?

**11.3** 5배위 착물의 음이온들인 $[CuCl_5]^{3-}$, $[ZnCl_5]^{3-}$, $[CdCl_5]^{3-}$는 $[Co(NH_3)_6]^{3+}$와 $[Cr(NH_3)_6]^{3+}$의 염으로 분리된다. 왜 이러한 짝이온들이 선택되었을까?

**11.4** 그림 11.1에 있는 양이온들은 과염소산염, 사플루오로붕산염 혹은 육플루오로인산염들로 분리되었다. 그 이유는?

**11.5** 그림 11.15에 나타낸 식 11.4의 두 물질 A, B 중에서 어느 것이 부분입체 이성질체인가?

**11.6** 표 11.6의 자료를 사용하여 $Ni^{2+}$ 수용액으로부터 $[Ni(NH_3)_6]^{2+}$와 $[Ni(en)_3]^{2+}$가 형성되는 데 대한 평형 상수를 계산하라. 또한 다음 반응의 평형 상수도 계산하라.

$$[Ni(NH_3)_6]^{2+} + 3\,en \rightleftharpoons [Ni(en)_3]^{2+} + 6NH_3 \qquad \textbf{(11.44)}$$

**11.7** $[Cs(C222)]Cs^-$와 $[Cs(16C6)_2]Cs^-$의 구조를 근거로 하여 세슘 음이온이 알려진 단원자 이온 중에서 가장 큰 것으로 제안되었다. 이들과는 다른 것으로 후보가 될 만한 것들은? 그들 중 어떤 것이 $Cs^-$보다 더 크다는 것을 증명할 수 있는가?

**11.8** 왜 식 11.42에서 $[Na(18\text{-crown-}6)]^+K^-$ 대신에 $[K(18\text{-crown-}6)]^+Na^-$가 생겼는가? Born–Haber 순환을 이용하여 책임있는 다양한 인자들의 효과를 분석하라.

**11.9** 다음 착물의 기하 이성질체와 광학 이성질체를 모두 나타내어라. $[Co(en)_2Cl_2]^+$, $[Co(en)_2(NH_3)Cl]^{2+}$, $[Co(en)(NH_3)_2Cl_2]^+$.

**11.10** 펜타암민코발트(III)-$\mu$-싸이오사이나토펜타사이아노코발트(III)에 가장 적당한 구조를 그려라.[112)]

**11.11** $Co(Hdmg)_2(SCN)py$ 또는 $Co(Hdmg)_2(NCS)py$의 두 이성질체 중에서 어느 것이 열역학적으로 더 안정하다고 예측되는가? Hdmg는 다이메틸글리옥심 1가 음이온인 $HON{=}C(CH_3)C(CH_3){=}NO^-$를 나타낸다.[113)]

**11.12** 다음 착물의 분자 구조를 그려라.

a. *cis*-다이클로로테트라사이아노크로뮴(III) 산

b. *mer*-트라이암민트라이클로로코발트(III)

c. *trans*-다이클로로비스(트라이메틸포스핀) 팔라듐(II)

d. *fac*-트라이아쿠아트라이나이트로코발트(III)

**11.13** 헥사사이아노철(III) 산 철(II) 염은 왜 자발적으로 프루시안 블루로 이성질화

---

112) Fronczek, F. R.; Schaefer, W. P. *Inorg. Chem.* **1975**, *14*, 2066.

113) Raughunathan, S. J. *Inorg. Nucl. Chem.* **1975**, *37*, 2133.

되는가?

**11.14** 부록 H를 참조하여 다음 각 리간드의 이름을 적어라. 각 리간드의 구조를 그린 다음 한자리, 두자리, 세자리 리간드 등으로 분류하라. 이들 리간드가 금속과 결합할 때의 모습을 그려라.

| | | |
|---|---|---|
| a. acac | b. bpy | c. C222 |
| d. chxn | e. dien | f. dmf |
| g. dtp | h. edta | i. fod |
| j. Hedta | k. ox | l. pc |
| m. phen | n. pn | o. py |
| p. tap | q. tn | r. trien |

**11.15** 아래의 여섯 개 리간드를 안정한 착물의 형성 능력이 큰 순서로 나열하고 그 이유에 대해 설명하라.

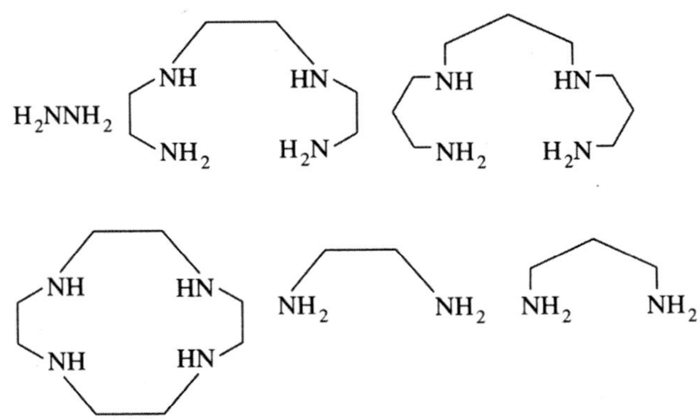


**11.16** 배위 화합물에서 입체 효과에 대한 최근의 리뷰에는 안정도와 관련된 다음의 글들이 포함되어 있다.[114)]

a. 4배위에서는 사각 평면보다 사면체 구조가 더 안정하다.

b. 6배위에서는 삼각 쌍뿔 구조보다 팔면체 구조가 더 안정하다.

c. 8배위에서는 반프리즘 구조가 12면체보다 약간 더 안정하며, 12면체는 입방 구조보다 훨씬 더 안정하다.

표 11.1을 사용하여 위의 내용을 설명하라.

**11.17** 5장에서 X선은 전자에 의하여 회절됨을 알았다. 본문에서 전자화 세슘 착물의 음이온인 전자들은 구조 결정시에 "보이지 않는 상태"에 있다. 이러한 명백한 모순에 대해서 논하라. (힌트: X선 결정학적 방법에서 왜 수소 원자의 위치를 결정하기 어려운가?)

**11.18** 알칼리 금속과 다른 양이온의 크립테이트의 성질이 오랫동안 연구되었다. 좀 더 최근에는 음이온의 크립테이트도 밝혀진 바 있다. $[ClN(CH_2CH_2NHCH_2CH_2NHCH_2CH_2)_3N]^-$의 구조를 그려라. (각주 111 참조)

**11.19** 이 장에서 광학 활성 착물(C.N.=6)이라고 표기하지 않은 카이랄인 금속 중

114) Kepert, D. L. In *Comprehensive Organometallic Chemistry*; Wilkinson, G.; Stone, F. G. A.; Abel, E. W., Eds.; Pergamon; Oxford, 1982; Vol. 1, Chapter 2.

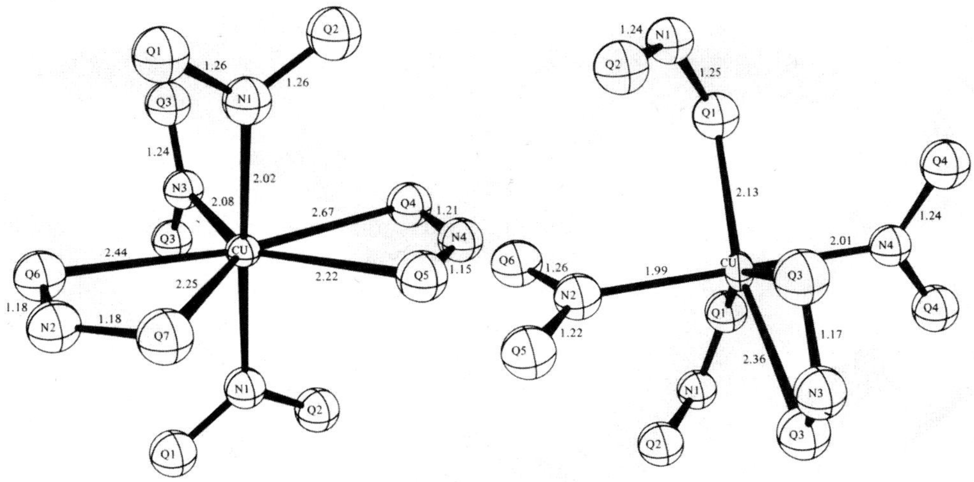


**그림 11.52** $[Cu(NO_2)_5]^{3-}$ 이온의 두 가지 형태. 모든 결합 거리는 옹스트롬 단위이다. [Klanderman, K. A.; Hamilton, W. C.; Bernal, I. *Inorg. Chem. Acta* **1977**, *23*, 117~129.]

심을 갖는 착물이 있다. 그것을 찾아 Δ 이성질체인지 Λ 이성질체인지를 결정하라.

**11.20** 그림 11.52는 펜타나이트로구리(II) 산 음이온인 $[Cu(NO_2)_5]^{3-}$의 두 가지 형태를 나타낸 것이다. 이러한 이온들이 나타내는 모든 형태의 이성질현상을 설명하라.[115)]

**11.21** 그림 11.1a, c의 분자는 "좌선성"으로 보인다. 이 분자는 카이랄성인가? 설명하라.

**11.22** 유기 화학에서 Cahn-Ingold-Prelog 규칙을 배웠으면, 그림 11.2의 분자에 대하여 알맞은 *R*, *S* 기호를 표기하라. $C_5H_5$ 리간드는 질량 65(=5 × 13)의 "단일 원자"라고 가정하라.

**11.23** 일반적으로 마요네즈, 샐러드 드레싱, 강낭콩, 야채류와 접시 세척용 액체 세제는 edta (문제 11.14h 참조) 를 포함하거나 그의 유도체를 포함하고 있다. 왜일까? 다음을 참조하라. Hart. J. R. *J. Chem Educ.* **1985**, *62*, 75~76.

**11.24** 거대고리 폴리에터는 "이것이 없으면 반응하지 않을 소듐과 같은 금속들을 $[Na(거대고리)]^+Au^-$ 염의 형태로 만들어 안정화시킨다,"고 말하지만, Born-Haber 순환에서 볼 때, 470쪽에 있는 반응에서 거대고리 리간드는 구체적으로 어떤 역할을 하는가?

**11.25** Piutti는 신중한 과학자였을 것으로 추측된다. 457쪽에 논의된 나이트로와 나이트리토 이성질체 용액의 스펙트럼이 "일치하는" 사실을 그는 어떻게 알아냈을까?

**11.26** 2장의 점군을 다시 읽고 다음의 각 그림에 나타난 분자 및 이온에 대하여 대칭 요소와 대칭 조작을 확인하라. 또한 이들 각 분자나 이온은 어느 점군에

---

115) Klanderman, K. A.; Hamilton, W. C.; Bernal, I. *Inorg. Chim. Acta* **1977**, *23*, 117~129.

속하는가?

| | | | |
|---|---|---|---|
| a. 11.1e | b. 11.2a | c. 11.4 | d. 11.5a, b |
| e. 11.7 | f. 11.10 | g. 11.17 | h. 11.18a, b |
| I. 11.19a, b | j. 11.20 | k. 11.21a, b | I. 11.22 |
| m. 11.23 | n. 11.33 | o. 11.35b | p. 11.39 |
| q. 11.40 | r. 11.41a | s. 11.53 | |

**11.27** (결합각 $\theta$, 결합 길이 $d$)인 T-형 ($\theta_3 > \theta_1 = \theta_2$) 과 Y-형 ($\theta_3 < \theta_1 = \theta_2$) 분자들 (그림 11.1d, e) 을 생각해 보자.

a. 이들 분자들이 등변 삼각형이 아니라 T-형 또는 Y-형으로 되는 원인은 무엇인가?

b. 이러한 모양 중의 하나는 $d_3 > d_1 = d_2$이고 다른 하나는 $d_3 < d_1 = d_2$ 이다. 어느 것이 어느 것이겠는가? 이유는?

c. 이들 분자들의 대칭 점군은 무엇인가?

**11.28** 트리스 ($R$,$R$-트랜스-1,2-다이아미노사이클로헥세인) 코발트 (III) 양이온의 우회전성 이성질체인 $(+)_{589}$-[Co($R$,$R$-chxn)$_3$]$^{3+}$에 대한 원편광 이색성 스펙트럼 자료를 표 11.5와 같이 나타내면 다음과 같이 나타날 것이다.

| | $\nu(cm^{-1})$ | $\varepsilon_l - \varepsilon_r$ |
|---|---|---|
| $(+)_{589}$-[Co($R$,$R$-chxn)$_3$]$^{3+}$ | 20,000 | − 2.28 |
| | 22,500 | + 0.69 |

금속의 배치는 어느 것 ($\Delta$ 혹은 $\Lambda$) 인지 결정하라. 문제 11.29에서와 같은 답을 얻었는가? 설명하라.

**11.29** 트리스 ($R$,$R$-트랜스-1,2-다이아미노사이클로헥세인) 코발트 (III) 양이온의 우회전성 이성질체인 $(+)_{589}$-[Co($R$,$R$-chxn)$_3$]$^{3+}$에 대한 X선 결정 구조는 그림 11.53에 주어진 두 가지 가능한 거울상 이성질 중의 하나로 해석될 수 있다.

a. 그림 11.53은 $\Delta$ 혹은 $\Lambda$ 배치 중 어느 것인가?

b. $(+)_{589}$-[Co($R$,$R$-chxn)$_3$]$^{3+}$는 금속에 대해 $\Delta$ 혹은 $\Lambda$ 배치 중 어느 것을 하고 있는가? 문제 11.28과 같은 답인가? 설명하라.

c. *lel*과 *ob* 중 어느 이성질체인가?

d. 킬레이트 고리는 $\boldsymbol{\delta}$ 또는 $\boldsymbol{\lambda}$ 중 어느 것인가?

**11.30** 식 11.4로부터의 순수한 A 혹은 B를 다이메틸폼아마이드에 넣고 75 °C로 가열하였더니 40% A와 60% B의 혼합물이 얻어질 때까지 이성질체의 내부 변환이 일어났다. 왜 50–50의 혼합물이 아닐까? 이것은 라세미화인가?

**11.31** 펜타사이아노코발트 (III)-$\mu$-사이아노펜타암민 코발트 (III) 의 구조로서 다음 중 어느 구조가 가장 유력한가? [$(NH_3)_5$Co—CN—Co$(CN)_5$] 또는 [$(NH_3)_5$Co—NC—Co$(CN)_5$] 그 이유는?[116)]

**11.32** metallothionein은 사람이나 다른 동물에서 발견된다. 이것은 신장으로부터 유독

116) Wang, B-C.; Schaefer, W. P.; Marsh, R. E. *Inorg. Chem.* **1971**, *10*, 1492~1497.

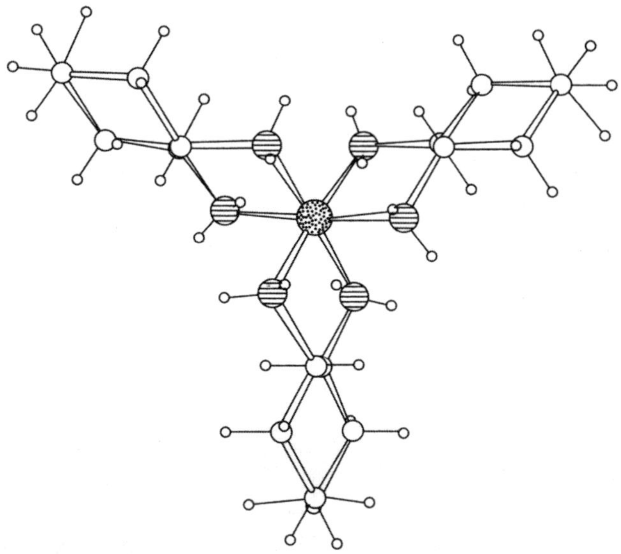

**그림 11.53** tris(*R,R-trans*-1,2-diaminocyclohexane)cobalt(III) 양이온의 우회전성 이성질체인 $(+)_{589}$-[Co(*R,R-trnas*-chxn)$_3$]$^{3+}$의 X선 결정 구조에서 두 가지 가능한 거울상 이성질체의 해석 중의 하나. 문제 11.30 참조. [Saito, Y. *Inorganic Molecular Dissymmetry*; Springer-Verlag : Berlin, 1979; p 62.]

성의 카드뮴 이온을 제거하는 것으로 나타났다. 이 단백질은 27개의 sulfhydryl 기를 가지고 있으며 보호제의 역할을 하는 킬레이트제로 작용할 수 있다. 각각의 금속 이온은 세 개의 sulfhydryl기에 결합되는 것으로 생각된다. 이러한 킬레이트제가 카드뮴 이온 주위에 결합될 때 가능한 구조를 나타내어라.

**11.33** 두 개의 강력한 주개 원자인 질소를 사용할 수도 있지만, 요소 리간드는 대개 산소 원자를 통하여 결합된다. 최근에 치환된 요소의 두자리성 리간드 행동이 증명되었다.[117)]

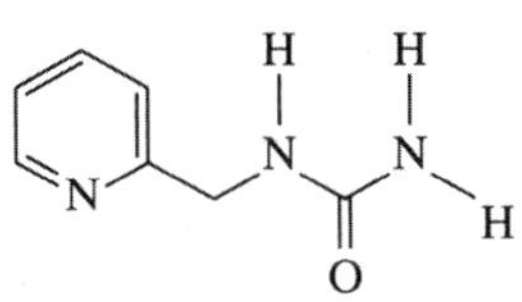

$Ni^{2+}$, $Cu^{2+}$와 (2-피리딜메틸) 요소는 N,N'-결합 사각 평면 착물(그림 11.54a) 을 이루지만, $Zn^{2+}$(그림 11.54b) 와는 N,O-결합 착물을 이룬다.

a. 이러한 행동의 이유를 설명하라.

b. 만약 X선 결정 구조가 없다면, 어떤 실험적 방법으로 요소에서 O-결합과 N-결합 사이의 차이를 알아낼 수 있을까? (힌트 : 8장의 양성자 결합 자리를 갖는 유사한 문제와 비교하라.)

**11.34** 본문에서 "결정성 $[Na(C222)]^+Na^-$는 대략적으로 입방 최조밀 쌓임의 큰 착양이온과 팔면체 빈자리에 자리한 소듐화 음이온으로 구성되어 있다"고 설명하였다(그림 11.50a). 3장의 최조밀 쌓임에 대한 설명을 복습해 보고, 그림

117) Ma니마, P.; Sczepanski, J. J.; Parvez, M. *J. Amer. Chem. Soc.* **1991**, *113*, 1062~1063.

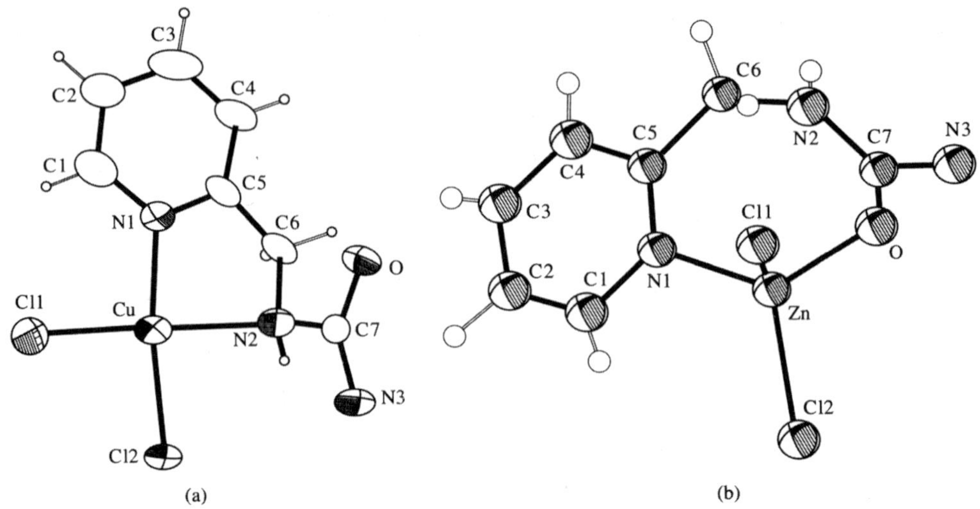


**그림 11.54** (a) dichloro-*N,N'*-(2-pyridylmethylurea)copper(II)와 (b) dichloro-*N,O*-(2-pyridylmethylurea) zinc(II)의 ORTEP 그림. [Maslak, P.: Sczepanski, J. J.; Parvez, M. *J. Am. Chem. Soc.* **1991**, *113*, 1062~1063.]

11.50에 있는 원자들을 A층과 B층으로 분류하고 팔면체 빈자리를 지적하라.

**11.35** $[Cd(OAr)_2(thf)_2]$(그림 11.4) 의 기하 구조는 강하게 결합하고 있는 페녹사이드 이온쪽으로 *s* 성격이 최대화된 결과이며(Bent의 법칙), 입체적으로 완화된 카드뮴 원자에 의해 허용(90° 상호작용) 된다고 가정하였다. 만일 아연이 너무 작아서 사각 평면 구조를 수용할 수 없고 사면체 유사 구조를 가져야 한다면, 그것은 어떻게 Bent의 규칙을 따를 수 있을까? 이러한 경우를 뒷받침할 수 있는 증거를 인용할 수 있는가?

**11.36** $[Cd(OAr)_2(thf)_2]$의 논의 중에서, 이것은 진정한 $D_{2h}$ 대칭을 갖지 않는다는 것을 암시하였다. 그림 11.4를 자세히 살펴보고 점군 대칭을 결정하라.

**11.37** 어떤 화학자가 다음과 같은 반응을 수행하였다.

(1) $K_2[PtCl_4] + 2NH_3 \longrightarrow$ "A" + 2KCl
(2) $[Pt(NH_3)_4](NO_3)_2 + 2KCl \longrightarrow$ "B" + $2NH_3$ + $2KNO_3$

그녀는 A와 B 모두 흰색의 반자기성 화합물이며, 원소 분석 결과 둘 다 $PtCl_2(NH_3)_2$의 화학식을 가진다는 것을 발견하였다. 그러나 A는 에탄올과 같은 극성인 용매에 잘 녹는 반면에, B는 석유 에터(탄화수소의 혼합물) 와 사염화탄소에 녹는다. A와 B의 구조를 그려라.

**11.38** 또 다른 화학자가 문제 11.37에 묘사된 실험의 보고서를 읽고 즉시 A와 B를 확인하고자 하였다. 니켈은 주기율표에서 백금과 같은 족에 속해 있기 때문에, 니켈(II) 를 가지고 같은 실험을 하기로 결정하였지만 성공하지 못했다. 그는 2번 반응을 시킬 수가 없었는데, 출발물인 $[Ni(NH_3)_4]X_2$를 어떤 화학시약 목록에서도 찾아볼 수 없었고(그는 X = 할로젠화 음이온, 질산 음이온, 등을 확인해 보았다), 그의 동료들도 그것에 대해 들은 적도 없었기 때문이다. 그는 $K_2NiCl_4$를 얼마간 얻어서 1번 반응을 수행해 보았지만, 그가 유일하게

분리하여 얻을 수 있었던 것은 $Ni(NH_3)_6Cl_2$와 KCl뿐이었다. 암모니아를 대신한 하나의 리간드로 트라이페닐포스핀인 $Ph_3P$를 사용하면(여전히 두 번째 리간드로는 염화 음이온을 사용), 화합물 C가 얻어진다. 이 화합물의 실험식은 $NiCl_2(Ph_3P)_2$로 분석되며, 이것은 녹색의 상자기성이고 유기 극성 용매에 녹는다. 선택된 반응 조건이나 농도에 관계없이 C만 발견된다. 다른 어떤 이성질체들도 관찰되지 않는다. C의 구조를 그려라. 그것은 쌍극자 모멘트를 갖는가?

# 제 12 장

# 배위화학 : 반응, 속도론 및 메커니즘

많은 연구에도 불구하고, 무기화학의 반응 메커니즘은 유기화학의 반응 메커니즘만큼 아직 이해되지 못하고 있다. 5장에서 이미 설명한 것처럼, 이러한 사정은 백 개 이상의 원소들의 반응을 체계화시키려는 데에 따르는 어려움 때문이다. 어느 한 원소로부터 같은 족에 있는 다른 원소의 반응을 예측해 보려는 시도도 항상 성공적인 것은 아니다. 헥사암민코발트(III) 와 헥사암민로듐(III) 양이온을 위해 개발된 고전적 합성 개요를 예로 들어 같은 족에서도 일반성이 부족한 점을 설명한다. 코발트 착물의 합성은 리간드 치환 반응과 산화환원 반응을 적절하게 혼용하여 합성한다. 출발물로 안정하고 일반적인 코발트(II) 염 (질산염이나 염화물과 같은) 에 진한 농도의 원하는 리간드 (암모니아) 를 가하여 치환시킨다. 그런 후에 산화제 (목탄 촉매하의 공기 또는 과산화 수소) 를 사용하여 산화 상태를 변화시킨다.

$$[CoCl_4]^{2-} \xrightarrow{NH_3} [Co(NH_3)_6]^{2+} \xrightarrow{[O]} [Co(NH_3)_6]^{3+} \qquad \textbf{(12.1)}$$

간단한 로듐 (III) 염은 코발트 염과는 달리 수용액 중에서 안정하다. 그러므로 + 3가로 이미 존재하는 반응물들로부터 헥사암민로듐 (III) 양이온을 직접적으로 얻을 수 있다.

$$RhCl_3 \cdot H_2O \xrightarrow{NH_3} [Rh(NH_3)_6]^{3+} \qquad \textbf{(12.2)}$$

마지막 염화 리간드를 로듐 금속으로부터 제거하고 $NH_3$로 치환시키기 위해서는 격렬한 조건이 필수적이기 때문에, 반응은 흔히 높은 온도와 압력의 밀폐된 튜브 내에서 진행시킨다.

위에 언급된 헥사암민 합성법은 두 가지 모두 반응 메커니즘이 연구되기도 전인 19세기에 고안된 방법이다. 20세기 후반에 얻어진 메커니즘에 대한 지식으로 코발트와 로듐의 많은 착물들을 훨씬 더 체계적으로 합성할 수 있게 되었다. 예를 들면, 헥사암민 착물은 $[M(NH_3)_5(OSO_2CF_3)]^{2+}$에서 $CF_3SO_3^-$ (트라이플루오로메테인설포나토 또는 triflate)를 $NH_3$로 간단히 치환시킴으로써 쉽게 얻을 수 있으며, 이러한 출발물은 펜타암민클로로 착물로부터 쉽게 얻을 수 있다.[1)]

$$[M(NH_3)_5Cl]^{2+} \xrightarrow{CF_3SO_3H} [M(NH_3)_5(SO_2CF_3)]^{2+} \xrightarrow{NH_3} [M(NH_3)_6]^{3+} \qquad \textbf{(12.3)}$$

1) Dixon, N. E.; Lawrance, G. A.; Lay, P. A.; Sargeson, A. M. *Inorg. Chem.* **1983**, *22*, 846~847.

이러한 반응은 매우 다양한 $[M(NH_3)_5L]^{n+}$ 착물들을 합성하는 데에 사용될 수 있으므로, 상당한 실용성이 있는 반응이다.

이상적으로 보면, 화학자들은 여러 부류의 착물들에 대해 여러 가지 다른 금속, 리간드들 그리고 반응 조건을 포함하는 예측이 가능할 수 있을 정도로, 다양한 반응 메커니즘들을 이해할 수 있기를 원한다. 이러한 수준으로 이해가 된 반응 유형의 좋은 예가 4배위의 사각 평면 착물의 치환 반응이다.

## 사각 평면 착물의 치환 반응

$d^8$ 전자 배치를 가진 착물들은 보통 4배위이며 사각 평면 구조를 가진다(11장 참조). 여기에는 Pt(II), Pd(II), Ni(II)(때로는 사면체, 더 흔하게는 팔면체로도 존재함), Ir(I), Rh(I), Co(I), Au(III)의 착물들이 포함된다. $d^8$ 이온들 중에서 특히 Pt(II)는 오래전부터 반응속도론 연구자들의 연구 대상이었다. Pt(II) 착물은 안정하고, 비교적 쉽게 합성되며, 리간드 치환 반응의 속도를 쉽게 추적할 수 있을 정도로 느려서 오래전부터 속도연구 분야에서 관심을 끌었다. Pt(II) : Pd(II) : Ni(II)의 반응속도의 비는 약 $1 : 10^5 : 10^7$이다. 더군다나 덜 안정한 Pt(II) 이성질체가 열역학적으로 더 안정한 이성질체로 이성질화되는 것은 느린 과정이기 때문에, 리간드의 뒤섞임 현상은 일반적으로 별 문제가 되지 않는다.

사각 평면 착물에서 한 리간드를 다른 리간드로 바꾸어 놓는 데에는 친핵성 치환, 친전자성 치환 그리고 산화성 첨가에 이은 환원성 제거를 포함하는 몇 가지 경로들이 있다. Cross가 $PtMeCl(PMe_2Ph)_2$의 반응을 가지고 이러한 모든 경로들을 효과적으로 설명하였다.[2)]

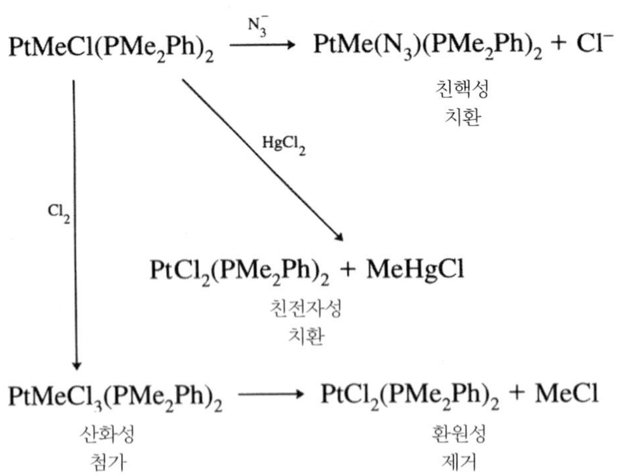


(12.4)

(12.5)

(12.6)

식 12.5의 반응은 백금-탄소 결합에 대한 Hg(II)의 친전자성 공격으로 생각할 수 있다. 산화성 첨가 반응은 Pt의 배위수가 4에서 6으로 확장되는 동시에, Pt(II)가 Pt(IV)로 산화되는 것을 보여 주고 있다. 염화메틸의 제거 반응으로 백금의 산화 상태는 +2로, 그리고 메테인화물에 대한 염화물의 실질적인 치환과 더불어 배위수는 4가 된다.

---

2) Cross, R. *J. Chem. Soc. Rev.* **1985**, *14*, 197~223.

사각 평면 착물의 치환 반응에 대해 지금까지 알려진 정보의 대부분은 1960년대와 1970년대에 면밀하게 수행된 수많은 연구들 덕분이다.[3] 그렇지만 이들 반응의 상세한 메커니즘을 단지 역사적인 흥미 거리라고만 결론지어서는 안 된다.[4] 킬레이트화, 입체 효과, 생물학적 반응, 균일 촉매 등에 집중된 연구의 형태로 이러한 분야에 대한 작업은 줄어들지 않고 계속되고 있다. 예를 들어 Waker 공정에 대한 메커니즘은 아직도 연구의 주제가 되고 있으며, 이 공정은 에틸렌을 아세트알데하이드로 공업적으로 변환시킬 때 필요한 균일 촉매인 사각 평면의 $[PdCl_4]^{2-}$를 사용한다.[5] 공정에 대한 전체 반응은 다음과 같다.

$$CH_2{=}CH_2 + \tfrac{1}{2}O_2 \xrightarrow[CuCl_2]{PdCl_2} CH_3CHO \qquad \textbf{(12.7)}$$

메커니즘을 이해하면 전 공정의 효율을 높일 수 있는 반응 조건(용매, 온도, 압력 등)의 개선법을 알 수 있다. 또 다른 예로 *cis*-$Pt(NH_3)_2Cl_2$의 가수분해에 대한 오래전의 연구는 아직도 관심을 끌고 있는데,[6] 이는 이 착물이 악성 종양을 억제하는 효력이 있기 때문이다. 이 화합물의 생물학적인 작용은 DNA가 Pt에 배위되는 것으로 생각되며, 상호작용의 자세한 메커니즘에 대해서는 연구[7]가 한창 진행되고 있다. 그러나 DNA가 Pt에 배위되기에 앞서, $Pt(NH_3)_2Cl_2$의 클로로기는 물 분자에 의해 가역적 치환이 일어날 것이고, 이것에 의해 혈중 약 성분이 종양 세포로 이동하는 것이 용이하게 되고, 종양 세포에서 물 또는 염화 리간드가 DNA의 주개기에 의해 치환될 수 있게 된다.[8]

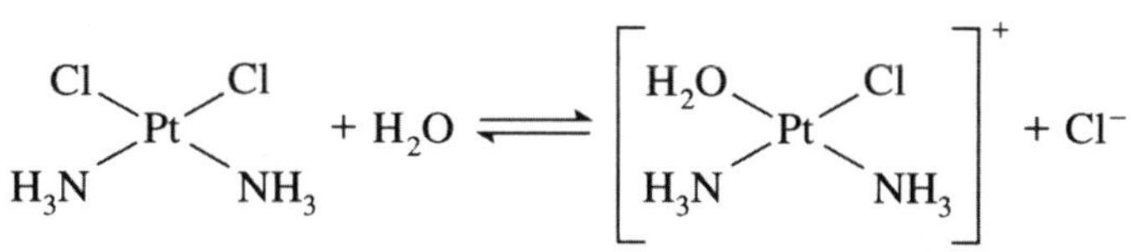

**(12.8)**

사각 평면 치환 반응에 대한 이 절의 나머지 부분에서는 친핵 경로에 의해 진행되는 반응에 대해서 다룬다. 이제부터 친핵성 치환 반응의 상세한 메커니즘에 대해서 거론하도록 하겠다.

---

3) Basolo, F.; Pearson, R. G. *Mechanisms of Inorganic Reactions*, 2nd ed.; Wiley: New York, 1967. Wilkins, R. G. *The Study of Kinetics and Mechanisms of Reactions of Transition Metal Complexes*; Allyn and Bacon: Boston, 1974. Langford, C. H.; Gray, H. B. *Ligand Substitution Processes*; Benjamin: New York, 1965. Tobe, M. L. *Inorganic Reaction Mechanisms*; Nelson: London, 1972.

4) 최근 발간된 것들: Jordan, R. B. *Reaction Mechanisms of Inorganic and Organometallic Systems*; Oxford University: New York, 1991. Wilkins, R. G. *Kinetics and Mechanisms of Reactions of Transition Metal Complexes*, 2nd ed.; VCH: New York, 1991. Katakis, D.; Gordon, G. *Mechanisms of Inorganic Reactions*; Wiley: New York, 1987. Atwood, J. D. *Inorganic and Organometallic Reaction Mechanisms*; Brooks/Cole: Monterey, 1985.

5) Åkermark, B.; Söderberg, B. C.; Hall, S. S. *Organometallics* **1987**, *6*, 2608. Bäckvall, J. E.; Åkermark, B.; Ljunggren, S. O. *J. Am. Chem. Soc.* **1979**, *101*, 2411~2416.

6) Reinhus, J. W.; Martin, D. S., Jr. *J. Am. Chem. Soc.* **1961**, *83*, 2457~2462.

7) Inagaki, K.; Dijt, F. J.; Lempers, E. L. M.; Reedijk, J. *Inorg. Chem.* **1988**, *27*, 382~387. Mukundan, S., Jr.; Xu, Y.; Zon, G.; Marzilli, L. G. *J. Am. Chem. Soc.* **1991**, *113*, 3021~3027.

8) Bruhn, S. L.; Toney, J. H.; Lippard, S. J. *Prog. Inorg. Chem.* **1990**, *38*, 477~516. Reedijk, J.; Fichtinger-Schepman, A. M. J.; van Oosterom, A. T.; van de Putte, P. *Struct. Bonding (Berlin)* **1988**, *67*, 53~89. Caradonna, J. P.; Lippard, S. J. In *Platinum Cordination Complexes in Cancer Chemotherapy*; Hacker, M. P.; Douple, E. B.; Krakoff, I. H., Eds.; Martinus Nijhoff: Boston, 1984.

## 사각 평면 착물에서의 친핵성 치환 반응의 속도 법칙

반응 메커니즘을 규명하는 첫째 단계는 실험적인 속도 법칙을 구하는 것이다. 여기서 관심의 대상이 되는 반응은 다음과 같이 표현될 수 있다.

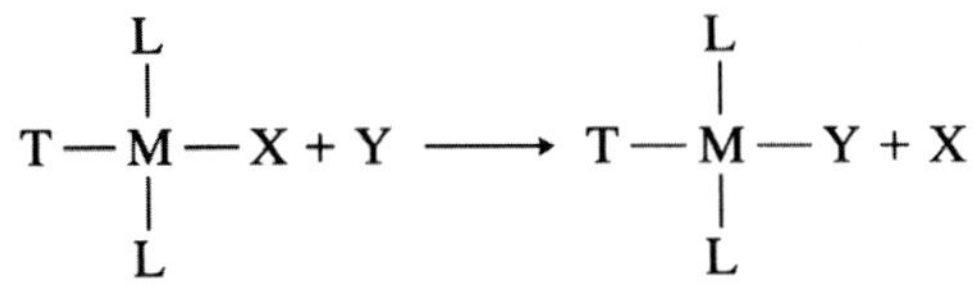

**(12.9)**

Y는 들어오는 친핵성 리간드이고, X는 떠나는 리간드, T는 X에 트랜스 위치인 리간드이다. 반응속도론 연구자들은 실험을 가능한 한 단순화하려 하고, 이 경우 단순화하는 한 가지 방법은 반응이 유사 일차 반응 조건하에서 진행되게 하는 것이다.[9] 실제로 이것은 Y의 농도를 출발 착물의 농도보다 크게 하여, 반응의 진행 중 Y 농도의 변화를 거의 없게 하는 것을 의미한다([Y] = 일정). 역반응 과정이 미미한 반응에서, 사각 평면 치환 반응에 대해 관측된 유사 일차 속도 법칙은 다음과 같다.

$$\text{속도} = -d[\mathrm{ML_2TX}]/dt = k_1[\mathrm{ML_2TX}] + k_2[\mathrm{ML_2TX}][\mathrm{Y}] \qquad (12.10)$$

이 표현은 다음과 같이 정리된다.

$$\text{속도} = (k_1 + k_2[\mathrm{Y}])[\mathrm{ML_2TX}] = k_{\mathrm{obs}}[\mathrm{ML_2TX}] \qquad (12.11)$$

그리고

$$k_{\mathrm{obs}} = k_1 + k_2[\mathrm{Y}] \qquad (12.12)$$

식 12.12로부터 Y의 농도를 변화시키면서 반복 실험을 하면 $k_1$과 $k_2$를 얻을 수 있음을 알 수 있다. 왜냐하면 Y 농도에 대해 $k_{obs}$의 값을 도시하면 직선을 얻을 수 있으며, 그 직선의 절편이 $k_1$이고, 기울기는 $k_2$이기 때문이다(그림 12.1).

속도 법칙은 반응의 특성에 대해서 우리에게 무엇을 알려주는가? 무기화학에서 치환 반응은 속도-결정 단계에서의 결합 형성과 결합 파괴 과정의 상대적인 중요도에 따라 네 종류로 분류된다.

1. **회합 (Associative, *A*)**. M—X 결합이 끊어지기 전에 M—Y 결합이 완전히 형성된다.
2. **교환성 회합 (Interchange associative, $I_a$)**. M—Y 결합이 완전히 형성되기 전에 M—X 결합이 끊어지기 시작한다. 그러나 결합 형성이 결합 파괴보다 더욱 중요하다.
3. **해리 (Dissociative, *D*)**. M—Y 결합의 형성이 시작되기 전에 M—X 결합이 완전히 끊어진다.
4. **교환성 해리 (Interchange dissociative, $I_d$)**. M—X 결합이 완전히 끊어지기 전에 M—Y 결합의 형성이 시작된다. 그러나 결합 파괴가 결합 형성보다 더욱 중요하다.

[9] 속도론자들이 어떻게 생각하는지 알아보려면 다음을 참고하라. Espenson, J. H. *Chemical Kinetics and Reaction Mechanisms*; McGraw-Hill: New York, 1981.

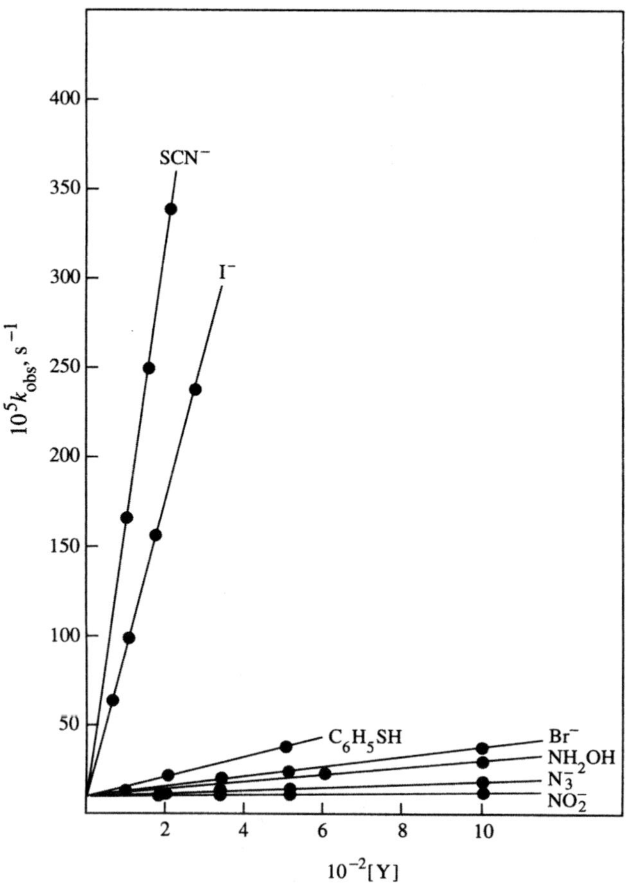


**그림 12.1** 30°C, 메테인올에서 *trans*-$[Pt(py)_2Cl_2]$와 여러 가지 친핵체와의 반응에 대한 친핵체 농도([Y]) 대 속도 상수($k_{obs}$, $s^{-1}$). [Belluco, U.; Cattalini, L.; Basolo, F.; Pearson, R. G.; Turco, A. *J. Am. Chem. Soc.* 1965, *87*, 241~246.]

식 12.10~12.12에서 $k_1$과 $k_2$가 모두 0이 아닌 값을 갖는 것은 $ML_2TX$가 두 가지 다른 경로에 의해 반응함을 의미한다. 착물과 Y 모두에 대해 일차인 $k_2$항은 유기화학의 $S_N2$ 반응과 유사한 회합 경로, *A*임을 가리킨다. 이 항은 $ML_2TX$에 대한 Y의 친핵성 공격으로부터 비롯된다. 결합 형성이 중요한 반응에서 예상되는 것처럼, 반응 속도는 Y의 농도에 크게 의존한다. 더구나 반응 속도는 Y의 특성에도 상당히 의존한다.

착물에 대해서 일차이고 Y에는 무관한 $k_1$항은 언뜻 보기에는 해리 경로인 것처럼 보인다. 그러나 이러한 경로도 역시 회합성임을 보여 주는 강력한 증거가 있다. 일반적으로 용매(S) 분자는 친핵체일 것이고, 따라서 $ML_2TX$에 대해 Y와 경쟁하여 $ML_2TS$(때때로 solvento 착물이라 부른다)를 형성하는 것으로 되어 있다. 그러므로 두 개 항에 대한 속도 법칙은 다음과 같이 쓸 수 있다.

$$\text{속도} = -d[ML_2TX]/dt = k'[ML_2TX][S] + k_2[ML_2TX][Y] \qquad (12.13)$$

그러나 용매의 농도는 매우 크므로 실제 농도는 일정하여 $k'[S] = k_1$이 된다. 결과적으로 식 12.13은 12.10으로 단순화된다. 두 회합성 경로는 다음과 같은 반응 삼각형으로 요약된다.

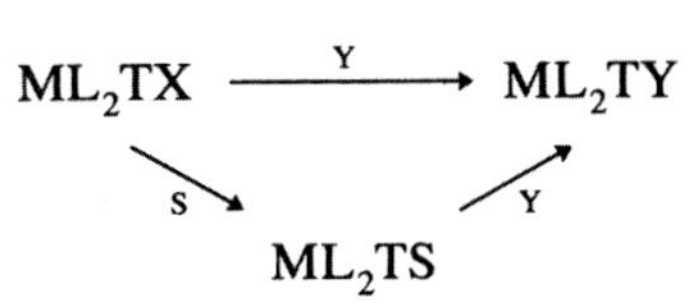


(12.14)

**표 12.1**
메탄올에서 *trans*-$[Pt(PEt_3)_2(2,4,6\text{-}Me_3C_6H_2)Br]$과 $I^-$ 및 $SC(NH_2)_2$와의 반응에 대한 활성화 파라미터[a].

| | $I^-$ | | $SC(NH_2)_2$ | |
|---|---|---|---|---|
| | $k_1$ | $k_2$ | $k_1$ | $k_2$ |
| $\Delta H^\ddagger$, kJ $mol^{-1}$ | 80 | 59 | 71 | 43 |
| $\Delta S^\ddagger$, J $K^{-1}$ $mol^{-1}$ | −52 | −115 | −80 | −130 |
| $\Delta V^\ddagger$, $cm^3$ $mol^{-1}$ | −16 | −16 | −17 | −11 |

[a] van Eldik, R.; Palmer, D. A.; Kelm, H. *Inorg. Chem.* **1979**, *18*, 572-577.

위에서 언급한 것처럼, 식 12.10에 나타낸 속도 법칙의 $k_1$항은 X가 해리 (*D*) 되어 3배위 착물을 형성한 후 Y와 반응하는 것으로부터 올 수 있다.

$$\mathbf{ML_2TX \xrightarrow{-X} ML_2T \xrightarrow{+Y} ML_2TY} \tag{12.15}$$

즉, 속도 법칙의 형태는 $k_1$ 경로에 대해 *A* (또는 $I_a$) 와 *D* (또는 $I_d$) 를 구별하는 데 도움이 되지 않는다. $k_1$항 해석의 모호함 때문에 더 많은 토론과 실험이 이루어졌다. 친핵성이 더 큰 용매에서 반응이 더 빨리 일어난다는 것이 발견되었는데, 이는 용매 분자의 공격이 중요한 역할을 하는 것을 암시한다.

또한 해리성 반응은 입체적인 요구에 맞는 리간드의 존재로 가속될 것이다. 단지 반대의 경우만 관찰된다면, *A* 또는 $I_a$ 메커니즘과 일치한다.

*trans*-$[Pt(PEt_3)_2(R)Br]$에서 아이오딘화 이온 또는 싸이오유레아에 의한 브로민화 이온의 치환 반응에 대한 열역학적 데이터 (표 12.1) 와 같은 것을 가지고 회합성 대 해리성 메커니즘의 문제에 대한 더 깊은 지식을 얻을 수 있다.

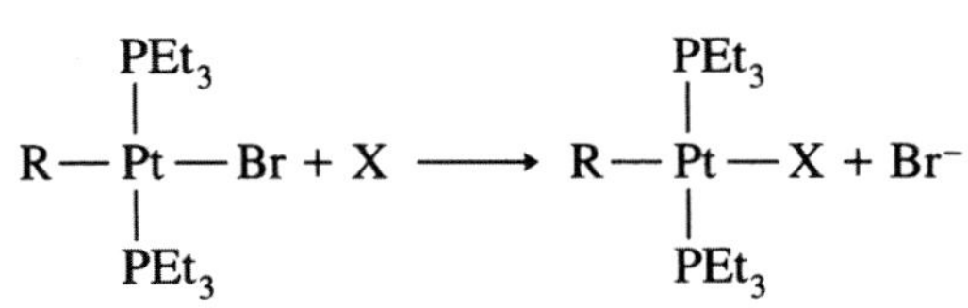

**X = I⁻ or $SC(NH_2)_2$; R = 2,4,6-$Me_3C_6H_2$** **(12.16)**

보통 사각 평면의 친핵성 치환 반응의 경우, 반응 속도는 활성화 엔탈피 ($\Delta H^\ddagger$) 에 의해 주로 결정된다. 해리 대 회합 메커니즘이 관여되는 한, 보다 중요한 것은 엔트로피 ($\Delta S^\ddagger$) 와 활성화 부피 ($\Delta V^\ddagger$) 이다. $k_1$과 $k_2$의 두 단계 모두에 대해 두 파라미터의 값이 모두 음의 값을 가짐을 유의하라. 관측된 엔트로피의 감소 현상은 두 분자가 함께 중심 금속에 결합되어 활성화된 착물을 형성하는 반응 메커니즘으로부터 예측된 것과 같다. 활성화 부피는 높은 압력하에서 반응시켜 결정된다.

$$\Delta V^\ddagger = \frac{RT \ln (k_2/k_1)}{(P_1 - P_2)} \tag{12.17}$$

반응 화학종들보다 부피가 더 작은 활성화 착물은 음의 $\Delta V^\ddagger$값을 갖게 하고, 이것은 회합성의 특징이다 (더 자세한 설명은 499쪽을 참조).[10] 위에서 언급된 모든 이유들 때문에

[10] $\Delta S^\ddagger$와 $\Delta V^\ddagger$에 대한 음의 값이 반응이 회합성이라는 것을 입증하지 못한다. 용매 분자 재배열이 예기치 못한 엔트로피 변화를 줄 수 있으며, 전체적인 부피 변화에 기여할 수 있다. 그러나 표 12.1에서와 같은

사각 평면 친핵성 치환 반응은 해리성보다는 회합성에 의한 과정이라 믿어진다.[11])

회합성 메커니즘의 세부적인 이해를 얻기 위하여 많은 실험들이 수행되었다. 풀어야 할 중요한 문제는 두 가지가 있다. 들어오는 기의 성질은 반응 속도에 어떤 영향을 미치는가? 그리고 이 효과가 본질적인 메커니즘에 대한 우리들의 생각을 어떻게 바꿀 수 있는가? 꼭 같은 질문을 이탈기에 대해서도 할 수 있는데, 이탈기에 대해 트랜스 위치의 리간드, 이탈기에 대해 시스 위치의 리간드, 그리고 중심 금속 자체의 특성 등이다. 관찰된 모든 반응에서, **들어오는 그룹은 떠나는 그룹에 의해 비워지는 자리를 채우며**, 어떤 합리적인 메커니즘도 이러한 실험적 사실을 분명히 설명할 수 있어야 한다.

## 트랜스 효과

이탈기에 대해 트랜스인 리간드의 효과보다 더 철저하게 연구된 것은 아직 없다. 이러한 리간드의 성질을 변화시킴으로서 여러 차수 정도의 크기로 속도 변화를 일으킬 수 있다. 더 나아가 이러한 효과는 계획적인 합성에 이용될 수 있다.

러시아에는 백금 광석이 대량으로 매장되어 있고, 그 때문에 배위 화학이 발전하는 초창기부터 백금의 배위 화합물에 대한 광범위한 연구가 행해졌다. 러시아 학계에 의한 이러한 연구의 결과로서, 최초로 입체 특이성의 치환 반응(트랜스 효과의 첫 번째 예)이 발견되었다. 다이암민다이클로로백금(II)을 만드는 두 가지 방법을 생각해 보자. (1) $[PtCl_4]^{2-}$의 $Cl^-$ 이온을 $NH_3$로 치환한다. (2) $[Pt(NH_3)_4]^{2+}$의 $NH_3$를 $Cl^-$ 이온으로 치환한다. 합성법에 따라서 두개의 서로 다른 이성질체가 형성됨을 알았다.

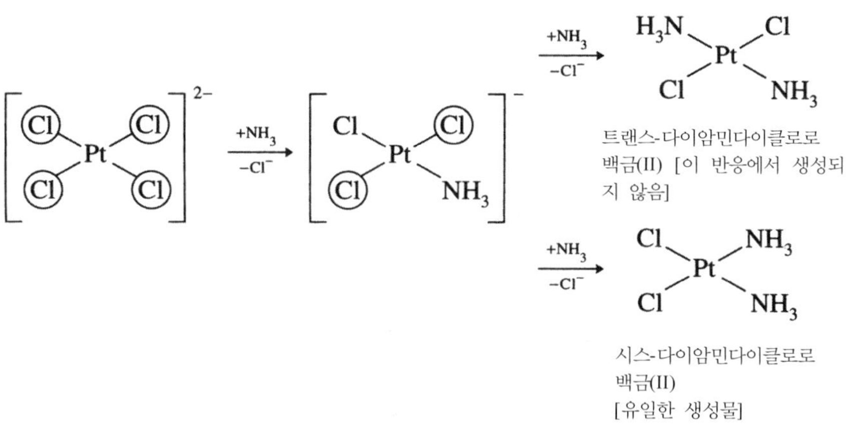


(12.18)

큰 음의 값은 일반적으로 회합성 메커니즘을 가리키는 것으로 받아들여지고 있다. 다음 문헌들을 참고하라. *Inorganic High Pressure Chemistry, Kinetics and Mechanisms*; van Eldik, R., Ed.; Elsevier: Amsterdam, 1986; van Eldik, R.; Asano, T.; LeNoble, W. J. *Chem. Rev.* **1989**, *89*, 549~688.

11) 해리성 메커니즘에 대한 증거가 보고되었다: Lanza, S.; Minniti, D.; Moore, P.; Sachinidis, J.; Romeo, R.; Tobe, M. L. *Inog. Chem.* **1984**, *23*, 4428~4433. $PtR_2(dmso)_2$에서 dmso의 치환이 관련된 이 반응은 한 개의 dmso 리간드를 잃어버림으로써 진행된다. 그러나 배위 자리에 남아있는 dmso 리간드의 킬레이트화 능력이 살아있기 때문에, 이들 연구자들이 인식하고 있는 바와 같이, 이 반응을 진정한 해리 반응이라고 부를 수 있는지 논쟁의 여지가 있다.

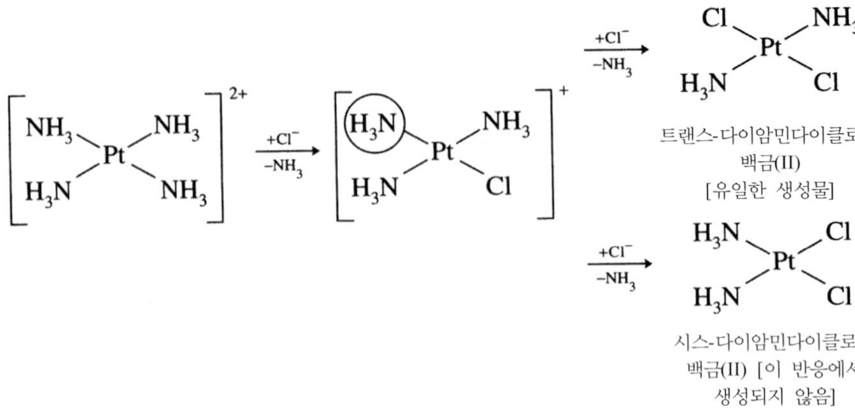


(12.19)

식 12.18과 12.19의 반응들은 다음과 같이 합리화시킬 수 있다. (1) 첫 번째 단계는 단순한 치환이다. 그리고 존재하는 네 개의 그룹($NH_3$나 Cl 둘 중의 하나)이 모두 같기 때문에 오직 하나의 화합물만 생성된다. (2) 두 번째 단계에서는, 어느 반응에서도 두 생성물이 형성될 수 있다고 생각할 수 있겠지만, 실제로는 한 종류만이 생성되며 그 생성물은 두 반응에서 다르다. 그러나 두 경우 모두 관찰되는 이성질체는 염화 이온의 트랜스에 있는 리간드가 치환되어 생성된다. 이 효과를 강조하기 위해서 식 12.18과 12.19에서 염화 이온의 트랜스 위치에 있는 리간드를 원으로 표시하였다. 트랜스 효과는 어떤 다른 리간드에 트랜스인 리간드의 치환 용이성이라고 정의할 수 있으므로, 트랜스-지향성 리간드로 간주할 수 있다.[12] 항상 열역학적으로 가장 안정한 이성질체가 생성되는 것은 아니므로, 트랜스 효과는 속도론적으로 조절되는 것이 분명하다. 반응 순서에 따라 착물의 서로 다른 두 가지 이성질체(식 12.18과 12.19)가 생성되는 것이 가능하다는 점과 열역학적인 관점에서는 단지 하나의 이성질체만이 가장 안정하는 점에서 볼 때, 위와 같은 사실은 명백해진다. 많은 반응 결과로부터, 다양한 리간드의 트랜스-지향 능력을 비교할 수 있다.

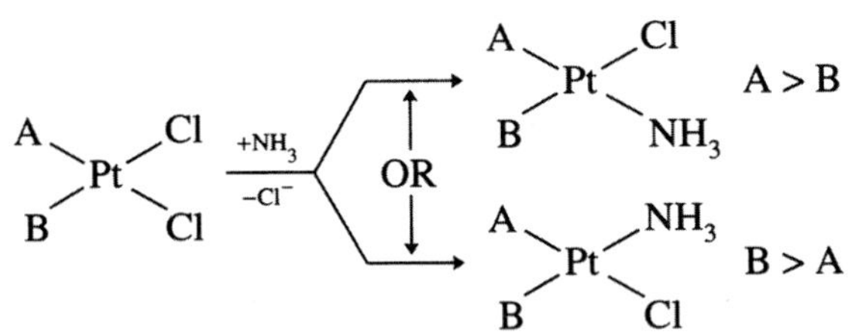

(12.20)

각 반응에서 들어오는 리간드로 모두 동일하게 $NH_3$를 사용한다. 광범위한 리간드들 중에서 A와 B를 선택할 수 있다. 주어진 반응에 대해 다음과 같은 의문이 생긴다. A와 B 중에서 어떤 리간드가 트랜스 $Cl^-$를 치환시키는 데 더 효과적인가? 또는, 마찬가지로 A와 B 중 어떤 리간드가 들어오는 리간드를 트랜스에 위치하게 하는 데 더 효과적인가? 만약 그 답이 A일 경우, A는 트랜스 지향성 계열에서 더 높은 위치로 분류된다. 다시 말하면, A에 트랜스인 클로로기가 없어지는 반응이 보다 더 빨리 일어난다는 뜻이 된다. 트랜스 지향성 계열에서 리간드들의 대략적인 순서는 다음과 같다.

$$\mathbf{CN^-, CO, NO, C_2H_4 > PR_3, H^- > CH_3^-, C_6H_5^-, SC(NH_2)_2, SR_2 > SO_3H^- > NO_2^-, I^-, SCN^- > Br^- > Cl^- > py > RNH_2, NH_3 > OH^- > H_2O}$$

12) Basolo, F.; Pearson, R. G. *Prog. Inog. Chem.* **1962**, *4*, 381~453.

**표 12.2**
$[PtCl_3L]^{n-}$ 착물에서 $Cl^-$에 대한 $H_2O$의 치환 속도에 근거한 상대적인 트랜스와 시스 효과 계열[a].

| 트랜스 리간드 | 트랜스 효과 | 시스 리간드 | 시스 효과 |
|---|---|---|---|
| $H_2O$ | 1 | $H_2O$ | 1 |
| $NH_3$ | 200 | $NH_3$ | 1 |
| $Cl^-$ | 330 | $Cl^-$ | 0.4 |
| $Br^-$ | 3000 | $Br^-$ | 0.3 |
| dmso | $2\times10^6$ | dmso | 5 |
| $C_2H_4$ | $10^{11}$ | $C_2H_4$ | 0.05 |

[a] Elding, L. I.; Groning, O. *Inorg, Chem.* **1978**. *17*, 1872~1880.

사이안화물, 일산화 탄소, 그리고 산화 질소는 강한 트랜스 지향성인 반면, 수산화물과 물은 매우 약하다.

여기서 다음과 같은 필연적인 질문이 있을 수도 있다. 시스 리간드에 대해서도 유사한 계열을 관찰해 보았는가? 다시 말해 시스 효과가 있는가? 대답은 '그렇다' 이다. 그러나 시스 효과는 트랜스 효과에 비해 매우 적다. 표 12.2에 일련의 리간드들에 대한 트랜스와 시스 효과를 정량적으로 나타내었다. 이 표는 백금(II) 착물 수용액에서 $Cl^-$를 제거하면서 들어오는 $H_2O$ 리간드에 대해 이들이 얼마나 효과적인 시스 또는 트랜스 지향성인가를 평가한 것이다. 보는 바와 같이 트랜스 효과는 여러 치수의 크기에 걸쳐 있는 반면, 시스 리간드에 대해서는 불과 100 정도의 범위에 걸쳐 있을 뿐이다. 어떤 합리적인 메커니즘이건 이러한 극적인 차이를 설명할 수 있어야 한다.

## 사각 평면 착물에서의 친핵성 치환 반응 메커니즘

사각 평면 착물에서 친핵성 치환 반응 전 과정에 대한 상세한 모습을 전개하는 데 있어서, 친핵체 Y가 $d^8$ 착물을 평면의 양쪽에서 공격하는 것을 상상해 볼 수 있다. 리간드는 다소 전자 부족인 금속 중심으로 끌어당겨지는 것 외에도 채워진 금속의 $d$ 오비탈과 결합 전자들로부터의 반발을 경험하게 될 것이다. 그럼에도 불구하고, 리간드는 비어 있는 $p_z$ 오비탈을 통해 금속에 배위되어 사각뿔 화학종을 형성한다(그림 12.2). 입체적인 요인뿐만 아니라 전자 반발에 의해 그러한 공격은 다소간 늦춰진다. 일단 형성이 되면, 사각뿔 화학종은 삼각 쌍뿔 구조로 변형이 될 것이다. 삼각 쌍뿔의 적도면에 세 리간드(Y, T, X) 가 있게 되고, 원래의 착물에서 온 서로 트랜스인 두 그룹은 축방향 자리를 점유하게 된다. X가 삼각 평면으로부터 이탈함에 따라 T—M—Y 각은 벌어지게 되고, 사각뿔 구조를 거쳐 사각 평면 생성물로 된다.

반응 도중에 형성되고 다시 재배열되어 생성물을 만드는 삼각 쌍뿔 화학종은 활성화된 착물 또는 진정한 중간체 중의 하나로 존재할 수 있다. 둘 사이의 구별은 그 종의 수명에

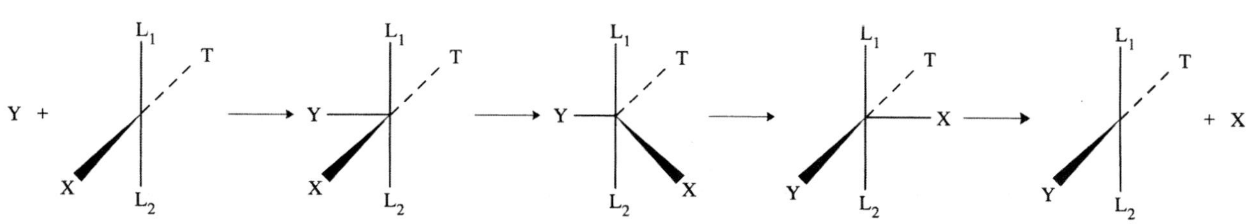


**그림 12.2** 사각 평면 $ML_1L_2XT$ 착물에서 친핵성 치환 반응에 대한 메커니즘.

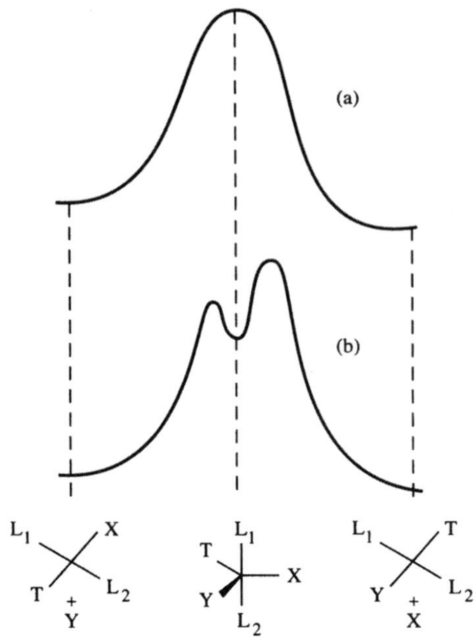


**그림 12.3** (a) 삼각 쌍뿔 활성화 착물과, (b) 삼각 쌍뿔 중간체를 가진 사각 평면 치환 반응에 대한 반응 좌표/에너지 단면도. [Burdett, J. K. *Inorg. Chem.* **1977**, *16*, 3013~3025.]

달려 있다. 활성화 착물이란 말은 반응 단면도 에너지 곡선의 정점, 즉 전이 상태에서의 반응물과 생성물의 형태를 말하는 것이다(그림 12.3a). 이와는 달리 중간체란 비록 짧지만 검출 가능한 수명을 가진 화학종을 의미하며, 그것은 반응 경로를 따라 형성되는 어떤 활성화 착물보다 적어도 어느 정도는 더 안정한 것이다(그림 12.3b).

트랜스 효과에 대한 설명을 유도해 내기 위하여, 우리는 그림 12.2의 리간드 T가 어떻게 반응 속도를 크게 올릴 수 있고 그 자신이나 시스 리간드보다도 먼저 X의 이탈을 유발해 내는지에 대해서 의문을 가져야 할 것이다. T가 반응 속도를 증가시킬 수 있는 두 가지 가능한 방식이 있다. 그 자신에 대해 트랜스에 위치한 금속-리간드 결합을 약하게 함으로써 바닥 상태를 불안정하게 하거나 또는 전이 상태를 어떻게든 안정화시킬 수가 있다. 어느 방식(또는 두 가지의 혼합) 이나 활성화 에너지, $E_a$ (바닥과 전이 상태 사이의 에너지 차이) 를 감소시켜 주기 때문에 반응을 빠르게 해준다.

한 리간드가 한 착물 안에서 그 자신에 트랜스인 결합에 미치는 영향의 정도를 **트랜스 영향(trans influence)** 이라고 칭한다.[13] 이것은 결합 길이, 짝지음 상수, 신축 진동수와 같은 바닥 상태 특성을 살펴봄으로써 평가될 수 있다. 사각 평면 착물에서 M—X 결합에 미치는 T의 효과(그의 트랜스 영향) 는 T와 X가 공통적으로 가지고 있는 금속 오비탈을 가지고 살펴볼 수 있다. 금속의 $p_x$ 오비탈은 방향성을 가지며 두 리간드에 의해 공유된다(그림 12.4). 만일 T가 M에 대해 강한 $\sigma$ 결합을 형성한다면, $p_x$ 오비탈이 X로 사용될 수 없기 때문에 M—X 결합이 약해진다. 알짜 효과는 기질을 불안정하게 하고 결국 $E_a$를 감소시키는 것이다. 만일 우리가 X 리간드들을 $\sigma$ 주개로서의 능력 순서로 배열한다면, 트랜스 효과 서열과 거의 같은 순서를 얻게 된다.

$$\mathbf{H^- > PR_3 > SCN^- > I^-, CH_3^-, CO, CN^- > Br^- > Cl^- > NH_3 > OH^-}$$

위의 목록에 있는 두 리간드인 CO와 $CN^-$는 강력한 $\sigma$ 주개가 아님에도 불구하고 이들

13) Pidcock, A.; Richards, R. E.; Venanzi, L. M. *J. Chem. Soc. A* **1966**, 1707~1710.

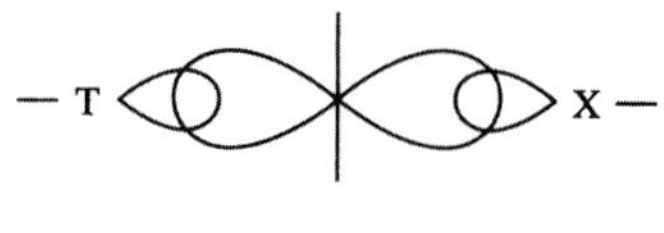

**그림 12.4** 사각 평면 착물에서 금속 $p_x$ 오비탈에 대한 트랜스 리간드(T)와 이탈기(X)의 경쟁.

은 치환 반응을 크게 가속시킨다. 이와 같은 예외는 바닥 상태에 대한 그들의 영향보다 전이 상태의 에너지에 그들이 어떻게 영향을 주는지를 고려해 봄으로써 설명될 수 있다. CO와 $CN^-$는 모두 훌륭한 $\pi$ 받개 리간드이며, 이것은 다섯 번째 리간드의 첨가 결과로 금속에 축적되는 전자 밀도를 이들이 효과적으로 끌어당길 수 있다는 것을 암시해 주고 있다.[14] 리간드의 $\pi$ 받개 능력은 다음과 같은 순서로 감소한다.

$$C_2H_2, CO > CN^- > NO_2^- > SCN^- > I^- > Br^- > Cl^- > NH_3 > OH^-$$

CO, $CN^-$, $C_2H_2$가 서열의 높은 위치를 차지하는 것으로 보아, 이들 리간드들에서 관찰되는 증가된 반응 속도는 $\pi$ 전자 밀도를 끌어당김으로써 전이 상태의 에너지를 낮추어 주는 이들의 능력에 기인함을 암시한다. 또한 좋은 $\pi$ 받개인 리간드들은 반응 중에 생성되는 삼각 쌍뿔형 활성화 착물이나 중간체에서 적도방향 위치를 선호한다. 이것은 그림 12.2에 나타낸 전체적인 도표와 일치하고 X의 치환 용이성에 대한 설명도 같이 제공해 준다. T가 삼각 쌍뿔의 적도 위치를 차지하는 것을 좋아하는 만큼, 사각 평면 생성물을 형성할 때 T는 강제적으로 X가 이탈되도록 한다.

$\sigma$와 $\pi$ 요소가 트랜스 효과 계열에서 리간드들의 순서에 기여하는 듯하지만, 각 요소의 상대적인 중요성에 관해서는 다양한 견해가 있다.

## 열역학적 및 속도론적 안정도

트랜스 효과는 착물의 치환 반응의 메커니즘을 연구하는 중요성을 설명해 준다. 메커니즘의 설명을 계속하기 전에, 열역학적 용어인 **안정성 (stability)** 과 **불안정성 (instability)**, 그리고 속도론적 용어인 **치환성 (lability)** 과 **난치환성 (inertness)** 을 명확하게 구별하여야 한다. 다음의 사이아노 착물들을 생각해 보자. $[Ni(CN)_4]^{2-}$, $[Mn(CN)_6]^{3-}$, $[Cr(CN)_6]^{3-}$. 이러한 착물들은 모두 열역학적 관점에서 매우 안정하다.[15] 그렇지만 속도론적으로는 그들은 아주 다르다. 만약 방사성 탄소로 표지된 사이안화 이온의 교환 속도를 측정한다면, 열역학적으로는 안정한 데도 불구하고 이 착물들 중의 하나는 사이안화 리간드를 매우 빨리 교환(치환성) 하고, 두 번째 것은 중간 정도로 치환성이며, $[Cr(CN)_6]^{3-}$만이 난치환성이라고 생각할 수 있다.

$$[Ni(CN)_4]^{2-} + 4\,^{14}CN^- \longrightarrow [Ni(^{14}CN)_4]^{2-} + 4CN^- \quad t_{1/2} \approx 30\text{ s} \tag{12.21}$$

---

[14] Basolo, F.; Pearson, R. G. *Mechanisms of Inorganic Reactions*, 2nd Ed.; Wiley: New York, 1967. Langford, C. H.; Gray, H. B. *Ligand Substitution Processes*; Benjamin: New York, 1965.

[15] 니켈 착물에 대해, 평형 상수는 1 M NaCN에서 0.01 M $Ni^{2+}$ 용액에서 리터당 자유 $Ni^{2+}$ 이온이 하나 이하인 것에 해당되는 것임을 주지하라. 다른 착물들은 한층 더 안정하다.

$$[Mn(CN)_6]^{3-} + 6\,{}^{14}CN^- \longrightarrow [Mn({}^{14}CN)_6]^{3-} + 6CN^- \quad t_{1/2} \approx 1\text{ h} \tag{12.22}$$

$$[Cr(CN)_6]^{3-} + 6\,{}^{14}CN^- \longrightarrow [Cr({}^{14}CN)_6]^{3-} + 6CN^- \quad t_{1/2} \approx 24\text{ days} \tag{12.23}$$

치환성과 난치환성의 용어는 분명히 상대적이며, 어떤 두 화학자도 이 용어를 같은 뜻으로 사용하지 않았을 것이다. 좋은 실용적인 방법으로, 25 °C에서 약 1분 이내에 완전히 반응하는 착물을 치환성이라고 하고, 그 이상 걸리는 것을 난치환성이라 하기로 하였다.

테트라사이아노니켈(II) 산 이온은 열역학적으로는 안정하고 속도론적으로는 치환성인 착물의 좋은 예이다. 반대의 경우의 고전적 예, 즉 속도론적으로는 난치환성인데, 열역학적으로는 불안정한 착물이 산성 용액 중의 헥사암민코발트(III) 양이온이다. 이 착물은 다음과 같이 분해될 것으로 생각된다.

$$[Co(NH_3)_6]^{3+} + 6H_3O^+ \longrightarrow [Co(H_2O)_6]^{3+} + 6NH_4^+ \tag{12.24}$$

여섯 개의 염기성 암모니아 분자에 여섯 개의 양성자가 결합하는 대단히 큰 열역학적 추진력 때문에 이 반응(식 12.24) 의 평형 상수는 $10^{25}$이다. 그러나 헥사암민코발트(III) 의 용액을 산성으로 하여도 즉각적인 교환은 없고, 열역학적으로 유리함에도 불구하고 이 착물이 분해되는 데(실온에서) 수일이 걸린다. 이 착물이 난치환성인 것은 산 분해 반응에 적당한 낮은 에너지 경로가 없기 때문이다.

헥사암민코발트(III) 의 예는 중요한 논점을 불러일으킨다. 이 이온은 산에서는 불안정하지만 중성 용액에서의 물 치환에 대해서는 안정하다. 그러므로 안정도를 고려할 때 항상 "어떤 조건하에서?"라는 질문을 하지 않으면 안 된다. 어떤 화합물은 열, 빛, 산 또는 염기와 같은 특별한 조건 또는 반응물에 관하여 불안정한 것일 수도 있지만, 다른 것들에 대해서는 그렇지 않을 수 있다.

안정성과 난치환성 사이의 차이를 간결하게 표현할 수 있다. 열역학적으로 안정한 착물은 크고 양인 반응 자유 에너지, $\Delta G$를 가진다. 난치환성 착물은 단지 크고 양인 활성화 자유 에너지, $\Delta G^{\ddagger}$를 가진다. 다음에 나오는 것을 미리 설명하는 것이지만, 4배위 $Ni^{2+}$ 착물의 치환성은 $Ni^{2+}$가 5배위 혹은 6배위 착물을 형성할 수 있는 능력이 있다는 것과 관련이 있다. 다섯 번째(또는 다섯 번째와 여섯 번째) 결합에 의해 생기는 결합 에너지의 일부가 리간드장 안정화 에너지의 손실을 보상해 준다. 그에 비하여 $[Co(NH_3)_6]^{3+}$의 반응에서는 결합 에너지와 LFSE의 동반 상실을 수반하는 불안정한 7배위나 5배위 화학종들이 관련될 수밖에 없다.

## 팔면체 치환의 반응속도론

모든 팔면체 착물에 대해서 반응 속도가 알려져 있다면 그것을 순번에 따라 계열화할 수 있지만, 아직까지는 배위된 물의 교환 속도에 기초를 두어 네 개의 범주로 금속 이온을 분류하는 것이 편리하다(그림 12.5).

**부류 I**. 물의 교환은 대단히 빠르다. 일차 교환 반응 속도 상수는 $10^8\ s^{-1}$ 정도이며,

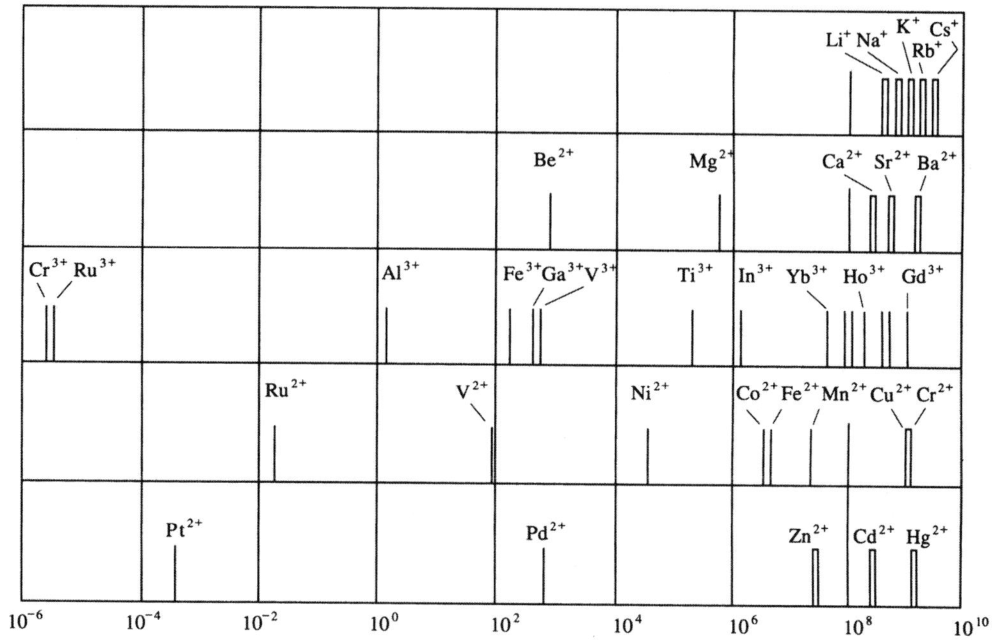


**그림 12.5** 용매화된 양이온에 대한 물 교환 속도 상수 : NMR로 측정(닫힌 막대) ; 착물 형성 반응으로부터 얻음(열린 막대). [Docommun, Y.; Merbach, A. E. In *Inorganic High Pressure Chemistry*; van Eldik, R., Ed.; Elsevier : Amsterdam, 1986; p 70.]

이것은 최대로 가능한 속도 상수(확산 조절 반응에 대해 계산한 바로는 $10^9 \sim 10^{11}\ s^{-1}$이다) 에 근접하는 값이다. 착물들은 본질적으로 순수한 정전기적인 힘에 의해 결합되어 있으며, 알칼리 금속과 더 큰 알칼리 토금속의 착물들이 이에 포함된다. 금속 이온은 낮은 전하와 큰 크기의 특징을 가진다. $Z^2/r$ 비는 약 $10 \times 10^{-28}\ C^2\ m^{-1}$까지의 범위에 있다(표 8.3 참조).

**부류 Ⅱ**. 물의 교환은 빠르다. 물의 교환의 일차 반응 속도 상수는 $10^5$에서 $10^8\ s^{-1}$까지의 범위이다. 이 그룹에 속하는 금속 이온들은 2가 양이온의 전이 금속, $Mg^{2+}$, 3가 양이온의 란타넘족들이다. 이러한 이온들은 부류 I의 것보다 약간 더 강한 결합을 갖는 착물을 형성하지만, LFSE는 상대적으로 작다. 이 부류의 이온들에서 $Z^2/r$ 값은 약 10에서 $30 \times 10^{-28}\ C^2\ m^{-1}$까지의 범위에 있다.

**부류 Ⅲ**. 물의 교환은 비록 절대 척도로 보면 빠르지만 부류 I 및 II와 비교하면 상대적으로 느리며, 일차 반응 속도 상수는 1에서 $10^4\ s^{-1}$ 정도이다. 이 그룹의 금속 이온으로는 LFSE에 의하여 어느 정도 안정화되는 대부분의 3가 양이온의 전이 금속과 매우 작은 이온인 $Be^{2+}$와 $Al^{3+}$가 있다. $Z^2/r$비는 약 $30 \times 10^{-28}\ C^2\ m^{-1}$ 보다 더 크다.

**부류 Ⅳ**. 물의 교환은 느리다. 이들이 유일하게 난치환성인 착물들이다. 일차 반응 속도 상수는 $10^{-1}$으로부터 $10^{-9}\ s^{-1}$ 까지의 범위를 가진다. 이들 이온들은 부류 III의 이온들과 크기가 비슷하며 상당히 큰 LFSE를 나타낸다. $Cr^{3+}(d^3)$, $Ru^{3+}$(저스핀 $d^5$), $Pt^{2+}$(저스핀 $d^8$). 물을 산화시키므로 수용액에서 불안정한 $Co^{3+}$도 역시 이 부류에 속한다.

I, II, III, IV 부류에 대한 교환 반응을 연구하는 데에는 다양한 방법이 가능하다. Oxyzen-17 NMR 선-퍼짐(line-broadening) 실험은 $k$값이 $10^3$과 $10^9\ s^{-1}$ 사이에 있는 상자기성 이온들의 물 교환 속도 상수를 측정하는 데 선택되는 기법이다. 연구되는 과정은 다음과 같다.

**표 12.3**
6배위 착물이 5배위(사각뿔) 또는 7배위(오각 쌍뿔) 화학종[a]으로 변하는데 따른 LFSE[b]의 변화.

| 계 | 높은 스핀 C.N.=5 | 높은 스핀 C.N.=7 | 낮은 스핀 C.N.=5 | 낮은 스핀 C.N.=7 |
|---|---|---|---|---|
| $d^0$ | 0 | 0 | 0 | 0 |
| $d^1$ | +0.57 | +1.28 | +0.57 | +1.28 |
| $d^2$ | +1.14 | +2.56 | +1.14 | +2.56 |
| $d^3$ | −2.00 | −4.26 | −2.00 | −4.26 |
| $d^4$ | +3.14 | −1.07 | −1.43 | −2.98 |
| $d^5$ | 0 | 0 | −0.86 | −1.70 |
| $d^6$ | +0.57 | +1.28 | −4.00 | −8.52 |
| $d^7$ | +1.14 | +2.56 | +1.14 | −5.34 |
| $d^8$ | −2.00 | −4.26 | −2.00 | −4.26 |
| $d^9$ | +3.14 | −1.07 | +3.14 | −1.07 |
| $d^{10}$ | 0 | 0 | 0 | 0 |

[a] Basolo, F.; Pearsn, R. G. *Mechanisms of Inorganic Reactions*, 2nd ed.; Wiley : New York, 1967.
[b] 단위는 D*q* 또는 Δ/10. 음의 값은 LFSE의 상실 및 착물의 불안정화와 관련된다.

$$[M(H_2O)_y]^{z+} + nH_2{}^{17}O \longrightarrow [M(H_2{}^{17}O)_y]^{z+} + nH_2O \qquad (12.25)$$

크기가 크고 배위가 된 물의 화학적 이동은 다르며, 결과적으로 절반-높이에서의 선폭은 화학적 교환 속도를 계산하는 데 사용될 수 있다. 만일 반응이 느리다면 착물의 동위원소 농축법을 따르기만 하면 되므로, NMR 방법은 직접 반응 속도를 측정하는 데 사용될 수 있다.

초음파에 근거한 이완 기법은 빠른 반응의 속도 상수를 구하는 데 널리 사용되고 있다. 이 방법에서 평형 상태의 반응계는 음파의 통과로 교란되는데, 이는 압력과 온도의 변화를 유발한다. 비록 $10^5$에서 $10^{10}\ s^{-1}$ 범위의 이완 속도를 측정할 수 있지만, 결과의 해석이 어려울 수 있기 때문에 연구될 수 있는 화합물의 범위가 한정된다.

$10^8\ s^{-1}$보다 큰 속도 상수는 흔히 여러 자리 리간드를 포함하는 생성 반응으로부터 간접적으로 얻어진다.[16)]

## 리간드장 효과와 반응 속도

부류 IV에 속한 금속 이온들의 착물들은 전형적으로 LFSE에 의해 크게 안정화된다. $Co^{3+}$($2.4\Delta_o$, 저스핀)와 $Cr^{3+}$($1.2\Delta_o$). 물론 전적으로 LFSE가 반응을 방해하는 것은 아니지만 활성화물이 생성될 때 LFSE를 잃게 된다. 물론 활성화물의 구조에 대한 정확한 정보가 없으면 LFSE를 추정하기가 곤란하다. 그러한 지식이 없을 때에는 유사한 구조를 기초로 한 근사법을 사용할 수 있다. Basolo와 Pearson[17)]은 사각뿔(C.N. = 5) 과 오각 쌍뿔(C.N. = 7) 의 중간체에 대한 강한 장과 약한 장의 값들을 제시하였다. 그 값들을 표 12.3에 나타내었다. 일반적으로 실험 결과와 이러한 간단한 가정 사이에 상당히 좋은 상관관계가 보인다. 3가 금속 양이온의 저스핀 착물에 대한 치환성은 다음의 순서로 증가한다고 예측된다.

16) Margerum, D. W.; Cayley, G. R.; Weatherburn, D. C.; Pagenkopf, G. K. In *Coordination Chemistry*; Martell, A. E., Ed.; ACS Monograph 174; American Chemical Society : Washington, DC, 1978; Vol. 2.
17) Basolo, F.; Pearson, R. G. *Mechanisms of Inorganic Reactions*, 2nd Ed.; Wiley: New York, 1967. 다음의 문헌도 역시 참고하라. Spees, S. T., Jr.; Perumareddi, J. R.; Adsmson, A. W. *J. Am. Chem. Soc.* **1968**, *90*, 6626~6635.

Co(III) < Cr(III) < Mn(III) < Fe(III) < Ti(III) < V(III). 비슷한 방법으로 Co(II), Fe(II), Cr(II), Mn(II) 보다 V(II) 와 Ni(II) 에 대한 치환성이 더 작을 것으로 예측할 수 있다.

Ni(II) 와 Pt(II) 의 착물들처럼, 같은 족에 있는 등전자 금속 이온 착물들 사이의 치환성의 차이도 역시 리간드장 효과와 관계가 있다. Ni(II) 는 부류 II의 금속인 데 반해, Pt(II) 는 부류 IV에 속한다. 두 이온은 모두 다섯 번째 그룹에 의해 점유될 수 있는 비어 있는 비결합 $a_{2u}(p_z)$ 오비탈을 가지고 있다. 더 무거운 Pt(II) 에 대한 LFSE의 감소가 Ni(II) 에 대한 것보다 비례적으로 더 클 것이다(10장). 일반적으로 족 내에서 아래로 내려가면서 유사 계열의 화합물에 대한 치환성이 감소하는 것으로 관측된다.

2가와 3가 양이온 화학종을 비교하는 것은 힘들다. 왜냐하면 중심 금속 이온의 전하가 크면 금속-리간드 결합을 강하게 하고 치환성을 감소시켜 반응 속도에 영향을 주기 때문이다. 그림 12.5에서, Fe(III) 가 Fe(II) 보다 덜 치환성인 것처럼, Ru(III) 는 Ru(II) 보다 덜 치환성인 것을 볼 수 있다. 그러나 V(III) 는 V(II) 보다 더 치환성인 것에 유의하라. $V^{2+}/Cr^{3+}$ 또는 $Mn^{2+}/Fe^{3+}$와 같은 등전자 쌍들을 고려해 볼 때, 전하 효과의 가치가 더 뚜렷하게 보인다. 비전이 금속 계열에서는 $[AlF_6]^{3-} > [SiF_6]^{2-} > [PF_6]^{-} > SF_6$의 순서로 치환성이 감소하며, 전하 효과 역시 매우 분명하게 나타나고 있다. $SF_6$는 보기 드물게 난치환성이다.

## 팔면체 착물에서의 치환 반응 메커니즘

팔면체 착물에서의 치환 반응은 $D$, $I_d$, $I_a$, 또는 $A$ 메커니즘으로 진행될 수 있는데, 속도 법칙 자체가 구별되지 않으므로, 보통 어느 메커니즘인지를 구별하기는 곤란하다. 중성 조건 하에서의 리간드 L에 의한 물의 치환을 생각해 보자.

$$\mathbf{M{-}OH_2 + L \longrightarrow M{-}L + H_2O} \tag{12.26}$$

만일 이 반응이 해리성($D$) 메커니즘으로 진행된다면, 첫 단계는 금속-물 결합이 끊어지는 것이고, 그 후에 금속-L 결합이 생성된다.

$$\mathbf{M{-}OH_2 \underset{k_{-1}}{\overset{k_1}{\rightleftharpoons}} M + H_2O} \tag{12.27}$$

$$\mathbf{M + L \xrightarrow{k_2} M{-}L} \tag{12.28}$$

이들 반응에서 얻어지는 속도 법칙은 비록 이들이 해리 메커니즘에서 유도된 것이지만, [L]에 대한 의존성을 보인다.

$$\text{속도} = -d[\mathbf{M{-}OH_2}]/dt = \frac{k_1k_2[\mathbf{M{-}OH_2}][\mathbf{L}]}{k_{-1}[\mathbf{H_2O}] + k_2[\mathbf{L}]} \tag{12.29}$$

L이 고농도일 때에는, $k_2[L] > k_{-1}[H_2O]$가 되어 식 12.29는 [L]에 무관한 형태로 단순화된다.

$$\text{속도} = k_{obs}[\mathbf{M{-}OH_2}] \tag{12.30}$$

그렇지만, L이 저농도일 때에는 L과 $H_2O$ 모두 M과 경쟁하고 속도는 [L]에 의존성을 보

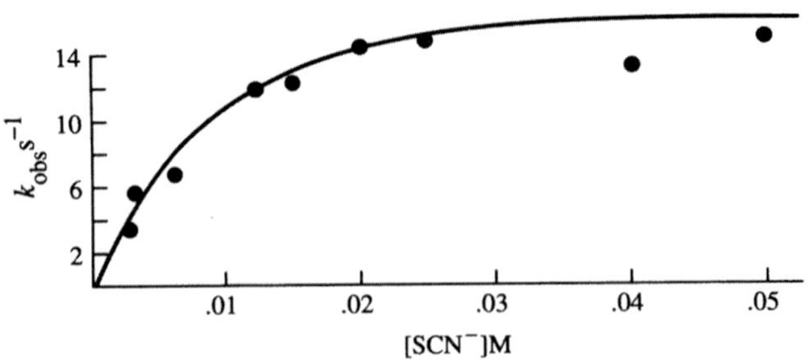


**그림 12.6** Co(III) 의 hemaporphyrin 착물을 포함하는 $H_2O$ 치환 반응에서 들어가는 기($SCN^-$) 의 농도에 따른 $k_{obs}$의 의존성. [Fleischer, E. B.; Jacobs, S.; Mestichelli, L. *J. Am. Chem. Soc.* **1968**, *90*, 2527~2531.]

여 준다. 예를 들면, Co(III) 의 hemaporphyrin 착물과 $SCN^-$와의 반응은 식 12.27 및 12.28과 같이 표현될 수 있다. $[SCN^-]$에 대해 $k_{obs}$를 도시한 그림 12.6을 보면, $SCN^-$의 낮은 농도에서 예상했던 것처럼 속도가 $[SCN^-]$에 의존하는 것을 알 수 있다.

만약 M—$OH_2$ 결합이 완전히 끊어지기 전에 일부 M—L 결합의 형성이 일어난다면 ($I_d$), 그 과정은 다음과 같이 세 단계로 묘사할 수 있다.

$$\text{M—OH}_2 + \text{L} \overset{K}{\rightleftharpoons} \text{M-----OH}_2\text{---L} \tag{12.31}$$

$$\text{M-----OH}_2\text{---L} \xrightarrow{k} \text{M---L-----OH}_2 \tag{12.32}$$

$$\text{M---L-----OH}_2 \xrightarrow{\text{fast}} \text{M—L} + \text{H}_2\text{O} \tag{12.33}$$

이러한 반응들로부터 유도되는 속도 법칙은 *D* 메커니즘에 대한 식 12.29의 것과 비슷한 형태를 취한다.

$$\text{속도} = \frac{kK[\text{M—OH}_2][\text{L}]}{1 + K[\text{L}]} \tag{12.34}$$

유사 일차 조건에 의해 $k_{obs} = kK[L]$이므로 위의 표현은 식 12.30으로 단순화된다. 더구나, 결합 형성이 결합의 끊어짐보다 더 중요하다면($I_a$), 속도 법칙의 형태는 변하지 않는다. 그리고 *D*, $I_d$, $I_a$에 대한 속도 법칙을 분명하게 구분할 수 없기 때문에(개별 반응 단계들에 대한 속도와 평형 상수들을 알면 설명이 될 것이다), 많은 팔면체 치환 반응의 상세한 메커니즘에 대해서 상당한 논란과 논쟁이 있는 것은 전혀 놀라운 일이 아니다. 몇 개의 반응만이 *D*와 *A*의 제한적인 범주에 맞는 듯하다. 따라서 대부분의 논의는 $I_d$와 $I_a$ 메커니즘에 초점을 맞추고 있다.

**표 12.4**
45°C 수용액에서 $[Co(NH_3)_5(H_2O)]^{3+}$와 $X^{n-}$의 반응에 대한 속도 상수[a].

| $X^{n-}$ | $k\ (M^{-1}\ s^{-1})$ |
|---|---|
| $NCS^-$ | $1.3 \times 10^{-6}$ |
| $H_2PO_4^-$ | $2.0 \times 10^{-6}$ |
| $Cl^-$ | $2.1 \times 10^{-6}$ |
| $NO_3^-$ | $2.3 \times 10^{-6}$ |
| $SO_4^{2-}$ | $1.5 \times 10^{-5}$ |

[a] Basolo, F.; Pearson, R. G. *Mechanisms of Inorganic Reactions*, 2nd ed.; Wiley; New York, 1967.

Co(III) 과 Cr(III) 착물의 난치환성 때문에, 이들의 치환 반응은 팔면체 착물 중에서 연구가 가장 많이 되었다. 대부분의 증거에 의하면, Co(III) 착물의 치환 반응은 $I_d$ 메커니즘으로 진행된다. 첫째, 들어오는 리간드의 성질에 따른 반응 속도의 의존성이 거의 없다. 만일 결합 형성이 중요한 의미를 가진다면, 정반대의 것이 기대된다. 펜타암민아쿠아코발트(III) 의 음이온 치환 반응에 대한 자료를 표 12.4에 나타내었다.

$$[\text{Co(NH}_3)_5(\text{H}_2\text{O})]^{3+} + \text{X}^{n-} \longrightarrow [\text{Co(NH}_3)_5\text{X}]^{m+} + \text{H}_2\text{O} \tag{12.35}$$

다양한 음이온성 $X^{n-}$ 리간드에 대한 속도 상수에서 약간의 변화만을 볼 수 있다. 식 12.35의 역반응인 Co(III) 착물의 수화 반응도 고려해 보는 것이 도움이 된다. 만일 이것이 $I_d$ 반응이라면, 대부분의 활성화 에너지가 결합의 끊어짐과 관련이 있기 때문에 M—X 결합 강도는 반응 속도와 상관이 있어야 한다. 표 12.5를 보면 우리가 예상한 것처럼 반응 속도가 끊어지는 M—X 결합의 종류에 좌우된다는 것을 알 수 있다. 들어오는 그룹과 이탈하는 그룹 데이터는 해리성 메커니즘에 대한 확신을 주며 이러한 관점은 입체적 논의에 의해 더욱 확실해진다. $[Co(NMeH_2)_5Cl]^{2+}$에서 물이 $Cl^-$를 치환하는 반응은 $[Co(NH_3)_5Cl]^{2+}$에 대한 같은 반응보다 22배 더 빠르게 일어난다.[18] 메틸아민의 입체적 요구 조건이 더 크기 때문에 $Cl^-$ 리간드의 해리가 촉진된다. 만일 반응이 $I_a$ 또는 $A$ 경로로 진행된다면, 들어오는 리간드의 입체적 반발이 커져서 반응이 느려질 것이므로 속도의 순서는 반대로 될 것이다. 마지막으로, Co(III) 착물에 대한 트랜스 효과(사각 평면 치환 반응에서 매우 중요하다)가 없다는 것이 해리성 메커니즘과 일치한다는 것에 유의해야 할 것이다.

Co(III) 착물에서의 치환 반응이 팔면체 전이 금속 착물의 전형적인 것이 아닐 수도 있다는 증거들이 많아지고 있다. Cr(III) 착물의 치환 반응에 대한 초기의 연구로부터, 오히려 들어오는 그룹의 특성에 대한 반응 속도의 강력한 의존성을 밝혀주었는데,[19] 이것은 $I_a$ 메커니즘을 지지하는 것이다. 최근에는 고압 산소-17 NMR 분광기가 빠른 반응에 대한 상세한 메커니즘을 규명하는 데 널리 사용되고 있어, 결과적으로 물에 안정한 많은 전이 금속 착물 이온들이 연구되고 있다. 이들 실험에 의해 밝혀진 흥미있는 파라미터가 활성화 부피($\Delta V^\ddagger$)인데, 이것은 반응이 바닥 상태로부터 전이 상태로 진행될 때 일어나는 압축률 변화의 척도이다(488쪽 참조). $[M(NH_3)_5(H_2O)]^{3+}$ 착물에서의 용매 교환으로부터 얻어진 표 12.6의 데이터를 보면, $Co^{3+}$에 대해서는 양성의 $\Delta V^\ddagger$ 값이 나타나고, $Cr^{3+}$, $Rh^{3+}$, $Ir^{3+}$에 대해서는 음성의 값이 나타나는데, 이는 코발트 이온에 대해서는 $I_d$ 메커니즘이 진행되고, 크로뮴, 로듐, 이리듐에 대해서는 $I_a$ 메커니즘으로 진행됨을 암시해 주고 있다.[20] 첫째 계열 전이 원소의 헥사아쿠아 3가 양이온의 물 분자 치환 반응에 관한 데이터들을 표 12.7에 나타내었다. 주기율표에서 Ti(III)로부터 Fe(III)로 감에 따라 활성화 부피가 일반적으로 증가함을 볼 수 있다. 실제로 Ti(III)의 활성화 부피는 $A$ 메커니즘으로부터 예상되는 값에 근접하고 있다.[21] 위와 같은 경향은 강하게 회합된 것에서부터 적당히 회합된 것으로의 점진적인 변화 때문으로 볼 수 있다. 용매 교환 반응의 유사한 NMR 연구가 2가 전이 금속 이온인 $[M(H_2O)_6]^{2+}$에 대해서도 수행되었다. 이 실험에서, 활성화 부피는 첫째 계열 전이 원소를 따라 $I_a$에서 $I_d$로 변화함을 가리키고 있다. 즉, 해리성 메커니즘은 Fe(II)에서보다 Ni(II)에서 더 중요하다.[22] 또한 활성화 부피는 용매와 반응물에서의 부피 변화도 포함하기 때문에, 해석이 늘 올바른 것은 아니며, 그 방법의 효력이 과장되고 있다고 믿는 이들도 있다. 예를 들어 Langford[23]와 Swaddle[24]은 이러

**표 12.5**

$[Co(NH_3)_5X]^{m+}$와 $H_2O$의 반응에 대한 속도 상수$^a$.

| $X^{n-}$ | $k\ (s^{-1})$ |
|---|---|
| $NCS^-$ | $5.0 \times 10^{-10}$ |
| $H_2PO_4^-$ | $2.6 \times 10^{-7}$ |
| $Cl^-$ | $1.7 \times 10^{-6}$ |
| $NO_3^-$ | $2.7 \times 10^{-5}$ |
| $SO_4^{2-}$ | $1.2 \times 10^{-6}$ |

$^a$ Basolo, F.; Pearson, R. G. *Mechanisms of Inorganic Reactions*, 2nd ed.; Wiley; New York, 1967.

**표 12.6**

$[M(NH_3)_5(OH_2)]^{3+}$의 용매 교환에 대한 활성화 부피$^a$.

| M | $\Delta V^\ddagger$, $cm^3\ mol^{-1}$ |
|---|---|
| $Co^{3+}$ | +1.2(300 K) |
| $Cr^{3+}$ | −5.8(298 K) |
| $Rh^{3+}$ | −4.1(308 K) |
| $Ir^{3+}$ | −3.2(344 K) |

$^a$ Ducommun, Y.; Merbach, A. E. In *Inorganic High Pressure Chemistry*; van Eldik, R., Ed.; Elsevier: Amster-dam, 1986

**표 12.7**

첫 번째 계열 전이 금속 이온의 헥사아쿠아 착물의 물 교환에 대한 활성화 부피$^a$.

| M | $\Delta V^\ddagger$, $cm^3\ mol^{-1}$ |
|---|---|
| $Ti^{3+}$ | −12.1 |
| $V^{3+}$ | − 8.9 |
| $Cr^{3+}$ | − 9.6 |
| $Fe^{3+}$ | − 5.4 |

$^a$ Hugi, A. D.; Helm, L.: Merbach, A. E. *Inorg. Chem.* **1987**, *26*, 1763~1768. Xu, F.-C.; Krouse, H. R.; Swaddle, T. W. *Inorg. Chem.* **1985**, *24*, 267~270. Swaddle, T. W.; Merbach, A E. *Inorg. Chem.* **1981**, *20*, 4212~4216.

18) Buckingham, D. A.; Foxman, B. M.; Sargeson, A. M. *Inorg. Chem.* **1970**, *9*, 1790~1795.
19) Espenson, J. H. *Inorg. Chem.* **1969**, *8*, 1554~1556.
20) Docommun, Y.; Merbach, A. E. *Inorganic High Pressure Chemistry*; van Eldik, R., Ed.; Elsevier: Amsterdam, 1986. van Eldik, R.; Asano, T.; Le Noble, W. J. *Chem. Rev.* **1989**, *89*, 549~688.
21) Hugi, A. D.; Helm, L.; Merbach, A. E. *Inorg. Chem.* **1987**, *26*, 1763~1768.
22) Lincoln, S. F.; Hounslow, A. M.; Boffa, A. N. *Inorg. Chem.* **1986**, *25*, 1038~1041.
23) Langford, C. H. *Inorg. Chem.* **1979**, *18*, 3288~3289.
24) Swaddle, T. W. *Inorg. Chem.* **1980**, *19*, 3203~3205.

한 사실에 대해 반대 의견을 제시하고 있다. 의심할 바 없이, $I_a$ 경로는 팔면체 치환 반응에서 더 흔하게 나타난다.

## 산과 염기에 영향을 받은 반응 속도

수용액에서 일어나는 치환 반응들은 흔히 산과 염기에 의해 가속될 수 있다. 만일 배위된 이탈기(X) 가 $H^+$ 또는 $Ag^+$와 $Hg^{2+}$와 같은 금속 이온과 상호작용할 수 있는 고립 전자쌍을 가지고 있다면, M—X 결합은 약해지고, X의 상실이 촉진된다.[25] 이러한 효과는 다음과 같은 $[Cr(H_2O)_5F]^{2+}$의 수화 반응에서 나타난다.

$$[Cr(H_2O)_5F]^{2+} + H^+ \rightleftharpoons [Cr(H_2O)_5\text{---}F\text{---}H]^{3+} \quad (12.36)$$

$$[Cr(H_2O)_5\text{---}F\text{---}H]^{3+} + H_2O \longrightarrow [Cr(H_2O)_6]^{3+} + HF \quad (12.37)$$

결합된 플루오린기의 이용 가능한 고립 전자쌍은 수소 이온에 끌려, 약한 산을 형성한다. 전체 반응에 대한 속도 상수는 중성 용액에서 $6.2 \times 10^{-10}\ s^{-1}$이지만 산성 용액에서는 $1.4 \times 10^{-8}\ s^{-1}$이다. 금속에 결합되어 자유로운 고립 전자쌍이 없는 암모니아가 이탈기일 때에는 가속이 일어나지 않는다.[26]

수산화 이온도 팔면체 착물의 가수분해 속도에 뚜렷한 영향을 줄 수 있다. 염기성 용액에서의 $[Co(NH_3)_5Cl]^{2+}$의 가수분해 반응의 속도 상수는 산성 용액에서의 것의 100만 배나 된다. 더구나 반응은 이차 반응이고, 수산화 이온의 농도에 의존한다.

$$\text{속도} = k[Co(NH_3)_5Cl^{2+}][OH^-] \quad (12.38)$$

비록 이러한 결과가 회합성 메커니즘과 일치하지만, 반응이 양성자 분리를 통해 일어난다는 의견이 유력하다.

$$[Co(NH_3)_5Cl]^{2+} + OH^- \rightleftharpoons [Co(NH_3)_4(NH_2)Cl]^+ + H_2O \quad (12.39)$$

$$[Co(NH_3)_4(NH_2)Cl]^+ \longrightarrow [Co(NH_3)_4(NH_2)]^{2+} + Cl^- \quad (12.40)$$

$$[Co(NH_3)_4(NH_2)]^{2+} + H_2O \xrightarrow{\text{fast}} [Co(NH_3)_5(OH)]^{2+} \quad (12.41)$$

이러한 관점에 따라, 수산화 이온은 아미도코발트 착물과 빠르게 평형을 이루게 된다. 속도-결정 단계는 이 착물의 해리 반응 (식 12.40) 이지만, 착이온의 농도는 평형을 통해 수산화 이온의 농도에 의존하므로, 반응 속도는 수산화 이온의 농도에 비례한다.

착물의 짝염기가 관여되는 일차 반응에 대한 이러한 메커니즘을 $S_N1_{CB}$라는 기호로 나타내며, 많은 관찰을 통해 입증되었다. 산 가수분해에 비해 속도에 있어 100만 배 증가시키는 유일한 것이 수산화 이온이라는 사실이 이러한 메커니즘을 합리화시키고 있다. 착물로부터 양성자들을 제거할 수는 없지만, 다른 경우에는 좋은 친핵체라고 기대되는 그 밖의 다른 음이온들은, 이러한 속도 상수의 증가를 보이지 않는다. 더구나, $S_N1_{CB}$ 메커니

---

25) $F^-$와 같은 굳은 리간드는 $Be^{2+}$와 $Al^{3+}$와 같은 굳은 금속 이온에 의해 가장 효과적으로 제거되지만, $Cl^-$, $Br^-$, $I^-$와 같은 무른 리간드는 $Ag^+$와 $Hg^{2+}$와 같은 무른 금속 이온에 의해 더 잘 제거된다.

26) Wilkins, R. G. *Kinetics and Mechanisms of Reactions of Transition Metal Complexes,* 2nd Ed.; VCH: New York, 1991.

즘은 이온화할 수 있는 수소 원자를 갖는 하나 또는 그 이상의 리간드들이 있는 착물에 만 적용될 수 있다. 따라서 $[Co(py)_4Cl_2]^+$와 $[Co(CN)_5Cl]^{3-}$와 같은 착물들은 전형적인 염기 가수분해를 보여주지 않는다고 기대되며, 사실 그러하다. 이러한 경우 가수분해 반응은 서서히 진행되며 수산화 이온에 대한 의존성이 없다.

만일 수산화 이온이 직접적인 공격보다는 양성자 추출에 의해 반응을 가속시킨다면, 수산화 이온 이외의 다량의 음이온의 첨가에 의해 5배위 중간체를 포착하는 것이 가능하다고 상상해 볼 수 있다. 이것이 가능한 반응계는, $N_3^-$를 포착 시약으로 하는 $[Co(NH_2R)_5X]^{2+}$($X = OSO_2CF_3^-$) 의 염기 가수분해 반응이다.[27]

$$[Co(NH_2R)_5X]^{2+} + OH^- \longrightarrow [Co(NH_2R)_4(NHR)X]^+ + H_2O \quad (12.42)$$

$$[Co(NH_2R)_4(NHR)X]^+ \longrightarrow [Co(NH_2R)_4(NHR)]^{2+} + X^- \quad (12.43)$$

$$[Co(NH_2R)_4(NHR)]^{2+} \xrightarrow[\text{빠름}]{H_2O} [Co(NH_2R)_5OH]^{2+} \qquad [Co(NH_2R)_4(NHR)]^{2+} \xrightarrow[\text{빠름}]{N_3^-,\ H^+} [Co(NH_2R)_5N_3]^{2+} \quad (12.44)$$

이 반응이 0.10 M 수산화물과 1.0 M 아자이드화물에서 진행되면, 수산화 착물(10.3%)과 아자이도(azido) 착물(9.7%)이 모두 형성된다. 염기가 없으면 실험 기간 내에 아자이드화물 치환이 관찰되지 않는다는 것을 명심하여라. 더구나 가수분해 반응의 속도는 아자이드화물이 과염소산이나 아세트산 음이온으로 대체되더라도 크게 다르지 않다. 따라서 이들 음이온들이 5배위 활성화 착물의 구경꾼들이고 $X^-$의 상실에는 관여하지 않는다는 것이 분명해진다.

앞에서의 치환 메커니즘의 논의는 세계적으로 유명한 배위 화학자들이 관심을 가지고 있는 영역의 겉만을 다루고 있을 뿐이다. 이러한 분야는 공격의 방법뿐만 아니라 무한한 문제성을 가진 것으로 보이는 영역이다. 여기에 치환 메커니즘에 관해 더 알기 쉬운 이론을 제시할 수 없다는 것이 안타깝다. 제시된 논의들은 세세한 점과 논쟁거리가 되는 해석을 소홀히 다루었다는 점에서 정도를 벗어난 것이다. 어떤 메커니즘을 확증하려고 설계된 실험마다 흔히 또 다른 해석이 발견될 수 있다. 어떤 저명한 연구자가 예전에 다음과 같은 말을 하였다. "[다른 학파의 회원들]은 우리가 한 것 같은 모든 결론적인 실험에 대해 다른 방식으로 설명하는 데 있어 대단히 재능이 있다."[28] 이것은 한 특정 메커니즘이 옳다는 것을 증명할 수 없는 자명한 이치를 깨닫게 하는 데 도움이 될 것이다. 다른 방식의 메커니즘이 옳지 않다는 것을 증명하는 것은 가끔 가능할 뿐이다. 이것에 하나의 추론이 더해질 수 있다. 즉, 때로는 다른 방식이 불가능하다는 것을 증명하기는 극히 어렵다.

## 라세미화와 이성질화

다른 하나의 큰 주목을 받고 있는 반응은 광학적으로 활성인 착물, 특히 트리스(킬레이트) 화합물의 라세미화 반응이다.

---

27) Curtis, N. J.; Lawrance, G. A.; Lay, P. A.; Sargeson, A. M. *Inorg. Chem.* **1986**, *25*, 484~488.

28) Pearson, R. G. In *Mechanisms of Inorganic Reactions*; Kleinberg, J., Ed.; Advances in Chemistry 49; American Chemical Society : Washington, DC, 1965; p 25.

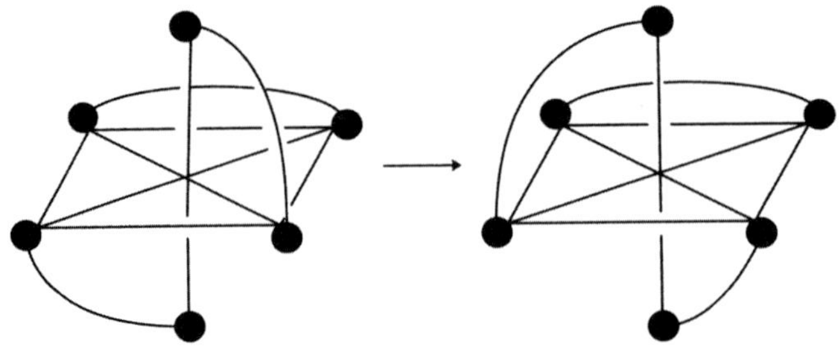

(12.45)

이러한 반전에 대해 가능한 몇 가지 메커니즘들이 있는데, 이들 중 몇 가지는 적당한 실험에 의해 제외될 수 있다. 예를 들어 한 메커니즘에서, 첫 단계로 한 킬레이트 리간드가 완전히 해리되어 사각 평면 착물 또는 트랜스 다이아쿠아 착물을 형성하는 것이 포함될 수 있다.

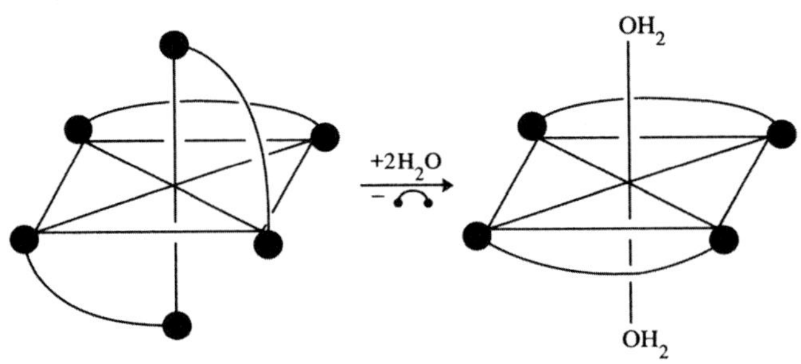


(12.46)

따라서 부분적 비대칭은 없어지고 킬레이트 고리가 재형성될 때, Δ 또는 Λ 이성질체가 만들어지는 확률은 50-50이 될 것이다(11장). 이 메커니즘에서의 속도 결정 단계는 리간드의 해리이므로, 라세미화의 속도($k_r$) 는 해리 속도($k_d$) 와 같을 것이다. 예를 들어, 트리스(페난트롤린) 니켈(II) 은 해리 속도($k_d = 1.6 \times 10^{-4}\ s^{-1}$) 와 같은 속도($k_r = 1.5 \times 10^{-4}\ s^{-1}$) 로 라세미화되며, 이것은 해리가 라세미화 메커니즘의 한 부분임을 의미한다. 만약 라세미화가 해리보다 빠르게 일어나면[예를 들어, 트리스(페난트롤린) 철(II) 이 그렇다. $k_r = 6.7 \times 10^{-4}\ s^{-1}$ 그리고 $k_d = 0.70 \times 10^{-4}\ s^{-1}$], 이 메커니즘은 제외될 수 있다.

해리가 관여되는 경우에, 킬레이트의 오직 한쪽 끝만이 5배위 착물의 형성과 함께 떨어지는 듯하다. 이 착물은 삼각 쌍뿔 또는 사각뿔 기하 구조를 가질 수 있는데, 이들 어느 것이나 다 리간드 자리를 차지하려고 서로 다투면서 Berry 유사회전을 한다. 킬레이트 고리를 재형성하기 위하여 두 자리 리간드의 매달린 끝부분이 재부착되면서 Δ 와 Λ 이성질체들의 혼합물로 라세미화된다.

많은 착물에 있어서 $k_r > k_d$는 라세미화가 결합의 끊어짐 없이 일어난다는 것을 의미한다. 이러한 경우에 분자내 경로가 작동되어야만 한다. 분자내 경로를 허용하는 네 가지 대칭이 확인되었다(그림 12.7).[29] "밀어서 관통"(여섯 동일평면 리간드) 과 "교차"(네 동일평면 리간드) 메커니즘은 모두 입체 장애를 약화시키기 위하여 큰 금속-리간드 결합 신축을 필요로 하는데, 에너지적으로 유리하지 않다. "뒤틀림" 메커니즘은 더 알맞은 결합 신축을 필요로 하는데, 라세미화를 설명할 것으로 믿어진다. 초기의 뒤틀림 메커니즘은 Rây와 Dutt에 의해 제안되었는데,[30] 비등축 뒤틀림이라고 알려졌다. 몇 년 뒤 Bailar

29) Rodger, A.; Johnson, B. F. G. *Inorg. Chem.* **1988**, *27*, 3061~3062.
30) Rây, P. C.; Dutt, N. K. *J. Indian Chem. Soc.* **1943**, *20*, 81.

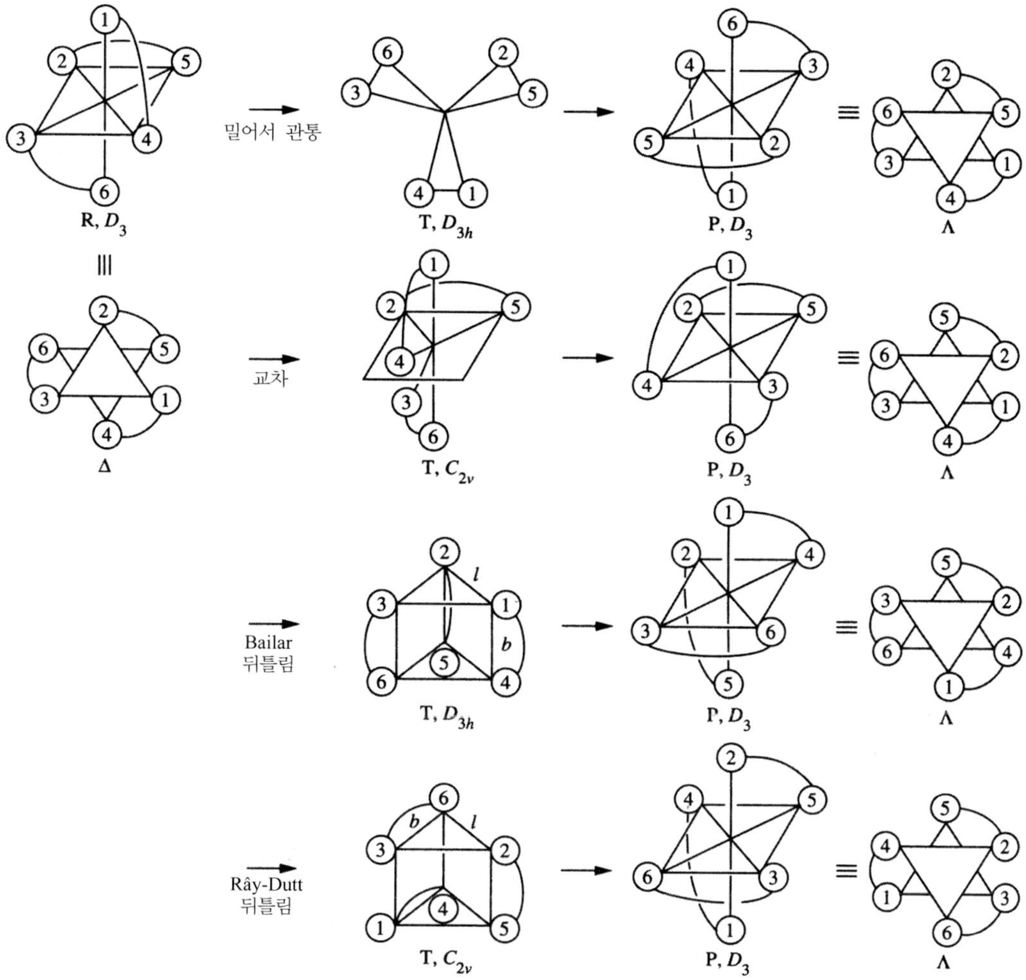


**그림 12.7** 트리스(킬레이트) 팔면체 착물의 라세미화에 대한 네 가지 분자내 메커니즘(R = 반응물; T = 전이 상태; P = 생성물). Bailar와 Rây-Dutt 뒤틀림만이 에너지적으로 받아들여질 수 있다. [Rodger, A.; Johnson, B. F. G. *Inorg. Chem.* **1988**, *27*, 3061~3062.]

는 삼각 뒤틀림 메커니즘을 제안하였다.[31] Rây-Dutt 뒤틀림은 착물의 3중축과 관련되지 않는 삼각면의 회전으로 $C_{2v}$ 전이 상태를 거쳐, 그의 거울상으로 된다. Bailar 뒤틀림은 착물을, 3중축 주위로의 착물의 뒤틀림으로 삼각 기둥 전이 상태를 거쳐 그의 거울상으로 되는 것처럼 보여질 수도 있다. 하나 또는 다른 메커니즘을 입증할 확고한 실험 증거 몇 가지를 얻기 위해 그렇게 많은 해를 보내는 실험적 어려움들이 있다. 단단한 킬레이트들과 작은 집게각을 가진 킬레이트들은 삼각 뒤틀림을 선호하는 것으로 나타난다.[32] 작은 집게각은 삼각 기둥 기하 구조를 안정화시키는 것으로 알려져 있으며(11장), 따라서 그러한 뒤틀림에 대한 에너지 장벽을 감소시킬 것으로 기대된다. 계산에 의하면 집게 $b$ (같은 킬레이트 리간드 내에서 주개 원자들 사이의 거리) 가 $l$ (이웃하는 킬레이트 리간드의 주개 원자들 사이의 거리) 보다 실질적으로 작을 때 삼각 뒤틀림을 선호한다고 한다. (그림 12.7 참조).[33] 반대로, 비등축 뒤틀림이 선호되기 위해서는 $b$가 $l$보다 훨씬 커야 한

31) Bailar, J. C., Jr. *J. Inorg. Nucl. Chem.* **1958**, *8*, 165~175.
32) Kepert, D. L. *Prog. Inorg. Chem.* **1977**, *23*, 1~65.
33) Rodger, A.; Johnson, B. F. G. *Inorg. Chem.* **1988**, *27*, 3061~3062.

다. 많은 착물들이 각 기하 구조적 분류에 속하기 때문에 두 메커니즘이 오히려 일반적인 것으로 생각된다. *b*와 *l*이 크게 다르지 않은 경우, 두 뒤틀림 메커니즘이 동시에 작용한다. 팔면체인 $M(CO)_4LL'$의 시스 및 트랜스 착물의 분자내 이성질화도 일부 착물들에 대해 잘 확립이 되어 있으며, 아마도 삼각 뒤틀림 메커니즘을 거쳐 진행될 것이다.[34)]

## 산화-환원 반응의 메커니즘[35)]

환원제와 산화제가 서로 단순히 마주쳐 전자 이동이 일어나는 전자 이동에 관한 메커니즘에 대한 연구는 거의 이루어지지 않았다고 추정된다. 그러나 산화되고 환원되는 화학종들이 흔히 리간드와 용매 분자들로 둘러싸인 금속 이온이라는 사실 때문에 용액에서의 반응은 복잡하다. 전이 금속 착물이 관여되는 전자 이동 반응은 외부권과 내부권이라고 부르는 두 가지 메커니즘으로 나뉜다. 이 절에서는 이러한 메커니즘들을 비교하고 각각에 대해 반응속도에 영향을 주는 요인들을 살펴본다.

### 외부권 메커니즘

이러한 형태의 반응에서 결합은 만들어지지도 끊어지지도 않는다. 다음 반응을 생각해 보자.

$$[Fe(CN)_6]^{4-} + [Mo(CN)_8]^{3-} \longrightarrow [Fe(CN)_6]^{3-} + [Mo(CN)_8]^{4-} \qquad (12.47)$$

이러한 반응은 대략적인 단순 충돌 모델로 생각할 수 있다. 반응의 속도는 두 반응물에 대한 사이안화물의 교환보다 빠르므로, Fe—CN 또는 Mo—CN 결합의 끊어짐 없이 하나의 안정한 착물로부터 다른 것으로 전자가 이동되는 진행이라고 생각된다.

외부권(outer sphere) 전자 이동은 다음과 같이 표현될 수 있다.

$$O + R \longrightarrow [O\text{-----}R] \qquad (12.48)$$

$$[O\text{-----}R] \longrightarrow [O\text{---}R]^* \qquad (12.49)$$

$$[O\text{---}R]^* \longrightarrow [O^-\text{-----}R^+] \qquad (12.50)$$

$$[O^-\text{-----}R^+] \longrightarrow O^- + R^+ \qquad (12.51)$$

먼저 산화제(O)와 환원제(R)가 함께 선구 착물을 형성한다. 선구 착물의 활성화에는 용매 분자의 재구성과 금속-리간드 결합 거리의 변화가 포함되는데, 전자 이동이 일어나기 전에 일어나야만 한다. 마지막 단계는 생성 이온으로의 이온쌍의 해리이다.

활성화와 전자 이동 단계를 더욱 분명하게 하는 특수한 예가 있다. 용매화된 Fe(III) 과

---

34) Darensbourg, D. J.; Gray, R. L. *Inorg. Chem.* **1984**, *23*, 2993~2996.

35) Taube, H. *Electron Transfer Reactions of Complex Ions in Solution*; Academic : New York, 1970; Chapter 2. Haim, A. *Acc. Chem. Res.* **1975**, *8*, 264~272. Pennington, D. E. In *Coordination Chemistry*; Martell, A. E., Ed.; ACS Monograph 174; American Chemical Society : Washington, DC, 1978; Vol. 2, pp 476~590. Taube, H. *Science* **1984**, *226*, 1028~1036 (Professor Taube's Nobel Prize address). "An Appreciation of Henry Taube," *Prog. Inorg. Chem.* **1983**, *30*. Rudolph, A. Marcus Commemorative Issue, *J. Phys. Chem.* **1986**, *90*, 3453~3862.

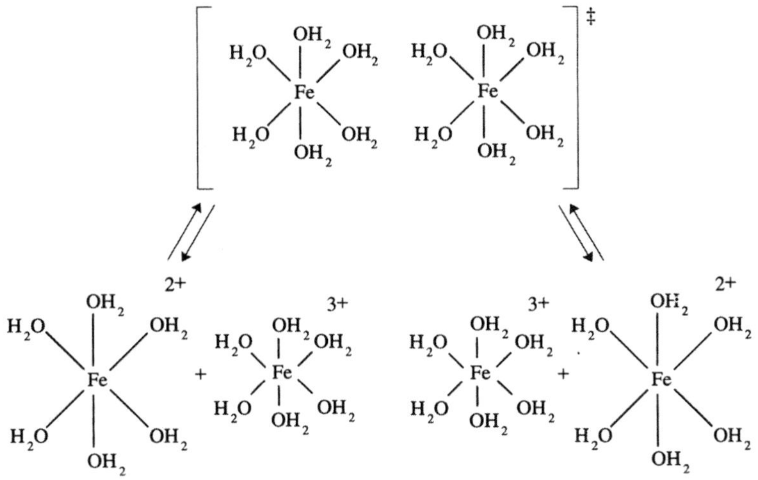

**그림 12.8** 모든 금속-리간드의 거리가 같은 활성화 착물을 형성하기 위한, $[Fe(H_2O)_6]^{3+}$와 $[Fe(H_2O)_6]^{2+}$에서의 각 Fe—O 결합의 신장과 압축. 이는 두 착물 사이의 전자 이동을 위해 필수적이다. [Lewis, N. A. *J. Chem. Educ.* **1980**, *57*, 478~483.]

Fe(II) 사이의 교환 반응이 철의 방사성 동위원소(Fe*)를 이용하여 연구되었다.[36)]

$$[Fe(H_2O)_6]^{3+} + [Fe^*(H_2O)_6]^{2+} \longrightarrow [Fe(H_2O)_6]^{2+} + [Fe^*(H_2O)_6]^{3+} \tag{12.52}$$

이 반응에 대한 활성화 에너지인 $\Delta G^\ddagger$는 33 kJ $mol^{-1}$이다. 여기서 반응물과 생성물이 같은 데도 왜 이 값이 영이 아닌가라고 물을 수도 있을 것이다. 전자 이동이 일어나도록 하기 위해서는 Frank-Condon 원리[37)]에 의해 요구되는 바와 같이 관련 전자 궤도의 에너지가 같지 않으면 안 된다. 이 반응에서 전자는 Fe(II)의 $t_{2g}$ 오비탈로부터 Fe(III)의 $t_{2g}$ 오비탈로 이동한다. $Fe^{2+}$와 $Fe^{3+}$ 착물에서 결합 길이는 같지 않으며(표 3.4 참조), 이것은 오비탈의 에너지가 동등하지 않음을 말하는 것이다. 만약 에너지의 투입 없이 전자 이동이 일어날 수 있다면, 전형적인 $Fe^{3+}$의 결합 길이를 가진 Fe(II) 착물과 전형적인 $Fe^{2+}$의 결합 길이를 가진 Fe(III) 착물이 생성물로 얻어질 것이다. 그리고 이 두 착물은 에너지를 방출하고 안정화될 것이다. 이것은 분명 열역학 제1법칙에 위배된다. 사실, 전자 이동이 일어나기 위해서는 에너지가 입력되지 않으면 안된다. 실제로 관련 오비탈이 같은 에너지가 될 때까지 Fe(II) 착물에서는 결합이 짧아지고 Fe(III) 착물에서는 길어지는 과정이 일어난다(그림 12.8). 금속-리간드 결합을 따라 일어나는 신장과 압축 진동으로 이들이 원하는 배열로 될 수 있다.

활성화 에너지는 다음과 같이 세 개 항의 합으로 나타낼 수 있다.

$$\Delta G^\ddagger = \Delta G_t^\ddagger + \Delta G_i^\ddagger + \Delta G_o^\ddagger \tag{12.53}$$

여기서 $\Delta G_t^\ddagger$는 산화제와 환원제를 알맞은 간격으로 배열하는 데 필요한 에너지(하전된 반응물에서 정전기적인 반발을 극복하는 데 필요한 일도 여기에 포함됨)이고, $\Delta G_i^\ddagger$는 오비탈의 에너지가 동등하게 되도록 하는 결합의 압축과 신장에 필요한 에너지이다. 그리

36) Sykes, A. G. *Kinetics of Inorganic Reactions*; Pergamon : Oxford, 1966; Chapter 2.

37) Lewis, N. A. *J. Chem. Educ.* **1980**, *57*, 478~483.

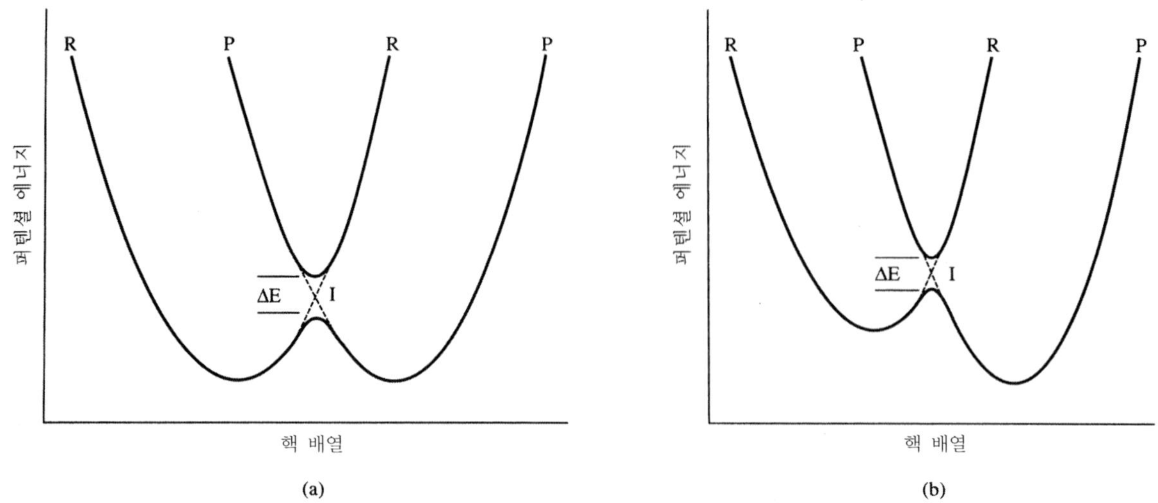


**그림 12.9** (a) 아래 반응과 같은 동종핵 전자 이동에 대한 퍼텐셜 에너지 도표.

$$[Fe(H_2O)_6]^{2+} + [Fe(H_2O)_6]^{3+} \longrightarrow [Fe(H_2O)_6]^{3+} + [Fe(H_2O)_6]^{2+}$$

(b) 이종핵 전자 이동에 대한 퍼텐셜 에너지 도표. 각 도표는 배열 공간 내에 있는 반응물(R)과 생성물(P)의 전체 퍼텐셜 에너지의 단면도를 묘사한다. 전자 이동은 두 퍼텐셜 에너지 표면의 교차점인 I에서 일어날 수 있다. 이곳에서는 관여되는 오비탈의 에너지가 같다.

고 $\Delta G^{\ddagger}_{o}$는 첫 번째 배위권 밖의 용매 분자가 재배열되는 데 필요한 에너지이다.

퍼텐셜 에너지 도표는 분자 운동과 전자 이동 사이의 관계를 더욱 분명하게 해준다. 전자 이동 전의 모든 반응물과 용매 분자 핵의 퍼텐셜 에너지는 조화 퍼텐셜 우물과 비슷하게 표현될 수 있다(그림 12.9a, R). 전자 이동 이후의 모든 생성물과 용매 분자 핵의 퍼텐셜 에너지도 비슷하게 표현될 수 있다(그림 12.9a, P). 식 12.52의 반응물과 생성물은 그림 12.9a에서 보여준 바와 같이 같은 에너지를 가진다. 퍼텐셜 에너지 면의 교차점인 I에서, 오비탈의 에너지가 동일해야 한다는 요구 조건이 충족된다. 그러나 I에서 전자 이동이 일어나기 위해서는, 진동 운동과 전자 운동이 같이 일어나야 한다. 이러한 상호작용의 정도는 그림에서 보여준 $\Delta E$와 관련이 있다. 만약 상호작용이 크다면(결합의 뒤틀림이 적은 조건), 전자 이동은 유리해진다. 만약 상호작용이 매우 약하다면(결합의 큰 뒤틀림과 관련됨), $\Delta G^{\ddagger}_{i}$는 크게 될 것이고 반응은 느려질 것이다. 이러한 고찰은 그림 12.9b에 묘사된 것과 같은 이종핵 반응에 대해서도 똑같이 적용된다.

결합 뒤틀림 크기의 중요성은 다음과 같은 헥사암민코발트 착물의 자체-교환 반응에서 드러난다.

$$[Co^*(NH_3)_6]^{3+} + [Co(NH_3)_6]^{2+} \longrightarrow [Co^*(NH_3)_6]^{2+} + [Co(NH_3)_6]^{3+} \quad \textbf{(12.54)}$$

이러한 느린 반응에 대한 이차 반응 속도 상수는 $10^{-6}\ M^{-1}\ s^{-1}$이다.[38] Co(III)에서 Co—N 결합 길이는 1.936(15) Å이지만, Co(II)에서는 2.114(9) Å이고, 그의 차이는 0.178 Å이다.[39] 상당한 정도의 Co(III)—N 결합의 신장과 Co(II)—N 결합의 압축이 전자 이동이 일어나는 데 필수적이다. 이와는 대조적으로, $[Ru(NH_3)_6]^{2+}/[Ru(NH_3)_6]^{3+}$ 쌍의 자체-

[38] Hammershi, A.; Geselowitz, D.; Taube, H. *Inorg. Chem.* **1984**, *23*, 979~982.
[39] Kime, N. E.; Ibers, J. A. *Acta. Crystallogr., Sect. B : Struct. Sci.* **1969**, *25*, 168.

교환 반응 속도 상수는 $8.2 \times 10^2\ M^{-1}\ s^{-1}$이며, Ru—N 결합 길이의 차이는 0.04(6) Å이다.[40] 루테늄 교환의 이런 매우 빠른 속도는 전자 이동 전에 일어나는 결합 길이의 조정이 크지 않다는 사실과 일치하는 것이다. 그러나 코발트와 루테늄 계는 완전히 유사하지 않다. 즉, 루테늄은 산화와 환원된 형태 모두 저스핀이 유지되는 반면에, 코발트는 저스핀 $d^6$ 착물에서 고스핀 $d^7$ 착물로 된다. 코발트 반응은 금지된 스핀 때문에 비정상적으로 느리게 진행된다고 설명되어 왔다. 그렇지만 최근에는 이러한 가설이 지지받지 못하고 있다.[41]

Co(III) 와 Co(II) 사이의 자체-교환 반응이 모두 느린 것은 아니라고 알려져 있다. 결합된 리간드의 성질이 반응 속도에 중대한 영향을 끼친다. 특히 $\pi$ 결합을 가진 리간드는 전자의 이동을 쉽게 해준다. 예를 들면 $[Co(phen)_3]^{3+}/[Co(phen)_3]^{2+}$ 교환에서, $k$는 $40\ M^{-1}\ s^{-1}$로 코발트 아민계에서보다 여러 차수의 크기로 빠르다.[42]

Marcus[43]는 외부권 반응에 대한 속도 상수를 계산할 수 있게 하는 첫 번째 원리로부터 다음과 같은 관계식을 유도하였다.

$$k_{12} = (k_{11}k_{22}K_{12}f_{12})^{1/2} \qquad \textbf{(12.55)}$$

이 방정식의 응용과 이들 모든 항에 대한 정의를 설명하기 위해, 식 12.47 (자체-교환 반응과 비교하여 교차 반응이라 부름) 의 반응 속도 상수 $k_{12}$를 계산할 것이다. 이 반응에서 $k_{11}$은 헥사사이아노철산 착물을 포함한 자체-교환 과정에 대한 속도 상수이다.

$$[Fe(CN)_6]^{4-} + [Fe^*(CN)_6]^{3-} \longrightarrow [Fe(CN)_6]^{3-} + [Fe^*(CN)_6]^{4-} \qquad k_{11} = 7.4 \times 10^2\ M^{-1}\ s^{-1} \qquad \textbf{(12.56)}$$

$k_{22}$는 옥타사이아노몰리브덴 착물을 포함하는 유사 반응에 대한 속도 상수이다.

$$[Mo(CN)_8]^{3-} + [Mo^*(CN)_8]^{4-} \longrightarrow [Mo(CN)_8]^{4-} + [Mo^*(CN)_8]^{3-} \qquad k_{22} = 3 \times 10^4\ M^{-1}\ s^{-1} \qquad \textbf{(12.57)}$$

$K_{12}$는 전체 반응에 대한 평형 상수이다 (식 12.47).

$$[Fe(CN)_6]^{4-} + [Mo(CN)_8]^{3-} \rightleftharpoons [Fe(CN)_6]^{3-} + [Mo(CN)_8]^{4-} \qquad K_{12} = 1.0 \times 10^2 \qquad \textbf{(12.58)}$$

그리고 $f_{12} = (\log K_{12})^2/4 \log(k_{11}k_{22}/Z^2)$ 이다. Z를 포함하는 마지막 항은 용액 내에서 두 개의 하전되지 않은 입자들의 충돌 빈도이며 $10^{11}\ M^{-1}\ s^{-1}$ 정도이다. $f_{12}$는 두 반응물의 자유에너지에서의 차이에 대한 보정으로 묘사되고 있으며, 흔히 1에 근접하는 값을 가진다 (이 경우에는 0.85이다).[44] 이러한 모든 값을 식 12.55에 대입하면, $k_{12}$는 $4 \times 10^4\ M^{-1}\ s^{-1}$

---

40) Stynes, H. C.; Ibers, J. A. *Inorg. Chem.* **1971**, *10*, 2304~2308.
41) Larsson, S.; Ståhl, K.; Zerner, M. C. *Inorg. Chem.* **1986**, *25*, 3033~3037.
42) Farina, R.; Wilkins, R. G. *Inorg. Chem.* **1968**, *7*, 514~518.
43) Marcus, R. A. *Annu. Rev. Phys. Chem.* **1964**, *15*, 155~196. Newton, T. W. *J. Chem. Educ.* **1968**, *45*, 571~575.
44) Pennington, D. E. In *Coordination Chemistry*; Martell, A. E., Ed.; ACS Monograph 174; American Chemical Society : Washington, DC, 1978; Vol. 2, Chapter 3.

표 12.8
외부권 교차 반응에 대한 속도 상수의 계산값과 실험값[a].

| 반응 | log $K_{12}$ | $k_{12obsd}$ ($M^{-1}\ s^{-1}$) | $k_{12calcd}$ ($M^{-1}\ s^{-1}$) |
|---|---|---|---|
| $Ru(NH_3)_6^{2+}$ + $Ru(NH_3)_5py^{3+}$ | 4.40 | $1.4 \times 10^6$ | $4 \times 10^6$ |
| $Ru(NH_3)_5py^2$ + $Ru(NH_3)_4(bpy)^{3+}$ | 3.39 | $1.1 \times 10^8$ | $4 \times 10^7$ |
| $Ru(NH_3)_6^{2+}$ + $Co(phen)_3^{3+}$ | 5.42 | $1.5 \times 10^4$ | $1 \times 10^5$ |
| $Ru(NH_3)_5py^2$ + $Co(phen)_3^{3+}$ | 1.01 | $2.0 \times 10^3$ | $1 \times 10^4$ |
| $V_{aq}^{2+}$ + $Co(en)_3^{3+}$ | 0.25 | $5.8 \times 10^{-4}$ | $7 \times 10^{-4}$ |
| $V_{aq}^{2+}$ + $Ru(NH_3)_6^{3+}$ | 5.19 | $1.3 \times 10^3$ | $1 \times 10^3$ |
| $V_{aq}^{2+}$ + $Fe_{aq}^{3+}$ | 16.90 | $1.8 \times 10^4$ | $2 \times 10^6$ |
| $Fe_{aq}^{2+}$ + $Os(bpy)_3^{3+}$ | 1.53 | $1.4 \times 10^3$ | $5 \times 10^5$ |
| $Fe_{aq}^{2+}$ + $Fe(bpy)_3^{3+}$ | 3.90 | $2.7 \times 10^4$ | $6 \times 10^6$ |
| $Ru(NH_3)_6^{2+}$ + $Fe_{aq}^{3+}$ | 11.23 | $3.4 \times 10^5$ | $2 \times 10^6$ |
| $Ru(en)_3^{2+}$ + $Fe_{aq}^{3+}$ | 9.40 | $8.4 \times 10^4$ | $4 \times 10^5$ |
| $Mo(CN)_8^{4-}$ + $IrCl_6^{2-}$ | 2.18 | $1.9 \times 10^6$ | $8 \times 10^5$ |
| $Mo(CN)_8^{4-}$ + $MnO_4^-$ | −4.07 | $2.7 \times 10^2$ | $6 \times 10^1$ |
| $Mo(CN)_8^{4-}$ + $HMnO_4$ | 8.48 | $1.9 \times 10^7$ | $2 \times 10^7$ |
| $Fe(CN)_6^{4-}$ + $IrCl_6^{2-}$ | 4.08 | $3.8 \times 10^5$ | $1 \times 10^6$ |
| $Fe(CN)_6^{4-}$ + $Mn(CN)_8^{3-}$ | 2.00 | $3.0 \times 10^4$ | $4 \times 10^4$ |
| $Fe(CN)_6^{4-}$ + $MnO_4^-$ | 3.40 | $1.7 \times 10^5$ | $6 \times 10^4$ |

[a] Marcus, R. A.; Sutin, N. *Biochim. Biophys. Acta* **1985**, *811*, 265.

로 계산되는데, 이는 실험값인 $3.0 \times 10^4\ M^{-1}\ s^{-1}$과 썩 잘 어울린다.[45] 표 12.8은 여러 외부권 교차 반응의 결과를 요약한 것이다. Marcus 방정식에 대한 신뢰도는 매우 높아서 만약 실험값과 상당히 불일치하는 반응 속도 상수를 계산해 냈다면, 외부권 메커니즘이 아닌 다른 메커니즘을 고려해야 한다.

$K_{12}$에 대한 $k_{12}$의 의존성에서 보는 것처럼, Marcus 방정식(식 12.55)은 열역학과 속도론을 연결시켜 주고 있다. $K_{12}$가 증가하면 반응 속도도 증가한다. 따라서 열역학적으로 더 유리한 외부권 반응은 덜 유리한 반응보다 더 빠르게 진행되는 경향이 있다. 반응 동력학에 대한 대부분의 기본적 취급법에서는 열역학(얼마나 멀리)과 속도론(얼마나 빨리)을 분리하여 다루기 때문에, 위와 같은 관찰들은 여러분들한테는 놀라운 것일 것이다. 여기에서 반응이 얼마나 빨리 일어나는가 하는 것은 반응이 진행되는 정도, 또는 추진력인 $\Delta G$에 의존할 수 있다는 것을 알 수 있다. 그러나 $K_{12}$가 커지면 여기에 나타낸 Marcus 방정식의 적용은 실패한다. 완벽한 이론에 따르면, 반응 속도는 자발성의 증가와 함께 빠르게 증가하다가 자유 에너지의 변화가 재배열 에너지의 합과 같아질 때 최고에 도달한다. 그런 후에 추진력이 더욱 증가함에 따라 반응 속도는 감소한다.

## 들뜬 상태의 외부권 전자 이동 반응

만약 에너지를 흡수하여 들뜬 상태에 있게 되면, 전이 금속 착물의 산화-환원 성질은 극적으로 변할 것이다. 이 분야에서 널리 연구된 가장 유명한 착물 중의 하나가 트리스(2,2′-바이피리딘) 루테늄(II) 양이온, $[Ru(bpy)_3]^{2+}$이다.[46] 이 양이온이 452 nm에서 빛을 흡수

45) Campion, R. J.; Purdie, N.; Sutin, N. *Inorg. Chem.* **1964**, *3*, 1091~1094. Chou, M.; Creutz, C.; Sutin, N. *J. Am. Chem. Soc.* **1977**, *99*, 5615~5623. Sutin, N.; Creutz, C. *J. Chem. Educ.* **1983**, *60*, 809~814.

46) Juris, A.; Balzani, V.; Barigelletti, F.; Campagna, S.; Belser, P.; von Zelewsky, A. *Coord. Chem. Rev.*

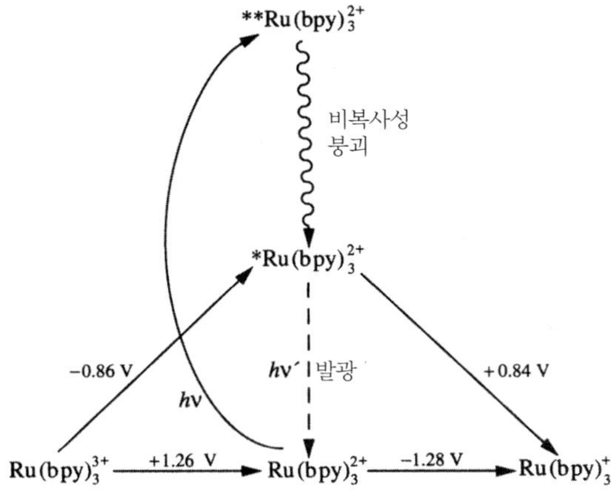


**그림 12.10** $[Ru(bpy)_3]^{2+}$가 청색광의 흡수로 $[^{**}Ru(bpy)_3]^{2+}$가 되는데, 이것은 빛의 방출이 없이 $[^{*}Ru(bpy)_3]^{2+}$로 이완된다. $[^{*}Ru(bpy)_3]^{2+}$는 오렌지-적색광(발광)을 방출하거나, 산화 또는 환원된다. 각 과정과 관련이 있는 표준 환원 전위는 도표에 표시되어 있다. [Juris, A.; Balzani, V.; Barigelletti, F.; Campagna, S.; Belser, P.; von Zelewsky, A. *Coord. Chem. Rev.* **1988**, *84*, 85~277.]

히게 되면 들뜬 상태의 초기 생성물로 $[^{**}Ru(bpy)_3]^{2+}$가 형성되고, 상대적으로 수명이 긴 $[^{*}Ru(bpy)_3]^{2+}$로 이완된다.[47] 흡수와 관련된 전자 전이의 한 가지 예가 금속에서 리간드로의 전하 이동이며, 여기에서는 루테늄의 $d$ 전자가 바이피리딘 리간드들 중 하나의 $\pi$ 반결합 오비탈로 올라간다. 따라서 들뜬 상태 착물인 $[^{*}Ru^{II}(bpy)_3]^{2+}$는 $[^{*}Ru^{III}(bpy)_2(bpy^{-})]^{2+}$와 같은 화학식으로 나타낼 수 있다. 리간드의 반결합 오비탈 내의 전자를 이용할 수 있다는 것은 이러한 들뜬 상태의 양이온을 바닥 상태의 것보다 훨씬 좋은 환원제로 만들어준다. 더구나, 루테늄 중심에 만들어진 "구멍"에 의해 전자를 찾는 능력이 강화되며, 그 결과로 들뜬 상태의 양이온이 바닥 상태의 것보다 훨씬 더 좋은 산화제로 된다. 바닥 상태와 들뜬 상태의 산화-환원 특성에 대한 비교를 그림 12.10에서 보여 주고 있다. 여기에서 $[^{*}Ru(bpy)_3]^{2+}$가 $[Ru(bpy)_3]^{2+}$보다 2.12 V(+ 0.84 V + 1.28 V)만큼 더 좋은 산화제인 동시에 2.12 V(+ 0.86 V + 1.26 V)만큼 더 좋은 환원제임을 알 수 있다. 이것은 넓은 범위의 산화-환원 화학에 관한 전위에서 쉽게 볼 수 있듯이 큰 전압이다.

들뜬 상태에 있는 착물이 강화된 산화-환원 특성을 나타낼 수 있는가의 여부는 이들이 바닥 상태로의 이완(발광)과 같은 어떤 다른 과정을 거치는 것보다 더 빠른 전자 이동 과정을 수행할 수 있는지에 달려 있을 것이다. 25 °C 수용액에서 $[^{*}Ru(bpy)_3]^{2+}$의 방출 수명은 0.6 μs이고 낮은 온도에서 대체로 증가한다. 이것은 자체-교환에 의한 전자 이동에 대한 속도와 비교될 수 있다.

$$[Ru^{*}(bpy)_3]^{2+} + [Ru(bpy)_3]^{3+} \longrightarrow [Ru(bpy)_3]^{2+} + [Ru^{*}(bpy)_3]^{3+} \quad (12.59)$$

$$[Ru^{*}(bpy)_3]^{2+} + [Ru(bpy)_3]^{+} \longrightarrow [Ru(bpy)_3]^{2+} + [Ru^{*}(bpy)_3]^{+} \quad (12.60)$$

여기에서 속도 상수는 $10^8\ M^{-1}\ s^{-1}$로 추정된다. $[^{*}Ru(bpy)_3]^{2+}$는 전자 이동 반응에 참여

---

**1988**, *84*, 85~277. Meyer, T. J. *Prog. Inorg. Chem.* **1983**, *30*, 389~440. Watts, R. J. *J. Chem. Educ.* **1983**, *60*, 834~842. Kutal, C. *J. Chem. Educ.* **1983**, *60*, 882~887.

47) 예전에는 방사성 동위원소를 나타내는 데 M*를 사용하였다. 여기에서 *M은 들뜬 상태를 나타낸다.

하기에 충분한 시간동안 용액 내에 존재한다는 것은 매우 명백한 사실이다.

$[Ru(bpy)_3]^{2+}$에 대한 관심은 Creutz와 Sutin이 물의 광화학적 분해에 대한 가능성을 제안한 이후에 불꽃처럼 치솟아 올랐다.[48)]

$$H_2O(l) \xrightarrow{h\nu} H_2(g) + \tfrac{1}{2}O_2(g) \qquad \Delta G^0 = 238 \text{ kJ mol}^{-1} \tag{12.61}$$

이러한 제안은 연료로 사용될 수 있는 수소 기체를 제조하는 데 태양 에너지가 사용될 수 있다는 결론을 이끌어 내었다. pH 7과 $10^5$ Pa에서 물의 산화와 환원에 대한 전위는 다음과 같다.

$$2e^- + 2H_2O \longrightarrow 2OH^- + H_2 \qquad -0.41 \text{ V} \tag{12.62}$$

$$H_2O \longrightarrow 2H^+ + \tfrac{1}{2}O_2 + 2e^- \qquad -0.82 \text{ V} \tag{12.63}$$

물은 가시광선을 흡수하지 않지만, 물의 분해를 위한 감광제로서 $[Ru(bpy)_3]^{2+}$를 이용하는 일련의 반응을 생각해 볼 수 있다. 첫 번째 단계는 $[Ru(bpy)_3]^{2+}$에 의한 태양 에너지의 흡수일 것이다.

$$[Ru(bpy)_3]^{2+} \xrightarrow{h\nu} [^*Ru(bpy)_3]^{2+} \tag{12.64}$$

들뜬 상태의 양이온은 물을 환원시키는 전위를 가진다.

$$2[^*Ru(bpy)_3]^{2+} \longrightarrow 2[Ru(bpy)_3]^{3+} + 2e^- \qquad 0.86 \text{ V} \tag{12.65}$$

$$2e^- + 2H_2O \longrightarrow 2OH^- + H_2 \qquad -0.41 \text{ V} \tag{12.66}$$

$$2[^*Ru(bpy)_3]^{2+} + 2H_2O \longrightarrow 2[Ru(bpy)_3]^{3+} + 2OH^- + H_2 \qquad 0.45 \text{ V} \tag{12.67}$$

반응식 12.67에서 생성되는 $[Ru(bpy)_3]^{3+}$는 물을 산화시킬 수 있다.

$$2[Ru(bpy)_3]^{3+} + 2e^- \longrightarrow 2[Ru(bpy)_3]^{2+} \qquad 1.26 \text{ V} \tag{12.68}$$

$$H_2O \longrightarrow \tfrac{1}{2}O_2 + 2H^+ + 2e^- \qquad -0.82 \text{ V} \tag{12.69}$$

$$2[Ru(bpy)_3]^{3+} + H_2O \longrightarrow 2[Ru(bpy)_3]^{2+} + \tfrac{1}{2}O_2 + 2H^+ \qquad 0.44 \text{ V} \tag{12.70}$$

식 12.64~12.70을 합하면 식 12.61을 얻게 된다. 전체 반응식에서 루테늄 착물이 없다는 것은 이것이 촉매적 역할을 하는 것임을 나타낸다.

그러나 실제적으로 이러한 계획은 몇 가지 이유로 실패하였다. 첫 번째는 반응식 12.67이 $[^*Ru(bpy)_3]^{2+}$가 이완되어 바닥 상태로 되는 것보다 훨씬 더 느리다는 것이다. 두 번째는 수소 1몰의 생성에는 두 개의 전자가 필요하고 산소 1몰의 생성에는 네 개의 전자가 필요하지만, 루테늄 착물은 한번에 한 개 전자만을 제공하거나 받아들일 수 있다는 것이다. 이것은 반응물이 생성물로 되면서 여러 가지 중간체가 생기며 충분한 전자가 제공되는 동안에 이러한 중간체를 어느 정도 안정화시켜 줄 촉매가 필요하다는 것을 의미한다.

48) Creutz, C.; Sutin, N. *Proc. Natl. Acad. Sci. USA* **1975**, *72*, 2858. Sutin, N.; Creutz, C. *Pure Appl. Chem.* **1980**, *52*, 2727. Sýkora, J.; Šima, J. *Coord. Chem. Rev.* **1990**, *107*, 1~212.

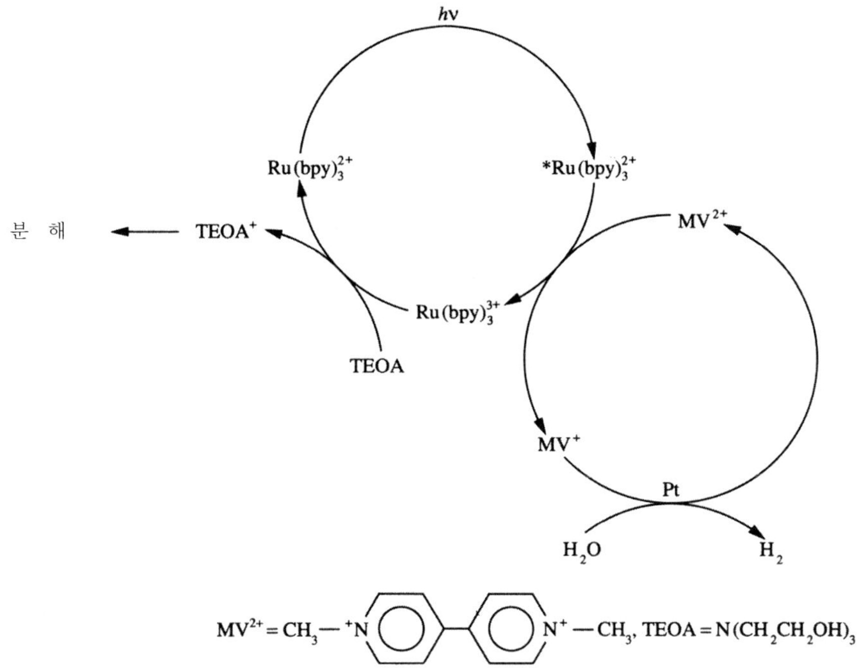


**그림 12.11** $H_2O$가 $H_2$로 되는 광화학적 환원에 대한 계통도. [Kutal, C. *J. Chem. Educ*. **1983**, *60*, 882~887.]

이러한 문제를 해결하기 위해 산화와 환원 모두에 다양한 소광 시약(quenching agent) 의 사용이 시도되었다. 그림 12.11에 나타낸 순환 과정은 환원적 소광의 한 예이다. 전자 하나가 $[*Ru(bpy)_3]^{2+}$로부터 메틸비올로겐, $MV^{2+}$로 이동한다.

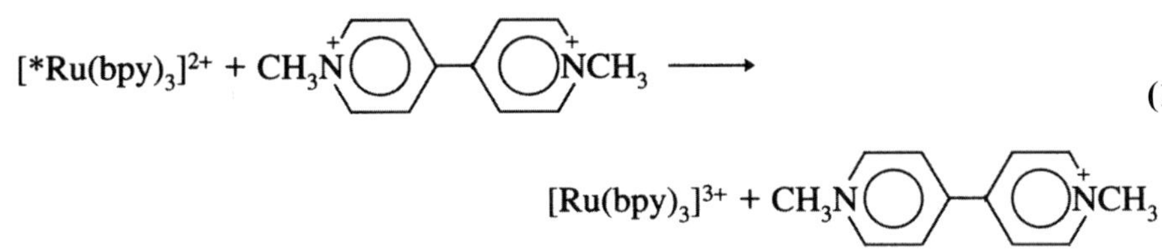

(12.71)

트라이에탄올아민(TEOA)은 $[Ru(bpy)_3]^{3+}$를 줄이기 위해 초기의 반응 혼합물에 가한다. 그래서 역반응($[Ru(bpy)_3]^{2+}$와 $MV^{2+}$가 생기는)이 억제된다. 환원된 메틸비올로겐인 $MV^{+}$는 콜로이드상 백금의 존재하에서 물을 수소로 환원시키며 $MV^{2+}$로 다시 산화된다. 이것으로 순환 과정이 완성된다. 다른 많은 순환 과정들이 고안되었는데, 그들 중 일부는 가시광선으로 물을 수소와 산소로 분리시키는 데 성공하였으나, 실용적으로 중요한 것은 아직 하나도 없다.[49]

물을 분해하여 수소와 산소를 얻는 것은 최근에 연구된 상당히 경제적인 잠재성을 갖는 여러 광화학 산화-환원 반응 중의 하나일 뿐이다. 다른 것으로는 질소와 물에 의한

---

49) *Energy Sources through Photochemistry and Catalysis*; Grätzel, M., Ed.; Academic : New York, 1983. 다음을 보라. O'Regan, B.; Grätzel, M. *Nature* **1991**, *353*, 737~740. $RuL_2[(\mu\text{-}CN)Ru(CN)L'_2]_2$(L =2,2'-bipyridine-4,4'-dicarboxylic acid; L' =2,2'-bipyridine)의 단분자층을 갖는 $TiO_2$에 근거한 새로운 태양 전지에 대해 묘사함. 이 값싼 전지는 광합성에 사용되는 천연 태양 전지보다 더 효율적이고 상업적으로 훌륭한 전망을 보인다.

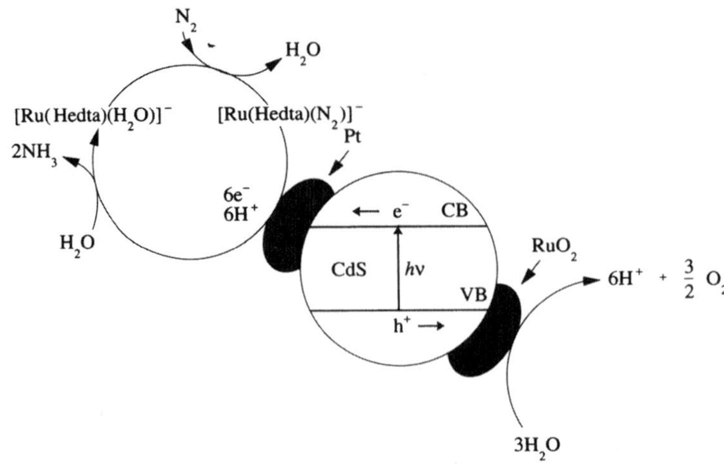


**그림 12.12** $N_2$가 $NH_3$로 되는 광화학적 변환에 대한 계통도. 전자($e^-$)는 원자가띠(VB)에 구멍($h^+$)을 남기면서 전도띠(CB)로 들뜬다. [Khan, M. M.; Bhardwaj, R. C.; Bhardwaj, C. *Angew. Chem. Int. Ed. Engl.* **1988**, *27*, 923~925.]

암모니아의 생성에 관한 반응이 보고된 바 있다.[50]

$$N_2 + 3H_2O \xrightarrow{h\nu} 2NH_3 + \tfrac{3}{2}O_2 \qquad \textbf{(12.72)}$$

이러한 변환은 고체 반도체 혼합물($CdS/Pt/RuO_2$)의 존재하의 30 °C와 $10^5$ Pa의 조건에서 $[Ru(Hedta)(H_2O)]^-$(Hedta = 에틸렌다이아민테트라아세트산의 3가 음이온) 촉매에 의해 이루어진다. 암모니아의 광촉매 생성물은 CdS 반도체에 의한 가시광선(505 nm)의 흡수로부터 시작된다(그림 12.12). 아마도 유입되는 광자는 전자를 CdS의 원자가띠(VB)로부터 전도띠(CB)로 들뜨게 하고, 그 과정에서 원자가띠 내에 구멍들이 생긴다고 생각된다. CdS의 원자가띠에 있는 구멍들에 잡혀있는 전자들을 풀어 놓는 $RuO_2$에 의해 물이 광산화된다. 전도띠에 있는 전자들은 백금 금속에 의해 루테늄 착물로 이동된다. 물의 산화로부터 생긴 양성자들은 환원된 루테늄 착물에 이끌리고, 배위된 $N_2$와 알려지지 않은 방식에 의해 상호작용하여 $NH_3$로 방출된다. 비어 있는 $NH_3$ 자리가 $H_2O$로 다시 채워지면서 순환 과정은 완결된다. 이것과 같은 제안된 순환 과정이 성공할 가능성이 있느냐의 여부를 증명하는 과정이 남게 된다.

## 내부권 메커니즘

내부권 반응은 외부권 반응보다 더 복잡하다. 왜냐하면 전자 이동 외에도 결합이 끊어지고 형성되기 때문이다.[51] 두 금속을 다리 연결하는 리간드는 전자 이동과 밀접하게 연루되어 있다. Taube와 공동 연구자들에 의하여 이러한 형태의 메커니즘의 고전적 예가 마련되었다.[52] 크로뮴(II) ($[Cr(H_2O)_6]^{2+}$에서의)에 의한 코발트(III) ($[Co(NH_3)_5Cl]^{2+}$에서의)의 환원이 그 예이고, 이것은 특히 다음과 같은 이유로 선택되었다. (1) Co(III)와 Cr(III)는

50) Khan, M. M. T.; Bhardwaj, R. C.; Bhardwaj, C. *Angew. Chem. Int. Ed. Engl.* **1988**, *27*, 923~925.
51) Haim, A. *Prog. Inorg. Chem.* **1983**, *30*, 273. Endicott, J. F.; Kumar, K.; Ramasami, T.; Rotzinger, F. P. *Prog. Inorg. Chem.* **1983**, *30*, 141~187.
52) Taube, H.; Myers, H.; Rich, R. L. *J. Am. Chem. Soc.* **1953**, *75*, 4118.

모두 난치환성 착물을 형성한다. (2) Co(II) 와 Cr(II) 착물은 치환성이다(495쪽 참조). 이러한 경우에 난치환성 Co(III) 이온에 단단하게 결합되어 있는 염소 원자는 치환성 Cr(II) 착물로부터 물 분자를 치환하여, 다리놓는 중간체를 형성한다.

$$[Co(NH_3)_5Cl]^{2+} + [Cr(H_2O)_6]^{2+} \longrightarrow [(H_3N)_5Co\text{--}Cl\text{--}Cr(OH_2)_5]^{4+} + H_2O \quad \textbf{(12.73)}$$

이제 이핵(dinuclear) 착물 내에서 산화-환원 반응이 일어나고, 환원된 Co(II) 와 산화된 Cr(III) 가 생성된다. Cr(III) 은 난치환성 클로로아쿠아 착물을 형성하지만, Co(II) 가 치환성이므로 그 중간체는 해리되고 염소 원자는 크로뮴 쪽에 남는다.

$$[(H_3N)_5Co\text{--}Cl\text{--}Cr(OH_2)_5]^{4+} \longrightarrow [(H_3N)_5Co]^{2+} + [ClCr(OH_2)_5]^{2+} \quad \textbf{(12.74)}$$

5배위 코발트(II) 착물은 아마도 즉시 물 분자와 결합하여 여섯 번째 배위 자리를 채우고, 그런 후에 신속하게 $[Co(H_2O)_6]^{2+}$로 가수분해된다. 형식적으로 보면, 그러한 내부권 반응은 코발트로부터 크로뮴으로 염소 원자가 이동하고, 코발트의 산화 상태는 감소하지만 크로뮴의 산화 상태는 증가한다. 위의 모델(난치환성과 치환성 착물들)은 그 자체로서 모순되지 않으며, 클로로크로뮴 착물이 관찰되는 것 외에도 용액 중에 방사성 동위원소로 표지된 자유 염화 이온을 공존시켜 반응을 일으킴으로써, 이 메커니즘을 지지하는 다른 증거를 얻을 수 있다. 이러한 표지된 염화 이온은 생성물 중에서 거의 발견되지 않는다. 이것은 염화 이온 이동이 자유 염화 이온에 의해 간접적으로 일어나는 것이 아니고, 실제로 다리를 통해 일어난다는 것을 의미한다.

내부권 반응에서 다리놓는 리간드의 특성의 중요성을 표 12.9에 보여 주고 있다. $[Co(NH_3)_5Cl]^{2+}$의 환원은 $[Co(NH_3)_6]^{3+}$의 환원보다 약 $10^{10}$만큼 더 빠르다. 결합된 암모니아 리간드는 두 번째 금속에 증여할 비결합 전자쌍이 없다. 그러므로 헥사암민 착물의 환원은 내부권 메커니즘에 의해 진행될 수 없다. 만약 두 금속을 다리 연결할 수 있는 리간드가 없다면, 내부권 메커니즘을 적용시킬 수 없다. 내부권 반응의 두 번째로 중요한 특징으로, 산화-환원 반응이 없을 때 내부권 반응 속도는 리간드의 교환 속도보다 더 빠를 수가 없다. 왜냐하면 리간드의 교환이 반응 과정의 본질적인 부분이기 때문이다. 앞에서 언급된 바와 같이 전자 이동 반응이 리간드 교환보다 빠르게 진행된다면 이 반응은 반드시 외부권이여야 한다.

외부권과 내부권 메커니즘 사이의 구별은 가끔 어렵다. 두 종류의 전자 이동 반응이 보통 이차(각 반응물에 대해 일차)이기 때문에, 속도 법칙은 별로 도움이 되지 않는다.[53)]

$$속도 = \boldsymbol{k}[산화제][환원제] \quad \textbf{(12.75)}$$

더구나, 비록 식 12.73과 12.74의 클로로 리간드가 산화제로부터 환원제로 이동되었다 하더라도, 다리놓는 리간드가 항상 내부권 반응으로 이동되는 것은 아니다. 이핵 착물에서 전자 이동이 일어난 후, 후속 해리 반응으로 금속에 붙어 다리처럼 작용하던 리간드가 반응 초기에 소속된 금속을 남기고 떠난다.[54)] 다리놓는 리간드가 새로이 형성되는 착물

**표 12.9**
$[Co(NH_3)_5X]^{n+}$와 $Cr^{2+}$의 반응에 대한 속도 상수[a].

| X | $k$, $M^{-1}\,s^{-1}$ |
|---|---|
| $NH_3$ | $8.9 \times 10^{-5}$ |
| $H_2O$ | 0.5 |
| $OH^-$ | $1.5 \times 10^6$ |
| $F^-$ | $2.5 \times 10^5$ |
| $Cl^-$ | $6 \times 10^5$ |
| $Br^-$ | $1.4 \times 10^6$ |
| $I^-$ | $3 \times 10^6$ |
| $N_3^-$ | $3 \times 10^5$ |

[a] Basolo, F.; Pearson, R. G. *Mechanisms of Inorganic Reactions*, 2nd ed.; Wiley; New York, 1967.

53) 대부분의 내부권 반응의 속도 결정 단계는 다리놓는 착물의 형성 단계가 아니라 전자 이동 단계이다. 만약 반응 착물의 해리가 속도 결정 단계라면, 일차의 속도 법칙이 예상된다.
54) Haim, A. *Prog. Inorg. Chem.* **1983**, *30*, 273~357.

보다 원래의 착물을 더 안정화시키면, 리간드가 이동하지 않더라도 그리 놀라운 일은 아닐 것이다. 다음과 같은 예를 들 수 있다.

$$[Fe(CN)_6]^{3-} + [Co(CN)_5]^{3-} \longrightarrow [Fe(CN)_6]^{4-} + [Co(CN)_5]^{2-} \tag{12.76}$$

아마도 N-결합된 사이아노기가 $[Co(CN)_5(NC)]^{3-}$ 의 $d^6(Co^{3+})$ 의 전자 배열을 안정화 시키는 것보다 C-결합된 사이아노기가 $[Fe(CN)_6]^{4-}$ 의 $d^6(Fe^{2+})$ 의 전자 배열을 안정화시키는 것이 더 클 것이다.

만약 다리놓는 리간드가 하나의 원자(예 : $Cl^-$) 만을 포함한다면, 착물의 두 금속 원자는 모두 이것에 결합되어야만 한다. 그러나 다리놓는 리간드가 하나보다 많은 원자(예 : $SCN^-$) 일 경우, 두 금속 원자는 같은 다리놓는 리간드 원자에 결합될 수도 있고 그렇지 않을 수도 있다(문제 12.30 참조). 이러한 두 가지 상황을 각각 인접(adjacent) 그리고 원거리(remote) 공격이라고 부른다. 원거리 공격에 의해 결합 이성질체가 만들어질 수 있다.

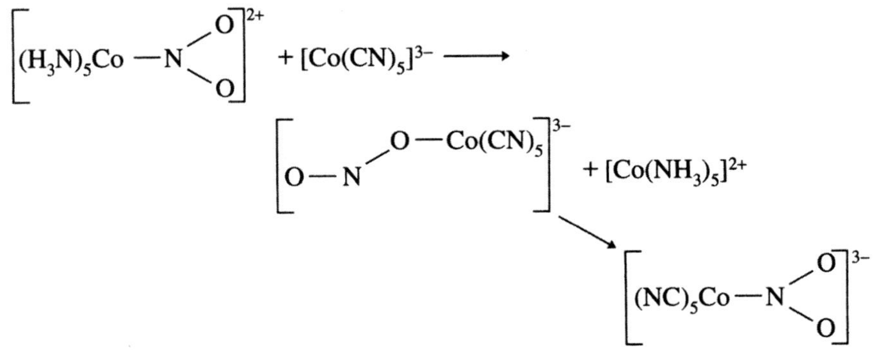

(12.77)

위의 예에서 속도론적으로 유리한 나이트리토 착물은 몇 초 내에 열역학적으로 유리한 나이트로 착물로 이성질화된다.

## 혼합 원자가착물

용액 내 두 전이 금속 이온 사이의 전자 이동에 대한 이론적 취급은 용매 재정렬로부터 오는 기여와 불확실한 이동 경로에 의해 복잡해진다. 그러나 만약 산화제와 환원제가 하나의 바이메탈 착물 내에서 다리로 분리되어 있다면, 금속 이온 사이에 용매 분자가 없을 것이고 경로도 정해질 것이다. 더욱이 다리의 길이를 변화시킴으로써 다양한 거리에 걸친 전자 이동을 연구할 수 있고, 이것은 중요한 생물학적 과정에 대한 통찰을 제공할 수도 있다. 한 가지 이상의 산화 상태를 갖는 금속 원자를 포함한 착물을 혼합 원자가착물이라고 부른다. 두 금속 이온이 서로로부터 너무 멀리 떨어져 전자 이동이 일어날 수도 없고 전자 이동을 유발할 수도 없는 어떤 계를 상상할 수 있다.

$$M^{2+}\text{---------}M^{3+}$$

또 다른 계는 두 금속 이온이 너무 강하게 짝짓고 있어서 +2와 +3 이온으로 구분되는 특성을 잃어버리고, 전체 단위는 두 개의 $+2\frac{1}{2}$ 이온처럼 표현되는 것이 최선의 것이 된다.

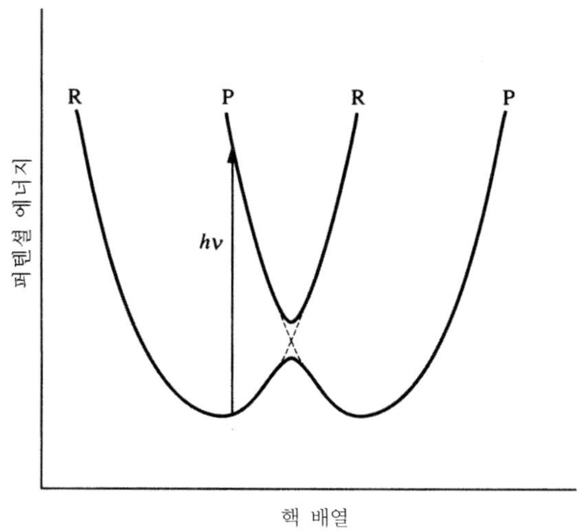


**그림 12.13** 혼합 원자가착물에서 광화학적으로 유도된 동종핵 전자 이동에 대한 퍼텐셜 에너지 도표(R = 반응물; P = 생성물).

$\mathbf{M^{2\frac{1}{2}+}}$**----**$\mathbf{M^{2\frac{1}{2}+}}$

보다 더 흥미있는 것이 적당한 짝지음이 금속 중심들 사이에 있는 계인데, 여기에서는 광분해적으로 전자 이동을 유발시키는 것이 가능하다. 그림 12.13의 퍼텐셜 에너지 그림에서 전자가 $M^{2+}\cdots M^{3+}$의 퍼텐셜 에너지 표면으로부터 $M^{3+}\cdots M^{2+}$에 대한 퍼텐셜 에너지 표면으로 이동하는 데 필요한 광화학 에너지를 수직 화살표로 나타내고 있다. 이것이 의미하는 것은, 원자가간(intrevalence) 전이는 이러한 착물들의 전자 스펙트럼(흔히 근적외선 영역)에서 관찰되지만, $M^{2+}$ 또는 $M^{3+}$와 같은 단일 금속 착물에 대한 스펙트럼에서는 발견되지 않는다.[55] 물론 외부권 전자 이동에서와 같이 전자가 한 표면으로부터 다른 표면으로 열적으로 이동할 수 있는데, 이때 금속-리간드 결합에서 진동에 의한 신장과 압축이 일어나면서 오비탈의 에너지가 균등화된다. 광학적 전자 이동과 열적 전자 이동에 대한 비교를 그림 12.14에 나타내었다. 그림의 윗부분에 표시되어 있는 광학적 과정에서 전자 이동이 결합 길이의 조정보다 먼저 일어나지만, 열적 과정(그림의 아랫부분)에서는 전자 이동 이전에 결합 길이의 변화(Franck-Condon 원리에 의해)가 일어나는 것을 알 수 있다.

광범위하게 연구된 바 있는 광활성 시스템 중의 하나가 4,4′-바이피리딘이 다리로 작용

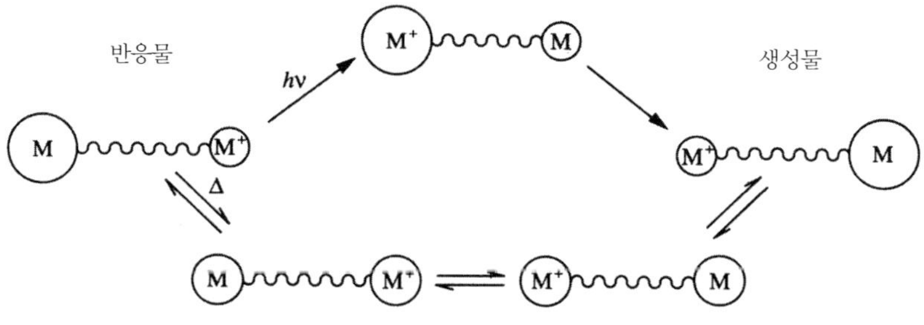


**그림 12.14** 혼합 원자가시스템에서의 광화학적 및 열적 전자 이동 과정의 비교. 광화학적 경로(위)에서는 전자 이동이 결합 길이 조정보다 먼저 일어나지만, 열적 경로(아래)에서는 결합 길이 조정이 전자 이동에 앞서 일어난다. [Creutz, C. *Prog. Inorg. Chem.* **1983**, *30*, 1~73.]

55) 단단히 결합된 이온쌍도 역시 혼합 원자가전이를 일으킬 것이다.

**표 12.10**
$[Ru(bpy)_2Cl_2]$ L—L 착물에서 전자 이동에 대해 계산된 속도 상수와 금속 중심 사이 거리[a].

| L−L | $r_1$ Å | $k_1$ $s^{-1}$ |
|---|---|---|
|  | 6.8 | $3 \times 10^9$ |
| $Ph_2P-CH_2-PPh_2$ | 7.1 | $1 \times 10^8$ |
|  | 6.0 | $6 \times 10^{10}$ |
| 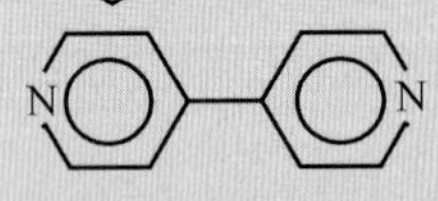 | 11.3 | $6 \times 10^8$ |
| 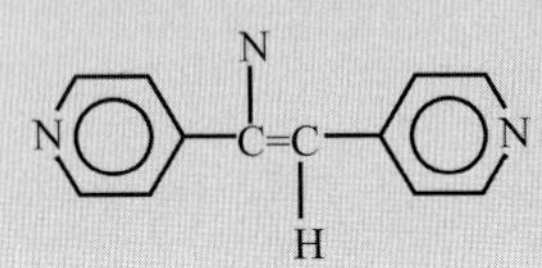 | 13.8 | $2 \times 10^7$ |

[a] Creutz, c. *Prog. Inorg. Chem.* **1983**, *30*, 1~73.

하는 $Ru^{2+}/Ru^{3+}$의 바이메탈 착물이다.

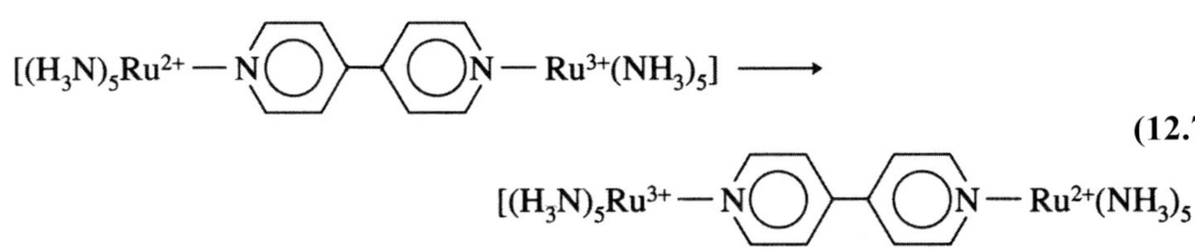

**(12.78)**

이 착물의 근적외선 스펙트럼에서 관찰되는 흡수(1050 mm)는 혼합 원자가전이로부터 유래된 것이다. 이러한 형태의 시스템이 실험적으로 관찰되기 이전에, 빛에 의해 유발되는 금속-금속 사이의 전하 이동이 Hush[56]에 의해 예견된 바 있다. 더 나아가서 그의 이론으로 흡수 에너지를 열전자 이동($h\nu = 4 \times E_a$)에 대해 요구되는 에너지와 연관시킬 수 있어서, 이것으로부터 열전자 이동 속도 상수($5 \times 10^8$ $s^{-1}$)의 계산이 가능하다.[57]

표 12.10의 $[Ru(bpy)_2Cl]_2$L—L 착물에서 볼 수 있는 것처럼, 두 이온 사이의 거리가 증가하면 전자 이동 속도는 감소할 것이라는 예측이 증명되었다. 물론 거리만으로는 얼마나 빨리 전자가 다리를 통해 지나갈 수 있는지를 결정하지 못한다. 다른 다리보다 더 전자 이동에 저항하는 일부 다리들에서는 다리 자체의 성질도 중요하다. 길이가 거의 같은 다이포스핀과 피라진 다리를 비교해 보면, 후자의 속도 상수는 앞의 것의 30배 정도로 나타난다.[58]

56) Hush, N. S. *Prog. Inorg. Chem.* **1967**, *8*, 391~444.
57) Brown, G. M.; Krentzien, H. J.; Abe, M.; Taube, H. *Inorg. Chem.* **1979**, *18*, 3374~3379.
58) Creutz, C. *Prog. Inorg. Chem.* **1983**, *30*, 1~73.

## 연습문제

12.1 금속-할로젠 결합은 금속-질소 결합보다 더 치환성이 크다. 이러한 사실과 트랜스 효과를 이용해서 $[PtCl_4]^{2-}$ 로부터 다음의 기하 이성질체를 합성하는 방법을 설명하라.

a. 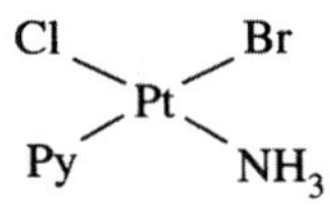


b. 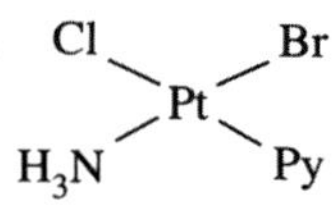


12.2 다음 반응에서 생성되는 착물의 기하 구조를 예측하라.

a. $[Pt(NO_2)Cl_3]^{2-} + NH_3 \longrightarrow [Pt(NO_2)(NH_3)Cl_2]^- + Cl^-$

b. *cis*-$[Pt(RNH_2)_2(NH_3)(NO_2)]^+ + Cl^- \longrightarrow Pt(RNH_2)(NH_3)(NO_2)Cl + RNH_2$

12.3 다음 반응의 생성물을 예측하라(각 반응물 1 mol).

a. $[Pt(CO)Cl_3]^- + NH_3 \longrightarrow$

b. $[Pt(NH_3)Br_3]^- + NH_3 \longrightarrow$

12.4 트라이알킬 포스핀은 상당히 좋은 트랜스 지향성이며, 예측한 것처럼 $Bu_3P$와 $[PtCl_4]^{2-}$의 반응에서 주생성물은 트랜스 이성질체이다. 그러나 이 반응에서 $Ph_3P$를 사용하면 불용성의 시스 생성물만 얻어진다. 트랜스 효과에 명백히 위배되는 이러한 현상에 대해 설명하라.

12.5 순수한 *trans*-$PtCl_2(Bu_3P)_2$를 미량의 $Bu_3P$와 함께 용액 중에 방치하면, 이성질화가 일어나서 시스와 트랜스 이성질체의 혼합물이 얻어진다. 가능한 메커니즘을 제시해 보라.

12.6 니켈 착물은 백금 착물보다 더 빨리 치환 반응이 일어나는 것이 관찰된다. 설명하라.

12.7 아래 표에 나타낸 자료는 다음 반응에서 얻어진 것이다 [dien = 다이에틸렌트라이아민, $HN(CH_2CH_2NH_2)_2$].

$[Pd(dien)SCN]^+ + py \longrightarrow [Pd(dien)py]^{2+} + SCN^-$

| $k_{obs}$ | [py] |
|---|---|
| $6.6 \times 10^{-3}$ | $1.24 \times 10^{-3}$ |
| $8.2 \times 10^{-3}$ | $2.48 \times 10^{-3}$ |
| $2.5 \times 10^{-3}$ | $1.24 \times 10^{-2}$ |

표를 이용해서 이러한 사각 평면 착물에서 일어나는 치환 반응에 대한 $k_1$과 $k_2$를 계산하라.

12.8 사각 평면 착물의 치환 반응의 다음 두 경우에 대해 $k_{obs}$ 대 [Y]를 도시하라.

a. 용매 반응 경로와 무관한 반응

b. 용매 반응 경로가 중요한 경우

12.9 사각 평면 착물에서 치환 반응 속도는 흔히 이탈기, X의 종류에 따라 달라진다. 다음과 같은 반응에서 아래의 표에 있는 자료를 얻었다.

$$[Pt(dien)X]^{+} + py \longrightarrow [Pt(dien)py]^{2+} + X^{-}$$

| 리간드, X | $10^6 k_{obs}(s^{-1})$ |
|---|---|
| $H_2O$ | 1900 |
| $Cl^-$ | 35 |
| $Br^-$ | 23 |
| $I^-$ | 10 |
| $NO_2$ | 0.05 |
| $CN^-$ | 0.017 |

이들 리간드들 중에서, 반응 속도에 미치는 영향은 $CN^-$가 가장 작고 $H_2O$가 가장 크다. 여전히 트랜스 지향성이지만 정반대의 순서가 관찰되었다. 설명하라.

**12.10** 수산화 이온은 암모니아보다 더 강한 염기이다. 그러나 사각 평면 착물과의 반응에서는 수산화 이온이 암모니아보다 더 느리게 반응한다. 이를 설명하라.

**12.11** *cis*-$Pt(PEt_3)_2LCl$과 py의 반응에 대한 다음의 $k_{obs}$ 값의 순서를 이론적으로 설명하라.

| L | $k_{obs}$ |
|---|---|
| phenyl | 0.08 |
| *o*-tolyl | 0.0002 |
| mesityl | 0.000001 |

**12.12** 사각 평면 착물에서의 치환 반응에 관한 다음의 각 경우에 대해 반응의 윤곽을 간략히 나타내어라. (a) 5배위 중간체가 존재하지만, 결합의 끊어짐이 결합의 형성보다 더 중요하다. (b) 5배위 중간체가 존재하지만, 결합 형성이 결합의 끊어짐보다 더 중요하다.

**12.13** 이핵 백금(I) 착물의 치환 반응이 연구되었다.[59] 아래 반응에 대한 속도 상수는 10 °C의 다이클로로메테인에서 93 ± 20 $M^{-1}\,s^{-1}$이다. *trans*-$(R_3P)_2PtX_2$ 착물에서 할로젠 치환 반응의 전형적인 속도 상수는 $10^{-4}\,M^{-1}\,s^{-1}$이다.

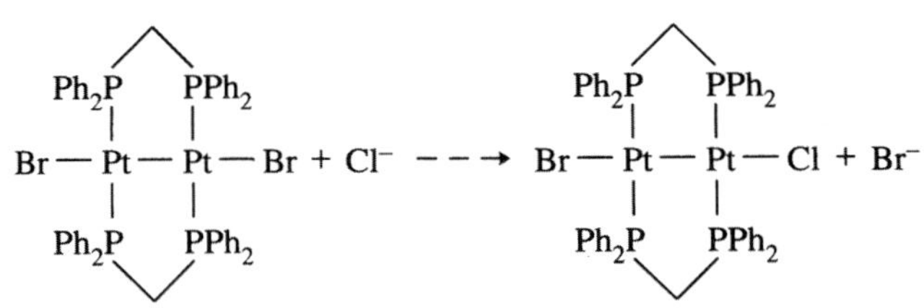


Pt—Pt 결합에 의해 나타난 트랜스 효과에 대해 언급하라.

**12.14** *trans*-$[Pt(PEt_3)_2(CO)H]^+$와 *trans*-$[Pt(PEt_3)_2(CO)D]^+$에 대한 백금-탄소 NMR 짝지음 상수는 각각 996.2 ± 0.6과 986.3 ± 0.6 Hz이다. H와 D의 상대적인 트랜스 영향을 논하라.[60]

**12.15** $[Pt(NH_3)_4]^{2+}$를 30 °C, 0.1 M HCl 용액에 며칠 동안 두어도 아무런 반응이 일어나지 않는다. 단지 격렬한 조건에서만 이 양이온이 *trans*-$Pt(NH_3)_2Cl_2$로 바뀐다. 그러나 $[Pt(Cl)_4]^{2-}$를 $NH_3$로 처리하면, 치환되어 *cis*-$Pt(NH_3)_2Cl_2$가 빠르게 생성

---

59) Shimura, M.; Espenson, J. H. *Inorg. Chem.* **1984**, *23*, 4069~4071.
60) Crabtree, R. H.; Habib, A. *Inorg. Chem.* **1986**, *25*, 3698~3699.

된다.[61] 이 두 반응 속도의 차이에 대해 설명하라.

**12.16** *cis*-$Pt(NH_3)_2Cl_2$로부터 *cis*-$[Pt(Me_2S)_2(NH_3)_2]^{2+}$를 합성할 때, 반응물을 먼저 $AgClO_4$로 처리한 후 $Me_2S$와 반응시킨다. 이 반응에서 과염소산 은은 어떤 역할을 하는가?

**12.17** $[Pd(L)Cl]^+ + Y^- \longrightarrow [Pd(L)Y]^+ + Cl^-$

위 반응에 대해 아래의 데이터가 수집되었다.[62]

| $Y^-$ | L | $k_1$ ($s^{-1}$) | $\Delta V_1^‡$ ($cm^3\ mol^{-1}$) | $k_2$ ($dm^3\ mol^{-1}\ s^{-1}$) | $\Delta V_2^‡$ ($cm^3\ mol^{-1}$) |
|---|---|---|---|---|---|
| $OH^-$ | 1,4,7-$Me_3$dien | 24.9 | −12.2 | 130 | +21.1 |
| $OH^-$ | 1,1,7,7-$Me_4$dien | 0.90 | −15.5 | 4.53 | +25.2 |
| $I^-$ | 1,4,7-$Me_3$dien | 21.9 | −9.2 | 3542 | −18.9 |
| $I^-$ | 1,1,7,7-$Me_4$dien | 0.99 | −13.2 | 0.28 | — |

다음을 설명하라. (a) $Y^-$에 의한 기질의 공격에 대한 $k_1$과 $k_2$ 값의 차이, (b) $I^-$와 $OH^-$에 대한 활성화 부피의 차이.

**12.18** 생성물이 반응물보다 안정한 리간드 치환 반응에 대한 다음 경우의 에너지/반응 좌표 그림을 그려라.

a. 중간체 생성이 없음.

b. 중간체 생성이 있으며 결합 파괴와 결합 형성이 다 같이 중요함.

c. 중간체 생성이 있으며 결합 파괴가 결합 형성보다 중요함.

d. 중간체 생성이 있으며 결합 파괴가 결합 형성보다 덜 중요함.

**12.19** 다음을 물 교환 속도가 증가하는 순서로 나열하라.

$[V(H_2O)_6]^{2+}$, $[Cr(H_2O)_6]^{3+}$, $[Mg(H_2O)_6]^{2+}$, $[Al(H_2O)_6]^{3+}$

**12.20** a. $[Mo(H_2O)_6]^{3+}$의 물 교환 속도는 매우 느리다. 왜 그런가?

b. 298 K에서 $[Mo(H_2O)_5(NCS)]^{2+}$의 형성에 대한 속도 상수는 0.317 $M^{-1}\ s^{-1}$이고 $[Mo(H_2O)_5Cl]^{2+}$에 대해서는 $4.6 \times 10^{-3}\ M^{-1}\ s^{-1}$이다. 7배위 몰리브데넘(III) 착물이 알려져 있다. $NCS^-$ 반응에 대한 활성화 부피는 $-11.4\ cm^3\ mol^{-1}$이다. 이들 음이온 치환 반응이 $I_a$ 메커니즘으로 진행된다는 것을 위의 각 요소들이 어떻게 알려주는 것인지에 대해 설명하라. (Richens, D. T.; Ducommun, Y.; Merbach, A. E. *J. Am. Chem. Soc.* **1987**, *109*, 603~604 참조)

**12.21** $[Co(NH_2Me)_5Cl]^{2+}$의 수화에 대한 속도 상수는 $[Co(NH_3)_5Cl]^{2+}$의 것보다 22배 더 빠르다. 왜 그런지 설명하라. 유사한 크로뮴 착물에서, 속도 상수는 메틸아민 착물보다 암민 착물에 대한 것이 더 크다. 이러한 뒤바뀜에 대한 설명은 논쟁의 여지가 있다. Lay, P. A. *Inorg. Chem.* **1987**, *26*, 2144~2149를 읽고, 크로뮴 착물에 대한 $I_a$ 메커니즘의 찬성과 반대 논쟁을 요약하라.

---

61) Annibale, G.; Canovese, L.; Cattalini, L.; Marangoni, G.; Michelon, G.; Tobe, M. L. *Inorg. Chem.* **1984**, *23*, 2705~2708.

62) Breet, E. L. J.; van Eldik, R. *Inorg. Chem.* **1984**, *23*, 1865~1869.

12.22 코발트(III) 의 킬레이트화된 카보나토 착물의 가수분해 반응은 중성 용액에서보다 산성에서 훨씬 더 빠르다. 설명하라.

12.23 $[M(H_2O)_6]^{2+}$(M = Zn과 Cd)와 2,2'-바이피리딘의 반응들이 연구되어 있다. 회합성 교환 메커니즘으로 반응이 잘 진행될 것 같은 금속은 어느 것인가?(Ducommun, Y.; Laurenczy, G.; Merbach, A. E. *Inorg. Chem.* **1988**, *27*, 1148~1152 참조)

12.24 $[M(H_2O)_6]^{2+}$와 $[M(H_2O)_6]^{3+}$ 모두에 대해 주기율표의 왼편에서 오른편으로 갈수록 해리에 의한 물 교환 반응이 더욱 중요해진다. 설명하라.

12.25 외부권 전자 교환 반응 :

$$[Ru(NH_3)_6]^{2+} + [Ru(NH_3)_6]^{3+} \longrightarrow [Ru(NH_3)_6]^{3+} + [Ru(NH_3)_6]^{2+}$$

위 반응은 아래의 반응보다 200배 더 빠르다.

$$[Ru(H_2O)_6]^{2+} + [Ru(H_2O)_6]^{3+} \longrightarrow [Ru(H_2O)_6]^{3+} + [Ru(H_2O)_6]^{2+}$$

활성화 에너지에 기여하는 요소의 상대적 중요도를 가지고 이러한 차이를 설명하라.[63)]

12.26 바이피리딘 착물에서 페난트롤린 착물로의 전자 교환보다 $[Fe(phen)_3]^{3+}$와 $[Fe(bpy)_3]^{2+}$에서의 리간드 교환은 훨씬 더 느리다. 이러한 사실이 왜 전자 이동에 대한 내부권 메커니즘을 배제할 수 있는가?

12.27 다음 반응에 대한 $k_{12}$를 계산하라.

$$Fe^{3+}(aq) + [Ru(NH_3)_6]^{2+} \longrightarrow Fe^{2+}(aq) + [Ru(NH_3)_6]^{3+}$$

산화제와 환원제에 대한 자체-교환 반응 속도는 각각 4.2 $M^{-1}\ s^{-1}$과 $4.0 \times 10^3$ $M^{-1}\ s^{-1}$이다. 반응의 평형 상수는 $2.1 \times 10^{11}$이다.

12.28 $[Co(H_2O)_6]^{2+/3+}$의 전자 교환 반응은 Marcus 식으로 예측한 것보다 $10^7$배 더 빨리 진행된다. 이것이 전자 이동 메커니즘에 대해 무엇을 예측하게 하는가?

12.29 $[Co(NH_3)_5OH]^{2+} + [Cr(OH_2)_6]^{2+} \longrightarrow [Co(NH_3)_5OH]^{+} + [Cr(OH_2)_6]^{3+}$

위의 반응은 내부권 메커니즘에 의해 빨리 ($k = 1.5 \times 10^6$) 진행된다. 코발트 반응물에서 $OH^-$가 $H_2O$에 의해 치환되면 반응은 상당히 느려진다 ($k = 0.1$). 그러나 반응 속도는 수소 이온의 농도에 반비례함이 관측되었다. 이러한 사실에 부합되는 설명을 제시하라.

12.30 $[Co(NH_3)_5SCN]^{2+}$가 $[Cr(OH_2)_6]^{2+}$와 반응하면, $[S{=}C{=}N{-}Cr(OH_2)_5]$와 $[N{=}C{=}S{-}Cr(OH_2)_5]$가 모두 생성된다. 여기에는 원거리 공격과 근접 공격 둘 다 관련된다고 제안되었다. 두 생성물의 형성에 대해 이러한 관점과 일치하는 다리놓는 중간체들을 그려라.[64)]

12.31 만약 반응 12.76이 중간체로 $[(NC)_5Fe{-}C{\equiv}N{-}Co(CN)_5]^{6-}$의 형성과 더불어 내부권 메커니즘에 의해 진행된다면, Co—N 결합 파괴 속도와 관계되는 Fe—C 결합 파괴 속도에 대해 무엇이라 말할 수 있겠는가?

---

63) Bernhard, P.; Bürgi, H. B.; Hauser, J.; Lehmann, H.; Ludi, A. *Inorg. Chem.* **1982**, *21*, 3936~3941.

64) Haim, A. *Prog. Inorg. Chem.* **1983**, *30*, 273~357.

**12.32** 산 존재하에서 $Cr^{2+}$가

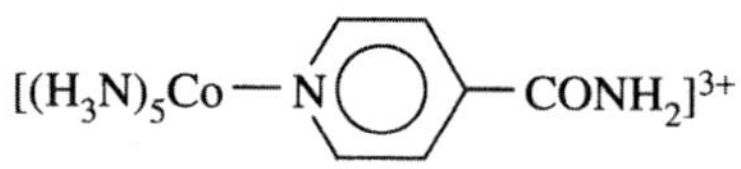

와 반응하면 처음에 아래의 화합물이 생성된다.

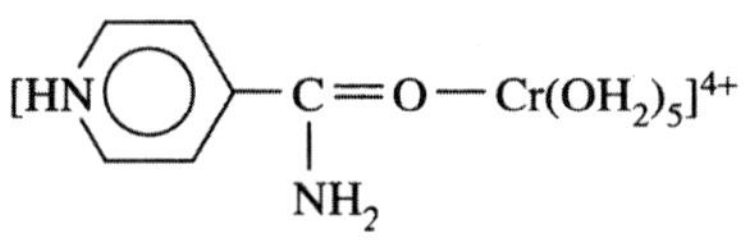

이 반응이 원거리 공격에 의해 진행된다고 결론지을 수 있는가?[65)]

**12.33** 다음 용어를 정의하라 : fluorescence, phosphorescence, luminescence, photoluminescence, chemiluminescenece.

**12.34** 만약 452-nm 광자 1몰이 $[Ru(bpy)_3]^{2+}$에 의해 흡수되었다면, 몇 kJ이 흡수된 것인가? 이것은 몇 eV에 해당되는가? 만약 $[^*Ru(bpy)_3]^{2+}$가 $[Ru(bpy)_3]^{2+}$보다 2.1 eV 만큼 더 높은 에너지에 있다면, 들뜬 상태에서 바닥 상태로 이완될 때 어떤 파장의 빛이 방출되겠는가?

**12.35** 다음 반응에 필요한 최저 에너지를 제공하려면 어떤 파장의 빛이 필요한가?

$$N_2(g) + 3H_2O(l) \longrightarrow 2NH_3(g) + \frac{3}{2}O_2(l)$$

이때 $\Delta G^\circ = 678\ \text{kJ mol}^{-1}$이다.

**12.36** 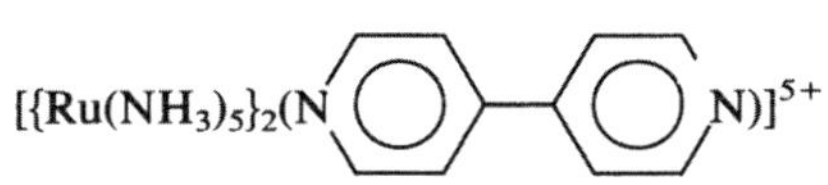 의 원자가간 스펙트럼은 1050 nm에서의 흡수로 이루어져 있다. 전자기 스펙트럼의 어느 부분에서 발견되는 것인가? 어떻게 이러한 흡수가 일어나는지 설명하라.

**12.37** 아세토나이트릴에서 $[Ru(bpy)_3]^{2+}$의 순환 전압-전류 그림을 아래에 나타내었다.[66)]

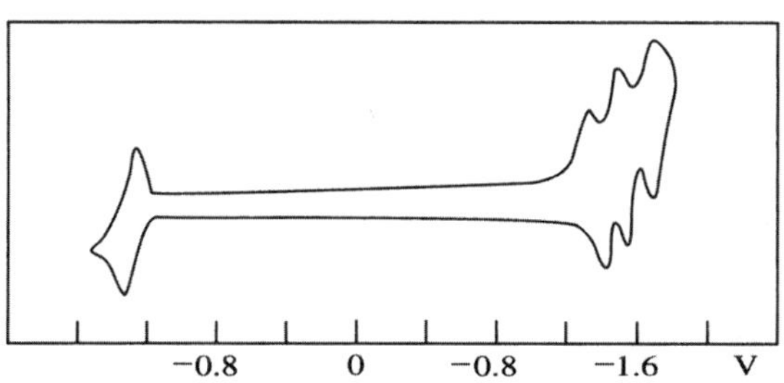


세 환원 전위의 관찰을 어떻게 설명하겠는가?

**12.38** 만약 식 12.62와 12.63에 대한 전위값이 주어지지 않는다면, 이 값들을 계산할 수 있겠는가 (9장)?

---

65) Taube, H.; Gould, E. S. *Acc. Chem. Res.* **1969**, *2*, 321~329.

66) Juris, A.; Balzani, V.; Barigelletti, F.; Campagna, S.; Belser, P.; von Zelewsky, A. *Coord. Chem. Rev.* **1988**, *84*, 85~277.

제 13 장

# 금속의 실용화학

앞 장에서는 전이 금속 착물의 구조와 반응을 이해할 수 있게 만드는 원리를 알아보았다. 이 장에서는 다양한 산화 상태에 있는 개별 금속의 성질을 알아보고자 한다. 이들 산화 상태의 안정성을 조사하고, 유사점과 차이점을 비교할 것이다. 이 장에서 다루는 대부분의 화합물은 알칼리 금속, 알칼리 토금속, 전이 금속, 란타넘족 금속의 "실용화학"이라고 할 수 있다.

이 장에서는 이미 설명한 이론들을 사용하여 1~12족의 화학이 갖는 중요한 사실들을 알아볼 것이다. 이들 원소 중에서 특히 전이 금속의 화학은 이미 배위화학에 관한 장(10, 11, 12장)에 포함되어 있다. 이 장에서는 각 계열(Sc에서 Zn, Y에서 Cd, Lu에서 Hg, La에서 Lu, Ac에서 Lr) 내에서의 경향, 계열 간의 차이(Ti → Zr → Hf; Cu → Ag → Au), 그리고 여러 금속들의 안정한 산화 상태에 대해 알아보기로 한다.

## 일반적인 주기적 경향

전이 금속 계열을 가로질러 가면 *d* 전자에 의한 가려막기가 감소하기 때문에 유효 원자 번호는 증가하고, 원자의 크기는 감소한다. 전이 금속 이온의 경우, 리간드장 효과 때문에 크기가 서서히 감소하는 경향에서 벗어나고, 이온 반지름 곡선은 $d^6$ 저스핀에서 최소점이 나타난다(그림 10.15). 이온 반지름이 감소하면 안정한 착물이 형성되기 쉬워지는데, 여기에 완전히 채워지지 않은 오비탈 때문에 생기는 리간드장 안정화 에너지(LFSE) 때문에 착물의 안정도에 대한 일반적인 순서가 나타난다. $\pi$ 오비탈을 통한 역결합에 사용될 수 있는 *d* 전자의 증가(특히 낮은 산화 상태에서)로 인해 계열의 왼쪽에서 오른쪽으로 가면서 금속 이온의 무른 성질이 증가한다. 그러나 $Cu^{2+}$나 $Zn^{2+}$ 같은 이온에 있는 *d* 오비탈은 안정화되어 있기 때문에, 이들 이온에서 $\pi$ 결합은 상대적으로 중요하지 않다.

한 계열과 다른 계열 사이의 차이는 이 장의 뒷부분에서 설명하겠지만, 겉으로 보기에도 몇 가지 모순점이 있다. 즉, 무거운 금속은 원소로서 반응성이 다소 약한 경향을 갖지만, 높은 산화 상태로 쉽게 산화된다. 그리고 첫째 계열과 둘째 계열은 셋째 계열보다 이온화 에너지는 서로 더 밀접하게 관련이 있는 것처럼 보이지만, 화학적 성질의 측면에서는 대개 둘째 계열과 셋째 계열을 같이 다루면서 첫째 계열과 구별하고 있다.

**표 13.1**
$kJ\ mol^{-1}$($eV\ mol^{-1}$) 단위로 나타낸 주족과 전이 금속의 바닥 상태 이온화 에너지[a].

| 족 번호 | IA (1) | IIA (2) | IIIB (3) | IVB (4) | VB (5) | VIB (6) | VIIB (7) | (8) | VIIIB (9) | (10) | IB (11) | IIB (12) |
|---|---|---|---|---|---|---|---|---|---|---|---|---|
| 4주기 | 4.19 | 590 | 631 | 658 | 650 | 653 | 717 | 759 | 758 | 737 | 746 | 906 |
| (K–Za) | (4.34) | (6.11) | (6.54) | (6.82) | (6.74) | (6.77) | (7.44) | (7.87) | (7.86) | (7.64) | (7.73) | (9.39) |
| 5주기 | 403 | 550 | 616 | 660 | 664 | 685 | 702 | 711 | 720 | 805 | 731 | 868 |
| (Rb–Cd) | (4.18) | (5.70) | (6.38) | (6.84) | (6.88) | (7.10) | (7.28) | (7.37) | (7.46) | (8.34) | (7.58) | (9.00) |
| 6주기 | 376 | 503 | 538 | 654 | 761 | 770 | 760 | 840 | 880 | 870 | 890 | 1007 |
| (Cs–Hg) | (3.89) | (5.21) | (5.58) | (6.79) | (7.89) | (7.98) | (7.88) | (8.7) | (9.1) | (9.0) | (9.22) | (10.44) |

[a] Moore, C. E. *Ionization Potentials and Ionization Limits Derived from the Analyses of Optical Spectra,* NSRDS-NBS 34; National Bureau of Standards: Washington, DC; 1970

주족 금속과 전이 금속의 첫째 이온화 에너지는 표 13.1에 나타내었다. 처음 두 계열은 차이가 별로 나타나지 않는다. 즉, 어떤 경우에는 한 계열의 원소의 값이 더 클 때도 있고, 다른 경우에는 다른 계열의 원소가 값이 더 크다. 세슘으로부터 시작되는 셋째 계열은 원자의 크기 (Cs > Rb, Ba > Sr, La > Y) 로부터 예상할 수 있는 것처럼, 현저하게 낮은 이온화 에너지를 가진다. 란타넘족 원소들이 끼어드는 하프늄부터는 이온화 경향이 반대가 된다. 가려막기가 부실한 4*f* 전자 14개가 첨가되는 동안에는 상대성 효과가 더 우세하게 작용하여 이온화 에너지는 증가하고 크기는 감소한다. "란타넘족 수축" 및 이것과 관련된 다른 현상들은 주기성을 다루는 장 (15장) 에서 설명할 것이지만, 여기서는 다음의 것만 주목하기로 한다. 즉, 후란타넘족 금속의 원자는 (1) 예상한 것보다 크기가 훨씬 더 작아서 가벼운 동족체의 크기와 같을 경우도 있으며, (2) 산화되기가 더 어렵다. 후자의 이 현상은 귀금속, 즉 이리듐, 백금, 금에 도달할 때까지 계속되고, 이온화 에너지도 증가한다. 상대적으로 크기가 작고, 핵이 무겁고, 전자가 원자 내에 단단히 잡혀 있기 때문에, 이 계열의 원소들은 밀도가 가장 큰 원소들이기도 하다 ($d_{Os} = 22.61\ g\ cm^{-3}$, $d_{Ir} = 22.65\ g\ cm^{-3}$).

여러 가지 면에서 상대론적 효과와 란타넘족 수축은 후란타넘족 원소의 반응성을 저하시키지만, 다른 한편으로는 결합 능력을 증가시킨다. 예를 들면, bis (phosphine) platinum (0) 착물은 수소 분자와 반응하지만, 유사한 팔라듐 착물은 반응하지 않는다.[1)]

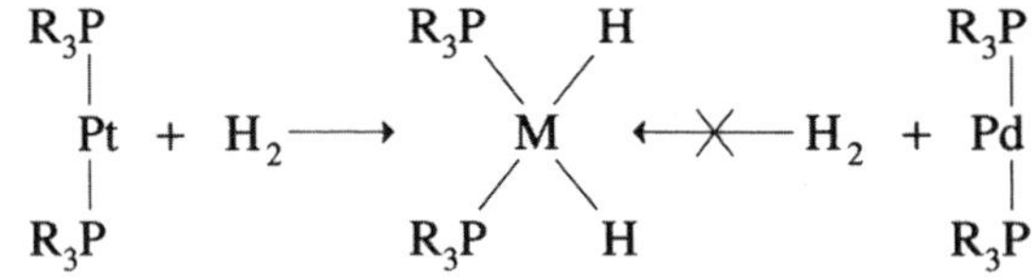

**(13.1)**

금과 은을 비교해 보면 이 점을 더 잘 알아볼 수 있다. Au—H 결합은 Ag—H 결합보다 더 강하고, $AuI_2^-$는 $AgI_2^-$보다 더 안정하다. 비교적 큰 유효 핵전하 때문에 6*s* 오비탈은 상대론적으로 안정화 (수축) 되고, 5*d* 오비탈은 불안정화 (팽창) 된다. 알짜 결과는 5*d* 오비탈이 M—L 결합에 더 많이 참여하게 되고 따라서 결합이 강해진다.[2)]

1) Low, J. L.; Goddard, W. A., III *Organometallics* **1986**, *5*, 609~622.

2) Schwerdtfeger, P.; Boyd, P. D. W.; Burrell, A. K.; Robinson, W. T.; Taylor, M. J. *Inorg. Chem.* **1990**, *29*, 3593~3607.

# 전이 금속의 여러 가지 산화 상태에 대한 화학

## 낮은 산화 상태와 음의 산화 상태

산화 상태[3])의 모든 문제는 임의적이고, 적절한 산화 상태를 지정하는 것은 편리함(또는 불편함) 때문인 경우가 많다. 산화 상태의 개념은 전기음성도가 아주 달라서 분자 오비탈이 다른 한 원자보다 어느 한 원자의 오비탈과 훨씬 더 가깝게 연관되는 원소들끼리 생성된 화합물에서 가장 잘 정의된다. 전기음성도 차이가 작은 경우, 특히 비결합성, 약한 결합성 또는 반결합성 등 비편재화된 분자 오비탈이 있는 경우에는 산화 상태를 정의하기가 어려워진다. 전자의 상황은 할로젠, 산소, 질소 등의 $\sigma$ 결합 리간드를 포함하는 착물에서 나타난다. 후자의 조건은 유기금속 착물이 주로 해당되는데, 이 경우에는 산화 상태를 지정하지 않을 때도 있다. 낮은(불명확할 수도 있다) 산화 상태를 안정화시키는 리간드는 사이안화 이온과 트라이플루오린화 인을 들 수 있는데, 이 두 가지는 모두 우수한 $\pi$ 결합 리간드이다. 따라서 이들 리간드를 포함하는 산화 상태가 0인 니켈 착물을 만들 수 있다.

$$Ni(CO)_4 + 4PF_3 \longrightarrow Ni(PF_3)_4 + 4CO \tag{13.2}$$

$$Ni^{2+} \xrightarrow{KCN} K_2[Ni(CN)_4] \xrightarrow{K} K_4[Ni(CN)_4] \tag{13.3}$$

실제로는 비결합성인 광범위하게 비편재화된 분자 오비탈을 갖는 리간드가 있으면, 산화 상태를 지정하는 것이 어렵거나 불가능할 수도 있다. 예를 들면, thiolene-thiolate 리간드에서 이미 이것을 알아 보았다(11장 참조). 유사한 리간드는 비편재화된 바이피리딘(bipyridine) 인데, 이것은 금속의 산화 상태가 형식적으로 +1, 0, −1까지를 포함하는 것으로 분류되는 착물을 만든다. 이들 낮은 산화 상태에서 금속에 있는 전자 밀도의 본질적 부분은 리간드 $\pi$ 계에 걸쳐 비편재화된다. 낮은 산화 상태에서 금속의 낮은 산화 상태를 안정화시키는 광범위한 비편재화에 대한 다른 예는 생물계에서도 자주 나타난다.

## 산화 상태의 범위

낮은 산화 상태에 대한 정의는 다소 주관적이지만, 여러 금속에서 나타나는 산화 상태의 범위는 설명할 수 있다. 첫째 전이 계열의 금속에 대한 산화 상태를 조사한 결과는 표 13.2에 나타내었다. 계열의 양쪽 끝($Sc^{3+}$와 $Zn^{2+}$)에는 최소의 산화 상태(1 또는 2)가 나타나고, 가운데(Mn)에서는 최고의 산화 상태(−3에서 +7까지)가 나타난다. 양쪽 끝의 원소가 낮은 산화 상태를 갖는 것은 잃거나 공유할 수 있는 전자의 수가 너무 적거나(Sc, Ti), 많은 결합을 형성하기에는 $d$ 전자가 너무 많기(그래서 리간드와 전자를 공유하기 위해 비어 있는 오비탈이 적다) 때문이다(Cu, Zn). 전이 계열의 끝으로 가면서 높은 산화 상태의 안정도를 감소시키는 경향을 나타내는 다른 요인은 유효 원자 번호가 증가한다는 것이다. 이것은 $d$ 오비탈의 에너지를 감소시켜서 결합에 쉽게 이용할 수 없는 핵심부 전자 쪽으로 $d$ 오비탈을 끌어 당기게끔 작용한다. 그러므로 이

---

3) 산화 상태를 정의하는 문헌은 다음을 참조하라. Jørgensen, C. K. *Oxidation Numbers and Oxidation States*; Springer: New York, 1969.

**표 13.2**
첫째 전이 계열 금속들의 산화 상태.

| | 족 | | | | |
|---|---|---|---|---|---|
| | IIIB | IVB | VB | VIB | VIIB |
| 산화수 | (3) | (4) | (5) | (6) | (7) |
| +7 | | | | | $[MnO_4]^-$ |
| +6 | | | | $[CrO_4]^{2-}$ | $[MnO_4]^{2-}$ |
| +5 | | | $[VO_4]^{3-}$ | $[CrO_4]^{3-}$ | $[MnO_4]^{3-}$ |
| +4 | | $TiCl_4$ | $[VOF_4]^{2-}$ | $[CrO_4]^{4-}$ | $MnO_2$ |
| +3 | $[Sc(H_2O)_6]^{3+}$ | $[Ti(H_2O)_6]^{3+}$ | $[V(H_2O)_6]^{3+}$ | $[Cr(H_2O)_6]^{3+}$ | $[Mn(CN)_6]^{3-}$ |
| +2 | | $TiCl_2$ | $[V(H_2O)_6]^{2+}$ | $[Cr(H_2O)_6]^{2+}$ | $[Mn(H_2O)_6]^{2+}$ |
| +1 | | | $[V(bpy)_3]^+$ | $[Cr(bpy)_3]^+$ | $[Mn(CN)_6]^{5-}$ |
| 0 | | $Ti(bpy)_3$ | $V(bpy)_3$ | $Cr(bpy)_3$ | $Mn(bpy)_3$ |
| −1 | | $[Ti(bpy)_3]^-$ | $[V(bpy)_3]^-$ | $[Cr(bpy)_3]^-$ | $[Mn(bpy)_3]^-$ |
| −2 | | $[Ti(CO)_6]^{2-}$ | | $[Cr(CO)_5]^{2-}$ | $[Mn(H_2pc)]^{2-}$ |
| −3 | | | $[V(CO)_5]^{3-}$ | $[Cr(bpy)_3]^{3-}$ | $[Mn(CO)_4]^{3-}$ |
| −4 | | | | $[Cr(CO)_4]^{4-}$ | |

[a] +8의 산화 상태는 $RuO_4$와 $OsO_4$에서 찾아볼 수 있고, +7의 산화 상태는 이 산화율의 음이온 $[RuO_4]^-$와 $[OsO_4]^-$에서 찾아볼 수 있다.

계열의 앞에 있는 원소는 *d* 전자를 활용하지 않는 화학종을 형성하기 어렵다. 스칸듐(II)은 실제로 알려지지 않았고, Ti(IV)은 Ti(II)보다 훨씬 더 안정한 Ti(III)보다도 더 안정하다. 전이 계열의 다른 끝에 있는 아연의 산화수는 +2뿐이고(*d* 전자는 없다), 니켈의 경우에 Ni(II)는 NI(III)보다 훨씬 더 안정하다. 그 결과, 합당한 안정도를 갖는 최고 산화 상태는, 망간까지는 *s* 전자와 *d* 전자를 합친 수와 같고($Ti^{IV}O_2$, $[V^{V}O_2]^+$, $[Cr^{VI}O_4]^{2-}$, $[Mn^{VII}O_4]^-$), 그 다음부터는 더 높은 산화 상태의 안정도가 급격하게 감소한다. 이 경우의 전형적인 예는(Fe(II, III), Co(II, III), Ni(II), Cu(I, II), Zn(II)이다.

## 산화 상태에 의한 성질의 비교

금속 이온들 간에는 산화 상태를 이용하여 설명할 수 있는 어떤 유사성이 있지만 상대적으로 전자 배치와는 무관하다. 이 유사성은 주로 크기와 전하 현상과 관련이 있다. 예를 들어 일반적인 명반, $KAl(SO_4)_2 \cdot 12H_2O$는 크로뮴 명반 $KCr(SO_4)_2 \cdot 12H_2O$와 동형이고, 이 두 가지 화합물 사이의 중간적인 조성을 갖는 혼합 결정도 $Al^{3+}$를 $Cr^{3+}$로 치환시켜서 만들 수 있다. 이 경우, 두 가지 양이온은 동일한 전하와 유사한 반지름을 가진다($r_{Al^{3+}} = 67.5$ pm; $r_{Cr^{3+}} = 75.5$ pm). $Mg^{2+}$($r = 71$ pm), $Mn^{2+}$($r = 80$ pm)[4], $Zn^{2+}$($r = 74$ pm)을 보면, 이들 중에서 하나는 불활성 기체 전자 배치를 갖고($s^2p^6$), 나머지 둘은 그렇지 않음에도 불구하고($d^5$와 $d^{10}$), 이들 세 이온 사이에는 유사성이 나타난다.[5] 란타넘족 간의 긴밀한 유사성은 금속의 전하가 같고 크기가 비슷하다는 것이 가장 중

4) 마그네슘과 망가니즈의 이름이 비슷한 것은 초기 화학자들이 이들 두 원소를 혼동하였기 때문이다. 이 혼동은 오늘날까지도 초보 화학자들이 겪는 것이다. 이 가지 이름은 모두 소아시아의 고대 도시인 Magnesia로부터 유래된 것이다.

5) $Mg^{2+}$는 $Zn^{2+}$ 및 고스핀 $Mn^{2+}$와 매우 유사하다. $Mg^{2+}$는 다른 +2가 전이 금속 양이온과의 유사성은 적은데, 전이 금속 이온 착물의 LFSE 때문이다.

| 족 | | | | |
|---|---|---|---|---|
| VIIIB | | | IB | IIB |
| (8) | (9) | (10) | (11) | (12) |
| *a* | | | | |
| $[FeO_4]^{2-}$ | | | | |
| $[FeO_4]^{3-}$ | $[Co(1\text{-norbornyl})_4]^+$ | $[NiF_6]^{2-}$ | | |
| $[FeO_4]^{4-}$ | $[CoF_6]^{2-}$ | $[NiF_6]^{3-}$ | $[CuF_6]^{2-}$ | |
| $[Fe(H_2O)_6]^{3+}$ | $[Co(CN)_6]^{3-}$ | $[Ni(H_2O)_6]^{2+}$ | $[OuF_6]^{3-}$ | |
| $[Fe(H_2O)_6]^{2+}$ | $[Co(H_2O)_6]^{2+}$ | $Ni(PPh_3)_3Br$ | $[Cu(H_2O)_6]^{2+}$ | $[Zn(H_2O)_6]^{2+}$ |
| $[Fe(NO)(H_2O)_5]^{2+}$ | $[Co(bpy)_3]^+$ | $Ni(bpy)_2$ | $[Cu(CN)_2]^-$ | $Zn_2Cl_2$ |
| $Fe(bpy)_3$ | $Co(bpy)_3$ | $[Ni_2(CO)_6]^{2-}$ | | $Zn(bpy)_2$ |
| $[Fe(bpy)_3]^-$ | $[Co(CO)_4]^-$ | | | |
| $[Fe(CO)_4]^{2-}$ | | | | |

요하다는 증거가 된다. 전자 배치보다 전하와 깊은 관계가 있는 유사성은 물리적 유사성이라고도 할 수 있다. 이 유사성은 결정 구조와 관련이 있고, 따라서 용해도와 침전하는 경향도 관련이 있다. 공침은 족의 관계보다 산화 상태와 더 밀접한 관련이 있다. 그래서 방사성 추적자의 운반체는 그 방사성 동위원소와 같은 족에 속한 것일 필요가 없다 테크네튬(VII) 은 퍼렌산(perrhenate) 뿐만 아니라 과염소산, 과아이오딘산, 테트라플루오로붕산에 의해서도 운반된다. 납(II) 은 무거운 알칼리 토금속과 비슷한 용해도 특성을 가진다. 탈륨(I) ($r = 164$ pm) 은 포타슘($r = 151$ pm) 과 비슷한데, 특히 산소나 전기음성도가 높은 다른 원소와 결합하는 성질이 아주 비슷하다. 따라서 $K^+$처럼, $Tl^+$는 가용성 질산염, 탄산염, 인산염, 황산염, 플루오린화물을 형성한다. 탈륨(I) 은 많은 포타슘 효소에 관여할 수 있기 때문에 매우 유독하다. 양이온의 성질(특히, 음이온의 편극) 은 당연히 전자 배치에 의해 영향을 받는다(3장 참조). 그러므로 무거운 할로젠에 대해서 $Tl^+$는 $K^+$보다는 $Ag^+$와 더 비슷하다고 해서 놀랄 일은 아니다.

마지막으로 양이온 전하에 의존하는 화학적 성질은 배위수이다. 배위수는 크기에 의하여 크게 영향을 받지만(3장), 큰 전하를 갖는 양이온은 큰 배위수를 갖는 경향이 있다. 예를 들면, $Co^{2+}$(C.N. = 4와 6) 대 $Co^{3+}$(C.N. = 6), 그리고 $Mn^{2+}$($[MnCl_4]^{2-}$에서 C.N. = 4) 대 $Mn^{4+}$($[MnF_6]^{2-}$에서 C.N. = 6) 이다. 이것은 전기중성 원리의 결과이다(10장 참조). 한편, 아주 높은 산화 상태에 있는 금속[Cr(VI), Mn(VII), Os(VIII)]은 금속-산소 이중 결합(산소로부터 금속으로 상당한 $\pi$ 결합이 있다) 을 형성하는 경향이 있는데, 사면체 화학종($[CrO_4]^{2-}$, $[MnO_4]^-$, $OsO_4$) 이 된다.

## 포타슘-아연 원소의 화학: 전자 배치에 의한 비교

전이 금속 이온은 전하나 산화 상태에만 의존하는 유사성이 있기는 하지만, 전이 금속 화학은 금속 이온의 전자 배치에 의하여 영향을 받는 경우가 더 많다. 그러므로 자연적인 경향은 낮은 산화 상태는 환원되려고 하고, 높은 산화 상태는 산화되려고 하는 것이지만, 전자 배치 때문에 특정한 금속에 대해 +2가, +3가 또는 더 높은 산화 상태가 가장 안정한 산화 상태로 된다. 이 절에서는 첫째 전이 계열에 있는 금속의 성질을 전자 배치의 관점에서 간단하게 알아본다.[6)]

### $d^0$ 전자 배치

이 전자 배치는 $K^+$, $Ca^{2+}$, $Sc^{3+}$ 같은 간단한 이온에서 나타나고, 많은 전이 금속의 경우, 형식 산화 상태가 족의 수와 같은 값을 가진다. 이 설명은 망가니즈(VII) 까지만 성립한다[Fe (VIII) 은 알려져 있지 않다].

$d^0$ 배치를 갖는 모든 금속 이온은 굳은 산이고, 산화 이온, 수산화 이온, 플루오린화 이온과 같은 굳은 염기와의 결합을 선호한다.[7)] 다른 배치에 비해 착물 생성 범위는 넓지 않다. 그러나 이 영역에 대한 연구는 계속 확장되고 있다. 이 배치를 갖는 금속이 환원제로서 행동하는 경향은 없고(잃을 전자가 없다), 산화제로서 행동하는 경향도 거의 없다. 그러나 $[CrO_4]^{2-}$, $[CrO_3Cl]^-$, $CrO_2Cl$, $[MnO_4]^-$와 같은 화학종에 대해서는 환원제로 작용할 수 있다. 따라서 수용액의 화학은 간단하게 설명할 수 있다. 수용액에서 낮은 전하를 갖는 화학종($K^+$, $Ca^{2+}$, $Sc^{3+}$) 은 물을 제외하고는 착물을 형성하지 않은 자유 이온으로 행동한다.[8)] $[ScF_6]^{3-}$와 $[Sc(OH)_6]^{3-}$와 같은 스칸듐의 착이온이 알려져 있는데, 불용성의 $ScF_3$나 $Sc(OH)_3$에 과량의 $F^-$나 $OH^-$를 가하면 생성된다. 알칼리 금속의 "크라운" 착물은 앞에서(11장) 설명하였는데, $Ca^{2+}$는 edta와 같은 여러 자리 리간드와 착물을 형성한다.[9)] 더 높은 산화 상태[Cr(VI), Mn(VII)]는 옥시음이온을 형성하는데, 이 이온은 산성 용액에서 특히 좋은 산화제이다. 중간 영역의 산화 상태를 갖는 금속의 산화물은 불용성($TiO_2$) 이거나 양쪽성($V_2O_5$, $[VO_4]^{3-}$) 이다.

$d^0$ 배치를 갖는 금속의 성질을 요약해 보면, 다음과 같은 실용적 정보를 알 수 있다. 포타슘, 칼슘과 스칸듐의 경우 안정한 전자 배치는 $d^0$뿐이다. $d^0$는 타이타늄까지는 가장 안정한 전자 배치이다(예: $TiO_2$, $TiCl_4$, $[TiF_6]^{2-}$). 바나듐(V) 은 바나듐산 이온, $[VO_4]^{3-}$와 여러 가지 폴리바나듐산 이온에서 발견된다. 바나듐(V) 은 온화한 산화제이기 때문에, 가장 안정한 산화 상태는 바나듐(IV) 가 된다. 강한 산화제인 $[HCrO_4]^-$

---

6) 비교를 위해 전이 금속의 실용화학을 다른 관점에서 보는 것이 필요하다. 원소로서의 전이 금속 화학을 완전히 이해하려면 다음을 참조하라. Cotton, F. A.; Wilkinson, G. *Advanced Inorganic Chemistry*, 5th ed.; Wiley: New York, 1988. Greenwood, N. N.; Earnshaw, A. *Chemistry of the Elements*; Pergamon: Oxford, 1984.

7) 많은 경우에, 굳은 리간드가 없으면 무른 염기는 착물을 형성할 것이다(Fryzuk, M. D.; Haddad, T. S.; Berg, D. *J. Coord. Chem. Rev.* **1990**, *99*, 137~212).

8) 수용액에서 Sc의 가수분해는 광범위하게 일어난다(Brown, P. L.; Ellis, J.; Sylva, R. N. *J. Chem. Soc. Dalton Trans*. **1983**, 35~43).

9) 생화학적으로 중요한 알칼리 토금속 이온 및 알칼리 금속 이온의 착물에 대해서는 다음을 참조하라. Schmidbaur, H.; Classen, H. G.; Helbig, J. *Angew. Chem. Int. Ed. Engl.* **1990**, *29*, 1090~1103. Poonia, N. S.; Bajai, A. V. *Chem. Rev.* **1979**, *79*, 389~445.

($Cr^{3+}$에 대한 $E^o$는 1.37 V) 와 $[MnO_4]^-$ ($Mn^{2+}$에 대한 $E^o$는 1.51 V) 는 더 낮은 산화 상태에 비해 상대적으로 불안정하다.

## $d^1$ 배치

이 전자 배치는 안정한 배치가 되려는 경향이 없다. $d^1$ 배치는 스칸듐에 대해서는 전혀 알려져 있지 않고, Ti(III) 은 강한 환원제이다. 이 전이 계열의 나중에 있는 원소들은 더 안정한 배치로 되기 위하여 불균등화 반응을 일으키는 경향이 있다.

$$3[CrO_4]^{3-} + 10H^+ \longrightarrow 2\,[HCrO_4]^- + Cr^{3+} + 4H_2O \tag{13.4}$$

$$3[MnO_4]^{2-} + 4H^+ \longrightarrow 2\,[MnO_4]^- + MnO_2 + 2H_2O \tag{13.5}$$

유일하게 중요한 $d^1$ 화학종은 바다딜 이온, $VO^{2+}$인데, 이것은 수용액에서 가장 안정한 형태의 바나듐이다.

## $d^2$ 배치

이 전자 배치는 환원성이 매우 강한 Ti(II) 로부터 산화성이 매우 강한 Fe(VI) 까지에 걸쳐 나타난다. 이것은 특별히 안정한 배치는 아니다. Ti(II) 와 V(III) 은 환원제이고 Cr(IV) 와 Mn(V) 은 그다지 중요하지 않다. 철산(VI) 이온, $[FeO_4]^{2-}$은 약간 흥미롭다. 이 이온은 철 또는 철 화합물을 강하게 산화시키면 생성된다. 염기성 용액 중에서는 상당히 안정하지만, pH가 낮아지면 강한 산화제로 된다.

## $d^3$ 배치

이 전자 배치는 대개 안정한 배치는 아니고, V(II) 은 강한 환원력을, Mn(IV) 은 강한 산화력을 가진다.[10] 그러나 $Cr^{3+}$는 수용액 중에서 크로뮴의 가장 안정한 형태이다. 팔면체 배위에서 Cr(III) 은 절반이 채워진 부껍질, $t_{2g}^3$의 LFSE에 때문에 안정해진다.

## $d^4$ 배치

이 배치는 실제로 안정한 화학종이 없지만, 화학적으로 흥미가 있다. 제일크로뮴 이온 $Cr^{2+}$은 강한 환원제이지만, 그래도 쉽게 제조될 수 있다.

$$Cr^{3r} \xrightarrow{Zn(Hg)} Cr^{2+} \tag{13.6}$$

$$Cr + 2H^+ \longrightarrow Cr^{2+} + H_2 \tag{13.7}$$

식 13.6의 반응에서 $Cr^{3+}$의 생성을 방지하기 위해서는 매우 순수한 크로뮴이 필요하지만, 아연 아말감과의 반응은 "깨끗하고", 이연 이말감은 이 강한 환원제에 대한 편리한 공급원이 된다. 이 용액을 포화 아세트산 소듐 용액에 가하면 아세트산 크로뮴(II) 이 침전된다.

$$2Cr^{2+} + 4CH_3COO^- + 2H_2O \longrightarrow Cr_2(OOCCH_3)_4(H_2O)_2 \tag{13.8}$$

10) $MnO_2$가 상대적으로 안정한 것은 불용성이기 때문이다. 다른 Mn(IV) 화학종은 강한 산화제이다.

아세트산 크로뮴(II) 은 난용성의 적색 결정성 침전이고, 완전히 건조시키면 산화에 안정하다. 이것은 금속–금속 결합을 가진다.

망가니즈(III) 은 강한 산화제이지만 불균등화 반응을 일으킨다. 망가니즈(III) 착물은 $[Mn(CN)_6]^{3-}$를 제외하면 상대적으로 불안정하다. $[Mn(CN)_6]^{3-}$은 망가니즈(II) 와 사이안화 이온의 용액을 공기에 노출시키면 쉽게 생성된다. 몇 가지 철(IV) 화합물이 알려져 있다. $d^4$ 배치는 맨 처음으로 고스핀과 저스핀 팔면체 착물 모두를 예상할 수 있는 배치이다. 이들 중의 대부분은 고스핀인데,[11] $Cr^{2+}$와 $Mn^{3+}$의 사이아노 착물은 저스핀이다.

## $d^5$ 배치

이 배치를 갖는 두 가지 중요한 화학종은 $Mn^{2+}$와 $Fe^{3+}$이다. 이 두 화학종은 모두 매우 안정하다. 그러나 $Fe^{3+}$는 적당한 환원제를 이용하여 $Fe^{2+}$로 환원될 수 있다. 교환 에너지 때문에 고스핀 전자 배치가 안정하며, 알려진 착물은 거의 모두가 고스핀이다. 몇 가지 예외는 $[Mn(CN)_6]^{4-}$, $[Fe(CN)_6]^{3-}$, $[Fe(bpy)_3]^{3+}$이다. 아주 흥미롭고 다소 예상 밖의 저스핀 $d^5$ 착물 중의 하나는 $[CoF_6]^{2-}$인데, 이 착물에서는 +4의 양이온 전하로 인해 $d^5$ 배치나 플루오린화 이온의 약한 장에 대한 교환 에너지 손실을 극복할 수 있다. 코발트(IV) 착물의 다른 예는 dithiocarbamate,[12], Schiff 염기의 유기금속 착물[13]과 테트라알킬 착물인 tetrakis(1-norbornyl)cobalt[14]이다. 고스핀 $d^5$ 팔면체 착물의 $d$–$d$ 전이는 스핀 금지 성질을 갖기 때문에, $Mn^{2+}$나 $Fe^{3+}$의 착물은 무색이거나 거의 무색에 가깝다 (10장).

## $d^6$ 배치

강한 장 리간드를 갖는 팔면체 착물은 $d^6$ 배치를 가질 때 가장 큰 양의 LFSE를 제공한다. 철(II) 은 온화한 환원제이지만, 상대적으로 안정하다. Co(III) 는 강한 장 리간드가 있으면 엄청나게 안정하지만, 강한 장 리간드가 없는 경우에는 강한 산화제이다. 니켈(IV) 은 강한 산화제이다.

스핀이 쌍을 이루려는 경향에 미치는 전하의 영향은 이 계열에 대해서 잘 설명되고 있다. 대부분의 Fe(II) 착물은 저스핀이 되려는 경향을 갖지만, ferrocyanide인 $[Fe(CN)_6]^{4-}$, "nitroprusside" 이온인 $[Fe(CN)_5NO]^{2-}$, *o*-phenanthroline 착물인 $[Fe(phen)_3]^{2+}$는 예외이다. 이와는 대조적으로 Co(III) 착물은 대개 저스핀 착물이 되려는 경향을 나타내는데, 약한 장 리간드가 존재하는 경우인 $[CoF_6]^{3-}$와 $[Co(H_2O)_3F_3]$는 예외이다. 마지막으로, Ni(IV) 는 가장 약한 리간드가 존재하더라도 저스핀 착물을 형성한다 (예: $[NiF_6]^{2-}$는 반자기성이다).

## $d^7$ 배치

Ni(III) 화학종도 알려져 있지만, 이 전자 배치를 갖는 중요한 화학종은 Co(II) 뿐이다. 코발

---

11) Fe (IV) 의 알려진 착물, $[Fe(diars)_2X_2]^{2+}$는 저스핀이다 (홀전자 두 개). $[Fe(diars)_2X]^{+}$는 고스핀 (홀전자 다섯 개) 이므로, 이것은 +4의 양전하 때문에 스핀 짝지음의 경향이 강함을 의미한다.

12) Barbier, J.-P.; Mve Ondo, B.; Hugel, R. P. *J. Chem. Soc. Dalton trans.* **1985**, 597~599.

13) Vol'pin, M. E.; Levitin, I. Y.; Sigan, A. L.; Nikitaev, A. T. *J. Organomet. Chem.* **1985**, *279*, 263~280.

14) Byrne, E. K.; Theopold, K. H. *J. Am. Chem. Soc.* **1989**, *111*, 3887~3896.

트(II) 는 사면체 착물 $[CoCl_4]^{2-}$, 사각 평면 착물 $[Co(Hdmg)_2]$, 사각뿔 착물 $[Co(ClO_4)(OAsMePh_2)_4]^+$, 삼각 쌍뿔 착물 $[CoBr(Me_6tren)]^+$, 팔면체 착물 $[Co(NH_3)_6]^{2+}$를 형성한다. 사면체 착물로 되려는 경향이 우세하며, 특히 큰 리간드가 있을 때는 더욱 그렇다. 그리고 어떤 한 가지 기하 구조에 대한 LFSE가 크지 않기 때문에 여러 가지 형태의 착물이 형성된다.

코발트(II) 는 수용액 중에서 안정하지만, 강한 장 리간드가 존재하면 Co(III) 착물로 쉽게 산화된다. 등전자인 Ni(III) 화학종은 강한 산화제이다.

## $d^8$ 배치

이 전자 배치는 강한 장 리간드를 갖는 저스핀 사각 평면 착물을 형성하는 데 이상적이다. 니켈(II) 착물은 전형적으로 적색이나 황색이다. 그러나 다른 색을 나타낼 때도 있다.[15] 큰 리간드를 갖는 경우에는 사면체 고스핀 착물이 주로 형성된다. 예를 들면, 트라이페닐포스핀, 산화 트라이페틸포스핀, 또는 트라이페닐포스핀의 할로젠화물이 있다. $Ni(PPh_2Et)_2Br_2$와 같은 착물에서는 전자적 및 입체적 균형의 중요성이 분명하게 나타나는데, 이 착물은 녹색의 사면체 착물뿐만 아니라 갈색의 사각 평면 착물로도 분리될 수 있다. 용액에는 이 두 가지 기하 구조를 갖는 평형 혼합물이 존재한다. 사면체 Ni(II) 착물은 $^3T_1(F) \rightarrow {}^3T_1(P)$ 전이로 인한 강한 흡수 때문에 대개 짙은 청색이나 녹청색을 띤다.

5배위 Ni(II) 착물은 포함되는 리간드의 성질에 따라서 고스핀이나 저스핀 중의 어느 한 가지로 된다. 황, 인, 비소처럼 무른 성질의 배위 원자를 갖는 착물은 저스핀이 되는 경향이 있지만, 질소를 포함하는 유사한 착물은 고스핀이다. 삼각 쌍뿔 착물과 사각뿔 착물도 모두 알려져 있다[16] (11장 참조).

6배위 착물은 $[Ni(H_2O)_6]^{2+}$, $[Ni(NH_3)_6]^{2+}$와 $[Ni(en)_3]^{2+}$에서처럼 동등한 여섯 개의 리간드를 갖거나, $[NiL_4L'_2]^{2+}$처럼 축상에 있는 두 리간드가 나머지 네 개와 다른 형태를 가진다. 단순한 리간드장 갈라짐을 근거로 예상할 수 있는 것처럼 전자는 두 개의 홀전자를 가지며 상자기성이다. 후자는 사각 평면 착물에 두 개의 리간드 (용매 분자일 수도 있다) 가 첨가되어 생성된 것이다. 그 결과로 생긴 정방장 (tetragonal field) 은 대개 일그러지지 않은 팔면체장과 아주 비슷하기 때문에 착물은 팔면체와 마찬가지로 상자기성이 된다. 분광화학적 계열에서 L와 L'의 위치가 크게 다르면 [예를 들면, diiodobis(diars)nickel(II), 그림 13.1], 반자기성 착물이 생성된다. 이 착물은 약한 아이

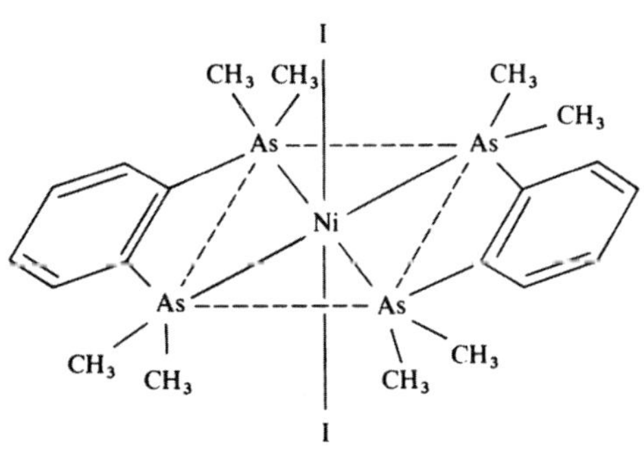


**그림 13.1** diiodobis (dimethylarsine)]nickel(II) 의 분자 구조.

[15] Foulds, G. A. *Coord. Chem. Rev.* **1990**, *98*, 1~122.

[16] Auf der Heyde, T. P. E.; Nassimbeni, L. R. *Inorg. Chem.* **1984**, 23, 4525~4532.

오도 리간드에 의하여 생성되는 정방장이 전자의 짝지음을 일으킬 만큼 충분한 섭동을 갖지 못한 사각 평면 착물로 간주할 수 있다.

$KCuO_2$와 $Cs_3CuF_6$ 같은 몇 가지 간단한 Cu(III) 염만 알려져 있지만, 유기 리간드를 포함하는 착물은 엄청나게 많다. 이들 착물은 Ni(II) 착물과 비슷하기 때문에 사각 평면 구조를 형성할 것으로 예상할 수 있다. 그러나 Ni(II) 와는 달리, 완전한 무기 Cu(III) 화학종들은 강한 산화제이다. 비교적 안정한 Cu(III) 착물은 생물학적 계에서 발견되고 있다.

몇 가지 Co(I) 착물도 알려져 있는데, 예외라고 생각해야 하겠지만, 비타민 $B_{12}$의 작용은 이 산화 상태에 따라 달라진다.

## $d^9$ 배치

이 전자 배치는 Cu(II) 착물에서 발견되는데, 다른 경우에는 중요하지 않다. 이 배치에는 $d^{10}$처럼 닫혀진 부껍질의 안정도도 없고, $d^8$만큼 가능한 LFSE도 갖지 못한다. 구리(II) 는 상당히 쉽게 구리(I) 로 환원된다(식 13.9와 13.10 참조).

6배위 착물은 Jahn–Teller 효과 때문에 순수한 정팔면체 대칭이 일그러질 것으로 예상되며, 이와 같은 일그러짐은 자주 관찰된다(10장). 많은 5배위 착물이 알려져 있고, 사각뿔과 삼각 쌍뿔 착물도 알려져 있다. 4배위도 중간 배치뿐만 아니라 사각 평면과 사면체 화학종이 확인되고 있다.

## $d^{10}$ 배치

첫째 전이 계열에서 이 전자 배치는 Cu(I) 과 Zn(II) 에만 한정되지만, 가장 높은 산화 상태를 갖는 후전이 금속[Ga(III), Ge(IV)]에서도 나타난다. 구리(I) 착물은 좋은 환원제이고, Cu(II) 로 산화된다. Cu(I) 는 적당한 짝이온으로 침전시키면 안정화시킬 수 있으며, Cu(II) 까지도 Cu(I) 로 만들 수 있다.

$$Cu^{2+}(aq) + 2I^-(aq) \longrightarrow CuI(s) + \tfrac{1}{2}I_2(s) \qquad (13.9)$$

$$Cu^{2+}(aq) + 2CN^-(aq) \longrightarrow CuCN(s) + \tfrac{1}{2}(CN)_2(g) \qquad (13.10)$$

아연(II), 갈륨(III), 게르마늄(IV) 은 이들 원소에서 가장 안정한 산화 상태이지만, 주기율표에서 그 뒤에 있는 비금속(비소, 셀레늄, 브로민) 은 가장 높은 산화 상태로 존재하기를 좋아하지 않는다.

구형 대칭인 $d^{10}$ 배치에는 LFSE가 없기 때문에, 선호하는 배위는 다른 인자에 의하여 결정된다. Cu(I) 의 경우에는 몇 가지 사면체 착물뿐만 아니라 3배위 착물들도 알려져 있지만, 선호하는 배위는 선형($sp$) 2배위이다. 아연(II) 은 전형적으로 사면체(예: $[ZnCl_4]^{2-}$) 이거나 팔면체(예: $[Zn(H_2O)_6]^{2+}$) 이지만, 삼각 쌍뿔과 사각뿔의 5배위 착물도 모두 알려져 있다(11장). 후전이 금속들은 사면체(예: $[GaCl_4]^-$) 와 팔면체(예: $[GeCl_6]^-$와 $[AsF_6]^-$) 착물을 형성한다.

## 무거운 전이 금속의 화학

무거운 전이 금속의 실용화학을 이 책에서 상세히 설명할 수는 없다. 금속-금속 다중결합, 금속 뭉치(cluster), 유기금속화학, 배위화학 같은 이들 원소의 화학이 갖는 여러 다른 분야는 다른 교재를 참조하기 바란다. 여기서는 무거운 전이 금속과 가벼운 동족체의 유사성과 차이만 비교할 것이다.

일반적으로 둘째와 셋째 전이 계열의 원소는 첫째 전이 계열의 원소보다 이온 반지름이 각각의 대응하는 화합물에 대해서 약 15~20 pm (0.15~0.20 Å) 더 크다.[17] 그러므로 사면체 배위를 갖는 경우가 상당히 줄어든다. 그러나 $[WO_4]^{2-}$, $[ReO_4]^-$, $OsO_4$는 사면체이다. 사각 평면 배위는 Rh(I), Pd(II), Pt(II), Au(III) 같은 착물에서 나타나는데, 이들은 LFSE에 의하여 안정화된다. 대개는 팔면체 착물을 형성하지만 배위수가 7, 8, 9, 10인 것도 자주 접할 수 있다.

무거운 동족체는 높은 산화 상태에 대해서 뚜렷한 경향을 나타낸다. +2 상태는 첫째 전이 계열의 모든 원소에 대해서 발견되지만, 무거운 원소의 경우 별로 중요하지 않다. 카드뮴은 거의가 +2 산화 상태이고($Cd_2^{2+}$가 알려져 있다[18]), Hg(II), Pd(II), Pt(II) 만이 2가 양이온으로 중요한 화학종이다. 코발트는 Co(II) 와 Co(III) 이 알려져 있지만, 그 동족체인 로듐과 이리듐은 본질적으로 +3 이상의 산화 상태만 가진다. 크로뮴(III) 은 크로뮴의 가장 안정한 산화 상태이지만, 몰리브데넘과 텅스텐은 이 산화 상태에서는 강한 환원제이고, +6의 산화 상태가 가장 중요하다. 일반적으로 가장 높은 산화 상태(즉, 족의 번호의 산화 상태) 는 무거운 금속에서 상당히 안정하다. 그래서 $[ReO_4]^-$는 $[MnO_4]^-$와는 달리 강한 산화제가 아니다. 이 경향은 계열을 따라서도 더 확장되는데, 사산화 루테늄과 사산화 오스뮴(둘 다 강한 산화제이다) 에서 가장 높은 산화 상태에 도달하는데, +8의 산화 상태는 별로 알려지지 않았는데,[19] 이 두 화합물은 그 중의 한 예이다. 예를 더 들자면 가벼운 동족체에 대한 Pd(IV), Pt(IV), Au(III) 의 상대적 안정도이다. 금은 예상하지 못했던 +5의 산화 상태로도 될 수 있다.

10장에서 설명한 것처럼 무거운 전이 금속은 스핀 쌍을 이루는 경향이 매우 크기 때문에, 고스핀 착물의 존재는 가벼운 금속의 경우보다 훨씬 더 줄어든다. 그러므로 니켈(II) 은 사면체, 사각 평면, 사각뿔, 삼각 쌍뿔, 팔면체 등의 착물이 알려져 있지만, Pd(II) 와 Pt(II) 착물은 거의 모두가 저스핀 사각 평면 착물을 형성한다. 약하게 결합한 5배위 첨가 생성물 몇 가지가 알려져 있는데, 이들은 사각 평면 착물의 치환 반응에서 중간체로서 주로 발견된다(12장 참조). 최근 들어, 이 기하 구조는 킬레이트 아민과 $\pi$ 받개 리간드를 함께 사용하면 안정화시킬 수 있음이 밝혀졌다.[20] 은(II) 과 금(II) 에서 $d^9$ 배치의 불안정성에 미치는 리간드장 세기의 효과는 잘 알려져 있다. $d^9$ Au(II) 착물에서 $5d$ 오비탈의 갈라짐은 유사한 Cu(II) 착물에서의 갈라짐보다 약 80%

---

17) 배위수와 스핀 상태의 차이 때문에 직접 비교하기는 어렵다. 여기서 사용한 범위는 6배위 $Sc^{3+}$와 $Y^{3+}$ [$\Delta r$ = 15 pm (0.15 Å)] 및 $Zn^{2+}$와 $Cd^{2+}$[$\Delta r$ = 20 pm (0.20 Å)]의 비교에 근거하고 있다. 란타넘족 수축 때문에 셋째 계열의 반지름은 둘째 계열의 반지름과 매우 유사하다.

18) Faggiani, R.; Gillespie, R. J. *J. Chem. Soc. Chem. Commun.* **1986**, 517~518.

19) +8의 산화 상태는 $OsO_4$의 아민 착물(예, $OsO_4py$)에서도 발견된다. Kobs, S. F.; Behrman, E. J. *Inorg. Chim. Acta* **1987**, *128*, 21~26.

20) Albano, V. G.; Braga, D.; De Felice, V.; Panunzi, A.; Vitagliano, A. *Organometallics*, **1987**, *6*, 517~525.

나 더 크다(10장 참조). 금 착물의 아홉 번째 전자는 아주 불리한 $d_{x^2-y^2}$ 오비탈에 들어가야 하기 때문에 극단적인 정방 일그러짐을 일어나게 만든다. 그래서 Au(II)는 쉽게 산화되고 Au(I)과 Au(III)로 불균등화된다.

자기적 성질에서도 무거운 전이 금속은 중요한 차이를 나타낸다. 광범위한 스핀-궤도 짝지음 때문에, 스핀만을 고려한 근사(10장)는 더 이상 유용하지 않다. 첫째 전이 계열에 대하여 홀전자수로 자기 모멘트를 결정하는 단순한 해석은 무거운 동족체로까지 확장될 수 없다.

무거운 후전이 금속은 족의 번호와 같은 산화 상태를 갖는데, 이때의 배치는 $d^{10}$이다. 인듐(III), 탈륨(III), 주석(IV), 안티모니(V), 비스무트(V) 등이다. 이러한 경향은 "비활성 쌍 효과" 때문에 증가하는데, 이 효과는 금속이 $p$ 전자만을 사용하기 때문에, 앞에 나타낸 산화 상태보다 2가 낮은 산화 상태를 가짐으로써 나타나는 것이다(15장 참조).

## 산화 상태와 1~12족의 EMF

지금까지는 가벼운 금속 대 무거운 금속의 $d$ 전자 배치 및 성질을 바탕으로 전이 금속의 성질을 비교하여 알아보았지만, 여기서는 좀 더 특정하여, 수용액에서 각 원소에 대한 다양한 산화 상태의 안정도를 살펴보겠다. 모든 산화 상태를 상세히 알아보지는 않겠지만, 안정도를 평가하기 위한 emf 데이터는 Latimer 도표의 형태로 제시될 것이다.

전기화학의 원리를 잘 이해하지 못하고 있다면, 산화 상태의 안정도 결정에 관한 다음의 설명을 공부하기 전에, 9장을 복습하여 9장에서 소개된 다음의 Latimer 도표를 이해할 수 있어야 한다.

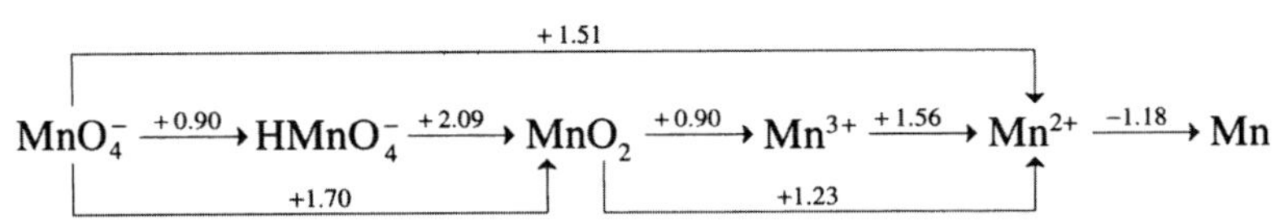


emf값의 표는 부록 F에 주어져 있다.

### 산화 상태의 안정도

수용액 중에서 한 원소의 특정한 산화 상태가 열역학적으로 불안정하게 되는 요인은 세 가지가 있다. (1) 그 원소가 물이나 하이드로늄 이온에 있는 수소를 환원시킬 수 있다. (2) 그 원소가 물이나 수산화 이온 중에 있는 산소를 산화시킬 수 있다. (3) 그 원소가 불균등화할 수 있다.

물에서 수소의 환원에 대한 emf값은 식 9.87에서 9.89에 걸쳐 주어져 있다. 이 값은 한 화학종이 수소를 환원시키는 데 필요한 최저 산화 emf를 결정한다: 1 M 산, $E^\circ > 0.000$ V; 중성 용액, $E > +0.414$ V; 1 M 염기, $E^\circ > +0.828$ V. 망가니즈의 경우, 이와 같은 방법에서 불안정한 산화 상태는 Mn(0) 뿐이고, 이것은 산과 쉽게 반응한다.

$$\text{Mn(s)} \longrightarrow \text{Mn}^{2+}\text{(aq)} + 2\text{e}^- \qquad E^0 = +1.18\text{ V} \tag{13.11}$$

$$2H^+(aq) + 2e^- \longrightarrow H_2(g) \qquad E^0 = 0.00\ V \qquad (13.12)$$

$$Mn(s) + 2H^+(aq) \longrightarrow Mn^{2+}(aq) + H_2(g) \qquad E^0 = +1.18\ V \qquad (13.13)$$

물에서 산소의 산화에 대한 emf값은 식 9.90에서 식 9.92까지에서 주어져 있다. 이 값은 한 화학종이 산소를 산화시키는 데 필요한 최저 환원 emf를 결정한다. 1 M 산, $E^o > +1.229$ V; 중성 용액, $E > +0.815$ V; 1 M 염기, $E^o > +0.401$ V. 물에 의하여 환원되는 망가니즈의 산화 상태는 몇 가지가 있지만, 양성자화된 망가니즈산 이온이 대표적이다.

$$HMnO_4^-(aq) + 3H^+(aq) + 2e^- \longrightarrow MnO_2(s) + 2H_2O \qquad E^0 = +2.09\ V \qquad (13.14)$$

$$H_2O \longrightarrow \tfrac{1}{2}O_2(g) + 2H^+(aq) + 2e^- \qquad E^0 = -1.23\ V \qquad (13.15)$$

$$HMnO_4^-(aq) + H^+(aq) \longrightarrow MnO_2(s) + H_2O + \tfrac{1}{2}O_2(g) \qquad E^0 = +0.86\ V \qquad (13.16)$$

망가니즈에 대하여 위에서 주어진 것과 같은 emf 도표를 사용하면 물을 환원시키거나 산화시키는 화학종을 쉽게 알아낼 수 있다. 예를 들면, 산성 용액에서 emf값이 음수이면, 그 emf값의 오른쪽에 있는 모든 화학종에 의하여 이온이 환원된다. emf값이 +1.23보다 더 양의 값이면, emf값의 왼쪽에 있는 모든 화학종에 의하여 물이 산화된다. 산성 용액에 대한 망가니즈 도표를 조사하면 다음 화학종은 불안정함을 알 수 있다. $Mn^0$ ($Mn^{2+}$로 산화), $Mn^{3+}$ ($Mn^{2+}$로 환원), $MnO_4^-$ ($MnO_2$로 환원). 또한 불안정하게 만들 수 있는 반응에 대한 건너뜀(skip-step) emf값도 알아보아야 한다. 그러므로 물은 $MnO_4^-$를 $HMnO_4^-$로 환원시킬 수 없지만, $MnO_4^-$에서 $MnO_2$로의 건너뜀 emf (+1.70 V)는 충분히 크기 때문에, 환원이 진행되게 만들 수 있다.

$$2MnO_4^-(aq) + 2H^+(aq) + 2e^- \longrightarrow 2HMnO_4^-(aq) \qquad E^0 = +0.90\ V \qquad (13.17)$$

$$H_2O \longrightarrow \tfrac{1}{2}O_2(g) + 2H^+(aq) + 2e^- \qquad E^0 = -1.23\ V \qquad (13.18)$$

$$2MnO_4^-(aq) + H_2O \longrightarrow 2HMnO_4^-(aq) + \tfrac{1}{2}O_2(g) \qquad E^0 = -0.33\ V \qquad (13.19)$$

$$2MnO_4^-(aq) + 8H^+(aq) + 6e^- \longrightarrow 2MnO_2(s) + 4H_2O \qquad E^0 = 1.70\ V \qquad (13.20)$$

$$3H_2O \longrightarrow \tfrac{3}{2}O_2(g) + 6H^+(aq) + 6e^- \qquad E^0 = -1.23\ V \qquad (13.21)$$

$$2MnO_4^-(aq) + 2H^+(aq) \longrightarrow 2MnO_2(s) + \tfrac{3}{2}O_2(g) + H_2O \qquad E^0 = +0.47\ V \qquad (13.22)$$

어떤 화학종이 좋은 환원제이면서 동시에 좋은 산화제인 경우에는 불균등화 반응이 일어난다. 예를 들면, 염기성 용액에서 $Cl_2$는 $Cl^-$와 $Cl^-$ 이온으로 불균등화한다.

$$\tfrac{1}{2}Cl_2(g) + e^- \longrightarrow Cl^-(aq) \qquad E^0 = +1.40\ V \qquad (13.23)$$

$$\tfrac{1}{2}Cl_2(g) + 2OH^-(aq) \longrightarrow ClO^-(aq) + H_2O + e^- \qquad E^0 = -0.89\ V \qquad (13.24)$$

$$Cl_2(g) + 2OH^-(aq) \longrightarrow Cl^-(aq) + ClO^-(aq) + H_2O \qquad E^0 = +0.51\ V \qquad (13.25)$$

망가니즈에 대해 주어진 것과 같은 emf 도표를 사용하면 불균등화하기 쉬운 화학종을 쉽게 알아낼 수 있다. 원소의 "정상"(즉, 불균등화에 의하여 복잡하지 않을 때) 행동은 emf 값이 왼쪽에서 오른쪽으로 감에 따라서 일정하게 감소하는 것이다. 좋은 환원제는 오른쪽에, 좋은 산화제는 왼쪽에, 안정한 화학종은 중간에 있다. 이와 같은 보다 양의 값으로부터 보다 음의 값으로의 순차적인 변화가 깨어질 때마다 불균등화가 일어난다. 산성 용액에서 망가니즈는 두 화학종, $Mn^{3+}$와 $HMnO_4^-$에서 이러한 변화 양상이 깨어진다. 두 이온은 모두 물에 의하여 환원되므로 불안정한 것으로 밝혀지기도 했지만, 물에 대하여 안정하더라도 불균등화 반응 때문에 불안정하다.

$$Mn^{3+}(aq) + e^- \longrightarrow Mn^{2+}(aq) \qquad E^0 = 1.56\ V \qquad (13.26)$$

$$Mn^{3+}(aq) + 2H_2O \longrightarrow MnO_2(s) + 4H^+(aq) + e^- \qquad E^0 = -0.90\ V \qquad (13.27)$$

$$2Mn^{3+}(aq) + 2H_2O \longrightarrow Mn^{2+}(aq) + MnO_2(s) + 4H^+(aq) \qquad E^0 = +0.66\ V \qquad (13.28)$$

emf를 사용하면 열역학적으로 가능한 산화–환원 반응[예를 들면, $Sn^{4+}$는 $Fe^{2+}$를 $Fe^{3+}$로 산화시킬 수 있을까?]을 예측할 수 있고, 착물의 생성을 통하여 산화 상태의 안정화도 판단할 수 있다. 산화–환원 반응을 예측하는 것은 열역학을 직접 응용하면 되기 때문에 여기서는 더 이상 설명하지 않겠다. 산화 상태의 안정도에 대한 예상은 대단히 중요하다. 여기에 대해서는 10장에서 이미 설명하였지만, 계속해서 알아보기로 한다.

## 안정도에 대한 농도의 효과

Nernst식은 앞에서 알아보았고(식 9.86), 이 장에서는 수소 이온의 환원 전위에 미치는 pH의 효과를 설명하였지만, 일반적으로 그 효과는 강조되어야 한다. 반응물이나 생성물의 농도가 여러 가지 산화 상태의 안정도에 영향을 미치는 반응의 형태는 몇 가지가 있다. 이것은 Nernst 식을 적용하면 이해할 수 있다. 수소의 환원 전위는 수소 이온의 농도에 따라 변할 것이다. 그러므로 상당히 많은 활성 금속은 산에는 녹지만 염기에는 녹지 않는다는 사실이 일반적으로 알려져 있다.

훨씬 더 중요한 것은 특정한 화학종에 대한 반쪽 반응의 emf에 미치는 수소 이온의 농도 효과이다. 산성 용액에서 산화제로 작용하는 과망가니즈산 이온을 살펴보자. 앞에서 소개한 Latiemer 도표를 보면, 모든 화학종의 활동도가 1일 때, 환원 emf는 1.51 V인 것을 쉽게 알 수 있다. 완전한 반응식은 다음과 같다.

$$MnO_4^-(aq) + 8H^+(aq) + 5e^- \longrightarrow Mn^{2+}(aq) + 4H_2O \qquad (13.29)$$

위의 식을 보면 수소 이온 농도는 Nernst 식에 8제곱항이 포함되어야 하는 것이 분명하다. 이는 과망가니즈산 이온의 산화력은 pH에 크게 의존함을 의미한다. 만약 수소 이온의 농도를 $10^{-14}$ M로 감소시키면(1 M $OH^-$), 다른 세트의 값들이 얻어진다.

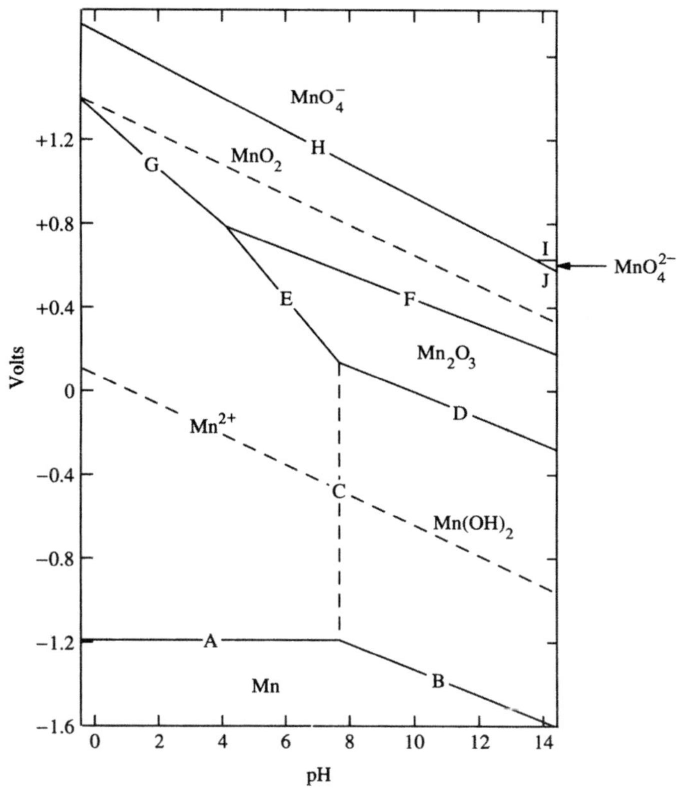


**그림 13.2** 망가니즈에 대한 전위-pH(Pourbaix) 도표. [Liang, C. C. In *Encyclopedia of Electrochemistry of the Elements*; Bard, A. J., Ed.; Maecel Dekker: New York, 1973; p 360.]

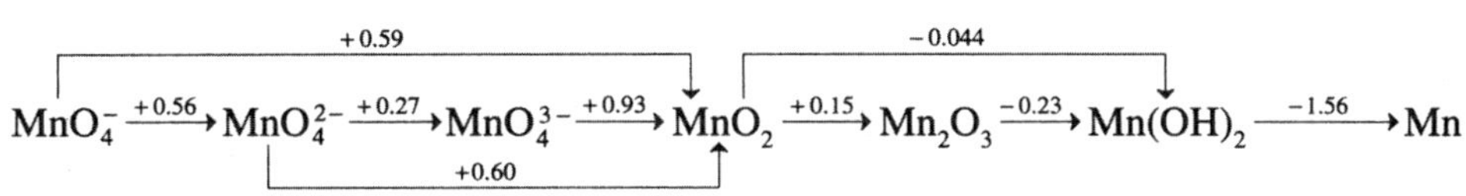


그러므로 산에서는 불안정하지만 1 M 염기에서 안정한 망가니즈의 산화 상태가 존재한다. 위의 설명에서 화학종이 전자를 받아들이거나 제공하는(emf값으로 정량화된) 경향은 pH에 크게 의존한다는 것을 알아보았다. 이 경우는 pH는 0이거나 14인 $MnO_4^-$의 수용액에 한정하여 알아본 것이다. 넓은 범위의 pH와 *E*값을 나타내는 망가니즈의 평형 화학에 대한 보다 완전한 그림은 Pourbaix 도표(우세 영역 도표라고 부르기도 한다)로 주어진다(그림 13.2).[21] 이러한 형태의 도표는 특정한 온도와 농도에 대한 것인데, 이 경우에 $H^+$와 $OH^-$를 제외한 모든 화학종의 농도는 1.0 M이고, 온도는 25 °C이다.[22] 물의 산화와 환원을 나타내는 점선이 추가되었다. 이 점선의 위와 아래에 있는 화학종은 이론적으로는 각각 물을 산화시키거나 환원시킬 수 있다. 실제로는 과전압 때문에 물에서의 안정도 영역은 도표에 나타낸 것보다 더 넓다.

---

21) Campbell, J. A.; Whiteeker, R. A. *J. Chem. Educ.* **1969**, *46*, 90~92. Pourbaix, M. *Atlas of Electrochemical Equilibria in Aqueous Solution* (English translation by Franklin, J. A.) Pergamon: Oxford, 1966. Liang, C. C. In *Encyclopedia of Electrochemistry of the Elements*; Bard, A. J., Ed.; Maecel Dekker: New York, 1973.

22) 지질학자들은 자연계에서 존재하는 용액에 가깝게끔 아주 묽은 용액에 바탕을 둔 Pourbaix 도표를 구성하기도 한다.

그림 13.2를 좀 더 상세하게 알아보기로 하자. 이 그림에는 수평선, 경사선, 수직선이 있다. 실선은 두 가지의 상이한 산화 상태가 평형으로 존재할 수 있을 때의 $E$와 pH 값으로부터 나타난다. 각 실선에 대한 식은 다음과 같이 주어진다.

$$E = E^0 - \frac{(0.0592)(m)(\mathrm{pH})}{n} \tag{13.30}$$

여기서 $n$은 더 높은 산화 상태를 환원시키는 데 필요한 전자의 수이고, $m$은 소모된 수소 이온의 수이다. 예를 들면, 실선 A 위에 있는 모든 점에서, Mn(s)와 $Mn^{2+}$(aq) 사이에는 평형이 존재한다. 이 선은 환원에 대한 pH 의존성이 없기 때문에 수평이 된다.

$$Mn^{2+}(aq) + 2e^- \longrightarrow Mn(s) \tag{13.31}$$

약간 더 높은 pH에서는 $Mn(OH)_2$(s)가 우세한 화합물이 되고, 실선 B로 나타낸 것처럼 전압은 pH에 따라 변하고, 이는 다음의 반쪽 반응과 일치한다.

$$Mn(OH)_2(s) + 2e^- \longrightarrow Mn(s) + 2OH^-(aq) \tag{13.32}$$

수직의 점선 C는 $Mn^{2+}$(aq)와 $Mn(OH)_2$(s)가 활동도가 1인 상태로 평형으로 존재할 때의 pH를 나타낸다.

$$Mn(OH)_2(s) \rightleftharpoons Mn^{2+}(aq) + 2OH^-(aq) \tag{13.33}$$

이 반응은 동일한 산화 상태를 갖는 두 화학종 간의 평형이기 때문에, 산화나 환원을 포함하지 않는다.

높은 전압에서 존재하는 화학종(예: $MnO_4^-$)은 좋은 산화제이고, 낮은 전압에서 존재하는 화학종(예: 금속 망가니즈)은 좋은 환원제이다. 그림 13.2를 보면, +2의 산화 상태에 있는 망가니즈는 넓은 범위의 pH와 전압을 갖는 영역에서 우세한 화학종인 것이 분명하다. 절반만 채워진 $d$ 껍질을 갖는 $Mn^{2+}$는 주로 이 안정도로 인한 것으로 간주된다.

조건이 충분히 염기성이면, 산화 망가니즈(III), $Mn_2O_3$는 $Mn(OH)_2$(s)와 평형을 이루고 있고(실선 D), 약간 더 낮은 pH값에서는, $Mn^{2+}$(aq) 평형을 이룬다(실선 E).

$$Mn_2O_3(s) + 3H_2O + 2e^- \longrightarrow 2Mn(OH)_2(s) + 2OH^-(aq) \tag{13.34}$$

$$Mn_2O_3(s) + 6H^+(aq) + 2e^- \longrightarrow 2Mn^{2+}(aq) + 3H_2O \tag{13.35}$$

실선 G와 실선 F는 각각 $MnO_2$(s)와 $Mn^{2+}$(aq) (산성 조건), $MnO_2$(s)와 $Mn_2O_3$(s) (보다 염기성인 조건) 사이에 평형을 나타낸다.

$$MnO_2(s) + 4H^+(aq) + 2e^- \longrightarrow Mn^{2+}(aq) + 2H_2O \tag{13.36}$$

$$2MnO_2(s) + H_2O + 2e^- \longrightarrow Mn_2O_3(s) + 2OH^-(aq) \tag{13.37}$$

실선 H 위에서 우세한 화학종은 $MnO_4^-$(aq)이지만, 실선 H 아래에서는 $MnO_2$(s)가 주로 존재한다. 도표의 오른쪽 맨끝에서 실선 H는 실선 I 및 실선 J와 교차하여 작은 삼각형을 만드는데, 이 영역에서는 안정한 $MnO_4^{2-}$(aq) 가 우세한 화학종이다.

이 특별한 도표에는 활동도가 1에 해당하는 농도에서 존재할 수 있는 화학종만 나타내었다는 것을 유념해야 한다. 예를 들어 $Mn(OH)_2$(s) 와 $Mn_2O_3$(s) 의 용해도는 강한 염기에서는 증가하는데, 각각 약간의 $Mn(OH)_4^{2-}$(aq)[또는 $Mn(OH)_3^-$]와 $Mn(OH)_4^-$(aq)가 생성되기 때문이지만, 이들 음이온은 도표에는 표시되어 있지 않다. 하이포망가니즈산 이온, $MnO_4^{3-}$(aq) 은 염기성 용액에서 검출되었지만, 농도가 1.0 M에 이르면 검출되지 않는다. $Mn(OH)_3$(s) 와 $Mn_2O_7$과 같이 이미 알려진 화합물도 이들의 열역학적 불안정성 때문에 도표에는 나타나지 않는다.[23] 어떤 화합물은 설명된 범위 바로 밖에서 검출된다. 예를 들면, $Mn^{3+}$는 1.5 V의 15 N에서 우세한 화학종이 된다. 마지막으로 $Mn_3O_4$(s) 같은 화학종은 복잡성을 최소화하기 위하여 도표에서 제외되었다.

농도 효과의 민감성은 한때 과망가니즈산 포타슘의 제조에 필요한 재료의 목록에 드라이아이스가 포함되었던 것으로 잘 설명될 수 있는데, 이것이 **냉각제**가 아니고 분명히 **시약**으로 작용하기 때문이다. 이 제조 방법에서는 망간의 emf가 산성 용액에서보다 염기성 용액에서 더 유리하다는 사실을 장점으로 취한다. 즉, −0.60 V의 emf만 극복하면 이산화 망가니즈를 녹색의 망가니즈산 이온으로 쉽게 산화시킬 수 있다.

$$4OH^-(aq) + MnO_2(s) \longrightarrow [MnO_4]^{2-}(aq) + 2H_2O + 2e^- \qquad E^0 = -0.60\ V \qquad (13.38)$$

이 반쪽 반응은 수소 이온에 매우 민감하기 때문에 수산화 이온 농도를 1 M 이상으로 증가시키면, 즉 **용융** 수산화 포타슘(용융염 반응의 비수용액의 예: 9장 참조) 을 사용하면 반응을 더 잘 진행시킬 수 있다. 그러면 산화된 망가니즈산을 과망가니즈산으로 산화시키려면 어떤 방법을 사용해야 할까? 수소 이온 농도를 서서히 증가시켜서, 염기성 Latimer 도표에서 산성쪽 Latimer 도표를 향해 이동시키는 것이다. 이 도표에서 나타낸 것처럼, $[MnO_4]^{2-}$(aq) 는 산성 용액에서 불균등화하여, 이산화 망가니즈 1몰당 2몰의 과망가니즈산이 생성된다.

$$4H^+(aq) + 3[MnO_4]^{2-}(aq) \longrightarrow MnO_2(s) + 2[MnO_4]^-(aq) + 2H_2O \qquad (13.39)$$

그러나 많은 양의 강산을 가하지 않고, 어떻게 이 산성화를 이룰 수 있을까? (과망가니즈산은 진한 산에서는 불안정하다는 것을 상기하라) 해답은 간단하다. 즉, 망가니즈산 포타슘과 수산화 포타슘의 혼합물을 물에 녹이고, 드라이 아이스를 몇 덩어리 넣으면, 이 용액은 "마술"에 걸린 것처럼 녹색에서 자주색으로 변한다.

## IA(1)족

이들 활성 금속은 한 개의 전자를 쉽게 잃지만, 두 번째 전자를 잃는 것은 에너지적으로 매우 불리하다(3장 참조). 그래서 이 족의 화학은 거의 +1의 산화 상태로 한정된다. 이 금속들은 강력한 환원제이므로, $M^+$의 환원은 매우 불리함을 이해할 수 있다.

$$K^+(aq) + e^- \longrightarrow K(s) \qquad E^0 = -2.94\ V \qquad (13.40)$$

---

23) 차가운 과망가니즈산 용액에 진한 황산을 가하면 갈색의 오일성 물질이며, 격렬한 폭발성인 $Mn_2O_7$이 생성된다.

$Li^+$, $Na^+$, $Rb^+$, $Cs^+$의 emf값은 각각 −3.04, −2.71, −2.94, −3.03 V이다. 열역학적 면에서는 리튬 금속이 가장 쉽게 산화되지만, 물에서의 반응성은 다른 알칼리 금속보다 낮은데, 비교적 높은 녹는점(180 °C)을 갖기 때문이다. 다른 알칼리 금속들은 반응열로 인해 100 °C 이하에서 녹아서 표면적이 크게 드러난다.

11장에서 설명한 알칼리화 음이온, $M^-$는 다양한 거대고리 리간드에 의하여 안정화될 수 있다.[24] 소듐과 무거운 알칼리 금속을 에터에 녹이면 용매화된 $M^+$와 $e^-$ 외에 금속 원자의 불균등화로 생성된 용매화된 $M^-$도 생성된다.[25]

$$2M(s) \longrightarrow M^+(solv) + M^-(solv) \qquad (13.41)$$

## IIA(2)족

이 족의 원소들은 두 개의 *s* 전자를 비교적 쉽게 잃기 때문에 +2의 산화 상태를 갖는 화합물만 발견된다. 3장에서 설명한 것처럼, $M^+$는 불균등화에 대해서 불안정하다. 이 족의 금속들은 알칼리 금속보다는 환원성이 덜하지만 강한 환원제로 간주되어야 한다.

$$Ca^{2+}(aq) + 2e^- \longrightarrow Ca(s) \qquad E^0 = -2.87\ V \qquad (13.42)$$

emf값은 Be의 −1.97 V에서 Ba의 −2.91 V에 걸쳐 있다.

## IIIB(3)족

스칸듐, 이트륨과 란타넘은 모두 활성이 크고, 알칼리 토금속(IIA, 2)과 다소 비슷하다. 예를 들어 이 족의 원소들은 물을 환원시키고, 산소와 반응하며, 강산에 녹아서 가용성염을 생성한다. 이 족에서는 +3의 산화 상태가 유일하게 중요한 산화 상태이며, 수용성 $M^{3+}$ 이온은 광범위하게 연구되었다. 전하가 크고 반지름이 작은 스칸듐(III)은 $Al^{3+}$의 화학과 비슷하다.

$$Sc^{3+}(aq) + 3e^- \longrightarrow Sc(s) \qquad E^0 = -2.09\ V \qquad (13.43)$$

## IVB(4)족

타이타늄은 지르코늄이나 하프늄보다 더 광범위한 산화–환원 화학을 가진다. 또한 이 족의 세 가지 원소 모두에서 가장 안정한 +4의 산화 상태 이외에 타이타늄(III) 화합물과 타이타늄(II) 화합물이 알려져 있다. 타이타늄(III)은 좋은 환원제이고, 산성 수용액에서 $[Ti(H_2O)_6]^{3+}$로 존재한다. 타이타늄(II)은 물을 환원시킨다. 그러나 환원 반응이 아주 느려서 이 산화 상태가 검출될 때도 있다. +4 양이온의 의미 있는 가수분해가 일어나기도 하는데, 이 족의 다른 두 원소보다는 크기가 작은 타이타늄(IV)에서 잘 일어난다. $Ti^{4+}$의 가수분해로 $TiO^{2+}$, $[Ti(OH)_2]^{2+}$ 및 여러 가지 소중합체를 포함하는 혼합물이 생긴다.[26]

---

24) Dawes, S. B.; Ellaboudy, A. S.; Dye, J. L. *J. Am. Chem. Soc.* **1987**, *109*, 3508~3513.

25) Dye, J. L. *Prog. Inorg. Chem.* **1984**, *32*, 327~441.

26) Gräzel, M.; Rotzinger, F. P. *Inorg. Chem.* **1985**, *24*, 2320–2321. Comba, P.; Merbach, A. *Inorg. Chem.* **1987**, *26*, 1315~1323.

$$Ti(OH)_2^{2+} \xrightarrow{+0.1} Ti^{3+} \xrightarrow{(+0.9)} Ti^{2+} \xrightarrow{-1.6} Ti \quad (Ti(OH)_2^{2+} \xrightarrow{-1.00} Ti)$$

$$Zr^{4+} \xrightarrow{-1.45} Zr$$

$$Hf^{4+} \xrightarrow{-1.55} Hf$$

괄호 안의 전위는 예측한 값이다.

## VB(5)족

이 족의 모든 원소에 대해서는 넓은 범위의 산화 상태가 알려져 있지만, 바나듐만이 광범위한 산화–환원 화학을 나타낸다.

$$VO_2^{+} \xrightarrow{+1.00} VO^{2+} \xrightarrow{+0.34} V^{3+} \xrightarrow{-0.26} V^{2+} \xrightarrow{-1.13} V \quad (VO_2^{+} \xrightarrow{-0.23} V)$$

$$Nb_2O_5 \xrightarrow{-0.25} NbO_2 \xrightarrow{(-0.40)} Nb^{3+} \xrightarrow{(-0.80)} Nb \quad (Nb_2O_5 \xrightarrow{-0.60} Nb)$$

$$Ta_2O_5 \xrightarrow{-0.75} Ta$$

바나듐의 산화 상태는 낮은 것은 −3이고 높은 것은 +5이다 (표 13.2 참조). 바나듐(II) 은 강한 환원제이고, 보라색 $[V(H_2O)_6]^{2+}$ 이온의 수용액을 만들 수는 있지만, 물을 환원시키기 때문에 불안정하다. 바나듐(III) 은 물에서 안정하지만, 상당히 강한 환원제이기도 하다. 바나듐(V) 은 진한 산에서만 좋은 산화제이다. 중성 용액에서 수소 이온 농도에 대한 의존성은 환원 전위가 낮아지기 때문에 V(V) 의 환원이 어려워질 정도로 나타난다. 바나듐에 대해 일반적으로 가장 안정한 산화 상태는 +4인데, 수용액에서 안정하고 넓은 영역의 리간드와 착물을 형성하는 바나딜 이온, $VO^{2+}$에 의해서 가장 잘 설명된다.

나이오븀과 탄탈럼의 낮은 산화 상태는 +5의 산화 상태에 비하여 그다지 중요하지 않다. 산화물들이 대개 녹지 않고 낮은 산화 상태는 안정하지 않기 때문에, 용액의 산화–환원 화학은 거의 알려져 있지 않다. 나이오븀(III) 은 나이오븀(V) 를 아연으로 환원시키면 생성되어 나타나며, 공기가 없는 차가운 상태에서 안정하지만, 용액을 가열하면 분해되어 혼합 산화물이 침전된다.

## VIB(6)족

크로뮴에서는 바나듐에서 나타났던 양상이 계속된다. 즉, 가장 높은 산화 상태는 강하게 산화되어 있고, 더 낮은 산화 상태는 강하게 환원되어 있으며, 몇 가지 중간 산화 상태는 불균등화된다. 크로뮴(II) 의 푸른색 수용액은 순수한 금속을 산소가 없는 산 용액에 녹이거나 크로뮴(III) 를 환원시키면 만들 수 있다. 이들 용액은 산소에 민감하고, 물을 환원시킨다. +2의 산화 상태는 착물로 만들거나 불용성 염의 생성을 통해서 안정화시킬 수 있다. 이 원소의 가장 안정한 형태인 크로뮴(III) 에 대해서는 많은 화합물이 알려져 있다. 크로뮴(VI) 은 산성 용액에서 강한 산화제 (중크로뮴산 이온) 이지만, 수소 이온 의존성이 있기 때문에 염기성 용액에서는 산화력이 훨씬 더 약해진다 (크로뮴산 이온).

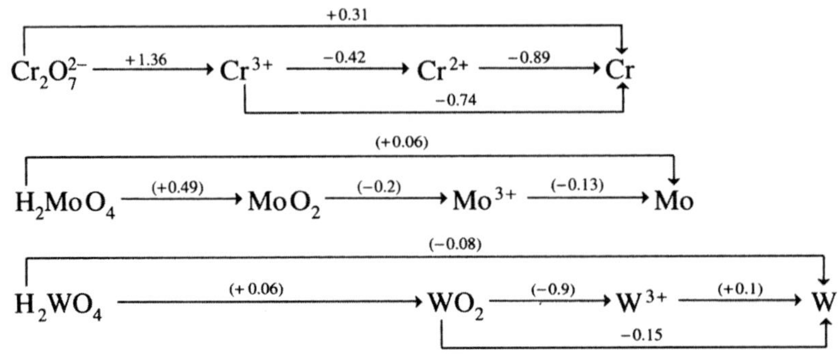


무거운 동족체인 몰리브데넘과 텅스텐은 흥미있는 산화-환원 화학을 갖지 않는다. emf값은 작고, 그 차이도 별로 중요하지 않다.

## VIIB(7)족

이 족의 첫 번째 원소인 망가니즈는 가장 흥미있는 산화-환원 화학을 나타낸다. 따라서 이것에 대해서는 앞에서 상세하게 설명하였다. 테크네튬은 예상한 것과 같은 산화 상태를 나타내며, 그다지 크지 않은 emf값은 이 산화 상태와 관련이 있다. 테크네튬의 모든 동위원소는 방사성이지만 $^{99}Tc$는 비교적 긴 반감기 ($2.14 \times 10^5$년) 를 갖고, 우라늄의 방사성 붕괴로 인해 자연계에서 소량 발견된다. 레늄의 산화 상태는 +7에서 −3까지 걸쳐 있고, 일부의 화학종 (예: $ReO_3$와 $Re^{3+}$) 은 불균등화하기 때문에 불안정하다.

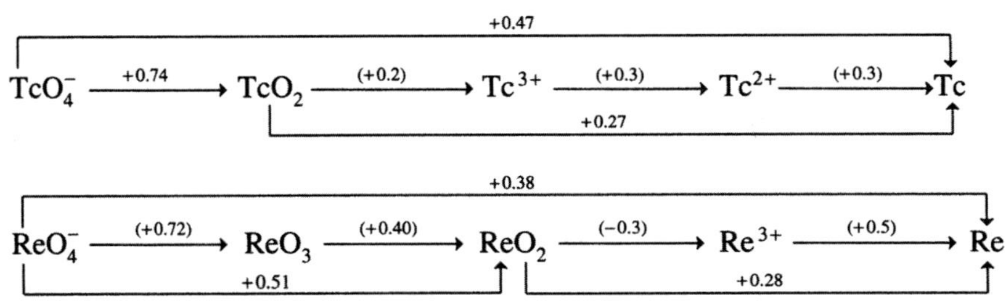


## VIIIB(8,9,10)족

역사적으로 Fe, Ru 및 Os; Co, Rh, Ir; Ni, Pd, Pt의 세 가지 세트를 총괄하여 VIIIB족으로 불러 왔다. 이들 원소들을 한 가지 족으로 묶은 것은 족의 번호가 Lewis가 팔전자계를 형식화하기 이전부터 있었던 8이라는 "마법 수"를 넘지 않도록 하기 위해서였다. 이와 같은 족 이름은 다섯 개의 $d$ 오비탈이 열 개의 전자를 받아들일 수 있으며, 따라서 전이 금속에 대한 열 개의 족을 무시하고 있다. 모든 화학자가 완전히 동의하는 것은 아니지만, 무기화학명명위원회 (1990) 는 족의 이름으로 로마숫자에 이어서 A와 B를 표기하는 대신에 1~18의 수를 사용하는 것을 추천하였다. 그러므로 원소에 대한 이 세 가지 세트는 별개의 족 (8, 9와 10) 이 되며, 이렇게 분리하는 것이 당연할 것이다. 왜냐하면 니켈의 화학과는 다르고, 니켈의 화학도 크로뮴의 화학과는 다르기 때문이다.

$$HFeO_4^- \xrightarrow{(+2.07)} Fe^{3+} \xrightarrow{+0.77} Fe^{2+} \xrightarrow{-0.44} Fe$$

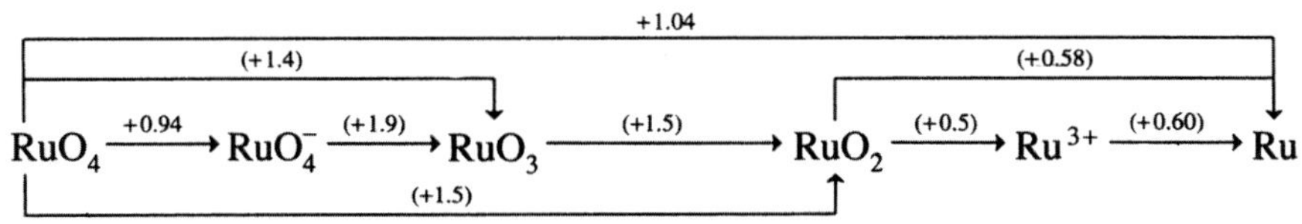

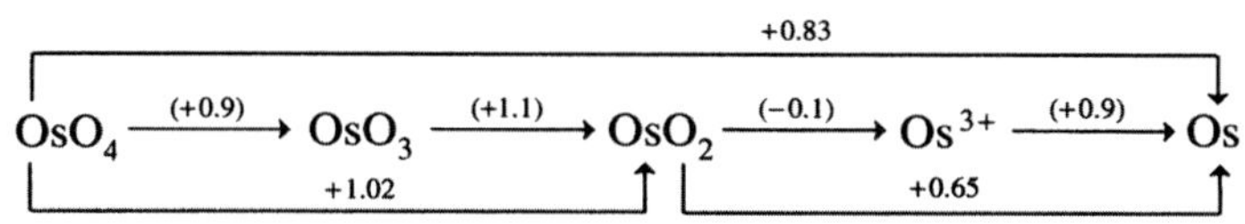

$$CoO_2 \xrightarrow{(+1.4)} Co^{3+} \xrightarrow{1.92} Co^{2+} \xrightarrow{-0.28} Co$$

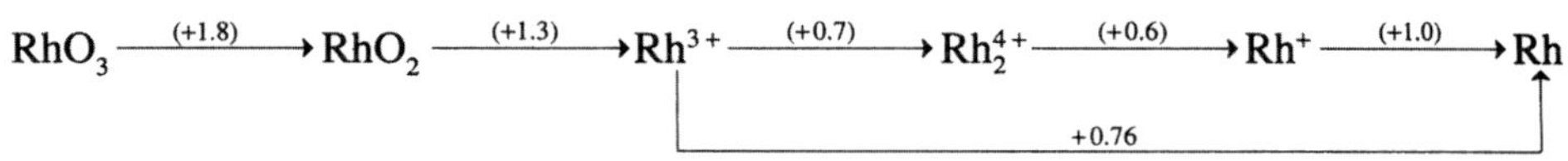

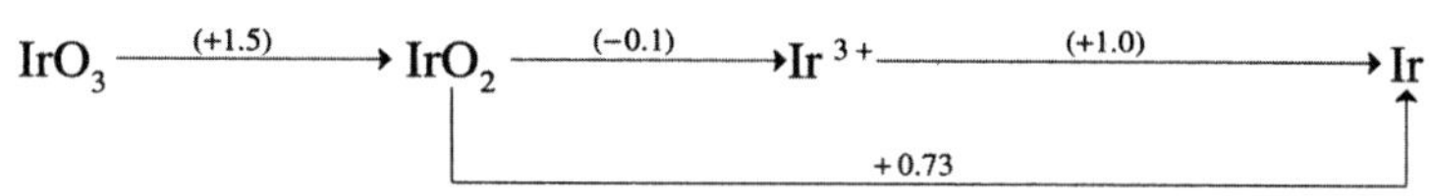

$$NiO_2 \xrightarrow{(+1.3)} Ni^{3+} \xrightarrow{(+2.3)} Ni^{2+} \xrightarrow{-0.24} Ni$$

$$PdO_3 \xrightarrow{(+1.8)} Pd(OH)_2^{2+} \xrightarrow{(+1.54)} Pd^{2+} \xrightarrow{+0.92} Pd$$

$$PtO_3 \xrightarrow{(+1.5)} Pt(OH)_2^{2+} \xrightarrow{(+0.91)} Pt^{2+} \xrightarrow{+1.18} Pt$$

바로 앞의 원소들에서 알아보았던 양상은 철과 그 동족체에서도 계속된다. 즉, 금속과 +2의 산화 상태는 환원된 상태이고, 더 높은 산화 상태는 산화된 상태이다. 그러나 코발트족과 니켈족의 원소들은 착물을 형성하여 안정화되지 않으면 +2의 산화 상태만 안정하다. 앞에서의 방법을 사용하면 각각의 산화 상태에 대한 상대적인 안정도를 설명할 수 있을 것이다.

VIIIB (8, 9, 10) 족 금속은 앞에서 알아보았던 무거운 동족체가 높은 산화 상태를 더 쉽게 가질 수 있다는 점을 잘 보여 주고 있다. 그래서 철, 코발트, 니켈의 산화 상태는 +2와 +3으로만 제한되지만, 이들의 동족체는 모두 보다 높은 산화 상태가 상당히 안정하다.

## IB(11)족

원소 구리, 은, 금은 다음과 같은 변칙성을 보인다. 즉, Au는 금속으로서의 반응성은 거의 나타내지 않지만, +3의 산화 상태는 상당한 화학을 나타내고, 또한 −1과 +5 산화 상태($CsAu$와 $AuF_5$)로 되는 유일한 원소인데 비하여, 구리와 은은 둘다 +4의 산화 상태로 산화될 수 있다. 이처럼 이들 사이에는 족으로서의 통일성이 거의 없다. 이 족의 구성 원소들은 최대 산화 상태가 족의 번호(IB, IVB, VIIB 등)와 같거나 그 이하라는 매우 유용한 법칙에서 많이 벗어나거나 덜 벗어나는 경우가 많다. 그래서 $CuSO_4$, $AgF_2$, $[AuCl_4]^-$가 존재한다. 이 족의 각 원소는 서로 다른 안정한 산화 상태를 가진다(Cu, +2; Ag, +1; Au +3). 이들 원소가 공통적으로 갖는 한 가지 성질은 $M \rightarrow M^{n+}$에 대해 양의 emf를 갖는 원소가 아무 것도 없다는 것이다. 그러므로 자유 금속은 보통의 산에 의해서는 영향을 받지 않고, 쉽게 다른 것으로 산화되지 않기 때문에 오래 견딜 수 있는 재료로 사용된다.[27] 이 성질과 이 원소들이 갖는 시장 가치 때문에 이 족의 원소를 "화폐금속"이라고 부르게 되었다.[28]

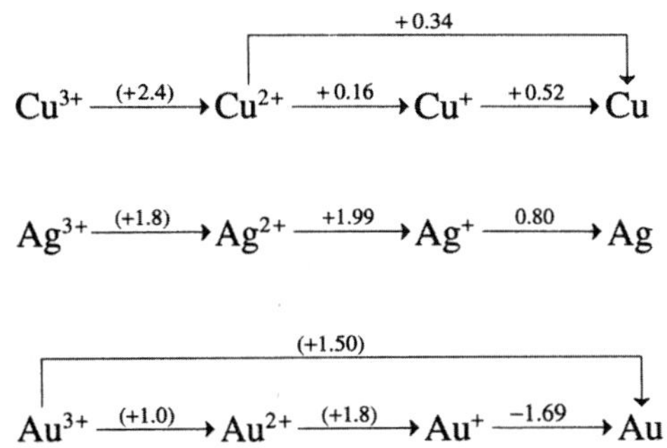


구리는 다른 산화 상태를 갖는 네 가지 화합물을 만들지만, +2의 산화 상태만 매우 안정하다. +3의 상태는 보통 매우 강한 산화제이지만, Cu(III)는 생물계에서 발견되었다. 펩타이드와 착물을 형성하면 환원 emf는 0.45~1.05 V의 범위로 낮아진다.[29] 자유 +1 이온은 자발적으로 불균등화를 일으킨다. 구리(I) 화합물이 알려져 있지만, [Cu(CN)], [CuCl], [CuCl]과 같은 착물 형태나[30] 난용성 할로젠화물의 형태이다.

은은 +1의 산화 상태에서만 안정한 화합물을 형성하고, 이것보다 높은 산화 상태는 강한 산화제이다. 은(I) 조차도, 큰 환원 전위(0.80 V)를 통해 알 수 있는 것처럼, 그다지 안정한 것은 아니며, 무기 및 유기금속 합성에서 산화제로 자주 사용된다.[31] 할로젠화 은의 감광 환원은 사진의 기초이다.

금 화합물에서 나타나는 산화 상태 중에서 실제로 열역학적으로 안정한 것은 하나도 없다. 금(II)와 금(I)은 불균등화한다. Au(III) → Au(I)의 환원 전위는 물을 산화시키기에 필요한 값보다 약간 더 크지만, 착화제가 존재하면 +1과 +3의 상태는 모두 안정하고, 보통 +3의 상태가 더 안정하다.

---

27) 구리와 은은 질산이나 뜨거운 황산에 녹는다. 염산과 질산의 혼합물(왕수)은 금을 녹인다. 최근에는 유기 용매에 할로젠과 사차암모늄의 할로젠염을 혼합하면 왕수보다 금을 더 빨리 녹일 수 있음이 보고되었다. NaKao, Y. J. *Chem. Soc. Chem. Commun.* **1992**, 426~427.

28) 이들 금속들은 자연계에서 원소 상태로 존재하며, 아마도 첫 번째로 알려진 것이었을 것이다. 오늘날 금과 은은 너무 가치가 높아서 주화 제조에 사용될 수 없기 때문에 덜 비싼 금속으로 대치되었다. 구리의 합금(예: 니켈 주화는 구리 75%와 니켈 25%로 구성된다)은 여전히 널리 사용되고 있다.

29) Margerum, D. W.; Owens, G. D. *In Metal Ions in Biological Systems*; Sigel, H., Ed.; Marcel Dekker: New York, 1981; Vol. 12, p 75.

30) Stevenson, K. L.; Grush, M. M.; Kurtz, K. S. *Inorg. Chem.* **1990**, *29*, 3150~3153.

31) Cotton, F. A.; Feng, X.; Matusz, M. *Inorg. Chem.* **1989**, 28, 594~601.

### IIB(12)족

이 족의 전자 배치는 $d^{10}s^2$이므로 산화–환원 화학은 그다지 넓지 않다. 가장 두드러진 경향성은 $s$ 전자를 잃고, 안정한 +2 양이온으로 되려는 것이다. 이 경향성으로 아연의 전체 산화–환원 화학을 본질적으로 설명할 수 있다.

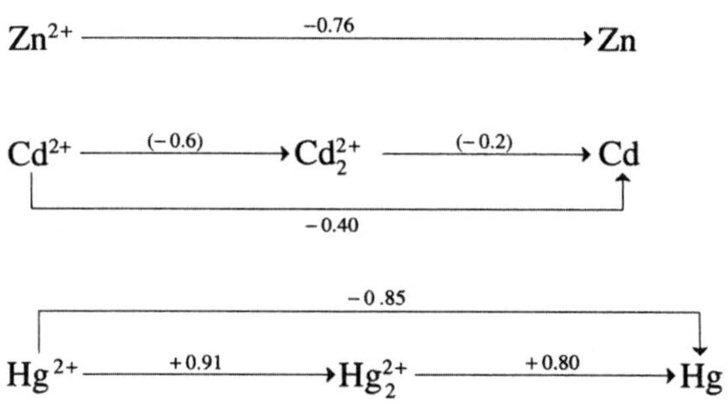


수은에는 Hg–Hg 결합을 형성하는 능력(카드뮴은 그 정도가 작다)과 배위 화합물을 형성하려는 경향이 커기 때문에, 이 족의 다른 원소와 비교하면 Latimer 도표는 좀 더 복잡하다. 전기화학은 단순하고 수은(I)과 수은(II)는 모두 수용액 중에서 안정하다.

## 연습문제

**13.1** 프랑슘은 세슘보다 원자 반지름이 작고, 라듐은 바륨보다 원자 반지름이 작다. 이 사실을 설명하라(Pyykkö, P. *Chem. Rev.* **1988**, *88*, 563~594 참조).

**13.2** 23%의 반지름 수축이 3*d* $M^{3+}$ 이온($Sc^{3+}$에서 $Cu^{3+}$까지)에서 일어난다. 그러나 5*d* 계열($Lu^{3+}$에서 $Au^{3+}$까지)에서는 단지 1%의 수축만 일어난다. 이 사실을 설명하라(Mason, J. *J. Chem. Educ.* **1988**, *65*, 17~20 참조).

**13.3** 다음 착이온을 안정도가 증가하는 순서로 나열하고, 이 순서에 대한 이론적 근거를 제시하라.
$[AuF_2]^-$, $[AuCl_2]^-$, $[AuBr_2]^-$, $[AuI_2]^-$, $[Au(CN)_2]^-$

**13.4** Pyridinium chlorochromate와 pyridinium dichromate는 유기합성에서 산화제로 널리 쓰인다. 이 산화제들에 대한 화학식과 구조는 무엇인가? 이들 시약은 중크로뮴산 포타슘이나 과망가니즈산 포타슘과 같은 일반적인 산화제에 비해 어떤 장점을 갖는가?

**13.5** 철과는 달리, 루테늄과 오스뮴은 +8의 산화 상태를 갖는 금속과 화합물을 형성한다. 화합물에서 +8의 산화 상태를 갖는 비금속은 어떤 것이 있을 수 있는가?

**13.6** 철의 화합물에서 홀전자가 각각 0, 1, 2, 3, 4, 5개인 것이 있다. 각 스핀 상태에 대한 예를 찾고, 이들 착물을 고스핀과 저스핀으로 분류하라.

**13.7** 높은 배위수를 갖는 화합물을 형성하는 금속 이온의 경향은 전이 원소의 첫째 열을 가로질러 가면서 감소한다. 이를 설명하라.

**13.8** 산화 크로뮴(VI) 은 강한 산성이고, 산화 바나듐(V) 은 양쪽성이고, 산화 타이타늄(IV) 은 비활성이고, 산화 스칸듐(III) 은 약간 양쪽성이 있는 염기성이다.

a. 이 산화물들의 상대적 산도를 설명하라.

b. 산화 바나듐(V) 과 산화 스칸듐(III) 의 양쪽성 성질을 나타내는 화학 반응식을 적어라.

**13.9** $[FeO_4]^{2-}$의 강력한 산화력은 물에서 산소를 유리하고, 암모니아에서 이질소를 생성하는 능력에 의해 입증된다. 이들 두 반응에 대한 균형 반응식을 적어라.

**13.10** 다음과 같은 1,2-bis(diisopropylphosphino) ethane (dippe) 의 고스핀 착물이 제조되었다. $[CrCl_2(dippe)_2]$, $MnCl_2(dippe)$, $FeCl_2(dippe)$, $CoCl_2(dippe)$. 각 착물에 대한 구조를 제안하고, 자기 모멘트를 예측하라 (Hermes, A. R.; Girolami, G. S. *Inorg. Chem.* **1988**, *27*, 1775~1781 참조).

**13.11** a. $[Fe(phen)_3]^{2+}$ 용액의 진홍색이 황산 세륨(IV) 을 가하면 담청색으로 변한다. 그 이유를 설명하라.

b. $[Fe(phen)(H_2O)_4]^{2+}$와 $[Fe(phen)(H_2O)_2]^{2+}$은 상자기성이고, $[Fe(phen)_3]^{2+}$은 반자기성이다. 이 현상을 설명하라.

**13.12** 착물, $Ni(Ph_2PCH_2CH_2PPh_2)Br_2$는 반자기성이다. 구조를 제안하라. diphenylvinylphosphine과 브로민화 니켈의 반응은 이 착물을 제조하는 특별한 방법 중의 하나이다.

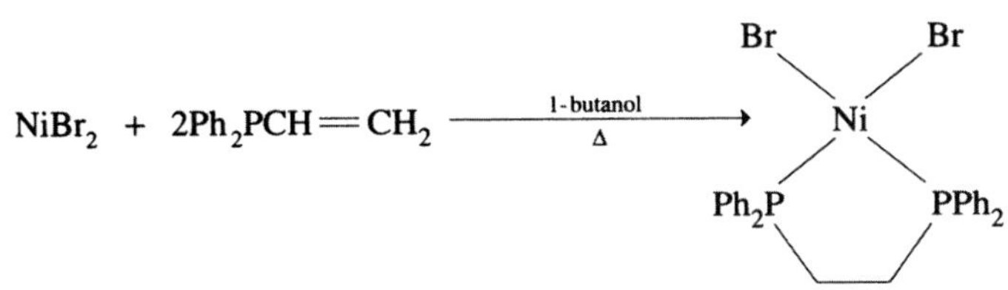


이 착물의 생성에 관한 메커니즘을 제안하라. (Rahn, J. A.; Delian, A.; Nelson, J. H. *Inorg. Chem.* **1989**, *28*, 215~217 참조)

**13.13** 펜테인에서 염화 코발트(II)·thf와 1-노보닐리튬을 반응시키면 테트라키스 (1-노르보닐) 코발트가 생성된다. 이 반응에서 산화제는 무엇인가? 이 반응을 화학 반응식으로 표현하라. 착물의 구조를 그려라. 관측된 자기 모멘트 (2.0 BM) 값을 설명하라.

**13.14** 음이온 $[NiSe_4]^{2-}$와 $[ZnSe_4]^{2-}$가 확인되었다.[32] 니켈 착물은 사각 평면 구조이지만 아연 착물은 사면체 구조이다. 니켈 착물이 사면체가 아닌 이유와 아연 착물이 사각 평면이 아닌 이유를 설명하라.

**13.15** $Ni(en)_2I_2$와 $I_2$를 반응시키면 화학식이 $Ni(en)_2I_6$인 반자기성 착물이 생성된다. 이 착물에서 니켈의 산화 상태는 얼마인가? 자기 모멘트가 없는 것과 위의 답이 일치하는가? 착물, $[Ni\{o\text{-}C_6H_4(PMe_3)_2\}_2]I_{10}$도 분리되었다.[33] 이 착물에서 니켈의 산화 상태는 얼마인가? 그 이유를 설명하라.

---

32) Ansari, M. A.; Mahler, C. H.; Chorghade, G. S.; Lu, Y.-J; Ibers, J. A. *Inorg. Chem.* **1990**, *29*, 3832~3839.

33) Gray, L. R.; Higgins, S. J.; Levason, W.; Webster, M. *J. Chem. Soc. Dalton Trans.* **1984**, 1433~1439.

**13.16** *trans*-$Mn(L-L)_2Cl_2$, *trans*-$[Mn(L-L)_2Cl_2]^+$, *trans*-$[Mn(L-L)_2Cl_2]^{2+}$를 분리할 수 있다. 이들은 각각 6.04, 3.10, 3.99 BM의 자기 모멘트를 가진다. 이들 착물을 저스핀 착물이나 고스핀 착물로 분류하라(L—L은 두자리 리간드이다) 이 계열에서 Mn—Cl 결합 길이가 어떻게 변할지를 예측하고 그 이유를 설명하라 (Warren, L. F.; Bennett, M. A. *Inorg. Chem.* **1976**, *15*, 3126~3140)

**13.17** Pyrazinium chlorochromate의 결정 구조가 보고되었다.[34] 양이온과 음이온의 구조를 그려라. 두 이온 사이에는 수소 결합이 존재한다. 관련된 원자를 예측하고, 관찰된 방식과 예측을 비교하라.

**13.18** 타이타늄은 염소와 반응하여 $TiCl_3$와 $TiCl_4$를 생성한다. 이들 두 생성물을 분리하는 방법을 제시하라(Groshens, T. J. *Inorg. Chem.* **1990**, *29*, 2979~2982 참조)

**13.19** 다음 화합물에 대한 제조 방법을 제시하라.

a. $[R_4N][VCl_4(MeCN)S_2]$

b. $VCl_2(py)_4$

c. $VOCl_2(py)_2$

d. $[Ph_4P]_2[VO_2Cl_2]$

e. $(R_4N)_2[VOCl_4]$

(Zhang, Y.; Holm, R. H. *Inorg. Chem.* **1990**, *29*, 911~917 참조)

**13.20** 자주색의 이합체 $[TiCl_3(1,2\text{-bis(diisoprppylphosphino)ethane})]_2$는 타이타늄에 대해서 팔면체 배위를 나타낸다. 이 착물의 구조와 자기성을 제시하라(Hermes, A. R.; Girolami, G. S. *Inorg. Chem.* **1990**, *29*, 313–317 참조)

**13.21** 오랫동안 $FeI_3$는 존재하지 않는다고 생각되었다, 이 화합물이 불안정한 이유를 제시하여라. 이 화합물은 물 아닌 용매에서 제조되었다.[35] 이 화합물이 $FeI_2$와 $I_2$의 혼합물이 아니라는 사실을 어떻게 증명할 수 있는가?

**13.22** 염화 철(III) 은 트라이리페닐포스핀과 반응하여 삼각 쌍뿔 *trans*-$FeCl_3(PPh_3)_2$를 생성하지만, 트라이사이클로헥실포스핀과 반응하면 유사 사면체 $FeCl_3(PCy_3)$를 생성한다. 이러한 구조적 차이를 설명하라(Walker, J. D.; Poli, R. *Inorg. Chem.* **1990**, *29*, 756~761 참조)

**13.23** 헥사플루오로니켈(IV) 산 포타슘은 오황화 소듐과 반응하여 이황화 니켈을 생성한다.[36]

$$K_2NiF_6 + 2Na_2S_5 \rightarrow NiS_2 + 4NaF + 2KF + 8S$$

Ni(IV) 가 Ni(II) 로 환원된다고 생각하는가 또는 $S_5^{2-}$가 $S^{2-}$와 S로 불균등화한다고 생각하는가? $NiS_2$에서 니켈의 산화 상태는 얼마인가?

**13.24** 용해도를 사용하여 할로젠화 은의 emf값을 설명하라. 아세트산 은의 용해도는 어떠한가? 어느 것이 녹을 수 있는가?

**13.25** 은의 Latimer 도표를 참조하여 싸이오황산 소듐(하이포) 이 과량의 반응하지 않은 할로젠화 은의 제거를 필요로 하는 사진 정착 과정에서 유용하다는 것

[34] Pressprich, M. R.; Willett, R. D.; Paudler, W. W.; Grad, G. L. *Inorg. Chem.* **1990**, i, 2872~2873.
[35] Yoon, K. B.; Kochi, J. K. *Inorg. Chem.* **1990**, *29*, 869~874.
[36] Bonneau, P. R.; Shibao, R. K.; Kaner, R. B. *Inorg. Chem.* **1990**, *29*, 2511~2514.

을 증명하라. 이 과정 (정착) 이 실질적인 산화–환원 과정인가? 설명하라.

**13.26** Sandmeyer 반응을 인용할 때, 유기화학 교재에서는 $Cu_2Cl_2$, $Cu_2Br_2$ 등과 같은 할로젠화 구리(I) 을 필요로 한다. 이를 설명하라.

**13.27** 다이브로모금(I) 산 착이온과 테트라브로모금(III) 산 착이온을 살펴보자. 수용액에서 어느 것이 더 안정한지를 설명하라.

**13.28** 클로로착물이 생성되면 레늄(III) 이 안정화되는 이유를 산화–환원 화학으로 설명하라.

**13.29** 아래의 각 반응이 오른쪽이나 왼쪽 중에서 어느 방향으로 진행하는지를 예측하라.

a. $2Fe^{3+} + Sn^{2+} \longrightarrow 2Fe^{2+} + Sn^{4+}$

b. $2Cu^{2+} + 4I^{-} \longrightarrow 2CuI(s) + I_2(s)$

c. $2Cu^{2+} + 4Br^{-} \longrightarrow 2CuBr(s) + Br_2(l)$

d. $VO_2^{+} + 2H^{+} + Cu^{+} \longrightarrow VO^{2+} + Cu^{2+} + H_2O$

# 제 14 장

# 할로젠 및 불활성 기체의 화학

얼핏 보기에는 할로젠 화학과 불활성 기체 화학을 함께 설명하는 것이 어울리지 않을지도 모른다. 할로젠 원소에는 반응성이 격렬한 플루오린이 포함된다. 몇 가지 종류의 원소를 제외하면, 모든 원소는 플루오린에 의하여 산화되며, 물과 같이 안정한 화합물까지도 플루오린과 폭발적으로 반응한다. 한편 불활성 기체에는 비활성 기체[1]인 네온(플루오린보다 원자당 양성자와 전자가 하나씩 더 많다) 과 아르곤(그리스어, *argos*, "게으른, 쓸모없는"의 뜻을 지님) 이 포함된다. 그러나 한 가지 중요한 면, 즉 이온화 에너지에서 이들 두 족은 매우 유사하다. 즉, F = 1681 kJ $mol^{-1}$(17.42 eV), Ne = 2081 kJ $mol^{-1}$(21.56 eV), Ar = 1520 kJ $mol^{-1}$(15.75 eV) 이다.[2] 이들 두 족 사이의 차이는 전자 친화도가 크게 다르다는 것이다. 두 족 사이의 차이가 강조되고 유사성은 무시되는 일반적 경향은 두 가지 형태의 성질(전자를 얻는 것과 잃는 것) 에 대한 인식이 부족한 것으로부터 생긴다. 그래서 전기음성도를 전자 친화도와 동일한 것으로 생각하여 불활성 기체의 전기음성도가 낮거나 존재하지 않는다고 언급되거나 암시되기도 한다. 불활성 기체가 음의 산화수를 갖지 않는 것은 사실이다. 그러나 다른 한편으로는 전기음성도는 전자를 방출하기 싫어하는 정도를 의미하기도 하기 때문에, 이런 면에서 본다면 불활성 기체와 비교할 수 있는 족은 없다. 실제로 어느 불활성 기체 화합물이 생성되고, 어느 불활성 기체 화합물이 생성되지 않는지를 결정하는 인자는, 그 불활성 기체 원자가 더 전기음성인 상대방 원소의 원자와 전자를 공유하려고 하는 정도라고 말할 수 있을 것이다.

할로젠(플루오린을 제외한) 은 전자를 받을 수도 있고 전자를 줄 수도 있는 양쪽의 행동을 나타낸다. 이 원소들은 전자를 방출하는 면에서만 불활성 기체 원소와 비슷하기 때문에 이러한 면에 대한 두 족의 화학을 먼저 알아보기로 한다. 할로젠이 전자를 받아들이는 것은 보다 잘 알려져 있는데, 여기에 대해서는 이 장의 후반부에서 설명할 것이다.

---

1) VIIIA(18)족 원소에 대한 명칭은 몇 가지가 있다. "비활성"이라는 용어는 족의 전체에 대해서 적용할 수 없다(이것은 네온과 아르곤에 대한 용어로 사용되고, 족의 명칭으로는 사용되지 않는다). 그 이유는 적어도 이 족의 세 원소는 비활성이 아니기 때문이다. "불활성 기체"라는 이름은 전혀 반응하지 않는다라고 하기보다는 오히려 반응하기 싫어한다는 것을 의미한다. 그래서 금과 백금 같은 금속의 화학을 설명할 때에도 이 용어를 함께 사용한다.

2) 전자 친화도가 작다는 점에서도 불활성 기체와 알칼리 금속을 비교할 수 있다. 그러나 불활성 기체의 전자 친화도는 항상 흡열인 반면, 알칼리 금속의 전자 친화도는 작고 유한한 **발열** 전자 친화도를 가진다. 그래서 전자를 받아들이는 데 근거를 두는 몇 가지 화학을 유도하게 된다(11장 참조).

# 불활성 기체 화학

## 불활성 기체의 발견

태양 광선으로부터 스펙트럼 선을 관찰한 것은 1868년이었고, 이것으로부터 태양의 대기권에 미지 원소가 존재할 것으로 가정하였다. 그러나 1889년에 클리베이트광물을 가열하여 헬륨이 분리되었을 때에는, 이것이 위에 언급한 미지 기체와 관련이 있는 것으로 인식되지 않았다. 분명한 연구는 Rayleigh 경이 처음으로 실행하였다. 그는 "화학적으로 얻은 질소"의 밀도와 "대기 중의 질소"의 밀도 사이에 차이가 있는 것에 주목하였다. 화학적으로 얻은 질소는 여러 가지의 산화 질소, 암모니아, 또는 다른 화합물로부터 화학적으로 질소를 분리하여 얻었다. 대기 중의 질소는 공기로부터 산소, 이산화탄소와 수증기를 제거하여 얻었다. 밀도의 차이는 크지 않았다. 같은 조건에서 "화학적으로 얻은 질소"의 밀도의 차이는 크지 않았다. 즉, "대기 중의 질소"의 밀도는 $1.2572 \times 10^{-3}$ g $cm^{-3}$이었고, 같은 조건에서 "화학적으로 얻은 질소의 밀도는 $1.2506 \times 10^{-3}$ g $cm^{-3}$이었다. 이러한 차이를 확인하기 위해서는 세밀한 실험이 필요하였다. 이 실험은 정밀한 측정의 중요성을 나타낸 예로서 자주 인용되지만, 유감스럽게도 유효 숫자의 자릿수에 대해서만 지나치게 강조하고 있고, Rayleigh와 Ramsay가 이 두 측정값의 마지막 두 자리 숫자의 차이가 화학적으로 중요한 의미를 갖는 것을 인식한 것에 관해서 거의 소개하지 않고 있다. 이들은 불활성 기체의 비열의 비($C_p/C_v = 1.66$)[3] 의 중요성에 대해서 설명하였고, 비판자의 비판[4]에 대한 반론을 제기할 때 사용했던 기체 밀도에 대한 화학적 통찰력은 지금까지도 타의 추종을 불허한다.

Ramsay와 Rayleigh는 라돈을 제외한 모든 불활성 기체를 분리하여, 이 기체들이 일반적인 모든 시약에 대하여 비활성이라는 것을 입증하는 데 성공하였다. 이들은 알파 입자와 이온화된 헬륨이 동일하다는 것도 발견하였다.

## 불활성 기체의 초기 화학

불활성 기체의 화학은 1962년 전에는 없었다고 간주되는 것이 보통이다. 화합물이란 (1) "보통의" 공유 결합 또는 이온 결합을 포함하고, (2) 분리하여 시약병에 넣어 선반에 둘 수 있는 것이라고 정의를 제한한다면, 이러한 생각은 옳다. 그러나 이 기준 중에서 어느 한 가지라도 제외시키면, 불활성 기체의 훨씬 더 중요한 화학이 1960년 이전부터 존재하고 있었음을 깨달을 수 있다.

하이드로퀴논 수용액을 불활성 기체[X = Ar, Kr, Xe] 수백 킬로 파스칼(수 기압에 해당)의 압력하에서 냉각시키면 조성이 대략 $[C_6H_4(OH)_2]_3$인 결정성 고체를 얻게 된다. 이 고체는 불활성 기체가 대부분의 공동을 채우고 있는 **β**-하이드로퀴논 클라드레트이다.[5] 유사한 불활성 기체 수화물도 알려져 있다(그림 14.1). 이들 크라드레트는 안정한 고체 불활성 기체의 출처가 되기 때문에, 중요한 의미를 가진다. 클라드레트는

---

3) 에너지는 병진 운동에 의해서만 흡수되고 진동이나 회전에 의해서 흡수되지는 않기 때문에 이 기체는 일원자 분자의 집합인 것을 의미한다. ($N_2$, $Cl_2$, $Br_2$에 대해서 각각 $C_p/C_v = 1.40$, 1.36, 1.32이다.)

4) 불활성 기체에 대한 초기 연구에 대한 설명은 다음을 참조하라. Wolfenden, J. H. *J. Chem. Educ.* **1969**, *46*, 569; Hibert, E. N. In *Noble-Gas Compounds*; Hyman, H. H., Ed.; University of Chicago: Chicago, 1963; p 3.

5) 이용할 수 있는 공동 중에서 불활성 기체가 채워진 공동은 Ar은 67%, Kr은 67~74%, Xe은 88%이다.

**그림 14.1** 제논 수화물 크라드레트의 구조. 제논 원자는 물 분자의 규칙적인 오각형 십이면체의 중심을 차지한다.

개개의 불활성 기체에 대해 특정한 선택성을 나타내기 때문에, 이들은 불활성 기체를 효과적으로 분리하기 위해서 사용된다.

생물계에 있어서 불활성 기체의 작용은 매우 흥미롭다. 예를 들면, 제논은 마취 효과를 가진다. 생체계 내에서 불활성 기체가 화학적으로 결합할 수 있는 극단적인 조건은(이 분야에서의 상식으로서는) 있을 수 없다는 것을 고려하면, 이 마취 작용은 다소 놀라운 것이다. 물의 구조는 클라드레트 형태의 상호작용을 통하여 변할 수 있다고 제안되었다.

클라드레트 생성과 쌍극자 상호작용은 화학적 설명으로는 완전히 받아들일 수 있는 논제라고 하더라도, 화학자들은 연구하고 있는 화학종으로부터 생성된 안정한 화합물을 발견할 수 있어야 더 신뢰하게 된다. 그래서 논리적으로 접근하는 방법은 불활성 기체의 가능한 Lewis 염기도를 조사하는 것이다. 불활성 기체는 강한 Lewis 염기가 될 수 있는 할로겐화 이온과 등전자성이기 때문에, 불활성 기체의 강한 Lewis 산 첨가 생성물은 존재할 수 있을 것으로 예상할 수 있다.

$$F^- + BF_3 \longrightarrow BF_4^- \quad (14.1)$$

$$Ne + BF_3 \longrightarrow NeBF_3 \quad (14.2)$$

$$Xe + BF_3 \longrightarrow XeBF_3 \quad (14.3)$$

삼염화 붕소와 트라이브로민화 붕소의 제논 용액은 철저하게 연구되었다. 조성의 함수로써 이들 계의 녹는점을 조사한 상(phase) 연구에서는 화합물이 생성된다는 증거는 나타나지 않았다. 이들 화합물의 Raman 스펙트럼은 순수한 $BX_3$의 Raman 스펙트럼과 동일한데, 이것은 불활성 기체와 트라이할로젠화 붕소 간에는 상호작용이 없음을 의미한다.

불활성 기체의 실제 화합물을 생성하는 다른 방법으로서는 다음의 두 가지 착상이 제시되었다. (1) 산-염기의 관점에서, 가장 강한 Lewis 산은 알몸 양성자이기 때문에, 어떤 불활성 기체가 염기성 행동을 나타낼 수 있으면, 불활성 기체는 $H^+$와 반응할 수 있을 것이다.

$$He + H^+ \longrightarrow HeH^+ \quad (14.4)$$

$$Ar + H^+ \longrightarrow ArH^+ \tag{14.5}$$

(2) 그림 4.7에 나타낸 것과 같은 간단한 분자 오비탈 도표를 보면, 네 개의 전자가 있으면 비결합 상태로 되지만, 전자의 수가 네 개보다 작으면 결합 차수가 정수는 아니더라도, 약간의 결합이 생길 것이라고 예상할 수 있다. $HeH^+$와 $ArHP^+$와 같은 화학종에 대한 분광학적 증거는 수소와 불활성 기체의 혼합물을 기체 방전관을 통과시켰을 때 얻어졌다. 필요한 전자를 제거할 수 있을 정도로 충분한 에너지를 공급하면, 두 개의 불활성 기체 원자 사이에서도 유사한 반응이 일어날 수 있다.

$$He + He \xrightarrow{-e^-} He_2^+ \tag{14.6}$$

$$Kr + Kr \xrightarrow{-e^-} Kr_2^+ \tag{14.7}$$

$$Ne + Xe \xrightarrow{-e^-} NeXe^+ \tag{14.8}$$

수소화 불활성 기체 이온은 결합 차수가 1이고, 이원자 불활성 기체 이온은 결합 차수가 1/2이다. 이들 이온은 $HeH^+X^-$나 $^+He_2X^-$ 형태의 염으로는 분리할 수 없는데, 헬륨 등의 양성인 전자 친화도는 X의 전자 친화도보다 더 크기 때문이다. 그래서 이러한 형태의 염들은 자발적으로 분해된다.

$$2He_2^+F^- \longrightarrow 4He + F_2 \tag{14.9}$$

$$ArH^+Cl^- \longrightarrow Ar + HCl \tag{14.10}$$

화학자들은 위의 반응에 대해 별로 흥미를 갖지 않겠지만, 유사한 기체상 반응에서 제논이 친핵체로서 작용하여 메틸제노늄 이온, $CH_3Xe^+$이 생성된다는 것이 알려졌다. 이 이온에서 C—Xe 결합의 세기는 $180 \pm 30$ kJ $mol^{-1}$이다.

## 안정하고 분리할 수 있는 불활성 기체 화합물의 발견

불활성 기체가 화합물을 형성할 수 있을 것으로 생각은 되었지만, 1930년대에는 플루오린으로 크립톤과 제논을 산화시키려는 시도는 실패하였고, 특히 원자가이론이 안정도를 채워진 팔전자계와 연관시키는 것에 성공하면서 더 이상의 시도는 중지되었다. 다른 비금속들의 2/3 이상에 대한 전자계보다 확장된 원자가껍질을 갖는 화합물들이 이미 알려져 있었던 점을 고려하면, 이처럼 팔전자계가 존중된 것은 놀랍기만 하다.[6)]

1960년대 초기에 Neil Bartlett는 매우 강력한 산화제, 헥사플루오린화 백금의 성질을 연구하고 있었다. 실제로 산소와 헥사플루오린화 백금을 혼합하기만 하여도 산소 분자에서 한 개의 전자를 제거할 수 있었고, 다음과 같은 생성물을 분리할 수 있었다.

$$O_2 + PtF_6 \longrightarrow O_2^+[PtF_6]^- \tag{14.11}$$

Bartlett는 산소 분자의 첫 번째 이온화 에너지, 1180 kJ $mol^{-1}$(12.2 eV)는 제논의 첫 번째 이온화 에너지, 1170 kJ $mol^{-1}$(12.1 eV)와 거의 같다는 사실을 알고 있었다. 또한

6) 이 점에 대해서는 이 장과 15장에서 상세하게 설명할 것이다. 그러나 10~14개의 전자를 포함하는 원자가껍질(관례적인 전자쌍 형식론에 의하여)을 갖는 비금속이 약 열 개 정도 알려져 있다. B, C, N, O, F는 팔전자계 규칙을 엄격하게 따른다.

이산소 양이온의 크기는 $Xe^+$ 이온과 거의 같기 때문에, 이 두 화합물의 격자 에너지도 비슷해야 한다. 그는 제논과 헥사플루오린화 백금을 혼합하였는데, 그 결과 반응이 바로 일어났고, 황색 결정이 생성되었다. Bartlett는 반응한 기체의 부피에 근거하여 조성이 $Xe^+[PtF_6]^-$일 것이라고 생각했다.[7] 그러나 이 반응은 한때 생각했던 것처럼 그렇게 간단하지 않았다. 그리고 이 생성물은 $Xe[PtF_6] + Xe[PtF_6]_2$, $Xe[PtF_6]_x$ $(1 < x < 2)$, 또는 $FXe^+[PtF_6]^- + FXe^+[Pt_2F_{11}]^-$ 등 다양하게 표기되었다. 반응 생성물을 확인하는 데 실험적인 어려움이 있었지만, 반응이 일어났던 것은 확실하였고, 따라서 비활성이라는 신화는 영원히 깨어지게 되었다.

## 불활성 기체의 플루오린 화합물[8]

제논과 플루오린을 혼합하고, 이것을 열이나, 광학적, 또는 이와 유사한 방법으로 활성화시키면 플루오린 화합물이 생성된다.

$$\mathbf{Xe + 2F_2 \longrightarrow XeF_4} \qquad \mathbf{(14.12)}$$

$$\mathbf{Xe + 2F_2 \longrightarrow XeF_4} \qquad \mathbf{(14.13)}$$

$$\mathbf{Xe + 3F_2 \longrightarrow XeF_6} \qquad \mathbf{(14.14)}$$

이들 반응에서 주된 어려움(플루오린 원소를 고압에서 취급하기에 적당한 장치가 조립되었으면)은 합성이 아니고 분리이다. 세 가지 생성물이 모두 함께 생성된다(그림 14.2). 다이플루오린화 제논은 반응이 더 반응되기 전에 분리하거나(예를 들면, cold finger에서 냉각시킨다), $Xe/F_2$ 비를 높게 유지하면 얻을 수 있다. 헥사플루오린 화합물은 과량의 플루오린을 사용하고 낮은 온도로 반응시키면 더 유리하게 생성되지만,

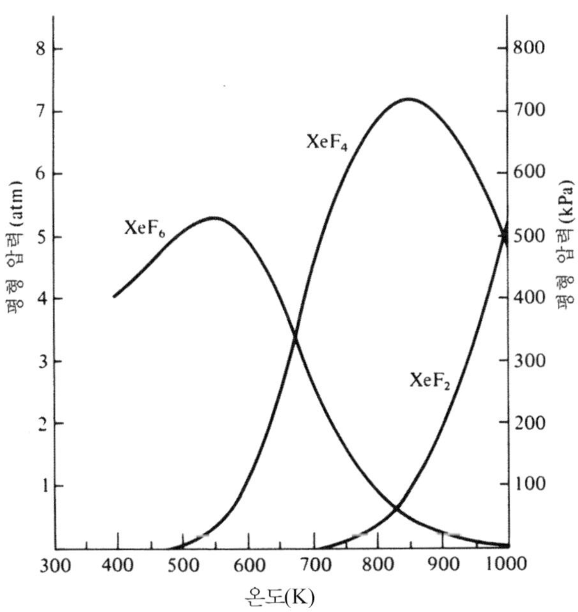


**그림 14.2** 온도의 함수로 도시한 플루오린화 제논의 평형 압력. 초기 조건: 리터당 125 mmol Xe, 1225 mmol $F_2$. $Xe/F_2$ 비가 클 때에 $XeF_6$는 급격하게 감소하고 나머지 두 곡선은 왼쪽으로 이동한다. [Selig, H. *Halogen Chem.* **1967**, *1*, 403.]

7) Bartlett, N. *Proc. Chem. Soc.* **1962**, 218. Bartlett, N. *Endeavour* **1963**, *88*, 3. 순수한 $Xe^+[PtF_6]^-$는 과량의 비활성 $SF_6$를 희석제로 가해야만 생성된다(Graham, L. Ph.D. Thesis, University of California at Berkeley, 1978, 각주 8.).

8) Seppelt, K.; Lentz, D. *Prog. Inorg. Chem.* **1982**, *29*, 167~202.

약간의 $XeF_4$가 존재하게 되므로 분리해 내어야 한다. $XeF_6$를 얻는 가장 좋은 방법은 기체를 낮은 압력에서 사용하고, 700~800 °C에서 "열선"으로 니켈 필라멘트를 사용하는 것이다. 반응기는 액체 질소에서 냉각된다. 순수한 상태로 얻기가 가장 어려운 화합물은 $XeF_4$인데, 최적의 열적 생성 조건에서도(그림 14.2) $XeF_2$와 $XeF_6$가 함께 생성되기 때문이다. 낮은 온도와 낮은 압력에서 다이플루오린화 이산소를 사용하면 높은 수득률과 높은 순도로 $XeF_4$가 생성된다.[9)]

$$\mathbf{Xe + 2O_2F_2 \longrightarrow XeF_4 + 2O_2} \tag{14.15}$$

크립톤의 화학은 제논의 화학보다 훨씬 더 제한적이다. 원소로부터는 다이플루오린 화합물만 직접 생성된다. 헬륨, 네온, 아르곤의 플루오린 화합물을 제조하려는 시도는 성공하지 못하였다. 라돈은 제논보다 훨씬 더 쉽게 반응하여야 하지만, 라돈 화합물은 방사능이 커서 취급에 어려움이 있으므로, 라돈의 화학은 복잡해진다. 그럼에도 불구하고 제논 화합물이 발견된 후, 곧바로 라돈과 플루오린의 화합물이 생성되는 것이 확인되었다. 그러나 이 화합물들의 정확한 성질은 밝혀지지 않았다. 최근에는 용액에서 라돈의 화학이 연구되었다.

## 불활성 기체의 플루오린 화합물에서의 결합

불활성 기체 화합물에서 결합의 문제를 다루는 방법은 두 가지가 있다. 두 가지 중에서 어느 것도 완전히 만족스럽지는 않지만, 두 가지 방법을 사용하면 이들 화합물의 성질을 합리적으로 설명할 수 있다. 첫 번째는 원자가결합 방법이다. 이 방법은 전자들이 $5d$ 오비탈로 들뜨는 것을 통하여 확장되는 원자가껍질을 사용하여 제논의 플루오린 화합물을 다룬다.

바닥 상태: $\mathbf{Xe = [Kr]\ 5s^24d^{10}5p^6}$

원자가상태: $\mathbf{Xe = [Kr]\ 5s^24d^{10}5p^{6-n}5d^n}$

$XeF_2$의 경우, $n=1$이고 두 개의 결합이 생성된다. $XeF_4$의 경우, $n=2$이고, 네 개의 결합이 생성된다. $XeF_6$의 경우, $n=3$이고 여섯 개의 결합이 생성된다. VSEPR 이론(5장과 다음의 설명을 참조)을 사용하면 다음과 같은 전자 배치와 구조를 얻게 된다.

| 화합물 | 전자쌍 수 | 혼성화 | 예측된 구조[10)] | 관찰된 구조 |
|---|---|---|---|---|
| $XeF_2$ | 5 | $sp^3d$ | 선형 (TBP) | 선형 |
| $XeF_4$ | 6 | $sp^3d^2$ | 사각 평면 (팔면체) | 사각 평면 |
| $XeF_6$ | 7 | $sp^3d^3$ | 비팔면체 (고깔쓴 팔면체?) | 정확하게 밝혀지지는 않았지만 팔면체는 아님 |

Gillespie의 VSEPR 이론을 사용하면 위에서 설명한 화합물뿐만 아니라 불활성 기체 화합물의 몇 가지 다른 구조를 합리적으로 설명할 수 있다(그림 14.3). 이 방법이 큰

9) Nielsen, J. B.; Kinkead, S. A.; Purson, J. D.; Eller, P. G. *Inorg. Chem.* ***1990***, *29*, 1779~1780.

10) 처음에 쓴 것은 원자의 배열 구조이고, 괄호 속의 구조는 원자가껍질 전자 전부에 대한 대략적인 배치이다.

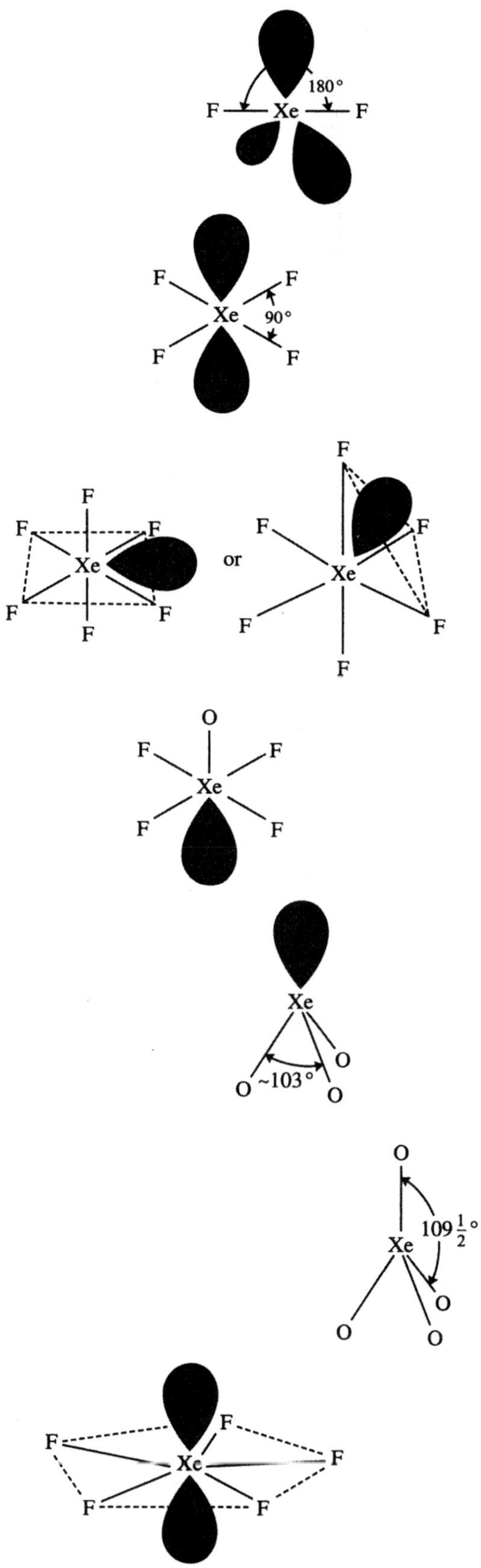


(a) 선형 분자, 세 개의 비결합성 전자쌍은 정삼각형의 꼭짓점 방향에 있다.

(b) 사각 평면형 분자, 두 비결합성 전자쌍은 분자 평면의 위와 아래에 하나씩 있다.

(c) 일그러진 팔면체, 비결합성 전자쌍은 면의 중심 방향 또는 모서리의 중심 방향에 있다.

(d) 사각뿔형 분자, 비결합성 전자쌍은 사각뿔의 바닥에서 튀어나온다.

(e) 삼각뿔형 분자, 비결합성 전자쌍은 삼각뿔의 꼭짓점으로부터 튀어나온다.

(f) 완전 사면체

(g) 오각 평면 이온, 비결합성 전자쌍 두 개가 오각 평면의 위와 아래에 하나씩 있다.

**그림 14.3** 간단한 VSEPR 이론에 의해 예상되는 분자의 모양. 결합각은 실험을 통해 얻은 값이다.

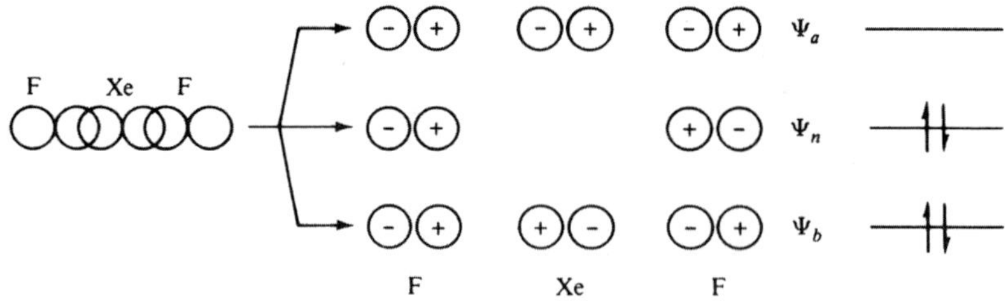


**그림 14.4** F—Xe—F 3중심 결합에 대한 분자 오비탈 도표.

성공을 거둔 것 중의 하나는 $XeF_6$가 팔면체가 아니라는(5장 참조) 예측을 한 것이다. 이것에 대한 가장 심각한 반론은 전자를 들뜨게 만들어야 할 필요가 있다는 것이다. 제논의 경우, 이 들뜸 에너지값은 1000 kJ $mol^{-1}$(10 eV) 이상의 큰 에너지로 추정되었다. 더욱이 $d$ 오비탈은 퍼지는 경향이 있으므로, 비금속 화학에서 $d$ 오비탈의 중요성은 논란의 여지가 있다(15장 참조).

불활성 기체 화합물에서의 결합을 설명하는 다른 방법은 3중심 4전자 결합을 포함하는 분자 오비탈 방법이다. 선형 F — Xe — F 분자를 살펴보자. 제논의 $5p$ 오비탈은 플루오린의 결합성 오비탈(순수한 $p$ 오비탈이나 혼성 오비탈)과 겹쳐서 보통의 세 개의 3중심 오비탈, 즉 결합성, 반결합성, 비결합성 오비탈을 형성한다(그림 14.4). 네 개의 원자가전자($Xe_{5p^2} + F_{2p^1} + F_{2p^1}$)이 이 오비탈들을 채우면, 채워진 결합성 오비탈과 채워진 비결합성 오비탈(일차 근사로서)이 된다. 그래서 단일 결합(즉, 결합성 MO)이 F — Xe — F 계에 걸쳐서 넓게 퍼져 있는 것이다. 첫 번째 $p$ 오비탈에 대해서 직각에 있는 두 번째 $p$ 오비탈은 두 번째 F — Xe — F 3-중심 결합을 형성할 수 있다($XeF_4$). 그리고 세 번째 직각의 위치에 있는 $p$ 오비탈도 세 번째 3중심 결합을 형성할 수 있다($XeF_6$). 결합에 관여하고 있는 $p$ 오비탈의 성질로부터 $XeF_2$는 선형이고, $XeF_4$는 사각 평면이며, $XeF_6$는 팔면체일 것이라고 예상할 수 있다. 처음의 두 가지 예상은 옳지만, 마지막 예상은 옳지 않다. 한편 들뜸 에너지에 대한 어려움은 피할 수 있다. 그러나 순수한 3중심 4전자 모형에서 전체 분자는 세 개의 결합에 의해서만 결합되고 있다.

## 제논의 다른 화합물

안정한 염화 제논을 분리하려는 시도는 성공하지 못하였다. 두 가지 염화물이 확인되었는데, 두 가지 모두는 매트릭스에서 포획하여야만 관찰할 수 있고, 상당히 불안정하다. $KICl_4$에서 $^{129}I$의 방사성 붕괴는 다음과 같다.

$$^{129}ICl_4^- \longrightarrow {}^{129}XeCl_4 + \beta^- \tag{14.17}$$

이 반응은 사염화 제논을 제조하는 데 사용되어 왔으며, 생성된 들뜬 상태로부터 방출되는 감마선의 Mössbauer 효과를 통해 확인되었다. 제논과 염소의 혼합물을 극초단파 방전을 통해 흘려주고, 20 K의 CsI 창에서 즉시 냉동시키면, $XeCl_2$의 존재에 대한 적외선 증거를 얻을 수 있다.

헥사플루오린화 제논을 주의 깊게 가수분해하면 테트라플루오린화 산화 제논이 생성된다.

$$XeF_6 + H_2O \longrightarrow XeOF_4 + 2HF \tag{14.18}$$

헥사플루오린화 제논을 완전히 가수분해하거나, 테트라플루오린화 제논을 가수분해 또는 불균등화시키면 삼산화물이 생성된다.

$$XeF_6 + 3H_2O \longrightarrow XeO_3 + 6HF \tag{14.19}$$

$$6XeF_4 + 12H_2O \longrightarrow 2XeO_3 + 4Xe + 3O_2 + 24HF \tag{14.20}$$

삼산화 제논은 폭발성이 아주 크기 때문에, 이러한 제논의 플루오린 화합물을 의도적(또는 의도적이 아니든) 가수분해는 상당히 위험하다. 그래서 옥시플루오린화물을 생성하기 위해서 필요한 산소의 다른 출처가 제안되었다.[11)]

$$XeF_6 + NaNO_3 \longrightarrow XeOF_4 + NaF + FNO_2 \tag{14.21}$$

$$XeF_6 + OPF_3 \longrightarrow XeOF_4 + PF_5 \tag{14.22}$$

다이플루오린화 이산화 제논은 $XeOF_4$를 생성하는 부분적인 가수분해와 $XeO_3$를 생성하는 완전한 가수분해 사이의 중간 생성물로서는 분리할 수 없지만, 이 두 화합물을 결합시키면 합성할 수 있다.

$$XeOF_4 + XeO_3 \longrightarrow 2XeO_2F_2 \tag{14.23}$$

$XeO_2F_2$는 과량의 $XeOF_4$를 질산 세슘으로 처리하면 얻을 수 있다.[12)]

$$XeOF_4 + CsNO_3 \longrightarrow XeO_2F_2 + CsF + FNO_2 \tag{14.24}$$

이에 비하여, 다이플루오린화 제논의 가수분해는 분해만 일으킨다.

$$2XeF_2 + 2H_2O \longrightarrow 2Xe + 4HF + O_2 \tag{14.25}$$

Huston은 이러한 형태의 화학을 Lux-Flood의 산과 염기 정의를 근거로 하여 체계화하였다(8장 참조). Lux-Flood의 정의는 일반적인 경우보다는 제한된 분야에서 매우 유용한 고도로 전문화된 산-염기 정의 중의 하나이다. 현재의 예에서, 제논의 플루오린 화합물들은 산화 이온 받개이지만, 플루오린이 차례로 첨가되면 산화 이온 주개로 된다. 상대적 산도에 대한 척도를 구성하면 다음과 같다. 즉, $XeF_6 > XeO_2F_4 > XeO_3F_2 > XeO_4 > XeOF_4 > XeF_4 > XeO_2F_2 > XeO_3 > XeF_2$의 순서인데, 이 계열 내에서 앞쪽에 있는 산은 뒤에 있는 염기와 반응하여 중간에 있는 생성한다. 그러므로, $XeF_6$가 가장 유용한 플루오린 첨가제이고 많이 사용되고, $XeF_2$는 가장 쓸모없는 플루오린 첨가제이다. $XeF_6$ 대신 $XeF_4$를 사용하면 반응이 느려진다.[13)]

제논의 플루오린 화합물들은 우수한 플루오린화제이기도 하다. 그러나 $KrF_2$만큼 반응성이 크지는 않다(아래 참조). 이들은 부생성물이 제논 기체 밖에 없는 산뜻한 반응일 경우가 많다.

---

11) Christe, K. O.; Wilson, W. W. *Inorg. Chem.* **1988**, *27*, 1296~1297. Nielsen, J. B.; Kinkead, S. A.; Eller, P. G. *Inorg. Chem.* **1990**, *29*, 3621~3622.

12) Christe, K. O.; Wilson, W. W. *Inorg. Chem.* **1988**, *27*, 3763~3768.

13) Houston, J. L. *Inorg. Chem.* **1982**, *21*, 685.

$$2(SO_3)_3 + 3XeF_2 \longrightarrow 3S_2O_6F_2 + 3Xe \tag{14.26}$$

$$(C_6H_5)_2S + XeF_2 \longrightarrow (C_6H_5)_2SF_2 + Xe \tag{14.27}$$

플루오린화 반응은 부생성물의 치환과 함께 일어날 때도 있다.

$$2R_3SiCl + XeF_2 \longrightarrow 2R_3SiF + Cl_2 + Xe \tag{14.28}$$

더욱 흥미로운 것은 펜타플루오린화 안티모니를 용매로 사용하였을 때 $Xe_2^+$ 양이온이 생성되는 것이다. 이 양이온은 Xe(II) 의 환원에 의하여 처음으로 제조되었다. 납과 수은 같은 금속, 트라이플루오린화 인, 일산화 납, 삼산화 비소, 이산화 황, 일산화 탄소, 이산화 규소와 물을 포함하는 많은 환원제가 사용된다. 놀랍게도 **기체 제논**까지도 환원제로 사용될 수 있다.[14)]

$$Xe + XeF^+ \xrightarrow{SbF_5} Xe_2^+ \tag{14.29}$$

다른 견해는, 이 반응을 염기성 제논 원자가 산성인 제논 **양이온**에 대해 친핵성 공격을 하여 이원자 양이온을 생성하는 산-염기 (산화-환원 반응이 아니고) 반응으로 보는 것이다.

위에서 언급한 바와 같이, 삼산화 제논은 아주 약한 자극에도 폭발하는 흡열 화합물이다. 수용액은 안정하지만 강력한 산화제이다. 이들 용액은 약한 산성 ("제논산") 이고 분자성 $XeO_3$를 포함한다. 이들 용액을 염기성으로 만들면 $HXeO_4^-$ 이온이 생성되고, 이들로부터 제논산 수소 알칼리, $MHXeO_4$를 분리할 수 있다. 제논산 수소 이온은 알칼리 용액에서 불균등화 반응을 일으켜 과제논산 이온을 생성한다.

$$2HXeO_4^- + 2OH^- \longrightarrow XeO_6^{4-} + Xe + O_2 + 2H_2O \tag{14.30}$$

제논산 이온 용액을 오존으로 직접 산화시켜도 과제논산 이온이 된다. 고체 과제논산염은 잘 녹지 않으며, 제논-산소 화합물로서는 특이하게 안정하다. 대부분이 200 °C 이상으로 가열하지 않으면 분해하지 않는다. 몇 가지 과제논산염에 대해서 X선 결정학적 구조가 결정되었으며, 팔면체의 $XeO_6^{4-}$ 이온을 포함하고 있음이 밝혀졌다. 이 팔면체 이온은 수용액 중에서도 유지되고 있다 (양성자를 첨가하면 $HXeO_6^{3-}$로 될 수도 있다).

과제논산염을 진한 황산으로 처리하면 가장 보기 드문 사산화 제논이 생성된다.

$$Ba_2XeO_6 + 2H_2SO_4 \xrightarrow[-5\,^\circ C]{} 2BaSO_4 + 2H_2O + XeO_4 \tag{14.31}$$

사산화 제논은 휘발성이 가장 큰 화합물이고, 증기압은 0 °C에서 3300 Pa (25 mm Hg) 이다. 분자 구조는 등전자인 $IO_4^-$ 이온처럼 사면체이다.

다음의 $E^0$값에서 알 수 있듯이, 제논-산소 화합물은 산성 용액에서 대단히 강력한 산화제이다.

---

14) Stein, L.; Henderson, W. W. *J. Am. Chem. Soc.* **1980**, *102*, 2856.

$$H_4XeO_6 \xrightarrow{2.38} XeO_3 \xrightarrow{2.10} Xe \qquad (H_4XeO_6 \xrightarrow{2.17} Xe)$$

염기성 용액에서 이 화학종의 성질과 기전력의 값은 잘 알려져 있지 않지만, 산화력은 다소 더 작다.

$$HXeO_6^{3-} \xrightarrow{(0.95)} XeO_3OH^- \xrightarrow{1.24} Xe \qquad (HXeO_6^{3-} \xrightarrow{1.17} Xe)$$

플루오린 화합물처럼, 이들은 비교적 "순수한" 시약이다. 불행하게도 $XeO_3$는 폭발성이 있기 때문에 이것을 사용한 연구는 별로 이루지지 않았다.

제논은 오로지 가장 전기음성인 원소들과 안정한 화합물을 생성한다. 즉, 플루오린 ($\chi = 4.0$) 과 산소 ($\chi = 3.5$), 또는 이들 원소를 포함하는 $OSeF_5$나 $OTeF_5$와 같은 원자단과 안정한 화합물을 생성한다. 흔하지는 않지만, 제논과 염소 ($\chi = 3.0$) 나 질소 ($\chi = 3.0$) 사이에도 비교적 안정한 결합이 형성되는 것으로 알려져 있다. 비스(트리플루오로메틸) 제논, $Xe(CF_3)_2$($\chi_{CF_3} = 3.3$) 이 알려져 있지만, 수분 이내에 분해된다.

헥사플루오린화 제논은 Lewis 산으로 작용할 수 있다. 이것은 무거운 알칼리 금속의 플루오린화물과 반응하여 7배위 음이온을 생성하는데, 이 음이온은 재배열하여 8배위 화학종을 생성한다.

$$MF + XeF_6 \longrightarrow M^+[XeF_7]^- \ (M = Na, K, Rb, Cs) \tag{14.32}$$

$$2M^+[XeF_7]^- \xrightarrow[\Delta]{} M_2[XeF_8] + XeF_6 \ (M = Rb, Cs) \tag{14.33}$$

옥타플루오로제논산염은 알려진 제논 화합물들 중에서 가장 안정하다. 이 화학종은 400 °C까지 가열하여도 분해되지 않는다. 이 음이온은 사각 반프리즘 기하 구조를 가진다. 이 음이온도 $XeF_6$와 유사하게 VSEPR 이론에 대한 문제를 제시한다. 왜냐하면 이 음이온도 입체화학적으로 활성인 고립 전자쌍이 있으며, 이것이 음이온의 대칭성을 더 낮게 만들어야 하기 때문이다. 그러나 입체적 혼잡 이론이 옳다면, **여덟 개의 리간드 원자**가 있기 때문에 고립쌍은 입체화학적으로 비활성인 *s* 오비탈 속에 들어가게 된다.

플루오린화 제논은 플루오린화 이온 주개로도 작용할 수 있다. 강한 Lewis 산은 플루오린화 제논과 반응하여 예산되는 화합물을 생성한다. 그러나 양이온과 음이온 모두 플루오린화물 다리를 생성할 수 있으므로, 생소한 화학량론을 나타내기도 한다.

$$XeF_6 + PtF_5 \longrightarrow XeF_5^+PtF_6^- \tag{14.34}$$

$$2XeF_2 + AsF_5 \longrightarrow Xe_2F_3^+AsF_6^- \tag{14.35}$$

$$XeF_4 + 2SbF_5 \longrightarrow XeF_3^+Sb_2F_{11}^- \tag{14.36}$$

겉보기에는 간단한 조성을 갖는 화합물이라도 더 복잡할 수도 있다. 예를 들면, $XeF_2 \cdot AsF_5$는 다리놓인 양이온과 다리놓인 음이온을 모두 포함한다.

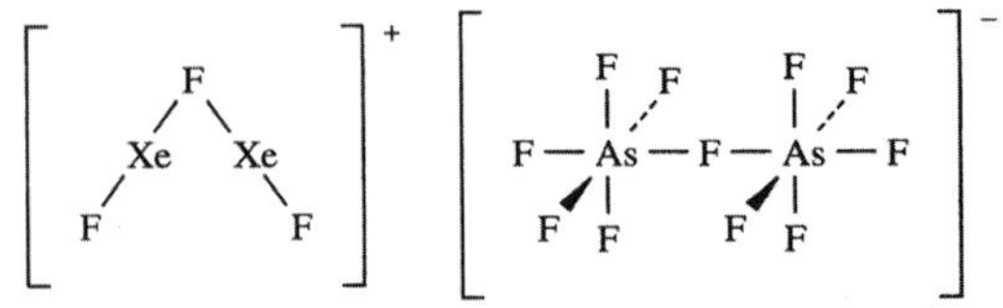

Bartlett의 화합물(552쪽)은 아직도 확실히 이해되고 있지는 않지만, 이런 형태의 화합물이라고 생각된다. 다이플루오린화 크립톤은 $KrF^+AsF_6^-$, $KrF^+As_2F_{11}^-$, $KrF^+SbF_6^-$, $KrF^+Sb_2F_{11}^-$ 및 $Kr_2F_3^+SbF_6^-$ 등과 유사한 화합물을 생성한다. 이들 화합물과 모체인 $KrF_2$가 최근까지 알려진 유일한 크립톤 화합물이다.[15] 물 아닌 용매에서 $[AsF_6]^-$의 $HC \equiv NH^+$ 염들이나 $AsF_5$의 $R_FC \equiv N$ 첨가 생성물을 $KrF_2$와 반응시키면, $[HC \equiv N—Kr—F]^+[AsF_6^-]$와 $[R_FC \equiv N—Kr—F]^+[AsF_6^-]$($R_F = CF_3$, $C_2F_5$, $n$-$C_3F_7$)로 확인되는 염이 생성된다. 플루오린화 크립톤은 플루오린화제로서 가장 유용하다는 것이 알려졌다. 이 화합물은 플루오린, $F_2$보다 50 kJ mol$^{-1}$ 더 발열적이다. 이 화합물은 금속을 비정상적으로 높은 산화 상태로 만드는 데 사용된다.[16)]

$$\mathbf{8KrF_2 + 2Au \longrightarrow 2KrF^+AuF_6^- + 6Kr + F_2} \tag{14.37}$$

$$\mathbf{KrF^+AuF_6^- \xrightarrow{60\text{–}65\ ^\circ C} AuF_5 + Kr + F_2} \tag{14.38}$$

### 불활성 기체 화합물들의 결합 세기

예상한 바와 같이 제논은 강한 결합을 형성하지는 않지만, 플루오린과는 발열 화합물을 생성한다. 몇 가지 전형적 결합 세기를 표 14.1에 나타내었다. Bartlett[17]는 관련이 있는 비금속 화합물들의 알려진 결합 에너지를 외삽하면 이러한 값들을 예측할 수 있음을 입증하였다.

## 양성 산화 상태의 할로젠

### 할로젠간 화합물

원소 상태에 있는 모든 할로젠에 대해서는 이원자 화학종, $X_2$가 알려져 있고, 그 이외에도 두 가지의 다른 할로젠 원자를 포함하는 화합물에 대해서도 모든 가능한 조합

표 14.1
불활성 기체 화합물들의 결합 에너지 (kJ mol$^{-1}$).

| 화합물 | 결합 | 결합 에너지 |
|---|---|---|
| $XeF_2$, $XeF_4$, $XeF_6$ | Xe−F | 130 ± 4 |
| $XeO_3$ | Xe−O | 84 |
| $KrF_2$ | Kr−F | 50 |

[15] Al-Mukhtar, M.; Holloway, J. H.; Hope, E. G.; Schrobilgen, G. J. *J. Chem. Soc. Dalton Trans*. **1991**, 2831–2834. Schrobilgen, G. J. *J. Chem. Soc. Chem. Commun,* **1988**, 863~865, 1506~1508.

[16] Holloway, J. H.; Schrobilgen, G. J. *J. Chem. Soc. Chem. Commun.* **1975**, 623.

[17] Barlett, N. *Endeavour* **1963**, *88*, 3. Barlett는 외삽할 때 등전자 계열을 사용하지 않은 점이 흥미롭다. 또한 그는 외삽을 통하여 $XeF_6$와 $XeO_3$에 대해서는 상당히 합리적인 값을 얻었지만, $KrF_2$에 대해서는 지나치게 높은 값을 얻었다.

표 14.2
할로젠간 화합물.

| | 산화 상태 증가 → | | | |
|---|---|---|---|---|
| $\Delta\chi^a$ | XY | $XY_3$ | $XY_5$ | $XY_7$ |
| 1.38 | $IF(277.8)^b$ | $IF_3(\sim272)$ | $IF_5(207.8)$ | $IF_7(231.0)$ |
| 1.28 | BrF(249.4) | $BrF_3(201.2)$ | $BrF_5(187.0)$ | |
| 0.95 | ClF(248.9) | $ClF_3(172.4)$ | $ClF_5(\sim142)$ | |
| 0.43 | ICl(207.9) | $(ICl_3)_2$ | | |
| 0.33 | BrCl(215.9) | | | |
| 0.10 | IBr(175.3) | | | |
| 0 | $F_2(154.8)$ | | | |
| 0 | $Cl_2(239.7)$ | | | |
| 0 | $Br_2(190.2)$ | | | |
| 0 | $I_2(148.9)$ | | | |

($\Delta\chi$ 감소 ↓)

[a] *p* 오비탈 전기음성도에 근거한 것, 표 4.6.
[b] 괄호 안의 값은 부록 E에서 얻은 결합 에너지(kJ $mol^{-1}$)

XY가 알려져 있다.[18] 그 이외에도 덜 전기음성인 할로젠 원자가 더 전기음성인 세 개, 다섯 개, 일곱 개의 할로젠 원자와 결합하여 안정한 분자를 형성하는 많은 화합물이 있다. 알려진 할로젠간 화합물들을 표 14.2에 나타내었다.

표 14.2의 사료를 보면 주목하여야 할 몇 가지 경향들을 발견할 수 있다. 이온 결합 성질에 대한 Pauling의 개념(4장)에 근거하여 예상할 수 있는 것처럼, 할로젠간 화합물의 결합 세기와 성분 할로젠 원자 간의 전기음성도의 차이는 분명한 관계가 있다. 또한 고차의 플루오린 화합물이나 염화물을 형성하는 경향은 중심 원자의 고유한 전기음성도에 의존한다.[19] 아이오딘만이 헵타플루오린화물이나 트라이플루오린화물을 형성한다. 표 14.2에 나타내지 않은 것(이 값들을 이용하여 계산하면 간접적으로 예상할 수 있다)은 더 낮은 산화 상태를 갖기 때문에 불안정하여 불균등화를 일으킨다.

$$\begin{array}{lccc} & 5IF & \longrightarrow & 2I_2 + IF_5 \\ \text{결합 에너지:} & 1390 & & 298 + 1340 \\ \text{결합 에너지의 증가} = 250\ \text{kJ mol}^{-1} & & & \end{array} \quad (14.39)$$

불균등화 반응에 대한 이러한 경향은 아이오딘이나 브로민의 낮은 차수 플루오린화물 중에서 흔히 나타난다. 네 가지의 플루오린화 아이오딘의 행동은 상대적인 안정도에 대한 중요한 인자를 잘 나타내고 있다. IF와 $IF_3$는 모두 불균등화하는 경향이 있다(그래서 IF는 분리할 수 없다). 이것은 결합이 약해서가 아니고(IF는 할로젠간 화합물 중에서 가장 강한 결합을 갖고 있다), 펜타플루오린화물에 불균등화를 일으키는 결합의 수가 많기 때문이다. 정반대의 경우, 헵타플루오린화물은 안정하지만 반응성이 큰 화학종인데(이것은 $IF_5$보다 강한 플루오린화제이다), 이것은 결합 에너지가 약하기 때문이다(이러한 약함은 입체적 인자와 아이오딘이 아주 높은 산화 상태를 싫

18) 가장 안정한 아스타틴의 동위 원소는 반감기가 8.3 시간에 불과하기 때문에 이 할로젠의 화학은 광범위하게 연구되지 못하였다. 이어지는 설명에서 할로젠에 대한 일반성은 아스타틴을 포함할 수도 있고 포함하지 않을 수도 있다. 현재까지는 AtBr과 AtCl이 제조되었다. 아스타틴 화학에 대한 설명은 이 장의 후반을 참조하라.

19) 안정도는 중심 원자의 크기와 주위 원자의 크기에도 의존하기 때문에, 입체적 요인도 중요하다.

어하기 때문에 나타난다). 플루오린화 브로민도 불균등화한다. 그러나 $BrF_3$와 $Br_5$는 안정하다. 염소는 모노플루오린화물, 트라이플루오린화물, 펜타플루오린화물을 형성한다.

높은 산화 상태나 낮은 산화 상태를 안정화시키려고 하는 경쟁적 힘은 쉽게 설명될 수 있다. 간략화된 주장은, "화합물 $XY_n$에서 높은 산화 상태를 안정시키는 경향은 Y (대개 플루오린)의 전기음성도는 높고, X (무거운 할로젠)의 전기음성도가 낮을 경우에 선호된다"는 것인데, 이 주장이 **완전히** 틀린 것은 아니다. 그러나 이 주장이 IF (가장 강한 할로젠간 결합을 가진다. 위 참조)가 상대적으로 불안정한 것을 설명할 수 있는가?[20] 모노할로젠화 할로젠을 트라이할로젠화물로 산화시키는 다음 반응을 살펴보자.

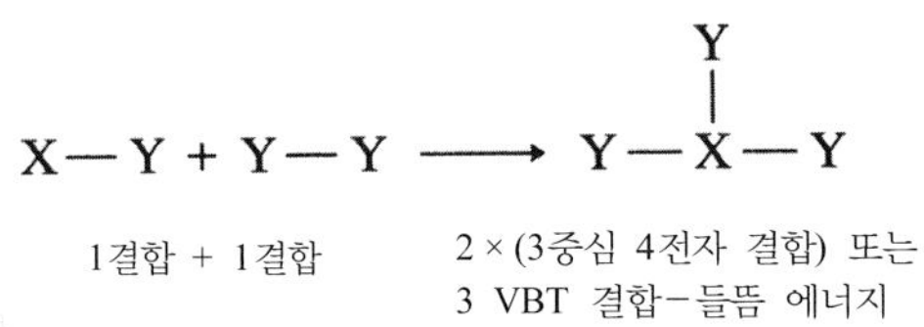

**(14.40)**

이 과정에서 결합 차수에는 큰 변화가 일어나지 않는 것은 분명하다. 그래서 모든 엔탈피 추진력은 결합의 **질 (quality)** 때문에 생겨야 한다. 이온 공명 에너지 ($E_{IRE}$)를 부분 전하를 사용하여 간단하게 분석하면, 모노할로젠화물과 트라이할로젠화물의 안정성을 설명할 수 있다. 결합의 질을 증가시키는 이온 공명 에너지는 간단한 Madelung 에너지나 쿨롱 에너지와 같다고 가정한다.

$$E_{IRE,XY} = \delta_X\delta_Y \qquad E_{IRE,YY} = 0 \qquad E_{IRE,XY_3} = 3\delta_X\delta_Y \tag{14.41}$$

**사례 I.** $\delta_Y$는 대략 XY와 $XY_3$에서 같고, $\delta_X = 3\delta_Y$이다. 이것은 Y = F인 경우에 대해 좋은 근사법인데, F는 *a*와 *b*가 모두 큰 값을 갖는 원소, 즉 높은 고유 전기음성도와 낮은 전하 용량을 갖는 원소이기 때문에 음전하로 쉽게 포화된다. 이것은 크고 무른 아이오딘, X = I인 경우에도 좋은 근사인데, 아이오딘은 세 개의 플루오린 원자를 수용할 수 있도록 양전하를 증가시킬 수 있다. 이 경우에는 $3\delta_X\delta_Y >> \delta_X\delta_Y$이고, 트라이할로젠화물이 유리하다.

**사례 Ⅱ.** $\delta_X = 3\delta_{Y_{trihalide}}$, $\delta_{Y_{monohalide}} \approx 3\delta_{Y_{trihalide}}$이기 때문에 $\delta_X$는 XY와 $XY_3$에서 유사하다. *a*와 *b*가 모두 낮은 값을 갖게 되면서 Y가 커지고, 크고 무른 중심 원자는 작아지고 단단해짐에 따라 이것은 더 좋은 가정이 된다. 이 경우에는 모노할로젠화물이 유리하다.

중심 할로젠의 초기 전기음성도는 높은 산화 상태에서 더 크고, $\Delta\chi$와 이온 공명 에너지가 더 낮다면 정확하게 같은 결과를 얻게 된다. 똑같은 주장이 모든 산화 상태에 동일하게 잘 적용된다.

$$\text{X—X} + 7Y_2 \rightleftharpoons 2\text{X—Y} + 6Y_2 \rightleftharpoons 2XY_3 + 4Y_2 \rightleftharpoons 2XY_5 + 2Y_2 \rightleftharpoons 2XY_7 \tag{14.42}$$

결합이 더 이온성일수록 3중심 4전자 결합과 원자가결합 이론 간의 외관상의 구별에 대한 중요성은 감소하는데, 그 이유는 "순수한 이온 결합"의 한계에 가까워지면 두

---

[20] 3장에서 CaX의 불안전성에 대한 설명을 참조하라.

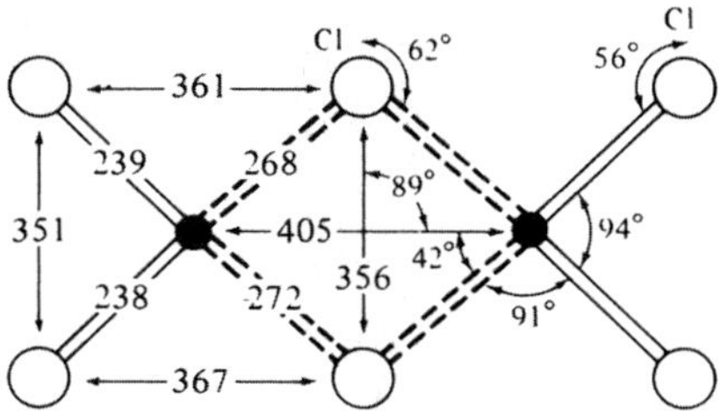


그림 14.5 $I_2Cl_6$의 분자 구조. 거리는 pm 단위이다. [Boswijk, K. H.; Wiebenga, E. H. *Acta Crystallgr.* **1954**, *7*, 417.]

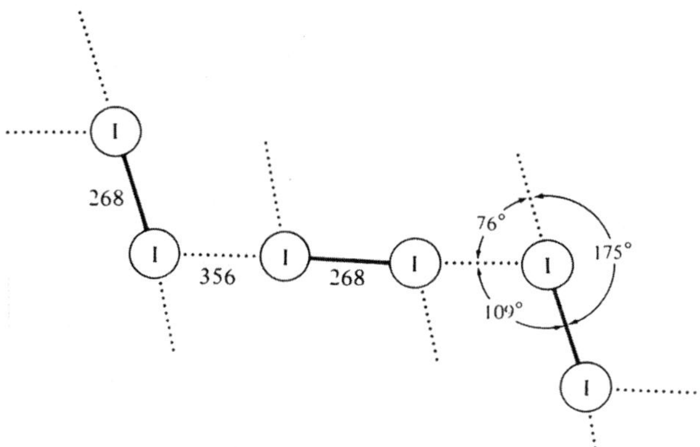


그림 14.6 아이오딘의 결정 구조. 분자들은 평행한 층에 놓여 있으며, 여기서는 그 층 중의 하나만 나타내었다. 거리는 pm 단위이다.

가지 결합 모형 모두가 방법이 갖는 약점이 감소되기 때문이다.

할로젠간 화합물은 VSEPR 이론을 근거로 한 예상에 따르며, 전형적인 구조는 5장에서 설명하였다. 5장에서 다루지 않았던 화합물 중에 이합체인 삼염화 아이오딘이 있는데, 이 화합물은 단위체 화학종의 아이오딘 원자가 Lewis 산으로 작용하며, 염소 원자로부터 전자쌍을 추가로 받아들인다(그림 14.5)

$Br_2$, $I_2$, ICl 분자들은 고체에서 흥미로운 효과를 보여 준다. 개별적인 이원자 분자는 여전히 구별할 수 있지만, 분자간 결합도 다소 생성된다. 예를 들면, 분자는 층상으로 배열하는데, 층내에서의 분자간 거리는 층간 거리보다 20~80 pm 더 작다. 층 내에서 "분자"는 van der waals 반지름의 합보다 훨씬 더 가깝게 접근하지만, 정상적인 공유 반지름보다는 더 가깝게 접근하지 않는다(그림 14.6). 이것은 이원자 분자를 형성하는 두 원자간 거리가 약간 더 길어짐을 의미한다. 고체에는 전자의 비편재화가 다소 일어날 수 있기 때문에 단순하게 단일 결합 분자 구조를 적용하는 것은 더 이상 적합하지 않게 된다.

## 폴리할로젠화 이온

아이오딘은 물에서의 용해도는 작지만(20 °C에서 0.3 g kg$^{-1}$), 아이오딘화 포타슘의 수용액에서는 쉽게 녹는다는 사실은 잘 알려져 있다. 아이오딘 분자는 아이오딘화 이온에 대하여 Lewis산으로 작용한다(다른 Lewis 염기에 대해서도 마찬가지이다. 8장 참조).

$$I_2 + I^- \longrightarrow I_3^- \qquad \textbf{(14.43)}$$

**표 14.3**
결정성염에 존재하는 폴리할로젠 음이온.

| $X_3^-$ | $X_4^{2-}$ | $X_5^-$ | $X_7^-$ | $X_8^{2-}$ | $X_9^-$ | $X_{16}^{4-}$ |
|---|---|---|---|---|---|---|
| $I_3^-$ | $I_4^{2-}$ | $I_5^-$ | $I_7^-$ | $I_8^{2-}$ | $I_9^-$ | $I_{16}^{4-}$ |
| $I_2Br^-$ | $Br_4^{2-}$ | $I_4Cl^-$ | $I_6Br^-$ | | $IF_8^-$ | |
| $I_2Cl^-$ | | $I_4Br^-$ | $IF_6^-$ | | | |
| $IBr_2^-$ | | $I_2Br_3^-$ | $Br_6Cl^-$ | | | |
| $ICl_2^-$ | | $I_2Br_2Cl^-$ | $BrF_6^-$ | | | |
| $IF_2^-$ | | $I_2BrCl_2^-$ | $ClF_6^-$ | | | |
| $IBrCl^-$ | | $I_2Cl_3^-$ | | | | |
| $IBrF^-$ | | $IBrCl_3^-$ | | | | |
| $Br_3^-$ | | $ICl_4^-$ | | | | |
| $Br_2Cl^-$ | | $ICl_3F^-$ | | | | |
| $BrCl_2^-$ | | $IF_4^-$ | | | | |
| $BrF_2^-$ | | $BrF_4^-$ | | | | |
| $Cl_3^-$ | | $ClF_4^-$ | | | | |
| $ClF_2^-$ | | | | | | |

유사한 반응은 다른 할로젠과도 일어나며, 브로민, 염소 및 아이오딘에 대해 가능한 모든 결합이 적당한 조건하에서 수용액 중에 존재한다.

$$Br_2 + I^- \longrightarrow IBr_2^- \tag{14.44}$$

플루오린은 이러한 반응에 잘 참여하지 않지만, 트라이할로젠화 이온을 포함하는 몇 가지 플루오린 화합물은 결정성 고체로 분리되었다(표 14.3). 트라이아이오딘화 이온은 다이플루오린화 제논의 경우처럼 고전적 결합 이론에 대해 정확하게 같은 문제를 제기한다. 트라이아이오딘화 이온은 아이오딘이 발견되고 난 지 8년 후에 발견되었지만, 화학자들은 일세기 반 동안이나 이 화학종을 확실히 파악하지 못하고 지나쳤다. 가장 잘 제안되었던 설명은 정전기적 상호작용, 즉 이온-유발 쌍극자 상호작용이었다. 대칭 트라이아이오딘화 이온뿐만 아니라 비대칭 트라이아이오딘화 이온도 존재하므로 이러한 해석에 대한 의심을 품게 만든다. 그리고 $BrF_4^-$와 $IF_6^-$ 같은 이온도 존재하기 때문에 이 해석을 지지할 수 없게 한다.

두 가지 관점을 등전자인 불활성 기체의 플루오린화물에 적용할 수 있는 것처럼, 두 가지 관점을 이들 폴리할로젠화 이온에도 적용할 수 있다. (1) 전자가 $d$ 오비탈로 들뜬다고 간주하는 원자가결합 방법과, (2) 3중심 4전자 결합으로 보는 방법이다. 이것에 대한 찬성과 반대의 논의가 있는 것은 앞에서 설명한 것과 같으므로, 여기서는 반복하지 않겠다. VB 이론이나 MO 이론에 의한 설명 방법과는 관계없이, 폴리할로젠화 이온이나 폴리할로젠을 안정시키는 데 Madelung 에너지("이온성")가 매우 중요하다는 것에는 모두 동의한다.[21)]

폴리할로젠화 이온은 편리하게 두 그룹으로 분류할 수 있다($X_3^-$형 이온은 양쪽 그룹에 모두 속한다). (I) 불활성 기체 화합물과 등전자이고 일반식 $\bar{X}Y_n$($n$ = 짝수)으로 나타낼 수 있는 것, (II) 폴리할로젠화 이온, 대부분 폴리아이오딘화 이온, $^-I_x$는 다양한 값을 가질 수 있는데 대개 홀수이다.

그룹 I의 폴리할로젠화 이온은 일반적으로 중심 원자 주위를 두 개, 네 개, 여섯 개,

21) 계산에 대해서는 다음 문헌을 참조하라. Wiebenga, E. H.; Kracht, D. *Inorganic Chem.* **1969**, *8*, 738.

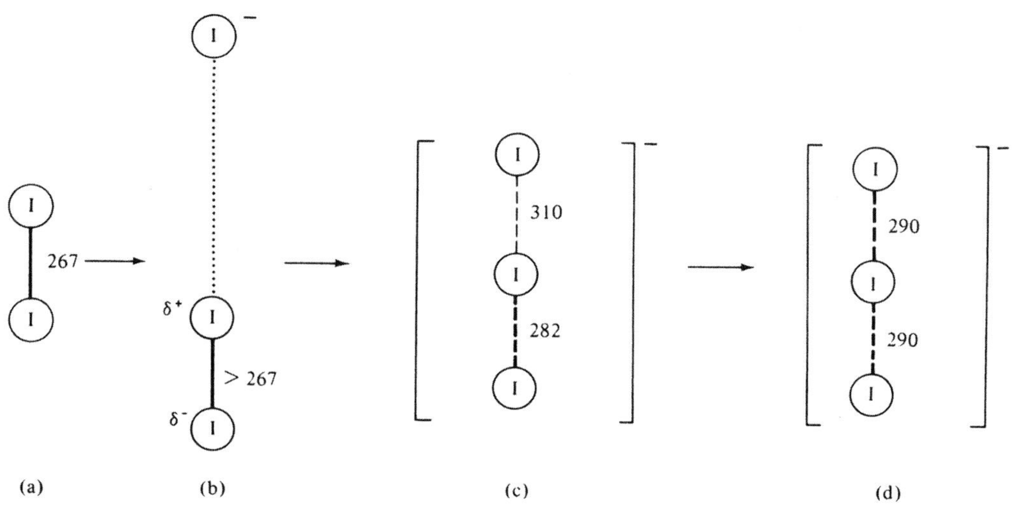


**그림 14.7** 아이오딘 분자의 구조적 변화. (a) $I_2$, (b) 아이오딘화 이온이 접근할 때, (c) 비대칭형과 대칭형으로의 변화, (d) 트라이아이오딘화 이온. 거리는 pm 단위이다.

여덟 개의 전기음성이 큰 원자가 둘러싸고 있으며, 이들의 구조는 각각 직선형, 사각평면, 일그러진 팔면체의 사각 반프리즘 구조이다. 이들 구조는 VSEPR 규칙에 따르고 있으며, 폴리할로젠 구조와 밀접한 관련이 있지만, 결합쌍의 위치에 고립쌍이 존재한다는 점이 다르다. 이들 폴리할로젠화 이온은 앞에서 설명한 폴리할로젠과 불활성 기체 화합물에 대한 규칙에 따른다. 그룹 II의 폴리할로젠화 이온은 약간 특이한 결합 상태를 나타낸다. 그러므로 $I_2$로 시작하여 $I_3$ 이온의 두 가지 극한적인 구조를 다루는 것이 가장 간단한 방법이다. 아이오딘 분자에서 결합 길이 267 pm이다. 이온이 접근해 오면 분자의 전하 구름이 일그러져 유발 쌍극자를 생성하게 될 것이다. 아이오딘의 전하 구름이 더 일그러질수록 원래의 I—I 결합 길이는 더 약해지기 때문에,[22] 결합 길이는 다소 늘어날 것으로 예상할 수 있다. 트라리아이오딘화 암모늄에서 이러한 상황이 일어난다. 즉, I—I 결합 길이는 282 pm과 그리고 310 pm이다. "분자내" 결합(원래의 다이아이오딘 결합)은 15 pm만큼 길어졌고, 긴 "분자간" 결합은 "정상적인" 공유 결합보다 40 pm 더 길고, 간단한 van der waals 접촉보다 약 80~100 pm 더 짧다. 아이오딘화 이온이 더 접근하면 마침내 대칭 트라이아이오딘화물이 된다. 이러한 상태는 트라이아이오딘화 테트라페닐아르소늄, $Ph_4As^+I_3^-$에서 나타난다. 이 경우 두 결합 길이는 같고 290 pm이다(그림 14.7).[23] 대칭 트라이아이오딘화 이온과 비대칭 트라이아이오딘화 이온이 결정 구조에서 모두 발견되는 이유는 아직까지 완전하게 규명되지 않고 있다. 여러 가지 면에서 이 문제는 대칭, 비대칭 수소 결합계, $[F—H—F]^-$와 $[F\cdots H—F]^-$의 경우와 유사하다(7장). 대칭적인 배열은 최적인 상태이므로 매우 강한 결합과 같다고 생각해도 좋다. 실제로 수소결합체에서는 가장 강한 결합계인 F—H—F와 O—H—O(전부는 아니다)만이 대칭 구조를 나타낸다. 비대칭 구조는 양이온의 편극효과에 기여할 수 있는데, 트라이아이오딘화계에서 양이온의 편극화는 불균형을 만들

---

22) 섭동되지 않은 I—I 분자는 에너지 곡선에서 최소값을 나타내기 때문에, 분자에서 I—I 결합 길이에 대한 변화는 모두 원래의 I—I 결합 에너지를 **감소**시킨다. 달리 말하면, I—I 결합 길이의 변화가 결합을 더 강하게 **만들 수** 있다면, **이러한 변화는** 아이오딘화 이온의 영향이 없이도 **이미 일어났어야 한다**.

23) PoPov, A. I. *Halogen Chem.* **1967**, *1*, 225; Wiebenga, E. H.; Havinga, E. E.; Boswijk, K. H. *Adv. Inorg. Chem. Radiochem.* **1961**, *3*, 133~169.

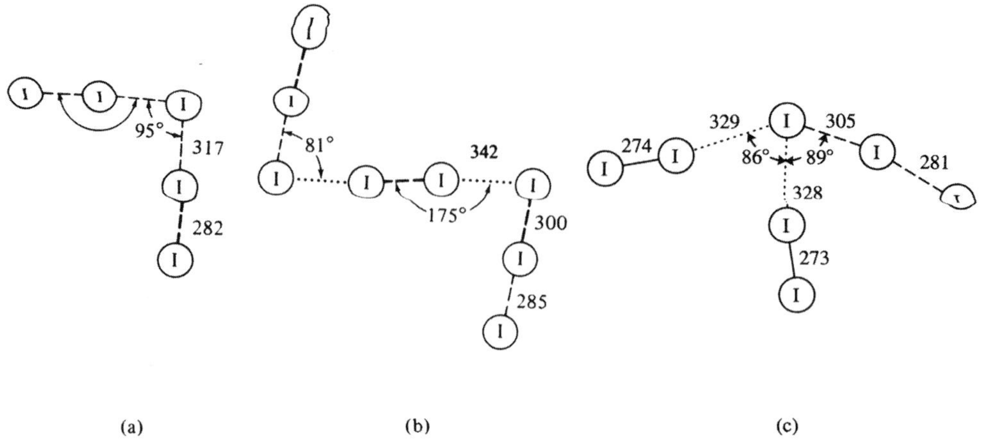


**그림 14.8** 폴리아이오딘화 이온의 구조. (a) 펜타아이오딘화 이온, $I_5^-$ ; (b) 옥타아이오딘화 이온, $I_8^{2-}$ ; (c) $Ph_4I_7$에 존재하는 헵타아이오딘화 이온. 실선은 본래의 결합을 나타내고, 파선은 약해졌거나 부분적인 결합을 나타내며, 점선은 매우 길고 약한 상호작용을 나타낸다. 거리는 pm 단위이다.

기 때문에 비대칭 형태가 더 안정하게 된다.

고차의 폴리아이오딘화 이온은 트라이아이오딘화 이온보다 훨씬 더 복잡한 양상을 나타낸다. 펜타아이오딘화 이온, $I_5^-$는 L자 형태의 분자이며, 두 개의 아이오딘 분자가 한 개의 아이오딘화 이온에 배위하고 있는 것으로 간주된다. 또 다른 방법에서, 이 이온은 아이오딘화 이온 하나를 공유하고 있는 두 개의 비대칭 트라이아이오딘화 이온으로 간주된다. 두 개의 결합 길이, 1,2와 4,5(282 pm) 및 2,3과 3,4(317 pm) 가 있는데, 이 결합 길이는 비대칭 트라이아이오딘화 이온의 결합 길이와 거의 비슷하다(그림 14.8a).

$CsI_4$에 존재하는 "테트라아이오딘화 이온"은 이합체, $I_8^{2-}$로 알려져 있다. 이것은 $I_5$ 이온에 한 개의 다리가 첨가되어 Z 배열을 이루고 있다. 이 이온은 중심의 $I_2$ 분자 양쪽 끝에 비대칭 트라이아이오딘화 이온이 배위한 것으로 간주할 수 있다. 이 트라이아이오딘화 부분의 "짧은" 결합(결합 1,2와 7,8) 은 285 pm이고 "긴" 결합(2,3와 6,7) 은 300 pm으로, 앞의 값과 잘 일치한다. 트라이아이오딘화 부분과 중심의 다이아이오딘 "분자"를 연결하는 결합(3,4와 5,6) 은 지금까지 설명한 결합 중에서 가장 길다: 342 pm (그림 14.8b).

헵타아이오딘화 이온은 $(Et_4N)I_7$에서 나타난다. $I_7^-$ 이온은 독립된 단위로서는 존재하지 않는다. 이 이온의 구조는 무한 삼차원 골격 구조인데, "분자" (274 pm) 와 대칭 "트라이아이오딘화 이온" (290 pm) 이 "매우 긴" 결합(344 pm) 을 통해 배위되어 있다. 독립된 $I_7^-$ 이온도 한 개의 $I_3^-$와 두 개의 $I_2$ 단위로 구성되어 있는데, 최근에 $(Ph_4P)I_7$에서 확인되었다(그림 14.8c).[24]

마지막으로 엔네아아이오딘화 이온, $I_9^-$은 약간 더 복잡한 구조인데, $I_7^- + I_2$, 또는 $I_5^- + 2I_2$라고 생각되었지만, 앞에서 언급한 헵타아이오딘화 이온과 유사한 삼차원 구조로 간주하는 것이 가장 바람직하다. 그러나 좀 더 비정상적인 구조이고, 결합 길이는 267, 290, 318, 324, 343, 349 pm 등을 가진다. 마지막에 표시한 결합 길이가 실제 결합으로서는 너무 길다는 점을 제외하고는, 이 계는 무한 중합체로 생각하지 않을 수 없다.

---

[24] Poli, R.; Gordon, J. C.; Khanna, R. K.; Fanwick, P. E. *Inorg. Chem.* **1992**, *31*, 3165~3167.

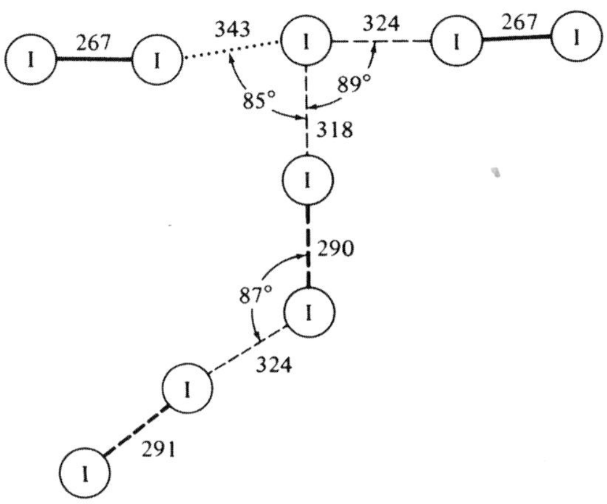


**그림 14.9** $Me_4NI_9$에 존재하는 "엔네아아이오딘화" 이온의 구조. 가장 짧은 거리는 349 pm에 불과하다.

이 구조의 일부를 그림 14.9에 나타낸다.

## 플루오린-산소 화학

플루오린이 양성의 산화 상태로 존재한다는 증거는 아직까지 없다. 플루오린보다 더 전기음성이고 플루오린으로부터 전자 밀도를 끌어낼 수 있는 원소가 없다[25]는 사실에 비추어 보면 이것은 이치에 맞다. 플루오린의 산소 화합물은 플루오린이 양의 전하를 띠게 만드는 데 가장 접근한 화합물임은 분명하다. 그래서 이 화합물의 화학은 어떤 면에서는 다른 옥시할로젠 화합물의 화학과 비교될 수 있기 때문에, 편의상 이 화합물들을 여기에 포함하기로 한다.

몇 가지 플루오린화 산소가 알려져 있다. 이들 중에서 가장 안정한 것은 다이플루오린화 산소이다. 이 화합물은 대개 플루오린을 수용성 알칼리에 통과시켜 제조한다.

$$2F_2 + 2OH^- \xrightarrow{0.5\text{–}1.0\ M\ OH^-} OF_2 + H_2O + 2F^- \tag{14.45}$$

열역학적으로 $OF_2$는 산소와 플루오린의 혼합물보다 약간 더 강한 산화제이다. 그래서, 이 화학종은 표준 전극 전위표(부록 F)의 극단을 차지하고 있지만, 대체 환원 경로를 취할 수도 있기 때문에 이 전위가 항상 얻어지는 것은 아니다. 이 화합물은 전기 방전이나 유사한 높은 에너지 원에 의해 활성화되지 않는 한, 거의 반응하지 않는다. 플루오린을 포함하는 대부분의 분자와는 달리, 이 화합물의 쌍극자 모멘트는 매우 작고, 따라서 이 화합물은 무기화합물 중에서 끓는점(49 K)이 가장 낮은 것 중의 하나이다.[26] 확인된 다른 화합물인 $O_2F_2$는 낮은 온도에서 조차 서서히 분해하는 오렌지색의 고체이고 강력한 산화제이다. $O_4F_2$는 77 K에서 적갈색의 고체를 생성하고, 가온하면 분해한

---

25) 전기음성도는 **원자가상태**("혼성화"와 "전하")의 함수이기 때문에, 플루오린이 특정한 산화 상태에 있는 어떤 원소와의 화합물에서 자신보다 더 전기음성으로 되는 것도 가능하다. 그리고 전자를 잃는 것과 얻는 것 사이의 구별은 항상 확실하지가 않기 때문에(전기음성이 큰 불활성 기체에서는 **상이한** 두 원자가 상태일 수도 있다), 이것에 관해서는 끊임없이 논쟁이 일어나고 있다.

26) $OF_2$의 쌍극자 모멘트는 $0.991 \times 10^{-30}$ C m (0.297 D)이다. 이 값은 혼성화 산소와 혼성되지 않는 플루오린, 그리고 고립쌍 모멘트의 효과가 합쳐졌기 때문에 가능한 것이다. 유사한 분자들의 예는 다음과 같다. $NF_3$, $\mu = 0.783 \times 10^{-30}$ C m (0.235 D), bp = 153 K; *cis*-FN=NF, $\mu = 0.53 \times 10^{-30}$ C m (0.16 D), bp = 167.5 K. 쌍극자 모멘트 값은 다음을 참조하라. Nelson, R. D., Jr.; Lide, D. R., Jr.; Maryott, A. A. *Selected Values of Electric Dipole Moments for Molecules in the Gas Phase*; NSRDS-NBS 10, Washington, DC, 1967.

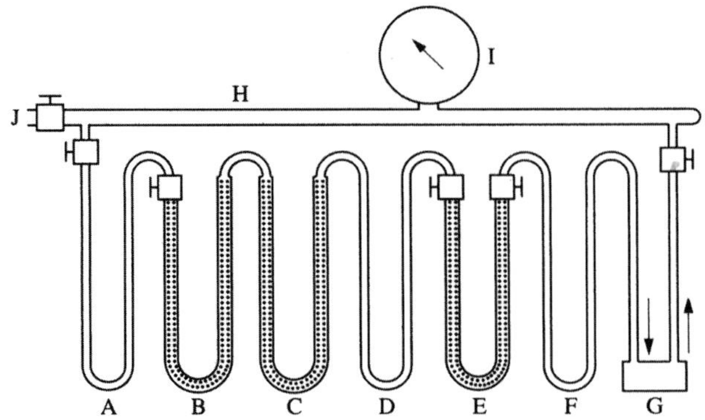


**그림 14.10** 플루오린과 차가운 얼음의 반응을 실행하는 장치. 모든 부품은 Kel-F, 테플론, Viton 플라스틱, 또는 Monel 금속을 사용하여 만들었다. 반응 튜브 B는 테플론 스파게티 튜브를 잘라 만든 Raschig 고리로 채우고, 드라이 아이스로 얼린 1~2 mL의 물을 넣는다. 튜브 A는 액체 질소로 −196 °C를, 트랩 B 및 C는 냉각시킨 에탄올로 각각 −40 °C와 −50 °C를 유지한다. 그리고 트랩 D는 드라이 아이스로 −78 °C, 트랩 E 및 F는 액체 산소로 −183 °C를 유지한다. 기체는 펌프 G로 재순환시킨다. 압력은 게이지 I로 측정하고, 진공 펌프와 플루오린 실린더는 밸브 J로 연결한다. HOF 화합물은 튜브 E에서, $OF_2$는 튜브 A에서 수집한다. [Appelman, E. H.; Jache, A. W. *J. Am. Chem. Soc.* **1987**, *109*, 1754~1757.]

다. 그러나 성질은 잘 조사되어 있지 않다.

많은 연구자들은 HOF, HOFO, $HOFO_2$, $HOFO_3$와 같은 플루오린 산소산을 합성할 수 있을지를 연구하였다. 이들과 같은 산이 생성되었다는 보고는 여러 차례 있었지만, 현재로서는 HOF만 합성되었다는 것이 정설이고, 이 화합물은 순수하게 제조된 유일한 하이포아할로젠산(hypohalous acid)이다.[27] 이 산은 다이플루오린을 얼음 위로 통과시켜 제조할 수 있다(그림 14.10).

$$F_2 + H_2O \xrightarrow{-50\,°C} HOF + HF \tag{14.46}$$

HOF은 물과 다이플루오린에 대하여 반응성이 크기 때문에, 제조하고 분리하는 것은 어렵다(그림 6.9).

$$HOF + H_2O \longrightarrow HF + H_2O_2 \tag{14.47}$$

$$HOF + F_2 \longrightarrow HF + OF_2 \tag{14.48}$$

—OF 원자단을 포함하는 다른 화합물로는 $CF_3OF$, $O_2NOF$, $F_5SOF$, $O_3ClOF$, $CH_3C(O)OF$, $CH_3OF$가 알려져 있다. 이들 화합물은 모두 강한 산화성을 갖는 열역학적으로 불안정한 화합물이다. 그러나 $CF_3OF$와 $F_5SOF$ 같은 화합물은 속도론적으로 충분히 비활성이기 때문에, 실린더에 저장할 수 있다.

## 무거운 할로젠의 산소산

HOCl, HOClO, $HOClO_2$, $HOClO_3$ (또는 HClO, $HClO_2$, $HClO_3$, $HClO_4$)와 같은 일련의 산은 잘 알려져 있다. 이들은 염소의 불균등화 반응과 여기와 관련된 반응으로부터

27) Appelman, E. H.; Jache, A. W. *J. Am. Chem. Soc.* **1987**, *109*, 1754~1757. Poll, W.; Pawelke, G.; Mootz, D.; Appelman, E. H. *Angew. Chem. Int. Ed. Engl.* **1988**, *27*, 392~393.

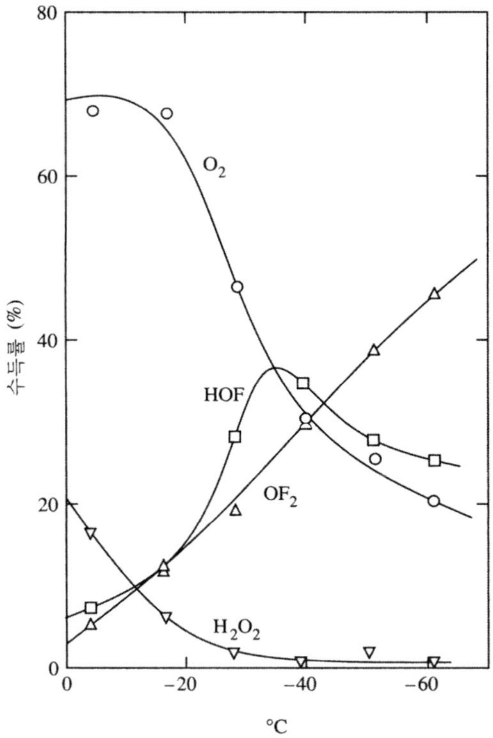


**그림 14.11** $F_2$와 얼음의 반응에서 생성되는 여러 가지 생성물의 수득률에 대한 반응 온도 효과. [Appelman, E. H.; Jache, A. W. *J. Am. Chem. Soc.* **1987,** *109*, 1754~1757.]

생성된다.

$$Cl_2 + 2H_2O \xrightarrow[\text{냉각}]{} HOCl + H_3O^+ + Cl^- \quad (14.49)$$

$$Cl_2 + HCO_3^- \xrightarrow[\text{냉각}]{} HOCl + CO_2 + Cl^- \quad (14.50)$$

$$3Cl_2 + 6OH^- \xrightarrow[\text{가열}]{} ClO_3^- + 5Cl^- + 3H_2O \quad (14.51)$$

$$4KClO_3 \xrightarrow[\text{조심스럽게 가열, 400~500 °C}]{} 3KClO_4 + KCl \quad (14.52)$$

아염소산과 아염소산염은 위에 나타낸 방법으로는 만들 수 없다. 이들은 염소산염으로부터 차례로 생성되는 이산화 염소를 사용하여 간접적으로 만들어야 한다.

$$KClO_3 \xrightarrow[\text{옥살산}]{\text{습한}} K_2C_2O_4 + CO_2 + ClO_2 \quad (14.53)$$

염기성 용액에서 이산화 염소는 불균등화 반응에 의하여 염소산 이온 및 아염소산 이온을 생성하고, 아염소산으로부터 자유 산이 얻어진다.

$$2ClO_2 + 2OH^- \longrightarrow ClO_2^- + ClO_3^- + H_2O \quad (14.54)$$

$$Ba(ClO_2)_2 + H_2SO_4 \longrightarrow 2HOClO + BaSO_4 \quad (14.55)$$

보다 무거운 할로젠들도 비록 불완전하지만, 유사한 계열의 화합물을 생성한다. HOBrO와 HOIO은 모두 존재하지 않는다. 과아이오딘산 이온에는 배위수가 4인 $IO_4^-$뿐만 아니라 더 높은 배위수[28]인 6을 나타내는 $IO_6^{5-}$도 존재한다(아이오딘의 반지름이

28) 오쏘과아이오딘산의 화학은 화학식 $IO_6^{5-}$가 의미하는 것보다 더 복잡하다. 과아이오딘산은 이염기산으로

염소의 반지름 보다 크기 때문이다). 오랫동안 과브로민산염이나 과브로민산을 합성하는 것은 불가능한 것으로 여겨졌다. 과브로민산염이 합성되지 않았던 것은 첫째 장주기에 있는 원소의 최고 산화 상태가 불안정한 것과 관련있다. 이러한 최고 원자가를 나타내기 싫어하는 경향은 들뜸 에너지와 $\pi$ 결합을 통한 안정화와 관계가 있다(15장 참조). 과브로민산염을 최초로 합성한 것은 브로민을 $\beta^-$ 붕괴시켰을 때 여러 생성물과 함께 얻어졌다($XeCl_4$의 합성과 비교해 보라). 이어서 곧바로 화학적 방법에 의해서도 쉽게 생성될 수 있다는 사실을 알게 되었다.

$$NaBrO_3 + XeF_2 + H_2O \longrightarrow NaBrO_4 + 2HF + Xe\uparrow \tag{14.56}$$

이 반응은 불활성 기체 화합물을 산화제로 사용하는 좋은 예이다. 불활성 기체의 플루오린화물 반응은 예상외로 "깨끗"하며, 플루오린의 편리한 공급원이고, 반응 후에 방출되는 것은 "비활성" 제논뿐이다.

과브로민산염의 보다 실제적인 합성은 산화제로 플루오린을 직접 사용한다.

$$NaBrO_3 + F_2 + 2NaOH \longrightarrow NaBrO_4 + 2NaF + H_2O \tag{14.57}$$

일단 생성되기만 하면, 과브로민산염은 상당히 안정하다. 과브로민산염은 과염소산염이나 과아이오딘산염보다 강한 산화제이지만, 그 차이는 크지 않다.

$$ClO_4^- \xrightarrow{1.226} ClO_3^- \tag{14.58}$$

$$BrO_4^- \xrightarrow{1.745} BrO_3^- \tag{14.59}$$

$$IO_4^- \xrightarrow{1.5890} IO_3^- \tag{14.60}$$

과브로민산 포타슘은 결정 구조가 확인되었다. 과브로민산 이온의 구조는 등전자인 $ClO_4^-$, $IO_4^-$, $XeO_4$로부터 예상되는 것처럼 사면체이다.

## 할로젠의 산화물 및 옥시플루오린화물

무거운 할로젠들은 많은 산화물과 옥시플루오린화물을 이룬다(표 14.4). 대부분은 강한 산화제이고, 몇 가지는 매우 불안정하다. 이들 화합물에 대해 여기서는 설명하지 않고, 다만 앞에서 언급한 이산화 염소의 용도(식 14.54와 14.55)와 표백제로서 상품화된 것만 알아보도록 하겠다. 이런 화합물은 일반적으로 반응성이 크지만, perchloryl fluoride, $ClO_3F$는 예외중의 하나이다. 이 화합물은 본질적으로 강한 산화제이지만, 높은 온도에서만 산화제로서 작용한다. 이 화합물의 쌍극자 모멘트는 $0.077 \times 10^{-30}$ C m (0.023 D)이고, 극성 물질 중에서 가장 낮은 값이다. Perbromyl과 periodyl fluoride도 알려져 있으며, 낮은 반응성과 낮은 쌍극자 모멘트를 가지며, 약간 더 불안정하다.

## 할로젠 양이온

앞에서 설명한 폴리할로젠화 이온은 모두 음이온성이었지만, 이것에 대응하는 양이온

---

작용하는 경우가 많고, $H_3IO_6^{2-}$의 염을 형성한다. 또한 파이로(pyro) 형태의 염이 알려져 있고, 이 염은 $IO_6$의 팔면체가 모서리와 면을 공유하고 있다. Wells, A. F. *Structural Inorganic Chemistry*, 5th ed.; Oxford University: London, 1984; pp 405~406.

**표 14.4**
할로젠 산화물과 옥시플루오린화물.

| | | |
|---|---|---|
| $Cl_2O$ | $Br_2O$ | |
| $ClO_2$ | $BrO_2$ | |
| $Cl_2O_3$ | $Br_2O_4$ | $I_2O_4$ |
| $Cl_2O_4$ | $Br_3O_8$? | $I_4O_9$? |
| | | $I_2O_5$ |
| $ClO_2F$ | $BrO_2F$ | $IO_2F$ |
| $ClOF_3$ | | $IOF_3$ |
| $Cl_2O_6$ | | |
| $Cl_2O_7$ | | |
| $ClO_3F$ | $BrO_3F$ | $IO_3F$ |
| $ClO_2F_3$ | | $IO_2F_3$ |
| | | $IOF_5$ |

도 많이 알려져 있다.[29] 그러나 음이온만큼 잘 연구되어 있지는 않다. 많은 순수한 할로젠간 화합물은 자동이온화를 한다고 생각되며(9장 참조), 이때 적당한 양이온을 생성한다.

$$2ICl_3 \rightleftharpoons ICl_2^+ + ICl_4^- \quad (14.61)$$

$$2IF_5 \rightleftharpoons IF_4^+ + IF_6^- \quad (14.62)$$

많은 경우, 화학적 직관과 순수한 할로젠간 화합물들은 약간의 전도성을 띤다는 사실을 바탕으로 하여 이들 양이온이 가정되었다(문제 14.4 참조). 동종원자 할로젠 양이온은 강산 매질에서 제조될 수 있다. 예를 들면, 아이오딘을 60%의 발연황산($SO_3/H_2SO_4$)에 녹이면, 아이오딘은 산화되어($SO_3$가 존재하기 때문에) 진한 푸른색의 화합물이 된다. 전도도법, 분광광도법, 어느점 내림 측정, 자기화율 측정 등은 모두 $I_2^+$가 존재함을 나타내고 있다. 과산화비스(플루오로설퍼릴)이나 펜타플루오린화 비소와 같은 산화제를 화학량론적 양으로 사용함으로써 다양한 폴리아이오딘 양이온을 얻을 수 있다.

$$2I_2 + FSO_2OOSO_2F \xrightarrow{HSO_3F} 2I_2^+ + 2FSO_3^- \quad (14.63)$$

$$3I_2 + FSO_2OOSO_2F \xrightarrow{HSO_3F} 2I_3^+ + 2FSO_3^- \quad (14.64)$$

$$5I_2 + FSO_2OOSO_2F \xrightarrow{HSO_3F} 2I_5^+ + 2FSO_3^- \quad (14.65)$$

$$2I_2 + 3AsF_5 \xrightarrow[SO_2]{\text{액체}} I_4^{2+} + 2AsF_6^- + AsF_3 \quad (14.66)$$

$$3I_2 + 3AsF_5 \xrightarrow[SO_2]{\text{액체}} 2I_3^+ + 2AsF_6^- + AsF_3 \quad (14.67)$$

$$5I_2 + 3AsF_5 \xrightarrow[SO_2]{\text{액체}} 2I_5^+ + 2AsF_6^- + AsF_3 \quad (14.68)$$

액체 이산화 황을 용매로 사용하면 매우 흥미있는 테트라아이오딘의 2가 양이온, $I_4^{2+}$를 포함하는 이들 양이온의 헥사플루오로비산 염의 결정을 얻게 된다. $I_2^+$의 연한 푸른 용액을 냉각시키면, $I_2^+$의 이합체화가 일어나서 $I_4^{2+}$가 생성된다. 이합체화가 일어나면 색

29) Gillespie, R. J.; Passmore, J. *Adv. Inorg. Chem. Radiochem.* **1975**, *17*, 49~87; Shamir, J. *Struct. Bonding* (*Berlin*) **1979**, *37*, 141~210.

**표 14.5**
폴리할로젠 양이온.

| $X_2^+$ | $X_3^+$ | $X_4^+$ | $X_4^{2+}$ | $X_5^+$ | $X_7^+$ | $XY_2^+$ | $X_2Y^+$ | $XYZ^+$ | $XY_4^+$ | $XY_6^+$ |
|---|---|---|---|---|---|---|---|---|---|---|
| | $Cl_3^+$ | $Cl_4^+$ | | | | $ClF_2^+$ | $Cl_2F^+$ | | $ClF_4^+$ | $ClF_6^+$ |
| $Br_2^+$ | $Br_3^+$ | | | $Br_5^+$ | | $BrF_2^+$ | | | $BrF_4^+$ | $BrF_6^+$ |
| $I_2^+$ | $I_3^+$ | | $I_4^{2+}$ | $I_5^+$ | $I_7^+$? | $IF_2^+$ | | | $IF_4^+$ | $IF_6^+$ |
| | | | | | | $ICl_2^+$ | $I_2Cl_3^+$ | | | |
| | | | | | | $IBr_2^+$ | $I_2Br^+$ | $BrCl^+$ | | |

깔의 변화도 함께 일어나 붉은색이 된다.

일원자 양이온, $I^+$의 존재는 앞에서 설명한 계에서는 나타내지 않았지만, 특정한 조건 하에서 이 이온은 배위를 통해 안정화 되고, 잘 규명되었다. 다이클로로아이오딘(I)산 음이온, $ICl_2^-$는 간단한 예이다. $I^+$의 다른 착물들은 피리딘의 존재 하에서 아이오딘의 불균등화 반응에 의하여 만들어진다.

$$I_2 + 2py + Ag^+ \longrightarrow I(py)_2^+ + AgI\downarrow \tag{14.69}$$

이 개요에는 알려진 폴리할로젠 양이온 모두를 포함하지 않고, 단지 몇 가지 전형적인 예를 설명하였다. 표 14.5에 수록한 것을 참조하라.

## 할로젠 화합물

지금까지 설명했던 할로젠 화합물은 양의 산화 상태를 나타내는 것이 많지만, 이 족 화학의 대부분은 할로젠화 이온이 관여하는 경우이든가, 할로젠 원자를 가장 전기음성인 원자로서 포함하는 공유 결합성 분자가 관여하는 경우이다.

### 할로젠의 물리무기화학

VIIA(17) 족 원소에서 나타나는 경향은 크기와 전자를 끌어당기는 경향(표 14.6) 이다. 이 두 가지 인자를 고려하면, 이들 원소의 화학을 합리적으로 설명할 수 있다. 이 족에서 가장 뚜렷한 경향은 전자에 대한 끌어당김이다. 예상한 것처럼 이온화 에너지는 플루오린에서 아이오딘으로 가면서 감소한다. 플루오린의 전자 친화도는 변칙성이 뚜렷하게 나타난다. 플루오린의 전자 친화도는 염소보다 낮다. 플루오린 원자는 크기가 작기 때문에 전자 밀도가 빠르게 포화된다. 그러므로 전하를 하나 가하면 다소 불안정하게 된다(1장 참조). 플루오린의 전기음성도와 플루오린 원자의 크기가 작은 것(이것은 $\delta^+ + \delta^- = r$ 효과에 의하여 Madelung 에너지를 증가시킨다) 이 합쳐지면, 플루오린

**표 14.6**
할로젠 원소의 반지름, 이온화 에너지, 전자친화도 및 전기음성도.

| 원소 | $r_{cov}$ | $r_{X^-}$ | $r_{VDW}$ | IE[a] | EA[a] | 전기음성도[b] |
|---|---|---|---|---|---|---|
| F | 71 | 136 | 150 | 17.4 | 3.4 | 3.90 |
| Cl | 99 | 181 | 190 | 13.0 | 3.6 | 2.95 |
| Br | 114 | 195 | 200 | 11.8 | 3.4 | 2.62 |
| I | 133 | 216 | 210 | 10.4 | 3.1 | 2.52 |

[a] 전자 볼트.
[b] Pauling의 단위로 환산한 Mulliken-Jaffé 값.

의 반응성을 다른 할로젠보다 훨씬 더 발열성(exothemicity)이 되게 만든다. 공유 결합성 분자의 경우, 플루오린 화합물은 발열성이지만 다른 할로젠 유사체는 발열성이 아니다. 예로는 $AsF_5$, $XeF_{4,6}$, 및 $IF_7$을 들 수 있다. 수용액 에서도 플루오린 전극의 emf값이 높게 나타남으로써 같은 현상이 일어나는데, 이는 작은 플루오린화 이온은 수화 에너지가 크기 때문에 나타나는 현상이다.[30] 이처럼 플루오린은 반응성이 높기 때문에, 이 원소는 "초할로젠" (superhalogen) 으로 특성화되게 만들었다.

## 플루오린의 변칙성

주기율표의 각 족에서 첫 번째 원소는 그 족의 나머지 원소와 다른 경우가 많다(15장 참조). 플루오린의 경우에 그 변칙성은 명백하다. Politzer[31]는 무거운 할로젠이 다른 원소와 결합할 때의 세기로부터 외삽한 값을 바탕으로 예측한 값과 비교하면, 플루오린과 다른 원소의 결합은 약하다는 것을 증명함으로써, 플루오린의 이런 변칙성을 설명하였다. 예를 들면, 플루오린의 전자친화도는 다른 할로젠의 경향에서 예측되는 값보다 작다. 이러한 경향을 플루오린에 외삽하면 440 kJ $mol^{-1}$의 값이 얻어지는데, 이 값은 실험값보다 110 kJ $mol^{-1}$ 더 크다. 전자 친화도가 작기 때문에, 플루오린의 이온 화합물의 결합 에너지는 다른 할로젠 화합물의 값으로부터 외삽하여 얻은 값보다 약 100 kJ $mol^{-1}$ 더 적다. LiF(104 kJ $mol^{-1}$ 더 적다), NaF(108 kJ $mol^{-1}$ 더 적다), KF(117 kJ $mol^{-1}$ 더 적다), RbF(104 kJ $mol^{-1}$ 더 적다), CsF(130 kJ $mol^{-1}$ 더 적다). 이러한 불안정화는 전자의 전하가 전부(혹은 거의 전부) 작은 플루오린 원자에 몰려 있기 때문에 나타난다고 볼 수 있다. Politzer는 공유 결합 화합물도 동일한 불안정화를 나타내는 것처럼 보인다는 놀라운 사실을 지적하였다. 그림 14.12은 할로젠화 수소와 할로젠

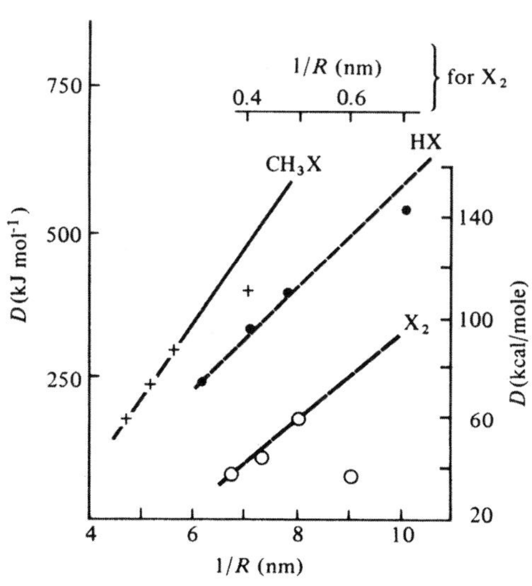


**그림 14.12** 할로젠화 수소, 할로젠화 메틸과 할로젠화 분자의 결합 해리 에너지와 결합 길이. [Politzer, P. *J. Am. Chem. Soc.* **1969**, *91*, 6235.]

---

30) 다른 관점으로는 이 전극 전위를 F—F 결합이 끊어지기 쉬운 정도로 나타낼 수 있다. 다음의 설명에서 알 수 있는 것처럼, 결합 에너지, 전기음성도 에너지 등의 상호관계는 복잡하고, 모든 것을 한 가지 인자의 탓으로 돌리는 것은 현명하지 못하다.

31) Politzer, P. *Inorg. Chem.* **1977**, *16*, 3350. Politzer, P. *In Homoatomic Rings, Chains and Macromolecules of Main Group Elements*; Rheingold, A. L., Ed.; Elsevier: New York, 1977; pp 95~115. Politzer, P.; Huheey, J. E.; Murray, J. S.: Grodzicki, M. *J. Mol. Structure* (THEOCHEM), **1992**, *259*, 99~120.

화 메틸의 C — X 결합에 대한 해리 에너지를 결합 길이의 역수에 대하여 도시한 것이다. 세 가지의 무거운 할로젠 화합물은 직선 위에 놓이고, 이것을 외삽하여 플루오린 화합물의 값을 예상하면 113 kJ $mol^{-1}$(HF) 및 96 kJ $mol^{-1}$($CH_3F$) 만큼 더 큰 값이 된다. 이것은 플루오린의 작은 크기 때문에 다른 원자로부터 한 전자를 공유할 때조차도 불안정화가 일어난다는 것을 나타낸다. 결국 플루오린 분자의 결합 자체(155 kJ $mol^{-1}$)는 염소의 결합(243 kJ $mol^{-1}$)과 비교하면 매우 약한 결합이다 그래서 이 값은 외삽한 값보다 226 kJ $mol^{-1}$ (=2 × 113) 더 약하다. $F_2$의 결합이 약한 것은 전통적으로 인접한 플루오린 원자 사이의 고립쌍 반발 때문인 것으로 설명된다. 작은 크기, 전하 용량과 전자-전자 반발로 설명할 수 있는 일반적인 현상은 더 많이 있을 수 있다.

이와 같은 외형적인 모순을 어떻게 해결할 것인가? 즉, 플루오린은 "초할로젠"인가, 아니면 "아할로젠(suvhalogen)"인가? 또 플루오린은 다른 할로젠보다 결합을 더 잘 하는가? 아니면 예상한 것보다 결합을 잘 하지 않는가? 실제로 여기에 대한 혼란이 있는 것은 아니다. 혼란은 무엇을 기준으로 사용하는가에 달려 있다. 무거운 할로젠과 비교하면, 플루오린은 단연 가장 활성이고 가장 전기음성이며, 가장 강하게 발열 반응한다. 이런 면에서 X — F 결합의 약화는 약한 F — F 결합에 의하여 상쇄된다. 그래서 반응의 전체 엔탈피는 영향을 받지 않으며, Madelung 에너지와 전기음성도 에너지의 항에 미치는 높은 전기 음성도의 영향이 지배적이다. 플루오린에는 다른 할로젠보다 세 가지의 유리한 인자가 있다. 이들 인자는 모두 플루오린의 크기가 작기 때문에 생기는 것이다. (1) 부분 전하는 작지만 전기음성도는 가장 크다. (2) 극성 분자 내에서 큰 Madelung 에너지를 가진다. (3) 인접한 원자에 대하여 "가까이 접근하는" 능력 때문에 우수한 공유 결합을 형성한다.[32] $F_2$의 결합에는 인자 1과 2는 적용될 수 없지만, 플루오린은 전형적으로 염소보다는 강한 결합을 형성한다. H—F = 565, H — Cl = 428 ; Li — F = 573, Li— Cl = 464 ; C—F = 485, C — Cl = 327(단위는 kJ $mol^{-1}$). 그러므로 플루오린은 가장 작은 할로젠에 대해 예상되는 성질을 모두 나타낸다. 약 100 kJ $mol^{-1}$이 부족한 것은 수확체감 법칙의 한 예에 지나지 않는다. 크기가 어느 정도까지 감소하면, **더 이상 작아지더라도 그것에 비례하여 결합의 세기는 증가하지 않는다**. 이러한 포화 효과가 없다면 플루오린은 아마도 "초-초할로젠"이 될 것이다.

"기준"이나 표준의 선택에 전적으로 의존하는 유사한 문제는 플루오린의 공유 반지름에 대한 것이다. 다이플루오린의 단일 공유 결합 길이의 절반은 143 ÷ 2 = 71 pm이다(표 7.1 참조). Schomaker-Stevenson 관계식을 적용할 수 있고, M — F 결합이 짧아짐(그리고 강해짐)은 이온성-공유 결합성 공명(Madelung 에너지) 때문이라고 생각할 수 있으며, M — F 결합이 항상 $r_{M_{cov}} + r_{F_{cov}}$ 보다 **항상** 더 짧다는 사실을 설명할 수 있다. 달리 말하자면, 대부분의 플루오린 화합물에서의 결합은 "정상"이며, 또한 긴(그리고 약한) 다이플루오린 결합은 고립쌍-고립쌍 반발 때문에 생기는 변칙이라고 가정할 수 있다. 이 두 가지 관점은 본질적으로 동일한 것이다. 플루오린의 공유 결합 반지름에 대한 상세한 해석은 Gillespie와 Robinson의 논문을 참조하라.[33]

다이플루오린은 반응성이 대단히 크기 때문에 다른 할로젠이 제조된 후에도 오랜 세월이 흐른 다음에야 다이플루오린이 제조되었다.[34] 그래서 대부분의 화학자는 무수

---

32) 수소를 제외하면 플루오린은 결합하는 원자 중에서 가장 작은 것이다. 따라서 플루오린이 결합하는 원자는 거의 모두 플루오린 원자보다 큰 원자이다.

33) Gillespie, R. J.; Robinson, E. A. *Inorg. Chem.* **1992**, *31*, 1960~1963.

34) 플루오린 화학의 초기 역사는 다음을 참조하라. *Fluorine: The First Hundred Years*(1886~1986);

HF의 전해 이외의 다른 방법으로는 다이플루오린을 제조하는 것이 불가능한 것으로 받아들였다.

$$2HF \xrightarrow[\text{electrolyte}]{\text{KF as}} H_2 + F_2 \tag{14.70}$$

그러나 Christe[35]는, 전이 금속이 완전히 배위되는지 혹은 배위되지 않은지에 의존하는 전이 금속의 어떤 산화 상태에 대한 안정성의 차이가 갖는 이점을 이용함으로써, 다이플루오린 기체를 화학적으로 제조할 수 있음을 보여주었다. 헥사플루오린망가니즈(IV)산 포타슘은 과망가니즈산 포타슘의 산화에 의하여 제조될 수 있다.

$$2KMnO_4 + 2KF + 10HF + 3H_2O_2 \xrightarrow{\text{50\% aq HF}} 2K_2MnF_6\downarrow + 8H_2O + 3O_2 \tag{14.71}$$

$K_2MnF_6$는 안정하지만(아마도 불용성 때문에), 자유 Lewis 산인 $MnF_4$는 안정하지 않다. 자유 Lewis 산은 산화 환원에 안정한 다이플루오린 기체의 존재하에서 $SbF_5$, $TiF_4$, $BiF_5$(8장 참조)와 같은 매우 강한 Lewis 산을 사용하면 만들 수 있다.

$$K_2MnF_6 + 2SbF_5 \longrightarrow 2KSbF_6 + MnF_3 + \tfrac{1}{2}F_2 \tag{14.72}$$

전이 금속으로서 니켈이나 구리를 사용하여도 유사한 반응을 일으킬 수 있다.

플루오린 화학의 해석이 아할로젠, 초할로젠, 초초할로젠이든 무엇이든, 플루오린의 화학을 이해하려면 열화학이 매우 중요하다. 플루오린 화합물에 대한 우수하고 철저한 열역학적 데이터가 있는 것은 다행스러운 일이다.

## 아스타틴

앞에서 아스타틴을 다른 할로젠과 함께 설명하는 것이 불편하다고 언급하였다. 예상처럼, 아스타틴은 할로젠 중에서 가장 "금속성"이 크지만, 이것을 지지하는 값이나 실험적인 데이터는 거의 없다(예를 들면, 이온화 에너지와 같은 기본적인 값이 없다는 것에 유의하여라). 아스타틴의 여러 동위 원소는 극미량이 생성되고, 반감기가 수시간 정도이기 때문에, 아스타틴의 화학은 추적자를 이용하는 방법으로 설명할 수 밖에 없다. 즉, 대량으로 얻기가 불가능하다. 가장 잘 알려진 아스타틴의 산화 상태는 −1이다. 아스타틴은 쉽게 환원되어 아스타틴화 이온이 된다.

$$2At + SO_2 + 2H_2O \longrightarrow 2At^- + 3H^+ + HSO_4^- \tag{14.73}$$

아스타틴화 이온은 불용성인 아스타틴화 은을 생성하고, 이것은 아이오딘화 은을 운반체로 하여 정량적으로 침전한다.

아스타틴 원소에 대한 연구는 복잡한데, 아스타틴은 소량으로만 존재하면서도 그다지 중요할 것으로 생각되지 않는 불순물에 의해 쉽게 공격을 받기 때문이다. At(0)에 관한 연구는 대부분이 과량의 아이오딘의 존재하에서 행해지고 있는데, 아이오딘은 아

---

Banks, R. E.; Sharp, D. W. A.; Tatlow, J. C., Eds.; Elsevier Sequoia: New York, 1986.

35) Christe, K. O. *Inorg. Chem.* **1986**, *25*, 3721~3722. Christe, K. O.; Wilson, R. D. *Inorg. Chem.* **1987**, *26*, 2554~2556.

스타틴과 결합하여 AtI 분자로 된다.[36] AtI은 $I_2$의 알려진 행동으로부터 예상할 수 있는 것과 거의 같은 행동을 나타낸다. 이것은 $CCl_4$나 $CHCl_3$로 추출할 수 있으며, 상당히 온화한 산화제에 의하여 양의 산화 상태로 산화된다.

가장 잘 연구되고 있는 산화 상태는 At(V) 이다. 아스타틴산 이온은 At를 퍼옥소이황산, 세륨(IV) 이온, 또는 과아이오딘산으로 산화시켜 얻을 수 있다.

$$At^- + 6Ce^{4+} + 3H_2O \longrightarrow AtO_3^- + 6Ce^{3+} + 6H^+ \quad (14.74)$$

아스타틴산 이온은 $Pb(IO_3)_2$나 $Ba(IO_3)_2$와 같은 불용성 아이오딘산염과 함께 정량적으로 침전한다.

과아스타틴산, $AtO_4^-$는 만들어지지 않았던 것처럼 보인다. 아스타틴산을 매우 강한 산화제로 산화시킬 경우, $KIO_4$로는 무시할 수 있는 양의 활성 침전만 만들 수 있고, $Ba(IO_3)_2$로는 많은 양의 침전을 얻을 수 있다. 아스타틴은 전기음성도가 낮고 크기가 큼에도 불구하고 At(VII) 가 존재하지 않는다는 사실은 예상 밖이다. 과아스타틴산이 존재한다면, 이것은 배위수가 6인 $H_5AtO_6$일 것이다.

적어도 또 하나의 산화 상태, 아마도 At(I) 나 At(III) 가 수용액에서 존재하는 것으로 알려져 있지만, 잘 연구되지는 않았다. 이것은 아스타틴산을 염화 이온으로 환원하거나 At(0) 을 $Fe^{3+}$로 산화하여 얻는다. 이 화학종은 아스타틴의 다른 산화 상태와는 다르다는 점을 제외하고는, 알려진 것이 거의 없다. 이 화학종은 은($At^-$) 으로도 침전되지 않으며, 바륨($AtO_3^-$) 으로도 침전되지 않고 $CCl_4$(AtI) 에 의해서도 추출되지 않는다. 그러나 이것은 다이피리딘아이오딘(I) 양이온과는 침전을 형성한다.

## 유사할로젠

단위체 음이온이나 중성 이합체로서 존재하는 성질을 갖는 무기 라디칼이 존재한다. 여러 면에서 이들은 단일 할로젠 원자와 유사한 성질을 나타낸다. 그러므로 이들을 **유사할로젠**(pseudohalogen 또는 halogenoid) 이라고 부른다. 유사할로젠 행동의 예는 사이안화 이온, 싸이오사이안산 이온, 아자이드 음이온의 화학에서 볼 수 있다. 몇 가지 전형적인 반응은 다음과 같다.

1. $X^-$ 이온을 산화시켜 이유사할로젠(dipseudohalogen) 을 생성 :

$$2SCN^- + 4H^+ + MnO_2 \longrightarrow (SCN)_2 + 2H_2O + Mn^{2+} \quad (14.75)$$

2. 염기에 의한 자유 유사할로젠의 불균등화

$$(CN)_2 + 2OH^- \longrightarrow CN^- + OCN^- + H_2O \quad (14.76)$$

---

36) 엄밀히 말하자면, AtI에서 아스타틴은 아이오딘보다 전기음성이 작기 때문에, At(0) 가 아니라 At(I) 로 생각해야 한다고 주장할 수 있다. 그러나 전기음성도 차이는 매우 작다. 따라서 AtI는 $I_2$처럼 작용하며, 거의 비극성 분자이고 두 원자의 전하는 실제로 0이라고 생각하는 것이 가장 합리적이다.

3. 금속 이온에 의한 침전 반응:

$$Ag^+ + N_3^- \longrightarrow AgN_3\downarrow \qquad (14.77)$$

4. 착이온의 생성:

$$Zn^{2+} + 4SCN^- \longrightarrow [Zn(SCN)_4]^{2-} \qquad (14.78)$$

5. 수소에 의한 산, HX의 생성. 이들 산은 대개 할로젠화 수소산보다 상당히 약하다. 예를 들면, HCN에 대한 $pK_a \approx 9$이다.

다양한 유사할로젠이 할로젠을 닮은 정도는 매우 높으며, 상당한 유사성을 나타낸다.

$$2I^- + Cu^{2+} \longrightarrow \tfrac{1}{2}I_2 + CuI\downarrow \qquad (14.79)$$

$$2CN^- + Cu^{2+} \longrightarrow \tfrac{1}{2}(CN)_2 + CuCN\downarrow \qquad (14.80)$$

그렇지만 몇 가지 예외는 있다. 그러므로 싸이오사이아노겐, $(SCN)_2$는 낮은 온도에서만 안정하고, 실온에서는 $(SCN)_x$로 중합한다. 굳은 화학종과 무른 화학종으로 분류해 보면, 대부분의 유사할로젠은 몇 가지 비금속 원자로 구성되며, 다중 결합을 갖는 것이 많고, 그 때문에 매우 편극되기 쉽다. 이들은 플루오린보다 아이오딘을 훨씬 더 닮으려는 경향이 있다. 그러나 몇 가지는 양쪽자리성(ambidentate)을 나타내고, 굳은 원자인 질소 원자나 산소 원자로 배위함으로써, 상당히 굳은 염기로 작용할 수 있다(11장 참조). 결국 유사할로젠은 이들의 상대적인 산화력을 기준으로 할로젠과 비교할 수 있다. 이들은 아이오딘과 브로민을 닮으려는 경향이 있다(이들 원소들의 값을 아래에서 참조하라).[37)]

$$(CN)_2 + 2H^+ + 2e^- \longrightarrow 2HCN \qquad E^0 = 0.375\ V \qquad (14.81)$$

$$(SCN)_2 + 2e^- \longrightarrow 2SCN^- \qquad E^0 = 0.77\ V \qquad (14.82)$$

요약하면, 유사할로젠의 개념은 이들 몇 가지 비금속 부류의 화학을 체계화시키는 데 유용함이 입증되었지만, 무조건적인 것은 아니다.

## 할로젠 및 유사할로젠의 전기화학

할로젠에 대한 간단한 Latimer 도표는 아래에 나타내었다.[38)]

37) Bard, A. J.; Parsons, R.; Jordan, J. *Standard Potentials in Aqueous Solution*: Marcel Dekker: New York, 1985.
38) Bratsch, S. G. *J. Phys. Chem. Ref. Data* **1989**, 18, 1~21.

산성 용액

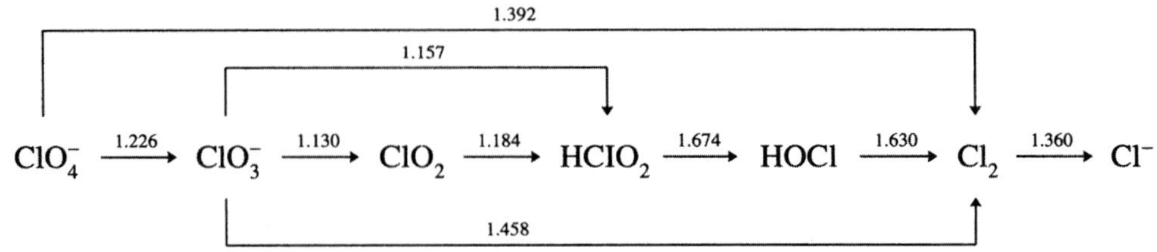


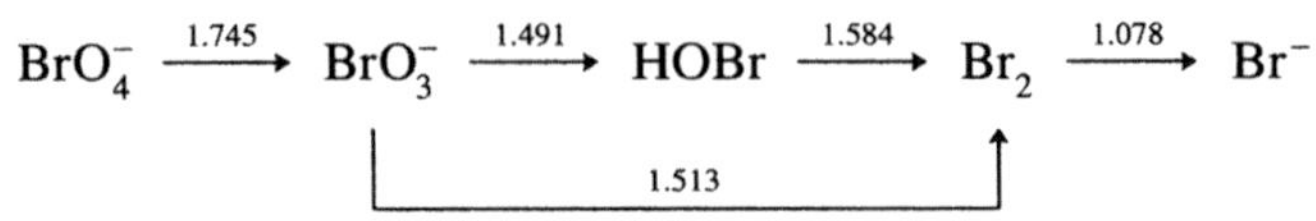


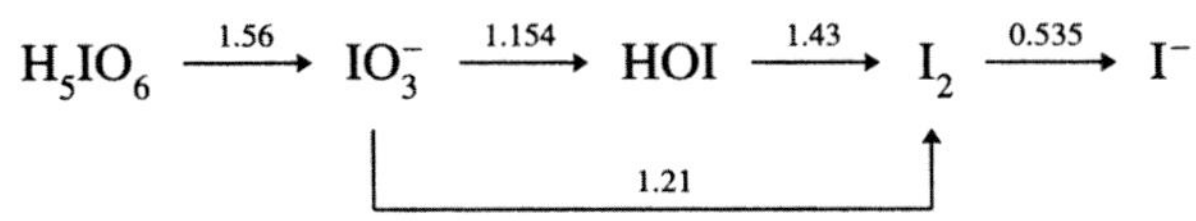


염기성 용액

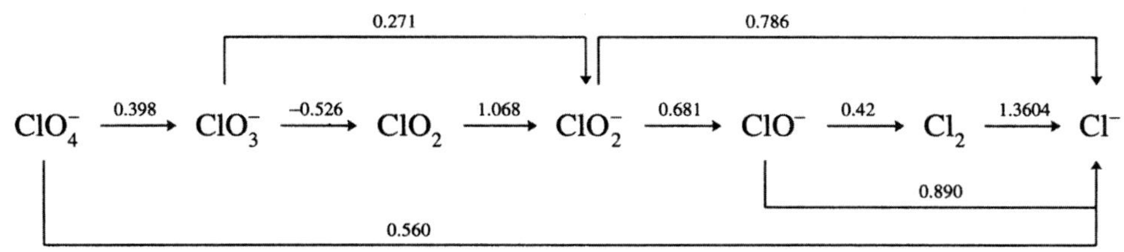


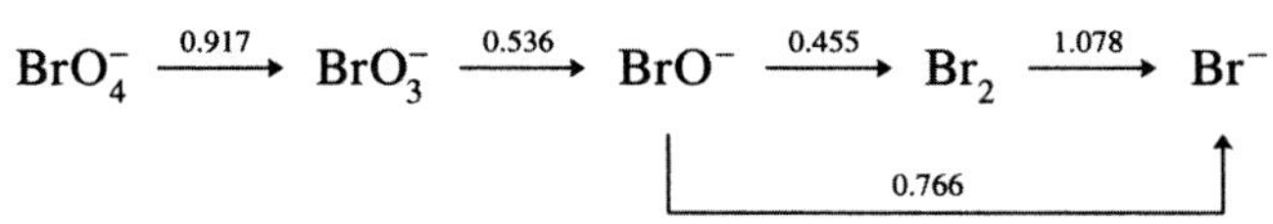


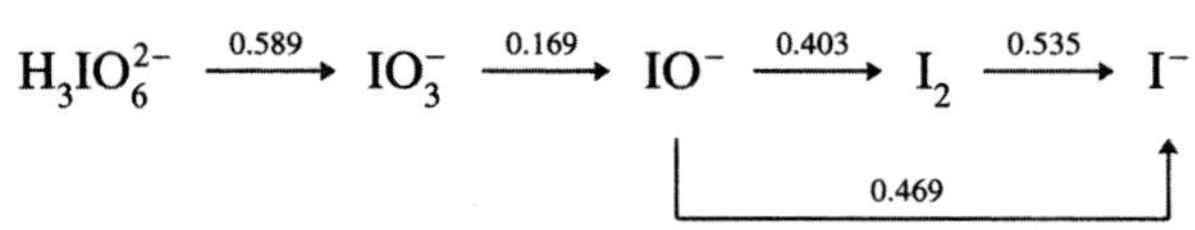


## 연습문제

**14.1** $O_2^+[PtF_6]^-$의 생성을 살펴보자. $O_2$의 에너지가 O의 이온화 에너지보다 작은 이유는 무엇인가? 화합물 $N_2^+[PtF_6]^-$가 생성될 가능성이 있는가?

**14.2** 불활성 기체와 Lewis산 $BX_3$ 사이에 상호작용이 없음은 Raman 분광법으로 입증되었다. 증거의 성질을 설명하고, 그리고 만약 중요한 상호작용이 있으면 무엇이 관찰되는지를 설명하라.

**14.3** $FHF^-$ 이온(7장)을 3중심 4전자 결합으로 취급할 수 있음을 입증하라.

**14.4** $BrF_3$, ICl과 $BrF_3$에 대하여 자동이온화의 가능성을 제시하고, 생성되는 이온에 대해 가능한 구조를 제시하라.

**14.5** 순수한 아이오딘은 자주색이고, 이것의 $CCl_4$, $CHCl_3$ 및 벤젠 용액도 자주색이다. $KI_3$의 수용액은 갈색이다. 아이오딘의 아세톤, 다이메틸설폭사이드, 다이에틸에터 용액은 갈색이다. 이를 설명하라.

**14.6** 다음 화합물의 합성법을 제시하라.

a. $XeO_4$

b. $HClO_3$

c. $KBrO_4$

**14.7** $I_4Cl^-$와 $ICl_4^-$의 구조를 추정하라. 이 두 이온이 등구조가 아닐 것 같은 이유를 제시하라.

**14.8** 유사할로젠을 제조하려면 온화한 산화 조건을 필요로 한다(식 14.75). 왜 아자이드화 이온을 산화하여 육질소(다이아질)를 생성할 수 없다고 생각하는가?

$$2N_3^- \xrightarrow{-2e^-} N{\equiv}\overset{+}{N}{-}N{=}N{-}N{=}\overset{-}{N} \qquad (14.83)$$

**14.9** 할로젠 양이온 $Cl_3^+$, $Br_3^+$, $I_3^+$는 $AsF_6^-$, $SbF_6^-$ 및 이와 유사한 음이온의 염으로서 분리가 잘 되는 이유는 무엇인가?

**14.10** 플루오린 화합물($MF$, $MF_2$, $MF_3$)의 녹는점은 대응하는 산화물($M_2O$, $MO$, $M_2O_3$)의 녹는점보다 약간 더 낮다. 그 이유는 −2가의 산화 이온, $O^{2-}$ 때문에 생기는 격자 에너지가 크기 때문이다. 그래도 다음 반응은 모두 발열이다. 그 이유를 설명하라.

$$Li_2O + F_2 \longrightarrow 2LiF + \tfrac{1}{2}O_2 \qquad \Delta G^0_{500} = -602\ \mathrm{kJ\ mol^{-1}} \qquad (14.85)$$

$$MgO + F_2 \longrightarrow MgF_2 + \tfrac{1}{2}O_2 \qquad \Delta G^0_{500} = -740\ \mathrm{kJ\ mol^{-1}} \qquad (14.86)$$

$$Fe_2O_3 + 3F_2 \longrightarrow 2FeF_3 + \tfrac{3}{2}O_2 \qquad \Delta G^0_{500} = -1162\ \mathrm{kJ\ mol^{-1}} \qquad (14.87)$$

$$ZrO_2 + 2F_2 \longrightarrow ZrF_4 + O_2 \qquad \Delta G^0_{500} = -740\ \mathrm{kJ\ mol^{-1}} \qquad (14.88)$$

**14.11** 유기화학자에게 가장 많은 화합물을 생성할 수 있는 원소가 무엇인가 물으면(반드시 아직 합성되지 않아도 좋다), 일반적으로 두 가지 대답 중에서 하나를 얻을 것이다. 즉, 어떤 사람은 탄소라고 답하고, 다른 사람은 수소라고 대답한다. 무기화학자에게 물으면 세 번째 대답을 얻을 것이다. 당신의 답은 무엇인가? 설명하라.

**14.12** 559쪽에 제논은 플루오린이나 산소처럼 매우 활성이고, 가장 전기음성인 원소와만 결합을 형성한다고 설명되어 있다. 이것과 $Xe_2^+$에서 Xe—Xe 결합 생성을 어떻게 일치시켜 설명할 수 있을까?(힌트: 문제 4.15를 다시 생각하라.)

**14.13** $Xe_2^+$는 상당히 높은 전자 친화도를 가질 것이 분명하다(제논 원자의 이온화 에너지를 보라). 그리고 이것이 전자를 얻으면 해리할 것이다(4장 참조). 이러한 사실과 $SbF_5$를 용매로서 선택하는 것과 그리고 산-염기 이론을 조합하여 모순이 없도록 설명하라.

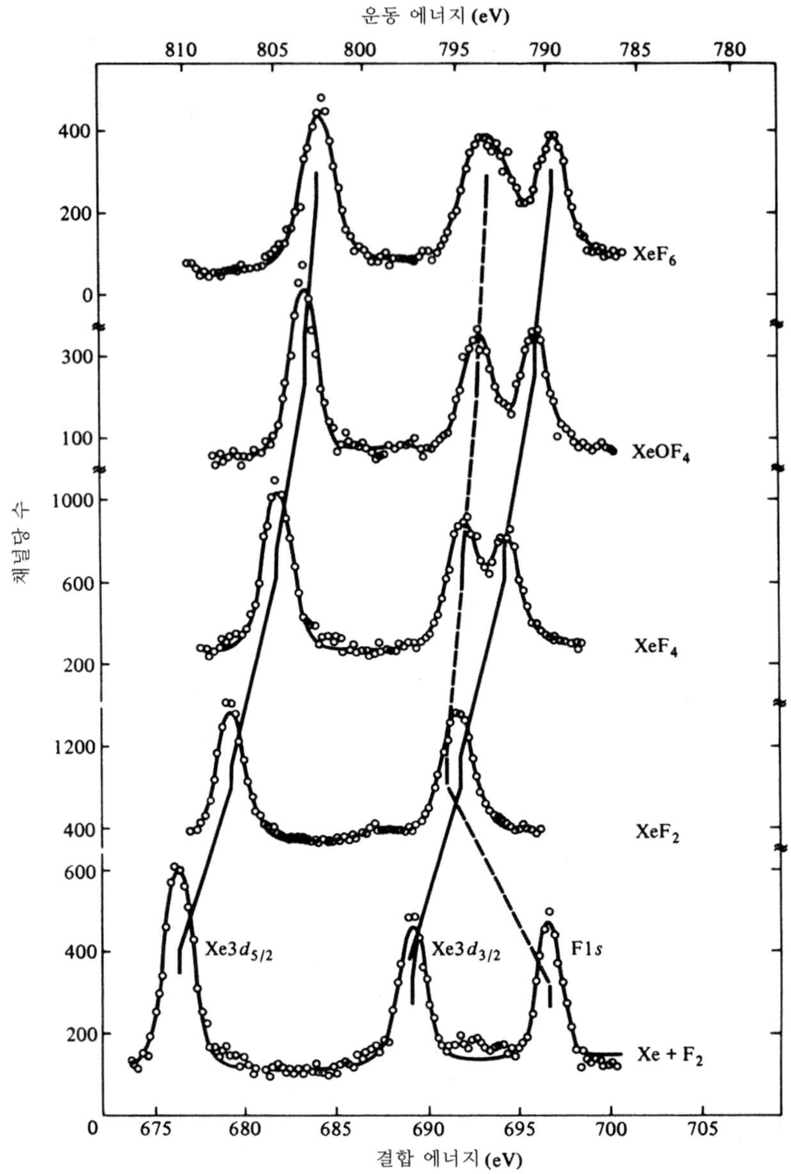


**그림 14.13** Xe, $F_2$, $XeF_2$, $XeF_4$, $OXeF_4$, $XeF_6$의 광전자 스펙트럼. [Carroll, T. X.; Shaw, R. W., Jr.; Thomas, T. D.; Kindle, C.; Bartlett, N. *J. Amer. Chem. Soc.* **1974**, *96*, 1989.]

**14.14** Xe, $F_2$, $XeF_2$, $XeF_4$, $OXeF_4$, $XeF_6$의 광전자 스펙트럼을 그림 14.13에 나타내었다. 이들 스펙트럼에서 얻을 수 있는 정보는 무엇인가?(Xe에 대해 두 개의 봉우리가 나타나는 것은 다른 $j$값을 갖는 $3d$ 전자가 방출되었기 때문이고, 이 문제와는 관계가 없다.)

**14.15** 옥시플루오린화 제논의 계열과 이들의 상대적 산도를 살펴보자. 이들 화합물의 순서를 설명하라.

**14.16** a. 558쪽에서 설명한 것처럼 $XeF_2$를 $Xe_2^+$로 환원하는 반응에 대한 부산물을 예상하라.

b. 이들 반응에 대한 균형 맞춘 화학 반응식을 적어라.

**14.17** 이 장에서 플루오린화 제논은 플루오린 첨가제나 플루오린화제로 설명하였다. 이들 용어를 구별하여 설명하라.

**14.18** VSEPR 이론과 Bent의 규칙에서 유도한 분자 구조에 대한 일반 규칙에 의하면, 고립쌍과 전기음성도가 작은 치환기는 삼각 쌍뿔에서 적도방향 위치를 선호하고, 전기음성도가 큰 치환기는 축방향 위치를 선호한다. 펜타플루오로제논(V) 산 이온, $XeF_5^-$는 고립쌍들이 축방향을 선호하여 점유함으로써, 이 규칙에 어긋나는 듯하다. 이를 설명하라.

**14.19** Xe—O 결합($\sim$80 kJ mol$^{-1}$)은 플루오린화 제논에서의 결합($\sim$180 kJ mol$^{-1}$)보다 강하지 않지만, 그렇다고 약한 결합은 아니다. 그러면 $XeO_3$가 분해될 때, 어떻게 그런 격렬한 발열(폭발적) 반응이 가능한가?

**14.20** 558쪽에서 "제논산수소 이온은 알칼리 용액에서 불균등화 반응을 일으켜 과제논산염을 생성한다"라는 문장이 있다. 제논에 대한 Latimer 도표를 근거로 하여 이 주장을 확인할 수 있는가?

제 15 장

# 주기성

무기화학에서 가장 어려운 문제이면서도 가장 재미있는 양상은 100개 이상의 원소들에 대한 화학에서 접하게 되는 다양한 반응과 구조들이다. 이런 난제에 대한 도전을 통해 각 원소나 계에 대한 개별적인 규칙이나 이론을 개발하지 않고서도 보레인, 불활성 기체, 플루오린 화합물, 전이 금속과 내부 전이 금속, 구리 초전도체와 제올라이트 화학을 올바르게 다룰 수 있게 만들었다. 이 책의 많은 내용들은 무기화학의 여러 가지 양상과 연결된 관계를 확립하는 데 공헌했다. 무기화학자들이 백년이 넘도록 오늘날까지 사용하고 있는 체계적인 원소들의 관계는 주기율표이다.[1] 주기율표는 필수적인 것이기 때문에 모든 일반화학 교과서는 1장에서 요약한 경향을 다루고 있어야 한다. 이들 교재를 보면 유감스럽게도 모든 주기적 성질이 조금씩 변하고 있다는 느낌을 갖게 만든다.

## 기본적 경향

주기율표의 기본적 경향은 1장에서 설명하였다. 그것은 다음과 같이 요약될 수 있다. 하나의 족 내에서 크기가 증가하면 이온화 에너지, 전자 친화도, 전기음성도 등은 감소한다. 각 주기에서 원자 번호가 증가하면 이온화 에너지, 전자 친화도, 전기음성도는 증가하지만, 원자의 크기는 감소한다. 한 주기 안에서 유효 핵전하는 상당히 완만하게 변하지만, 여러 주기는 길이가 다르다(8, 18, 32원소). 원소의 성질은 8, 18, 32의 원소로 구성되는 주기 중에서 어느 계열에 속하는지에 따라 결정된다. 가장 잘 알려진 한 예는 지르코늄, 니오븀, 몰리브데넘, 테크네튬의 성질이 각각 하프늄, 탄탈륨, 텅스텐, 레늄의 성질과 유사하다는 것인데, 란타늄 수축과 회합 효과 때문에 나타나는 현상이다. 이러한 예외성은 금, 수은, 탈륨, 납 원소들에 이르기까지 계속된다. 비슷하기는 하지만 크기는 작은 효과가 $3d$ 오비탈을 채울 때 이어진다("스칸듐" 수축이라고 부를 때도 있다).

유사한 원소들 사이의 차이를 나타내는 주기율표의 다른 영역은 처음의 열 가지 원소, H–Ne 사이에서 나타나는데, 이 현상은 바로 다음에 오는 원소들(Na—Ar)로 이어진다. 이들 현상이 나타나는 이유는 명확하게 규명되지는 않았다. 가벼운 원소들은 바닥 상태에서 $1s$, $2s$, $2p$ 원자 오비탈만을 사용하는 것이 분명하기 때문에, 간단한 결

1) 주기율표의 주기성은 1869년 Dmitri Mendeleev와 Lothar Meyer가 분류하였다. 주기율표 기념 저서인 다음을 참조하라. van Spronsen, J. W. *The Periodic System of Chemical Elements*; Elsvier: Amsterdam, 1969.

합 이론(VB나 MO)은 네 개의 공유 결합이 가능하다고 설명한다. 이와는 대조적으로, VB 이론은 원소에 $n \geq 3$인 $d$ 오비탈이 존재하면 네 개 이상의 결합 오비탈을 갖는 혼성이 가능함을 제시하고 있다.

## 첫째 주기와 둘째 주기의 예외성

여러 가지 면에서, 처음 열 개의 원소는 나머지 99%의 원소와는 상당히 다르다. 수소는 전형적인 예이다. 즉, 수소는 알칼리 금속 및 할로젠 원소의 성질을 다소 갖지만, 알칼리 금속에 속하지 않으며 할로젠 원소에도 속하지 않는다. 따라서 수소는 알칼리 금속처럼 대개 +1 산화 상태를 갖지만, 알몸(bare) 상태의 $H^+$는 화학적으로 존재하지 않으며,[2] 수소는 공유 결합을 형성하는 경향이 있고, 이러한 점은 알칼리 금속보다 탄소와 더 닮은 성질을 가진다. 할로젠과는 −1의 산화 상태를 형성하려는 경향이 같은 성질인데, 어떤 경우에 수소는 수소화 이온, $H^-$를 형성한다. 그러나 이 화학종은 신기한 화학종이다. 양성자의 예외성은 너무 작은 크기 때문에 나타나는 것이지만, 수소화 이온은 대체로 크기가 크다. 이것은 아이오딘화 이온을 제외한 다른 할로젠화 이온보다 더 크다.[3] 이러한 명백한 역설의 근원은 상호 반발하는 두 전자를 한 양성자가 충분히 제어할 수 없기 때문이다. 수소화 이온은 크고 매우 편극되기 쉬우므로, $I^-$로부터 $F^-$에 걸쳐 나타나는 크기가 감소하고, 염기도와 굳기도가 증가하는 경향성과는 확실하게 다른 경향성을 나타낸다.

둘째 주기의 원소도 더 무거운 동족원소들과는 다른 성질을 가진다. 리튬은 알칼리 금속 중에서 예외적이며, 동족원소들보다는 마그네슘과 더 유사하다. 그 다음 원소인 II A(2)족의 베릴륨은 다른 알칼리 토금속보다는 알루미늄과 훨씬 더 유사하다. 이러한 효과의 원인은 아래에서 설명한다. 플루오린이 나머지 VII A(17)족 원소와 다르기 때문에 초할로젠이라고 부르기도 하는 것은 이미 알아보았다.

Li에서 F까지의 원소가 동족의 무거운 원소와 다른 점은 전자를 끄는 힘이다. 그러므로 플루오린은 염소, 브로민, 아이오딘보다 훨씬 더 반응성이 높고, 리튬은 동족원소보다 반응성이 낮다.[4] 각 족에서 가장 전기음성이고, 가장 작은 원소는 둘째 주기의 원소일 것이다.

$Li^+$ 이온의 큰 편극력은 3장에서 설명하였다. 리튬 이온은 크기가 작고 전기음성도가 높기 때문에 다른 알칼리 금속의 염은 안정하지만, 이 이온의 염은 불안정하다.

$$2LiOH \xrightarrow[\text{적열}]{} Li_2O + H_2O \qquad \textbf{(15.1)}$$

---

2) $H_3O^+$로 표기하는 것에 불만을 갖는 사람들은 $H^+$의 수화수가 불확실하며, "모든 양이온은 수용액에서 수화된다"라고 지적한다. 예를 들면, $H^+$($H_3O^+$가 아니고)를 $Na^+$와 유사한 양이온으로 취급한다면 핵 입자를 원자와 같다고 보는 것과 같다. 크기로서 $Na^+$는 $H^+$의 약 $10^5$배 만큼 차이가 있다.

3) Pauling (*The Nature of the Chemical Bond*, 3rd ed. Cornell: Ithaca, NY, 1960; p 514)은 $I^-$에 대한 216 pm과 비교하여 수소화 이온의 크기를 208 pm으로 추정하였다. 편극되지 않은 큰 음이온의 존재 가능성은 다른 종류의 음이온보다 수소화 이온의 경우가 더 많다. 그러나 이온 반지름에 관한 한 이 값은 자유 수소화 이온의 크기를 가장 잘 추정한 것이다.

4) 리튬은 비반응성이지만, 매우 작은 Li+ 이온의 발열 수화 때문에 수용액에서는 반응성으로 변한다. 그렇지만 일반적으로 리튬은 Na, K, Rb, Cs 보다는 반응성이 낮은 금속이다.

| | | | |
|---|---|---|---|
| $CF_4$ | $NF_3^a$ | $OF_2^a$ | $FF(F_3^-)$ |
| $SiF_6^{2-}$ | $PF_6^-$ | $SF_6$ | $ClF_5^a$ |
| | | | ⋮ |
| | | | $IF_7(IF_8^-)$ |

[a] N. O 그리고 다른 원소들은 onium염, 즉 $NH_4^+$에서 보다 많은 배위를 할 수 있다.

**표 15.1**
플루오린 화합물에서 비금속의 최대 배위수.

$$2NaOH \xrightarrow[\text{적열}]{} \text{반응 안 함} \tag{15.2}$$

$$2LiSH \longrightarrow Li_2S + H_2S \tag{15.3}$$

$$Li_2CO_3 \longrightarrow Li_2O + CO_2 \tag{15.4}$$

이와는 대조적으로 편극력이 큰 수소화 이온은 공유 결합에 의해서 보다 강하게 결합할 수 있기 때문에, 수소화 리듐 화합물은 **가장** 안정하다.

$$LiH \xrightarrow[\text{가열}]{} \text{반응 안 함} \tag{15.5}$$

$$2NaH \xrightarrow[\text{가열}]{} Na_2 + H_2 \tag{15.6}$$

## 비금속의 크기 효과

처음의 열 가지 원소들과 무거운 동족원소들 사이의 가장 뚜렷한 차이점 중의 하나는 최대 배위수인데, 간단한 공유 결합 분자는 대개 4 이하이다(표 15.1). 반지름의 비 형태에 대한 논의는 이들 원자들이 보다 낮은 배위수를 갖게 될 것이며, 입체적 영향 때문에 더 큰 원자들에 대해서는 이완되어야 함을 제시하고 있다. 이것은 전이 금속(11장)의 배위 화합물에서 실제로 나타남을 알아보았다. 표 15.1은 이러한 것들을 쉽게 설명할 수 있게 해 준다. 가장 작은 원자들은 최대 4의 배위수를 가지며, 보다 큰 원자들은 6의 배위수를 가진다. 그리고 가장 큰 원자들은 8의 배위수를 가진다. 또한 가장 큰 배위수는, 리간드가 작은 플루오린일 때 나타난다.[5] 하이드록시기(OH)는 크기와 전기음성도와 다른 결합 성질이 플루오린 원자와 매우 비슷하지만, 산소와 플루오린의 비금속 화합물 간에는 분명한 차이가 있다. 하이드록시기를 최대로 갖는 분자(오쏘산이라 부른다)는 드물다. 상당히 작은 산소 원자조차 낮은 배위수를 가지려는 경향이 있다. 따라서 표 15.1에 나타낸 플루오린 화합물과는 달리 오쏘탄산, $C(OH)_4$ 및 오쏘 질산, $ON(OH)_3$는 알려지지 않았고, 이들 원소의 간단한 산은 3배위인 $O{=}C(OH)_2$ 및 $O_2N(OH)$이다.

이어지는 비금속의 두 계열, 규소에서 염소, 저마늄에서 크립톤에서 실리콘은 헥사플루오로 음이온, $SF_6$와 $TeF_6$에서처럼 최대로 6의 배위수를 가진다. 여기에서조차 산소산과 산소음이온들은 선형적으로 4의 배위수를 나타내는데, $H_3PO_4$, $HClO_4$ 및 규산염을 예로 들 수 있다.

가장 큰 비금속들은 옥타플루오로 음이온, $IF_8^-$와 $XeF_8^{2-}$에서처럼 8의 배위수를 나타낸

[5] 이것은 입체적인 관점에서뿐만 아니라 산화-환원 행동이 높은 상태를 안정화시키는 데 적합하다는 사실로부터도 알 수 있는 플루오린이 갖는 장점이다. 다른 원자에 대해서도 같은 방법으로 설명할 수 있다. 즉, 높은 산화 상태의 화학종은 굳은 산이고 플루오린화 이온은 가능한 것 중에서 가장 굳은 염기이다.

다(14장 참조). 대응하는 산소산과 산소음이온들은 최대 배위수는 6이다. $[Sb(OH)_6]^-$, $Te(OH)_6$, $OI(OH)_5$, $[XeO_6]^{4-}$. 이들 중에서 아이오딘만이 배위수가 4인 최대 산화 상태를 나타낸다. 주기산은 $OI(OH)_5$나 $HIO_4$ 중의 하나로 존재할 수 있다.

## 대각선 관계

앞에서 Li와 Mg, Be와 Al, C와 P 및 다른 "대각선 관계에 있는 원소들" 간에는 긴밀한 유사성이 있음을 언급하였다. 그리고 이것은 크기-전하 현상과 관련지을 수 있다는 것을 지적하였다. 이러한 유사성에 대한 몇 가지 예는 다음과 같다.

### 리튬-마그네슘

유기화학에서 알킬리튬이나 아릴리튬의 많은 계열은 마그네슘 Grignard 시약과 마찬가지로 유용한 시약이다. 마그네슘처럼 리튬도 질소와 반응하여 질소화물을 형성하지만, Na, K, Rb, Cs는 이와 같은 반응을 하지 않는다.

$$3Li_2 + N_2 \longrightarrow 2Li_3N_2 \tag{15.7}$$

$$6Mg + 2N_2 \longrightarrow 2Mg_3N_2 \tag{15.8}$$

마지막으로, 몇 가지 리튬 화합물의 용해도는 상응하는 알칼리 금속의 화합물보다 마그네슘의 대응 화합물과 더 비슷하다.

### 베릴륨-알루미늄

이들 두 원소는 여러 가지 면에서 서로 비슷하다. 이 원소들의 산화 emf는 비슷하다 ($E^0_{Be} = 1.85$ ; $E^0_{Al} = 1.66$). 열역학적으로는 산과의 반응을 선호하지만 느리며, 특히 그 표면이 산화물에 의해 보호되면 더욱 느려진다. 이온 퍼텐셜은 아주 비슷하며($Be^{2+} = 48$, $Al^{3+} = 56$), 양이온의 편극력과 산으로서의 성질도 비슷하다. 예를 들면, 탄산염은 불안정하고, 수산화물은 과량의 염기에 쉽게 용해되며, 할로젠화물의 Lewis 산도도 비슷하다.

### 붕소-규소

붕소는 금속성을 거의 나타내지 않으므로 알루미늄과는 서로 다르며, 규소와의 유사성이 더 크다. 붕소와 규소는 휘발성이며 반응성이 매우 높은 수소화물을 형성한다. 알루미늄의 수소화물은 중합 고체이다. ($BF_3$를 제외한) 할로젠화물은 가수분해하여 붕산과 규산을 형성한다. 붕산염과 규산염에 대한 산소 화학도 상당한 유사성을 가진다.

### 탄소-인, 질소-황 및 산소-염소

이들 원소는 모두 금속성을 나타내지 않으며, 따라서 전하 크기의 비는 의미가 거의 없다. 그러나 이들 원소의 전기음성도에는 동일한 효과가 나타나며, 분명한 대각선 효과를 보여준다.[6)]

---

6) 이들 값은 이온화 에너지-전자 친화도에 바탕을 둔 값이 아니라 Pauling의 열화학적 전기음성도이다. 이러한 실험값을 선택한 것은 적당한 원자가상태(혼성화)를 (임의로) 선택해야 하는 필요성을 없애기 위함이다.

C = 2.55　　N = 3.04　　O = 3.44　　F = 3.98
Si = 1.90　　P = 2.19　　S = 2.58　　Cl = 3.16

전기음성도의 유사성은 $Be^{2+}$와 $Al^{3+}$에 대한 이온 퍼텐셜의 유사성처럼 그렇게 가깝지는 않다. 대각선상에 있는 한 쌍 중에서 무거운 원소는 언제나 낮은 전기음성도를 갖지만, 그래도 대각선 관계의 효과는 유지된다. 그리하여 탄소와 유사한 원소를 선택할 경우, 인도 규소 만큼이나 좋은 선택이 될 수 있고, 유사성도 계통화시킬 수 있을 만큼 충분하다.[7)]

## π 결합에서 *p* 오비탈들의 이용

알켄류의 광범위한 화학을 고려하면, 유기화학자나 무기화학자가 알켄과 유사한 Si=Si 이중 결합 구조를 조사하는 것은 당연한 것이었다. 오랫동안 이러한 시도는 결실이 없었다. 10년 전에서야 처음으로 C=Si[8)]와 Si=Si[9)]의 안정한 화합물이 합성되었다. 한 가지 합성 방법은 사이클로트라이실레인의 자리 옮김을 포함한다.

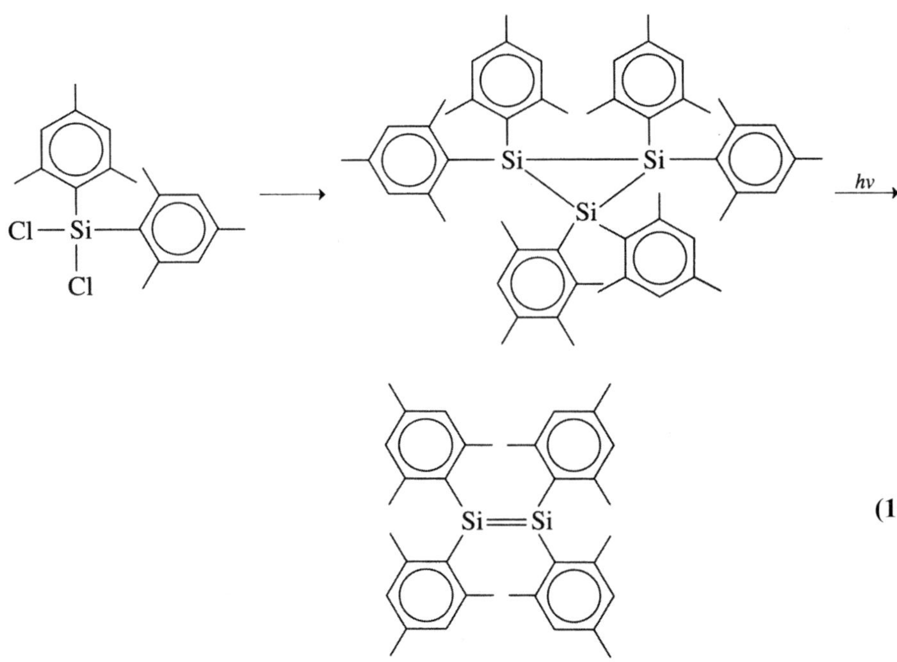


(15.9)

---

7) 다른 엄지손가락 규칙처럼 대각선 관계도 여러 가지 관점으로 알아볼 수 있다. Feinstein, H. I. *J. Chem. Educ.* **1984**, *61*, 128. Hanusa, T. P. *J. Chem. Educ.* **1987**, *64*, 686~687.

8) Brook, A. G.; Abdesaken, F.; Gutekunst, B.; Gutekunst, G.; Kallury, R. K. *J. Chem. Soc., Chem. Commun.* **1981**, 191~192.

9) West, R.; Fink, M. J.; Michi, J. *Science* **1981**, *214*, 1343~1344. Masamune, S.; Hanzawa, Y.; Murakami, S.; Bally, T.; Blount, J. F. *J. Am. Chem. Soc.* **1982**, *104*, 1150~1153. West, R. *Angew. Chem. Int. Ed. Engl.* **1987**, *26*, 1201.

## 탄소-규소의 유사성과 차이점

알켄의 C=C 결합에 대한 첨가 반응처럼 Si=Si 이중 결합에도 첨가 반응을 시킬 수 있다.

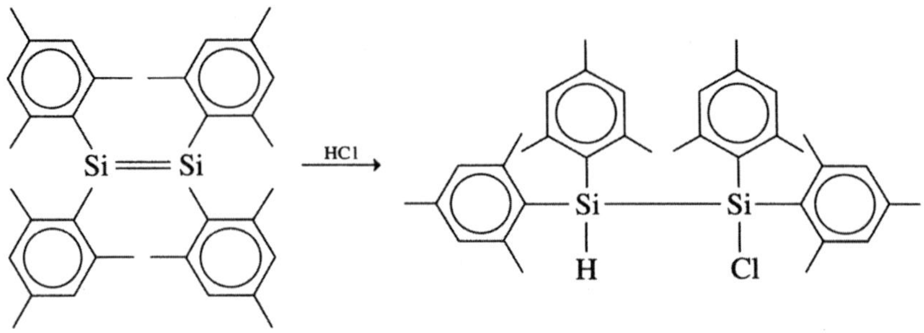

(15.10)

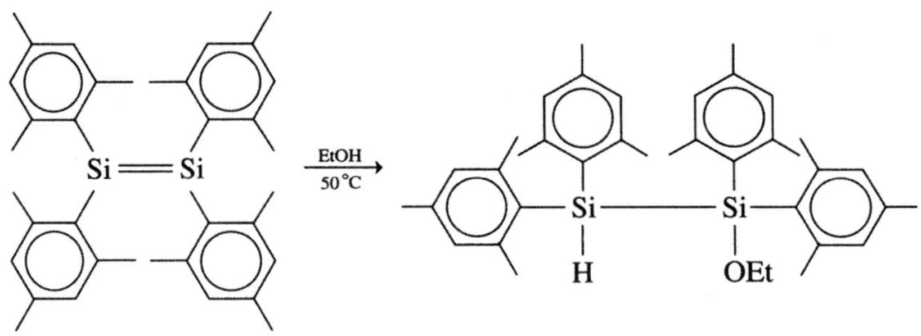

(15.11)

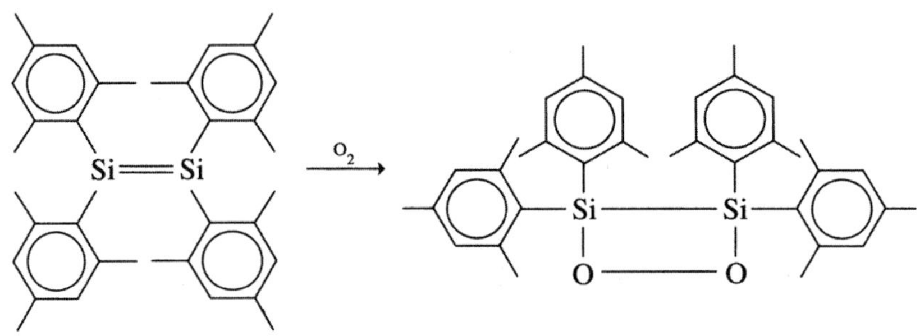

(15.12)

형식적으로는 탄소 화합물과 유사한 화합물들이지만 완전히 서로 다른 구조가 발견되었다. 이산화 탄소는 기체 상태의 단위체이지만 이산화 규소는 단일 결합이 한없이 연결된 중합체이다. *gem*-다이올은 케톤에 비해 상대적으로 불안정하다.

$$(CH_3)_2C(OH)_2 \longrightarrow CH_3C(O)CH_3 + H_2O \qquad (15.13)$$

그리고 유사한 규소 화합물들도 불안정하지만, 이들로부터 생성되는 다이메틸실리콘[10]은 선형 중합체이다.

$$(CH_3)_2SiCl_2 \xrightarrow{2H_2O} [(CH_3)_2Si(OH)_2] \xrightarrow{-H_2O} -O-\underset{CH_3}{\overset{CH_3}{Si}}-O-\underset{CH_3}{\overset{CH_3}{Si}}-O-\underset{CH_3}{\overset{CH_3}{Si}}- \qquad (15.14)$$

[10] "실리콘"이라는 용어는 단위체 $R_2Si=O$ 화합물이 분리될 수 있다는 잘못된 확신에 의해 케톤과의 유사성 때문에 붙인 이름이다.

$2p_\pi$-$2p_\pi$ 결합 세기와 이들의 더 높은 $n$ 동족원소들의 결합 세기를 비교해 보면, 유기화학에 중요한 원자단인 알켄, 알데하이드, 케톤, 나이트릴의 안정도에 대해 많은 사실를 알게 된다. 또한 이를 통하여 탄산과 질산은 이중 결합된 분자가 되지만 그들의 오쏘 유사체는 그렇지 못함을 알 수 있게 된다. 보다 작은 원자들 간의 $\pi$ 결합이 더 안정하다는 것은 $2p$ 오비탈이 더 좋은 중첩을 할 수 있다는 것이다. 중첩적분 $\int\psi_A\psi_B$ (4장 참조) 는 그림 15.1처럼 그려서 나타낼 수 밖에 없다. 중첩은 중첩 영역에서 파동함수의 **크기**에 의해 강한 영향을 받으며, 특히 $\pi$ 결합은 작고 "조밀한" 오비탈에 의해 증가된다. 주어진 형태의 오비탈에서 첫 번째로 나타나는 중첩 ($2p$, $3d$, $4f$) 은 마디가 없고, 비정상적으로 작다. 크기가 작은 것은 같은 $l$ 값을 가지면서 서로 수직이어야 하는 내부껍질이 없기 때문이다.[11] 그래서 $2p$ 오비탈은 $2s$ 오비탈과 거의 같은 크기이지만, $3p$ 오비탈은 $3s$ 오비탈보다 더 크고 더 확산되어 있다.[12]

IV A(14) 족의 보다 무거운 동족원소들의 차이점은 훨씬 더 뚜렷하다. 그러므로 과도체인 카벤을 제외한 탄소는 대개 4가이지만, 게르마늄, 주석, 납은 2가인 화합물을 생성할 수 있다. 예를 들면, 큰 치환기 [R = $CH(SiMe_3)_2$]가 존재하면, 용액에서는 $R_2Ge$, $R_2Sn$, $R_2Pb$가 반자기성 단위체로 존재하고, 고체에서는 이합체로 존재한다. 주석 이합체의 분자 구조는 결정되었으며, 트랜스 형태로 존재한다.

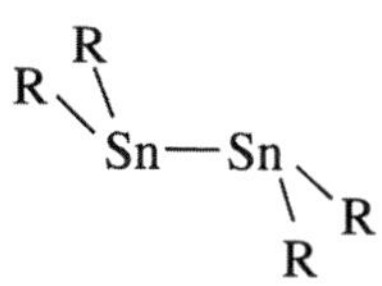

Ge—Ge 및 Sn—Sn 결합은 에틸렌과는 달리 굽어 있을 뿐만 아니라, 실제 이중 결합에 대해 예상할 수 있는 것만큼 결합 길이가 짧지도 않다.[13] 이 결합을 계산해 보면, $p_\pi$-$p_\pi$ 결합은 덜 중요하고, 다른 상호작용이 더 중요하게 됨을 알 수 있다. 계산된 결합 차수는 Ge—Ge = 1.61이고, Sn—Sn = 1.46이다.[14]

## 질소-인의 유사성과 차이점

실온에서 질소의 안정한 형태는 $N_2$인데, 상당히 강한 (946 kJ $mol^{-1}$) 삼중 결합을 가진

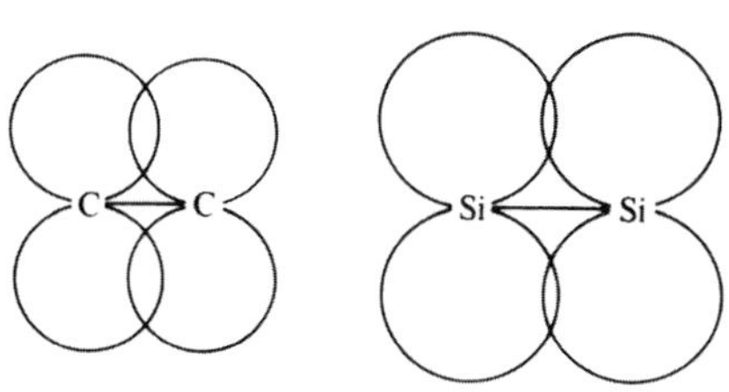

**그림 15.1** C—C와 비교한 Si—Si의 $p$ 오비탈의 겹침이 빈약함을 나타내는 도표.

11) Pyykkö, P. *Chem. Rev.* **1988**, *88*, 563~594.

12) Walsh, R. *Acc. Chem. Res.* **1981**, *14*, 246. West, R. *Angew. Chem. Int. Ed. Engl.* **1987**, *26*, 1201~1211.

13) Davidson, P. J.; Harris, D. H.; Lappert, M. F. *J. Chem. Soc. Dalton Trans.* **1976**, 2268~2274. Cowley, A. H.; Norman, N. C. *Prog. Inorg. Chem.* **1986**, *34*, 1~63.

14) Lendvay, G. *Chem. Phys. Lett.* **1991**, *181*, 88~94. 591쪽의 결합 에너지와 다음 문헌도 참조하라. Grev, R. S. *Adv. Organomet. Chem.* **1991**, *33*, 125~170.

다. 이에 비해 백린은 $P_4$ 분자로 구성되어 있고, 열역학적으로 안정한 형태는 흑린이며 중합체이다. 800 °C 이상에서는 $P_2$ 분자로 분해되지만, 이들은 $N_2$보다 상당히 더 불안정하고, 결합 에너지는 488 kJ $mol^{-1}$ 이다. 이 경우에도 더 무거운 원소는 한 개의 다중결합보다 여러 개의 단일 결합을 형성하는 것이 더 효과적이다.

사이안화 수소의 인유사체가 제조되었다.

$$CH_4 + PH_3 \xrightarrow[\text{아아크}]{\text{전기적}} HC{\equiv}P + 3H_2 \tag{15.15}$$

사이안화 수소의 안정성에 비해 HCP는 자연 발화성 기체이며, −130 °C 이상에서는 중합체로 된다. 최근 10년 동안에 C≡P 결합을 포함하는 분자의 수는 약 12개 이상으로 증가하였다.[15] 이 화학종들을 얻는 한 가지 방법은 할로젠화수소이탈 반응이다.

$$CH_3PCl_2 \xrightarrow{-2HCl} HC{\equiv}P \tag{15.16}$$

$$CF_3PH_2 \xrightarrow{-HF} CF_2{=}PH \xrightarrow{-HF} FC{\equiv}P \tag{15.17}$$

충분히 큰 치환기(R)가 존재하면, 속도론적으로 안정한 포스파알카인을 합성할 수 있다.[16]

$$P_4 + 12Na/K + 12ClSiMe_3 \longrightarrow 4P(SiMe_3)_3 + 12(Na/K)Cl \tag{15.18}$$

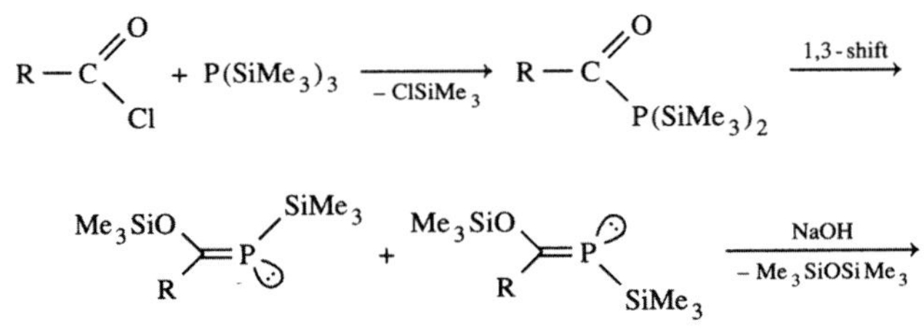

(15.19)

질소 화합물과 유사한 인을 제조하려는 화학자들이 직면한 첫 번째 도전 중의 하나는 포스파벤젠이다. 피리딘의 인유사체가 처음으로 합성되었으며, 지금은 피리딘의 모든 VA(15)족 유사체가 합성되었다.

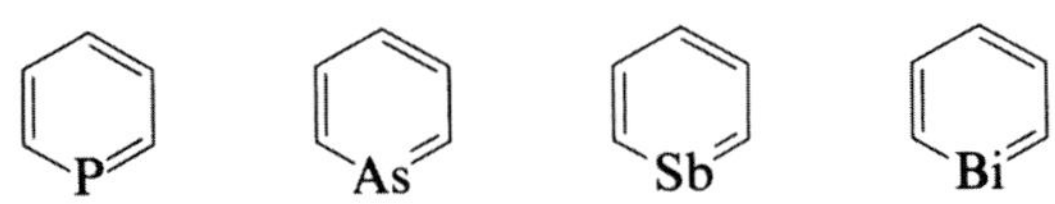

그러나 이들 화합물들은 무거운 원소가 관여하고 있기 때문에 규칙보다는 예외를 고려하여야 한다.

간단한 C=P 이중 결합을 포함하는 화합물의 분리는 삼중 결합에 대한 연구와 동일하다. 최초의 안정한 포스파알켄은 15년 전에서야 합성되었다.[17] 이 경우에도, 염기로 유발되는 할로젠 이탈반응과 부피가 큰 원자단을 결합시켜 안정화시키는 것이 중요하다.

---

15) Regitz, M.; Binger, P. *Angew. Chem. Int. Ed. Engl.* **1988**, *27*, 1484~1508. Regitz, M. *Chem. Rev.* **1990**, *90*, 191. Maah, M. H.; Nixon, J. F. In *The Chemistry of Organophosphorus Compounds*; Hartley, F. R., Ed.; John Wiley: New York, 1990; Chapter 9.

16) 포스파알카인(또는 다른 삼중결합된 기)는 선형일 것이고, 상응하는 이중 결합된 화학종의 경우에 비해 큰 원자단 때문에 "노출"이 덜함을 유념하라.

17) Becker, G. Z. *Anorg. Chem.* **1976**, *423*, 247. Cowley, A. H.; Jones, R. A.; Lasch, J. G.; Norman, N. C.; Stewart, C. A.; Stuart, A. L.; Atwood, J. L.; Hunter, W. E.; Zhang, H.-M. *J. Am. Chem. Soc.* **1984**, *106*, 7015~7020.

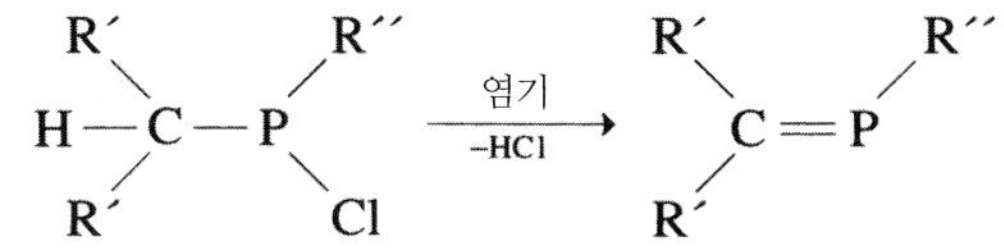


**(15.20)**

입체 장애가 중요하다. R = 페닐 또는 2-메틸페닐이면, 크기가 분자를 안정화시키는 데 충분하지 못하지만, 2,6-다이메틸페닐이나 2,4,6-트라이메틸페닐 유도체는 안정하다.

## 무거운 비금속에서 $p_\pi$–$p_\pi$ 결합의 존재에 대한 요약

앞에서 설명한 것처럼, 다른 비금속들과 마찬가지로 규소와 인은 이중 결합과 삼중 결합의 존재를 오랫동안 밝혀내지 못했기 때문에 C=C, C=N, C≡O, N≡N 등만이 안정한 다중 결합이라고 결론짓게 되었다. 물론 이 문제에 대한 도전이 이어졌고, 합성을 위한 많은 연구도 이루어졌다. 무거운 비금속들 간의 다중 결합이 2$p$ 원소만큼 강한 것은 없다. **π** 결합의 세기에 대한 전형적인 추정값(유기화학의 데이터로부터 $H_2C=CH_2$와 비교해 보라)은 다음과 같다(단위는 kJ $mol^{-1}$이다).

| | | | | | |
|---|---|---|---|---|---|
| C=C | 272 | | | | |
| C=Si | 159 | Si=Si | 105 | | |
| C=Ge | 130 | Si=Ge | 105 | Ge=Ge | 105 |
| C=Sn | 79 | | | | |

지금은 어떤 X=Y 이중 결합이라도 제조할 수 있고, 수백 가지의 화합물들이 합성되었다. 일반적인 방법은 큰 치환기를 포함하고 있다. 이런 방법을 통해서 무거운 비금속들의 다중 결합에 관한 화학은 낮은 배위수 착물과 유사하게 다룰 수 있게 되었다(11장 참조).

삼중 결합을 갖는 것으로 알려진 무거운 비금속들의 수는 12개 정도에 불과하다. 삼중 결합을 입체적으로 보호하는 것은 상응하는 이중 결합의 경우에 비해 훨씬 더 어렵다는 것을 앞에서 이미 알아보았다. C≡S 결합의 한 가지 흥미로운 양상은 C≡C 아세틸렌과는 달리, 탄소 원자에서처럼 삼중 결합이 선형성을 보장하지 않는다는 것이다(그림 15.2). 그 이유는 명확하지는 않지만, $R_2Ge=GeR_2$와 $R_2Sn=SnR_2$의 비평면

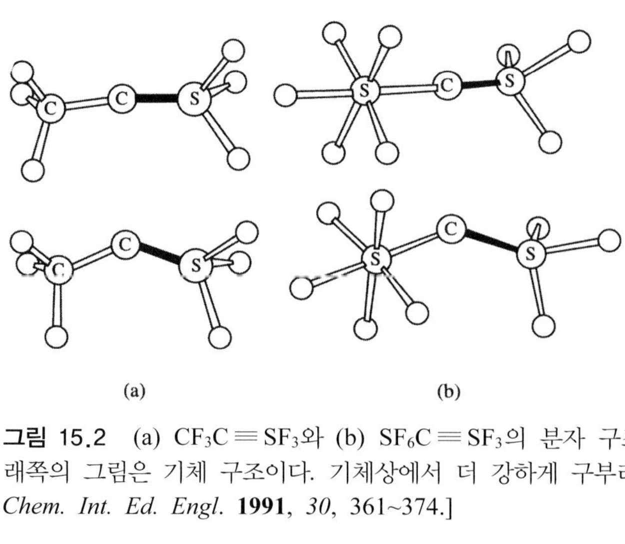

(a) (b)

**그림 15.2** (a) $CF_3C \equiv SF_3$와 (b) $SF_5C \equiv SF_3$의 분자 구조. 위쪽의 그림은 결정 구조이고, 아래쪽의 그림은 기체 구조이다. 기체상에서 더 강하게 구부러짐을 주목하라. [Seppelt, K. *Angew. Chem. Int. Ed. Engl.* **1991**, *30*, 361~374.]

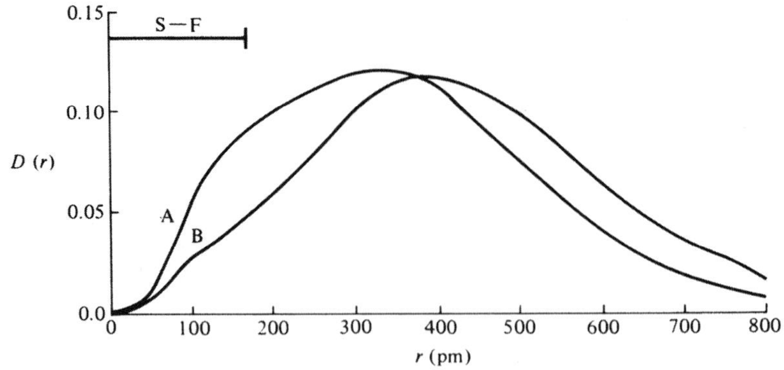


**그림 15.3** $d^1$ 배치에서의 3$d$ 오비탈 분포 함수: (A) P($s^1p^3d^1$)의 $^6D$ 항; (B) S($s^2p^3d^1$)의 $^5D$ 항. 직선은 전형적인 S—F 결합 길이를 나타낸다. [Mitchell, K. A. R. *Chem. Rev.* **1969**, *69*, 157.]

성과 관련이 있는 것 같다. 이런 화합물들이 모두 성공적으로 분리된 것은 결합 자체의 고유한 안정성 때문이라기보다는 분리를 위한 끈질긴 노력 덕분이다.

## 비금속들의 *d* 오비탈 이용 (또는 불이용)

### 비금속의 *d* 오비탈 참여에 대한 이론적 반론

비금속들의 결합에 $d$ 오비탈이 포함된다는 사실을 인정하지 않은 연구자들도 많았다. 주요한 반론은 다음과 같이 되려면 큰 들뜸 에너지가 필요하다는 것이었다.

$$s^2p^nd^0 \longrightarrow s^1p^{n-m}d^{m+1} \qquad \textbf{(15.21)}$$

여기서 $m=0$(P), 1(S), 또는 2(Cl) 이며, 결합에 대한 전자의 최대 다중도와 유용성을 얻기 위한 상태이다. $d$ 오비탈의 이용을 선호하지 않게 만든 두 번째 인자는 이웃한 원자 오비탈과의 약한 겹침이다. 예를 들면, 자유 황 원자의 3$d$ 오비탈은 더 낮은 에너지를 갖는 전자에 의해서 완전히 가려지기 때문에, 3$s$나 3$p$ 전자만큼 핵전하를 느끼지 않는다. 그래서 3$d$ 오비탈은 극도로 확산되어 있고, 방사방향 분포(radial distribution)의 극대가 전형적인 결합 길이의 거의 두 배인 거리에 있다(그림 15.3). 이 때문에 겹침은 매우 빈약하고 약한 결합이 된다.[18)]

에너지 상태가 높은 $d$ 오비탈을 사용하지 않고 비금속의 높은 산화 상태를 설명하는 방법은 두 가지가 있다. Pauling은 다음 유형의 공명이 일어날 수 있다는 것을 제안하였다.

---

18) 모든 무거운 비금속에 대해 이 같은 일반적인 논리가 적용된다. $d$ 및 $f$ 오비탈은 $s$와 $p$ 전자들이 더 많이 침투하기 때문에 더 효과적으로 가려진다.

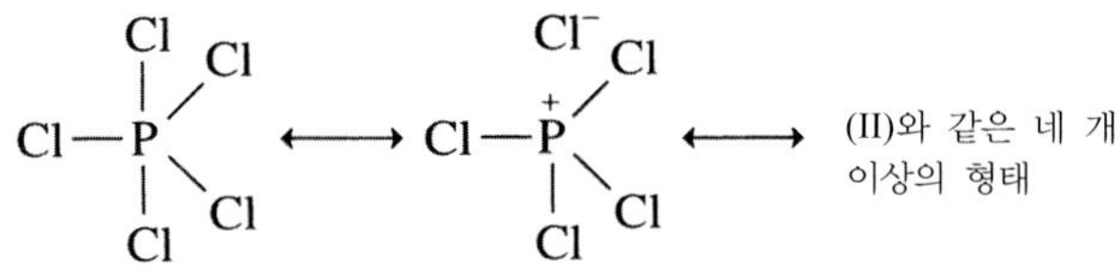


(I) (II) **(15.22)**

I 구조만이 *d* 오비탈을 사용한다. 따라서 전체 혼성 중의 *d* 성질은 적다. 각각의 P—Cl 결합은 II와 같은 공명 구조로 존재할 때 20%의 이온 결합성과 80%의 공유 결합성을 가진다. Pauling은 이 "여분"으로 형성된 결합(앞에서와 지금까지 다루었던 네 가지 불활성 기체의 팔전자계나 "아르곤적" 구조) 을 "초아르곤적" 결합으로 설명하고, 이 결합들은 "보통" 또는 "아르곤적" 결합보다 더 약하며, 매우 전기음성인 리간드가 존재할 경우에만 형성된다는 것을 지적하였다. 그러므로 $PCl_3$의 평균 결합 에너지는 326 kJ $mol^{-1}$이지만, $PCl_5$에서는 270 kJ $mol^{-1}$에 불과하다. 같은 효과가 $PF_3$와 $PF_5$에서 알려져 있지만, 이 경우에는 결합 에너지의 차이는 40 kJ $mol^{-1}$ 밖에 나지 않는데, 이는 플루오린화물에서는 이온성 구조가 더욱 중요해져서 구조의 안정화가 일어나기 때문이다. 전기음성도의 차이에 의한 이들 구조의 안정화는 더 높은 산화 상태의 할로젠 플루오린화물을 형성하는 경향을 나타낸다. 예를 들면, 모노플루오린화 할로젠의 플루오린화 엔탈피는 다음과 같다.

$$\mathrm{ClF(g) + 2F_2(g) \longrightarrow ClF_5(g)} \quad \Delta H = -152.7\ \mathrm{kJ\ mol^{-1}} \tag{15.23}$$

$$\mathrm{BrF(g) + 2F_2(g) \longrightarrow BrF_5(g)} \quad \Delta H = -376.1\ \mathrm{kJ\ mol^{-1}} \tag{15.24}$$

$$\mathrm{IF(g) + 2F_2(g) \longrightarrow IF_5(g)} \quad \Delta H = -751.4\ \mathrm{kJ\ mol^{-1}} \tag{15.25}$$

두 번째의 또 다른 방법은 불활성 기체의 플루오린화물에 대하여 간단한 MO 이론을 사용하여 발전시킨 3중심 4전자 결합이다(14장 참조). 이것은 각 결합 전자쌍(각 "결합") 이 세 개의 핵에 걸쳐 있다고 예상하기 때문에, 두 핵 사이의 결합은 정상적인 2중심 2전자 결합보다 더 약하다. 또한 비결합 전자쌍이 플루오린 원자에 편재화되기 때문에 전하가 분리된다("이온 결합적 특성"). 그러므로 두 가지 해석 방법에서 보면 이러한 설명은 Pauling의 설명 및 실험적 사실과 일치한다.

질소의 경우, 실험적을 통해 5배위임이 밝혀졌으며,[19] 6배위 질소는 존재하지 않는다. 한편, 이론적으로도 $NF_5$와 같은 분자에서는 5배위 질소가 존재할 수 있음이 입증되었다.[20]

## 결합에 대한 실험적 증거 : 포스포릴 화합물의 인–산소 결합

$d_\pi$-$p_\pi$ 결합의 경우, 이 결합의 존재를 밝혀내기 위한 오래된 문제를 다시 알아보게 된다. van der waals 반지름의 합보다 상당히 더 짧은 거리에서 두 원소를 발견할 때에는 $\sigma$ 결합의 존재를 기대할 수 있다. $\pi$ 결합의 검출은 더욱 미묘한 판정 기준에 따른다. 결합의 단축 및 더 강해짐, 전하 분포의 안정화 등의 실험 데이터들은 해석하

19) Christe, K. O.; Wilson, W. W.; Schrobilgen, G. J.; Chirakal, R. V.; Olah, G. A. *Inorg. Chem.* **1988**, *27*, 789~790.

20) Ewig, C. S.; Van Wazer, J. R. *J. Amer. Chem. Soc.* **1989**, *111*, 4172~4178.

기가 애매하다.

$\pi$ 결합의 명백한 존재에 관한 한 예는 산화 포스핀이다. 대부분의 삼차 포스핀은 비교적 불안정하게 산화되어 산화 포스핀이 된다.

$$2R_3P + O_2 \longrightarrow 2R_3PO \tag{15.26}$$

이 반응은 쉽게 일어나기 때문에 지방족 포스핀은 대기 중의 산소와 접촉하지 않게 하여야 한다. 트라이아릴포스핀은 이 점에서 더욱 안정하지만 그래도 역시 쉽게 산화될 수 있다.

$$Ph_3P \xrightarrow[KMnO_4]{HNO_3 \text{ 혹은}} Ph_3PO \tag{15.27}$$

이에 비하여 지방족 아민은 산화될 수 있지만 대기로부터 보호할 필요는 없다.

$$R_3N + HOOH \longrightarrow [R_3NOH]^+OH^- \xrightarrow{-H_2O} R_3NO \tag{15.28}$$

그러나 산화 아민은 가열하면 분해된다.

$$Et_3NO \xrightarrow[\text{가열}]{} Et_2NOH + CH_2{=}CH_2 \tag{15.29}$$

산화 포스핀은 열적으로 안정하고, 이에 대한 반응은 완전히 알려져 있지 않다. 실제로 삼차 산화 포스핀은 유기인 화합물 부류에서 가장 안정한 형태이다. 이들 산화물은 $\beta$ 수소 원자가 없을 때 특히 안정하다. 트라이메틸포스핀 산화물과 트라이페닐포스핀 산화물은 700 °C 이하에서는 분해되지 않는다.[21] 이들은 금속 소듐과 함께 가열하여도 환원되지 않는다. P → O나 P ═O와 같은 결합을 형성하는 경향[22]은 인의 화학의 추진력 중의 하나이며, 이것은 반응과 구조를 합리적으로 생각하고 예측하는 데 사용될 수 있다. 예를 들면, 더 낮은 산화 상태에 있는 인의 산들은 3배위 할로젠 화합물의 가수분해에 의해 제조되지만 4배위 구조로 존재한다.

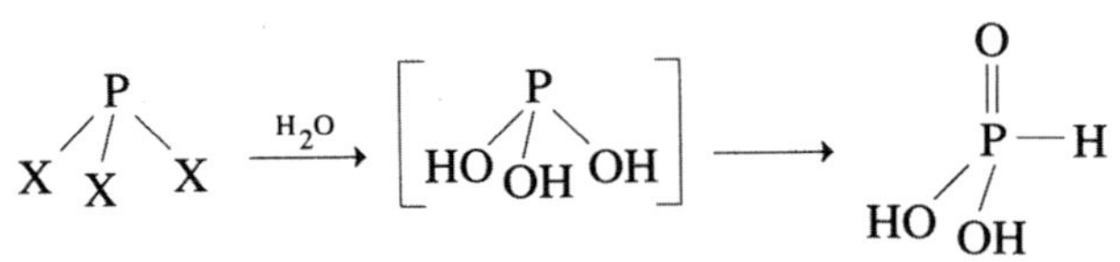

(15.30)

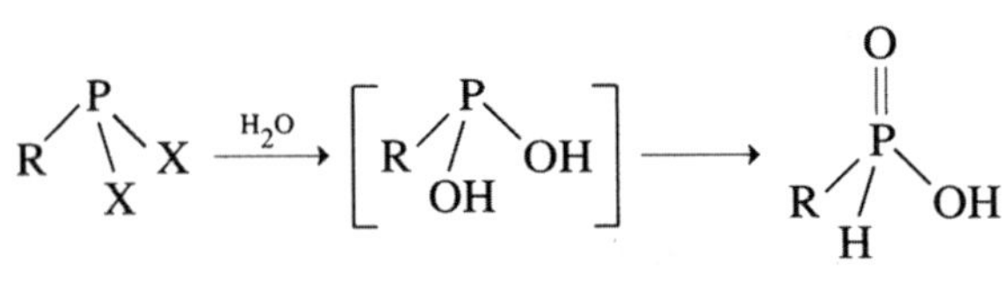

(15.31)

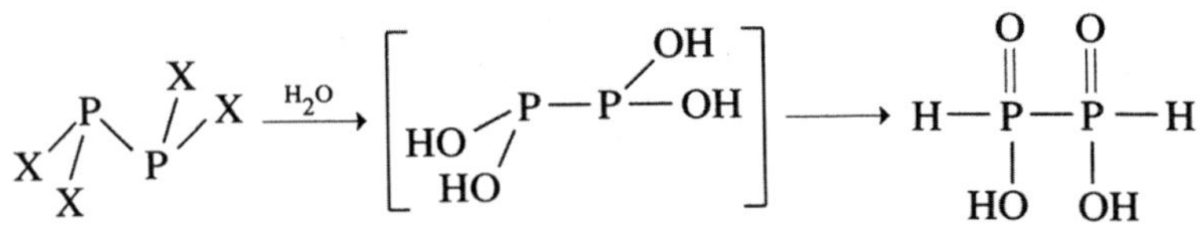

(15.32)

21) Corbridge, D. E. C. *Phosphorus*, 4th ed.; Elsevier: Amsterdam, 1990; p 320.

22) P—O 결합은 단일, $\sigma$, 배위 결합, P → O이어야 하거나, 최소한 부분적으로 $d_\pi$-$p_\pi$ 이중 결합 특성을 가졌는지에 대해서 여기서는 물론 논란이 있을 수 있다. P → O나 P =O인 구조를 그리려면 의문을 피해 갈 수 없다. 식 15.36의 공명 형태를 참조하라.

P ═O 결합을 형성하는 경향은 Arbusov 반응 때문이며, 전형적인 반응은 아인산 트라이알킬이 포스폰산(phosphonate) 으로 재배열하는 것이다.

$$(RO)_3P \xrightarrow{RX} (RO)_2P(=O)R \qquad \textbf{(15.33)}$$

식 15.33에서 촉매 양의 RX를 사용하고 있지만, 이것을 당량의 R'X만큼 가해주면, 알콕시 포스포늄염을 형성할 때의 할로젠화 알킬의 역할이 나타난다.

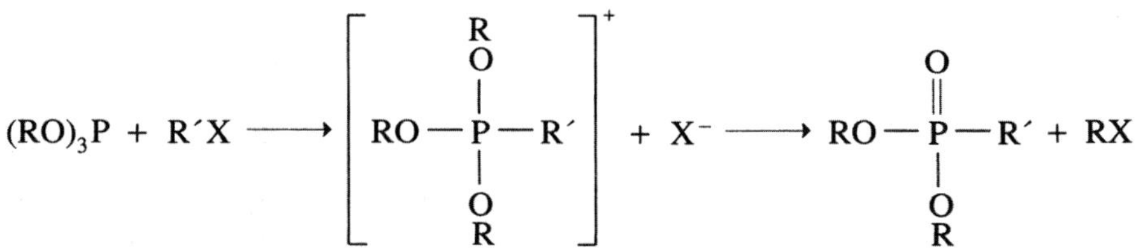

**(15.34)**

할로젠에 의한 아인산 트라이알킬의 산화도 같은 원리로 설명된다.

$$(RO)_3P + Cl_2 \longrightarrow [(RO)_3PCl]^+Cl^- \longrightarrow (RO)_2P(O)Cl + RCl \qquad \textbf{(15.35)}$$

산화 아민과 산화 포스핀 사이의 또 한 가지 차이점은 분자의 극성이다. 산화 트라이메틸아민의 쌍극자 모멘트는 $16.7 \times 10^{-30}$ C m(5.02 D) 이고, 산화 트라이메틸포스핀의 쌍극자 모멘트는 $14.6 \times 10^{-30}$ C m(4.37 D) 이다. 이러한 극성의 결과로 산화 아민은 수화물 $R_3NO \cdot H_2O$ 를 생성하는 경향이 생기고, 산화 포스핀보다 염기성도 더 크다.

산화 아민과 산화 포스핀 간의 행동의 차이는 산화 포스핀에는 역결합의 가능성이 있기 때문인 것으로서 설명할 수 있다. 반면에 산화 아민은 배위 N—O 결합, $R_3N \rightarrow O$를 포함하는 한 가지 구조로 한정되지만, 산화 포스핀에는 인과 산소 간의 $d_\pi$-$p_\pi$ 결합의 기여가 있을 수 있다.

$$\underset{\text{(I)}}{R_3P^+ \longrightarrow O^-} \longleftrightarrow \underset{\text{(II)}}{R_3P{=}O} \qquad \textbf{(15.36)}$$

후자의 결합이 강하고 인-산소 결합이 매우 안정함을 설명하려면 이중 결합의 특성을 도입해야 한다. 이러한 여분의 안정성은 이온성 공명 에너지에 의해 생길 수 없음을 유의해야 하는데(전기음성도의 차이가 N—O 에서보다 P—O에서 더 크기 때문에, 이 견해는 합리적인 설명이다), 질소 화합물의 쌍극자 모멘트가 인 화합물의 쌍극자 모멘트보다 더 크기 때문이다. 이것은 전기음성도에 근거하여 예상한 것과는 완전히 다른 결과이고, 모멘트를 감소시킬 것으로 예상되는 식 15.6(II) 의 정준형을 고려해야 비로소 이해된다.

결합 에너지를 비교하여도 위의 설명이 뒷받침된다. 여러 가지 화합물에서 P ═O 결합의 해리 에너지는 500~600 kJ mol$^{-1}$의 범위이고, N → O에 대한 값은 200~300 kJ mol$^{-1}$이다. 후자의 값은 단일 결합에 대하여 예상할 수 있는 대표적인 값이지만 600 kJ mol$^{-1}$은 알려진 어떤 단일 결합보다도 더 강하다(7장 참조). 여러 가지 P ═O 결합의 세기를 적외선 신축 진동수로 더 상세하게 조사해 보면 몇 가지 흥미있는 경향을 볼 수 있다. 산화 포스핀과 같은 일련의 유사 분자에 대한 신축 진동은 결합 세기에

**표 15.2**
몇 가지 포스포릴 화합물의 IR 신축 진동수[a].

| 화합물 | $\nu_{po}(cm^{-1})$ | $\Sigma\chi$ |
|---|---|---|
| $F_3PO$ | 1404 | 11.70 |
| $F_2ClPO$ | 1358 | 10.75 |
| $CL_3PO$ | 1295 | 8.85 |
| $CL_2BrPO$ | 1285 | 8.52 |
| $CLBr_2PO$ | 1275 | 8.19 |
| $BR_3PO$ | 1261 | 7.86 |
| $PH_3PO$ | 1190 | (7.2) |
| $Me_3PO$ | 1176 | (6.0) |

[a] $\chi$=치환된 전기음성도

대한 지침을 제공한다(표 15.2).[23] 포스포포스포릴 화합물 중에서 최고 신축 진동수는 $F_3PO$ 의 신축 진동수이며, 할로젠화물의 최저 신축 진동수는 $Br_3PO$의 신축 진동수이다. (아이오딘 화합물은 알려져 있지 않다). 신축 진동수를 치환기의 전기음성도를 모두 합한 것의 함수로서 도시하면, 직선이 얻어진다.

$$\nu_{PO} = 930 + 40\Sigma\chi \tag{15.37}$$

여기서 $\chi$는 인의 원자나 원자단 치환에 의한 Pauling의 전기음성도이다.

치환기의 전기음성도와 P=O 결합의 세기 사이의 상호관계는 $\pi$ 결합 모형에 대한 지지를 제공하지만 배위 결합만으로 이루어진 모형에 대한 지지는 제공하지 않는다. 인으로부터 전자 밀도가 제거되면 P→O 결합으로부터 전자가 제거되어 이 결합을 약하게 만들기 때문에 $\sigma$ 결합은 불안정하게 된다. 이와는 대조적으로, 산소가 $d$-$p$ $\pi$ 결합을 통하여 인과 역결합을 할 수 있다면, 인에 유발된 전하는 감소되고 P=O 결합은 강화될 수 있다.

포스포릴 화합물의 결합 길이는 이중 결합 성질의 개념과 일치한다. 가장 간단한 경우로서 $P_4O_{10}$에는 두 종류의 P—O 결합 길이가 있다. 바구니형 골격 내에는 12개의 상대적으로 긴 결합(158 pm)이 존재하고, 바구니 밖의 인 원자와 산소 원자 사이에는 세 개의 더 짧은 결합(141 pm)이 존재한다. 이들 두 결합 길이의 비(약 0.89)는 C=C와 C—C, 또는 C=O와 C—O의 비와 거의 같다는 사실은 흥미롭다.

산화 포스핀은 phosphorus ylide, $R_3PCH_2$와 등전자이다. 산화 포스핀처럼 두 가지 공명 구조가 phosphorous ylide의 안정화에 기여하지만, 대응하는 ammonium ylide, $R_3N^+—C^-H_2$에는 이것이 없다.

$$\underset{\text{(I)}}{R_3\overset{+}{P}—\overset{-}{C}H_2} \longleftrightarrow \underset{\text{(II)}}{R_3P{=}CH_2} \tag{15.38}$$

이 차이는 반응성이 반영된 것이다. Ammonium ylide는 일반적으로 상당히 염기성이

23) $R_3PO \rightarrow R_3P + O$의 **해리 에너지**는, 그 해리 과정에서 나머지 세 개의 결합이 강화되거나 약화될 수 있기 때문에, P=O **결합 에너지**에 대한 민감한 척도가 아니다. IR 신축 진동수는 분자의 힘 상수($k$)와 환산 질량($\mu$)의 함수이다. 분자가 $R_3P$ 원자단이라는 고정된 큰 질량에 가벼운 산소 원자가 진동하면서 결합해 있다고 가정하면, 환산 질량은 상수이기 때문에 진동수의 변화는 힘 상수에 대응하는 변화를 반영할 것이다. 유사 분자 간의 힘 상수는 전체 결합 에너지와 관련이 있다.

고 반응성도 매우 크다. 그러나 phosphorus ylide는 염기도와 반응성이 훨씬 더 낮기 때문에, 물로부터 양성자를 떼어 낼 수 있을 정도로 염기성이 아닌 것이 많으며, 강산이 존재하지 않으면 물에 녹지 않는다.

## 포스핀 착물과 인 산화물의 $\pi$ 결합 비교

P＝O 결합의 성질에 관한 논쟁은 배위 화합물에서 인-금속 결합 성질에 관한 논쟁을 생각나게 한다. 양쪽 모두는 결합을 $\sigma$만의 모형으로부터 $\sigma$-$\pi$ 혼합 모형에 이르기까지 넓은 범위에 걸쳐 해석하고 있다. 10장에서 알아본 것처럼 $\sigma^*$ 오비탈도 $d$-$\sigma^*$ 혼성 오비탈이 포함될 수 있기 때문에 인의 $\pi$ 결합에 관한 논쟁을 불러일으키고 있다.[24] 그러므로 문제는 단순히 $\sigma$ 대 $\pi$가 아닌 $\pi$에 대한 $d$ 및 $\sigma^*$ 오비탈의 상대적 기여도임이 판명되었다. 무기화학의 많은 의문에 대한 답과 마찬가지로, 그 답은 흑이나 백이 아니라 회색이다. 오비탈의 대칭성과 에너지가 서로 양립할 수 있다면, 결합은 일어나게 될 것이다. 비교적 중요한 것 중 하나는 적당한 의문을 갖는 것이다.

## 결합각에 의한 증거

트라이메틸아민 분자는 암모니아의 구조와 유사한 삼각뿔 구조이고, $CH_3$—N—$CH_3$ 결합각은 107.8° ± 1°이다. 이와는 대조적으로, 트라이실릴아민 분자는 평면형이다. 큰 실릴기의 입체 효과 때문에 결합각이 더 열릴 것으로 예상되지만, 비공유 전자쌍이 네 번째 "사면체" 오비탈 중의 하나로부터 밀려 나와서, 분자가 완전히 평면형으로 되는 것은 가능할 것 같지 않다($Ph_3N$ 조차 결합각은 116°이다). 고립 전자쌍은 질소 원자에 있는 순수한 $p$ 오비탈을 선택하는 것이 더 합리적일 것 같은데, 세 개의 규소 원자에 있는 오비탈은 질소의 $p$ 오비탈과 겹칠 수 있고, 질소의 비공유 전자쌍을 이 계 전체에 걸쳐 비편재화시킬 수 있기 때문이다(그림 15.4).

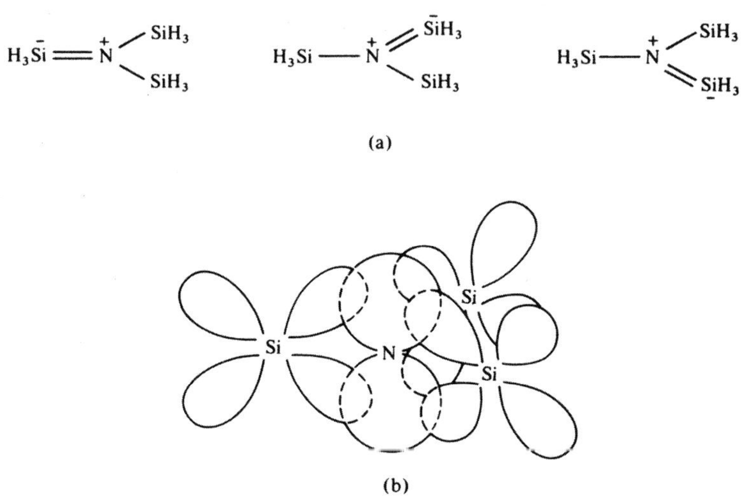


**그림 15.4** 트라이실릴아민의 고립 전자쌍의 비편재화. (a) 공명 구조, (b) $d_{\mathrm{Si}}$와 $p_{\mathrm{N}}$ 오비탈의 겹침.

---

24) Orpen, A. G.; Connelly, N. G. *J. Chem. Soc., Chem. Commun.* **1985**, 1310~1311. Pacchioni, G.; Bagus, P. S. *Inorg. Chem.* **1992**, *31*, 4391~4398.

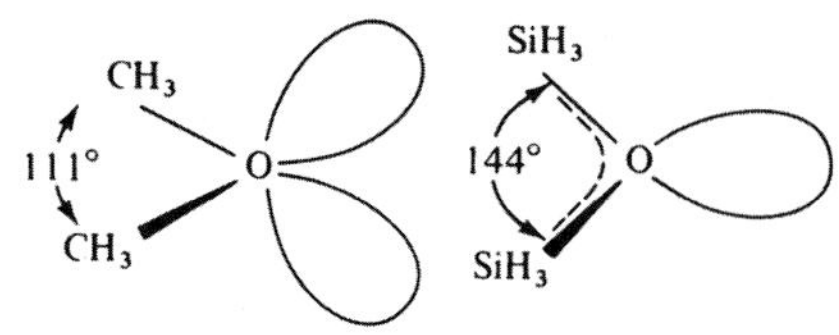

**그림 15.5** 다이메틸에터와 다이실록세인의 분자 구조 비교.

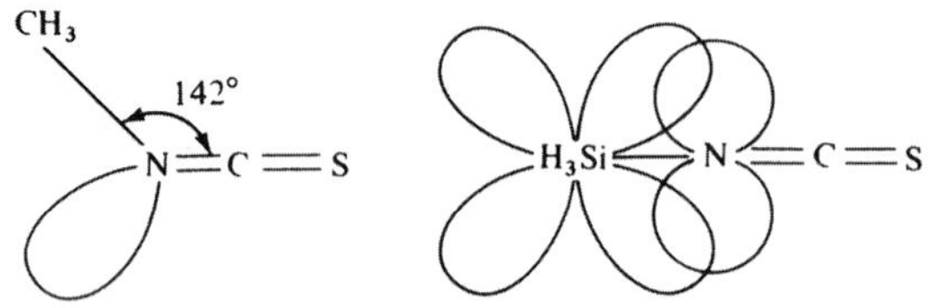

**그림 15.6** 아이소싸이오사이안산 메틸과 아이소싸이오사이안산 실릴의 분자 구조 비교.

실릴에터와 메틸에터의 결합각(그림 15.5)이나 아이소싸이오사이안산의 실릴과 메틸 유도체(그림 15.6)를 비교하여도 유사한 결과를 얻는다. 다이메틸에터에서 산소는 거의 $sp^3$ 로 혼성화하고, 산소 원자에는 두 개의 비공유 전자쌍이 존재한다. 이에 비하여 $\pi$ 결합을 갖는 다이실록세인은 거의 $sp^2$로 혼성화한다. 같은 방법으로 아이소싸이오사이안산메틸 분자, $CH_3N{=}C{=}S$에서 질소의 비공유 전자쌍은 질소에 편재되어 있으므로 이 분자는 굽어진다($N \sim sp^2$). 그러나 이 고립 전자쌍이 $H_3SiN{=}C{=}S$의 규소 원자의 역결합 $\pi$ 오비탈에 들어가서 비편재화하면, 이 분자는 선형 구조로 된다.

위의 규소 화합물에서는 비공유 전자쌍의 비편재화를 가정하지만, 이것은 대응하는 탄소의 화합물과 비교하여 실릴 화합물의 염기성이 낮은 것에 의해서도 지지되고 있다. 이와 같이 염기도가 낮아지는 것은, 규소의 전기음성도가 탄소의 전기음성도보다 낮기 때문에 전기음성도가 $\sigma$ 결합을 통하여 작용한다고 생각한 결과와 반대로 된다. 그러나 이것은 산소나 질소의 비공유 전자쌍과 규소의 비어있는 받개 $d$ 오비탈 사이의 "내부 Lewis 산-염기" 상호작용과 일치한다. 이렇게 감소된 염기도는 다이실록세인과 $BF_3$ 및 $BCl_3$의 첨가생성물이 생기지 않는 것에 의해 실험적으로 입증된다.

$$(CH_3)_2O + BF_3 \longrightarrow (CH_3)_2O{\rightarrow}BF_3 \qquad (15.39)$$

$$(SiH_3)_2O + BF_3 \longrightarrow \text{첨가생성물이 생성되지 않음} \qquad (15.40)$$

그리고 트라이실릴암모늄염이 존재하지 않는 것에 의해서도 입증된다. 트라이실릴아민과 염화 수소의 반응에서는 오늄염은 생성되지 않고 분해가 일어난다.

$$(SiH_3)_3N + 4HCl \longrightarrow NH_4Cl + 3SiH_3Cl \qquad (15.41)$$

## 무거운 동족원소에서의 $\pi$ 결합

매우 잘 연구된 인과 황의 계에 대한 $\pi$ 결합이 불확실한 점이 있는 점을 고려하면, 비소, 안티몬, 셀레늄, 텔루륨 등에도 이와 유사한 효과가 있을 수 있다고 해서 놀라울 것은 없다. 일반적으로 인과 황의 화학에서 접했던 들뜸 에너지나 확산된 $d$ 오비탈의 성질에 관한 문제는 동족체의 무거운 원소에서는 더 클 것이라고 생각된다. 후자의 $d$ 오비탈의 확산성을 이해하려면, 금속 착물에서 겉보기 $\pi$ 결합의 효율성에 주의를 기울어야 한다. 리간드의 무른 성질은 무른 금속 이온의 $d_\pi$-$d_\pi$ "역결합"으로부터 전자를 받아들이는 능력과 같다고 할 수 있다면, (b) 금속 이온과 착물을 형성하려는 경향을 통해 정보를 얻을 수 있다 (8장 참조). 이러한 경향은 P > As > Sb의 순이다. 이 순서는 더 작은 인 원자가 금속 원자와 더 효과적으로 $\pi$ 결합을 할 수 있다는 것을 나타낸다.

## *d* 오비탈의 참여를 지지하는 이론

비금속의 결합에 *d* 오비탈이 참여하는 것에 대한 반론이 제시되고 있지만, 앞에서 언급한 큰 들뜸 에너지와 확산성은 **고립된 황이나 인 원자의 성질**이라고 지적하는 학자도 많이 있다. 알아보아야 할 것은 $SF_5$나 $PF_5$와 같은 **분자에 있는 황이나 인의 성질**이다. 이것은 굉장히 어려운 문제이며 여기에서 상세하게 다룰 수는 없다. 그러나 유리된 상태에 있는 원자에서 전하가 증가하거나 감소할 때, 전기음성도와 같은 성질을 어떻게 계산할 수 있는지는 알아보았고 (4장 참조), 분자 분위기에서 그러한 성질을 어떻게 **근사**할 수 있는지도 살펴보았다.

앞의 설명에 따르면, *d* 오비탈이 참여한다면, 높은 산화 상태에 있는 비금속이 전기음성인 치환기와 결합할 때에만 가능하다는 것은 분명하다. 중심의 P나 S 원자에 유발되는 부분 전하는, 어떤 결합 모형을 사용하더라도 (Pauling 모형이나 3중심 결합) 플루오린이나 산소의 전기음성도 때문에 생성될 것이다.

1장에서 유효 핵전하가 증가하면 원자의 에너지 준위는 수소 원자의 축퇴 준위에 더욱 가깝게 접근한다는 사실을 알았다. 유발 효과의 결과로서 중심 원자의 유효 핵전하가 증가하면, *d* 오비탈은 *s* 오비탈이나 *p* 오비탈보다 더 많이 가려지고, 그 때문에 전자 밀도의 변화에 민감하게 되므로, *d* 오비탈이 낮아지는 정도는 대응하는 *s* 오비탈이나 *p* 오비탈보다 훨씬 더 클 것으로 추측할 수 있다. 그러므로 들뜸 에너지는 더 낮아질 것이다. 중심 원자의 큰 부분 전하로 인한 두 번째 효과는 크고 퍼져 있는 *d* 오비탈을 수축시켜서 인접한 원자의 오비탈과 더 효과적으로 겹칠 수 있게 만든다. 예를 들면, $SF_6$의 *d* 오비탈은 최대 확률 반지름이 130 pm인 것으로 계산되는데, 자유 황 원자의 최대 확률 반지름, 300~400 pm에 비하면 엄청나게 수축된 것임을 알 수 있다 (그림 15.3).

## *d* 오비탈의 수축과 참여에 대한 실험적 증거

가장 주목할 만한 분자의 하나는 트라이플루오린화 싸이아질, $NSF_3$이다.(그림 15.7). 이 화합물은 매우 안정하다. 이것은 실온에서 암모니아와 반응하지 않으며 염화 수소와 함께 가열하거나 금속 소듐과 400 °C 이하에서 가열하여도 반응하지 않는다. S—N 결합 (141.6 pm) 은 두 원소 사이에 알려진 것 중에서 가장 짧은 결합이다. FSF 결합각은 94°로서, $sp^3$ 결합과 거의 일치하며 황과 질소 사이에는 $sp^3$ 혼성의 $\sigma$ 결합과 두

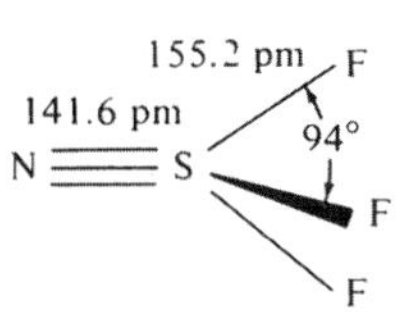


**그림 15.7** 트라이플루오린화 싸이아질, $NSF_3$의 분자 구조.

개의 $p$–$d$ $\pi$ 결합이 존재한다. 플루오린 원자의 유발 효과에 의한 $d$ 오비탈의 수축 때문에 유효한 겹침과 $\pi$ 결합 형성도 가능할 것이다. 또 다른 설명을 위해서는 황 원자로부터 이중 배위 결합이 있어야 하는데, 이것은 양의 성질을 갖는 황 원자의 성질을 고려하면 가능할 것 같지 않다.

결합 길이는 삼중 결합과 일치한다. 단일 S—N 결합 ($NH_2SO_3H$) 에 대한 174 pm과 이중 S═N 결합 ($N_4S_4F_4$) 에 대한 154 pm의 결합 길이는 플루오린화 싸이아질의 결합 차수 2.7과 일치한다. 또한 이러한 값은 힘 상수를 기초로 하여 계산한 것과도 일치한다. S—N, S═N, S≡N 결합의 상대적 결합 길이는 1.00 : 0.88 : 0.81이고, 이것과 대응하는 C—N, C—N, C≡N 결합의 1.00 : 0.87 : 0.78과 비슷한 정도로 짧아진다.

플루오린의 치환이 $d$ 오비탈 참여에 미치는 영향을 나타내는 두 가지 다른 분자는 $S_4N_4H_4$와 $N_4S_4F_4$이다. Tetrasulfur tetraimide는 $S_8$ 분자와 등전자이고, 구조는 다음과 같다.

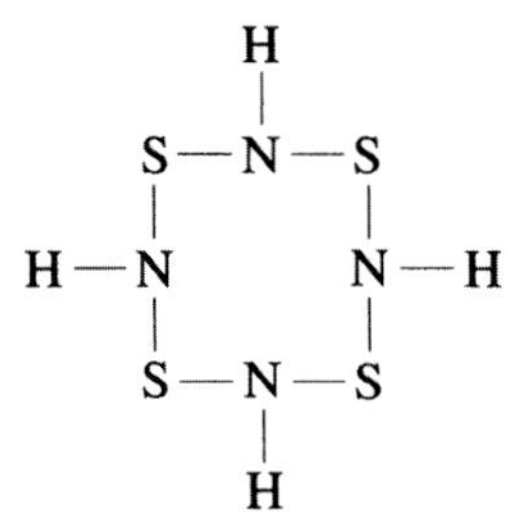

그리고 왕관 형태는 아주 합리적으로 보인다. 그러나 플루오린화물은 황 원자에 대한 치환기를 갖는 이성질체 구조를 가진다.

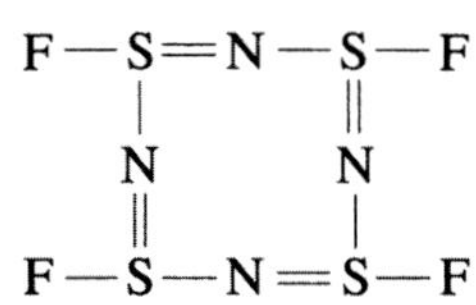

이 분자에서는 이중 결합 때문에 고리에 있는 S—N 결합 길이의 변화를 분명하게 볼 수 있다. 위의 $S_4N_4H_4$에 대한 전자 구조와 $S_4N_4F_4$에 대한 전자 구조는 모두 합리적이지만, 다음과 같은 문제가 생긴다. 즉, tetraslfur tetraimide는 N-치환 형태로부터 이성질화하여 플루오린화물과 등전자인 S-치환 형태로 되지 않는가?

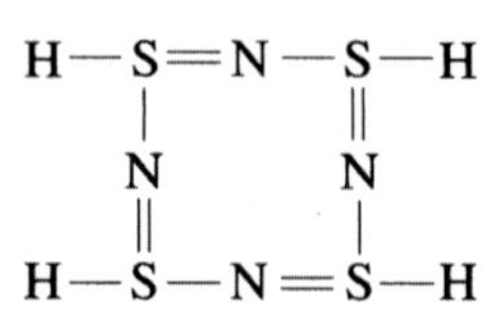

같은 수의 $\sigma$ 결합을 유지하면서 네 개의 $\pi$ 결합을 형성할 수 있는가? 이성질현상이 일어나지 않는 분명한 이유는 전기음성인 플루오린 원자의 존재하에서는 $\pi$ 결합을 형성하지만, 전기양성인 수소 치환기의 존재하에서는 $\pi$ 결합이 매우 약하기 때문에 수소 원자가 보다 더 전기음성인 질소 원자로부터 전기음성이 약한 황 원자로 이동함에 따라 $\sigma$ 결합의 약화를 약한 $\pi$ 결합으로 보상할 수 없다는 것이다.

포스파젠 계열에서 할로젠이 치환되면 *d* 오비탈은 수축되기 때문에 고리 내의 **π** 결합이 더 유효하게 된다고 생각된다. 비대칭 치환은 정상적 평면 고리를 굽어지게 한다고 이미 지적하였다. 이것의 좋은 예는 1,1-diphenyl-3,3,5,5-tetrafluorotriphosphatriazene이다.

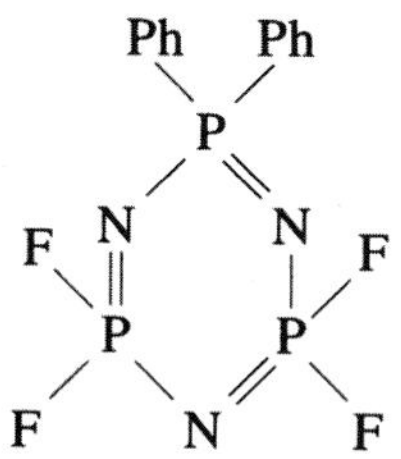

세 개의 질소 원자와 플루오린이 치환된 인 원자는 동일 평면상에 있지만(2.5 pm 이내에서), 페닐이 치환된 인 원자는 이 평면에서 20.5 pm 더 위에 놓여 있다. 더 전기양성인 페닐기는 인의 *d* 오비탈을 확장시키기 때문에, 질소 원자의 *p* 오비탈과 충분하게 겹치지 않게 되며, 이로 인해 **π**계가 약화된다. 그래서 고리가 변형되어[25] $Ph_2P$ 부분은 굽어져 평면 밖으로 나오게 된다.

*d* 오비탈의 참여를 무시했을 때 오류가 나타나게 되는 다른 예는 Haddon과 공동연구자[26]에 의해서 발견되었다. 이들은 비평면형인 $S_4F_4$에서 *d* 오비탈의 참여가 특히 중요한 역할을 하고 있음을 밝혔는데, 이것은 일차원 전도체 $(SN)_x$의 비편재화 에너지가 약 1/2 정도에 불과한 이유도 설명하는 것이다. 후자의 경우, *d* 오비탈의 전기음성도가 낮기 때문에(4장 참조). S—N 결합의 이온 결합성은 증가하고, 구조는 안정화된다.

마지막으로, $OPF_3$에서 강한 P＝O 결합이 존재한다는 것은(596쪽 참조), 네 개의 **σ** 결합으로부터 전기음성인 원자들로 양의 전하를 옮겨서, 산소 원자로부터 인 원자로 전자 밀도의 역제공이 강화된다는 사실과 일치한다는 점을 상기하자. 양의 전하가 존재하면 인이나 황의 *d* 오비탈이 수축된다는 앞의 설명에, 더 좋은 겹침을 이 분자를 안정화시키는 두 번째 인자로서 추가될 수 있을 것이다.

비금속류에서 *d* 오비탈의 참여 문제는 아직까지 논쟁거리이다. $SF_6$와 같은 **σ** 결합 화학종의 경우에 이 문제는 중요하지 않다. 왜냐하면 모든 모형은 매우 극성인 결합을 갖는 팔면체 분자를 예측하고 있기 때문이다. 그러나 **π** 결합의 참여는 상당히 더 흥미로운 것이다. 이론에 더 관심을 기울이는 무기화학자들은 다소 회의적인 경향을 보이는데, 들뜸 에너지와 약한 겹침에 관한 논쟁이 적절하게 해결되지 않았다고 생각하기 때문이다. 한편, 합성과 특성 연구에 관심이 있는 화학자들은 이들 화합물을 설명하는 데에 *d* 오비탈의 사용을 선호한다. 이들은 과거의 경험에 비추어 실용성이 제공한 사례를 지적하고, 이들 분자에 대해서 엄밀하고 완벽한 계산에 의하여 *d* 오비탈의 참여가 없다는 것이 입증되기 전에는 유용한 모형을 너무 빨리 포기하는 것은 안된다고 주장한다.

---

25) 이 설명은 **π** 결합이 약해지기 때문에 고리가 굽어지는 것이 아니라 결정의 충진력 때문에 고리가 굽어진다고 설명하고 있다.

26) Haddon, R. C.; Wasserman, S. R.; 쩍이, F.; Williams, G. R. J. *J. Amer. Chem. Soc.* **1980**, *102*, 6687~6693.

## 반응성과 *d* 오비탈 참여

둘째 주기의 원소(Li에서 F까지)들은 어느 정도(최소한 형식 산화 상태만이라도)까지는 그들의 더 무거운 동족체와 유사할 뿐만 아니라 대각선 방향으로의 더 낮은 오른쪽 원소와도 유사하다(전하, 크기 및 전기음성도가 관계되는 한)는 것을 앞에서 지적하였다. 예를 들어 규소와 인은 수소화물을 형성하며 이 수소화물은 알케인보다는 훨씬 불안정하지만, 알케인과 공통적인 성질도 몇 가지 가진다. 전기음성도 관계 때문에 P—H 결합은 Si—H 결합보다는 C—H 결합의 극성에 더 가깝다. 인과 탄소의 유사성은 유기화학이 탄소에 대해 완성한 것과 같은 방법을 통해 확장되었다.

규소 및 인 화학은 모두 탄소의 화학과는 현저하게 차이가 나는 한 가지의 중요한 양상을 나타낸다. 다음 반응들을 살펴보자.

$$CCl_4 + H_2O \longrightarrow \text{반응이 일어나지 않음} \qquad (15.42)$$

$$SiCl_4 + 4H_2O \longrightarrow Si(OH)_4 + 4HCl \quad \text{빠름} \qquad (15.43)$$

$$PCl_5 \xrightarrow[\text{빠르게}]{H_2O} 2HCl + OPCl_3 \xrightarrow[\text{더 느림}]{3H_2O} OP(OH)_3 \qquad (15.44)$$

할로젠화 탄소가 비활성인 것과는 대조적으로, 규소와 인의 할로젠화물은 물과 매우 활발하게 반응하며, 그 때문에 이들 화합물은 대기 중에서 수분과 접촉을 막아주어야 한다. 이들 할로젠화물의 반응성에 대한 단서는 물과 쉽게 반응하는 산 할로젠화물의 유사한 반응성을 통하여 제공된다.

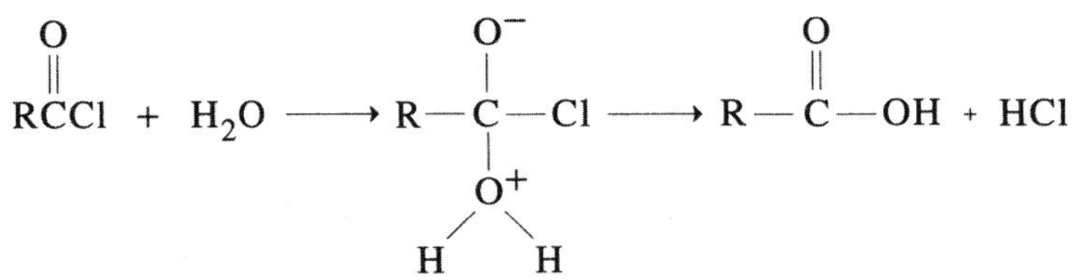

(15.45)

불포화 카보닐기로 인해 탄소의 배위 껍질은 3에서 4로 확장될 수 있고, 활성화 에너지도 낮아진다. 테트라할로젠화 탄소는 유사한 경로를 따를 수 없지만, 규소와 인의 화합물은 3*d* 오비탈을 사용하여 팔전자계를 확장할 수 있다.

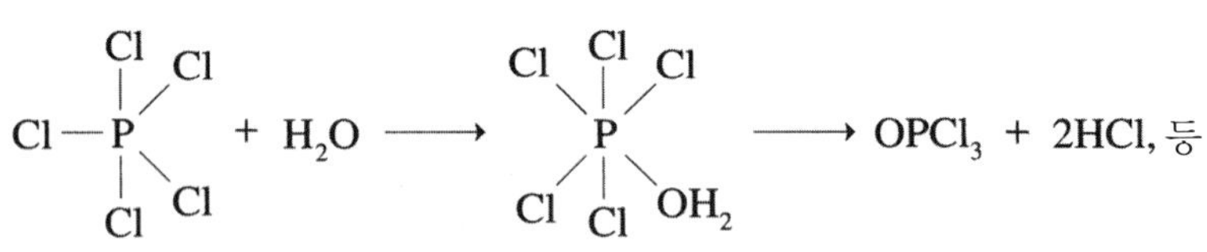

(15.46)

규소 및 인의 화합물에 대한 반응성의 증가는 둘째 주기의 원소에 비해 더 무거운 모든 비금속에 대해 나타나는 전형적인 형태이다.

## 비금속 및 후전이 금속에 대한 주기성에서의 벗어남

주기율표에서 여러 족의 성질은 제일 위의 금속성이 적은(더 전기음성) 원소로부터,

아래로 내려갈수록 금속성이 커지는(덜 전기음성) 원소에 이르기까지 점차적으로 변하는 것으로 가정한다. 주기율표의 양쪽 끝에 있는 원소의 경우에도－왼쪽에 있는 알칼리 금속와 오른쪽에 있는 할로젠 불활성 기체－성질의 점진적인 변화가 나타난다. 예를 들면, 이온화 퍼텐셜은 단조로운 방법으로 변화한다. 그러나 주기율표의 가운데 부분에서는 이런 변화가 그렇게 단순하지는 않다.

## 넷째 주기 비금속의 최고 원자가 기피 경향

넷째 주기 비금속(As, Se, Br)은 최고 산화 상태에 있을 때 불안정해지는 경향이 있다. 예를 들어 $PCl_5$와 $SbCl_5$는 안정하지만, 오염화 비소는 최근까지도 합성되지 않았다.[27] 비소의 유일하게 안정한 펜타할로젠화물은 $AsF_5$이다. $AsCl_5$는 －50 °C에서 분해되고, $AsBr_5$와 $AsI_5$는 알려져 있지 않다.

IV A(16) 족에서도 같은 현상이 나타난다. 삼산화 셀레늄은 삼산화 황 및 삼산화 텔루륨에 비하여 열역학적으로 불안정하다. $SF_6$, $SeF_6$, $TeF_6$의 생성 엔탈피는 각각 －1210, －1117, －1320 kJ $mol^{-1}$이다. 이것은 S—F와 Te—F의 결합 에너지(각각 317과 330 kJ $mol^{-1}$)는 거의 비슷하며, Se—F 결합(285 kJ $mol^{-1}$)보다 더 안정함을 의미한다.

＋7가의 산화 상태를 받아들이지 않는 예외로서 가장 잘 알려진 것은 과브로민산과 과브로민산 이온이다. 그러나 브로민은 비소와 셀레늄에서 시작된 경향을 계속해서 유지하는 것이 확실하다. 그래서 과브로민산 이온은 과염소산 이온이나 과아이오딘산 이온보다 더 강한 산화제이다.

## ⅢA(B) 및 Ⅳ(14) 족의 예외성

As, Se, Br의 최고 산화 상태 기피 성질을 설명하기 전에, 관련된 현상을 알아보기로 한다. 저마늄은 규소보다는 탄소와 비슷한 경향을 가진다. 몇 가지 예는 다음과 같다.

1. **아연과 염산에 의한 할로젠($X$)화물의 환원.** 저마늄은 탄소와 비슷하고 주석은 규소와 비슷하다.

$$\gt C-X \xrightarrow[\text{HCl}]{\text{Zn}} \gt C-H \tag{15.47}$$

$$\gt Si-X \xrightarrow[\text{HCl}]{\text{Zn}} \text{No} \gt Si-H \tag{15.48}$$

$$\gt Ge-X \xrightarrow[\text{HCl}]{\text{Zn}} \gt Ge-H \tag{15.49}$$

$$\gt Sn-X \xrightarrow[\text{HCl}]{\text{Zn}} \text{No} \gt Sn-H \tag{15.50}$$

2. **사수소화물의 가수분해.** 실레인은 촉매 양의 산화물의 존재하에서 가수분해한다. 이것에 비하여, 메테인, 저메인(germane), 스타네인(stannane)은 다량의 수산화물이 존재하더라도 가수분해되지 않는다.

---

27) Seppelt, K. *Z. Anorg. Chem.* **1977**, *434*, 5.

3. **유기리튬 화합물과 $(C_6H_5)_3MH$의 반응**. 트라이페닐메테인이나 트라이페닐저메인이 유기리튬 화합물과의 반응하는 방법은 트라이메틸실레인이나 트라이메틸스타네인이 유기리튬 화합물과 반응하는 방법과 다르다.

$$Ph_3CH + LiR \longrightarrow LiCPh_3 + RH \tag{15.51}$$

$$Ph_3SiH + LiR \longrightarrow Ph_3SiR + LiH \tag{15.52}$$

$$Ph_3GeH + LiR \longrightarrow LiGePh_3 + RH \xrightarrow{Ph_3GeH} Ph_3GeGePh_3 + LiH \tag{15.53}$$

$$Ph_3SnH + LiR \longrightarrow Ph_3SnR + LiH \tag{15.54}$$

4. **생성 엔탈피의 교차적인 변화**. IV A(14) 족 원소의 화합물에 대한 생성 엔탈피는 C − Si − Ge − Sn − Pb가 교대로 변하는 경향이 있다. 앞의 현상과 밀접한 관계가 있지만, 이러한 변화도 "비활성 쌍 효과"와 관계가 있으며 나중에 더 설명하기로 한다.

III A(13) 족의 원소들도 유사한 성질을 나타내지만, 그 차이는 IV A(14) 족 원소만큼 뚜렷하지는 않은 것이 일반적이다. 갈륨의 공유 반지름은 예상과는 달리 알루미늄의 공유 반지름보다 약간 더 작다. 두 원소의 첫 번째 이온화 에너지는 매우 비슷하며 (578과 579 kJ $mol^{-1}$), 세 번째 이온화 에너지까지를 합한 결과를 보면, 계열 내에서 다음과 같이 교대로 변화가 일어난다. B = 6887, Al = 5139, Ga = 5521, In = 5084, Tl = 5438 kJ $mol^{-1}$.

## 비활성 쌍 효과

무거운 후전이 금속은 최고 산화 상태를 나타내는 것을 피하는 경향이 있다. 그래서 IV A(14) 족에서, 주석은 + 4 이외에 + 2 산화 상태를 가지며, 납은 + 2의 산화 상태가 훨씬 더 중요하다. 다른 예는 안정한 $Tl^+$(III A, 13족)과 $Bi^{3+}$(V A, 15족)이다. 이들 산화 상태는 *np* 전자를 잃고 *ns* 전자만 남아있는 "비활성 쌍"에 해당한다.[28)]

무거운 원소들에서 *s* 전자는 예외적인 안정성(절대적인 의미에서)이 없다는 것은 쉽게 알아볼 수 있다. 표 15.3은 III A(13) 족과 IV A(14) 족 원소의 원자가껍질에 있는 *s* 전자에 대한 이온화 에너지를 나타낸 것이다. 6*s* 전자가 5*s* 전자에 비해 ~300 kJ $mol^{-1}$(3 eV) 정도 더 안정화되지만, 이것만이 비활성 쌍 효과의 원인일 수는 없다. 왜

표 15.3
kJ $mol^{-1}$(eV) 단위로 나타낸 *s* 전자들의 이온화 에너지.

| 원소 | $IE_2 + IE_3$ | 원소 | $IE_3 + IE_4$ |
|---|---|---|---|
| B | 6,087(*63.1*) | C | 10,843(*112.4*) |
| Al | 4,561(*47.3*) | Si | 7,587 (*78.6*) |
| Ga | 4,942(*51.2*) | Ge | 7,712 (*79.9*) |
| In | 4,526(*46.9*) | Sn | 6,873 (*71.2*) |
| Tl | 4,849(*50.3*) | Pb | 6,165 (*63.9*) |

28) 이것은 용액 중에서 "$R_2Sn = SnR_2$" 화합물이 RSn 단위체로서 존재할 수 있다는 사실(589쪽 참조)과도 관계가 있다. 산화되지 않은 s 전자쌍은 입체화학적으로 활성일 수도 있고 아닐 수도 있다는 사실과도 동일하지는 않지만 밀접하게 관련이 있다. 5장과 14장을 참조하라.

| 화합물 | $MF_2$ | $MF_4$ | $MCl_2$ | $MCl_4$ | $MBr_2$ | $MBr_4$ | $MI_2$ | $MI_4$ |
|---|---|---|---|---|---|---|---|---|
| Si | — | 565(*135*) | — | 381(*91*) | — | 310(*74*) | — | 234(*55.9*) |
| Ge | 481(*115*) | 452(*108*) | 385(*92.0*) | 349(*83.4*) | 326(*77.8*) | 276(*66.0*) | 264(*63.1*) | 212(*50.6*) |
| Sn | 481(*115*) | 414(*98.9*) | 386(*92.2*) | 323(*77.2*) | 329(*78.7*) | 273(*65.2*) | 262(*62.5*) | 205(*49.0*) |
| Pb | 394(*94.2*) | 331(*79.1*) | 304(*72.6*) | 243(*58.1*) | 260(*62.2*) | 201(*48.0*) | 205(*49.0*) | 142(*33.9*) |

**표 15.4**
$kJ\ mol^{-1}$($kcal\ mol^{-1}$) 단위로 나타낸 몇 가지 IV A(14) 족 할로젠화물의 결합 에너지.

냐하면 Ga와 Ge의 4*s* 전자가 약간 더 큰 이온화 에너지를 갖지만, 이들 원소는 비활성 쌍 효과를 나타내지 않기 때문이다. 즉, 더 낮은 원자가를 갖는 Ga(I) 과 Ge(II) 화합물은 얻기가 어려울 뿐이다.

비활성 쌍 효과의 존재 유무에 대한 실제적인 판단 기준은 다음 반응이 오른쪽으로 진행하는 경향(또는 이 경향이 결여) 으로 알아볼 수 있다.

$$\mathbf{MX_n \longrightarrow MX_{n-2} + X_2} \qquad \mathbf{(15.55)}$$

그러면 이들 원소의 할로젠 화합물이 열역학적으로 더 높거나 낮은 안정성을 갖게 되는 계통적인 변화를 알아볼 필요가 있게 된다. 두 가지의 일반적인 효과가 작용하는 것처럼 보인다. 이 두 가지 효과를 조합하면 공유 결합 에너지(표 15.4 참조) 의 불규칙적인 변화가 나타나게 된다. 가장 간단한 것은 큰 원자들이 더 약한 공유 결합을 형성하는 경향이다(9장 참조). 두 번째는 주어진 형태의 오비탈(*s*, *p*, *d*, *f*...) 이 처음으로 채워지는 원소들이 나타내는 "예외적인" 성질이다.[29] 이들 원소는 모두가 더 가볍거나 더 무거운 동족원소들에 비해 안정한 화합물을 형성하는 경향이 더 낮다. 소듐과 마그네슘은 리튬이나 베릴륨, 또는 포타슘이나 칼슘에 비해 예상보다 덜 안정한 화합물을 형성한다.[30] 이들은 모두 *p* 오비탈이 맨 처음으로 채워진(Ne) 직후에 존재하는 원소들이며, 후란타넘족이나 후악티늄족 원소들에서처럼, 불완전한 가리움(확실히 공포하기는 곤란하지만) 으로 인한 동일한 효과가 작용하고 있다. 이 원리는 초중량의 트랜스악티늄족 원소들의 화학적 성질을 예측하는 데에도 사용되어 왔다.

가벼운 원소들의 경우, 이들 효과는 대개 일상적인 가리움 효과로 쉽게 공식화시킬 수 있다(1장 참조). 그러나 무거운 원소들의 경우 상대성에 관한 이론의 도움을 받아야 한다.

## 상대론적 효과

화학에서 이론적 기초는 대개 비상대론적인 Schrödinger 방정식이다. 이것에 전자 스핀에 관한 가설을 보태고, Pauli 배타 원리와 같은 개념을 연관시킨다. 그러므로 Pauli 배타 원리는 이론적 연구를 완성하기 위해 가미된 것처럼 보일 수도 있지만, 대부분의 이론화학은 이 기초를 활용하여 이루어졌다. 상응하는 상대론적 접근을 통해 Dirac 방정식[31]을 얻었다. 두 가지 방법에서 주양자수 *n*만은 동일하지만, Dirac 방정식은 직접적으로 네 가지 양자수를 제공한다. 상대론적 처리는 실용적[32]으로나 이론적[33]으로

29) Huheey, J. E.; Huheey, C. L. *J. Chem. Educ.* **1972**, *49*, 227.
30) Evans, R. S.; Huheey, J. E. *J. Inorg. Nucl. Chem.* **1970**, *32*, 777.
31) Dirac, P. A. M. *Proc. R. Soc. London, Ser. A* **1928**, *A117*, 610; **1928**, *A118*, 351.
32) 금속 금의 색깔이나 금속 수은은 액체라는 사실과 같은 몇 가지는 이 교재의 영역을 벗어난다. 다음을

나 모두 많은 새로운 효과를 낸다. 이 실용적이고 이론적인 효과는 정확성을 잃지 않고도 무시될 수 있으며, 편리함을 제공한다. 그러나 이 일반화에는 두 가지 예외가 있다. 하나는 스핀-궤도, 또는 *jj* 짝지음(10장과 부록 C 참조)이다. 두 번째는 원자 번호가 증가함에 따라 상대론적 효과를 무시하면 심각성이 증가한다는 것이다. *s*(그리고 약간 덜하기는 하지만 *p*까지) 전자들은 그들이 핵에 가까워짐에 따라 크게 가속되어, 고정된 빛의 속도에 비해 이들의 속도는 무시될 수 없게 된다. 수은(Z = 80)의 경우, 1*s* 전자의 속도는 광속의 1/2을 초과할 것으로 예측되었다. 그래서 전자 질량은 약 20%가 증가하고 오비탈의 크기는 약 20%가 감소하게 된다.[34] 가장 간단한 경우, *s*와 *p* 오비탈은 수축되고 *d*와 *f* 오비탈은 다소 팽창될 것이라 말할 수 있다. *d*와 *f* 오비탈이 수축되는 것이 아니라 팽창되는 것은 **간접 효과(indirect effect)**이다. *d*와 *f* 오비탈에 대한 직접적인 상대론적 효과는, 이들 오비탈이 핵 근처에서는 전자 밀도를 갖고 있지 않기 때문에 적다. 그러나 상대론적으로 수축된 *s*와 *p* 오비탈들에 의한 *d*와 *f* 오비탈들의 증가된 가리움은 증가된 *Z*의 효과를 상쇄하려는 경향을 가진다.[35] 그래서 *s*와 *p* 전자들은 핵에 더 가깝게 이동하기 때문에, 이들의 에너지는 더 낮아지고(더 음이 된다), 안정하게 된다. *d*와 *f* 오비탈들은 에너지가 높아지고(불안정화), 팽창한다. 가장 바깥에 있는 오비탈은 $(n-1)d$나 $(n-2)f$가 아니라 *ns*와 *np*이기 때문에, 각 원자를 전체로 보면 수축한다.[36]

상대론적 효과가 대략 $Z^2$로 진행되기 때문에 무거운 원소에서 더 중요해진다. 에너지와 크기로 따져보면, $Z = 60 \sim 70$ 근처에서 중요해지기 시작하는데, 비상대론적 란타넘족 수축에는 약 10% 정도 기여하게 된다.[37] 이미 알아본 것처럼, 이 효과 때문에 지르코늄에서 하프늄까지는 *n*이 증가하더라도 예상되는 크기의 증가가 거의 정확하게 상쇄된다.

4*f* 전자의 빈약한 가리움 때문에 하프늄에서 수축이 중단되지만, 상대론적 효과는 주기율표의 여섯 번째 열을 따라 계속 일어난다. 그래서 Hg-Bi 원소에서 6*s* 오비탈의 안정화와 비활성 *s* 쌍 효과가 나타나게 한다. 또한 이 효과는, 비스무트의 6*p* 오비탈 중의 하나를 안정화시켜[38] +3과 +5의 산화 상태 외에 비정상적인 +1의 산화 상태가 가능하게 만든다.[39]

---

참조하라. Pyykkö, P.; Desclaux, J.-P. *Acc. Chem. Res.* **1979**, *12*, 276~281. 다른 것은 아래에서 설명될 것이다.

33) 양자수 *l*은 여전히 오비탈의 형태(*s*, *p*, *d*, *f*...)를 결정하지만, 더 이상 오비탈의 모양을 결정하지는 않는다. *n*과 *l* 값이 주어진 모든 오비탈은 더 이상 동일한 에너지를 갖지도 않는다. 오비탈의 모양은 각 운동량 양자수 *j*와 자기 양자수 *m*에 의해 결정된다. 오비탈의 모양은 Schrödinger 방정식으로 주어지는 친숙한 것이 아니라, "기형적인" 마디가 없는 유사체이다. 다음을 참조하라. McKelvey, D. R. *J. Chem. Educ.* **1983**, *60*, 112~116; Powell, R. E. *Ibid.* **1968**, *45*, 558.

34) 이것은 Bohr 반지름과 질량 간의 반비례 관계($a_o = 4\pi\epsilon h^2/mZe^2$)를 통해 가장 쉽게 알 수 있다.

35) Pitzer, K. S. *Acc. Chem. Res.* **1979**, *12*, 271~276. 각주 32 참조.

36) 그림 2.4를 보면 3*d* 오비탈들의 최대 전자 밀도는 팽창으로 인하여 3*s*와 3*p* 오비탈의 최대 전자 밀도 사이에 놓인다. 4*s*와 4*p* 오비탈의 최대 전자 밀도는 더 많이 확장될 것이다.

37) 더 가벼운 원소들에서의 더 작은 효과는 다음을 참조하라. Pyykkö, P. *Chem. Rev.* **1988**, *88*, 563~594.

38) 다루기에 친숙한 비상대론적 오비탈에 비해 상대론적 오비탈의 차이 중의 하나는 오비탈에 *l* 값이 주어지더라도 축퇴되지 않는다는 것이다. $6p_{1/2}$ 오비탈은 $6p_{3/2}$ 아래에 놓인다.

39) Jørgensen, C. K. *Anorg. Allg. Chem.* **1986**, *540/541*, 91~105.

## "예외적인" 이온화 에너지와 전자 친화도

많은 화학 입문 서적들은 이온화 에너지와 전자 친화도의 주기적 변화를 기억하게 만들기 위하여 간단한 규칙을 소개하고 있다. 이 규칙은 대개 "주기율표에서 이온화 에너지와 전자 친화도는 왼쪽에서 오른쪽으로 갈수록 증가하고 위에서 아래로 내려갈수록 감소한다."는 것이다. 이러한 일반 규칙이나 원자의 성질을 설명하는 가림움 규칙에 대해서는 몇 가지 예외와 함께 1장에서 설명하였다. 그러나 이들 규칙은 단순하게 다루기에는 일반적으로 알려져 있는 것보다 예외가 더 많이 존재한다. 앞의 절에서 설명한 많은 문제들도 이러한 "예외들" 때문에 생긴다.

원자의 수평 방향의 행동은 일반적인 규칙을 따르는데, 한 번에 한 개의 양성자가 첨가되어 성질이 단조롭게 변하는 것으로 예상되는 좋은 규칙성을 가진다. 그러나 이미 알고 있는 것처럼, V A(15) 족과 VI A(16) 족의 이온화 퍼텐셜은 절반이 채워진 부껍질의 안정화로 인해 반전이 일어난다. 같은 이유 때문에 IV A(14) 족과 V A(15) 족의 전자 친화도도 역전이 일어난다.

일반화에 대한 수직적 예외는 훨씬 더 많이 존재한다. 더 무거운 원소가 바로 위의 동족원소보다 더 높은 이온화 퍼텐셜이나 전자 친화도를 갖는 경우를 세어 보면, 약 1/3의 원소들은 "전자 친화도에 대한 예외"[40]를 나타내며, 좀 더 많은 비율의 원소가 "이온화 에너지에 대한 예외"를 나타냄을 알게 된다. 이처럼 예외가 많음에도 불구하고 이 규칙들을 그대로 공식화시킨 이유는 무엇일까? 아마도 최근까지도 유용한 자료가 부족했기 때문일 것이다. 대부분의 자료는 알칼리 금속과 할로젠 등의 잘 알려진 원소에 대한 것이었다. 이들 주족 원소에 대해서 규칙에 잘 들어맞는데, 플루오린만은 예외적으로 전자-전자 반발 때문에 전자 친화도가 더 낮다(이것은 산소 및 질소에서도 나타난다). 그러나 *d* 전자와 *f* 전자의 가리움 능력이 약해지므로 상황이 단순하지는 않다. 전이 금속의 경우, 같은 족에서 원자 번호가 증가할수록 이온화 에너지가 커지는 것은 **규칙**이지 예외는 아니다. 바로 앞절에서 설명한 것처럼, 이것은 후전이 금속에까지 어느 정도 적용되며, III A(13) 족이나 IV A(14) 족에는 몇 가지 문제를 일으킨다.

무거운 전이 금속의 증가된 이온화 에너지는 예상하지 못한 것이 아니다. 모든 주화 금속은 반응성이 크지 않으며, 금은 구리나 은보다 반응하기 어려운 것은 잘 알려져 있고,[41] 철, 코발트 및 니켈은 녹슬고 부식되지만 오스뮴, 이리듐, 백금은 귀하고 반응성이 없어서 보석으로 사용된다. 백금선은 오염되지 않기 때문에 불꽃 시험에 적합한 재료로 사용된다. 그리고 아연과 간단한 산을 사용하면 수소를 발생시킬 수 있지만, 수은을 사용하면 수소를 발생시킬 수 없다.

무거운 원소와 연관된 증가된 전자 친화도는 대개 간접적으로만(전기음성도 등을 통하여) 입증되지만, 금화 세슘, $Cs^+Au^-$는 합금이 아니라 이온 결합성염이라는 사실과

---

40) 원자의 전자 친화도에 대한 실험값과 주기적 함수로서의 도시는 다음 문헌을 참조하라. Chen, E. C. M.; Wentworth, W. E. *J. Chem. Educ.* **1975**, *52*, 486.

41) 왕수에 대한 전설은 이 강력한 연금액약을 다뤄보지 않은 연구원에게까지 이어지고 있다. 그러나 이것의 화학적 반응성에 대한 감탄은 대개 잘못된 경우가 많다. 열역학적으로, 이것은 질산 그 자체인 산화제보다 더 강해질 수 없다. Au → $AuCl_4$로의 반응이 $E^0 = -1.00$ V에서 일어나게 만드는 것은 무른 $Au^{3+}$ 이온에 대한 무른 염화 이온의 **착물 형성** 능력이다. 더 놀라운 것은 매우 무른 $I^-$ 이온도 유사한 상호작용을 통하여 이 상대적으로 옅은 아이오딘의 색을 만들어내며 금속 금을 쉽게 녹인다는 사실이다(Nakao, Y. *J. Chem. Soc. Chem. Commun.* **1992**, 426~427).

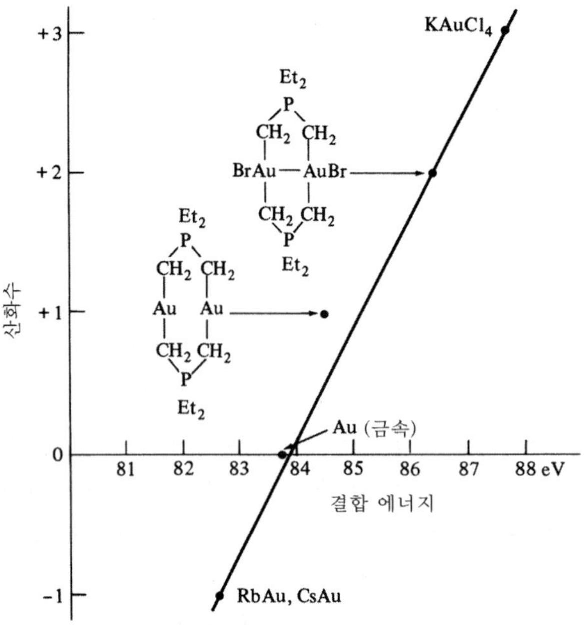


**그림 15.8** 여러 산화 상태에 있는 금 원자의 Au($4f_{7/2}$) 준위에 대한 결합 에너지. RbAu와 CsAu의 값은 −1의 산화 상태에 대한 예상과 일치함을 주목하라. [Knecht, J.; Fischer, R.; Overhof, H.; Hensel, F. *J. Chem. Soc., Chem. Commun.* **1978**, 906.]

직접적인 관계가 있다. 이들 원소의 증가된 이온화 에너지와 증가된 전자 친화도는 상대론적 효과 때문에 나타난다.

거대고리 리간드를 사용하면 금화물염을 분리할 수 있음을 알아보았다(11장). [Cs(C222)]Au와 CsAu의 두 염에서, 이 특유한 산화 상태는 광전자 분광법으로 확인되었다(4장). 금의 *d* 전자에 대한 결합 에너지를 금의 형식 산화 상태(0, +1, +2, +3)의 함수로 도시하면 직선이 얻어진다(그림 15.8). CsAu가 직선에서 −1의 산화 상태에 해당하는 점에 놓인다는 사실은 금화 이온, $Au^-$의 생성에 대한 좋은 증거이다.[42]

마찬가지로, CsAu의 $^{197}$Au Mössbauer 스펙트럼은 $[Cs(C222)]^+Au^-$와 아주 비슷한데(11장), 이는 두 화학종 모두에서 $Au^-$ 음이온이 존재함을 의미한다(그림 15.9).[43] Mössbauer 효과는 핵에 대한 것이기 때문에 핵의 전자 밀도에 매우 민감하고, 따라서 원자의 전하와 *s* 성질에도 매우 민감하다.[44]

## 무거운 비금속들에서 교대로 나타나는 전기음성도의 변화

앞에서는 첫째 계열 전이 금속들 다음에 있는 비금속들의 특유한 성질들을 알아보았다. 이 성질들은 "최대 산화 상태를 기피하는 것"으로 설명하였지만, **이들 원소에서 증가된 전기음성도**로도 설명할 수 있다. 실제로, 갈륨, 저마늄, 비소, 셀레늄은 그들의 가벼운 동족원소보다 더 높은 전기음성도를 갖는 것처럼 보인다.

마찬가지로 각 족의 무거운 원소인 탈륨, 납, 비스무트는 가벼운 동족원소인 인듐, 주석, 안티모니보다 더 큰 전기음성도를 가짐이 보고되었다. 처음 보고되었을 때에는

42) Knecht, J.; Fischer, R.; Overhof, H.; Hensel, F. *J. Chem. Soc., Chem. Commun.* **1978**, 905~906.
43) Batchelor, R. J.; Birchall, T.; Burns, R. C. *Inorg. Chem.* **1986**, *25*, 2009~2015.
44) Ebsworth, E. A. V.; Rankin, D. W. H.; Cradock, S. *Structural Methods in Inorganic Chemistry*, 2nd ed.; CRC: Boca Raton, FL, 1991; Chapter 7.

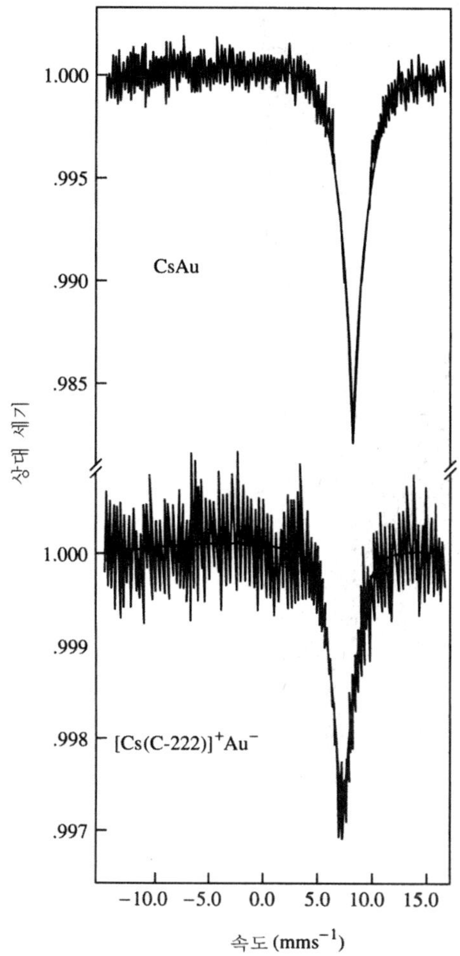


**그림 15.9** CsAu와 $[Cs(C222)]^+Au^-$의 Au Mössbauer 스펙트럼에서 화학적 이동의 비교. [Batchelor, R. J.; Birchall, T.; Burns, R. C. *Inorg. Chem.* **1986**, *25*, 2009~2015.]

이 현상에 대한 원인을 이들 원소에 영향을 미치는 란타넘족 수축으로 설명하였다. 그러나 지금은 이들 원소에 대한 상대론적 효과도 최소한 란타넘족 수축만큼은 중요함을 알게 되었다.

## 결론

무기화학자가 100개 이상의 원소에 관한 물리적 및 화학적 성질과 관련된 문제에 직면했을 때, 주기율표는 가장 강한 무기이다. 정통 화학자라면 주기율표에 대한 단순한 규칙을 통해 크게 그려지는 일반적인 경향을 알아야 할 뿐만 아니라, 무기화학을 다양하고 매력적이게 만들어 주는 핵심인 "미세구조"에 대한 것도 알아야 한다.

## 연습문제

**15.1** 지르코늄의 중성자 단면적은 낮고 하프늄의 중성자 단면적은 높으므로, 지르코늄과 하프늄의 분리는 상당한 흥미가 있다. 불행하게도, 이들 두 원소의 분리는 가장 어려울 것이다. 그 이유를 설명하라.

15.2 사염화 탄소는 물에 대하여 비활성이지만 삼염화 붕소는 습기있는 공기 중에서 가수분해한다. 그 이유를 설명하라.

15.3 다음은 화학도가 보통의 일반화학 교재에서 주기율표를 읽은 후 가지게 된 결론이다. 가능하면 잘못된 개념을 지적하라.

a. 전자 친화도는 주기율표의 오른편 위쪽으로 갈수록 증가한다.

b. 이온화 에너지는 주기율표의 아래쪽으로 갈수록 감소한다.

c. 원자 반지름은 주기율표의 아래쪽으로 갈수록 증가한다.

d. 원자 반지름은 주기율표의 오른쪽으로 갈수록 증가한다.

e. 전기음성도는 주기율표의 왼쪽으로 갈수록, 그리고 아래쪽으로 갈수록 감소한다.

15.4 이염화 갈륨은 용융될 때 전기를 전도하는 반자기성 화합물이다. 구조를 예측하라.

15.5 핵 합성의 난관 중의 하나가 달성된다면, 원자 번호 114와 164인 납과 동족의 두 원소가 얻어질 것이다. 13장의 주기율표를 살펴보고, 이들 두 원소에 대한 성질(안정한 산화 상태와 같음)을 제안하라. 이들의 전기음성도는 다른 IV A(14) 족 원소들과 비교하면 어떤 성질을 갖겠는가?

15.6 $F_3S\equiv N$에서 F—S—F의 작은 결합각은 다음 중에서 어느 것을 이용하면 합리적으로 설명되는가?

a. Bent의 규칙

b. Gillespie 형태의 VSEPR 규칙

c. 굽은 결합

각각의 항을 설명하고, 이 문제에서 이들의 유용성을 논하라.

15.7 Chen과 Wentworth에 의한 논문을 찾아보거나 표 1.5의 전자 친화도를 주기율표에 도시하라. 관찰한 "예외"가 있으면 그 이유를 설명하라.

15.8 표 1.3의 첫 번째 이온화 에너지를 주기율표 위에 도시하라. "예외"에 대한 이유를 설명하라.

15.9 589쪽에 "용액에서 $R_2Ge$, $R_2Sn$, $R_2Pb$는 반자기성 단위체로 존재한다"고 설명하였다. 무기화학자들이 이들의 설명을 증명하려면 어떤 실험을 하여야 하겠는가?

15.10 589쪽에 나타낸 $R_4Sn_2$ 화합물을 반자기성이다. 이것에 대하여 가장 타당성 있는 전자 구조를 그리고 기하 구조와 비교하여 설명하라.

15.11 탄산 리튬은 미치광이나 우울증의 치료에서 자주 경구용으로 투여된다. 주기율표의 대각선 관계로부터, 이 리튬요법에서 일어날 수 있는 불쾌한 부작용을 예측하라.

15.12 603~605쪽의 설명으로부터 예상되는 것처럼, 아연은 카드뮴보다 훨씬 더 반응적인 금속이다. 아직도 두 원소는 철이 녹스는 것을 예방하는 데 사용된다. 이것이 가능한 이유는 무엇인가?

**15.13** 하이포아인산 소듐 ($NaH_2PO_2$) 은 보툴리누스 (식중독의 일종) 중독을 막는 육류 방부제로서 아질산 소듐 ($NaNO_2$) 의 대용품으로 제안되었다. 이들 두 가지 음이온 각각의 구조를 그려라.

**15.14** 전기음성도와 쌍극자 모멘트 사이의 가장 간단한 관계는 직선 관계이다. 전기음성도의 차이가 크면 쌍극자도 더 크다. 이 장에서 인용된 N—O 및 P—O 쌍극자가 이러한 관계와 어떻게 일치되는지를 설명하라.

**15.15** 백린, $P_4$ 분자는 극도로 구부러진 결합을 가진다. 이 $T_d$ 분자의 결합각은 60°에 불과하다. 그러므로 결합은 약하고, 각각의 결합 에너지는 겨우 201 kJ $mol^{-1}$이다. 2몰의 $P_2$가 갖는 전체 결합 에너지 (962 kJ, 부록 E) 는 244 kJ로서 1몰의 $P_4$(1206 kJ, 부록 E) 보다 작다. 이와 달리, 2몰의 $N_2$에 대한 전체 결합 에너지는 777 kJ로 계산되었고, 이는 1몰의 $N_4$($P_4$와 등구조인 가상적 사면체 분자) 보다 더 큰 값이다.

a. 이들 등전자 및 등구조 분자가 갖는 결합 에너지와 동일 구조의 분자에 대한 결합 에너지의 불일치를 설명하라.

b. $N_4$를 제조할 수 있고, 이것을 준안정 상태로 유지할 수 있다면 어떻게 활용할 수 있다고 생각하는가?

**15.16** 후전이 원소의 최대 산화 상태를 나타내는 것은 증가된 전기음성도와 동등한 것이라고 말할 수 없다고 하였다. 이를 설명하라.

**15.17** 그림 15.8의 다섯 개의 데이터 점 중에서 [화학식]에 대한 것이 가장 잘 들어맞지 않는다. 가능한 이유를 제시하라.

**15.18** CsAu가 이온성이라고 가정하면, 가장 가능한 구조는 무엇인가? 이것에 대한 생성 엔탈피를 계산하라.

**15.19** Mössbauer 분광학에서 이성질체 이동에 영향을 미치는 두 가지 변수는 포함된 오비탈의 *s* 성질과 조사되고 있는 원자의 부분 전하이다. 이 현상을 화학적으로 설명하라. 즉, 핵의 전자 밀도에 미치는 이들 두 가지 양의 영향은 무엇인가?

**15.20** 다음 반응에 포함된 전자적 및 구조적 변화를 설명하라.

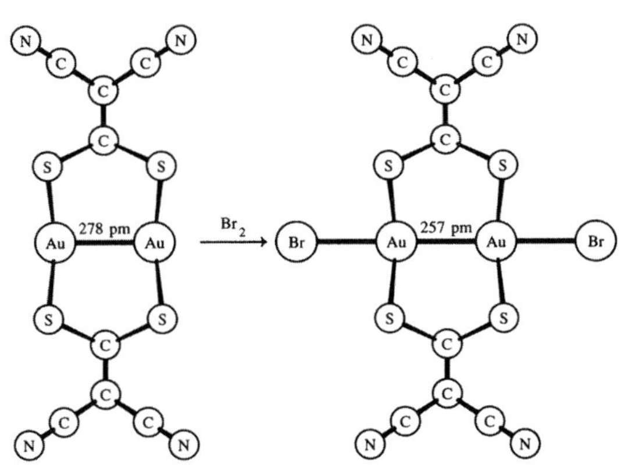


**(15.56)**

부록 A

# 무기화학의 문헌

아래에 기재한 것은 무기화학자에게 흥미있는 모든 책의 철저한 목록을 의미하는 것은 아니고, 유용한 제목의 짧은 목록이다.

## 교과서 및 일반 참고서

Butler, I. S.; Harrod J. F. *Inorganic Chemistry: Principles and Applications*; Benjamin/Cummings: Redwood City, CA, 1989.

Chambers, C.; Holliday, A. K. *Inorganic Chemistry*, Butterworths: London, 1982.

Cotton, F. A.; Wilkinson, G. *Advanced Inorganic Chemistry*, 5th ed.; Wiley: New York, 1988.

Cotton, F. A.; Wilkinson, G.; Gaus, P. L. *Basic Inorganic Chemistry*, 2nd ed.; Wiley: New York, 1987.

Douglas, B. E.; McDaniel, D. H.; Alexander, J. J. *Concepts and Models of Inorganic Chemistry*, 2nd ed.; Wiley: New York, 1983.

Greenwood, N. N.; Earnshaw, A. *Chemistry of the Elements*; Pergamon: Oxford, 1984.

Jolly, W. L. *Modern Inorganic Chemistry*, 2nd ed.; McGraw-Hill: New York, 1991.

Miessler, G. L.; Tarr, D. H. *Inorganic Chemistry*; Prentice-Hall: Englewood Cliffs, NJ, 1991.

Moeller, T. *Inorganic Chemistry: A Modern Introduction*; Wiley: New York, 1982.

Porterfield, W. W. *Inorganic Chemistry: A Unified Approach*; Addison-Wesley: Reading, MA, 1984.

Purcell, K. F.; Kotz, J. C. *An Introduction to Inorganic Chemistry*; Saunders: Philadelphia, 1980.

Sanderson, R. T. *Simple Inorganic Substances*; Krieger: Malabar, FL, 1989.

Sharpe, A. G. *Inorganic Chemistry*, 3rd ed.; Longman: London, 1992.

Shriver, D. F.; Atkins, P. W.; Langford, C. H. *Inorganic Chemistry*; Freeman: New York, 1990.

Wulfsberg, G. *Principles of Descriptive Inorganic Chemistry*; Brooks/Cole: Monterey, CA, 1987.

## 표준적 및 이해하기 쉬운 참고서

*Comprehensive Inorganic Chemistry*; Bailar, J. C., Jr.; Emeléus. H. J.; Nyholm, R.; Trotman-Dickenson, A. F., Eds.; Pergamon: Oxford, 1973.

*MTP International Review of Science: Inorganic Chemistry, Series I*; Emeléus, H. J., Ed.; Butterworths: London, 1972.

Gmelin, L. *Handbuch der anorganischen Chemie*; Verlag Chemie: Weinheim, 1924–1991.

*Dictionary of Inorganic Compounds*; Macintyre, J. E., Ed.; Chapman & Hall: London, 1992.

*Comprehensive Coordination Chemistry*; Wilkinson, G.; Gillard, R. D.; McCleverty, J. A., Eds.; Pergamon: London, 1987.

*Comprehensive Organometallic Chemistry*; Wilkinson, G.; Stone, F. G. A.; Abel, E. W., Eds.; Pergamon: Oxford, 1982.

부록 B

# 단위와 환산 계수

## 교과서 및 일반 참고서

SI 기본 단위

| 물리적 양 | 단위 | 기호 |
|---|---|---|
| 길이 | meter | m |
| 질량 | kilogram | kg |
| 시간 | second | s |
| 전류 | ampere | A |
| 열역학적 온도 | kelvin | K |
| 물질의 양 | mole | mol |
| 광도 | candela | cd |

상용 단위

| 물리적 양 | 단위 | 기호 | 정의 |
|---|---|---|---|
| 진동수 | hertz | Hz | $s^{-1}$ |
| 에너지 | joule | J | $kg\ m^2\ s^{-2}$ |
| 힘 | newton | N | $J\ m^{-1}$ |
| 압력 | pascal | Pa | $N\ m^{-2}$ |
| 공율 | watt | W | $J\ s^{-1}$ |
| 전하 | coulomb | C | A s |
| 전위차 | volt | V | $J\ A^{-1}\ s^{-1}$ |
| 전기 저항 | ohm | Ω | $V\ A^{-1}$ |
| 전기 용량 | farad | F | $A\ s\ V^{-1}$ |
| 자력 선속 | weer | Wb | V s |
| 인덕턴스 | henry | H | $V\ s\ A^{-1}$ |
| 자력 선속 밀도 | tesla | T | $V\ s\ m^{-2}$ |

머리글자

| 머리글자 | 기호 | 곱수 |
|---|---|---|
| atto | a | $10^{-18}$ |
| fempto | f | $10^{-15}$ |
| pico | p | $10^{-12}$ |
| nano | n | $10^{-9}$ |
| micro | $\mu$ | $10^{-6}$ |
| milli | m | $10^{-3}$ |
| centi | c | $10^{-2}$ |
| deci | d | $10^{-1}$ |
| deka | da | 10 |
| hecto | h | $10^{2}$ |
| kilo | k | $10^{3}$ |
| mega | M | $10^{6}$ |
| giga | G | $10^{9}$ |
| tera | T | $10^{12}$ |
| peta | P | $10^{15}$ |
| exa | E | $10^{18}$ |

물리적 및 화학적 상수[a]

| | |
|---|---|
| 전자 전하 | $e = 1.60217733 \times 10^{-19}$ C |
| Planck 상수 | $h = 6.6260755 \times 10^{-34}$ J s, $6.6260755 \times 10^{-27}$ erg s |
| 빛의 속도 | $c = 2.997925458 \times 10^{8}$ m $s^{-1}$ |
| Rydberg 상수 | $R = 1.0973731534 \times 10^{5}$ $cm^{-1}$ |
| Boltzmann 상수 | $k = 1.380658 \times 10^{-23}$ J $K^{-1}$ |
| 기체 상수 | $R = 8.314570$ J $K^{-1}$ $mol^{-1}$ |
| Avogadro 수 | $N_A = 6.0221367 \times 10^{23}$ $mol^{-1}$ |
| Faraday 상수 | $F = 9.6485309 \times 10^{4}$ C $mol^{-1}$ |
| 전자의 정지 질량 | $m_e = 9.1093897 \times 10^{-28}$ g |
| 양성자의 질량 | $m_p = 1.672623 \times 10^{-24}$ g |
| Bohr 반지름 | $a_0 = 52.91771249$ pm |
| Bohr 마그네톤 | $\mu_B = 9.274096 \times 10^{-24}$ A $m^2$; $9.274096 \times 10^{-21}$ erg $gauss^{-1}$ |
| 전자 유전율 | $\epsilon_0 = 8.854187817 \times 10^{-12}$ $C^2$ $m^{-1}$ $J^{-1}$ |
| Pi | $\pi = 3.1415926536$ |
| 자연대수의 밑수 | $e = 2.71828$ |

[a] *Quantities, Units, and Symbols in Physical Chemistry*. 1988; Mills, I. M., Ed.; Blackwell Scientific: Oxford, 1988.

A 단위의 수에 B (환산 계수) 를 곱하면 C 단위의 수로 된다.[a]

| A | B | C |
|---|---|---|
| 길이 | | |
| cm | $10^8$ | Å |
| cm | $10^7$ | nm |
| cm | $10^{10}$ | pm |
| Å | 100 | pm |
| 에너지 | | |
| kcal $mol^{-1}$ | 4.184 | kJ $mol^{-1}$ |
| eV | 96.49 | kJ $mol^{-1}$ |
| erg | $10^{-7}$ | J |
| 파수 ($cm^{-1}$) | $1.1962 \times 10^{-2}$ | kJ $mol^{-1}$ |
| kJ $mol^{-1}$ | 83.59 | $cm^{-1}$ |
| eV | 23.06 | kcal $mol^{-1}$ |
| 쌍극자 모멘트 | | |
| Debye | $3.336 \times 10^{-30}$ | C m |
| C m | $0.300 \times 10^{30}$ | D |
| 압력 | | |
| atmosphere | $1.013 \times 10^5$ | Pa |
| mm Hg (torr) | 133.3 | Pa |
| pascal | $9.869 \times 10^{-6}$ | atm |
| pascal | $7.501 \times 10^{-3}$ | mm Hg (torr) |

[a] *Quantities, Units, and Symbols in Physical Chemistry*. 1988; Mills, I. M., Ed.; Blackwell Scientific: Oxford, 1988.

## 비고

SI 단위는 분명히 오랜 시스템과 단위를 교체하고 있다. 우리는 이 시스템과 단위에 친숙하지 않으면 안 된다. 그러나 이 교체에는 시간이 걸리고, 현재의 논문에는 다양한 단위가 사용되고 있는 것도 사실이다. 그러므로 이 교재에서 과도적 과정을 갖도록 노력하였다. 요컨대 모든 값을 SI 단위 혹은 SI 유도 단위로 표시하고, 또한 빈번하게 관용 (traditional) 단위로 표현한 값도 포함한다. 이렇게 함으로써 "물고기도 아니고 새도 아니게" 될 위험을 무릅쓰고, 그리고 100% SI 단위를 좋아하는 진보적인 사람도 그리고 cgs 시스템에 집착하는 보수적인 사람도 싫어할 위험을 초래하는 것도 이해한다. 그럼에도 불구하고 결정은 킬로주울, 킬로미터, 전자 볼트, 피코미터, 나노미터, 옹스트롬, 쿨롱 미터, Deby 등을 접하게 될 미래의 화학자로서 학생을 고려하는 것에 근거되지 않으면 안 된다. 학생들은 이들 단위의 각각에 친숙하는 것이 좋을 것이다. 기이하게도 그것은 가장 쉬운 변화를 만들고 또한 옹스트롬을 피코미터로 변화시키는 데 혼란을 일으키지 않는다. 1 Å = 100 pm, 아무도 Au—Au = 300 pm과 Au—Au = 3.00 Å을 혼동하지 않는다. 관측된 분자의 크기는 옹스트롬과 수백 피코미터로 측정된 것이다. 그래도 이 변화는 만들어질 수 있는 마지막이 될 것으로 보인다 : 결정학자는 완고하게 옹스트롬의 편리한 단위에 열중한다. 한편 킬로주울은 상당한 비율로 킬로칼로리를 대체하는 것으로 보인다. 그들의 문헌에 보고됨에 따라, 이것은 킬로칼로리로서 배웠던 오랜 값이 보완되거나 혹은 새로운 값에 의하여 대체되는 것을 의미한다. 때로는

kJ $mol^{-1}$로서, 그러나 아직 kcal $mol^{-1}$는 더 자주 사용된다. 최근에 저자 중의 한 사람이 수업 중에 위에서 언급했던 화합물에서 Au—Au 결합 에너지에 관해서 질문을 받았다. 그는 그것은 30이라고 확신하였다. 그러나 어떤 30인가?(!) 킬로주울과 킬로칼로리 사이의 환산 계수 4는 너무 작아서 단위를 쉽게 혼동하게 하고, 동시에 충분히 커서 혼란스럽다! [위에서 언급된 Au—Au 결합은 30 kJ $mol^{-1}$ 혹은 kcal $mol^{-1}$의 결합 에너지를 갖는다고 당신은 생각하는가? 15장에서 그것을 예측하고 확인하라. 그 결합은 강한 수소 결합의 영역에 있다는 것을 아는 것은 도움이 되는가? 때로는 그와 같은 기억술이 도움이 된다—기억술이 위에 언급한 저자의 처지를 구하였다.]

한 시스템에서 다른 시스템으로 변화에 수반하는 이 엔트로피의 관점에서, 오래된 단위에 친숙하고 SI 단위에 대한 "느낌"을 가지려고 힘쓰는 사람에게 아래의 설명을 마련한다. 이 교재의 많은 독자는 필연적으로 그들의 교육에서 단지 SI 단위를 만날 것이다—독자들은 소동을 벌인다고 생각할지 모른다. 그들은 알고서 바로 교재를 읽기를 멈추고, 최초의 문헌을 읽기를 시작한다.

**길이, 분자의 크기** 위에서 언급한 것처럼 이것은 가장 쉽게 변환된다. 피코미터로 표시된 결합 길이는 옹스트롬으로 표시된 길이보다 정확하게 100배 크다.

**에너지** kJ $mol^{-1}$로 표시된 이온화 에너지는 전자 볼트로 표시될 때보다 100배(약 $3\frac{1}{2}$%의 오차) 더 크다. kJ $mol^{-1}$로 표시된 결합 에너지는 kcal $mol^{-1}$로 표시된 값의 약 네 배($4\frac{1}{2}$%의 오차)이다.

격자 에너지(및 다른 Coulomb의 법칙에서 나오는 에너지)의 계산은 얼마간 복잡하다. 그 이유로서 SI 단위계의 진공 유전율은 1이라고 정의된 것이 아니고, 실험적으로 결정된 값이기 때문이다. 더욱이 여기서 조사할 필요는 없지만, Coulomb의 법칙은 아래의 식으로 표시된다.

$$E = \frac{q_1 \times q_2}{4\pi\epsilon r} \qquad \textbf{(B.1)}$$

만약 $\epsilon_0$와 $\pi$의 값이 환산 계수에 포함되면, $1.389 \times 10^5$ kJ $mol^{-1}$ pm이 되고(독자는 이 값을 확인하라). 이온 전하와 피코미터로 표시된 거리를 사용하여 격자 에너지를 직접 계산할 수 있으므로, 환산은 쉬워진다.

**쌍극자 모멘트** 두 시스템 사이에는 간단한 상관관계는 보이지 않는다. 그러나 대개의 경우 SI에 의한 값은 $10^{-30}$의 계수값으로서 표시되므로, 다음의 어림 계산 방법을 기억하면 도움이 될 것이다. Debye로부터 SI값을 얻기 위해서는 0.3으로 나눈다.

**압력** 다행하게도 대기압은 거의 $10^5$ Pa (1%의 오차)이다. 그래서 표준 대기압은 약 100 kPa이고, 고압 실험을 GPa의 용어로 표시할 때, 각 GPa은 약 $10^4$ 대기압을 나타낸다.

• 부록 C •

# 원자 상태와 항기호[1]

수소 원자에 대한 스펙트럼의 전이 에너지는 Rydberg식으로 표시된다.

$$\nu = 109{,}737\ \mathrm{cm}^{-1}\left(\frac{1}{n_1^2} - \frac{1}{n_2^2}\right) \quad n_2 > n_1 \text{ 에서} \tag{C.1}$$

이 식은 두 개의 항으로 구성되어 있다. 분광학자는 전이에 포함된 원자 상태와 관련 있는 에너지에 항(term)이라는 용어를 사용한다. 항기호는 특별한 상태에 있는 원자의 에너지, 각운동량, 스핀 다중도의 간략화된 기호이다. 무기화학자는 원자 오비탈의 지식으로부터 항기호를 만들어 사용하지만, 역사적 과정은 그 반대이다. $S$, $P$, $D$, $F$의 상태는 분광학적으로 관찰되었으며, *sharp* ($S \rightarrow P$), *principal* ($\mathrm{P} \rightarrow \mathrm{S}$), *diffuse* ($\mathrm{D} \rightarrow \mathrm{P}$), *fundamental* ($F \rightarrow D$) 이라는 스펙트럼의 성질에 따라서 명명하였다. 후에 $s$, $p$, $d$, $f$이라는 기호는 원자 오비탈에도 사용되었다.

$S$, $P$, $D$, $F$ . . . 상태에 있는 원자는 $s$, $p$, $d$, $f$ 오비탈에 전자 한 개를 갖는 수소 원자와 같은 각운동량을 갖는다. 그러므로 양자수 $L$을 정의할 수 있고, $l$과 원자 오비탈에 있는 관계에서처럼 $L$과 원자 상태에도 같은 관계가 있다(예를 들면 $L=2$는 $D$상태를 나타낸다). $L$은 다음과 같이 하여 얻어진다.

$$L = l_1 + l_2, l_1 + l_2 - 1, l_1 + l_2 - 2, \ldots, |l_1 - l_2| \tag{C.2}$$

어느 축에 따른 전체 각운동량의 성분도 정의할 수 있다.

$$M_L = L, L - 1, L - 2, \ldots, 0, \ldots, -L \tag{C.3}$$

$M_L$의 가능한 값의 수는 $2L+1$이고, $M_L$은 다음과 같이 표시된다.

$$M_L = m_{l_1} + m_{l_2} + \cdots + m_{l_n} \tag{C.4}$$

마찬가지로 원자 스핀 양자수를 정의할 수 있고, 전체 스핀은 다음과 같이 표시된다.

$$S = \sum_i s_i \tag{C.5}$$

---

1) 항, 기호, 상태의 광범위한 설명에 대해서는, Gerloch, M. *Orbitals, Terms, and States*; Wiley: New York, 1986을 보라.

어느 $S$의 값에 대하여, $M_s$로 표시되는 $2S+1$개의 스핀 상태가 있다.

$$M_S = S, S - 1, S - 2, \ldots, -S \tag{C.6}$$

요컨대

$$M_S = m_{s_1} + m_{s_2} + \cdots + m_{s_n} \tag{C.7}$$

전자의 전체 각운동량은 오비탈 각운동량 벡터와 전자의 스핀 각운동량 벡터의 합계이다. 이들의 두 벡터는 양자화되어 있으므로, 새로운 양자수 $j$를 정의할 수 있다.

$$j = l + s \tag{C.8}$$

$s = \pm\frac{1}{2}$이므로, $l$의 모든 값은 $l+\frac{1}{2}$과 $l-\frac{1}{2}$의 두 개의 $j$의 값을 갖는다. 유일한 예외는 $l=0$일 때이다. 이 경우에 $j=\pm\frac{1}{2}$인데, 각운동량을 결정하는 것은 $j$의 절대값이므로, 이들 두 값은 동일하다.

결과적으로 얻어지는 각운동량과($L$) 스핀 각운동량($S$)을 결합하면 새로운 양자수 $J$를 만들 수 있다.

$$J = L + S, L + S - 1, L + S - 2, \ldots, |L - S| \tag{C.9}$$

$J$값을 벡터로서 그림으로 나타낼 수 있다.

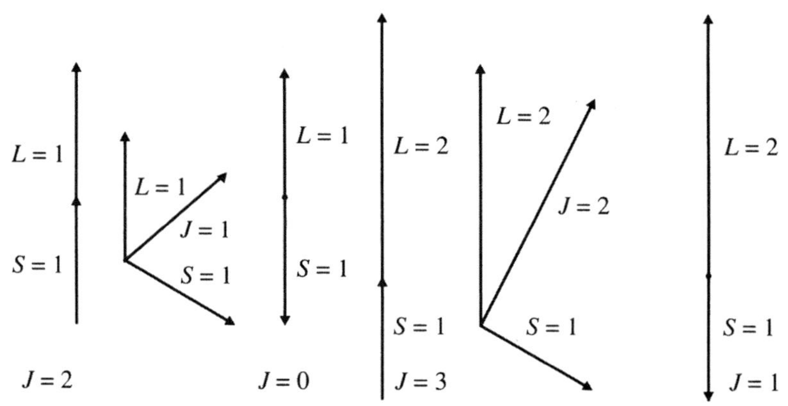


$L>S$일 때 $J$가 가질 수 있는 값의 수는 $2S+1$과 같고, 상태의 **다중도(multiplicity)**라고 한다. 위에서 그림으로 나타낸 두 가지 예에서 다중도는 양쪽 모두 3이다. 다중도는 상태를 표시하는 기호의 왼쪽 위에 첨자하고, J는 오른쪽 아래에 첨자한다. 그러므로 위의 예는 $^3P$ 상태와 $^3D$ 상태이다["삼중항 $P$"(triplet $P$)와 "삼중항 $D$"(triplet $D$)라고 읽는다]. 각 항은 $^3P_2$, $^3P_1$, $^3P_0$(왼쪽), $^3D_2$, $^3D_1$, $^3D_0$(오른쪽)이다.

$L>S$일 때 식 C.9에서 계열은 끊어지고(마지막 항에는 절대값을 나타내는 기호가 있는 것에 유의하라), 다만 $2L+1$개의 값이 있다. 예는 $ns^1$ 배치이다. 여기서 $L=0$, $S=\frac{1}{2}$; $J$는 $\frac{1}{2}$의 오직 한 개의 값을 갖는다.[2)]

---

2) 수소의 바닥 상태에 대한 $J$값은 한 개뿐인 데도 불구하고, 분광학자는 이 항을 $^2S_{1/2}$라고 쓴다. 그 이유는 스핀 다중도가 다른 상태 사이의 전이는 **스핀 금지**이기 때문이다. 그래서 ($^1S$와 같은) 스핀쌍을 이룬 단일항에서 스핀쌍을 이루지 않은 삼중합($^3S$)으로의 전이는 허용되지 않는다. 그러나 수소에는 (알칼리 금속도 마찬가지로) 바닥 상태에서 홀전자가 있고, 한 개의 홀전자를 갖는 이중합 상태로의 전이는 허용된

잠깐 오비탈과 양자수의 생각으로부터 다시 그들에 의하여 발생되는 스펙트럼으로 돌아가서, 수소의 1$s$ 오비탈로부터 2$p$ 오비탈로의 전이를 생각하자. 항과 전이는 다음과 같다.

$$^2S_{1/2} \longrightarrow {}^2P_{3/2}$$
$$^2S_{1/2} \longrightarrow {}^2P_{1/2}$$

$^2P_{3/2}$항은 $^2P_{1/2}$항보다 약간 더 높은 에너지 상태에 있다. 그러므로 스펙트럼선은 "이중선"으로 갈라진다. 이것이 이 사용법의 발단이다. 이러한 전이에는 다음의 선택 규칙이 있다 : $\Delta n$, 임의 ; $\Delta l = \pm 1$; $\Delta j = \pm 1$, 0.

## 항기호 결정법

수소 원자의 바닥 상태에 대한 항기호가 $^2S_{1/2}$인 것을 이미 언급하였다. 헬륨 원자는 $L = 0$, $S = 0$, $J = 0$이고, 그 바닥상태의 항기호는 $^1S_0$이다. 붕소와 같은 원자에 대해서는, (지금 나타낸 He의 예처럼) 닫힌 껍질과 부껍질을 항기호에 아무 것도 기여하지 않는다는 사실을 이용할 수 있다. 그러므로 1$s^2$와 2$s^2$의 전자는 양쪽 모두 $L = S = J = 0$이다. 2$p^1$전자는 $L = 1$, $S = 1/2$, $J = 1 \pm \frac{1}{2}$이므로 $^2P_{1/2}$과 $^2P_{3/2}$이다. 탄소는 두 개의 $p$ 전자를 갖는다. 그 스핀은 짝지어지거나 혹은 짝지어지지 않을 수 있으므로, $L = 2$, 1, 0 ; $S = 1$, 0 ; $J = 3$, 2, 1, 0이다. 이 원자에 대하여 적합한 상태를 찾는 것은 계통적 방법을 필요로 한다. 그러나 네온에 이르면 다시 $^1S_0$으로 되고, 소듐은 $^2S_{1/2}$, 마그네슘은 $^1S_0$ 등으로 되풀이되는 것을 유의하라.

## 항기호를 결정하는 계통적 방법

$m_l$과 $m_s$의 값을 어떻게 합산하여, 원자의 불광학적 상태를 나타내는 항을 결정할 수 있는 $M_L$과 $M_S$로 될 수 있는가를 1장에서 언급하였다. 만약 두 개 이상의 전자가 있으면, 계통적 방법으로 이들 항들을 만들어 가는 것이 보통 필요하다. 그런 방법의 하나를 아래에 나타낸다. 탄소의 $p^2$ 전자 배치의 경우에 대하여 나타낸다.

1. **$M_L$과 $M_S$의 가능한 값을 결정.** $p^2$ 전자 배치에서 $L$은 최대 2의 값을 가지며, $M_L$은 $-2$, $-1$, 0, $+1$, $+2$의 값을 갖는다. 전자들은 짝지어지거나($M_S = 0$), 혹은 평행해질($M_S = +1$, $-1$) 수 있다.
2. **Pauli 원리에 의하여 허용되는 전자 배치의 결정.** 이것을 행하는 가장 쉬운 방법은 그림 C.1에 나타낸 것처럼, $p$ 오비탈을 여러 세트로써(각 수직칸은 한 세트의 세 개의 $p$ 오비탈을 표시한다), 모든 가능한 전자 배치가 완료될 때까지 전자를 채운다. 각 전자배치에 대해서 $m_l$을 합친 것에서 $M_L$의 값을, 그리고 $m_s$를 합친 것에서 $M_S$를 구한다(위쪽으로 향한 스핀의 전자를 임의로, $m_s = +\frac{1}{2}$로 배정하였다). 각 **미시적 상태(microstate)**는 $M_L$과 $M_S$의 하나의 조합으로 구성되어 있다.
3. **각 미시적 상태의 일람표를 작성하라.** 예를 들어 그림 C.1에서 첫째 세로칸에 상당하는 미시적 상태는 $M_L = +2$와 $M_S = 0$이다. 이들 값에 따라 아래의 표를 채

---

다. 어느 전이가 허용인지, 또한 어느 것이 스핀 금지인지 쉽게 알 수 있으므로, 혼란을 초래할 수 있는 것을 인정하면서도, 분광학자는 $^2S$라고 쓴다.

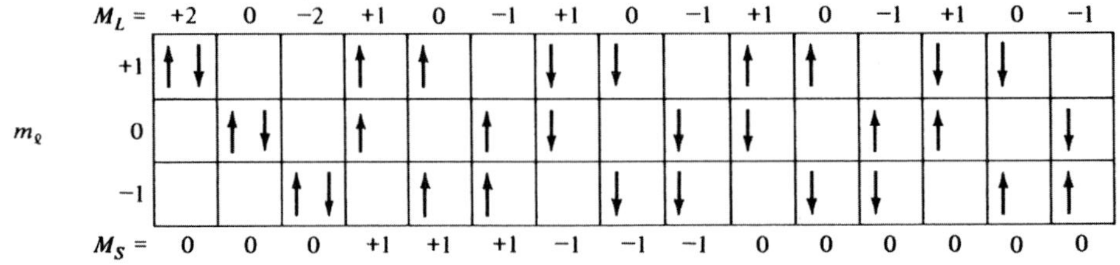


**그림 C.1** 탄소의 $1s^22s^22p^2$ 전자 배치에 대한 15개의 미시적 상태와 그 결과 $M_L$와 $M_S$가 갖는 값.

운다. 가끔 $m_l$과 $m_s$의 값을 집접 표에 넣는다.[3)] 그러나 만약 조심스럽게 전자 배치를 검토하면 이렇게 배치할 필요가 없다. $p^2$의 15개 미시적 상태는 다음과 같게 된다.

| | | $M_S$ | | |
|---|---|---|---|---|
| | | +1 | 0 | −1 |
| | −2 | | x | |
| | −1 | x | xx | x |
| $M_L$ | 0 | x | xxx | x |
| | +1 | x | xx | x |
| | +2 | | x | |

4. **미시적 상태의 일람표와 원자 상태의 대응.** 하나의 원자 상태에는 $2S+1$열과 $2L+1$행으로 구성되는 미시적 상태의 배열이 있다. 예를 들어 $^3P$ 상태에는 $3 \times 3$의 미시적 상태의 배열이 필요하다. $^1D$ 상태는 5의 한 개의 열을 필요로 하며, $^5D$는 $5 \times 5$의 배열을 필요로 하는 것 등이다. 미시적 상태의 배열을 살펴보면 $M_L = 0$이고, $M_S = 0$인 미시적 상태가 그것만으로서 원자 상태인 것을 쉽게 알 수 있다. 그 원자 상태가 $^1S$이다. $M_S = 0$의 가운데 열은 $^1D$이다. 표에서 이들의 두 상태를 제거하면 아래의 표처럼 $^3P$ 상태의 $3 \times 3$ 배열의 $^3P$ 상태가 분명히 남는다.

| | | $M_s$ | | |
|---|---|---|---|---|
| | | +1 | 0 | −1 |
| | −2 | | | |
| | −1 | x | x | x |
| $M_L$ | 0 | x | x | x |
| | +1 | x | x | x |
| | +2 | | | |

그러므로 탄소의 상태는 $^1S$, $^1D$, $^3P$이다.[4)] $^3P$는 $J$값이 서로 다른 $^3P_0$, $^3P_1$, $^3P_2$의 항으로 더 갈라진다. 이들 갈라짐의 상대적 크기는 그림 C.2에 있다. 여러 가지 전자 배치에 대한 상태는 표 C.1에 있다.

---

3) 모든 미시적 상태가 기재된 것을 확인하는 방법은 다음과 같다. 방위 양자수 $l$를 갖는 오비탈에서 $x$개 전자를 갖는 $l^x$전자 배치와 관련된 미시적 상태의 수의 합계 $N$은 다음과 같다.

$$N = \frac{N_l!}{x!\,(N_l - x)!} \tag{C.10}$$

여기에서 $N_l = 2(2l+1)$ 이고, 이 오비탈에 한 개의 전자가 들어갈 때 $m_l$, $m_s$의 조합의 수이다. [Condon, E. U.; Shortley, G. H. *The Theory of Atomic Spectra*; Cambridge University: Cambridge, 1963.]

4) 다른 방법과 해설에 대해서는 다음을 보라: Kiremire, E. M. R. J. *Chem. Educ*. **1987**, *64*, 951~953; A-1쪽과 A-2쪽에 수록된 무기화학 교재 및 거기에 있는 인용문헌.

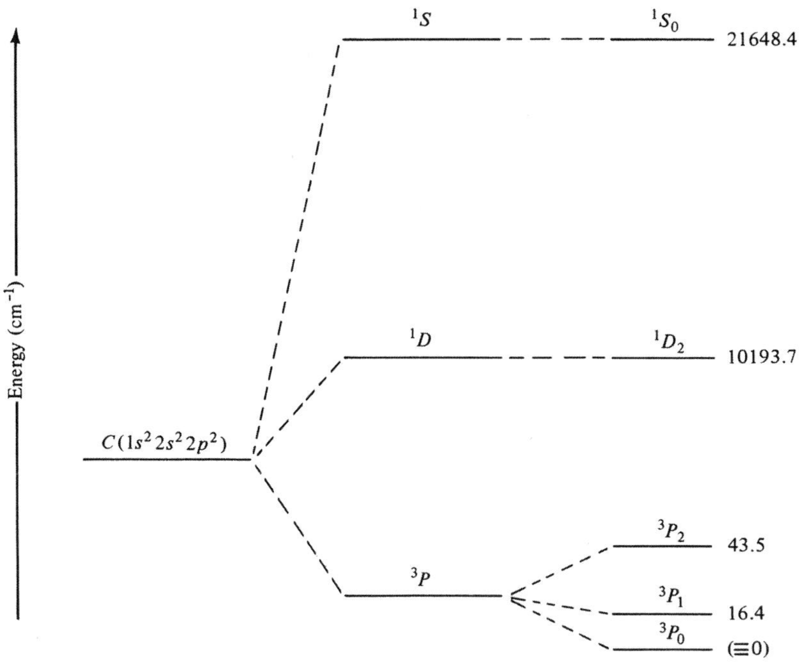


**그림 C.2** 탄소의 바닥 상태($1s^22s^22p^2$) 전자 배치의 항 갈라짐. 모든 에너지는 $cm^{-1}$ 단위이다. $^3P$, $^1D$, $^1S$항은 전자-전자 반발의 결과로서 갈라진다. $^3P$항은 스핀-궤도 짝지음의 결과로서 $J = 0$, 1, 2로 다시 갈라진다. 이 그림에서 후자의 척도는 과장되었다. [DeKock, R. L.; Gray, H. B. *Chemical Structure and Bonding*; Benjamin/Cummings: Menlo Parks, CA, 1980.]

전자의 수가 증가하고 $L$의 값이 높아지면 적절한 항을 결정하는 것이 복잡해지지만, 위에서 설명한 방법(Russell-Saunders 짝지음이라 알려진)은 탄소보다 더 많은 전자를 갖는 원자에 적용할 수 있다. Russell-Saunders 짝지음(개개의 $l$이 짝지우고, 개개의 $s$가 짝지어 각각 $L$과 $S$를 형성한다고 가정하므로, $LS$ 짝지음이라고 부른다)은 보통 특히 보다 가벼운 원자에 대해서 적합하다. 큰 핵전하를 갖는 무거운 원자에 대해서는, 각 전자의 스핀과 궤도 사이에 짝지음이 일어난다($j = l + s$). 그 결과에 의하여 생기는 짝지음은 $jj$ 짝지음으로 알려져 있다. 일반적으로 $LS$ 짝지음이 잘 가정되는데, 그것으로부터 벗어남은 스핀-궤도 상호작용의 효과라고 생각된다(10장과 15장 참조).

## Hund의 규칙

어느 상태가 원자의 바닥 상태인가는 **Hund의 규칙**을 응용하여 선택할 수 있다. Hund의 첫째 규칙은 **최대 다중도**의 법칙이다. 그것은 $S$가 최대의 값인 것, 탄소의 경우에 $^3P$가 바닥 상태라는 것이다. 최대의 평행 스핀의 수를 갖는 그러한 계는 짝진 전자에 비하여 보다 더 넓은 공간 분포가 유리하므로, **교환 에너지**에 의하여 안정화될 것이다(Pauli 원리, 2장 참조).

두 번째 규칙은, 만약 두 상태가 같은 다중도를 가지면, $L$의 값이 큰 상태가 에너지가 낮다. 따라서 $^1D$가 $^1S$보다 에너지가 낮다.[5] 전자가 짝을 지어 최대 각운동량을 갖는 상태의 안정도가 더 커지는 것은 또한 전자의 공간 분포나 운동과 관련이 있다.

[5] Hund의 규칙은 원자의 **바닥 상태**를 바르게 예측할 수 있다. 이 규칙으로 **들뜬 상태**의 순서를 예측할 때, 가끔 예외가 있다.

**표 C.1**

다양한 전자 배치의 다중항.

| | 동등 전자 |
|---|---|
| $s^2$, $P^6$ and $d^{10}$ | $^1S$ |
| $p$ and $p^5$ | $^2P$ |
| $p^2$ and $p^4$ | $^3P$, $^1D$, $^1S$ |
| $p^3$ | $^4S$, $^2D$, $^2P$ |
| $d$ and $d^9$ | $^2D$ |
| $d^2$ and $d^8$ | $^3F$, $^3P$, $^1G$, $^1D$, $^1S$ |
| $d^3$ and $d^7$ | $^4F$, $^4P$, $^2H$, $^2G$, $^2F$, $^2D$, $^2D$, $^2P$ |
| $d^4$ and $d^6$ | $^5D$, $^3H$, $^3G$, $^3F$, $^3F$, $^3D$, $^3P$, $^3P$, $^1I$, $^1G$, $^1G$, $^1F$, $^1D$, $^1D$, $^1S$, $^1S$ |
| $d^5$ | $^6S$, $^4G$, $^4F$, $^4D$, $^4P$, $^2I$, $^2H$, $^2G$, $^2G$, $^2F$, $^2F$, $^2D$, $^2D$, $^2D$, $^2P$, $^2S$ |
| | **비동등 전자** |
| $s\ s$ | $^1S$, $^3S$ |
| $s\ p$ | $^1P$, $^3P$ |
| $s\ d$ | $^1D$, $^3D$ |
| $p\ p$ | $^3D$, $^1D$, $^3P$, $^1P$, $^3S$, $^1S$ |
| $p\ d$ | $^3F$, $^1F$, $^3D$, $^1D$, $^3P$, $^1P$ |
| $d\ d$ | $^3G$, $^1G$, $^3F$, $^1F$, $^3D$, $^1D$, $^3P$, $^1P$, $^3S$, $^1S$ |
| $s\ s\ s$ | $^4S$, $^2P$, $^2P$ |
| $s\ s\ p$ | $^4P$, $^2P$, $^2P$ |
| $s\ p\ p$ | $^4D$, $^2D$, $^2D$, $^4P$, $^2P$, $^2P$, $^2P$, $^4S$, $^2S$, $^2S$ |
| $s\ p\ d$ | $^4F$, $^2F$, $^2F$, $^4D$, $^2D$, $^2D$, $^4P$, $^2P$, $^2P$ |

# • 부록 D •

# 지표표

## Nonaxial Groups

| $C_1$ | $E$ |
|---|---|
| $A$ | 1 |

| $C_s$ | $E$ | $\sigma_h$ | | |
|---|---|---|---|---|
| $A'$ | 1 | 1 | $x, y, R_z$ | $x^2, y^2, z^2, xy$ |
| $A''$ | 1 | $-1$ | $z, R_x, R_y$ | $yz, xz$ |

| $C_i$ | $E$ | $i$ | | |
|---|---|---|---|---|
| $A_g$ | 1 | 1 | $R_x, R_y, R_z$ | $x^2, y^2, z^2$<br>$xy, xz, yz$ |
| $A_u$ | 1 | $-1$ | $x, y, z$ | |

## $C_n$ Groups

| $C_2$ | $E$ | $C_2$ | | |
|---|---|---|---|---|
| $A$ | 1 | 1 | $z, R_z$ | $x^2, y^2, z^2, xy$ |
| $B$ | 1 | $-1$ | $x, y, R_x, R_y$ | $yz, xz$ |

| $C_3$ | $E$ | $C_3$ | $C_3^2$ | | $\epsilon = \exp(2\pi i/3)$ |
|---|---|---|---|---|---|
| $A$ | 1 | 1 | 1 | $z, R_z$ | $x^2 + y^2, z^2$ |
| $E$ | $\begin{Bmatrix} 1 \\ 1 \end{Bmatrix}$ | $\begin{matrix} \epsilon \\ \epsilon^* \end{matrix}$ | $\begin{Bmatrix} \epsilon^* \\ \epsilon \end{Bmatrix}$ | $(x, y)(R_x, R_y)$ | $(x^2 - y^2, xy)(yz, xz)$ |

| $C_4$ | $E$ | $C_4$ | $C_2$ | $C_4^3$ | | |
|---|---|---|---|---|---|---|
| $A$ | 1 | 1 | 1 | 1 | $z, R_z$ | $x^2 + y^2, z^2$ |
| $B$ | 1 | $-1$ | 1 | $-1$ | | $x^2 - y^2, xy$ |
| $E$ | $\begin{Bmatrix} 1 \\ 1 \end{Bmatrix}$ | $\begin{matrix} i \\ -i \end{matrix}$ | $\begin{matrix} -1 \\ -1 \end{matrix}$ | $\begin{Bmatrix} -i \\ i \end{Bmatrix}$ | $(x, y)(R_x, R_y)$ | $(yz, xz)$ |

## $D_n$ Groups

| $D_2$ | $E$ | $C_2(z)$ | $C_2(y)$ | $C_2(x)$ | | |
|---|---|---|---|---|---|---|
| $A$ | 1 | 1 | 1 | 1 | | $x^2, y^2, z^2$ |
| $B_1$ | 1 | 1 | $-1$ | $-1$ | $z, R_z$ | $xy$ |
| $B_2$ | 1 | $-1$ | 1 | $-1$ | $y, R_y$ | $xz$ |
| $B_3$ | 1 | $-1$ | $-1$ | 1 | $x, R_x$ | $yz$ |

| $D_3$ | $E$ | $2C_3$ | $3C_2$ | | |
|---|---|---|---|---|---|
| $A_1$ | 1 | 1 | 1 | | $x^2 + y^2, z^2$ |
| $A_2$ | 1 | 1 | $-1$ | $z, R_z$ | |
| $E$ | 2 | $-1$ | 0 | $(x, y)(R_x, R_y)$ | $(x^2 - y^2, xy)(xz, yz)$ |

## $S_n$ Groups

| $S_4$ | $E$ | $S_4$ | $C_2$ | $S_4^3$ | | |
|---|---|---|---|---|---|---|
| $A$ | 1 | 1 | 1 | 1 | $R_z$ | $x^2+y^2, z^2$ |
| $B$ | 1 | −1 | 1 | −1 | $z$ | $x^2-y^2, xy$ |
| $E$ | $\begin{cases}1\\1\end{cases}$ | $\begin{matrix}i\\-i\end{matrix}$ | $\begin{matrix}-1\\-1\end{matrix}$ | $\begin{matrix}-i\\i\end{matrix}\Big\}$ | $(x, y); (R_x, R_y)$ | $(xz, yz)$ |

| $S_6$ | $E$ | $C_3$ | $C_3^2$ | $i$ | $S_6^5$ | $S_6$ | | $\epsilon = \exp(2\pi i/3)$ |
|---|---|---|---|---|---|---|---|---|
| $A_g$ | 1 | 1 | 1 | 1 | 1 | 1 | $R_z$ | $x^2+y^2, z^2$ |
| $E_g$ | $\begin{cases}1\\1\end{cases}$ | $\begin{matrix}\epsilon\\\epsilon^*\end{matrix}$ | $\begin{matrix}\epsilon^*\\\epsilon\end{matrix}$ | $\begin{matrix}1\\1\end{matrix}$ | $\begin{matrix}\epsilon\\\epsilon^*\end{matrix}$ | $\begin{matrix}\epsilon^*\\\epsilon\end{matrix}\Big\}$ | $(R_x, R_y)$ | $(x^2-y^2, xy)$; $(xz, yz)$ |
| $A_u$ | 1 | 1 | 1 | −1 | −1 | −1 | $z$ | |
| $E_u$ | $\begin{cases}1\\1\end{cases}$ | $\begin{matrix}\epsilon\\\epsilon^*\end{matrix}$ | $\begin{matrix}\epsilon^*\\\epsilon\end{matrix}$ | $\begin{matrix}-1\\-1\end{matrix}$ | $\begin{matrix}-\epsilon\\-\epsilon^*\end{matrix}$ | $\begin{matrix}-\epsilon^*\\-\epsilon\end{matrix}\Big\}$ | $(x, y)$ | |

## $C_{nv}$ Groups

| $C_{2v}$ | $E$ | $C_2$ | $\sigma_v(xz)$ | $\sigma_v'(yz)$ | | |
|---|---|---|---|---|---|---|
| $A_1$ | 1 | 1 | 1 | 1 | $z$ | $x^2, y^2, z^2$ |
| $A_2$ | 1 | 1 | −1 | −1 | $R_z$ | $xy$ |
| $B_1$ | 1 | −1 | 1 | −1 | $x, R_y$ | $xz$ |
| $B_2$ | 1 | −1 | −1 | 1 | $y, R_x$ | $yz$ |

| $C_{3v}$ | $E$ | $2C_3$ | $3\sigma_v$ | | |
|---|---|---|---|---|---|
| $A_1$ | 1 | 1 | 1 | $z$ | $x^2+y^2, z^2$ |
| $A_2$ | 1 | 1 | −1 | $R_z$ | |
| $E$ | 2 | −1 | 0 | $(x, y)(R_x, R_y)$ | $(x^2-y^2, xy)(xz, yz)$ |

| $C_{4v}$ | $E$ | $2C_4$ | $C_2$ | $2\sigma_v$ | $2\sigma_d$ | | |
|---|---|---|---|---|---|---|---|
| $A_1$ | 1 | 1 | 1 | 1 | 1 | $z$ | $x^2+y^2, z^2$ |
| $A_2$ | 1 | 1 | 1 | −1 | −1 | $R_z$ | |
| $B_1$ | 1 | −1 | 1 | 1 | −1 | | $x^2-y^2$ |
| $B_2$ | 1 | −1 | 1 | −1 | 1 | | $xy$ |
| $E$ | 2 | 0 | −2 | 0 | 0 | $(x, y)(R_x, R_y)$ | $(xz, yz)$ |

| $C_{5v}$ | $E$ | $2C_5$ | $2C_5^2$ | $5\sigma_v$ | | |
|---|---|---|---|---|---|---|
| $A_1$ | 1 | 1 | 1 | 1 | $z$ | $x^2+y^2, z^2$ |
| $A_2$ | 1 | 1 | 1 | −1 | $R_z$ | |
| $E_1$ | 2 | 2 cos 72° | 2 cos 144° | 0 | $(x, y)(R_x, R_y)$ | $(xz, yz)$ |
| $E_2$ | 2 | 2 cos 144° | 2 cos 72° | 0 | | $(x^2-y^2, xy)$ |

| $C_{6v}$ | $E$ | $2C_6$ | $2C_3$ | $C_2$ | $3\sigma_v$ | $3\sigma_d$ | | |
|---|---|---|---|---|---|---|---|---|
| $A_1$ | 1 | 1 | 1 | 1 | 1 | 1 | $z$ | $x^2+y^2, z^2$ |
| $A_2$ | 1 | 1 | 1 | 1 | −1 | −1 | $R_z$ | |
| $B_1$ | 1 | −1 | 1 | −1 | 1 | −1 | | |
| $B_2$ | 1 | −1 | 1 | −1 | −1 | 1 | | |
| $E_1$ | 2 | 1 | −1 | −2 | 0 | 0 | $(x, y)(R_x, R_y)$ | $(xz, yz)$ |
| $E_2$ | 2 | −1 | −1 | 2 | 0 | 0 | | $(x^2-y^2, xy)$ |

## $D_{nh}$ Groups

| $D_{2h}$ | $E$ | $C_2(z)$ | $C_2(y)$ | $C_2(x)$ | $i$ | $\sigma(xy)$ | $\sigma(xz)$ | $\sigma(yz)$ | | |
|---|---|---|---|---|---|---|---|---|---|---|
| $A_g$ | 1 | 1 | 1 | 1 | 1 | 1 | 1 | 1 | | $x^2, y^2, z^2$ |
| $B_{1g}$ | 1 | 1 | −1 | −1 | 1 | 1 | −1 | −1 | $R_z$ | $xy$ |
| $B_{2g}$ | 1 | −1 | 1 | −1 | 1 | −1 | 1 | −1 | $R_y$ | $xz$ |
| $B_{3g}$ | 1 | −1 | −1 | 1 | 1 | −1 | −1 | 1 | $R_x$ | $yz$ |
| $A_u$ | 1 | 1 | 1 | 1 | −1 | −1 | −1 | −1 | | |
| $B_{1u}$ | 1 | 1 | −1 | −1 | −1 | −1 | 1 | 1 | $z$ | |
| $B_{2u}$ | 1 | −1 | 1 | −1 | −1 | 1 | −1 | 1 | $y$ | |
| $B_{3u}$ | 1 | −1 | −1 | 1 | −1 | 1 | 1 | −1 | $x$ | |

| $D_{3h}$ | $E$ | $2C_3$ | $3C_2$ | $\sigma_h$ | $2S_3$ | $3\sigma_v$ | | |
|---|---|---|---|---|---|---|---|---|
| $A_1'$ | 1 | 1 | 1 | 1 | 1 | 1 | | $x^2 + y^2, z^2$ |
| $A_2'$ | 1 | 1 | −1 | 1 | 1 | −1 | $R_z$ | |
| $E'$ | 2 | −1 | 0 | 2 | −1 | 0 | $(x, y)$ | $(x^2 - y^2, xy)$ |
| $A_1''$ | 1 | 1 | 1 | −1 | −1 | −1 | | |
| $A_2''$ | 1 | 1 | −1 | −1 | −1 | 1 | $z$ | |
| $E''$ | 2 | −1 | 0 | −2 | 1 | 0 | $(R_x, R_y)$ | $(xz, yz)$ |

| $D_{4h}$ | $E$ | $2C_4$ | $C_2$ | $2C_2'$ | $2C_2''$ | $i$ | $2S_4$ | $\sigma_h$ | $2\sigma_v$ | $2\sigma_d$ | | |
|---|---|---|---|---|---|---|---|---|---|---|---|---|
| $A_{1g}$ | 1 | 1 | 1 | 1 | 1 | 1 | 1 | 1 | 1 | 1 | | $x^2 + y^2, z^2$ |
| $A_{2g}$ | 1 | 1 | 1 | −1 | −1 | 1 | 1 | 1 | −1 | −1 | $R_z$ | |
| $B_{1g}$ | 1 | −1 | 1 | 1 | −1 | 1 | −1 | 1 | 1 | −1 | | $x^2 - y^2$ |
| $B_{2g}$ | 1 | −1 | 1 | −1 | 1 | 1 | −1 | 1 | −1 | 1 | | $xy$ |
| $E_g$ | 2 | 0 | −2 | 0 | 0 | 2 | 0 | −2 | 0 | 0 | $(R_x, R_y)$ | $(xz, yz)$ |
| $A_{1u}$ | 1 | 1 | 1 | 1 | 1 | −1 | −1 | −1 | −1 | −1 | | |
| $A_{2u}$ | 1 | 1 | 1 | −1 | −1 | −1 | −1 | −1 | 1 | 1 | $z$ | |
| $B_{1u}$ | 1 | −1 | 1 | 1 | −1 | −1 | 1 | −1 | −1 | 1 | | |
| $B_{2u}$ | 1 | −1 | 1 | −1 | 1 | −1 | 1 | −1 | 1 | −1 | | |
| $E_u$ | 2 | 0 | −2 | 0 | 0 | −2 | 0 | 2 | 0 | 0 | $(x, y)$ | |

| $D_{5h}$ | $E$ | $2C_5$ | $2C_5^2$ | $5C_2$ | $\sigma_h$ | $2S_5$ | $2S_5^3$ | $5\sigma_v$ | | |
|---|---|---|---|---|---|---|---|---|---|---|
| $A_1'$ | 1 | 1 | 1 | 1 | 1 | 1 | 1 | 1 | | $x^2 + y^2, z^2$ |
| $A_2'$ | 1 | 1 | 1 | −1 | 1 | 1 | 1 | −1 | $R_z$ | |
| $E_1'$ | 2 | 2 cos 72° | 2 cos 144° | 0 | 2 | 2 cos 72° | 2 cos 144° | 0 | $(x, y)$ | |
| $E_2'$ | 2 | 2 cos 144° | 2 cos 72° | 0 | 2 | 2 cos 144° | 2 cos 72° | 0 | | $(x^2 - y^2, xy)$ |
| $A_1''$ | 1 | 1 | 1 | 1 | −1 | −1 | −1 | −1 | | |
| $A_2''$ | 1 | 1 | 1 | −1 | −1 | −1 | −1 | 1 | $z$ | |
| $E_1''$ | 2 | 2 cos 72° | 2 cos 144° | 0 | −2 | −2 cos 72° | −2 cos 144° | 0 | $(R_x, R_y)$ | $(xz, yz)$ |
| $E_2''$ | 2 | 2 cos 144° | 2 cos 72° | 0 | −2 | −2 cos 144° | −2 cos 72° | 0 | | |

## $D_{nh}$ Groups (*Continued*)

| $D_{6h}$ | $E$ | $2C_6$ | $2C_3$ | $C_2$ | $3C_2'$ | $3C_2''$ | $i$ | $2S_3$ | $2S_6$ | $\sigma_h$ | $3\sigma_d$ | $3\sigma_v$ | | |
|---|---|---|---|---|---|---|---|---|---|---|---|---|---|---|
| $A_{1g}$ | 1 | 1 | 1 | 1 | 1 | 1 | 1 | 1 | 1 | 1 | 1 | 1 | | $x^2+y^2, z^2$ |
| $A_{2g}$ | 1 | 1 | 1 | 1 | −1 | −1 | 1 | 1 | 1 | 1 | −1 | −1 | $R_z$ | |
| $B_{1g}$ | 1 | −1 | 1 | −1 | 1 | −1 | 1 | −1 | 1 | −1 | 1 | −1 | | |
| $B_{2g}$ | 1 | −1 | 1 | −1 | −1 | 1 | 1 | −1 | 1 | −1 | −1 | 1 | | |
| $E_{1g}$ | 2 | 1 | −1 | −2 | 0 | 0 | 2 | 1 | −1 | −2 | 0 | 0 | $(R_x, R_y)$ | $(xz, yz)$ |
| $E_{2g}$ | 2 | −1 | −1 | 2 | 0 | 0 | 2 | −1 | −1 | 2 | 0 | 0 | | $(x^2-y^2, xy)$ |
| $A_{1u}$ | 1 | 1 | 1 | 1 | 1 | 1 | −1 | −1 | −1 | −1 | −1 | −1 | | |
| $A_{2u}$ | 1 | 1 | 1 | 1 | −1 | −1 | −1 | −1 | −1 | −1 | 1 | 1 | $z$ | |
| $B_{1u}$ | 1 | −1 | 1 | −1 | 1 | −1 | −1 | 1 | −1 | 1 | −1 | 1 | | |
| $B_{2u}$ | 1 | −1 | 1 | −1 | −1 | 1 | −1 | 1 | −1 | 1 | 1 | −1 | | |
| $E_{1u}$ | 2 | 1 | −1 | −2 | 0 | 0 | −2 | −1 | 1 | 2 | 0 | 0 | $(x, y)$ | |
| $E_{2u}$ | 2 | −1 | −1 | 2 | 0 | 0 | −2 | 1 | 1 | −2 | 0 | 0 | | |

| $D_{8h}$ | $E$ | $2C_8$ | $2C_8^3$ | $2C_4$ | $C_2$ | $4C_2'$ | $4C_2''$ | $i$ | $2S_8$ | $2S_8^3$ | $2S_4$ | $\sigma_h$ | $4\sigma_d$ | $4\sigma_v$ | | |
|---|---|---|---|---|---|---|---|---|---|---|---|---|---|---|---|---|
| $A_{1g}$ | 1 | 1 | 1 | 1 | 1 | 1 | 1 | 1 | 1 | 1 | 1 | 1 | 1 | 1 | | $x^2+y^2, z^2$ |
| $A_{2g}$ | 1 | 1 | 1 | 1 | 1 | −1 | −1 | 1 | 1 | 1 | 1 | 1 | −1 | −1 | $R_z$ | |
| $B_{1g}$ | 1 | −1 | −1 | 1 | 1 | 1 | −1 | 1 | −1 | −1 | 1 | 1 | 1 | −1 | | |
| $B_{2g}$ | 1 | −1 | −1 | 1 | 1 | −1 | 1 | 1 | −1 | −1 | 1 | 1 | −1 | 1 | | |
| $E_{1g}$ | 2 | $\sqrt{2}$ | $-\sqrt{2}$ | 0 | −2 | 0 | 0 | 2 | $\sqrt{2}$ | $-\sqrt{2}$ | 0 | −2 | 0 | 0 | $(R_x, R_y)$ | $(xz, yz)$ |
| $E_{2g}$ | 2 | 0 | 0 | −2 | 2 | 0 | 0 | 2 | 0 | 0 | −2 | 2 | 0 | 0 | | $(x^2-y^2, xy)$ |
| $E_{3g}$ | 2 | $-\sqrt{2}$ | $\sqrt{2}$ | 0 | −2 | 0 | 0 | 2 | $-\sqrt{2}$ | $\sqrt{2}$ | 0 | −2 | 0 | 0 | | |
| $A_{1u}$ | 1 | 1 | 1 | 1 | 1 | 1 | 1 | −1 | −1 | −1 | −1 | −1 | −1 | −1 | | |
| $A_{2u}$ | 1 | 1 | 1 | 1 | 1 | −1 | −1 | −1 | −1 | −1 | −1 | −1 | 1 | 1 | $z$ | |
| $B_{1u}$ | 1 | −1 | −1 | 1 | 1 | 1 | −1 | −1 | 1 | 1 | −1 | −1 | −1 | 1 | | |
| $B_{2u}$ | 1 | −1 | −1 | 1 | 1 | −1 | 1 | −1 | 1 | 1 | −1 | −1 | 1 | −1 | | |
| $E_{1u}$ | 2 | $\sqrt{2}$ | $-\sqrt{2}$ | 0 | −2 | 0 | 0 | −2 | $-\sqrt{2}$ | $\sqrt{2}$ | 0 | 2 | 0 | 0 | $(x, y)$ | |
| $E_{2u}$ | 2 | 0 | 0 | −2 | 2 | 0 | 0 | −2 | 0 | 0 | 2 | −2 | 0 | 0 | | |
| $E_{3u}$ | 2 | $-\sqrt{2}$ | $\sqrt{2}$ | 0 | −2 | 0 | 0 | −2 | $\sqrt{2}$ | $-\sqrt{2}$ | 0 | 2 | 0 | 0 | | |

## Cubic Groups

| $T$ | $E$ | $4C_3$ | $4C_3^2$ | $3C_2$ | | $\epsilon = \exp(2\pi i/3)$ |
|---|---|---|---|---|---|---|
| $A$ | 1 | 1 | 1 | 1 | | $x^2 + y^2 + z^2$ |
| $E$ | 1 | $\epsilon$ | $\epsilon^*$ | 1 | | $(2z^2 - x^2 - y^2,$ |
| | 1 | $\epsilon^*$ | $\epsilon$ | 1 | | $x^2 - y^2)$ |
| $T$ | 3 | 0 | 0 | −1 | $(R_z, R_y, R_z); (x, y, z)$ | $(xy, xz, yz)$ |

| $T_h$ | $E$ | $4C_3$ | $4C_3^2$ | $3C_2$ | $i$ | $4S_6$ | $4S_6^5$ | $3\sigma_h$ | | $\epsilon = \exp(2\pi i/3)$ |
|---|---|---|---|---|---|---|---|---|---|---|
| $A_g$ | 1 | 1 | 1 | 1 | 1 | 1 | 1 | 1 | | $x^2 + y^2 + z^2$ |
| $A_u$ | 1 | 1 | 1 | 1 | −1 | −1 | −1 | −1 | | |
| $E_g$ | 1 | $\epsilon$ | $\epsilon^*$ | 1 | 1 | $\epsilon$ | $\epsilon^*$ | 1 | | $(2z^2 - x^2 - y^2,$ |
| | 1 | $\epsilon^*$ | $\epsilon$ | 1 | 1 | $\epsilon^*$ | $\epsilon$ | 1 | | $x^2 - y^2)$ |
| $E_u$ | 1 | $\epsilon$ | $\epsilon^*$ | 1 | −1 | $-\epsilon$ | $-\epsilon^*$ | −1 | | |
| | 1 | $\epsilon^*$ | $\epsilon$ | 1 | −1 | $-\epsilon^*$ | $-\epsilon$ | −1 | | |
| $T_g$ | 3 | 0 | 0 | −1 | −3 | 0 | 0 | −1 | $(R_x, R_y, R_z)$ | $(xz, yz, xy)$ |
| $T_u$ | 3 | 0 | 0 | −1 | −3 | 0 | 0 | 1 | $(x, y, z)$ | |

| $T_d$ | $E$ | $8C_3$ | $3C_2$ | $6S_4$ | $6\sigma_d$ | | |
|---|---|---|---|---|---|---|---|
| $A_1$ | 1 | 1 | 1 | 1 | 1 | | $x^2 + y^2 + z^2$ |
| $A_2$ | 1 | 1 | 1 | −1 | −1 | | |
| $E$ | 2 | −1 | 2 | 0 | 0 | | $(2z^2 - x^2 - y^2, x^2 - y^2)$ |
| $T_1$ | 3 | 0 | −1 | 1 | −1 | $(R_x, R_y, R_z)$ | |
| $T_2$ | 3 | 0 | −1 | −1 | 1 | $(x, y, z)$ | $(xy, xz, yz)$ |

| $O$ | $E$ | $8C_3$ | $3C_2(=C_4^2)$ | $6C_4$ | $6C_2$ | | |
|---|---|---|---|---|---|---|---|
| $A_1$ | 1 | 1 | 1 | 1 | 1 | | $x^2 + y^2 + z^2$ |
| $A_2$ | 1 | 1 | 1 | −1 | −1 | | |
| $E$ | 2 | −1 | 2 | 0 | 0 | | $(2z^2 - x^2 - y^2, x^2 - y^2)$ |
| $T_1$ | 3 | 0 | −1 | 1 | −1 | $(R_x, R_y, R_z); (x, y, z)$ | |
| $T_2$ | 3 | 0 | −1 | −1 | 1 | | $(xy, xz, yz)$ |

| $O_h$ | $E$ | $8C_3$ | $6C_2$ | $6C_4$ | $3C_2(=C_4^2)$ | $i$ | $6S_4$ | $8S_6$ | $3\sigma_h$ | $6\sigma_d$ | | |
|---|---|---|---|---|---|---|---|---|---|---|---|---|
| $A_{1g}$ | 1 | 1 | 1 | 1 | 1 | 1 | 1 | 1 | 1 | 1 | | $x^2 + y^2 + z^2$ |
| $A_{2g}$ | 1 | 1 | −1 | −1 | 1 | 1 | −1 | 1 | 1 | −1 | | |
| $E_g$ | 2 | −1 | 0 | 0 | 2 | 2 | 0 | −1 | 2 | 0 | | $(2z^2 - x^2 - y^2, x^2 - y^2)$ |
| $T_{1g}$ | 3 | 0 | −1 | 1 | −1 | 3 | 1 | 0 | −1 | −1 | $(R_x, R_y, R_z)$ | |
| $T_{2g}$ | 3 | 0 | 1 | −1 | −1 | 3 | −1 | 0 | −1 | 1 | | $(xz, yz, xy)$ |
| $A_{1u}$ | 1 | 1 | 1 | 1 | 1 | −1 | −1 | −1 | −1 | −1 | | |
| $A_{2u}$ | 1 | 1 | −1 | −1 | 1 | −1 | 1 | −1 | −1 | 1 | | |
| $E_u$ | 2 | −1 | 0 | 0 | 2 | −2 | 0 | 1 | −2 | 0 | | |
| $T_{1u}$ | 3 | 0 | −1 | 1 | −1 | −3 | −1 | 0 | 1 | 1 | $(x, y, z)$ | |
| $T_{2u}$ | 3 | 0 | 1 | −1 | −1 | −3 | 1 | 0 | 1 | −1 | | |

## $C_{nh}$ Groups

| $C_{2h}$ | $E$ | $C_2$ | $i$ | $\sigma_h$ | | |
|---|---|---|---|---|---|---|
| $A_g$ | 1 | 1 | 1 | 1 | $R_z$ | $x^2, y^2, z^2, xy$ |
| $B_g$ | 1 | −1 | 1 | −1 | $R_x, R_y$ | $xz, yz$ |
| $A_u$ | 1 | 1 | −1 | −1 | $z$ | |
| $B_u$ | 1 | −1 | −1 | 1 | $x, y$ | |

| $C_{3h}$ | $E$ | $C_3$ | $C_3^2$ | $\sigma_h$ | $S_3$ | $S_3^5$ | | $\epsilon = \exp(2\pi i/3)$ |
|---|---|---|---|---|---|---|---|---|
| $A'$ | 1 | 1 | 1 | 1 | 1 | 1 | $R_z$ | $x^2 + y^2, z^2$ |
| $E'$ | $\{1$ | $\epsilon$ | $\epsilon^*$ | 1 | $\epsilon$ | $\epsilon^*\}$ | $(x, y)$ | $(x^2 - y^2, xy)$ |
| | $\{1$ | $\epsilon^*$ | $\epsilon$ | 1 | $\epsilon^*$ | $\epsilon\}$ | | |
| $A''$ | 1 | 1 | 1 | −1 | −1 | −1 | $z$ | |
| $E''$ | $\{1$ | $\epsilon$ | $\epsilon^*$ | −1 | $-\epsilon$ | $-\epsilon^*\}$ | $(R_x, R_y)$ | $(xz, yz)$ |
| | $\{1$ | $\epsilon^*$ | $\epsilon$ | −1 | $-\epsilon^*$ | $-\epsilon\}$ | | |

| $C_{4h}$ | $E$ | $C_4$ | $C_2$ | $C_4^3$ | $i$ | $S_4^3$ | $\sigma_h$ | $S_4$ | | |
|---|---|---|---|---|---|---|---|---|---|---|
| $A_g$ | 1 | 1 | 1 | 1 | 1 | 1 | 1 | 1 | $R_z$ | $x^2 + y^2, z^2$ |
| $B_g$ | 1 | −1 | 1 | −1 | 1 | −1 | 1 | −1 | | $x^2 - y^2, xy$ |
| $E_g$ | $\begin{Bmatrix} 1 \\ 1 \end{Bmatrix}$ | $\begin{matrix} i \\ -i \end{matrix}$ | $\begin{matrix} -1 \\ -1 \end{matrix}$ | $\begin{matrix} -i \\ i \end{matrix}$ | $\begin{matrix} 1 \\ 1 \end{matrix}$ | $\begin{matrix} i \\ -i \end{matrix}$ | $\begin{matrix} -1 \\ -1 \end{matrix}$ | $\begin{Bmatrix} -i \\ i \end{Bmatrix}$ | $(R_x, R_y)$ | $(xz, yz)$ |
| $A_u$ | 1 | 1 | 1 | 1 | −1 | −1 | −1 | −1 | $z$ | |
| $B_u$ | 1 | −1 | 1 | −1 | −1 | 1 | −1 | 1 | | |
| $E_u$ | $\begin{Bmatrix} 1 \\ 1 \end{Bmatrix}$ | $\begin{matrix} i \\ -i \end{matrix}$ | $\begin{matrix} -1 \\ -1 \end{matrix}$ | $\begin{matrix} -i \\ i \end{matrix}$ | $\begin{matrix} -1 \\ -1 \end{matrix}$ | $\begin{matrix} -i \\ i \end{matrix}$ | $\begin{matrix} 1 \\ 1 \end{matrix}$ | $\begin{Bmatrix} i \\ -i \end{Bmatrix}$ | $(x, y)$ | |

## $D_{nd}$ Groups

| $D_{2d}$ | $E$ | $2S_4$ | $C_2$ | $2C_2'$ | $2\sigma_d$ | | |
|---|---|---|---|---|---|---|---|
| $A_1$ | 1 | 1 | 1 | 1 | 1 | | $x^2 + y^2, z^2$ |
| $A_2$ | 1 | 1 | 1 | −1 | −1 | $R_z$ | |
| $B_1$ | 1 | −1 | 1 | 1 | −1 | | $x^2 - y^2$ |
| $B_2$ | 1 | −1 | 1 | −1 | 1 | $z$ | $xy$ |
| $E$ | 2 | 0 | −2 | 0 | 0 | $(x, y)$; $(R_x, R_y)$ | $(xz, yz)$ |

| $D_{3d}$ | $E$ | $2C_3$ | $3C_2$ | $i$ | $2S_6$ | $3\sigma_d$ | | |
|---|---|---|---|---|---|---|---|---|
| $A_{1g}$ | 1 | 1 | 1 | 1 | 1 | 1 | | $x^2 + y^2, z^2$ |
| $A_{2g}$ | 1 | 1 | −1 | 1 | 1 | −1 | $R_z$ | |
| $E_g$ | 2 | −1 | 0 | 2 | −1 | 0 | $(R_x, R_y)$ | $(x^2 - y^2, xy)$, $(xz, yz)$ |
| $A_{1u}$ | 1 | 1 | 1 | −1 | −1 | −1 | | |
| $A_{2u}$ | 1 | 1 | −1 | −1 | −1 | 1 | $z$ | |
| $E_u$ | 2 | −1 | 0 | −2 | 1 | 0 | $(x, y)$ | |

| $D_{4d}$ | $E$ | $2S_8$ | $2C_4$ | $2S_8^3$ | $C_2$ | $4C_2'$ | $4\sigma_d$ | | |
|---|---|---|---|---|---|---|---|---|---|
| $A_1$ | 1 | 1 | 1 | 1 | 1 | 1 | 1 | | $x^2 + y^2, z^2$ |
| $A_2$ | 1 | 1 | 1 | 1 | 1 | −1 | −1 | $R_z$ | |
| $B_1$ | 1 | −1 | 1 | −1 | 1 | 1 | −1 | | |
| $B_2$ | 1 | −1 | 1 | −1 | 1 | −1 | 1 | $z$ | |
| $E_1$ | 2 | $\sqrt{2}$ | 0 | $-\sqrt{2}$ | −2 | 0 | 0 | $(x, y)$ | |
| $E_2$ | 2 | 0 | −2 | 0 | 2 | 0 | 0 | | $(x^2 - y^2, xy)$ |
| $E_3$ | 2 | $-\sqrt{2}$ | 0 | $\sqrt{2}$ | −2 | 0 | 0 | $(R_x, R_y)$ | $(xz, yz)$ |

| $D_{5d}$ | $E$ | $2C_5$ | $2C_5^2$ | $5C_2$ | $i$ | $2S_{10}^3$ | $2S_{10}$ | $5\sigma_d$ | | |
|---|---|---|---|---|---|---|---|---|---|---|
| $A_{1g}$ | 1 | 1 | 1 | 1 | 1 | 1 | 1 | 1 | | $x^2 + y^2, z^2$ |
| $A_{2g}$ | 1 | 1 | 1 | −1 | 1 | 1 | 1 | −1 | $R_z$ | |
| $E_{1g}$ | 2 | 2 cos 72° | 2 cos 144° | 0 | 2 | 2 cos 72° | 2 cos 144° | 0 | $(R_x, R_y)$ | $(xz, yz)$ |
| $E_{2g}$ | 2 | 2 cos 144° | 2 cos 72° | 0 | 2 | 2 cos 144° | 2 cos 72° | 0 | | $(x^2 - y^2, xy)$ |
| $A_{1u}$ | 1 | 1 | 1 | 1 | −1 | −1 | −1 | −1 | | |
| $A_{2u}$ | 1 | 1 | 1 | −1 | −1 | −1 | −1 | 1 | $z$ | |
| $E_{1u}$ | 2 | 2 cos 72° | 2 cos 144° | 0 | −2 | −2 cos 72° | −2 cos 144° | 0 | $(x, y)$ | |
| $E_{2u}$ | 2 | 2 cos 144° | 2 cos 72° | 0 | −2 | −2 cos 144° | −2 cos 72° | 0 | | |

| $D_{6d}$ | $E$ | $2S_{12}$ | $2C_6$ | $2S_4$ | $2C_3$ | $2S_{12}^5$ | $C_2$ | $6C_2'$ | $6\sigma_d$ | | |
|---|---|---|---|---|---|---|---|---|---|---|---|
| $A_1$ | 1 | 1 | 1 | 1 | 1 | 1 | 1 | 1 | 1 | | $x^2 + y^2, z^2$ |
| $A_2$ | 1 | 1 | 1 | 1 | 1 | 1 | 1 | −1 | −1 | $R_z$ | |
| $B_1$ | 1 | −1 | 1 | −1 | 1 | −1 | 1 | 1 | −1 | | |
| $B_2$ | 1 | −1 | 1 | −1 | 1 | −1 | 1 | −1 | 1 | $z$ | |
| $E_1$ | 2 | $\sqrt{3}$ | 1 | 0 | −1 | $-\sqrt{3}$ | −2 | 0 | 0 | $(x, y)$ | |
| $E_2$ | 2 | 1 | −1 | −2 | −1 | 1 | 2 | 0 | 0 | | $(x^2 - y^2, xy)$ |
| $E_3$ | 2 | 0 | −2 | 0 | 2 | 0 | −2 | 0 | 0 | | |
| $E_4$ | 2 | −1 | −1 | 2 | −1 | −1 | 2 | 0 | 0 | | |
| $E_5$ | 2 | $-\sqrt{3}$ | 1 | 0 | −1 | $\sqrt{3}$ | −2 | 0 | 0 | $(R_x, R_y)$ | $(xz, yz)$ |

## $C_{\infty v}$ and $D_{\infty h}$ Groups

| $C_{\infty v}$ | $E$ | $2C_\infty^\Phi$ | ··· | $\infty\sigma_v$ | | |
|---|---|---|---|---|---|---|
| $A_1 \equiv \Sigma^+$ | 1 | 1 | ··· | 1 | $z$ | $x^2 + y^2, z^2$ |
| $A_2 \equiv \Sigma^-$ | 1 | 1 | ··· | −1 | $R_z$ | |
| $E_1 \equiv \Pi$ | 2 | 2 cos Φ | ··· | 0 | $(x, y); (R_x, R_y)$ | $(xz, yz)$ |
| $E_2 \equiv \Delta$ | 2 | 2 cos 2Φ | ··· | 0 | | $(x^2 - y^2, xy)$ |
| $E_3 \equiv \Phi$ | 2 | 2 cos 3Φ | ··· | 0 | | |
| ··· | ··· | ··· | ··· | ··· | | |

| $D_{\infty h}$ | $E$ | $2C_\infty^\Phi$ | ··· | $\infty\sigma_v$ | $i$ | $2S_\infty^\Phi$ | ··· | $\infty C_2$ | | |
|---|---|---|---|---|---|---|---|---|---|---|
| $\Sigma_g^+$ | 1 | 1 | ··· | 1 | 1 | 1 | ··· | 1 | | $x^2 + y^2, z^2$ |
| $\Sigma_g^-$ | 1 | 1 | ··· | −1 | 1 | 1 | ··· | −1 | $R_z$ | |
| $\Pi_g$ | 2 | 2 cos Φ | ··· | 0 | 2 | −2 cos Φ | ··· | 0 | $(R_x, R_y)$ | $(xz, yz)$ |
| $\Delta_g$ | 2 | 2 cos 2Φ | ··· | 0 | 2 | 2 cos 2Φ | ··· | 0 | | $(x^2 - y^2, xy)$ |
| ··· | ··· | ··· | ··· | ··· | ··· | ··· | ··· | ··· | | |
| $\Sigma_u^+$ | 1 | 1 | ··· | 1 | −1 | −1 | ··· | −1 | $z$ | |
| $\Sigma_u^-$ | 1 | 1 | ··· | −1 | −1 | −1 | ··· | 1 | | |
| $\Pi_u$ | 2 | 2 cos Φ | ··· | 0 | −2 | 2 cos Φ | ··· | 0 | $(x, y)$ | |
| $\Delta_u$ | 2 | 2 cos 2Φ | ··· | 0 | −2 | −2 cos 2Φ | ··· | 0 | | |
| ··· | ··· | ··· | ··· | ··· | ··· | ··· | ··· | ··· | | |

부록 E

# 결합 에너지와 결합 길이

결합 에너지의 개념은 직관적으로 간단한 것처럼 보이지만 자세히 살펴보면 실제로는 대단히 복잡하다. 간단한 A—B 분자의 해리를 고려해 보자. A—B 결합을 끊는 데 필요한 에너지의 측정과 결합 에너지를 구하는 것은 비교적 간단한 문제인 것으로 생각할 수 있다. 불행하게도 실험은 쉽지만 일반적으로 많은 실험을 하지 않으면 “결합 에너지”를 직접 해석할 수 없다. 고려해야 할 인자 중에는 반응물과 생성물의 진동 에너지, 회전 에너지, 병진 에니지, 영점 에니지, 그리고 엔탈피가 관여되어 있으면 압력-부피의 일까지도 고려하여야 한다. 흥미있는 독자는 완전한 설명을 원할 때에 열역학에 관한 책을 참고하라(특히 Dasent, W. E. *Inorganic Energetics*, Penguin, Harmondworth, England, 1970). 다음은 문제의 간단한 개요이다.

그림에 있는 이원자 분자의 에너지를 생각해 보자. 결합 에너지의 개념은 에너지 곡선의 밑부분과 완전히 원자로 해리하였을 때 에너지 간의 차($\Delta U_{el}$)와 같다. 그러나 AB 분자는 영점 진동 에너지를 갖기 때문에, 0° K에서는 두 원자로 해리하는 데 필요한 에너지 $\Delta U$는 약간($\frac{1}{2}h\nu$만큼) 적다. 영점 에너지는 수소와 같은 가벼운 원자를 포함하는 분자에서 가장 크며($H_2$에 대하여 25.9 kJ mol$^{-1}$), 보다 무거운 원자를 포함하는 분자에서는 약간 더 작다.

두 가지 방법으로 A—B 분자의 결합 길이를 추정한 결과에는 차이가 있다. 첫째 $r_e$는 에너지-거리 곡선의 최소점에 상당한다(그림 참조). 둘째 $r_0$는 영점 에너지를 갖는 분자 진동에서 평균 거리에 상당한다. 곡선은 완전 포물선이 아니므로 두 값은 동등하지 않다.

만약 0 K 아닌 다른 어떤 온도($T$)에서 해리가 일어난다면 해리에 필요한 에너지는 그 온도에서 해리된 원자가 병진 운동하는 데 필요한 에너지를 충분히 가져야 한다($\frac{3}{2}RT$). 이 해리 에너지를 부분적으로 보상하는 것은 온도 $T$에서 AB 분자의 병진 에너지, 회전 에너지, 진동 에너지이다(298 K에서 $H_2$에 대하여 약 6.3 kJ mol$^{-1}$). 298 K에서의 해리 에너지($\Delta U_{298}$)와 0 K에서의 해리 에너지($\Delta U_0$)의 차는 매우 작다($H_2$에서 약 1 kJ mol$^{-1}$; dir 1/4 kcal mol$^{-1}$).

일반적으로 보다 더 실험 가능한 값은 엔탈피이다. 일정한 운도에서 해리 엔탈피는 $P\Delta V$만큼 해리 에너지와 차이가 있다. 실온에서 2.5 kJ mol$^{-1}$, ~600 cal mol$^{-1}$. $H_2$에 대한 여러 가지 값의 몇 가지 예는 다음과 같다.

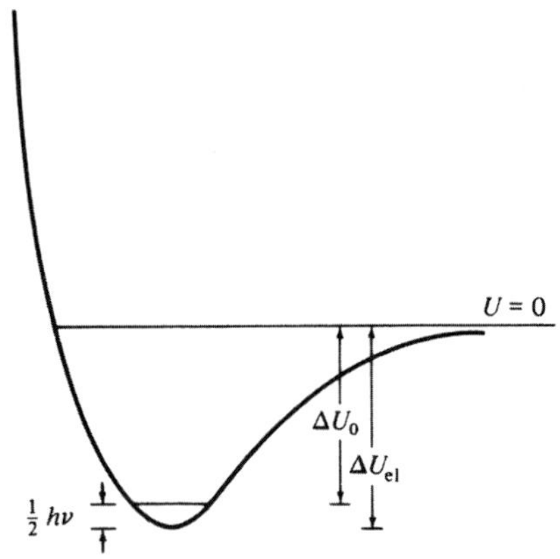


| | $\Delta U_{el}$ | $\Delta U_0$ | $\Delta U_{298}$ | $\Delta H_{298}$ |
|---|---|---|---|---|
| $H_2 \longrightarrow 2H$ | 458.1 (109.5) | 432.00 (103.25) | 433.21 (103.54) | 435.93 (104.19) |

마지막 세 가지의 값은(결합 에너지로 가장 자주 인용함) 차이가 대단히 적으므로 정밀한 연구를 제외하고는 그 차이를 무시할 수 있다.

적자적 에너지($\Delta U_{el}$) 는 실험 불가능한 값이고 주로 결합 이론과 연결될 때 흥미가 있다. 이러한 형태의 값은 "본질성 결합 에너지" (intrinsic bond energy) 이며, 분자 중의 원자가 갖는 에너지와 **원자가 상태에 있는** 분리된 원자(즉, 각 원자의 스핀이나 혼성은 분자에서처럼 같은 상태에 있다) 가 갖는 에너지의 차이다. 그것은 원자가 상태의 원자를 함께 하는 것 이외의 모든 인자는 제거되는 것으로 결합 세기의 척도이다(4장의 메테인과 McWeeny, R. *Coulson's Valence,* 3rd ed.; Oxford University; Oxford, 1979; Chapter 7의 설명을 비교하라).

그 상황은 다원자 분자에서 훨씬 더 복잡하다. 일반적으로 화학자에게 흥미있는 에너지는 분자의 나머지 부분이 변하지 않고 결합이 끊어질 때의 에너지이다. 예를 들어 만약 $CH_4$나 $CF_4$의 결합 에너지에 흥미가 있다면 다음의 반응 에너지를 보면 알 수 있다.

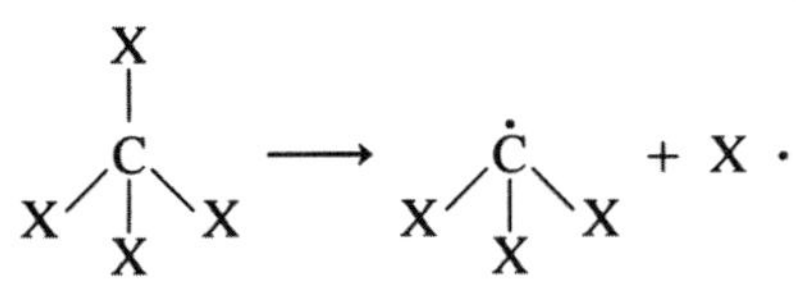

일반적으로 유사 사면체 화학종 $CX_3$은 관찰되지 않는다. $\cdot CF_3$에서는 이 배열과 유사한 삼각뿔형 분자가 알려져 있지만, $\cdot CF_3$에서는 결과적으로 생기는 화학종이 $sp^3$ 대신에 $sp^2$ 혼성을 갖는 평면형이다. 메테인에 대하여 여러 해리 단계와 연관된 에너지는 다음과 같다.

$$CH_4 \longrightarrow CH_3 + H \qquad \Delta U = 421.1 \text{ kJ mol}^{-1} \ (101.6 \text{ kcal mol}^{-1})$$

$$CH_3 \longrightarrow CH_2 + H \qquad \Delta U = 469.9 \text{ kJ mol}^{-1} \ (112.3 \text{ kcal mol}^{-1})$$

$$CH_2 \longrightarrow CH + H \qquad \Delta U = 415 \text{ kJ mol}^{-1} \ (99.3 \text{ kcal mol}^{-1})$$

$$CH \longrightarrow C + H \qquad \Delta U = 334.7 \text{ kJ mol}^{-1} \ (80.0 \text{ kcal mol}^{-1})$$

둘째 해리 단계의 에너지가 더 큰 것은 $sp^3$ 혼성보다 $sp^2$ 혼성의 결합력이 크기 때문이라고 생각할 수 있다. 위에 나열된 각 값에 대한 이유를 이해하든(혹은 최소한 믿든지) 못하든 간에, 메테인의 결합 에너지를 나타내지 않는 것은 분명하다. 그러나 이러한 실험적으로 측정 가능한 네 가지 과정의 합계는 측정 불가능한(그러나 원하는) 반응의 에너지와 같으므로

$$\mathbf{CH_4 \longrightarrow C + 4H}$$

이들 네 가지 값의 평균값(411 kJ $mol^{-1}$)을 메테인의 C—H 결합에 대한 **평균 결합 에너지(mean bond energy)**로 취할 수 있다.

평균 결합 에너지는 유용한 값이지만, 그것은 특정한 분자로부터 유도되며 다른 분자에 그대로 적용되지 않는 것도 있다는 것을 기억해 두지 않으면 안 된다. 그러므로 다이클로로메테인의 전체 결합 에너지가 메테인의 평균 결합 에너지의 두 배와 사염화 탄소의 평균 결합 에너지의 두 배의 합과 같지 않더라도, 별로 놀랄 것은 아니다. 한 가지 형태의 결합이 존재하면 또 다른 형태의 결합을 강하게 만들거나 약하게 만드는 데 영향을 줄 수 있다. 실제로 다이클로로에탄과 같은 분자의 결합 에너지는 열역학적 방법으로 분명하게 표시하지 못한다. 각 결합에 대해서 결합 에너지를 추정하는 것은, 이 C—H 결합 에너지는 메테인의 결합 에너지에 비교할 만하다는 두 번째 가정을 하지 않으면 안 된다. 또 다른 방법으로 두 가지 이상의 결합을 포함하는 분자의 결합 에너지는 적외선 신축 진동수와 같은 몇 가지 다른 형태의 정보에 바탕을 두어 일어낼 수 있다.

결합 에너지를 알아내는 데 방해되는 가장 어려운 문제 중의 하나는 N—N과 O—O 같은 결합에서 생긴다. 질소의 삼중 결합과 산소의 이중 결합은 기체 상태의 $N_2$와 $O_2$ 분자의 해리로부터 직접 계산할 수 있다. 이들 원소의 단일 결합은 항상 다른 원소가 추가로 결합되어 있으므로 또 다른 문제가 발생한다. 예를 들어 N—N 결합의 분리에 수반되는 다음의 해리 에너지를 생각해 보자.

$$\mathbf{N_2H_4 \longrightarrow 2NH_2 \qquad \mathit{D}_0 = 247\ kJ\ mol^{-1}\ (59\ kcal\ mol^{-1})}$$
$$\mathbf{N_2F_4 \longrightarrow 2NF_2 \qquad \mathit{D}_0 = 88\ kJ\ mol^{-1}\ (21\ kcal\ mol^{-1})}$$
$$\mathbf{N_2O_4 \longrightarrow 2NO_2 \qquad \mathit{D}_0 = 57.3\ kJ\ mol^{-1}\ (13.7\ kcal\ mol^{-1})}$$

이들 중에는 아무것도 가상적으로 분리된 다음과 같은 N—N 결합의 파괴를 나타내지 않는다.

$$\mathbf{\cdot\ddot{\underset{\cdot}{N}}—\ddot{\underset{\cdot}{N}}\cdot \longrightarrow 2\cdot\ddot{\underset{\cdot}{N}}\cdot}$$

$NH_3$와 $NF_3$로부터 N—H와 N—F 결합 에너지를 이용하여 본질적인 N—N 결합의 세기를 추산할 수 있다.

| | |
|---|---|
| 전체 원자화 에너지, $N_2H_4$ | **1703 kJ $mol^{-1}$ (407 kcal $mol^{-1}$)** |
| 4N—H 결합($NH_3$에서 추산) | **1544 kJ $mol^{-1}$ (369 kcal $mol^{-1}$)** |
| 차이(N—N과 같음) | **159 kJ $mol^{-1}$ (38 kcal·$mol^{-1}$)** |
| 전체 원자화 에너지, $N_2H_4$ | **1305 kJ $mol^{-1}$ (312 kcal $mol^{-1}$)** |
| 4N—H 결합($NH_3$에서 추산) | **1134 kJ $mol^{-1}$ (271 kcal $mol^{-1}$)** |
| 차이(N—N과 같음) | **172 kJ $mol^{-1}$ (41 kcal $mol^{-1}$)** |

이러한 계산 결과는 만족스럽게 일치되며 N—N 결합에 대한 약 167 kJ $mol^{-1}$의 값은 합리적으로 믿을 수 있다. 그와 비슷한 결과는 과산화 수소와 이플루오린화 이산소의 O—O 결합에 대하여 약 142 kJ $mol^{-1}$을 추산하여 구할 수 있다.

N—N와 O—O 결합에 대한 계산은 자기 모순 없지만(self-consistent) 보다 많은 계열의 화합물이 더 많은 변화성을 나타낼 가능성은 항상 존재한다. 이것은 치환기의 전기음성도가 특정한 오비탈, 예를 들면 퍼진 *d* 오비탈에 의한 오비탈의 겹침에 의하여 결합에 영향을 준다고 믿는 분자에서 특히 잘 일어난다. 정량적으로 이 가능성을 조사할 충분한 자료는 없지만, 관측된 안정성에 근거하여 —F나 —$CF_3$와 같이 전기음성인 치환기가 존재할 때의 P—P 결합은 $H_2P$—$PH_2$에 비하여 안정한 것처럼 보인다.

현재 모든 결합 에너지를 기재한 편리한 자기 모순 없는 자료는 없다. 대표적인 저서는 Cottrell, T. L. *The Strengths of Chemical Bonds*, 2nd ed., Butterworths, London, 1958. 이지만 최근의 데이터는 부족하다. Darwent (National Bureau of Standards Publication NSRDS-NBS 31, 1970) 는 해리 에너지에 대한 최근 데이터를 요약하였지만, 몇 가지 초기의 연구나 단계적 해리가 아니고 원자화 에너지의 합계만이 알려진 값들을 포함되어 있지 않다. 단계 해리에 대한 세 가지의 유용한 참고서는 다음과 같다. Brewer, L.; and Brackett, E. *Chem. Rev*, **1961**, *61*, 425; Brewer, L.; et al., *Chem. Rev*, **1963**, *63*, 111; Feber, R. C. Los Alamos Report LA-3164, 1965. 위에서 설명한 Darwent의 책에도 몇 가지 보통의 결합에 대한 결합 에너지값이 실려져 있다.

표 E.1은 위의 자료로부터 발췌하였다. 순서는 다음과 같다. 수소 화합물, I A(I)족, II A(2)족, III B(3)족, 전이 원소, III A(13)족, IV A(14)족, V A(15)족, VI A(16)족, VII A(18)족, VIII A(19)족, 어느 족 (I A(1)족 등과 같은) 에 대한 화합물은 다음과 같은 순서로 나열되어 있다. 할로젠화물, 칼코젠화물 등, 달리 명시하지 않는 한 화합물에 대한 결합 에너지는 $BCl_3$, $SiF_4$, $SF_6$와 같이 그 족과 같은 산화 상태를 갖는 화합물에 관한 것이다. 다른 화합물들은 (TiCl) 과 ($PCl_3$) 처럼 괄호 안에 나열되어 있다. 값들은 A—B 분자의 해리 에너지와 $AB_n$에 대한 평균 해리 에너지값이다. $N_2H_4$와 같은 분자는 두 가지 값이 제시되어 있다: $H_2N$—$NH_2$는 두 개의 아미노 라디칼에 대한 해리 에너지를 나타내고, N—N ($N_2H_4$) 는 위에 나타낸 바와 같이 가상적인 N—H 결합 에너지 방법에 의하여 구한 하이드라진에서 추정한 N—N 결합 에너지를 나타낸다.

표 E.1
결합 에너지와 결합 길이.

| Bond | $D_0$ kJ mol$^{-1}$ | $D_0$ kcal mol$^{-1}$ | $r$ pm | $r$ Å |
|---|---|---|---|---|
| *Hydrogen Compounds* | | | | |
| H—H | **432.00 ± 0.04** | **103.25 ± 0.01** | **74.2** | **0.742** |
| H—F | **565 ± 4** | **135 ± 1** | **91.8** | **0.918** |
| H—Cl | **428.02 ± 0.42** | **102.3 ± 0.1** | **127.4** | **1.274** |
| H—Br | **362.3 ± 0.4** | **86.6 ± 0.1** | **140.8** | **1.408** |
| H—I | **294.6 ± 0.4** | **70.4 ± 0.1** | **160.8** | **1.608** |
| H—O | **458.8 ± 1.4** | **109.6 ± 0.4** | **96** | **0.96** |
| H—S | **363 ± 5** | **87 ± 1** | **134** | **1.34** |
| H—Se | 276? | 66? | **146** | **1.46** |
| H—Te | 238? | 57? | **170** | **1.7** |
| H—N | **386 ± 8** | **92 ± 2** | **101** | **1.01** |
| H—P | ~322 | ~77 | **144** | **1.44** |
| H—As | ~247 | ~59 | **152** | **1.52** |
| H—C | **411 ± 7** | **98.3 ± 0.8** | **109** | **1.09** |
| H—CN | **531 ± 21** | **127 ± 5** | **106.6** | **1.066** |
| H—Si | 318 | 76 | **148** | **1.48** |
| H—Ge | | | **153** | **1.53** |
| H—Sn | | | **170** | **1.70** |
| H—Pb | | | | |
| H—B | 389? | 93? | **119** | **1.19** |
| H—Cu | **276 ± 8** | **66 ± 2** | | |
| H—Ag | **230 ± 13** | **55 ± 3** | | |
| H—Au | **285 ± 13** | **68 ± 3** | | |
| H—Be | | | | |
| H—Mg | | | | |
| H—Ca | | | | |
| H—Sr | | | | |
| H—Ba | | | | |
| H—Li | ~243 | ~58 | **159.5** | **1.595** |
| H—Na | 197 | 47 | **188.7** | **1.887** |
| H—K | 180 | 43 | **224.4** | **2.244** |
| H—Rb | 163 | 39 | **236.7** | **2.367** |
| H—Cs | 176 | 42 | **249.4** | **2.494** |
| *Group IA (1)* | | | | |
| Li—Li | 105 | 25 | **267.2** | **2.672** |
| Li—F | **573 ± 21** | **137 ± 5** | *154.7* | *1.547* |
| Li—Cl | **464 ± 13** | **111 ± 3** | *202* | *2.02* |
| Li—Br | **418 ± 21** | **100 ± 5** | *217.0* | *2.170* |
| Li—I | **347 ± 13** | **83 ± 3** | *239.2* | *2.392* |
| Na—Na | 72.4 | 17.3 | **307.8** | **3.078** |
| NaF | *477.0* | ***114.0*** | *184* | *1.84* |
| NaCl | *407.9* | ***97.5*** | *236.1* | *2.361* |
| NaBr | *362.8* | ***86.7*** | *250.2* | *2.502* |
| NaI | *304.2* | ***72.7*** | *271.2* | *2.712* |
| $K_2$ | 49.4 | 11.8 | **392.3** | **3.923** |
| KF | **490 ± 21** | **117 ± 5** | *213* | *2.13* |
| KCl | **423 ± 8** | **101 ± 2** | *266.7* | *2.667* |
| KBr | **378.7 ± 8** | **90.5 ± 2** | *282.1* | *2.821* |
| KI | **326 ± 13** | **78 ± 3** | *304.8* | *3.048* |
| Rb—Rb | 45.2 | 10.8 | | |

표 E.1 (계속)

| Bond | $D_0$ kJ mol$^{-1}$ | $D_0$ kcal mol$^{-1}$ | $r$ pm | $r$ Å |
|---|---|---|---|---|
| Rb—F | 490 ± 21 | 117 ± 5 | 226.6 | 2.266 |
| Rb—Cl | 444 ± 21 | 106 ± 5 | 278.7 | 2.787 |
| Rb—Br | 385 ± 25 | 92 ± 6 | 294.5 | 2.945 |
| Rb—I | 331 ± 13 | 79 ± 3 | 317.7 | 3.177 |
| Cs—Cs | 43.5 | 10.4 | | |
| Cs—F | 502 ± 42 | 120 ± 10 | 234.5 | 2.345 |
| Cs—Cl | 435 ± 21 | 104 ± 5 | 290.6 | 2.906 |
| Cs—Br | 416.3 ± 13 | 99.5 ± 3 | 307.2 | 3.072 |
| Cs—I | 335 ± 21 | 80 ± 5 | 331.5 | 3.315 |
| *Group IIA (2)* | | | | |
| Be—Be | (208)[a] | (51)[a] | | |
| Be—F | 632 ± 53 | 151 ± 13 | 140 | 1.40 |
| Be—Cl | 461 ± 63 | 110 ± 15 | 175 | 1.75 |
| Be—Br | 724 | 89 | 191 | 1.91 |
| Be—I | 289 | 69 | 210 | 2.10 |
| Be=O | 444 ± 21 | 106 ± 5 | 133.1 | 1.331 |
| Mg—Mg | (129)[a] | (31)[a] | | |
| Mg—F | 513 ± 42 | 123 ± 10 | 177 | 1.77 |
| Mg—Cl | 406 | 97 | 218 | 2.18 |
| Mg—Br | ~339 | ~81 | 234 | 2.34 |
| Mg—I | 264 | 63 | 254 | 2.54 |
| Mg=O | 377 ± 42 | 90 ± 10 | 174.9 | 1.749 |
| Ca—Ca | (105)[a] | (25)[a] | | |
| Ca—F | 550 ± 42 | 132 ± 10 | 210 | 2.10 |
| Ca—Cl | 429 ± 42 | 103 ± 10 | 251 | 2.51 |
| Ca—Br | 402 | 96 | 267 | 2.67 |
| Ca—I | ~326 | ~78 | 288 | 2.88 |
| Ca=O | 460 ± 84 | 110 ± 20 | 182.2 | 1.822 |
| Ca=S | 310 ± 21 | 75 ± 5 | | |
| Sr—Sr | (84)[a] | (20)[a] | | |
| Sr—F | 553 ± 42 | 132 ± 10 | 220 | 2.20 |
| Sr—Cl | ~469 | ~112 | 267 | 2.67 |
| Sr—Br | 405 | 97 | 282 | 2.82 |
| Sr—I | ~335 | ~80 | 303 | 3.03 |
| Sr=O | 347? | 83? | 192.1 | 1.921 |
| Sr=S | 222? | 53? | | |
| Ba—F | 578 ± 42 | 138 ± 10 | 232 | 2.32 |
| Ba—Cl | 475 ± 21 | 114 ± 10 | 282 | 2.82 |
| Ba—Br | 427 | 102 | 299 | 2.99 |
| Ba—I | ~360 | ~86 | 320 | 3.20 |
| Ba=O | 561 ± 42 | 134 ± 10 | 194.0 | 1.940 |
| Ba—OH | 467 ± 63 | 112 ± 15 | | |
| Ba=S | 396.2 ± 18.8 | 94.7 ± 4.5 | | |
| *Group IIIB (3)* | | | | |
| Sc—Sc | 108.4 ± 21 | 25.9 ± 5 | | |
| Sc—F | ~594 | ~142 | | |
| Sc—Cl | 460.6 | 110.1 | | |
| Sc—Br | 391.2 | 93.5 | | |

표 E.1 (계속)

| Bond | $D_0$ | | $r$ | |
|---|---|---|---|---|
| | kJ mol$^{-1}$ | kcal mol$^{-1}$ | pm | Å |
| Sc—I | ~322 | ~77 | | |
| Y—Y | **156.1 ± 21** | **37.3 ± 5** | | |
| Y—F | ~628 | ~150 | | |
| Y—Cl | ~494 | ~118 | | |
| Y—Br | ~431 | ~103 | | |
| Y—I | **362.8** | **86.7** | | |
| La—La | **241.0 ± 21** | **57.6 ± 5** | | |
| La—F | ~657 | ~157 | | |
| La—Cl | 513.0 | 122.6 | | |
| La—Br | ~439 | ~105 | | |
| La—I | 363.6 | 86.9 | | |

**Lanthanides and actinides (kJ mol$^{-1}$)**

| Metal | $MF_3$ | $MCl_3$ | $MBr_3$ | $MI_3$ | $MF_4$ | $MF_5$ | $MF_6$ |
|---|---|---|---|---|---|---|---|
| Ce | ~644 | 499.6 | ~431 | ~356 | | | |
| Pr | ~623 | 482.4 | ~418 | 338.5 | | | |
| Nd | ~611 | 470.7 | ~406 | 323.8 | | | |
| Pm | ~590 | ~452 | ~385 | ~305 | | | |
| Sm | ~565 | ~427 | ~360 | ~285 | | | |
| Eu | ~552 | ~414 | ~347 | ~272 | | | |
| Gd | ~619 | ~485 | ~418 | ~343 | | | |
| Tb | ~615 | ~477 | ~410 | ~339 | | | |
| Dy | ~577 | ~444 | ~377 | ~305 | | | |
| Ho | ~577 | ~444 | ~381 | ~305 | | | |
| Er | ~582 | ~448 | ~381 | ~310 | | | |
| Tm | ~548 | ~418 | ~351 | ~251 | | | |
| Yb | ~519 | ~385 | ~322 | ~251 | | | |
| Lu | ~607 | ~477 | ~410 | ~343 | | | |
| Th | | | | | 641.0 | | |
| Pa | | | | | | | |
| U | ~619 | 495.4 | 424.3 | ~343 | 598.0 | 564.8 | 522.2 |
| Np | ~586 | ~460 | ~397 | ~326 | ~561 | ~519 | ~477 |
| Pu | 562.7 | 442.2 | 378.7 | ~310 | ~536 | ~485 | ~427 |
| Am | ~573 | ~452 | ~389 | ~318 | ~519 | | |

**Lanthanides and actinides (kcal mol$^{-1}$)**

| Metal | $MF_3$ | $MCl_3$ | $MBr_3$ | $MI_3$ | $MF_4$ | $MF_5$ | $MF_6$ |
|---|---|---|---|---|---|---|---|
| Ce | ~154 | 119.4 | ~103 | ~85 | | | |
| Pr | ~149 | 115.3 | ~100 | 80.9 | | | |
| Nd | ~146 | 112.5 | ~97 | 77.4 | | | |
| Pm | ~141 | ~108 | ~92 | ~73 | | | |
| Sm | ~135 | ~102 | ~86 | ~68 | | | |
| Eu | ~132 | ~99 | ~83 | ~65 | | | |
| Gd | ~148 | ~116 | ~100 | ~82 | | | |
| Tb | ~147 | ~114 | ~98 | ~81 | | | |
| Dy | ~138 | ~106 | ~90 | ~73 | | | |
| Ho | ~138 | ~106 | ~91 | ~73 | | | |
| Er | ~139 | ~107 | ~91 | ~74 | | | |
| Tm | ~131 | ~100 | ~84 | ~60 | | | |

표 E.1 (계속)

| Lanthanides and actinides (kcal mol$^{-1}$) | | | | | | | |
|---|---|---|---|---|---|---|---|
| Metal | $MF_3$ | $MCl_3$ | $MBr_3$ | $MI_3$ | $MF_4$ | $MF_5$ | $MF_6$ |
| Yb | *~124* | *~92* | *~77* | *~60* | | | |
| Lu | *~145* | *~114* | *~98* | *~82* | | | |
| Th | | | | | *153.2* | | |
| Pa | | | | | | | |
| U | *~148* | *118.4* | *101.4* | *~82* | *143.0* | *135.0* | *124.8* |
| Np | *~140* | *~110* | *~95* | *~78* | *~134* | *~124* | *~114* |
| Pu | *134.5* | *105.7* | *90.5* | *~74* | *~128* | *~116* | *~102* |
| Am | *~137* | *~108* | *~93* | *~76* | *~124* | | |

| | $D_0$ | | r | |
|---|---|---|---|---|
| Bond | kJ mol$^{-1}$ | kcal mol$^{-1}$ | pm | Å |
| Transition metals | | | | |
| Ti—F($TiF_4$) | *584.5* | *139.7* | | |
| Ti—Cl($TiCl_4$) | *429.3* | *102.6* | **218** | **2.18** |
| Ti—Cl($TiCl_3$) | *460.2* | *110.0* | | |
| Ti—Cl($TiCl_2$) | *504.6* | *120.6* | | |
| Ti—Br($TiBr_4$) | *366.9* | *87.7* | **231** | **2.31** |
| Ti—I($TiI_4$) | *296.2* | *70.8* | | |
| Zr—F | *646.8* | *154.6* | | |
| Zr—Cl | *489.5* | *117.0* | **232** | **2.32** |
| Zr—Br | *423.8* | *101.3* | | |
| Zr—I | *345.6* | *82.6* | | |
| Hf—F | *~649.4* | *~155.2* | | |
| Hf—Cl | *494.9* | *118.3* | | |
| Hf—Br | *~431* | *~103* | | |
| Hf—I | *~360* | *~86* | | |
| Mn—F($MnF_2$) | *457.7* | *109.4* | | |
| Mn—Cl($MnCl_2$) | *392.5* | *98.8* | | |
| Mn—Br($MnBr_2$) | *332.2* | *79.4* | | |
| Mn—I($MnI_2$) | *267.8* | *64.0* | | |
| Fe—Fe | **156 ± 25** | **37.5 ± 6** | | |
| Fe—F($FeF_3$) | *~456* | *~109* | | |
| Fe—F($FeF_2$) | *481* | *115* | | |
| Fe—Cl($FeCl_3$) | *341.4* | *81.6* | | |
| Fe—Cl($FeCl_2$) | *400.0* | *95.6* | | |
| Fe—Br($FeBr_3$) | *291.2* | *69.6* | | |
| Fe—Br($FeBr_2$) | *339.7* | *81.2* | | |
| Fe—I($FeI_3$) | *233.5* | *55.8* | | |
| Fe—I($FeI_2$) | *279.1* | *66.7* | | |
| Ni—Ni | **228.0 ± 2.1** | **54.5 ± 05** | | |
| Ni—F($NiF_2$) | *462.3* | *110.5* | | |
| Ni—Cl($NiCl_2$) | *370.7* | *88.6* | | |
| Ni—Br($NiBr_2$) | *312.5* | *74.7* | | |
| Ni—I($NiI_2$) | *254.8* | *60.9* | | |
| Cu—Cu | **190.4 ± 13** | **45.5 ± 3** | | |
| Cu—F($CuF_2$) | **365 ± 38** | **88 ± 9** | | |
| Cu—F(CuF) | *~418* | *~100* | | |
| Cu—Cl($CuCl_2$) | *293.7* | *70.2* | | |
| Cu—Cl(CuCl) | *360.7* | *86.2* | | |

표 E.1 (계속)

| Bond | $D_0$ kJ mol$^{-1}$ | $D_0$ kcal mol$^{-1}$ | $r$ pm | $r$ Å |
|---|---|---|---|---|
| Cu—Br($CuBr_2$) | *~259* | *~62* | | |
| Cu—Br(CuBr) | *330.1* | *78.9* | | |
| Cu—I($CuI_2$) | *~192* | *~46* | | |
| Cu—I(CuI) | ~142 | ~34 | | |
| Ag—F($AgF_2$) | ~268 | ~64 | | |
| Ag—F(AgF) | 348.9 | 83.4 | | |
| Ag—Cl | **314 ± 21** | **75 ± 5** | **225** | **2.25** |
| Ag—Br | **289 ± 42** | **69 ± 10** | | |
| Ag—I | *256.9* | *61.4* | **254.4** | **2.544** |
| Au—F | *~305* | *~73* | | |
| Au—Cl | **289 ± 63** | **69 ± 15** | | |
| Au—Br | *~251* | *~60* | | |
| Au—I | *~230* | *~55* | | |
| Zn—F | *400.0* | *95.6* | **181** | **1.81** |
| Zn—Cl | *319.7* | *76.4* | | |
| Zn—Br | *268.6* | *64.2* | | |
| Zn—I | *207.5* | *49.6* | | |
| Cd—F | *326* | *78.0* | | |
| Cd—Cl | *280.7* | *67.1* | | |
| Cd—Br | *242.7* | *58.0* | | |
| Cd—I | *190.8* | *45.6* | | |
| Hg—F | *~268* | *~64* | | |
| Hg—Cl | *224.7* | *53.7* | **229** | **2.29** |
| Hg—Br | *184.9* | *44.2* | **241** | **2.41** |
| Hg—I | *145.6* | *34.8* | **259** | **2.59** |
| *Group IIIA (13)* | | | | |
| B—B | **293 ± 21** | **70 ± 5** | | |
| B—F | **613.1 ± 53** | **146.5 ± 13** | | |
| B—Cl | 456 | 109 | **175** | **1.75** |
| B—Br | 377 | 90 | | |
| B—I | | | | |
| B—OR | 536 | 128 | | |
| B⋯N($B_3N_3H_3Cl_3$) | 445.6 | 106.5 | | |
| B—C | 372 | 89 | | |
| Al—F | **583.0 ± 31** | **139.3 ± 8** | | |
| Al—Cl | **420.7 ± 10** | **100.5 ± 2** | | |
| Al—C | 255 | 61 | | |
| Ga—Ga | **113 ± 17** | **27 ± 4** | | |
| Ga—F | *~469* | *~112* | **188** | **1.88** |
| Ga—Cl | *354.0* | *84.6* | | |
| Ga—Br | *301.7* | *72.1* | | |
| Ga—I | *237.2* | *56.7* | **244** | **2.44** |
| In—In | **100 ± 13** | **24 ± 3** | | |
| In—F($InF_3$) | *~444* | *~106* | | |
| In—F(InF) | **523 ± 8** | **125 ± 2** | | |
| In—Cl($InCl_3$) | *328.0* | *78.4* | | |
| In—Cl(InCl) | **435 ± 8** | **104 ± 2** | **240.1** | **2.401** |
| In—Br($InBr_3$) | *279.1* | *66.7* | | |

표 E.1 (계속)

| Bond | $D_0$ | | $r$ | |
|---|---|---|---|---|
| | kJ mol$^{-1}$ | kcal mol$^{-1}$ | pm | Å |
| In—Br(InBr) | **406 ± 21** | **97 ± 5** | 254.3 | 2.543 |
| In—I($InI_3$) | *225.1* | *53.8* | | |
| In—I(InI) | | | 275.4 | 2.754 |
| Tl—F(TlF) | **439 ± 21** | **105 ± 5** | | |
| Tl—Cl(TlCl) | **364 ± 8** | **87 ± 2** | 248.5 | 2.485 |
| Tl—Br(TlBr) | **326 ± 21** | **78 ± 5** | | |
| Tl—I(TlI) | **280 ± 21** | **67 ± 5** | 281.4 | 2.814 |
| *Group IVA (14)* | | | | |
| C—C | 345.6 | 82.6 | 154 | 1.54 |
| C=C($C_2$) | **602 ± 21** | **144 ± 5** | 134 | 1.34 |
| C≡C | 835.1 | 199.6 | 120 | 1.20 |
| C—F | 485 | 116 | 135 | 1.35 |
| C—Cl | 327.2 | 78.2 | 177 | 1.77 |
| C—Br | 285 | 68 | 194 | 1.94 |
| C—I | 213 | 51 | 214 | 2.14 |
| C—O | 357.7 | 85.5 | 143 | 1.43 |
| C=O | **798.9 ± 0.4** | **190.9 ± 0.1** | 120 | 1.20 |
| C≡O | **1071.9 ± 0.4** | **256.2 ± 0.1** | 112.8 | 1.128 |
| C—S | 272 | 65 | 182 | 1.82 |
| C=S | **573 ± 21** | **137 ± 5** | 160 | 1.60 |
| C—N | 304.6 | 72.8 | 147 | 1.47 |
| C=N | 615 | 147 | | |
| C≡N | 887 | 212 | 116 | 1.16 |
| C—P | 264 | 63 | 184 | 1.84 |
| C—Si(SiC) | 318 | 76 | 185 | 1.85 |
| C—Ge($GeEt_4$) | 213? | 51? | 194 | 1.94 |
| C—Sn($SnEt_4$) | 226 | 54 | 216 | 2.16 |
| C—Pb($PbEt_4$) | 130 | 31 | 230 | 2.30 |
| Si—Si | 222 | 53 | 235.2 | 2.352 |
| Si—F | 565 | 135 | 157 | 1.57 |
| Si—Cl | 381 | 91 | 202 | 2.02 |
| Si—Br | 310 | 74 | 216 | 2.16 |
| Si—I | 234 | 56 | 244 | 2.44 |
| Si—O | 452 | 108 | 166 | 1.66 |
| Si—S | 293? | 70? | ~200 | ~2.0 |
| Ge—Ge | 188 | 45 | 241 | 2.41 |
| Ge=Ge | **272 ± 21** | **65 ± 5** | | |
| Ge—F($GeF_4$) | *~452* | *~108* | 168 | 1.68 |
| Ge—F($GeF_2$) | *481* | *115* | | |
| Ge—Cl($GeCl_4$) | *348.9* | *83.4* | 210 | 2.10 |
| Ge—Cl($GeCl_2$) | *~385* | *~92* | | |
| Ge—Br($GeBr_4$) | *276.1* | *66.0* | 230 | 2.30 |
| Ge—Br($GeBr_2$) | *325.5* | *77.8* | | |
| Ge—I($GeI_4$) | *211.7* | *50.6* | | |
| Ge—I($GeI_2$) | *264.0* | *63.1* | | |
| Sn—Sn | *146.4* | *35.0* | | |
| Sn—F($SnF_4$) | *~414* | *~99* | | |
| Sn—F($SnF_2$) | *~481* | *~115* | | |
| Sn—Cl($SnCl_4$) | *323.0* | *77.2* | 233 | 2.33 |
| Sn—Cl($SnCl_2$) | *385.8* | *92.2* | 242 | 2.42 |

표 E.1 (계속)

| Bond | $D_0$ kJ mol$^{-1}$ | $D_0$ kcal mol$^{-1}$ | r pm | r Å |
|---|---|---|---|---|
| Sn—Br($SnBr_4$) | *272.8* | *65.2* | **246** | **2.46** |
| Sn—Br($SnBr_2$) | *329.3* | *78.7* | **255** | **2.55** |
| Sn—I($SnI_4$) | *~205* | *~49* | **269** | **2.69** |
| Sn—I($SnI_2$) | *261.5* | *62.5* | **273** | **2.73** |
| Pb—F($PbF_4$) | *~331* | *~79* | | |
| Pb—F($PbF_2$) | *394.1* | *94.2* | | |
| Pb—Cl($PbCl_4$) | *~243* | *~58* | | |
| Pb—Cl($PbCl_2$) | *303.8* | *72.6* | **242** | **2.42** |
| Pb—Br($PbBr_4$) | *~201* | *~48* | | |
| Pb—Br($PbBr_2$) | *260.2* | *62.2* | | |
| Pb—I($PbI_4$) | *~142* | *~34* | | |
| Pb—I($PbI_2$) | *205.0* | *49.0* | **279** | **2.79** |
| *Group VA (15)* | | | | |
| N—N($N_2H_4$) | **~167** | **~40** | | |
| $H_2N$—$NH_2$ | **247 ± 13** | **59 ± 3** | **145** | **1.45** |
| N=N | 418 | 100 | **125** | **1.25** |
| N≡N | **941.69 ± 0.04** | **225.07 ± .01** | **109.8** | **1.098** |
| N—F | **283 ± 24** | **68 ± 6** | **136** | **1.36** |
| N—Cl | **313** | **72** | **175** | **1.75** |
| N—O | 201 | 48 | **140** | **1.40** |
| N=O | 607 | 145 | **121** | **1.21** |
| N$\stackrel{...}{=}$N | 678 | 162 | **115** | **1.15** |
| P—P($P_4$) | 201 | 48 | **221** | **2.21** |
| $Cl_2P$—$PCl_2$ | **239** | **57** | | |
| P≡P | **481 ± 8** | **115 ± 2** | **189.3** | **1.893** |
| P—F($PF_3$) | 490 | 117 | **154** | **1.54** |
| P—Cl($PCl_3$) | 326 | 78 | **203** | **2.03** |
| P—Br($PBr_3$) | 264 | 63 | | |
| P—I($PI_3$) | 184 | 44 | | |
| P—O | 335? | 80? | **163** | **1.63** |
| P=O | ~544 | ~130 | **~150** | **~1.5** |
| P=S | ~335 | ~80 | **186** | **1.86** |
| As—As($As_4$) | 146 | 35 | **243** | **2.43** |
| As≡As | **380 ± 21** | **91 ± 5** | | |
| As—F($AsF_5$) | *~406* | *~97* | | |
| As—F($AsF_3$) | *484.1* | *115.7* | **171.2** | **1.712** |
| As—Cl($AsCl_3$) | *321.7* | *76.9* | **216.1** | **2.161** |
| As—Br($AsBr_3$) | *458.2* | *61.7* | **233** | **2.33** |
| As—I($AsI_3$) | *200.0* | *47.8* | **254** | **2.54** |
| As—O | 301 | 72 | **178** | **1.78** |
| As=O | ~389 | ~93 | | |
| Sb—Sb($Sb_4$) | 121? | 29? | | |
| Sb≡Sb | **295.4 ± 6.3** | **70.6 ± 1.5** | | |
| Sb—F($SbF_5$) | *~402* | *~96* | | |
| Sb—F($SbF_3$) | *~440* | *~105* | | |
| Sb—Cl($SbCl_5$) | *248.5* | *59.4* | | |
| Sb—Cl($SbCl_3$) | *314.6* | *75.2* | **232** | **2.32** |
| Sb—Br($SbBr_5$) | *184* | *44* | | |
| Sb—Br($SbBr_3$) | *259.8* | *62.1* | **251** | **2.51** |
| Sb—I($SbI_3$) | *195.0* | *46.6* | | |

표 E.1 (계속)

| Bond | $D_0$ kJ mol$^{-1}$ | $D_0$ kcal mol$^{-1}$ | $r$ pm | $r$ Å |
|---|---|---|---|---|
| Bi≡Bi | **192 ± 4** | **46 ± 1** | | |
| Bi—F($BiF_5$) | *~297* | *~71* | | |
| Bi—F($BiF_3$) | *~393* | *~94* | | |
| Bi—Cl($BiCl_3$) | *274.5* | *65.6* | **248** | **2.48** |
| Bi—Br($BiBr_3$) | *232.2* | *55.5* | **263** | **2.63** |
| Bi—I($BiI_3$) | *168.2* | *40.2* | | |
| *Group VIA (16)* | | | | |
| O—O($H_2O_2$) | **~142** | **~34** | | |
| HO—OH | **207.1 ± 2.1** | **49.5 ± 0.5** | **148** | **1.48** |
| O=O | **493.59 ± 0.4** | **117.97 ± 0.1** | **120.7** | **1.207** |
| O—F | 189.5 | 45.3 | **142** | **1.42** |
| S—S($S_8$) | 226 | 54 | **205** | **2.05** |
| S—S($H_2S_2$) | **268 ± 21** | **64 ± 5** | **205** | **2.05** |
| S=S | **424.7 ± 6.3** | **101.5 ± 1.5** | **188.7** | **1.887** |
| S—F | 284 | 68 | **156** | **1.56** |
| S—Cl($S_2Cl_2$) | 255 | 61 | **207** | **2.07** |
| S—Br($S_2Br_2$) | 217? | 52? | **227** | **2.27** |
| S=S(SO) | **517.1 ± 8** | **123.6 ± 2** | **149.3** | **1.493** |
| S⋯O($SO_2$) | **532.2 ± 8** | **127.2 ± 2** | **143.2** | **1.432** |
| S⋯O($SO_3$) | **468.8 ± 8** | **112.1 ± 2** | **143** | **1.43** |
| Se—Se($Se_6$) | 172 | 41 | | |
| Se=Se | 272 | 65 | **215.2** | **2.152** |
| Se—F($SeF_6$) | *284.9* | *68.1* | | |
| Se—F($SeF_4$) | *~310* | *~74* | | |
| Se—F($SeF_2$) | *~351* | *~84* | | |
| Se—Cl($SeCl_4$) | *~192* | *~46* | | |
| Se—Cl($SeCl_2$) | *~243* | *~58* | | |
| Se—Br($SeBr_4$) | *~151* | *~36* | | |
| Se—Br($SeBr_2$) | *~201* | *~48* | | |
| Se—I($SeI_2$) | *~151* | *~36* | | |
| Te—Te | (126)[a] | (30)[a] | | |
| Te=Te | **218 ± 8** | **52 ± 2** | | |
| Te—F($TeF_6$) | *329.7* | *78.8* | | |
| Te—F($TeF_4$) | *~335* | *~80* | | |
| Te—F($TeF_2$) | *~393* | *~94* | | |
| Te—Cl($TeCl_4$) | *310.9* | *74.3* | **233** | **2.33** |
| Te—Cl($TeCl_2$) | *~284* | *~68* | | |
| Te—Br($TeBr_4$) | *~176* | *~42* | **268** | **2.68** |
| Te—Br($TeBr_2$) | *~243* | *~58* | **251** | **2.51** |
| Te—I($TeI_4$) | *~121* | *~29* | | |
| Te—I($TeI_2$) | *~192* | *~46* | | |
| *Group VIIA (17)* | | | | |
| I—I | **148.95 ± 0.04** | **35.60 ± 0.01** | **266.6** | **2.666** |
| I—F($IF_7$) | 231.0[b] | 55.2[b] | ~183 | ~1.83 |
| I—F($IF_5$) | 267.8[b] | 64.0[b] | 175,186[c] | 1.75,1.86[c] |
| I—F($IF_3$) | ~272[b] | ~65[b] | | |
| I—F(IF) | **277.8 ± 4** | **66.4 ± 1** | 191[c] | 1.91[c] |
| I—Cl(ICl) | **207.9 ± 0.4** | **49.7 ± 0.1** | **232.1** | **2.321** |
| I—Br(IBr) | **175.3 ± 0.4** | **41.9 ± 0.1** | | |
| I—O(I—OH) | 201 | 48 | | |

표 E.1 (계속)

| Bond | $D_0$ kJ mol$^{-1}$ | $D_0$ kcal mol$^{-1}$ | $r$ pm | $r$ Å |
|---|---|---|---|---|
| Br—Br | **190.16 ± 0.04** | **45.45 ± 0.01** | **228.4** | **2.284** |
| Br—F($BrF_5$) | 187.0[b] | 44.7[b] | | |
| Br—F($BrF_3$) | 201.2[b] | 48.1[b] | 172,184[d] | 1.72,1.84 |
| Br—F(BrF) | 249.4[b] | 59.6[b] | **175.6** | **1.756** |
| Br—Cl(BrCl) | **215.9 ± 0.4** | **51.6 ± 0.1** | **213.8** | **2.138** |
| Br—O(Br—OH) | 201 | 48 | | |
| Cl—Cl | **239.7 ± 0.4** | **57.3 ± 0.1** | **198.8** | **1.988** |
| Cl—F($ClF_5$) | ~142[b] | ~34[b] | | |
| Cl—F($ClF_3$) | 172.4[b] | 41.2[b] | **169.8** | **1.698** |
| Cl—F(ClF) | **248.9 ± 2.1** | **59.5 ± 0.5** | **162.8** | **1.628** |
| Cl—O(Cl—OH) | 218 | 52 | | |
| F—F | **154.8 ± 4** | **37.0 ± 1.0** | **141.8** | **1.418** |
| At—At | **115.9** | **27.7** | | |
| *Group VIIIA (18)* | | | | |
| Xe—F($XeF_6$) | 126.2[e] | 30.2[e] | 190[e] | 1.90[e] |
| Xe—F($XeF_4$) | 130.4[e] | 31.2[e] | 195[e] | 1.95[e] |
| Xe—F($XeF_2$) | 130.8[e] | 31.3[e] | 200[e] | 2.00[e] |
| Xe—O($XeO_3$) | 84[e] | 20[e] | 175[e] | 1.75[e] |
| Kr—F($KrF_2$) | 50[e] | 12[e] | 190[e] | 1.9[e] |

[a] Huheey, J. E.; Evans, R. S. *J. Inorg. Nucl. Chem.* **1970**, *32*, 383.

[b] Stein, L. *Halogen Chemistry* **1967**, *1*, 133.

[c] Harshberger W.; et al. *J. Am. Chem. Soc.* **1967**, *89*, 6466.

[d] Burbank, R. D.; Beaney, F. N., Jr. *J. Chem. Phys.* **1957**, *27*, 982.

[e] Holloway, J. H. *Noble-Gas Chemistry;* Methuen: London, 1968.

**고딕체 활자**의 값은 Darwent의 저서로부터 발췌하였으며, 0 K에서 결합을 절단하는데 필요한 에너지에 대하여 그가 추정한 "최선값"과 오차를 나타내고 있다. Darwent에서 얻을 수 없는 값인 할로젠화 금속, 이할로젠화 금속(**고딕체 활자**의 이탤릭체) 에 대하여는 Brewer와 공동 연구자의 자료로부터, 그리고 전이 금속, 란타넘족, 악티늄족(이택릭체) 은 Feber의 자료로부터 발췌하였다. 이 값들은 293 K에서 원자화 엔탈피이다. 나머지 값은 Cottrell (아라비아 숫자) 과 기타의 자료(첨자를 갖는 아라비아 숫자는 표의 끝에 있는 참고문헌에 나타나 있다) 에 있다.

그 표는 알맞게 정확한 값을 대략 계산할 수 있고 빠르게 인용할 수 있도록 배려하였다. 298 K로부터 0 K로 값을 환산하지 않았으며 여러 경우에 오차는 보정항보다 더 크다. 그 값의 정확도는 다음과 같은 척도의 등급을 갖는다. (1) ±불확실을 갖는 값; (2) 0.1 혹은 1 이내에서 정확한 값; (3) 어떤 값을 "약"(~)으로 표시하는 값; (4) 거의 완전히 추측하는 값으로서 의문 부호를 붙인다. 모든 값은 실험에 의한 것이지만 몇 가지는 예외이다. 그것은 A—A 결합 에너지는 알려져 있지 않으나(전기음성도 계산 등에 의해서) 예상될 수 있다. 이들(Be-Be처럼) 가상적 결합에 대해서 어림한 값은 괄호 속에 표시되어 있다.

결합 길이는 다음 두 가지 자료를 이용하였는데 *Table of Interatomic Dis-tances and Configuration in Molecules and Ions* (The Chemical Society, Special Publication No 11, 1958) and *Supplement* (Special Publication No. 18, 1965) 의 자료에서 주로 발췌하고 **고딕체 활자**로 값을 표시하였으며, 또 한 가지는 Brewer et all.

에 의한 값(이탤릭체) 이다. 에너지의 경우와 같이 그 표의 목적은 빠른 참고 자료의 이용이고, 결합길이는 대부분의 경우 ±2 pm의 정확도를 갖는 데 표적 값을 제시했다.

특별한 목적과 정밀한 계산을 위한 경우에는 결합 에너지에 대한 값, 성질, 결합 에너지를 구한 방법에 대해서, 또한 결합 길이에 대해서는 정밀도, 실험법, 결합 길이의 변화 등에 대해서 자료의 원문을 참고하여야 한다. 지면에 제약이 있으므로 이런 종류의 값을 많이 표에 수록할 수 없다.

# • 부록 F •

# 원소의 표준 환원 전위의 개요

아래의 표는 원소들의 전기화학 전위[1]의 빠른 개요와 전망을 나타낸다. 원소들의 각 족에 대하여, 꺽쇠괄호는 그 족에서 대해서 원소들[예를 들어 $Li^+$ / Li과 $Na^+$ / Na I A(1)족에 대해서] 의 반쪽 반응에 대한 한계 전위를 나타낸다 [$M^{n+} + ne^- \rightarrow M$ (금속) ; $X_2 + ne^- \rightarrow 2X^{(n/2)-}$ (할로젠)]. 다른 선택된 반쪽 반응이 또한 수록되어 있다. 표에 있는 **고딕체 활자**는 수용액에 대한 중요한 한계 전위를 나타낸다 (9장을 참조). 그리고 ***이탤릭체 활자***는 1 M $OH^-$ 에서의 반쪽반응을 나타낸다. 간결하게 하기 위해서 많은 원소와 산화 상태는 생략되어 있다. 더욱 광범위한 데이터는 이 교재에서 인용된 쪽 (page) 에 있는 원소들의 서술적 화학의 설명에서 발견된다. 괄호 내의 전위는 예상되는 값이다.

표 F.1

| | Half-reaction | $E^0$ (V) |
|---|---|---|
| Strongest reducing agent, $N_3^-$ | *$3N_2 + 2e^- \rightarrow 2N_3^-$* | *−3.608* |
| | $3N_2 + 2H_3O+ \; + 2e^- \rightarrow 2HN_3 + 2H_2O$ | −3.334 |
| Alkali metals, Group IA (1) (+1 → 0), pp 593–594. | $Li^+ + e^- \rightarrow Li$ | −3.040 |
| | $K^+ + e^- \rightarrow K$ | −2.936 |
| Alkaline earth metals, Group IIA (2) (+2 → 0), p 594. | $Ba^{2+} + 2e^- \rightarrow Ba$ | −2.906 |
| | $Sr^{2+} + 2e^- \rightarrow Sr$ | −2.899 |
| | $Ca^{2+} + 2e^- \rightarrow Ca$ | −2.868 |
| | $Na^+ + e^- \rightarrow Na$ | −2.714 |
| Most lanthanides and actinides (+3 → +0). Eu and Yb are exceptional. See pp 599–613. | $La^{3+} + 3e^- \rightarrow La$ | −2.379 |
| | $Mg^{2+} + 2e^- \rightarrow Mg$ | −2.360 |
| | $Lu^{3+} + 3e^- \rightarrow Lu$ | −2.28 |
| | $Al^{3+} + 3e^- \rightarrow Al$ | −1.677 |
| | $U^{3+} + 3e^- \rightarrow U$ | −1.642 |

1) 모든 전위는, $[H_3O^+] = [OH^-] = 1.005 \times 10^{-7}$를 제외하고 활동도 1인 모든 화학종을 갖는 "pH = 7"로 표지된 그들 값을 제외하고서, 모든 화학종이 활동도 1에서, 퓨가시티가 1에서의 **표준 환원 전위**이다.

표 F.1 (계속)

| | Half-reaction | $E^0$ (V) |
|---|---|---|
| | $Ti^{2+} + 2e^- \rightarrow Ti$ | (−1.6) |
| | $Mn(OH)_2 + 2e^- \rightarrow Mn + 2OH^-$ | −1.565 |
| | $Mn^{2+} + 2e^- \rightarrow Mn$ | −1.182 |
| | $V^{2+} + 2e^- \rightarrow V$ | −1.125 |
| | $Te + 2e^- \rightarrow Te^{2-}$ | −0.90 |
| ***Reduction of water in basic solution.*** | $2H_2O + 2e^- \rightarrow H_2 + 2OH^-$ | **−0.828** |
| First transition series except Cu (+2 → 0). See pp 580–587, 594–599. | $Zn^{2+} + 2e^- \rightarrow Zn$ | −0.762 |
| | $Se + 2e^- \rightarrow Se^{2-}$ | −0.67 |
| | $S_8 + 16e^- \rightarrow 8S^{2-}$ | −0.57 |
| | $O_2 + e^- \rightarrow O_2^-$ | −0.33 |
| | $Fe^{2+} + 2e^- \rightarrow Fe$ | −0.44 |
| **Reduction of neutral water** | $\left\{ \begin{array}{l} 2H_2O + 2e^- \rightarrow H_2 + 2OH^- \\ 2H_3O^+ + 2e^- \rightarrow H_2 + 2H_2O \end{array} \right\}$ pH = 7 | **−0.414** |
| | $Co^{2+} + 2e^- \rightarrow Co$ | −0.282 |
| | $Ni^{2+} + 2e^- \rightarrow Ni$ | −0.236 |
| | $Mn_2O_3 + 3H_2O + 2e^- \rightarrow 2Mn(OH)_2 + 2OH^-$ | −0.234 |
| | $Sn^{2+} + 2e^- \rightarrow Sn$ | −0.141 |
| | $O_2 + H_2O + 2e^- \rightarrow HO_2^- + OH^-$ | −0.065 |
| | $O_2 + e^- + H_3O^+ \rightarrow HO_2 + H_2O$ | −0.05 |
| | $MnO_2 + 2H_2O + 2e^- \rightarrow Mn(OH)_2 + 2OH^-$ | −0.044 |
| **Reduction of water ($H_3O^+$) in acidic solution.** | $2H_3O^+ + 2e^- \rightarrow H_2 + 2H_2O$ | **0.000** |
| | $Sn^{4+} + 2e^- \rightarrow Sn^{2+}$ | +0.15 |
| | $Sn(OH_3)^+ + 3H_3O^+ + 2e^- \rightarrow Sn^{2+} + 3H_2O$ | +0.142 |
| | $S_8 + 16H_3O^+ + 16e^- \rightarrow 8H_2S$ | +0.144 |
| | $2MnO_2 + H_2O + 2e^- \rightarrow Mn_2O_3 + 2OH^-$ | +0.146 |
| | $MnO_4^{2-} + e^- \rightarrow MnO_4^{3-}$ | +0.27 |
| | $Cu^{2+} + 2e^- \rightarrow Cu$ | +0.339 |
| | $Hg_2^{2+} + 2e^- \rightarrow 2Hg$ | +0.389 |
| ***Reduction of (oxidation by) $O_2$ in basic solution; the reverse is the oxidation (destruction) of water as solvent.*** | $O_2 + 2H_2O + 4e^- \rightarrow 4OH^-$ | **+0.401** |
| | $Cu^+ + e^- \rightarrow Cu$ | +0.518 |
| | $ClO_4^- + 4H_2O + 8e^- \rightarrow Cl^-$ | +0.560 |
| | $MnO_4^- + e^- \rightarrow MnO_4^{2-}$ | +0.56 |
| | $MnO_4^{2-} + 2H_2O + 2e^- \rightarrow MnO_2 + 4OH^-$ | +0.60 |
| | $MnO_4^- + 2H_2O + 3e^- \rightarrow MnO_2 + 4OH^-$ | +0.588 |
| | $I_2 + 2e^- \rightarrow 2I^-$ | +0.620 |
| | $O_2 + 4H_3O^+ + 4e^- \rightarrow 2H_2O_2$ | +0.695 |
| Heavier transition and post-transition metals (+$n$ → 0). See pp 587–588, 594–599. | $Fe^{3+} + e^- \rightarrow Fe^{2+}$ | +0.771 |
| | $NO_3^- + H_3O^+ + e^- \rightarrow NO_2 + H_2O$ | +0.773 |
| | $Ag^+ + e^- \rightarrow Ag$ | +0.799 |
| **Reduction of (oxidation by) $O_2$ in neutral water; the reverse is the oxidation (destruction) of water as solvent.** | $\left\{ \begin{array}{l} O_2 + 4e^- + 4H_3O^+ \rightarrow 4H_2O \\ O_2 + 2H_2O + 4e^- \rightarrow 4OH^- \end{array} \right\}$ pH = 7 | **+0.815** |
| | $Hg^{2+} + 2e^- \rightarrow Hg_2^{2+}$ | +0.908 |
| | $MnO_2 + 4H^+ + e^- \rightarrow Mn^{3+}$ | +0.90 |

표 F.1 (계속)

| | Half-reaction | $E^0$ (V) |
|---|---|---|
| | $MnO_4^- + H^+ + e^- \rightarrow HMnO_4^-$ | +0.90 |
| | $Ag^+ + e^- \rightarrow Ag$ | +0.7993 |
| | $MnO_4^{3-} + 2H_2O + e^- \rightarrow MnO_2 + 4OH^-$ | +0.93 |
| Halogens (0 → −1), see pp 837–853. | $NO_3^- + 4H_3O^+ + 3e^- \rightarrow NO + 6H_2O$ | 0.955 |
| | $Br_2 + 2e^- \rightarrow 2\,Br^-$ | +1.078 |
| **Reduction of (oxidation by) $O_2$ in acid solution; the reverse is the oxidation (destruction) of water as solvent.** | $\mathbf{O_2 + 4e^- + 4\,H_3O^+ \rightarrow 4H_2O}$ | **+1.229** |
| | $MnO_2 + 4\,H_3O^+ + 2e^- \rightarrow Mn^{2+} + 2H_2O$ | +1.23 |
| | $O_3 + H_2O + 2e^- \rightarrow O_2 + 2OH^-$ | +*1.247* |
| Strong, oxygen-containing oxidants. | $Cr_2O_7^{2-} + 14H_3O^+ + 6e^- \rightarrow 2Cr^{3+} + 7H_2O$ | +1.36 |
| | $Cl_2 + 2e^- \rightarrow 2Cl^-$ | +1.360 |
| | $Au^{3+} + 2e^- \rightarrow Au^+$ | (+1.41) |
| | $MnO_4^- + 8H_3O^+ + 5e^- \rightarrow Mn^{2+} + 12H_2O$ | +1.507 |
| | $Mn^{3+} + e^- \rightarrow Mn^{2+}$ | +1.56 |
| | $Au^+ + e^- \rightarrow Au$ | +1.69 |
| | $MnO_4^- + 4H_3O^+ + 3e^- \rightarrow MnO_2 + 2H_2O$ | +1.692 |
| | $H_2O_2 + 2H_3O^+ + 2e^- \rightarrow 4H_2O$ | +1.763 |
| | $Ag^{2+} + e^- \rightarrow Ag^+$ | +1.989 |
| | $Rn^{2+} + 2e^- \rightarrow Rn$ | (+2.0) |
| | $O_3 + 2H_3O^+ + 2e^- \rightarrow O_2 + 3H_2O$ | +2.075 |
| Noble gases, see pp 825–836. | $XeO_3 + 6H_3O^+ + 6e^- \rightarrow Xe + 6H_2O$ | +2.10 |
| | $HMnO_4^- + 3H^+ + 2e^- \rightarrow MnO_2 + 2H_2O$ | +2.09 |
| | $H_4XeO_6 + 2H^+ + 2e^- \rightarrow XeO_3 + 3H_2O$ | +2.38 |
| | $KrO_3 + 6H_3O^+ + 6e^- \rightarrow Kr + 6H_2O$ | (+2.4) |
| | $F_2 + 2e^- \rightarrow 2F^-$ | +*2.890* |
| | $F_2 + H_3O^+ + 2e^- \rightarrow 2HF + 2H_2O$ | +3.07 |
| | $2OF_2 + 2e^- \rightarrow O_2 + 2F^-$ | +*3.107* |
| Strongest oxidizing agent, $OF_2$ | $2OF_2 + H_3O^+ + 2e^- \rightarrow O_2 + 2HF$ | +3.294 |

부록 G

# Tanabe–Sugano 도표

원래는 Tanabe, Y.; Sugano, S. *J. Phys. Soc.* (*Japan*) **1954**, *753*, 766.에서, 여기에 나타낸 그림은 Figgis, B. N. *Introduction to Ligand Fields*; Wiley: New York, 1966에서 John Wiley and Sons, Inc.의 허가를 얻어 전재. König, E.; Kremer, S. *Ligand Field Diagrams*; Plenum: New York, 1977에는 여기에 게재한 것과 같은 도표를 광범위하게 걸쳐 편찬한 것이 수록되어 있다.

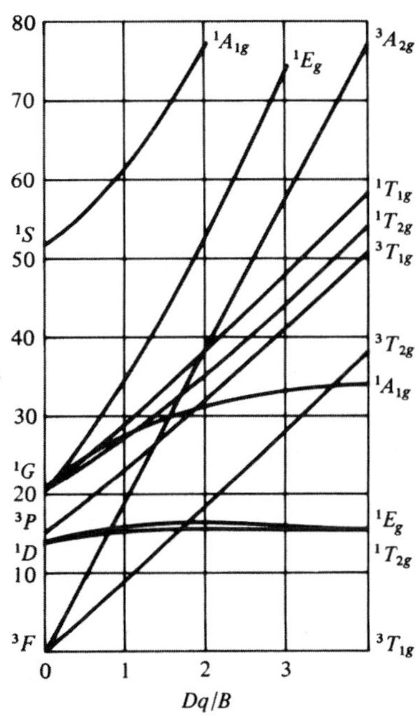


$d^2$, $C/B = 4.42$

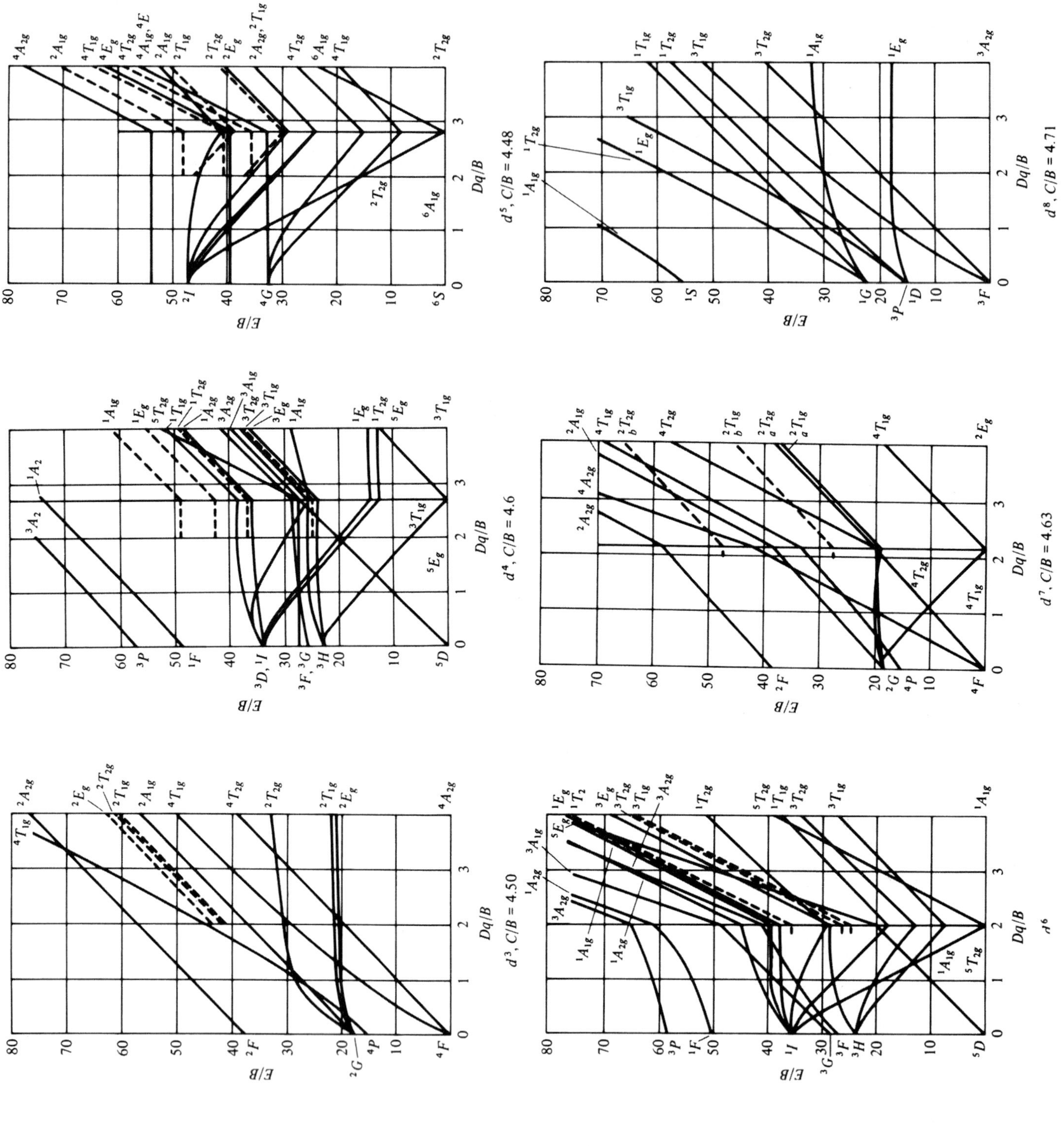
d^3, C/B = 4.50
d^4, C/B = 4.6
d^5, C/B = 4.48
d^6
d^7, C/B = 4.63
d^8, C/B = 4.71
Dq/B
E/B

• 부록 H •

# 배위 화합물의 명명법

전이 금속 착물들은 매우 복잡하므로 무기 화합물 명명법의 단순한 체계는 적용할 수가 없다. 그래서 전이 금속 착물의 명명을 위한 특별한 규칙들이 고안되었다.

1. 비이온성 화학종들은 한 단어로 나타내고, 이온 결합성 화학종들은 두 단어로 나타내며, 양이온을 먼저 쓴다(우리나라식 명명법은 음이온을 먼저 쓴다).
2. 중심 금속 원자는 그 이름 뒤의 괄호 속에 로마수로 산화수를 나타낸다. 예를 들면, +4 상태는 (IV)로, -2 상태는 (-II)로 나타낸다. 착물이 음이온이면 금속 이름 뒤에 접미사 *-ate*를 붙이고, 이름이 *-ium*, *-en*, 또는 *-ese*로 끝나면, 이 글자 대신에 *-ate*를 붙인다(우리나라식 명명법은 금속 이름 끝에 -산을 붙인다). 예를 들면, cobaltate (cobalt, 코발트산) 와 nickelate (nickel,니켈산), chromate (크로뮴산) 와 tungstate (텅스텐산) 를 들 수 있다. 몇 가지 금속에 대한 음이온 이름은 원소의 옛 라틴명으로부터 유래된다, 예를 들면, ferrate (iron, 철산), argentate (silver, 은산), cuprate (copper, 구리산) 및 aurate (gold, 금산) 등이 있다.
3. 리간드는 금속 이름 앞에 접두사로 나타낸다. 중성 리간드는 원래 분자의 이름을 그대로 쓰고 음성 리간드는 끝의 *-e*대신에 *-o*를 붙여 나타낸다. 그러므로 sulfate가 sulfato (술파토) 가 되고 nitrite도 nitrito (나이트리토) 가 된다. 끝이 *-ide*로 끝나는 음이온도 -ide를 *-o*로 치환한다. 그러므로 chloride는 chloro (클로로), iodide는 iodo (아이오오도), cyanide는 cyano (사이아노), 그리고 hydroxide는 hydroxo (하이드록소) 가 된다. 관용명을 쓰는 리간드도 세 가지가 있다. 배위된 물은 agua (아쿠아), 암모니아는 *ammine* (암민), 그리고 일산화 탄소는 *carbonyl* (카보닐) 로 나타낸다.
4. 리간드들은 항상 알파벳 순서로 놓여진다(화학식에서는 중성 리간드보다 음이온성 리간드를 먼저 적는다).
5. 같은 리간드가 여러 개 배위될 경우 접두사 di-(다이-, 2), tri-(트라이-, 3), tetra-(테트라-, 4), penta-(펜타-, 5) 및 hexa-(헥사-, 6) 를 사용한다.
6. 수를 나타내는 접두사를 포함하는 리간드 명을 갖는 리간드가 여러 개 배위되었을 경우에는 수를 나타내는 접두사로 bis- (비스-, 2), tris- (트리스-, 3), 및 tetrakis- (테트라키스-, 4) 를 사용한다. 이 규칙은 엄격하게 적용되지는 않는다. 리간드의 이름이 긴 경우에 이들 접두사가 사용되기도 한다.

## 배위 화합물 명명법의 예

앞부분에서 다루었던 몇 가지 백금 착물들의 이름을 알아보자. 대괄호 [ ] 속의 화학식은 공유 결합으로 결합된 모든 단위를 나타내는 것이다.

**예 1** : $[Pt(NH_3)_4]Cl_2$. 이 화합물은 분리되는 이온들을 갖고 있으므로, 이름은 두 단어로 구성된다(규칙 1). 두 개의 염화 음이온이 착물의 바깥에 존재하므로, 착물 자체는 $[Pt(NH_3)_4]^{2+}$로 나타낼 수 있다. 암모니아는 중성이므로 백금의 산화 상태는 +2이다. 그러므로 중심 금속의 이름은 platinum(II) (백금(II)) 로 나타낼 수 있다 (규칙 2). 리간드는 암모니아이므로 ammine (암민) 이다 (규칙 3). 네 개의 암모니아 리간드가 있으므로 접두사를 붙여 tetraammine (테트라암민) 이 된다 (규칙 5). 마지막으로 염화 음이온이 반드시 포함되어야 한다. 이들 이온은 배위되지 않은 자유 이온이기 때문에 chloro가 아니라 chloride (염화) 라고 부른다. 염화 이온의 수는 산화수로부터 추정이 가능하므로 별도로 정해주지 않는다. 따라서 전체 이름은 tetraammineplatinum(II) chloride (염화 테트라암민백금(II)) 이다.

**예 2** : $[PtCl_2(NH_3)_2]$ 이 화합물은 비이온 결합성이므로 한 단어로 된 이름을 가질 것이다 (규칙 1). 두 염화 이온과 전하의 균형을 유지하려면 백금의 산화수는 +2가 되어야 하므로 platinum(II)(백금(II)) 로 시작한다 (규칙 2). 암모니아 리간드에 대한 이름은 ammine (암민) 이고, 염화 이온에 대한 이름은 chloro (클로로) 이다 (규칙 3). 알파벳 순서는 ammin (암민) 이 우선이므로 (규칙 4) 수 접두사를 붙여 쓰면 diamminedichloro (다이암민다이클로로) 가 된다 (규칙 5). 앞에서 설명한 바와 같이 이 특별한 화합물은 사각 평면 구조이며, 두 가지 기하 이성질체로 존재한다. 이들 이성질체는 *cis*-diamminedichloroplatinum(II) (시스-다이암민다이클로로백금(II)) 와 *trans*-diamminedichloroplatinum (II) (트랜스-다이암민다이클로로백금(II)) 이다.

**예 3** : $K_2[PtCl_4]$ : 두 단어로 된 이름을 갖는다 (규칙 1). 그러나 이 경우에는 백금이 음이온, $[PtCl_4]^{2-}$ 중에 있다. 금속은 +2의 산화 상태이므로 음이온 이름은 platinate(II) (백금산(II)) 가 된다 (규칙 2). 네 개의 염소 리간드가 존재하므로 tetrachloro (테트라클로로) 이다 (규칙 3 및 5). 양이온은 potassium (포타슘) 이며, 완전한 이름은 potassium tetrachloroplatinate(II) (테트라클로로백금(II)산 포타슘) 이다.

**예 4** : $[Co(en)_3]Cl_3$ : 착이온은 $[Co(en)_3]^{3+}$이다. (en), $H_2NCH_2CH_2NH_2$는 중성 리간드이므로 cobalt의 산화수는 +3이다. 따라서 금속은 cobalt(III) (코발트(III)) 이다. 리간드의 완전한 이름은 1,2-diaminoethane (1,2-다이아미노에테인) 이고 수 접두사가 이미 포함되어 있다. 그래서 다른 종류의 수 접두사 체계를 사용하여 tris(1,2-diaminoethane) (트리스 (1,2-다이아미노에테인)) 이 된다. 괄호는 착물 이름 중에서 다른 부분에서 온 리간드 이름을 분리하기 위해 사용된다. 마지막으로 염소 음이온을 더하면 완전한 이름은 tris(1,2-diaminoethane)cobalt(III) chloride (염화 트리스 (1,2-다이아미노에테인) 코발트(III)) 가 된다.

**표 H-1** 리간드와 리간드 형태 화합물들의 약자

| 약자 | 관용명 | 계통명 |
|---|---|---|
| Diketones (다이케톤류) | | |
| Hacac | acetylacetone (아세틸아세톤) | 2,4-pentanedione (2,4-펜테인다이온) |
| Hhfa | hexafluoroacetylacetone (헥사플루오로아세틸아세톤) | 1,1,1,5,5,5-hexafluoro-2,4-pentanedione (1,1,1,5,5,5-헥사플루오로-2,4-펜테인다이온) |
| Hba | benzoylacetone (벤조일아세톤) | 1-phenyl-1,3-butanedione (1-페닐-1,3-뷰테인다이온) |
| Hfod | 1,1,1,2,2,3,3-heptafluoro-7,7-dimethyl-4,6-octanedione (1,1,1,2,2,3,3-헵타플루오로-7,7-다이메틸-4,6-옥테인다이온) | 6,6,7,7,8,8,8-heptafluoro-2,2-dimethyl-3,5-octanedione (6,6,7,7,8,8,8-헵타플루오로-2,2-다이메틸-3,5-옥테인다이온) |
| Hfta | trifluoroacetylacetone (트라이플루오로아세틸아세톤) | 1,1,1-trifluoro-2,4-pentanedione (1,1,1-트라이플루오로-2,4-펜테인다이온) |
| Hdbm | dibenzoylmethane (다이벤조일메테인) | 1,3-diphenyl-1,3-propanedione (1,3-다이페닐-1,3-프로페인다이온) |
| Hdpm | dipivaloylmethane (다이파이발로일메테인) | 2,2,6,6-tetramethyl-3,5-heptanedione (2,2,6,6-테트라메틸-3,5-헵테인다이온) |
| Amino alcohols (아미노 알코올류) | | |
| Hea | ethanolamine (에탄올아민) | 2-aminoethanol (2-아미노에탄올) |
| $H_3$tea | triethanolamine (트라이에탄올아민) | 2,2',2"-nitrilotriethanol (2,2',2"-나이트릴로트라이에탄올) |
| $H_2$dea | diethanolamine (다이에탄올아민) | 2,2"-iminodiethanol (2,2'-이미노다이에탄올) |
| Hydrocarbons (탄화수소류) | | |
| cod | cyclooctadiene (사이클로옥타다이엔) | 1,5-cyclooctadiene (1,5-사이클로옥타다이엔) |
| cot | cyclooctatetraene (사이클로옥타테트라엔) | 1,3,5,7-cyclooctatetraene (1,3,5,7-사이클로옥타테트라엔) |
| Cp | cyclopentadienyl (사이클로펜타다이엔일) | cyclopentadienyl (사이클로펜타다이엔일) |
| Cy | cyclohexyl (사이클로헥실) | cyclohexyl (사이클로헥실) |
| Ac | acetyl (아세틸) | acetyl (아세틸) |
| Bu | butyl (뷰틸) | butyl (뷰틸) |

| | | |
|---|---|---|
| Bzl | benzyl (벤질) | benzyl (벤질) |
| Et | ethyl (에틸) | ethyl (에틸) |
| Me | methyl (메틸) | methyl (메틸) |
| nbd | norbornadiene (노보나다이엔) | biclo[2,2,1]hepta-2,5-diene<br>(바이사이클로 [2,2,1] 헵타-2,5-다이엔) |
| Ph | phenyl (페닐) | phenyl (페닐) |
| Pr | propyl (프로필) | propyl (프로필) |
| Heterocycles (헤테로고리류) | | |
| py | pyridine (피리딘) | pyridine (피리딘) |
| thf | tetrahydrofurane (테트라하이드로퓨란) | tetrahydrofurane (테트라하이드로퓨란) |
| Him | imidazole (이미다졸) | imidazole (이미다졸) |
| terpy | 2,2',2"-terpyridine (2,2',2"-터피리딘) | 2,2':6',2"-terpyridine (2,2':6',2"-터피리딘) |
| picoline | α-picoline (α-피콜린) | 2-methylpyridine (2-메틸피리딘) |
| $Hbpz_4$ | hydrogen tetra(1-pyrazolyl)borate(1-)<br>(테트라 (1-피라졸릴) 붕소산(1-) 수소) | hydrogen tetrakis (1H-pyrazolato-N)borate(1-)<br>(테트라키스 (1H-피라졸라토-N) 붕소산 (1-) 수소) |
| isn | isonicotinamide (아이소니코틴아마이드) | 4-pyridinecarboxamide (4-피리딘카복스아마이드) |
| nia | nicotinamide (니코틴아마이드) | 3-pyridinecarboxamide (3-피리딘카복스아마이드) |
| pip | piperidine (피페리딘) | piperidine (피페리딘) |
| lut | lutidine (루티딘) | 2,6-dimethylpyridine (2,6-다이메틸피리딘) |
| Hbim | benzimidazole (벤즈이미다졸) | 1H-benzimidazole (1H-벤즈이미다졸) |
| Chelating and other ligands (킬레이트 및 기타 리간드류) | | |
| $H_4edta$ | ethylenediaminetetraacetic acid (에틸렌다이아민아세트산) | (1,2-ethanediyldinitrilo) tetraacetic acid<br>((1,2-에틸렌다이일다이나이트릴로) 아세트산) |
| $H_5dtpa$ | *N,N,N',N",N"*-diethylenetriaminepentaacetic acid<br>(*N,N,N',N",N"*-다이에틸렌트라이아민펜타아세트산) | [[(carboxymethyl)imino]bis(ethanediylnitrilo)]tetraacetic acid<br>[[(카복시메틸) 이미노] 비스 (에테인다이일나이트릴로)] 테트라아세트산 |
| $H_3nta$ | nitrilotriacetic acid (나이트릴로아세트산) | *trans*-(1,2-cyclohexanediyldinitrilo)tetraacetic acid<br>*trans*-(1,2-사이클로헥세인다이일다이나이트릴로) 테트라아세트산 |
| $H_4cdta$ | *trans*-1,2-cyclohexanediaminetetraacetic acid<br>(*trans*-1,2-사이클로헥세인다이아민테트라아세트산) | *trans*- (1,2-cyclohexanediyldinitrilo)tetraacetic acid<br>(*trans*-1,2-사이클로헥세인다이일다이나이트릴로) 테트라아세트산 |

| $H_2$ida | iminodiacetic acid (이미노다이아세트산) | iminodiacetic acid (이미노다이아세트산) |
|---|---|---|
| dien | diethylenetriamine (다이에틸렌트라이아민) | *N*- (2-aminoethyl)-1,2-ethanediamine<br>(*N*-(2-아미노에틸)-1,2-에테인다이아민) |
| en | ethylenediamine (에틸렌다이아민) | 1,2-ethanediamine (1,2-에테인다이아민) |
| pn | propylenediamine (프로필렌다이아민) | 1,2-propanediamine (1,2-프로페인다이아민) |
| tmen | *N,N,N′,N′*-tetramethylethylenediamine<br>(*N,N,N′,N′*-테트라메틸에틸렌다이아민) | *N,N,N′,N′*-tetramethyl-1,2-ethanediamine<br>(*N,N,N′,N′*-테트라메틸-1,2-에테인다이아민) |
| tn | trimethylenediamine (트라이메틸렌다이아민) | 1,3-propanediamine (1,3-프로페인다이아민) |
| tren | tris(2-aminoethyl)amine (트리스 (2-아미노에틸) 아민) | *N,N*-bis(2-aminoethyl)-1,2-ethanediamine<br>(*N,N*-비스(2-아미노에틸)-1,2-에테인다이아민) |
| trien | triethylenetetraamine (트라이에틸렌테트라아민) | *N,N′*-bis(2-aminoethyl)-1,2-ethanediamine<br>(*N,N′*-비스(2-아미노에틸)-1,2-에테인다이아민) |
| chxn | 1,2-diaminocyclohexane (1,2-다아미노사이클로헥세인) | 1,2-cyclohexanediamine (1,2-사이클로헥세인다이아민) |
| hmta | hexamethylenetetraamine (헥사메틸렌테트라아민) | 1,3,5,7-tetraazatricyclo $[3,3,1,1^{3,7}]$ decane<br>(1,3,5,7-테트라아자트라이사이클로 $[3,3,1,1^{3,7}]$ 데케인 |
| Hthsc | thiosemicarbazide (싸이오세미카바자이드) | hydrazinecarbothioamide (하이드라진카보싸이오아마이드) |
| depe | 1,2-bis (diethylphosphino) ethane (1,2-비스 (다이에틸포스피노) 에테인) | 1,2-ethanediylbis (diethylphophine)<br>(1,2-에테인다이일비스 (다이에틸포스파인) |
| $H_2$salgly | salicylideneglycine (살리실리덴글라이신) | *N*-[(2-hydroxyphenyl) methylene]glycine<br>(*N*-[(2-하이드록시페닐) 메틸렌 ] 글라이신 |
| $H_2$saltn | bis(salicylidene)-1,3-diaminopropane<br>(비스 (살리실리덴) -1,3-다이아미노프로페인) | 2,2′-[1,3-propanediylbis(nitrilomethylidyne)]diphenol<br>(2,2′-[1,3-프로페인다이일비스 (나이트릴로메틸리딘)] 다이페놀) |
| $H_2$saldien | bis (salicylidene)diethylenetriamine<br>(비스 (살리실리덴) 다이에틸렌트라이아민) | 2,2′-iminobis (1,2-ethanediylnitrilomethylidyne)<br>(2,2′-이미노비스 (1,2-에테인다이일나이트릴로메틸리딘) |
| $H_2$tsalen | bis (2-mercaptobenzylidene)ethylenediamine<br>(비스 (2-머캅토벤질리덴) 데틸렌다이아민) | 2,2′-[1,2-ethanediyl[bis(nitrilomethylidyne)]dibenzenethiol]<br>(2,2′-[1,2-어테인다이일 [비스 (나이트릴로메틸리딘)] 다이벤젠싸이올]) |

# 찾아보기

Prentice Hall
is an imprint of
PEARSON
www.pearsonhighered.com

# 무기화학 제4판

|저 자 Huheey · Keiter · Keiter
|편 역 자 김 정
|발 행 인 김 지 영
|발 행 처 자유아카데미
|주 소 경기도 파주시 회동길 37-42
파주출판도시
|전 화 031-955-1321
|팩 스 031-955-1322
|전자우편 main@freeaca.com(대표)
editor@freeaca.com(편집)
crm@freeaca.com(영업)
|홈페이지 www.freeaca.com
|등 록 제406-2003-017호, 1980. 7. 12
|제4판1쇄 2011년 2월 25일 발행
|제4판8쇄 2024년 7월 5일 발행
|정 가 42,000원

역자와의
협의하에
인지생략

Printed in Korea
ISBN 978-89-7338-858-5 93430

**THE NAMES, SYMBOLS, ATOMIC NUMBERS, AND ATOMIC WEIGHTS OF THE ELEMENTS**[a]

| Name[b] | Symbol | Atomic number | Atomic weight[c] |
|---|---|---|---|
| Actinium | Ac | 89 | (227) |
| Aluminum | Al | 13 | 26.981539 |
| Americium | Am | 95 | (243) |
| Antimony | Sb | 51 | 121.757 |
| Argon | Ar | 18 | 39.948 |
| Arsenic | As | 33 | 74.92159 |
| Astatine | At | 85 | (210) |
| Barium | Ba | 56 | 137.327 |
| Barkelium | Bk | 97 | (247) |
| Beryllium | Be | 4 | 9.012182 |
| Bismuth | Bi | 83 | 208.98037 |
| Boron | B | 5 | 10.811 |
| Bromine | Br | 35 | 79.904 |
| Cadmium | Cd | 48 | 112.411 |
| Calcium | Ca | 20 | 40.078 |
| Californium | Cf | 98 | (251) |
| Carbon | C | 6 | 12.011 |
| Cerium | Ce | 58 | 140.115 |
| Cesium | Cs | 55 | 132.90543 |
| Chlorine | Cl | 17 | 35.4527 |
| Chromium | Cr | 24 | 51.9961 |
| Cobalt | Co | 27 | 58.93320 |
| Copper (*cuprum*) | Cu | 29 | 63.546 |
| Curium | Cm | 96 | (247) |
| Dysprosium | Dy | 66 | 162.50 |
| Einsteinium | Es | 99 | (252) |
| Erbium | Er | 68 | 167.26 |
| Europium | Eu | 63 | 151.965 |
| Fermium | Fm | 100 | (257) |
| Fluorine | F | 9 | 18.9984032 |
| Francium | Fr | 87 | (223) |
| Gadolinium | Gd | 64 | 157.25 |
| Gallium | Ga | 31 | 69.723 |

| Name | Symbol | Atomic number | Atomic weight |
|---|---|---|---|
| Germanium | Ge | 32 | 72.61 |
| Gold (*aurum*) | Au | 79 | 196.96654 |
| Hafnium | Hf | 72 | 178.49 |
| Helium | He | 2 | 4.002602 |
| Holmium | Ho | 67 | 164.93032 |
| Hydrogen | H | 1 | 1.00794 |
| Indium | In | 49 | 114.82 |
| Iodine | I | 53 | 126.90447 |
| Iridium | Ir | 77 | 192.22 |
| Iron (*ferrum*) | Fe | 26 | 55.847 |
| Krypton | Kr | 36 | 83.80 |
| Lanthanum | La | 57 | 138.9055 |
| Lawrencium | Lr | 103 | (262) |
| Lead (*plumbum*) | Pb | 82 | 207.2 |
| Lithium | Li | 3 | 6.941 |
| Lutetium | Lu | 71 | 174.967 |
| Magnesium | Mg | 12 | 24.3050 |
| Manganese | Mn | 25 | 54.93805 |
| Mendelevium | Md | 101 | (258) |
| Mercury | Hg | 80 | 200.59 |
| Molybdenum | Mo | 42 | 95.94 |
| Neodymium | Nd | 60 | 144.24 |
| Neon | Ne | 10 | 20.1797 |
| Neptunium | Np | 93 | (237) |
| Nickel | Ni | 28 | 58.6934 |
| Niobium | Nb | 41 | 92.90638 |
| Nitrogen | N | 7 | 14.00674 |
| Nobilium[d] | No | 102 | (259) |
| Osmium | Os | 76 | 190.2 |
| Oxygen | O | 8 | 15.9994 |
| Palladium | Pd | 46 | 106.42 |
| Phosphorus | P | 15 | 30.973762 |
| Platinum | Pt | 78 | 195.08 |

| Name[b] | Symbol | Atomic number | Atomic weight[c] |
|---|---|---|---|
| Plutonium | Pu | 94 | (244) |
| Polonium | Po | 84 | (209) |
| Potassium | K | 19 | 39.0983 |
| Praseodymium | Pr | 59 | 140.90765 |
| Promethium | Pm | 61 | (145) |
| Protactinium | Pa | 91 | 231.03588 |
| Radium | Ra | 88 | (226) |
| Radon | Rn | 86 | (222) |
| Rhenium | Re | 75 | 186.207 |
| Rhodium | Rh | 45 | 102.90550 |
| Rubidium | Rb | 37 | 85.4678 |
| Ruthenium | Ru | 44 | 101.07 |
| Samarium | Sm | 62 | 150.36 |
| Scandium | Sc | 21 | 44.955910 |
| Selenium | Se | 34 | 78.96 |
| Silicon | Si | 14 | 28.0855 |
| Silver (*argentum*) | Ag | 47 | 107.8682 |
| Sodium | Na | 11 | 22.989768 |
| Strontium | Sr | 38 | 87.62 |
| Sulfur | S | 16 | 32.066 |
| Tantalum | Ta | 73 | 180.9479 |
| Technetium | Tc | 43 | (98) |

| Name | Symbol | Atomic number | Atomic weight |
|---|---|---|---|
| Tellurium | Te | 52 | 127.60 |
| Terbium | Tb | 65 | 158.92534 |
| Thallium | Tl | 81 | 204.3833 |
| Thorium | Th | 90 | 232.0381 |
| Thulium | Tm | 69 | 168.93421 |
| Tin (*stannum*) | Sn | 50 | 118.710 |
| Titanium | Ti | 22 | 47.88 |
| Tungsten (*wolfram*)[e] | W | 74 | 183.85 |
| Unnilennium[f] | Une | 109 | (267) |
| Unnilhexium | Unh | 106 | (263) |
| Unniloctium[f] | Uno | 108 | (265) |
| Unnilpentium[g] | Unp | 105 | (262) |
| Unnilquadrum[g,h] | Unq | 104 | (261) |
| Unnilseptium[f] | Uns | 107 | (262) |
| Uranium | U | 92 | 238.0289 |
| Vanadium | V | 23 | 50.9415 |
| Xenon | Xe | 54 | 131.29 |
| Ytterbium | Yb | 70 | 173.04 |
| Yttrium | Y | 39 | 88.90585 |
| Zinc | Zn | 30 | 65.39 |
| Zirconium | Zr | 40 | 91.224 |

[a] From the Table of Weights 1989 by the Commission on Atomic Weights, IUPAC (*Pure. Appl. Chem.* **1991**, *63*, 975–1002). Weights are scaled to the relative atomic mass $A_r(^{12}C) = 12$.

[b] The names in parentheses are the Latin forms used in complex formation (except for wolfram): gold (*aurum*); $[AuCl_4]^-$ is tetrachloroaurate(III).

[c] Atomic weights in parentheses are those of the most stable radioisotope.

[d] Although the name nobelium has official IUPAC sanction, some Russian workers have used the name *joliotium*.

[e] *Wolfram* is the German word for tungsten.

[f] German workers have proposed the names *neilsbohrium* (107), *hassium* (108), and *meitnerium* (109).

[g] Russian workers have suggested the names *khurchatovium* (104) and *neilsbohrium* (105).

[h] American workers have suggested the name *rutherfordium*.